本书第一版获

第三届全国普通高等学校优秀教材二等奖

博雅

21世纪数学规划教材
数学基础课系列

初 等 数 论

(第 四 版)

潘承洞　潘承彪　著

图书在版编目(CIP)数据

初等数论/潘承洞，潘承彪著. —4版. —北京：北京大学出版社，2024.4
21世纪数学规划教材.数学基础课系列
ISBN 978-7-301-34914-4

Ⅰ.①初… Ⅱ.①潘… ②潘… Ⅲ.①初等数论 – 高等学校 – 教材
Ⅳ.①O156.1

中国国家版本馆CIP数据核字（2024）第058201号

书　　名	初等数论（第四版） CHUDENG SHULUN（DI-SI BAN）
著作责任者	潘承洞　潘承彪　著
责任编辑	曾琬婷
标准书号	ISBN 978-7-301-34914-4
出版发行	北京大学出版社
地　　址	北京市海淀区成府路205号　100871
网　　址	http://www.pup.cn　　新浪微博：@北京大学出版社
电子邮箱	zpup@pup.cn
电　　话	邮购部 010-62752015　发行部 010-62750672 编辑部 010-62754819
印 刷 者	大厂回族自治县彩虹印刷有限公司
经 销 者	新华书店
	880mm × 1230mm　A5　22.25印张　666千字
	1992年9月第1版　2003年1月第2版　2013年1月第3版
	2024年4月第4版　2025年1月第2次印刷（总第37次印刷）
定　　价	89.00元

内容简介

本书自 1992 年 9 月出版以来，深受教师和学生的欢迎. 在第二、三版中，作者根据读者提出的宝贵意见，以及在教学实践中的体会，对本书内容做了进一步修改与完善.

本版是第四版，其修订的指导思想是：在本书原有的框架和内容做尽可能少的改动下，让教初等数论的老师觉得更好用，学初等数论的读者觉得更易学，特别是自学. 在本版中，除了附录四之外，内容整体上没有增加或减少. 本次修订主要做了以下几点修改：将习题中一些较难的或需要用到大学数学知识的非基本题加上了星号“*”，以便读者区分；在附录四中增加了从 2013 年至 2023 年与初等数论有关的国际数学奥林匹克竞赛(IMO)试题；对书中部分内容的叙述做了少量必要的修改，以便读者更好地理解和掌握；改正了书中一些印刷错误及误漏. 这些修改，对教与学都应该是有帮助的.

本书是大学“初等数论”课程的教材，全书共分九章，主要内容包括：整除理论、不定方程(Ⅰ)、同余的基本知识、同余方程、指数与原根、不定方程(Ⅱ)、连分数、素数分布的初等结果、数论函数. 书中配有较多的习题，书末附有部分习题的提示与解答. 本书是作者按少而精的原则精心选材编写而成的，它积累了作者数十年教学与科研的经验. 为了便于学生理解，对重点内容多侧面分析，从不同角度进行阐述. 本书概念叙述清楚，推理严谨，层次分明，重点突出，例题丰富，具有选择面宽、适用范围广、适宜自学等特点.

本书可作为高等学校理工类各专业“初等数论”课程的教材，也可供数学工作者、中学数学教师和中学生阅读.

第四版说明

由于印刷技术的要求，重印时需要重新排版，经与责任编辑曾琬婷商议后，乘此机会我们对本书进行修订．本次修订主要做了以下几点修改：

一是将习题中一些较难的或需要用到大学数学知识的非基本题加上了“*”号，以便读者区分．事实上，对只要学一些初等数论基本知识的读者是用不着做这些题的．现正文中共有795道习题，其中加注星号的有107道．

二是在附录四中增加了从2013年至2023年与初等数论有关的IMO试题．

三是对书中部分内容的叙述做了少量必要的修改，以便于读者更好地理解和掌握．

四是改正了书中一些印刷错误及误漏．

在这里衷心地感谢刘勇同志长期为我们的写作提出的宝贵意见和提供的帮助．同时，感谢本书的责任编辑曾琬婷同志为本书的出版付出的辛勤劳动．

潘承彪

2023年8月

第三版说明

自本书第二版出版以来，又是一个10年过去了，这是我较轻松的10年，一些早就不该过问的事我不再参与了.

10年间与本书有关的事是：在我大学毕业后就工作至退休的北京农业机械化学院(即现在的中国农业大学)的应用数学系，很高兴地为四届学生讲了初等数论课；继续为参加国内外中学数学竞赛的学生进行辅导，这种辅导是对初等数论与竞赛有关的内容，结合问题做较系统严格的理论、方法与技巧上的讲述；我注意到了不少读者在网上对本书的关心，他们提出了许多十分有益的意见、建议和批评，对此我深表感谢.

自写本书以来，我们一直在思考的一个问题是，在原有的框架和内容下，如何使本书让教初等数论的老师更好用，学初等数论的读者更易学，特别是自学. 虽在第二版中有所改进，但我自己总觉得本书在这方面还有不少不足之处. 所以，这10年间在做以上工作时就特别注意考虑这一问题.

大约两年前，本书责任编辑刘勇同志建议再版本书时，我谈了修改的想法，得到了他的赞同和支持.

在本版中，除了附录四之外，本书内容整体上没有增加或减少. 在附录四中补充了这10年国际数学奥林匹克竞赛中与初等数论有关的24道试题(至今共有104道)，以及增加了典型试题(共40道)的解法举例一节. 在这一节中由浅入深地按照所用的初等数论的思想、概念、结论、方法和技巧，对这些题分类给出我自己的解法，尽可能讲清楚我是如何分析问题，探索、确定该试题是否与初等数论有关及与哪一部分有关，以及解题所需要用到的初等数论方法和知识的. 这是我近30年间参与中学数学竞赛辅导的经验心得. 我认为做竞赛试题能激发学习数学的兴趣，但不能为竞赛而竞赛，为解题而解题，它必须与系统学习数学知识相结合，逐步了解数学，喜爱数学.

本版所做的主要改变是对本书的结构、编排和一些内容的讲述做了改进：把讨论同一问题的内容加以合并；对原来的"节"尽可能划分成若干"小节"，以突出每节内容中的重点，使得各个重点内容及它们之间的联系更加清晰；尽可能地对主要的基本思想、理论、方法、定理的重要意义和内涵及它们之间的关系加以清楚阐述. 我想这些改进对教与学都应该是有帮助的. 具体的改变有以下几个方面：

(1) 把原来第一章的 §8 "容斥原理与 $\pi(x)$ 的计算公式"和第八章的 §1 "Eratosthenes 筛法"合并为第八章的 §1 "Eratosthenes 筛法与 $\pi(N)$"(第一版就是这样安排的)，并分为四小节，因为原来的两节讨论的是同一个问题.

(2) 第一章的 §4"最大公约数理论"讲述建立最大公约数理论的三个途径. 原来将这些内容放在一起讨论显得有点杂乱. 现在先把最大公约数理论的八个定理一起放在 §4 的一开始，然后分成三小节讲证明的三个途径，并说明它们之间的联系与区别.

(3) 把原来第一章的 §5 和 §6 合并为 §5 并分成两小节，因为原来的两节讨论的是同一个问题"算术基本定理". 新的 §6 是"整除理论小结"，这没有增加新内容，而是把原来阐述整除理论的重要性和关系的内容放在一起，说得更清楚一些.

(4) 在第四章 §3 的 3.2 小节"孙子定理与同余类、剩余系的关系"中，突出讲述了这一重要关系.

(5) 把习题都放在每节之后，并按需要把一些节的习题相应地按小节分为若干部分.

本书的定义、定理(包括引理、推论)和公式均仍按每节编号.

本书的内容当然远远超出了一学期的授课学时，我建议一学期的授课可以学习以下初等数论的基本内容：第一章(5.2 小节可不讲，同时接下来可以选学第七章的§1和§2，第八章的1.1～1.3小节)，第二章，第三章，第四章的§1～§6，第五章的§1和§2，第六章的§1和2.1小节，第九章的§1和§2. 以上这些内容有的可以让学生自学(例如第一章的§6，第四章的3.2小节). 本书其他内容可供有兴趣的学生自己选学，这对进一步了解这一学科是有益的. 在第一、二版中，一些较难的内容加了“*”号，在本版中“*”号均取消了，由读者自行确定.

我对刘勇及曾琬婷同志对本版内容的编排、表述所做的许多精心修改，以及提出的不少有益建议，特别是刘勇同志长期以来对本书出版的支持和关心，表示衷心感谢！我也希望读者对本版多多提出意见、建议和批评，让我们共同努力使本书更适合教与学.

潘承彪

2012年9月13日

第二版说明

《初等数论》出版已经10年了.根据教学实践,经考虑再版仍保持原书的定位、体系与风格,对第一版内容除在文字叙述、解释上略做改进润色,改正了若干疏误外,还稍做调整与补充.它们主要是:

(一) 在第一章中,把原来§4中最大公约数与最小公倍数的定义及和带余数除法无关的性质(即§4的第一部分)移至§2;把原§5“辗转相除法”全部合并到§3;原§6,§7与§8分别改为§5,§6与§7;增加了§8“容斥原理与$\pi(x)$的计算公式”.当然,习题也做了相应调整.

此外,为了加深对整数、整除及整除理论的概念、方法的理解与掌握,相应地在附录二中增加了:(i) 有关一元有理系数多项式集合$\mathbf{Q}[x]$与一元整系数多项式集合$\mathbf{Z}[x]$的整除理论的习题(第9~19题);(ii) 有关代数数、代数整数的概念与性质以及Gauss整数集$\mathbf{Z}[\sqrt{-1}]$的整除理论的习题(第20~30题).这些对需要进一步学习数论知识的读者是有帮助的.

(二) 在第二章的§2中,稍为仔细地讨论了单位圆周上的有理点.

(三) 在第三章的§2中,引进了整数与整数集合的“和”及“积”的概念和符号,并用此来证明同余类与剩余系的性质;在§3的最后极简单地描述了所谓“公开密钥密码系统”.

(四) 在第四章中,增加了§9“多元同余方程简介,Chevalley定理”.

(五) 第五章的习题一增加了第33题,第九章的习题二增加了第 29,30 题,它们给出了命题"首项为 1 的算术数列中有无穷多个素数"的两个不同证明.

(六) 对第九章 §2 中 Möbius 反转公式的讲述和证明做了改变. 虽然这较简洁,但原来的有其优点.

(七) 在附录四中,补充了本书第一版以后各届国际数学奥林匹克竞赛中与初等数论有关的试题. 至今共 43 届,82 道试题.

(八) 改进了一些习题的提示与解答,附录中增加的习题都没有给出提示. 现正文中共有 797 道习题,附录中共有 131 道习题.

(九) 增加了名词索引.

保持本书的原样并做以上改动的依据是考虑了: 10 年来采用本书作为教材的教师们所提出的宝贵意见; 学生们在学习中提出的问题、进行的讨论和给出的漂亮的习题解答; 本书责任编辑刘勇副编审的宝贵意见; 10 年来,我们对自己为不同的对象(包括中学生、中学教师、大学生以及研究生),按本书内容的不同组合,以不同的方式来进行教学所做的不断总结,以及所仔细寻找的教材的不足和所做的改进. 在这里我们谨向以上所有的同志表示衷心感谢!

好像没有一门学科像"初等数论"那样,它最基本的内容可以同时作为中小学师生、大学生以及研究生的一门课程,当然在内容的深浅难易上各有不同. 这是一门有其自身特点、不可缺少的基础课. 我们深深感到应该也期望有适合不同对象的初等数论教材出现,而这正是我国目前所缺少的. 当然,教材必须遵循初等数论的基本理论体系,既不能"把它看作一些互不相关的有趣的智力竞赛题"的汇集,也不能认为它"只是一些简单的例子,仅把它作为学习代数的预备知识"(见第一版序). 这是因为,数学是人类文化最重要的组成部分之一,它是日益显示其重要性的一种科学的语言,一种科学的思维方式和强有力的科学工具,而初等数论的思想、概念、方法和理论则是数学思维链中不可或缺的重要一环. 尽管近代数论可以包容它，但不能代替它．而且，事实证明：不学好初等数论，大概率是什么数论也学不好的．

正如第一版序中所说，承洞和我"深知要写好一本初等数论的教材绝非易事"，现在再版修订只能由我一人来承担，错漏不当之处更为难免，切望读者多多指正．

潘承彪

2002年中秋

第一版序

初等数论研究整数最基本的性质，是一门十分重要的数学基础课. 它不仅应该是中、高等师范院校数学专业，大学数学各专业的必修课，而且也是计算机科学等许多相关专业所需的课程. 中学生（甚至小学生）课外数学兴趣小组的许多内容也属于初等数论.

整除理论是初等数论的基础，它是在带余数除法（见第一章§3的定理1）的基础上建立起来的. 整除理论的中心内容是算术基本定理和最大公约数理论. 这一理论可以通过不同的途径来建立，而这些正反映了近代数学中的十分重要的思想、概念与方法. 本书的第一章就是讨论整除理论，较全面地介绍了建立这一理论的各种途径及它们之间的相互关系. 同余理论是初等数论的核心，它是数论所特有的思想、概念与方法. 这一理论是由伟大的数学家 C. F. Gauss 在其1801年发表的著作《算术探索》(*Disquisitiones Arithmeticae*)中首先提出并系统研究的. Gauss 的这一名著被公认是数论作为数学的一个独立分支的标志[①]. 本书的第三、四、五章较深入地讨论了同余理论的基本知识，包括同余、同余类、完全剩余系和既约剩余系等基本概念及其性质，一次、二次同余方程和模为素数的同余方程的基本理论，既约剩余系的结构. 从历史上看，求解不定方程是推进数论发展的最主要的课题，我们在第二、六章讨论了可以用以上所提建立的整除理论和同余理论来求解的几类最基本的不定方程. 一般来说，以上这些就是初等数论的基本内容，是必须掌握的. 为了满足读者不同的需要，除了在这六章中有若干

---

① 关于数论的发展历史可参看：《数学百科辞典》(科学出版社，1984)、《中国大百科全书·数学》(中国大百科全书出版社，1988)、《不列颠百科全书(详编)·数学》(科学出版社，1992)这三本数学百科全书中的有关条目；W. Scharlau 和 H. Opolka 的著作 *From Fermat to Minkowski* (Springer-Verlag，1985). [《不列颠百科全书(详编)·数学》因故未出版，可参看《数学百科全书》(共五卷，科学出版社，2000). ——再版注]

加“ * ”号的内容外，我们还在第七章讨论了连分数与 Pell 方程，第八章讨论了素数分布的初等结果，第九章讨论了数论函数，供读者选用(这三章中有些部分要用到一点初等微积分知识，较难的加“ * ”号表示). 这些也都是初等数论的重要内容. 本书的取材是严格遵循少而精的原则以及作为基本上适用于前述各类学生的通用教材来安排的. 此外，对某些重点内容在正文、例题和习题中从不同角度做适当反复讨论. 根据我们的经验，这对全面深入理解和教与学都是有益的. 特别要指出的是，这样的安排十分有利于自学. 这些内容主要是：最大公约数理论、算术基本定理、剩余类及剩余系的构造、Euler 函数、某些不定方程. 在具体讲授时，可根据需要和学时多少适当选择其中一部分或全部，也可选择一部分让学生自学.

数论是研究整数性质的一个数学分支，当然对“整数”本身必须有一个清楚、正确的认识. 但要做到这一点并不容易，在附录一中介绍了自然数的 Peano 公理，对此做一初步讨论. 在整数中算术基本定理“每个大于 1 的整数一定可以唯一地(在不计次序的意义下)表示为素数的乘积”的正确性好像是理所当然的，但实则不然. 为了较有说服力地向刚接触数论的读者说明，当研究对象稍为扩大一点，即研究所谓代数整数环时，算术基本定理就不一定成立，我们在附录二中讨论了二次整环 $\mathbf{Z}[\sqrt{-5}]$. 初等数论本身有许多有趣应用，在附录三中介绍了四个简单的应用，特别是电话电缆的铺设几乎用到了初等数论的全部基本知识[①]. 大家知道，初等数论在国际数学奥林匹克竞赛中占有愈来愈重要的地位，这些竞赛试题的绝大多数都是很好的，对提高大、中学生的数学素质是很有帮助的. 因此，我们在附录四中列出了至今 32 届竞赛中可用初等数论方法，即第一章的整除理论来求解的 51 道试题(约占总量 194 道试题的 26.3%).

初等数论初看起来似乎很简单，但真正教好、学好它并不容易，尤

---

① 关于数论的应用可参看文献[11]以及 M. R. Schroeder 的著作 *Number Theory in Science and Communication* (Springer-Verlag, 1984)和 N. Koblitz 的著作 *A Course in Number Theory and Cryptography* (Springer-Verlag, 1987).

其是习题很不好做.这一方面可能是因为觉得初等数论的理论没有什么内容,从代数观点来看只是一些简单的例子,仅把它作为学习代数的预备知识,不了解整数本身所包含的丰富且重要的内涵而不加重视;另一方面是因为忽视初等数论的理论,只把它看作一些互不相关的有趣的智力竞赛题,因而不认真学习它的理论并用以指导解题.事实上,或许可以说,“初等数论”是数学中“理论与实践”相结合得最完美的基础课程,近代数学中许多重要思想、概念、方法与技巧都是从对整数性质的深入研究而不断丰富和发展起来的.数论在计算机科学等许多学科以及离散数学中所起的日益明显的重要作用也绝不是偶然的.这些正是学习初等数论的重要性之所在.

为了比较好地满足教与学的需要,数学基础课教材应当配有适量的、互相联系的、理论与计算并重的例题和习题.通过这些例题和习题能更好地理解、掌握以及自然地导出所讲述的概念、理论、方法与技巧.我们尽量地按照这一要求去做.为了学好数学基础课必须独立去做较多的习题.本书的习题依每节来安排,正文中共 768 道习题.为了便于教师选用,在书末给出了提示与解答,但希望学生不要轻易就看解答,应该力争由自己独立完成.各附录共有 76 道习题,都没有给出提示与解答.

我们深知要写好一本初等数论的教材绝非易事,虽然我们从事数论工作数十年,从 1978 年起就在山东大学与北京大学开设初等数论课程,但一直未敢动笔.现在为了适应教学需要,把我们多年所积累的讲稿进行挑选、补充和进一步加工整理,编写成这一本不够成熟,我们也仍不满意的教材,其中疏忽不当以至错误之处在所难免,切望同行和读者多多指正.

本书的出版得到了我们的母校北京大学教材建设委员会和北京大学出版社数理编辑室的大力支持;责任编辑刘勇同志改正了书稿中的许多笔误和疏漏,做了大量有益的工作,对此表示最衷心的感谢!

潘承洞　潘承彪

1991 年 11 月于北京

目　　录

符 号 说 明

书中未加说明的字母均表示整数. 以下是全书主要的通用符号,如在个别地方有不同含义则将明确说明. 其他符号在所用章节说明.

符号	含义
$\mathbf{N}$	全体自然数组成的集合,见第一章§1的式(1)
$\mathbf{Z}$	全体整数组成的集合,见第一章§1的式(2)
$\mathbf{Z}[x]$	全体一元整系数多项式组成的集合,见第一章§2的例4
$a\mid b$	a 整除 b,见第一章§2的定义1
$a\nmid b$	a 不整除 b,见第一章§2的定义1
p	素数(不可约数),见第一章§2的定义2
(a_1,a_2)	a_1 和 a_2 的最大公约数,见第一章§2的定义4
$(a_1,\cdots,a_k)$	$a_1,\cdots,a_k$ 的最大公约数,见第一章§2的定义4
$[a_1,a_2]$	a_1 和 a_2 的最小公倍数,见第一章§2的定义7
$[a_1,\cdots,a_k]$	$a_1,\cdots,a_k$ 的最小公倍数,见第一章§2的定义7
$\delta_m(a)$	a 对模 m 的指数,见第一章§4的例5,第五章§1的定义1
$\tau(n)$	除数函数,见第一章§5的推论6
$\sigma(n)$	除数和函数,见第一章§5的推论7
$\sum\limits_{d\mid a}$	对 a 的所有不同正因数求和,见第一章§5的式(15)
$\sum\limits_{p\mid a}$	对 a 的所有不同素因数求和,见第一章§5的式(16)
$\prod\limits_{d\mid a}$	对 a 的所有不同正因数 d 求积,见第一章§5的式(17)
$\prod\limits_{p\mid a}$	对 a 的所有不同素因数求积,见第一章§5的式(18)
$a^k\parallel b$	$a^k\mid b$, $a^{k+1}\nmid b(k\geqslant 1)$,见第一章§5习题五的第1题
$[x]$	实数 x 的整数部分,见第一章§7的定义1
$\{x\}$	实数 x 的小数部分,见第一章§7的定义1
$a\equiv b(\operatorname{mod} m)$	a 同余于 b 模 m,见第三章§1的定义1

$a \not\equiv b \pmod m$	a 不同余于 b 模 m，见第三章§1的定义1
$f(x) \equiv g(x) \pmod m$	多项式 $f(x)$ 同余于多项式 $g(x)$ 模 m，见第三章§1的定义2
$a^{-1} \pmod m$，a^{-1}	a 对模 m 的逆，见第三章§1的性质Ⅷ
$r \bmod m$	r 所属的模 m 的同余类，第三章§2的定义1
$\bigcup\limits_{y \bmod m}$	对模 m 的任意取定的一组完全剩余系$\{y\}$求并，见第三章§2的式(6)
$\varphi(n)$	Euler 函数，见第三章§2的定义3
$\sum\limits_{x \bmod m}{}'$	对模 m 的任意取定的一组既约剩余系$\{x\}$求和，见第三章§2的式(40)
$\sum\limits_{x \bmod m}$	对模 m 的任意取定的一组完全剩余系$\{x\}$求和，见第三章§2的式(41)
$\left(\frac{d}{p}\right)$	Legendre 符号，见第四章 §6的定义1
$\left(\frac{d}{P}\right)$	Jacobi 符号，见第四章 §7的定义1
$\gamma_{m,g}(a)$，$\gamma_g(a)$，$\gamma(a)$	a 对模 m 的(以 g 为底的)指标，见第五章§3的定义1
$\pi(x)$	不超过实数 x 的素数个数，见第八章引言部分
$\mu(n)$	Möbius 函数，见第八章§1的式(22)
$\Lambda(n)$	Mangoldt 函数，见第八章§2的式(34)
$\omega(n)$	n 的不同素因数的个数，见第九章§1的式(5)
$\Omega(n)$	n 的全部素因数的个数，见第九章§1的式(6)
$\chi(n;k)$，$\chi(n)$，$\chi \bmod k$	模 k 的 Dirichlet 特征，见第九章§4的定义1

第一章　整除理论

整除理论是初等数论的基础，它是对在小学就学过的关于整数的算术，主要是涉及除法运算的内容做抽象、系统的总结，在讨论中不能涉及分数. 这看起来似乎很简单，但是它的内涵是十分重要而深刻的. 本章的主要内容就是讨论整除理论，它包括最大公约数理论和数学中最重要、最基本、最著名的定理之一——算术基本定理，即每个大于 1 的正整数必可唯一地表示为若干个素数的乘积. 前者在 §4 中讨论，后者则在 §5 中讨论. 本章内容是这样安排的：为了使讨论自然和方便，在 §1 中先概述了熟知的有关正整数和整数的基本知识——加法、减法及乘法运算的概念与性质，大小关系及其性质. 特别是初步讨论了自然数的最重要的两个性质：自然数的归纳原理及由此推出的最小自然数原理. 这是建立整除理论的基础，特别是后者在本章及以后各章中经常要用到. 在 §2 中，讨论了整数整除的基本概念与最简单的性质(这些性质实质上是不涉及整数的加法、减法运算的)，进而引入了素数、合数、最大公约数及最小公倍数等概念，讨论了有关的最简单的性质. 在 §3 中，我们讨论了建立整除理论的重要工具：带余数除法(并介绍了它的若干应用)及辗转相除法. 在 §4 中，我们建立了最大公约数理论. 它是整除理论的核心内容，对此我们做了较全面的讨论，具体分两部分进行：第一部分，利用带余数除法建立了完整的最小公倍数与最大公约数理论. 在这一部分中，我们直接从定义出发，不需要利用最大公约数的明确表示式：一定存在整数 x_0, y_0，使得

$$(a,b) = ax_0 + by_0.$$

但在证明中要用到较高的技巧. 第二部分是在证明上式的基础上，利用它重新建立完整的最大公约数理论(这里不需要最小公倍数的概念与性质). 我们将对上式给出两个不同的证明，一是利用辗转相除法给出的构造性证明，而另一则是直接的非构造性证明. 在 §5 中，首先我们

利用§4中的结论证明了算术基本定理,并给出了它的重要应用;其次,我们给出了算术基本定理的不依赖于§4的直接证明,并指出由此亦可建立最大公约数理论.在§6中,我们对整除理论做了简单总结.在§7中,引入了一个在数学中十分有用的符号——实数 x 的整数部分 $[x]$,并讨论了它的性质.我们利用它给出了 $n!$ 的素数乘积的表达式.它是除算术基本定理之外,另一个刻画自然数与素数之间关系的十分重要的关系式.我们将在第八章§2中给出它的应用.

§1 自然数与整数

1.1 基本性质

我们先来回顾自然数与整数的基本知识.

自然数[①],也叫作**正整数**,就是大家所熟悉的

$$1,\ 2,\ 3,\ \cdots,\ n,\ n+1,\ \cdots. \tag{1}$$

我们以 $\mathbf{N}$ 表示由全体自然数(1)所组成的集合.**整数**就是指正整数、负整数及零,即

$$\cdots,-n-1,-n,\cdots,-3,-2,-1,0,1,2,3,\cdots,n,n+1,\cdots. \tag{2}$$

我们以 $\mathbf{Z}$ 表示由全体整数(2)所组成的集合.我们熟知的基本知识是:

(Ⅰ) 正整数集合中的**加法运算**"+":对任意的 $a,b\in\mathbf{N}$,有 $x\in\mathbf{N}$,使得 $x=a+b$,称 x 为 a 与 b 的"和",它满足以下性质:

(i) **结合律** $(a+b)+c=a+(b+c),a,b,c\in\mathbf{N}$.

(ii) **交换律** $a+b=b+a,\ a,b\in\mathbf{N}$.

(iii) **相消律** $a+b=a+c\Rightarrow b=c,a,b,c\in\mathbf{N}$.

但是,在 $\mathbf{N}$ 中对任意的 $a,b\in\mathbf{N}$,不一定有 $x\in\mathbf{N}$,使得 $a=b+x$,即在 $\mathbf{N}$ 中不一定能做加法运算的逆运算——减法运算"-".而在 $\mathbf{Z}$ 中,除了可做加法运算并满足以上性质外,还一定可做减法运算,即满足:

(iv) $a+0=a,a\in\mathbf{Z}$.

---

① 由于某种需要,一些书上把0也作为自然数.本书不采用这样的说法,因为0是很不"自然"的数.

(v) 对任意的 $a,b\in\mathbf{Z}$,有 $x\in\mathbf{Z}$,使得

$$a=b+x.$$

称 x 是 a 与 b 的"**差**",记作 $x=a-b$. 这就是减法运算 $a-b$ 的定义.

(Ⅱ) 在整数集合中可做**乘法运算**"·",但不一定可做乘法运算的逆运算——除法运算. 乘法运算满足以下性质:

(i) **结合律**　$(a\cdot b)\cdot c=a\cdot(b\cdot c)$, $a,b,c\in\mathbf{Z}$;

(ii) **交换律**　$a\cdot b=b\cdot a$, $a,b\in\mathbf{Z}$;

(iii) **相消律**　若 $a\neq 0$, $a\cdot b=a\cdot c$,则

$$b=c,\quad a,b,c\in\mathbf{Z};$$

(iv) $0\cdot a=0$, $a\in\mathbf{Z}$;

(v) $1\cdot a=a$, $a\in\mathbf{Z}$;

(vi) **加法与乘法的分配律**

$$(a+b)\cdot c=a\cdot c+b\cdot c,\quad a,b,c\in\mathbf{Z}.$$

称 $a\cdot b$ 为 a 与 b 的**乘积**,简称**积**. 为了简单起见,乘积 $a\cdot b$ 也记作 ab.

(Ⅲ) 在整数中有**大小**(**即顺序**)关系,并用符号 $\leqslant,<,\geqslant,>$ 等来表示[①]. 整数的大小关系有以下性质:

(i) 对任意的 $a,b\in\mathbf{Z}$,关系

$$a=b,\quad a<b,\quad b<a$$

有且仅有一个成立;

(ii) **自反性**　$a\leqslant a$, $a\in\mathbf{Z}$;

(iii) **反对称性**　对任意的 $a,b\in\mathbf{Z}$,若 $a\leqslant b$ 且 $b\leqslant a$,则 $a=b$;

(iv) **传递性**　对任意的 $a,b,c\in\mathbf{Z}$,若 $a\leqslant b$ 且 $b\leqslant c$,则 $a\leqslant c$,等号当且仅当 $a=b$, $b=c$ 均成立时才成立;

(v) 对任意的 $a,b,c\in\mathbf{Z}$, $a+c\leqslant b+c\Longleftrightarrow a\leqslant b$;

(vi) 对任意的 $a,b,c\in\mathbf{N}$,若 $c=ab$,则 $a\leqslant c$,等号当且仅当 $b=1$ 时成立;

(vii) 对任意的 $a,b\in\mathbf{Z}$ 及 $c\in\mathbf{N}$, $ac\leqslant bc\Longleftrightarrow a\leqslant b$;

(viii) 对任意的 $a,b\in\mathbf{Z}$, $a\leqslant b\Longleftrightarrow -a\geqslant -b$.

---

① $b\geqslant a$ 即 $a\leqslant b$, $a<b$ 表示 $a\leqslant b$ 且 $a\neq b$, $b>a$ 即 $a<b$.

(Ⅳ) 在整数中还引入了**绝对值**的概念：

$$|a|=\begin{cases}a, & a\in \mathbf{N},\\ 0, & a=0,\\ -a, & -a\in \mathbf{N}.\end{cases}$$

它显然具有性质：

(i) $|ab|=|a||b|$, $a,b\in \mathbf{Z}$;

(ii) $|a+b|\leqslant|a|+|b|$, $a,b\in \mathbf{Z}$.

1.2 最小自然数原理与数学归纳原理

应该指出，自然数完全源于经验，它的概念、符号、运算、关系和性质，都是人们在实践经验的基础上逐步积累总结而形成的，被认为是"显然"正确的. 在此基础上，合理地引入了"零"和"负整数"，得到整数的概念，它的性质是在自然数性质的基础之上，严格地建立起来的. 随着数学的发展，人们开始思考究竟什么是"自然数"，它的概念、运算、关系和性质在理论上是否正确. 经过数学家的不断研究，最终由 G. Peano 在 1889 年用公理化方法完成了这一工作. 他把"自然数"定义为这样一个集合 $\mathbf{N}$：首先，在这个集合的元素间引入了一种称为"后继"的关系；其次，要求它的元素及这种关系满足一组他所提出的公理. 这样的集合就称为自然数集合，它的元素就称为自然数. 在附录一中，我们将详细讨论 Peano 公理. 在此基础上，我们所熟知的自然数的运算、关系及性质都可给出严格的定义与证明. 简单来说，自然数的本质属性是由归纳原理(或称**归纳公理**)刻画的. 归纳原理是自然数公理化定义的核心，用通常的语言可表述如下：

归纳原理 设 S 是 $\mathbf{N}$ 的一个子集，满足条件：

(i) $1\in S$;

(ii) 如果 $n\in S$，那么 $n+1\in S$，

则 $S=\mathbf{N}$.

应该指出，在严格的表述中，这里的加法运算"+"是用"后继"关系来刻画的(见附录一). 这一原理是我们常用的数学归纳法的基础，两者实际上是一回事.

定理 1(数学归纳法) 设 $P(n)$ 是关于自然数 n 的一种性质或命题.如果

(i) 当 $n=1$ 时,$P(1)$ 成立;

(ii) 由 $P(n)$ 成立必可推出 $P(n+1)$ 成立,

那么 $P(n)$ 对所有自然数 n 成立.

证 设使 $P(n)$ 成立的所有自然数 n 组成的集合是 S,则 S 是 $\mathbf{N}$ 的子集.由条件(i)知 $1\in S$;由条件(ii)知,若 $n\in S$,则 $n+1\in S$.所以,由归纳原理知 $S=\mathbf{N}$.证毕.

整除理论和初等数论的基本内容远在 Peano 公理提出之前就已经建立起来了,当然不会用到归纳原理和数学归纳法.那时人们利用的是"公认"正确的性质,也就是下面的最小自然数原理及最大自然数原理.由归纳原理可以证明这两个在数学中,特别是初等数论中常用的自然数的重要性质.

定理 2(最小自然数原理) 设 T 是 $\mathbf{N}$ 的一个非空子集,则必有 $t_0\in T$,使得对任意的 $t\in T$,有 $t_0\leqslant t$,即 t_0 是 T 中的最小自然数.

证 考虑由所有这样的自然数 s 组成的集合 S:对任意的 $t\in T$,有 $s\leqslant t$.由于 1 满足这样的条件,所以 $1\in S$,S 非空.此外,若 $t_1\in T$(因 T 非空,故必有 t_1),则 $t_1+1>t_1$,所以 $t_1+1\notin S$.由这两点及归纳原理就推出:必有 $s_0\in S$,使得 $s_0+1\notin S$(为什么).我们来证明必有 $s_0\in T$.若不然,则对任意的 $t\in T$,必有 $t>s_0$,因而 $t\geqslant s_0+1$.这表明 $s_0+1\in S$,矛盾.取 $t_0=s_0$ 就证明了定理 2.

定理 3(最大自然数原理) 设 M 是 $\mathbf{N}$ 的非空子集.若 M 有上界,即存在 $a\in\mathbf{N}$,使得对任意的 $m\in M$,有 $m\leqslant a$,则必有 $m_0\in M$,使得对任意的 $m\in M$,有 $m\leqslant m_0$,即 m_0 是 M 中的最大自然数.

证 考虑由所有这样的自然数 t 组成的集合 T:对任意的 $m\in M$,有 $m\leqslant t$.由条件知 $a\in T$,所以 T 非空.由定理 2 知,集合 T 中有最小自然数 t_0.我们来证明 $t_0\in M$.若不然,则对任意的 $m\in M$,必有 $m<t_0$,因而 $m\leqslant t_0-1$.这样就推出 $t_0-1\in T$,但这和 t_0 的最小性矛盾.取 $m_0=t_0$ 就证明了定理 3.

定理 2 和定理 3 是等价的,请读者自己证明.

最小自然数原理是我们常用的第二种数学归纳法的基础.

定理 4(第二种数学归纳法)　设 $P(n)$是关于自然数 n 的一种性质或命题.如果

(i) 当 $n=1$ 时,$P(1)$成立;

(ii) 对 $n>1$,若对所有的自然数 $m<n$,$P(m)$成立,则必可推出 $P(n)$成立,

那么 $P(n)$对所有自然数 n 成立.

证　用反证法.若定理不成立,设 T 是使 $P(n)$不成立的所有自然数组成的集合,则 T 非空.由定理 2 知,集合 T 必有最小自然数 t_0.由于 $P(1)$成立,所以 $t_0>1$.由条件(ii)(取 $n=t_0$)知,必有自然数 $m<t_0$,使得 $P(m)$不成立.由 T 的定义知 $m\in T$,但这和 t_0 的最小性矛盾.证毕.

有的读者可能会感到奇怪,为什么这些"显然"正确的事实,在这里作为重要的定理列出并加以证明,认为这样是没有必要的.关于这一点,我们不想在此做进一步的讨论,也不要求读者去深入探究,因为这涉及数学的一些基本问题.有兴趣的读者,特别是准备当教师的读者,为了对"自然数"有更正确的认识,可阅读附录一,那里介绍了自然数的公理化定义,并初步讨论了上面所提的问题(亦见附录一的习题).这里特别要指出的是:尽管凡是用数学归纳法证明的命题都可用最小自然数原理来证明,但是国内外不少书籍中的断言"由最小自然数原理可推出归纳原理"都是错误的[①].在附录一中指出了这为什么是错误的.

以上列出的性质和定理是初等数论的基础,读者必须熟练掌握.

此外,在初等数论中还经常用到的一个工具是:

定理 5(鸽巢原理)[②]　设 n 是一个自然数.现有 n 个盒子和 $n+1$

---

① 例如:《数学归纳法》(华罗庚著,科学出版社,2002 年)中就有这样的错误断言和错误证明(见第 82 页倒数第 2 行至第 83 页第 5 行).更应指出的是:该书中所给出的由数学归纳法推出最小自然数原理的"证明"也是错误的.这是因为作者混淆了第一种数学归纳法(即数学归纳法)与第二种数学归纳法,这个"证明"实际上是由第二种数学归纳法推出最小自然数原理.事实上,第二种数学归纳法与最小自然数原理是等价的.虽然出现了这样的理论上的疏忽,但这是学习如何应用数学归纳法的一本很好的书.参看附录一.

② 亦称为**盒子原理**或 **Dirichlet 原理**.

个物体.无论怎样把这 $n+1$ 个物体放入这 n 个盒子中,一定有一个盒子,它被放了两个或两个以上的物体.

证　用反证法.假设结论不成立,即每个盒子中至多有一个物体,那么这 n 个盒子中总共有的物体个数小于或等于 n.这和 $n+1$ 个物体被放到了这 n 个盒子中相矛盾.证毕.

习　题　一①

1. 设 k_0 是给定的整数,$P(n)$是关于整数 n 的一种性质或命题.证明:如果

(i) 当 $n=k_0$ 时,$P(k_0)$成立;

(ii) 由 $P(n)$成立可推出 $P(n+1)$成立,

那么 $P(n)$对所有整数 $n\geqslant k_0$ 成立.

2. 在上题的条件下,证明:如果

(i) 当 $n=k_0$ 时,$P(k_0)$成立;

(ii) 对 $n>k_0$,由对所有的 $m(k_0\leqslant m<n)$,$P(m)$成立,可推出 $P(n)$成立,

那么 $P(n)$对所有正整数 $n\geqslant k_0$ 成立.

3. 设 T 是一个由整数组成的集合.证明:若 T 中有正整数,则 T 中必有最小正整数.

4. 设 T 是一个由整数组成的集合.证明:若 T 有下界,即存在整数 a,使得对所有的 $t\in T$,有 $t\geqslant a$,则必有 $t_0\in T$,使得对所有的 $t\in T$,有 $t\geqslant t_0$.

5. 设 M 是一个由整数组成的集合.证明:若 M 有上界,即存在整数 a,使得对所有的 $m\in M$,有 $m\leqslant a$,则必有 $m_0\in M$,使得对所有的 $m\in M$,有 $m\leqslant m_0$.

6. 设 $a\geqslant 2$ 是给定的正整数.证明:

① 做本章的习题时必须按照以下要求:只能用所做的这道题之前讲过的内容和做过的习题结论去做,而不许用这道题之后讲的内容和未做过的习题结论.这是为了更好地理解理论体系的逻辑结构.

(i) 对任一正整数 n,有 $n<a^n$;

(ii) 对任一正整数 n,有唯一的整数 $k\geqslant 0$,使得 $a^k\leqslant n<a^{k+1}$.

* * * * * *

可以做的 IMO 试题(见附录四): [8.1],[16.1],[16.4],[22.3],[22.6],[23.1],[28.3],[31.5],[32.6],[36.4].

§2 整除的基本知识

2.1 整除的定义与基本性质

定义 1 设 $a,b\in\mathbf{Z},a\neq 0$. 如果存在 $q\in\mathbf{Z}$,使得 $b=aq$,那么就说 b **被** a **整除**,或者 a **整除** b,记作 $a|b$,且称 b 是 a 的**倍数**,a 是 b 的**约数**(也可称为**因数**、**除数**). b 不能被 a 整除就记作 $a\nmid b$.

由定义 1 及乘法运算的性质,立即可推出整除关系有下面定理 1 所给出的性质(注意: 符号 $a|b$ 本身包含了条件 $a\neq 0$).

定理 1 (i) $a|b\Longleftrightarrow -a|b\Longleftrightarrow a|-b\Longleftrightarrow |a|\,\big|\,|b|$;

(ii) $a|b$ 且 $b|c\Rightarrow a|c$;

(iii) $a|b$ 且 $a|c\Longleftrightarrow$ 对任意的 $x,y\in\mathbf{Z}$,有 $a|bx+cy$.

一般地,$a|b_1,\cdots,a|b_k$ 同时成立$\Longleftrightarrow$对任意的 $x_1,\cdots,x_k\in\mathbf{Z}$,有

$$a|b_1x_1+\cdots+b_kx_k.$$

(iv) 设 $m\in\mathbf{Z},m\neq 0$,则 $a|b\Longleftrightarrow ma|mb$.

(v) $a|b$ 且 $b|a\Rightarrow b=\pm a$.

(vi) 设 $b\neq 0$,则 $a|b\Rightarrow |a|\leqslant|b|$.

(vii) 设 $a\neq 0,b=qa+c$,则 $a|b$ 的充要条件是 $a|c$.

证 由 $b=aq\Longleftrightarrow b=(-a)(-q)\Longleftrightarrow -b=a(-q)\Longleftrightarrow |b|=|a||q|$ 证明了(i). 由 $b=aq_1$ 和 $c=bq_2$ 可推出 $c=a(q_1q_2)$. 这就证明了(ii). 由 $b=aq_1,c=aq_2$ 可推出 $bx+cy=a(q_1x+q_2y)$. 这就证明了(iii)的必要性. 取 $x=1,y=0$ 及 $x=0,y=1$ 就可推出(iii)的充分性. 一般结论的证明留给读者. 由乘法相消律知,当 $m\neq 0$ 时,

$$b=aq\Longleftrightarrow mb=(ma)q.$$

这就证明了(iv). 由 $b=aq_1$ 和 $a=bq_2$ 可推出 $a=a(q_1q_2)$. 由此及 $a\neq0$ 可推出 $q_1q_2=1$,所以 $q_1=\pm1$. 这就证明了(v). 由(i)知,从 $a|b$ 可推出 $|b|=|a||q|$,q 为某个整数. 由 $b\neq0$ 知 $|q|\geqslant1$. 这就证明了(vi). (vii)的证明留给读者.

以上这些性质虽然十分简单,但是非常重要,它们是解决问题的基本思想、方法与技巧. 下面举例说明.(请读者指出,每一步推导中用到了定义 1 或定理 1 中的哪一个性质.)

例 1 证明:若 $3|n$ 且 $7|n$,则 $21|n$.

证 由 $3|n$ 知 $n=3m$,m 为某个整数,所以 $7|3m$. 由此及 $7|7m$ 得

$$7|7m-2\cdot3m=m,$$

因而有 $21|n$.

例 2 设 $a=2t-1$. 证明:

(i) 若 $a|2n$,则 $a|n$; (ii) 若 $2|ab$,则 $2|b$.

证 由 $a|2tn$ 得 $a|2tn-an$,又知 $2tn=an+n$,得 $a|n$. 这就证明了(i). 由于 $ab=2tb-b$,$b=2tb-ab$,所以 $2|b$. 这就证明了(ii).

例 3 设 a,b 是两个给定的非零整数,且有整数 x,y,使得 $ax+by=1$. 证明:

(i) 若 $a|n$ 且 $b|n$,则 $ab|n$; (ii) 若 $a|bn$,则 $a|n$.

证 由 $n=n(ax+by)=(na)x+(nb)y$ 及 $ab|na$,$ab|nb$ 可推出 $ab|n$. 这就证明了(i). 注意到 $7\cdot1+3\cdot(-2)=1$,由此也证明了例 1. 由 $byn=(1-ax)n$,$n=byn+axn$ 可推出 $a|n$. 这就证明了(ii).

例 4 设 $f(x)=a_nx^n+a_{n-1}x^{n-1}+\cdots+a_1x+a_0\in\mathbf{Z}[x]$,其中 $\mathbf{Z}[x]$ 表示全体一元整系数多项式所组成的集合. 证明:若 $d|b-c$,则

$$d|f(b)-f(c).$$

特别地,有

$$b-c|f(b)-f(c).$$

证 我们有

$$f(b)-f(c)=a_n(b^n-c^n)+a_{n-1}(b^{n-1}-c^{n-1})+\cdots+a_1(b-c).$$

由此及 $b-c|b^j-c^j$ 就推出所要的结论.

由定义 1 知,对于一个整数 $a\neq0$,它的所有倍数是

$$qa, \quad q=0, \pm 1, \pm 2, \cdots,$$

它们组成的**集合**是完全确定的，通常记作

$$a\mathbf{Z}. \tag{1}$$

零是所有非零整数的倍数. 但是，关于一个整数 $b\neq 0$ 的约数一般就知道得不多了. 显见，$\pm 1, \pm b$（当 $b=\pm 1$ 时，只有两个）一定是 b 的约数，它们称为 b 的**显然约（因、除）数**；b 的其他约数（如果有的话）称为 b 的**非显然约（因、除）数或真约（因、除）数**. 由定理 1(vi) 知，$b\neq 0$ 的约数个数只有有限个. 例如：当 $b=12$ 时，b 的全体约数是

$$\pm 1, \pm 2, \pm 3, \pm 4, \pm 6, \pm 12,$$

其中非显然约数有八个. 当 $b=7$ 时，b 的全体约数是

$$\pm 1, \pm 7,$$

它没有非显然约数. 下面关于约数的性质是有用的.

定理 2 设整数 $b\neq 0$，$d_1, d_2, \cdots, d_k$ 是 b 的全体约数，则 b/d_1，$b/d_2, \cdots, b/d_k$ 也是它的全体约数. 也就是说，当 d 遍历 b 的全体约数时，b/d 也遍历 b 的全体约数. 此外，若 $b>0$，则当 d 遍历 b 的全体正约数时，b/d 也遍历 b 的全体正约数.

证 当 $d_j \mid b$ 时，b/d_j 是整数，$b=d_j(b/d_j)$，所以 b/d_j 也是 b 的约数，且当 $d_i\neq d_j$ 时，$b/d_i\neq b/d_j$. 这样，$b/d_1, b/d_2, \cdots, b/d_k$ 是 k 个两两不同的 b 的约数. 由于 b 的约数的个数是一定的，这就证明了第一个结论. 只要注意到 b 的正约数的个数也是一定的[由定理 1(i) 知，所有的约数中一半是正的、一半是负的]，由同样的讨论就推出第二个结论.

例如：当 $b=12$ 时，我们有

$$d=\pm 1, \pm 2, \pm 3, \pm 4, \pm 6, \pm 12.$$

$$b/d=\pm 12, \pm 6, \pm 4, \pm 3, \pm 2, \pm 1.$$

2.2 素数与合数

上面已经看到，有的数（例如 12）有非显然约数，而有的数（例如 7）只有显然约数. 因此，从约数，即从整除的观点来看，整数有不同的特性，可以由此来对整数分类. 这样的分类在整数中有特别重要的作用.

定义 2[①] 设整数 $p\neq 0,\pm 1$. 如果 p 除了显然约数 $\pm 1,\pm p$ 外没有其他约数，那么就称 p 为**不可约数**，也称为**素数**. 若 $a\neq 0,\pm 1$，且 a 不是不可约数，则称 a 为**合数**.

这样，全体整数就被分为四类：$0,\pm 1$，不可约数(素数)，合数.

在初等数论书中，大多用“素数”这一术语，而不用“不可约数”. 从给出的定义 2 看，虽然用“不可约数”这一名词更为贴切，但为了符合习惯，下面我们将用“素数”这一术语，且假定它是正的. 关于这两个名词的意义的讨论可参看附录二.

当 $p\neq 0,\pm 1$ 时，由于 p 和 $-p$ 必同为素数或合数，所以以后若没有特别说明，**素数总是指正的**. 例如：

$$2,\ 3,\ 5,\ 7,\ 11,\ 13,\ 17,\ 19,\ 23,\ 29,\ 31$$

都是素数.

由定义 2 立即推出如下定理(请读者自己证明)：

定理 3 (i) $a(a>1)$是合数的充要条件是

$$a=de,\quad 1<d<a,\ 1<e<a;$$

(ii) 若 $d>1$，q 是素数且 $d\mid q$，则 $d=q$.

定理 4 若 a 是合数，则必有素数 p，使得 $p\mid a$.

证 由定义 2 知，a 必有因数 $d\geqslant 2$. 设集合 T 由 a 的所有满足 $d\geqslant 2$ 的因数 d 组成. 由最小自然数原理知集合 T 中必有最小的自然数，设为 p. p 一定是素数. 若不然，$p\geqslant 2$ 是合数，由定理 3(i)知 p 必有因数 d'：$2\leqslant d'<p$. 显然 d'属于 T，这和 p 的最小性矛盾. 证毕.

如果一个整数的因数是素数，那么这个因数就称为**素因数**.

关于合数与素数的关系，有以下结论：

定理 5 设整数 $a\geqslant 2$，那么 a 一定可表示为素数的乘积(包括 a 本身是素数)，即

$$a=p_1p_2\cdots p_s,$$

其中 $p_i(1\leqslant i\leqslant s)$是素数.

---

① 历史上，素数是在自然数集合中定义的，所以素数总是正的. 这里，为了方便起见，在整数集合中定义素数.

证　我们用反证法和最小自然数原理来证明. 假设结论不成立,则存在大于或等于 2 的正整数,它不可表示为素数的乘积. 设所有这种正整数组成的集合为 T,则它是非空的. 设 n_0 是 T 中的最小正整数. 显见,n_0 一定是合数(为什么),所以必有 $n_0=n_1n_2$,$2\leqslant n_1,n_2<n_0$. 由假设及 n_0 的最小性知,n_1,n_2 不属于集合 T,所以都可表示为素数的乘积:

$$n_1=p_{11}\cdots p_{1s},\quad n_2=p_{21}\cdots p_{2r},$$

其中 $p_{1j}(1\leqslant j\leqslant s)$,$p_{2k}(1\leqslant k\leqslant r)$是素数. 这样,就把 n_0 表示为素数的乘积:

$$n_0=n_1n_2=p_{11}\cdots p_{1s}p_{21}\cdots p_{2r}.$$

这与假设矛盾. 证毕.

当然,我们也可以用第二种数学归纳法来证明定理 5,请读者自己证明.

例如:1260 的不相同的素因数是 2,3,5,7,共四个:

$$1260=2\cdot 2\cdot 3\cdot 3\cdot 5\cdot 7=2^2\cdot 3^2\cdot 5\cdot 7.$$

所以,1260 共有六个素因数(包括相同的). 一个立刻会想到的问题是:定理 5 中的表示式在不计 $p_i(1\leqslant i\leqslant s)$次序的意义下是否是唯一的?回答是肯定的,这就是著名的算术基本定理(见 § 5 定理 2).

从定理 5 容易推出(证明留给读者):

推论 6　设整数 $a\geqslant 2$.

(i) 若 a 是合数,则必有素数 p,使得 $p\mid a$,$p\leqslant a^{1/2}$;

(ii) 若 a 有定理 5 中的表示式,则必有素数 p,使得 $p\mid a$,$p\leqslant a^{1/s}$.

例如:当 $a=1260$ 时,$s=6$. 这时,1260 的素因数 2 就满足

$$2<1260^{1/6}\approx 3.28\cdots.$$

推论 6(i)给出了一个寻找素数的有效方法. 例如:为了求出不超过 100(或任给的正整数 N)的所有素数,只要把 1 及不超过 100(或 N)的所有正合数都删去即可. 由推论 6 知,不超过 100(或 N)的正合数 a 必有一个素因数 $p\leqslant a^{1/2}\leqslant 100^{1/2}=10$(或 $N^{1/2}$),因而只要先求出不超过 10(或 $N^{1/2}$)的全部素数 2,3,5,7(或 $p_1,\cdots,p_s$),然后依次把不超过 100(或 N)的正整数中的除了 2,3,5,7(或 $p_1,\cdots,p_s$)以外的 2 的倍数、3 的倍数、5 的倍数、7 的倍数(或 p_1 的倍数……p_s 的倍数)全部删去,就删去了不超过 100(或 N)的全部正合数,剩下的正好就是不超过 100

(或 N)的全部素数. 具体做法如下(取 $N=100$):

~~1~~ 2 3 ~~4~~ 5 ~~6~~ 7 ~~8~~ ~~9~~ ~~10~~ 11 ~~12~~
13 ~~14~~ ~~15~~ ~~16~~ 17 ~~18~~ 19 ~~20~~ ~~21~~ ~~22~~ 23 ~~24~~
~~25~~ ~~26~~ ~~27~~ ~~28~~ 29 ~~30~~ 31 ~~32~~ ~~33~~ ~~34~~ ~~35~~ ~~36~~
37 ~~38~~ ~~39~~ ~~40~~ 41 ~~42~~ 43 ~~44~~ ~~45~~ ~~46~~ 47 ~~48~~
~~49~~ ~~50~~ ~~51~~ ~~52~~ 53 ~~54~~ ~~55~~ ~~56~~ ~~57~~ ~~58~~ 59 ~~60~~
61 ~~62~~ ~~63~~ ~~64~~ ~~65~~ ~~66~~ 67 ~~68~~ ~~69~~ ~~70~~ 71 ~~72~~
73 ~~74~~ ~~75~~ ~~76~~ ~~77~~ ~~78~~ 79 ~~80~~ ~~81~~ ~~82~~ 83 ~~84~~
~~85~~ ~~86~~ ~~87~~ ~~88~~ 89 ~~90~~ ~~91~~ ~~92~~ ~~93~~ ~~94~~ ~~95~~ ~~96~~
97 ~~98~~ ~~99~~ ~~100~~

可以看出,上面没有删去的数是

2, 3, 5, 7, 11, 13, 17, 19, 23, 29, 31, 37, 41, 43,
47, 53, 59, 61, 67, 71, 73, 79, 83, 89, 97,

共 25 个,它们就是不超过 100 的全部素数. 从这不超过 100 的 25 个素数出发,重复上面的做法,就可找出不超过 $100^2=10\,000$ 的全部素数. 这种寻找素数的方法,通常叫作 **Eratosthenes 筛法.**

数学中的一个著名的定理是:

定理 7 素数有无穷多个.

证 用反证法. 假设只有有限个素数(注意,已约定素数一定是正的),它们是 $q_1, q_2, \cdots, q_k$. 考虑 $a=q_1q_2\cdots q_k+1$. 显见,$a>2$ 及 $a>q_i$, $1\leqslant i\leqslant k$. 由假设知 a 为合数. 由定理 4 知,必有素数 p,使得 $p\mid a$. 由假设知 p 必等于某个 q_j,因而 $p=q_j$ 一定整除 $a-q_1q_2\cdots q_k=1$,但素数 $q_j\geqslant 2$. 这是不可能的,矛盾. 因此,假设是错误的,即素数必有无穷多个.

设 $q_1=2, q_2=3, q_3=5, q_4, q_5, \cdots$ 是全体素数按由小到大顺序排成的序列(前 25 项已在上面求出)以及

$$Q_k=q_1q_2\cdots q_k+1.$$

由直接计算得

$$Q_1=3,\quad Q_2=7,\quad Q_3=31,\quad Q_4=211,\quad Q_5=2311,$$
$$Q_6=59\cdot 509,\quad Q_7=19\cdot 97\cdot 277,\quad Q_8=347\cdot 27\,953,$$
$$Q_9=317\cdot 703\,763,\quad Q_{10}=331\cdot 571\cdot 34\,231,$$

这里前五个是素数,后五个是合数,但 Q_k 的素因数都比 q_k 大. 至今还

不知道是否有无穷多个 k 使 Q_k 是素数,也不知道是否有无穷多个 k 使 Q_k 是合数.

研究素数的性质是数论的核心问题之一,至今我们对这一问题还了解不多.我们将在第八章对素数的个数做初步的讨论.

2.3　最大公约数与最小公倍数

现在来引入最大公约数与最小公倍数的概念,并讨论它们最基本的性质.

定义 3　设 a_1,a_2 是两个整数.如果 $d|a_1$ 且 $d|a_2$,那么就称 d 为 a_1 和 a_2 的**公约数**.一般地,设 $a_1,\cdots,a_k$ 是 k 个整数.如果 $d|a_1,\cdots,d|a_k$,那么就称 d 为 $a_1,\cdots,a_k$ 的**公约数**.

例如:对于 $a_1=12,a_2=18$,它们的公约数是 $\pm1,\pm2,\pm3,\pm6$;对于 $a_1=6,a_2=10,a_3=-15$,它们的公约数是 ±1;n 和 $n+1$ 的公约数是 ±1.当 $a_1,\cdots,a_k$ 中有一个不为零时,由定理 1(vi)知它们的公约数的个数有限.因此,可引入下面的定义:

定义 4　设 a_1,a_2 是两个不全为零的整数.我们把 a_1 和 a_2 的公约数中最大的数称为 a_1 和 a_2 的**最大公约数**,记作 (a_1,a_2).一般地,设 $a_1,\cdots,a_k$ 是 k 个不全为零的整数.我们把 $a_1,\cdots,a_k$ 的公约数中最大的数称为 $a_1,\cdots,a_k$ 的**最大公约数**①,记作 $(a_1,\cdots,a_k)$.当 $k=1$ 时,(a_1) 就表示 a_1 的约数中最大的数.我们用 $\mathscr{D}(a_1,\cdots,a_k)$ 表示 $a_1,\cdots,a_k$ 的所有公约数组成的集合.当 $k=1$ 时,$\mathscr{D}(a_1)$ 就表示 a_1 的所有约数组成的集合.这样就有

$$
\begin{aligned}
(a_1) &= \max(d:d\in\mathscr{D}(a_1))=|a_1|,\\
(a_1,a_2) &= \max(d:d\in\mathscr{D}(a_1,a_2)),\\
(a_1,\cdots,a_k) &= \max(d:d\in\mathscr{D}(a_1,\cdots,a_k)).
\end{aligned}
\tag{2}
$$

前面所举的例子表明:

$$\mathscr{D}(12,18)=\{\pm1,\pm2,\pm3,\pm6\},\quad (12,18)=6;$$

---

① 有的书是这样定义最大公约数的,先按定义 3 和定义 4 定义两个数的最大公约数,然后利用数学归纳法来定义多个数的最大公约数,即 $(a_1,\cdots,a_{k-1},a_k)=((a_1,\cdots,a_{k-1}),a_k)$,$k>2$.这样的定义从逻辑上看是不科学的.

$\mathscr{D}(6,10,-15)=\{\pm 1\}$， $(6,10,-15)=1$； $(n,n+1)=1$.

由定义 4 立即推出以下性质：

定理 8 (i) $(a_1,a_2)=(a_2,a_1)=(-a_1,a_2)=(|a_1|,|a_2|)$.

一般地，有

$$(a_1,a_2,\cdots,a_i,\cdots,a_k)=(a_i,a_2,\cdots,a_1,\cdots,a_k)$$
$$=(-a_1,a_2,\cdots,a_k)=(|a_1|,\cdots,|a_i|,\cdots,|a_k|).$$

(ii) 若 $a_1|a_j(2\leqslant j\leqslant k)$，则

$$(a_1,a_2)=(a_1,a_2,\cdots,a_k)=(a_1)=|a_1|.$$

(iii) 对任意的整数 x，有

$$(a_1,a_2)=(a_1,a_2,a_1x),\quad (a_1,\cdots,a_k)=(a_1,\cdots,a_k,a_1x).$$

(iv) 对任意的整数 x，有

$$(a_1,a_2)=(a_1,a_2+a_1x),$$
$$(a_1,a_2,a_3,\cdots,a_k)=(a_1,a_2+a_1x,a_3,\cdots,a_k).$$

(v) 若 p 是素数，则

$$(p,a_1)=\begin{cases}p, & p|a_1,\\ 1, & p\nmid a_1.\end{cases}$$

一般地，有

$$(p,a_1,\cdots,a_k)=\begin{cases}p, & p|a_j(1\leqslant j\leqslant k),\\ 1, & \text{其他}.\end{cases}$$

证 根据公约数的定义及整除性质推出

$$\mathscr{D}(a_1,a_2)=\mathscr{D}(a_2,a_1)=\mathscr{D}(-a_1,a_2)=\mathscr{D}(|a_1|,|a_2|),$$
$$\mathscr{D}(a_1,a_2)=\mathscr{D}(a_1,a_2,a_1x),\quad x\in\mathbf{Z},$$
$$\mathscr{D}(a_1,a_2)=\mathscr{D}(a_1,a_2+a_1x),\quad x\in\mathbf{Z}.$$

由此及最大公约数的定义就分别证明了(i)，(iii)，(iv)当 $k=2$ 时成立，$k>2$ 的情形同样证明.(ii)可由定理 1(vi)推出.(v)可由素数的定义及(ii)推出.证毕.

应该指出的是：由定理 1(iii)可清楚地看出，$a_1,\cdots,a_k$ 的全体公约数组成的有限集合 $\mathscr{D}(a_1,\cdots,a_k)$与确定的无限集合

$$\{a_1x_1+\cdots+a_kx_k:\ x_1,\cdots,x_k\in\mathbf{Z}\}\tag{3}$$

的全体公约数组成的集合是相同的.因此，可以用这个无限集合来刻画

最大公约数.这种联系是十分重要的,它是近代数论的重要思想. §4 的定理 8 将给出有关这种联系的一个重要结论.

下面举例说明如何用定理 8 来求最大公约数.请读者自己指出,在每一步推导中用到了定理 8 中的哪一个性质.

例 5　(i) 对任意的整数 n,有

$$(21n+4,14n+3)=(7n+1,14n+3)=(7n+1,1)=1.$$

(ii) 对任意的整数 n,有

$$(n-1,n+1)=(n-1,2)=\begin{cases}1, & 2\mid n,\\ 2, & 2\nmid n.\end{cases}$$

(iii) $(30,45,84)=(30,15,84)=(0,15,84)=(15,84)$

$$=(15,-6)=(3,-6)=3.$$

(iv) 对任意的整数 n,有

$$(2n-1,n-2)=(2n-1-2(n-2),n-2)=(3,n-2)$$

$$=\begin{cases}3, & 3\mid n-2,\\ 1, & 3\nmid n-2.\end{cases}$$

(v) 设 a,m,n 是正整数,$m>n$.由 $a^{2^n}+1\mid a^{2^m}-1$ 知

$$(a^{2^m}+1,a^{2^n}+1)=(a^{2^m}-1+2,a^{2^n}+1)$$

$$=(2,a^{2^n}+1)=\begin{cases}1, & 2\mid a,\\ 2, & 2\nmid a.\end{cases}$$

一组数的最大公约数等于 1 是刻画这组数之间关系的一个重要性质.为此,引入刻画这一特性的术语.

定义 5　若$(a_1,a_2)=1$,则称 a_1 和 a_2 是**既约**的,或是**互素**的.一般地,若$(a_1,\cdots,a_k)=1$,则称 $a_1,\cdots,a_k$ 是**既约**的,或是**互素**的.

例如:2 和 $2n+1$ 既约;对任意的 n,$21n+4$ 和 $14n+3$ 既约;6,10,-15 既约,但它们中任意两个数都不既约,因为$(6,10)=2$,$(10,-15)=5$,$(-15,6)=3$.下面的定理对判断一组数是否既约是有用的.

定理 9　如果存在整数 $x_1,\cdots,x_k$,使得 $a_1x_1+\cdots+a_kx_k=1$,则 $a_1,\cdots,a_k$ 是既约的.

证　因为 $a_1,\cdots,a_k$ 的任一公约数 d 一定整除 1,所以必有 $d=\pm1$.这就证明了所要的结论.

以后将证明条件 $a_1x_1+\cdots+a_kx_k=1$ 也是 $a_1,\cdots,a_k$ 既约的必要条件. 利用定理 9 也可证明例 5(i)的结论,因为

$$3(14n+3)+(-2)(21n+4)=1.$$

由定义 4 还可推出最大公约数的以下性质:

定理 10 设正整数 $m\mid(a_1,\cdots,a_k)$. 我们有

$$m(a_1/m,\cdots,a_k/m)=(a_1,\cdots,a_k). \tag{4}$$

特别地,有

$$\left(\frac{a_1}{(a_1,\cdots,a_k)},\cdots,\frac{a_k}{(a_1,\cdots,a_k)}\right)=1. \tag{5}$$

证 记 $D=(a_1,\cdots,a_k)$. 由 $m\mid D$, $D\mid a_j(1\leqslant j\leqslant k)$ 知

$$m\mid a_j\quad(1\leqslant j\leqslant k),$$

因而有

$$(D/m)\mid(a_j/m)\quad(1\leqslant j\leqslant k),$$

即 D/m 是 $a_1/m,\cdots,a_k/m$ 的公约数,且是正的,所以由定义 4 知

$$D/m\leqslant(a_1/m,\cdots,a_k/m). \tag{6}$$

另外,若 $d\mid(a_j/m)(1\leqslant j\leqslant k)$,则 $md\mid a_j(1\leqslant j\leqslant k)$. 由定义 4 知

$$md\leqslant D,\quad 即\quad d\leqslant D/m.$$

取 $d=(a_1/m,\cdots,a_k/m)$,由此及式(6)即得式(4). 在式(4)中取 $m=(a_1,\cdots,a_k)$即得式(5).

以后将证明: 以条件 $m\mid a_j(1\leqslant j\leqslant k)$代替条件 $m\mid(a_1,\cdots,a_k)$时,式(4)仍然成立(见§4 的定理 3). 下面来讨论最小公倍数.

定义 6 设 a_1,a_2 是两个均不等于零的整数. 如果 $a_1\mid l$ 且 $a_2\mid l$,则称 l 是 a_1 和 a_2 的**公倍数**. 一般地,设 $a_1,\cdots,a_k$ 是 k 个均不等于零的整数. 如果 $a_1\mid l,\cdots,a_k\mid l$,则称 l 是 $a_1,\cdots,a_k$ 的**公倍数**. 此外,以 $\mathscr{L}(a_1,\cdots,a_k)$记 $a_1,\cdots,a_k$ 的所有公倍数组成的集合,称之为**公倍数集合**. 当 $k=1$ 时,它就是 a_1 的所有倍数组成的集合.

例如: 对于 $a_1=2,a_2=3$,它们的公倍数集合为(为什么)

$$\mathscr{L}(2,3)=\{0,\pm 6,\pm 12,\cdots,\pm 6k,\cdots\}.$$

由最小自然数原理知,可引入以下概念:

定义 7 设整数 a_1,a_2 均不为零. 我们把 a_1 和 a_2 的正公倍数中最

小的数称为 a_1 和 a_2 的**最小公倍数**,记作$[a_1,a_2]$,即

$$[a_1,a_2]=\min(l:\ l\in\mathscr{L}(a_1,a_2),l>0). \tag{7}$$

一般地,设整数 $a_1,\cdots,a_k$ 均不等于零.我们把 $a_1,\cdots,a_k$ 的正公倍数中最小的数称为 $a_1,\cdots,a_k$ 的**最小公倍数**,记作$[a_1,\cdots,a_k]$,即

$$[a_1,\cdots,a_k]=\min(l:\ l\in\mathscr{L}(a_1,\cdots,a_k),l>0). \tag{8}$$

当 $k=1$ 时,$[a_1]$就是 a_1 的最小正倍数,即$|a_1|$.

例如:$[2,3]=6$.由定义 7 立即推得下面的定理:

定理 11 (i) $[a_1,a_2]=[a_2,a_1]=[-a_1,a_2]=[|a_1|,|a_2|]$.

一般地,有

$$\begin{aligned}[a_1,a_2,\cdots,a_i,\cdots,a_k]&=[a_i,a_2,\cdots,a_1,\cdots,a_k]\\&=[-a_1,a_2,\cdots,a_i,\cdots,a_k]\\&=[|a_1|,\cdots,|a_i|,\cdots,|a_k|].\end{aligned}$$

(ii) 若 $a_2|a_1$,则$[a_1,a_2]=|a_1|$;若 $a_j|a_1(2\leqslant j\leqslant k)$,则

$$[a_1,\cdots,a_k]=|a_1|.$$

(iii) 对任意的 $d|a_1$,有

$$[a_1,a_2]=[a_1,a_2,d],\quad [a_1,\cdots,a_k]=[a_1,\cdots,a_k,d].$$

证明留给读者.

定理 12 设 $m>0,m\in\mathbf{Z}$.我们有

$$[ma_1,\cdots,ma_k]=m[a_1,\cdots,a_k]. \tag{9}$$

证 设 $L=[ma_1,\cdots,ma_k],L'=[a_1,\cdots,a_k]$.一方面,由 $ma_j|L$ $(1\leqslant j\leqslant k)$推出 $a_j|(L/m)(1\leqslant j\leqslant k)$,进而由最小公倍数的定义知 $L'\leqslant L/m$;另一方面,由 $a_j|L'(1\leqslant j\leqslant k)$推出 $ma_j|mL'(1\leqslant j\leqslant k)$,进而由最小公倍数的定义推出 $L\leqslant mL'$.这就证明了式(9).

最大公约数与最小公倍数的进一步的性质,需要利用§3 中讨论的带余数除法才能得到.我们将在§4 中讨论这些性质.

习 题 二

第一部分(2.1 小节与 2.2 小节)

1. 证明:

(i) 若 $a|b$ 且 $c|d$,则 $ac|bd$;

(ii) 若 $a|b_1,\cdots,a|b_k$,则对任意的整数 $x_1,\cdots,x_k$,有

$$a|b_1x_1+\cdots+b_kx_k.$$

2. 证明：若 $x^2+ax+b=0$ 有整数根 $x_0\neq 0$,则 $x_0|b$. 一般地,若

$$x^n+a_{n-1}x^{n-1}+\cdots+a_0=0$$

有整数根 $x_0\neq 0$,则 $x_0|a_0$.

3. 判断以下方程是否有整数根,若有整数根,求出所有这种根:

(i) $x^2+x+1=0$;　　(ii) $x^2-5x-4=0$;

(iii) $x^4+6x^3-3x^2+7x-6=0$;　　(iv) $x^3-x^2-4x+4=0$.

4. 已知一种盒子每个能装 3 kg 糖,另一种盒子每个能装 6 kg 糖. 假定每个盒子必须装满. 试问: 能用这两种盒子来装完 100 kg 糖吗?

5. 证明：若 $5|n$ 且 $17|n$,则 $85|n$.

6. 证明：若 $2|n,5|n$ 及 $7|n$,则 $70|n$.

7. 设 $n\neq 1$. 证明：$(n-1)^2|n^k-1$ 的充要条件是 $n-1|k$.

8. 求以下各数的全部素因数、正因数,并把它们表示为素数的乘积: 1234,2345,34 560,111 111.

9. 设 $n\geqslant 1$. 证明:

(i) 2^n+1 是素数的必要条件是 $n=2^k$(k 为某个非负整数);

(ii) 2^n-1 是素数的必要条件是 n 为素数.

举出几个这两种形式的素数.

10. 证明：对任给的正整数 K,必有 K 个连续正整数都是合数.

11. 证明：奇数一定能表示为两个平方数之差.

12. 设奇数 $n>1$. 证明：n 是素数的充要条件是 n 不能表示为三个或三个以上的相邻正整数之和.

13. 设 p 是正整数 n 的最小素因数. 证明：若 $p>n^{1/3}$,则 n/p 是素数.

14. 设 $p_1\leqslant p_2\leqslant p_3$ 是素数,n 是正整数. 证明：若 $p_1p_2p_3|n$,则

$$p_1\leqslant n^{1/3},\quad p_2\leqslant (n/2)^{1/2}.$$

15. 利用 Eratosthenes 筛法求出 300 以内的全部素数.

16. 利用第 14 题,提出一种类似于 Eratosthenes 筛法的方法,来求出所有不超过 100 且至多是两个素数乘积的正整数.

17. 设 $n\geqslant 0$, $F_n=2^{2^n}+1$(称为 **Fermat 数**);再设 $m\neq n$. 证明:若 $d>1$ 且 $d\mid F_n$,则 $d\nmid F_m$. 由此推出素数有无穷多个.

18. 设 F_n 同上题. 证明:$F_{n+1}=F_n\cdots F_0+2$.

19. 设 $A_1=2$, $A_{n+1}=A_n^2-A_n+1(n\geqslant 1)$;再设 $n\neq m$. 证明:若 $d>1$ 且 $d\mid A_n$,则 $d\nmid A_m$. 由此推出素数有无穷多个.

20. 设 A_n 同上题. 证明:$A_{n+1}=A_n\cdots A_1+1$.

21. 设 $n\geqslant 3$. 证明:$n!-1$ 的素因数 $>n$. 由此推出素数有无穷多个,并求最小的 n 使 $n!-1$ 不是素数.

22. 设整系数多项式 $P(x)=a_nx^n+a_{n-1}x^{n-1}+\cdots+a_0$, $a_n\neq 0$. 证明:必有无穷多个整数 x,使得 $P(x)$是合数.

23. 证明:n^2+n+41 当 $n=0,1,2,\cdots,39$ 时都是素数.

*24. 设 $k\geqslant 3$. 求出所有这样的正整数集合$\{a_1,\cdots,a_k\}$,使得

(i) $a_1,\cdots,a_k$ 是两两不同的正整数;

(ii) 从中任意取出三个数,它们的和可被这三个数中的任一个整除.

25. 设 $q\neq 0,\pm 1$. 证明:若对任意的整数 a,b,由 $q\mid ab$ 可推出 $q\mid a$, $q\mid b$ 中至少有一个成立,则 q 一定是素数.

26. 设 a,b,n 满足 $a\mid bn$, $ax+by=1$, x,y 是两个整数. 证明:$a\mid n$.

27. 设 $m>1$, $m\mid(m-1)!+1$. 证明:m 是素数.

*28. 假若素数只有有限个,设为 $p_1,\cdots,p_s$. 证明:对任意的正整数 N,必有

$$\sum_{n=1}^{N}\frac{1}{n}<\left(1-\frac{1}{p_1}\right)^{-1}\cdots\left(1-\frac{1}{p_s}\right)^{-1}.$$

由此推出素数有无穷多个.

第二部分(2.3 小节)

1. 求以下数组的全体公约数,并由此求出它们的最大公约数:

(i) $72,-60$;　(ii) $-120,28$;　(iii) $168,-180,495$.

2. 给出四个整数,它们的最大公约数是 1,但任何三个数都不既约.

3. 证明：

(i) $(a,b,c)\leqslant(a,b)$，$[a,b,c]\geqslant[a,b]$；

(ii) 若 $a|b$，则$[a,c]\leqslant[b,c]$，$(a,c)\leqslant(b,c)$；

(iii) $(a,b)\leqslant(a+b,a-b)$；

(iv) $(a,b)\leqslant(ax+by,au+bv)$，其中 x,y,u,v 是任意整数.

4. 若$(a,b)=1$，$c|a+b$，则$(c,a)=(c,b)=1$.

5. 设 $n\geqslant1$. 证明：$(n!+1,(n+1)!+1)=1$.

6. 求最大公约数：

(i) $(2t+1,2t-1)$；　　(ii) $(2n,2(n+1))$；

(iii) $(kn,k(n+2))$；　　(iv) $(n-1,n^2+n+1)$.

7. 设 a,b 是正整数. 证明：若$[a,b]=(a,b)$，则 $a=b$.

8. 证明：若$(a,4)=(b,4)=2$，则$(a+b,4)=4$.

9. 设整数 a,b,c,d 满足 $ad-bc=\pm1$. 证明：若 $u=am+bn$，$v=cm+dn$，$m,n\in\mathbf{Z}$，则$(m,n)=(u,v)$.

10. 设 a,b 是正整数，且有整数 x,y，使得 $ax+by=1$. 证明：

(i) $[a,b]=ab$；　　(ii) $(ac,b)=(c,b)$.

11. 若 $2\nmid b$，k 是正整数，则$(2^ka,b)=(a,b)$.

12. 设 g,l 是给定的正整数. 证明：

(i) 存在整数 x,y，使得$(x,y)=g$，$[x,y]=l$ 的充要条件是 $g|l$；

(ii) 存在正整数 x,y，使得$(x,y)=g$，$xy=l$ 的充要条件是 $g^2|l$.

13. 求满足$(a,b)=10$，$[a,b]=100$ 的全部正整数组$\{a,b\}$.

14. 求满足$[a,b,c]=10$ 的全部正整数组$\{a,b,c\}$.

15. 求满足$(a,b,c)=10$，$[a,b,c]=100$ 的全部正整数组$\{a,b,c\}$.

16. 求以下数组的最小公倍数：

(i) 198，252；　　(ii) 482，1687.

17. 设 a,b 是正整数，那么 $a,2a,3a,\cdots$ 中第一个被 b 整除的数就是$[a,b]$. 如何把这方法推广来求$[a_1,\cdots,a_k]$？

18. 设 $n\geqslant1$. 以 $\varphi(n)$记正整数 $1,2,\cdots,n$ 中与 n 既约的数的个数. 证明：

(i) $\varphi(1)=\varphi(2)=1$；

(ii) 当 $n\geqslant 3$ 时，$2|\varphi(n)$；

(iii) 当 $n=p$ 为素数时，$\varphi(p)=p-1$.

* * * * * *

可以做的 IMO 试题(见附录四)：[1.1]，[9.6]，[11.1]，[12.4]，[16.6]，[18.4]，[19.3]，[21.1]，[25.6]，[26.4]，[28.6]，[32.2]，[32.3]，[33.1]，[33.6]，[34.1]，[35.4]，[37.1]，[38.6]，[39.6]，[42.4].

§3　带余数除法

3.1　带余数除法及其基本应用

整数集合最重要的特性是在其中可以实现下面的**带余数除法**(简称**带余除法**，也称**除法算法**)，它是初等数论的论证中最重要、最基本、最直接的工具.

定理 1(带余数除法或除法算法)　设 a,b 是两个给定的整数，$a\neq 0$，那么一定存在唯一的一对整数 q 与 r，满足

$$b=qa+r,\quad 0\leqslant r<|a|. \tag{1}$$

此外，$a|b$ 的充要条件是 $r=0$.

证　唯一性　若还有整数 q' 与 r' 满足

$$b=q'a+r',\quad 0\leqslant r'<|a|, \tag{2}$$

不妨设 $r'\geqslant r$. 由式(1)和(2)得 $0\leqslant r'-r<|a|$ 及

$$r'-r=(q-q')a.$$

若 $r'-r>0$，则由上式及 §2 的定理 1(vi)推出 $|a|\leqslant r'-r$. 这和 $r'-r<|a|$ 矛盾. 所以，必有 $r'=r$，进而得 $q'=q$.

存在性　当 $a|b$ 时，可取 $q=b/a$，$r=0$. 当 $a\nmid b$ 时，考虑集合

$$T=\{b-ka:k=0,\pm 1,\pm 2,\cdots\}.$$

容易看出，集合 T 中必有正整数(例如：取 $k=-2|b|a$). 所以，由最小自然数原理知，T 中必有一个最小正整数，设为 $t_0=b-k_0a>0$. 我们来证明必有 $t_0<|a|$. 因为 $a\nmid b$，所以 $t_0\neq|a|$. 若 $t_0>|a|$，则 $t_1=t_0-|a|>0$. 显见，$t_1\in T$，$t_1<t_0$. 这和 t_0 的最小性矛盾. 取 $q=k_0$，$r=t_0$ 就满足要求.

最后，显见当 $b=qa+r$ 时，$a|b$ 的充要条件是 $a|r$. 当 $0\leqslant r<|a|$ 时，由§2的定理1(vi)就推出 $a|r$ 的充要条件是 $r=0$. 这就证明了定理的最后一部分. 证毕.

在具体应用带余数除法时，常取以下更灵活的形式：

定理 2 设 a,b 是两个给定的整数，$a\neq 0$，再设 d 是一个给定的整数，那么一定存在唯一的一对整数 q_1 与 r_1，满足

$$b=q_1a+r_1,\quad d\leqslant r_1<|a|+d. \tag{3}$$

此外，$a|b$ 的充要条件是 $a|r_1$.

只要对 a 和 $b-d$ 用定理1就可推出定理2，详细论证留给读者. 特别有用的是：当 $2|a$ 时，取 $d=-|a|/2$；当 $2\nmid a$ 时，取 $d=-(|a|-1)/2$. 这时，式(3)变为 $b=q_1a+r_1$，其中

$$\begin{cases}-|a|/2\leqslant r_1<|a|/2, & \text{当 } 2|a \text{ 时},\\ -(|a|-1)/2\leqslant r_1<(|a|+1)/2, & \text{当 } 2\nmid a \text{ 时}.\end{cases}$$

合起来可写为

$$b=q_1a+r_1,\quad -|a|/2\leqslant r_1<|a|/2. \tag{3$'$}$$

适当选取 d(如何选)，也可使式(3)变为以下两种形式：

$$b=q_1a+r_1,\quad -|a|/2<r_1\leqslant|a|/2^{①}; \tag{3$''$}$$

$$b=q_1a+r_1,\quad 1\leqslant r_1<|a|. \tag{3$'''$}$$

通常把式(1)中的 r 称为 b 被 a 除后的**最小非负余数**，式(3′)和(3″)中的 r_1 都称为**绝对最小余数**，式(3‴)中的 r_1 称为**最小正余数**，而式(3)中的 r_1 称为**余数**.

推论 3 设 a 为正整数.

(i) 任一整数被 a 除后所得的最小非负余数是且仅是 $0,1,\cdots,a-1$ 这 a 个数中的一个.

(ii) 相邻的 a 个整数被 a 除后，恰好取到这 a 个余数. 特别地，其中一定有且仅有一个数被 a 整除.

这是定理1的直接推论，证明留给读者. 它是常用的整数分类及进位制表示法的基础. 先来讨论整数分类，这就是将在第三章§2中讨论

---

① 当 a 为奇数时，式(3′)和(3″)是一样的.

的同余类.

例 1(整数分类)　设 $a \geqslant 2$ 是给定的正整数，$j=0,1,\cdots,a-1$. 对给定的 j，被 a 除后余数等于 j 的全体整数是

$$ka+j, \quad k=0, \pm 1, \pm 2, \cdots.$$

这些整数组成的集合记为 $j \bmod a$. 当 $0 \leqslant j, j' \leqslant a-1$ 且 $j \neq j'$ 时，集合 $j \bmod a$ 和 $j' \bmod a$ 不相交，且有

$$0 \bmod a \cup 1 \bmod a \cup \cdots \cup (a-1) \bmod a = \mathbf{Z},$$

即全体整数按被 a 除后所得的最小非负余数来分类，分成了两两不相交的 a 类. 例如：当 $a=2$ 时，全体整数分为两类：

$$0 \bmod 2 = \{2k: k \in \mathbf{Z}\}, \quad 1 \bmod 2 = \{2k+1: k \in \mathbf{Z}\};$$

当 $a=3$ 时，全体整数分为三类：

$$0 \bmod 3 = \{3k: k \in \mathbf{Z}\}, \quad 1 \bmod 3 = \{3k+1: k \in \mathbf{Z}\},$$
$$2 \bmod 3 = \{3k+2: k \in \mathbf{Z}\};$$

当 $a=6$ 时，全体整数分为六类：

$$0 \bmod 6 = \{6k: k \in \mathbf{Z}\}, \qquad 1 \bmod 6 = \{6k+1: k \in \mathbf{Z}\},$$
$$2 \bmod 6 = \{6k+2: k \in \mathbf{Z}\}, \quad 3 \bmod 6 = \{6k+3: k \in \mathbf{Z}\},$$
$$4 \bmod 6 = \{6k+4: k \in \mathbf{Z}\}, \quad 5 \bmod 6 = \{6k+5: k \in \mathbf{Z}\}.$$

例 2　证明：

(i) $0 \bmod 2 \cap 0 \bmod 3 = 0 \bmod 6$;

(ii) $1 \bmod 2 \cap 1 \bmod 3 = 1 \bmod 6$;

(iii) $0 \bmod 2 \cap 1 \bmod 3 = 4 \bmod 6$.

证　(i) 就是要证：$a=2k$ 且 $a=3h$ 的充要条件是 $a=6d$，其中 k,h,d 是某三个整数. 充分性显然. 由 $2k=3h$ 知 $h=2(k-h)$，所以 $a=6(k-h)$. 这就证明了必要性.

(ii) 就是要证：$a=2k+1$ 且 $a=3h+1$ 的充要条件是 $a=6d+1$，即 $a-1=2k$ 且 $a-1=3h$ 的充要条件是 $a-1=6d$，其中 k,h,d 是某三个整数. 而这正是(i)所证明的.

(iii) 就是要证：$a=2k$ 且 $a=3h+1$ 的充要条件是 $a=6d+4$，其中 k,h,d 是某三个整数. 充分性显然. 由 $2k=3h+1$ 知 $h=2(k-h)-1$，所以

$$a=6(k-h)-2=6(k-h-1)+4.$$

这就证明了必要性.

(请读者解释这些等式的含意.)

例 3　证明：$1 \bmod 2 = 1 \bmod 6 \cup 3 \bmod 6 \cup 5 \bmod 6$.

证　$n \in 1 \bmod 2$ 即 $n=2k+1, k\in \mathbf{Z}$. 而由例 1 知，必有 $k=3h$, $3h+1$ 或 $3h+2, h\in\mathbf{Z}$，因而必有 $n=6h+1, 6h+3$ 或 $6h+5$. 反过来显然成立. 证毕.

(请读者解释这个等式的含意.)

下面来讨论 a 进位制.

例 4　证明：设 $a\geqslant 2$ 是给定的正整数，那么任一正整数 n 必可唯一表示为

$$n = r_k a^k + r_{k-1}a^{k-1} + \cdots + r_1 a + r_0, \tag{4}$$

其中整数 $k\geqslant 0, 0\leqslant r_j\leqslant a-1(0\leqslant j\leqslant k), r_k\neq 0$. 这种记数法就是正整数的 a **进位制**. 式(4)称为正整数 n 的 a **进位制表示**.

证　对正整数 n 必有唯一的 $k\geqslant 0$，使得 $a^k\leqslant n<a^{k+1}$(为什么). 由带余数除法知，必有唯一的 q_0, r_0，满足

$$n = q_0 a + r_0,\quad 0\leqslant r_0 < a.$$

若 $k=0$，则必有 $q_0=0, 1\leqslant r_0<a$. 所以，结论成立. 设结论对 $k=m\geqslant 0$ 成立. 那么，当 $k=m+1$ 时，上式中的 q_0 必满足

$$a^m \leqslant q_0 < a^{m+1}.$$

由假设知

$$q_0 = s_m a^m + \cdots + s_0,$$

其中 $0\leqslant s_j\leqslant a-1(0\leqslant j\leqslant m-1), 1\leqslant s_m\leqslant a-1$，因而有

$$n = s_m a^{m+1} + \cdots + s_0 a + r_0,$$

即结论对 $m+1$ 也成立. 证毕.

现在来讨论特殊数列被某一正整数除后所得余数的特殊性.

例 5　设 $a>2$ 是奇数. 证明：

(i) 一定存在正整数 $d\leqslant a-1$，使得 $a\mid 2^d-1$；

(ii) 设 d_0 是满足(i)的最小正整数 d，那么 $a\mid 2^h-1(h\in\mathbf{N})$的充要条件是 $d_0\mid h$；

(iii) 必有正整数 d，使得$(2^d-3, a)=1$.

证 (i) 考虑以下 a 个数：

$$2^0,\ 2^1,\ 2^2,\ \cdots,\ 2^{a-1}.$$

由§2的例2知 $a\nmid 2^j(0\leqslant j<a)$. 由此及定理1可得：对每个 $j(0\leqslant j<a)$，有整数 q_j, r_j，满足

$$2^j = q_j a + r_j,\quad 0 < r_j < a.$$

所以，a 个余数 $r_0, r_1, \cdots, r_{a-1}$ 仅可能取 $a-1$ 个值，从而其中必有两个相等，设为 r_i, r_k. 不妨设 $0\leqslant i<k<a$，因而有

$$a(q_k - q_i) = 2^k - 2^i = 2^i(2^{k-i} - 1).$$

利用§2的例2，由此推出 $a\mid 2^{k-i}-1$. 取 $d=k-i\leqslant a-1$ 就满足要求.

(ii) 充分性是显然的，只要证必要性即可. 同样，由定理1，有整数 q, r，满足

$$h = qd_0 + r,\quad 0\leqslant r < d_0,$$

因而有

$$2^h - 1 = 2^{qd_0+r} - 2^r + 2^r - 1 = 2^r(2^{qd_0} - 1) + (2^r - 1).$$

由上式和 $a\mid 2^h-1$ 及 $a\mid 2^{qd_0}-1$ 就推出 $a\mid 2^r-1$. 由此及 d_0 的最小性就推出 $r=0$，即 $d_0\mid h$.

(iii) 取 d 满足(i)，利用§2的定理8(iv)，我们有

$$(2^d - 3, a) = (2^d - 1 - 2, a) = (-2, a) = 1.$$

在例5中，取 $a=11$，我们有

$2=0\cdot 11+2$, $2^2=0\cdot 11+4$, $2^3=0\cdot 11+8$, $2^4=1\cdot 11+5$,

$2^5=2\cdot 11+10$, $2^6=5\cdot 11+9$, $2^7=11\cdot 11+7$, $2^8=23\cdot 11+3$,

$2^9=46\cdot 11+6$, $2^{10}=93\cdot 11+1$.

因此，使 $11\mid 2^d-1$ 的最小正整数为 $d=10$，所有使 $11\mid 2^d-1$ 的正整数为 $d=10k(k=1,2,\cdots)$. 由以上计算也可以看出，2^d 被11除后可能取到的最小非负余数是：1,2,3,4,5,6,7,8,9,10.

在例5中，取 $a=15$，则有

$$2=0\cdot 15+2,\quad 2^2=0\cdot 15+4,$$

$$2^3=0\cdot 15+8,\quad 2^4=1\cdot 15+1.$$

因此，使 $15\mid 2^d-1$ 的最小正整数为 $d=4$，所有使 $15\mid 2^d-1$ 的正整数为 $d=4k(k=1,2,\cdots)$. 由以上计算知，2^d 被15除后可能取到的最小非

负余数是：1,2,4,8.

推论 3 是对全体整数被一个固定的正整数 a 除后所得的最小非负余数的情况来说的. 在例 5 中已经看到，特殊的整数(列)被一个固定的正整数 a 除后所得的最小非负余数(列)会有更特殊的性质，这一点在初等数论的论证中有重要作用. 例如：

(i) 两个 $4k+3$ 形式的数(即被 4 除余 3 的数)的乘积一定是 $4k+1$ 形式的数(即被 4 除余 1 的数)；

(ii) x^2 被 4 除后所得的非负最小余数只可能是 0,1；

(iii) x^2 被 8 除后所得的非负最小余数只可能是 0,4(当 x 为偶数时)及 1(当 x 为奇数时)；

(iv) x^2 被 3 除后所得的非负最小余数是 0,1；

(v) x^3 被 9 除后所得的非负最小余数是 0,1,8.

请读者自己验证这些结论. 这样，对任意的整数 x,y，从(ii)可推出 $x^2+y^2\neq 4k+3$；从(iii)可推出 $x^2+y^2\neq 8k+3,8k+6,8k+7$；从(v)可推出 $x^3+y^3\neq 9k+3,9k+4,9k+5,9k+6$(请读者自己验证).

以上证明的结论和所举的例子都是对非负最小余数来说的. 对绝对最小余数以及一般指定的余数 r_1($d\leqslant r_1<|a|+d$，d 为指定的整数)，都可做同样的讨论. 在应用中灵活地运用这一点是很重要的.

3.2 辗转相除法

带余数除法的一个重要推广就是下面的辗转相除法，亦称 Euclid 除法，它有十分重要的理论和应用价值.

定理 4 设 u_0,u_1 是两个给定的整数，$u_1\neq 0$，$u_1\nmid u_0$. 我们一定可以重复应用定理 1 得到下面 $k+1$ 个等式：

$$\begin{aligned}
&u_0=q_0u_1+u_2, && 0<u_2<|u_1|,\\
&u_1=q_1u_2+u_3, && 0<u_3<u_2,\\
&u_2=q_2u_3+u_4, && 0<u_4<u_3,\\
&\cdots\cdots && \cdots\cdots\\
&u_{k-2}=q_{k-2}u_{k-1}+u_k, && 0<u_k<u_{k-1},\\
&u_{k-1}=q_{k-1}u_k+u_{k+1}, && 0<u_{k+1}<u_k,
\end{aligned}\qquad(5)$$

$$u_k = q_k u_{k+1},$$

其中 $q_i(0 \leqslant i \leqslant k)$，$u_j(2 \leqslant j \leqslant k+2)$是某些整数. 以上的算法就称为**辗转相除法或 Euclid 除法**.

证　对 u_0, u_1 应用定理 1，由 $u_1 \nmid u_0$ 知必有第一式成立. 同样，如果 $u_2 \nmid u_1$，就得到第二式；如果 $u_2 \mid u_1$，就证明定理对 $k=1$ 成立；继续这样做，就得到

$$|u_1| > u_2 > u_3 > \cdots > u_{j+1} > 0$$

及前面 j 个等式成立. 若 $u_{j+1} \mid u_j$，则定理对 $k=j$ 成立；若 $u_{j+1} \nmid u_j$，则继续对 u_j, u_{j+1} 应用定理 1. 由于小于 $|u_1|$ 的正整数只有有限个以及 1 整除任一整数，所以这一过程不能无限制地做下去，一定会出现某个 k，要么 $1 < u_{k+1} \mid u_k$，要么 $1 = u_{k+1} \mid u_k$. 证毕.

在下一节中，我们将分别应用带余数除法和辗转相除法来建立最大公约数理论. 下面的定理是后一途径的基础，它由定理 4 立即推出，所以先在这里证明.

定理 5　在定理 4 的条件和符号下，我们有

(i) $u_{k+1} = (u_0, u_1)$，即最后一个不等于零的余数 u_{k+1} 就是 u_0 和 u_1 的最大公约数；　(6)

(ii) $d \mid u_0$ 且 $d \mid u_1$ 的充要条件是 $d \mid u_{k+1}$；

(iii) 存在整数 x_0, x_1，使得

$$u_{k+1} = x_0 u_0 + x_1 u_1, \tag{7}$$

即两个整数的最大公约数一定可表示为这两个整数的整系数线性组合.

证　利用 §2 的定理 8(i)，(iv)，从式(5)的最后一式开始，依次往上推，可得

$$\begin{aligned} u_{k+1} &= (u_{k+1}, u_k) = (u_k, u_{k-1}) = (u_{k-1}, u_{k-2}) = \cdots \\ &= (u_4, u_3) = (u_3, u_2) = (u_2, u_1) = (u_1, u_0), \end{aligned} \tag{8}$$

这就证明了(i). 利用 §2 的定理 1(ii)，(iii)，从式(5)立即推出(ii). 由式(5)的第 k 式知 u_{k+1} 可表示成 u_{k-1} 和 u_k 的整系数线性组合，利用式(5)的第 $k-1$ 式可消去这个整系数线性表示式中的 u_k，得到 u_{k+1} 表示为 u_{k-2} 和 u_{k-1} 的整系数线性组合. 这样，依次利用式(5)的第 $k-2, k-3, \cdots, 2, 1$ 式，就可相应地消去 $u_{k-1}, u_{k-2}, \cdots, u_3, u_2$，最后得到 u_{k+1} 表示为 u_0

和 u_1 的整系数线性组合. 这就证明了(iii). 证毕.

如何求出 x_0, x_1，可见习题三的第二部分.

辗转相除法在数论中十分有用，例如在连分数(见第七章§1的例2)中. 下面来举两个例子.

例 6　求198和252的最大公约数，并把它表示为198和252的整系数线性组合.

解　由于

↓	↑
$252=1\cdot 198+54$	$18=-198+4(252-198)$
$198=3\cdot 54+36$	$\quad=4\cdot 252-5\cdot 198$
$54=1\cdot 36+18$	$18=54-(198-3\cdot 54)$
$36=2\cdot 18$	$\quad=-198+4\cdot 54$
	$18=54-36$

所以

$$(252,198)=(198,54)=(54,36)=(36,18)=18.$$

例 7　设 m,n 是正整数. 证明

$$(2^m-1,2^n-1)=2^{(m,n)}-1.$$

证　不妨设 $m\geqslant n$. 由带余数除法知，存在唯一的一对整数 q_1, r_1，使得

$$m=q_1n+r_1,\quad 0\leqslant r_1<n.$$

我们有

$$2^m-1=2^{q_1n+r_1}-2^{r_1}+2^{r_1}-1=2^{r_1}(2^{q_1n}-1)+2^{r_1}-1.$$

由此及 $2^n-1\mid 2^{q_1n}-1$ 得

$$(2^m-1,2^n-1)=(2^n-1,2^{r_1}-1).$$

注意到 $(m,n)=(n,r_1)$，若 $r_1=0$，则 $(m,n)=n$，结论成立. 若 $r_1>0$，则继续对 $(2^n-1,2^{r_1}-1)$ 做同样的讨论，由辗转相除法知结论成立.

显见，例7中2用任一大于1的自然数 a 代替，结论都成立.

习　题　三

第一部分(3.1小节)

1. 证明定理2. 设定理2中 $a>0$，那么整数被 a 除后所得的余数

r_1 是且仅是 $d,d+1,\cdots,d+a-1$ 这 a 个数中的一个.

2. 设 $a>0$. 证明：相邻的 a 个整数中有且仅有一个被 a 整除.

3. 分别写出被 $-7,9,12$ 除后的所有最小非负余数、最小正余数和绝对最小余数.

4. (i) 证明：若 $2|ab$,则 $2|a,2|b$ 中至少有一个成立；

(ii) 证明：若 $7|ab$,则 $7|a,7|b$ 中至少有一个成立；

(iii) 若 $14|ab$,试问：$14|a,14|b$ 中必有一个成立吗？

5. 设 $a\neq 0,b_j=q_ja+s_j(1\leqslant j\leqslant n)$. 证明：$b_1,\cdots,b_n$ 以任意方式做加、减、乘法运算后被 a 除所得的最小非负余数等于 $s_1,\cdots,s_n$ 以同样的方式做加、减、乘法运算后被 a 除所得的最小非负余数.

6. 证明：上题中的"最小非负余数"改为"绝对最小余数""最小正余数"或定理 2 中的一般余数后,结论仍成立.

7. 证明：对任意的整数 n,有

(i) $6|n(n+1)(n+2)$；　(ii) $8|n(n+1)(n+2)(n+3)$；

(iii) $24|n(n+1)(n+2)(n+3)$；

(iv) 若 $2\nmid n$,则 $8|n^2-1$ 及 $24|n(n^2-1)$；

(v) 若 $2\nmid n,3\nmid n$,则 $24|n^2+23$；

(vi) $6|n^3-n$；　(vii) $30|n^5-n$；

(viii) $42|n^7-n$；　(ix) $\frac{1}{5}n^5+\frac{1}{3}n^3+\frac{7}{15}n$ 是整数.

8. 分别求出 n^2,n^3,n^4,n^5 被 $3,4,8,10$ 除后,可能取到的最小非负余数、最小正余数及绝对最小余数.

9. 证明：

(i) 对任意的整数 x,y,必有 $8\nmid x^2-y^2-2$；

(ii) 若 $2\nmid xy$,则 $x^2+y^2\neq n^2$；

(iii) 若 $3\nmid xy$,则 $x^2+y^2\neq n^2$；

(iv) 若 $a^2+b^2=c^2,a,b,c\in\mathbf{Z}$,则 $6|ab$.

10. 设 $a\geqslant 2$. 对任一整数 j,记 $j_1 \bmod a=\{n=ka+j:\ k\in\mathbf{Z}\}$. 证明：

(i) $j_1 \bmod a=j_2 \bmod a$ 的充要条件是 $a|j_1-j_2$.

(ii) 当 $a\nmid j_1-j_2$ 时,集合 $j_1 \bmod a$ 和 $j_2 \bmod a$ 不相交.

(iii) 设 $\mathscr{M}$ 是至少有两个不同整数的 $\mathbf{Z}$ 的子集合. 若 $\mathscr{M}$ 中任意两数(可以相同)之差也属于 $\mathscr{M}$,那么一定存在一个正整数 m,使得 $\mathscr{M}=0 \bmod m=m\mathbf{Z}$,即 $\mathscr{M}$ 是由所有 m 的倍数组成的集合.

11. 在第 10 题的符号下,求 j,使得分别满足:

(i) $0 \bmod 3 \cap 0 \bmod 5=j \bmod 15$;

(ii) $1 \bmod 3 \cap 1 \bmod 5=j \bmod 15$;

(iii) $-1 \bmod 3 \cap -2 \bmod 5=j \bmod 15$.

12. 在第 10 题的符号下,求 s 及 $j_1,\cdots,j_s$,使得

$$1 \bmod 3 = j_1 \bmod 21 \cup \cdots \cup j_s \bmod 21.$$

一般地,设 $a|b,j$ 为给定的整数,求 s 及 $j_1,\cdots,j_s$,使得

$$j \bmod a = j_1 \bmod b \cup \cdots \cup j_s \bmod b.$$

解释本题的含意.

13. 证明:

(i) $3k+1$ 形式的奇数一定是 $6h+1$ 形式;

(ii) $3k-1$ 形式的奇数必是 $6h-1$ 形式.

14. 证明:任一形如 $3k-1,4k-1,6k-1$ 的正整数必有同样形式的素因数.

15. 证明:

(i) 形如 $4k-1$ 的素数有无穷多个;

(ii) 形如 $6k-1$ 的素数有无穷多个.

16. (Ⅰ) 设 $n=c_k \cdot 10^k+\cdots+c_1 \cdot 10+c_0$. 证明:

(i) $2|n \Longleftrightarrow 2|c_0$;

(ii) $5|n \Longleftrightarrow 5|c_0$;

(iii) $3|n \Longleftrightarrow 3|(c_k+\cdots+c_0)$;

(iv) $9|n \Longleftrightarrow 9|(c_k+\cdots+c_0)$;

(v) $11|n \Longleftrightarrow 11|[c_k-c_{k-1}+\cdots+(-1)^k c_0]$.

(Ⅱ) 设 $n=c_k \cdot 100^k+\cdots+c_1 \cdot 100+c_0$. 证明:

(i) $11|n \Longleftrightarrow 11|(c_k+\cdots+c_0)$;

(ii) $101|n \Longleftrightarrow n|[c_k-c_{k-1}+\cdots+(-1)^k c_0]$.

(Ⅲ) 设 $n=c_k \cdot 1000^k+\cdots+c_1 \cdot 1000+c_0$. 证明:

(i) $37|n \Longleftrightarrow 37|(c_k+\cdots+c_0)$;

(ii) $7|n \Longleftrightarrow 7|[c_k-c_{k-1}+\cdots+(-1)^k c_0]$;

(iii) $13|n \Longleftrightarrow 13|[c_k-c_{k-1}+\cdots+(-1)^k c_0]$.

(Ⅳ) 利用以上各结果提出相应的整数被 2,3,5,7,9,11,13,37 或 101 整除的判别法. 利用这种检查因数的方法,把 1 535 625,1 158 066,82 798 848,81 057 226 635 000 表示成素数的乘积.

17. 设 $n=10l+c_0$,$m=l-2c_0$. 证明:$7|n \Longleftrightarrow 7|m$. 利用此方法判断 41 283 及第 16 题中的各数能否被 7 整除.

18. 设 $h\geqslant 0$ 是给定的整数,$a\geqslant 2$. 证明:

(i) 任一满足 $0\leqslant n<a^{h+1}$ 的整数 n 必可唯一地表示为

$$n=r_h a^h+\cdots+r_1 a+r_0,$$

其中 $0\leqslant r_j\leqslant a-1$,$0\leqslant j\leqslant h$,且每一个这样表示出的 n 满足

$$0\leqslant n<a^{h+1}.$$

(ii) 若 $a=3$,则任一满足 $-(3^{h+1}-1)/2\leqslant n\leqslant(3^{h+1}-1)/2$ 的整数 n 必可唯一地表示为

$$n=r_h\cdot 3^h+\cdots+r_1\cdot 3+r_0,\quad -1\leqslant r_j\leqslant 1,0\leqslant j\leqslant h,$$

且每一个这样表示出的 n 必满足

$$-(3^{h+1}-1)/2\leqslant n\leqslant(3^{h+1}-1)/2.$$

此外,当 $n>0$ 时,第一个不为零的 $r_j=1$;当 $n<0$ 时,第一个不为零的 $r_j=-1$.

(iii) 试求由表达式 $n=r_h\cdot a^h+\cdots+r_1\cdot a+r_0(-a/2<r_j\leqslant a/2,0\leqslant j\leqslant h)$表示出的整数 n 的范围.

(iv) 试求由表达式 $n=r_h\cdot a^h+\cdots+r_1\cdot a+r_0(-a/2\leqslant r_j<a/2,0\leqslant j\leqslant h)$表示出的整数 n 的范围.

(v) 当 a 为偶数,特别是 $a=2$ 时,比较(iii),(iv)所表示出的整数 n 的范围的差别.

(vi) 给定正整数列 $m_0,m_1,m_2,\cdots,m_j\geqslant 2(j\geqslant 0)$. 证明:每个正整数 n 可唯一地表示为 $n=a_0+a_1m_0+a_2m_0m_1+\cdots+a_km_0m_1\cdots m_{k-1}$,其中 $0\leqslant a_j\leqslant m_j-1(0\leqslant j\leqslant k)$,$a_k>0$.

19. 设 $n\neq 0$. 证明:n 必可唯一地表示如下:

(i) $n=2^k m, 2\nmid m$；　　(ii) $n=3^k m, 3\nmid m$.

20. 设 $k\geqslant 1$. 证明：

(i) 若 $2^k\leqslant n<2^{k+1}$ 及 $1\leqslant a\leqslant n, a\neq 2^k$，则 $2^k\nmid a$；

(ii) 若 $3^k\leqslant 2n-1<3^{k+1}$ 及 $1\leqslant l\leqslant n, 2l-1\neq 3^k$，则 $3^k\nmid 2l-1$.

*21. 证明：当 $n>1$ 时，$1+1/2+\cdots+1/n$ 不是整数.

*22. 证明：当 $n>1$ 时，$1+1/3+1/5+\cdots+1/(2n-1)$ 不是整数.

*23. 在任意给定的两个以上的相邻正整数中必有唯一的一个正整数 $a=2^r m, 2\nmid m$，使得 2^r 不能整除其他正整数.

*24. 设 m, n 是正整数. 证明：不管如何选取"＋""－"号，$\pm 1/m\pm 1/(m+1)\pm\cdots\pm 1/(m+n)$ 一定不是整数.

25. 设 $n>1$. 证明：n 可表示为两个或两个以上的相邻正整数之和的充要条件是 $n\neq 2^k$.

26. 设 m, n 是正整数且 $m>n$. 证明：$2^n-1\mid 2^m-1$ 的充要条件是 $n\mid m$. 以任一正整数 $a>2$ 代替 2，结论仍然成立吗？

*27. 设 a, b 是正整数，$b>2$. 证明：$2^b-1\nmid 2^a+1$.

28. 设 $a, m\geqslant 2$，满足 $ax+my=1$，其中 x, y 为某两个整数. 证明：

(i) 一定存在正整数 $d\leqslant a-1$，使得 $a\mid m^d-1$；

(ii) 设 d_0 是满足(i)的最小正整数 d，那么 $a\mid m^h-1\ (h\in\mathbf{N})$ 的充要条件是 $d_0\mid h$.

29. 求：

(i) $7\mid 2^d-1$ 的最小正整数 d；

(ii) $11\mid 3^d-1$ 的最小正整数 d；

(iii) 2^d 被 7 除后所可能取到的最小非负余数、绝对最小余数；

(iv) 3^d 被 11 除后所可能取到的最小非负余数、绝对最小余数.

30. 证明：对任意的正整数 d，有

(i) $13\nmid 3^d, 3^d+1, 3^d\pm 2, 3^d+3, 3^d-4, 3^d\pm 5, 3^d\pm 6$；

(ii) $13\nmid 4^d, 4^d\pm 2, 4^d\pm 5, 4^d\pm 6$.

31. 证明：不存在整数 k，使得

(i) $x^2+2y^2=8k+5, 8k+7$；　(ii) $x^2-2y^2=8k+3, 8k+5$；

(iii) $x^2+y^2+z^2=8k+7$；　　(iv) $x^3+y^3+z^3=9k\pm4$；

(v) $x^3+2y^3+4z^3=9k^3, k\neq0$.

32. 设奇数 $a>2, a\mid 2^d-1$ 的最小正整数 $d=d_0$. 证明：2^d 被 a 除后所可能取到的不同最小非负余数有 d_0 个.

第二部分(3.2 小节)

1. 用定理 4 中的辗转相除法求以下数组的最大公约数，并将其表示为相应数组的整系数线性组合：

(i) 1819,3587；　(ii) 2947,3997；　(iii) −1109,4999.

2. 设 v_0, v_1 是给定的两个整数，$v_1\neq0, v_1\nmid v_0$. 证明：一定可以重复应用 § 3 式(3″)形式的带余数除法而得到下面 $h+1$ 个等式：

$$
\begin{aligned}
&v_0=q_0v_1+v_2, && -|v_1|/2\leqslant v_2<|v_1|/2, v_2\neq0,\\
&v_1=q_1v_2+v_3, && -|v_2|/2\leqslant v_3<|v_2|/2, v_3\neq0,\\
&v_2=q_2v_3+v_4, && -|v_3|/2\leqslant v_4<|v_3|/2, v_4\neq0,\\
&\cdots\cdots && \cdots\cdots\\
&v_{h-2}=q_{h-2}v_{h-1}+v_h, && -|v_{h-1}|/2\leqslant v_h<|v_{h-1}|/2, v_h\neq0,\\
&v_{h-1}=q_{h-1}v_h+v_{h+1}, && -|v_h|/2\leqslant v_{h+1}<|v_h|/2, v_{h+1}\neq0,\\
&v_h=q_hv_{h+1}.
\end{aligned}
$$

这种算法也称为辗转相除法或 Euclid 除法.

3. 在第 2 题的条件和符号下，证明：

(i) $|v_{h+1}|=(v_0, v_1)$；

(ii) $d\mid v_0$ 且 $d\mid v_1$ 的充要条件是 $d\mid v_{h+1}$；

(iii) 存在整数 x_0, x_1，使得 $v_{h+1}=x_0v_0+x_1v_1$.

4. 利用第 2 题给出的辗转相除法来做第 1 题的(i),(ii)及(iii). 比较用这两种辗转相除法来做这三个小题时，所做的带余数除法的次数 $k+1$ 和 $h+1$ 的大小.

5. 证明：在定理 4 的条件和符号下，令

$$
\begin{aligned}
&P_{-1}=1,\quad P_0=q_0,\quad P_j=q_jP_{j-1}+P_{j-2},\\
&Q_{-1}=0,\quad Q_0=1,\quad Q_j=q_jQ_{j-1}+Q_{j-2},
\end{aligned}
\qquad j=1,2,\cdots,k-1,
$$

那么我们有

$$(-1)^j u_j = Q_{j-2}u_0 - P_{j-2}u_1,\quad j=1,2,\cdots,k+1.$$

6. 用相应于第 2 题的辗转相除法来推出类似于第 5 题的结论.

*7. 设在定理 4 中有 $u_0>u_1>1$;再设 $b_0=1,b_1=2$ 及

$$b_{j+1}=b_j+b_{j-1},\quad j=1,2,\cdots.$$

那么,在定理 4 的符号下有 $u_1\geqslant b_k$. 证明:

$$k+1\leqslant 2\ln u_1/\ln 2.$$

试解释这个结果的意义.

*8. 在第 2 题中,设 $v_0>v_1>1$;再设 $c_0=1,c_1=2$ 及

$$c_{j+1}=2c_j+c_{j-1},\quad j=1,2,\cdots.$$

那么,有 $v_1\geqslant c_h$. 证明:

(i) $h\leqslant\ln v_1/\ln 2$;

(ii) 当 $v_1\geqslant 32$ 时,$h+1\leqslant\ln v/\ln 2$.

*9. 设 $a>b>1$,k 是在定理 4 中取 $u_0=a,u_1=b$ 时所得到的,h 是在第 2 题中取 $v_0=a,v_1=b$ 时所得到的. 证明:$h\leqslant k$.

*10①. 设 p 是奇素数,q 是 2^p-1 的素因数. 证明:$q=2kp+1$(k 为某个正整数).

*11①. 利用第 10 题求 $2^{11}-1,2^{23}-1$ 的素因数分解式.

12. 当 p 为素数时,$M_p=2^p-1$ 形式的数称为 Mersenne 数. 把这种数用二进位制来表示,利用定理 4 的辗转相除法(出现的数均用二进位制表示)直接证明:所有的 Mersenne 数两两互素.

* * * * * *

可以做的 IMO 试题(见附录四):[2.1],[4.1],[6.1],[10.2],[10.6],[12.2],[13.3],[16.3],[17.2],[19.5],[23.4],[24.5],[27.1],[29.3],[29.6],[35.3],[37.3],[39.4].

§4 最大公约数理论

本节将通过三种途径来建立最大公约数理论,以便我们较全面、深

---

① 本题需要利用§4 例 1 的结论,请学过这部分内容后再做.

入地理解初等数论中有关整除的思想、概念与方法，并能较灵活、熟练地掌握. 这三种途径都需要利用带余数除法. 应该指出的是，在 §2 中证明的有关最大公约数与最小公倍数的性质均与带余数除法无关，而本节证明的性质都与它有关. 首先，我们列出组成最大公约数理论的八个常用的主要定理. 可能除了定理 8 之外，其他七个定理都是中小学生知道且经常应用的. 但是，他们大概都不会证明这些定理，认为它们是当然成立的，不需要证明. 这八个定理是：

定理 1　$a_j\mid c(1\leqslant j\leqslant k)$的充要条件是$[a_1,\cdots,a_k]\mid c$.

这就是说，**公倍数一定是最小公倍数的倍数**. 这是最小公倍数的本质属性.

定理 2　设 D 是正整数，那么 $D=(a_1,\cdots,a_k)$的充要条件是：

(i) $D\mid a_j(1\leqslant j\leqslant k)$；　(ii) 若 $d\mid a_j(1\leqslant j\leqslant k)$，则 $d\mid D$.

这就是说，**公约数一定是最大公约数的约数**. 这是最大公约数的本质属性.

定理 3　设 $m>0$. 我们有

$$m(b_1,\cdots,b_k)=(mb_1,\cdots,mb_k). \tag{1}$$

这就是说，若干个数乘以相同的数 $m(m>0)$后的最大公约数等于它们的最大公约数乘以 m.

定理 4　(i) $(a_1,a_2,a_3,\cdots,a_k)=((a_1,a_2),a_3,\cdots,a_k)$；

(ii) $(a_1,\cdots,a_{k+r})=((a_1,\cdots,a_k),(a_{k+1},\cdots,a_{k+r}))$.

结论(i)就是说，求若干个数的最大公约数可以归结为求两个数的最大公约数的情形(为什么). 该定理表明：求若干个数的最大公约数，可以先将这些数任意分组，分别求出各组数的最大公约数，再求这些最大公约数的最大公约数(为什么).

定理 5　设$(m,a)=1$，则有$(m,ab)=(m,b)$.

这就是说，求 m 与另一个数的最大公约数时，可以把另一个数中与 m 互素的因数去掉.

定理 6　设$(m,a)=1$，那么若 $m\mid ab$，则 $m\mid b$.

这就是说，若一个数被 m 整除，则把这个数中与 m 互素的因数去掉后仍被 m 整除.

定理 7 $[a_1,a_2](a_1,a_2)=|a_1a_2|$.

这就是说,两个数的最小公倍数乘以它们的最大公约数就等于这两个数的乘积的绝对值.

定理 8 设 $a_1,\cdots,a_k$ 是不全为零的整数.我们有

(i) $(a_1,\cdots,a_k)$

$$=\min\{s=a_1x_1+\cdots+a_kx_k:\ x_j\in\mathbf{Z}(1\leqslant j\leqslant k),s>0\}.$$

也就是说,$a_1,\cdots,a_k$ 的最大公约数等于 $a_1,\cdots,a_k$ 的所有整系数线性组合组成的集合 S 中的最小正整数.

(ii) 一定存在一组整数 $x_{1,0},\cdots,x_{k,0}$,使得

$$(a_1,\cdots,a_k)=a_1x_{1,0}+\cdots+a_kx_{k,0}. \tag{2}$$

这就是说,若干个数的最大公约数一定等于这些数的整系数线性组合.

应该指出:在这八个定理中,只有定理 8 与加法运算有关,而其他 7 个定理仅与乘法和除法运算有关.

4.1 证明的第一种途径

这一途径是在用带余数除法证明最小公倍数的性质——定理 1 的基础上实现的.但是,由此不能证明定理 8.

定理 1 的证明 充分性是显然的.下证必要性.设 $L=[a_1,\cdots,a_k]$.由§3 的定理 1 知,存在 q,r,使得

$$c=qL+r,\quad 0\leqslant r<L.$$

由此及 $a_j|c$ 推出 $a_j|r(1\leqslant j\leqslant k)$,所以 r 是公倍数.进而,由最小公倍数的定义及 $0\leqslant r<L$ 就推出 $r=0$,即 $L|c$.这就证明了必要性.

定理 1 刻画了最小公倍数的本质属性,"最小"的含义实际上不是指"大小",而是指它一定是任一公倍数的约数,是公倍数在整除意义下的"最小".这可以作为最小公倍数的定义,但这时它的存在性则需证明.

定理 2 的证明 *充分性* 由(i)知 D 是 $a_j(1\leqslant j\leqslant k)$的公约数,由(ii),§2 的定理 1(vi)及 $D\geqslant 1$ 知,$a_j(1\leqslant j\leqslant k)$的任一公约数 d 满足 $|d|\leqslant D$,因而由定义知 D 是 $a_1,\cdots,a_k$ 的最大公约数.

必要性 设 $d_1,\cdots,d_s$ 是 $a_1,\cdots,a_k$ 的全体公约数,

$$L=[d_1,\cdots,d_s].$$

由定理 1 知 $L|a_j(1\leqslant j\leqslant k)$,因此 L 满足条件(i)和(ii)(取 $D=L$).因而,由上面证明的充分性知 $L=(a_1,\cdots,a_k)=D$.这就证明了必要性.

定理 2 刻画了最大公约数的本质属性,"最大"的含义实际上不是指"大小",而是指它一定是任一公约数的倍数,是公约数在整除意义的"最大".这可以作为最大公约数的定义,但这时它的存在性则需证明.

定理 3 的证明 在§2 的定理 10 中取 $a_j=mb_j(1\leqslant j\leqslant k)$,由定理 2 就推出 $m|(a_1,\cdots,a_k)$,因此§2 的式(4)成立,即式(1)成立.证毕.

请读者比较这一定理与§2 的定理 10 的差别.

定理 4 的证明 我们来证(i).若 $d|a_j(1\leqslant j\leqslant k)$,则由定理 2($k=2$)可知 $d|(a_1,a_2)$,$d|a_j(3\leqslant j\leqslant k)$;反过来,若 $d|(a_1,a_2)$,$d|a_j(3\leqslant j\leqslant k)$,则由定义可知 $d|a_j(1\leqslant j\leqslant k)$.这就是证明了

$$\mathscr{D}(a_1,a_2,a_3,\cdots,a_k)=\mathscr{D}((a_1,a_2),a_3,\cdots,a_k),$$

所以(i)成立.由(i)即推出(ii),详细证明留给读者.

定理 4 表明:多个数的最大公约数,可以由求两个数的最大公约数来逐步求出.定理 3 表明:求一组数的最大公约数时可以通过提出这组数的公约数的方法来逐步求出.这些正是我们所熟知的求最大公约数的方法,这里给出了严格的证明.例如:

$$(12,18)=2\cdot(6,9)=2\cdot3\cdot(2,3)=6\cdot(2,3-2)=6\cdot(2,1)=6.$$

这里还用到了§2 的定理 8.又例如:

$$(6,10,-15)=((6,10),15),$$

$$(6,10)=2\cdot(3,5)=2\cdot(3,5-2\cdot3)=2\cdot(3,-1)=2,$$

$$(2,15)=(2,15-2\cdot7)=(2,1)=1.$$

由以上三式得 $(6,10,-15)=1$.再例如:

$$\begin{aligned}(10,45,9,84)&=((10,45),(9,84))=(5(2,9),3(3,28))\\&=(5,3)=1.\end{aligned}$$

由定理 3 和定理 4 容易证明(证明留给读者)

$$(a_1,a_2)(b_1,b_2)=(a_1b_1,a_1b_2,a_2b_1,a_2b_2)$$

以及一般的

$$(a_1,\cdots,a_r)(b_1,\cdots,b_s)=(a_1b_1,\cdots,a_1b_s,\cdots,a_rb_1,\cdots,a_rb_s).$$

定理 5 的证明 当 $m=0$ 时,$a=\pm1$,结论显然成立.当 $m\neq0$ 时,由§2 的定理 8、本节的定理 3 和定理 4 可得

$$(m,b)=(m,b(m,a))=(m,(mb,ab))=(m,mb,ab)=(m,ab).$$

这就证明了所要的结论.

定理 6 的证明 由§2 的定理 8 和本节的定理 5 得

$$|m|=(m,ab)=(m,b).$$

这就推出 $m\mid b$.

定理 5 和定理 6 是经常用到的.例如:当 m 是奇数时,由定理 5 推出 $(m,2^k b)=(m,b)$,而由定理 6 推出:若 $m\mid 2^k b$,则 $m\mid b$.

定理 6 的常用形式是:若 $(m_1,m_2)=1$,$m_1\mid n$,$m_2\mid n$,则 $m_1m_2\mid n$.这是因为由 $m_1\mid n$ 知 $n=m_1n_1$,由此利用条件 $(m_2,m_1)=1$,从定理 6 推出 $m_2\mid n_1$,因而 $m_1m_2\mid n$.一般地,可证明以下结论(证明留给读者):若 $m_1,\cdots,m_k$ 两两既约,$m_j\mid n(1\leqslant j\leqslant k)$,则 $m_1\cdots m_k\mid n$.

定理 7 的证明 先假定 $(a_1,a_2)=1$.设 $L=[a_1,a_2]$.一方面,由定理 1 知 $L\mid a_1a_2$.另一方面,由 $a_1\mid L$ 知 $L=a_1L'$(L' 为某个整数),进而由 $a_2\mid a_1L'$ 和 $(a_2,a_1)=1$ 以及定理 6 知 $a_2\mid L'$.所以 $|a_1a_2|\mid L$.这样,由§2 的定理 1(v)知 $L=|a_1a_2|$,所以结论成立.

当 $(a_1,a_2)\neq1$ 时,由§2 定理 10 的式(5)知

$$(a_1/(a_1,a_2),a_2/(a_1,a_2))=1,$$

所以由已证结论知

$$\left[\frac{a_1}{(a_1,a_2)},\frac{a_2}{(a_1,a_2)}\right]=\frac{|a_1a_2|}{(a_1,a_2)^2}.$$

由此及§2 的定理 12($k=2,m=(a_1,a_2)$)即得所要的结论.

定理 7 刻画了最大公约数与最小公倍数之间的关系.我们可以通过求最大公约数来求最小公倍数.但是,这个定理对三个及三个以上数的情形是不成立的.这可见习题四第一部分的第 10 题.

以上我们在带余数除法的基础上建立了最大公约数与最小公倍数理论.但应该指出的是:除了定理 1 的证明中用到了带余数除法外,其他结论都是在定理 1 的基础上,从定义出发,仅利用§1 和§2 中的性质来证明的,没有用到带余数除法.这种论证的方法与技巧在整除理论

中是十分基本和重要的. 还要指出的是：在由定理 1 推出定理 2 之后，定理 3～定理 6 的证明都只用到定理 2 而不需要定理 1. 也就是说，由定理 2 成立，仅利用 §1 和 §2 中的性质就可证明定理 3～定理 6.

下面来举几个例子.

例 1 设 p 是素数. 证明：

(i) $p \,\Big|\, \binom{p}{j}$, $1 \leqslant j \leqslant p-1$，这里 $\binom{p}{j}$ 表示组合数；

(ii) 对任意的正整数 a，有 $p \mid a^p - a$；

(iii) 若 $(a,p)=1$，则 $p \mid a^{p-1}-1$.

证 已知组合数

$$\binom{p}{j} = \frac{p!}{j!(p-j)!}$$

是整数，即 $j!(p-j)! \mid p!$（这里用到排列组合理论中的结果，§7 的推论 4 将直接证明这一结论）. 由于 p 是素数，所以对任意的 $1 \leqslant i \leqslant p-1$，有 $(p,i)=1$. 因此，由定理 5 知

$$(p, j!(p-j)!) = 1, \quad 1 \leqslant j \leqslant p-1,$$

进而由定理 6 推出：当 $1 \leqslant j \leqslant p-1$ 时，$j!(p-j)! \mid (p-1)!$. 这就证明了(i). 用数学归纳法来证(ii). 当 $a=1$ 时，结论显然成立. 假设 $a=n$ 时结论成立. 当 $a=n+1$ 时，利用二项式定理，由(i)知

$$\begin{aligned}(n+1)^p-(n+1) &= n^p + \binom{p}{1} n^{p-1} + \cdots + \binom{p}{p-1} n + 1 - (n+1) \\ &= n^p - n + pA,\end{aligned}$$

这里 A 为一个整数. 由此及假设知结论对 $a=n+1$ 结论也成立. 这就证明了(ii). 应用定理 6，由(ii)即推出(iii).

本例的(ii)和(iii)通常称为 **Fermat 小定理**. 这里的证明利用了二项式定理及结论(i)，第三章 §3 的定理 3 将给出更简单直接的证明.

例 2 证明：

(i) $(a,uv)=(a,(a,u)v)$；

(ii) $(a,uv) \mid (a,u)(a,v)$；

(iii) 若 $(u,v)=1$，则 $(a,uv)=(a,u)(a,v)$.

证　由§2的定理8(i),(iii)以及本节的定理4和定理3即得

$$(a,uv)=(a,uv,av)=(a,(uv,av))=(a,(a,u)v).$$

即(i)成立. 由定理2及定理3得

$$(a,(a,u)v)\mid((a,u)a,(a,u)v)=(a,u)(a,v).$$

由此及(i)即得(ii). (iii)的证明留给读者.

显见,(i)是定理5的推广.

例3　设k是正整数. 证明:若一个有理数的k次方是整数,则这个有理数一定是整数.

证　不妨设这个有理数是b/a,$a\geqslant 1$,$(a,b)=1$. 若$c=(b/a)^k$是整数,则$ca^k=b^k$. 所以$a\mid b^k$. 由于$(a,b)=1$,所以由定理6知$a\mid b$,因而$1=(a,b)=a$. 这就证明了所要的结论.

例4　设k是正整数. 证明:

(i) $(a^k,b^k)=(a,b)^k$.

(ii) 设a,b是正整数. 若$(a,b)=1$,$ab=c^k$,则

$$a=(a,c)^k,\quad b=(b,c)^k.$$

证　由定理3得

$$(a^k,b^k)=(a,b)^k\left(\left(\frac{a}{(a,b)}\right)^k,\left(\frac{b}{(a,b)}\right)^k\right).$$

由§2的定理10知

$$\left(\frac{a}{(a,b)},\frac{b}{(a,b)}\right)=1.$$

由上式及定理5得

$$\left(\left(\frac{a}{(a,b)}\right)^k,\left(\frac{b}{(a,b)}\right)^k\right)=1.$$

由此及上面第一式就推出(i). 下面证(ii). 由定理5及$(a,b)=1$知$(a^{k-1},b)=1$,因而由定理3知

$$\begin{aligned}a&=a(a^{k-1},b)=(a^k,ab)\\&=(a^k,c^k)=(a,c)^k,\end{aligned}$$

最后一步用到了(i). 类似可证$b=(b,c)^k$.

请读者解释(ii)的意义.

例5　设$m\geqslant 2$,$(m,a)=1$. 证明:

(i) 存在正整数 $d\leqslant m-1$，使得 $m\mid a^d-1$.

(ii) 设 d_0 是满足(i)的最小正整数 d，那么 $m\mid a^h-1(h\geqslant 1)$ 的充要条件是 $d_0\mid h$. 我们记 d_0 为 $\delta_m(a)$，称之为 a **对模** m **的指数**.

证　由 $m\geqslant 2,(m,a)=1$ 知 $m\nmid a$. 由此及 $(m,a)=1$，从定理 6 可推出 $m\nmid a^j, j\geqslant 1$，进而由 §3 的定理 1 知

$$a^j=q_j m+r_j,\quad 0<r_j<m.$$

这样，m 个余数 $r_0,r_1,\cdots,r_{m-1}$ 仅可能取 $m-1$ 个值，其中必有两个相等，设为 r_i,r_k. 不妨设 $0\leqslant i<k<m$，因而有

$$m(q_k-q_i)=a^k-a^i=a^i(a^{k-i}-1).$$

由此及定理 6 可推出 $m\mid a^{k-i}-1$. 取 $d=k-i$ 即证明了(i). (ii)的证明和 §3 例 5(ii)的证明完全类似，只要把那里的 2 换为 a 即可.

关于 $\delta_m(a)$ 的性质，将在第五章的 §1 中仔细讨论. 有兴趣的读者现在就可以看这一部分内容.

以上五个例题的结论和证明方法是十分重要的，以后经常要用到.

4.2　证明的第二种途径

我们已经指出，可以由 §2 式(3)给出的集合(由 $a_1,\cdots,a_k$ 的整系数线性组合构成)来刻画最大公约数 $(a_1,\cdots,a_k)$. 现在我们利用带余数除法来给出它们之间的明确联系，即证明定理 8，由此推出其他 7 个定理，实现建立最大公约数理论的第二种途径.

定理 8 的证明　由于 $0<a_1^2+\cdots+a_k^2\in S$，所以集合 S 中有正整数. 由最小自然数原理知 S 中必有最小正整数，设为 s_0. 显见，对任一公约数 $d\mid a_j\ (1\leqslant j\leqslant k)$，必有 $d\mid s_0$，所以 $|d|\leqslant s_0$. 另外，对任一 a_j，由带余数除法知

$$a_j=q_j s_0+r_j,\quad 0\leqslant r_j<s_0.$$

显见 $r_j\in S$. 若 $r_j>0$，则和 s_0 的最小性矛盾. 所以 $r_j=0$，即 $s_0\mid a_j(1\leqslant j\leqslant k)$. 因此，$s_0$ 是最大公约数. s_0 当然具有式(2)右边的形式. 证毕.

由定理 8 推出定理 2 是显然的.

定理 2 的证明　显见，只需证必要性. 由定义知(i)成立，而(ii)由表示式(2)直接看出[事实上，在定理 8 的证明中，是先指出 s_0 满足条

件(i)和(ii)].

显见,定理 8 所包含的信息要比定理 2 丰富得多.在证明了定理 2 之后,我们当然可以像第一种途径那样证明定理 3～定理 6.最大公约数能表示为式(2)的形式这一结论是十分重要的(虽然这里只是说 $x_{1,0},\cdots,x_{k,0}$ 存在,并没有指出如何求 $x_{1,0},\cdots,x_{k,0}$,而且显然不是唯一的),因为这使得我们在论证它们的性质的过程中有了一个便于推导的表示式,而用不着总是从定义出发,需要较高的技巧.为了说明这一点,下面我们利用定理 8 来直接给出定理 3～定理 6 的证明,进而给出定理 1 和定理 7 的证明.这就是第二种途径.

定理 3 的证明 由定理 8 知,可设

$$(b_1,\cdots,b_k)=b_1y_1+\cdots+b_ky_k,$$
$$(mb_1,\cdots,mb_k)=(mb_1)x_1+\cdots+(mb_k)x_k.$$

这样,根据这两式,由 $m(b_1,\cdots,b_k)\mid mb_j(1\leqslant j\leqslant k)$ 推出

$$m(b_1,\cdots,b_k)\mid(mb_1,\cdots,mb_k);$$

由 $(mb_1,\cdots,mb_k)\mid mb_j(1\leqslant j\leqslant k)$ 推出

$$(mb_1,\cdots,mb_k)\mid(mb_1)y_1+\cdots+(mb_k)y_k=m(b_1,\cdots,b_k).$$

由以上两式就证明了所要的结论.

定理 4 的证明 先证(i).由定理 8 知,可设

$$D_1=(a_1,\cdots,a_k)=a_1x_1+\cdots+a_kx_k,$$
$$D_2=(a_1,a_2)=a_1y_1+a_2y_2,$$
$$D_3=((a_1,a_2),a_3,\cdots,a_k)=(a_1,a_2)z_2+a_3z_3+\cdots+a_kz_k.$$

由 $D_3\mid(a_1,a_2)$,$D_3\mid a_j(3\leqslant j\leqslant k)$ 知 $D_3\mid a_j(1\leqslant j\leqslant k)$,所以 $D_3\mid D_1$.注意到

$$D_3=a_1(y_1z_2)+a_2(y_2z_2)+a_3z_3+\cdots+a_kz_k$$

及 $D_1\mid a_j(1\leqslant j\leqslant k)$,就推出 $D_1\mid D_3$.所以 $D_1=D_3$.用同样的方法可证(ii),具体推导留给读者.

定理 5 的证明 由定理 8 知,可设

$$(m,b)=mx_1+bx_2,$$
$$(m,ab)=my_1+(ab)y_2.$$

由 $(m,b)\mid m$,$(m,b)\mid b$ 及上面第二式就推出 $(m,b)\mid(m,ab)$.由条件及定理 8 知,存在 z_1,z_2,使得

$$mz_1 + az_2 = 1, \tag{3}$$

因而有

$$(m,b) = (mx_1 + bx_2)(mz_1 + az_2)$$
$$= m(mx_1z_1 + ax_1z_2 + bx_2z_1) + (ab)(x_2z_2).$$

由此及$(m,ab)\mid m$,$(m,ab)\mid ab$就推出$(m,ab)\mid(m,b)$.这就证明了定理.

定理6的证明　由定理8及条件知式(3)成立.所以,有$m(bz_1)+(ab)z_2=b$.由此及$m\mid ab$即得$m\mid b$.

应该指出的是:在上述定理2~定理6的证明中,除了整除最基本的性质(§2的定理1)之外,都只用了定理8而不需要其他结论.下面来证定理7和定理1.

定理7的证明　只要证$a_1>0,a_2>0$的情形即可(为什么).先设$(a_1,a_2)=1$.由$a_1\mid[a_1,a_2]$,$a_2\mid[a_1,a_2]$及定理6知$a_1a_2\mid[a_1,a_2]$.由定义知$[a_1,a_2]\leqslant a_1a_2$,所以$[a_1,a_2]=a_1a_2$.当$(a_1,a_2)>1$时,证明与第一个途径中定理7的证明相同.证毕.

定理1的证明　设l是a_1,a_2的公倍数.由$a_1/(a_1,a_2)\mid l/(a_1,a_2)$,$a_2/(a_1,a_2)\mid l/(a_1,a_2)$及$(a_1/(a_1,a_2),a_2/(a_1,a_2))=1$,利用定理6及定理7推出$[a_1/(a_1,a_2),a_2/(a_1,a_2)]=a_1a_2/(a_1,a_2)^2\mid l/(a_1,a_2)$.由此及§2的定理12得$[a_1,a_2]\mid l$.这证明了$k=2$时结论成立.由此用数学归纳法就可证明定理①,详细推导留给读者.

下面举例说明定理8的应用.

例6　若$(a,b)=1$,则任一整数n必可表示为

$$n = ax + by,\quad x,y\ \text{是整数}.$$

由$(a,b)=1$及定理8知,存在x_0,y_0,使得$ax_0+by_0=1$.因此,取$x=nx_0$,$y=ny_0$即满足要求.

例7　设a,b是整数,$11\nmid a$.证明:$11\nmid a^2+5b^2$.

证　用反证法.若$11\mid a^2+5b^2$,则由$11\nmid a$推出$11\nmid b$(为什么).因

---

① 也可以用反证法及最小自然数原理来证,请读者考虑.

此,由定理 8 知,必有 x,y,使得

$$11x+by=1.$$

由此及 $11\mid y^2(a^2+5b^2)=(ay)^2+5(by)^2$ 推出

$$11\mid(ay)^2+5.$$

但对所有的 y,$(ay)^2$ 被 11 除后所得的余数必在 0,1,4,9,5,3 中,所以上式不可能成立.因此,必有 $11\nmid a^2+5b^2$.以上讨论也表明:$11\mid a^2+5b^2$ 的充要条件是 $11\mid a$,$11\mid b$.

本例也可以用下面的方法直接证明:x^2 被 11 除后所得的余数必在 0,1,4,9,5,3 中.容易直接验证,当 r^2,s^2 被 11 除后所得余数的取值均为 0,1,4,9,5,3,且不同时为零时,必有

$$11\nmid r^2+5s^2.$$

由此即推出所要的结论.但这个方法所需做的直接验算比上面的方法要多一倍以上.

例 8 设 n,k 是正整数,且 $(k,n)=1(0<k<n)$,再设集合 $M=\{1,2,\cdots,n-1\}$.现对集合 M 中的每个数 i 涂上蓝色或白色,且要满足以下条件:

(i) i 和 $n-i$ 要涂上同一种颜色;

(ii) 当 $i\neq k$ 时,i 和 $|k-i|$ 要涂上同一种颜色.

证明:M 中所有的数一定都涂上同一种颜色.

证 我们来证明:所有的 $i\in M$ 必和 k 同色.由例 6 知,存在 x,y,使得

$$i=xk+yn.$$

由 $1\leqslant i\leqslant n-1$ 知,x,y 的取值可能出现三种情形:

(a) $x>0,y=0$; (b) $x>0,y<0$; (c) $x<0,y>0$.

在情形(a)中,由条件(ii)知 i 和 k 同色.

在情形(c)中,由条件(i)知 i 和 $n-i=(-x)k+(-y+1)n$ 同色.若 $-y+1=0$,则变为情形(a);若 $-y+1<0$,则变为(b).所以,只要讨论情形(b)即可.

在情形(b)中,必有 $x>-y$,这时又可分三种情形:① $k=i$;② $k>i$;③ $k<i$.当情形①出现时,结论成立.当情形③出现时,由带余数除法知

$$i = qk + i', \quad 0 \leqslant i' < k.$$

若 $i'=0$，则变为情形(a)，结论成立. 若 $1\leqslant i'<k$，则由条件(ii)知，i 和 $i'=i-qk=(x-q)k+yn$ 同色，替换 i 而考虑 i' 就变为情形②. 当情形②出现时，由条件(ii)知，i 和 $k-i=(-x+1)k-yn$ 同色. 再由条件(i)知，i 和 $i''=n-(k-i)=(x-1)k+(y+1)n$ 同色. 若 $y+1=0$，则结论成立；若 $y+1<0$，则又变为情形(b)，继续对 i'' 分①，②，③三种情形考虑. 注意到 $y<y+1=y'<0$，这样讨论若干步后，总可得到 $i^*=x^*k$ (x^* 为某个正整数)，故 i^* 与 k 同色，即 i 与 k 同色. 证毕.

定理 8 仅指出了 $x_{1,0},\cdots,x_{k,0}$ 的存在性，在 4.3 小节中将讨论如何求 $x_{1,0},\cdots,x_{k,0}$ 的算法.

容易看出，以上两种途径都是在证明了定理 2(最大公约数的本质属性)的基础上，再证明定理 3～定理 6 而建立最大公约数理论的. 第一种途径先证明了定理 1(最小公倍数的本质属性)，再推出定理 2，但得不到定理 8 中最大公约数的明确表示式(2)；第二种途径则先证明了定理 8 中的式(2)，它包含了定理 2，并可推出其他的结论.

4.3　证明的第三种途径

第三种途径是利用辗转相除法(见§3 的定理 4)，在由它证明的§3 定理 5 的基础上实现的.

显见，当 $u_1|u_0$ 时，§3 的定理 5 仍成立，这个定理包含了三个方面的重要内容：

(i) §3 的定理 5(i)表明辗转相除法给出了求两个数的最大公约数的方便、实用的算法；

(ii) §3 的定理 5(ii)利用辗转相除法给出了定理 2 当 $k=2$ 时成立的直接证明；

(iii) §3 的定理 5(iii)利用辗转相除法不仅给出了定理 8 当 $k=2$ 时成立的直接证明，而且给出了求系数的算法(见习题三第二部分的第 5 题).

由§3 的定理 5 出发建立最大公约数理论可依如下证明途径：

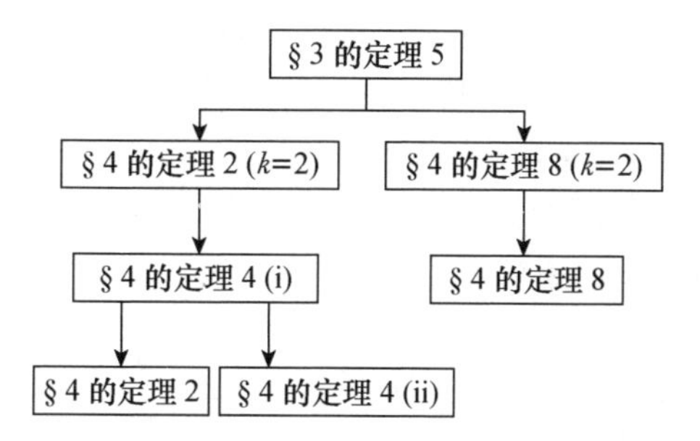

此途径中的详细推导证明留给读者，在证明中只许应用§1和§2中的结论（参看前两种证明途径中的推导）．有了定理2和定理8后，就可如同第一种和第二种途径一样，推出其他结论．

例9　求198,252,924的最大公约数，并把它表示为198,252和924的整系数线性组合．

由定理4(i)及§2的例6知

$$(198,252,924)=((198,252),924)=(18,924).$$

$924=51\cdot 18+6$	$6=924-51\cdot 18$
$18=3\cdot 6$	

由此及§2的例6得

$$(198,252,924)=6,$$

$$6=924-51\cdot 18=924-51(4\cdot 252-5\cdot 198)$$

$$=924-204\cdot 252+255\cdot 198.$$

习　题　四

第一部分(4.1小节)

1. 设p是素数，$(a,p^2)=p$，$(b,p^3)=p^2$．求(ab,p^4)，$(a+b,p^4)$．

2. 设p是素数，$(a,b)=p$．求(a^2,b)，(a^3,b)，(a^2,b^3)所有可能取的值．

3. 判断以下结论是否成立，若成立，给出证明；若不成立，举出反例：

(i) 若$(a,b)=(a,c)$，则$[a,b]=[a,c]$；

(ii) 若$(a,b)=(a,c)$,则$(a,b,c)=(a,b)$;

(iii) 若 $d|a,d|a^2+b^2$,则 $d|b$;

(iv) 若 $a^4|b^3$,则 $a|b$;

(v) 若 $a^2|b^3$,则 $a|b$;

(vi) 若 $a^2|b^2$,则 $a|b$;

(vii) $ab|[a^2,b^2]$;

(viii) $[a^2,ab,b^2]=[a^2,b^2]$;

(ix) $(a^2,ab,b^2)=(a^2,b^2)$;

(x) $(a,b,c)=((a,b),(a,c))$;

(xi) 若 $d|a^2+1$,则 $d|a^4+1$;

(xii) 若 $d|a^2-1$,则 $d|a^4-1$.

4. 证明:$\sqrt{2}$, $\sqrt{3}$, $\sqrt{15}$ 都不是有理数.

5. (i) 设整系数多项式 $P(x)=x^n+a_{n-1}x^{n-1}+\cdots+a_0, a_0\neq 0$. 证明:若 $P(x)$有有理根 x_0,则 x_0 必是整数,且 $x_0|a_0$.

(ii) 证明:x^5+3x^4+2x+1 没有有理根.

6. 设 $\theta=r\pi$, r 是有理数. 证明:除了 $\cos\theta=0,\pm 1/2,\pm 1$ 之外,$\cos\theta$ 一定是无理数,即除了 $\theta=k\pi, k\pi\pm\pi/3, k\pi+\pi/2$ 之外,$\cos\theta$ 一定是无理数,其中 k 为任意整数.(提示:对任给的正整数 n,必有首项系数为 1 的整系数多项式 $f_n(x)$,使得 $2\cos n\alpha=f_n(2\cos\alpha)$,其中 α 为任意实数.)

7. 设 n 是正整数,$n|ab, n\nmid a, n\nmid b$,再设 $a=d(a,ab/n)$. 证明:$d|n$, $1<d<n$. 解释此题的意义.

8. 设$(a,b)=1$. 证明:

(i) $(d,ab)=(d,a)(d,b)$;

(ii) d 是ab 的正因数的充要条件是d 可表示为d_1d_2,这里 d_1 是 a 的正因数,d_2 是 b 的正因数,且这种表示法唯一.

9. 证明:

$$\begin{aligned}[a_1,a_2,a_3,\cdots,a_n] &= [[a_1,a_2],a_3,\cdots,a_n] \\ &= [[a_1,\cdots,a_r],[a_{r+1},\cdots,a_n]].\end{aligned}$$

10. 设 a,b,c 是正整数. 证明:

(i) $[a,b,c](ab,bc,ca)=(a,b,c)[ab,bc,ca]$

$$=(a,b,c)[a,b,c][(a,b),(b,c),(c,a)]$$

$$=abc;$$

(ii) $[a,b,c]=abc$ 的充要条件是$(a,b)=(b,c)=(c,a)=1$.

11. 证明：$(a/(a,c),b/(b,a),c/(c,b))=1$.

12. 证明：$(a,b,c)(ab,bc,ca)=(a,b)(b,c)(c,a)$.

13. 证明：$(a,[b,c])=[(a,b),(a,c)]$.

14. 证明：$[a,(b,c)]=([a,b],[a,c])$.

15. 证明：

(i) $([a,b],[b,c],[c,a])=[(a,b),(b,c),(c,a)]$;

(ii) $(a,b)(b,c)(c,a)[a,b,c]^2=[a,b][b,c][c,a](a,b,c)^2$.

16. 设 a,b 为整数. 证明：

(i) 若$(13,ab)=1$,则 $13\mid a^{12}-b^{12}$;

(ii) 若$(91,ab)=1$,则 $91\mid a^{12}-b^{12}$;

(iii) 对任意的整数 n,有 $2730\mid n^{13}-n$.

17. 设 $p_1,\cdots,p_n$ 是 n 个两两不同的素数,再设 A_r 是其中任意取定的 r 个素数的乘积. 证明：任一 $p_j(1\leqslant j\leqslant n)$都不能整除

$$p_1\cdots p_n/A_r+A_r;$$

由此推出素数有无穷多个.

*18. 设 p 是素数,$p\nmid a$. 证明：对任给的正整数 k,有

(i) $\varphi(p^k)=(p-1)p^{k-1}$,这里 $\varphi(n)$由 §2 习题二第二部分的第 18 题给出；

(ii) $p^k\mid a^{\varphi(p^k)}-1$.

19. 设 $p_1,\cdots,p_r$ 是两两不同的素数,$m=p_1^{k_1}\cdots p_r^{k_r}$,其中 $k_j(1\leqslant j\leqslant r)$是正整数,又

$$\lambda(m)=[\varphi(p_1^{k_1}),\cdots,\varphi(p_r^{k_r})]=[p_1^{k_1-1}(p_1-1),\cdots,p_r^{k_r-1}(p_r-1)],$$

这里 $\varphi(n)$同第 18 题. 证明：当$(a,m)=1$ 时,有 $m\mid a^{\lambda(m)}-1$. 这给出了例 5(i)的另一证明,也证明了 §3 习题三第一部分的第 28 题当$(a,m)=1$ 时结论成立.

20. 设 $2\nmid a,k_0\geqslant 3$. 证明：

$$2^{k_0} \mid a^{2^{k_0-2}}-1.$$

进而推出：若 $m=2^{k_0}p_1^{k_1}\cdots p_r^{k_r}$，其中 $p_1,\cdots,p_r$ 是两两不同的奇素数，$k_0\geqslant 3, k_j\geqslant 1(1\leqslant j\leqslant r)$，又 $(a,m)=1$，则有 $m\mid a^{\lambda_1(m)}-1$，这里

$$\begin{aligned}\lambda_1(m)&=\left[\frac{1}{2}\varphi(2^{k_0}),\varphi(p_1^{k_1}),\cdots,\varphi(p_r^{k_r})\right]\\&=[2^{k_0-2},p_1^{k_1-1}(p_1-1),\cdots,p_r^{k_r-1}(p_r-1)].\end{aligned}$$

*21. 设 $m>1$. 证明：$m\nmid 2^m-1$.

*22. 设 $f(x)=a_nx^n+\cdots+a_0, g(x)=b_mx^m+\cdots+b_0$. 证明：

(i) 若 $f(x),g(x)$ 是整系数多项式，又

$$h(x)=f(x)g(x)=c_{m+n}x^{m+n}+\cdots+c_0,$$

则有

$$(a_n,\cdots,a_0)(b_m,\cdots,b_0)=(c_{m+n},\cdots,c_0).$$

特别地，当 $(a_n,\cdots,a_0)=(b_m,\cdots,b_0)=1$ 时，必有 $(c_{m+n},\cdots,c_0)=1$. 全体系数既约的整系数多项式称为**本原多项式**.

(ii) 若 $f(x),g(x)$ 是有理系数多项式，则必有唯一的三个本原多项式 $\bar{h}(x),\bar{f}(x),\bar{g}(x)$，满足：

(a) $\bar{h}(x)=ah(x),\bar{f}(x)=bf(x),\bar{g}(x)=cg(x)$，这里 a,b,c 为有理数；

(b) $\bar{h}(x),\bar{f}(x),\bar{g}(x)$ 的最高次项的系数为正数；

(c) $\bar{h}(x)=\bar{f}(x)\bar{g}(x)$.

*23. 设 a,b,m 是正整数，$(a,b)=1$. 证明：在算术数列

$$a+kb\quad(k=0,1,2,\cdots)$$

中，必有无穷多个数和 m 既约.

24. 设 $a>b>0,n>1$. 证明：$a^n-b^n\nmid a^n+b^n$.

25. 设 $a>b\geqslant 1,n>1$. 证明：

$$((a^n-b^n)/(a-b),a-b)=(n(a,b)^{n-1},a-b).$$

26. (i) 若 $n\mid 2^n-2$，n 一定是素数吗？考虑 $n=341$ 的情形. 具有这种性质的数称为**伪素数**.

(ii) 若 $n\mid 2^n-2$，则 $m\mid 2^m-2$，这里 $m=2^n-1$.

(iii) 设 $n=161\,038$,验证 $n\mid 2^n-2$.

27. (i) 一个合数 n 称为**绝对伪素数**,如果对任意的整数 a,有 $n\mid a^n-a$. 证明:561 是绝对伪素数,但 341 不是.

(ii) 设 $m\geqslant 1$. 若 $q_1=6m+1, q_2=12m+1, q_3=18m+1$ 均为素数,则 $n=q_1q_2q_3$ 是绝对伪素数. 举出几个这样的 m.

*28. 证明:存在无穷多个 n,使得 $n\mid 2^n+1$.

*29. 证明:

(i) 若 $n\mid 2^n+2, n-1\mid 2^n+1$,则 $m\mid 2^m+2, m-1\mid 2^m+1$,这里 $m=2^n+2$;

(ii) 存在无穷多个 n,使得 $n\mid 2^n+2$.

*30. 证明:存在无穷多个合数 n,使得对任意的整数 a,有

$$n\mid a^{n-1}-a.$$

*31. 设 $m\geqslant 2,(a,m)=1$,再设存在正整数 d,使得 $m\mid a^d+1$,并记使它成立的最小的 d 为 $\delta_m^-(a)$. 此外,把例 5 中的 $\delta_m(a)$ 记为 $\delta_m^+(a)$. 证明:

(i) 若 $m\mid a^h-1$ 或 $m\mid a^h+1$,则 $\delta_m^-(a)\mid h$;

(ii) 当 $m=2$ 时,$\delta_2^+(a)=\delta_2^-(a)=1$;

(iii) 当 $m>2$ 时,$\delta_m^+(a)=2\delta_m^-(a)$;

(iv) 当 $m>2$ 时,$m\mid a^h+1$ 的充要条件是 $h=q\delta_m^-(a)$,其中 q 为奇数.

*32. (i) 对任意的正整数 k,有 $3^k\mid 2^{3^{k-1}}+1, 3^{k+1}\nmid 2^{3^{k-1}}+1$.

(ii) 设 k,s 是正整数. 证明:$3^k\mid 2^s+1$ 的充要条件是 $2\nmid s, 3^{k-1}\mid s$.

第二部分(4.2 小节)

1. 证明:从定理 8(ii)成立可推出定理 8(i)成立.

2. 设 n,a,b,c 是正整数,$(b,c)=1$. 证明:若 $c\mid n!$,则

$$c\mid a(a+b)(a+2b)\cdots(a+(n-1)b).$$

3. 设 $a_1<a_2<a_3<\cdots$是一个无穷正整数列. 证明:在这个数列中一定存在两个数 a_s,a_t,使得有无穷多个 a_n 可表示为

$$a_n = xa_s + ya_t,$$

其中 x,y 是整数.

4. 在例 8 中，当$(n,k)=d>1$时，若按条件(i)，(ii)对集合 M 中的每个数涂一种颜色，问：M 中的数最多可涂上几种颜色？

5. 证明：$13\mid a^2-7b^2$ 的充要条件是 $13\mid a,13\mid b$.

*6. 设 $1\leqslant a<b,(a,b)=1$. 证明：

(i) 既约分数 a/b 是十进位制纯循环小数的充要条件是$(b,10)=1$；

(ii) 若 a/b 是纯循环小数，最小的循环节为 t_0，即

$$a/b=0.d_1\cdots d_{t_0}d_1\cdots d_{t_0}\cdots$$

是十进位制纯循环小数表示式，而对比 t_0 小的正整数 t，a/b 不可能表示为循环节为 t 的纯循环小数，则 t_0 恰好是使 $b\mid 10^d-1$ 成立的最小正整数 d.

*7. 设 $1\leqslant a<b,(a,b)=1$. 证明：

(i) b 可唯一地表示为 $2^\alpha\cdot 5^\beta b_1$ 的形式，其中 α,β,b_1 为正整数，且 $(b_1,10)=1$；

(ii) 当 $\alpha=\beta=0$ 时，a/b 是十进位制纯循环小数，即第 6 题所讨论的情形；

(iii) 当 $b_1=1$ 时，a/b 是有限小数；

(iv) 当 $\gamma=\max(\alpha,\beta)>0,b_1>1$ 时，a/b 是十进位制混循环小数，即 $a/b=0.c_1\cdots c_{s_0}d_1\cdots d_{t_0}d_1\cdots d_{t_0}\cdots$，最小的不循环位数 $s_0=\gamma$，最小的循环节 t_0 等于使 $b_1\mid 10^d-1$ 成立的最小正整数 d.

第三部分(4.3 小节)

1. 用辗转相除法求以下数组的最大公约数，并把它表示为这些数的整系数线性组合：

(i) 15，21，-35；　　(ii) 210，-330，1155.

*2. 设 $a>1$. 证明：

(i) $(a^m-1,a^n-1)=a^{(m,n)}-1$；

(ii) $(a^m-(-1)^{m/(m,n)},a^n-(-1)^{n/(m,n)})=a^{(m,n)}+1$；

(iii) 除去(i)，(ii)中的情形，总有

$$(a^m\pm1,a^n\pm1)=\begin{cases}1, & 2\mid a,\\ 2, & 2\nmid a,\end{cases}$$

其中符号+,-任取.

*3. 设 $a>b\geqslant 1$,$(a,b)=1$.证明:

$$(a^m-b^m,a^n-b^n)=a^{(m,n)}-b^{(m,n)}.$$

*4. 设 m,n 是正整数,满足 $mn\mid m^2+n^2+1$.证明:

$$m^2+n^2+1=3mn.$$

5. 详细写出按第三种途径建立最大公约数理论的过程.

*6. 本题给出由直接确定式(2)中的 $x_{1,0},\cdots,x_{k,0}$ 来求出最大公约数 $g=(a_1,\cdots,a_k)$ 的算法.(i) 选定一组整数 $x_{1,1},\cdots,x_{k,1}$,使得正整数 $a_1x_{1,1}+\cdots+a_kx_{k,1}\triangleq g_1$ 尽量小.若 $g_1\mid a_j(1\leqslant j\leqslant k)$,则 $g_1=g$ 就是最大公约数(为什么).可取 $x_{j,0}=x_{j,1}(1\leqslant j\leqslant k)$.若不然,(ii) 必有某个 j,使得 $g_1\nmid a_j$,进而证明:可取到整数 $x_{1,2},\cdots,x_{k,2}$,使得正整数 $a_1x_{1,2}+\cdots+a_kx_{k,2}\triangleq g_2<g_1$.(iii) 对 g_2 重复做(i)和(ii)的讨论,进而证明经有限步后就可定出 $x_{j,0}(1\leqslant j\leqslant k)$,满足式(2).(iv) 用此法来做第1题.

* * * * * *

可以做的IMO试题(见附录四):[37.6],[40.4],[41.5],[42.6],[43.3],[43.4].

§5 算术基本定理

整除理论的另一部分内容是讨论素数的本质属性以及合数与素数之间的关系.这就是下面的两个结论:

定理1 设 p 是素数,$p\mid a_1a_2$,则 $p\mid a_1$,$p\mid a_2$ 中至少有一个成立.一般地,若 $p\mid a_1\cdots a_k$,则 $p\mid a_1,\cdots,p\mid a_k$ 中至少有一个成立.

定理1有时被称为**算术基本引理**.

定理2(算术基本定理) 设 $a>1$,则

$$a=p_1p_2\cdots p_s,\tag{1}$$

其中 $p_j(1\leqslant j\leqslant s)$ 是素数,且在不计次序的意义下,表达式(1)是唯一的.

我们将用两种不同的途径来证明这两个定理.

5.1 证明的第一种途径

第一种途径是利用§4的结果先证明定理1,然后由定理1推出定理2.

定理1的证明 若 $p\nmid a_1$,则由§2的定理8(v)知 $(p,a_1)=1$. 由此及 $p|a_1a_2$,从§4的定理6就可推出 $p|a_2$. 对一般情形,由此可推出:若 $p\nmid a_1$,则 $p|a_2\cdots a_k$;若 $p\nmid a_1,p\nmid a_2,\cdots,p\nmid a_{k-1}$,则可推出 $p|a_k$. 证毕.

这一性质是素数的本质属性,可以作为素数的定义. 它和§2定义2的不同之处在于"不可约数"和"素数"概念的不同(参看附录二). 下面利用定理1来证明定理2.

定理2的证明 由§2的定理5知,表示式(1)一定存在. 下证唯一性. 不妨设 $p_1\leqslant p_2\leqslant\cdots\leqslant p_s$. 若还有表示式

$$a=q_1q_2\cdots q_r,\quad q_1\leqslant q_2\leqslant\cdots\leqslant q_r,$$

其中 $q_i(1\leqslant i\leqslant r)$ 是素数,我们来证明必有 $r=s,p_j=q_j(1\leqslant j\leqslant s)$. 不妨设 $r\geqslant s$. 利用定理1,由 $q_1|a=p_1p_2\cdots p_s$ 知,必有某个 p_j 满足 $q_1|p_j$. 由于 q_1 和 p_j 是素数,所以由§2的定义2知 $q_1=p_j$. 同样,利用定理1,由 $p_1|a=q_1q_2\cdots q_r$ 知,必有某个 q_i 满足 $p_1|q_i$,因而由§2的定义2知 $p_1=q_i$. 由于 $q_1\leqslant q_i=p_1\leqslant p_j$,所以 $p_1=q_1$. 这样就有

$$q_2q_3\cdots q_r=p_2p_3\cdots p_s.$$

由同样的论证,依次可得 $q_2=p_2,\cdots,q_s=p_s$,从而

$$q_{s+1}\cdots q_r=1.$$

上式是不可能的,除非 $r=s$,即不存在 $q_{s+1},\cdots,q_r$. 证毕.

把式(1)中相同的素数合并,即得

$$a=p_1^{\alpha_1}\cdots p_s^{\alpha_s},\quad p_1<p_2<\cdots<p_s \tag{2}$$

[这里的 p_j 和式(1)中的 p_j 不表示相同的素数]. 式(2)称为 a 的**标准素因数分解式**.

大家知道,要求一个合数的因数,一般是很困难的. 但如果已知这个合数的素因数分解式,那么它的全部因数就很容易给出. 这就是下面的推论,它有重要的理论和应用价值.

推论3 设 a 由式(2)给出,那么 d 是 a 的正因数的充要条件是

$$d = p_1^{e_1}\cdots p_s^{e_s},\quad 0 \leqslant e_j \leqslant \alpha_j, 1 \leqslant j \leqslant s. \tag{3}$$

证 充分性是显然的. 下证必要性. 当 $d=1$ 时, $e_j=0(1\leqslant j\leqslant s)$, 结论当然成立. 若 $d>1$, 则由 $d|a$ 及定理 1 知 d 的素因数必在 $p_1,\cdots,p_s$ 中. 所以, 由定理 2 知, d 的标准素因数分解式必为

$$d = p_1^{e_1}\cdots p_s^{e_s},\quad 0 \leqslant e_j, 1 \leqslant j \leqslant s.$$

我们来证明必有 $e_j\leqslant\alpha_j(1\leqslant j\leqslant s)$. 只要证 $e_1\leqslant\alpha_1$, 其他相同. 用反证法. 若 $e_1>\alpha_1$, 则由此及 $d|a$ 推出

$$p_1^{e_1-\alpha_1}p_2^{e_2}\cdots p_s^{e_s} \mid p_2^{\alpha_2}\cdots p_s^{\alpha_s}.$$

因此 $p_1 \mid p_2^{\alpha_2}\cdots p_s^{\alpha_s}$. 由此及定理 1 推出 p_1 必和 $p_2,\cdots,p_s$ 之一相等, 矛盾. 证毕.

同样, 利用式(2)可给出最大公约数和最小公倍数. 对于两个数的情形, 我们有下面的结论:

推论 4 设 a 由式(2)给出,

$$b = p_1^{\beta_1}\cdots p_s^{\beta_s},$$

这里允许某个 α_j 或 β_i 为零, 那么

$$(a,b) = p_1^{\delta_1}\cdots p_s^{\delta_s},\quad \delta_j = \min(\alpha_j,\beta_j), 1 \leqslant j \leqslant s, \tag{4}$$

$$[a,b] = p_1^{\gamma_1}\cdots p_s^{\gamma_s},\quad \gamma_j = \max(\alpha_j,\beta_j), 1 \leqslant j \leqslant s \tag{5}$$

及

$$(a,b)[a,b] = ab. \tag{6}$$

推论 4 可由推论 3 直接推出, 详细论证留给读者. 多个数的情形留给读者考虑.

下面是一个经常用到的结论①.

推论 5 若 $(a,b)=1$, $ab=c^k$, 则

$$a = u^k,\quad b = v^k,$$

其中 u,v 是某两个整数.

证 设 $c=p_1^{\alpha_1}\cdots p_s^{\alpha_s}$, 则

$$c^k = p_1^{k\alpha_1}\cdots p_s^{k\alpha_s}.$$

由推论 4 知, 可设

① 这结论已在 §4 的例 4(ii) 中证明, 但那个证明技巧性强.

$$a = p_1^{\beta_1}\cdots p_s^{\beta_s}, \quad b = p_1^{\gamma_1}\cdots p_s^{\gamma_s}.$$

由条件 $ab=c^k$ 知

$$\beta_j+\gamma_j=k\alpha_j \quad (1\leqslant j\leqslant s).$$

而由 $(a,b)=1$ 知

$$\min(\beta_j,\gamma_j) = 0 \quad (1 \leqslant j \leqslant s).$$

由以上两式立即得到

$$\beta_j=0,\gamma_j=k\alpha_j \quad 或 \quad \beta_j=k\alpha_j,\gamma_j=0.$$

这就证明了所要的结论. 显见, $u=(a,c)$, $v=(b,c)$.

对于一个数的所有正因数的个数及它们的和,我们有下面的结论:

推论 6 设 n 是正整数, $\tau(n)$(有时也记为 $d(n)$)表示 n 的所有正因数(即正除数)的个数,通常称之为**除数函数**. 若正整数 a 有标准素因数分解式(2),则

$$\tau(a) = (\alpha_1 + 1)\cdots(\alpha_s + 1) = \tau(p_1^{\alpha_1})\cdots\tau(p_s^{\alpha_s}). \tag{7}$$

这可由推论 3 直接推出(为什么). 显见, $\tau(1)=1$, 这可看作 $\alpha_1=\cdots=\alpha_s=0$ 的情形,即式(7)对 $a=1$ 也成立.

推论 7 设 n 是正整数, $\sigma(n)$ 表示 n 的所有正因数(即正除数)之和,通常称之为**除数和函数**. 我们有 $\sigma(1)=1$, 而当正整数 a 有标准素因数分解式(2)时,

$$\begin{aligned}\sigma(a) &= \frac{p_1^{\alpha_1+1}-1}{p_1-1}\cdots\frac{p_s^{\alpha_s+1}-1}{p_s-1} = \prod_{j=1}^{s}\frac{p_j^{\alpha_j+1}-1}{p_j-1} \\ &= \sigma(p_1^{\alpha_1})\cdots\sigma(p_s^{\alpha_s}).\end{aligned} \tag{8}$$

为了把证明叙述得更清楚,先引入几个有关求和与求积的符号,这在数学中是经常用到的.

设 h 是给定的整数, k 是给定的正整数,再设 z_i 是依赖于参数 $i(h+1\leqslant i\leqslant h+k)$ 的 k 个复数. 我们记这 k 个复数的和为

$$\sum_{i=h+1}^{h+k} z_i = z_{h+1} + \cdots + z_{h+k}, \tag{9}$$

积为

$$\prod_{i=h+1}^{h+k} z_i = z_{h+1}\cdots z_{h+k}. \tag{10}$$

一般地,设 $h_1,\cdots,h_r$ 是给定的整数,$k_1,\cdots,k_r$ 是给定的正整数,再设 $z_{i_1,\cdots,i_r}$ 是依赖于参数

$$i_1(h_1+1\leqslant i_1\leqslant h_1+k_1),\quad \cdots,\quad i_r(h_r+1\leqslant i_r\leqslant h_r+k_r)$$

的 $k_1\cdots k_r$ 个复数.我们以多重求和式

$$\sum_{\substack{h_j+1\leqslant i_j\leqslant h_j+k_j\\1\leqslant j\leqslant r}} z_{i_1,\cdots,i_r} \tag{11}$$

表示这 $k_1\cdots k_r$ 个复数之和,以多重求积式

$$\prod_{\substack{h_j+1\leqslant i_j\leqslant h_j+k_j\\1\leqslant j\leqslant r}} z_{i_1,\cdots,i_r} \tag{12}$$

表示这 $k_1\cdots k_r$ 个复数之积.根据加法的交换律与结合律,多重求和式(11)可表示为累次求和:

$$\sum_{\substack{h_j+1\leqslant i_j\leqslant h_j+k_j\\1\leqslant j\leqslant r}} z_{i_1,\cdots,i_r}=\sum_{i_1=h_1+1}^{h_1+k_1}\cdots\sum_{i_{r-1}=h_{r-1}+1}^{h_{r-1}+k_{r-1}}\ \sum_{i_r=h_r+1}^{h_r+k_r} z_{i_1,\cdots,i_{r-1},i_r}, \tag{13}$$

(13)式右边的累次求和式表示:先固定 $i_1,\cdots,i_{r-1}$,对参数

$$i_r\quad(h_r+1\leqslant i_r\leqslant h_r+k_r)$$

给出的 k_r 个复数 $z_{i_1,\cdots,i_{r-1},i_r}$ 求和,得到 $z^{(1)}_{i_1,\cdots,i_{r-1}}$[这是依赖于参数 i_1 $(h_1+1\leqslant i_1\leqslant h_1+k_1),\cdots,i_{r-1}(h_{r-1}+1\leqslant i_{r-1}\leqslant h_{r-1}+k_{r-1})$的复数],再固定 $i_1,\cdots,i_{r-2}$,对参数 $i_{r-1}(h_{r-1}+1\leqslant i_{r-1}\leqslant h_{r-1}+k_{r-1})$给出的 k_{r-1} 个复数 $z^{(1)}_{i_1,\cdots,i_{r-1}}$ 求和,得到 $z^{(2)}_{i_1,\cdots,i_{r-2}}$,等等,通过这样的求和次序来求出多重求和式(11).通常,把这种累次求和称为先对参数 i_r 求和,再对 i_{r-1} 求和……最后对参数 i_1 求和.显然,由加法的交换律和结合律知,这种对参数 $i_1,\cdots,i_r$ 的累次求和的次序可以任意选定.同样,根据乘法的交换律与结合律,多重求积式(12)可表示为累次求积:

$$\prod_{\substack{h_j+1\leqslant i_j\leqslant h_j+k_j\\1\leqslant j\leqslant r}} z_{i_1,\cdots,i_r}=\prod_{i_1=h_1+1}^{h_1+k_1}\cdots\prod_{i_{r-1}=h_{r-1}+1}^{h_{r-1}+k_{r-1}}\ \prod_{i_r=h_r+1}^{h_r+k_r} z_{i_1,\cdots,i_{r-1},i_r}. \tag{14}$$

累次求积的意义和累次求和完全一样.

设 $f(n)$是定义在正整数集合上的复值函数,a 是给定的正整数.在数论中,经常用到以下符号:

$$\sum_{d|a} f(d) = \text{函数 } f(n) \text{ 在 } a \text{ 的所有不同正因数上的值之和}, \tag{15}$$

$$\sum_{p|a} f(p) = \text{函数 } f(n) \text{ 在 } a \text{ 的所有不同素因数上的值之和}^{①}, \tag{16}$$

$$\prod_{d|a} f(d) = \text{函数 } f(n) \text{ 在 } a \text{ 的所有不同正因数上的值之积}, \tag{17}$$

$$\prod_{p|a} f(p) = \text{函数 } f(n) \text{ 在 } a \text{ 的所有不同素因数上的值之积}^{②}. \tag{18}$$

这样,取 $f(n)\equiv 1$,就有除数函数

$$\tau(a) = \sum_{d|a} 1; \tag{19}$$

取 $f(n)=n$,就有除数和函数

$$\sigma(a) = \sum_{d|a} d. \tag{20}$$

引理 8　设 $f(n)$是定义在正整数集合上的复值函数,正整数 a 由式(2)给出,那么

$$\sum_{d|a} f(d) = \sum_{e_1=0}^{\alpha_1} \cdots \sum_{e_s=0}^{\alpha_s} f(p_1^{e_1} \cdots p_s^{e_s}), \tag{21}$$

$$\prod_{d|a} f(d) = \prod_{e_1=0}^{\alpha_1} \cdots \prod_{e_s=0}^{\alpha_s} f(p_1^{e_1} \cdots p_s^{e_s}). \tag{22}$$

证　由式(15)给出的定义及推论 3 知,$\sum\limits_{d|a} f(d)$ 就是下面这组由参数 $e_1,\cdots,e_s$ 给出的复数之和:

$$\begin{cases} z_{e_1,\cdots,e_s} = f(p_1^{e_1} \cdots p_s^{e_s}), \\ (-1)+1 = 0 \leqslant e_j \leqslant \alpha_j = (-1)+\alpha_j+1, \quad 1 \leqslant j \leqslant s, \end{cases}$$

即在式(11)中取 $h_j=-1, k_j=\alpha_j+1(1\leqslant j\leqslant s)$. 因此,由式(13)即得式(21). 同样,由式(14)可推出式(22).

推论 7 的证明　由定义知 $\sigma(1)=1$. 下面来证明式(8). 由式(20)及(21)推得

$$\sigma(a) = \sum_{e_1=0}^{\alpha_1} \cdots \sum_{e_s=0}^{\alpha_s} p_1^{e_1} \cdots p_s^{e_s} = \sum_{e_1=0}^{\alpha_1} \cdots \sum_{e_{s-1}=0}^{\alpha_{s-1}} p_1^{e_1} \cdots p_{s-1}^{e_{s-1}} \left(\sum_{e_s=0}^{\alpha_s} p_s^{e_s} \right)$$

---

① 一般约定 $a=1$ 时为 0.

② 一般约定 $a=1$ 时为 1.

$$= \left(\sum_{e_s=0}^{\alpha_s} p_s^{e_s}\right)\left(\sum_{e_1=0}^{\alpha_1}\cdots\sum_{e_{s-1}=0}^{\alpha_{s-1}} p_1^{e_1}\cdots p_{s-1}^{e_{s-1}}\right).$$

继续对上式最后一个等号右边的累次求和式用以上的推导,最后得

$$\sigma(a) = \left(\sum_{e_1=0}^{\alpha_1} p_1^{e_1}\right)\cdots\left(\sum_{e_s=0}^{\alpha_s} p_s^{e_s}\right) = \sigma(p_1^{\alpha_1})\cdots\sigma(p_s^{\alpha_s}),$$

利用等比数列求和公式,由此即得式(8).

下面来举几个例子.

例 1 证明:$(a,[b,c])=[(a,b),(a,c)]$.

证 若 $a=0$,等式显然成立.所以,可设 a,b,c 是正整数,

$$a = p_1^{\alpha_1}\cdots p_s^{\alpha_s}, \quad b = p_1^{\beta_1}\cdots p_s^{\beta_s}, \quad c = p_1^{\gamma_1}\cdots p_s^{\gamma_s}.$$

由推论 4 可得

$$(a,[b,c]) = p_1^{\eta_1}\cdots p_s^{\eta_s},$$

$$\eta_j = \min(\alpha_j,\max(\beta_j,\gamma_j)), \quad 1\leqslant j\leqslant s.$$

$$[(a,b),(a,c)] = p_1^{\tau_1}\cdots p_s^{\tau_s},$$

$$\tau_j = \max(\min(\alpha_j,\beta_j),\min(\alpha_j,\gamma_j)), \quad 1\leqslant j\leqslant s.$$

容易验证,无论 $\alpha_j,\beta_j,\gamma_j$ 有怎样的大小关系,总有 $\tau_j=\eta_j\,(1\leqslant j\leqslant s)$ 成立.这就证明了所要的结论.这种关系式直接用§4 给出的方法来证是较困难的.

例 2 对 $a=180=2^2\cdot 3^2\cdot 5$,我们有

$$\tau(a) = (2+1)(2+1)(1+1) = 18,$$

$$\sigma(a) = \frac{2^3-1}{2-1}\cdot\frac{3^3-1}{3-1}\cdot\frac{5^2-1}{5-1}$$

$$= 7\cdot 13\cdot 6 = 546.$$

例 3 求$\sum_{d\mid a}\frac{1}{d}$.

解 由§2 的定理 2 知

$$\sum_{d\mid a}\frac{1}{d} = \sum_{d\mid a}\frac{1}{(a/d)} = \frac{1}{a}\sum_{d\mid a} d = \frac{1}{a}\sigma(a).$$

由此及例 2 可得

$$\sum_{d\mid 180}\frac{1}{d} = \frac{1}{180}\sigma(180) = \frac{91}{30}.$$

5.2　证明的第二种途径

这一途径将不利用§4中关于最大公约数的结论，而直接证明算术基本定理（定理2）和定理1，并证明这两个定理是等价的.这些证明看起来“非常简单”，但能想到是非常不易的，请读者反复加以考虑和比较.

算术基本定理（定理2）的直接证明　用反证法.假设结论不成立.设 $a_0>1$ 是使结论不成立的最小正整数.由§2的定理5知，a_0 必可表示为素数之积，因此它必有两种不同的素数分解式，设为

$$a_0 = p_1\cdots p_s = q_1\cdots q_r,$$

其中 p_j, q_i 都是素数.不妨设 $p_1\leqslant\cdots\leqslant p_s, q_1\leqslant\cdots\leqslant q_r$.由素数的定义知，$a_0$ 一定不是素数，所以必有

$$s\geqslant 2,\quad r\geqslant 2. \tag{23}$$

又由 a_0 的最小性知，对任意的 j 和 i，有

$$p_j \neq q_i. \tag{24}$$

不妨设 $q_1>p_1$.这样，有

$$1 < b_0 = a_0 - p_1q_2\cdots q_r = (q_1-p_1)q_2\cdots q_r < a_0. \tag{25}$$

显然 $p_1 \mid b_0$，即 $b_0=p_1b_1$，由此及§2的定理5得到 b_0 的素数分解式

$$b_0 = p_1p_2'\cdots p_u', \tag{26}$$

其中 $p_2',\cdots,p_u'$ 是素数，$b_1=p_2'\cdots p_u'$（当 $b_1=1$ 时，它们不出现）.另外，当 $q_1-p_1=1$ 时，得到 b_0 的素数分解式

$$b_0 = q_2\cdots q_r; \tag{27}$$

当 $q_1-p_1>1$ 时，由§2的定理5知，必有 q_1-p_1 的素数分解式

$$q_1-p_1 = q_{11}\cdots q_{1v},$$

其中 $q_{1j}(1\leqslant j\leqslant v)$ 是素数.因此，得到 b_0 的素数分解式

$$b_0 = q_{11}\cdots q_{1v}q_2\cdots q_r. \tag{28}$$

由素数的定义，q_1 和 p_1 都是素数及 $q_1\neq p_1$ 知 $p_1\nmid q_1-p_1$.由此及式(24)知，在 b_0 的素数分解式(27)或(28)中一定不会出现 p_1，所以式(27)或(28)一定是和式(26)不同的素数分解式.但由式(25)知，这和 a_0 的最小性矛盾.证毕.

下面来给出定理1的两个直接证明.

定理 1 的第一个直接证明 只要证 $k=2$ 的情形即可，且可假定 $a_1\geqslant 1, a_2\geqslant 1$. 用反证法. 假设结论不成立. 由最小自然数原理知，必有最小的素数 p_0，使得结论不成立，即存在 a_1, a_2，使得

$$p_0 \mid a_1 a_2, \quad p_0 \nmid a_1, \quad p_0 \nmid a_2. \tag{29}$$

考虑由所有这样的数对$\{a_1, a_2\}$组成的集合 T. 由最小自然数原理知，必有 a_1^*, a_2^* 属于这个集合，使得乘积 $a_1^* a_2^*$ 最小. 这时，必有

$$1 < a_1^* < p_0, \quad 1 < a_2^* < p_0. \tag{30}$$

若不然，比如说有 $a_1^* > p_0$，则由带余数除法可得

$$a_1^* = q p_0 + r_1, \quad 0 < r_1 < p_0.$$

这样，数对$\{r_1, a_2^*\}$也满足条件(29)，但 $r_1 a_2^* < a_1^* a_2^*$，与 $a_1^* a_2^*$ 的最小性矛盾. 设

$$a_1^* a_2^* = p_0 c.$$

由式(30)及 p_0 是素数知 $2\leqslant c\leqslant p_0$. 进而，由 §2 的定理 4 知，必有素数 p_1，使得 $p_1 \mid c$. 由 $p_1 < p_0$ 及 p_0 的最小性知，$p_1 \mid a_1^*$ 和 $p_1 \mid a_2^*$ 至少有一个成立. 设 $p_1 \mid a_1^*$，则有

$$\frac{a_1^*}{p_1} a_2^* = p_0 \frac{c}{p_1}.$$

显见，数对$\{a_1^*/p_1, a_2^*\}$也属于集合 T，但这和 $a_1^* a_2^*$ 的最小性矛盾. 证毕.

定理 1 的第二个直接证明 不妨设 $a_1>0, a_2>0$. 若 $p\nmid a_1$，考虑数列 $a_1, 2a_1, 3a_1, \cdots, ka_1, \cdots$. 这个数列中必有数可被 p 整除，例如 pa_1 即是. 由最小自然数原理知，这个数列中必有一个被 p 整除的最小正整数，设为 na_1. 显见，$1<n\leqslant p$. 我们来证明 $n=p$. 若不然，由带余数除法知

$$p = qn + r_1, \quad 1 \leqslant r_1 < n,$$

这里 $r_1\geqslant 1$ 是因为 p 为素数，$n\nmid p$. 由此推出 $p \mid r_1 a_1$. 这与 na_1 的最小性矛盾. 最后来证明 $p \mid a_2$. 由带余数除法知

$$a_2 = qp + r_2, \quad 0 \leqslant r_2 < p,$$

所以 $p \mid r_2 a_1$. 由此及 pa_1 的最小性推出 $r_2=0$，即 $p \mid a_2$. 证毕.

最后来证明下面的定理：

定理 9 定理 1 和定理 2 等价.

证　定理1成立⟹定理2成立　这就是5.1小节中给出的定理2的证明(注意：在这个证明中，除了定理1的结论、整除的定义、素数的定义和§2的定理5外，没用其他知识).

定理2成立⟹定理1成立　只要证 $k=2$ 的情形即可.用反证法.设有素数 p_0，正整数 a_1,a_2，满足

$$p_0 \mid a_1a_2,\quad p_0 \nmid a_1,\quad p_0 \nmid a_2.$$

显见，必有 $a_1\geqslant 2,a_2\geqslant 2,a_1a_2/p_0\geqslant 2$.由§2的定理5知有素数分解式

$$a_1 = p_{11}\cdots p_{1r},\quad a_2 = p_{21}\cdots p_{2s},\quad (a_1a_2)/p_0 = p_1\cdots p_t,$$

其中 $p_{1i}(1\leqslant i\leqslant r),p_{2j}(1\leqslant j\leqslant s),p_k(1\leqslant k\leqslant t)$ 为素数.由 $p_0\nmid a_1$ 知 $p_{1j}\neq p_0(1\leqslant j\leqslant r)$.由 $p_0\nmid a_2$ 知 $p_{2j}\neq p_0(1\leqslant j\leqslant s)$.这样，由以上三式就得到了 a_1a_2 的两种不同的素数分解式：

$$a_1a_2 = p_{11}\cdots p_{1r}p_{21}\cdots p_{2s},\quad a_1a_2 = p_0p_1\cdots p_t.$$

这和定理2成立矛盾.证毕(注意：在这个证明中，除了定理2的结论、整除的定义、素数的定义和§2的定理5之外，没有用其他知识).

习　题　五

1. 以符号 $a^k \parallel b$ 表示 $a^k\mid b,a^{k+1}\nmid b(k\geqslant 1)$.证明：$g\mid A$ 的充要条件是对任意的 $p^\alpha\parallel g$(p 为素数，$\alpha\geqslant 1$)，有 $p^\alpha\mid A$.

2. 设 $g\mid ab,g\mid cd$ 及 $g\mid ac+bd$.证明：$g\mid ac,g\mid bd$.

3. (i) 利用§5的定理2及其推论来证明§4习题四第一部分的第8,9,10,11,12,14,15题.

(ii) 设 $a_1,a_2,\cdots,a_n$ 是正整数，$A=a_1a_2\cdots a_n,A_i=A/a_i$.证明：

$$(a_1,a_2,\cdots,a_n)[A_1,A_2,\cdots,A_n] = A,$$
$$[a_1,a_2,\cdots,a_n](A_1,A_2,\cdots,A_n) = A.$$

4. 设 a,b,n 是正整数，且 $a>b$.证明：若 $n\mid(a^n-b^n)$，则

$$n\mid(a^n-b^n)/(a-b).$$

5. 求满足 $\tau(n)=6$ 的最小正整数 n.

6. (i) 分别求出最小正整数 a，使得 $\sigma(n)=a$ 无解、恰有一个解、恰有两个解及恰有三个解；

(ii) 存在无穷多个 a,使得 $\sigma(n)=a$ 无解.

7. 证明:

(i) $\tau(ab)\leqslant\tau(a)\tau(b)$; (ii) $\sigma(ab)\leqslant\sigma(a)\sigma(b)$,

并且等号都当且仅当$(a,b)=1$时成立(用两种方法证明).

8. 证明:

(i) $\tau(n)$是奇数的充要条件是 n 为完全平方数;

(ii) $\prod_{d\mid n}d = n^{\tau(n)/2}$ (用两种方法证明).

9. $\sigma(n)$是奇数的充要条件是 $n=k^2$ 或 $2k^2$.

10. 设 t 是实数,$\sigma_t(n)=\sum_{d\mid n}d^t$. 证明:$\sigma_t(n)=n^t\sigma_{-t}(n)$,并求$\sigma_t(n)$的计算公式.

11. 证明:任一正整数 n 必可唯一地表示为 ab^2,其中 a,b 为正整数,且 a 不能被大于 1 的平方数整除(这种数称为**无平方因子数**).

12. 一个正整数 m 称为**完全数**,如果 $\sigma(m)=2m$. 试求出最小的两个完全数.

13. 证明:正整数 m 是完全数的充要条件是 $\sum_{d\mid m}1/d=2$.

14. 证明:整数 n 是素数的充要条件是 $\sigma(n)=n+1$.

15. 证明:若 2^k-1 是素数,则 $2^{k-1}(2^k-1)$是完全数.

16. 证明:若 $\sigma(n)=n+k<2n$,且 $k\mid n$,则 n 是素数.

17. 证明:若 $2\mid m$,m 是完全数,则 $m=2^{k-1}(2^k-1)$,2^k-1 是素数.

18. 证明:若奇数 m 是完全数,则必有 $m=p^{4l+1}m_1^2$,其中 p 为 $4k+1$ 形式的素数,$p\nmid m_1$.

19. 设 $\omega(n)$表示 n 的不同素因数个数(例如:$\omega(15)=2$,$\omega(8)=1$),d 是无平方因子数. 证明:满足$[d_1,d_2]=d$ 的正整数组 d_1,d_2 共有 $3^{\omega(d)}$组(两组解 d_1,d_2 与 d_1',d_2' 称为不同的,只要 $d_1\neq d_1'$ 和 $d_2\neq d_2'$ 中有一个成立).

20. 设 g,l 是正整数,$g\mid l$. 证明:满足$(x,y)=g$,$[x,y]=l$ 的正整数组 x,y 共有 2^k 组,这里 $k=\omega(l/g)$(见第 19 题).

21. 设 n 是奇数. n 表示为两个整数平方之差的表示法有多少种？

22. 证明：$\log_2 10, \log_3 7, \log_{15} 21$ 都是无理数.

* * * * * *

可以做的 IMO 试题(见附录四)：[22.4],[31.3],[31.4],[35.6],[38.5],[39.3].

§6　整除理论小结

在§4 和§5 中,我们建立了整数集合 $\mathbf{Z}$ 中的整除理论,它包含最大公约数理论和算术基本定理,其中重要的常用结论是§4 的定理 1～定理 8 以及§5 的定理 1、定理 2.

首先要指出的是：在这些结论中,除了§4 的定理 8 涉及加法运算之外,其他的所有定理,从概念的定义、条件到结论都只涉及乘法和除法运算(不是指它们的证明).因此,我们把这后一部分称为整除理论的**积性性质**,而把前一部分(§4 的定理 8)称为整除理论的**加性性质**.从 4.2 小节和 4.3 小节,即证明最大公约数理论的第二种和第三种途径可以看出,从加性性质可推出最大公约数理论的全部积性性质.进而,由 5.1 小节知,可推出§5 的定理 1 和定理 2,这就建立了整个整除理论.但是,反过来不能从积性性质推出加性性质.

其次,我们在 5.2 小节中分别给出了§5 定理 1 和定理 2 的直接证明,证明中没有利用§4 中的任一结论,而用到了§1 和§2 中关于整数的基本性质、最小自然数原理和§3 的定理 1(带余数除法).相反地,可以用§5 的推论 3 和推论 4 来证明§2 的定理 10～定理 12 及§4 的定理 1～定理 7,而且论证更为直观简单.这些请读者自己讨论.事实上,可以从算术基本定理出发,用§5 的式(4)和(5)来定义最大公约数和最小公倍数(那里只讨论了两个数的情形,多个数也一样),进而建立最大公约数理论的积性性质[见习题六第 1 题的(v)].在讨论数论中的积性问题时,利用算术基本定理在理论上是十分方便、有效的.但是,如何具体实现合数的这种分解,特别是大数的分解,至今在理论上还没有有效方法.

最后,我们在§4 和§5 中建立了整数集合 $\mathbf{Z}$ 中的整除理论,特别是讨论了如何从各种不同的途径建立这一理论. 这是尤为重要的,因为这不是为了用不同的技巧给出不同的证明,而是由于这些思想、概念、方法、理论体系的结构是整个数学中最宝贵、最有用的部分之一,是研究许多数学对象的思想方法,对数学的发展起着重要作用. 在附录二中,我们用这样的思想方法讨论了集合 $\mathbf{Z}[\sqrt{-5}]$ 中的算术,它和 $\mathbf{Z}$ 中的算术本质上是不同的. 在 $\mathbf{Z}[\sqrt{-5}]$中,§4 和 §5 中的结论没有一个成立. 附录二中也安排了两组习题(第 9～19 题,第 20～30 题),用这样的思想方法来研究以下内容: (i) 集合 $\mathbf{Q}[x]$(全体有理系数一元多项式组成的集合)及 $\mathbf{Z}[x]$(全体整系数一元多项式组成的集合)中的算术,建立了和 $\mathbf{Z}$ 中本质上相同的整除理论. 这种多项式理论是数学中的重要基础知识. (ii) Gauss 整数集合 $\mathbf{Z}[\sqrt{-1}]$中的算术,建立了和 $\mathbf{Z}$ 中本质上相同的整除理论,并简单讨论了代数数和代数整数. 这些是代数数论的起源之一. 所有这些都是所谓“整环”中的算术的一部分. 有关这方面的内容可参看文献[15],[17].

有不少人,特别是中学生,在学过整除理论后,往往会觉得除了 §4 的定理 8 之外,其他的结论都是“不证自明”的,认为这样的证明是不需要的,重要的只是如何运用这些结论的“技巧”. 这种看法是错误的[①]. Gauss 在其名著《算术探索》(*Disquisitiones Arithmeticae*)[见文献[0]]的第 13 目中就证明了 §5 的定理 1 和定理 2,他用的就是 5.2 小节中的方法,先证定理 1(用第一个直接证明),然后推出定理 2. 在结束证明后,他就极其郑重指出了这种证明的必要性和重要性. 他说:“这首先是因为,现在许多作者要么是常常忽略了这个定理(指 §5 的定理 1),要么是给出了不能令人信服的论证;其次是因为,通过这个最简单的情形能使我们更容易地理解这一证明方法的实质,而这一证明方法在以后要被用来解决更为困难的问题. ”我们希望,读者在学习初等数论时牢牢记住 Gauss 的这一教导,反复深入地体会其正确性;特别是,

---

① 在有的书中,认为 §4 的定理 4 可从最大公约数的定义直接推出,不需证明,这是错误的.

可以通过对附录二的学习以及做它的两组习题，来领会这种证明的必要性. 这对我们进一步学好数学是极其有益的.

习　题　六

1. 证明：在整数集合 $\mathbf{Z}$ 中，关于两个整数 $u_0,u_1(u_1\neq 0)$ 的最大公约数 (u_0,u_1) 的以下五种定义是等价的：

(i) (u_0,u_1) 是 u_0,u_1 的公约数中的最大的；

(ii) (u_0,u_1) 是 u_0,u_1 的这样一个公约数 D：$D>0$，且对 u_0,u_1 的任一公约数 d，必有 $d\mid D$；

(iii) (u_0,u_1) 是形如 u_0x+u_1y 的正整数中最小的；

(iv) (u_0,u_1) 是 §3 定理 4 中的 u_{k+1}；

(v) 若 u_0,u_1 的素因数分解式分别是

$$u_0=p_1^{\alpha_1}\cdots p_s^{\alpha_s},\quad u_1=p_1^{\beta_1}\cdots p_s^{\beta_s},$$

定义 $(u_0,u_1)=p_1^{\delta_1}\cdots p_s^{\delta_s}$，其中 $\delta_j=\min(\alpha_j,\beta_j)$，$1\leqslant j\leqslant s$.

详细论述这五种定义的合理性与特点，以及如何从每种定义出发来建立整除理论.

2. 找几本不同的初等数论教科书，分析它们是如何建立整除理论的.

§7　$n!$ 的素因数分解式

7.1　符号 $[x]$

数论是研究整数的性质的. 我们经常会遇到与给定实数 x 有密切关系的整数，如不超过 x 的最大整数、大于 x 的最小整数等. 为此，Gauss 引入了一个十分常用的符号 $[x]$. 这符号有时称为 Gauss 符号.

定义 1[①]　设 x 是实数，$[x]$ 表示不超过 x 的最大整数，称为 x 的**整数部分**，即 $[x]$ 是一个整数，且满足

$$[x]\leqslant x<[x]+1.\tag{1}$$

① 由习题一的第 5 题知，这样的定义是合理的，$[x]$ 是存在且唯一的.

有时也把符号$[x]$记为$\lfloor x \rfloor$. 记$\{x\}=x-[x]$,称之为x的**小数部分**.

例如:$[1.2]=1$,$[-1.2]=-2$,$[3]=3$,$[-4]=-4$. 由式(1)知

$$0 \leqslant \{x\} < 1. \tag{2}$$

x是整数的充要条件是$\{x\}=0$. 例如:

$$\{1.2\}=0.2,\quad \{-1.2\}=0.8,\quad \{3\}=\{-4\}=0.$$

$[x]$和$\{x\}$是数学中十分有用的两个符号. 下面列出它们的性质,其证明很简单,关键是要学会灵活运用这些性质.

定理1　设x,y是实数. 我们有

(i) 若$x \leqslant y$,则$[x] \leqslant [y]$.

(ii) 若$x=m+v$,其中m是整数,$0 \leqslant v < 1$,则$m=[x]$,$v=\{x\}$. 特别地,当$0 \leqslant x < 1$时,$[x]=0$,$\{x\}=x$.

(iii) 对任意的整数m,有$[x+m]=[x]+m$,$\{x+m\}=\{x\}$($\{x\}$是周期为1的周期函数. $[x]$和$\{x\}$的图形分别见图1和图2).

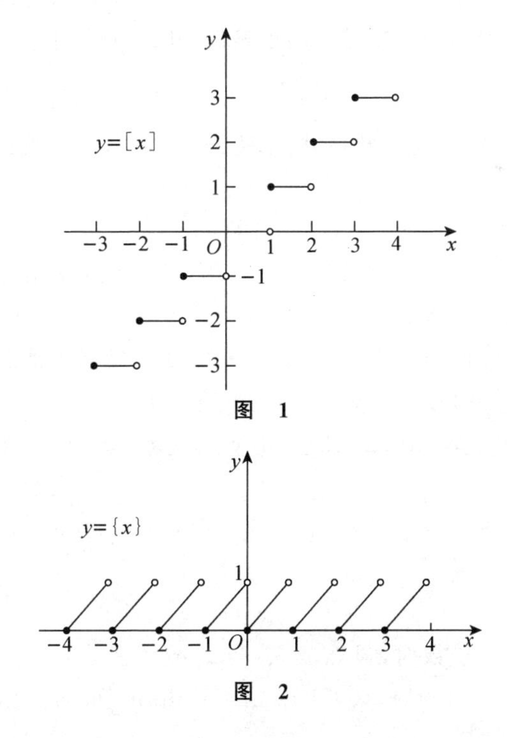

图　1

图　2

(iv) $[x]+[y]\leqslant[x+y]\leqslant[x]+[y]+1$,其中等号有且仅有一个成立.

(v) $[-x]=\begin{cases}-[x], & x\in\mathbf{Z},\\ -[x]-1, & x\notin\mathbf{Z},\end{cases}$

$\{-x\}=\begin{cases}-\{x\}=0, & x\in\mathbf{Z},\\ 1-\{x\}, & x\notin\mathbf{Z}.\end{cases}$

(vi) 对正整数 m,有 $[[x]/m]=[x/m]$.

(vii) 不小于 x 的最小整数是 $-[-x]$.

(viii) 小于 x 的最大整数是 $-[-x]-1$.

(ix) 大于 x 的最小整数是 $[x]+1$.

(x) 离 x 最近的整数是 $[x+1/2]$ 和 $-[-x+1/2]$. 当 $x+1/2$ 是整数时,这两个不同的整数和 x 等距;当 $x+1/2$ 不是整数时,它们相等.

(xi) 若 $x\geqslant 0$,则不超过 x 的正整数 n 的个数等于 $[x]$,即

$$\sum_{1\leqslant n\leqslant x}1=[x].$$

(xii) 设 a 和 N 是正整数,则正整数 $1,2,\cdots,N$ 中被 a 整除的正整数的个数是 $[N/a]$.

证 (i) 由 $[x]\leqslant x\leqslant y<[y]+1$ 即得.

(ii) 由 $m\leqslant x<m+1$ 及定义 1 推出(这一性质是在证明有关 $[x]$ 的性质时常用的技巧).

(iii) 由 $[x]+m\leqslant x+m<([x]+m)+1$ 及定义 1 推出.

(iv) $x+y=[x]+[y]+\{x\}+\{y\}$,且 $0\leqslant\{x\}+\{y\}<2$. 当 $0\leqslant\{x\}+\{y\}<1$ 时,由(ii) 知 $[x+y]=[x]+[y]$;当 $1\leqslant\{x\}+\{y\}<2$时,

$$x+y=[x]+[y]+1+(\{x\}+\{y\}-1),$$

由(ii) 知

$$[x+y]=[x]+[y]+1.$$

(v) 当 x 为整数时,显然成立. 当 x 不是整数时,$-x=-[x]-\{x\}=-[x]-1+1-\{x\}$,$0<1-\{x\}<1$,由(ii)知结论成立.

(vi) 由带余数除法知,存在整数 q,r,使得

$$[x]=qm+r,\quad 0\leqslant r<m,$$

即
$$[x]/m=q+r/m,\quad 0\leqslant r/m<1.$$

由此及(ii)推出$[[x]/m]=q$. 另外,

$$x/m=[x]/m+\{x\}/m=q+(\{x\}+r)/m.$$

注意到 $0\leqslant(\{x\}+r)/m<1$,由此及(ii)推出$[x/m]=q$. 所以,结论成立.

(vii) 设不小于 x 的最小整数是 a,则 $a-1<x\leqslant a$. 因此 $-a\leqslant -x<-a+1$,所以 $-a=[-x]$,即 $a=-[-x]$.

(viii)和(ix)的证明留给读者,方法与(vii)相同.

(x) 离 x 最近的整数必在$[x]$和$[x]+1$之中. 当 $x+1/2$ 是整数时,这两个数和 x 等距. 容易验证$[x]+1=[x+1/2]$及$[x]=[x-1/2]=-[-x+1/2]$. 当 $x+1/2$ 不是整数时,若$\{x\}<1/2$,则离 x 最近的整数是$[x]$. 因 $x+1/2=[x]+\{x\}+1/2$, $0\leqslant\{x\}+1/2<1$,故由(ii)知$[x]=[x+1/2]$. 若 $1/2<\{x\}<1$,则离 x 最近整数是$[x]+1$. 因 $x+1/2=[x]+1+\{x\}-1/2$, $0<\{x\}-1/2<1$,故由(ii)知$[x]+1=[x+1/2]$. 当 $x+1/2$ 不是整数时,由(v)知

$$\begin{aligned}[x+1/2]&=-[-x-1/2]-1=-[-x+1/2-1]-1\\&=-[-x+1/2],\end{aligned}$$

最后一步用到了(iii). 证毕.

(xi) 由于 $n\leqslant x$ 就是 $n\leqslant[x]$,所以结论成立.

(xii) 被 a 整除的正整数是 $a,2a,3a,\cdots$. 设 $1,2,\cdots,N$ 中被 a 整除的正整数个数为 k,则必有 $ka\leqslant N<(k+1)a$,即 $k\leqslant N/a<k+1$. 所以,结论成立.

符号$[x]$是很有用的,下面来举一个例子.

例 1 平面上坐标为整数的点称为**整点**或**格点**. 设 $x_1<x_2$ 是实数,$y=f(x)(x_1<x\leqslant x_2)$是非负连续函数. 证明:

(i) 区域 $x_1<x\leqslant x_2$, $0<y\leqslant f(x)$上整点的个数为

$$M=\sum_{x_1<n\leqslant x_2}[f(n)],$$

这里变数 n 取整数值；

(ii) $[x_1]-[x_2]<M-\sum\limits_{x_1<n\leqslant x_2}f(n)\leqslant 0$.

证　先来证明(i). 所说区域上的整点，都在这样的线段上：$x=n$，$1\leqslant y\leqslant f(n)$，$n$ 是一个满足 $x_1<n\leqslant x_2$ 的整数. 而线段 $x=n,1\leqslant y\leqslant f(n)$ 上整点的个数就是满足 $1\leqslant y\leqslant f(n)$ 的整数 y 的个数，由定理 1(xi)知它等于$[f(n)]$(见图 3). 这就证明了(i). 由小数部分的定义知

$$\sum_{x_1<n\leqslant x_2}[f(n)]=\sum_{x_1<n\leqslant x_2}f(n)-\sum_{x_1<n\leqslant x_2}\{f(n)\},$$

所以

$$M-\sum_{x_1<n\leqslant x_2}f(n)=-\sum_{x_1<n\leqslant x_2}\{f(n)\}. \tag{3}$$

由式(2)知

$$0\leqslant\sum_{x_1<n\leqslant x_2}\{f(n)\}<\sum_{x_1<n\leqslant x_2}1.$$

由 x 的整数部分$[x]$的定义及定理 1(ix)知

$$\sum_{x_1<n\leqslant x_2}1=\sum_{[x_1]+1\leqslant n\leqslant[x_2]}1=[x_2]-[x_1].$$

由以上三式就证明了(ii). 当 $f(x)$取不同的函数时，会由此得到一些有趣的结果，这将在习题中给出.

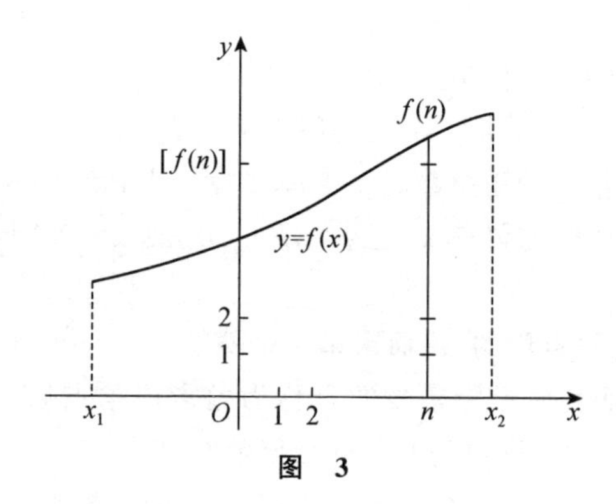

图　3

结论(ii)表明所说区域上整点的个数可用和式 $\sum\limits_{x_1<n\leqslant x_2}f(n)$ 来计

算，并给出了它们之间的误差. 在此基础上，就可用分析方法来计算整点的个数，而这是几何数论中研究的重要问题(见第九章的3.1小节和3.2小节).

7.2 $n!$ 的素因数分解式

下面来求 $n!$ 的标准素因数分解式. 一方面，若素数 p 满足 $p\mid n!$，则由§5的定理1知，必有 $p\mid k$，其中 k 为某个小于或等于 n 的正整数；另一方面，对任一素数 $p(p\leqslant n)$，必有 $p\mid n!$. 所以，由§5的定理2知，$n!$ 的标准素因数分解式必为如下形式：

$$n! = p_1^{\alpha_1}\cdots p_s^{\alpha_s}, \tag{4}$$

这里 $2=p_1<p_2<\cdots<p_s\leqslant n$ 是所有不超过 n 的素数. 这样，为了求出分解式(4)，只需要确定方次数 $\alpha_j(1\leqslant j\leqslant s)$.

先引入一个符号. 设 k 是非负整数，记号

$$a^k \parallel b \tag{5}$$

表示 b **恰被** a **的** k **次方整除**，即

$$a^k\mid b,\quad a^{k+1}\nmid b. \tag{6}$$

定理2 设 n 是正整数，p 是素数，再设 $\alpha=\alpha(p,n)$ 满足 $p^\alpha\parallel n!$，则

$$\alpha=\alpha(p,n)=\sum_{j=1}^{\infty}\left[\frac{n}{p^j}\right]. \tag{7}$$

证 式(7)右边实际上是一个有限和，因为必有整数 k，满足 $p^k\leqslant n<p^{k+1}$，这样式(7)就是

$$\alpha=\sum_{j=1}^{k}\left[\frac{n}{p^j}\right]. \tag{8}$$

设 j 是给定的正整数，c_j 表示 $1,2,\cdots,n$ 中被 p^j 整除的数的个数，d_j 表示 $1,2,\cdots,n$ 中恰被 p 的 j 次方整除的数的个数. 显见，

$$d_j=c_j-c_{j+1}.$$

由定理1(xii)知

$$c_j=[n/p^j],$$

因而

$$d_j=[n/p^j]-[n/p^{j+1}]. \tag{9}$$

容易看出,当 $j>k$ 时,$d_j=0$,且

$$\alpha=1\cdot d_1+2\cdot d_2+\cdots+k\cdot d_k. \tag{10}$$

后者是因为我们可把 $1,2,\cdots,n$ 分为这样两两不交的 k 个集合:第 $j(1\leqslant j\leqslant k)$ 个集合由 $1,2,\cdots,n$ 中恰被 p^j 整除的数组成.这样,第 j $(1\leqslant j\leqslant k)$ 个集合的所有数的乘积恰被 p 的 $j\cdot d_j$ 次方整除,由此即得式(10).进而,由式(9)及(10)就推出式(8)(注意 $[n/p^{k+1}]=0$).证毕.

推论 3 设 n 是正整数.我们有

$$n!=\prod_{p\leqslant n}p^{\alpha(p,n)}, \tag{11}$$

这里连乘号表示对所有不超过 n 的素数求积,$\alpha(p,n)$ 由式(7)给出.

推论 3 可以由定理 2 及本小节开始时的讨论立即推出.此外,显然有

$$\alpha(p_1,n)\leqslant\alpha(p_2,n),\quad p_2<p_1. \tag{12}$$

例 2 求 20! 的标准素因数分解式.

解 不超过 20 的素数有 2,3,5,7,11,13,17,19.由定理 2 知

$$\begin{aligned}\alpha(2,20)&=\left[\frac{20}{2}\right]+\left[\frac{20}{4}\right]+\left[\frac{20}{8}\right]+\left[\frac{20}{16}\right]\\&=10+5+2+1=18,\\\alpha(3,20)&=\left[\frac{20}{3}\right]+\left[\frac{20}{9}\right]=6+2=8,\\\alpha(5,20)&=\left[\frac{20}{5}\right]=4,\quad\alpha(7,20)=\left[\frac{20}{7}\right]=2,\\\alpha(11,20)&=\left[\frac{20}{11}\right]=1,\quad\alpha(13,20)=\left[\frac{20}{13}\right]=1,\\\alpha(17,20)&=\left[\frac{20}{17}\right]=1,\quad\alpha(19,20)=\left[\frac{20}{19}\right]=1,\end{aligned}$$

所以 $$20!=2^{18}\cdot3^8\cdot5^4\cdot7^2\cdot11\cdot13\cdot17\cdot19.$$

例 3 20! 的十进位制表示中结尾有多少个 0?

解 这就是要求正整数 k,使得 $10^k\parallel 20!$.由式(12)知只要求出 $\alpha(5,20)$ 即可,进而由例 2 知 $k=4$,它即是 5 的方次数.所以,结尾有 4 个 0.

例 4 设整数 $a_j>0(1\leqslant j\leqslant s)$,并且 $n=a_1+a_2+\cdots+a_s$.证明:

$n!/(a_1!a_2!\cdots a_s!)$是整数.

证 用定理 2 的符号,只要证明对任意的素数 p 有

$$\alpha(p,n)\geqslant\alpha(p,a_1)+\alpha(p,a_2)+\cdots+\alpha(p,a_s)$$

即可.而由式(7)知这可以从下面的不等式推出：对任意的 $j\geqslant1$,有

$$\left[\frac{n}{p^j}\right]\geqslant\left[\frac{a_1}{p^j}\right]+\left[\frac{a_2}{p^j}\right]+\cdots+\left[\frac{a_s}{p^j}\right].$$

由 $n=a_1+\cdots+a_s$ 及定理 1(iv)知上述不等式成立.证毕.

熟知,可用排列组合方法来证明 $n!/(a_1!\cdots a_s!)$是整数.它称为多重组合数.这里用数论方法给了一个新证明.特别地,当 $s=2$ 时,证明了

$$\binom{n}{a_1}=\frac{n!}{a_1!(n-a_1)!}=\frac{n(n-1)\cdots(n-a_1+1)}{a_1!}\tag{13}$$

是整数.这就是说,a_1 个相邻正整数的乘积可被 $a_1!$ 整除.由此立即得到下面的推论：

推论 4 m 个相邻整数的乘积可被 $m!$ 整除.

应该指出：例 4 是一个简单情形.在习题七的第 29 题中,要证明 $n!(m!)^n\mid(mn)!$.这等价于要证明对任意的素数 p 有

$$\alpha(p,mn)\geqslant\alpha(p,n)+n\cdot\alpha(p,m).\tag{14}$$

但这里 $mn<n+m+\cdots+m$(有 n 个 m),我们不能证明对每个 $j\geqslant1$ 必有

$$[mn/p_j]\geqslant[n/p_j]+n[m/p_j],$$

因而不能用例 4 的简单方法来证,而要直接证明式(14)成立.具体论证见解答.当然,这个结论可用排列组合方法来证明,而且比较简单(证明留给读者).

习　题　七

1. 设 a,b 是整数,$a\geqslant1,b=qa+r,0\leqslant r<a$.证明：

$$q=[b/a],\quad r=a\{b/a\}.$$

2. 设 a,b 是整数,$a\geqslant1,b=q_1a+r_1,-a/2\leqslant r_1<a/2$.证明：

$$q_1=[2b/a]-[b/a],\quad r_1=a\{2b/a\}-a\{b/a\}.$$

3. 证明：对任意的正实数 x,y，有$[xy]\geqslant[x][y]$. 试讨论$\{xy\}$和$\{x\}\{y\}$之间会有怎样的关系.

4. 证明：对任意的实数 x，有

$$[x]+[x+1/2]=[2x].$$

5. 证明：对任意整数 $n\geqslant 2$ 及实数 x，有

$$[x]+[x+1/n]+\cdots+[x+(n-1)/n]=[nx].$$

6. 设 m,n 是整数，$n\geqslant 1$. 证明：

$$\left[\frac{m+1}{n}\right]=\begin{cases}[m/n], & n\nmid m+1,\\ [m/n]+1, & n\mid m+1.\end{cases}$$

7. 证明：若$[x+y]=[x]+[y]$，$[-x-y]=[-x]+[-y]$同时成立，则 x,y 中必有一个是整数.

8. 证明：对任意的实数 x,y，有

$$[x-y]\leqslant[x]-[y]\leqslant[x-y]+1.$$

*9. 证明：

(i) 对任意的实数 α,β，有

$$[2\alpha]+[2\beta]\geqslant[\alpha]+[\beta]+[\alpha+\beta],$$

但不一定有$[3\alpha]+[3\beta]\geqslant[\alpha]+[\beta]+[2\alpha+2\beta]$；

(ii) 设 m,n 是正整数，则对任意的实数 α,β，

$$[(m+n)\alpha]+[(m+n)\beta]\geqslant[m\alpha]+[m\beta]+[n\alpha+n\beta]$$

成立的充要条件是 $m=n$.

10. 试确定对怎样的实数 x 有下面的等式成立：

(i) $[x+3]=3+x$；　　(ii) $[x]+[x]=[2x]$；

(iii) $[11x]=11$；　　(iv) $[11x]=10$；

(v) $[x+1/2]+[x-1/2]=[2x]$.

11. 证明：对任意的实数 x,y，有

$$\{x+y\}\leqslant\{x\}+\{y\}.$$

12. 设 $\|x\|$ 表示实数 x 离最近整数的距离.

(i) 证明：$\|x\|=\min(\{x\},1-\{x\})$；

(ii) 证明：对任意的整数 n，有 $\|x+n\|=\|x\|$；

(iii) 证明：$\|x\|=\|-x\|$；

(iv) 证明：$\|x+y\| \leqslant \|x\| + \|y\|$；

(v) 证明：$\|x-y\| \geqslant \|x\| - \|y\|$；

(vi) 画出 $y=\|x\|$ 的图形.

*13. 设 m 是正整数. 证明：

(i) $2^{m+1} \| [(1+\sqrt{3})^{2m+1}]$；

(ii) $[\sqrt{m}+\sqrt{m+1}]=[\sqrt{m}+\sqrt{m+2}]$.

*14. 设 $0<\theta<1$ 是实数，n 是正整数，再设

$$a_n = \begin{cases} 0, & [n\theta] = [(n-1)\theta], \\ 1, & \text{其他}. \end{cases}$$

证明：

$$a_1+\cdots+a_n=[n\theta].$$

15. 设 m,n 是正整数，$(m,n)=1$. 证明：

(i) 在以点 $\{0,0\}$，$\{0,m\}$，$\{n,0\}$，$\{n,m\}$ 为顶点的矩形内部有 $(m-1)(n-1)$ 个整点；

(ii) $\displaystyle\sum_{s=1}^{n-1}\left[\frac{ms}{n}\right]=\frac{1}{2}(m-1)(n-1)$.

16. 设 m,n 是奇正整数，$(m,n)=1$. 证明：

$$\sum_{0<s<m/2}\left[\frac{n}{m}s\right]+\sum_{0<t<n/2}\left[\frac{m}{n}t\right]=\frac{m-1}{2}\cdot\frac{n-1}{2}.$$

17. 设实数 $C>0$. M 是区域 $x>0,y>0,xy\leqslant C$ 上整点的个数. 证明：

(i) $M=\displaystyle\sum_{1\leqslant s\leqslant C}\left[\frac{C}{s}\right]$；

(ii) $M=2\displaystyle\sum_{1\leqslant s\leqslant\sqrt{C}}\left[\frac{C}{s}\right]-[\sqrt{C}]^2$；

(iii) $M=\displaystyle\sum_{1\leqslant s\leqslant C}\tau(s)$.

分别利用(i)，(ii)给出计算 M 的近似公式.

18. 设实数 $R>0$，M 是区域 $x^2+y^2\leqslant R^2$ 上整点的个数. 证明：

(i) $M=1+4[R]+4\displaystyle\sum_{1\leqslant s\leqslant R}[\sqrt{R^2-s^2}]$；

(ii) $M = 1 + 4[R] + 8 \sum_{1\leqslant s\leqslant R/\sqrt{2}} [\sqrt{R^2 - s^2}] - 4\left[\frac{R}{\sqrt{2}}\right]^2$.

19. 求 2,3,6,12 及 70 整除 623! 的最高方幂.

20. 120! 的十进位制表示中结尾有多少个 0?

21. §7 的式(7)当 p 是合数时成立吗? 举例说明.

22. 求 32! 的素因数分解式.

23. 设 p 是素数,n 是正整数.

(i) 求 $p^e \| (2n)!!$ 中 e 的计算公式,这里

$$(2n)!! = (2n)(2n-2)\cdots 2;$$

(ii) 求 $p^f \| (2n+1)!!$ 中 f 的计算公式,这里

$$(2n-1)!! = (2n-1)(2n-3)\cdots 1.$$

24. 用例 4 的方法证明: $n!(n-1)! \mid (2n-2)!$.

25. 设 a,b 是正整数,$(a,b)=1$,再设 ρ 是一实数. 证明: 若 $a\rho, b\rho$ 是整数,则 ρ 也是整数.

26. 设 a,b 是正整数,$(a,b)=1$. 证明: $a!b! \mid (a+b-1)!$.

27. 设 $\alpha(p,n)$ 由 §7 的定理 2 给出,证明: $\alpha(p,n) < n/(p-1)$.

28. 证明: $(2n)!/(n!)^2$ 是偶数.

*29. 设 m,n 是正整数. 证明: $n!(m!)^n \mid (mn)!$.

*30. 设 a,b 是正整数. 证明: $a!b!(a+b)! \mid (2a)!(2b)!$.

*31. 求组合数 $\binom{n}{1}, \binom{n}{2}, \cdots, \binom{n}{n-1}$ 的最大公约数.

*32. 设 p 是一个给定的素数. 证明: 一定存在正整数 a,使得对任意的正整数 n,不可能有 $p^a \| n!$. 试提出一个确定所有这种 a 的方法.

33. 设正整数 n 的 p 进位制表示是

$$n = a_0 + a_1 p + \cdots + a_k p^k,$$
$$0 \leqslant a_j < p (0 \leqslant j \leqslant k-1),\ 1 \leqslant a_k < p.$$

证明:

(i) $a_j = [n/p^j] - p[n/p^{j+1}], 0 \leqslant j \leqslant k$;

(ii) 若 p 是素数,$\alpha(p,n)$ 由 §7 的定理 2 给出,则

$$\alpha(p,n) = \frac{n - A_n}{p-1}, \quad A_n = a_0 + a_1 + \cdots + a_k.$$

34. 设 n,a,b 是正整数. 证明:

$$n! \mid b^{n-1}a(a+b)\cdots(a+(n-1)b).$$

*35. 设 α 是正实数,再设

$$a_n=[n(1+\alpha)],\quad b_n=[n(1+\alpha^{-1})],\quad n=1,2,\cdots.$$

证明: 这些数两两不相等且恰好给出了全体正整数的充要条件是 α 为正无理数.

*36. 设 α,β 是正实数,再设

$$a_n=[n\alpha],\quad b_n=[n\beta],\quad n=1,2,\cdots.$$

证明: 这些数两两不相等且恰好给出了全体正整数的充要条件是 α,β 为正无理数且满足

$$\frac{1}{\alpha}+\frac{1}{\beta}=1.$$

* * * * * *

可以做的 IMO 试题(见附录四): [9.3],[14.3],[18.6],[20.3],[21.6],[34.5].

第二章　不定方程(I)

变数个数多于方程个数，且变数取整数的方程(或方程组)称为**不定方程**(**或不定方程组**). 不定方程是数论中的一个十分重要的课题. 本章讨论能直接利用整除理论来判断其是否有解，以及有解时能求出其全部解的最简单的不定方程，即§1中的一次不定方程和§2中的不定方程 $x^2+y^2=z^2$(这个不定方程与边长为整数的直角三角形的性质及单位圆周上的有理点有密切关系). 在§2中，还利用研究不定方程 $x^2+y^2=z^2$ 的方法讨论了几个与此方程相关的简单不定方程.

§1　一次不定方程

设整数 $k\geqslant 2, c, a_1, \cdots, a_k$ 是整数，且 $a_1, \cdots, a_k$ 都不等于零，再设 $x_1, \cdots, x_k$ 是整数变数. 方程

$$a_1x_1+\cdots+a_kx_k=c \tag{1}$$

称为 k **元一次不定方程**(简称**一次不定方程**或**不定方程**)，其中 $a_1, \cdots, a_k$ 称为这个不定方程的**系数**. 我们先来讨论不定方程(1)的求解方法.

1.1　一次不定方程的求解

定理 1　不定方程(1)有解的充要条件是它的系数的最大公约数整除 c，即 $(a_1, \cdots, a_k) \mid c$. 进而，不定方程(1)有解时，它的解和不定方程

$$\frac{a_1}{g}x_1+\cdots+\frac{a_k}{g}x_k=\frac{c}{g} \tag{2}$$

的解相同，这里 $g=(a_1, \cdots, a_k)$.

证　必要性显然. 下面证明充分性. 若 $g \mid c$，设 $c=gc_1$. 由第一章§4的定理8知，必有整数 $y_{1,0}, \cdots, y_{k,0}$，使得

$$a_1y_{1,0}+\cdots+a_ky_{k,0}=g. \tag{3}$$

因此，$x_1=c_1y_{1,0}, \cdots, x_k=c_1y_{k,0}$ 即为不定方程(1)的一组解. 这就证明

了充分性.

由于不定方程(1)有解时必有 $g|c$,而这时不定方程(1)和(2)是同一个方程,这就证明了后一结论.

定理 1 表明:讨论不定方程(1)的关键是讨论它的系数的最大公约数 g. 关于两个变数的情形,有下面更精确的定理:

定理 2 设二元一次不定方程

$$a_1x_1 + a_2x_2 = c \tag{4}$$

有解,$x_{1,0}$,$x_{2,0}$是它的一组解(称为特解),则它的通解(包含了全部解)为

$$\begin{cases} x_1 = x_{1,0} + \dfrac{a_2}{(a_1,a_2)}t, \\ x_2 = x_{2,0} - \dfrac{a_1}{(a_1,a_2)}t, \end{cases} \quad t = 0, \pm 1, \pm 2, \cdots. \tag{5}$$

证 容易直接验证,由式(5)给出的 x_1,x_2 对所有整数 t 都满足不定方程(4). 反过来,设 x_1,x_2 是不定方程(4)的一组特解,我们有

$$a_1x_1 + a_2x_2 = c = a_1x_{1,0} + a_2x_{2,0},$$

进而有

$$a_1(x_1 - x_{1,0}) = -a_2(x_2 - x_{2,0}),$$

$$\frac{a_1}{(a_1,a_2)}(x_1 - x_{1,0}) = -\frac{a_2}{(a_1,a_2)}(x_2 - x_{2,0}).$$

因$\left(\dfrac{a_1}{(a_1,a_2)},\dfrac{a_2}{(a_1,a_2)}\right)=1$,故由第一章§4的定理6知,$\dfrac{a_2}{(a_1,a_2)}$整除 $x_1-x_{1,0}$,即必有整数 t,使得 $x_1-x_{1,0}=\dfrac{a_2t}{(a_1,a_2)}$,进而由以上两式得 $x_2-x_{2,0}=-\dfrac{a_1t}{(a_1,a_2)}$. 这就证明了 x_1,x_2 可表示为式(5)的形式. 证毕.

例 1 求不定方程 $10x_1-7x_2=17$ 的解.

解 容易看出$(10,7)=1$,所以此不定方程有解. 由观察可得 $x_{1,0}=1$,$x_{2,0}=-1$ 是一组特解,因此全部解是

$$x_1 = 1 - 7t, \quad x_2 = -1 - 10t, \quad t = 0, \pm 1, \pm 2, \cdots.$$

例 2 求不定方程 $18x_1+24x_2=9$ 的解.

解 由$(18,24)=6\nmid 9$ 知此不定方程无解.

求解不定方程(4)的步骤:(i) 求出最大公约数 $g=(a_1,a_2)$,并判

断是否有 $g|c$；(ii) 若 $g|c$，即有解，则设法去求出一组特解 $x_{1,0}, x_{2,0}$. 由定理 1 及第一章 §3 的定理 5 知，我们可以用辗转相除法来求特解. 下面我们通过具体例子来介绍一种判定不定方程是否有解及有解时求出其解的直接算法. 这种算法对 $k>2$ 的情形也适用.

例 3　求不定方程 $907x_1+731x_2=2107$ 的解.

解　若有解，则 731 必整除 $-907x_1+2107$. 所以，由原方程得

$$x_2=\frac{1}{731}(-907x_1+2107)=-x_1+3+\frac{1}{731}(-176x_1-86).$$

这样，原方程就等价于不定方程

$$x_3=\frac{1}{731}(-176x_1-86)\in\mathbf{Z}^{①}.$$

类似地，解出

$$x_1=\frac{1}{176}(-731x_3-86)=-4x_3+\frac{1}{176}(-27x_3-86).$$

原方程等价于不定方程

$$x_4=\frac{1}{176}(-27x_3-86)\in\mathbf{Z}$$

类似地，解出

$$x_3=\frac{1}{27}(-176x_4-86)=-7x_4-3+\frac{1}{27}(13x_4-5).$$

(接下页左栏)

(由下页右栏转来)

$$x_3=-7x_4-3+x_5=-7(-10+27x_6)-3+(-5+13x_6)=62-176x_6$$

$$x_1=-4x_3+x_4=-4(62-176x_6)+(-10+27x_6)=-258+731x_6$$

$$x_2=-x_1+3+x_3=-(-258+731x_6)+3+(62-176x_6)=323-907x_6$$

① 以上两步是：先解出系数绝对值较小的变数，这里是 x_2；再做变数替换，把 x_2 变为 x_3(为什么). 这就得到一个新不定方程：$176x_1+731x_3=-86$. 这样就把原来关于 x_1,x_2 的不定方程转化为关于 x_1,x_3 的不定方程，且其系数绝对值比原方程小. 下面就是反复这样做.

原方程等价于不定方程

$x_5=\frac{1}{27}(13x_4-5)\in\mathbf{Z}.$

类似地,解出

$x_4=(27x_5+5)/13$

$\quad=2x_5+(x_5+5)/13.$

原方程等价于不定方程

$x_6=(x_5+5)/13\in\mathbf{Z}$

$x_5=13x_6-5=-5+13x_6.$

由此往上反推,见右栏.

(接上页右栏)

$x_4=2x_5+x_6$

$\quad=2(-5+13x_6)+x_6$

$\quad=-10+27x_6$

这样就求出了全部解:

$$x_1=-258+731x_6,\quad x_2=323-907x_6,\quad x_6=0,\pm1,\pm2,\cdots.$$

细心的读者不难发现,这种解不定方程的算法实际上是对整个不定方程用辗转相除法(见第一章的§3),依次化为等价的不定方程,直至得到有一个变数的系数为±1 的不定方程为止(这里是 $x_5-13x_6=-5$),这样的不定方程是可以直接解出的(这里是 $x_5=-5+13x_6$,$x_6=0,\pm1,\pm2,\cdots$).再依次反推上去,就得到原方程的通解.为了减少运算次数,在用带余数除法时,我们总取绝对最小余数.如果不定方程无解,则在施行这种算法时,到某一步就会直接看出.下面来举一个例子.

例 4 求不定方程 $117x_1+21x_2=38$ 的解.

解 由原方程得

$$x_2=\frac{1}{21}(-117x_1+38)=-6x_1+2+\frac{1}{21}(9x_1-4),$$

$$x_3=\frac{1}{21}(9x_1-4)\in\mathbf{Z},$$

$$x_1=\frac{1}{9}(21x_3+4)=2x_3+\frac{1}{9}(3x_3+4),$$

$$x_4=\frac{1}{9}(3x_3+4)\in\mathbf{Z},$$

$$x_3=\frac{1}{3}(9x_4-4)=3x_4-1-\frac{1}{3}.$$

最后一式表明 x_3, x_4 不可能同时为整数,所以原方程无解.

下面举一个用这种算法解三元一次不定方程的例子.

例 5 求不定方程 $15x_1+10x_2+6x_3=61$ 的全部解.

解 x_3 的系数的绝对值最小,我们把原方程化为

$$\begin{aligned} x_3 &= \frac{1}{6}(-15x_1-10x_2+61) \\ &= -2x_1-2x_2+10+\frac{1}{6}(-3x_1+2x_2+1), \end{aligned}$$

原方程就等价于下面的不定方程

$$x_4=\frac{1}{6}(-3x_1+2x_2+1)\in \mathbf{Z}.$$

用类似的方法得

$$\begin{aligned} x_2 &= \frac{1}{2}(6x_4+3x_1-1) \\ &= 3x_4+x_1+\frac{1}{2}(x_1-1), \end{aligned}$$

$$x_5=\frac{1}{2}(x_1-1)\in \mathbf{Z},$$

解得 $\qquad x_1=1+2x_5,\quad x_5=0,\pm 1,\pm 2,\cdots.$

反推上去,依次解出

$$\begin{aligned} & x_2=3x_4+x_1+x_5=1+3x_4+3x_5, \\ & x_4, x_5=0,\pm 1,\pm 2,\cdots; \\ & x_3=-2x_1-2x_2+10+x_4 \\ & \quad =6-5x_4-10x_5, \\ & x_4, x_5=0,\pm 1,\pm 2,\cdots. \end{aligned}$$

这就得到了原方程的通解(它包含了全部解),其中含有两个参数 x_4, x_5.

下面的定理表明:一般的 k 元一次不定方程可化为解由 $k-1$ 个二元一次不定方程构成的方程组,且它的通解中恰有 $k-1$ 个参数.

定理 3 设 $g_1=a_1, g_2=(g_1,a_2)=(a_1,a_2), g_3=(g_2,a_3)=(a_1,a_2,a_3),\cdots,g_j=(a_1,\cdots,a_j),\cdots,g_k=(g_{k-1},a_k)=(a_1,\cdots,a_k)$,则不

定方程(1)等价于下面含有 $2(k-1)$ 个整数变数 $x_1,\cdots,x_k,y_2,\cdots,y_{k-1}$ 和 $k-1$ 个方程的不定方程组:

$$\begin{cases} g_{k-1}y_{k-1}+a_kx_k=c, \\ g_{k-2}y_{k-2}+a_{k-1}x_{k-1}=g_{k-1}y_{k-1}, \\ \cdots\cdots \\ g_2y_2+a_3x_3=g_3y_3, \\ g_1x_1+a_2x_2=g_2y_2. \end{cases} \tag{6}$$

当不定方程(1)有解时,它的通解由含有 $k-1$ 个参数的线性(即一次)表达式给出.

证 先证明等价性. 若 $x_1,\cdots,x_k,y_2,\cdots,y_{k-1}$ 是方程组(6)的解,则显见 $x_1,\cdots,x_k$ 是不定方程(1)的解. 反之,若 $x_1,\cdots,x_k$ 是不定方程(1)的解,则取

$$y_j=\frac{1}{g_j}(a_1x_1+\cdots+a_jx_j),\quad 2\leqslant j\leqslant k-1.$$

显见,y_j $(2\leqslant j\leqslant k-1)$是整数,且 $x_1,\cdots,x_k,y_2,\cdots,y_{k-1}$ 是方程组(6)的解. 由定理 1 容易看出,方程组(6)的第一个方程和不定方程(1)一样,有解的充要条件是 $g_k\mid c$. 而对于方程组(6)其余的方程,当把 y_j 看作参数(取整数值)时,变数为 y_{j-1},x_j 的二元一次不定方程

$$g_{j-1}y_{j-1}+a_jx_j=g_jy_j \tag{7}$$

总是有解的①,这里 j 依此取 $k-1,\cdots,2$. 一定可以找到 $y_{j-1}^{(0)},x_j^{(0)}$,使得

$$g_{j-1}y_{j-1}^{(0)}+a_jx_j^{(0)}=g_j, \tag{8}$$

这样,$y_jy_{j-1}^{(0)}$, $y_jx_j^{(0)}$ 就是不定方程(7)的一组特解. 由定理 2 知,不定方程(7)的通解是

$$y_{j-1}=y_jy_{j-1}^{(0)}+\frac{a_j}{g_j}t_{j-1},\quad x_j=y_jx_j^{(0)}-\frac{g_{j-1}}{g_j}t_{j-1}, \tag{9}$$

$$t_{j-1}=0,\pm1,\pm2,\cdots\quad(2\leqslant j\leqslant k-1).$$

当不定方程(1)有解,即 $g_k\mid c$ 时,方程组(6)的第一个方程可解,且由定理 2 知其通解是

---

① 这里当 $j=2$ 时,规定 $x_1=y_1$.

$$y_{k-1}=y_{k-1,0}+\frac{a_k}{g_k}t_{k-1},\quad x_k=x_{k,0}-\frac{g_{k-1}}{g_k}t_{k-1},\tag{10}$$

$$t_{k-1}=0,\pm 1,\pm 2,\cdots,$$

其中 $y_{k-1,0}, x_{k,0}$ 是一组特解. 式(10)已经给出了 y_{k-1} 和 x_k 的参数 t_{k-1} 的表达式[①]. 由 y_{k-1} 的参数表达式及式(9)($j=k-1$)可得到 y_{k-2} 和 x_{k-1} 的参数 t_{k-1}, t_{k-2} 的表达式;进而,由 y_{k-2} 的参数表达式及式(9)($j=k-2$)可得到 y_{k-3} 和 x_{k-2} 的参数 $t_{k-1}, t_{k-2}, t_{k-3}$ 的表达式;依次类推,就得到 y_{j-1} 和 x_j ($j=k-3,\cdots,2$)的参数 $t_{k-1},\cdots,t_{j-1}$ 的表达式. 这就给出了方程组(6)关于变数 $x_1,\cdots,x_k,y_2,\cdots,y_{k-1}$(注意 $x_1=y_1$)的通解公式(为什么),其中有 $k-1$ 个参数 $t_1,\cdots,t_{k-1}$. 显见,其中一部分——$x_1,\cdots,x_k$ 的参数表达式就给出了不定方程(1)的通解公式(为什么). 证毕.

对于以上定理的证明,读者可能会感到“复杂”,不习惯. 下面仍以例 5 中的不定方程为例,说明如何用定理 3 的方法来解 $k(k>2)$ 元一次不定方程. 读者可以先看这个例子,有一个感性认识后,再看定理 3 的证明.

例 6 求不定方程 $15x_1+10x_2+6x_3=61$ 的全部解.

解 用定理 3 的方法来求解. 这里 $a_1=15, a_2=10, a_3=6$,所以 $g_1=a_1=15, g_2=(a_1,a_2)=(15,10)=5, g_3=(g_2,a_3)=(5,6)=1$. 因此,这不定方程等价于含有 4 个变数和 2 个方程的不定方程组:

$$\begin{cases}5y_2+6x_3=61,\\15x_1+10x_2=5y_2.\end{cases}$$

$15x_1+10x_2=5y_2$ 的通解是

$$x_1=y_2+2t_1,\quad x_2=-y_2-3t_1,\quad t_1=0,\pm 1,\cdots.$$

$5y_2+6x_3=61$ 的通解是

$$y_2=5+6t_2,\quad x_3=6-5t_2,\quad t_2=0,\pm 1,\cdots.$$

消去 y_2 就得到原方程的通解:

$$x_1=5+2t_1+6t_2,\quad x_2=-5-3t_1-6t_2,\quad x_3=6-5t_2,$$

$$t_1,t_2=0,\pm 1,\cdots.$$

---

① 这里所说的参数表达式都是线性(即一次)的,下同.

比较例 5 和例 6 得到的两个通解公式,可以发现所含参数的个数都是两个,但具体的表示形式却有很大的不同.这是由所用的解法不同引起的,而实质上是一样的.关于这一点,将在习题中讨论.

定理 3 已经涉及比较简单的一次不定方程组的求解问题,对这一问题的讨论比较烦琐,要用到一些整数矩阵的知识,这里不做进一步讨论了.有兴趣的读者可参看文献[3],[5].要求一个不定方程的正解或非负解,即变数取正整数或非负整数的解,这在应用中是很常见的,例如后面的例 9.下面我们将讨论两个变数的情形.

1.2 二元一次不定方程的非负解和正解

下面我们来讨论当二元一次不定方程(4)可解时,它的非负解和正解问题.由通解公式(5)知,在已知一组特解后,这可归结为去确定参数 t 的值,使 x_1,x_2 均为非负或正的.显见,当 a_1,a_2 异号时,若不定方程(4)可解,则它总有无穷多组非负解或正解.所以,只要讨论 a_1,a_2 均为正的情形即可.先来讨论非负解.

定理 4 设 a_1,a_2,c 均为正整数,且 $(a_1,a_2)=1$,则当 $c>a_1a_2-a_1-a_2$ 时,不定方程(4)有非负解,解数等于 $[c/(a_1a_2)]$ 或 $[c/(a_1a_2)]+1$;当 $c=a_1a_2-a_1-a_2$ 时,不定方程(4)没有非负解.

证 由于 $(a_1,a_2)=1$,所以不定方程(4)必有解.设 $x_{1,0},x_{2,0}$ 是不定方程(4)的一组特解.由通解公式(5)知,所有非负解 x_1,x_2 由满足以下条件的参数 t 给出:

$$-[x_{1,0}/a_2]-\{x_{1,0}/a_2\}=-x_{1,0}/a_2\leqslant t$$
$$\leqslant x_{2,0}/a_1=[x_{2,0}/a_1]+\{x_{2,0}/a_1\}.$$

由 $[x]$ 的定义及 $0\leqslant\{x\}<1$ 知,上式即

$$-[x_{1,0}/a_2]\leqslant t\leqslant[x_{2,0}/a_1]. \tag{11}$$

因此,不定方程(4)的非负解数为

$$N_0=[x_{1,0}/a_2]+[x_{2,0}/a_1]+1, \tag{12}$$

即(为什么)

$$N_0=[x_{1,0}/a_2+x_{2,0}/a_1]+1+\{x_{1,0}/a_2+x_{2,0}/a_1\}$$
$$-\{x_{1,0}/a_2\}-\{x_{2,0}/a_1\}.$$

由此及 $0\leqslant\{x\}<1$ 推得(为什么)

$$[x_{1,0}/a_2+x_{2,0}/a_1]\leqslant N_0\leqslant[x_{1,0}/a_2+x_{2,0}/a_1]+1,$$

且上式中等号有且仅有一个成立. 由于 $x_{1,0}, x_{2,0}$ 是特解, 所以

$$x_{1,0}/a_2+x_{2,0}/a_1=c/(a_1a_2).$$

由以上两式得

$$N_0=[c/(a_1a_2)] \quad \text{或} \quad N_0=[c/(a_1a_2)]+1.$$

当 $c>a_1a_2-a_1-a_2$[①] 时,

$$\begin{aligned}1-1/a_1-1/a_2<c/a_1a_2&=x_{1,0}/a_2+x_{2,0}/a_1\\&=[x_{1,0}/a_2]+\{x_{1,0}/a_2\}+[x_{2,0}/a_1]+\{x_{2,0}/a_1\}\\&\leqslant[x_{1,0}/a_2]+[x_{2,0}/a_1]+(a_1-1)/a_1+(a_2-1)/a_2,\end{aligned}$$

最后一步用到了对正整数 n 及整数 m, 必有 $\{m/n\}\leqslant(n-1)/n$. 由此即得

$$[x_{1,0}/a_2]+[x_{2,0}/a_1]>-1,$$

再由此及式(12)推出 $N_0>0$, 即这时必有非负解.

当 $c=a_1a_2-a_1-a_2$ 时, 若有非负解 x_1, x_2, 则有

$$a_1(x_1+1)+a_2(x_2+1)=a_1a_2. \tag{13}$$

由此及 $(a_1,a_2)=1$, 利用第一章 §4 的定理 6, 可得

$$a_1|x_2+1, \quad a_2|x_1+1.$$

由于 $x_1, x_2\geqslant0$, 所以必有 $x_2+1\geqslant a_1\geqslant1$, $x_1+1\geqslant a_2\geqslant1$. 由此及式(13)推出

$$a_1a_2\geqslant 2a_1a_2.$$

但这是不可能的. 所以, 当 $c=a_1a_2-a_1-a_2$ 时, 不定方程(4)没有非负解. 证毕.

显见, 要有 $x_1=0$ 或 $x_2=0$ 的解, 必须满足 $a_2|c$ 或 $a_1|c$. 下面用类似的方法来讨论正解.

定理 5 设 a_1, a_2, c 均为正整数, 且 $(a_1,a_2)=1$, 则当 $c>a_1a_2$ 时, 不定方程(4)有正解, 解数等于 $-[-c/(a_1a_2)]-1$ 或 $-[-c/(a_1a_2)]$; 当 $c=a_1a_2$ 时, 不定方程(4)无正解.

证 由于 $(a_1,a_2)=1$, 故不定方程(4)必有解. 设 $x_{1,0}, x_{2,0}$ 是不定

---

① 这个有非负解的充分条件是怎样得到的, 请读者考虑.

方程(4)的一组特解. 由通解公式(5)知,所有正解 x_1,x_2 由满足以下条件的参数 t 给出:

$$-[x_{1,0}/a_2]-\{x_{1,0}/a_2\}=-x_{1,0}/a_2<t$$
$$<x_{2,0}/a_1=-[-x_{2,0}/a_1]-\{-x_{2,0}/a_1\}.$$

由$[x]$的定义及 $0\leqslant\{x\}<1$ 知,上式即

$$[-x_{1,0}/a_2]+1\leqslant t\leqslant-[-x_{2,0}/a_1]-1. \tag{14}$$

因此,正解数为

$$N_1=-[-x_{1,0}/a_2]-[-x_{2,0}/a_1]-1, \tag{15}$$

即(为什么)

$$N_1=-[-x_{1,0}/a_2-x_{2,0}/a_1]-1-\{-x_{1,0}/a_2-x_{2,0}/a_1\}$$
$$+\{-x_{1,0}/a_2\}+\{-x_{2,0}/a_1\}.$$

由此及 $0\leqslant\{x\}<1$ 推得

$$-[-x_{1,0}/a_2-x_{2,0}/a_1]-1\leqslant N_1\leqslant-[-x_{1,0}/a_2-x_{2,0}/a_1].$$

由于 $x_{1,0},x_{2,0}$是解,所以

$$-x_{1,0}/a_2-x_{2,0}/a_1=-c/(a_1a_2).$$

由以上两式即得

$$N_1=-[-c/(a_1a_2)]-1 \quad 或 \quad N_1=-[-c/(a_1a_2)].$$

当 $c>a_1a_2$ 时,$-[-c/(a_1a_2)]\geqslant2$,因此 $N_1\geqslant1$,即必有正解.

当 $c=a_1a_2$ 时,若有正解 x_1,x_2,则有

$$a_1x_1+a_2x_2=a_1a_2. \tag{16}$$

由此及$(a_1,a_2)=1$,利用第一章§4 的定理 6,可得

$$a_2|x_1,\quad a_1|x_2.$$

由于 $x_1,x_2\geqslant1$,所以必有 $x_1\geqslant a_2\geqslant1,x_2\geqslant a_1\geqslant1$. 由此及式(16)推出

$$a_1a_2\geqslant2a_1a_2.$$

但这是不可能的. 所以,当 $c=a_1a_2$ 时,不定方程(4)无正解. 证毕.

应该指出:不定方程(4)有正解的充要条件是不定方程

$$a_1x_1+a_2x_2=c-a_1-a_2$$

有非负解. 因此,只要证明了定理 4 和定理 5 中的一个,就能推出另一个. 详细的论证留给读者. 此外,这两个定理中的解数公式(12)和(15)在一些情况下比定理中其余结论更有用. 当然,这需要先找出一组特解

(并不一定要求是非负解或正解).下面来举几个例子.

例 7 求不定方程 $5x_1+3x_2=52$ 的全部正解.

解 $x_1=8, x_2=4$ 是一组特解.由式(5)和(14)知全部正解是

$$x_1=8+3t,\quad x_2=4-5t,$$

$$-2=[-8/3]+1\leqslant t\leqslant -[-4/5]-1\leqslant 0.$$

所以,共有三组正解:8,4;5,9;2,14.容易看出,$x_1=0$ 或 $x_2=0$ 时都不可能是解,因此这也是全部非负解.

例 8 证明:不定方程 $101x_1+37x_2=3189$ 有正解.

证 这里 $c=3189<a_1a_2=101\cdot 37$,所以从定理 5 的结论不能确定这个不定方程是否有正解(当然可推出至多有一组).因此,需要利用式(15)或(14).可以求出 $x_1=11\cdot 3189, x_2=-30\cdot 3189$ 是一组特解(请读者自己去求),于是由式(15)知正解数等于

$$-[-11\cdot 3189/37]-[30\cdot 3189/101]-1$$

$$=949-947-1=1.$$

即这个不定方程恰有一组正解.请读者自己求出这组正解.

例 9 鸡翁一,值钱五;鸡母一,值钱三;鸡雏三,值钱一.百钱买百鸡.问鸡翁、母、雏各几何.

解 以 x_1, x_2, x_3 分别代表鸡翁、母、雏的只数,由条件可得不定方程组

$$\begin{cases}5x_1+3x_2+x_3/3=100,\\ x_1+x_2+x_3=100.\end{cases}$$

我们要求这个不定方程组的非负解.消去 x_3 可得

$$7x_1+4x_2=100.$$

先求这个不定方程的非负解.$x_1=0, x_2=25$ 是它的一组特解.由式(5)及定理 4 知,它的全部非负解是

$$x_1=0+4t,\quad x_2=25-7t,$$

$$0=-[0/4]\leqslant t\leqslant[25/7]=3,$$

即 0,25;4,18;8,11;12,4.因此,所买鸡的各种可能情形如表 1 所示.

表 1

x_1	0	4	8	12
x_2	25	18	11	4
x_3	75	78	81	84

例 10 求 $15x_1+10x_2+6x_3=61$ 的全部非负解.

解 由例 6 知通解公式是

$$x_1=5+2t_1+6t_2,\quad x_2=-5-3t_1-6t_2,\quad x_3=6-5t_2,$$

所以给出非负解的 t_1,t_2 满足

$$5+2t_1+6t_2\geqslant 0,\quad -5-3t_1-6t_2\geqslant 0,\quad 6-5t_2\geqslant 0.$$

由此得

$$-5/3-2t_2\geqslant t_1\geqslant -5/2-3t_2,\quad t_2\leqslant 6/5,$$

进而有

$$-5/6\leqslant t_2\leqslant 6/5,$$

所以 $t_2=0,1$. 容易算出,当 $t_2=0$ 时,$t_1=-2$;当 $t_2=1$ 时,$t_1=-4,-5$. 由此从通解公式求出全部非负解:

$$1,1,6;\quad 3,1,1;\quad 1,4,1.$$

由例 5 所得的通解公式也可得到同样的结果.

求非负解或正解的问题可推广到一般的 n 元一次不定方程

$$a_1x_1+a_2x_2+\cdots+a_nx_n=c,$$

这里 $a_1,\cdots,a_n$ 是 n 个互素的正整数. 要求出正整数

$$c_1=c_1(a_1,a_2,\cdots,a_n)\quad 或\quad c_2=c_2(a_1,a_2,\cdots,a_n),$$

使得上述不定方程在 $c>c_1$ 或 $c>c_2$ 时一定有非负解或正解. 当 $n=2$ 时,上面已证明 $c_1=a_1a_2-a_1-a_2$,$c_2=a_1a_2$. 当 $n>2$ 时,这是一个未解决的著名问题,称为 **Frobenius 问题**. 当然,对具体问题或一些特殊情形是可以处理的.

习 题 一

1. 求解以下不定方程:

(i) $3x_1+5x_2=11$;　　(ii) $60x_1+123x_2=25$;

(iii) $903x_1+731x_2=1106$；　(iv) $21x_1+35x_2=98$；

(v) $1402x_1-1969x_2=2$.

2. 求解以下不定方程：

(i) $x_1-2x_2-3x_3=7$；　(ii) $3x_1+6x_2-4x_3=7$；

(iii) $6x_1+10x_2-21x_3+14x_4=1$.

3. 求解以下不定方程组：

(i) $x_1+2x_2+3x_3=7, 2x_1-5x_2+29x_3=11$；

(ii) $3x_1+7x_2=2, 2x_1-5x_2+10x_3=8$；

(iii) $x_1^2+x_2^2=x_3^2, x_2=(x_1+x_3)/2$；

(iv) $x_1+x_2+x_3=94, x_1+8x_2+50x_3=87$；

(v) $x_1+x_2+x_3=99, x_1+6x_2+21x_3=100$；

(vi) $x_1+x_2+x_3+x_4=100, x_1+2x_2+3x_3+4x_4=300$,

$x_1+4x_2+9x_3+16x_4=1000$.

4. 设$(a,b)=1$，c为整数.证明：在平面直角坐标系中以$ax+by=c$为方程的直线上，任一长度大于或等于$(a^2+b^2)^{1/2}$的线段(包括端点)必含有一点，其坐标为整数.

*5. 证明：$a_1x_1+a_2x_2=c$的通解为$x_1=e+ft, x_2=g+ht, t=0,\pm1,\pm2,\cdots$($e,f,g,h$为整数)的充要条件是$x_1=e, x_2=g$是解以及

$$f=a_2/(a_1,a_2),\quad h=-a_1/(a_1,a_2)$$

或

$$f=-a_2/(a_1,a_2),\quad h=a_1/(a_1,a_2).$$

6. 设$k>h$.我们把不定方程组$a_{1j}x_1+\cdots+a_{kj}x_k=c_j\ (1\leqslant j\leqslant h)$写为矩阵形式：

$$\boldsymbol{A}\begin{pmatrix}x_1\\ \vdots\\ x_k\end{pmatrix}=\begin{pmatrix}c_1\\ \vdots\\ c_h\end{pmatrix},$$

其中$\boldsymbol{A}=(a_{ij})$是h行、k列的矩阵；又设$\boldsymbol{T}$是元素均为整数的k阶矩阵，其行列式等于±1；再设$d_1,\cdots,d_k$是整数，

$$\begin{pmatrix}x_1\\ \vdots\\ x_k\end{pmatrix}=\boldsymbol{T}\begin{pmatrix}y_1\\ \vdots\\ y_k\end{pmatrix}+\begin{pmatrix}d_1\\ \vdots\\ d_k\end{pmatrix}.$$

证明：原不定方程组有解的充要条件是不定方程组

$$\boldsymbol{AT}\begin{pmatrix} y_1 \\ \vdots \\ y_k \end{pmatrix} = \begin{pmatrix} c_1 \\ \vdots \\ c_h \end{pmatrix} - \boldsymbol{A}\begin{pmatrix} d_1 \\ \vdots \\ d_k \end{pmatrix}$$

有解.

7. 在定理 3 的符号下，证明：

(i) 不定方程(1)等价于不定方程组

$$a_1x_1 + a_2x_2 = g_2y_2, \quad g_2y_2 + a_3x_3 + \cdots + a_kx_k = c;$$

(ii) 对任意取定的 $h(2 \leqslant h < k)$，不定方程(1)也等价于不定方程组

$$a_1x_1 + \cdots + a_hx_h = g_hy_h, \quad g_hy_h + a_{h+1}x_{h+1} + \cdots + a_kx_k = c;$$

(iii) $x_1, \cdots, x_k$ 是不定方程(1)的非负解(或正解)的充要条件是 $x_1, \cdots, x_k, y_h$ 是(ii)中的不定方程组的非负解(或正解)；

(iv) $x_1, \cdots, x_k$ 是不定方程(1)的非负解(或正解)的充要条件是 $x_1, \cdots, x_k, y_2, \cdots, y_{k-1}$ 是定理 3 中的不定方程组(6)的非负解(或正解)；

(v) 由(iv)提出一个求不定方程(1)的非负解(或正解)的方法，并用以求出例 5 的不定方程的全部非负解.

8. 求以下不定方程的全部非负解和正解：

(i) $5x_1 + 7x_2 = 41$；　(ii) $96x_1 + 97x_2 = 1000$；

(iii) $7x_1 + 3x_2 = 123$；　(iv) $15x_1 + 12x_2 + 20x_3 = 59$.

9. 有大学生、中学生和小学生共 20 人，去公园玩，已知大学生的门票价格是每人 3 元，中学生的门票价格是每人 2 元，小学生的门票价格是每人 5 角，门票费共 20 元. 问：大学生、中学生、小学生各有几人？

10. 有面值为 1 元、2 元及 5 元的人民币共 50 张. 为使它们的总值是 100 元，这些面值的人民币的张数可以如何选择？

11. 甲、乙、丙三人共有 100 元. 如果甲的钱变为原来的 6 倍，乙的钱变为原来的 1/3，丙的钱不变，则三人仍然共有 100 元. 已知丙的钱不多于 30 元. 问：甲、乙、丙各有多少钱？

12. 某人买了黑、白瓜子共 12 包，花了 9 元 9 角. 每包白瓜子比黑瓜子贵 3 角，且白瓜子的包数比黑瓜子的包数多. 问：黑、白瓜子各买

了几包?

13. 甲、乙两人分别拿了 40 个和 30 个鸡蛋到集市上出售. 开始他们都以每个 5 角出售,在各自出售了一些后,降低价格,但仍都以同样的价格(每个若干角)出售. 到鸡蛋全卖完时,他们发现所得的钱相同. 问:他们最多能得多少钱? 最少能得多少钱?

14. 甲班有儿童 7 人,乙班有儿童 10 人. 现有 100 个苹果需分给甲、乙两班. 问:甲、乙两班要各分多少个,才能使甲班每个儿童分到的苹果一样多,乙班每个儿童分到的苹果也一样多?

15. (i) 将分数 23/30 表示为三个既约分数之和,使它们的分母两两既约;

(ii) 将分数 23/30 表示为两个既约分数之和,使它们的分母既约.

16. 有五个水手和一只猴子在一个小岛上,他们白天采集了一些椰子作为食物. 晚上,一个水手醒了,决定拿出自己的一份椰子. 他把椰子分为相等的五份后,还剩下一个,所以他把剩下的一个给了猴子,然后把自己的一份藏起来,就回去睡觉了. 过了一会儿,第二个水手醒了,他和第一个一样,也决定拿出自己的一份. 当他把剩下的椰子分为相等的五份后,也剩下一个,他把这一个也给了猴子,然后把自己的一份藏起来,就回去睡觉了. 剩下的三个水手也依次做了同样的事情. 第二天早上,他们醒来后,都装作什么事也没有发生一样,把剩下的椰子分为相等的五份,一人一份. 这次一个也没有剩下. 问:原来这堆椰子最少有多少个,他们每人总共拿到了多少个椰子?

17. 求以下不定方程组的全部正解:

(i) $2x_1+x_2+x_3=100, 3x_1+5x_2+15x_3=270$;

(ii) $x_1+x_2+x_3=31, x_1+2x_2+3x_3=41$.

18. 将定理 4 和定理 5 推广到 $(a_1,a_2)=g>1$ 的情形.

19. 详细写出:

(i) 由定理 4 推出定理 5 的证明;

(ii) 由定理 5 推出定理 4 的证明.

20. 不定方程 $63x_1+110x_2=6893$ 是否有正解?

21. 设 a_1,a_2,c 是正整数, $(a_1,a_2)=1$. 对于不定方程 $a_1x_1+a_2x_2=c$,

证明：

(i) 当 $c<a_1+a_2$ 时，一定没有正解；

(ii) 全体非负解和全体正解相同的充要条件是 $a_1\nmid c$ 且 $a_2\nmid c$；

(iii) 若 $a_1|c, a_1a_2\nmid c$，则正解数等于 $[c/(a_1a_2)]$；

(iv) 若 $a_1a_2|c$，则正解数等于 $-1+c/(a_1a_2)$.

*22. 设 a_1,a_2,a_3 是两两既约的正整数. 证明：不定方程 $a_2a_3x_1+a_3a_1x_2+a_1a_2x_3=c$ 当 $c>2a_1a_2a_3-a_1a_2-a_2a_3-a_3a_1$ 时一定有非负解，当 $c=2a_1a_2a_3-a_1a_2-a_2a_3-a_3a_1$ 时无非负解.

23. 设 n 是正整数. 证明：不定方程 $x_1+2x_2+3x_3=n$ 的非负解数等于有理函数 $(1-y)^{-1}(1-y^2)^{-1}(1-y^3)^{-1}$ 的幂级数展开式中 y^n 的系数. 你会求出这个系数吗？如何把这方法进行推广，用来求不定方程 $a_1x_1+\cdots+a_kx_k=n$ 的非负解数？这里 $a_1,\cdots,a_k,n$ 是正整数. 如果要求正解数，以上的方法要做怎样改变？

*24. 设不定方程(1)有解. 证明：一定存在一组解 $x_1,x_2,\cdots,x_k$，满足

$$|x_j|\leqslant|c|+(k-1)H,\quad 1\leqslant j\leqslant k,$$

其中 $H=\max(|a_1|,\cdots,|a_k|)$.

* * * * * *

可以做的 IMO 试题(见附录四)：[24.3].

§2　$x^2+y^2=z^2$ 及其应用

这一节讨论二次不定方程

$$x^2+y^2=z^2 \tag{1}$$

及其应用. 不定方程(1)通常称为**商高方程**或 **Pythagoras 方程**. 不定方程(1)的满足 $xyz=0$ 的解称为**显然解**，满足 $xyz\neq0$ 的解称为**非显然解**. 容易看出，不定方程(1)的全部显然解是

$$0,\pm a,\pm a;\quad \pm a,0,\pm a,\quad a\geqslant0, \tag{2}$$

这里正负号任意选取. 若 x,y,z 是不定方程(1)的非显然解，则对任意

的正整数 k，$\pm kx$，$\pm ky$，$\pm kz$(正负号任意选取)也是不定方程(1)的非显然解；对 x,y,z 的任意正公约数 d，$\pm x/d$，$\pm y/d$，$\pm z/d$(正负号任意选取)也是不定方程(1)的非显然解. 因此，为了求出不定方程(1)的全部非显然解，只要求不定方程(1)满足以下条件的解：

$$x>0,\ y>0,\ z>0,\quad (x,y,z)=1, \tag{3}$$

即既约的正解 x,y,z. 这样的解称为不定方程(1)的**本原解**. 下面先讨论它的求法.

2.1 $x^2+y^2=z^2$ 的求解

引理 1 不定方程(1)的本原解 x,y,z 必满足条件

$$(x,y)=(y,z)=(z,x)=1, \tag{4}$$

$$2\nmid x+y. \tag{5}$$

证 若 x,y 不既约，则有素数 p，使得 $p\mid x$，$p\mid y$，由不定方程(1)知 $p\mid z^2$. 由此及第一章§5的定理1知 $p\mid z$. 但这和 $(x,y,z)=1$ 矛盾，所以 $(x,y)=1$. 同理可证 $(y,z)=1$，$(z,x)=1$. 由 $(x,y)=1$ 知，x,y 不能同为偶数. x,y 也不能同为奇数，因为若同为奇数，则可推出 $4\nmid x^2+y^2$ 及 z 为偶数. 而由不定方程(1)知

$$4\mid z^2=x^2+y^2,$$

矛盾. 所以，x,y 必为一奇一偶，即式(5)成立.

定理 2 不定方程(1)的 y 为偶数的全部本原解由以下公式给出：

$$x=r^2-s^2,\quad y=2rs,\quad z=r^2+s^2, \tag{6}$$

其中 r,s 为满足以下条件的任意整数：

$$r>s>0,\quad (s,r)=1,\quad 2\nmid r+s. \tag{7}$$

证 先证由式(6)，(7)给出的 x,y,z 一定是不定方程(1)的本原解，且 $2\mid y$. 容易验证：对任意的 r,s[不一定满足式(7)]，由式(6)给出的 x,y,z 一定是不定方程(1)的解，且 $2\mid y$. 由 $r>s>0$ 知，这是正解. 由式(6)知

$$(x,z)\mid 2r^2,\quad (x,z)\mid 2s^2.$$

由此从第一章§4的定理2和定理3推出

$$(x,z)\mid (2r^2,2s^2)=2(r^2,s^2).$$

由条件$(s,r)=1$及第一章§4的定理5推出$(r^2,s^2)=1$,因而

$$(x,z)\mid 2.$$

由条件$2\nmid r+s$知$2\nmid x$,所以必有$(x,z)=1$.这就证明了所要的结论.

下面来证明:不定方程(1)的每组y为偶数(即$2\mid y$)的本原解x,y,z一定可以表示为式(6)的形式,且r,s满足式(7).由引理1知$2\nmid x+y$,由此及$2\mid y$推出$2\nmid x,2\nmid z$,因而有

$$\left(\frac{y}{2}\right)^2=\frac{z+x}{2}\cdot\frac{z-x}{2}. \tag{8}$$

由引理1知$(x,z)=1$.由此及

$$\left(\frac{z+x}{2},\frac{z-x}{2}\right)\Big|\ x,\quad \left(\frac{z+x}{2},\frac{z-x}{2}\right)\Big|\ z$$

可推出

$$\left(\frac{z+x}{2},\frac{z-x}{2}\right)=1.$$

利用第一章§5的推论5或§4的例4,由上式及式(8)得

$$\frac{z+x}{2}=r^2,\quad \frac{z-x}{2}=s^2,$$

这里r,s是两个正整数,$r>s$,且$(r,s)=1$.从上式及式(8)立即推出式(6)成立,进而由$2\nmid x$知$2\nmid r+s$.这就证明了所要的结论.

从定理2及开始的讨论就可以得到不定方程(1)的全部解:显然解由式(2)给出,非显然解是

$$x=\pm k(r^2-s^2),\quad y=\pm 2ksr,\quad z=\pm k(r^2+s^2) \tag{9}$$

及

$$x=\pm 2ksr,\quad y=\pm k(r^2-s^2),\quad z=\pm k(r^2+s^2), \tag{10}$$

其中r,s满足式(7),k是任意的正整数,正负号任意选取.显见,全取正号及$k=1$,就给出了全部本原解.

我们知道,一个直角三角形斜边长度的平方等于两直角边长度的平方之和.这就是著名的**商高定理**①.这样,求不定方程(1)的正解

① 亦称为**Pythagoras定理**.

的几何意义就是要求边长为整数的直角三角形. 这种三角形称为**商高三角形**[①]. 当商高三角形的三边长为既约整数[相应于不定方程(1)的本原解]时,称之为**本原商高三角形**. 定理 2 也就是求出了所有的本原商高三角形.

我们还可以从另一个角度来看不定方程(1)的几何意义. 对不定方程(1)的解 x,y,z,当 $z=0$ 时,必有 $x=y=0$. 我们约定只考虑不定方程(1)的 $z\neq 0$ 的解. 设

$$\xi = x/z, \quad \eta = y/z,$$

则不定方程(1)就变为

$$\xi^2 + \eta^2 = 1. \tag{11}$$

这样,不定方程(1)的求解问题(注意 $z\neq 0$)就等价于求方程(11)的有理数解 ξ,η. 在直角坐标平面上,方程(11)表示单位圆周(这是二次曲线),因此求方程(11)的有理数解就是求单位圆周上坐标均为有理数的点,即**有理点**. 由前面的讨论立即得到下面的定理:

定理 3 单位圆周上的整点是

$$\{\pm 1,0\}, \quad \{0,\pm 1\};$$

不是整点的有理点是

$$\left\{\pm\frac{r^2-s^2}{r^2+s^2},\pm\frac{2sr}{r^2+s^2}\right\}, \quad \left\{\pm\frac{2sr}{r^2+s^2},\pm\frac{r^2-s^2}{r^2+s^2}\right\}, \tag{12}$$

其中 r,s 满足式(7),正负号任意选取.

定理 3 还可以直接用几何方法来证明. 下面给出这样的证明. 在图 1 中,容易证明,单位圆周上的点 $P\{\xi_0,\eta_0\}$ 是有理点的充要条件是连接点 $A\{-1,0\}$ 和 P 的直线 AP 的斜率 m 为有理数. 必要性是显然的. 下面证明充分性. 设 θ 是直线 AP 和 ξ 轴的夹角(逆时针方向为正向),斜率 $m=\tan\theta$. 这时有 $-\pi/2<\theta\leqslant\pi/2$,斜率 m 与角 θ 一一对应. 当 $\theta=\pi/2$ 时,点 P 与 A 重合,直线 PA 与圆相切. 显见,当 $\theta=0,\pm\pi/4,\pi/2$ 时,点 P 就相应于单位圆周上的四个整点:$\{1,0\},\{0,1\},\{0,-1\},\{-1,0\}$. 我们来讨论 $0<\theta<\pi/4$ 的情形. 因为斜率 θ 是有理数,所以这时可设

① 亦称为 Pythagoras 三角形.

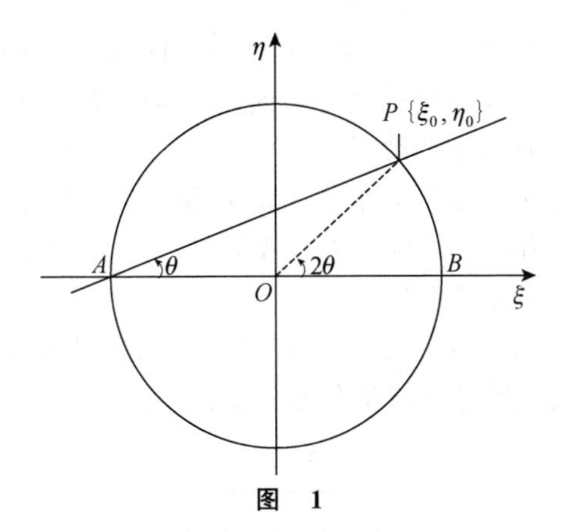

图 1

$\tan\theta=v/u$,其中 u,v 是正整数,$u>v\geqslant 1,(u,v)=1$. 这时,直线 AP 的方程是

$$\eta=(\xi+1)\tan\theta=\frac{v}{u}(\xi+1).$$

注意到$\angle POB=2\theta$,我们有

$$\eta_0=\xi_0\tan(2\theta)=\xi_0\frac{2\tan\theta}{1-\tan^2\theta}$$

$$=\xi_0\frac{2uv}{u^2-v^2}.$$

由于点 $P\{\xi_0,\eta_0\}$既在直线 AP 上,又在单位圆周上,从以上两式可得

$$\frac{1}{\eta_0}=\frac{u}{v}-\frac{\xi_0}{\eta_0}=\frac{u}{v}-\frac{u^2-v^2}{2uv}=\frac{u^2+v^2}{2uv},$$

进而有

$$\xi_0=\frac{u^2-v^2}{u^2+v^2},\quad \eta_0=\frac{2uv}{u^2+v^2},\quad u>v\geqslant 1,(u,v)=1.$$

当 $2\nmid u+v$ 时,取 $r=u,s=v$,上式就是式(12)中的第一式(均取+号)所给出的解. 当 u,v 均为奇数时,可取

$$r=(u+v)/2,\quad s=(u-v)/2,$$

得到(为什么)

$$\xi_0=\frac{2rs}{r^2+s^2},\quad \eta_0=\frac{r^2-s^2}{r^2+s^2},\quad r>s\geqslant 1,(r,s)=1,2\nmid r+s.$$

这就是式(12)中的第二式(均取＋号)所给出的解. 这就证明了 $0<\theta<\pi/4$ 时的充分性. 其他情形的充分性证明留给读者. 不难看出,从定理 3 也可推出定理 2(证明留给读者).

定理 2 和定理 3 表明: 某些不定方程的讨论与相应的代数曲线(这里是圆周)上有理点的讨论是一致的,后者是近代数论中的重要分支——算术几何研究的内容.

例 1　求出 $r\leqslant 7$ 时由式(6)和(7)给出的全部本原解.

解　表 2 就给出了全部要求的本原解.

表 2

s	r					
	2	3	4	5	6	7
1	3,4,5		15,8,17		35,12,37	
2		5,12,13		21,20,29		45,28,53
3			7,24,25			
4				40,9,41		33,56,65
5					11,60,61	
6						13,84,85

例 2　求 $z=65$ 时不定方程(1)的全部解.

解　显然解是 $x=\pm 65, y=0; x=0, y=\pm 65$. 为了求非显然解,由式(9)和(10)知,先要把 65 表示为

$$65 = k(r^2+s^2),$$

其中 r,s 满足式(7),$k\mid 65, 0<k<65$. k 可取 1,5,13. 当 $k=1$ 时,

$$65 = 8^2+1^2 = 7^2+4^2,$$

即 $r=8, s=1; r=7, s=4$,相应的解为

$$x=\pm 63, y=\pm 16;\quad x=\pm 33, y=\pm 56$$

及

$$x=\pm 16, y=\pm 63;\quad x=\pm 56, y=\pm 33.$$

当 $k=5$ 时,

$$65 = 5\cdot 13 = 5(3^2+2^2),$$

即 $r=3, s=2$,相应的解为

$$x=\pm 25, y=\pm 60 \quad 及 \quad x=\pm 60, y=\pm 25.$$

当 $k=13$ 时，

$$65=13\cdot 5=13(2^2+1^2),$$

即 $r=2, s=1$，相应的解为

$$x=\pm 39, y=\pm 52 \quad 及 \quad x=\pm 52, y=\pm 39.$$

这就求出了全部解. 本原解仅有

$$63,16,65;\quad 33,56,65;$$

$$16,63,65;\quad 56,33,65.$$

例 3 设 x,y,z 是不定方程(1)的解. 证明：

(i) $3|x, 3|y$ 中至少有一个成立；

(ii) $5|x, 5|y, 5|z$ 中至少有一个成立.

证 只要对 x,y,z 是本原解来证明即可(为什么)，不妨设解由式(6)给出.

(i) 若 $3\nmid y$，则 $3\nmid r, 3\nmid s$. 因此，必有

$$r=3k\pm 1,\quad s=3h\pm 1.$$

不论何种情形均有 $3|x=r^2-s^2$. 这就证明了所要的结论.

(ii) 若 $5\nmid y$，则 $5\nmid r, 5\nmid s$. 因此必有

$$r=5k\pm 1, 5k\pm 2,\quad s=5h\pm 1, 5h\pm 2.$$

当 $r=5k\pm 1, s=5h\pm 1$ 或 $r=5k\pm 2, s=5h\pm 2$ 时，必有

$$5|x=r^2-s^2;$$

当 $r=5k\pm 1, s=5h\pm 2$ 或 $r=5k\pm 2, s=5h\pm 1$ 时，必有

$$5|z=r^2+s^2.$$

证毕.

由例 1 的表 2 可看出各种情形都能出现. 此外，总有 $4|x$ 或 $4|y$ 成立.

2.2 应用

利用定理 2 的证明方法与结果可以解决一些不定方程的求解问题. 事实上，我们可以证明下面两个定理.

定理 4 不定方程

$$x^4 + y^4 = z^2 \tag{13}$$

无 $xyz \neq 0$ 的解.

证　显见,只要证明不定方程(13)无正解即可.用反证法.假若不定方程(13)有正解,则在全部正解中必有一组解 x_0, y_0, z_0,使得 z_0 取最小值.我们要由此找出一组正解 x_1, y_1, z_1,满足 $z_1 < z_0$,得出矛盾①.

(i) 必有 $(x_0, y_0) = 1$.若不然,就有素数 p,使得 $p \mid x_0, p \mid y_0$.由此及 $x_0^4 + y_0^4 = z_0^2$ 可推出 $p^4 \mid z_0^2, p^2 \mid z_0$.因此,$x_0/p, y_0/p, z_0/p^2$ 也是不定方程(13)的正解.这和 z_0 的最小性矛盾.因此,x_0^2, y_0^2, z_0 是不定方程(1)的本原解.由引理 1 知,x_0, y_0 必为一奇一偶,不妨设 $2 \mid y_0$ 以及 $(z_0, y_0) = 1$.

(ii) 必有 $g_1 = (z_0 - y_0^2, z_0 + y_0^2) = 1$.因为 $g_1 \mid (2z_0, 2y_0^2) = 2(z_0, y_0^2) = 2$,又有 $2 \nmid z_0 - y_0^2$,所以 $g_1 = 1$.由此及由式(13)推出的

$$(z_0 - y_0^2)(z_0 + y_0^2) = x_0^4,$$

利用第一章§5 的推论 5 可得到

$$z_0 - y_0^2 = u^4, \quad z_0 + y_0^2 = v^4,$$

这里 $v > u > 0, (u, v) = 1, 2 \nmid uv$.注意到这时有 $u^2 + v^2 = 8k + 2$(k 为某个整数),进而有

$$y_0^2 = (v^2 - u^2)(v^2 + u^2)/2. \tag{14}$$

(iii) 必有 $g_2 = (v^2 - u^2, (v^2 + u^2)/2) = 1$.因为

$$g_2 \mid (2v^2, 2u^2) = 2(u^2, v^2) = 2,$$

又由 $2 \nmid uv$ 可推出 $2 \nmid (u^2 + v^2)/2$,所以 $g_2 = 1$.由此及式(14),利用第一章§5 的推论 5 可得到

$$v^2 - u^2 = a^2, \quad (v^2 + u^2)/2 = b^2, \tag{15}$$

这里 $a > 0, b > 0, (a, b) = 1, 2 \mid a, 2 \nmid b$.

(iv) 由 u, v 满足的条件及式(15)推得

$$0 < b < v < z_0,$$

以及 u, a, v 是不定方程(1)的本原解,且 $2 \mid a$.因此,由定理 2 知,必有 r, s 满足式(7),使得

---

① 下面论证中用到第一章中的整除性质时,请读者自己指出,不再一一说明了.

$$u=r^2-s^2,\quad a=2rs,\quad v=r^2+s^2.$$

由此及式(15)的第二式即得

$$r^4+s^4=b^2.$$

这表明：r,s,b 是不定方程(13)的正解，且 $b<z_0$. 这和 z_0 的最小性矛盾. 所以，不定方程(13)无正解. 证毕.

证明定理 4 的方法通常称为 **Fermat 无穷递降法**. 定理 4 的几何意义是：不存在直角边长均为平方数的商高三角形. 由定理 4 立即推出下面的结论：

推论 5 不定方程

$$x^4+y^4=z^4$$

无 $xyz\neq 0$ 的解.

数学中一个著名问题是：当 $n\geqslant 3$ 时，不定方程

$$x^n+y^n=z^n$$

无 $xyz\neq 0$ 的解. 这通常称为 **Fermat 大定理**. 这是因为：Fermat 不加证明地提出了许多数论中的定理，这就是其中的一个. 后来，大多数结论都被证明是对的，个别结论则被否定了，而最后唯有这个“定理”在很长一段时间内既没有被证明，也没有被否定[①]. 推论 5 表明：当 $n=4$ 时，结论是正确的. 关于这问题已经得到了许多结论，但这些讨论已远远超出了本书的范围. 在第六章的 §5 中将证明 $n=3$ 时结论也成立.

定理 6 不定方程

$$x^2+y^2=z^4 \tag{16}$$

的满足 $(x,y)=1$ 的全部正解是

$$x=|6a^2b^2-a^4-b^4|,\quad y=4ab(a^2-b^2),\quad z=a^2+b^2 \tag{17}$$

及

$$x=4ab(a^2-b^2),\quad y=|6a^2b^2-a^4-b^4|,\quad z=a^2+b^2, \tag{18}$$

其中 a,b 为满足以下条件的任意整数：

$$a>b>0,\quad (a,b)=1,\quad 2\nmid a+b. \tag{19}$$

---

① Fermat 大定理已于 1993 年 6 月由英国数学家 Andrew Wiles 解决. 这一问题相当于证明：在代数曲线 $\xi^n+\eta^n=1\,(n\geqslant 3)$ 上无非显然的有理点.

证　设 x,y,z 是不定方程(16)的正解,满足 $(x,y)=1$. 因此,x,y,z^2 是不定方程(1)的本原解. 由引理 1 知,x,y 为一奇一偶,不妨设 $2\mid y$. 由定理 2 知,必有

$$x=r^2-s^2,\quad y=2rs,\quad z^2=r^2+s^2, \tag{20}$$

其中 r,s 满足式(7),因而 r,s,z 也是不定方程(1)的本原解. 若 $2\mid s$,则由定理 2 知

$$r=a^2-b^2,\quad s=2ab,\quad z=a^2+b^2, \tag{21}$$

其中 a,b 满足(注意 $r>s$)

$$a>b>0,\quad (a,b)=1,\quad 2\nmid a+b,\quad a^2-b^2>2ab. \tag{22}$$

由式(20)和(21)得

$$x=a^4+b^4-6a^2b^2,\quad y=4ab(a^2-b^2),\quad z=a^2+b^2. \tag{23}$$

由式(22)得

$$(\sqrt{2}-1)a>b>0,\quad (a,b)=1,\quad 2\nmid a+b. \tag{24}$$

若 $2\mid r$,则由定理 2 知

$$r=2ab,\quad s=a^2-b^2,\quad z=a^2+b^2, \tag{25}$$

其中 a,b 满足(注意 $r>s$)

$$a>b>0,\quad (a,b)=1,\quad 2\nmid a+b,\quad 2ab>a^2-b^2. \tag{26}$$

由式(20)和(25)得

$$x=6a^2b^2-a^4-b^4,\quad y=4ab(a^2-b^2),\quad z=a^2+b^2. \tag{27}$$

由式(26)得

$$a>b>(\sqrt{2}-1)a>0,\quad (a,b)=1,\quad 2\nmid a+b. \tag{28}$$

由式(23),(27),(24),(28)推出,当 $2\mid y$ 时,解由式(17)和(19)给出. 由对称性推出,当 $2\mid x$ 时,解由式(18)和(19)给出. 此外,容易直接验证:由式(17),(18),(19)给出的 x,y,z 一定是不定方程(16)满足 $(x,y)=1$ 的解. 证毕.

习　题　二

1. 求出不定方程 $x^2+y^2=z^2$ 满足 $|z|\leqslant 50$ 的全部解、正解及本原解.

2. 求出一边长为(i) 15,(ii) 22,(iii) 50 的所有商高三角形、本原商高三角形.

3. 讨论对怎样的正整数 n,不定方程 $x^2-y^2=n$ (i) 有解,(ii) 有满足 $(x,y)=1$ 的解. 对 $n=30,60,120$ 判断这个方程是否有解. 有解时求出它的全部解及全部满足 $(x,y)=1$ 的解. 进而,提出一个求解这个方程的方法.

4. 证明:

(i) $(a^2+b^2)(c^2+d^2)=(ac+bd)^2+(ad-bc)^2$;

(ii) $(a^2-b^2)(c^2-d^2)=(ac+bd)^2-(ad+bc)^2$.

5. 求出斜边为(i) 1105,(ii) 5525,(iii) 117,(iv) 351 的所有商高三角形、本原商高三角形.

6. 设 $n\geqslant 3$. 证明: 必有一个商高三角形以 n 为其一条直角边的长度.

7. 求面积等于(i) 78;(ii) 360 的所有商高三角形.

8. 证明: 对任意的整数 n,不定方程 $x^2+y^2-z^2=n$ 一定有解.

9. 证明: 不定方程 $x^2+2y^2=z^2$ 满足 $(x,y,z)=1$ 的全部正解是 $x=|u^2-2v^2|$, $y=2uv$, $z=u^2+2v^2$,其中 u,v 是满足 $(u,v)=1$, $2\nmid u$ 的任意正整数.

10. 求不定方程 $x^4+y^2=z^2$ 满足 $(x,y)=1$ 的全部解.

11. 求不定方程 $x^2+3y^2=z^2$ 满足 $(x,y)=1$ 的全部解.

12. 证明: 不定方程 $1/x^2+1/y^2=1/z^2$ 的解一定满足:

(i) $(x,y)>1$;

(ii) $60\mid xy$;

(iii) 所有 $(x,y,z)=1$ 的正解是

$$x=r^4-s^4,\quad y=2rs(r^2+s^2),\quad z=rs(r^2-s^2),$$

其中 $r>s>0$, $(r,s)=1$, $2\mid rs$,以及交换 x,y 得到的相应数组.

13. 设 $4\mid n>0$. 证明: $x^n+y^n=z^n$ 无 $xyz\neq 0$ 的解.

14. 证明: 不定方程 $x^4+4y^4=z^2$ 无 $xyz\neq 0$ 的解.

15. 证明: 不定方程 $x^4+y^2=z^4$ 无 $xyz\neq 0$ 的解.

16. 证明: 不定方程组 $x^2+y^2=z^2$, $x^2-y^2=w^2$ 无正解.

17. 证明以上三题中的不定方程和不定方程组两两等价.

18. 证明：商高三角形的面积一定不是整数的平方.

19. 证明：不定方程 $x^4-4y^4=z^2$ 无 $xyz\neq0$ 的解.

20. 证明：上题中的不定方程和 $x^4+y^4=z^2$ 等价.

21. 证明：对不定方程 $w^2+x^2+y^2=z^2$ 的任意一组解，w,x,y 中至少有两个是偶数. 进而证明：这个方程的 x,y 为偶数的全部解是

$$w=(l^2+m^2-n^2)/n,\ x=2l,\ y=2m,\ z=(l^2+m^2+n^2)/n,$$

其中 n,m,l 为任意的整数，满足 $n\mid l^2+m^2$.

*22. 证明：不定方程 $x^n+y^n=z^{n+1}$ 有无穷多组解.

*23. 证明：不定方程 $x^n+y^n=z^{n-1}$ 有无穷多组解.

*24. 证明：不定方程 $x^2-2y^4=1$ 无正解.

25. 证明：不定方程 $x^4-2y^2=-1$ 除 $x=y=1$ 外，无其他正解.

*26. 证明：不定方程 $x^2-8y^4=1$ 除 $x=3,y=1$ 外，无其他正解.

* * * * * *

可以做的 IMO 试题(见附录四)：[17.5]，[28.5].

第三章　同余的基本知识

本章将讨论有关同余理论的基本概念及基本性质. 这些基本概念就是: 同余、同余式、同余类、完全剩余系、既约剩余系. §1 讨论同余与同余式的基本性质. §2 讨论同余类与剩余系的基本性质,着重讨论它们的整体性质,以及不同模的同余类、剩余系之间的关系和剩余系的结构. 这对理解与掌握同余理论是十分重要的. §3 讨论模 m 的既约剩余系的元素个数 $\varphi(m)$——Euler 函数的基本性质. 这是一个十分重要的数论函数. §4 讨论模 m 的一组既约剩余系中所有数的乘积对模 m 的剩余,即 Wilson 定理.

§1　同余的定义及基本性质

同余概念的定义十分简单.

定义 1(同余)　设 $m\neq 0$. 若 $m\mid a-b$,即 $a-b=km$,则称 m 为**模**,并称 a **同余于** b **模** m 或 b **是** a **对模** m **的剩余**,记作

$$a\equiv b(\bmod m);\tag{1}$$

否则,称 a **不同余于** b **模** m 或 b **不是** a **对模** m **的剩余**,记作

$$a\not\equiv b(\bmod m).$$

关系式(1)称为**模** m **的同余式**,简称**同余式**.

由于 $m\mid a-b$ 等价于 $-m\mid a-b$,所以同余式(1)等价于

$$a\equiv b(\bmod(-m)).$$

因此,以后总是假定模 $m\geqslant 1$. 在同余式(1)中,若 $0\leqslant b<m$,则称 b 是 a **对模** m **的最小非负剩余**;若 $1\leqslant b\leqslant m$,则称 b 是 a **对模** m **的最小正剩余**;若 $-m/2<b\leqslant m/2$ 或 $-m/2\leqslant b<m/2$,则称 b 是 a **对模** m **的绝对最小剩余**.

这样,当 $b=0$ 时,式(1)就是 $m\mid a$,它可记为 $a\equiv 0(\bmod m)$. 所以,

所有的偶数可以表示为 $a\equiv0(\bmod 2)$. 由于奇数 a 满足 $2|a-1$, 所以所有的奇数可以表示为 $a\equiv1(\bmod 2)$. 对给定的 b 和模 m, 所有同余于 b 模 m 的数就是算术数列

$$b+km,\quad k=0,\pm1,\pm2,\cdots.$$

定理 1 a 同余于 b 模 m 的充要条件是 a 和 b 被 m 除后所得的最小非负余数相等, 即若

$$a=q_1m+r_1,\quad 0\leqslant r_1<m,$$
$$b=q_2m+r_2,\quad 0\leqslant r_2<m,$$

则 $r_1=r_2$.

证 我们有 $a-b=(q_1-q_2)m+(r_1-r_2)$, 因此 $m|a-b$ 的充要条件是 $m|r_1-r_2$, 再由 $0\leqslant|r_1-r_2|<m$ 即得充要条件为 $r_1=r_2$. 证毕.

"同余"按其词意来说, 就是"余数相同", 定理 1 正好说明了这一点. 显见, a 对模 m 的最小非负剩余、最小正剩余及绝对最小剩余正好分别是 a 被 m 除后所得的最小非负余数、最小正余数及绝对最小余数(见第一章 §3 的定理 2 后面). 同余式(1)就是一般的 a 被 m 除的带余数除法算式

$$a=km+b \tag{2}$$

中 a 与余数 b 的关系的另一种表达形式. 由第一章 §2 的例 4 知, 如果式(2)成立, 那么在讨论 a 的一个整系数多项式 f 被 m 除的问题时, b 与 a 是一样的, 即 $m|f(a)\Longleftrightarrow m|f(b)$, 所以 a 可用 b 代替, 而其中的"部分商" k 不起作用. 同余的概念及同余式(1)正是抓住了这一关键: 把除法算式(2)中的 k 隐藏起来, 保留了 b, 突出了 a 与其余数 b 在讨论被 m 整除的问题中起相同的作用. 在讨论整除问题时, 由于同余式符号具有与等式符号类似的作用, 应用同余式符号确实比应用整除符号及除法算式方便、有效, 能起到原有符号起不到的作用. 这可从以后的讨论以及与第一章中论证的比较看出. 为了学会应用这一新概念及其符号, 首先来讨论它的基本性质.

对固定的模 m, 同余和相等有以下同样的性质:

性质 I 同余是一种等价关系, 即有

$$a\equiv a(\bmod m),$$

$$a \equiv b(\bmod m) \Longleftrightarrow b \equiv a(\bmod m),$$
$$a \equiv b(\bmod m), b \equiv c(\bmod m) \Longrightarrow a \equiv c(\bmod m).$$

证 由 $m|a-a=0, m|a-b \Longleftrightarrow m|b-a$ 以及

$$m|a-b, m|b-c \Longrightarrow m|(a-b)+(b-c)=a-c,$$

就推出这个性质.

性质Ⅱ 同余式可以相加,即若有

$$a \equiv b(\bmod m), \quad c \equiv d(\bmod m), \tag{3}$$

则

$$a+c \equiv b+d(\bmod m).$$

证 由 $m|a-b, m|c-d \Longrightarrow m|(a-b)+(c-d)=(a+c)-(b+d)$,就证明了所要的结论.

性质Ⅲ 同余式可以相乘,即若式(3)成立,则有

$$ac \equiv bd(\bmod m).$$

证 由 $a=b+k_1m, c=d+k_2m$ 可推出

$$ac=bd+(bk_2+dk_1+k_1k_2m)m.$$

这就证明了所要的结论.

由性质Ⅰ、性质Ⅱ和性质Ⅲ立即推出下面的性质(证明留给读者):

性质Ⅳ 设 $f(x)=a_nx^n+\cdots+a_0, g(x)=b_nx^n+\cdots+b_0$ 是两个整系数多项式[①],满足

$$a_j \equiv b_j(\bmod m), \quad 0 \leqslant j \leqslant n. \tag{4}$$

若 $a \equiv b(\bmod m)$,则

$$f(a) \equiv g(b)(\bmod m).$$

特别地,对所有整数 x,有

$$f(x) \equiv g(x)(\bmod m)^{②}. \tag{5}$$

由性质Ⅳ可引入下面的概念:

定义 2 设 $f(x)=a_nx^n+\cdots+a_0$ 和 $g(x)=b_nx^n+\cdots+b_0$ 是两个整系数多项式.当满足式(4)时,称**多项式** $f(x)$ **同余于多项式** $g(x)$ **模** m,记作

① 若无特别说明,本书中的多项式都是整系数的.

② 容易证明,这和上式是等价的,且不需要条件(4).

$$f(x) \equiv g(x) \pmod m; \tag{6}$$

当满足式(5)时,称**多项式 $f(x)$ 等价于多项式 $g(x)$ 模 m**,并称式(5)为**模 m 的恒等同余式**.

应该指出的是:当式(5)成立时,并不一定有式(4)成立.例如:对所有整数 x,有恒等同余式

$$x(x-1)\cdots(x-m+1) \equiv 0 \pmod m$$

成立.由第一章§4的例1(ii)知,当 $m=p$(p 为素数)时,对所有整数 x,有恒等同余式

$$x^p - x \equiv 0 \pmod p$$

成立.但是,显然有

$$x(x-1)\cdots(x-m+1) \not\equiv 0 \pmod m,$$

$$x^p - x \not\equiv 0 \pmod p.$$

虽然多项式模 m 等价并不一定模 m 同余,但是当 m 为素数 p,且多项式次数小于 p 时,这两者是一样的(见第四章§8的推论3及§9的推论2,也可见习题一的第25题).

下面是涉及模的两个简单性质.

性质Ⅴ　设 $d \geqslant 1, d \mid m$.若同余式(1)成立,则

$$a \equiv b \pmod d.$$

证　这由“$d \mid m, m \mid a-b \Rightarrow d \mid a-b$”即得.

性质Ⅵ　设 $d \neq 0$,则同余式(1)等价于

$$da \equiv db \pmod{|d| m}.$$

证　这可由“$|d| m \mid da-db \Leftrightarrow m \mid a-b$”推出.

一般说来,在模不变的条件下,同余式两边不能相约,即由 $d \neq 0$, $da \equiv db \pmod m$,不能推出必有 $a \equiv b \pmod m$.例如:

$$6 \cdot 3 \equiv 6 \cdot 8 \pmod{10}, \quad 但 \quad 3 \not\equiv 8 \pmod{10}.$$

以上的性质仅是最简单的整除性质(第一章§2的定理1)用同余符号来表示.由进一步的整除性质可得到相应的同余式性质,这些性质和等式性质不同.

性质Ⅶ　同余式

$$ca \equiv cb \pmod m \tag{7}$$

等价于

$$a \equiv b(\bmod m/(c,m)).$$

特别地,当$(c,m)=1$时,同余式(7)等价于

$$a \equiv b \pmod m,$$

即同余式(7)两边可约去c.

证 同余式(7)即$m \mid c(a-b)$,这等价于

$$\frac{m}{(c,m)} \Bigm| \frac{c}{(c,m)}(a-b).$$

由$(m/(c,m),c/(c,m))=1$及第一章§4的定理6知,这等价于

$$\frac{m}{(c,m)} \Bigm| a-b.$$

这就证明了所要的结论.

性质Ⅷ 若$m \geqslant 1$,$(a,m)=1$,则存在c,使得

$$ca \equiv 1 \pmod m. \tag{8}$$

我们把c称为a**对模**m**的逆**,记作$a^{-1} \pmod m$或a^{-1}.

证 由第一章§4的定理8($k=2$)知,存在x_0, y_0,使得$ax_0+my_0=1$.取$c=x_0$即满足要求.证毕.

例如:

a	1	2	3	4	5	6
a^{-1}	1	4	5	2	3	6

(mod 7)

a	1	5	7	11
a^{-1}	1	5	7	11

(mod 12)

a	1	2	3	4	5	6	7	8	9	10	11	12
a^{-1}	1	7	9	10	8	11	2	5	3	4	6	12

(mod 13)

显见,a对模m的逆c不是唯一的.当c是a对模m的逆时,任一满足$c' \equiv c \pmod m$的c'也一定是a对模m的逆.由性质Ⅶ知,对于a对模m的任意两个逆c_1, c_2,必有$c_1 \equiv c_2 \pmod m$.以后我们写$a^{-1} \pmod m$

或 a^{-1} 时是指任一取定的满足式(8)的 c. 此外,显见

$$(a^{-1},m)=1 \quad 及 \quad (a^{-1})^{-1}\equiv a(\bmod m).$$

性质Ⅸ 同余式组

$$a\equiv b(\bmod m_j),\quad 1\leqslant j\leqslant k,$$

同时成立的充要条件是

$$a\equiv b(\bmod [m_1,\cdots,m_k]).$$

证 由第一章§4的定理1知,$m_j\mid a-b(1\leqslant j\leqslant k)$ 同时成立的充要条件是 $[m_1,\cdots,m_k]\mid a-b$. 这就是要证的结论.

由于同余式有以上这些性质,特别是有类似于等式的性质,使得我们在讨论整除问题时,利用同余符号及其性质比利用整除符号方便得多,在不整除的情形下还可求出其余数. 下面来举几个例子. 请读者指出,以下解题的每一步用到了什么性质. 为了使解法尽可能简单,利用这些性质是需要技巧的. 读者应该用不同的方法与技巧来解题,通过比较,可深入理解和熟练掌握同余概念及其性质.

例 1 求 3^{406} 写成十进位制数时的个位数.

解 按题意是要求 3^{406} 被 10 除后的最小非负余数 a,即 a 满足

$$3^{406}\equiv a(\bmod 10),\quad 0\leqslant a\leqslant 9.$$

显然,有 $3^2\equiv 9\equiv -1(\bmod 10)$, $3^4\equiv 1(\bmod 10)$,进而有

$$3^{404}\equiv 1(\bmod 10),$$

因此 $3^{406}\equiv 3^{404}\cdot 3^2\equiv 9(\bmod 10)$. 所以,个位数是 9.

例 2 求 3^{406} 写成十进位制数时的最后两位数.

解 这就是要求 3^{406} 被 100 除后的最小非负余数 b,即 b 满足

$$3^{406}\equiv b(\bmod 100),\quad 0\leqslant b\leqslant 99.$$

注意到 $100=4\cdot 25$, $(4,25)=1$. 显然,有 $3^2\equiv 1(\bmod 4)$, $3^4\equiv 1(\bmod 5)$. 注意到 4 是最小的方次,由第一章§4的例5知,对使 $3^d\equiv 1(\bmod 25)$ 成立的 d,必有 $4\mid d$. 因此,做计算:

$$3^4\equiv 81\equiv 6(\bmod 25),\qquad 3^8\equiv 36\equiv 11(\bmod 25),$$

$$3^{12}\equiv 66\equiv -9(\bmod 25),\quad 3^{16}\equiv -54\equiv -4(\bmod 25),$$

$$3^{20}\equiv -24\equiv 1(\bmod 25).$$

由此及 $3^{20}\equiv 1(\bmod 4)$,从性质Ⅸ可推出 $3^{20}\equiv 1(\bmod 100)$, $3^{400}\equiv$

$1(\mathrm{mod}\,100)$，因此 $3^{406}\equiv 3^{400}\cdot 3^6\equiv 3^6\equiv 29(\mathrm{mod}\,100)$. 所以，个位数为 9，十位数为 2.

如果不利用性质 $4|d$，就要逐个计算 3^j 对模 25 的剩余 b_j（为了便于计算 b_j，应取绝对最小剩余），具体结果如表 1 所示. 由这里得到的 $3^{10}\equiv -1(\mathrm{mod}\,25)$ 就推出 $3^{20}\equiv 1(\mathrm{mod}\,25)$.

表 1

j	1	2	3	4	5	6	7	8	9	10
b_j	3	9	2	6	-7	4	12	11	8	-1

例 3 证明：$641|2^{2^5}+1$.

证 由于数目很大，直接用除法做是很烦琐的. 利用同余式就是要证 $2^{32}\equiv -1(\mathrm{mod}\,641)$. 641 是素数，由逐步计算得

$$2^9\equiv 512\equiv -129(\mathrm{mod}\,641),\quad 2^{11}\equiv -516\equiv 125(\mathrm{mod}\,641),$$
$$2^{13}\equiv 500\equiv -141(\mathrm{mod}\,641),\quad 2^{15}\equiv -564\equiv 77(\mathrm{mod}\,641),$$
$$2^{18}\equiv 616\equiv -25(\mathrm{mod}\,641),\quad 2^{22}\equiv -400\equiv 241(\mathrm{mod}\,641),$$
$$2^{23}\equiv 482\equiv -159(\mathrm{mod}\,641),\quad 2^{25}\equiv -636\equiv 5(\mathrm{mod}\,641),$$
$$2^{32}\equiv 640\equiv -1(\mathrm{mod}\,641).$$

这就证明了所要的结论.

本题也可以通过计算 $2^8,2^{16},2^{32}$ 对模 641 的剩余来证明，这时数目要大些.

例 4 证明：不定方程 $x^2+2y^2=203$ 无解.

证 用反证法. 由 $203=7\cdot 29$ 知，若有解 x_0,y_0，则有 $(x_0y_0,203)=1$（为什么）. 显然，有 $x_0^2\equiv -2y_0^2(\mathrm{mod}\,7)$. 由于 $(y_0,7)=1$，由性质Ⅷ知 y_0 对模 7 有逆 y_0^{-1}. 在上面同余式两边乘以 $(y_0^{-1})^2$，得

$$(x_0y_0^{-1})^2\equiv x_0^2(y_0^{-1})^2\equiv -2y_0^2(y_0^{-1})^2\equiv -2(y_0y_0^{-1})^2\equiv -2(\mathrm{mod}\,7).$$

但 n^2 对模 7 的剩余仅可能是 0，1，-3，2，不可能是 -2，所以原方程无解.

本题实际上是给出了一个证明不定方程无解的方法. 这就是，从没有整数 x,y 使得 $x^2+2y^2\equiv 0(\mathrm{mod}\,7)$ 成立，即从同余方程（见第四章）

$x^2+2y^2\equiv 0 \pmod 7$无解，推出不定方程 $x^2+2y^2=203$ 无解，这里 7 是 203 的一个因数. 这个方法是十分有用的.

例 5 设 $n\geqslant 1$，b 的素因数都大于 n. 证明：对任意的正整数 a，必有

$$n! \mid a(a+b)(a+2b)\cdots(a+(n-1)b).$$

证 由条件知$(b,n!)=1$. 由性质Ⅷ知，b 对模 $n!$ 有逆 b^{-1}. 我们有

$$\begin{aligned}&(b^{-1})^n\cdot a(a+b)\cdots(a+(n-1)b)\\ &\quad\equiv ab^{-1}(ab^{-1}+bb^{-1})\cdots(ab^{-1}+(n-1)bb^{-1})\\ &\quad\equiv ab^{-1}(ab^{-1}+1)\cdots(ab^{-1}+(n-1)) \pmod{n!}.\end{aligned}$$

上式右端是 n 个相邻整数的乘积，因此由第一章§7 的推论 4 得到

$$(b^{-1})^n\cdot a(a+b)\cdots(a+(n-1)b)\equiv 0 \pmod{n!}.$$

由于$(b^{-1},n!)=1$，因此从性质Ⅵ就推出

$$a(a+b)\cdots(a+(n-1)b)\equiv 0 \pmod{n!}.$$

这就证明了所要的结论.

当然，本题可不用同余符号来证明，读者可这样做一下. 通过比较可发现，用同余符号来证明较为简洁且思路清晰.

例 6 设 $m>n\geqslant 1$. 求最小的 $m+n$，使得

$$1000 \mid 1978^m-1978^n.$$

解 利用同余符号，本题就是要求最小的 $m+n$，使得

$$1978^m-1978^n\equiv 0 \pmod{1000} \tag{9}$$

成立. 先讨论使上式成立的 m,n 要满足什么条件. 记 $k=m-n$. 式(9)就变为

$$2^n\cdot 989^n(1978^k-1)\equiv 0 \pmod{2^3\cdot 5^3}.$$

由性质Ⅶ和性质Ⅸ知，它等价于

$$\begin{cases}2^n\equiv 0 \pmod{2^3}, & (10)\\ 1978^k-1\equiv 0 \pmod{5^3}. & (11)\end{cases}$$

由式(10)知 $n\geqslant 3$. 下面求使式(11)成立的 k. 先求使

$$1978^l-1\equiv 0 \pmod 5$$

成立的最小的 l，记作 d_1. 由于

$$1978\equiv 3 \pmod 5,$$

所以 $d_1=4$. 再求使

$$1978^h-1\equiv 0(\bmod 5^2)$$

成立的最小的 h,记作 d_2. 由第一章§4 的例 5 知 $4|d_2$,注意到

$$1978\equiv 3(\bmod 5^2),$$

再由例 2 的计算知 $d_2=20$. 最后,求使

$$1978^k-1\equiv 0(\bmod 5^3)$$

成立的最小的 k,记作 d_3. 由第一章§4 例 5 知 $20|d_3$. 注意到

$$\begin{aligned}&1978\equiv -22(\bmod 5^3),\\&(-22)^{20}\equiv(25-3)^{20}\equiv 3^{20}\equiv(243)^4\\&\qquad\equiv 7^4\equiv(50-1)^2\equiv 26(\bmod 5^3).\end{aligned}$$

通过计算得

$$\begin{aligned}&1978^{20}\equiv 26(\bmod 5^3),\\&1978^{40}\equiv(25+1)^2\equiv 51(\bmod 5^3),\\&1978^{60}\equiv(25+1)(50+1)\equiv 76(\bmod 5^3),\\&1978^{80}\equiv(50+1)^2\equiv 101(\bmod 5^3),\\&1978^{100}\equiv(100+1)(25+1)\equiv 1(\bmod 5^3),\end{aligned}$$

因此 $d_3=100$. 所以,由第一章§4 的例 5 知必有 $100|k$,最小的 k 为 100. 由此推出为使式(10),(11),即式(9)成立的充要条件是

$$n\geqslant 3,\quad 100|m-n.$$

所以,最小的 $m+n=(m-n)+2n$ 为 106.

如果不用同余概念及其性质来求解本题,将是很烦琐的.

习 题 一

1. 分别求出 $a=359,1378$ 对模 $m=4,8,13,43$ 的最小非负剩余、最小正剩余及绝对最小剩余.

2. 对哪些模 m 以下各同余式成立?

(i) $32\equiv 11(\bmod m)$;　　(ii) $1000\equiv -1(\bmod m)$;

(iii) $2^8\equiv 1(\bmod m)$.

3. 对哪些模 m,同余式 $32\equiv 11(\bmod m)$ 及 $1000\equiv -1(\bmod m)$ 同时成立? 一般地,使同余式 $a\equiv b(\bmod m)$ 及 $c\equiv d(\bmod m)$ 同时成立的

模 m 要满足什么条件?

4. (i) 素数 $p(p>2)$对模 $m=4$ 的最小非负剩余、最小正剩余及绝对最小剩余可能取哪些值?

(ii) (i)中的条件改为 $p>3, m=6$.

(iii) (i)中的条件改为 $p>5, m=30$.

(iv) 具体举出素数 p 分别取到(i),(ii),(iii)中所说的剩余.

5. 证明:

(i) $a\equiv b(\bmod m)$等价于 $a-b\equiv 0(\bmod m)$;

(ii) 若 $a\equiv b(\bmod m), c\equiv d(\bmod m)$,则 $a-c\equiv b-d(\bmod m)$.

从同余式的运算角度来解释这两个结果的意义.

6. 利用同余式符号及其性质来证明或求解第一章§3 习题三第一部分的第 5,6,7,8,9,16,29,30,31 题.

7. 判断以下结论是否成立,对成立的给出证明,对不成立的举出反例:

(i) 若 $a^2\equiv b^2(\bmod m)$,则 $a\equiv b(\bmod m)$;

(ii) 若 $a^2\equiv b^2(\bmod m)$,则 $a\equiv b(\bmod m), a\equiv -b(\bmod m)$中至少有一个成立;

(iii) 若 $a\equiv b(\bmod m)$,则 $a^2\equiv b^2(\bmod m^2)$;

(iv) 若 $a\equiv b(\bmod 2)$,则 $a^2\equiv b^2(\bmod 2^2)$;

(v) 设 p 是奇素数,$p\nmid a$,则 $a^2\equiv b^2(\bmod p)$成立的充要条件是 $a\equiv b(\bmod p), a\equiv -b(\bmod p)$中有且仅有一个成立;

(vi) 如果 $(a,m)=1, k\geqslant 1$,那么从 $a^k\equiv b^k(\bmod m), a^{k+1}\equiv b^{k+1}(\bmod m)$同时成立可推出 $a\equiv b(\bmod m)$.

8. 当正整数 m 满足什么条件时,

$$1+2+\cdots+(m-1)+m\equiv 0(\bmod m)$$

一定成立(不要计算上式左边的和式)?

9. 当正整数 m 满足什么条件时,

$$1^3+2^3+\cdots+(m-1)^3+m^3\equiv 0(\bmod m)$$

一定成立(不要计算上式左边的和式)?

10. 对任意的正整数 n, $1+2+\cdots+n$ 表示为十进位制数时,它的最后一位数可能取哪些值？

11. 设素数 $p\nmid a,k\geqslant 1$. 证明：$n^2\equiv an(\bmod p^k)$成立的充要条件是 $n\equiv 0(\bmod p^k)$或 $n\equiv a(\bmod p^k)$.

12. 设 $n>4$. 证明：n 是合数的充要条件是

$$(n-2)!\equiv 0(\bmod n).$$

13. 证明：$70!\equiv 61!(\bmod 71)$.

14. (i) 求 2^{400} 对模 10 的最小非负剩余；

(ii) 求 2^{1000} 的十进位制表示中的最后两位数；

(iii) 求 9^{9^9} 及 $9^{9^{9^9}}$ 的十进位制表示中的最后两位数；

(iv) 求$(13481^{56}-77)^{28}$被 111 除后所得的最小非负余数；

(v) 求 2^s 对模 10 的最小非负剩余，$s=2^k,k\geqslant 2$.

15. (i) 求 3 对模 7 的逆；　　(ii) 求 13 对模 10 的逆.

16. 设 a^{-1}是 a 对模 m 的逆. 证明：

(i) $an\equiv c(\bmod m)$成立的充要条件是 $n\equiv a^{-1}c(\bmod m)$.

(ii) $a^{-1}b^{-1}$是 ab 对模 m 的逆，即$(ab)^{-1}\equiv a^{-1}b^{-1}(\bmod m)$. 特别地，对任意的正整数 k，$(a^k)^{-1}\equiv(a^{-1})^k(\bmod m)$.

17. 求整数 n，满足条件：

(i) $3n\equiv 5(\bmod 7)$；　　(ii) $13n\equiv 7(\bmod 10)$.

18. 求整数 n，同时满足条件：

$$n\equiv 1(\bmod 4),\quad n\equiv 2(\bmod 3).$$

19. 证明：对任意的整数 n，下面五个同余式中至少有一个成立：

$$n\equiv 0(\bmod 2),\quad n\equiv 0(\bmod 3),\quad n\equiv 1(\bmod 4),$$
$$n\equiv 5(\bmod 6),\quad n\equiv 7(\bmod 12).$$

20. 证明：对任意的整数 n，下面六个同余式中至少有一个成立：

$$n\equiv 0(\bmod 2),\quad n\equiv 0(\bmod 3),\quad n\equiv 1(\bmod 4),$$
$$n\equiv 3(\bmod 8),\quad n\equiv 7(\bmod 12),\quad n\equiv 23(\bmod 24).$$

21. 证明以下不定方程无解：

(i) $x^2-2y^2=77$；　　(ii) $x^2-3y^2+5z^2=0$.

*22. 求出所有的三元正整数组$\{a,b,c\}$，满足条件：

$$a \equiv b(\bmod c), \quad b \equiv c(\bmod a), \quad c \equiv a(\bmod b).$$

*23. 求出所有的三元非零整数组$\{a,b,c\}$,满足条件：

$$a \equiv b(\bmod |c|), \quad b \equiv c(\bmod |a|), \quad c \equiv a(\bmod |b|).$$

24. 设 p 是素数,$f(x)$是整系数多项式：

$$f(x) = q(x)(x^p - x) + r(x),$$

$q(x)$及 $r(x)$也是整系数多项式,且 $r(x)$的次数小于 p. 证明：对所有整数 x,有

$$f(x) \equiv r(x)(\bmod p),$$

即这是一个模 p 的恒等同余式.

25. 设 p 是素数,$f(x)$是整系数多项式;再设 $a_1,\cdots,a_k$ 两两对模 p 不同余,满足 $f(a_j) \equiv 0(\bmod p)$,$1 \leqslant j \leqslant k$. 证明：存在整系数多项式 $q(x)$,使得

$$f(x) \equiv q(x)(x-a_1)\cdots(x-a_k)(\bmod p),$$

这里的符号同§1 的式(6). 进而证明：

$$x^{p-1} - 1 \equiv (x-1)\cdots(x-p+1)(\bmod p), \tag{12}$$

$$x^p - x \equiv x(x-1)\cdots(x-p+1)(\bmod p), \tag{13}$$

$$(p-1)! \equiv -1(\bmod p), \tag{14}$$

以及当 $p>3$ 时,

$$\sum_{1 \leqslant i < j \leqslant p-1} ij \equiv 0(\bmod p). \tag{15}$$

*26. 设素数 $p>3$. 证明：

$$\frac{(p-1)!}{1} + \frac{(p-1)!}{2} + \cdots + \frac{(p-1)!}{p-1} \equiv 0(\bmod p^2).$$

*　*　*　*　*　*

可以做的 IMO 试题(见附录四)：[17.4],[20.1],[25.2],[34.6],[37.4].

§2　同余类与剩余系

由§1 的性质Ⅰ知,对给定的模 m,整数的同余关系是一个等价关

系,因此全体整数可按这样的等价关系分为两两不相交的类.这就是下面引入的概念.

定义 1(同余类或剩余类) 把全体整数分为若干个两两不相交的集合,使得在同一个集合中的任意两个数对模 m 一定同余,而属于不同集合中的两个数对模 m 一定不同余.每个这样的集合称为**模 m 的同余类或模 m 的剩余类**.我们以 $r \bmod m$ 表示 r 所属的模 m 的同余类.

在第一章§3 的例 1~例 3 中所讨论的整数分类就是同余类,那时我们已经引入了同余类的符号,并讨论了简单的性质.对给定的模 m,在它的每个同余类中取定一个元素作为代表,所有这些代表元素组成的集合称为模 m 的一组完全剩余系(见下面的定义 2).本节就是要讨论同余类和完全剩余系的基本性质及其结构.

2.1 同余类与剩余系的基本性质

由定义 1 可立即推出下面的定理:

定理 1 (i) $r \bmod m=\{r+km: k\in\mathbf{Z}\}$;

(ii) $r \bmod m=s \bmod m$ 的充要条件是 $r\equiv s(\bmod m)$;

(iii) 对任意的 r,s,要么 $r \bmod m=s \bmod m$,要么 $r \bmod m$ 与 $s \bmod m$ 的交为空集.

定理 1(ii)表明同余式就是同余类(看作一个元素)的等式,因此§1 中关于同余式的性质都可表述为同余类的性质.这些将安排在习题中.

定理 2 对给定的模 m,有且恰有 m 个不同的模 m 的同余类,它们是

$$0 \bmod m,\quad 1 \bmod m,\quad \cdots,\quad (m-1) \bmod m. \tag{1}$$

我们记以这些同余类作为元素所组成的集合为

$$\mathbf{Z}/m\mathbf{Z}=\mathbf{Z}_m=\{j \bmod m: 0\leqslant j\leqslant m-1\}. \tag{1'}$$

证 由定理 1(ii)知,式(1)是 m 个两两不同的同余类.对每个整数 a,由第一章§3 的定理 1 知,有整数 q,r,使得

$$a=qm+r,\quad 0\leqslant r<m.$$

因此,由定理 1(i)知 $a\in j \bmod m$,即 a 必属于式(1)中的某个同余类.证

毕.

同余类还有一种很方便、有用的表示形式. 设 a 是一个整数，V 是一个整数集合. 我们约定它们的**和**与**积**分别为集合

$$a+V=\{a+v:\ v\in V\}, \tag{2}$$

$$aV=\{av:\ v\in V\}. \tag{3}$$

这样，由定理 1(i)知，可把同余类表示为

$$r \bmod m=r+m\mathbf{Z}. \tag{4}$$

由定理 2 及鸽巢原理，立即推出下面的定理：

定理 3　(i) 在任意取定的 $m+1$ 个整数中，必有两个数对模 m 同余；

(ii) 存在 m 个数，使得两两对模 m 不同余.

证　因为对模 m 共有 m 个由式(1)给出的同余类，所以 $m+1$ 个数中必有两个数属于同一个模 m 的同余类，这两个数就对模 m 同余. 这就证明了(i).

在每个同余类 $r \bmod m(0\leqslant r<m)$ 中取定一个数 x_r 作为代表，这样就得到 m 个两两对模 m 不同余的数 $x_0,x_1,\cdots,x_{m-1}$. 这就证明了(ii).

由定理 3 可引入以下概念：

定义 2　一组数 $y_1,\cdots,y_s$ 称为**模 m 的完全剩余系**(简称**完全剩余系**或**剩余系**)，如果对任意的整数 a，这组数中有且仅有一个 y_j 是 a 对模 m 的剩余，即 a 同余于 y_j 模 m.

由定义中 y_j 的唯一性知，这 s 个数一定两两对模 m 不同余. 由定理 3 知，模 m 的完全剩余系是存在的，并有 $s=m$，而且给定的 m 个数为一组模 m 的完全剩余系的充要条件是它们两两对模 m 不同余. 事实上，一组模 m 的完全剩余系就是在模 m 的每个同余类中取定一个数作为代表所构成的一组数；而对于给定的一组模 m 的完全剩余系 $y_1,\cdots,y_m$，

$$y_1 \bmod m,\quad \cdots,\quad y_m \bmod m \tag{5}$$

就是模 m 的 m 个两两不同的同余类，且

$$\mathbf{Z}=\bigcup_{1\leqslant j\leqslant m} y_j \bmod m=\bigcup_{y \bmod m} y \bmod m=\bigcup_{y \bmod m}(y+m\mathbf{Z}), \tag{6}$$

其中后两个求并号表示对模 m 的任意取定的一组完全剩余系 $\{y\}$ 求并.

下面讨论完全剩余系的各种表示形式,在 2.2 小节还要做进一步讨论. 容易直接验证:

$$0,\cdots,m-1;\quad 1,\cdots,m;\quad -[m/2],\cdots,-[-m/2]-1;$$
$$-m+1,\cdots,0;\quad -m,\cdots,-1$$

都是模 m 的完全剩余系(当 m 是偶数时,$-[m/2],\cdots,-[-m/2]-1$ 也可取为 $-[m/2]+1,\cdots,-[-m/2]$),它们分别称为模 m 的**最小非负(完全)剩余系**、**最小正(完全)剩余系**、**绝对最小(完全)剩余系**、**最大非正(完全)剩余系**、**最大负(完全)剩余系**. 由式(1)知,对任意取定的 m 个整数 $k_r(0\leqslant r<m)$,

$$r+k_rm,\quad 0\leqslant r<m \tag{7}$$

是模 m 的一组完全剩余系;反过来,对模 m 的任意一组完全剩余系,一定可以选取适当的 $k_r(0\leqslant r<m)$,使得它可由式(7)表示(为什么). 一般地,由式(5)知,当 $y_j(1\leqslant j\leqslant m)$ 是任给的一组模 m 的完全剩余系时,对任取的整数 $h_j(1\leqslant j\leqslant m)$,

$$y_j+h_jm,\quad 1\leqslant j\leqslant m \tag{7'}$$

是模 m 的一组完全剩余系;反过来,对模 m 的任意一组完全剩余系,一定可以选取适当的 $h_j(1\leqslant j\leqslant m)$,使得它可由式(7′)表示(为什么). 例如:取

$$k_r=0\quad(0\leqslant r<m),$$

式(7)就给出了模 m 的最小非负剩余系;取

$$k_0=1,\quad k_r=0\ (1\leqslant r<m),$$

式(7)就给出了模 m 的最小正剩余系;取

$$k_r=0(0\leqslant r\leqslant m/2),\quad k_r=-1(m/2<r\leqslant m-1),$$

式(7)就给出模 m 的绝对最小剩余系;取

$$k_r=-1\quad(0\leqslant r<m),$$

式(7)就给出了模 m 的最大负剩余系;取

$$k_0=0,\quad k_r=-1\ (1\leqslant r<m),$$

式(7)就给出模 m 的最大非正剩余系. 又如:取

$$y_j=j,\quad h_j=j\quad(1\leqslant j\leqslant m),$$

则由式(7′)得到模 m 的完全剩余系

$$(m+1)\cdot 1,\quad (m+1)\cdot 2,\quad \cdots,\quad (m+1)\cdot m;$$

取

$$y_j=-j,\quad h_j=j\quad(1\leqslant j\leqslant m),$$

则由式(7′)得到模 m 的完全剩余系

$$(m-1)\cdot 1,\quad (m-1)\cdot 2,\quad \cdots,\quad (m-1)\cdot m;$$

在式(7′)中,我们取

$$h_j=y_ja_j\quad(1\leqslant j\leqslant m, a_j\text{ 为任意整数}),$$

就得到模 m 的完全剩余系

$$(a_1m+1)y_1,\quad (a_2m+1)y_2,\quad \cdots,\quad (a_mm+1)y_m.$$

在不同问题中选取适当形式的完全剩余系,有时对问题的解决是很有帮助的.显见,任意两组模 m 的完全剩余系,它们各自元素之和对模 m 是同余的.容易求出这个和同余于

$$\begin{aligned}0+1+\cdots+(m-1)&\equiv(m-1)m/2\\&\equiv\begin{cases}0(\bmod m), & 2\nmid m,\\ m/2(\bmod m), & 2\mid m.\end{cases}\end{aligned}\tag{8}$$

关于不同模的同余类之间的关系,我们来证明一个基本结论,一般情形可由它推出.

定理 4　设 $m_1\mid m$,则对任意的 r,有

$$r\bmod m\subseteq r\bmod m_1,\quad\text{即}\quad r+m\mathbf{Z}\subseteq r+m_1\mathbf{Z},$$

等号仅当 $m_1=m$ 时成立.更精确地说,若 $l_1,\cdots,l_d$ 是模 $d=m/m_1$ 的一组完全剩余系,则

$$\begin{aligned}r\bmod m_1&=\bigcup_{1\leqslant j\leqslant d}(r+l_jm_1)\bmod m=\bigcup_{l\bmod d}(r+lm_1)\bmod m\\&=\bigcup_{l\bmod d}(r+lm_1+m\mathbf{Z}),\end{aligned}\tag{9}$$

等号右边各并式中 d 个模 m 的同余类两两不同.特别地,有

$$\begin{aligned}r\bmod m_1&=\bigcup_{0\leqslant j<d}(r+jm_1)\bmod m\\&=\bigcup_{0\leqslant j<d}(r+jm_1+m\mathbf{Z}).\end{aligned}\tag{10}$$

这就是说，模 m_1 的一个同余类是 $d(d=m/m_1)$ 个模 m 的同余类的并.

证法 1 只要证明式(9)的第一式即可. 我们把同余类 $r \bmod m_1$ 中的数按模 m 来分类. 对 $r \bmod m_1$ 中任意两个数 $r+k_1m_1$，$r+k_2m_1$，

$$r+k_1m_1 \equiv r+k_2m_1 \pmod m$$

成立的充要条件是(利用 §1 的性质 Ⅷ)

$$k_1 \equiv k_2 \pmod d.$$

由此就推出式(9)的第一式右边 d 个模 m 的同余类是两两不同的，且 $r \bmod m_1$ 中的任一数 $r+km_1$ 必属于其中的一个同余类. 另外，对任意的 j，必有

$$(r+l_jm_1) \bmod m \subseteq (r+l_jm_1) \bmod m_1 = r \bmod m_1.$$

这就证明了所要的结论.

证法 2 利用表示形式(4)及式(6)可给出一个简洁、漂亮的证明. 我们有

$$\begin{aligned} r \bmod m_1 &= r+m_1\mathbf{Z} = r+m_1 \bigcup_{l \bmod d} (l+d\mathbf{Z}) \\ &= r+\bigcup_{l \bmod d} (lm_1+m\mathbf{Z}) \\ &= \bigcup_{l \bmod d} (r+lm_1+m\mathbf{Z}) \\ &= \bigcup_{l \bmod d} (r+lm_1) \bmod m. \end{aligned}$$

这就证明了式(9). 注意，所有求并的集合都是两两不相交的(为什么).

在定理 4 中取 $m_1=1$，$r=0$，式(9)就是式(6)，因此定理 4 是式(6)的推广. 应该指出，第一章 §3 的例 1 就是定理 2，而例 3 则是给出了定理 4 的具体例子：$m_1=2$，$m=6$，$r=1$，$l_j=j-1(1\leqslant j\leqslant 3)$. 定理 4 是经常用到的，用同余式语言可表述如下(为什么)：

定理 4′ 设 $m_1 \mid m$，则对任意的 r，

$$n \equiv r \pmod{m_1}$$

成立的充要条件是以下 $d=m/m_1$ 个同余式中有且仅有一个成立：

$$n \equiv r+jm_1 \pmod m, \quad 0 \leqslant j < d.$$

例如：取 $m_1=2$，奇数 $n\equiv 1 \pmod 2$，如果取 $m=4$，那么 $n\equiv 1$，

$3 \pmod 4$ 中有且仅有一个成立；如果取 $m=8$，那么 $n \equiv 1,3,5,7 \pmod 8$ 中有且仅有一个成立. 又如：取 $m_1=3$，$n \equiv -1 \pmod 3$，如果取 $m=6$，那么 $n \equiv -1,2 \pmod 6$ 中有且仅有一个成立；如果取 $m=15$，那么 $n \equiv -1,2,5,8,11 \pmod{15}$ 中有且仅有一个成立.

当给出了两个不同模的同余类 $r_1 \bmod m_1$，$r_2 \bmod m_2$，要求它们的交集(即同时属于这两个同余类的整数组成的集合)时，我们就可以取 $m=[m_1,m_2]$. 这样，$r_1 \bmod m_1$ 就是 m/m_1 个模 m 的同余类的并集，$r_2 \bmod m_2$ 就是 m/m_2 个模 m 的同余类的并集. 由此就可以求出它们由若干个模 m 的同余类组成的交集. 这实际上是第四章 §3 的孙子定理所讨论的内容，这里就不多说了.

在进一步讨论既约同余类、既约剩余系之前，先来给出第一章 §4 例 8 的另一种证法，以说明引入同余类的概念是有好处的.

例 1　同第一章 §4 的例 8.

证　我们的想法是把要涂色的集合 M 扩充到全体整数，满足：(a) 属于同一个模 n 的同余类中的数涂相同的颜色；(b) 仍保持条件 (i)，(ii) 成立. 于是，为了使条件 (ii) 成立，必须满足新的条件：(iii) 0 和 k 要涂同一种颜色. 这样，我们就对全体整数 $\mathbf{Z}$ 涂色，满足条件 (a)，(i)，(ii)，(iii). 我们来考查这样的涂色有什么性质.

(Ⅰ) 对任意的 $j \in \mathbf{Z}$，j 和 $-j$ 一定涂相同的颜色. 事实上，必有 $i(0 \leqslant i < n)$，使得

$$j \equiv i \pmod n,$$

所以由 (a) 知 j 和 i 同色. 当 $i=0$ 时，$-j \equiv j \equiv 0 \pmod n$，所以由 (a) 知 j 和 $-j$ 同色；当 $0<i<n$ 时，由 (i) 知 i 和 $n-i$ 同色. 由 (a) 知 $n-i$ 和 $-i$ 同色，$-i$ 和 $-j$ 同色，所以 j 和 $-j$ 同色.

(Ⅱ) 对任意的 $j \in \mathbf{Z}$，j 和 $j \pm k$ 同色，即属于同一个模 k 的同余类中的数涂相同的颜色. 事实上，必有 $i(0 \leqslant i < n)$，使得 $j \equiv i \pmod n$，所以由 (a) 知 j 和 i 同色. 由 (ii) 和 (iii) 知 i 和 $|k-i|$ 同色，进而由 (Ⅰ) 推出 $|k-i|$ 和 $i-k$ 同色，而由 (a) 知 $i-k$ 和 $j-k$ 同色，所以 j 和 $j-k$ 同色. 由此及 (Ⅰ) 推出，j 和 $-j$，$-j-k$，$j+k$ 都同色. 这就证明了所要的结论.

由(a)和(Ⅱ)知,任一 $j\in\mathbf{Z}$ 必和 $j+sn+tk$ 同色,这里 s,t 是任意的整数. 由 $(n,k)=1$ 知,必有 s_0,t_0,使得 $s_0n+t_0k=1$,所以 j 和 $j+1$ 同色. 这就证明了所有整数都涂同一种颜色.

这一证法比第一章§4 例 8 的证法思路更清晰、自然,且看出了这种涂色方法的实质是满足条件(a)和(Ⅱ).

下面我们引入既约同余类、既约剩余系的概念. 为此,先证明一个定理.

定理 5 模 m 的一个同余类中任意两个整数 a_1,a_2 与 m 的最大公约数相等,即 $(a_1,m)=(a_2,m)$.

证 设 $a_1,a_2\in r \bmod m$. 由定理 1(i)知 $a_j=r+k_jm$, $j=1,2$,进而由第一章§2 的定理 8(iv)得

$$(a_j,m)=(r+k_jm,m)=(r,m),\quad j=1,2.$$

这就证明了所要的结论.

定义 3 模 m 的同余类 $r \bmod m$ 称为**模 m 的既约同余类**或**模 m 的互素同余类**,如果 $(r,m)=1$. 模 m 的所有既约同余类的个数记作 $\varphi(m)$. 设 n 为正整数,通常称 $\varphi(n)$ 为 **Euler 函数.**

定义 4 一组数 $z_1,\cdots,z_t$ 称为**模 m 的既约剩余系**或**模 m 的互素剩余系**,如果 $(z_j,m)=1(1\leqslant j\leqslant t)$,以及对任意的 a, $(a,m)=1$,有且仅有一个 z_j 是 a 对模 m 的剩余,即 a 同余于 z_j 模 m.

由定理 5 知,既约同余类的定义是合理的,即不会因为一个同余类中的代表元素 r 取得不同而得到矛盾的结论. 由定义 3 及定理 2(以 $m \bmod m$ 代 $0 \bmod m$)立即推出下面的定理:

定理 6 模 m 的所有不同的既约同余类是

$$r \bmod m,\quad (r,m)=1,1\leqslant r\leqslant m. \tag{11}$$

$\varphi(m)$ 等于 $1,2,\cdots,m$ 中和 m 既约的数的个数.

由于每个和 m 既约的数必属于某个模 m 的既约同余类,所以由定理 6 及鸽巢原理立即推出下面的定理(证明留给读者):

定理 7 (i) 在任意取定的 $\varphi(m)+1$ 个均和 m 既约的整数中,必有两个数,它们对模 m 同余;

(ii) 存在 $\varphi(m)$ 个数,它们两两对模 m 不同余且均和 m 既约.

在定义 4 中,由 z_j 的唯一性知这 t 个数一定两两对模 m 不同余.由定理 7 知,既约剩余系是存在的,且 $t=\varphi(m)$.事实上,模 m 的既约剩余系就是在模 m 的每个既约同余类中取定一个数作代表所构成的一组数,因此它的一般形式是

$$r+k_r m,\quad (r,m)=1,1\leqslant r\leqslant m,\tag{12}$$

其中 k_r 是任意取定的整数;而对于模 m 的一组既约剩余系 $z_1,\cdots,z_{\varphi(m)}$,

$$z_1 \bmod m,\quad \cdots,\quad z_{\varphi(m)} \bmod m\tag{13}$$

就给出了模 m 的 $\varphi(m)$ 个两两不同的既约同余类.

应该指出的是:模 m 的一组完全剩余系中所有和 m 既约的数就组成模 m 的一组既约剩余系.这一点在考虑问题时是有用的.此外,任意给定的 $\varphi(m)$ 个和 m 既约的数,只要它们两两对模 m 不同余,就一定是模 m 的既约剩余系.Euler 函数 $\varphi(m)$ 在数论中是十分重要的.本章将从剩余类、剩余系的角度讨论 Euler 函数的性质.如何求它的值是首先要解决的问题,下面讨论最简单的情形.

当 $m=1$ 时,模 1 的同余类只有一个:$0 \bmod 1$,它是既约同余类,所以 $\varphi(1)=1$. 0 或任一整数就构成模 1 的既约剩余系.当 $m=2$ 时,模 2 的同余类有两个:$0 \bmod 2$,$1 \bmod 2$.只有 $1 \bmod 2$ 是既约同余类,所以 $\varphi(2)=1$. 1 或任一奇数就构成模 2 的既约剩余系.模 4 的既约同余类是 $1 \bmod 4$,$3 \bmod 4$,所以 $\varphi(4)=2$. 1,3 是模 4 的一组既约剩余系.模 12 的既约同余类是 $1 \bmod 12$,$5 \bmod 12$,$7 \bmod 12$,$11 \bmod 12$,所以 $\varphi(12)=4$. 1,5,7,11 是模 12 的一组既约剩余系.当 $m=p^k$,p 是素数时,有下面的结论:

定理 8　设 p 是素数,$k\geqslant 1$,则

$$\varphi(p^k)=p^{k-1}(p-1),\tag{14}$$

并且模 p^k 的既约同余类是

$$(a+bp) \bmod p^k,\quad 1\leqslant a\leqslant p-1,0\leqslant b\leqslant p^{k-1}-1.\tag{15}$$

证　由定理 6 知,$\varphi(p^k)$ 等于满足以下条件的 r 的个数:

$$1\leqslant r\leqslant p^k,\quad (r,p^k)=1.$$

由于 p 是素数,所以有

$$(r,p)=\begin{cases}1, & p\nmid r,\\ p, & p\mid r.\end{cases}$$

由此及第一章§4的定理5知，$(r,p^k)=1$的充要条件是$(r,p)=1$，即$p\nmid r$. 因此，$\varphi(p^k)$就等于$1,2,\cdots,p^k$中不能被p整除的数的个数. 因为$1,2,\cdots,p^k$中被p整除的数有p^{k-1}个，所以$\varphi(p^k)=p^k-p^{k-1}$. 这就是式(14). 由带余数除法知，任一满足$1\leqslant r\leqslant p^k$，$p\nmid r$的整数$r$可表示为

$$r=bp+a,\quad 1\leqslant a\leqslant p-1,0\leqslant b\leqslant p^{k-1}-1.$$

反过来，对任意满足$1\leqslant a\leqslant p-1$，$0\leqslant b\leqslant p^{k-1}-1$的$a,b$，相应的$r=bp+a$必满足$1\leqslant r\leqslant p^k$，$p\nmid r$. 这就证明了式(15).

例如：当$m=3^3$时，$\varphi(3^3)=3^3-3^2=18$，模3^3的既约同余类是

$$(a+b\cdot 3)\bmod 3^3,\quad 1\leqslant a\leqslant 2,0\leqslant b\leqslant 8.$$

1,2,4,5,7,8,10,11,13,14,16,17,19,20,22,23,25,26就是模3^3的一组既约剩余系. 如果取绝对最小剩余，那么$\pm1,\pm2,\pm4,\pm5,\pm7,\pm8,\pm10,\pm11,\pm13$就是模$3^3$的一组既约剩余系. 关于如何进一步用既约剩余系的性质求一般的$\varphi(m)$，将在§3中讨论.

2.2 剩余系的整体性质及其结构

现在讨论模m的剩余系的整体性质及其结构. 这实际上也是模m的全体同余类的整体性质及其结构，但用剩余系的语言表述对初学者来说比较易懂. 后者请读者自己考虑.

定理9 (i) 设c是任意整数，则x遍历模m的一组完全剩余系的充要条件是$x+c$也遍历模m的一组完全剩余系. 也就是说，$x_1,\cdots,x_m$是模m的一组完全剩余系的充要条件是$x_1+c,\cdots,x_m+c$为模m的一组完全剩余系.

(ii) 设$k_1,\cdots,k_{\varphi(m)}$是任意整数，则$y_1,\cdots,y_{\varphi(m)}$是模$m$的一组既约剩余系的充要条件是$y_1+k_1m,\cdots,y_{\varphi(m)}+k_{\varphi(m)}m$是模$m$的一组既约剩余系.

证明是显然的，留给读者.

定理10 设$(a,m)=1$，则x遍历模m的完全(既约)剩余系的充要条件是ax遍历模m的完全(既约)剩余系. 也就是说，$x_1,\cdots,x_s$是模

m 的完全(既约)剩余系的充要条件是 $ax_1,\cdots,ax_s$ 是模 m 的完全(既约)剩余系.

证 由§1的性质Ⅶ知,当$(a,m)=1$时,对任意的 i,j,有

$$x_i \not\equiv x_j \pmod{m} \Longleftrightarrow ax_i \not\equiv ax_j \pmod{m}. \tag{16}$$

由第一章§4的定理5知,当$(a,m)=1$时,对任意的 i,有

$$(ax_i,m)=(x_i,m). \tag{17}$$

对于完全剩余系来说,定理中 $s=m$. 由此及式(16)就推出关于完全剩余系的结论,因为 m 个数只要两两对模 m 不同余就一定是模 m 的完全剩余系. 对于既约剩余系来说,$s=\varphi(m)$. 由此及式(16),(17)就推出关于既约剩余系的结论,因为 $\varphi(m)$个均和 m 既约的数只要两两对模 m 不同余,就一定是模 m 的既约剩余系. 证毕.

定理10表明:只要$(a,m)=1$,我们就可以找到这样的模 m 的完全剩余系和既约剩余系,它们的元素都是 a 的倍数;而当$(a,m)>1$时,这是一定不可能的. 例如:$3\cdot 0,3\cdot 1,\cdots,3\cdot 7$ 是模8的完全剩余系,$3\cdot 1$, $3\cdot 3,3\cdot 5,3\cdot 7$ 是模8的既约剩余系. 取 $a=-1$ 就推出 x 与 $-x$ 同时遍历模 m 的完全(既约)剩余系. 结合定理9、定理10及式(7)就可得到各种形式的完全(既约)剩余系.

下面讨论剩余系的结构,即讨论它们的表示形式. 简单来说,大模的剩余系可以用若干个小模(大模的因数)的剩余系来表示. 这种讨论的基础是定理4. 类似地,也可给出两种证法.

定理11 设 $m=m_1m_2$, $x_i^{(1)}$ $(1\leqslant i\leqslant m_1)$是模 m_1 的完全剩余系, $x_j^{(2)}$ $(1\leqslant j\leqslant m_2)$是模 m_2 的完全剩余系,那么 $x_{ij}=x_i^{(1)}+m_1x_j^{(2)}$ $(1\leqslant i\leqslant m_1$, $1\leqslant j\leqslant m_2)$是模 m 的完全剩余系. 也就是说,当 $x^{(1)}$, $x^{(2)}$ 分别遍历模 m_1,m_2 的完全剩余系时,$x=x^{(1)}+m_1x^{(2)}$ 遍历模 $m=m_1m_2$ 的完全剩余系.

证法1 先给一个直接证明. 这时,x_{ij} $(1\leqslant i\leqslant m_1, 1\leqslant j\leqslant m_2)$共有 $m=m_1m_2$ 个数,因此只要证明它们两两对模 m 不同余即可. 若

$$x_{i_1}^{(1)}+m_1x_{j_1}^{(2)} \equiv x_{i_1j_1} \equiv x_{i_2j_2} \equiv x_{i_2}^{(1)}+m_1x_{j_2}^{(2)} \pmod{m_1m_2},$$

则必有

$$x_{i_1}^{(1)} \equiv x_{i_2}^{(1)} \pmod{m_1}.$$

由此及 $x_i^{(1)}$ 在同一个模 m 的完全剩余系中取值知，必有 $x_{i_1}^{(1)}=x_{i_2}^{(1)}$，$i_1=i_2$，进而推得

$$m_1x_{j_1}^{(2)}\equiv m_1x_{j_2}^{(2)}(\bmod m_1m_2),$$

即

$$x_{j_1}^{(2)}\equiv x_{j_2}^{(2)}(\bmod m_2),$$

因而同理有 $x_{j_1}^{(2)}=x_{j_2}^{(2)}$，$j_1=j_2$. 这就证明了所要的结论.

证法 2　利用表示形式(4)及式(6)，由定理 4 的证法 2 可得(取 $d=m_2$，$r=x^{(1)}$，$l=x^{(2)}$)

$$\begin{aligned}\mathbf{Z}&=\bigcup_{x^{(1)}\bmod m_1}(x^{(1)}+m_1\mathbf{Z})=\bigcup_{x^{(1)}\bmod m_1}\Big(x^{(1)}+m_1\bigcup_{x^{(2)}\bmod m_2}(x^{(2)}+m_2\mathbf{Z})\Big)\\&=\bigcup_{x^{(1)}\bmod m_1}\bigcup_{x^{(2)}\bmod m_2}(x^{(1)}+m_1x^{(2)}+m_1m_2\mathbf{Z})\\&=\bigcup_{x^{(1)}\bmod m_1}\bigcup_{x^{(2)}\bmod m_2}(x^{(1)}+m_1x^{(2)})\bmod m.\end{aligned}$$

这就是所要的结论(为什么).

定理 11 刻画了完全剩余系的某种结构，表明大模 $m=m_1m_2$ 的完全剩余系能以某种形式表示为两个较小的模 m_1，m_2 的完全剩余系的组合. 利用数学归纳法可把定理 11 推广为下面的定理：

定理 12　设 $m=m_1m_2\cdots m_k$ 及

$$x=x^{(1)}+m_1x^{(2)}+m_1m_2x^{(3)}+\cdots+m_1\cdots m_{k-1}x^{(k)},\tag{18}$$

则当 $x^{(j)}(1\leqslant j\leqslant k)$分别遍历模 m_j 的完全剩余系时，x 遍历模 m 的完全剩余系. 也就是说，当 $x_{i_j}^{(j)}(1\leqslant i_j\leqslant m_j,1\leqslant j\leqslant k)$是模 m_j 的完全剩余系时，

$$x_{i_1i_2\cdots i_k}=x_{i_1}^{(1)}+m_1x_{i_2}^{(2)}+m_1m_2x_{i_3}^{(3)}+\cdots+m_1\cdots m_{k-1}x_{i_k}^{(k)}$$
$$(1\leqslant i_j\leqslant m_j,1\leqslant j\leqslant k)$$

是模 m 的完全剩余系.

证　由定理 11 知结论对 $k=2$ 成立. 假设结论对 $k=n(n\geqslant 2)$成立. 当 $k=n+1$ 时，设 $\overline{m}_n=m_1\cdots m_n$ 及

$$\overline{x}^{(n)}=x^{(1)}+m_1x^{(2)}+\cdots+m_1\cdots m_{n-1}x^{(n)},$$

则有

$$x=\overline{x}^{(n)}+\overline{m}_nx^{(n+1)}.$$

由归纳假设知，当 $x^{(j)}(1\leqslant j\leqslant n)$分别遍历模 m_j 的完全剩余系时，$\overline{x}^{(n)}$ 遍历模 $\overline{m}_n$ 的完全剩余系. 而由上式及结论对 $k=2$ 成立知，当 $\overline{x}^{(n)}$，

$x^{(n+1)}$分别遍历模 $\overline{m}_n, m_{n+1}$ 的完全剩余系时，x 就遍历模

$$\overline{m}_n m_{n+1} = m_1 \cdots m_{n+1}$$

的完全剩余系，即结论对 $k=n+1$ 成立．证毕．

类似于定理 11 证法 2 的证明，请读者给出．

结合定理 10 和定理 12，立即可得到下面的结论（请读者自己证明）：

定理 12′　在定理 12 的条件和符号下，设 $a_1, \cdots, a_k$ 满足 $(a_i, m_i)=1(1 \leqslant i \leqslant k)$ 及

$$x=a_1 x^{(1)}+m_1 a_2 x^{(2)}+m_1 m_2 a_3 x^{(3)}+\cdots+m_1 \cdots m_{k-1} a_k x^{(k)}, \tag{18′}$$

则定理 12 的结论仍成立．

定理 11 与定理 12 的优点是对模 m_j 不加限制条件，但一般来说，对既约剩余系没有相应的结果成立（请读者举例说明）．不过，在以下特殊情形下，对既约剩余系可得到一个有用的结果．我们说两个整数 a 和 b **有相同的素因数**，是指 $p \mid a$（p 为素数）的充要条件是 $p \mid b$．如果定理 12 中的 m_1 和 m 有相同素因数，即若 $p \mid m$（p 为素数），则必有 $p \mid m_1$（注意这里 $m_1 \mid m$），那么

$$(x, m)=1 \Longleftrightarrow (x^{(1)}, m_1)=1,$$

这里 x 由式(18)给出．由于一组完全剩余系中所有与模既约的数构成一组既约剩余系，所以以上讨论就证明了下面的定理：

定理 13　在定理 12 的条件与符号下，设 m_1 和 m 有相同的素因数，则当 $x^{(1)}$ 遍历模 m_1 的完全（既约）剩余系，$x^{(j)}(2 \leqslant j \leqslant k)$ 分别遍历模 m_j 的完全剩余系时，x 遍历模 m 的完全（既约）剩余系．特别地，当 $m_1=m_2=\cdots=m_k=n$ 时，若 $x^{(1)}$ 遍历模 n 的完全（既约）剩余系，$x^{(j)}(2 \leqslant j \leqslant k)$ 分别遍历模 n 的完全剩余系，则

$$x=x^{(1)}+n x^{(2)}+n^2 x^{(3)}+\cdots+n^{k-1} x^{(k)} \tag{19}$$

遍历模 n^k 的完全（既约）剩余系．

容易看出，定理 13 的后一部分结论实际上就是用整数的 n 进位制表示来构造模 n^k 的完全（既约）剩余系，当 $n=p$ 时，这就是定理 8．在对既约剩余系做进一步讨论之前，先举两个例子来说明定理 13．

例 2　利用模 10，199 的完全剩余系表示模 1990 的完全剩余系．

解　(i) $x=x^{(1)}+10 x^{(2)}$．当 $x^{(1)}$ 遍历模 10 的完全剩余系及 $x^{(2)}$ 遍

历模 199 的完全剩余系时，x 遍历模 1990 的完全剩余系. 特别地，取 $1\leqslant x^{(1)}\leqslant 10$，$0\leqslant x^{(2)}\leqslant 198$ 时，x 取值 $1,2,\cdots,1990$；取 $0\leqslant x^{(1)}\leqslant 9$，$0\leqslant x^{(2)}\leqslant 198$ 时，x 取值 $0,1,\cdots,1989$；取 $-4\leqslant x^{(1)}\leqslant 5$，$-99\leqslant x^{(2)}\leqslant 99$ 时，x 取值 $-994,-993,\cdots,995$，即取模 1990 的绝对最小完全剩余系.

(ii) $x=x^{(1)}+199x^{(2)}$. 当 $x^{(1)},x^{(2)}$ 分别遍历模 199,10 的完全剩余系时，x 遍历模 1990 的完全剩余系. 特别地，取 $1\leqslant x^{(1)}\leqslant 199$，$0\leqslant x^{(2)}\leqslant 9$ 时，x 取值 $1,2,\cdots,1990$；取 $0\leqslant x^{(1)}\leqslant 198$，$0\leqslant x^{(2)}\leqslant 9$ 时，x 取值 $0,1,\cdots,1989$；取 $-198\leqslant x^{(1)}\leqslant 0$，$-4\leqslant x^{(2)}\leqslant 5$ 时，x 取值 $-994,-993,\cdots,995$，这是模 1990 的绝对最小完全剩余系；取 $1\leqslant x^{(1)}\leqslant 199$，$-5\leqslant x^{(2)}\leqslant 4$ 时，x 也取值 $-994,-993,\cdots,995$.

(iii) $x=199x^{(1)}+10x^{(2)}$. 由于 $(199,10)=1$，从定理 10 知 $x^{(1)}$ 和 $199x^{(1)}$ 同时遍历模 10 的完全剩余系，所以当 $x^{(1)},x^{(2)}$ 分别遍历模 10, 199 的完全剩余系时，x 遍历模 1990 的完全剩余系. 此外，由后面的定理 14 知，当 $x^{(1)},x^{(2)}$ 分别遍历模 10,199 的既约剩余系时，x 也遍历模 1990 的既约剩余系.

例 3 利用模 3 的剩余系表示模 $3^n(n\geqslant 2)$ 的剩余系.

解 由定理 13 知，当 $x^{(1)}$ 遍历模 3 的完全(既约)剩余系，$x^{(j)}(2\leqslant j\leqslant n)$ 分别遍历模 3 的完全剩余系时，

$$x=x^{(1)}+3x^{(2)}+\cdots+3^{n-1}x^{(n)}$$

遍历模 3^n 的完全(既约)剩余系. 特别地，取 $x^{(1)}=0,1,2$(或 $1,2$)，$x^{(j)}=0,1,2(2\leqslant j\leqslant n)$ 时，x 遍历模 3^n 的最小非负完全(或既约)剩余系；取 $x^{(1)}=1,2,3$(或 $1,2$)，$x^{(j)}=0,1,2(2\leqslant j\leqslant n)$ 时，x 遍历模 3^n 的最小正完全(或既约)剩余系；取 $x^{(1)}=-1,0,1$(或 $-1,1$)，$x^{(j)}=-1,0,1(2\leqslant j\leqslant n)$ 时，x 遍历模 3^n 的绝对最小完全(或既约)剩余系.

利用上面所说的绝对最小完全剩余系的表示法，可得出一个有趣的应用：利用 n 个质量分别为 1 g, 3 g, 3^2 g, $\cdots$, 3^{n-1} g 的砝码，可以在天平上称出质量在 $1\sim((3^n-1)/2)$ g 之间的物体的质量(误差不超过 1 g). 请读者自己说明这一应用的道理.

下面再来讨论既约剩余系的结构. 在定理 $12'(k=2)$ 中，当 $(m_1,m_2)=1$ 时，取 $a_1=m_2$，$a_2=1$，就得到 $x=m_2x^{(1)}+m_1x^{(2)}$. 这时，

模 m_1,m_2 处于完全对称的形式.这是因为把 m 分为两个互素因数的乘积.这种形式不但方便,更重要的是,不仅当 $x^{(1)},x^{(2)}$ 分别遍历模 m_1,m_2 的完全剩余系时,x 遍历模 m 的完全剩余系,还对既约剩余系可得到同样的结论,即有下面的定理:

定理 14　设 $m=m_1m_2,(m_1,m_2)=1$,

$$x = m_2x^{(1)} + m_1x^{(2)}, \tag{20}$$

则 x 遍历模 m 的完全(既约)剩余系的充要条件是 $x^{(1)},x^{(2)}$ 分别遍历模 m_1,m_2 的完全(既约)剩余系.也就是说,如果

$$x_{ij} = m_2x_i^{(1)} + m_1x_j^{(2)} \quad (1 \leqslant i \leqslant s, 1 \leqslant j \leqslant t),$$

那么 $x_{ij}(1\leqslant i\leqslant s,1\leqslant j\leqslant t)$ 为模 m 的完全(既约)剩余系的充要条件是,$x_i^{(1)}(1\leqslant i\leqslant s)$ 为模 m_1 的完全(既约)剩余系以及 $x_j^{(2)}(1\leqslant j\leqslant t)$ 是模 m_2 的完全(既约)剩余系.

证　首先要指出的是:定理 14 的表述形式和前几个定理不同,这里的条件是充分且必要的,所以结论更强.下面对完全剩余系来证明结论.

先证明充分性(可以利用定理 11 和定理 10 推出,这里直接给出证明).这时 $s=m_1,t=m_2$,所以 $x_{ij}(1\leqslant i\leqslant s,1\leqslant j\leqslant t)$ 共有 m_1m_2 个数.对任意的 $1\leqslant i_1,i_2\leqslant m_1,1\leqslant j_1,j_2\leqslant m_2$,由条件 $(m_1,m_2)=1$ 及 §1 的性质Ⅸ知,

$$x_{i_1j_1} \equiv x_{i_2j_2} \pmod m$$

等价于

$$x_{i_1j_1} \equiv x_{i_2j_2} \pmod{m_1}, \quad x_{i_1j_1} \equiv x_{i_2j_2} \pmod{m_2},$$

即等价于

$$m_2x_{i_1}^{(1)} \equiv m_2x_{i_2}^{(1)} \pmod{m_1}, \quad m_1x_{j_1}^{(2)} \equiv m_1x_{j_2}^{(2)} \pmod{m_2}.$$

由 §1 的性质Ⅵ及 $(m_1,m_2)=1$ 知,这等价于

$$x_{i_1}^{(1)} \equiv x_{i_2}^{(1)} \pmod{m_1}, \quad x_{j_1}^{(2)} \equiv x_{j_2}^{(2)} \pmod{m_2}.$$

由于 $x_i^{(1)},x_j^{(2)}$ 分别在同一组模 m_1,m_2 的完全剩余系中取值,所以必有 $i_1=i_2,j_1=j_2$.这就证明了 m_1m_2 个 x_{ij} 两两对模 m 不同余,即它们是模 m 的一组完全剩余系.

再证明必要性.因为 $x_{ij}(1\leqslant i\leqslant s,1\leqslant j\leqslant t)$ 是模 m 的完全剩余系,所以 $st=m=m_1m_2$.取定 $x_1^{(2)}$,因为

$$x_{i1} = m_2 x_i^{(1)} + m_1 x_1^{(2)} \quad (1 \leqslant i \leqslant s)$$

对模 $m=m_1m_2$ 两两不同余,所以 $m_2x_i^{(1)}$ 也对模 m_1m_2 两两不同余,即

$$m_2 x_{i_1}^{(1)} \not\equiv m_2 x_{i_2}^{(1)} (\bmod m_1 m_2) \quad (1 \leqslant i_1, i_2 \leqslant s \text{ 且 } i_1 \neq i_2).$$

这等价于

$$x_{i_1}^{(1)} \not\equiv x_{i_2}^{(1)} (\bmod m_1),$$

即这 s 个 $x_i^{(1)}$ 对模 m_1 两两不同余,所以 $s \leqslant m_1$. 同理可证 t 个 $x_j^{(2)}$ 对模 m_2 两两不同余,所以 $t \leqslant m_2$. 由此及 $st=m_1m_2$ 推出 $s=m_1, t=m_2$. 这就证明了必要性.

为了证明对既约剩余系的结论,我们只要证明(为什么)

$$(x, m_1 m_2) = 1$$

成立的充要条件是

$$(x^{(1)}, m_1) = (x^{(2)}, m_2) = 1 \tag{21}$$

即可. 我们有$(x, m_1m_2)=1$ 等价于

$$(m_2 x^{(1)} + m_1 x^{(2)}, m_1) = (m_2 x^{(1)} + m_1 x^{(2)}, m_2) = 1,$$

即

$$(m_2 x^{(1)}, m_1) = (m_1 x^{(2)}, m_2) = 1.$$

由于$(m_1, m_2)=1$, 由第一章 §4 的定理 5 知, 上式等价于式(21). 证毕.

由定理 14, 利用数学归纳法, 如同证明定理 12 一样, 立即推出下面的结论:

定理 15 设 $m=m_1\cdots m_k$, 且 $m_1, \cdots, m_k$ 两两既约, 又设 $m=m_jM_j$ $(1 \leqslant j \leqslant k)$ 及

$$x = M_1 x^{(1)} + \cdots + M_k x^{(k)}, \text{①} \tag{22}$$

则 x 遍历模 m 的完全(既约)剩余系的充要条件是 $x^{(1)}, \cdots, x^{(k)}$ 分别遍历模 $m_1, \cdots, m_k$ 的完全(既约)剩余系.

证 $k=2$ 时即定理 14, 所以成立. 设 $k=n(n \geqslant 2)$ 时定理成立. 当 $k=n+1$ 时, $m=m_1\cdots m_n m_{n+1}$. 设 x 由式(22)$(k=n+1)$给出,

---

① 这实际上是在定理 12′的 x 的表达式中取 $a_1=M_1, a_2=M_2/m_1, a_3=M_3/(m_1m_2), \cdots, a_k=M_k/(m_1\cdots m_{k-1})=1$.

$$\overline{x}^{(n)} = \frac{m}{m_1 m_{n+1}} x^{(1)} + \cdots + \frac{m}{m_n m_{n+1}} x^{(n)}.$$

我们有

$$x = m_{n+1} \overline{x}^{(n)} + \frac{m}{m_{n+1}} x^{(n+1)}.$$

由以上两式,从归纳假设及定理对 $k=2$ 成立就推出所要的结论.

由定理 15 和定理 10 就推出下面的结论(证明留给读者):

定理 16　在定理 15 的符号和条件下,再设 $a_j(1 \leqslant j \leqslant k)$ 是任意取定的整数,满足 $(a_j, m_j)=1$,则

$$x = a_1 M_1 x^{(1)} + \cdots + a_k M_k x^{(k)} \tag{23}$$

遍历模 m 的完全(既约)剩余系的充要条件是 $x^{(j)}(1 \leqslant j \leqslant k)$ 分别遍历模 m_j 的完全(既约)剩余系.

定理 15 与定理 16 是等价的(为什么).定理 14～定理 16 是十分重要的,它们实际上就是关于一次同余方程组的孙子定理(见第四章 § 3 的定理 1 和定理 2).比较定理 11 和定理 14 可以看出,定理 11 只是证明了:$x^{(1)}, x^{(2)}$ 分别遍历模 m_1, m_2 的完全剩余系是 $x=x^{(1)}+m_1 x^{(2)}$ 遍历模 $m_1 m_2$ 的完全剩余系的充分条件.容易看出,这个条件不是必要的,例如下面两个例子.

例 4　取 $m_1=2, m_2=4, m=m_1 m_2=8$,再取

$$x_1^{(1)} = 1,\quad x_2^{(1)} = 2,\quad x_3^{(1)} = 5,$$
$$x_4^{(1)} = 6,\quad x_1^{(2)} = 0,\quad x_2^{(2)} = 1.$$

这样 $x_i^{(1)}+2x_j^{(2)}(1 \leqslant i \leqslant 4, 1 \leqslant j \leqslant 2)$ 就取值 1,2,5,6,3,4,7,8,这是模 8 的完全剩余系.

例 5　取 $m_1=3, m_2=4, m=m_1 m_2=12$,再取

$$x_i^{(1)} = i(1 \leqslant i \leqslant 6),\quad x_1^{(2)} = 0,\quad x_2^{(2)} = 2,$$

不难算出 $x_i^{(1)}+3x_j^{(2)}(1 \leqslant i \leqslant 6, 1 \leqslant j \leqslant 2)$ 是模 12 的一组完全剩余系.

应该指出:我们给出的定理 12～定理 16 的证明都是直接的,即利用剩余系,这是为了加深理解,以达到熟练掌握它.同样,可以利用定理 11 的第二个证法(即定理 4 的第二个证法)来证明这些结论.这种利用剩余类分解符号的论证,看起来思路更清楚,结构更明晰.这样的证明

留给读者.读者应掌握这一方法.

下面我们举例说明定理 14～定理 16 中剩余系形式的特点.

例 6 以模 30 为例具体给出形如式(22),(23)的完全剩余系和既约剩余系.

解 (i) 在式(22)中,取 $k=2$[即式(20)],$m_1=6$,$m_2=5$,这时 $M_1=5$,$M_2=6$,

$$x = 5x^{(1)} + 6x^{(2)}. \tag{24}$$

取模 6 的完全剩余系 $x^{(1)}$:

$$-2,\ -1,\ 0,\ 1,\ 2,\ 3, \tag{25}$$

这样 $5x^{(1)}$ 也遍历模 6 的完全剩余系,取值为

$$-10,\ -5,\ 0,\ 5,\ 10,\ 15; \tag{26}$$

取模 5 的完全剩余系 $x^{(2)}$:

$$-2,\ -1,\ 0,\ 1,\ 2, \tag{27}$$

这样 $6x^{(2)}$ 也遍历模 5 的完全剩余系,取值为

$$-12,\ -6,\ 0,\ 6,\ 12.$$

因此,由式(24)给出的模 30 的完全剩余系可由表 1 所示的表(这样的表称为**加法表**)给出.以上各式和表 1 中相应的既约剩余系由数下面画虚线标出.

表 1

$6x^{(2)}$ \ $5x^{(1)}$ +	−10	−5	0	5	10	15
−12	−22	−17	−12	−7	−2	3
−6	−16	−11	−6	−1	4	9
0	−10	−5	0	5	10	15
6	−4	1	6	11	16	21
12	2	7	12	17	22	27

在式(23)中,取 $k=2$,仍取 $m_1=6$,$m_2=5$,同时取 a_1,a_2 满足 $a_1M_1\equiv 1(\bmod m_1)$,$a_2M_2\equiv 1(\bmod m_2)$,即

$$5a_1 \equiv 1(\bmod 6),\quad 6a_2 \equiv 1(\bmod 5).$$

所以,可取 $a_1=-1, a_2=1$. 这样,式(23)变为

$$x=-5x^{(1)}+6x^{(2)}. \tag{28}$$

当 $x^{(1)}, x^{(2)}$ 仍分别取由式(25),(27)给出的模 6,5 的完全剩余系时,由式(28)给出的模 30 的完全剩余系由表 2 所示的加法表给出. 表 2 中相应的既约剩余系由数下面画虚线标出.

表　2

$6x^{(2)}$ ＼ $-5x^{(1)}$ (+)	10	$\underline{5}$	0	$\underline{-5}$	−10	−15
$\underline{-12}$	−2	$\underline{-7}$	−12	$\underline{-17}$	−22	−27
$\underline{-6}$	4	$\underline{1}$	−6	−11	−16	−21
0	10	5	0	−5	−10	−15
$\underline{6}$	16	$\underline{11}$	6	$\underline{1}$	−4	−9
$\underline{12}$	22	$\underline{17}$	12	$\underline{7}$	2	−3

(ii) 在式(22)中,取 $k=3, m_1=2, m_2=3, m_3=5$,这时 $M_1=15$, $M_2=10, M_3=6$,

$$x=15x^{(1)}+10x^{(2)}+6x^{(3)}. \tag{29}$$

取 $x^{(1)}$ 遍历模 2 的完全剩余系:

$$0,\ \underline{1}, \tag{30}$$

这样 $15x^{(1)}$ 遍历模 2 的完全剩余系:

$$0,\ \underline{15}; \tag{31}$$

取 $x^{(2)}$ 遍历模 3 的完全剩余系:

$$\underline{-1},\ 0,\ \underline{1}, \tag{32}$$

这样 $10x^{(2)}$ 遍历模 3 的完全剩余系:

$$\underline{-10},\ 0,\ \underline{10}; \tag{33}$$

取 $x^{(3)}$ 遍历模 5 的完全剩余系:

$$\underline{-2},\ \underline{-1},\ 0,\ \underline{1},\ \underline{2}, \tag{34}$$

这样 $6x^{(3)}$ 遍历模 5 的完全剩余系:

$$\underline{-12},\ \underline{-6},\ 0,\ \underline{6},\ \underline{12}. \tag{35}$$

因此,由式(29)给出的模 30 的完全剩余系可由表 3 所示的加法表给

出. 以上各式和表中相应的既约剩余系由数下面画虚线标出.

表　3

$10x^{(2)}$ ＼ $15x^{(1)}$　+	0	15										
−10	−10	5	−22	−7	−16	−1	−10	5	−4	11	2	17
0	0	15	−12	3	−6	9	0	15	6	21	12	27
10	10	25	−2	13	4	19	10	25	16	31	22	37
	$6x^{(3)}$ ＼ $15x^{(1)}+10x^{(2)}$　+		−12		−6		0		6		12	

如果在式(23)中取 $k=3$,仍取 $m_1=2,m_2=3,m_3=5$,那么取 $a_1=a_2=a_3=1$ 就满足 $a_jM_j\equiv1(\bmod m_j)(1\leqslant j\leqslant3)$. 所以,这时给出的模 30 的完全(既约)剩余系和上面讨论的相同.

读者可能会觉得这样求剩余系既麻烦,所得的形式又似乎很不规律. 那么,究竟有什么好处呢? 为了说明这一点,我们先指出由式(22),(23)给出的剩余系的特点. 以下的符号及满足的条件与定理 15 和定理 16 相同.

(i) 对任一 $l(1\leqslant l\leqslant k)$, $y^{(l)}=M_lx^{(l)}$ 或 $a_lM_lx^{(l)}$ 与 $x^{(l)}$ 同时是模 m_l 的完全(既约)剩余系. 模 m_l 的这一形式的剩余系具有这样的特点: 它的每个元素被任一 $m_j(j\neq l)$ 整除,即

$$y^{(l)}\equiv0\,(\bmod m_j),\quad j\neq l. \tag{36}$$

(ii) 模 $m_1,\cdots,m_k$ 的这种特殊形式的完全(既约)剩余系 $y^{(1)},\cdots,y^{(k)}$ 的"直和" $y^{(1)}+\cdots+y^{(k)}=x$ 就给出了模 $m=m_1\cdots m_k$ 的完全(既约)剩余系,这一点对任意选取的模 $m_l(1\leqslant l\leqslant k)$ 的剩余系不一定成立. 例如: 模 2 的完全(既约)剩余系取{0, 1},模 3 的完全(既约)剩余系取{−1,0, 1},则直接做这样的"直和"(即不乘以 M_l 或 a_lM_l)得到

集合$\{-1,0,1,\underset{\dots}{0},1,\underset{\dots}{2}\}$,它不是模 6 的完全(既约)剩余系[①].

(iii) 由式(22)或(23)给出的模 m 的完全(既约)剩余系 x 对模 m_l 的剩余仅和 $x^{(l)}$ 有关,与 $x^{(j)}(j\neq l)$ 的取值无关,即

$$x\equiv M_l x^{(l)}(\text{或 } a_l M_l x^{(l)})(\bmod m_l),\quad 1\leqslant l\leqslant k. \tag{37}$$

特别地,若所取的 a_l 满足

$$a_l M_l\equiv 1(\bmod m_l), \tag{38}$$

则对式(23)给出的 x,总有

$$x\equiv x^{(l)}(\bmod m_l). \tag{39}$$

(iv) 对固定的 l,在式(22)或(23)中令每个 $x^{(j)}(j\neq l)$ 取指定的值 b_j(b_j 的值可随 $x^{(l)}$ 取不同的值而取不同的指定值). 这样,当 $x^{(l)}$ 遍历模 m_l 的完全(既约)剩余系时,由式(22)或(23)给出的 x 也遍历模 m_l 的完全(既约)剩余系,且 x 对模 $m_j(j\neq l)$ 的剩余为 $M_j b_j$ 或 $a_j M_j b_j$.

以上各点可通过例 6 中的三个表来一一验证. 因此,利用式(22),(23),灵活选取 m_l 及 a_l,就可得到模 m,m_l(l 取定)的满足各种条件的剩余系,这在数论中是十分重要的. 下面再举两个例子.

例 7 求模 13 的一组完全剩余系 $r_1,\cdots,r_{13}$,满足

$$r_i\equiv i(\bmod 3),\quad r_i\equiv 0(\bmod 7),\quad 1\leqslant i\leqslant 13.$$

解 在式(23)中,取 $k=3,m_1=13,m_2=3,m_3=7$,这样 $M_1=21$,$M_2=91,M_3=39$. 再取 $a_2=a_3=1$ 及 a_1 为任一和 m_1 既约的数. 这样,由式(4)知(下面取 i' 为 i 对模 3 的绝对最小剩余),当 $x_i^{(1)}(1\leqslant i\leqslant 13)$ 是模 13 的完全剩余系时,

$$r_i=21a_1x_i^{(1)}+91i'+39\cdot 0,\quad 1\leqslant i\leqslant 13$$

就是我们所要的模 13 的完全剩余系. 若取 $x_i^{(1)}(1\leqslant i\leqslant 13)$ 依次为

$$-6,-5,-4,\cdots,-1,0,1,\cdots,4,5,6,$$

当取 $a_1=1$ 时,得到 $r_i(1\leqslant i\leqslant 13)$ 依次为

$$r_1=21\cdot(-6)+91\cdot 1=-35,$$

$$r_2=21\cdot(-5)+91\cdot(-1)=-196,$$

$$r_3=21\cdot(-4)+91\cdot 0=-84,$$

① 既约剩余系及运算所得的数,以数下面加虚线表示.

$$r_4 = 21 \cdot (-3) + 91 \cdot 1 = 28,$$
$$r_5 = 21 \cdot (-2) + 91 \cdot (-1) = 133,$$
$$r_6 = 21 \cdot (-1) + 91 \cdot 0 = -21,$$
$$r_7 = 21 \cdot 0 + 91 \cdot 1 = 91,$$
$$r_8 = 21 \cdot 1 + 91 \cdot (-1) = -70,$$
$$r_9 = 21 \cdot 2 + 91 \cdot 0 = 42,$$
$$r_{10} = 21 \cdot 3 + 91 \cdot 1 = 154,$$
$$r_{11} = 21 \cdot 4 + 91 \cdot (-1) = -7,$$
$$r_{12} = 21 \cdot 5 + 91 \cdot 0 = 105,$$
$$r_{13} = 21 \cdot 6 + 91 \cdot 1 = 217;$$

当取 $a_1=5$ 时，$a_1M_1=5\cdot 21\equiv 1 \pmod{13}$，这时必有

$$r_i \equiv x_i^{(1)} \pmod{13}, \quad 1 \leqslant i \leqslant 13,$$

所取值依次为

$$-539,\ -616,\ -420,\ -224,\ -35,\ -105,$$
$$91,\ 14,\ 210,\ 406,\ 329,\ 525,\ 721.$$

从以上所得的结果，容易得到具有所说性质的模 13 的既约剩余系.

例 8　设 m 的素因数分解式为 $p_1^{\alpha_1}\cdots p_r^{\alpha_r}$. 求指数和

$$S(m) = \sideset{}{'}\sum_{x \bmod m} \mathrm{e}^{2\pi \mathrm{i}\, x/m} \tag{40}$$

的值，这里求和号 $\sideset{}{'}\sum\limits_{x \bmod m}$ 表示对模 m 的任意一组取定的既约剩余系 $\{x\}$ 求和.

解　由于对任意的整数 a，$\mathrm{e}^{2\pi\mathrm{i}a}=1$，所以指数和(40)的值与既约剩余系的具体选取无关. 以 $\sum\limits_{x \bmod m}$ 表示对模 m 的任意一组取定的完全剩余系 $\{x\}$ 求和. 显见，对任意的整数 c，我们有

$$\sum_{x \bmod m} \mathrm{e}^{2\pi\mathrm{i}\, cx/m} = \sum_{x=1}^{m} \mathrm{e}^{2\pi\mathrm{i}\, cx/m} = \begin{cases} m, & m \mid c, \\ 0, & m \nmid c. \end{cases} \tag{41}$$

由定理 15 知，若取 $m_j = p_j^{\alpha_j}\ (1 \leqslant j \leqslant r)$，$m_jM_j = m$，则当 $x^{(j)}\ (1 \leqslant j \leqslant r)$ 分别遍历模 $p_j^{\alpha_j}$ 的既约剩余系时，

$$x = M_1 x^{(1)} + \cdots + M_r x^{(r)}$$

遍历模 m 的既约剩余系. 因此

$$S(m) = \sum_{x^{(1)} \bmod m_1}{}' \cdots \sum_{x^{(r)} \bmod m_r}{}' \mathrm{e}^{2\pi\mathrm{i}(M_1 x^{(1)} + \cdots + M_r x^{(r)})/m}$$

$$= S(p_1^{\alpha_1}) S(p_2^{\alpha_2}) \cdots S(p_r^{\alpha_r}).$$

容易看出

$$S(p_j^{\alpha_j}) = \sum_{x^{(j)}=1}^{p_j^{\alpha_j}} \exp\left\{\frac{2\pi\mathrm{i}\, x^{(j)}}{p_j^{\alpha_j}}\right\} - \sum_{y^{(j)}=1}^{p_j^{\alpha_j-1}} \exp\left\{\frac{2\pi\mathrm{i}\, y^{(j)}}{p_j^{\alpha_j-1}}\right\}.$$

由此及式(41)推出

$$S(p_j^{\alpha_j}) = \begin{cases} -1, & \alpha_j = 1, \\ 0, & \alpha_j > 1, \end{cases}$$

因而得

$$S(m) = \begin{cases} (-1)^r, & \alpha_1 = \cdots = \alpha_r = 1, \\ 0, & \text{其他}. \end{cases} \tag{42}$$

$S(m)$就是数论中著名的 **Möbius 函数**,通常记作 $\mu(m)$. 在第八章 §1 的 1.2 小节中将对它做进一步讨论. 从本例可看出研究剩余系结构在理论上的重要性.

习　题　二

第一部分(2.1 小节)

1. (i) 写出剩余类 3 mod 17 中不超过 100 的正整数;

(ii) 写出剩余类 6 mod 15 中绝对值不超过 90 的整数.

2. (i) 写出模 9 的一组完全剩余系,使得它的每个数是奇数.

(ii) 写出模 9 的一组完全剩余系,使得它的每个数是偶数.

(iii) (i)或(ii)中的要求对模 10 的完全剩余系能实现吗?

(iv) 证明: 若 $2|m$,则模 m 的一组完全剩余系中一定一半是偶数,一半是奇数.

3. 利用具体定出式(7)($m=7$)中 k_r 的方法,写出模 7 的一组完全剩余系,使得它的元素都属于以下剩余类:

(i) 剩余类 $0 \bmod 3$； (ii) 剩余类 $1 \bmod 3$；

(iii) 剩余类 $2 \bmod 3$.

4. 设$(a,m)=1$，s 为任意的整数. 利用式(7)证明：一定存在模 m 的完全剩余系，使得它的元素全部属于剩余类 $s \bmod a$.

5. 证明：当 $m>2$ 时，$0^2,1^2,\cdots,(m-1)^2$ 一定不是模 m 的完全剩余系.

6. 设 $r_1,\cdots,r_m$ 和 $r'_1,\cdots,r'_m$ 是模 m 的两组完全剩余系. 证明：当 m 是偶数时，$r_1+r'_1,\cdots,r_m+r'_m$ 一定不是模 m 的完全剩余系.

7. 证明：设有 m 个整数，它们都不属于剩余类 $0 \bmod m$，则其中必有两个数，它们之差属于剩余类 $0 \bmod m$.

8. 证明：在任意取定的对模 m 两两不同余的$[m/2]+1$ 个数中，必有两个数，它们之差属于剩余类 $1 \bmod m$. 如何推广本题？

9. (i) 把剩余类 $1 \bmod 5$ 写成模 15 的剩余类之和；

(ii) 把剩余类 $6 \bmod 10$ 写成模 120 的剩余类之和；

(iii) 把剩余类 $6 \bmod 10$ 写成模 80 的剩余类之和；

(iv) 求剩余类 $1 \bmod 5$ 和 $2 \bmod 3$ 的交集；

(v) 求剩余类 $6 \bmod 10$ 和 $1 \bmod 16$ 的交集；

(vi) 求剩余类 $6 \bmod 10$ 和 $3 \bmod 16$ 的交集.

10. (i) $n\equiv 1 \pmod 2$的充要条件是 n 对模 10 的绝对最小剩余为哪些数？

(ii) $n\equiv -1 \pmod 5$的充要条件是 n 对模 45 的最小正剩余为哪些数？

*11. 设 $n>2$ 为给定的整数. 试问：模 $2n-1$ 的一组完全剩余系最少要属于模 $n-2$ 的几个剩余类？一般地，模 $K(K>m\geqslant 1)$的一组完全剩余系最少要属于模 m 的几个剩余类？

12. 具体写出模 $m=16,17,18$ 的最小非负既约剩余系、绝对最小既约剩余系，并算出 $\varphi(16),\varphi(17),\varphi(18)$.

13. 把第 3,4 题中的完全剩余系改为既约剩余系.

14. 设 $m\geqslant 3$，而 $r_1,\cdots,r_s$ 是所有小于 $m/2$ 且和 m 既约的正整数. 证明：$-r_s,\cdots,-r_1,r_1,\cdots,r_s$及 $r_1,\cdots,r_s,(m-r_s),\cdots,(m-r_1)$都是模

m 的既约剩余系. 由此推出：当 $m\geqslant3$ 时，$2\mid\varphi(m)$.

15. 设 $m\geqslant3$. 证明：

(i) 模 m 的一组既约剩余系的所有元素之和对模 m 必同余于零；

(ii) 模 m 的最小正既约剩余系的各数之和等于 $m\varphi(m)/2$. 这个结论对 $m=2$ 也成立.

16. 为简单起见，以 $\bar{j}$ 记模 m 的剩余类 $j \bmod m$. 在由模 m 的 m 个剩余类组成的集合 $\mathbf{Z}_m$［见式(1′)］中定义加法$\oplus$及乘法$\odot$如下：对任意的 $0\leqslant a,b\leqslant m-1$，

$$\bar{a}\oplus\bar{b}=\bar{c},\quad 0\leqslant c\leqslant m-1,$$

只要 $c\equiv a+b\pmod m$；

$$\bar{a}\odot\bar{b}=\bar{c},\quad 0\leqslant c\leqslant m-1,$$

只要 $c\equiv ab\pmod m$.

(i) 证明：这样定义的加法和乘法是一定可以实现的，且 $\bar{c}$ 是唯一的.

(ii) 证明：这样定义的加法和乘法满足交换律、结合律及分配律，即

$$\bar{a}\oplus\bar{b}=\bar{b}\oplus\bar{a},$$
$$(\bar{a}\oplus\bar{b})\oplus\bar{c}=\bar{a}\oplus(\bar{b}\oplus\bar{c})$$

及

$$\bar{a}\odot(\bar{b}\oplus\bar{c})=(\bar{a}\odot\bar{b})\oplus(\bar{a}\odot\bar{c}).$$

(iii) 证明：0 是 $\mathbf{Z}_m$ 中的零元素，即对任意的 $\bar{a}$，必有

$$\bar{a}\oplus\bar{0}=\bar{a}\quad 及\quad \bar{a}\odot\bar{0}=\bar{0}.$$

(iv) 证明：$\bar{1}$ 是 $\mathbf{Z}_m$ 中的乘法单位元素，即对任意的 $\bar{a}$，必有 $\bar{a}\odot\bar{1}=\bar{a}$(当 $m=1$ 时，仅有一个元素 $\bar{0}$).

(v) 证明：对任意的两个元素 $\bar{a},\bar{b}$，必有唯一的元素 $\bar{x}$，满足 $\bar{b}+\bar{x}=\bar{a}$. $\bar{x}$ 称为 $\bar{a}$ 与 $\bar{b}$ 的差，记作 $\bar{x}=\bar{a}\ominus\bar{b}$. 特别地，当 $\bar{a}=\bar{0}$ 时，记 $-\bar{b}=\bar{0}\ominus\bar{b}$. 进而证明：当 $\bar{b}=\bar{0}$ 时，$-\bar{b}=\bar{0}$；当 $\bar{b}\neq\bar{0}$ 时，$-\bar{b}=\overline{m-b}$.

(vi) 当 $m\geqslant2,(a,m)=1$ 时，必有 $\bar{x}$，满足 $\bar{a}\odot\bar{x}=1$，$\bar{x}$ 是唯一的. $\bar{x}$ 称为元素 $\bar{a}$ 的逆元素，记作 $\bar{a}^{-1}$. 进而证明：

$$(\bar{a}^{-1})^{-1}=\bar{a},$$
$$(\bar{a}\odot\bar{b})^{-1}=\bar{a}^{-1}\odot\bar{b}^{-1}.$$

(vii) 设 $m\geqslant 2,(a,m)=1$. 证明：对任意的 $\bar{b}$,必有唯一的 $\bar{x}$,满足

$$\bar{a}\odot\bar{x}=\bar{b}\quad 及\quad \bar{x}=(\bar{a}^{-1})\odot\bar{b}.$$

(viii) 举例说明：对任意的 $\bar{a},\bar{b}$,不一定有 $\bar{x}$,满足 $\bar{a}\odot\bar{x}=\bar{b}$,即 $\bar{a}$ 不一定能"整除" $\bar{b}$,亦即不一定能做"除法".

(ix) 证明：当 p 是素数时,$\bar{1},\cdots,\overline{p-1}$中的任意两个元素都可做"除法".

(x) 证明：在满足$(a,m)=1$ 的全体($\varphi(m)$个)元素 $\bar{a}$ 中,任意两个元素都可做"除法".

表 4 和表 5 说明了 $m=10$ 时这样定义的运算,它们分别称为 $\mathbf{Z}_{10}$ 中的**加法表**和**乘法表**. 请读者自己逐项验证或举例说明题中的结论.

用近世代数的语言来说,本题证明了：集合 $\mathbf{Z}_m$ 在所定义的加法$\oplus$和乘法$\odot$下,是一个有单位元素的交换环,它称为**模 m 的同余类环**或**模 m 的剩余类环**. 元素 $\bar{a}$ 有逆的充要条件是$(a,m)=1$. 当 $m=p$(p 是素数)时,$\mathbf{Z}_p$ 是一个有 p 个元素的有限域[参看文献[15],[17]].

表 4

$\oplus$	$\bar{0}$	$\bar{1}$	$\bar{2}$	$\bar{3}$	$\bar{4}$	$\bar{5}$	$\bar{6}$	$\bar{7}$	$\bar{8}$	$\bar{9}$
$\bar{0}$	$\bar{0}$	$\bar{1}$	$\bar{2}$	$\bar{3}$	$\bar{4}$	$\bar{5}$	$\bar{6}$	$\bar{7}$	$\bar{8}$	$\bar{9}$
$\bar{1}$	$\bar{1}$	$\bar{2}$	$\bar{3}$	$\bar{4}$	$\bar{5}$	$\bar{6}$	$\bar{7}$	$\bar{8}$	$\bar{9}$	$\bar{0}$
$\bar{2}$	$\bar{2}$	$\bar{3}$	$\bar{4}$	$\bar{5}$	$\bar{6}$	$\bar{7}$	$\bar{8}$	$\bar{9}$	$\bar{0}$	$\bar{1}$
$\bar{3}$	$\bar{3}$	$\bar{4}$	$\bar{5}$	$\bar{6}$	$\bar{7}$	$\bar{8}$	$\bar{9}$	$\bar{0}$	$\bar{1}$	$\bar{2}$
$\bar{4}$	$\bar{4}$	$\bar{5}$	$\bar{6}$	$\bar{7}$	$\bar{8}$	$\bar{9}$	$\bar{0}$	$\bar{1}$	$\bar{2}$	$\bar{3}$
$\bar{5}$	$\bar{5}$	$\bar{6}$	$\bar{7}$	$\bar{8}$	$\bar{9}$	$\bar{0}$	$\bar{1}$	$\bar{2}$	$\bar{3}$	$\bar{4}$
$\bar{6}$	$\bar{6}$	$\bar{7}$	$\bar{8}$	$\bar{9}$	$\bar{0}$	$\bar{1}$	$\bar{2}$	$\bar{3}$	$\bar{4}$	$\bar{5}$
$\bar{7}$	$\bar{7}$	$\bar{8}$	$\bar{9}$	$\bar{0}$	$\bar{1}$	$\bar{2}$	$\bar{3}$	$\bar{4}$	$\bar{5}$	$\bar{6}$
$\bar{8}$	$\bar{8}$	$\bar{9}$	$\bar{0}$	$\bar{1}$	$\bar{2}$	$\bar{3}$	$\bar{4}$	$\bar{5}$	$\bar{6}$	$\bar{7}$
$\bar{9}$	$\bar{9}$	$\bar{0}$	$\bar{1}$	$\bar{2}$	$\bar{3}$	$\bar{4}$	$\bar{5}$	$\bar{6}$	$\bar{7}$	$\bar{8}$

表 5

$\odot$	$\overline{0}$	$\overline{1}$	$\overline{2}$	$\overline{3}$	$\overline{4}$	$\overline{5}$	$\overline{6}$	$\overline{7}$	$\overline{8}$	$\overline{9}$
$\overline{0}$	$\overline{0}$	$\overline{0}$	$\overline{0}$	$\overline{0}$	$\overline{0}$	$\overline{0}$	$\overline{0}$	$\overline{0}$	$\overline{0}$	$\overline{0}$
$\overline{1}$	$\overline{0}$	$\overline{1}$	$\overline{2}$	$\overline{3}$	$\overline{4}$	$\overline{5}$	$\overline{6}$	$\overline{7}$	$\overline{8}$	$\overline{9}$
$\overline{2}$	$\overline{0}$	$\overline{2}$	$\overline{4}$	$\overline{6}$	$\overline{8}$	$\overline{0}$	$\overline{2}$	$\overline{4}$	$\overline{6}$	$\overline{8}$
$\overline{3}$	$\overline{0}$	$\overline{3}$	$\overline{6}$	$\overline{5}$	$\overline{2}$	$\overline{5}$	$\overline{8}$	$\overline{1}$	$\overline{4}$	$\overline{7}$
$\overline{4}$	$\overline{0}$	$\overline{4}$	$\overline{8}$	$\overline{2}$	$\overline{6}$	$\overline{0}$	$\overline{4}$	$\overline{8}$	$\overline{2}$	$\overline{6}$
$\overline{5}$	$\overline{0}$	$\overline{5}$	$\overline{0}$	$\overline{5}$	$\overline{0}$	$\overline{5}$	$\overline{0}$	$\overline{5}$	$\overline{0}$	$\overline{5}$
$\overline{6}$	$\overline{0}$	$\overline{6}$	$\overline{2}$	$\overline{8}$	$\overline{4}$	$\overline{0}$	$\overline{6}$	$\overline{2}$	$\overline{8}$	$\overline{4}$
$\overline{7}$	$\overline{0}$	$\overline{7}$	$\overline{4}$	$\overline{1}$	$\overline{8}$	$\overline{5}$	$\overline{2}$	$\overline{9}$	$\overline{6}$	$\overline{3}$
$\overline{8}$	$\overline{0}$	$\overline{8}$	$\overline{6}$	$\overline{4}$	$\overline{2}$	$\overline{0}$	$\overline{8}$	$\overline{6}$	$\overline{4}$	$\overline{2}$
$\overline{9}$	$\overline{0}$	$\overline{9}$	$\overline{8}$	$\overline{7}$	$\overline{6}$	$\overline{5}$	$\overline{4}$	$\overline{3}$	$\overline{2}$	$\overline{1}$

17. 列出 $\mathbf{Z}_{13}$，$\mathbf{Z}_{14}$ 中的加法表与乘法表.

18. 设 $d\geqslant 1, d\mid n$. 证明：$n-\varphi(n)\geqslant d-\varphi(d)$，等号仅当 $d=n$ 时成立.

19. 证明：存在无穷多个正整数 n，使得 $\varphi(n)>\varphi(n+1)$. 此外，举例说明存在正整数 n，使得

(i) $\varphi(n)=\varphi(n+1)$；　　(ii) $\varphi(n)=\varphi(n+2)$；

(iii) $\varphi(n)=\varphi(n+3)$.

20. 设 p_1, p_2 是两个不同的素数. 证明：在 $1,2,\cdots,p_1p_2$ 中，被 p_1 整除的数有 p_2 个，被 p_2 整除的数有 p_1 个，被 p_1p_2 整除的数有 1 个，由此推出

$$\varphi(p_1p_2)=(p_1-1)(p_2-1)=\varphi(p_1)\cdot\varphi(p_2).$$

21. 设 n, h 是正整数. 证明：在不超过 nh 的正整数中，和 n 既约的数的个数等于 $h\varphi(n)$.

22. 利用第 20 题的方法，证明：

(i) 设 p_1, p_2, p_3 是三个不同的素数，则

$$\varphi(p_1p_2p_3)=(p_1-1)(p_2-1)(p_3-1);$$

(ii) 设 $p_1,\cdots,p_k$ 是 k 个不同的素数，则

$$\varphi(p_1\cdots p_k)=(p_1-1)\cdots(p_k-1).$$

23. 利用第 21 题来证明上题的结论.

24. 设 m 的素因数分解式是 $p_1^{\alpha_1}\cdots p_r^{\alpha_r}$. 证明：

$$\begin{aligned}\varphi(m) &= p_1^{\alpha_1-1}\cdots p_r^{\alpha_r-1}\varphi(p_1\cdots p_r)\\ &= p_1^{\alpha_1-1}(p_1-1)\cdots p_r^{\alpha_r-1}(p_r-1)\\ &= \varphi(p_1^{\alpha_1})\cdots\varphi(p_r^{\alpha_r}).\end{aligned}$$

第二部分(2.2小节)

1. (i) 利用定理 11 的证法 2 给出定理 12～定理 16 的证明；

(ii) 写出几个类似于例 4 和例 5 的例子.

2. 试用定理 12 来做第一章习题三第一部分的第 18 题.

3. 设 $m>1,(a,m)=1$. 证明：

(i) 对任意的整数 b，$\sum\limits_{x \bmod m}\left\{\dfrac{ax+b}{m}\right\}=\dfrac{1}{2}(m-1)$；

(ii) $\sum\limits_{x \bmod m}{}'\left\{\dfrac{ax}{m}\right\}=\dfrac{1}{2}\varphi(m)$.

4. 具体写出模 23 的一组完全剩余系，使得

(i) 它的每个元素都是 7 的倍数；

(ii) 它的每个元素都对模 7 同余于 2；

(iii) 它的每个元素都对模 7 同余于 2，且对模 5 也同余于 2.

5. 具体写出模 23 的一组完全剩余系 $r_1,\cdots,r_{23}$，满足以下两个条件：$r_j\equiv 0 \pmod 7$，$r_j\equiv j \pmod 5$，$1\leqslant j\leqslant 23$.

6. 把第 4 题改为既约剩余系来做.

7. 试求模 4 的一组完全剩余系 $r_1,\cdots,r_4$，模 5 的一组完全剩余系 $s_1,\cdots,s_5$，使得

(i) $r_is_j(1\leqslant i\leqslant 4,1\leqslant j\leqslant 5)$是模 20 的完全剩余系；

(ii) $r_i+s_j(1\leqslant i\leqslant 4,1\leqslant j\leqslant 5)$及 $r_is_j(1\leqslant i\leqslant 4,1\leqslant j\leqslant 5)$同时是模 20 的完全剩余系.

8. 第 7 题的两个结论对既约剩余系能成立吗？

9. 试求模 3 的一组完全剩余系 r，模 7 的一组完全剩余系 s，使得当 r 遍历模 3 的这组完全剩余系(或其中的既约剩余系)，s 遍历模 7 的这组完全剩余系(或其中的既约剩余系)时，rs 遍历模 21 的完全(或既

约)剩余系.

10. 设 $m_1,\cdots,m_k$ 两两既约,$(a_j,m_j)=1$. 证明:当 $x^{(j)}$ 分别遍历模 m_j 的完全(既约)剩余系($1\leqslant j\leqslant k$)时,

$$x=(M_1a_1x^{(1)}+M_2a_2+\cdots+M_ka_k)(M_1a_1+M_2a_2x^{(2)}+M_3a_3+\cdots+M_ka_k)\cdot\cdots\cdot(M_1a_1+\cdots+M_{k-1}a_{k-1}+M_ka_kx^{(k)})$$

遍历模 $m=m_1\cdots m_k$ 的完全(既约)剩余系,这里 $m_jM_j=m$ ($1\leqslant j\leqslant k$). 此外,还满足

$$x\equiv(M_ja_j)^kx^{(j)}\,(\mathrm{mod}\,m_j),\quad 1\leqslant j\leqslant k.$$

解释本题的含意.

* * * * * *

可以做的 IMO 试题(见附录四):[26.2],[30.1],[31.2],[31.6].

§3 Euler 函数 $\varphi(m)$

由于模 m 的既约剩余系的元素个数就是 Euler 函数 $\varphi(m)$,所以从上一节证明的有关既约剩余系的性质,就可得到 $\varphi(m)$ 的相应的性质. 本节将讨论它的重要性质,包括著名的 Fermat-Euler 定理及其计算公式,最后还将给出它在密码学中的一个重要应用.

3.1 $\varphi(m)$的性质

定理 1 设 $m=m_1m_2$.

(i) 若 m_1 与 m 有相同的素因数,则

$$\varphi(m)=m_2\varphi(m_1). \tag{1}$$

特别地,若 $m>1$,

$$m=p_1^{\alpha_1}\cdots p_r^{\alpha_r},\quad \alpha_1,\cdots,\alpha_r\geqslant 1, \tag{2}$$

则

$$\varphi(m)=p_1^{\alpha_1-1}\cdots p_r^{\alpha_r-1}\varphi(p_1\cdots p_r). \tag{3}$$

(ii) 若 $(m_1,m_2)=1$,则

$$\varphi(m)=\varphi(m_1)\varphi(m_2). \tag{4}$$

特别地,若 m 由式(2)给出,则

$$\varphi(m)=p_1^{\alpha_1-1}(p_1-1)\cdots p_r^{\alpha_r-1}(p_r-1)$$
$$=m\prod_{p\mid m}\left(1-\frac{1}{p}\right). \tag{5}$$

证　在§2的定理13中取 $k=2$ 即得式(1)，因为按照定义，模 m 的既约剩余系的元素个数为 $\varphi(m)$，模 m_1 的既约剩余系的元素个数为 $\varphi(m_1)$，而模 m_2 的完全剩余系的元素个数为 m_2. 在式(1)中取 $m_1=p_1\cdots p_r$ 即得式(3). 由§2的定理14对既约剩余系的结论即得式(4)，因为按照定义，模 m,m_1,m_2 的既约剩余系的元素个数分别为 $\varphi(m),\varphi(m_1),\varphi(m_2)$. 由式(4)立即推出：若 $m=m_1m_2\cdots m_r$，其中 $m_1,\cdots,m_r$ 两两既约，则

$$\varphi(m)=\varphi(m_1)\varphi(m_2\cdots m_r)=\cdots$$
$$=\varphi(m_1)\varphi(m_2)\cdots\varphi(m_r). \tag{6}$$

显见，上式可由定理15直接推出. 当 m 由式(2)给出时，取 $m_j=p_j^{\alpha_j}$ $(1\leqslant j\leqslant r)$，利用§2的定理8，从式(6)即得式(5). 证毕.

由式(5)知，除了 $\varphi(1)=\varphi(2)=1$，必有

$$2\mid\varphi(m),\quad m\geqslant 3^{①}. \tag{7}$$

定理2　对任意的正整数 m，有

$$\sum_{d\mid m}\varphi(d)=m.$$

我们对定理2给出两个证明，第一个证明利用第一章§5的式(21)及刚证明的式(4)得到，第二个证明以分析完全剩余系和既约剩余系的关系得到.

证法1　当 $m=1$ 时，结论显然成立. 当 $m>1$ 时，设 m 有表示式(2)，则由第一章§5的式(21)得

$$\sum_{d\mid m}\varphi(d)=\sum_{e_1=0}^{\alpha_1}\cdots\sum_{e_r=0}^{\alpha_r}\varphi(p_1^{e_1}\cdots p_r^{e_r}).$$

利用式(6)即得

$$\sum_{d\mid m}\varphi(d)=\sum_{e_1=0}^{\alpha_1}\cdots\sum_{e_r=0}^{\alpha_r}\varphi(p_1^{e_1})\cdots\varphi(p_r^{e_r})$$

---

① 习题二第一部分的第14题已用最简单的方法证明了这一结论.

$$=\left(\sum_{e_1=0}^{\alpha_1}\varphi(p_1^{e_1})\right)\cdots\left(\sum_{e_r=0}^{\alpha_r}\varphi(p_r^{e_r})\right),$$

又由§2的定理8知

$$\begin{aligned}\sum_{e_j=0}^{\alpha_j}\varphi(p_j^{e_j})&=\varphi(1)+\varphi(p_j)+\cdots+\varphi(p_j^{\alpha_j})\\&=1+(p_j-1)+(p_j^2-p_j)+\cdots+(p_j^{\alpha_j}-p_j^{\alpha_j-1})\\&=p_j^{\alpha_j}.\end{aligned}$$

由以上两式就推出所要的结论.

证法 2　我们把正整数

$$1,\ 2,\ \cdots,\ j,\ \cdots,\ m \tag{8}$$

按其和 m 的最大公约数分类,即和 m 的最大公约数相同的作为一类.这样,在 m 的正因数 d 和这样的正整数类之间建立了一个一一对应关系,即每个 m 的正因数 d 对应于数组(8)中所有和 m 的最大公约数为 d 的那些正整数组成的子集.显见,m 的不同正因数对应于不相交的子集,所以数组(8)所构成的集合就是所有这种子集之并集.我们来求这种子集:

$$(j,m)=d,\quad 1\leqslant j\leqslant m. \tag{9}$$

设 $j=dh$,式(9)就等价于(利用第一章§4的定理3)

$$(h,m/d)=1,\quad 1\leqslant h\leqslant m/d. \tag{10}$$

而由§2的定理6知,这样的 h 的个数为 $\varphi(m/d)$,这也就是满足式(9)的 j 的个数,因而由以上讨论知

$$m=\sum_{d\mid m}\varphi\left(\frac{m}{d}\right). \tag{11}$$

由此及第一章§2的定理2即得所要的结论.

应该指出的是:在证法2中,实际上只用到了 $\varphi(m)$ 的定义,而没有用 $\varphi(m)$ 的其他性质.但这里用到了初等数论中一个极其重要的论证方法:把一个整数集合[在这里由式(8)给出]按其与一个给定的正整数 K(在这里是 m)的最大公约数来分类.此外,对于由式(9)确定的 j 组成的子集,通过关系式 $j=dh$,由式(10)就可看出,它实际上由模 m/d 的既约剩余系乘以同一个 d 而得到,因此这实质上就是把模 m 的完全

剩余系分解成模 m/d 的既约剩余系，d 取模 m 的全体正因数. 例如：取 $m=12$，正因数 $d=1,2,3,4,6$. 这种分解见表 1.

表 1

$(12,j)$	j											
	1	2	3	4	5	6	7	8	9	10	11	12
1	1				5		7				11	
2		2								10		
3			3						9			
4				4				8				
6						6						12

模 m 的既约剩余系可以取各种不同的形式，但每组既约剩余系中所有数的乘积对模 m 是不变的，即若 $r_1,\cdots,r_{\varphi(m)}$ 和 $r_1',\cdots,r_{\varphi(m)}'$ 都是模 m 的既约剩余系，则必有

$$\prod_{j=1}^{\varphi(m)} r_j \equiv \prod_{j=1}^{\varphi(m)} r_j' \pmod m. \tag{12}$$

由此及 §2 的定理 10 就可推出著名的 Fermat-Euler 定理.

定理 3(Fermat-Euler 定理) 设 $(a,m)=1$，则有

$$a^{\varphi(m)} \equiv 1 \pmod m. \tag{13}$$

特别地，当 p 为素数时，对任意的 a，有

$$a^p \equiv a \pmod p. \tag{14}$$

通常也把式(14)称为 **Fermat 小定理**，而式(13)称为 **Euler 定理**.

证 取 $r_1,\cdots,r_{\varphi(m)}$ 是模 m 的一组既约剩余系. 由 §2 的定理 10 知，当 $(a,m)=1$ 时，$ar_1,\cdots,ar_{\varphi(m)}$ 也是模 m 的既约剩余系. 因此，由式(12)得

$$\prod_{j=1}^{\varphi(m)} r_j \equiv \prod_{j=1}^{\varphi(m)} (ar_j) = a^{\varphi(m)} \prod_{j=1}^{\varphi(m)} r_j \pmod m.$$

由于 $(r_j,m)=1$，利用 §1 的性质 Ⅶ，从上式即得式(13). 当 $m=p$ 为素数时，由式(13)及 $\varphi(p)=p-1$ 得

$$a^{p-1} \equiv 1 \pmod p, \quad p \nmid a. \tag{15}$$

由此推出，对任意的 a，式(14)成立. 证毕.

在式(13)中，取 $a=-1$，得 $(-1)^{\varphi(m)}-1\equiv 0 \pmod m$. 由此推出，当

$m \geqslant 3$ 时,必有 $2 \mid \varphi(m)$. 这给出了式(7)的一个更简单的证明. 定理 3 给出了 a 对模 m 的逆 a^{-1} 的一个很方便的形式,即当 $(a, m)=1$ 时,

$$a^{-1} \equiv a^{\varphi(m)-1} (\bmod m). \tag{16}$$

事实上,Fermat 小定理已在第一章 §4 的例 1 中证明了,这里不仅给出了一个更简单的证明,而且揭示了这一定理的实质. 还应该指出,Euler 定理证明了比第一章 §4 例 5 更深刻的结论: 对使 $a^d \equiv 1 (\bmod m)$ 成立的最小正整数 d,即 $\delta_m(a)$,必有

$$\delta_m(a) \mid \varphi(m). \tag{17}$$

以上围绕定理 3 的讨论自然会引出两个问题: (i) 模 m 的既约剩余系的乘积对模 m 究竟同余于什么? 这将在下一节讨论. (ii) 在什么情形下,会有使式(17)成立的最小正整数 $\delta_m(a)=\varphi(m)$? 这个问题比较复杂,将在第五章中讨论. 但我们可先证明以下结论,由此可看出这个问题的重要性.

定理 4 设 $(a, m)=1$,那么 $d_0=\delta_m(a)$ 的充要条件是

$$a^{d_0} \equiv 1 (\bmod m) \tag{18}$$

及

$$a^0 = 1,\ a,\ \cdots,\ a^{d_0-1} \tag{19}$$

对模 m 两两不同余. 特别地,$d_0=\varphi(m)$ 的充要条件是式(19)给出了模 m 的一组既约剩余系.

证 先证明定理的第一部分. 若 $d_0=\delta_m(a)$,则式(18)当然成立. 如果有 $0 \leqslant i \leqslant j < d_0$,使得

$$a^j \equiv a^i (\bmod m),$$

那么由 §1 的性质Ⅶ得

$$a^{j-i} \equiv 1 (\bmod m).$$

但 $1 \leqslant j-i < d_0$,这和 d_0 的最小性矛盾,因此由式(19)给出的 d_0 个数两两对模 m 不同余. 这就证明了必要性. 再证明充分性. 由式(19)给出的数两两对模 m 不同余可推出

$$a^j \not\equiv a^0 \equiv 1 (\bmod m), \quad 1 \leqslant j < d_0.$$

由此及式(18)成立推出 $d_0=\delta_m(a)$.

下面证明定理的第二部分. 先证明必要性. 上面的必要性证明中已

指出,由式(19)给出的 $\varphi(m)$ 个数两两对模 m 不同余,而由 $(a,m)=1$ 知,它们均和 m 既约,所以这是一组模 m 的既约剩余系. 充分性的证明由 Euler 定理

$$a^{\varphi(m)} \equiv 1(\bmod m)$$

[即式(18)成立]及上面的充分性证明推出. 证毕.

至今,我们对既约剩余系的元素分布还不了解. 但是,当 $d_0=\varphi(m)$ 时,定理 4 给出了既约剩余系的一个极为方便的形式,这一点是十分重要的. 例如:当 $m=5$ 时,$\varphi(5)=4$. 容易验证 $\delta_5(2)=4$,所以 $2^0,2^1,2^2,2^3$ 是模 5 的一组既约剩余系. 当 $m=9$ 时,$\varphi(9)=6$. 容易验证 $\delta_9(2)=6$,所以 $2^0,2^1,2^2,2^3,2^4,2^5$ 是模 9 的一组既约剩余系. 但是,对于 $m=15$ 就没有这样形式的既约剩余系(请读者自己证明). 下面我们来讨论 $m=2^l(l\geqslant 3)$ 的情形.

例 1 设 $m=2^l(l\geqslant 3)$,$a=5$. 求 $d_0=\delta_m(a)$.

解 由 $\varphi(2^l)=2^{l-1}$ 及 $d_0\mid\varphi(2^l)$ 知 $d_0=2^k$,$0\leqslant k\leqslant l-1$. 先证明对任意满足 $2\nmid a$ 的 a,必有

$$a^{2^{l-2}} \equiv 1(\bmod 2^l). \tag{20}$$

对 l 用数学归纳法来证明式(20). 设 $a=2t+1$. 当 $l=3$ 时,

$$a^2 = 4t(t+1)+1 \equiv 1(\bmod 2^3),$$

所以式(20)成立. 假设式(20)对 $l=n(n\geqslant 3)$ 成立. 当 $l=n+1$ 时,由

$$a^{2^{n-1}}-1=(a^{2^{n-2}}-1)(a^{2^{n-2}}+1)$$

及归纳假设推出

$$a^{2^{n-1}}-1\equiv 0(\bmod 2^{n+1}),$$

即式(20)对 $l=n+1$ 成立. 这就证明了式(20)对任意的 $l\geqslant 3$ 都成立. 因此,对任意的 $a(2\nmid a)$,以及它所对应的 $d_0=2^k$,必有 $0\leqslant k\leqslant l-2$.

下面来求 $a=5$ 时所对应的 d_0. 由

$$5^{2^0} \equiv 5^1 \not\equiv 1(\bmod 2^3) \tag{21}$$

及式(20)$(a=5,l=3)$就推出,当 $l=3$ 时,$d_0=2^{3-2}=2$;由

$$5^{2^1} \equiv 25 \not\equiv 1(\bmod 2^4)$$

及式(20)$(a=5,l=4)$就推出,当 $l=4$ 时,$d_0=2^{4-2}=2^2$. 我们来证明:

对任意的 $l\geqslant 3$，必有

$$5^{2^{l-3}}\not\equiv 1(\bmod 2^l).\tag{22}$$

对 l 用数学归纳法. 当 $l=3$ 时，由式(21)知式(22)成立. 假设式(22)对 $l=n(n\geqslant 3)$ 成立. 当 $l\geqslant 3$ 时，必有

$$5^{2^{l-3}}\equiv 1(\bmod 2^{l-1}),\tag{23}$$

事实上，当 $l=3$ 时，这可直接验证；当 $l>3$ 时，这就是式(20). 由归纳假设及式(23)知

$$5^{2^{n-3}}=1+s\cdot 2^{n-1},\quad 2\nmid s,$$

因而有(注意 $n\geqslant 3$)

$$5^{2^{n-2}}=1+s(1+s\cdot 2^{n-2})2^n,\quad 2\nmid s(1+s\cdot 2^{n-2}).$$

这就证明了式(22)当 $l=n+1$ 时也成立. 所以，式(22)对 $l\geqslant 3$ 都成立. 由此推出(为什么)

$$5^{2^j}\not\equiv 1(\bmod 2^l),\quad 0\leqslant j\leqslant l-3.$$

由此及式(20)推出，当 $a=5$ 时，对应的 $d_0=2^{l-2}$. 从定理 4 知，当 $l\geqslant 3$ 时，

$$5^0=1,\ 5^1,\ 5^2,\ 5^3,\ \cdots,\ 5^{2^{l-2}-1}\tag{24}$$

这 2^{l-2} 个数对模 2^l 两两不同余.

式(20)表明，对模 $2^l(l\geqslant 3)$ 不可能有形如式(19)的既约剩余系. 另外，从式(24)给出的 2^{l-2} 个数两两对模 2^l 不同余，

$$1\equiv 5^j\not\equiv -5^i\equiv -1(\bmod 2^2),\quad 0\leqslant j,i<2^{l-2}$$

及 $\varphi(2^l)=2^{l-1}$ 就推出下面的定理.

定理 5　对模 $2^l(l\geqslant 3)$，以下 2^{l-1} 个数给出了它的一组既约剩余系：

$$(-1)^{j_0}\cdot 5^{j_1},\quad 0\leqslant j_0<2,0\leqslant j_1<2^{l-2}.\tag{25}$$

事实上，对任意的 $m=2^l$，$2\nmid g_0$，$l\geqslant 3$(当 $l=3$ 时，$g_0\neq 8k-1$)，若 $\delta_m(g_0)=2^{l-2}$，则以下 2^{l-1} 个数给出了模 2^l 的一组既约剩余系：

$$(-1)^{j_0}g_0^{j_1},\quad 0\leqslant j_0<2,0\leqslant j_1<2^{l-2}.\tag{26}$$

3.2　公开密钥密码系统

作为本节的结束，我们极简单地介绍一下基于 Euler 定理[式(13)]及大数的素因数分解极其困难所提出的公开加密方式的密码系

统,即 R. L. Rivest,A. Shamir 及 L. Adleman 于 1978 年提出的**公开密钥密码系统**,简称 **RSA 系统**.

设 $n=pq$,其中 p,q 是两个不同的大素数;再设正整数 α,β 满足

$$\alpha\beta \equiv 1(\bmod \varphi(n)) \equiv 1(\bmod (p-1)(q-1)). \tag{27}$$

这样,对任一整数 $A(0\leqslant A<n)$,必有唯一的整数 B,满足

$$B \equiv A^{\alpha}(\bmod n), \quad 0 \leqslant B < n. \tag{28}$$

容易证明[留给读者,可参看习题三第 15 题的(iv)]:对任意的整数 k,必有

$$k^{\alpha\beta} \equiv k(\bmod n). \tag{29}$$

因此,有

$$B^{\beta} \equiv A^{\alpha\beta} \equiv A(\bmod n), \quad 0 \leqslant A < n. \tag{30}$$

这样,如果甲知道了数 α,n(但不知道 p,q),他为了把 A 发送给知道 p,q 的乙而不让别人知道,就可以公开把由式(28)确定的 B 发送给乙,因为乙可以利用由式(27)确定的 β,通过式(30),由 B 得到 A. 由于大数 n 要分解为这两个素数 p,q 的乘积是十分困难的,所以不知道 p,q 的人很难获得正确的数 A. 这就是 RSA 系统的基本原理. 这样,任何一个信息都可以先数字化,然后以这种方式发送. 这就是乙为自己建立的一个公开加密方式[公开数 α,n 及转换方式(28)]的密码系统. 任何人可以公开向乙这样发送信息,而难以被他人破解.

习 题 三

1. 证明:

(i) 必有无穷多个正整数 n,使得 $3\nmid\varphi(n)$;

(ii) 对任一正整数 $d\geqslant 3$,必有无穷多个正整数 n,使得

$$d\nmid\varphi(n).$$

2. 对给定的正整数 k,仅有有限多个 n,使得 $\varphi(n)=k$.

3. 证明:

(i) $\varphi(mn)=(m,n)\varphi([m,n])$;

(ii) $\varphi(mn)\varphi((m,n))=(m,n)\varphi(m)\varphi(n)$;

(iii) 当 $(m,n)>1$ 时,有 $\varphi(mn)>\varphi(m)\varphi(n)$.

4. 求最小的正整数 k，使得 $\varphi(n)=k$ 无解，恰有两个解，恰有三个解，恰有四个解(一个没有解决的猜想是：不存在正整数 k，使得 $\varphi(n)=k$ 恰有一个解).

5. 求满足 $\varphi(n)=24$ 的全部正整数 n.

6. 求满足下列方程的所有正整数 n：

(i) $\varphi(n)=\varphi(2n)$；　(ii) $\varphi(2n)=\varphi(3n)$；　(iii) $\varphi(3n)=\varphi(4n)$.

7. 求满足 $\varphi(n)=2^6$ 的全部正整数 n.

8. 设 $n>1$，$f(n)$表示不超过 n 且与 n 既约的所有正整数之和. 证明：若 $f(n)=f(m)$，则 $m=n$.

9. 设 a,b 是给定的正整数. 证明：存在无穷多对自然数 m,n，使得

$$a\varphi(m)=b\varphi(n).$$

10. 设 k 是给定的正整数. 证明：一定存在正整数 n，使得

$$\varphi(n)=\varphi(n+k).$$

11. 证明：若 $n>1$，$\varphi(m)=\varphi(mn)$，则必有 $n=2$，$2\nmid m$.

12. 证明：

(i) $\varphi(n)>\sqrt{n}/2$；　　(ii) 若 n 为合数，则 $\varphi(n)\leqslant n-\sqrt{n}$.

13. 求出所有的正整数 n，使得 $\varphi(n)\mid n$.

14. 设 $m=2^{\alpha_0}p_1^{\alpha_1}\cdots p_r^{\alpha_r}$，其中 $p_j(1\leqslant j\leqslant r)$是不同的奇素数，$(a,m)=1$. 再设 $c=[c_0,\varphi(p_1^{\alpha_1}),\cdots,\varphi(p_r^{\alpha_r})]$，其中当 $\alpha_0=0$ 时，$c_0=1$；当 $1\leqslant\alpha_0\leqslant 2$ 时，$c_0=2^{\alpha_0-1}$；当 $\alpha_0\geqslant 3$ 时，$c_0=2^{\alpha_0-2}$. 证明：

$$a^c\equiv 1(\bmod m).$$

*15. 设 $m=p_1^{\alpha_1}\cdots p_r^{\alpha_r}$，其中 $p_j(1\leqslant j\leqslant r)$是不同的素数，

$$c_j=\varphi(p_j^{\alpha_j}),\quad \alpha=\max(\alpha_1,\cdots,\alpha_r).$$

证明：对任意的整数 a，有

(i) $a^{\alpha+\varphi(m)}\equiv a^\alpha(\bmod m)$；　　(ii) $a^m\equiv a^{m-\varphi(m)}(\bmod m)$；

(iii) $a^\alpha f(a)\equiv 0(\bmod m)$，其中 $f(x)$是多项式 $x^{c_1}-1,\cdots,x^{c_r}-1$ 的最小公倍式，并解释本题的含意；

(iv) 若 $\alpha_1=\cdots=\alpha_r=1$，则必有

$$a^{1+\varphi(m)}\equiv a(\bmod m).$$

16. 设$(m,n)=1$. 证明：$m^{\varphi(n)}+n^{\varphi(m)}\equiv 1(\bmod mn)$.

17. 设 $f(x)$是整系数多项式. 证明：$(f(x))^p\equiv f(x^p)(\bmod p)$，其中 p 是素数.

*18. 设素数 $p>2, a>1$. 证明：

(i) a^p-1 的素因数 q 必是 $a-1$ 的因数，或满足 $q\equiv 1(\bmod 2p)$；

(ii) a^p+1 的素因数 q 必是 $a+1$ 的因数，或满足 $q\equiv 1(\bmod 2p)$；

(iii) 形如 $2kp+1$ 的素数有无穷多个.

*19. 设 $b>1, n\geqslant 1$. 证明：$n\mid\varphi(b^n-1)$.

*20. 设$(a,10)=1$. 证明：一定存在其十进位制表示的每位数均为 1 的正整数 n，使得 $a\mid n$. 此外，这样的 n 有无穷多个.

*21. 证明：任一整数 $a\neq 0$ 必是这样的正整数 n 的因数，它的十进位制表示仅由 1,0 两个数字组成. 把“1,0”换成“2,0”“3,0”……“9,0”时结论仍成立，但换成其他两个数字则不成立.

*22. 设 a, r 是正整数，$(a,r)=1$. 证明：在算术数列 $a+kr(k=0,1,2,\cdots)$中一定可以选出一个每项都为 a 的幂的几何数列.

23. 设 $m=2^l(l\geqslant 3), a=3$，求 $\delta_m(a)$. 进而，利用-1 和 3，类似于定理 5 给出模 2^l 的既约剩余系.

24. 设 p 是素数，$a^p\equiv b^p(\bmod p)$. 证明：$a^p\equiv b^p(\bmod p^2)$.

25. 证明：

(i) $2^{10}\not\equiv 1(\bmod 11^2)$，$3^{10}\equiv 1(\bmod 11^2)$；

(ii) $2^{1092}\equiv 1(\bmod 1093^2)$，$3^{1092}\not\equiv 1(\bmod 1093^2)$.

26. 证明：

$$\varphi(n)=\sum_{l=1}^{n}\prod_{p\mid n}\left(1-\frac{1}{p}\sum_{a=1}^{p}\mathrm{e}^{2\pi\mathrm{i}\, la/p}\right).$$

§4 Wilson 定理

本节讨论模 m 的一组既约剩余系中元素的乘积对模 m 同余于何值. 首先讨论模为素数的情形，这就是下面的定理：

定理 1 (Wilson 定理) 设 p 是素数,$r_1,\cdots,r_{p-1}$ 是模 p 的既约剩余系,则有

$$\prod_{r \bmod p}{}' r \equiv r_1\cdots r_{p-1} \equiv -1 \pmod p. \tag{1}$$

特别地,有

$$(p-1)! \equiv -1 \pmod p.\text{①} \tag{2}$$

证 当 $p=2$ 时,结论显然成立.所以,可设 $p\geqslant 3$.由 §1 的性质Ⅷ及其后的说明知,对取定的这一组既约剩余系中的每个 r_i,必有唯一的 r_j,使得

$$r_ir_j \equiv 1 \pmod p. \tag{3}$$

$r_i=r_j$ 的充要条件是

$$r_i^2 \equiv 1 \pmod p,$$

即
$$(r_i-1)(r_i+1) \equiv 0 \pmod p.$$

因为 p 是素数,且 $p\geqslant 3$,所以上式成立当且仅当

$$r_i-1 \equiv 0 \pmod p \quad 或 \quad r_i+1 \equiv 0 \pmod p.$$

由于素数 $p\geqslant 3$,因此这两式不能同时成立.所以,在这组模 p 的既约剩余系中,除了

$$r_i \equiv 1,\ -1 \pmod p \tag{4}$$

这两个数外,对其他 r_i,必有 $r_j\neq r_i$,使得式(3)成立.不妨设 $r_1\equiv 1 \pmod p$,$r_{p-1}\equiv -1 \pmod p$.这样,在这组模 p 的既约剩余系中,除了满足式(4)的两个数之外,其他的数恰好可按关系式(3)两两分完,即有

$$r_2\cdots r_{p-2} \equiv 1 \pmod p.$$

由此就推出式(1).$1,2,\cdots,p-1$ 是模 p 的既约剩余系,所以式(2)成立.证毕.

例如:对 $p=13$,取 $r_j=j\,(1\leqslant j\leqslant 12)$,我们有

$$2\cdot 7 \equiv 3\cdot 9 \equiv 4\cdot 10 \equiv 5\cdot 8 \equiv 6\cdot 11 \equiv 1 \pmod{13},$$

所以式(2)($p=13$)成立.仔细分析定理 1 的证明可以看出,当 p 为奇素数时,以模 $p^l\,(l\geqslant 2)$ 代替模 p,所有的论证全部成立.由此可得下面

---

① 习题一第 25 题以及第四章 §8 的推论 4 之后给出了两个不同的证明.

的定理(具体推导留给读者):

定理 2 设素数 $p\geqslant 3, l\geqslant 1, c=\varphi(p^l), r_1, r_2, \cdots, r_c$ 是模 p^l 的一组既约剩余系,则有

$$r_1 r_2 \cdots r_c \equiv -1 \pmod{p^l}. \tag{5}$$

特别地,有

$$\prod_{r=1}^{p-1} \prod_{s=0}^{p^{l-1}-1} (r+ps) \equiv -1 \pmod{p^l}. \tag{6}$$

例如:对 $m=3^3$, 1,2,4,5,7,8,10,11,13,14,16,17,19,20,22,23,25,26 是一组模 3^3 的既约剩余系. 我们有

$$\begin{aligned} 2\cdot 14 &\equiv 4\cdot 7 \equiv 5\cdot 11 \equiv 8\cdot 17 \equiv 10\cdot 19 \\ &\equiv 13\cdot 25 \equiv 16\cdot 22 \equiv 20\cdot 23 \equiv 1 \pmod{3^3}, \end{aligned}$$

所以式(5)和(6)($p=3, l=3$)成立.

在定理 2 的符号和条件下,我们有(为什么)

$$c=\varphi(p^l)=\varphi(2p^l).$$

现取

$$r_j' = \begin{cases} r_j, & 2\nmid r_j, \\ r_j+p^l, & 2\mid r_j. \end{cases}$$

显见,r_j' $(1\leqslant j\leqslant c)$ 仍是模 p^l 的一组既约剩余系,且都是奇数,因此它也是模 $2p^l$ 的一组既约剩余系,且有(为什么)

$$r_1'\cdots r_c' \equiv -1 \pmod{2p^l}.$$

这样,我们就证明了下面的定理:

定理 3 设素数 $p\geqslant 3, l\geqslant 1, c=\varphi(2p^l), r_1, \cdots, r_c$ 是模 $2p^l$ 的一组既约剩余系,则有

$$r_1\cdot r_2 \cdots r_c \equiv -1 \pmod{2p^l}. \tag{7}$$

最后来证明:

定理 4 设 $c=\varphi(2^l)=2^{l-1}, l\geqslant 1, r_1, \cdots, r_c$ 是模 2^l 的既约剩余系,则有

$$r_1\cdots r_c \equiv \begin{cases} -1 \pmod{2^l}, & l=1,2, \\ 1 \pmod{2^l}, & l\geqslant 3. \end{cases} \tag{8}$$

证 当 $l=1,2$ 时,结论可直接验证. 现设 $l\geqslant 3$. 同样,由 §1 的性

质Ⅷ及其后的说明知，对每个 r_i，必有唯一的 r_j，使得

$$r_i r_j \equiv 1 \pmod{2^l}. \tag{9}$$

$r_i = r_j$ 的充要条件是

$$r_i^2 \equiv 1 \pmod{2^l},$$

即

$$(r_i - 1)(r_i + 1) \equiv 0 \pmod{2^l}.$$

注意到 $(r_i, 2) = 1$，上式即

$$\frac{r_i - 1}{2} \cdot \frac{r_i + 1}{2} \equiv 0 \pmod{2^{l-2}}.$$

注意到

$$\left(\frac{r_i - 1}{2}, \frac{r_i + 1}{2}\right) = 1,$$

就推出 $r_i = r_j$ 的充要条件是

$$\frac{r_i - 1}{2} \equiv 0 \pmod{2^{l-2}} \quad \text{或} \quad \frac{r_i + 1}{2} \equiv 0 \pmod{2^{l-2}},$$

即

$$r_i \equiv 1 \pmod{2^{l-1}} \quad \text{或} \quad r_i \equiv -1 \pmod{2^{l-1}}.$$

因此，在这组模 2^l 的既约剩余系中，仅当

$$r_i \equiv 1, 2^{l-1} + 1, 2^{l-1} - 1 \text{ 或 } 2^l - 1 \pmod{2^l} \tag{10}$$

时才可能有 $r_i = r_j$. 这样，对模 2^l 的既约剩余系中的每个 r_i，除了这四个数(这四个数两两对模 2^l 不同余)外，必有 $r_j \neq r_i$. 所以，除了这四个数外，既约剩余系中的 $c-4$ 个数可按关系式(9)两两分对分完，即这 $c-4$ 个数的乘积对模 2^l 同余于 1. 由此及式(10)就证明了式(8)对 $l \geqslant 3$ 成立.

总结以上讨论，我们证明了当 $m = 1, 2, 4, p^l, 2p^l$ (p 为奇素数)时，模 m 的一组既约剩余系的乘积同余于 -1 模 m. 可以证明，在其他情形中必同余于 1 模 m. 这将安排在习题中.

Wilson 定理是很有用的. 下面来举两个例子.

例 1　设 $r_0, r_1, \cdots, r_{p-1}$ 及 $r_0', r_1', \cdots, r_{p-1}'$ 是模 p 的两组完全剩余系，p 是奇素数. 证明：$r_0 r_0', r_1 r_1', \cdots, r_{p-1} r_{p-1}'$ 一定不是模 p 的完全剩余系.

证　用反证法. 假设 $r_0 r_0', r_1 r_1', \cdots, r_{p-1} r_{p-1}'$ 是模 p 的完全剩余系，

那么其中有且仅有一个被 p 整除,不妨设

$$p\mid r_0r'_0,\quad p\nmid r_jr'_j,\quad 1\leqslant j\leqslant p-1.$$

因此,必有(为什么)

$$p\mid r_0,\quad p\mid r'_0,\quad p\nmid r_j,\quad p\nmid r'_j,\quad 1\leqslant j\leqslant p-1.$$

所以 ,$r_1,\cdots,r_{p-1}$ 及 $r'_1,\cdots,r'_{p-1}$ 都是模 p 的既约剩余系,且 $r_1r'_1,\cdots,r_{p-1}r'_{p-1}$ 也是模 p 的既约剩余系. 我们来证明这是不可能的. 事实上,由定理 1 知

$$r_1\cdots r_{p-1}\equiv -1(\bmod p),\quad r'_1\cdots r'_{p-1}\equiv -1(\bmod p)$$

及

$$(r_1r'_1)\cdots(r_{p-1}r'_{p-1})\equiv -1(\bmod p).$$

前两式相乘得

$$(r_1r'_1)\cdots(r_{p-1}r'_{p-1})\equiv 1(\bmod p),$$

因而有

$$1\equiv -1(\bmod p).$$

但 $p\geqslant 3$,故这是不可能. 这就证明了所要的结论.

例 2 设 p 是奇素数. 证明:

$$1^2\cdot 3^2\cdot\cdots\cdot(p-2)^2\equiv(-1)^{(p+1)/2}(\bmod p).$$

证 注意到当 p 为奇素数时,

$$\begin{aligned}(p-1)!=&(1(p-1))(3(p-3))\cdots((p-4)(p-(p-4)))\\&\cdot((p-2)(p-(p-2)))\\ \equiv&(-1)^{(p-1)/2}\cdot 1^2\cdot 3^2\cdot\cdots\cdot(p-2)^2(\bmod p),\end{aligned}$$

由此及定理 1 即得所要的结论.

习　题　四

1. 证明: n 是素数的充要条件是:

(i) $n\mid(n-1)!+1$;　　(ii) $n\mid(n-2)!-1$;

(iii) 存在正整数 $k(k\leqslant n)$,使得 $n\mid(k-1)!(n-k)!+(-1)^{k-1}$.

2. 设素数 $p>5$. 证明:

(i) $(p-1)!+1$ 不可能是素数的方幂;

(ii) $(p-2)!-1$ 不可能是素数的方幂.

3. 证明: $n,n+2$ 同时是素数的充要条件是

$$4((n-1)!+1)\equiv -n(\bmod n(n+2)).$$

4. 设 p 是奇素数. 证明：

(i) $2^2\cdot 4^2\cdot\cdots\cdot(p-1)^2\equiv(-1)^{(p+1)/2}\pmod p$；

(ii) $(((p-1)/2)!)^2\equiv(-1)^{(p+1)/2}\pmod p$；

(iii) $(p-1)!!\equiv(-1)^{(p-1)/2}(p-2)!!\pmod p$.

5. 设 p 为素数，a 为任意的整数. 证明：

(i) $p\mid a^p+(p-1)!a$；　(ii) $p\mid(p-1)!a^p+a$.

6. 设素数 p 为奇数. 证明：

(i) 当 $p=4m+3$ 时，对任意的整数 a，均有 $a^2\not\equiv-1\pmod p$；

(ii) 当 $p=4m+1$ 时，必有 a，满足 $a^2\equiv-1\pmod p$；

(iii) 形如 $4m+1$ 的素数有无穷多个.

7. 设 $m=4,p^\alpha,2p^\alpha$，其中 p 为奇素数，$\alpha\geqslant1$；再设 $r_1,\cdots,r_c$ 及 $r_1',\cdots,r_c'$ 是模 m 的两组既约剩余系. 证明：$r_ir_i'(1\leqslant i\leqslant c)$一定不是模 m 的既约剩余系.

8. 设 $m=4,p^\alpha,2p^\alpha$，其中 p 为奇素数，$\alpha\geqslant1$；再设 $r_1,\cdots,r_m$ 及 $r_1',\cdots,r_m'$ 是模 m 的两组完全剩余系. 证明：$r_ir_i'(1\leqslant i\leqslant m)$一定不是模 m 的完全剩余系.

9. 设 $r_1,\cdots,r_4$ 及 $r_1',\cdots,r_4'$ 是模 8 的两组既约剩余系. $r_1r_1',\cdots,r_4r_4'$ 是否一定不是模 8 的既约剩余系？举例说明. 对模 15 的两组既约剩余系做同样的讨论.

*10. 设 $m\geqslant3$，$r_1,\cdots,r_m$ 及 $r_1',\cdots,r_m'$ 是模 m 的两组完全剩余系. 证明：$r_1r_1',\cdots,r_mr_m'$ 一定不是模 m 的完全剩余系.（提示：利用 §3 定理 2 的证法 2 中的方法及本节例 1.）

11. 设 $m\neq1,2,4,p^\alpha,2p^\alpha$，其中 p 为奇素数，$\alpha\geqslant1$. 证明：

$$\prod_{r \bmod m}{}' r\equiv1\pmod m,$$

即任意一组模 m 的既约剩余系的乘积同余于 1 模 m.

第四章　同 余 方 程

同余方程是同余理论的核心内容,是应用同余思想来研究数论问题的途径与方法. 本章仅介绍了它的一些基本知识. §1 介绍了有关同余方程的基本概念和术语. §2 和 §3 讨论了一元一次同余方程与一元一次同余方程组,证明了著名的孙子定理(实际上,它也刻画了剩余系和同余类的整体性质及其结构,见第三章的 §2). 对高于一次的同余方程,在理论上,至今也没有得到多少结果. §4 介绍了求解一般一元同余方程的具体方法. §5, §6 和 §7 讨论了模为素数的二次同余方程,引入了二次剩余、二次非剩余的概念以及 Legendre 符号与 Jacobi 符号. 判断模为素数的二次同余方程是否有解可归结为计算 Legendre 符号. 我们证明了关于 Legendre 符号的著名的 Gauss 二次互反律. 利用这一定理就解决了 Legendre 符号的计算,而利用 Jacobi 符号的性质就能更方便地计算 Legendre 符号. 在 §8 中,对模为素数的一元高次同余方程的解数,我们得到了一些理论上的结果,证明了 Lagrange 定理,特别地讨论了模为素数的二项同余方程,介绍了模为素数的 n 次剩余与 n 次非剩余. 最后, §9 简单讨论了多元同余方程.

§1　同余方程的基本概念

首先引入同余方程,同余方程的解、解数及次数的概念.

设整系数多项式

$$f(x) = a_n x^n + \cdots + a_1 x + a_0. \tag{1}$$

我们可讨论是否有整数 x,满足同余式

$$f(x) \equiv 0 \pmod{m}. \tag{2}$$

我们把要求解的同余式(2)称为**模 m 的同余方程**[①],简称**同余方程**.若整数 c 满足

$$f(c) \equiv 0 \pmod{m},$$

则称 c 为该**同余方程的解**.显见,这时同余类 $c \bmod m$ 中的任一整数也是同余方程(2)的解.这些解当然都应看作相同的,可把它们的全体算作同余方程(2)的一个解,并把这个解记为

$$x \equiv c \pmod{m}.$$

这实际上是把同余类 $c \bmod m$ 看作满足同余方程(2)的一个解.当 c_1,c_2 均为同余方程(2)的解,且对模 m 不同余(即 $c_1 \bmod m$,$c_2 \bmod m$ 是不同的同余类)时,才把它们看作同余方程(2)的不同解.我们把所有对模 m 两两不同余的同余方程(2)的解的个数[即满足同余方程(2)的模 m 的同余类的个数]称为该**同余方程的解数**.因此,我们只需在模 m 的一组完全剩余系中解模 m 的同余方程.显然,模 m 的同余方程的解数至多为 m.

例 1 求同余方程 $4x^2+27x-12\equiv 0 \pmod{15}$ 的解.

解 取模 15 的绝对最小完全剩余系 $-7,-6,\cdots,-1,0,1,2,\cdots,7$,直接计算知 $x=-6,3$ 是解.所以,这个同余方程的解是

$$x \equiv -6,3 \pmod{15},$$

解数为 2.

例 2 求同余方程 $4x^2+27x-7\equiv 0 \pmod{15}$ 的解.

解 直接计算知 $x=-7,-2,-1,4$ 是解.所以,这个同余方程的解是

$$x \equiv -7,-2,-1,4 \pmod{15},$$

解数为 4.

例 3 求解同余方程 $4x^2+27x-9\equiv 0 \pmod{15}$.

解 直接计算知,这同余方程无解.

---

① 当 f 是多元整系数多项式时,可相应地讨论**模 m 的多元同余方程**.我们将在§9 中做简单讨论.§1~§8 都是讨论一个变数的情形,但在习题中安排了少量多元同余方程的题.

显见,当 $f(x)$ 的系数都是模 m 的倍数时,任意的整数 x 都是同余方程(2)的解,这时同余方程(2)的解数为 m. 但这并不是同余方程(2)的解数为 m 的必要条件,这可由下面的例子看出.

例 4 由第三章 §3 的定理 3(Fermat-Euler 定理)知,同余方程

$$x^5 - x \equiv 0 \pmod 5 \tag{3}$$

的解数为 5,同余方程

$$x^7 - x \equiv 0 \pmod 7 \tag{4}$$

的解数为 7,同余方程

$$x(x^2-1)(x^2+1)(x^4+x^2+1) \equiv 0 \pmod{35},$$

即

$$x^9 + x^7 - x^3 - x \equiv 0 \pmod{35} \tag{5}$$

的解数为 35(为什么). 一般地,对素数 p,同余方程

$$x^p - x \equiv 0 \pmod p \tag{6}$$

的解数为 p.

如同为了解代数方程需要对代数方程进行等价变形一样,为了解同余方程需要利用同余式的性质对同余方程进行等价变形,即把它变为解相同的另一同余方程,而后者要更简单易解. 最基本、最简单的等价变形有以下几种(证明留给读者):

等价变形 I 设 $s(x)$ 是整系数多项式,则同余方程(2)和同余方程

$$f(x) + ms(x) \equiv 0 \pmod m \tag{7}$$

等价且解数相同. 利用第三章 §1 式(6)的符号,这一等价变形可表述为:若

$$f(x) \equiv g(x) \pmod m,$$

则同余方程(2)和同余方程

$$g(x) \equiv 0 \pmod m \tag{8}$$

等价且解数相同.

例如:例 1 中的同余方程和同余方程

$$4x^2 - 3x + 3 \equiv 0 \pmod{15} \tag{9}$$

或

$$4x^2+12x-12\equiv 0 \pmod{15} \tag{10}$$

等价且解数相同. 特别地，一个同余方程中系数为模的倍数的项去掉后，同余方程的解不变. 例如：同余方程

$$15x^8+7x^6+45x^3-30x+6\equiv 0 \pmod{15} \tag{11}$$

可化简为

$$7x^6+6\equiv 0 \pmod{15}. \tag{12}$$

由此，可引入模 m 的**同余方程的次数**，即整系数多项式 $f(x)$ 的模 m 的次数的概念：若 $m\nmid a_n$，则称模 m 的同余方程(2)的次数及 $f(x)$ 模 m 的次数为 n. 一般地，若 $m\mid a_j$，$k+1\leqslant j\leqslant n$，$m\nmid a_k$，则称模 m 的同余方程(2)的次数及 $f(x)$ 模 m 的次数为 k；当 $m\mid a_j$ $(0\leqslant j\leqslant n)$ 时，我们就不说模 m 的同余方程(2)的次数及 $f(x)$ 模 m 的次数. 例 1～例 3 中的同余方程都是二次的；同余方程(3)，(4)，(5)，(6)的次数分别为 5，7，9，p；同余方程(11)的次数为 6. 对同余方程

$$45x^7-30x^3+15x+105\equiv 0 \pmod{15},$$

就不说它的次数. 要特别注意的是：模 m 的同余方程(2)的次数和 $f(x)$ 模 m 的次数与多项式 $f(x)$ 的次数不是一回事.

等价变形Ⅱ　设 $s(x)$ 是整系数多项式，则同余方程(2)与同余方程

$$f(x)+s(x)\equiv s(x) \pmod{m} \tag{13}$$

等价且解数相同.

例如：例 1 中的同余方程和同余方程

$$4x^2+27x\equiv 12 \pmod{15}$$

等价且解数相同. 同余方程

$$ax-b\equiv 0 \pmod{m}$$

和同余方程

$$ax\equiv b \pmod{m}$$

等价且解数相同，经常利用的是后一形式. 当 $m\nmid a$ 时，它们是一次同余方程.

等价变形Ⅲ　设 $(a,m)=1$，则同余方程(2)与同余方程

$$af(x) \equiv 0 \pmod{m}$$

等价且解数相同.

例如：同余方程(10)与同余方程

$$x^2 + 3x - 3 \equiv 0 \pmod{15}$$

等价且解数相同.

利用等价变形Ⅰ和Ⅲ可得到以下结论：

定理 1　若$(a_n, m)=1$及

$$a_n^{-1} a_n \equiv 1 \pmod{m},$$

则同余方程(2)与同余方程

$$x^n + a_n^{-1} a_{n-1} x^{n-1} + \cdots + a_n^{-1} a_1 x + a_n^{-1} a_0 \equiv 0 \pmod{m} \tag{14}$$

等价且解数相同.

请读者自己写出详细证明.这个定理是经常要用到的.

例如：同余方程(12)与同余方程

$$2 \cdot (7x^6 + 6) \equiv 14x^6 + 12 \equiv 0 \pmod{15}$$

等价且解数相同;进而,由等价变形Ⅰ知,与同余方程

$$-x^6 - 3 \equiv 0 \pmod{15}$$

等价且解数相同;再由等价变形Ⅲ(取$a=-1$)知,与同余方程

$$x^6 + 3 \equiv 0 \pmod{15}$$

等价且解数相同;最后,利用等价变形Ⅱ,可写为

$$x^6 \equiv -3 \pmod{15}.$$

容易推出这个同余方程无解(如何推出).

利用恒等同余式可化简同余方程,这就是下面的等价变形Ⅳ.

等价变形Ⅳ　设同余方程

$$h(x) \equiv 0 \pmod{m} \tag{15}$$

的解数为m,即上式是恒等同余式.如果整系数多项式$q(x)$,$r(x)$满足

$$f(x) = q(x)h(x) + r(x), \tag{16}$$

或更一般地,

$$f(x) \equiv q(x)h(x) + r(x) \pmod{m}, \tag{17}$$

那么同余方程(2)与同余方程

$$r(x) \equiv 0 \pmod{m} \tag{18}$$

等价且解数相同. 如果 $h(x)$ 的最高次项系数为 1, 那么一定存在整系数多项式 $q(x)$ 与 $r(x)$, 且 $r(x)$ 的次数小于 $h(x)$ 的次数, 使得式(16)成立.

前半部分结论是显然的, 后半部分结论只要利用多项式除法就可推出. 显见, 等价变形Ⅰ是等价变形Ⅳ的特例. 利用等价变形Ⅳ可降低同余方程的次数, 关键是要找到模 m 的恒等同余式(15), 常用的是 m 为素数 p 及恒等同余式(6).

例 5 求解同余方程

$$f(x)=2x^7-x^5-3x^3+6x+1\equiv 0 \pmod 5.$$

解 由多项式除法得

$$\begin{aligned} f(x) &= (2x^2-1)(x^5-x)-x^3+5x+1 \\ &\equiv (2x^2-1)(x^5-x)-x^3+1 \pmod 5, \end{aligned}$$

所以利用恒等同余式(3), 原同余方程就与同余方程

$$x^3\equiv 1 \pmod 5$$

等价且解数相同. 直接计算知, 解为 $x\equiv 1 \pmod 5$.

以上讨论的等价变形, 都不改变同余方程的模, 这些是最基本、最重要的. 同样, 可以讨论改变模的等价变形(因为只要变形前后解相同的变形就是等价变形, 并不要求解数相同), 这以后会用到, 这里就不做一般讨论了.

最后, 给出一个显然而又十分有用的性质.

定理 2 设正整数 $d\mid m$, 则同余方程(2)有解的必要条件是同余方程

$$f(x)\equiv 0 \pmod d \tag{19}$$

有解.

这是第三章 §1 性质 V 的直接推论. 利用定理 2 可给出一个求解一般同余方程的方法, 这将在 §4 中讨论. 定理 2 常用于判定同余方程无解. 例如: 为了判定例 3 中的同余方程无解, 只要讨论如下同余方程即可:

$$4x^2+27x-9\equiv 0 \pmod 5.$$

利用恒等变形, 它可化为

$$-x^2+2x+1\equiv 0 \pmod 5,$$

即 $$(x-1)^2 \equiv 2 \pmod 5).$$
容易推出它无解，所以例 3 中的同余方程无解.

习 题 一

1. 通过直接计算求下列同余方程的解和解数：

(i) $x^5-3x^2+2\equiv 0 \pmod 7$；

(ii) $3x^4-x^3+2x^2-26x+1\equiv 0 \pmod{11}$；

(iii) $3x^2-12x-19\equiv 0 \pmod{28}$；

(iv) $3x^2+18x-25\equiv 0 \pmod{28}$；

(v) $x^2+8x-13\equiv 0 \pmod{28}$；

(vi) $4x^2+21x-32\equiv 0 \pmod{141}$；

(vii) $x^{26}+7x^{21}-5x^{17}+2x^{11}+8x^5-3x^2-7\equiv 0 \pmod 5$；

(viii) $5x^{18}-13x^{12}+9x^7+18x^4-3x+8\equiv 0 \pmod 7$.

2. 设$(2a,m)=1$. 证明：同余方程 $ax^2+bx+c\equiv 0 \pmod m$ 一定可化为$(dx+e)^2\equiv f \pmod m$的形式. 利用这一方法来解 §1 例 1、例 2、例 5 中的同余方程.

3. 设 p 是素数. 证明：同余方程
$$f^2(x) \equiv 0 \pmod{p^\alpha} \quad 与 \quad f(x) \equiv 0 \pmod{p^{[(\alpha+1)/2]}}$$
的解相同.

4. 设 p 为素数. 若同余方程 $g(x)\equiv 0 \pmod p$ 无解，则同余方程
$$f(x)\equiv 0 \pmod p \quad 与 \quad f(x)g(x)\equiv 0 \pmod p$$
的解与解数相同.

5. 以 $N(k)$ 记同余方程 $f(x)\equiv k \pmod m$ 的解数. 证明：
$$\sum_{k=1}^{m} N(k) = m.$$

6. 对哪些值 a，同余方程 $x^3\equiv a \pmod 9$ 有解？

7. 求同余方程 $2^x\equiv x^2 \pmod 3$ 的解.

8. 求同余方程 $x^4+y^4\equiv 1 \pmod 5$ 的解$\{x,y\}$.

9. 证明：同余方程 $x^3+y^3+z^3\equiv 0 \pmod 9$ 无 $3\nmid xyz$ 的解.

10. 证明：同余方程(2)一定可化为一个次数低于 m 的多项式(包

括系数均为 m 的倍数的情形)的同余方程. 对合数模如何利用第三章§3 习题三的第 15 题来改进这一结果?

11. 证明:同余方程(2)的解数为

$$T=\frac{1}{m}\sum_{l=0}^{m-1}\sum_{x=0}^{m-1}\mathrm{e}^{2\pi\mathrm{i}lf(x)/m}.$$

由此推出,当 $f(x)=ax-b$ 时,

$$T=\begin{cases}(a,m), & (a,m)\mid b;\\ 0, & (a,m)\nmid b.\end{cases}$$

12. 设 $f(x_1,\cdots,x_k)$ 是 $x_1,\cdots,x_k$ 的整系数多项式. 证明:同余方程 $f(x_1,\cdots,x_k)\equiv 0\pmod m$ 的解 $\{x_1,\cdots,x_k\}$ 的个数为

$$T=\frac{1}{m}\sum_{l=0}^{m-1}\sum_{x_1=0}^{m-1}\cdots\sum_{x_k=0}^{m-1}\mathrm{e}^{2\pi\mathrm{i}lf(x_1,\cdots,x_k)/m}.$$

进而推出,当 $f(x_1,\cdots,x_k)=a_1x_1+\cdots+a_kx_k-b$ 时,

$$T=\begin{cases}m^{k-1}(a_1,\cdots,a_k,m), & (a_1,\cdots,a_k,m)\mid b;\\ 0, & (a_1,\cdots,a_k,m)\nmid b.\end{cases}$$

13. 第三章§2 习题二第一部分的第 16 题证明了集合 $\mathbf{Z}_m$ 在所定义的加法与乘法运算下是一个有单位元素的交换环——模 m 的剩余类环. 因此,可考虑以它的元素为系数的多项式

$$\bar{g}(x)=\bar{c}_nx^n+\bar{c}_{n-1}x^{n-1}+\cdots+\bar{c}_1x+\bar{c}_0,\quad \bar{c}_j\in\mathbf{Z}_m,0\leqslant j\leqslant n,$$

并在 $\mathbf{Z}_m$ 中求解方程

$$\bar{g}(x)=\bar{0},\quad x\in\mathbf{Z}_m.$$

请阐明模 m 的同余方程(2)和上述 $\mathbf{Z}_m$ 中的方程是一回事,并从这样的观点来叙述§1 的内容.

* * * * * *

可以做的 IMO 试题(见附录四):[36.6].

§2　一元一次同余方程

设 $m\nmid a$. 这一节讨论最简单的模 m 的**一元一次同余方程**

$$ax \equiv b \pmod{m}. \tag{1}$$

如果同余方程(1)有解 $x=x_1$，则有某个整数 y_1，使得

$$ax_1 = b + my_1.$$

因此，同余方程(1)有解的必要条件是

$$(a, m) \mid b. \tag{2}$$

例如：同余方程

$$4x \equiv 2 \pmod{8}$$

一定无解，因为$(4,8)=4 \nmid 2$. 同余方程

$$3x \equiv 2 \pmod{8}$$

满足条件(2)，因为$(3,8)=1$. 在模 8 的绝对最小剩余系$-3,-2,-1,0,1,2,3,4$中，x 逐一取值验算知，仅有解 $x=-2$，即此同余方程的解为 $x \equiv -2 \pmod{8}$，解数为 1. 同余方程

$$6x \equiv 2 \pmod{8}$$

也满足条件(2)，因为$(6,8)=2 \mid 2$. 同样，x 逐一取值验算知，$x=-1,3$ 是解，即这个同余方程的解是

$$x \equiv -1, 3 \pmod{8},$$

解数为 2.

定理 1 当$(a,m)=1$时，同余方程(1)必有解，且其解数为 1.

证法 1 由第三章§2的定理 10 知，当$(a,m)=1$时，若 x 遍历模 m 的一组完全剩余系，则 ax 也遍历模 m 的一组完全剩余系，即若 $r_1, \cdots, r_m$ 是模 m 的一组完全剩余系，则 $ar_1, \cdots, ar_m$ 也是模 m 的一组完全剩余系. 因此，有且仅有一个 $r_i = x_0$，使得

$$ax_0 \equiv ar_i \equiv b \pmod{m},$$

即同余方程(1)有且仅有一个解 $x \equiv x_0 \pmod{m}$.

证法 2[①] 当$(a,m)=1$时，由第三章§1的性质Ⅷ知，a 对模 m 有逆 a^{-1}(任取一个)，满足

$$aa^{-1} \equiv 1 \pmod{m}.$$

容易看出，

---

① 这一证法实质上就是利用§1的等价变形Ⅲ.

$$x_1 = a^{-1}b$$

就满足同余方程(1).若还有解 x_2,则有

$$ax_2 \equiv ax_1 \pmod m.$$

由此从第三章§1的性质Ⅶ推出

$$x_2 \equiv x_1 \pmod m.$$

这就证明了解数为1.特别地,由第三章§3的式(16)知,这时同余方程(1)的解是

$$x \equiv a^{\varphi(m)-1}b \pmod m. \tag{3}$$

定理2 同余方程(1)有解的充要条件是式(2)成立.在有解时,它的解数等于(a,m),并且若 x_0 是它的解,则其(a,m)个解是

$$x \equiv x_0 + \frac{m}{(a,m)}t \pmod m, \quad t = 0,1,\cdots,(a,m)-1. \tag{4}$$

证法1 记 $g=(a,m)$.当 $g=1$ 时,这就是定理1.所以,可假定 $g>1$.必要性前面已经证明,下证充分性.若式(2)成立,则由第三章§1的性质Ⅵ知,满足同余方程(1)的 x 的值和满足同余方程

$$\frac{a}{g}x \equiv \frac{b}{g}\left(\mathrm{mod}\,\frac{m}{g}\right) \tag{5}$$

的 x 的值是相同的.由于$(a/g,m/g)=1$,由定理1知同余方程(5)有解,所以同余方程(1)也有解.这就证明了充分性.

若 x_0 是同余方程(1)的解,则它也是同余方程(5)的解.进而,由定理1知,满足同余方程(5)的所有 x 的值是

$$x \equiv x_0\left(\mathrm{mod}\,\frac{m}{g}\right). \tag{6}$$

由上面讨论知,式(6)也给出了满足同余方程(1)的所有 x 的值(不是解数).由第三章§2定理4的式(10)(取 $m_1=m/g, r=x_0, d=g$)知,由式(6)给出的模 m/g 的同余类 $x_0 \bmod (m/g)$ 就是以下 g 个模 m 的同余类之和:

$$\left(x_0 + \frac{m}{g}t\right) \bmod m, \quad t = 0,1,\cdots,g-1.$$

这就证明了定理的后半部分结论.

证法 2 我们通过讨论一次同余方程和一次不定方程的关系来证明定理.显见,同余方程(1)与不定方程

$$ax = my + b \tag{7}$$

同时有解或无解,且有解时满足这两个方程的 x 的值完全相同.由第二章§1的定理1知,不定方程(7)有解的充要条件是$(a,m)|b$.这就证明了定理的前半部分结论.

当同余方程(1)有解 x_0 时,不定方程(7)有解 x_0,y_0,这里

$$y_0 = (ax_0 - b)/m. \tag{8}$$

进而,由第二章§1的定理2知,不定方程(7)的全部解为(注意正负号):

$$x = x_0 + \frac{m}{(a,m)}t, \quad y = y_0 + \frac{a}{(a,m)}t, \quad t = 0, \pm 1, \pm 2, \cdots. \tag{9}$$

由前面讨论知,满足同余方程(1)的所有 x 的值为

$$x = x_0 + \frac{m}{(a,m)}t, \quad t = 0, \pm 1, \pm 2, \cdots. \tag{10}$$

这就是模 $m/(a,m)$的一个同余类

$$x_0 \bmod \frac{m}{(a,m)}.$$

由第三章§2定理4的式(10)(取 $m_1=m/(a,m),r=x_0,d=g$)知,这个模 $m/(a,m)$的同余类就是式(4)给出的(a,m)个模 m 的同余类之和.这就证明了定理的后半部分结论.

定理1和定理2不仅从理论上完全解决了同余方程(1)的求解问题,而且给出的不同证法实际上指明了具体求解的不同方法.下面介绍一种直接求解同余方程(1)的方法,它类似于第二章§1的例3中解二元一次不定方程的方法:

(i) 取 $a_1 \equiv a \pmod m, -m/2 < a_1 \leqslant m/2; b_1 \equiv b \pmod m, -m/2 < b_1 \leqslant m/2$.由§1的等价变形Ⅰ知,同余方程(1)与同余方程

$$a_1 x \equiv b_1 \pmod m \tag{11}$$

等价且解数相同.

(ii) 同余方程(11)与同余方程

$$my \equiv -b_1 \pmod{|a_1|} \tag{12}$$

同时有解或无解.这是因为,由定理2的证法2中知,同余方程(11)与

不定方程

$$a_1x = my + b_1$$

同时有解或无解,而这个不定方程可写为

$$my = -b_1 + a_1x.$$

同理,上述不定方程与同余方程(12)同时有解或无解.

(iii) 若 $y_0 \bmod |a_1|$ 是同余方程(12)的解,则 $x_0 \bmod m$ 是同余方程(11)的解,即是同余方程(1)的解,这里

$$x_0 = (my_0 + b_1)/a_1. \tag{13}$$

反过来,若 $x_0 \bmod m$ 是同余方程(1)的解,即是同余方程(11)的解,则 $y_0 \bmod |a_1|$ 是同余方程(12)的解,这里

$$y_0 = (a_1x_0 - b_1)/m. \tag{14}$$

此外,若 $y_0 \bmod |a_1|$, $y_0' \bmod |a_1|$ 是同余方程(12)的两个不同的解,则相应地确定的 $x_0 \bmod m$, $x'_0 \bmod m$ 也是同余方程(11)[或同余方程(1)]的两个不同的解.所以,同余方程(12)与同余方程(11)[或同余方程(1)]的解数相同(请读者自己验证这些结论).

以上的步骤(i),(ii),(iii)表明:求解模 m 的同余方程(1),可通过同余方程(11)转化为求解较小的模 $|a_1|$ 的同余方程(12).如果同余方程(12)能立即解出,则由同余方程(13)就得到同余方程(1)的全部解;如果同余方程(12)还不容易解出,则继续对它用步骤(i),(ii),化为一个模更小的同余方程.这样进行下去,总能使问题归结为求解一个模很小且能直接看出其是否有解的同余方程.再依次利用步骤(iii)中的式(13)返回去即可求得同余方程(1)的全部解.下面来举个具体例子.

例 1　求解同余方程 $589x \equiv 1026 \pmod{817}$.

解　$589x \equiv 1026 \pmod{817} \overset{\text{(i)}}{\iff} -228x \equiv 209 \pmod{81}$

$\overset{\text{(ii)}}{\iff} 817y \equiv -209 \pmod{228} \overset{\text{(i)}}{\iff} -95y \equiv 19 \pmod{228}$

$\overset{\text{(ii)}}{\iff} 228z \equiv -19 \pmod{95} \overset{\text{(i)}}{\iff} 38z \equiv -19 \pmod{95}$

$\overset{\text{(ii)}}{\iff} 95w \equiv 19 \pmod{38} \overset{\text{(i)}}{\iff} 19w \equiv 19 \pmod{38}$

$\overset{\text{(ii)}}{\iff} 38u \equiv -19 \pmod{19} \overset{\text{(i)}}{\iff} 0 \cdot u \equiv 0 \pmod{19}$.

这表明最后一个关于 u 的同余方程对模 19 有 19 个解：

$$u \equiv 0,1,2,\cdots,18 \pmod{19}.$$

按上述步骤(iii)中的式(13)逐次返回去得：关于 w 对模 38 的同余方程有 19 个解：

$$w \equiv (38u+19)/19 \equiv 2u+1 \pmod{38}, \quad u=0,1,\cdots,18;$$

关于 z 对模 95 的同余方程有 19 个解：

$$z \equiv (95w-19)/38 \equiv 5u+2 \pmod{95}, \quad u=0,1,\cdots,18;$$

关于 y 对模 228 的同余方程有 19 个解：

$$y \equiv (228z+19)/(-95) \equiv -12u-5 \pmod{228}, \quad u=0,1,\cdots,18;$$

关于 x 对模 817 的同余方程有 19 个解：

$$x \equiv (817y+209)/(-228) \equiv 43u+17 \pmod{817},$$
$$u = 0,1,\cdots,18.$$

在运用这一方法时，千万不要把 m, a_1, b_1 搞错了(特别是 a_1 的正负号). 此外，在运用这一方法的过程中，如果利用同余式的性质化简同余方程时改变了同余方程的模，则要注意方程的解数. 例如：在例 1 中，在得到同余方程

$$38z \equiv -19 \pmod{95} \tag{15}$$

后，如果利用第三章§1 的性质Ⅵ，就得到

$$2z \equiv -1 \pmod{5}.$$

容易看出，满足这个同余方程的**所有** z **的值**是

$$z \equiv 2 \pmod{5}.$$

但原来对 z 的同余方程的模为 95，为了得到同余方程(15)的解数，就要利用第三章§2 的定理 4，最后可知同余方程(15)有 19 个解：

$$z \equiv 5u+2, \quad u = 0,1,\cdots,18.$$

这就是在例 1 中得到的. 下面的做法和例 1 一样.

例 2 求解同余方程 $21x \equiv 38 \pmod{117}$.

解 $21x \equiv 38 \pmod{117} \overset{(ii)}{\Longleftrightarrow} 117y \equiv -38 \pmod{21}$

$$\overset{(i)}{\Longleftrightarrow} -9y \equiv 4 \pmod{21} \overset{(ii)}{\Longleftrightarrow} 21z \equiv -4 \pmod{9}$$

$$\overset{(i)}{\Longleftrightarrow} 3z \equiv -4 \pmod{9} \overset{(ii)}{\Longleftrightarrow} 9w \equiv 4 \pmod{3}$$

$$\overset{\text{(i)}}{\Longleftrightarrow} 0 \cdot w \equiv 1 \pmod 3).$$

最后的同余方程无解,所以原方程无解.

习 题 二

1. 求解下列一元一次同余方程:

(i) $3x \equiv 2 \pmod 7$; (ii) $9x \equiv 12 \pmod{15}$;

(iii) $7x \equiv 1 \pmod{31}$; (iv) $20x \equiv 4 \pmod{30}$;

(v) $17x \equiv 14 \pmod{21}$; (vi) $64x \equiv 83 \pmod{105}$;

(vii) $128x \equiv 833 \pmod{1001}$; (viii) $987x \equiv 610 \pmod{1597}$;

(ix) $57x \equiv 87 \pmod{105}$; (x) $49x \equiv 5000 \pmod{999}$.

2. 利用同余式的两个性质:

(A) $a \equiv b \pmod m \Longleftrightarrow a \equiv b + mt \pmod m$, t 为任意整数;

(B) 当 $(c, m) = 1$ 时, $ca \equiv cb \pmod m \Longleftrightarrow a \equiv b \pmod m$,

提出求解下列同余方程的简单方法:

(i) $2^k x \equiv b \pmod m$, $(2, m) = 1$;

(ii) $3^k x \equiv b \pmod m$, $(3, m) = 1$.

3. 用你在第 2 题中提出的方法来求解下列同余方程:

(i) 第 1 题的(vi)和(vii); (ii) $256x \equiv 179 \pmod{337}$;

(iii) $1215x \equiv 560 \pmod{2755}$; (iv) $1296x \equiv 1105 \pmod{2413}$.

4. 设 a 是正整数, $a \nmid m$, a_1 是 m 对模 a 的最小正剩余. 证明: 同余方程 $ax \equiv b \pmod m$ 的解一定是同余方程

$$a_1 x \equiv -b[m/a] \pmod m$$

的解. 反过来对吗? 举例说明.

5. 你能利用第 4 题提出一个求解一元一次同余方程的方法吗? 用你提出的方法来求解下列同余方程:

(i) $6x \equiv 7 \pmod{23}$; (ii) $5x \equiv 1 \pmod{12}$.

试指出应用这一方法时要注意什么.

6. 设 $(a, m) = 1$, x_1 是同余方程 $ax \equiv 1 \pmod m$ 的解; 再设 k 是正整数, $y_k = 1 - (1 - ax_1)^k$. 证明: $a \mid y_k$, 并且 $x_k = y_k / a$ 是同余方程

$$ax \equiv 1(\bmod m^k)$$

的解.

7. 利用上题来求解下列同余方程：

(i) $3x \equiv 1(\bmod 125)$； (ii) $5x \equiv 1(\bmod 243)$.

8. 设$(a,m)=1$,b是整数；再设$f(x)$是整系数多项式，

$$g(y) = f(ay+b).$$

证明：同余方程$f(x)\equiv 0(\bmod m)$与$g(y)\equiv 0(\bmod m)$的解数相同. 指出如何从求$f(x)\equiv 0(\bmod m)$的解来求$g(y)\equiv 0(\bmod m)$的解.

9. 利用第8题来解§1的例1～例3.

10. 如果你已经求出同余方程$ax\equiv b(\bmod m)$的解，那么如何由此求出不定方程$ax+my=b$的解？以第1题的(i),(iii),(v),(vii)为例，来说明如何求相应不定方程的解.

§3 一元一次同余方程组——孙子定理

一元一次同余方程组可归结为讨论下面的定理1——孙子定理. 首先引入一般的一元同余方程组的解与解数的概念. 设$f_j(x)(1\leqslant j\leqslant k)$是整系数多项式. 我们把含有变数$x$的一组同余式

$$f_j(x) \equiv 0(\bmod m_j), \quad 1\leqslant j\leqslant k \tag{1}$$

称为**同余方程组**. 若整数c同时满足

$$f_j(c) \equiv 0(\bmod m_j), \quad 1\leqslant j\leqslant k,$$

则称c为**同余方程组(1)的解**. 显见，这时同余类

$$c \bmod m, \quad m=[m_1,\cdots,m_k] \tag{2}$$

中的任意一个整数也是同余方程组(1)的解. 我们把这些解都看作相同的，也常说同余类(2)是同余方程组的一个解，写为

$$x \equiv c(\bmod m).$$

当c_1,c_2均为同余方程组(1)的解且对模m不同余时，才把它们看作同余方程组(1)的不同的解. 我们把所有对模m两两不同余的同余方程组(1)的解的个数称为**同余方程组(1)的解数**. 因此，我们只需在模m的一组完全剩余系中求解同余方程组(1)，从而它的解数至多为m. 此

外，只要同余方程组(1)中的任意一个同余方程无解，则同余方程组(1)一定无解.

3.1　孙子定理

我们先来讨论模为两两既约的、形如式(3)的一元一次同余方程组，并证明著名的孙子定理.

定理1(孙子定理)　设 $m_1,\cdots,m_k$ 是两两既约的正整数，则对任意的整数 $a_1,\cdots,a_k$，一次同余方程组

$$x \equiv a_j \pmod{m_j},\quad 1 \leqslant j \leqslant k \tag{3}$$

必有解，且解数为1. 事实上，设

$$c = M_1M_1^{-1}a_1 + \cdots + M_kM_k^{-1}a_k, \tag{4}$$

$m=m_1\cdots m_k$，$m=m_jM_j(1\leqslant j\leqslant k)$，$M_j^{-1}$ 是满足

$$M_jM_j^{-1} \equiv 1 \pmod{m_j},\quad 1 \leqslant j \leqslant k \tag{5}$$

的一个整数(即是 M_j 对模 m_j 的逆)[①]，则同余方程组(3)的解是

$$x \equiv c \pmod{m}. \tag{6}$$

此外，c 与 m 既约的充要条件是 a_j 与 m_j 既约，$1\leqslant j\leqslant k$.

证法1　由于 $m_1,\cdots,m_k$ 两两既约，所以

$$m = [m_1,\cdots,m_k] = m_1\cdots m_k. \tag{7}$$

先来证明：若同余方程组(3)有解 c_1,c_2，则必有

$$c_1 \equiv c_2 \pmod{m}.$$

事实上，当 c_1,c_2 均是同余方程组(3)的解时，必有

$$c_1 \equiv c_2 \pmod{m_j},\quad 1 \leqslant j \leqslant k.$$

由于 $m_1,\cdots,m_k$ 两两既约，利用第三章§1的性质Ⅸ，从上式及式(7)就推出所要的结论. 这就证明了：若同余方程组(3)有解，则解数为1.

下面来证明由式(4)给出的 c 确是同余方程组(3)的解. 显见，$(m_j,M_j)=1$，所以满足式(5)的 M_j^{-1} 必存在. 由式(5)及 $m_j\mid M_i(j\neq i)$ 就推出

---

① 这里 $M_1^{-1},\cdots,M_k^{-1}$ 只要各取定一个整数，对不同的取值，式(4)表面上会有不同的值，但对模 m 是同余的.

$$c \equiv M_j M_j^{-1} a_j \equiv a_j \pmod{m_j}, \quad 1 \leqslant j \leqslant k,$$

即 c 是解. 最后,c 与 m 既约的充要条件的证明留给读者.

证法 1 虽然简单,但从中看不清楚为什么有形如式(4)的解. 下面给出另一证法.

证法 2 为简单起见,考虑 $k=2$ 的情形. 现在,$m=m_1m_2$,$M_1=m_2$,$M_2=m_1$,同余方程组(3)是

$$\begin{cases} x \equiv a_1 \pmod{m_1}, \\ x \equiv a_2 \pmod{m_2}. \end{cases} \tag{8}$$

由第一个方程知,可把 x 表示为

$$x = a_1 + m_1 y. \tag{9}$$

这样,同余方程组(8)变为同余方程

$$m_1 y \equiv a_2 - a_1 \pmod{m_2},$$

即

$$M_2 y \equiv a_2 - a_1 \pmod{m_2}.$$

由 §2 定理 1 的证法 2 知

$$y \equiv M_2^{-1}(a_2 - a_1) \pmod{m_2},$$

进而有

$$m_1 y \equiv M_2 M_2^{-1}(a_2 - a_1) \pmod{m}.$$

由此及式(9)得

$$\begin{aligned} x &\equiv a_1 + M_2 M_2^{-1}(a_2 - a_1) \pmod{m} \\ &\equiv (1 - M_2 M_2^{-1}) a_1 + M_2 M_2^{-1} a_2 \pmod{m}. \end{aligned} \tag{10}$$

利用式(5)($k=2$),容易看出

$$M_1 M_1^{-1} \equiv 1 - M_2 M_2^{-1} \equiv 1 \pmod{m_1},$$
$$M_1 M_1^{-1} \equiv 1 - M_2 M_2^{-1} \equiv 0 \pmod{m_2},$$

所以

$$M_1 M_1^{-1} \equiv 1 - M_2 M_2^{-1} \pmod{m}. \tag{11}$$

由此及式(10)立即推出:若 x 是解,则必有

$$x \equiv M_1 M_1^{-1} a_1 + M_2 M_2^{-1} a_2 \pmod{m}.$$

容易验证 $M_1 M_1^{-1} a_1 + M_2 M_2^{-1} a_2$ 的确是同余方程组(8)的解. 证毕.

从这一证明可看出,为什么同余方程组(3)($k=2$)的解有式(4)的

形式.但用证法 2 来证明 $k>2$ 的情形并不方便.下面再介绍一种证法——叠加法.

证法 3　首先,我们指出这样一个事实:若 x_0 满足同余方程组(3),x_0' 满足同余方程组

$$x \equiv a_j' \pmod{m_j}, \quad 1 \leqslant j \leqslant k,$$

则 x_0+x_0' 一定是同余方程组

$$x \equiv a_j + a_j' \pmod{m_j}, \quad 1 \leqslant j \leqslant k$$

的解.因此,我们可以用这样的叠加方法来求同余方程组(3)的解.设

$$a_j^{(i)} = \begin{cases} a_j, & i = j, \\ 0, & i \neq j, \end{cases} \quad 1 \leqslant i \leqslant k, \tag{12}$$

对每个固定的 i 考虑同余方程组

$$x \equiv a_j^{(i)} \pmod{m_j}, \quad 1 \leqslant j \leqslant k. \tag{13}$$

注意到 $j\neq i$ 时 $a_j^{(i)}=0$,所以由这个方程组的第 $1,\cdots,i-1,i+1,\cdots,k$ 个方程知(注意 m_j 两两既约)

$$x \equiv 0 \pmod{M_i},$$

即

$$x = M_i y. \tag{14}$$

代入第 i 个方程,得

$$M_i y \equiv a_i \pmod{m_i}.$$

由§2 定理 1 的证法 2 知

$$y \equiv M_i^{-1} a_i \pmod{m_i},$$

即

$$M_i y \equiv M_i M_i^{-1} a_i \pmod{m}.$$

由此及式(14)得

$$x \equiv M_i M_i^{-1} a_i \pmod{m}.$$

容易验证,$M_iM_i^{-1}a_i$ 确是同余方程组(13)的解[这就证明了同余方程组(13)有解且解数为 1].注意到由式(12)可得

$$a_j^{(1)} + a_j^{(2)} + \cdots + a_j^{(k)} = a_j,$$

所以 $M_1M_1^{-1}a_1+\cdots+M_kM_k^{-1}a_k$ 一定是同余方程组(3)的解.在证法 1 中已证明了:若有解,则解数必为 1.证毕.

在我国南北朝时期有一部著名的算术著作《孙子算经》,其中有这

样一个“物不知数”问题：今有物，不知其数，三三数之剩二，五五数之剩三，七七数之剩二，问物几何. 用现在的语言来说，这就是要求满足同余方程组

$$\begin{cases} x \equiv 2 \pmod 3, \\ x \equiv 3 \pmod 5, \\ x \equiv 2 \pmod 7 \end{cases} \tag{15}$$

的正整数解. 书中求出了满足这一问题的最小正整数解 $x=23$，所用的具体解法实质上就是求这个同余方程组的形如式(4)的解. 这是历史上最早研究这样的一元一次同余方程组，因此把定理 1 称为**孙子剩余定理**，简称**孙子定理**，国际上称之为**中国剩余定理**. 应用孙子定理解同余方程组(3)的关键是求出 $M_j^{-1}(1 \leqslant j \leqslant k)$，使得 $M_j M_j^{-1} \equiv 1 \pmod{m_j}$. 我国南宋数学家秦九韶(约 1202—1261)首先利用辗转相除法提出了求 M_j^{-1} 的方法，并称之为“大衍求一术”. 现在，我们来求解同余方程组(15)，这里

$$m_1 = 3, \quad m_2 = 5, \quad m_3 = 7,$$
$$M_1 = 35, \quad M_2 = 21, \quad M_3 = 15.$$

容易算出可取 $M_1^{-1}=2, M_2^{-1}=1, M_3^{-1}=1$，因此同余方程组(15)的解为

$$\begin{aligned} x &\equiv 35 \cdot 2 \cdot 2 + 21 \cdot 1 \cdot 3 + 15 \cdot 1 \cdot 2 \\ &\equiv 233 \equiv 23 \pmod{105}. \end{aligned}$$

所以，满足“物不知数”问题的正整数解是

$$x = 23 + 105t, \quad t = 0,1,2,\cdots,$$

最小的为 23.

孙子定理是数论中最重要的定理之一. 关于一般情形的一元一次同余方程组可归结为孙子定理来讨论，这些将安排在习题三的第 8～10 题. 孙子定理实质上刻画了同余类和剩余系的结构(这已在第三章的 §2 中讨论过). 下面先对此做一简单说明.

3.2 孙子定理与同余类和剩余系的关系

我们可以这样来看同余方程组(3)：满足同余式 $x \equiv a_j \pmod{m_j}$ 的 x 值的全体就是同余类 $a_j \bmod m_j$，因此满足同余方程组(3)的 x 值的全体就是这 k 个同余类的交，即

$$\bigcap_{1\leqslant j\leqslant k} a_j \bmod m_j.$$

孙子定理实际上是证明了：在 $m_1,\cdots,m_k$ 两两既约的条件下，这个交就是

$$c \bmod m = (M_1 M_1^{-1} a_1 + \cdots + M_k M_k^{-1} a_k) \bmod m.$$

这就解决了在第三章 §2 的定理 4′之后所提出的问题（在 $m_1,\cdots,m_k$ 两两既约的条件下）.

在 $m_1,\cdots,m_k$ 两两既约的条件下，设

$$c' = M_1 M_1^{-1} a_1' + \cdots + M_k M_k^{-1} a_k'.$$

容易证明（留给读者）：$c' \equiv c \pmod m$ 的充要条件是 $a_j' \equiv a_j \pmod{m_j}$，$1\leqslant j\leqslant k$. 注意到孙子定理最后的结论：$c$ 和 m 既约的充要条件是 a_j 和 m_j 既约，$1\leqslant j\leqslant k$. 因此，从剩余系的角度来看，就直接推出（为什么），c 遍历模 m 的一组完全（既约）剩余系的充要条件是 $a_j\,(1\leqslant j\leqslant k)$ 分别遍历模 m_j 的一组完全（既约）剩余系. 这里"遍历"的意义同第三章 §2 的定理 12（或定理 14）. 综上所述，就得到下面的定理：

定理 2　设 $m_1,\cdots,m_k,M_1,\cdots,M_k$ 和 $M_1^{-1},\cdots,M_k^{-1}$ 的含义以及满足的条件同孙子定理，再设

$$x = M_1 M_1^{-1} x^{(1)} + \cdots + M_k M_k^{-1} x^{(k)}, \tag{16}$$

则

(i)
$$\bigcap_{1\leqslant j\leqslant k} x^{(j)} \bmod m_j = x \bmod m; \tag{17}$$

(ii) x 遍历模 m 的一组完全（既约）剩余系的充要条件是 $x^{(j)}\,(1\leqslant j\leqslant k)$ 分别遍历模 m_j 的一组完全（既约）剩余系；

(iii)
$$x \equiv x^{(j)} \pmod{m_j},\ 1\leqslant j\leqslant k. \tag{18}$$

应该指出，定理 2 是第三章 §2 定理 16 的特殊形式（取 $a_j = M_j^{-1}$）. 事实上，我们可以利用第三章 §2 的定理 15 来证明孙子定理. 因为同余方程组(3)的解只需在模 m 的一组完全剩余系中去找，所以可以假定同余方程组(3)有第三章 §2 式(22)形式的解，然后具体定出其中的每个 $x^{(j)}\,(1\leqslant j\leqslant k)$，就得到同余方程组(3)的解由式(4)给出. 详细推导留给读者. 因此，孙子定理，剩余系、同余类的结构，实际上是从不同角度刻画了同一件事情，所得的结论都是等价的.

下面来举几个例子，说明如何求解同余方程组(3)以及孙子定理的应用.

例 1 求解同余方程组

$$\begin{cases} x \equiv 1 \pmod 3, \\ x \equiv -1 \pmod 5, \\ x \equiv 2 \pmod 7, \\ x \equiv -2 \pmod{11}. \end{cases}$$

解 取 $m_1=3, m_2=5, m_3=7, m_4=11$，满足孙子定理的条件. 这时，$M_1=5\cdot 7\cdot 11, M_2=3\cdot 7\cdot 11, M_3=3\cdot 5\cdot 11, M_4=3\cdot 5\cdot 7$. 我们来求 M_j^{-1}. 由于 $M_1\equiv(-1)\cdot 1\cdot(-1)\equiv 1 \pmod 3$，所以

$$1 \equiv M_1 M_1^{-1} \equiv M_1^{-1} \pmod 3.$$

因此，可取 $M_1^{-1}=1$. 由 $M_2\equiv(-2)\cdot 2\cdot 1\equiv 1 \pmod 5$ 知

$$1 \equiv M_2 M_2^{-1} \equiv M_2^{-1} \pmod 5,$$

因此可取 $M_2^{-1}=1$. 由 $M_3\equiv 3\cdot 5\cdot 4\equiv 4 \pmod 7$ 知

$$1 \equiv M_3 M_3^{-1} \equiv 4M_3^{-1} \pmod 7,$$

因此可取 $M_3^{-1}=2$. 由 $M_4\equiv 3\cdot 5\cdot 7\equiv 4\cdot 7\equiv 6 \pmod{11}$ 知

$$1 \equiv M_4 M_4^{-1} \equiv 6M_4^{-1} \pmod{11},$$

因此可取 $M_4^{-1}=2$. 进而，由孙子定理知这个同余方程组的解为

$$x\equiv(5\cdot 7\cdot 11)\cdot 1\cdot 1+(3\cdot 7\cdot 11)\cdot 1\cdot(-1)+(3\cdot 5\cdot 11)\cdot 2\cdot 2 +(3\cdot 5\cdot 7)\cdot 2\cdot(-2) \pmod{3\cdot 5\cdot 7\cdot 11},$$

即

$$x \equiv 385-231+660-420 \equiv 394 \pmod{1155}.$$

例 2 求四个相邻整数，使得它们依次可被 $2^2, 3^2, 5^2$ 及 7^2 整除.

解 设这四个相邻整数是 $x-1, x, x+1, x+2$，则按要求应满足

$$x-1\equiv 0 \pmod{2^2}, \quad x\equiv 0 \pmod{3^2},$$

$$x+1\equiv 0 \pmod{5^2}, \quad x+2\equiv 0 \pmod{7^2}.$$

所以，这是一个求解同余方程组问题，这里

$$m_1=2^2, \quad m_2=3^2, \quad m_3=5^2, \quad m_4=7^2$$

两两既约，满足孙子定理的条件；$M_1=3^2\cdot 5^2\cdot 7^2, M_2=2^2\cdot 5^2\cdot 7^2$，$M_3=2^2\cdot 3^2\cdot 7^2, M_4=2^2\cdot 3^2\cdot 5^2$. 由 $M_1\equiv 1\cdot 1\cdot 1\equiv 1 \pmod{2^2}$ 知

$$1 = M_1 M_1^{-1} \equiv M_1^{-1} \pmod{2^2},$$

因此可取 $M_1^{-1} = 1$. 由 $M_2 \equiv 10^2 \cdot 7^2 \equiv 1 \cdot 4 \equiv 4 \pmod{3^2}$ 知

$$1 \equiv M_2 M_2^{-1} \equiv 4M_2^{-1} \pmod{3^2},$$

因此可取 $M_2^{-1} = -2$. 由 $M_3 \equiv 2^2 \cdot 21^2 \equiv 2^2 \cdot 4^2 \equiv -11 \pmod{5^2}$ 知

$$1 \equiv M_3 M_3^{-1} \equiv -11M_3^{-1} \pmod{5^2},$$

$$2 \equiv -22M_3^{-1} \equiv 3M_3^{-1} \pmod{5^2},$$

$$16 \equiv 24M_3^{-1} \equiv -M_3^{-1} \pmod{5^2},$$

因此可取 $M_3^{-1} = 9$. 由 $M_4 = (-13) \cdot (-24) \equiv 3 \cdot 6 \equiv 18 \pmod{7^2}$ 知

$$1 \equiv M_4 M_4^{-1} \equiv 18M_4^{-1} \pmod{7^2},$$

$$3 \equiv 54M_4^{-1} \equiv 5M_4^{-1} \pmod{7^2},$$

$$30 \equiv 50M_4^{-1} \equiv M_4^{-1} \pmod{7^2},$$

因此可取 $M_4^{-1} = -19$. 进而,由孙子定理知

$$x \equiv 3^2 \cdot 5^2 \cdot 7^2 \cdot 1 \cdot 1 + 2^2 \cdot 5^2 \cdot 7^2 \cdot (-2) \cdot 0 + 2^2 \cdot 3^2 \cdot 7^2 \cdot 9 \cdot (-1) + 2^2 \cdot 3^2 \cdot 5^2 \cdot (-19) \cdot (-2) \pmod{2^2 \cdot 3^2 \cdot 5^2 \cdot 7^2},$$

$$x \equiv 11\,025 - 15\,876 + 34\,200 \equiv 29\,349 \pmod{44\,100}.$$

所以,满足要求的四个相邻整数有无穷多组,它们是

$$29\,348 + 44\,100t,\quad 29\,349 + 44\,100t,\quad 29\,350 + 44\,100t,\quad 29\,351 + 44\,100t,\qquad t = 0, \pm 1, \pm 2, \cdots.$$

这样的最小的四个相邻正整数是

$$29\,348,\ 29\,349,\ 29\,350,\ 29\,351.$$

例 3　求模 11 的一组完全剩余系,使得其中每个数被 2,3,5,7 除后的余数分别为 1,−1,1,−1.

解　在定理 2 中,取 $m_1 = 2, m_2 = 3, m_3 = 5, m_4 = 7, m_5 = 11$ 以及 $x^{(1)} = 1, x^{(2)} = -1, x^{(3)} = 1, x^{(4)} = -1$. 这样,由定理 2 知,当 $x^{(5)}$ 遍历模 11 的完全剩余系时,

$$x = M_1 M_1^{-1} - M_2 M_2^{-1} + M_3 M_3^{-1} - M_4 M_4^{-1} + M_5 M_5^{-1} x^{(5)} \tag{19}$$

就给出了所要求的完全剩余系. 下面来求 M_j^{-1} $(1 \leqslant j \leqslant 5)$. 由 $M_1 \equiv 1 \pmod{2}$ 知

$$1\equiv M_1M_1^{-1}\equiv M_1^{-1}(\bmod 2),$$

所以可取 $M_1^{-1}=1$. 由 $M_2\equiv -1(\bmod 3)$知

$$1\equiv M_2M_2^{-1}\equiv(-1)M_2^{-1}(\bmod 3),$$

所以可取 $M_2^{-1}=-1$. 由 $M_3\equiv 2(\bmod 5)$知

$$1\equiv M_3M_3^{-1}\equiv 2M_3^{-1}(\bmod 5),$$

所以可取 $M_3^{-1}=-2$. 由 $M_4\equiv 1(\bmod 7)$知

$$1\equiv M_4M_4^{-1}\equiv M_4^{-1}(\bmod 7),$$

所以可取 $M_4^{-1}=1$. 由 $M_5\equiv 1(\bmod 11)$知

$$1\equiv M_5M_5^{-1}\equiv M_5^{-1}(\bmod 11),$$

所以可取 $M_5^{-1}=1$①. 这样就得到

$$\begin{aligned}x&=3\cdot5\cdot7\cdot11+2\cdot5\cdot7\cdot11+2\cdot3\cdot7\cdot11\cdot(-2)\\&\quad-2\cdot3\cdot5\cdot11+2\cdot3\cdot5\cdot7x^{(5)}\\&=1155+770-924-330+210x^{(5)}\\&=671+210x^{(5)}=210(x^{(5)}+3)+41.\end{aligned}$$

具有这样性质的模 11 的最小正剩余系是

$$\begin{aligned}&41,\ 210+41,\ 210\cdot2+41,\ 210\cdot3+41,\ 210\cdot4+41,\\&210\cdot5+41,\ 210\cdot6+41,\ 210\cdot7+41,\ 210\cdot8+41,\\&210\cdot9+41,\ 210\cdot10+41.\end{aligned}$$

例 4 求解同余方程组

$$\begin{cases}x\equiv 3(\bmod 8),\\x\equiv 11(\bmod 20),\\x\equiv 1(\bmod 15).\end{cases}$$

解 这里 $m_1=8, m_2=20, m_3=15$ 不两两既约,所以不能直接用孙子定理. 容易看出,这个同余方程组的解和同余方程组

$$\begin{cases}x\equiv 3(\bmod 8),\\x\equiv 11(\bmod 4),\\x\equiv 11(\bmod 5),\\x\equiv 1(\bmod 5),\\x\equiv 1(\bmod 3)\end{cases}$$

① 事实上,可以不求 M_5^{-1},式(19)中 $M_5M_5^{-1}x^{(5)}$ 这一项可用 $M_5x^{(5)}$ 代替(为什么).

的解相同. 显见, 满足第一个方程的 x 必满足第二个方程, 而第三、四个方程是一样的. 因此, 原同余方程组和同余方程组

$$\begin{cases} x \equiv 3 \pmod{8}, \\ x \equiv 1 \pmod{5}, \\ x \equiv 1 \pmod{3} \end{cases} \tag{20}$$

的解相同. 同余方程组(20)满足孙子定理的条件. 容易解出(留给读者)同余方程组(20)的解为

$$x \equiv -29 \pmod{120}.$$

注意到 $[8,20,15]=120$, 所以这也就是原同余方程组的解, 且解数为 1.

例 4 给出了模 $m_1, \cdots, m_k$ 不是两两既约时, 同余方程组(3)如何求解的具体例子. 对于一般情形的解法, 原则上也是这样. 这些讨论将放在习题中.

例 5　求解同余方程 $19x \equiv 556 \pmod{1155}$.

解　这是一个一元一次同余方程, 当然可以用 §2 的方法来求解. 这里我们把它化为模较小的一元一次同余方程组来求解, 这种办法有时是方便的. 因为 $1155 = 3 \cdot 5 \cdot 7 \cdot 11$, 所以由第三章 §1 的性质 Ⅸ 知, 这个同余方程和同余方程组

$$19x \equiv 556 \pmod{3}, \quad 19x \equiv 556 \pmod{5},$$
$$19x \equiv 556 \pmod{7}, \quad 19x \equiv 556 \pmod{11}$$

的解相同. 利用 §1 的等价变形 Ⅰ, 这个同余方程组就是

$$x \equiv 1 \pmod{3}, \quad -x \equiv 1 \pmod{5},$$
$$-2x \equiv 3 \pmod{7}, \quad -3x \equiv 6 \pmod{11}.$$

进而, 再利用 §1 的等价变形 Ⅲ 和等价变形 Ⅰ (即解出上述同余方程组中的第二、三、四个方程), 上述同余方程组就变为

$$x \equiv 1 \pmod{3}, \quad x \equiv -1 \pmod{5},$$
$$x \equiv 2 \pmod{7}, \quad x \equiv -2 \pmod{11}.$$

这个同余方程组就可用孙子定理来求解. 实际上, 这就是例 1 中的同余方程组, 它的解是

$$x \equiv 394 \pmod{1155}.$$

这就是原同余方程的解.

例 6 求解同余方程组

$$x \equiv 3 \pmod 7, \quad 6x \equiv 10 \pmod 8.$$

解 这不是孙子定理中同余方程组的形式.容易看出,第二个同余方程有解且解数为 2(具体求解留给读者):

$$x \equiv -1, 3 \pmod 8.$$

因此,原同余方程组的解就是以下两个同余方程组的解:

$$x \equiv 3 \pmod 7, \quad x \equiv -1 \pmod 8 \tag{21}$$

和

$$x \equiv 3 \pmod 7, \quad x \equiv 3 \pmod 8. \tag{22}$$

容易求出(留给读者)同余方程组(21)的解是 $x \equiv 31 \pmod{56}$,同余方程组(22)的解是 $x \equiv 3 \pmod{56}$. 所以,原同余方程组的解数为 2,其解为

$$x \equiv 3, 31 \pmod{56}.$$

例 7 求解同余方程组

$$\begin{cases} 3x \equiv 1 \pmod{10}, \\ 4x \equiv 7 \pmod{15}. \end{cases}$$

解 利用解例 4 的方法.这个同余方程组的解与同余方程组

$$\begin{cases} 3x \equiv 1 \pmod 2, \\ 3x \equiv 1 \pmod 5, \\ 4x \equiv 7 \pmod 3, \\ 4x \equiv 7 \pmod 5 \end{cases}$$

的解相同.但第二个同余方程 $3x \equiv 1 \pmod 5$ 可化为 $x \equiv 2 \pmod 5$,第四个同余方程 $4x \equiv 7 \pmod 5$ 可化为 $x \equiv -2 \pmod 5$,与 $x \equiv 2 \pmod 5$ 矛盾,所以原同余方程组无解.

习 题 三

1. 求解下列一元一次同余方程组:

(i) $x \equiv 1 \pmod 4, x \equiv 2 \pmod 3, x \equiv 3 \pmod 5$;

(ii) $x \equiv 4 \pmod{11}, x \equiv 3 \pmod{17}$;

(iii) $x\equiv 2(\bmod 5)$，$x\equiv 1(\bmod 6)$，$x\equiv 3(\bmod 7)$，$x\equiv 0(\bmod 11)$；

(iv) $3x\equiv 1(\bmod 11)$，$5x\equiv 7(\bmod 13)$；

(v) $8x\equiv 6(\bmod 10)$，$3x\equiv 10(\bmod 17)$；

(vi) $x\equiv 7(\bmod 10)$，$x\equiv 3(\bmod 12)$，$x\equiv 12(\bmod 15)$；

(vii) $x\equiv 6(\bmod 35)$，$x\equiv 11(\bmod 55)$，$x\equiv 2(\bmod 33)$.

[提示：其中(i)，(ii)，(iv)，(v) 用孙子定理中证法 2 的方法来求解.]

2. 把下列同余方程化为同余方程组来求解：

(i) $23x\equiv 1(\bmod 140)$；

(ii) $17x\equiv 229(\bmod 1540)$.

3. 求所有被 3，4，5 除后余数分别为 1，2，3 的全体整数.

4. 有一个人每工作八天后休息两天. 有一次，他在星期六、星期日休息，问：最少要几周后他可以在星期天休息？

5. 设 k 是任意给定的正整数. 证明：一定存在 k 个相邻整数，其中任何一个数都能被大于 1 的立方数整除.

6. 设 k 是给定的正整数，$a_1,\cdots,a_k$ 是两两既约的正整数. 证明：一定存在 k 个相邻整数，使得第 j 个数被 $a_j(1\leqslant j\leqslant k)$整除.

7. 设$(a,b)=1$，$c\neq 0$. 证明：一定存在整数 n，使得

$$(a+bn,c)=1.$$

8. 证明：设 $m_1,\cdots,m_k$ 两两既约，则同余方程组

$$a_jx\equiv b_j(\bmod m_j),\quad 1\leqslant j\leqslant k$$

有解的充要条件是其中每个同余方程 $a_jx\equiv b_j(\bmod m_j)$ 均可解，即$(a_j,m_j)\mid b_j(1\leqslant j\leqslant k)$. 当 $m_1,\cdots,m_k$ 不两两既约时，这结论成立吗？

9. 证明：同余方程组 $x\equiv a_j(\bmod m_j)(j=1,2)$有解的充要条件是$(m_1,m_2)\mid(a_1-a_2)$，且若有解，则对模$[m_1,m_2]$的解数为 1. 试对同余类 $a_1 \bmod m_1$ 与 $a_2 \bmod m_2$ 的交推出类似的结论.

10. 证明：同余方程组 $x\equiv a_j(\bmod m_j)(1\leqslant j\leqslant k)$有解的充要条件是$(m_i,m_j)\mid(a_i-a_j)(1\leqslant i,j\leqslant k;i\neq j)$，且若有解，则对模$[m_1,\cdots,m_k]$的解数为 1. 试对同余类 $a_j \bmod m_j(1\leqslant j\leqslant k)$的交推出类似的结论.

11. 设 $m=[m_1,\cdots,m_k]$. 证明：

(i) 一定可找到一组正整数 $m_1',\cdots,m_k'$，满足 $m_j'\mid m_j(1\leqslant j\leqslant k)$，$m_1',\cdots,m_k'$ 两两既约且 $m=m_1'\cdots m_k'$；

(ii) 若同余方程组 $x\equiv a_j(\bmod m_j)(1\leqslant j\leqslant k)$ 有解，则它的解与同余方程组 $x\equiv a_j(\bmod m_j')$ 的解相同.

12. 求下列二元一次同余方程组的解：

(i) $3x+4y\equiv 5(\bmod 13)$，$2x+5y\equiv 7(\bmod 13)$；

(ii) $x+2y\equiv 1(\bmod 5)$，$2x+y\equiv 1(\bmod 5)$；

(iii) $x+3y\equiv 1(\bmod 5)$，$3x+4y\equiv 2(\bmod 5)$；

(iv) $4x+y\equiv 2(\bmod 5)$，$2x+3y\equiv 1(\bmod 5)$；

(v) $2x+3y\equiv 5(\bmod 7)$，$x+5y\equiv 6(\bmod 7)$；

(vi) $4x+y\equiv 5(\bmod 7)$，$x+2y\equiv 4(\bmod 7)$.

13. 设 $m\geqslant 1$，$\Delta=ad-bc$，$(m,\Delta)=1$. 证明：二元一次同余方程组

$$\begin{cases}ax+by\equiv e(\bmod m),\\ cx+dy\equiv f(\bmod m)\end{cases}$$

对模 m 有唯一解

$$x\equiv\Delta^{-1}(de-bf)(\bmod m),\quad y\equiv\Delta^{-1}(af-ce)(\bmod m),$$

这里 $\Delta^{-1}\Delta\equiv 1(\bmod m)$.

*14. 设 $\boldsymbol{A}=(a_{ij})$，$\boldsymbol{B}=(b_{ij})(1\leqslant i\leqslant n,1\leqslant j\leqslant l)$ 是两个 n 行、l 列的整数矩阵，$m\geqslant 1$. 我们说矩阵 $\boldsymbol{A}$ 同余于矩阵 $\boldsymbol{B}$ 模 m，如有 $a_{ij}\equiv b_{ij}(\bmod m)$，$1\leqslant i\leqslant n$，$1\leqslant j\leqslant l$，这时记作 $\boldsymbol{A}\equiv\boldsymbol{B}(\bmod m)$. 考虑二元一次同余方程组

$$\begin{pmatrix}a & b\\ c & d\end{pmatrix}\begin{pmatrix}x\\ y\end{pmatrix}\equiv\begin{pmatrix}e\\ f\end{pmatrix}(\bmod m).$$

记 Δ 为矩阵 $\begin{pmatrix}a & b\\ c & d\end{pmatrix}$ 的行列式. 证明：当 $(\Delta,m)=1$ 时，有唯一一组解

$$\begin{pmatrix}x\\ y\end{pmatrix}=\Delta^{-1}\begin{pmatrix}d & -b\\ -c & a\end{pmatrix}\begin{pmatrix}e\\ f\end{pmatrix}(\bmod m).$$

*15. 设 $\boldsymbol{A}=(a_{ij})$ 是 n 阶整数矩阵，行列式 $|\boldsymbol{A}|=\Delta$，$(\Delta,m)=1$，$m\geqslant 1$；再设 $\boldsymbol{A}^*=(a_{ij}^*)$ 是 $\boldsymbol{A}$ 的伴随矩阵，即 $a_{ij}^*=A_{ji}$，A_{ji} 是矩阵 $\boldsymbol{A}$ 中元素 a_{ji} 的代数余子式[即矩阵 $\boldsymbol{A}$ 中除去第 j 行及第 i 列元素后，所得的 $n-1$ 阶矩阵的行列式乘以 $(-1)^{j+i}$]. 证明：$\Delta^{-1}\boldsymbol{A}^*\boldsymbol{A}\equiv\boldsymbol{E}(\bmod m)$，其中 $\boldsymbol{E}$ 是

n 阶单位矩阵(即主对角线上的元素为 1,其余元素均为 0 的矩阵),

$$\Delta^{-1}\Delta \equiv 1 \pmod m.$$

*16. 证明:在第 15 题的符号和条件下,n 元一次同余方程组

$$\boldsymbol{A}\begin{pmatrix} x_1 \\ \vdots \\ x_n \end{pmatrix} \equiv \begin{pmatrix} b_1 \\ \vdots \\ b_n \end{pmatrix} \pmod m$$

对模 m 有唯一解

$$\begin{pmatrix} x_1 \\ \vdots \\ x_n \end{pmatrix} \equiv \Delta^{-1}\boldsymbol{A}^{*}\begin{pmatrix} b_1 \\ \vdots \\ b_n \end{pmatrix} \pmod m.$$

* * * * * *

可以做的 IMO 试题(见附录四):[30.5].

§4　一元同余方程的一般解法

在§2,§3 中已完全解决了一元一次同余方程与一元一次同余方程组的求解问题.但是,对于高次同余方程,即使是二次同余方程也没有一般的求解公式.本节将介绍一种具体的求解方法.

我们以 $T(m;f)$ 表示同余方程

$$f(x) \equiv 0 \pmod m \tag{1}$$

的解数.

定理 1　设 $m=m_1\cdots m_k$,$m_1,\cdots,m_k$ 两两既约,则同余方程(1)与同余方程组

$$f(x) \equiv 0 \pmod{m_j},\quad 1 \leqslant j \leqslant k \tag{2}$$

的解和解数相同,且有

$$T(m;f) = T(m_1;f)\cdots T(m_k;f). \tag{3}$$

证　由第三章§1 的性质Ⅸ知,同余方程(1)与同余方程组(2)的解(即满足两者的 x 值)相同.设 $t=T(m;f)$,$t_j=T(m_j;f)$($1\leqslant j\leqslant k$).

若同余方程组(2)中的某个方程(不妨设是第 j_0 个方程)无解,则同余方程(1)必无解.这时 $t_{j_0}=0,t=0$,所以式(3)成立.现设 $t_j>0(1\leqslant j\leqslant k)$,

$$x\equiv a_1^{(j)},a_2^{(j)},\cdots,a_{t_j}^{(j)}(\bmod m_j) \tag{4}$$

是同余方程组(2)中第 j 个方程的全部解;

$$x\equiv a_1,a_2,\cdots,a_t(\bmod m) \tag{5}$$

是同余方程(1)的全部解.对每个 $a_r(1\leqslant r\leqslant t)$,由于它是同余方程组(2)中第 j 个方程的解,所以有且仅有一个 $a_{r_j}^{(j)}(1\leqslant r_j\leqslant t_j)$,满足

$$a_r\equiv a_{r_j}^{(j)}(\bmod m_j). \tag{6}$$

这样,对每个 a_r,必有唯一的一组数

$$\{a_{r_1}^{(1)},a_{r_2}^{(2)},\cdots,a_{r_k}^{(k)}\} \tag{7}$$

与之对应.反过来,对由式(7)给出的每一组数,由§3的孙子定理知,同余方程组

$$x\equiv a_{r_j}^{(j)}(\bmod m_j),\quad 1\leqslant j\leqslant k \tag{8}$$

必有唯一解

$$x\equiv c(\bmod m).$$

显见,c 是同余方程组(2)的解,因而也是同余方程(1)的解,所以有且仅有一个 a_r 对所有的 $1\leqslant j\leqslant k$ 满足式(6).因此,上面所说的对应是一一对应,从而有 $t=t_1\cdots t_k$.这就证明了解数相同,且有式(3)成立.证毕.

定理1实际上是给出了如何求解同余方程(1)的具体方法:先把模 m 分解为两两既约的较小模 m_j 的乘积,然后求出每个同余方程 $f(x)\equiv0(\bmod m_j)$ 的全部解(4),最后对每一组数(7)(共有 $t_1\cdots t_k$ 组)求解一次同余方程组(8),这样就求出了同余方程(1)的全部解.这个方法当然也可以用来求解同余方程组.通常,当 m 有素因数分解式

$$m=p_1^{\alpha_1}\cdots p_k^{\alpha_k}$$

时,我们取 $m_j=p_j^{\alpha_j}(1\leqslant j\leqslant k)$.这样,求解一般合数模的同余方程(1)就归结为求解模为素数幂的同余方程

$$f(x)\equiv0(\bmod p^\alpha), \tag{9}$$

其中 p 为素数.为了具体找这种同余方程的解,我们指出下面一个简单的事实.

定理2 若同余方程(1)有解,则对任意的正整数 $d,d\mid m$,同余

方程

$$f(x)\equiv 0(\operatorname{mod} d)\tag{10}$$

也有解[①]. 进而,若设

$$x\equiv c_1,\cdots,c_s(\operatorname{mod} d)\tag{11}$$

是同余方程(10)的全部解,则对同余方程(1)的每个解 a,有且仅有一个 $c_i(1\leqslant i\leqslant s)$,满足

$$a\equiv c_i(\operatorname{mod} d).\tag{12}$$

此定理的证明十分简单,留给读者. 这个定理告诉我们:为了求较大模 m 的同余方程(1)的解,可以先找一个较小的 d,$d|m$,求出模 d 的同余方程(10)的全部解(11)[当同余方程(10)无解时,同余方程(1)当然也无解];然后,对每个 c_i,求同余方程(1)的形如

$$x=c_i+dy\tag{13}$$

的解,即求解变数 y 的同余方程

$$g_i(y)\equiv f(c_i+dy)\equiv 0(\operatorname{mod} m).\tag{14}$$

由此,就可求出同余方程(1)的全部解. 特别地,当 $m=p^{\alpha}$ 时,取 $d=p^{\alpha-1}$,同余方程(14)是一个一次同余方程(下面将证明这一点),是一定可以求解的. 因此,我们只要解出模为素数 p 的同余方程——同余方程(9)($\alpha=1$),就可以依次通过解一次同余方程来解模为 $p^2,p^3,\cdots$ 的同余方程——同余方程(9)($\alpha=2,3,\cdots$). 这就是下面的定理[②]:

定理 3 设 p 是素数,整系数多项式

$$f(x)=a_nx^n+a_{n-1}x^{n-1}+\cdots+a_1x+a_0,\quad n\geqslant 2,\tag{15}$$

整数 $\alpha\geqslant 2$,c 是

$$f(x)\equiv 0(\operatorname{mod} p^{\alpha-1})\tag{16}$$

的解,则同余方程

$$f(x)\equiv 0(\operatorname{mod} p^{\alpha})\tag{17}$$

满足

---

① 这就是 §1 的定理 2.

② 这个定理及其证明的思路是清楚的,但比较麻烦. 为了容易理解,可先看下面的例1,有了一个直观认识后,再看它的严格说明.

$$x \equiv c \pmod{p^{\alpha-1}} \tag{18}$$

的解是

$$x \equiv c + y_j p^{\alpha-1} \pmod{p^{\alpha}}, \quad j = 1, \cdots, l, \tag{19}$$

这里

$$y \equiv y_1, \cdots, y_l \pmod{p} \tag{20}$$

是一次同余方程

$$f'(c) y \equiv -f(c) p^{1-\alpha} \pmod{p} \tag{21}$$

的全部解,其中

$$f'(x) = n a_n x^{n-1} + (n-1) a_{n-1} x^{n-2} + \cdots + 2a_2 x + a_1. \tag{22}$$

证 这实际上是求由式(17),(18)给出的同余方程组的解. 满足式(18)的 x 必为

$$x = c + p^{\alpha-1} y. \tag{23}$$

把上式代入同余方程(17),则同余方程(17)变为

$$\begin{aligned} & a_n(c+p^{\alpha-1}y)^n + a_{n-1}(c+p^{\alpha-1}y)^{n-1} + \cdots \\ & \quad + a_2(c+p^{\alpha-1}y)^2 + a_1(c+p^{\alpha-1}y) + a_0 \\ & = f(c) + p^{\alpha-1} f'(c) y + A_2 p^{2(\alpha-1)} y^2 + \cdots + A_n p^{n(\alpha-1)} y^n \\ & \equiv 0 \pmod{p^{\alpha}}, \end{aligned} \tag{24}$$

其中 $A_2, \cdots, A_n$ 是某些整数. 由于 $\alpha \geqslant 2$,从上式知同余方程(17)变为 y 的一次同余方程

$$p^{\alpha-1} f'(c) y \equiv -f(c) \pmod{p^{\alpha}}.$$

由于 c 是同余方程(16)的解,所以 $p^{\alpha-1} \mid f(c)$. 因此,由第三章§1的性质Ⅳ知,上面的同余方程与同余方程(21)的解相同. 这样,利用式(23),(24)就可证明所要的结论:相应于同余方程(21)的全部解(20),式(19)给出了同余方程组(17),(18)的不同解,以及同余方程组(17),(18)的每个解一定可表示为式(19)的形式,其中 y_j 为同余方程(21)的解. 证毕.

由§2的定理1、定理2以及 p 是素数知,同余方程(21)的解数 l 可以出现三种情形:

(i) $p \nmid f'(c)$. 这时,同余方程(21)的解数为1,所以同余方程(17)满足条件(18)的解数为1,即 $l=1$.

(ii) $p\mid f'(c)$，$p\nmid f(c)p^{1-\alpha}$，即

$$f(c)\not\equiv 0(\bmod p^{\alpha}).$$

这时，同余方程(21)无解，所以同余方程(17)没有满足条件(18)的解，即 $l=0$.

(iii) $p\mid f'(c)$，$p\mid f(c)p^{1-\alpha}$，即

$$f(c)\equiv 0(\bmod p^{\alpha}).$$

这时，同余方程(21)的解数为 p，即

$$y\equiv 0,1,\cdots,p-1(\bmod p)$$

均为同余方程(21)的解，所以同余方程(17)的满足条件(18)的解数为 p，即 $l=p$.

由以上讨论立即可得到一个有用的结论：

推论 4 在定理 3 的符号和条件下，设 c 是同余方程

$$f(x)\equiv 0(\bmod p) \tag{25}$$

的解，且 $p\nmid f'(c)$，则对任意的 $\alpha\geqslant 2$，同余方程(17)的满足条件(18)的解数均为 1. 特别地，当同余方程(25)与同余方程

$$f'(x)\equiv 0(\bmod p)$$

无公共解时，对任意的 $\alpha\geqslant 1$，同余方程(17)的解数均相同.

详细证明留给读者. 下面来举几个例子.

例 1 求解同余方程 $x^3+5x^2+9\equiv 0(\bmod 3^4)$.

解 同余方程

$$x^3+5x^2+9\equiv 0(\bmod 3)$$

有两个解：

$$x\equiv 0,1(\bmod 3).$$

现在 $f(x)=x^3+5x^2+9$，$f'(x)=3x^2+10x$，$f'(0)=0$，$f'(1)=13$，所以

$$3\mid f'(0),\quad 3\nmid f'(1).$$

下面求解同余方程

$$x^3+5x^2+9\equiv 0(\bmod 3^2).$$

先求相应于 $x\equiv 0(\bmod 3)$的解. 由于 $3\mid f'(0)$及

$$f(0)=9\equiv 0(\bmod 3^2),$$

所以

$$x \equiv -3,0,3 \pmod{3^2}$$

是解. 再求相应于 $x \equiv 1 \pmod 3$ 的解. 由于 $3 \nmid f'(1)$, 相应的同余方程(21)是

$$13y \equiv -5 \pmod 3,$$

其解为 $y \equiv 1 \pmod 3$, 所以得到解

$$x \equiv 4 \pmod{3^2}.$$

接下来求解同余方程

$$x^3 + 5x^2 + 9 \equiv 0 \pmod{3^3}.$$

先求相应于 $x \equiv -3,0,3 \pmod{3^2}$ 的解. 由于

$$f(-3) = 27, \quad f(0) = 9, \quad f(3) = 81,$$

所以由情形(iii)知, 相应于 $x \equiv -3 \pmod{3^2}$ 的解为

$$x \equiv -12, -3, 6 \pmod{3^3},$$

相应于 $x \equiv 3 \pmod{3^2}$ 的解为

$$x \equiv -6, 3, 12 \pmod{3^3}.$$

由情形(ii)知, 没有相应于 $x \equiv 0 \pmod{3^2}$ 的解. 再求相应于 $x \equiv 4 \pmod{3^2}$ 的解. 这时, $f'(4) \equiv f'(1) \equiv 13 \equiv 1 \pmod 3$, $f(4) = 153$, 相应的同余方程(21)是

$$y \equiv -17 \equiv 1 \pmod 3,$$

所以得到解

$$x \equiv 13 \pmod{3^3}.$$

最后, 求解同余方程

$$x^3 + 5x^2 + 9 \equiv 0 \pmod{3^4}.$$

这时

$$f(-12) = -999, \quad f(-3) = 27, \quad f(6) = 405,$$
$$f(12) = 2457, \quad f(3) = 81, \quad f(-6) = -27.$$

由情形(ii)知, 没有相应于 $x \equiv -12, -3, -6, 12 \pmod{3^3}$ 的解. 由情形(iii)知, 相应于 $x \equiv 6 \pmod{3^3}$ 的解为

$$x \equiv -21, 6, 33 \pmod{3^4}, \tag{26}$$

相应于 $x \equiv 3 \pmod{3^3}$ 的解为

$$x \equiv -24, 3, 30 (\mathrm{mod}\ 3^4). \tag{27}$$

下面求相应于 $x \equiv 13(\mathrm{mod}\ 3^3)$的解. 由于 $f(13)=3051$,所以相应的同余方程(7)是 $y \equiv -113 \equiv 1(\mathrm{mod}\ 3)$. 因此,相应的解是

$$x \equiv 40(\mathrm{mod}\ 3^4). \tag{28}$$

式(26),(27),(28)给出了全部解,解数为 7. 图 1 表示了求解过程.

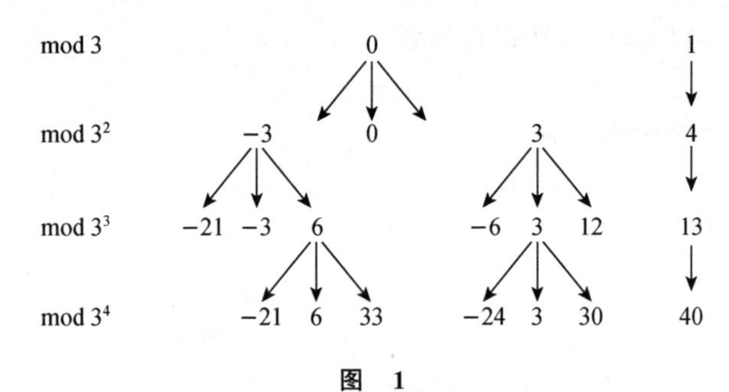

图 1

例 2 求解同余方程 $x^3+5x^2+9 \equiv 0(\mathrm{mod}\ 7 \cdot 3^4)$.

解 由定理 1 知,这就是要求解同余方程组

$$\begin{cases} x^3+5x^2+9 \equiv 0(\mathrm{mod}\ 7), \\ x^3+5x^2+9 \equiv 0(\mathrm{mod}\ 3^4). \end{cases}$$

由直接计算知,第一个同余方程的解为

$$x \equiv -2(\mathrm{mod}\ 7).$$

由例 1 知,第二个同余方程的解为

$$x \equiv -21, 6, 33, -24, 3, 30, 40(\mathrm{mod}\ 3^4).$$

进而,求解一次同余方程组

$$\begin{cases} x \equiv a_1(\mathrm{mod}\ 7), \\ x \equiv a_2(\mathrm{mod}\ 3^4). \end{cases}$$

利用 § 3 的孙子定理来求解,这里 $m_1=M_2=7, m_2=M_1=3^4$. 由

$$M_1 \equiv 9^2 \equiv 2^2 \equiv -3(\mathrm{mod}\ 7)$$

知,可取 $M_1^{-1}=2$. 由 $M_2 \equiv 7(\mathrm{mod}\ 3^4)$知,可取 $M_2^{-1}=-23$. 因此,这个一次同余方程组的解是

$$x \equiv 3^4 \cdot 2 \cdot a_1+7 \cdot (-23) \cdot a_2$$

$$\equiv 162a_1 - 161a_2 \pmod{567}.$$

分别用 $a_1=-2, a_2=-21,6,33,-24,3,30,40$ 代入就得到

$$x\equiv 3057,-1290,-5637,3540,-807,-5154,-676 \pmod{567},$$

即 $$x\equiv 222,-156,33,138,-240,-51,40 \pmod{567}.$$

这就是所要求的同余方程的全部解,解数为 7.

虽然定理 3 给出了模为素数幂的同余方程的一般解法,但有时做起来是很麻烦的.把它和同余式的性质结合起来,往往能简化计算.

例 3 求解同余方程 $x^2+x+7\equiv 0 \pmod{3^3}$.

解 由§1 的等价变形Ⅲ知,这个同余方程的解与同余方程

$$4(x^2+x+7)\equiv 0 \pmod{3^3}$$

的解相同.此同余方程就是

$$(2x+1)^2+27\equiv (2x+1)^2 \equiv 0 \pmod{3^3}.$$

显见,此同余方程的解(指 x 的值)与同余方程

$$2x+1\equiv 0 \pmod{3^2}$$

的解相同.直接计算知,解为

$$x\equiv 4 \pmod{3^2}.$$

所以,原同余方程的解是(为什么)

$$x\equiv -5,4,13 \pmod{3^3},$$

解数为 3.

例 4 求同余方程 $x^2\equiv 1 \pmod{2^l}$ $(l\geqslant 1)$的解.

解 当 $l=1$ 时,解数为 1,

$$x\equiv 1 \pmod{2}.$$

当 $l=2$ 时,解数为 2,

$$x\equiv -1,1 \pmod{2^2}.$$

当 $l\geqslant 3$ 时,原同余方程可写为

$$(x-1)(x+1)\equiv 0 \pmod{2^l}.$$

由于 x 是解时,它必可表示为 $x=2y+1$.代入上式,得

$$4y(y+1)\equiv 0 \pmod{2^l},$$

即 $$y(y+1)\equiv 0 \pmod{2^{l-2}},$$

从而必有

$$y \equiv 0, -1 \pmod{2^{l-2}},$$

因此解 x 必满足

$$x \equiv 1, -1 \pmod{2^{l-1}}.$$

所以,原同余方程的解是(为什么)

$$x \equiv 1, 1+2^{l-1}, -1, -1+2^{l-1} \pmod{2^l},$$

解数为 4.

例 5　设素数 $p>2$. 求同余方程 $x^2 \equiv 1 \pmod{p^l}$ 的解.

解　此同余方程可写为

$$(x-1)(x+1) \equiv 0 \pmod{p^l}.$$

由于 $(x-1)+(x+1)=2$,所以上式等价于

$$x-1 \equiv 0 \pmod{p^l} \quad \text{或} \quad x+1 \equiv 0 \pmod{p^l}.$$

因此,对任意的 $l \geqslant 1$,解为

$$x \equiv -1, 1 \pmod{p^l},$$

解数为 2.

例 6　求解同余方程 $x^2 \equiv 2 \pmod{7^4}$.

解　模 7^4 的完全剩余系可表示为

$$x = x_0 + x_1 \cdot 7 + x_2 \cdot 7^2 + x_3 \cdot 7^3,$$
$$-3 \leqslant x_j \leqslant 3, \quad 0 \leqslant j \leqslant 3.$$

我们通过依次求解同余方程

$$(x_0 + x_1 \cdot 7 + \cdots + x_j \cdot 7^j)^2 \equiv 2 \pmod{7^{j+1}}, \quad 0 \leqslant j \leqslant 3$$

来求出 x_0, x_1, x_2, x_3. 当 $j=0$ 时,解

$$x_0^2 \equiv 2 \pmod{7}$$

得 $x_0 = \pm 3$. 当 $j=1$ 时,要求解

$$(\pm 3 + x_1 \cdot 7)^2 \equiv 2 \pmod{7^2}.$$

我们有

$$9 \pm 6 \cdot 7x_1 \equiv 2 \pmod{7^2},$$
$$\pm 6x_1 \equiv -1 \pmod{7},$$

解得 $x_1 = \pm 1$. 当 $j=2$ 时,要求解

$$(\pm 3 \pm 1 \cdot 7 + x_2 \cdot 7^2)^2 \equiv 2 \pmod{7^3}.$$

我们有

$$(\pm 3 \pm 1 \cdot 7)^2 + 2 \cdot (\pm 3) \cdot 7^2 x_2 \equiv 2 \pmod{7^3},$$

$$\pm 6x_2 \equiv -2 \pmod{7},$$

解得 $x_2 = \pm 2$. 当 $j=3$ 时,要求解

$$(\pm 3 \pm 1 \cdot 7 \pm 2 \cdot 7^2 + x_3 \cdot 7^3)^2 \equiv 2 \pmod{7^4}.$$

我们有

$$(\pm 3 \pm 1 \cdot 7 \pm 2 \cdot 7^2)^2 \pm 6 \cdot 7^3 x_3 \equiv 2 \pmod{7^4},$$

$$100 + 40 \cdot 7^2 \pm 6 \cdot 7^3 x_3 \equiv 2 \pmod{7^4},$$

$$\pm 6 \cdot 7x_3 \equiv -2 - 40 \pmod{7^2},$$

$$\pm 6x_3 \equiv -6 \pmod{7},$$

解得 $x_3 = \mp 1$. 这样,同余方程有两个解:

$$x_1 \equiv 3 + 1 \cdot 7 + 2 \cdot 7^2 - 7^3 \equiv -235 \pmod{7^4},$$

$$x_2 \equiv -3 - 1 \cdot 7 - 2 \cdot 7^2 + 7^3 \equiv 235 \pmod{7^4}.$$

例 6 的解法就是用整数的 k 进位制表示来求解模 $k^l (l \geqslant 1)$ 的同余方程,k 不一定是素数.

习 题 四

1. 求下列同余方程的解:

(i) $x^3 + 2x - 3 \equiv 0 \pmod{45}$;

(ii) $4x^2 - 5x + 13 \equiv 0 \pmod{33}$;

(iii) $x^3 - 9x^2 + 23x - 15 \equiv 0 \pmod{143}$.

2. 求下列模为素数幂的同余方程的解:

(i) $x^3 + x^2 + 10x + 1 \equiv 0 \pmod{3^3}$; (ii) $x^3 + 25x + 3 \equiv 0 \pmod{3^3}$;

(iii) $x^3 - 5x^2 + 3 \equiv 0 \pmod{3^4}$; (iv) $x^5 + x^4 + 1 \equiv 0 \pmod{3^4}$;

(v) $x^3 - 2x + 4 \equiv 0 \pmod{5^3}$; (vi) $x^3 + x + 57 \equiv 0 \pmod{5^3}$;

(vii) $x^3 + x^2 - 4 \equiv 0 \pmod{7^3}$; (viii) $x^3 + x^2 - 5 \equiv 0 \pmod{7^3}$;

(ix) $x^2 + 5x + 13 \equiv 0 \pmod{3^3}$; (x) $x^2 + 5x + 13 \equiv 0 \pmod{3^4}$;

(xi) $x^2 \equiv 3 \pmod{11^3}$; (xii) $x^2 \equiv -2 \pmod{19^4}$.

3. 求同余方程

$$(x+1)^7 - x^7 - 1 \equiv 0 \pmod{7^7}$$

满足条件 $7 \nmid x(1+x)$ 的解.

4. 以 $T_1(m;f)$表示同余方程 $f(x)\equiv 0(\bmod m)$满足条件$(x,m)=1$的解数. 证明：当$(m_1,m_2)=1$时，

$$T_1(m_1m_2;f)=T_1(m_1;f)T_1(m_2;f).$$

5. 设 $d\mid m$，整系数多项式 $f(x)$的每项系数均被 d 整除，$d\geqslant 1$. 证明：$T(m;f)=dT(m/d;f/d)$，这里 $T(m;f)$表示§4 同余方程(1)的解数，f/d 表示多项式 $f(x)/d$.

6. 证明：

(i) 同余方程组$\begin{cases}f(x)\equiv 0(\bmod m),\\ x\equiv l(\bmod k)\end{cases}$有解的必要条件是$(m,k)\mid f(l)$；

(ii) 以 $T(m,k,l;f)$表示(i)中同余方程组的解数，那么当$(m_1,m_2)=1$，且 m_1,m_2 均无大于 1 的平方因数时，有

$$T(m_1m_2,k,l;f)=T(m_1,k,l;f)T(m_2,k,l;f);$$

(iii) 以 $T_1(m,k,l;f)$表示(i)中同余方程组满足条件$(x,m)=1$的解数，那么在(ii)的条件下，有

$$T_1(m_1m_2,k,l;f)=T_1(m_1,k,l;f)T_1(m_2,k,l;f).$$

7. 设 $m=2^{\alpha_0}p_1^{\alpha_1}\cdots p_r^{\alpha_r}$，$p_j$ 是不同的奇素数，$\alpha_j\geqslant 1(1\leqslant j\leqslant r)$，$\alpha_0\geqslant 0$. 证明：同余方程 $x^2\equiv 1(\bmod m)$的解数为

$$T=\begin{cases}2^r, & \alpha_0=0,1,\\ 2^{r+1}, & \alpha_0=2,\\ 2^{r+2}, & \alpha_0\geqslant 3.\end{cases}$$

8. 把同余方程 $x^2\equiv 1(\bmod m)$写为$(x-1)(x+1)\equiv 0(\bmod m)$. 当 m 由第 7 题给出时，利用化同余方程为同余方程组的方法，提出一个求同余方程 $x^2\equiv 1(\bmod m)$的全部解的具体方法，并用来求解 $m=2^3\cdot 3^2\cdot 5^2$，$2\cdot 3^2\cdot 5\cdot 7$ 时的同余方程.

9. 设 $m\geqslant 3$，T 由第 7 题给出. 证明：

$$\prod_{r \bmod m}{}' r\equiv(-1)^{T/2}(\bmod m).$$

由此证明第三章§4 习题四的第 11 题.

10. 设 r 是 m 的不同素因数个数. 证明：同余方程 $x^2\equiv x(\bmod m)$的解数为 2^r.

11. 求同余方程 $x^2 \equiv -1 \pmod m$ 的解数.(提示:利用第三章§4习题四的第6题,或利用本章§5的推论3.)

12. (i) 设 $2 \nmid a, 2 \nmid n$. 证明:对任意的 l,同余方程 $x^n \equiv a \pmod{2^l}$ 恰有一个解.

(ii) 设 p 为奇素数,$p \nmid a, p \nmid n$. 证明对任意的 l,同余方程 $x^n \equiv a \pmod{p^l}$ 的解数相同.

13. (i) 用例5的方法继续求解同余方程

$$x^2 \equiv 2 \pmod{7^l}, \quad l = 5, 6, 7;$$

(ii) $x^2 \equiv -1 \pmod{5^6}$; (iii) $x^2 \equiv 4 \pmod{7^4}$.

*14. 设 $f(x)$ 是不等于常数的整系数多项式. 证明:一定存在无穷多个素数 p,使得同余方程 $f(x) \equiv 0 \pmod p$ 有解.

*15. 设 $f(x)$ 是不等于常数的整系数多项式,r, s 为任给的正整数. 证明:一定存在整数 a,使得 $f(a), f(a+1), \cdots, f(a+r-1)$ 中的每个数至少有 s 个不同的素因数.

§5 模为素数的二次剩余

本节讨论模为素数的一元二次同余方程的一般理论,引入模为素数的二次剩余、二次非剩余的概念,并在下两节讨论由此引出的 Legendre 符号、Gauss 二次互反律及 Jacobi 符号. 由于 $p=2$ 的情形是显然的,下面恒假定 p 是奇素数. 设 $p \nmid a$,二次同余方程的一般形式是

$$ax^2 + bx + c \equiv 0 \pmod p. \tag{1}$$

由于 $p \nmid 4a$,所以同余方程(1)和同余方程

$$4a(ax^2 + bx + c) \equiv 0 \pmod p$$

的解相同. 上式可写为

$$(2ax + b)^2 \equiv b^2 - 4ac \pmod p. \tag{2}$$

容易看出,通过变数替换[①]

---

① 由于讨论的是模 p 的同余方程,变数替换 $y = 2ax + b$ 和式(3)形式的模 p 的变数替换是一样的.

$$y \equiv 2ax + b \pmod p, \tag{3}$$

同余方程(2)与同余方程

$$y^2 \equiv b^2 - 4ac \pmod p \tag{4}$$

是等价的. 也就是说,两者同时有解或无解. 有解时,对同余方程(4)的每个解 $y \equiv y_0 \pmod p$,通过式(3)(这时是 x 的一次同余方程,$(p, 2a)=1$,所以解数为 1)给出同余方程(2)的一个解 $x \equiv x_0 \pmod p$,由同余方程(4)的不同解给出同余方程(2)的不同解,且反过来也成立. 此外,两者解数相同. 由以上讨论知,我们只要讨论形如

$$x^2 \equiv d \pmod p \tag{5}$$

的同余方程即可. 当 $p \mid d$ 时,同余方程(5)仅有一个解:

$$x \equiv 0 \pmod p.$$

所以,以后恒假定 $p \nmid d$. 为了叙述方便,我们引入下面的概念:

定义 1　设素数 $p > 2$,$p \nmid d$. 如果同余方程(5)有解,则称 d 是**模 p 的二次剩余**;若无解,则称 d 是**模 p 的二次非剩余**.

例如:当 $p=3$ 时,$d \equiv 1 \pmod 3$ 是模 3 的二次剩余,$d \equiv -1 \pmod 3$ 是模 3 的二次非剩余;当 $p=5$ 时,$d \equiv 1, -1 \pmod 5$ 是模 5 的二次剩余,$d \equiv 2, -2 \pmod 5$ 是模 5 的二次非剩余;当 $p=7$ 时,$d \equiv 1, 2, -3 \pmod 7$ 是模 7 的二次剩余,$d \equiv -1, -2, 3 \pmod 7$ 是模 7 的二次非剩余. 一般地,有以下结论:

定理 1　在模 p 的一组既约剩余系中,恰有 $(p-1)/2$ 个模 p 的二次剩余,$(p-1)/2$ 个模 p 的二次非剩余. 此外,若 d 是模 p 的二次剩余,则同余方程(5)的解数为 2.

证　显见,只要取模 p 的绝对最小既约剩余系

$$-\frac{p-1}{2}, -\frac{p-1}{2}+1, \cdots, -1, 1, \cdots, \frac{p-1}{2}-1, \frac{p-1}{2} \tag{6}$$

来讨论即可. d 是模 p 的二次剩余当且仅当

$$d \equiv \left(-\frac{p-1}{2}\right)^2, \left(-\frac{p-1}{2}+1\right)^2, \cdots, (-1)^2, 1^2, \cdots,$$

$$\left(\frac{p-1}{2}-1\right)^2 \text{或} \left(\frac{p-1}{2}\right)^2 \pmod p.$$

由于$(-j)^2\equiv j^2 \pmod p$，所以d是模p的二次剩余当且仅当

$$d\equiv 1^2,\cdots,\left(\frac{p-1}{2}-1\right)^2 \text{或} \left(\frac{p-1}{2}\right)^2 \pmod p. \tag{7}$$

当$1\leqslant i<j\leqslant (p-1)/2$时，

$$i^2\not\equiv j^2 \pmod p, \tag{8}$$

所以式(7)给出了模p的全部二次剩余，共有$(p-1)/2$个. 由于模p的既约剩余系中有$p-1$个数，所以另外的$(p-1)/2$个必为模p的二次非剩余. 这就证明了前半部分结论.

当d是模p的二次剩余时，由式(7),(8)知，必有唯一的$i(1\leqslant i\leqslant (p-1)/2)$，使得$x\equiv i \pmod p$是同余方程(5)的解，进而就推出在既约剩余系(6)中有且仅有$x\equiv \pm i \pmod p$是同余方程(5)的解，即同余方程(5)的解数为2. 证毕.

以后，为了简单起见，我们就说模p有$(p-1)/2$个二次剩余，$(p-1)/2$个二次非剩余.

例 1 求模$p=11,17,19,29$的二次剩余与二次非剩余.

解 由表1可知，模11的二次剩余是：$1,-2,3,4,5$；二次非剩余是：$-1,2,-3,-4,-5$.

表 1

j	1	2	3	4	5
$d\equiv j^2 \pmod{11}$	1	4	-2	5	3

由表2可知，模17的二次剩余是：$\pm1,\pm2,\pm4,\pm8$；二次非剩余是$\pm3,\pm5,\pm6,\pm7$.

表 2

j	1	2	3	4	5	6	7	8
$d\equiv j^2 \pmod{17}$	1	4	-8	-1	8	2	-2	-4

由表3可知，模19的二次剩余是：$1,-2,-3,4,5,6,7,-8,9$；二次非剩余是$-1,2,3,-4,-5,-6,-7,8,-9$.

表 3

j	1	2	3	4	5	6	7	8	9
$d\equiv j^2 \pmod{19}$	1	4	9	-3	6	-2	-8	7	5

由表 4 可知，模 29 的二次剩余是 $\pm1,\pm4,\pm5,\pm6,\pm7,\pm9,\pm13$；二次非剩余是：$\pm2,\pm3,\pm8,\pm10,\pm11,\pm12,\pm14$.

表 4

j	1	2	3	4	5	6	7	8	9	10	11	12	13	14
$d\equiv j^2 \pmod{29}$	1	4	9	-13	-4	7	-9	6	-6	13	5	-1	-5	-7

由表 1～表 4 不仅可得到模 p 的二次剩余 d，也可查出相应的二次同余方程(5)的两个解 $\pm j \pmod p$. 例如：-2 是模 19 的二次剩余，$x^2\equiv-2 \pmod{19}$ 的两个解是 $\pm6 \pmod{19}$.

下面的定理从理论上给出了判别 d 是否是模 p 的二次剩余的方法，通常称之为 **Euler 判别法.**

定理 2　设素数 $p>2$，$p\nmid d$，则 d 是模 p 的二次剩余的充要条件是

$$d^{(p-1)/2}\equiv 1 \pmod p, \tag{9}$$

d 是模 p 的二次非剩余的充要条件是

$$d^{(p-1)/2}\equiv -1 \pmod p. \tag{10}$$

证　首先证明对任意一个 d，$p\nmid d$，式(9)，(10)有且仅有一个成立. 由第三章§3 的定理 3 知

$$d^{p-1}\equiv 1 \pmod p,$$

因而有

$$(d^{(p-1)/2}-1)(d^{(p-1)/2}+1)\equiv 0 \pmod p. \tag{11}$$

由于素数 $p>2$ 及

$$(d^{(p-1)/2}+1)-(d^{(p-1)/2}-1)=2,$$

所以由式(11)立即推出式(9)，(10)有且仅有一个成立.

下面证明 d 是模 p 的二次剩余的充要条件是式(9)成立. 先证明

必要性. 若 d 是模 p 的二次剩余,则必有 x_0,使得

$$x_0^2 \equiv d(\bmod p),$$

因而有

$$x_0^{p-1} \equiv d^{(p-1)/2}(\bmod p).$$

由于 $p \nmid d$,因此 $p \nmid x_0$. 所以,由第三章§3的定理3知

$$x_0^{p-1} \equiv 1(\bmod p).$$

由以上两式就推出式(9)成立.

再证明充分性. 证法与第三章§4定理1的证法一样. 设式(9)成立,这时必有 $p \nmid d$. 考虑一次同余方程

$$ax \equiv d(\bmod p). \tag{12}$$

由§2的定理1及 $p \nmid d$ 知,对由式(6)给出的模 p 的既约剩余系中的每个 j,当 $a=j$ 时,必有唯一的 $x=x_j$ 属于既约剩余系(6),使得式(12)成立. 若 d 不是模 p 的二次剩余,则必有 $j \neq x_j$. 这样,既约剩余系(6)中的 $p-1$ 个数就可按 j, x_j 作为一对,两两分完. 因此,有

$$(p-1)! \equiv d^{(p-1)/2}(\bmod p).$$

由此及第三章§4的定理1知

$$d^{(p-1)/2} \equiv -1(\bmod p).$$

但这和式(9)矛盾. 所以,必有某一 j_0,使得 $j_0=x_{j_0}$. 由此及式(12)知 d 是模 p 的二次剩余. 这就证明了充分性.

由已经证明的这两部分结论,立即推出定理剩下的结论(为什么). 证毕.

由定理2立即推出两个有用的结论:

推论3[①] -1 是模 p 的二次剩余的充要条件是 $p \equiv 1(\bmod 4)$;当 $p \equiv 1(\bmod 4)$ 时,

$$\left(\pm\left(\frac{p-1}{2}\right)!\right)^2 \equiv -1(\bmod p). \tag{13}$$

证 由定理2知,-1 是模 p 的二次剩余的充要条件是

$$(-1)^{(p-1)/2} \equiv 1(\bmod p).$$

---

① 推论3就是第三章§4习题四的第6题以及第4题的(ii).

由此及 $p>2$ 推出充要条件是

$$(-1)^{(p-1)/2}=1,$$

即 $p\equiv 1(\bmod 4)$. 由第三章 §4 的定理 1 知

$$-1\equiv(p-1)!\equiv(-1)^{(p-1)/2}\left(\left(\frac{p-1}{2}\right)!\right)^2(\bmod p). \qquad (14)$$

所以,当 $p\equiv 1(\bmod 4)$时,式(13)成立.

推论 4　设素数 $p>2, p\nmid d_1, p\nmid d_2$.

(i) 若 d_1, d_2 均为模 p 的二次剩余,则 $d_1 d_2$ 也是模 p 的二次剩余;

(ii) 若 d_1, d_2 均为模 p 的二次非剩余,则 $d_1 d_2$ 是模 p 的二次剩余;

(iii) 若 d_1 是模 p 的二次剩余,d_2 是模 p 的二次非剩余,则 $d_1 d_2$ 是模 p 的二次非剩余.

这由定理 2 及

$$(d_1 d_2)^{(p-1)/2}=d_1^{(p-1)/2}\cdot d_2^{(p-1)/2}$$

立即推出.

定理 2 并不是一个实用的判别法,因为对具体的素数 p,当它不太大时,我们可以通过直接计算式(6)下面的式子来确定哪些 d 是二次剩余,哪些是二次非剩余. 这比验证同余式(9)简单. 当 p 较大时,这两种办法都不实用. 另外一个问题是: 给定了 d,怎样的 p 以 d 为它的二次剩余? 例如: 推论 3 就解决了 $d=-1$ 这一最简单的情形. 下一节将讨论这两个问题. 下面先举几个简单例子.

例 2　利用定理 2 来判断:

(i) 3 是否为模 17 的二次剩余;

(ii) 7 是否为模 29 的二次剩余.

解　(i) 由 $3^3\equiv 10(\bmod 17), 3^4\equiv 30\equiv -4(\bmod 17), 3^8\equiv -1(\bmod 17)$ 知,3 是模 17 的二次非剩余.

(ii) 由 $7^2\equiv -9(\bmod 29), 7^3\equiv -5(\bmod 29), 7^6\equiv -4(\bmod 29)$, $7^7\equiv 1(\bmod 29)$, $7^{14}\equiv 1(\bmod 29)$知,7 是模 29 的二次剩余.

例 3　判断下列同余方程的解数:

(i) $x^2 \equiv -1 \pmod{61}$； (ii) $x^2 \equiv 16 \pmod{51}$；

(iii) $x^2 \equiv -2 \pmod{209}$； (iv) $x^2 \equiv -63 \pmod{187}$.

解 (i) 由推论 3 知这个同余方程的解数为 2.

(ii) 这个同余方程等价于同余方程组

$$x^2 \equiv 1 \pmod 3, \quad x^2 \equiv -1 \pmod{17}.$$

这个同余方程组中的两个方程的解数均为 2. 由 §4 的定理 1 知,原同余方程的解数为 4.

(iii) 这个同余方程等价于同余方程组

$$x^2 \equiv -2 \pmod{11}, \quad x^2 \equiv -2 \pmod{19},$$

由例 1 的表 1 和表 3 知,这个同余方程组中的两个方程的解数均为 2. 由 §4 定理 1 知,原同余方程的解数为 4.

(iv) 这个同余方程等价于同余方程组

$$x^2 \equiv 3 \pmod{11}, \quad x^2 \equiv 5 \pmod{17},$$

由例 1 的表 1 和表 2 知,这个同余方程组中的后一方程无解,所以原同余方程无解.

习 题 五

1. 求模 $p=13,23,37,41$ 的二次剩余与二次非剩余.

2. 在不超过 100 的素数 p 中,2 是哪些模 p 的二次剩余? -2 是哪些模 p 的二次剩余?

3. 利用定理 2 判断:

(i) -8 是否为模 53 的二次剩余;

(ii) 8 是否为模 67 的二次剩余.

4. 求下列同余方程的解数:

(i) $x^2 \equiv -2 \pmod{67}$； (ii) $x^2 \equiv 2 \pmod{67}$；

(iii) $x^2 \equiv -2 \pmod{37}$； (iv) $x^2 \equiv 2 \pmod{37}$；

(v) $x^2 \equiv -1 \pmod{221}$； (vi) $x^2 \equiv -1 \pmod{427}$；

(vii) $x^2 \equiv -2 \pmod{209}$； (viii) $x^2 \equiv 2 \pmod{391}$；

(ix) $x^2 \equiv 4 \pmod{45}$； (x) $x^2 \equiv 5 \pmod{539}$.

5. 设 p 是奇素数, $p \nmid a$. 证明:存在整数 $u, v, (u,v)=1$,使得

$u^2+av^2\equiv 0 \pmod p$的充要条件是$-a$为模p的二次剩余.

6. 设p是奇素数. 把$1,2,\cdots,p-1$分为两个集合S_1,S_2,满足以下条件:(i) S_1,S_2均非空集;(ii) 属于同一个集合的两数相乘之积必和S_1中的某个数同余于模p;(iii) 属于不同集合的两数之积必和S_2中的某个数同余于模p. 证明:S_1由$1,2,\cdots,p-1$中所有模p的二次剩余组成,S_2由其中所有模p的二次非剩余组成,且各有$(p-1)/2$个数.

7. 设p是奇素数.

(i) 证明:模p的所有二次剩余的乘积对模p的剩余是$(-1)^{(p+1)/2}$.

(ii) 证明:模p的所有二次非剩余的乘积对模p的剩余是$(-1)^{(p-1)/2}$.

(iii) 证明:模p的所有二次剩余之和对模p的剩余是:1,当$p=3$时;0,当$p>3$时.

(iv) 模p的所有二次非剩余之和对模p的剩余是多少?

8. 设p是素数,$(a,p)=(b,p)=1$. 证明:若同余方程$x^2\equiv a \pmod p$与$x^2\equiv b \pmod p$均无解,则同余方程$x^2\equiv ab \pmod p$有解.

9. 设$(a,m)=1$. 若同余方程$x^2\equiv a \pmod m$有解,则称a是**模m的二次剩余**;若无解,则称a是**模m的二次非剩余**.

(i) 证明:当$m>2$时,a为模m的二次剩余的必要条件是$a^{\varphi(m)/2}\equiv 1 \pmod m$. 这个条件充分吗?举例说明.

(ii) 证明:若a是模m的二次剩余,$ab\equiv 1 \pmod m$,则b也是模m的二次剩余.

(iii) 利用(ii)证明第7题的(i)和(ii).

(iv) 对合数模m,§5的定理1成立吗?以$m=12,15,22,25,28$为例,列表说明.

(v) 对合数模m,两个二次非剩余之积一定是二次剩余吗?

(vi) 模m的二次剩余有$\varphi(m)/T$个,其中T由§4习题四的第7题给出.

10. 设p是奇素数,$p\equiv 1 \pmod 4$. 证明:

(i) $1,2,\cdots,(p-1)/2$中模p的二次剩余与二次非剩余的个数均为$(p-1)/4$；

(ii) $1,2,\cdots,p-1$ 中有$(p-1)/4$ 个偶数为模 p 的二次剩余，$(p-1)/4$ 个奇数为模 p 的二次剩余；

(iii) $1,2,\cdots,p-1$ 中有$(p-1)/4$ 个偶数为模 p 的二次非剩余，$(p-1)/4$ 个奇数为模 p 的二次非剩余；

(iv) $1,2,\cdots,p-1$ 中全体模 p 的二次剩余之和等于 $p(p-1)/4$；

(v) $1,2,\cdots,p-1$ 中全体模 p 的二次非剩余之和等于 $p(p-1)/4$.

*11. 设 p 是奇素数. 证明：$1,2,\cdots,p-1$ 中全体模 p 的二次剩余之和为

$$S=\frac{p(p^2-1)}{24}-p\sum_{j=1}^{(p-1)/2}\left[\frac{j^2}{p}\right].$$

由此推出，当 $p\equiv1(\bmod 4)$时，

$$p\sum_{j=1}^{(p-1)/2}\left[\frac{j^2}{p}\right]=\frac{p(p^2-1)}{24}-\frac{p(p-1)}{4}.$$

以 $p=3,5,7,11,13,17,19,23,29,31,37$ 来具体验证所得公式的正确性.

*12. (i) 证明：当 $0\leqslant\{x\}<1/2$ 时，$\{2x\}-\{x\}=\{x\}$；当 $1/2\leqslant\{x\}<1$ 时，$\{2x\}-\{x\}=\{x\}-1$.

(ii) 设 $1\leqslant j<(p-1)/2$，p 是奇素数. 利用

$$j^2=p\left(\left[\frac{2j^2}{p}\right]-\left[\frac{j^2}{p}\right]\right)+p\left(\left\{\frac{2j^2}{p}\right\}-\left\{\frac{j^2}{p}\right\}\right),$$

证明：j^2 对模 p 的绝对最小剩余为正的充要条件是$\{j^2/p\}<1/2$，即$[2j^2/p]-2[j^2/p]=0$；j^2 对模 p 的绝对最小剩余为负的充要条件是$\{j^2/p\}>1/2$，即$[2j^2/p]-2[j^2/p]=1$.

(iii) 证明：$1,2,\cdots,(p-1)/2$ 中模 p 的二次非剩余个数为

$$N_1=\sum_{j=1}^{(p-1)/2}\left(\left[\frac{2j^2}{p}\right]-2\left[\frac{j^2}{p}\right]\right).$$

(iv) 证明：当 $p\equiv1(\bmod 4)$时，

$$\sum_{j=1}^{(p-1)/2}\left(\left[\frac{2j^2}{p}\right]-2\left[\frac{j^2}{p}\right]\right)=\frac{p-1}{4}.$$

(v) 以 $p=3,5,7,11,13,17,19,23,29,31,37$ 来具体验证上述结

论的正确性,并比较 $1,2,\cdots,(p-1)/2$ 中模 p 的二次剩余与二次非剩余的个数的多少.

*13. 设 $m>1,(a,m)=1$. 证明:二元一次同余方程

$$ax+y\equiv 0(\operatorname{mod} m)$$

一定有一组解 $x=x_0,y=y_0$,满足 $0<|x_0|\leqslant\sqrt{m}, 0<|y_0|\leqslant\sqrt{m}$.(提示:利用鸽巢原理.)

*14. 把第13题的结论进一步改进为 x_0,y_0 满足

$$0<|x_0|\leqslant\sqrt{m},\quad 0<|y_0|<\sqrt{m}.$$

*15. 设 $m>1,(a,m)=1$;再设正整数 e,f 满足 $ef>m,e>1,f>1$. 证明:二元一次同余方程 $ax+y\equiv 0(\operatorname{mod} m)$ 一定有一组解 $x=x_0,y=y_0$,满足 $0<|x_0|<e, 0<|y_0|<f$.

*16. 设素数 $p\equiv 1(\operatorname{mod} 8)$. 证明:必有奇素数 $q, 0<q<\sqrt{p}$,它是模 p 的二次非剩余.(提示:任取一个模 p 的二次非剩余 a,考虑二元一次同余方程 $ax+y\equiv 0(\operatorname{mod} p)$.)

17. 设素数 $p>2,(p,d)=1,a$ 是同余方程 $u^2+d\equiv 0(\operatorname{mod} p)$ 的解. 证明:

(i) 同余方程 $ax+y\equiv 0(\operatorname{mod} p)$ 的任一解 $x=x_0,y=y_0$,一定是同余方程 $dx^2+y^2\equiv 0(\operatorname{mod} p)$ 的一组解;

(ii) 同余方程 $dx^2+y^2\equiv 0(\operatorname{mod} p)$ 的任一解 $x=x_0,y=y_0$,一定是同余方程 $ax+y\equiv 0(\operatorname{mod} p)$ 或 $ax-y\equiv 0(\operatorname{mod} p)$ 的一组解.

§6 Gauss 二次互反律

6.1 Legendre 符号

为了便于进一步讨论二次剩余,我们引入一个表示模 p 的二次剩余、二次非剩余的符号——Legendre 符号.

定义 1 设素数 $p>2$. 定义整变数 d 的函数

$$\left(\frac{d}{p}\right)=\begin{cases}1, & d\text{ 是模 }p\text{ 的二次剩余},\\ -1, & d\text{ 是模 }p\text{ 的二次非剩余},\\ 0, & p\mid d.\end{cases}$$

我们把$\left(\frac{d}{p}\right)$称为模 p 的 **Legendre 符号**.

利用 Legendre 符号,上一节的二次剩余的性质(即定理 2)和推论 4 可表述为 Legendre 符号的性质.

定理 1 Legendre 符号有以下性质:

(i) $\left(\frac{d}{p}\right)=\left(\frac{p+d}{p}\right)$;

(ii) $\left(\frac{d}{p}\right)\equiv d^{(p-1)/2}\pmod p$;

(iii) $\left(\frac{dc}{p}\right)=\left(\frac{d}{p}\right)\left(\frac{c}{p}\right)$;

(iv) 当 $p\nmid d$ 时,$\left(\frac{d^2}{p}\right)=1$;

(v) $\left(\frac{1}{p}\right)=1,\left(\frac{-1}{p}\right)=(-1)^{(p-1)/2}$.

这个定理的证明是十分简单的,留给读者.

这样,确定 d 是否为模 p 的二次剩余就变成计算 Legendre 符号$\left(\frac{d}{p}\right)$的值. 定理 1 中的性质可以用来计算$\left(\frac{d}{p}\right)$. 由算术基本定理知,只要能计算出

$$\left(\frac{-1}{p}\right),\quad\left(\frac{2}{p}\right),\quad\left(\frac{q}{p}\right),$$

就可以计算出任意的$\left(\frac{d}{p}\right)$,这里 $q>2$ 是小于 p 的素数. Gauss 首先严格证明了刻画二次剩余的$\left(\frac{q}{p}\right)$与$\left(\frac{p}{q}\right)$之间的深刻联系,即 Gauss 二次互反律(见定理 5). 由于它的重要性,Gauss 用完全不同的方法给出了多个证明. 我们这里给出了其中的一个①,它的基础是下面的 Gauss 引理.

① 这个证明是 Gauss 在 1808 年给出的,是所有证明中最简单的一个. 他的第一个证明见文献[0]的第四篇.

6.2 Gauss 引理

引理 2(Gauss 引理) 设素数 $p>2, p\nmid d$;再设 $1\leqslant j<p/2$,

$$t_j \equiv jd \pmod p, \quad 0 < t_j < p. \tag{1}$$

以 n 表示这 $(p-1)/2$ 个 $t_j(1\leqslant j<p/2)$ 中大于 $p/2$ 的个数.那么,有

$$\left(\frac{d}{p}\right) = (-1)^n.$$

证 对任意的 $1\leqslant j<i<p/2$,有

$$t_j \pm t_i \equiv (j \pm i)d \not\equiv 0 \pmod p,$$

即

$$t_j \not\equiv \pm t_i \pmod p. \tag{2}$$

我们以 $r_1, \cdots, r_n$ 表示 $t_j(1\leqslant j<p/2)$ 中所有大于 $p/2$ 的数,以 $s_1, \cdots, s_k$ 表示 $t_j(1\leqslant j<p/2)$ 中所有小于 $p/2$ 的数.显然有

$$1 \leqslant p - r_i < p/2.$$

由式(2)知

$$s_j \not\equiv p - r_i \pmod p, \quad 1 \leqslant j \leqslant k, 1 \leqslant i \leqslant n.$$

因此,$s_1, \cdots, s_k, p-r_1, \cdots, p-r_n$ 这 $(p-1)/2$ 个数恰好就是 $1,2,\cdots,(p-1)/2$ 的一个排列.由此及式(1)得

$$\begin{aligned}
1 \cdot 2 \cdot \cdots \cdot ((p-1)/2) \cdot d^{(p-1)/2} &\equiv t_1 t_2 \cdots t_{(p-1)/2} \\
&\equiv s_1 \cdots s_k \cdot r_1 \cdots r_n \\
&\equiv (-1)^n s_1 \cdots s_k (p - r_1) \cdots (p - r_n) \\
&\equiv (-1)^n \cdot 1 \cdot 2 \cdot \cdots \cdot ((p-1)/2) \pmod p,
\end{aligned}$$

进而有

$$d^{(p-1)/2} \equiv (-1)^n \pmod p.$$

由此及定理 1(ii)、定义 1 就推出所要的结论.

由引理 2 就可推出 2 是否为模 p 的二次剩余的判别法.

定理 3 我们有

$$\left(\frac{2}{p}\right) = (-1)^{(p^2-1)/8}.$$

证 利用引理 2 中的符号,取 $d=2$.容易看出

$$1 \leqslant t_j = 2j < p/2,\quad 1 \leqslant j < p/4,$$
$$p/2 < t_j = 2j < p,\quad p/4 < j < p/2.$$

由第二式知

$$n = \frac{p-1}{2} - \left[\frac{p}{4}\right],$$

因而有

$$n = \begin{cases} l, & p = 4l+1, \\ l+1, & p = 4l+3. \end{cases}$$

由此及引理 2 就得到

$$\left(\frac{2}{p}\right) = (-1)^n = \begin{cases} 1, & p \equiv \pm 1 \pmod 8, \\ -1, & p \equiv \pm 3 \pmod 8. \end{cases} \tag{3}$$

这就是所要的结论. 式(3)表明: 当且仅当素数 $p \equiv \pm 1 \pmod 8$ 时, 2 才是模 p 的二次剩余.

引理 2 的意义在于, 它把 d 是否为模 p 的二次剩余与数 n 的奇偶性联系在一起, 而 n 是表示数 $1,2,\cdots,(p-1)/2$ 乘以 d 后所得的 d_j $[1 \leqslant j \leqslant (p-1)/2]$ 的模 p 的最小正剩余不在 $1,2,\cdots,(p-1)/2$ 中的数的个数. 但是, 对 n 本身的性质并不了解, 也没有明确的表示式. 为此, 需对引理 2 及其证明做进一步分析. 利用实数 x 的整数部分的符号 $[x]$, 式(1)可表示为

$$jd = p\left[\frac{jd}{p}\right] + t_j,\quad 1 \leqslant j < \frac{p}{2}.$$

上式两边对 j 求和, 得

$$d\sum_{j=1}^{(p-1)/2} j = p\sum_{j=1}^{(p-1)/2}\left[\frac{jd}{p}\right] + \sum_{j=1}^{(p-1)/2} t_j = pT + \sum_{j=1}^{(p-1)/2} t_j,$$

这里 $T = \sum\limits_{j=1}^{(p-1)/2}\left[\frac{jd}{p}\right]$. 由引理 2 的证明知

$$\begin{aligned} \sum_{j=1}^{(p-1)/2} t_j &= s_1 + \cdots + s_k + r_1 + \cdots + r_n \\ &= s_1 + \cdots + s_k + (p-r_1) + \cdots + (p-r_n) - np \\ &\quad + 2(r_1 + \cdots + r_n) \end{aligned}$$

$$= \sum_{j=1}^{(p-1)/2} j - np + 2(r_1 + \cdots + r_n).$$

由以上两式得

$$\frac{p^2-1}{8}(d-1) = p(T-n) + 2(r_1 + \cdots + r_n). \tag{4}$$

当 $d=2$ 时，显然有 $T=0$ 及 $n\equiv(p^2-1)/8(\bmod 2)$. 由此及引理 2 就又推出了定理 3. 当 $(d,2p)=1$ 时，有

$$T \equiv n(\bmod 2).$$

这样就得到了 n 的明确表达式. 由此及引理 2 就证明了下面的定理：

定理 4　设素数 $p>2$. 当 $(d,2p)=1$ 时，

$$\left(\frac{d}{p}\right) = (-1)^T, \tag{5}$$

其中

$$T = \sum_{j=1}^{(p-1)/2} \left[\frac{jd}{p}\right]. \tag{6}$$

6.3　Gauss 二次互反律

利用定理 4 就可以证明 Gauss 二次互反律. 为此，要进一步讨论由式(6)给出的 T 的和式.

当 d 为正时，定理 4 中的 T 有十分明确的几何意义：T 表示直角坐标平面中由 x 轴、直线 $x=p/2$ 及直线 $y=dx/p$ 所围成的三角形 OAB 内部的整点个数①(见图 2). 这只要注意到：(i) 在线段 AB 和线段 OB 上均无整点(除了原点 O)，后者是因为 $(p,d)=1$；(ii) 当 $p\nmid d$，$1\leqslant j<p/2$ 时，线段 $x=j, 0<y<jd/p$ 上的整点个数是 $[jd/p]$. 如果 d 也是奇素数，设 $d=q\neq p$，那么同样有

$$\left(\frac{p}{q}\right) = (-1)^S, \tag{7}$$

其中

① 整点即是坐标均为整数的点，参看第一章 §7 的例 1.

$$S=\sum_{l=1}^{(q-1)/2}\left[\frac{lp}{q}\right].$$

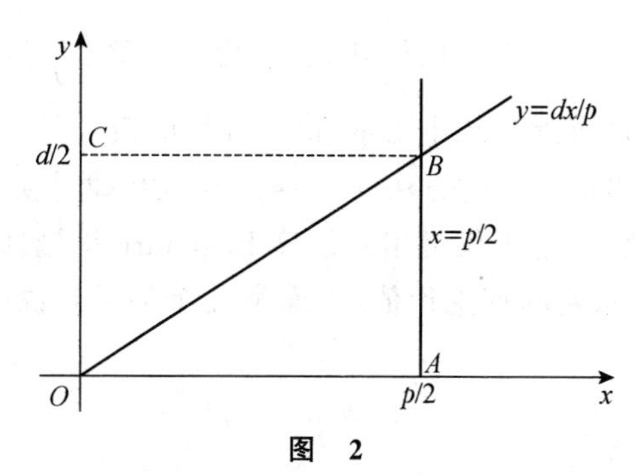

图 2

同样，S 就是图 2 中三角形 OCB 内部的整点个数(取 $d=q$). 这样，$S+T$ 就是矩形 $OABC$ 内部的整点数，所以有

$$S+T=\frac{p-1}{2}\cdot\frac{q-1}{2}. \tag{8}$$

由式(5)(取 $d=q$)，(7)及(8)就证明了著名的 **Gauss 二次互反律**：

定理 5 设 p,q 均为奇素数，$p\neq q$，则有

$$\left(\frac{q}{p}\right)\left(\frac{p}{q}\right)=(-1)^{(p-1)/2\cdot(q-1)/2}. \tag{9}$$

定理 5 表明：两个奇素数 p,q 中，只要有一个数模 4 与 1 同余，就必有

$$\left(\frac{q}{p}\right)=\left(\frac{p}{q}\right);$$

当且仅当它们都是 $4k+3$ 形式的数时，才有

$$\left(\frac{q}{p}\right)=-\left(\frac{p}{q}\right).$$

由 Legendre 符号的定义知，$\left(\frac{q}{p}\right)$和$\left(\frac{p}{q}\right)$分别刻画了二次同余方程

$$x^2\equiv q(\bmod p)\quad 和\quad x^2\equiv p(\bmod q)$$

是否有解，即 q 是否为模 p 的二次剩余和 p 是否为模 q 的二次剩余，这里正好是“模”和“剩余”互换了位置. 定理 5 就是刻画了这两者之间的关系，所以称为 Gauss 二次互反律. 前面已经指出，计算$\left(\frac{d}{p}\right)$可归结为

计算$\left(\frac{-1}{p}\right)$，$\left(\frac{2}{p}\right)$及$\left(\frac{q}{p}\right)$，$q$ 是小于 p 的奇素数. 前两者已经算出，而对最后一个，由 Gauss 二次互反律知，它可化为计算$\left(\frac{p}{q}\right)$，$q<p$. 不断地用这样的算法，就可逐步减小 Legendre 符号的模，所以就得到一个计算 Legendre 符号的很好的方法. Gauss 二次互反律是初等数论中最重要的基本定理之一，它不仅可用来计算 Legendre 符号(结合定理 1 和定理 3)，而且有重要的理论价值. 下面举几个例子来说明 Gauss 二次互反律的应用.

例 1　计算$\left(\frac{137}{227}\right)$.

解　227 是素数，由定理 1 得

$$\begin{aligned}\left(\frac{137}{227}\right)&=\left(\frac{-90}{227}\right)=\left(\frac{-1}{227}\right)\left(\frac{2\cdot 3^2\cdot 5}{227}\right)\\&=(-1)\left(\frac{2}{227}\right)\left(\frac{3^2}{227}\right)\left(\frac{5}{227}\right)\\&=(-1)\left(\frac{2}{227}\right)\left(\frac{5}{227}\right).\end{aligned}$$

由定理 3 得

$$\left(\frac{2}{227}\right)=-1.$$

由定理 5、定理 1 及定理 3 得

$$\left(\frac{5}{227}\right)=\left(\frac{227}{5}\right)=\left(\frac{2}{5}\right)=-1.$$

由以上三式得

$$\left(\frac{137}{227}\right)=-1.$$

这表明：同余方程 $x^2\equiv 137 \pmod{227}$ 无解.

例 2　判断下列同余方程是否有解，有解时求出其解数：

(i) $x^2\equiv -1 \pmod{365}$；　　(ii) $x^2\equiv 2 \pmod{3599}$.

解　(i) 365 不是素数，$365=5\cdot 73$，所以该同余方程和同余方程组

$$x^2 \equiv -1 \pmod{5}, \quad x^2 = -1 \pmod{73}$$

等价. 由定理 1(v)知

$$\left(\frac{-1}{5}\right) = \left(\frac{-1}{73}\right) = 1,$$

所以此同余方程组有解. 由§4 的定理 1 及§5 的定理 1 知,原同余方程有解,解数为 4.

(ii) 3599 不是素数,$3599 = 59 \cdot 61$. 该同余方程等价于同余方程组

$$x^2 \equiv 2 \pmod{59}, \quad x^2 \equiv 2 \pmod{61}.$$

由定理 3 知 $\left(\frac{2}{59}\right) = -1$,所以此同余方程组无解,从而原同余方程无解.

例 3 求所有奇素数 p,它以 3 为二次剩余.

解 这就是要求所有奇素数 p,使得 $\left(\frac{3}{p}\right) = 1$. 由定理 5 知

$$\left(\frac{3}{p}\right) = (-1)^{(p-1)/2}\left(\frac{p}{3}\right).$$

显见,p 是大于 3 的奇素数. 由

$$(-1)^{(p-1)/2} = \begin{cases} 1, & p \equiv 1 \pmod{4}, \\ -1, & p \equiv -1 \pmod{4} \end{cases}$$

及

$$\left(\frac{p}{3}\right) = \begin{cases} \left(\frac{1}{3}\right) = 1, & p \equiv 1 \pmod{6}, \\ \left(\frac{-1}{3}\right) = -1, & p \equiv -1 \pmod{6} \end{cases}$$

知,$\left(\frac{3}{p}\right) = 1$ 的充要条件是

$$p \equiv 1 \pmod{4}, \quad p \equiv 1 \pmod{6} \tag{10}$$

或

$$p \equiv -1 \pmod{4}, \quad p \equiv -1 \pmod{6}. \tag{11}$$

由同余方程组(10)知 $p \equiv 1 \pmod{12}$,由同余方程组(11)知 $p \equiv -1 \pmod{12}$. 因此,3 是模 p 的二次剩余的充要条件是 $p \equiv \pm 1 \pmod{12}$.

由此推出,3 是模 p 的二次非剩余的充要条件是 $p\equiv\pm 5(\bmod 12)$(为什么).

对 3 这样小的数,仍然可以直接用引理 2,如同定理 3 那样来解例 3. 利用引理 2 的符号,取 $d=3$. 我们有

$$\begin{aligned} &1\leqslant t_j=3j<p/2, && 1\leqslant j<p/6,\\ &p/2<t_j=3j<p, && p/6<j<p/3,\\ &p<t_j=3j<3p/2, && p/3<j<p/2. \end{aligned}$$

从最后一式得

$$0<t_j-p<p/2,\quad p/3<j<p/2.$$

注意到 $p>3$,从以上讨论知

$$n=[p/3]-[p/6],$$

因此

$$n=\begin{cases}\left[\dfrac{6k+1}{3}\right]-\left[\dfrac{6k+1}{6}\right]=k, & p=6k+1,\\ \left[\dfrac{6k-1}{3}\right]-\left[\dfrac{6k-1}{6}\right]=k, & p=6k-1.\end{cases}$$

所以有

$$\left(\frac{3}{p}\right)=\begin{cases}1, & p\equiv\pm 1(\bmod 12),\\ -1, & p\equiv\pm 5(\bmod 12).\end{cases}$$

这得到了和上面同样的结果. 但对大的数用 Gauss 二次互反律来做比较方便,不易出错.

例 4 求以 11 为二次剩余的全体奇素数 p.

解 由定理 5 知

$$\left(\frac{11}{p}\right)=(-1)^{(p-1)/2}\left(\frac{p}{11}\right).$$

由直接计算知

$$\left(\frac{p}{11}\right)=\begin{cases}1, & p\equiv 1,-2,3,4,5(\bmod 11),\\ -1, & p\equiv -1,2,-3,-4,-5(\bmod 11),\end{cases}$$

$$(-1)^{(p-1)/2}=\begin{cases}1, & p\equiv 1(\bmod 4),\\ -1, & p\equiv -1(\bmod 4).\end{cases}$$

解同余方程组

$$\begin{cases} x \equiv a_1 \pmod{4}, \\ x \equiv a_2 \pmod{11} \end{cases}$$

可得(留给读者)

$$x \equiv -11a_1 + 12a_2 \pmod{44}.$$

综合以上讨论知,$\left(\frac{11}{p}\right)=1$ 当且仅当

$$p \equiv \pm 1, \pm 5, \pm 7, \pm 9, \pm 19 \pmod{44}. \tag{12}$$

所以,当 p 为以上形式的素数时,11 为其二次剩余. 进而推出,当 $p\neq 11$ 为以下形式的素数时,$\left(\frac{11}{p}\right)=-1$,即 11 为模 p 的二次非剩余:

$$p \equiv \pm 3, \pm 13, \pm 15, \pm 17, \pm 21 \pmod{44}. \tag{13}$$

例 5 证明:若 $\left(\frac{d}{p}\right)=-1$,则 p 一定不能表示为 x^2-dy^2 的形式.

证 用反证法. 若 $p=x^2-dy^2$,因为 p 是素数,所以必有 $(p,x)=(p,y)=1$. 因此,由定理 1 推出

$$1=\left(\frac{x^2}{p}\right)=\left(\frac{dy^2}{p}\right)=\left(\frac{d}{p}\right)\left(\frac{y^2}{p}\right)=\left(\frac{d}{p}\right),$$

矛盾. 证毕.

这样,由例 3 知,当 $p\equiv\pm 5 \pmod{12}$ 时,p 一定不能表示为 x^2-3y^2 的形式. 由例 3 可得

$$\left(\frac{-3}{p}\right)=\left(\frac{-1}{p}\right)\left(\frac{3}{p}\right)=\begin{cases} 1, & p\equiv 1, -5 \pmod{12}, \\ -1, & p\equiv -1, 5 \pmod{12}. \end{cases} \tag{14}$$

因此,当 $p\equiv -1,5 \pmod{12}$ 时,p 一定不能表示为 x^2+3y^2 的形式. 进而推出,当 $p\equiv 5 \pmod{12}$ 时,p 一定不能表示为 $x^2\pm 3y^2$ 的形式.

例 6 证明:有无穷多个素数 p,满足 $p\equiv 1 \pmod{4}$.

证 假设这样的素数只有有限个,设它们为 $p_1,\cdots,p_k$. 我们考虑 $P=(2p_1\cdots p_k)^2+1$. 由假设及 $P\equiv 1 \pmod{4}$ 知,P 不是素数. 设 p 是 P 的素因数,p 当然是奇数,所以 -1 是模 p 的二次剩余,即 $\left(\frac{-1}{p}\right)=1$. 由定理 1 知 $p\equiv 1 \pmod{4}$,但显然有 $p\neq p_j\ (1\leqslant j\leqslant k)$. 这和假设矛盾. 证毕.

例 7 证明：x^4+1 的奇素因数 p 满足 $p\equiv1(\bmod 8)$，进而推出有无穷多个素数 p，满足 $p\equiv1(\bmod 8)$.

证 设 p 是 x^4+1 的奇素因数，即

$$(x^2)^2\equiv x^4\equiv-1(\bmod p),$$

则有 $\left(\frac{-1}{p}\right)=1$. 一方面，由定理 1 知 $p\equiv1(\bmod 4)$；而另一方面，

$$x^4+1=(x^2+1)^2-2x^2.$$

所以，有

$$(x^2+1)^2\equiv2x^2(\bmod p).$$

由于 $(p,2x)=1$，所以有(利用定理 1)

$$1=\left(\frac{(x^2+1)^2}{p}\right)=\left(\frac{2x^2}{p}\right)=\left(\frac{2}{p}\right)\left(\frac{x^2}{p}\right)=\left(\frac{2}{p}\right).$$

由此可从定理 3 推出 $p\equiv\pm1(\bmod 8)$. 于是，必有 $p\equiv1(\bmod 8)$.

下面证明第二个结论. 用反证法. 假设这样的素数只有有限个，设为 $p_1,\cdots,p_k$. 考虑 $P=(2p_1\cdots p_k)^4+1$. 由假设及 $P\equiv1(\bmod 8)$ 知 P 不是素数. 设 p 是 P 的素因数，当然 p 是奇数. 由已证的结论知 $p\equiv1(\bmod 8)$，但 $p\neq p_1,\cdots,p_k$. 这和假设矛盾. 证毕.

例 8 设 p 是素数，$p\equiv3(\bmod 4)$. 证明：$2p+1$ 是素数的充要条件是

$$2^p\equiv1(\bmod 2p+1). \tag{15}$$

证 *必要性* 若 $q=2p+1$ 是素数，则由条件知 $q\equiv-1(\bmod 8)$，因而由定理 3 知 $\left(\frac{2}{q}\right)=1$. 由此及定理 1(ii)得

$$1\equiv2^{(q-1)/2}\equiv2^p(\bmod 2p+1).$$

充分性 若式(15)成立，由于 p 是素数，所以由第一章 §3 的例 5 知，p 是满足

$$2^d\equiv1(\bmod 2p+1)$$

的最小正整数 d，进而由第三章 §3 的定理 3 知 $p\mid\varphi(2p+1)$. 因此，必有 $\varphi(2p+1)=p$ 或 $2p$. 由于 $2\mid\varphi(m)\,(m>2)$，所以 $\varphi(2p+1)=2p$. 这就证明了 $2p+1$ 是素数(为什么).

对 Legendre 符号$\left(\frac{d}{p}\right)$的计算，需要求出 d 的素因数分解式后才能利用 Gauss 二次互反律，这当 d 较大时有时是不方便的. 为了克服这一缺点，引入了 Jacobi 符号. 这是下一节的内容.

习 题 六

1. 计算下列 Legendre 符号：

$$\left(\frac{13}{47}\right),\ \left(\frac{30}{53}\right),\ \left(\frac{71}{73}\right),\ \left(\frac{-35}{97}\right),\ \left(\frac{-23}{131}\right),\ \left(\frac{7}{223}\right),$$
$$\left(\frac{-105}{223}\right),\ \left(\frac{91}{563}\right),\ \left(\frac{-70}{571}\right),\ \left(\frac{-286}{647}\right).$$

2. 判断下列同余方程是否有解：

(i) $x^2\equiv 7(\bmod 227)$；　　(ii) $x^2\equiv 11(\bmod 511)$；

(iii) $11x^2\equiv -6(\bmod 91)$；　　(iv) $5x^2\equiv -14(\bmod 6193)$.

3. (i) 求以 -3 为二次剩余的全体素数；

(ii) 求以 ± 3 为二次剩余的全体素数；

(iii) 求以 ± 3 为二次非剩余的全体素数；

(iv) 求以 3 为二次剩余，-3 为二次非剩余的全体素数；

(v) 求以 3 为二次非剩余，-3 为二次剩余的全体素数；

(vi) 求$(100)^2-3$，$(150)^2+3$ 的素因数分解式.

4. 求以 3 为二次非剩余，2 为二次剩余的全体素数(即以 3 为正的最小二次非剩余的全体素数).

5. (i) 求满足$\left(\frac{5}{p}\right)=1$ 的全体素数 p；

(ii) 求满足$\left(\frac{-5}{p}\right)=1$ 的全体素数 p；

(iii) 求 $121^2\pm 5$，$82^2\pm 5\cdot 11^2$，$273^2\pm 5\cdot 11^2$ 的素因数分解式；

(iv) 同余方程 $x^4\equiv 25(\bmod 1013)$是否可解？

6. (i) 求满足$\left(\frac{-2}{p}\right)=1$ 的全体素数 p；

(ii) 求满足$\left(\frac{10}{p}\right)=1$ 的全体素数 p；

(iii) 求使同余方程 $x^2\equiv 13\pmod{p}$ 有解的全体素数 p；

(iv) 证明：n^4-n^2+1 的素因数 $\equiv 1\pmod{12}$.

7. 设同余方程 $x^2-x+1\equiv 0\pmod{m}$.

(i) 当 $m=2^k(k\geqslant 1)$ 时，该同余方程无解.

(ii) 当 $m=3$ 时，该同余方程的解数为 1；当 $m=3^k(k\geqslant 2)$ 时，该同余方程无解.

(iii) 当 $m=p^k(k\geqslant 1)$，p 为大于 3 的奇素数时，该同余方程的解数为 $1+\left(\frac{-3}{p}\right)$.

(iv) 一般地，当 $9\mid m$ 时，该同余方程无解；当 $9\nmid m$ 时，该同余方程的解数为 $\prod\limits_{p\mid m}\left(1+\left(\frac{-3}{p}\right)\right)$，这里 $p=2$ 时 $\left(\frac{-3}{p}\right)=-1$，$p=3$ 时 $\left(\frac{-3}{p}\right)=0$.

(v) 讨论同余方程 $x^2\equiv -3\pmod{m}$ 的解数.

8. 证明下列形式的素数均有无穷多个：

(i) $8k-1,8k+3,8k-3$；

(ii) $3k+1,6k+1,12k+7,12k+1$；

(iii) 其十进位制表示的末位数为 9.

9. 设素数 $p=4m+1$，$d\mid m$. 证明：$\left(\frac{d}{p}\right)=1$.

10. 设素数 $p>2$. 证明：

(i) 同余方程 $(x^2-a)(x^2-b)(x^2-ab)\equiv 0\pmod{p}$ 总有解，其中 a,b 为任意的整数；

(ii) 同余方程 $x^6-11x^4+36x^2-36\equiv 0\pmod{p}$ 总有解.

11. 设素数 $p>2$. 证明：同余方程 $x^4\equiv -4\pmod{p}$ 有解的充要条件是 $p\equiv 1\pmod{4}$.

12. 证明：

(i) 对任意的素数 p，同余方程 $x^8\equiv 16\pmod{p}$ 必有解；

(ii) 当 $l\geqslant 3$ 时，同余方程 $x^{2^l}\equiv 2^{2^{l-1}}\pmod{p}$ 总有解.

13. (i) 设 $2\nmid n$，奇素数 $p\mid a^n-1$. 证明：$\left(\frac{a}{p}\right)=1$.

(ii) 设素数 $p>2$. 证明：2^p-1 的素因数 $\equiv\pm 1\pmod{8}$.

14. (i) 不用计算,证明：$23\mid 2^{11}-1, 47\mid 2^{23}-1, 503\mid 2^{251}-1$；

(ii) 若有无穷多个素数 $p=4n+3$,使得 $2p+1$ 也是素数,则有无穷多个 Mersenne 数(即形如 2^q-1 的数,其中 q 为素数)是合数.

*15. 设 $q=4^n+1$. 证明：q 是素数的充要条件是

$$3^{(q-1)/2}\equiv -1(\bmod q).$$

*16. 证明：

(i) 当素数 $p=4m+3$,$\left(\frac{a}{p}\right)=1$ 时,$x_0=\pm a^{m+1}$ 是同余方程 $x^2\equiv a(\bmod p)$ 的解；

(ii) 当 $p=8m+5$,$\left(\frac{a}{p}\right)=1$ 时,$x_0=\pm 2^{3m+1}a^{m+1}(2^{2m+1}+a^{2m+1})$ 是同余方程 $x^2\equiv a(\bmod p)$ 的解；

(iii) 当 $p=8m+1$,$\left(\frac{a}{p}\right)=1$ 时,若已知 b 使 $\left(\frac{b}{p}\right)=-1$,能求出同余方程 $x^2\equiv a(\bmod p)$ 的解吗?

17. (i) 对 $p=11,17,19,29$,$d=2,3,5,7,13$,具体算出引理 2 中的 n,并与 §5 的例 1 核对结果是否相符；

(ii) 直接利用引理 2 证明：设素数 $p>5$,则

$$\left(\frac{5}{p}\right)=(-1)^{[p/5]-[p/10]+[2p/5]-[3p/10]}.$$

18. 设素数 $p>2$,$p\nmid d$;再设 $p/2<j\leqslant p-1$,

$$s_j\equiv jd(\bmod p),\quad 0<s_j<p,$$

n' 表示这 $(p-1)/2$ 个 s_j 中小于 $p/2$ 的个数. 证明：

$$\left(\frac{d}{p}\right)=(-1)^{n'},\quad n=n',$$

这里 n 由引理 2 给出.

19. 设素数 $p>2$,$p\nmid d$;再设 $1\leqslant j<p/2$,

$$u_j\equiv (2j-1)d(\bmod p),\quad 0<u_j<p,$$

n_1 是这 $(p-1)/2$ 个 u_j 中为偶数的个数. 证明：

$$\left(\frac{d}{p}\right)=(-1)^{n_1}.$$

20. 设素数 $p>2, p\nmid d$；再设 $1\leqslant j<p/2$，

$$v_j\equiv 2jd\pmod p,\quad 0<v_j<p,$$

n_1' 是这 $(p-1)/2$ 个 v_j 中为奇数的个数. 证明：

$$\left(\frac{d}{p}\right)=(-1)^{n_1'},\quad n_1=n_1',$$

其中 n_1 由第 19 题给出.

21. 对第 17 题给出的 p 和 d，具体算出第 18～20 题中的 n',n_1，n_1'，并与 §5 的例 1 核对结果是否相符.

22. 分别直接利用第 18～20 题来求 $\left(\frac{2}{p}\right)$（即定理 3），$\left(\frac{3}{p}\right)$（即例 3）.

23. 设 p,d 及 n' 由第 18 题给出，$2\nmid d$. 证明：

$$n'\equiv\sum_{p/2<j<p}\left[\frac{jd}{p}\right]\pmod 2.$$

24. 设 p,d,n_1 由第 19 题给出，$2\nmid d$. 证明：

$$n_1\equiv\sum_{1\leqslant j<p/2}\left[\frac{(2j-1)d}{p}\right]\pmod 2.$$

25. 设 p,d,n_1' 由第 20 题给出，$2\nmid d$. 证明：

$$n_1'\equiv\sum_{1\leqslant j<p/2}\left[\frac{2jd}{p}\right]\pmod 2.$$

26. 分别直接用定理 4，第 23～25 题，对第 17 题的 $p,d(d\neq 2)$ 具体算出相应的和式及 $\left(\frac{d}{p}\right)$，并与 §5 的例 1 核对结果是否相符.

*27. 设素数 $p\equiv 3\pmod 4$，将 $1,2,\cdots,p-1$ 中模 p 的二次剩余为偶数的个数记为 $R^{(2)}$. 证明：

$$R^{(2)}=\begin{cases}N_1, & p\equiv 3\pmod 8,\\ (p-1)/2-N_1, & p\equiv 7\pmod 8,\end{cases}$$

其中 N_1 由 §5 习题五第 12 题的(iii)给出.

*28. 设素数 $p\equiv 3\pmod 4$，R_1 是 $1,2,\cdots,(p-1)/2$ 中模 p 的二次剩余的个数. 证明：

(i) $2\cdot 4\cdot\cdots\cdot(p-1)\equiv(-1)^{R_1+(p-3)/4}\pmod p$；

(ii) $1\cdot 3\cdot\cdots\cdot(p-2)\equiv(-1)^{R_1+(p+1)/4}\pmod p$；

(iii) $((p-1)/2)!\equiv(-1)^{R_1+1}(\bmod p)$.

29. 说明为了计算 Legendre 符号,可以避免利用$\left(\frac{2}{p}\right)$的计算公式.

*30. 设 a,b 是整数,$b^2>1$. 证明:

(i) $b^2+2\nmid 4a^2+1$;　　　(ii) $b^2-2\nmid 4a^2+1$;

(iii) $2b^2+3\nmid a^2-2$;　　　(iv) $3b^2+4\nmid a^2+2$.

31. 利用第 19 题,按下述途径证明定理 5. 设 p,q 均为奇素数,$p\neq q$. 对数对$\{j,k\}$,记

$$L(j,k)=(2j-1)q-(2k-1)p,$$
$$1\leqslant j\leqslant(p-1)/2,\ 1\leqslant k\leqslant(q-1)/2.$$

以 n_1 表示第 19 题中取 $p=p,d=q$ 时所定义的 n_1,以 $\tilde{n}_1$ 表示第 19 题中取 $p=q,d=p$ 时所定义的 n_1. 证明:

(i) 在这$((p-1)/2)((q-1)/2)$个不等于零的偶数 $L(j,k)$中有且仅有 $n_1+\tilde{n}_1$ 个满足条件$-q<L(j,k)<p$;

(ii) 若 $-q<L(j,k)<p$,则

$$-q<L((p+1)/2-j,(q+1)/2-k))<p;$$

(iii) 通过把满足(i)中条件的 $n_1+\tilde{n}_1$ 对数对$\{j,k\}$,以$\{j,k\}$与$\{(p+1)/2-j,(q+1)/2-k\}$为一组来分组,则

$$n_1+\tilde{n}_1\quad 与\quad ((p-1)/2)((q-1)/2)$$

的奇偶性相同.

32. 设素数 $p\geqslant 3,p\nmid a$. 证明:$\sum_{x=1}^{p}\left(\frac{ax+b}{p}\right)=0$.

33. 设素数 $p\geqslant 3,p\nmid a$. 证明:

$$\sum_{x=1}^{p}\left(\frac{x^2+ax}{p}\right)=\sum_{x=1}^{p}\left(\frac{x^2+x}{p}\right)=-1.$$

*34. 设素数 $p\geqslant 3,p\nmid a,f(x)=ax^2+bx+c,\Delta=b^2-4ac$. 证明:

(i) 若 $p\nmid\Delta$,则 $\sum_{x=1}^{p}\left(\frac{f(x)}{p}\right)=-\left(\frac{a}{p}\right)$;

(ii) 若 $p\mid\Delta$,则 $\sum_{x=1}^{p}\left(\frac{f(x)}{p}\right)=(p-1)\left(\frac{a}{p}\right)$.

*35. 证明:对任意的素数 p,必有整数 a,b,c,d,使得

$$x^4+1\equiv(x^2+ax+b)(x^2+cx+d)(\mathrm{mod}\,p).$$

§7　Jacobi 符号

定义 1　设奇数 $P>1, P=p_1\cdots p_s, p_j(1\leqslant j\leqslant s)$是素数. 定义

$$\left(\frac{d}{P}\right)=\left(\frac{d}{p_1}\right)\cdots\left(\frac{d}{p_s}\right),$$

这里$\left(\frac{d}{p_j}\right)(1\leqslant j\leqslant s)$是模 p_j 的 Legendre 符号. 我们把$\left(\frac{d}{P}\right)$称为 **Jacobi 符号**.

显见,当 P 本身是奇素数时,Jacobi 符号就是 Legendre 符号. 由定义 1 和 Legendre 符号的基本性质立即推出(证明留给读者):

定理 1　Jacobi 符号有以下性质:

(i) $\left(\frac{1}{P}\right)=1$;当$(d,P)>1$时,$\left(\frac{d}{P}\right)=0$;当$(d,P)=1$时,$\left(\frac{d}{P}\right)=\pm1$.

(ii) $\left(\frac{d}{P}\right)=\left(\frac{d+P}{P}\right)$.

(iii) $\left(\frac{dc}{P}\right)=\left(\frac{d}{P}\right)\left(\frac{c}{P}\right)$.

(iv) $\left(\frac{d}{P_1P_2}\right)=\left(\frac{d}{P_1}\right)\left(\frac{d}{P_2}\right)$.

(v) 当$(P,d)=1$时,$\left(\frac{d^2}{P}\right)=\left(\frac{d}{P^2}\right)=1$.

为了证明进一步的性质,需要下面的引理:

引理 2　设 $a_j\equiv1(\mathrm{mod}\,m)(1\leqslant j\leqslant s), a=a_1\cdots a_s$,我们有

$$\frac{a-1}{m}\equiv\frac{a_1-1}{m}+\cdots+\frac{a_s-1}{m}(\mathrm{mod}\,m).$$

证　显然,只要证 $s=2$ 的情形即可. 我们有

$$a-1=a_1a_2-1=(a_1-1)+(a_2-1)+(a_1-1)(a_2-1).$$

由 $a_j\equiv1(\mathrm{mod}\,m)$知 $a\equiv1(\mathrm{mod}\,m)$,所以

$$\frac{a-1}{m}=\frac{a_1-1}{m}+\frac{a_2-1}{m}+\frac{(a_1-1)(a_2-1)}{m}$$

$$\equiv \frac{a_1-1}{m}+\frac{a_2-1}{m}(\bmod m).$$

证毕.

定理 3　我们有

$$\left(\frac{-1}{P}\right)=(-1)^{(P-1)/2};\tag{1}$$

$$\left(\frac{2}{P}\right)=(-1)^{(P^2-1)/8}.\tag{2}$$

证　设 $P=p_1\cdots p_s$，$p_j(1\leqslant j\leqslant s)$是奇素数. 由定义 1 及 §6 的定理 1(v)知

$$\left(\frac{-1}{P}\right)=\left(\frac{-1}{p_1}\right)\cdots\left(\frac{-1}{p_s}\right)=(-1)^{(p_1-1)/2+\cdots+(p_s-1)/2}.$$

在引理 2 中，取 $m=2$，$a_j=p_j(1\leqslant j\leqslant s)$，就得到

$$\frac{P-1}{2}\equiv\frac{p_1-1}{2}+\cdots+\frac{p_s-1}{2}(\bmod 2).\tag{3}$$

由以上两式即得式(1). 由定义 1 和 §6 的定理 3 得

$$\left(\frac{2}{P}\right)=\left(\frac{2}{p_1}\right)\cdots\left(\frac{2}{p_s}\right)=(-1)^{(p_1^2-1)/8+\cdots+(p_s^2-1)/8}.$$

由于 p_j 是奇数，所以 $p_j^2\equiv 1(\bmod 8)$. 在引理 2 中，取 $m=8$，$a_j=p_j^2(1\leqslant j\leqslant s)$，就得到

$$\frac{P^2-1}{8}\equiv\frac{p_1^2-1}{8}+\cdots+\frac{p_s^2-1}{8}(\bmod 8).$$

由以上两式即得式(2).

对于 Jacobi 符号，有以下的互反律成立：

定理 4　设奇数 $P>1$，奇数 $Q>1$，$(P,Q)=1$. 我们有

$$\left(\frac{Q}{P}\right)\left(\frac{P}{Q}\right)=(-1)^{((P-1)/2)((Q-1)/2)}.$$

证　设 $P=p_1\cdots p_s$，$Q=q_1\cdots q_r$，$p_j(1\leqslant j\leqslant s)$，$q_i(1\leqslant i\leqslant r)$均为奇素数. 由定义 1、定理 1 及 §6 的定理 5(注意 $q_i\neq p_j$)得

$$\left(\frac{Q}{P}\right)=\prod_{j=1}^{s}\left(\frac{Q}{p_j}\right)=\prod_{j=1}^{s}\prod_{i=1}^{r}\left(\frac{q_i}{p_j}\right)$$

$$= \prod_{j=1}^{s}\prod_{i=1}^{r}\left(\frac{p_j}{q_i}\right)(-1)^{((p_j-1)/2)((q_i-1)/2)}$$

$$= \left(\prod_{j=1}^{s}\prod_{i=1}^{r}\left(\frac{p_j}{q_i}\right)\right)\left(\prod_{j=1}^{s}\prod_{i=1}^{r}(-1)^{((p_j-1)/2)((q_i-1)/2)}\right),$$

$$= \left(\frac{P}{Q}\right)\prod_{j=1}^{s}(-1)^{((p_j-1)/2)\sum_{i=1}^{r}(q_i-1)/2}.$$

类似于式(3),可得

$$\frac{Q-1}{2} \equiv \frac{q_1-1}{2} + \cdots + \frac{q_r-1}{2} \pmod 2,$$

由以上两式得

$$\left(\frac{Q}{P}\right) = \left(\frac{P}{Q}\right)\prod_{j=1}^{s}(-1)^{((p_j-1)/2)((Q-1)/2)}$$

$$= \left(\frac{P}{Q}\right)(-1)^{((Q-1)/2)\sum_{j=1}^{s}(p_j-1)/2}$$

$$= \left(\frac{P}{Q}\right)(-1)^{((P-1)/2)((Q-1)/2)},$$

最后一步用了式(3). 注意到$(Q,P)=1$ 时 $\left(\frac{P}{Q}\right)=\pm 1$,由此就推出所要的结论.

以上证明的这些性质表明: 为了计算 Jacobi 符号(当然包括 Legendre 符号作为它的特殊情形),我们并不需要求素因数分解式. 例如: 105 虽然不是奇素数,当我们要计算 Legendre 符号$\left(\frac{105}{317}\right)$时,可以先把它看作 Jacobi 符号来计算,由定理 4 得

$$\left(\frac{105}{317}\right) = \left(\frac{317}{105}\right) = \left(\frac{2}{105}\right) = 1,$$

其中后两步用到了定理 1(ii)及式(2). 这也就是它作为 Legendre 符号的值. 因此,引入 Jacobi 符号对计算 Legendre 符号是十分方便的. 但应该强调指出,Jacobi 符号与 Legendre 符号的本质差别是: Jacobi 符号$\left(\frac{d}{P}\right)=1$ 绝不表示同余方程

$$x^2 \equiv d \pmod P$$

一定有解. 例如：奇素数 $p\equiv -1(\bmod 4)$，取 $P=p^2$ 时总有

$$\left(\frac{-1}{P}\right)=\left(\frac{-1}{p^2}\right)=1,$$

但同余方程

$$x^2\equiv -1(\bmod p)$$

无解，当然同余方程

$$x^2\equiv -1(\bmod p^2)$$

也无解. 再如：Jacobi 符号

$$\left(\frac{2}{3599}\right)=1,$$

但由 §6 的例 2(ii)知，同余方程

$$x^2\equiv 2(\bmod 3599)$$

无解. 由于这种差别，所以对 Jacobi 符号，§6 的定理 1(ii)、引理 2 及定理 4 都不成立.

习　题　七

1. 利用 Jacobi 符号的性质计算：

(i) $\left(\frac{51}{71}\right)$；　(ii) $\left(\frac{-35}{97}\right)$；　(iii) $\left(\frac{313}{401}\right)$；　(iv) $\left(\frac{165}{503}\right)$.

*2. 设 a,b 是正整数，$2\nmid b$. 证明：对 Jacobi 符号，有公式

$$\left(\frac{a}{2a+b}\right)=\begin{cases}\left(\frac{a}{b}\right), & a\equiv 0,1(\bmod 4),\\ -\left(\frac{a}{b}\right), & a\equiv 2,3(\bmod 4).\end{cases}$$

*3. 设 a,b,c 是正整数，$(a,b)=1$，$2\nmid b$，$b<4ac$. 证明：对 Jacobi 符号，有公式

$$\left(\frac{a}{4ac-b}\right)=\left(\frac{a}{b}\right).$$

*4. 证明：整数 a 是每个素数的二次剩余的充要条件是 $a=b^2$（做本题时假定以下结论成立：设 $m\geqslant 1$，$(d,m)=1$，则必有素数 p，使得

$$p\equiv d(\bmod m)).$$

5. 设 D 不是平方数，满足 $D\equiv 0$ 或 $1(\bmod 4)$. 定义正整数 n 的函数 $\left(\frac{D}{n}\right)$——**Kronecker 符号**如下：(a) 当 $(D,n)>1$ 时，$\left(\frac{D}{n}\right)=0$；(b) $\left(\frac{D}{1}\right)=1$；(c) 当 D 是奇数时，$\left(\frac{D}{2}\right)=\left(\frac{2}{|D|}\right)$，其中 $\left(\frac{2}{|D|}\right)$ 是 Jacobi 符号；(d) 当 $n=p_1\cdots p_r$ 时，$\left(\frac{D}{n}\right)=\left(\frac{D}{p_1}\right)\cdots\left(\frac{D}{p_r}\right)$，其中 $\left(\frac{D}{p_j}\right)$ 在 $p_j(1\leqslant j\leqslant r)$ 是奇素数时是 Legendre 符号.

(i) 证明：当 D 是奇数时，$\left(\frac{D}{n}\right)=\left(\frac{n}{|D|}\right)$，其中 $\left(\frac{n}{|D|}\right)$ 是 Jacobi 符号.

(ii) 证明：当 $D=2^l k, 2\nmid k, l>0$ 时，

$$\left(\frac{D}{n}\right)=\left(\frac{2}{n}\right)^l(-1)^{(|k|-1)(n-1)/4}\left(\frac{n}{|k|}\right),\quad 2\nmid n,$$

其中 $\left(\frac{2}{n}\right)$，$\left(\frac{n}{|k|}\right)$ 的是 Jacobi 符号.

(iii) 证明：$\left(\frac{D}{mn}\right)=\left(\frac{D}{m}\right)\left(\frac{D}{n}\right), m,n>0$.

(iv) 证明：若 $m,n>0, m\equiv n(\bmod |D|)$，则 $\left(\frac{D}{m}\right)=\left(\frac{D}{n}\right)$.

(v) 能否把 $\left(\frac{D}{n}\right)$ 的定义域推广到全体整数，且保持(iii)，(iv)成立？如果能，则给出推广，并证明之.

6. 设 $\left(\frac{D}{n}\right)$ 是上题中的 Kronecker 符号. 证明：

(i) 对给定的 D，一定存在 n，使得 $\left(\frac{D}{n}\right)=-1$；

(ii) $\left(\frac{D}{|D|-1}\right)=\frac{D}{|D|}$.

7. 设 k 是正整数，D 由第 5 题给出，且 $(D,k)=1$. 证明：同余方程 $x^2\equiv d(\bmod 4k)$ 的解数等于 $2\sum_{m\mid k}{}^{*}\left(\frac{D}{m}\right)$，其中求和条件 $*$ 表示 m 取 k 的所有无平方因子的正因数，$\left(\frac{D}{m}\right)$ 是 Kronecker 符号.

§8 模为素数的一元高次同余方程

设 p 是素数,$n\geqslant 0$ 及

$$f(x)=a_nx^n+\cdots+a_0. \tag{1}$$

本节要讨论三部分内容:同余方程[①]

$$f(x)\equiv 0(\bmod p) \tag{2}$$

的次数和解数的关系,模 p 的同余方程一定可化为次数低于 p 的同余方程的证明,模为素数的二项同余方程.本节所用的主要工具是整系数多项式的除法及 Fermat 小定理[第三章§3 的式(14),即模 p 的 p 次同余方程

$$x^p-x\equiv 0(\bmod p) \tag{3}$$

的解数为 p.也就是说,x 取任意整数时式(3)总成立].先来讨论由前两部分内容组成的基本知识.

8.1 基本知识

定理 1 设 $p\nmid a_n$.如果 n 次同余方程(2)有 k 个不同的解

$$x\equiv c_1,\cdots,c_k(\bmod p), \tag{4}$$

那么一定存在唯一的一对整系数多项式 $g_k(x)$ 与 $r_k(x)$,使得

$$f(x)=(x-c_1)\cdots(x-c_k)g_k(x)+pr_k(x), \tag{5}$$

其中 $r_k(x)$ 的次数小于 k,$g_k(x)$ 的次数为 $n-k\geqslant 0$,且 $g_k(x)$ 的首项系数是 a_n.

证 唯一性 若还有这样的 $\bar{g}_k(x)$,$\bar{r}_k(x)$,使得

$$f(x)=(x-c_1)\cdots(x-c_k)\bar{g}_k(x)+p\bar{r}_k(x),$$

则有

$$(x-c_1)\cdots(x-c_k)(g_k(x)-\bar{g}_k(x))=p(\bar{r}_k(x)-r_k(x)).$$

若 $g_k(x)\neq\bar{g}_k(x)$,则上式左边是次数高于或等于 k 的多项式,而右

---

① 为方便起见,当 $n=0$ 时,把 $a_0\equiv 0(\bmod p)$ 也看作同余方程.当 $p\nmid a_0$ 时,它不成立,看作无解;当 $p\mid a_0$ 时,它成立,看作解数为 p.

边的次数低于 k. 所以，这不可能. 若 $g_k(x)=\bar{g}_k(x)$，则由上式推出 $\bar{r}_k(x)=r_k(x)$. 这就证明了唯一性(事实上，以后用不到唯一性).

存在性　对 k 用数学归纳法. 当 $k=1$ 时，由 $p\nmid a_n$ 知必有 $n\geqslant 1$[参看式(2)的注①]. 做多项式除法可得

$$f(x)=(x-c_1)g_1(x)+s_1,$$

其中 s_1 为某一整数，$g_1(x)$ 的次数为 $n-1$，首项系数为 a_n. 在上式中取 $x=c_1$，由 $f(c_1)\equiv 0(\bmod p)$ 即得 $p\mid s_1$，$s_1=pr_1$. 这样，取 $g_1(x)$ 及 $r_1(x)=r_1$，就满足式(5)($k=1$). 假设 $k=l(l\geqslant 1)$ 时结论成立，即存在次数低于 l 的多项式 $r_l(x)$ 及次数为 $n-l\geqslant 0$、首项系数为 a_n 的多项式 $g_l(x)$，使得

$$f(x)=(x-c_1)\cdots(x-c_l)g_l(x)+pr_l(x). \tag{6}$$

当 $k=l+1$ 时，首先由归纳假设知必有式(6)成立. 在式(6)中取 $x=c_{l+1}$，由 $f(c_{l+1})\equiv 0(\bmod p)$ 及 $(c_{l+1}-c_1)\cdots(c_{l+1}-c_1)\not\equiv 0(\bmod p)$，从式(6)推出 $x\equiv c_{l+1}(\bmod p)$ 是同余方程

$$g_l(x)\equiv 0(\bmod p) \tag{7}$$

的解. 由此及 $p\nmid a_n$ 推出 $g_l(x)$ 的次数 $n-l\geqslant 1$. 这样，对同余方程(7)利用 $k=1$ 的结论，得

$$g_l(x)=(x-c_{l+1})h_1(x)+pt_1,$$

这里 $h_1(x)$ 的次数为 $(n-l)-1\geqslant 0$，首项系数为 a_n，t_1 为某一整数. 把上式代入式(6)，即得

$$\begin{aligned}f(x)=&(x-1)\cdots(x-c_{l+1})h_1(x)\\&+p(t_1(x-c_1)\cdots(x-c_l)+r_l(x)).\end{aligned}$$

取 $g_{l+1}(x)=h_1(x)$，$r_{l+1}(x)=t_1(x-c_1)\cdots(x-c_l)+r_l(x)$，就证明了结论对 $k=l+1$ 成立. 证毕.

定理 1 的结论还可加强(见习题八的第 1 题). 定理 1 已经证明了下面的结论：

定理 2　设 $p\nmid a_n$，那么 n 次同余方程(2)的解数 $k\leqslant\min(n,p)$.

证　解数 $k\leqslant p$ 是显然的. 无解(即解数 k 为 0)时结论当然成立. 当解数 $k\geqslant 1$ 时，由定理 1 知存在 $g_k(x)$，$r_k(x)$，使得式(5)成立. 由 $g_k(x)$ 的存在性及其次数 $n-k\geqslant 0$ 就推出 $k\leqslant n$. 证毕.

定理 2 通常称为 **Lagrange 定理**. 我们也可以不利用定理 1 而直接证明定理 2.

定理 2 的直接证明 对次数 n 用数学归纳法. 显然, 只要证明 $k\leqslant n$ 即可. 当 $n=0$ 时, $f(x)=a_0$, $p\nmid a_0$, 由约定[见式(2)的注①]知同余方程(2)无解, 所以结论成立. 假设结论对 $n=l(l\geqslant 0)$ 成立. 当 $n=l+1$ 时, 若结论不成立, 则同余方程(2)($n=l+1$, $p\nmid a_{l+1}$)至少有 $l+2$ 个解, 设为

$$x\equiv c_1, c_2, \cdots, c_{l+2} \pmod p. \tag{8}$$

考虑多项式

$$\begin{aligned} f(x)-f(c_1) &= a_{l+1}(x^{l+1}-c_1^{l+1})+\cdots+a_1(x-c_1) \\ &= (x-c_1)(a_{l+1}x^l+\cdots)=(x-c_1)h(x). \end{aligned} \tag{9}$$

显见, $h(x)$ 是 l 次多项式, 且 $p\nmid a_{l+1}$, 所以

$$h(x)\equiv 0 \pmod p \tag{10}$$

是 l 次同余方程. 但由假定的式(8), (9)知, l 次同余方程(10)至少有 $l+1$ 个解

$$x\equiv c_2, \cdots, c_{l+2} \pmod p.$$

这和归纳假设矛盾. 证毕.

定理 2 的一个直接推论是:

推论 3 (i) 若同余方程(2)的解数 $k>n$, 则必有 $p\mid a_j$, $0\leqslant j\leqslant n$.

(ii) 设整系数多项式 f_1, f_2 的次数小于 p. 若 f_1 和 f_2 是模 p 等价的, 则它们一定是模 p 同余的.

证 (i) 用反证法. 若结论不成立, 则必有 d, $0\leqslant d\leqslant n$, 使得 $p\mid a_j$, $d<j\leqslant n$, $p\nmid a_d$. 这样, 同余方程(2)与同余方程

$$a_dx^d+\cdots+a_0\equiv 0 \pmod p$$

的解数相同. 但由定理 2 知, 同余方程(2)的解数 $k\leqslant d\leqslant n$, 矛盾.

(ii)的证明留给读者(模 p 等价和模 p 同余的定义见第三章 §1 的定义 2).

定理 1 和定理 2 中的条件 $p\nmid a_n$ 是十分重要的, 不然定理 1 和定理 2 都不成立. 例如: 若 $f(x)=px$, 同余方程 $px\equiv 0 \pmod p$ 至少有两

个解 $x\equiv 0,1 \pmod p$，所以定理 2 不成立. 也不可能存在 $g_2(x)$ 及 $r_2(x)$（次数低于或等于 1），使得

$$px = x(x-1)g_2(x) + pr_2(x),$$

所以定理 1 也不成立. 若把条件 $p\nmid a_n$ 改为 $p\nmid(a_n,\cdots,a_0)$，定理 1 和定理 2 也成立. 这时，定理 1 中的 $g_k(x)$ 也满足以下条件：p 不能整除 $g_k(x)$ 的系数的最大公约数（详细证明留给读者）. 应该指出，由定理 2（它可以直接证明）也可推出定理 1，所以这两个定理是等价的. 下面来给出这样的证明.

由定理 2 推出定理 1 的证明　由定理 2 知必有 $k\leqslant n$，所以可做多项式除法，得到

$$f(x) = (x-c_1)\cdots(x-c_k)g(x) + s(x),$$

其中 $g(x)$ 的次数为 $n-k\geqslant 0$，首项系数为 a_n，$s(x)$ 的次数低于 k. 由此及条件知，同余方程

$$s(x) \equiv 0 \pmod p$$

至少有由式(4)给出的 k 个解，因而由推论 3（这是由定理 2 推出的）知，$s(x)$ 的系数均被 p 整除，所以 $s(x)=pr(x)$. 这就证明了存在性. 唯一性的证明和原来的相同. 证毕.

由定理 1 或定理 2 还可立即推出下面的结论：

推论 4　设 $p\nmid a_n$，则 n 次同余方程(2)恰有 n 个解（即解数为 n）

$$x \equiv c_1,\cdots,c_n \pmod p \tag{11}$$

的充要条件是，存在对模 p 两两不同余的 $c_1,c_2,\cdots,c_n$，使得

$$f(x) = a_n(x-c_1)\cdots(x-c_n) + pr(x), \tag{12}$$

其中 $r(x)$ 是次数低于 n 的整系数多项式.

证明留给读者. 特别地，在推论 4 中取 $f(x)=x^{p-1}-1$，由 Fermat 小定理知，$p-1$ 次同余方程

$$x^{p-1} - 1 \equiv 0 \pmod p$$

恰有 $p-1$ 个解

$$x \equiv 1,2,\cdots,p-1 \pmod p,$$

因而由推论 4 得

$$x^{p-1} - 1 = (x-1)\cdots(x-p+1) + pr(x). \tag{13}$$

取 $x=p$，则由式(13)即得

$$(p-1)!\equiv -1(\bmod p).$$

这就给出了 Wilson 定理(第三章§4 的定理 1)的又一个证明.

下面来证明 n 次同余方程恰有 n 个解的判别法.

定理 5 如果 $a_n=1$，那么 n 次同余方程(2)的解数等于 n 的充要条件是

$$x^p-x=f(x)q(x)+pr(x), \tag{14}$$

其中 $q(x)$，$r(x)$是整系数多项式，且 $r(x)$的次数低于 n.

证 *必要性* 显见 $n\leqslant p$，所以做多项式除法可得

$$x^p-x=f(x)q(x)+s(x),$$

其中 $q(x)$，$s(x)$是整系数多项式，且 $s(x)$的次数低于 n. 由此及 Fermat 小定理知，同余方程(2)的解都是同余方程

$$s(x)\equiv 0(\bmod p)$$

的解，因而由推论 3 推出 $s(x)$的系数都是 p 的倍数. 这就证明了必要性.

充分性 这时必有 $n\leqslant p$(为什么)，$f(x)$是 n 次多项式，$q(x)$是 $p-n$ 次多项式. 由式(14)及 Fermat 小定理知，同余方程

$$f(x)q(x)\equiv 0(\bmod p)$$

的解数为 p. 设同余方程

$$f(x)\equiv 0(\bmod p)$$

的解数为 k，同余方程

$$q(x)\equiv 0(\bmod p)$$

的解数为 h，则有 $p\leqslant k+h$. 另外，由定理 2 知 $k\leqslant n$，$h\leqslant p-n$，所以 $k+h=p$. 由此就推出 $k=n$. 证毕.

下面举几个应用定理 5 的例子.

例 1 判断同余方程 $2x^3+5x^2+6x+1\equiv 0(\bmod 7)$是否有 3 个解.

解 这里首项系数为 2，先做恒等变形，可知原同余方程与

$$4(2x^3+5x^2+6x+1)\equiv x^3-x^2+3x-3\equiv 0(\bmod 7)$$

的解相同. 做多项式除法，可得

$$x^7-x=(x^3-x^2+3x-3)(x^3+x^2-2x-2)x+7x(x^2-1).$$

所以,原同余方程的解数为 3.

例 2　设素数 $p>2, p\nmid d$. 求二次同余方程

$$x^2-d\equiv 0(\bmod p) \tag{15}$$

的解数为 2 的充要条件.

解　由于

$$\begin{aligned}x^{p-1}-1&=(x^2)^{(p-1)/2}-d^{(p-1)/2}+d^{(p-1)/2}-1\\&=(x^2-d)q(x)+d^{(p-1)/2}-1,\end{aligned}$$

所以由定理 5 知,同余方程(15)的解数为 2 的充要条件是

$$d^{(p-1)/2}-1\equiv 0(\bmod p). \tag{16}$$

由于 $p>2$,所以同余方程(15)要么无解,要么有解且解数必为 2. 所以,式(16)也是同余方程(15)有解的充要条件. 这就给出了 Euler 判别法(§5 的定理 2)的又一证明. 此外,注意到

$$x^{p-1}-1=(x^{(p-1)/2}-1)(x^{(p-1)/2}+1),$$

所以同余方程(16)(把 d 看作变数 x)的解数为 $(p-1)/2$,即模 $p(p>2)$ 的二次剩余恰有 $(p-1)/2$ 个. 这就给出了§5 定理 1 的又一证明. 这种证明方法,对二次剩余来说似乎"太高级",但在讨论高次剩余(见定理 7～定理 9)时就显出了优越性.

虽然可以出现任意次的模 p 的同余方程,但下面的定理表明我们总可以把它化为次数低于 p 的同余方程.

定理 6　(i) 同余方程(2)的解数为 p 的充要条件是

$$f(x)=(x^p-x)g(x)+pr(x), \tag{17}$$

其中整系数多项式 $r(x)$ 的次数低于 p,即 $f(x)$ 模 p 等价于零;

(ii) 同余方程(2)的解数小于 p 的充要条件是,存在一个次数低于 p、首项系数为 1 的整系数多项式 $f^*(x)$,使得 $f(x)$ 与 $Bf^*(x)$ 是模 p 等价的(其中 B 为某一整数),且同余方程(2)与同余方程

$$f^*(x)\equiv 0(\bmod p) \tag{18}$$

的解相同. 此外,$f^*(x)$ 在模 p 同余的意义下是唯一的,这时同余方程(18)称为同余方程(2)的**等价同余方程**.

证　(i) 充分性由式(17)及 Fermat 小定理推出. 下面证明必要性. 由多项式除法可得

$$f(x) = (x^p - x)g(x) + s(x), \tag{19}$$

其中 $s(x)$是次数低于 p 的整系数多项式.因此,$f(x)$模 p 等价于 $s(x)$.由同余方程(2)的解数为 p 及 Fermat 小定理推出同余方程

$$s(x) \equiv 0 \pmod{p} \tag{20}$$

的解数也为 p.由此及推论 3 推出 $s(x)=pr(x)$,其中 $r(x)$为次数低于 p 的整系数多项式.这就证明了必要性.

(ii) 充分性由定理 2 推出.下面证明必要性.这时,同样有式(19)成立.由此及 Fermat 小定理知,同余方程(2)与(20)的解相同.因此,同余方程(20)的解数小于 p,进而推出 $s(x)$的系数一定不能全被 p 整除(为什么).设

$$s(x) = b_l x^l + \cdots + b_0, \quad 0 \leqslant l < p,$$

则一定有 $d(0\leqslant d\leqslant l)$,使得 $p|b_j, d<j\leqslant l, p\nmid b_d$.这样,同余方程(20)就与同余方程

$$s_1(x) = b_d x^d + \cdots + b_0 \equiv 0 \pmod{p}, \quad 0 \leqslant d < p \tag{21}$$

的解相同.取 b_d^{-1} 是 b_d 对模 p 的逆,即 $b_d^{-1}b_d=1+ep$,再取

$$\begin{aligned} f^*(x) &= b_d^{-1}s_1(x) - epx^d \\ &= x^d + b_d^{-1}b_{d-1}x^{d-1} + \cdots + b_d^{-1}b_0, \end{aligned}$$

所得的同余方程(18)就和同余方程(2)的解相同,且 $f(x)$与 $b_d f^*(x)$是模 p 等价的.这就证明了必要性.利用推论 3,容易证明 $f^*(x)$在模 p 同余的意义下是唯一的(证明留给读者).证毕.

这样,对于一个同余方程(2),可以按以下步骤来简化:先去掉其中系数为 p 的倍数的项.如果所得到的等价的同余方程的次数高于或等于 p,那么再按定理 5 做多项式除法,得到式(19),就可确定它的解数是否为 p.若不是 p,就可进一步找出次数低于 p 的等价同余方程(18).下面举几个例子.

例 3 简化同余方程

$$21x^{18} + 2x^{15} - x^{10} + 4x - 3 \equiv 0 \pmod{7}.$$

解 先去掉系数为 7 的倍数的项,得

$$2x^{15} - x^{10} + 4x - 3 \equiv 0 \pmod{7}.$$

再做多项式除法,由式(19)($p=7$)得

$$2x^{15}-x^{10}+4x-3=(x^7-x)(2x^8-x^3+2x^2)$$
$$+(-x^4+2x^3+4x-3).$$

由此就得到等价同余方程

$$x^4-2x^3-4x+3\equiv 0(\mathrm{mod}\,7).$$

由直接代入 $x=0,\pm1,\pm2,\pm3$ 计算知,此同余方程无解.

为了求出等价同余方程,我们并不需要知道做多项式除法时式(19)中的 $g(x)$,而且当次数较高时,做这种除法是很麻烦的.事实上,我们可以利用恒等同余式(3)(即 Fermat 小定理)来直接化简,以求得等价同余方程.

例 4 简化同余方程

$$f(x)=3x^{14}+4x^{13}+2x^{11}+x^9+x^6+x^3+12x^2+x$$
$$\equiv 0(\mathrm{mod}\,5).$$

解 由恒等同余式(3)($p=5$)可得

$$x^{14}\equiv x^6\equiv x^2(\mathrm{mod}\,5),\quad x^{13}\equiv x^5\equiv x(\mathrm{mod}\,5),$$
$$x^{11}\equiv x^3(\mathrm{mod}\,5),\qquad x^9\equiv x^5\equiv x(\mathrm{mod}\,5),$$
$$x^6\equiv x^2(\mathrm{mod}\,5),$$

因而原同余方程等价于

$$3x^3+16x^2+6x\equiv 0(\mathrm{mod}\,5),$$

进而等价于

$$2(3x^3+16x^2+6x)\equiv x^3+2x^2+2x\equiv 0(\mathrm{mod}\,5).$$

由直接计算知,解为 $x\equiv 0,1,2(\mathrm{mod}\,5)$.如果利用多项式除法,可得

$$f(x)=(x^5-x)(3x^9+4x^8+2x^6+3x^5+5x^4$$
$$+2x^2+4x+5)+(3x^3+16x^2+6x),$$

得到同样的结果.

8.2 模为素数的二项同余方程

作为 8.1 小节结果的一个应用,我们来讨论一个特殊情形——**模为素数 p 的二项同余方程**:

$$x^n-a\equiv 0(\mathrm{mod}\,p),\quad p\nmid a,$$

即

$$x^n \equiv a \pmod p, \quad p \nmid a. \tag{22}$$

当同余方程(22)有解时,称 a 为**模 p 的 n 次剩余**;当同余方程(22)无解时,称 a 为**模 p 的 n 次非剩余**. 在§5中已经用不同的方法,直接讨论了模 p 的二次剩余. 先举一个例子. 取 $p=11, n=2,4,5$. 表1列出了 x^2, x^4, x^5 对模11的剩余(即模11的二次、四次、五次剩余).

由表1可以看出:模11的二次和四次剩余均为 $1,-2,3,4,5$,而二次和四次非剩余均为 $-1,2,-3,-4,-5$;对每个二次或四次剩余 a,同余方程(22)恰有两个解. 模11的五次剩余仅有 $-1,1$,而 $\pm2,\pm3,\pm4,\pm5$ 均为五次非剩余;对每个五次剩余,同余方程(22)恰有五个解.

表 1 (mod 11)

x	-5	-4	-3	-2	-1	1	2	3	4	5
x^2	3	5	-2	4	1	1	4	-2	5	3
x^4	-2	3	4	5	1	1	5	4	3	-2
x^5	-1	-1	-1	1	-1	1	-1	1	1	1

定理 7 若 $n \mid p-1$,则同余方程(22)有解的充要条件是

$$a^{(p-1)/n} \equiv 1 \pmod p, \tag{23}$$

且有解时解数为 n.

证 必要性 若 x_0 是同余方程(22)的解,则由 $p \nmid a$ 知 $p \nmid x_0$. 由此及 Fermat 小定理就推出

$$a^{(p-1)/n} \equiv (x_0^n)^{(p-1)/n} \equiv x_0^{p-1} \equiv 1 \pmod p.$$

充分性 若式(23)成立,则有

$$\begin{aligned} x^{p-1}-1 &= (x^n)^{(p-1)/n} - a^{(p-1)/n} + a^{(p-1)/n} - 1 \\ &= (x^n)^{(p-1)/n} - a^{(p-1)/n} + pc, \end{aligned} \tag{24}$$

其中 c 为某一整数. 由此知,必有整系数多项式 $q(x)$,使得

$$x^p - x = (x^n - a)q(x) + pcx.$$

由此及定理5就推出同余方程(22)有解且解数为 n[事实上,由式(24)的第一式及定理5也可推出必要性].

在上面对模11所举的例子中,$n=2,5$ 就是定理7的情形,实际计算和结论相符. 对 $n=2$ 的情形,定理7就是§5的定理2.

定理 8 若 $n\nmid p-1$，则同余方程(22)有解的充要条件是同余方程

$$x^k \equiv a \pmod p, \quad p\nmid a \tag{25}$$

有解，且两者的解数相同，其中 $k=(n,p-1)$. 也就是说，同余方程(22)有解的充要条件是

$$a^{(p-1)/k} \equiv 1 \pmod p, \tag{26}$$

且有解时解数为 k.

证 由第一章§3 的定理 5 知，存在正整数 r,s，使得

$$k = rn - s(p-1). \tag{27}$$

若同余方程(22)有解 $x=c$，则 $x=c^{n/k}$ 是同余方程(25)的解；反之，若同余方程(25)有解 $x=e$，则由式(27)知

$$(e^r)^n = e^k \cdot e^{s(p-1)} \equiv a \pmod p,$$

其中最后一步用到了 $p\nmid e$ 及 Fermat 小定理. 由此就推出 $x=e^r$ 是同余方程(22)的解. 这就证明了同余方程(22)有解的充要条件是同余方程(25)有解. 由此及定理 7 推出：同余方程(22)有解的充要条件是式(26)成立. 现设同余方程(22)有解，这时式(26)成立. 若 $x=c$ 是同余方程(22)的解，则由式(27)知

$$c^k \equiv c^{k+s(p-1)} \equiv c^{nr} \equiv a^r \pmod p,$$

这里用到了 $p\nmid c$ 及 Fermat 小定理. 所以，$x=c$ 一定是同余方程

$$x^k \equiv a^r \pmod p \tag{28}$$

的解. 由定理 7 知同余方程(28)的解数为 k，所以同余方程(22)的解数小于或等于 k. 反之，若 $x=d$ 是同余方程(28)的解，则由式(27)，$p\nmid d$ 及 Fermat 小定理知

$$a^r \equiv d^k \equiv d^{k+s(p-1)} \pmod p,$$

进而有

$$a^{r\cdot n/k} \equiv d^{(k+s(p-1))n/k} \pmod p,$$

由此及式(27)得

$$a^{1+s(p-1)/k} \equiv d^{n+(sn/k)(p-1)} \pmod p.$$

由式(26)，$p\nmid d$ 及 Fermat 小定理，从上式得到

$$a \equiv d^n \pmod p,$$

即 $x=d$ 一定是同余方程(22)的解.这就证明了：在同余方程(22)有解的条件下,同余方程(22)与(28)的解和解数都相同.由定理 7 知同余方程(28)的解数为 k,所以同余方程(22)的解数也是 k.证毕.

在上面对模 11 所举的例子中,$n=4$ 就是定理 8 的情形,实际计算和结论相符.

由定理 7 和定理 8 中的式(26)就可以立即推出下面的定理(证明留给读者)：

定理 9 在模 p 的一组既约剩余系中,模 p 的 n 次剩余的元素个数是 $(p-1)/(n,p-1)$.

当 $n=2$ 时,这就是§5 的定理 1.

现设 $n\mid p-1$.当 $n>2$ 时,对模 p 的 n 次非剩余 a,不一定像 $n=2$ 的情形那样,总有

$$a^{(p-1)/n}\equiv -1\pmod p$$

成立.例如：设 $p=11,n=5$,这时 $(p-1)/n=2$,对模 11 的五次非剩余有

$$(\pm 2)^2\equiv 4\pmod{11},\quad (\pm 3)^2\equiv -2\pmod{11},$$
$$(\pm 4)^2\equiv 5\pmod{11},\quad (\pm 5)^2\equiv 3\pmod{11}$$

(思考为什么这里没有一个同余于 -1).容易证明：两个 n 次剩余相乘仍是 n 次剩余;一个 n 次剩余与一个 n 次非剩余相乘一定是 n 次非剩余(证明留给读者).但当 $n>2$ 时,两个 n 次非剩余相乘就不一定是 n 次剩余了.例如：对模 11 来说,$(\pm2)\cdot(\pm3)$ 都不是五次剩余,而 $(\pm2)\cdot(\pm5)$ 都是五次剩余.这里呈现出很复杂的情形.

需要指出的是：在下一章讨论了原根后,定理 7 与定理 8 很容易利用原根的理论来证明.

对于判断 a 是否为模 p 的二次剩余,我们可以通过计算 Legendre 符号或 Jacobi 符号来确定,这时有一个很方便的算法.Gauss 想对 $n(n>2)$ 次剩余寻找类似的算法,他考虑了 $n=3,4$ 的情形.他发现这是一个极为困难的问题,与二次剩余完全不一样,在现有的整数 $0,\pm1,\pm2,\cdots$ 范围内无法讨论这个问题,必须研究新的“整数”.这就导致对代数数与代数数论的研究[参看文献[15],[17]].

习　题　八

1. 在§8定理1的条件下，一定存在唯一的一组正整数 $\alpha_1,\cdots,\alpha_k$ 及一对整系数多项式 $h_k(x)$ 与 $s_k(x)$，使得

$$f(x)=(x-c_1)^{\alpha_1}\cdots(x-c_k)^{\alpha_k}h_k(x)+ps_k(x),$$

这里 $s_k(x)$ 的次数小于 $\alpha_1+\cdots+\alpha_k\leqslant n$；$h_k(x)$ 的次数为

$$n-(\alpha_1+\cdots+\alpha_k)\geqslant 0,$$

首项系数是 a_n，且满足

$$h_k(c_j)\not\equiv 0 \pmod p),\quad 1\leqslant j\leqslant k.$$

2. 求同余方程 $f(x)\equiv 0\pmod p$ 的全部解，并把 $f(x)$ 表示成定理1及第1题中的形式，其中 $f(x)$ 和 p 如下：

(i) $f(x)=14x^5-6x^4+8x^3+6x^2-13x+5,p=7$；

(ii) $f(x)=8x^4+3x^3+x+9,p=7$；

(iii) $f(x)=x^7+10x^6+x^5+20x^4+8x^3-18x^2+3x+1,p=13$.

3. 设素数 $p\nmid a_n$，同余方程 $a_nx^n+\cdots+a_0\equiv 0\pmod p$ 恰有 n 个解：$x\equiv c_1,\cdots,c_n\pmod p$；再设

$$\sigma_1=\sum_{i=1}^{n}c_i,\quad \sigma_2=\sum_{1\leqslant i\neq j\leqslant n}c_ic_j,\quad \cdots,\quad \sigma_n=c_1\cdots c_n.$$

证明：$a_{n-j}\equiv(-1)^ja_n\sigma_j\pmod p,1\leqslant j\leqslant n$.

4. 利用定理5证明：

(i) 同余方程 $2x^3-x^2+3x+11\equiv 0\pmod 5$ 的解数为3；

(ii) 同余方程 $x^6-4x^5+6x^4+6x^3+3x^2-2x+3\equiv 0\pmod{13}$ 的解数为6.

5. 求下列同余方程的等价同余方程：

(i) $3x^{11}+3x^8+5\equiv 0\pmod 7$；

(ii) $4x^{20}+3x^{13}+2x^7+3x-2\equiv 0\pmod 5$；

(iii) $2x^{15}-3x^{10}+8x^6+7x^5+6x^3+2x-8\equiv 0\pmod 7$；

(iv) $2x^{17}+5x^{16}+3x^{14}+5x^{12}+6x^{10}+2x^9+5x^8+9x^7+22x^6+3x^4$
$+6x^3-5x^2+12x+3\equiv 0\pmod{11}$.

6. 列出下列素数 p 的 n 次剩余：

(i) $p=7, n=2,3,4,5$； (ii) $p=13, n=2,3,4,5$；

(iii) $p=17, n=2,3,4,8$； (iv) $p=19, n=2,3,4,5,6$.

验证定理 7～定理 9 的结论.

7. 利用第 6 题举出两个 n 次非剩余的乘积不一定是 n 次剩余的例子.

8. 设 $m=p_1^{\alpha_1}\cdots p_r^{\alpha_r}$, $(m,a)=1$. 证明：

(i) 当 $(m,n)=1$ 时,同余方程 $x^n\equiv 1(\bmod m)$ 的解数为

$$(n,p_1-1)(n,p_2-1)\cdots(n,p_r-1);$$

(ii) 当 $x=c_0$ 是同余方程 $x^n\equiv a(\bmod m)$ 的一个解时,它的全部解为 $x\equiv c_0 y(\bmod m)$,其中 y 是同余方程 $y^n\equiv 1(\bmod m)$ 的解.

9. 举例说明同余方程(28)有解时,同余方程(22)不一定有解.

§9 多元同余方程简介,Chevalley 定理

前面所讨论的同余方程或同余方程组都是一元的(除了在习题中安排了几个二元同余方程). 本节将证明一个有关多元同余方程的定理,它由 Artin 在 1935 年提出,不久即被 Chevalley 所证明. 至今这方面的成果很少.

我们先把有关一元整系数多项式和一元同余方程的一些基本概念(见第三章的§1)推广至多元整系数多项式和多元同余方程的情形.

(i) 我们说两个 n 元整系数多项式 $f(x_1,\cdots,x_n)$ 和 $g(x_1,\cdots,x_n)$ 是模 m 同余的,如果它们所有相应的单项式系数是模 m 同余的,并记作

$$f(x_1,\cdots,x_n)\equiv g(x_1,\cdots,x_n)(\bmod m) \tag{1}$$

[参见第三章§1 的式(6)].

(ii) 我们说 $\{a_1,\cdots,a_n\}$ 是 n 元同余方程

$$f(x_1,\cdots,x_n)\equiv 0(\bmod m) \tag{2}$$

的一个解,如果

$$f(a_1,\cdots,a_n)\equiv 0(\bmod m)$$

成立. 显见,若$\{a_1,\cdots,a_n\}$是解,则$\{b_1,\cdots,b_n\}$亦是解,只要

$$b_j\equiv a_j\pmod m,\quad 1\leqslant j\leqslant n$$

成立. 因此,我们说

$$x_j\equiv a_j\pmod m,\quad 1\leqslant j\leqslant n$$

是同余方程(2)的一个解. 它的两个解$\{a_{11},\cdots,a_{n1}\}$和$\{a_{12},\cdots,a_{n2}\}$称为相同的,当且仅当$a_{j1}\equiv a_{j2}\pmod m$($1\leqslant j\leqslant n$)同时成立. 所有不同的解的个数称为同余方程(2)的解数(参见第四章的§1). 这样,我们只需在模 m 的一个完全剩余中求解变数,且同余方程(2)至多有 m^n 个不同的解.

(iii) 我们说两个 n 元整系数多项式 $f(x_1,\cdots,x_n)$和 $g(x_1,\cdots,x_n)$是模 m 等价的,如果对所有整数组$\{a_1,\cdots,a_n\}$,有

$$f(a_1,\cdots,a_n)\equiv g(a_1,\cdots,a_n)\pmod m \tag{3}$$

成立. 这时,我们把

$$f(x_1,\cdots,x_n)\equiv g(x_1,\cdots,x_n)\pmod m \tag{4}$$

称为模 m 的恒等同余式. 当 $x_1,\cdots,x_n$ 取任意整数时,上述同余式恒成立[参见第三章§1 的式(5)].

显见,若 $f(x_1,\cdots,x_n)$和 $g(x_1,\cdots,x_n)$是模 m 同余的,则它们一定是模 m 等价的,但反过来不一定成立(为什么);若 $f(x_1,\cdots,x_n)$和 $g(x_1,\cdots,x_n)$是模 m 等价的,则模 m 的同余方程(2)和同余方程

$$g(x_1,\cdots,x_n)\equiv 0\pmod m \tag{5}$$

有相同的解和解数(当然,反过来不一定成立). 类似于一元的情形,也可引进多元同余方程的次数(参见§1)及等价同余方程(参见§8)的概念. 这些留给读者讨论.

当 $m=p$ 为素数时,容易证明下面的定理,它实际上是§8 定理 6 的推广.

定理 1　设 p 为素数,那么对任一模 p 不等价于零的 n 元整系数多项式 $f(x_1,\cdots,x_n)$,一定存在唯一的 n 元整系数多项式 $f^*(x_1,\cdots,x_n)$,使得(i) $f(x_1,\cdots,x_n)$和 $f^*(x_1,\cdots,x_n)$是模 p 等价的;(ii) $f^*(x_1,\cdots,x_n)$中每项的系数都是正的且小于 p,以及每个变数 x_j($1\leqslant j\leqslant n$)的方次都小于 p.

证 对 n 用数学归纳法. 当 $n=1$ 时,由 §8 的定理 6 知结论成立(为什么). 假设结论对 $n=k$ 成立. 当 $n=k+1$ 时,对 $f(x_1,\cdots,x_{k+1})$ 的每个变数 $x_j(1\leqslant j\leqslant k+1)$ 反复利用 Fermat 小定理 $x^p\equiv x(\bmod p)$,直到其方次都小于 p,并将 $f(x_1,\cdots,x_{k+1})$ 的每个单项式的系数 a 用 $a^*\equiv a(\bmod p)(0\leqslant a^*\leqslant p-1)$ 来代替. 这样,就得到整系数多项式 $f^*(x_1,\cdots,x_{k+1})$ 满足条件(ii). 显见,式(3)成立(取 $g(x_1,\cdots,x_n)=f^*(x_1,\cdots,x_n)$, $n=k+1$),即 $f^*(x_1,\cdots,x_{k+1})$ 满足条件(i). 我们来证明它是唯一的. 若还有 $f_1^*(x_1,\cdots,x_{k+1})$ 满足条件(i)和(ii),我们有

$$\begin{aligned}f^*(x_1,\cdots,x_{k+1})=&\ g_{p-1}^*(x_1,\cdots,x_k)(x_{k+1})^{p-1}+\cdots\\&+g_j^*(x_1,\cdots,x_k)(x_{k+1})^j+\cdots\\&+g_1^*(x_1,\cdots,x_k)x_{k+1}+g_0^*(x_1,\cdots,x_k),\\f_1^*(x_1,\cdots,x_{k+1})=&\ g_{1,p-1}^*(x_1,\cdots,x_k)(x_{k+1})^{p-1}+\cdots\\&+g_{1,j}^*(x_1,\cdots,x_k)(x_{k+1})^j+\cdots\\&+g_{1,1}^*(x_1,\cdots,x_k)x_{k+1}+g_{1,0}^*(x_1,\cdots,x_k).\end{aligned}$$

显见,$g_j^*(x_1,\cdots,x_k)$ 和 $g_{1,j}^*(x_1,\cdots,x_k)(0\leqslant j\leqslant p-1)$ 均满足条件(ii). 把 $x_1,\cdots,x_k$ 看作固定的整参数,那么由条件(i)知,x_{k+1} 的同余方程

$$f^*(x_1,\cdots,x_{k+1})-f_1^*(x_1,\cdots,x_{k+1})\equiv 0(\bmod p)$$

有 p 个解. 因此,由 §8 的推论 3 推出如下恒等同余式成立:

$$g_j^*(x_1,\cdots,x_k)\equiv g_{1,j}^*(x_1,\cdots,x_k)(\bmod p),\quad 0\leqslant j\leqslant p-1,$$

即 $g_j^*(x_1,\cdots,x_k)$ 和 $g_{1,j}^*(x_1,\cdots,x_k)$ 是模 p 等价的. 显见,它们都满足条件(ii),又由归纳假设知

$$g_j^*(x_1,\cdots,x_k)=g_{1,j}^*(x_1,\cdots,x_k),\quad 0\leqslant j\leqslant p-1,$$

所以 $f^*(x_1,\cdots,x_{k+1})=f_1^*(x_1,\cdots,x_{k+1})$. 证毕.

利用 §8 的推论 3,由定理 1 立即得到(证明留给读者)下面的结论:

推论 2 设 p 为素数. 若 $f_1(x_1,\cdots,x_n)$ 和 $f_2(x_1,\cdots,x_n)$ 是模 p 等价的,且其每个变数 $x_j(1\leqslant j\leqslant n)$ 的方次都小于 p,那么 $f_1(x_1,\cdots,x_n)$ 和 $f_2(x_1,\cdots,x_n)$ 是模 p 同余的,即它们所有相应的单项式系数是模 p 同余的.

下面来证明 Chevalley 定理.

定理 3(Chevalley 定理)　设 n 是正整数，p 是素数，$f(x_1,\cdots,x_n)$ 是 n 元整系数多项式且其次数 d 小于 n. 若 n 元同余方程

$$f(x_1,\cdots,x_n)\equiv 0(\bmod p) \tag{6}$$

可解，则它至少有两个不同的解.

证　用反证法. 若同余方程(6)只有一个解 $x_j\equiv a_j(\bmod p)(1\leqslant j\leqslant n)$，则考虑

$$F(x_1,\cdots,x_n)=1-f(x_1,\cdots,x_n)^{p-1}.$$

由 Fermat 小定理知

$$F(x_1,\cdots,x_n)=\begin{cases}1, & x_j\equiv a_j(\bmod p),1\leqslant j\leqslant n,\\ 0, & \text{其他}.\end{cases}$$

由定理 1 知，存在唯一的 $F^*(x_1,\cdots,x_n)$ 和 $F(x_1,\cdots,x_n)$ 模 p 等价，且满足条件(ii). 容易看出

$$F^*(x_1,\cdots,x_n)\equiv\prod_{j=1}^{n}(1-(x_j-a_j)^{p-1})(\bmod p)$$

是恒等同余式，即 $F^*(x_1,\cdots,x_n)$ 和 $\prod_{j=1}^{n}(1-(x_j-a_j)^{p-1})$ 是模 p 等价的. 显见，它们的每个变数 $x_j(1\leqslant j\leqslant n)$ 的方次都小于 p，因而由推论 2 知它们是模 p 同余的，所以上式两边多项式的次数应相等. 但是，上式右边多项式的次数是 $n(p-1)$(最高次项系数为 1)，而 $F^*(x_1,\cdots,x_n)$ 的次数不超过 $F(x_1,\cdots,x_n)$ 的次数 $d(p-1)$. 这和假定 d 小于 n 矛盾. 证毕.

事实上，可以证明更强的结论：同余方程(6)的解数必被 p 整除. 这将安排在习题中. 第九章 §4 的例 4 将讨论一个特殊的多元二次同余方程，并求出其解数. 由定理 3 立即推出下面的结论(证明留给读者)：

推论 4　在定理 3 的条件下，若 $f(x_1,\cdots,x_n)$ 是齐次多项式(即常数项为零)，则同余方程(6)必有非零解.

当次数 d 不低于 n 时，定理 3 不一定成立. 例如：同余方程

$$x_1^{p-1}+\cdots+x_{p-1}^{p-1}\equiv 0(\bmod p)$$

仅有解$\{0,\cdots,0\}$(为什么).

习 题 九

1. 求二元同余方程 $a_1x_1+a_2x_2\equiv 0(\bmod m)$的解数.

2. 设 p 是素数,$f(x_1,\cdots,x_n)$是 n 元 d 次整系数多项式,则当 $d<n$ 时,n 元同余方程 $f(x_1,\cdots,x_n)\equiv 0(\bmod p)$的解数必被 p 整除.

3. (i) 给出两个二元二次型 $f(x,y)$,使得 $f(x,y)\equiv 0(\bmod 5)$仅有显然解 $x\equiv y\equiv 0(\bmod 5)$;

(ii) 给出两个三元三次型 $f(x,y,z)$,使得 $f(x,y,z)\equiv 0(\bmod 2)$仅有显然解 $x\equiv y\equiv z\equiv 0(\bmod 2)$.

4. 设 $a\equiv d\equiv 4(\bmod 9)$,$b\equiv 0(\bmod 3)$及 $c\equiv \pm 1(\bmod 3)$. 证明:不定方程

$$ax^3+3bx^2y+3cxy^2+dy^3=z^3$$

仅有显然解 $x=y=z=0$.

5. 证明:不定方程

$$(7a+1)x^3+(7b+2)y^3+(7c+4)z^3+(7d+1)xyz=0$$

仅有显然解 $x=y=z=0$.

6. 设 p 是素数,$f_j(j=1,2,3)$均是三次齐次多项式,且相应的三元同余方程

$$f_j(x,y,z)\equiv 0(\bmod p)$$

均仅有显然解 $x\equiv y\equiv z\equiv 0(\bmod p)$. 证明:9 个变数的不定方程

$$f_1(x_1,y_1,z_1)+pf_2(x_2,y_2,z_2)+p^2f_2(x_3,y_3,z_3)$$
$$+p^3\sum{}^* a_{ijk}x_iy_jz_k=0$$

仅有显然解 $x_1=y_1=z_1=x_2=y_2=z_2=x_3=y_3=z_3=0$,其中求和条件 $*$ 表示 $1\leqslant i,j,k\leqslant 3$,且 i,j,k 两两不等.

第五章　指数与原根

本章应用同余方程理论来研究如何具体构造既约剩余系. 为此，在§1中，进一步讨论了指数的性质. 指数是刻画模 m 的既约剩余系中元素特征的一个量. 指数等于 $\varphi(m)$ 的元素称为模 m 的原根. 在§2中，讨论了模 m 存在原根的充要条件及求原根的算法. 当模 m 存在原根 g 时，$g^0, g, g^2, \cdots, g^{\varphi(m)-1}$ 就给出了模 m 的一组既约剩余系，因而给出了既约剩余系的一个十分简单且便于研究的形式. 在§3中，通过引入指标、指标组的概念以及讨论它们的性质，对一般模 m 的既约剩余系也给出了一个类似的简单构造形式. 在§4中，介绍了如何利用指标和指标组来求解二项同余方程.

§1　指　　数

我们已经多次讨论了有关以下结论的问题：设 $m \geqslant 1, (a,m)=1$，则必有正整数 d，使得

$$a^d \equiv 1 \pmod{m}; \tag{1}$$

若 d_0 是使式(1)成立的最小正整数 d，则对任意的使式(1)成立的正整数 d，必有

$$d_0 \mid d, \quad 即 \quad d \equiv 0 \pmod{d_0}. \tag{2}$$

在第一章§3的例5(ii)中讨论了 $a=2$ 的情形；在第一章§4的例5中完全证明了这一结论，指出当 $m \geqslant 2$ 时，$d_0 \leqslant m-1$，引入符号 $\delta_m(a)$ 来表示 d_0，并把其称为 a 对模 m 的指数；在第三章§3的定理3(Fermat-Euler定理)中证明了：对任意的 $(a,m)=1$，当 $d=\varphi(m)$ 时，式(1)必成立. 对给定的模 m，$d_0=\delta_m(a)$ 是由 a 唯一确定的，是 a 的函数，$d_0=\delta_m(a)$ 是刻画(与 m 既约的)a 关于模 m 的性质的一个十分重要的量(第三章§3的定理4对此做了极初步的讨论). 为此，这里再一次引入对模 m

的指数这一概念，并讨论它的性质.

定义 1 设 $m\geqslant 1,(a,m)=1$. 称使式(1)成立的最小正整数 d 为 a **对模 m 的指数**或 a **对模 m 的阶**，记作 $\delta_m(a)$.

定义 2 当 $\delta_m(a)=\varphi(m)$ 时，称 a 为**模 m 的原根**，简称 **m 的原根**.

首先举几个例子. 当 $m=1$ 时，所有整数的指数均为 1，且均为原根. 我们不讨论这种显然情形.

例 1 $m=7,\varphi(7)=6$. a 对模 7 的指数如表 1 所示. 这样的表称为模 $m=7$ 的**指数表**.

表 1

a	-3	-2	-1	1	2	3
$\delta_7(a)$	3	6	2	1	3	6

由表 1 知，模 7 的原根为 $-2,3$.

例 2 $m=10=2\cdot 5,\varphi(10)=4$. 模 10 的指数表如表 2 所示.

表 2

a	-3	-1	1	3
$\delta_{10}(a)$	4	2	1	4

由表 2 知，模 10 的原根为 ± 3.

例 3 $m=15=3\cdot 5,\varphi(15)=8$. 模 15 的指数表如表 3 所示.

表 3

a	-7	-4	-2	-1	1	2	4	7
$\delta_{15}(a)$	4	2	4	2	1	4	2	4

由表 3 知，模 15 无原根.

例 4 $m=9=3^2,\varphi(9)=6$. 模 9 的指数表如表 4 所示.

表 4

a	-4	-2	-1	1	2	4
$\delta_9(a)$	6	3	2	1	6	3

由表 4 知，模 9 的原根为 $-4,2$.

例 5　$m=8=2^3$，$\varphi(8)=4$. 模 8 的指数表如表 5 所示.

表　5

a	-3	-1	1	3
$\delta_8(a)$	2	2	1	2

由表 5 知，模 8 无原根.

例 6　由第三章 §3 的式(20)知，当 $l\geqslant 3$ 时，模 2^l 无原根，$\delta_{2^l}(5)=2^{l-2}$. 由直接验算知，当 $m=2$ 时，原根为 1；当 $m=2^2=4$ 时，原根是 -1.

下面列出指数的基本性质，其中有的前面已经证明，有的则是显然的，以后经常要应用这些性质.

性质Ⅰ　若 $b\equiv a \pmod m$，$(a,m)=1$，则 $\delta_m(b)=\delta_m(a)$.

性质Ⅱ　若式(1)成立，则 $\delta_m(a)\mid d$，即 $d\equiv 0 \pmod{\delta_m(a)}$.

性质Ⅲ　$\delta_m(a)\mid\varphi(m)$，$\delta_{2^l}(a)\mid 2^{l-2}$，$l\geqslant 3$.

性质Ⅳ　若 $(a,m)=1$，$a^k\equiv a^h \pmod m$，则 $k\equiv h \pmod{\delta_m(a)}$.

性质Ⅴ　若 $(a,m)=1$，则 $a^0,a^1,\cdots,a^{\delta_m(a)-1}$ 这 $\delta_m(a)$ 个数对模 m 两两不同余. 特别地，当 a 是模 m 的原根，即 $\delta_m(a)=\varphi(m)$ 时，这 $\varphi(m)$ 个数是模 m 的一组既约剩余系.

性质Ⅴ是第三章 §3 定理 4 的一部分，其他性质的证明留给读者. 下面证明进一步的性质.

性质Ⅵ　设 a^{-1} 是 a 对模 m 的逆，即 $a^{-1}a\equiv 1 \pmod m$. 我们有

$$\delta_m(a^{-1})=\delta_m(a).$$

证　这由 $a^d\equiv 1 \pmod m$ 的充要条件是 $(a^{-1})^d\equiv 1 \pmod m$ 立即推出.

性质Ⅶ　设 k 是非负整数，则

$$\delta_m(a^k)=\frac{\delta_m(a)}{(\delta_m(a),k)}. \tag{3}$$

此外，在模 m 的一组既约剩余系中，至少有 $\varphi(\delta_m(a))$ 个数对模 m 的指数等于 $\delta_m(a)$.

证　记 $\delta=\delta_m(a)$，$\delta'=\delta/(\delta,k)$，$\delta^*=\delta_m(a^k)$. 式(3)就是要证明 $\delta^*=$

δ'. 由定义知

$$a^{k\delta^*} \equiv 1(\bmod m), \quad a^{k\delta'} \equiv 1(\bmod m),$$

因而由性质Ⅱ得

$$\delta | k\delta^*, \quad \delta^* | \delta'.$$

由 $\delta | k\delta^*$ 得

$$\delta' = \frac{\delta}{(\delta,k)} \Bigg| \frac{k}{(\delta,k)}\delta^*,$$

因而 $\delta' | \delta^*$，所以 $\delta^* = \delta'$，即式(3)成立. 当 $(k,\delta_m(a))=1$ 时，$\delta_m(a^k)=\delta_m(a)$. 由此及性质Ⅴ就证明了后一部分结论.

性质Ⅷ　$\delta_m(ab)=\delta_m(a)\delta_m(b)$ 的充要条件是

$$(\delta_m(a),\delta_m(b)) = 1.$$

证　设 $\delta'=\delta_m(a)$，$\delta''=\delta_m(b)$，$\delta=\delta_m(ab)$，$\eta=[\delta_m(a),\delta_m(b)]$.

充分性　我们有

$$1 \equiv (ab)^{\delta} \equiv (ab)^{\delta\delta''} \equiv a^{\delta\delta''}(\bmod m),$$

所以 $\delta' | \delta\delta''$. 由此及 $(\delta',\delta'')=1$ 推出 $\delta' | \delta$. 同样，有

$$1 \equiv (ab)^{\delta} \equiv (ab)^{\delta\delta'} \equiv b^{\delta\delta'}(\bmod m),$$

所以 $\delta'' | \delta\delta'$. 由此及 $(\delta',\delta'')=1$ 推出 $\delta'' | \delta$，进而由 $\delta' | \delta$，$\delta'' | \delta$ 及 $(\delta',\delta'')=1$ 推出 $\delta'\delta'' | \delta$. 此外，显然有

$$(ab)^{\delta'\delta''} \equiv 1(\bmod m),$$

所以 $\delta | \delta'\delta''$. 因此 $\delta=\delta'\delta''$.

必要性　我们有

$$(ab)^{\eta} \equiv 1(\bmod m),$$

所以 $\delta | \eta$. 另外，显然有 $\eta | \delta'\delta''$. 由此及 $\delta=\delta'\delta''$ 推出 $\eta=\delta'\delta''$，即 $(\delta',\delta'')=1$. 证毕.

性质Ⅸ　(i) 若 $n|m$，则 $\delta_n(a) | \delta_m(a)$；

(ii) 若 $(m_1,m_2)=1$，则

$$\delta_{m_1m_2}(a) = [\delta_{m_1}(a),\delta_{m_2}(a)]. \tag{4}$$

证　(i) 可由性质Ⅱ直接推出.

(ii) 由(i)即得 $\delta^* | \delta_{m_1m_2}(a)$，这里 $\delta^* = [\delta_{m_1}(a),\delta_{m_2}(a)]$. 另外，显然有 $a^{\delta^*} \equiv 1(\bmod m_j)$，$j=1,2$. 由此及 $(m_1,m_2)=1$ 推出 $a^{\delta^*} \equiv 1(\bmod m_1m_2)$，

因而由性质Ⅱ推出 $\delta_{m_1m_2}(a)|\delta^*$，所以式(4)成立.

显见，式(4)可推广为：若 $m_1,\cdots,m_s$ 两两既约，$m=m_1\cdots m_s$，则

$$\delta_m(a)=[\delta_{m_1}(a),\cdots,\delta_{m_s}(a)]. \tag{5}$$

由此及性质Ⅲ立即推出

$$\delta_m(a)|[\varphi(m_1),\cdots,\varphi(m_s)]. \tag{6}$$

特别地，当 $m=2^{\alpha_0}p_1^{\alpha_1}\cdots p_r^{\alpha_r}$，$p_j(1\leqslant j\leqslant r)$ 是不同的奇素数时，我们有

$$\delta_m(a)|\lambda(m),$$

其中

$$\lambda(m)=[2^{c_0},\varphi(p_1^{\alpha_1}),\cdots,\varphi(p_r^{\alpha_r})] \tag{7}$$

$$c_0=\begin{cases}0, & \alpha_0=0,1,\\ 1, & \alpha_0=2,\\ \alpha_0-2, & \alpha_0\geqslant 3.\end{cases} \tag{8}$$

此外，利用式(4)可计算指数. 例如：由例1和例3可得

$$\delta_{105}(-2)=[\delta_7(-2),\delta_{15}(-2)]=[6,4]=12.$$

性质Ⅹ　设 $(m_1,m_2)=1$，则对任意的 a_1,a_2，必有 a，使得

$$\delta_{m_1m_2}(a)=[\delta_{m_1}(a_1),\delta_{m_2}(a_2)].$$

证　考虑同余方程组

$$x\equiv a_1(\bmod m_1),\quad x\equiv a_2(\bmod m_2).$$

由孙子定理(第四章§3的定理1)知，这个同余方程组有唯一解：

$$x\equiv a(\bmod m_1m_2).$$

显然，有 $\delta_{m_1}(a)=\delta_{m_1}(a_1)$，$\delta_{m_2}(a)=\delta_{m_2}(a_2)$. 由此，从性质Ⅸ就推出所要的结论.

设 $m=m_1m_2$，$(m_1,m_2)=1$. 性质Ⅸ和性质Ⅹ给出了模 m 的指数与模 m_1,m_2 的指数之间的明确关系. 这是十分有用的.

对于模 m 来说，不一定有

$$\delta_m(ab)=[\delta_m(a),\delta_m(b)]$$

成立. 例如：由例2知

$$\delta_{10}(3\cdot 3)=2\neq[\delta_{10}(3),\delta_{10}(3)]=4,$$

$$\delta_{10}(3\cdot 7)=1\neq[\delta_{10}(3),\delta_{10}(7)]=4,$$

但有

$$\delta_{10}(3\cdot 9)=4=[\delta_{10}(3),\delta_{10}(9)]=4,$$

$$\delta_{10}(7\cdot 9)=4=[\delta_{10}(7),\delta_{10}(9)]=4.$$

一般可证明以下结论：

性质Ⅺ 对任意的 a,b，一定存在 c，使得

$$\delta_m(c)=[\delta_m(a),\delta_m(b)].$$

一般地，对任给的 $a_1,\cdots,a_k$，一定存在 c，使得

$$\delta_m(c)=[\delta_m(a_1),\cdots,\delta_m(a_k)].$$

特别地，若 $a_1,\cdots,a_k$ 是模 m 的一组既约剩余系，则上式中 c 的指数 $\delta_m(c)$ 是模 m 的最大指数.

证 设 $\delta'=\delta_m(a)$，$\delta''=\delta_m(b)$，$\eta=[\delta',\delta'']$. 一定可以把 δ',δ'' 做这样的分解（为什么）：

$$\delta'=\tau'\eta',\quad \delta''=\tau''\eta'',$$

使得

$$(\eta',\eta'')=1,\quad \eta'\eta''=\eta.$$

由性质Ⅶ知

$$\delta_m(a^{\tau'})=\eta',\quad \delta_m(b^{\tau''})=\eta''.$$

这样，由性质Ⅷ推出

$$\delta_m(a^{\tau'}b^{\tau''})=\delta_m(a^{\tau'})\delta_m(b^{\tau''})=\eta'\eta''=\eta.$$

因此，取 $c=a^{\tau'}b^{\tau''}$ 就满足要求. 后一部分结论的证明留给读者.

当 $[\delta_m(a),\delta_m(b)]>\max(\delta_m(a),\delta_m(b))$ 时，利用性质Ⅺ就可以找到一个有更大指数的元素 c，而利用性质Ⅺ最后的结论就可以找到一个指数最大的元素，当它的指数等于 $\varphi(m)$ 时，它就是原根. 这就是下一节证明原根存在的一个方法.

由式(7)可推出原根存在的必要条件.

性质Ⅻ 模 m 存在原根的必要条件是

$$m=1,2,4,p^{\alpha},2p^{\alpha},\tag{9}$$

其中 p 是奇素数，$\alpha\geqslant 1$.

证 当 m 不属于式(9)列出的情形时，必有

$$m=2^{\alpha_0}\ (\alpha_0\geqslant 3),\quad m=2^{\alpha_0}p_1^{\alpha_1}\cdots p_r^{\alpha_r}\ (\alpha_0\geqslant 2,r\geqslant 1)$$

或

$$m=2^{\alpha_0}p_1^{\alpha_1}\cdots p_r^{\alpha_r}\quad(\alpha_0\geqslant 0,r\geqslant 2),\tag{10}$$

其中 p_j 为不同的奇素数，$\alpha_j \geqslant 1 (1 \leqslant j \leqslant r)$. 设 $\lambda(m)$ 由式(7)给出，容易验证，当 m 属于式(10)列出的任一情形时，必有

$$\lambda(m) < \varphi(m). \tag{11}$$

由此及式(7)知，这时模 m 没有原根. 证毕.

下一节将证明：当 m 由式(9)给出时，模 m 必存在原根.

习 题 一

1. 设 $m=5,11,12,13,14,15,17,19,20,21,23,36,40,63$.

(i) 列出模 m 的指数表；

(ii) 如果模 m 有原根，找出模 m 的最小正剩余系中的所有原根及模 m 的最小正原根；

(iii) 如果模 m 没有原根，找出模 m 的最小正剩余系中所有使对模 m 的指数最大的整数. 把这个最大的指数和 $\lambda(m)$[见式(7)]的值相比较.

2. 求 $\delta_{41}(10), \delta_{43}(7), \delta_{55}(2), \delta_{65}(8), \delta_{91}(11), \delta_{69}(4), \delta_{231}(5)$.

3. 设 $\lambda(m)$ 由式(7)给出.

(i) 求出所有正整数 m，使得 $\lambda(m)=1,2,3,4,5,6,7,8,12$.

(ii) 证明：当 $(m,n)=1$ 时，$\lambda(mn)=[\lambda(m),\lambda(n)]$.

(iii) 设 d 是给定的正整数，m 是使 $\lambda(n)=d$ 的最大正整数 n. 证明：当 $\lambda(n)=d$ 时，必有 $n \mid m$.

4. 证明：3 是 1459 的最小正原根.

5. 设 $m=37,43$. 求出模 m 的最小正剩余系中所有指数为 6 的整数.

6. 设 $m,n \geqslant 1, (n,\varphi(m))=1$. 证明：当 x 遍历模 m 的既约剩余系时，x^n 也遍历模 m 的既约剩余系.

7. 设素数 $p>2$. 证明：$\delta_p(a)=2$ 的充要条件是 $a \equiv -1 \pmod p$. 这结论对合数模成立吗？

8. 设 p 为素数，$\delta_p(a)=3$. 证明：$\delta_p(1+a)=6$.

9. 证明：若 $\delta_m(a)=m-1$，则 m 是素数.

10. 设 p 为素数，$\delta_p(a)=h$. 证明：

(i) 若 $2 \mid h$，则 $a^{h/2} \equiv -1 \pmod p$；

(ii) 若 $4|h$，则 $\delta_p(-a)=h$；

(iii) 若 $2|h, 4\nmid h$，则 $\delta_p(-a)=h/2$.

11. 设素数 $p\equiv1(\bmod 4)$. 证明：若 g 为模 p 的原根，则 $-g$ 也是模 p 的原根.

12. 证明：若素数 $p\equiv3(\bmod 4)$，则 g 为模 p 的原根的充要条件是

$$\delta_p(-g)=(p-1)/2.$$

13. 设 $m=2^\alpha, \alpha\geqslant3$；再设 $1\leqslant j\leqslant\alpha-2$. 求整数 a，使得 $\delta_m(a)=2^j$.

14. 设 $m=2^\alpha, \alpha\geqslant4$. 证明：$\delta_m(a)=2^{\alpha-2}$ 的充要条件是

$$a\equiv\pm3(\bmod 8).$$

15. 第 n 个 Fermat 数为 $F_n=2^{2^n}+1$. 证明：

(i) $\delta_{F_n}(2)=2^{n+1}$；

(ii) 若素数 $p|F_n$，则 $\delta_p(2)=2^{n+1}$；

(iii) F_n 的素因数 $p\equiv1(\bmod 2^{n+1})$；

(iv) 若 F_n 是素数，$n>1$，则 2 一定不是模 F_n 的原根；

(v) 若 F_n 是素数，则模 F_n 的任意一个二次非剩余必为 F_n 的原根；

(vi) 若 F_n 是素数，则 $\pm3, \pm7$ 都是模 F_n 的原根.

*16. 设 p, q 是素数. 证明：

(i) 若 $q\equiv1(\bmod 4)$，$p=2q+1$，则 2 是模 p 的原根；

(ii) 若 $q\equiv-1(\bmod 4)$，$p=2q+1$，则 -2 是模 p 的原根；

(iii) 若 $q\equiv1(\bmod 2)$，$q>3$，$p=2q+1$，则 $-3, -4$ 都是模 p 的原根；

(iv) 若 $q\equiv1(\bmod 2)$，$p=4q+1$，则 2 是模 p 的原根.

分别对上述每种情形举出两个实例来验证结论.

17. 设素数 $p=2^m+1$. 证明：模 p 的二次非剩余 a 一定是模 p 的原根.

*18. 证明：若 $3<q\equiv3(\bmod 4)$，$p=2q+1$，且 p, q 都是素数，则至少有三个相邻整数都是模 p 的原根. 举出两个实例具体说明这个结论.

19. 设 $m>1$，$(ab, m)=1$；再设 λ 是使 $a^d\equiv b^d(\bmod m)$ 成立的最小

正整数 d. 证明：

(i) $\lambda \mid \varphi(m)$；　　(ii) 若 $a^k \equiv b^k \pmod{m}$，则 $\lambda \mid k$.

*20. 设 $n>1, a>b\geqslant 1$. 证明：

(i) a^n-b^n 的素因数要么形如 $kn+1$，要么是 $a^{n_1}-b^{n_1}$ 的因数，这里 $n_1 \mid n, n_1<n$；

(ii) a^n+b^n 的素因数 p 要么形如 $2kn+1$，要么是 $a^{n_1}+b^{n_1}$ 的因数，这里 $n_1 \mid n, n_1<n$，且当 $p\neq 2, p\nmid a$ 时，有 $(n/n_1, 2)=1$；

(iii) $F_n=2^{2^n}+1$ 的素因数必为 $2^{n+1}k+1$ 的形式.

21. 设 $m>1, c\geqslant 1, (a,m)=1$；再设 $\delta_m(a^c)=d$. 试确定 $\delta_m(a)$ 的值所应满足的条件以及这种可能取到的值的个数.

22. 设 $m>1, (ab,m)=1, \lambda=(\delta_m(a), \delta_m(b))$. 证明：

(i) $\lambda^2\delta_m((ab)^\lambda)=\delta_m(a)\delta_m(b)$；

(ii) $\lambda^2\delta_m(ab)=(\delta_m(ab),\lambda)\delta_m(a)\delta_m(b)$.

*23. 设 q, p 均为奇素数，$p=4q+1$.

(i) 证明：同余方程 $x^2\equiv -1 \pmod{p}$ 恰有两个解，且都是模 p 的二次非剩余；

(ii) 证明：模 p 的所有二次非剩余，除了(i)中同余方程的两个解之外，都是模 p 的原根；

(iii) 用以上方法求模 29，53 的所有原根.

24. 设 $n\geqslant 1$，q, p 均为奇素数，$p=2^n q+1$；再设 a 是模 p 的二次非剩余，且满足 $a^{2^n}\not\equiv 1 \pmod{p}$. 证明：$a$ 是模 p 的原根.

25. 设素数 $p>2$，$\delta_p(a)=4$. 求 $(a+1)^4$ 对模 p 的最小正剩余.

26. 证明：

(i) $2^{17}-1=131\,071$ 是素数；　　(ii) $(2^{19}+1)/3$ 是素数.

27. 设素数 $p>2$，g 是模 p 的原根. 证明：存在正整数 k，使得

$$g^{k+1}\equiv g^k+1 \pmod{p}.$$

28. 设素数 $p>2$，g 是模 p 的原根. 证明：对任意的正整数 k，不可能有

$$g^{k+2}\equiv g^{k+1}+1\equiv g^k+2 \pmod{p}$$

成立.

29. 证明：若模 m 有原根 g，则

$$g^k,\quad 1\leqslant k\leqslant \varphi(m),(k,\varphi(m))=1$$

是两两对模 m 不同余的模 m 的所有原根，其个数为 $\varphi(\varphi(m))$.

30. 证明：若模 m 有原根，$m\neq 3,4,6$，则模 m 的所有正原根 $g(1<g<m)$之积对模 m 同余于 1.

31. (i) 设素数 $p=2^n+1(n>1)$. 证明：3 是模 p 的原根.

(ii) 设 $m=2^n+1(n>1)$. 证明：m 是素数的充要条件是

$$3^{(m-1)/2}\equiv -1(\bmod m).$$

32. 设素数 $p=2^{4n}+1$. 证明：7 是模 p 的原根.

*33. 设 $m\geqslant 3$. 按以下途径证明：算术数列 $1+lm(l=0,1,\cdots)$中必有无穷多个素数.

(i) 原命题等价于该算术数列中必有一个素数.

(ii) 设 q 是素数，$q\mid m^m-1$，$\delta_q(m)=h$，则 $q^r\parallel m^h-1$ 的充要条件是 $q^r\parallel m^m-1$.

(iii) 设 q 满足(ii)的条件，且 $m\nmid q-1$，则 $h<m$.

(iv) 设 m 的不同素因数是 $p_1,p_2,\cdots,p_n$；再设集合

$$S_1=\{s=m/(p_{i_1}\cdots p_{i_t}):1\leqslant i_1<\cdots<i_t\leqslant n,2\nmid t\},$$

$$S_2=\{s=m/(p_{i_1}\cdots p_{i_t}):1\leqslant i_1<\cdots<i_t\leqslant n,2|t\}$$

及

$$A_1=\prod_{s\in S_1}(m^s-1),\quad A_2=\prod_{s\in S_2}(m^s-1).$$

证明：若 m^m-1 的所有素因数 $q\not\equiv 1(\bmod m)$，则必有 $A_1=(m^m-1)A_2$.

(v) 当 $m\geqslant 3$ 时，(iv)中要证明的等式不可能成立. 所以，该算术数列中必有一个素数.

§2 原　　根

本节主要证明下面的结论：

定理 1 模 m 有原根的充要条件是

$$m=1,2,4,p^\alpha,2p^\alpha,$$

其中 p 是奇素数，$\alpha \geqslant 1$.

定理 1 的必要性已由 §1 的性质Ⅻ给出. 当 $m=1,2,4$ 时，原根分别为 $1,1,-1$. 所以，定理 1 归结为要证明 $m=p^{\alpha}, 2p^{\alpha}$ 时有原根. 下面分两个定理来证明这一结论.

定理 2　设 p 是素数，则模 p 必有原根. 事实上，对每个正整数 $d \mid p-1$，在模 p 的一组既约剩余系中恰有 $\varphi(d)$ 个数对模 p 的指数为 d.

证法 1　由 §1 的性质Ⅺ知，一定存在整数 g，使得

$$\delta_p(g) = [\delta_p(1), \delta_p(2), \cdots, \delta_p(p-1)] = \delta.$$

δ 是所有元素的模 p 指数的最大值. 如能证明 $\delta = \varphi(p) = p-1$，则 g 就是模 p 的原根. 显见，$\delta \mid p-1$ 及 $\delta_p(j) \mid \delta (1 \leqslant j \leqslant p-1)$，因而同余方程

$$x^{\delta} - 1 \equiv 0 \pmod{p}$$

有解 $x \equiv 1, 2, \cdots, p-1 \pmod{p}$. 由第四章 §8 的定理 2 知 $p-1 \leqslant \delta$，所以 $\delta = p-1$. 这就说明了 g 是模 p 的原根. 由此及 §1 的性质Ⅴ和性质Ⅶ(取 $a=g$)就可推出定理的后一部分结论(证明留给读者).

证法 2　设 $d \mid p-1$，以 $\psi(d)$ 表示模 p 的一组既约剩余系中对模 p 的指数等于 d 的元素的个数，我们有

$$\sum_{d \mid p-1} \psi(d) = p-1. \tag{1}$$

对模 p 的指数为 d 的数必满足同余方程

$$x^d - 1 \equiv 0 \pmod{p}. \tag{2}$$

显然有 $x^d - 1 \mid x^p - x = x(x^{p-1}-1)$，所以由第四章 §8 的定理 5 知同余方程(2)的解数为 d. 如果存在 a 对模 p 的指数为 d，则由第三章 §3 的定理 4，即 §1 的性质Ⅴ知，同余方程(2)的全部解为

$$x \equiv a^0, a^1, \cdots, a^{d-1} \pmod{p}. \tag{3}$$

而由 §1 的性质Ⅶ知，解(3)中仅有 a^j $((j,d)=1, 0 \leqslant j \leqslant d-1)$ 对模 p 的指数为 d，即有 $\varphi(d)$ 个数对模 p 的指数为 d. 这样就证明了

$$\psi(d) = \begin{cases} \varphi(d), & \text{存在 } a \text{ 对模 } p \text{ 的指数为 } d, \\ 0, & \text{不存在 } a \text{ 对模 } p \text{ 的指数为 } d. \end{cases} \tag{4}$$

由第三章 §3 的定理 2 知

$$\sum_{d \mid p-1} \varphi(d) = p-1.$$

由此及式(1)得

$$\sum_{d\mid p-1}(\varphi(d)-\psi(d))=0.$$

由此及式(4)就推出：对所有的 $d\mid p-1$，必有

$$\psi(d)=\varphi(d). \tag{5}$$

特别地，有

$$\psi(p-1)=\varphi(p-1). \tag{6}$$

这就证明了原根的存在性以及全部结论.

定理 3 设 p 为奇素数，则对任意的 $\alpha\geqslant 1$，模 p^α 必有原根. 事实上，存在 $\tilde{g}$，使得对所有的 $\alpha\geqslant 1$，$\tilde{g}$ 是模 p^α，$2p^\alpha$ 的公共原根.

证 分以下几步来证明：

(i) 若 g 是模 $p^{\alpha+1}$ 的原根，则 g 一定是模 p^α 的原根. 事实上，设 $\delta=\delta_{p^\alpha}(g)$，由§1 的性质Ⅲ知 $\delta\mid\varphi(p^\alpha)$. 由

$$g^\delta\equiv 1(\bmod p^\alpha)$$

可推出(为什么)

$$g^{p\delta}\equiv 1(\bmod p^{\alpha+1}),$$

进而从§1 的性质Ⅱ及假设知

$$\varphi(p^{\alpha+1})=\delta_{p^{\alpha+1}}(g)\mid p\delta.$$

由于(见第三章§2 的定理 8)

$$\varphi(p^k)=p^{k-1}(p-1),\quad k\geqslant 1, \tag{7}$$

从以上两式得 $\varphi(p^\alpha)\mid\delta$，因此 $\delta=\varphi(p^\alpha)$. 这就证明了所要的结论.

(ii) 若 g 是模 p^α 的原根，则必有

$$\delta_{p^{\alpha+1}}(g)=\varphi(p^\alpha)\quad 或\quad \delta_{p^{\alpha+1}}(g)=\varphi(p^{\alpha+1}).$$

事实上，由假设及§1 的性质Ⅸ(i)知 $\varphi(p^\alpha)=\delta_{p^\alpha}(g)\mid\delta_{p^{\alpha+1}}(g)$，而由§1 的性质Ⅲ知 $\delta_{p^{\alpha+1}}(g)\mid\varphi(p^{\alpha+1})$. 由此利用式(7)就推出所要的结论.

(iii) 当 p 为奇素数时，若 g 是模 p 的原根，且有

$$g^{p-1}=1+rp,\quad p\nmid r, \tag{8}$$

则 g 是所有模 p^α 的原根. 我们先来证明：对任意的 $\alpha\geqslant 1$，有

$$g^{\varphi(p^\alpha)}=1+r(\alpha)p^\alpha,\quad p\nmid r(\alpha), \tag{9}$$

其中 $r(\alpha)$ 是某一整数. 对 α 用数学归纳法. 当 $\alpha=1$ 时，式(9)就是式

(8)，所以成立. 设式(9)对 $\alpha=n(n\geqslant 1)$ 成立. 当 $\alpha=n+1$ 时，由归纳假设得

$$\begin{aligned} g^{\varphi(p^{n+1})} &= (1+r(n)p^n)^p \\ &= 1+r(n)p^{n+1}+\frac{1}{2}p(p-1)r^2(n)p^{2n}+\cdots \\ &= 1+r(n+1)p^{n+1}, \end{aligned}$$

这里

$$r(n+1)\equiv r(n)+\frac{1}{2}(p-1)r^2(n)p^n \pmod p.$$

由于 p 是奇数及 $p\nmid r(n)$，所以 $p\nmid r(n+1)$. 这就证明了式(9)对 $\alpha=n+1$ 成立. 因此，式(9)对任意的 $\alpha\geqslant 1$ 都成立. 由式(9)及(ii)就推出 g 是所有模 p^α 的原根. 这样，问题就归结为求满足式(8)的模 p 的原根.

(iv) 设 p 为奇素数，g' 是模 p 的原根且为奇数(若 g' 是偶数，则以 $g'+p$ 代 g')，那么

$$g=g'+tp,\quad t=0,1,\cdots,p-1 \tag{10}$$

都是模 p 的原根，且除了其中一个以外，都满足条件(8). 事实上，我们有

$$g^{p-1}=(g'+tp)^{p-1}=(g')^{p-1}+(p-1)(g')^{p-2}pt+Ap^2,$$

其中 A 为某一整数. 设 $(g')^{p-1}=1+ap$，则由上式得

$$g^{p-1}=1+((p-1)(g')^{p-2}t+a)p+Ap^2.$$

由于 $(p,(p-1)g')=1$，所以 t 的一次同余方程

$$(p-1)(g')^{p-2}t+a\equiv 0 \pmod p$$

的解数为 1(第四章 §2 的定理 1). 这就证明了所要的结论. 由于 $t=0,1,\cdots,p-1$ 中至少有两个偶数以及 g' 为奇数，所以总可取到模 p 的一个原根 g，它为奇数且满足条件(8). 我们把它记为 $\widetilde{g}$.

(v) 由(iii)和(iv)立即推出 $\widetilde{g}$ 是所有模 p^α 的原根. 由于 $\widetilde{g}$ 为奇数，因此

$$(\widetilde{g})^d\equiv 1 \pmod{p^\alpha}\quad 与\quad (\widetilde{g})^d\equiv 1 \pmod{2p^\alpha}$$

等价. 所以 $\delta_{2p^\alpha}(\widetilde{g})=\delta_{p^\alpha}(\widetilde{g})=\varphi(p^\alpha)$. 由此及 $\varphi(2p^\alpha)=\varphi(p^\alpha)$ 就推出 $\widetilde{g}$ 是所有模 $2p^\alpha$ 的原根. 证毕.

由§1的性质Ⅻ及本节的定理2和定理3就完全证明了定理1.如何求原根是一个很困难的问题.首先要求模 p 的原根,然后依照定理3证明中的方法求模 $p^\alpha, 2p^\alpha(\alpha\geqslant 1)$ 的原根.但求模 p 的原根没有一般的方法,只能对具体的素数 p 按原根的定义逐个数去试算.下面举几个例子.

例1 求模 $p=23$ 的原根.

解 由于 a 对模 p 的指数必是 $p-1$ 的因数,所以要求出指数,只要计算 a^d 对模 p 的剩余即可,其中 $d\mid p-1$.

这里 $p-1=22=2\cdot 11$,它的因数 $d=1,2,11,22$.求 $a=2$ 对模23的指数:

$$2^2\equiv 4 \pmod{23},$$

$$2^{11}\equiv (2^4)^2\cdot 2^3\equiv(-7)^2\cdot 8\equiv 3\cdot 8\equiv 1 \pmod{23}.$$

所以,$\delta_{23}(2)=11$,2不是模23的原根.求 $a=3$ 对模23的指数:

$$3^2\equiv 9 \pmod{23},\quad 3^3\equiv 4 \pmod{23},$$

$$3^{11}\equiv (3^3)^3\cdot 3^2\equiv 4^3\cdot 9\equiv(-5)\cdot 9\equiv 1 \pmod{23}.$$

所以,$\delta_{23}(3)=11$,3不是模23的原根.求 $a=4$ 对模23的指数:

$$4^2\equiv -7 \pmod{23},\quad 4^{11}\equiv (4^4)^2\cdot 4^3\equiv 3^2\cdot(-5)\equiv 1 \pmod{23}.$$

所以,$\delta_{23}(4)=11$,4不是模23的原根.求 $a=5$ 对模23的指数:

$$5^2\equiv 2 \pmod{23},$$

$$5^{11}\equiv (5^4)^2\cdot 5^3\equiv 4^2\cdot 10\equiv 4\cdot(-6)\equiv -1 \pmod{23}.$$

$$5^{22}\equiv 1 \pmod{23}.$$

所以,$\delta_{23}(5)=22$,5是模23的原根,且是最小正原根.

为了进一步求出模 $p^\alpha, 2p^\alpha(\alpha\geqslant 1)$ 的原根,还要验证式(8)当 $g=5$,$p=23$ 时是否成立.这实际上就是求 g^{p-1} 对模 p^2 的剩余.这里 $23^2=529$,有

$$5^2\equiv 25 \pmod{23^2},$$

$$5^8\equiv (23+2)^4\equiv 4\cdot 23\cdot 2^3+2^4\equiv 10\cdot 23-7 \pmod{23^2},$$

$$\begin{aligned}5^{10}&\equiv(10\cdot 23-7)(23+2)\equiv 13\cdot 23-14\\&\equiv 12\cdot 23+9 \pmod{23^2},\end{aligned}$$

$$\begin{aligned}5^{20}&\equiv(12\cdot 23+9)^2\equiv 216\cdot 23+81\\&\equiv 13\cdot 23-11 \pmod{23^2},\end{aligned}$$

$$\begin{aligned}5^{22}&\equiv(13\cdot 23-11)(23+2)\equiv 15\cdot 23-22\\&\equiv 1+14\cdot 23 \pmod{23^2}.\end{aligned}$$

由 $23\nmid 14$ 及 5 是奇数就证明了 5 是所有模 $23^{\alpha}, 2\cdot 23^{\alpha}$ 的原根.

例 2　求模 41 的原根.

解　$41-1=40=2^3\cdot 5$,其因数 $d=1,2,4,8,5,10,20,40$.下面依次来求 $a=2,3,\cdots$的指数.

由于

$$2^2\equiv 4 \pmod{41},\quad 2^4\equiv 16 \pmod{41},\quad 2^5\equiv -9 \pmod{41},$$
$$2^{10}\equiv -1 \pmod{41},\quad 2^{20}\equiv 1 \pmod{41},$$

所以 $\delta_{41}(2)\mid 20$.由于当 $d\mid 20, d<20$ 时,$2^d\not\equiv 1 \pmod{41}$,所以 $\delta_{41}(2)=20$.故 2 不是原根.

由于

$$3^2\equiv 9 \pmod{41},\quad 3^4\equiv -1 \pmod{81},\quad 3^8\equiv 1 \pmod{41},$$

同理可得 $\delta_{41}(3)=8$,所以 3 也不是原根.

注意到$[\delta_{41}(2),\delta_{41}(3)]=[20,8]=40$,所以我们不用再依次计算 $a=4,5,\cdots$的指数,而可利用 §1 的性质Ⅺ来求原根.注意到

$$\delta_{41}(2)=4\cdot 5,\quad \delta_{41}(3)=1\cdot 8.$$

由 §1 的性质Ⅺ知 $c=2^4\cdot 3=48$ 是原根.因此,7 也是模 41 的原根.这一求原根的方法实质上就是定理 2 的证法 1,因此证法 1 在某些情形下是寻找原根的一种方法.

为了求出模 $41^{\alpha}, 2\cdot 41^{\alpha}(\alpha\geqslant 1)$的原根,需要计算 7^{40} 对模 $41^2=1681$ 的剩余:

$$7^2\equiv 41+8 \pmod{41^2},$$
$$7^4\equiv (41+8)^2\equiv 18(41-1) \pmod{41^2},$$
$$7^5\equiv 3(41+1)(41-1)\equiv -3 \pmod{41^2},$$
$$7^{10}\equiv 9 \pmod{41^2},$$
$$7^{20}\equiv 81 \pmod{41^2},$$
$$7^{40}\equiv (2\cdot 41-1)^2\equiv 1+(-4)\cdot 41 \pmod{41^2}.$$

由 $41\nmid -4$ 及 7 是奇数就推出 7 是所有模 $41^{\alpha}, 2\cdot 41^{\alpha}$ 的原根.

例 3　求模 43 的原根.

解　$43-1=42=2\cdot 3\cdot 7$,它的因数 $d=1,2,3,7,6,14,21,42$.先求 2 的指数:

$$2^2\equiv 4(\bmod 43),\quad 2^3\equiv 8(\bmod 43),\quad 2^6\equiv 8^2\equiv 21(\bmod 43),$$
$$2^7\equiv -1(\bmod 43),\quad 2^{14}\equiv 1(\bmod 43).$$

所以 $\delta_{43}(2)=14$. 再求 3 的指数：

$$3^2\equiv 9(\bmod 43),\qquad 3^3\equiv -16(\bmod 43),$$
$$3^4\equiv -5(\bmod 43),\qquad 3^6\equiv 9\cdot(-5)\equiv -2(\bmod 43),$$
$$3^7\equiv -6(\bmod 43),\qquad 3^{14}\equiv 36\equiv -7(\bmod 43),$$
$$3^{21}\equiv -1(\bmod 43).$$

所以,3 是模 43 的原根.

下面求 3^{42} 对模 $43^2=1849$ 的剩余：

$$3^4\equiv 81\equiv 2\cdot 43-5(\bmod 43^2),$$
$$3^8\equiv (2\cdot 43-5)^2\equiv -5(4\cdot 43-5)(\bmod 43^2),$$
$$3^{16}\equiv 5^2(3\cdot 43+25)(\bmod 43^2),$$
$$3^{20}\equiv 5^2(3\cdot 43+25)(2\cdot 43-5)\equiv 5^2(35\cdot 43-125),$$
$$\equiv -5^2(11\cdot 43-4)(\bmod 43^2),$$
$$3^{21}\equiv -(2\cdot 43-11)(11\cdot 43-4)\equiv -44(\bmod 43^2),$$
$$3^{42}\equiv (43+1)^2\equiv 1+2\cdot 43(\bmod 43^2).$$

由 $43\nmid 2$ 及 3 为奇数知,3 是所有模 $43^\alpha, 2\cdot 43^\alpha(\alpha\geqslant 1)$ 的原根.

例 1 和例 3 中求模 p 的原根的方法是：对所有 $p-1$ 的因数 $d(d<p-1)$ 计算 a^d 对模 p 的剩余,当这些剩余都不等于 1 时,就说明了 a 是模 p 的原根. 这个方法稍加修改就可表述为下面的定理(证明留给读者)：

定理 4 设 p 是奇素数, $p-1$ 所有不同的素因数是 $q_1,\cdots,q_s$, 则 g 为模 p 的原根的充要条件是

$$g^{(p-1)/q_j}\not\equiv 1(\bmod p),\quad 1\leqslant j\leqslant s. \tag{11}$$

显见,定理 4 中把 p 改为任意正整数 $m(m\geqslant 2)$, $p-1$ 改为 $\varphi(m)$, 相应的结论仍然成立,但实质上用具体数值验证式(11),并不比验证 $p-1$ 的所有正因数 $d(d<p-1)$ 方便多少. 请读者用定理 4 的方法来做例 2 和例 3,并比较之.

由定理 1 及第三章§3 的定理 4 立即推出下面的定理：

定理 5 设 $m\geqslant 1$. 模 m 的既约剩余系能表示为

$$g^0, g^1, \cdots, g^{\varphi(m)-1} \tag{12}$$

当且仅当 $m=1,2,4,p^\alpha,2p^\alpha$($p$ 奇素数,$\alpha\geqslant1$),即模 m 有原根,这里 g 为某一整数.

事实上,第三章§3的定理4就证明了模 m 有形如式(12)给出的既约剩余系的充要条件是模 m 有原根.由此及定理1就完全证明了定理5.

式(12)给出了既约剩余系的一个十分便于研究的形式,虽然这一点对大部分合数模都不成立,但合数模的既约剩余系可以通过若干个素数幂模的既约剩余系来构造(见第三章的§2,§3).这些我们将在下一节讨论.

习 题 二

1. 求模 11,13,17,19,31,37,53,71 的最小正原根.

2. 求一个 g,使得它是模 p 的原根,但不是模 p^2 的原根:

$$p=5,7,11,17,31.$$

3. 证明:10 是模 487 的原根,但不是模 487^2 的原根.

4. 求一个 g,使得对所有的 $\alpha\geqslant1$,它是模 p^α,$2p^\alpha$ 的原根:

$$p=11,13,17,19,31,37,53,71.$$

5. 设 p 是素数,$k\geqslant1$.证明:

$$1^k+2^k+\cdots+(p-1)^k\equiv\begin{cases}0(\bmod p), & p-1\nmid k,\\ -1(\bmod p), & p-1\mid k.\end{cases}$$

6. 设素数 $p>2$,$p-1$ 的标准素因数分解式是 $q_1^{\beta_1}\cdots q_r^{\beta_r}$.

(i) 证明:对任一 $j(1\leqslant j\leqslant r)$,存在 a_j 对模 p 的指数 $q_j^{\beta_j}$(不能利用模 p 存在原根);

(ii) 证明:$a_1\cdots a_r$ 是模 p 的原根;

(iii) 举例说明如何用(i),(ii)给出的这一方法来构造模 23 的原根.

7. 设 $1975\leqslant n\leqslant1985$.问:哪些 n 有原根?

8. 求以 10 为原根的最小素数.

9. 求模 p 的所有原根 $g(1<g<p)$,其中 $p=19,31,37,53,71$.

10. 求模 $2p$ 的所有原根 $g\ (1<g<2p)$，其中 $p=19,31,37,53,71$.

11. 设 $\lambda(m)$ 由§1 的式(7)给出. 证明：一定存在 a，使得 $\delta_m(a)=\lambda(m)$，且至少有 $\varphi(\lambda(m))$ 个两两对模 m 不同余的 a 有这个性质.

§3　指标、指标组与既约剩余系的构造

第三章§3 的定理 4(或上一节的定理 5)证明了：当模 m 有原根 g 时，它的既约剩余系可表示为

$$g^0=1,g^1,\cdots,g^{\varphi(m)-1}. \tag{1}$$

也就是说，对任一 $a,(a,m)=1$，它必可唯一地表示为

$$a\equiv g^{\gamma}\ (\mathrm{mod}\ m),\quad 0\leqslant\gamma<\varphi(m). \tag{2}$$

这表明：当 m 有原根 g 时，通过原根 g，模 m 的既约剩余系与模 $\varphi(m)$ 的完全剩余系之间可建立一一对应的关系，且这种对应由式(2)给出. 第三章§3 的定理 5 证明了：当 $\delta_{2^\alpha}(g_0)=2^{\alpha-2}\ (\alpha\geqslant 3)$ 时，模 $m=2^\alpha$ 的既约剩余系可表示为

$$\pm g_0^0=\pm 1,\pm g_0^1,\cdots,\pm g_0^{2^{\alpha-2}-1}. \tag{3}$$

也就是说，对任一 $a,(a,2)=1$，它必可唯一地表示为

$$a\equiv(-1)^{\gamma^{(-1)}}g_0^{\gamma^{(0)}}\ (\mathrm{mod}\ 2^\alpha), \tag{4}$$

$$0\leqslant\gamma^{(-1)}<2,\ 0\leqslant\gamma^{(0)}<2^{\alpha-2}.$$

这表明：模 $2^\alpha\ (\alpha\geqslant 3)$ 的既约剩余系，通过 -1 和 g_0，同模 2 的完全剩余系和模 $2^{\alpha-2}$ 的完全剩余系构成的数对 $\{\gamma^{(-1)},\gamma^{(0)}\}$ 之间可建立一一对应的关系，且这种对应由式(4)给出. 这类表示形式的优点在于：就对模 m 既约的数来说，它们对模 m 的乘法运算可转化为方幂数的加法运算. 所以，这种表示形式在理论与应用上都是有用的. 为此，需要研究这种表示形式的基本性质.

定义 1　设模 m 有原根 $g,(a,m)=1$. 我们把表示式(2)中的 γ 称为 **a 对模 m 的(以 g 为底的)指标**，简称**指标**，记作 $\gamma_{m,g}(a)$，当不会混淆时简记作 $\gamma_g(a)$ 或 $\gamma(a)$.

定义 2　设 $\alpha\geqslant 3,(a,2)=1$. 我们把表示式(4)中的 $\gamma^{(-1)},\gamma^{(0)}$ 称为

a **对模 2^α 的(以 $-1,g_0$ 为底的)指标组**,简称**指标组**,记作

$$\gamma_{\alpha;-1,g_0}^{(-1)}(a),\quad \gamma_{\alpha;-1,g_0}^{(0)}(a),$$

当不会混淆时简记作

$$\gamma_{g_0}^{(-1)}(a),\gamma_{g_0}^{(0)}(a)\quad 或\quad \gamma^{(-1)}(a),\gamma^{(0)}(a).$$

下面分别讨论指标与指标组的性质.实际上,它们是§1关于指数性质的简单推论,只需注意到模 m 的原根对模 m 的指数为 $\varphi(m)$ 以及 g_0 对模 $2^\alpha(\alpha\geqslant 3)$ 的指数为 $2^{\alpha-2}$.

关于指标 $\gamma_{m,g}(a)$ 有以下性质:

性质Ⅰ　设 g 是模 m 的原根,$(a,m)=1$.若

$$g^h\equiv a(\operatorname{mod} m),$$

则 $h\equiv\gamma_{m,g}(a)(\operatorname{mod}\varphi(m))$,且反过来也成立.

证　可由指标 $\gamma_{m,g}(a)$ 的定义、$\delta_m(g)=\varphi(m)$ 及§1的性质Ⅳ推出.

性质Ⅱ　设 g 是模 m 的原根,$(ab,m)=1$,则

$$\gamma_{m,g}(ab)\equiv\gamma_{m,g}(a)+\gamma_{m,g}(b)(\operatorname{mod}\varphi(m)).\tag{5}$$

证　记 $\gamma(c)=\gamma_{m,g}(c)$.我们有

$$ab\equiv g^{\gamma(a)}\cdot g^{\gamma(b)}\equiv g^{\gamma(a)+\gamma(b)}(\operatorname{mod} m).$$

由此及性质Ⅰ即得所要的结论.

性质Ⅲ　设 $g,\tilde{g}$ 是模 m 的两个不同原根,$(a,m)=1$,则

$$\gamma_{m,\tilde{g}}(a)\equiv\gamma_{m,\tilde{g}}(g)\gamma_{m,g}(a)(\operatorname{mod}\varphi(m)).\tag{6}$$

证　设 $\gamma_1=\gamma_{m,\tilde{g}}(a),\gamma_2=\gamma_{m,\tilde{g}}(g)$ 及 $\gamma_3=\gamma_{m,g}(a)$.由

$$a\equiv g^{\gamma_3}(\operatorname{mod} m)$$

及

$$g\equiv\tilde{g}^{\gamma_2}(\operatorname{mod} m),\quad a\equiv\tilde{g}^{\gamma_1}(\operatorname{mod} m)$$

可得

$$a\equiv\tilde{g}^{\gamma_2\gamma_3}(\operatorname{mod} m).$$

由此及性质Ⅰ即得式(6).

特别地,在式(6)中取 $a=\tilde{g}$,即得

$$\gamma_{m,\tilde{g}}(g)\gamma_{m,g}(\tilde{g})\equiv 1(\operatorname{mod}\varphi(m)).\tag{7}$$

性质Ⅲ刻画了对不同原根的指标之间的关系.以上性质表明:通常对数的运算规则,对指标的运算(在模 $\varphi(m)$ 的意义下)也成立.式(6)就相当于对数的换底公式.关于指标与指数的关系有下面的

结论：

性质Ⅳ 设 g 是模 m 的原根，$(a,m)=1$，则

$$\delta_m(a)=\varphi(m)/(\gamma_{m,g}(a),\varphi(m)). \tag{8}$$

由此推出：当 m 有原根时，对每个正因数 $d\mid\varphi(m)$，在模 m 的一组既约剩余系中，恰有 $\varphi(d)$ 个元素对模 m 的指数等于 d. 特别地，恰有 $\varphi(\varphi(m))$ 个原根.

证 在§1的性质Ⅶ中取 $a=g$ 及 $k=\gamma_{m,g}(a)$，由 $\delta_m(g)=\varphi(m)$，§1的式(3)及§1的性质Ⅰ即得式(8). 当模 m 有原根时，我们取由式(1)给出的既约剩余系. 由式(8)知，这个既约剩余系中元素 g^j 的指数为 $\delta_m(g^j)=d$ 的充要条件是(注意 $\gamma_{m,g}(g^j)=j,0\leqslant j<\varphi(m)$)

$$(\varphi(m),j)=\varphi(m)/d,\quad 0\leqslant j<m.$$

设 $j=t\varphi(m)/d$，则上式等价于

$$(d,t)=1,\quad 0\leqslant t<d.$$

满足上式的 t 恰有 $\varphi(d)$ 个. 这就证明了所要的结论.

性质Ⅳ的证明表明了有形如式(1)的既约剩余系的优点. 由性质Ⅳ的证明知，当模 m 有原根时，对任一 $d\mid\varphi(m)$，指数为 d 的 $\varphi(d)$ 个数是

$$g^{t\varphi(m)/d},\quad 0\leqslant t<d,(t,d)=1. \tag{9}$$

特别地，$\varphi(\varphi(m))$ 个原根是

$$g^t,\quad 0\leqslant t<\varphi(m),(t,\varphi(m))=1. \tag{10}$$

当已知模 m 的一个原根 g 时，我们通过依次计算式(1)中的 $g^j\,(0\leqslant j<\varphi(m))$ 对模 m 的绝对最小剩余或最小正剩余，就可得到模 m 的绝对最小既约剩余系或最小既约正剩余系中每个元素的指标，由此从式(8)得到指数. 把所得这些结果，按指标或既约剩余系元素由小到大的顺序列表. 这种表通常称为**指标表**，它可供具体应用时查用，是十分方便的. 下面举几个例子.

例 1 构造模 23 以原根 5 为底的指标表.

由§2的例1知，5是模23的原根，$\varphi(23)=22$. 先按指标由小到大的顺序列出表1，因为依次计算 5^j 对模 23 的绝对最小剩余比较容易. 再按绝对最小既约剩余系元素由小到大的顺序来排列，表1就变为表2.

表 1

$\gamma_{23,5}(a)$	0	1	2	3	4	5	6	7	8	9	10
a	1	5	2	10	4	−3	8	−6	−7	11	9
$\delta_{23}(a)$	1	22	11	22	11	22	11	22	11	22	11
$\gamma_{23,5}(a)$	11	12	13	14	15	16	17	18	19	20	21
a	−1	−5	−2	−10	−4	3	−8	6	7	−11	−9
$\delta_{23}(a)$	2	11	22	11	22	11	22	11	22	11	22

表 2

a	−11	−10	−9	−8	−7	−6	−5	−4	−3	−2	−1
$\gamma_{23,5}(a)$	20	14	21	17	8	7	12	15	5	13	11
$\delta_{23}(a)$	11	11	22	22	11	22	11	22	22	22	2
a	1	2	3	4	5	6	7	8	9	10	11
$\gamma_{23,5}(a)$	0	2	16	4	1	18	19	6	10	3	9
$\delta_{23}(a)$	1	11	11	11	22	11	22	11	11	22	22

由表 2 知,模 23 的原根,即指数等于 22 的元素有 10 个,它们是

$$-9,-8,-6,-4,-3,-2,5,7,10,11. \tag{11}$$

指数为 11 的元素有 10 个,它们是

$$-11,-10,-7,-5,2,3,4,6,8,9. \tag{12}$$

指数为 2 的元素有 1 个: −1. 指数为 1 的有 1 个: 1.

关于模 $m=2^\alpha(\alpha\geqslant 3)$ 的指标组 $\gamma^{(-1)}_{\alpha;-1,g_0}(a),\gamma^{(0)}_{\alpha;-1,g_0}(a)$,我们仅讨论 $g_0=5$ 的情形,并把它们简记作 $\gamma^{(-1)}(a),\gamma^{(0)}(a)$.

性质 V 若 $a\equiv(-1)^j\cdot 5^h(\bmod 2^\alpha),\alpha\geqslant 3$,则

$$j\equiv\gamma^{(-1)}(a)\equiv(a-1)/2(\bmod 2) \tag{13}$$

及

$$h\equiv\gamma^{(0)}(a)(\bmod 2^{\alpha-2}). \tag{14}$$

证 由已知条件及式(4)($g_0=5$)得

$$a\equiv(-1)^j\equiv(-1)^{\gamma^{(-1)}(a)}(\bmod 4),$$

由此即得式(13). 由已知条件、式(4)($g_0=5$)及式(13)得

$$5^h \equiv 5^{\gamma^{(0)}(a)} \pmod{2^\alpha}.$$

由于 $\delta_{2^\alpha}(5)=2^{\alpha-2}$，由上式及§1 的性质Ⅳ就推出式(14).

性质Ⅵ 设$(ab,2)=1,\alpha\geqslant 3$，则

$$\gamma^{(-1)}(ab) \equiv \gamma^{(-1)}(a)+\gamma^{(-1)}(b) \pmod 2 \tag{15}$$

及

$$\gamma^{(0)}(ab) \equiv \gamma^{(0)}(a)+\gamma^{(0)}(b) \pmod{2^{\alpha-2}}. \tag{16}$$

证 由式(4)得

$$ab \equiv (-1)^{\gamma^{(-1)}(a)+\gamma^{(-1)}(b)}5^{\gamma^{(0)}(a)+\gamma^{(0)}(b)} \pmod{2^\alpha}.$$

由此及性质Ⅴ即得所要的结论.

性质Ⅶ 设$(a,2)=1,\alpha\geqslant 3$，则

$$\delta_{2^\alpha}(a)=\begin{cases}2^{\alpha-2}/(\gamma^{(0)}(a),2^{\alpha-2}), & 0<\gamma^{(0)}(a)<2^{\alpha-2},\\ 2/(\gamma^{(-1)}(a),2), & \gamma^{(0)}(a)=0.\end{cases} \tag{17}$$

证 $\gamma^{(0)}(a)=0$ 的充要条件是 $a\equiv(-1)^{\gamma^{(-1)}(a)}\equiv\pm1 \pmod{2^\alpha}$，容易直接验证这时式(17)成立. 当 $0<\gamma^{(0)}(a)<2^{\alpha-2}$时，一定有 $a\not\equiv 1 \pmod{2^\alpha}$，所以 $2\mid\delta_{2^\alpha}(a)$(为什么). 设$b=5^{\gamma^{(0)}(a)}$. 以下记$\delta(a)=\delta_{2^\alpha}(a)$，$\delta(b)=\delta_{2^\alpha}(b)$. 由§1 的性质Ⅶ得(注意 $\delta(5)=2^{\alpha-2}$)

$$\delta(b)=2^{\alpha-2}/(\gamma^{(0)}(a),2^{\alpha-2}). \tag{18}$$

由 $0<\delta^{(0)}(a)<2^{\alpha-2}$ 知 $2\mid\delta(b)$. 由 $2\mid\delta(a)$推出

$$1\equiv a^{\delta(a)}\equiv((-1)^{\gamma^{(-1)}(a)}b)^{\delta(a)}\equiv b^{\delta(a)} \pmod{2^\alpha}.$$

由 $2\mid\delta(b)$推出

$$a^{\delta(b)}\equiv((-1)^{\gamma^{(-1)}(a)}b)^{\delta(b)}\equiv b^{\delta(b)}\equiv 1 \pmod{2^\alpha}.$$

利用§1 的性质Ⅱ，由以上两式分别推出 $\delta(b)\mid\delta(a)$及 $\delta(a)\mid\delta(b)$. 因此，有 $\delta(a)=\delta(b)$，进而由式(18)推出这时式(17)成立.

由性质Ⅶ可推出下面的结论：

性质Ⅷ 设 $\alpha\geqslant3,d\geqslant1,d\mid2^{\alpha-2}$，以 $\psi(d)$记模 2^α 的一组既约剩余系中指数为 d 的元素个数，则

$$\psi(d)=\begin{cases}1, & d=1,\\ 3, & d=2,\\ 2\varphi(d), & d>2,d\mid2^{\alpha-2}.\end{cases} \tag{19}$$

证 我们取式(4)($g_0=5$)给出的模 2^α 的既约剩余系. 由式(17)

知，$\delta_{2^\alpha}(a)=1$ 的充要条件是 $\gamma^{(0)}(a)=\gamma^{(-1)}(a)=0$，即 $a\equiv 1(\bmod 2^\alpha)$，所以式(19)成立.由式(17)知，$\delta_{2^\alpha}(a)=2$ 的充要条件是

$$\gamma^{(0)}(a)=0,\quad \gamma^{(-1)}(a)=1$$

或
$$\gamma^{(0)}(a)=2^{\alpha-3},\quad \gamma^{(-1)}(a)=0,1,$$

所以在一组既约剩余系中这样的元素有三个，从而式(19)也成立.当 $d>2, d\mid 2^{\alpha-2}$ 时，可设 $d=2^j, 1<j\leqslant 2^{\alpha-2}$.由式(17)知，$\delta_{2^\alpha}(a)=d=2^j$ 的充要条件是

$$(\gamma^{(0)}(a),2^{\alpha-2})=2^{\alpha-2-j},\quad 0<\gamma^{(0)}(a)<2^{\alpha-2}.$$

设 $\gamma^{(0)}(a)=2^{\alpha-2-j}t$，上式即

$$(t,2^j)=1,\quad 0<t<2^j.$$

这样的 t 有 $\varphi(2^j)=\varphi(d)$ 个.由此及 $\gamma^{(-1)}(a)$ 可取 0,1 两个值知，在一组既约剩余系中指数为 $d(d>2, d\mid 2^{\alpha-2})$ 的元素恰有 $2\varphi(d)$ 个.证毕.

类似于有原根时模 m 的指标表，我们可以列出模 $2^\alpha(\alpha\geqslant 3)$ 的**指标组表**，其中指数 $\delta(a)=\delta_{2^\alpha}(a)$ 由式(17)推出.

例 2　构造模 $2^6=64$ 的指标组表($\alpha=6$).

表 3 是按指标 $\gamma^{(0)}(a)$ 由小到大的顺序，分别以

$$\gamma^{(-1)}(a)=0,\quad \gamma^{(-1)}(a)=1$$

来排列的.由此可得到模 2^6 的按绝对最小剩余系元素由小到大顺序排列的指标组表(见表 4).

表　3

$\gamma^{(-1)}(a)$	0	0	0	0	0	0	0	0	0	0	0	0	0	0	0	0
$\gamma^{(0)}(a)$	0	1	2	3	4	5	6	7	8	9	10	11	12	13	14	15
a	1	5	25	−3	−15	−11	9	−19	−31	−27	−7	29	17	21	−23	13
$\delta(a)$	1	2^4	2^3	2^4	2^2	2^4	2^3	2^4	2	2^4	2^3	2^4	2^2	2^4	2^3	2^4
$\gamma^{(-1)}(a)$	1	1	1	1	1	1	1	1	1	1	1	1	1	1	1	1
$\gamma^{(0)}(a)$	0	1	2	3	4	5	6	7	8	9	10	11	12	13	14	15
a	−1	−5	−25	3	15	11	−9	19	31	27	7	−29	−17	−21	23	−13
$\delta(a)$	2	2^4	2^3	2^4	2^2	2^4	2^3	2^4	2	2^4	2^3	2^4	2^2	2^4	2^3	2^4

表 4

$\gamma^{(-1)}(a)$	0	1	0	1	0	1	0	1
$\gamma^{(0)}(a)$	8	11	9	2	14	13	7	12
a	-31	-29	-27	-25	-23	-21	-19	-17
$\delta(a)$	2	2^4	2^4	2^3	2^3	2^4	2^4	2^2

$\gamma^{(-1)}(a)$	0	1	0	1	0	1	0	1
$\gamma^{(0)}(a)$	4	15	5	6	10	1	3	0
a	-15	-13	-11	-9	-7	-5	-3	-1
$\delta(a)$	2^2	2^4	2^4	2^3	2^3	2^4	2^4	2

$\gamma^{(-1)}(a)$	0	1	0	1	0	1	0	1	0	1	0	1	0	1	0	1
$\gamma^{(0)}(a)$	0	3	1	10	6	5	15	4	12	7	13	14	2	9	11	8
a	1	3	5	7	9	11	13	15	17	19	21	23	25	27	29	31
$\delta(a)$	1	2^4	2^4	2^3	2^3	2^4	2^4	2^2	2^2	2^4	2^4	2^3	2^3	2^4	2^4	2

当 $\alpha=1,2$ 时,模 2^α 有原根,它的既约剩余系可由式(1)给出;当 $\alpha\geqslant3$ 时,模 2^α 没有原根,它的既约剩余系可由式(4)(我们总取定 $g_0=5$)给出. 为了叙述方便,我们把这两种情形统一起来. 设

$$c_{-1}(\alpha)=c_{-1}=\begin{cases}1, & \alpha=1,\\ 2, & \alpha\geqslant 2,\end{cases}$$
$$c_0(\alpha)=c_0=\begin{cases}1, & \alpha=1,\\ 2^{\alpha-2}, & \alpha\geqslant 2,\end{cases} \tag{20}$$

则当 $\alpha\geqslant1$ 时,

$$(-1)^{\gamma^{(-1)}}\cdot 5^{\gamma^{(0)}},\quad 0\leqslant\gamma^{(-1)}<c_{-1},0\leqslant\gamma^{(0)}<c_0 \tag{21}$$

是模 2^α 的一组既约剩余系. 这一结论对 $\alpha=1,2$ 很容易直接验证. 当 $\alpha\geqslant3$ 时,这就是式(3)($g_0=5$). 无论何种情形,当

$$a\equiv(-1)^{\gamma^{(-1)}}\cdot 5^{\gamma^{(0)}}\ (\mathrm{mod}\ 2^\alpha)$$

时,我们都把 $\gamma^{(-1)}$,$\gamma^{(0)}$ 称为 a 对模 2^α 的指标组. 显见,当 $\alpha=1,2$ 时,必有 $\gamma^{(0)}=0$.

至此,我们讨论了模 $2^\alpha(\alpha\geqslant1)$ 的既约剩余系的如式(1)或(3)的构造形式,以及知道了每个 $a((a,2^\alpha)=1)$ 必唯一对应于一个指标或指标组[见式(2)或(4)]. 利用第四章§3 的定理 1(即孙子定理),由此就可

得到对任意模 m 的相应结果.

定理 1　设 $p_j(1\leqslant j\leqslant r)$是不同的奇素数,$\alpha_0\geqslant 0,\alpha_j\geqslant 1(1\leqslant j\leqslant r)$,

$$m = 2^{\alpha_0} p_1^{\alpha_1}\cdots p_r^{\alpha_r}, \tag{22}$$

$c_{-1}=c_{-1}(\alpha_0),c_0=c_0(\alpha_0)(\alpha_0\geqslant 1)$由式(20)给出,

$$c_j = c_j(p_j^{\alpha_j}) = \varphi(p_j^{\alpha_j}),\quad 1\leqslant j\leqslant r; \tag{23}$$

再设 $m=M_0\cdot 2^{\alpha_0},m=M_jp_j^{\alpha_j}(1\leqslant j\leqslant r),M_j^{-1}(0\leqslant j\leqslant r)$为取定的一组整数,满足(记 $p_0=2$)

$$M_jM_j^{-1}\equiv 1(\bmod p_j^{\alpha_j}),\quad 0\leqslant j\leqslant r; \tag{24}$$

又设 g_j 是模 $p_j^{\alpha_j}$ 的原根$(1\leqslant i\leqslant r)$. 那么,

$$x = M_0M_0^{-1}\cdot(-1)^{\gamma^{(-1)}}\cdot 5^{\gamma^{(0)}} + M_1M_1^{-1}g_1^{\gamma^{(1)}} + \cdots + M_rM_r^{-1}g_r^{\gamma^{(r)}}, \tag{25}$$

$$0\leqslant \gamma^{(j)} < c_j,\quad -1\leqslant j\leqslant r \tag{26}$$

就给出了模 m 的一组既约剩余系. 当 $\alpha_0=0$ 时,以上式子中不出现 c_{-1},c_0 及 $j=0$ 的项.

由式(24)及 M_j 的定义知

$$x\equiv(-1)^{\gamma^{(-1)}}\cdot 5^{\gamma^{(0)}}(\bmod 2^{\alpha_0}),$$

$$x\equiv g_j^{\gamma^{(j)}}(\bmod p_j^{\alpha_j}),\quad 1\leqslant j\leqslant r.$$

所以,$\gamma^{(-1)},\gamma^{(0)}$是 x 对模 2^α 的指标组,$\gamma^{(j)}(1\leqslant j\leqslant r)$是 x 对模 $p_j^{\alpha_j}$ 的指标. 此外,由定理 1 知,对任一 $a,(a,m)=1$,必有唯一的一组满足条件(26)的 $\gamma^{(j)}=\gamma^{(j)}(a)(-1\leqslant j\leqslant r)$,使得

$$a\equiv M_0M_0^{-1}\cdot(-1)^{\gamma^{(-1)}}\cdot 5^{\gamma^{(0)}} + M_1M_1^{-1}g_1^{\gamma^{(1)}} + \cdots + M_rM_r^{-1}g_r^{\gamma^{(r)}}(\bmod m). \tag{27}$$

这样,我们就可对任意的模 m 引入指标组的概念.

定义 3　设 $m>1$ 由式(22)给出,$(a,m)=1$. 我们把使式(27)成立的 $\gamma^{(-1)}(a),\gamma^{(0)}(a);\gamma^{(1)}(a),\cdots,\gamma^{(r)}(a)$称为 a 对模 m 的以$-1,5;g_1,\cdots,g_r$ 为底的**指标组**,记作

$$\gamma_m(a) = \{\gamma^{(-1)}(a),\gamma^{(0)}(a);\gamma^{(1)}(a),\cdots,\gamma^{(r)}(a)\}.$$

对于取定的$-1,5$ 及原根 $g_1,\cdots,g_r$,指标组显然具有以下性质(请读者自己证明,符号同定理 1):

性质Ⅸ $\gamma_m(a)=\{\gamma^{(-1)},\gamma^{(0)};\gamma^{(1)},\cdots,\gamma^{(r)}\}$的充要条件是$\gamma^{(-1)}$，$\gamma^{(0)}$是$a$对模$2^{\alpha_0}$的指标组以及$\gamma^{(j)}(1\leqslant j\leqslant r)$是$a$对模$p_j^{\alpha_j}$的指标；$a$遍历模$m$的既约剩余系的充要条件是$\gamma^{(j)}(-1\leqslant j\leqslant r)$分别遍历模$c_j$的完全剩余系.

性质Ⅹ 若

$$a\equiv M_0M_0^{-1}\cdot(-1)^{h^{(-1)}}\cdot 5^{h^{(0)}}+M_1M_1^{-1}g_1^{h^{(1)}}+\cdots+M_rM_r^{-1}g_r^{h^{(r)}}\pmod m,$$

则

$$h^{(j)}=\gamma^{(j)}(a)\pmod{c_j},\quad -1\leqslant j\leqslant r.$$

性质Ⅺ 若$(ab,m)=1$，则

$$\gamma^{(j)}(ab)\equiv\gamma^{(j)}(a)+\gamma^{(j)}(b)\pmod{c_j},\quad -1\leqslant j\leqslant r.$$

由式(25)给出的模m的既约剩余系，在应用中完全足够了.但有一点不足的地方是：式(25)中出现了加法及M_j，M_j^{-1}，不像式(1)，(3)那样，完全由若干个元素的乘幂给出.这是容易弥补的.

定理2 在定理1的符号下，设

$$\widetilde{g}_l=M_0M_0^{-1}\cdot(-1)^{h_l^{(-1)}}\cdot 5^{h_l^{(0)}}+M_1M_1^{-1}g_1^{h_l^{(1)}}+\cdots+M_rM_r^{-1}g_r^{h_l^{(r)}},\quad -1\leqslant l\leqslant r,\tag{28}$$

其中取定

$$h_l^{(l)}=1,\quad h_l^{(j)}=0,\quad j\neq l,-1\leqslant j\leqslant r,\tag{29}$$

则

$$\widetilde{g}_{-1}\equiv-1\pmod{2^{\alpha_0}},\quad \widetilde{g}_0\equiv 5\pmod{2^{\alpha_0}},$$

$$\widetilde{g}_j\equiv g_j\pmod{p_j^{\alpha_j}},\quad 1\leqslant j\leqslant r,$$

而且以下$\varphi(m)$个数就给出了模m的一组既约剩余系：

$$x=\widetilde{g}_{-1}^{\gamma^{(-1)}}\widetilde{g}_0^{\gamma^{(0)}}\widetilde{g}_1^{\gamma^{(1)}}\cdots\widetilde{g}_r^{\gamma^{(r)}},\quad 0\leqslant\gamma^{(j)}<c_j,-1\leqslant j<r.\tag{30}$$

证明留给读者.把本定理与第三章习题二第二部分的第10题做比较.

例3 求模$m=2^2\cdot3^2\cdot5^2\cdot7^2$的形如式(25)，(30)的既约剩余系.

解 先来构造形如式(25)的既约剩余系.现取$m_0=2^2$，$m_1=3^2$，

$m_2=5^2, m_3=7^2$，则

$$M_0 = 3^2 \cdot 5^2 \cdot 7^2, \quad M_1 = 2^2 \cdot 5^2 \cdot 7^2,$$
$$M_2 = 2^2 \cdot 3^2 \cdot 7^2, \quad M_3 = 2^2 \cdot 3^2 \cdot 5^2.$$

由第四章 § 3 的例 2 知，可取 $M_0^{-1}=1, M_1^{-1}=-2, M_2^{-1}=9, M_3^{-1}=-19$. 容易验证，$3^2, 5^2, 7^2$ 的原根可分别取为 2,2,-2. 这样，

$$\begin{aligned} x = &3^2 \cdot 5^2 \cdot 7^2 \cdot (-1)^{\gamma^{(-1)}} + 2^2 \cdot 5^2 \cdot 7^2 \cdot (-2) \cdot 2^{\gamma^{(1)}} \\ &+ 2^2 \cdot 3^2 \cdot 7^2 \cdot 9 \cdot 2^{\gamma^{(2)}} + 2^2 \cdot 3^2 \cdot 5^2 \cdot (-19) \cdot (-2)^{\gamma^{(3)}}, \end{aligned} \quad (31)$$
$$0 \leqslant \gamma^{(-1)} < 2,\ 0 \leqslant \gamma^{(1)} < 6,\ 0 \leqslant \gamma^{(2)} < 20,\ 0 \leqslant \gamma^{(3)} < 42$$

就是所要求的既约剩余系.

为了构造形如式(30)的既约剩余系，先要求 $\widetilde{g}_l$（注意，由于 $c_0=1$，所以不用求 $\widetilde{g}_0$）. 为此，可利用式(31). 我们有

$$\begin{aligned} \widetilde{g}_{-1} &\equiv 3^2 \cdot 5^2 \cdot 7^2 \cdot (-1) + 2^2 \cdot 5^2 \cdot 7^2 \cdot (-2) + 2^2 \cdot 3^2 \cdot 7^2 \cdot 9 \\ &\quad + 2^2 \cdot 3^2 \cdot 5^2 \cdot (-19) \\ &\equiv -11\,025 - 9800 + 15\,876 - 17\,100 \\ &\equiv -22\,049 \pmod{44\,100}, \\ \widetilde{g}_1 &\equiv 3^2 \cdot 5^2 \cdot 7^2 + 2^2 \cdot 5^2 \cdot 7^2 \cdot (-2) \cdot 2 + 2^2 \cdot 3^2 \cdot 7^2 \cdot 9 \\ &\quad + 2^2 \cdot 3^2 \cdot 5^2 \cdot (-19) \\ &\equiv 11\,025 - 19\,600 + 15\,876 - 17\,100 \\ &\equiv -9799 \pmod{44\,100}, \\ \widetilde{g}_2 &\equiv 3^2 \cdot 5^2 \cdot 7^2 + 2^2 \cdot 5^2 \cdot 7^2 \cdot (-2) + 2^2 \cdot 3^2 \cdot 7^2 \cdot 9 \cdot 2 \\ &\quad + 2^2 \cdot 3^2 \cdot 5^2 \cdot (-19) \\ &\equiv 11\,025 - 9800 + 31\,752 - 17\,100 \equiv 15\,877 \pmod{44\,100}, \\ \widetilde{g}_3 &\equiv 3^2 \cdot 5^2 \cdot 7^2 + 2^2 \cdot 5^2 \cdot 7^2 \cdot (-2) + 2^2 \cdot 3^2 \cdot 7^2 \cdot 9 \\ &\quad + 2^2 \cdot 3^2 \cdot 5^2 \cdot (-19) \cdot (-2) \\ &\equiv 11\,025 - 9800 + 15\,876 + 34\,200 \equiv 151\,301 \\ &\equiv 7201 \pmod{44\,100}, \end{aligned}$$

所以

$$x = (-22\,049)^{\gamma^{(-1)}} \cdot (-9799)^{\gamma^{(1)}} \cdot 15\,877^{\gamma^{(2)}} \cdot 7201^{\gamma^{(3)}},$$
$$0 \leqslant \gamma^{(-1)} < 2,\ 0 \leqslant \gamma^{(1)} < 6,\ 0 \leqslant \gamma^{(2)} < 20,\ 0 \leqslant \gamma^{(3)} < 42$$

就给出了模 $m=2^2\cdot 3^2\cdot 5^2\cdot 7^2=44\,100$ 的既约剩余系.

例 4 求模 $m=3\cdot 5\cdot 7\cdot 11=1155$ 的形如式(25),(30)的既约剩余系.

解 先求形如式(25)的既约剩余系. 取 $m_1=3, m_2=5, m_3=7, m_4=11$,则 $M_1=5\cdot 7\cdot 11=385, M_2=3\cdot 7\cdot 11=231, M_3=3\cdot 5\cdot 11=165, M_4=3\cdot 5\cdot 7=105$. 由第四章§3 的例 1 知,可取 $M_1^{-1}=1$, $M_2^{-1}=1, M_3^{-1}=2, M_4^{-1}=2$. 容易验证,3,5,7,11 的原根可分别取为 $-1,2,-2,2$. 这样,

$$x=5\cdot 7\cdot 11\cdot(-1)^{\gamma^{(1)}}+3\cdot 7\cdot 11\cdot 2^{\gamma^{(2)}}+3\cdot 5\cdot 11\cdot 2\cdot(-2)^{\gamma^{(3)}}+3\cdot 5\cdot 7\cdot 2\cdot 2^{\gamma^{(4)}}, \quad (32)$$

$$0\leqslant\gamma^{(1)}<2,\ 0\leqslant\gamma^{(2)}<4,\ 0\leqslant\gamma^{(3)}<6,\ 0\leqslant\gamma^{(4)}<10$$

就给出了模 1155 的形如式(25)的既约剩余系.

为了构造形如式(30)的既约剩余系,先要求出满足式(28),(29)的一组 $\widetilde{g}_l\,(1\leqslant l\leqslant 4)$. 这可利用式(32)得到. 我们有

$$\begin{aligned}\widetilde{g}_1&\equiv 5\cdot 7\cdot 11\cdot(-1)+3\cdot 7\cdot 11+3\cdot 5\cdot 11\cdot 2+3\cdot 5\cdot 7\cdot 2\\&\equiv -385+231+330+210\equiv 386 \pmod{1155},\\ \widetilde{g}_2&\equiv 5\cdot 7\cdot 11+3\cdot 7\cdot 11\cdot 2+3\cdot 5\cdot 11\cdot 2+3\cdot 5\cdot 7\cdot 2\\&\equiv 385+462+330+210\equiv 1387\equiv 232 \pmod{1155},\\ \widetilde{g}_3&\equiv 5\cdot 7\cdot 11+3\cdot 7\cdot 11+3\cdot 5\cdot 11\cdot 2\cdot(-2)+3\cdot 5\cdot 7\cdot 2\\&\equiv 385+231-660+210\equiv 166 \pmod{1155},\\ \widetilde{g}_4&\equiv 5\cdot 7\cdot 11+3\cdot 7\cdot 11+3\cdot 5\cdot 11\cdot 2+3\cdot 5\cdot 7\cdot 2\cdot 2\\&\equiv 385+231+330+420\equiv 1366\equiv 211 \pmod{1155},\end{aligned}$$

所以

$$x=386^{\gamma^{(1)}}\cdot 232^{\gamma^{(2)}}\cdot 166^{\gamma^{(3)}}\cdot 211^{\gamma^{(4)}},$$

$$0\leqslant\gamma^{(1)}<2,\ 0\leqslant\gamma^{(2)}<4,\ 0\leqslant\gamma^{(3)}<6,\ 0\leqslant\gamma^{(4)}<10$$

就给出了所要求的既约剩余系.

在结束本节时,我们来指出: 利用本节得到的既约剩余系的表示形式——式(1),(3),(25),(30),容易推出第三章§4 的 Wilson 定理及其他结论,即第三章§4 的定理 1～定理 4 及习题四的第 11 题. 这些

证明留给读者. 这样的证明看起来很简洁，但用到了原根的性质，所以证明这些并不容易，仍是原来的证明更基本.

习　题　三

1. 利用指标的性质及§3的例1，构造模23以原根11为底的指标表.

2. 列出模13，17，19，41，47，53，71以最小正原根为底的指标表.

3. 求模 $m=3\cdot 13\cdot 17$ 的形如式(25)，(30)的既约剩余系.

4. 求模 $m=7^2\cdot 11^2$ 的形如式(25)，(30)的既约剩余系.

5. 求模 $m=2^6\cdot 43$ 的形如式(25)，(30)的既约剩余系.

6. 设模 $m(m>2)$ 存在原根. 证明：以任一原根为底，-1 对模 m 的指标总是 $\varphi(m)/2$.

7. 列出模 $2^5,2^7,2^8$ 的指标表.

8. 求3对模 m 的指标组(选定相应的原根)：

(i) $m=2^5\cdot 29\cdot 41^2$；

(ii) $m=2\cdot 13\cdot 23\cdot 41\cdot 47$.

§4　二项同余方程

设 $n\geqslant 2$. 我们把同余方程

$$x^n\equiv a(\bmod m) \tag{1}$$

称为模 m 的**二项同余方程**. 我们已经不止一次讨论过这种类型的同余方程. 例如：第四章§4的例4讨论了 $n=2,m=2^l,a=1$ 的情形，例5讨论了 $n=2,m=p^l,p$ 为奇素数，$a=1$ 的情形；第四章的§5讨论了 $n=2,m$ 是素数 p 的情形；第四章§8的定理7、定理8讨论了 m 为素数 $p,p\nmid a$ 的情形. 利用§3关于指标、指标组的理论，可以对二项同余方程(1)做系统的讨论，把它的求解问题归结为求解一次同余方程. 类似于二次剩余、二次非剩余，我们引入下面的概念：

定义1　设 $m\geqslant 2,(a,m)=1,n\geqslant 2$. 如果同余方程(1)有解，就称 a 为**模 m 的 n 次剩余**；如果同余方程(1)无解，就称 a 为**模 m 的 n 次非剩

余.

由第四章§4的定理1知,同余方程(1)可归结为模 $2^l(l\geqslant 1)$, p^α(p为奇素数,$\alpha\geqslant 1$)的二项同余方程组来讨论. 因此,只要讨论 m 有原根及 $m=2^l$ 这两种情形的二项同余方程即可. 先讨论有原根的情形.

定理1 设 $m\geqslant 2$, $(a,m)=1$,模 m 有原根 g,则同余方程(1)有解,即 a 是模 m 的 n 次剩余的充要条件是

$$(n,\varphi(m))\,|\,\gamma(a), \tag{2}$$

这里 $\gamma(a)=\gamma_{m,g}(a)$ 是 a 对模 m 的以 g 为底的指标. 此外,有解时同余方程(1)恰有 $(n,\varphi(m))$ 个解.

证 若 $x\equiv x_1 \pmod m$ 是同余方程(1)的解,则由 $(a,m)=1$ 知 $(x_1,m)=1$. 所以,由§2的定理5知,必有 y_1,使得

$$x_1\equiv g^{y_1} \pmod m. \tag{3}$$

因此,有

$$g^{ny_1}\equiv a \pmod m, \tag{4}$$

进而由§3的性质Ⅰ知

$$ny_1\equiv \gamma(a) \pmod{\varphi(m)}.$$

这表明: $y\equiv y_1 \pmod{\varphi(m)}$ 是一次同余方程

$$ny\equiv \gamma(a) \pmod{\varphi(m)} \tag{5}$$

的解. 反过来,若 $y\equiv y_1 \pmod{\varphi(m)}$ 是同余方程(5)的解,则同样可由§3的性质Ⅰ推出式(4)成立. 因此,当 x_1 由式(3)给出时,$x=x_1 \pmod m$ 必是同余方程(1)的解. 这就证明了同余方程(1)($(a,m)=1$)与同余方程(5)同时有解或无解. 此外,对任意的

$$x_2\equiv g^{y_2} \pmod m,$$

由§1的性质Ⅳ(取 $a=g$)知,$x_1\equiv x_2 \pmod m$ 的充要条件是

$$y_1\equiv y_2 \pmod{\varphi(m)}.$$

因此,同余方程(1)($(a,m)=1$)有解时,其解数和同余方程(5)的解数相同.

由第四章§2的定理2知,同余方程(5)有解的充要条件是式(2)成立,且有解时恰有 $(n,\varphi(m))$ 个解. 由此及前面的讨论就证明了定理.

定理1给出了模 m 有原根时具体求解同余方程(1)($(a,m)=1$)的

方法：

(i) 利用指标表找出 a 对模 m 的指标 $\gamma(a)$.

(ii) 求解同余方程(5).

(iii) 若同余方程(5)有解，则对每个解 $y_1 \pmod{\varphi(m)}$ 利用指标表找出 x_1，满足式(3). 这样得到的所有 $x_1 \pmod{m}$ 就是同余方程(1)的全部解.

例 1　求解同余方程 $x^8 \equiv 41 \pmod{23}$.

解　由§2的例1知，5是模23的原根. $41 \equiv -5 \pmod{23}$，从§3例1的表2中找出 $\gamma_{23,5}(41)=12$. 所以，需求解同余方程

$$8y \equiv 12 \pmod{22}.$$

由于 $(8,22)=2 \mid 12$，所以上述同余方程有解，解数为2. 容易看出，它的两个解是

$$y \equiv -4, 7 \pmod{22}.$$

从§3例1的表1中找出指标为 18（$18 \equiv -4 \pmod{22}$）的数是6，指标为7的数是 -6. 所以，原方程的全部解为

$$x \equiv -6, 6 \pmod{23}.$$

在模 m 有原根 g 时，

$$a = g^j, \quad 0 \leqslant j < \varphi(m) \tag{6}$$

是它的一组既约剩余系，$\gamma(a)=j$. 因此，由定理1知，a 为模 m 的 n 次剩余的充要条件是 $(n,\varphi(m)) \mid j$. 所以，在式(6)给出的 $\varphi(m)$ 个数中恰有以下 $\varphi(m)/(n,\varphi(m))$ 个数是模 m 的 n 次剩余：

$$a = g^j, \quad j = t \cdot (n,\varphi(m)), 0 \leqslant t < \varphi(m)/(n,\varphi(m)).$$

这样，我们就证明了下面的定理：

定理 2　设模 m 有原根，$n \geqslant 2$，则在模 m 的一组既约剩余系中，模 m 的 n 次剩余恰有 $\varphi(m)/(n,\varphi(m))$ 个.

例如：模23的八次剩余有11个，它们是

$$a \equiv 5^{2t} \pmod{23}, \quad 0 \leqslant t < 11,$$

由§3例1的表1可查出

$$a \equiv 1,2,4,8,-7,9,-5,-10,3,6,-11 \pmod{23}. \tag{7}$$

当模 m 有原根时，指数与指标之间有关系(参见§3的性质Ⅳ)

$$\varphi(m)=(\varphi(m),\gamma(a))\delta_m(a).$$

因此，$(n,\varphi(m))\mid\gamma(a)$成立的充要条件是存在整数 s，使得

$$\frac{\varphi(m)}{(n,\varphi(m))}=s\delta_m(a),$$

即

$$\delta_m(a)\Bigm|\frac{\varphi(m)}{(n,\varphi(m))}. \tag{8}$$

进而，由§1的性质Ⅱ知，式(8)成立的充要条件是

$$a^{\varphi(m)/(n,\varphi(m))}\equiv 1(\bmod m). \tag{9}$$

这样，就证明了下面的定理：

定理 3 设模 m 有原根，$n\geqslant 2$，则 a 是模 m 的 n 次剩余，即二项同余方程(1)($(a,m)=1$)有解的充要条件是式(9)[即式(8)]成立，且有解时有$(n,\varphi(m))$个解.

当 $m=23,n=8$ 时，$\varphi(23)/(8,\varphi(23))=11$. 由§3例1的表1知，满足 $\delta_{23}(a)\mid 11$ 的全体 a 正好由式(7)给出.

当 m 为素数 p 时，定理2和定理3已在第四章§8的定理7～定理9中证明，这里利用原根再一次证明了这些结论.

下面讨论 $m=2^\alpha(\alpha\geqslant 3)$的情形.

定理 4 设 $m=2^\alpha,\alpha\geqslant 3,2\nmid a$，$a$ 对模 2^α 的以 $-1,5$ 为底的指标组是 $\gamma^{(-1)}(a),\gamma^{(0)}(a)$，则 a 是模 2^α 的 n 次剩余，即二项同余方程(1)($m=2^\alpha$)有解的充要条件是

$$(n,2)\mid\gamma^{(-1)}(a),\quad (n,2^{\alpha-2})\mid\gamma^{(0)}(a), \tag{10}$$

且有解时恰有$(n,2)(n,2^{\alpha-2})$个解. 也就是说，当 $2\nmid n$ 时，总有解且恰有一个解；当 $2\mid n$ 时，若有解，则有 $2(n,2^{\alpha-2})$个解.

证[①] 由 $2\nmid a$ 知，只要在 x 取值于模 2^α 的一组既约剩余系时讨论二项同余方程(1)即可，所以可设(为什么)

$$x=(-1)^u\cdot 5^v,\quad 0\leqslant u<2,0\leqslant v<2^{\alpha-2}. \tag{11}$$

这样，二项同余方程(1)就变为一个有两个变数的同余方程：

① 这一证法和定理1的证法是一样的，只是表述不同而已.

$$(-1)^{nu}5^{nv}\equiv(-1)^{\gamma^{(-1)}(a)}\cdot 5^{\gamma^{(0)}(a)}\pmod{2^{\alpha}},\quad 0\leqslant u<2,\ 0\leqslant v<2^{\alpha-2}. \tag{12}$$

由§3的性质Ⅴ知，同余方程(12)就是同余方程组

$$\begin{cases}nu\equiv\gamma^{(-1)}(a)\pmod 2, & 0\leqslant u<2,\\ nv\equiv\gamma^{(0)}(a)\pmod{2^{\alpha-2}}, & 0\leqslant v<2^{\alpha-2}.\end{cases} \tag{13}$$

由第四章§2的定理2知，此同余方程组中的第一个方程(注意，u 正好在模2的一组完全剩余系中取值)有解的充要条件是

$$(n,2)\mid\gamma^{(-1)}(a), \tag{14}$$

且有解时有$(n,2)$个解；第二个方程(注意，v 正好在模 $2^{\alpha-2}$ 的一组完全剩余系中取值)有解的充要条件是

$$(n,2^{\alpha-2})\mid\gamma^{(0)}(a), \tag{15}$$

且有解时有$(n,2^{\alpha-2})$个解. 所以，同余方程组(13)，即同余方程(12)，也即同余方程(1)有解的充要条件是式(14)，(15)同时成立，即式(10)成立，且有解时解数应为同余方程组(13)中两个方程的解数的乘积，即$(n,2)(n,2^{\alpha-2})$. 证毕.

例 2　求解同余方程 $x^{12}\equiv 17\pmod{2^6}$.

解　由§3例2的表4查得17的指标组是 $\gamma^{(-1)}(17)=0,\gamma^{(0)}(17)=12$. 因此，需求解两个一次同余方程：

$$12u\equiv 0\pmod 2,\qquad 0\leqslant u<1,$$
$$12v\equiv 12\pmod{2^4},\quad 0\leqslant v<2^4.$$

易知，$u=0,1$；$v=1,5,9,13$. 这样，由式(11)就给出关于 x 的八个解. 查§3例2的表3得到这八个解是

$$x\equiv 5,-11,-27,21,-5,11,27,-21\pmod{2^6}.$$

例 3　求解同余方程 $x^{11}\equiv 27\pmod{2^6}$.

解　查§3例2的表4得 $\gamma^{(-1)}(27)=1,\gamma^{(0)}(27)=9$. 因此，需求解两个一次同余方程

$$11u\equiv 1\pmod 2,\qquad 0\leqslant u<1,$$
$$11v\equiv 9\pmod{2^4},\quad 0\leqslant v<2^4.$$

容易解得 $u=1,v=11$. 这样，由式(11)给出的 x 就是原同余方程的解. 查§3例2的表3得到解 $x\equiv -29\pmod{2^6}$.

定理 5 设 $m=2^{\alpha},\alpha\geqslant 3$,则当 $2\nmid n$ 时,模 2^{α} 的一组既约剩余系中的全部元素都是模 2^{α} 的 n 次剩余;当 $2|n$ 时,模 2^{α} 的一组既约剩余系中有 $2^{\alpha-2}/(n,2^{\alpha-2})$ 个元素是模 2^{α} 的 n 次剩余.

证 当 $2\nmid n$ 时,条件(10)总成立,所以结论成立. 当 $2|n$ 时,条件(10)成立当且仅当 $\gamma^{(-1)}(a)=0$ 及 $(n,2^{\alpha-2})\,|\,\gamma^{(0)}(a),0\leqslant\gamma^{(0)}(a)<2^{\alpha-2}$,所以恰有 $2^{\alpha-2}/(n,2^{\alpha-2})$ 组这样的指标组,即在模 2^{α} 的一组既约剩余系中恰有 $2^{\alpha-2}/(n,2^{\alpha-2})$ 个元素是模 2^{α} 的 n 次剩余. 证毕.

例如:模 2^6 的 12 次剩余 a 的指标组应满足

$$(12,2)=2|\gamma^{(-1)}(a),\quad (12,2^4)=4|\gamma^{(0)}(a),$$

因此有 $\gamma^{(-1)}(a)=0,\gamma^{(0)}(a)=0,4,8,12$. 查§3 例 2 的表 3 得模 2^6 的 12 次剩余有四个,它们是

$$a\equiv 1,-15,-31,17(\bmod 2^6). \tag{16}$$

定理 6 设 $m=2^{\alpha},\alpha\geqslant 3,2|n,2^{\lambda}=(n,2^{\alpha-2})$,则 a 是模 2^{α} 的 n 次剩余,即二项同余方程(1)($m=2^{\alpha}$)有解的充要条件是

$$a\equiv 1(\bmod 2^{\lambda+2}). \tag{17}$$

证 *必要性* 由定理 4 知,这时 $\gamma^{(-1)}(a)=0$,且

$$a\equiv 5^{t\cdot 2^{\lambda}}(\bmod 2^{\alpha}).$$

由于 $\lambda\leqslant\alpha-2$ 及 $5^{2^{\lambda}}\equiv 1(\bmod 2^{\lambda+2})$,从上式就推出式(17)成立.

充分性 若式(17)成立,由于 $\lambda\geqslant 1$(因 $2|n,\alpha\geqslant 3$),所以

$$\gamma^{(-1)}(a)=0,$$

因而有

$$a\equiv 5^{\gamma^{(0)}(a)}(\bmod 2^{\alpha}).$$

由于 $\lambda+2\leqslant\alpha$,所以从上式及式(17)推出

$$5^{\gamma^{(0)}(a)}\equiv 1(\bmod 2^{\lambda+2}).$$

由§1 的例 6 知 $\delta_{2^{\lambda+2}}(5)=2^{\lambda}$(这里 $\lambda\geqslant 1$). 由此及上式,从§1 的性质 Ⅱ 推出 $2^{\lambda}\,|\,\gamma^{(0)}(a)$. 这样,由定理 4 推出 a 是模 2^{α} 的 n 次剩余. 这就证明了充分性. 证毕.

由定理 6 知,模 2^6 的 12 次剩余 a 应是

$$a\equiv 1(\bmod 2^4),$$

因为 $2^{\lambda}=(12,2^4)=2^2,\lambda=2$. 这和式(16)得到的结果相同.

利用指数与指标组之间的关系(§3的性质Ⅴ、性质Ⅶ),像证明定理3一样,从定理4可以推出下面的定理:

定理7　设$m=2^\alpha$,$\alpha\geqslant3$,$2\nmid a$,那么a是模2^α的n次剩余,即二项同余方程(1)($m=2^\alpha$)有解的充要条件是

$$(a-1)/2\equiv0(\bmod\,(n,2)),\quad \delta_{2^\alpha}(a)\,|\,2^{\alpha-2}/(n,2^{\alpha-2}),\tag{18}$$

即

$$(a-1)/2\equiv0(\bmod\,(n,2)),\quad a^{2^{\alpha-2}/(n,2^{\alpha-2})}\equiv1(\bmod\,2^\alpha).\tag{19}$$

证　由§3的性质Ⅶ知

$$2^{\alpha-2}=(2^{\alpha-2},\gamma^{(0)}(a))\delta_{2^\alpha}(a),\quad \gamma^{(0)}(a)\neq0.\tag{20}$$

$$2=(2,\gamma^{(-1)}(a))\delta_{2^\alpha}(a),\qquad \gamma^{(0)}(a)=0.\tag{21}$$

我们来证明条件(18)的充要性,条件(18)与(19)的等价性证明留给读者.先证明必要性.由定理4知式(10)成立.由式(10)的第一式及§3的式(13)推出式(18)的第一式.当$\gamma^{(0)}(a)\neq0$时,由式(10)的第二式及式(20)推出式(18)的第二式.当$\gamma^{(0)}(a)=0$时,$a\equiv\pm1(\bmod\,2^\alpha)$.若$n$为奇数,则式(18)的第二式总成立;若$n$为偶数,则由式(18)的第一式推出$a\equiv1(\bmod\,2^2)$,从而$a\equiv1(\bmod\,2^\alpha)$.因此$\delta_{2^\alpha}(a)=1$.所以,式(18)的第二式也成立.这就证明了必要性.

再证明充分性.设式(18)成立.由式(18)的第一式及§3的式(13)推出式(10)的第一式.若$\gamma^{(0)}(a)=0$,则式(10)的第二式总成立;若$\gamma^{(0)}(a)\neq0$,则由式(18)的第二式及式(20)推出式(10)的第二式.所以,式(10)总成立.由此及定理4就证明了充分性.

显见,当n为奇数时,条件(18),(19)都一定成立.我们也可以利用定理6来证明定理7,详细推导留给读者.

习　题　四

1. 利用指标表求解以下同余方程:

(i) $3x^6\equiv5(\bmod\,7)$;　　(ii) $x^{12}\equiv16(\bmod\,17)$;

(iii) $5x^{11}\equiv-6(\bmod\,17)$;　　(iv) $3x^{14}\equiv2(\bmod\,23)$;

(v) $x^{15}\equiv14(\bmod\,41)$;　　(vi) $7x^7\equiv11(\bmod\,41)$;

(vii) $3^x\equiv2(\bmod\,23)$;　　(viii) $13^x\equiv5(\bmod\,23)$.

2. 对哪些整数 a，同余方程 $ax^5\equiv 3 \pmod{19}$ 可解？

3. 对哪些整数 b，同余方程 $7x^8\equiv b \pmod{41}$ 可解？

4. 求同余方程 $x^x\equiv x \pmod{19}$ 满足 $(x,19)=1$ 的全部解.

5. 求同余方程 $5^x\equiv x \pmod{23}$ 的全部解.

6. 设素数 $p>2$. 证明：同余方程 $x^4\equiv -1 \pmod p$ 有解的充要条件是 $p\equiv 1 \pmod 8$. 由此推出形如 $p\equiv 1 \pmod 8$ 的素数有无穷多个.

7. 求解以下同余方程：

(i) $x^6\equiv -15 \pmod{64}$；　　(ii) $x^{12}\equiv 7 \pmod{128}$.

8. 求解以下同余方程：

(i) $3x^6\equiv 7 \pmod{2^5\cdot 31}$；　　(ii) $5x^4\equiv 3 \pmod{2^5\cdot 23\cdot 19}$.

9. 利用原根求出以下模 m 的全部三次、四次剩余：

$$m=13,17,19,23,41,43,17^2,23^2,41^2,43^2.$$

10. 求模 53^2 的 26 次剩余.

11. 证明：若素数 $p\equiv 5 \pmod 8$，则同余方程 $x^4\equiv -1 \pmod p$ 无解.

12. 设 p 是素数. 证明：同余方程 $x^8\equiv 16 \pmod p$ 一定有解.

13. 设 p 是素数，$2\nmid \delta_p(a)$. 证明：同余方程 $a^x+1\equiv 0 \pmod p$ 无解.

14. 求同余方程 $5^x\equiv 3^x+2 \pmod{11}$ 的全部解.

15. 对哪些整数 a，同余方程 $10^x\equiv a \pmod{41}$ 有解？

16. 证明：2 是模 73 的八次剩余.

17. 按利用原根和不利用原根两种方法解以下同余方程：

(i) $x^4\equiv 41 \pmod{37}$；　　(ii) $x^4\equiv 37 \pmod{41}$.

18. 求解同余方程 $(x^2+1)(x+1)x\equiv -1 \pmod{41}$.

19. 设素数 $p\equiv 3 \pmod 4$. 证明：a 是模 p 的四次剩余的充要条件是 $\left(\frac{a}{p}\right)=1$，即 a 是模 p 的二次剩余. 求解同余方程

$$x^4\equiv 3 \pmod{11}.$$

第六章　不定方程(Ⅱ)

本章应用同余的方法和理论讨论四个基本且重要的**不定方程**：$x_1^2+x_2^2+x_3^2+x_4^2=n$，$x^2+y^2=n$(并求出了它的解数公式)，$ax^2+by^2+cz^2=0$，$x^3+y^3=z^3$. 从本章的讨论可以看出，如果不用同余的方法和理论，而直接利用整除性质(像第二章所做的那样)去研究这些不定方程，那么不是不可能的话，也是极为复杂、困难的.

§1　$x_1^2+x_2^2+x_3^2+x_4^2=n$

本节要证明以下结论：

定理 1　每个正整数一定可表示为四个平方数之和，即对任意的 $n\geqslant 1$，不定方程

$$x_1^2+x_2^2+x_3^2+x_4^2=n \tag{1}$$

有解.

定理 1 通常称为 **Lagrange 定理**或**四平方和定理**. 容易直接验证下面的恒等式成立：

$$\begin{aligned}(a_1^2+a_2^2+a_3^2+a_4^2)(b_1^2+b_2^2+b_3^2+b_4^2)\\ =(a_1b_1+a_2b_2+a_3b_3+a_4b_4)^2+(a_1b_2-a_2b_1+a_3b_4+a_4b_3)^2\\ +(a_1b_3-a_3b_1+a_4b_2-a_2b_4)^2+(a_1b_4-a_4b_1+a_2b_3-a_3b_2)^2.\end{aligned} \tag{2}$$

由此推出：若两个整数都可表示为四个平方数之和，那么它们的乘积也一定是四个平方数之和. 由于 $1=1^2+0^2+0^2+0^2$，所以定理 1 等价于下面的定理：

定理 2　每个素数 p 一定可表示为四个平方数之和，即当 $n=p$ 时，不定方程(1)有解.

由于 $2=1^2+1^2+0^2+0^2$，所以为了证明定理 2，可以假定 $p>2$. 先证明两个引理.

引理 3 设素数 $p>2$. 同余方程

$$x^2+y^2+1\equiv 0(\bmod p),$$
$$0\leqslant x,\ y\leqslant (p-1)/2$$

有解.

证 容易看出，以下 $(p+1)/2$ 个数对模 p 两两不同余：

$$a^2,\quad a=0,1,\cdots,(p-1)/2;$$

同样，以下 $(p+1)/2$ 个数也对模 p 两两不同余：

$$-b^2-1,\quad b=0,1,\cdots,(p-1)/2.$$

但在这总共 $p+1$ 个数中必有两个数对模 p 同余，因此一定有一个 $a_0^2[0\leqslant a_0\leqslant(p-1)/2]$ 和一个 $-b_0^2-1[0\leqslant b_0\leqslant(p-1)/2]$ 对模 p 同余. 取 $x=a_0, y=b_0$ 就证明了引理.

引理 4 设素数 $p>2$. 一定存在整数 x_0, y_0 及 $m_0(1\leqslant m_0<p)$，使得

$$m_0p=1+x_0^2+y_0^2.$$

证 取 x_0, y_0 是引理 3 中同余方程的解. 一方面，有 $m_0(m_0\geqslant 1)$，使得

$$x_0^2+y_0^2+1=m_0p;$$

另一方面，有

$$x_0^2+y_0^2+1\leqslant\left(\frac{p-1}{2}\right)^2+\left(\frac{p-1}{2}\right)^2+1$$
$$=p^2/2-p+3/2<p^2/2.$$

由以上两式得 $1\leqslant m_0<p/2$. 证毕.

定理 2 的证明 设 $p>2$. 由引理 4 知，必有正整数 $m(m<p)$ 及整数 x_1, x_2, x_3, x_4，使得

$$mp=x_1^2+x_2^2+x_3^2+x_4^2. \tag{3}$$

设 m_0 是所有使式(3)成立的这种 m 中最小的数，以下总取式(3)中的 m 为 m_0. 我们来证明必有 $m_0=1$. 分以下几步来证明：

(i) 必有 $(x_1, x_2, x_3, x_4)=1$. 若不然，有素数 q，使得

$$q \mid (x_1, x_2, x_3, x_4).$$

由此及式(3)知 $q^2 \mid m_0 p$. 这时,一定有 $q \neq p$. 若不然,由 $q = p$ 推出 $p \mid m_0$. 这和 $1 \leqslant m_0 < p$ 矛盾,因而有 $q^2 \mid m_0$,所以得

$$\frac{m_0}{q^2} p = \left(\frac{x_1}{q}\right)^2 + \left(\frac{x_2}{q}\right)^2 + \left(\frac{x_3}{q}\right)^2 + \left(\frac{x_4}{q}\right)^2.$$

但这和 m_0 的最小性矛盾.

(ii) m_0 一定是奇数. 若 m_0 是偶数,则 x_1, x_2, x_3, x_4 中奇数的个数必为偶数(包括没有奇数的情形). 所以,可假定

$$2 \mid x_1 + x_2, \quad 2 \mid x_3 + x_4.$$

由此及式(3)($m = m_0$)就推出

$$\frac{m_0}{2} p = \left(\frac{x_1 + x_2}{2}\right)^2 + \left(\frac{x_1 - x_2}{2}\right)^2 + \left(\frac{x_3 + x_4}{2}\right)^2 + \left(\frac{x_3 - x_4}{2}\right)^2.$$

这又和 m_0 的最小性矛盾.

(iii) 必有 $m_0 = 1$. 若不然,设 $m_0 > 1$,由(i)知 $m_0 \nmid (x_1, x_2, x_3, x_4) = 1$. 现取(注意: m_0 是奇数)

$$y_j \equiv x_j \pmod{m_0}, \quad |y_j| < m_0/2, 1 \leqslant j \leqslant 4. \tag{4}$$

我们有 $y_1^2 + y_2^2 + y_3^2 + y_4^2 < m_0^2$ 及

$$y_1^2 + y_2^2 + y_3^2 + y_4^2 \equiv x_1^2 + x_2^2 + x_3^2 + x_4^2 \equiv 0 \pmod{m_0},$$

所以

$$y_1^2 + y_2^2 + y_3^2 + y_4^2 \equiv m_1 m_0, \quad 0 \leqslant m_1 < m_0. \tag{5}$$

我们来证明 $m_1 \neq 0$. 若 $m_1 = 0$,则 $y_1 = y_2 = y_3 = y_4 = 0$. 由此及式(4)得 $m_0 \mid x_j$ ($1 \leqslant j \leqslant 4$),但这和 $m_0 \nmid (x_1, x_2, x_3, x_4)$ 矛盾(因为假设 $m_0 > 1$).

在式(2)中,取 $a_j = x_j, b_j = y_j$ ($1 \leqslant j \leqslant 4$),则由式(3)($m = m_0$),(5)得

$$u_1^2 + u_2^2 + u_3^2 + u_4^2 = m_1 m_0^2 p, \quad 1 \leqslant m_1 < m_0, \tag{6}$$

其中

$$\begin{aligned}
u_1 &= x_1 y_1 + x_2 y_2 + x_3 y_3 + x_4 y_4, \\
u_2 &= x_1 y_2 - x_2 y_1 + x_3 y_4 - x_4 y_3, \\
u_3 &= x_1 y_3 - x_3 y_1 + x_4 y_2 - x_2 y_4, \\
u_4 &= x_1 y_4 - x_4 y_1 + x_2 y_3 - x_3 y_2.
\end{aligned}$$

由式(4),(3)($m=m_0$)得

$$u_1 \equiv x_1^2+x_2^2+x_3^2+x_4^2 \equiv 0(\bmod m_0).$$

由式(4)得 $x_iy_j\equiv x_jy_i(\bmod m_0)(1\leqslant i,j\leqslant 4)$,因而有

$$u_2 \equiv u_3 \equiv u_4 \equiv 0(\bmod m_0).$$

由以上两式及式(6)得

$$(u_1/m_0)^2+(u_2/m_0)^2+(u_3/m_0)^2+(u_4/m_0)^2=m_1p,$$

$$1\leqslant m_1<m_0.$$

这和 m_0 的最小性矛盾,所以 $m_0=1$. 证毕.

定理 1 和定理 2 中的“四”是不能改进的,这可由下面的结论看出:

定理 5① 当 n 是形如 $4^\alpha(8k+7)(\alpha\geqslant 0,k\geqslant 0)$ 的正整数时,n 不能表示为三个整数的平方和.

证 对任意的整数 x,有

$$x^2\equiv 0,1 \text{ 或 } 4(\bmod 8). \tag{7}$$

因此,对任意的整数 x_1,x_2,x_3,必有

$$x_1^2+x_2^2+x_3^2\not\equiv 7(\bmod 8).$$

由此推出:当 n 是形如 $8k+7$ 的正整数时,n 不能表示为三个整数的平方和,即定理当 $\alpha=0$ 时成立. 假设定理当 $\alpha=l(l\geqslant 0)$ 时成立. 当 $\alpha=l+1$ 时,若 $n=4^{l+1}(8k_1+7)$ 可表示为

$$n=4^{l+1}(8k_1+7)=x_1^2+x_2^2+x_3^2,$$

则必有 $x_1^2+x_2^2+x_3^2\equiv 0$ 或 $4(\bmod 8)$,进而由式(7)推出

$$x_1\equiv x_2\equiv x_3\equiv 0(\bmod 2).$$

所以,有

$$4^l(8k_1+7)=(x_1/2)^2+(x_2/2)^2+(x_3/2)^2.$$

但这和归纳假设矛盾,所以定理对 $\alpha=l+1$ 也成立. 证毕.

由定理 5 立即推出定理 1 中的“四”是最佳结果. 由于 $8k+7$ 形式的素数有无穷多个(为什么),所以定理 2 中的“四”也是不能改进的.

在定理 1 和定理 2 都没有要求 n(或 p)表示为四个正整数的平方

---

① 定理 5 的逆命题亦成立,这是 Gauss 证明的,可见文献[0]的第 288～292 目或文献[10]第九章的定理 2.2.

之和,即没有要求式(1)中的 $x_j(1\leqslant j\leqslant 4)$都是正整数.事实上,这是不可能的,利用数学归纳法容易证明下面的定理(证明留给读者):

定理 6　$n=2\cdot 4^{\alpha}(\alpha\geqslant 0)$不能表示为四个正平方数之和.

但是,我们可以证明下面的结论:

定理 7　除去以下十二个数:

$$1,2,3,4,6,7,9,10,12,15,18,33 \tag{8}$$

之外,每个正整数都是五个正平方数之和.

定理 7 可以这样证明:由式(8)给出的十二个数可直接验证,它们都不能表示为五个正平方数之和;当 $n\leqslant 168$ 且不等于上述十二个数时,直接验证它们都能表示为五个正平方数之和;利用

$$\begin{aligned}169&=13^2=12^2+5^2=12^2+4^2+3^2=11^2+4^2+4^2+4^2\\&=10^2+6^2+4^2+4^2+1^2\end{aligned}$$

及定理 1,就可推出结论当 $n\geqslant 169$ 时一定成立.具体论证留给读者.

由定理 6 知,定理 7 中的"五"是不能改进的.

习　题　一

1. 设素数 $p>2$,a 是整数.证明下面的同余方程有解:

$$x^2+y^2+a\equiv 0(\bmod p),\quad 0\leqslant x,y\leqslant (p-1)/2.$$

2. 写出定理 6 的证明.

3. (i) 验证由定理 7 中式(8)给出的十二个数一定不是五个正平方数之和;

(ii) 验证除去定理 7 中式(8)给出的十二个数以外,正整数 n $(n\leqslant 168)$一定是五个正平方数之和;

4. 把(i)$23\cdot 53$,(ii) $43\cdot 197$,(iii) $47\cdot 223$ 分别表示为两种不同形式的四个平方数之和.

5. 设 $2\mid t,(x,y,z)=1$.证明:$t^2=x^2+y^2+z^2$ 不可能成立.

6. 证明:除去有限个正整数之外,每个正整数都是六个正平方数之和.求出这些例外的正整数.

7. 证明:$2^k(k\geqslant 0)$一定不能表示为三个正平方数之和,并直接求出 $2^k=x_1^2+x_2^2+x_3^2+x_4^2$ 的全部解.

8. 证明：存在无穷多个正整数 n，使得 $n=x_1^2+x_2^2+x_3^2+x_4^2$ 没有满足条件 $(x_1,x_2,x_3,x_4)=1$ 的解，也没有满足条件 $x_1>x_2>x_3>x_4\geqslant 0$ 的解.

§2 $x^2+y^2=n$

本节讨论将正整数表示为两个整数的平方和这一著名问题. 由于两个平方和的乘积仍是平方和[见后面的式(5)]，所以可以先讨论素数表示为平方和的问题. 我们将在 2.1 小节中用这样的方法来给出正整数可表示为平方和的判别法. 但是，这时不易给出这样的表示法的个数，我们将在 2.2 小节中用同余理论来解决这个问题.

2.1 有解的充要条件

我们先对素数证明以下结论：

定理 1 设 p 是素数，则不定方程

$$x^2+y^2=p \tag{1}$$

有解的充要条件是 $p=2$ 或 $\left(\frac{-1}{p}\right)=1$，即 $p=2$ 或 $p=4k+1$.

证 *必要性* 由于 p 是素数，所以若不定方程(1)有解 x_0,y_0，则必有

$$(x_0,y_0)=(x_0y_0,p)=1, \tag{2}$$

因而 y_0^{-1} 必满足 $y_0^{-1}y_0\equiv 1(\bmod p)$. 由此得

$$(x_0y_0^{-1})^2+1+kp=(y_0^{-1})^2p.$$

若 $p>2$，则由上式得

$$(x_0y_0^{-1})^2\equiv -1(\bmod p),$$

即 $\left(\frac{-1}{p}\right)=1$，亦即 $p=4k+1$(见第四章§5 的推论 3). 这就证明了必要性.

充分性 当 $p=2$ 时，有 $2=1^2+1^2$，所以不定方程(1)有解. 当 $p>2$ 时，由 $\left(\frac{-1}{p}\right)=1$(即 $p=4k+1$)知，必有 x，满足

$$x^2+1\equiv 0(\bmod p),\quad 0<|x|<p/2.$$

由此推出：必有 $p>m\geqslant 1$ 及 x,y，满足

$$x^2+y^2=mp. \tag{3}$$

设 m_0 是使上式成立的最小的 m. 如果能证明 $m_0=1$，就证明了充分性. 这时，和 §1 定理 2 证明中的(i)一样，可证明 $(x,y)=1$（证明留给读者）. 下面用反证法来证明 $m_0=1$. 若 $m_0>1$，取

$$\begin{cases}u\equiv x(\bmod m_0),\quad |u|\leqslant m_0/2,\\ v\equiv y(\bmod m_0),\quad |v|\leqslant m_0/2.\end{cases} \tag{4}$$

由此及 $(x,y)=1$ 立即推出

$$0<u^2+v^2\leqslant m_0^2/2,\quad u^2+v^2\equiv x^2+y^2(\bmod m_0),$$

进而利用式(3)$(m=m_0)$得

$$(u^2+v^2)(x^2+y^2)=m_1m_0^2p,\quad 1\leqslant m_1<m_0.$$

利用熟知的恒等式

$$(a_1^2+a_2^2)(b_1^2+b_2^2)=(a_1b_1+a_2b_2)^2+(a_1b_2-a_2b_1)^2, \tag{5}$$

上式变为

$$(ux+vy)^2+(uy-vx)^2=m_1m_0^2p.$$

由式(4)，(3)$(m=m_0)$知

$$ux+vy\equiv x^2+y^2\equiv 0(\bmod m_0),$$
$$uy-vx\equiv 0(\bmod m_0),$$

因而有

$$\left(\frac{ux+vy}{m_0}\right)^2+\left(\frac{uy-vx}{m_0}\right)^2=m_1p,\quad 1\leqslant m_1<m_0.$$

而这和 m_0 的最小性矛盾，所以 $m_0=1$. 证毕.

怎样的正整数 n 才能表示为两个平方数之和呢？即对怎样的 n，不定方程

$$x^2+y^2=n \tag{6}$$

才有解？由定理 1 及式(5)可得以下结论：

定理 2(两平方和定理)　设正整数 $n=d^2m$，m 无平方因数，则不定方程(6)有解的充要条件是 m 没有形如 $4k+3$ 的素因数.

证　*充分性*　由条件知

$$m = 2^{\alpha} p_1 \cdots p_r, \quad p_j \equiv 1 \pmod 4, \quad 1 \leqslant j \leqslant r, 0 \leqslant \alpha \leqslant 1.$$

式(5)表明：若 $n=n_1, n=n_2$ 时不定方程(6)均有解，则当 $n=n_1n_2$ 时不定方程(6)也有解. 由定理1知，当 $n=2, p_1, \cdots, p_r$ 时，不定方程(6)均有解，因此反复利用式(5)就推出 $n=m$ 时不定方程(6)有解. 设

$$m = x_1^2 + y_1^2,$$

则

$$n = d^2 m = (dx_1)^2 + (dy_1)^2.$$

这就证明了充分性.

必要性 设 $n=d^2m$ 时不定方程(6)有解 x_1, y_1，即

$$x_1^2 + y_1^2 = d^2 m;$$

再设 $c=(x_1,y_1), x_1=c\bar{x}_1, y_1=c\bar{y}_1$. 我们有 $c^2 \mid d^2m$. 由于 m 无平方因数，所以必有 $c \mid d$. 设 $d=c\bar{d}$. 我们有

$$\bar{x}_1^2 + \bar{y}_1^2 = \bar{d}^2 m, \quad (\bar{x}_1, \bar{y}_1) = 1.$$

若 m 有素因数 p，满足 $p\equiv 3 \pmod 4$，则由上式得 $p \nmid \bar{x}_1\bar{y}_1$ 及

$$\bar{x}_1^2 \equiv -\bar{y}_1^2 \pmod p.$$

由第四章§6的定理1(i),(iii),(iv),(v)得

$$1 = \left(\frac{\bar{x}_1^2}{p}\right) = \left(\frac{-\bar{y}_1^2}{p}\right) = \left(\frac{-1}{p}\right) = (-1)^{(p-1)/2}.$$

由上式得 $p\equiv 1 \pmod 4$，矛盾. 这就证明了必要性.

一个很自然的问题是：不定方程(6)何时才有满足条件 $(x,y)=1$ 的解呢？

定理3 不定方程(6)有满足条件 $(x,y)=1$ 的解的充要条件是 $n=1, 2, n_1$ 或 $2n_1$，其中

$$n_1 = p_1^{\alpha_1} \cdots p_r^{\alpha_r}, \quad p_j \equiv 1 \pmod 4, \alpha_j \geqslant 1, 1 \leqslant j \leqslant r.$$

证 *必要性* 这就是要证明 $4 \nmid n$ 及 n 没有形如 $4k+3$ 的素因数. 这时必有 $(x,y)=(x,n)=(y,n)=1$. 若 $4 \mid n$，则

$$x^2 + y^2 \equiv 0 \pmod 4.$$

但这当 $(x,2)=(y,2)=1$ 时是不可能的，所以必有 $4 \nmid n$. 若有 $p\equiv 3 \pmod 4$，$p \mid n$，我们就有 $(p,x)=(p,y)=1$ 及

$$x^2 + y^2 \equiv 0 \pmod p.$$

同定理 2 的必要性证明完全一样，可推出必有 $p\equiv 1 \pmod 4$，矛盾.

充分性　$1=1^2+0^2$，$2=1^2+1^2$，所以当 $n=1,2$ 时，结论当然成立.

下面先用数学归纳法来证明：当 $n=p^\alpha(\alpha\geqslant 1)$，$p\equiv 1 \pmod 4$时，

$$x^2+y^2=p^\alpha,\quad (x,y)=1 \tag{7}$$

有解. 当 $\alpha=1$ 时，这就是定理 1，所以有解. 设结论对 $\alpha=k$ 成立. 我们来证明结论对 $\alpha=k+1$ 也成立. 设

$$x_1^2+y_1^2=p,\quad (x_1,y_1)=1, \tag{8}$$

$$x_k^2+y_k^2=p^k,\quad (x_k,y_k)=1. \tag{9}$$

由此及式(5)知

$$(x_1x_k+y_1y_k)^2+(x_1y_k-y_1x_k)^2=p^{k+1}, \tag{10}$$

$$(x_1x_k-y_1y_k)^2+(x_1y_k+y_1x_k)^2=p^{k+1}. \tag{11}$$

这时

$$d_1=(x_1x_k+y_1y_k,x_1y_k-y_1x_k)=1$$

和
$$d_2=(x_1x_k-y_1y_k,x_1y_k+y_1x_k)=1$$

中至少有一个成立. 若不然，$d_1,d_2>1$，则由式(10),(11)知 $p\mid d_1$，$p\mid d_2$，因而有 $p\mid 2x_1x_k$. 所以，$p\mid x_1$ 和 $p\mid x_k$ 中至少有一个成立. 但由式(8),(9)知，这是不可能的. 因此，当 $d_1=1$ 时，由式(10)知结论对 $\alpha=k+1$ 成立；当 $d_2=1$ 时，由式(11)知结论对 $\alpha=k+1$ 成立. 这就证明了：对任意的 $\alpha\geqslant 1$，不定方程(7)总有解.

再来证明：若$(n_1,n_2)=1$，且

$$x_1^2+y_1^2=n_1,\quad (x_1,y_1)=1, \tag{12}$$

$$x_2^2+y_2^2=n_2,\quad (x_2,y_2)=1, \tag{13}$$

则当 $n=n_1n_2$ 时，不定方程(6)必有满足$(x,y)=1$ 的解. 由式(5)知

$$(x_1x_2+y_1y_2)^2+(x_1y_2-y_1x_2)^2=n_1n_2. \tag{14}$$

若 $d=(x_1x_2+y_1y_2,x_1y_2-y_1x_2)>1$，则必有素数 q，满足 $q\mid d$. 因此，有

$$x_1x_2\equiv -y_1y_2 \pmod q, \tag{15}$$

$$x_1y_2\equiv y_1x_2 \pmod q. \tag{16}$$

这时必有 $q\nmid x_1$. 若不然，设 $q\mid x_1$，则由以上两式得 $q\mid y_1y_2$，$q\mid y_1x_2$. 由

此及$(x_1,y_1)=1$推出$q\mid y_2,q\mid x_2$.这和$(x_2,y_2)=1$矛盾.同理可证,q不能整除y_1,x_2及y_2.由式(15),(16)易得

$$x_1(x_2^2+y_2^2)\equiv 0(\mathrm{mod}\,q),$$

$$x_2(x_1^2+y_1^2)\equiv 0(\mathrm{mod}\,q).$$

由此及$q\nmid x_1x_2$得(注意:q是素数)

$$x_1^2+y_1^2\equiv x_2^2+y_2^2\equiv 0(\mathrm{mod}\,q).$$

由此及式(12),(13)得$n_1\equiv n_2\equiv 0(\mathrm{mod}\,q)$.这和$(n_1,n_2)=1$矛盾,所以$d=1$.由此及式(14)就证明了所要的结论.

综合以上的讨论,就证明了充分性.

以上我们讨论了如何判别一个正整数能否表示为两个平方数之和,以及在能表示时,如何具体求出这种表示.问题的关键在于如何把形如$4k+1$的素数p表示为两个平方数之和.当p不大时,可以直接试算.而一般地给出一个公式是比较困难的,这将在习题中给出.

一个进一步的问题是:不定方程(6)的解数是多少?我们将在下一小节利用同余方程理论来解决这一问题.

作为本小节的结束,类似于定理1,我们可以证明下面的定理:

定理4 设素数$p>3$,则不定方程

$$x^2+3y^2=p \tag{17}$$

有解的充要条件是$\left(\frac{-3}{p}\right)=1$,即$p$是形如$6k+1$的素数.

证 *必要性* 若不定方程(17)有解x_0,y_0,则显然有

$$(x_0,3y_0)=(p,3x_0y_0)=1.$$

利用第四章§6的定理1,由此及式(17)得

$$1=\left(\frac{x_0^2}{p}\right)=\left(\frac{-3y_0^2}{p}\right)=\left(\frac{-3}{p}\right),$$

再利用第四章§6的定理1和定理5可得

$$\left(\frac{-3}{p}\right)=\left(\frac{-1}{p}\right)\left(\frac{3}{p}\right)=(-1)^{(p-1)/2}\cdot(-1)^{(p-1)/2}\left(\frac{p}{3}\right)=\left(\frac{p}{3}\right),$$

故$\left(\frac{-3}{p}\right)=1$,即$\left(\frac{p}{3}\right)=1$,亦即有$k$使得$p=6k+1$.这就证明了必要性.

充分性[①]　由$\left(\frac{-3}{p}\right)=1$知同余方程

$$s^2 \equiv -3 (\bmod p) \tag{18}$$

必有解,设 s_0 为其解.考虑以

$$s_0 v - u, \quad 0 \leqslant u < \sqrt{p}, 0 \leqslant v < \sqrt{p} \tag{19}$$

为元素构成的集合.这个集合的元素个数等于$([\sqrt{p}]+1)^2 > p$,因此由鸽巢原理知,必有两组不同的整数$\{u_1, v_1\}$,$\{u_2, v_2\}$,使得

$$s_0 v_1 - u_1 \equiv s_0 v_2 - u_2 (\bmod p),$$

即有

$$\tilde{u} \equiv s_0 \tilde{v} (\bmod p),$$

这里 $\tilde{u}=u_1-u_2$,$\tilde{v}=v_1-v_2$ 一定不全为零.由此及 s_0 是同余方程(18)的解可得

$$\tilde{u}^2 + 3\tilde{v}^2 \equiv 0 (\bmod p).$$

另外,由式(19)可得

$$0 < \tilde{u}^2 + 3\tilde{v}^2 < 4p.$$

由以上两式推出仅有以下几种可能:

$$\tilde{u}^2 + 3\tilde{v}^2 = p, 2p \text{ 或 } 3p.$$

若 $\tilde{u}^2+3\tilde{v}^2=p$,则直接推出不定方程(17)有解.若 $\tilde{u}^2+3\tilde{v}^2=2p$,则必有 $2 \mid \tilde{u}+\tilde{v}$.所以 $4 \mid \tilde{u}^2+3\tilde{v}^2$(为什么),因而得 $2 \mid p$.这不可能.若 $\tilde{u}^2+3\tilde{v}^2=3p$,则 $3 \mid \tilde{u}$,因而有

$$\tilde{v}^2 + 3(\tilde{u}/3)^2 = p.$$

这也推出不定方程(17)有解.这就证明了充分性.证毕.

2.2　解数公式

本小节要证明下面的结论:

定理 5　设 $n \geqslant 1$.不定方程

$$x^2 + y^2 = n \tag{20}$$

---

① 充分性的证明所用的方法与定理 1 不同,这里简单些.定理 1 的充分性也可以这样证,请读者自己补出.

的解数为

$$N(n) = 4\sum_{d|n} h(d), \tag{21}$$

其中 $h(d)$ 是数论函数(在第九章将知道它是模 4 的非主特征),定义如下:$h(1)=1$,

$$h(d) = \begin{cases} 0, & 2|d, \\ (-1)^{(d-1)/2}, & 2\nmid d; \end{cases} \tag{22}$$

不定方程(20)的两组解 x_1, y_1 和 x_2, y_2 看作是不同的,只要 $x_1 \neq x_2$, $y_1 \neq y_2$ 中有一个成立.

我们将分若干个引理来证明定理 5. 首先,引入几个符号和术语. 不定方程(20)的解 x, y 称为**本原解**,如果满足 $(x,y)=1$;以 $P(n)$ 表示不定方程(20)的非负本原解数;以 $Q(n)$ 表示不定方程(20)的本原解数.

引理 6 我们有

$$N(1) = Q(1) = 4, \quad P(1) = 2, \quad P(2) = 1, \tag{23}$$

$$Q(n) = 4P(n), \quad n > 1 \tag{24}$$

及

$$N(n) = \sum_{d^2|n} Q\left(\frac{n}{d^2}\right), \quad n \geqslant 1. \tag{25}$$

证 当 $n=1$ 时,不定方程(20)的全部解是

$$\{\pm 1, 0\}, \quad \{0, \pm 1\};$$

当 $n=2$ 时,不定方程(20)的全部解是

$$\{\pm 1, \pm 1\}.$$

由此就推出式(23). 不定方程(20)的本原解 x, y 必满足

$$(x, y) = (n, xy) = 1, \tag{26}$$

因此当 $n>1$ 时,必有

$$|x| \geqslant 1, \quad |y| \geqslant 1,$$

且 $|x|, |y|$ 是不定方程(20)的非负本原解. 所以,当 $n>1$ 时,不定方程(20)的非负本原解 x_1, y_1 一定是正的,且 $\pm x_1, \pm y_1$ 给出了不定方程(20)的四个不同的本原解. 这就证明了式(24). 最后,证明式(25). 设 x, y 是不定方程(20)的解,$(x,y)=d$,则必有 $d^2|n$,以及 $u=x/d, v=y/d$ 是

不定方程

$$u^2 + v^2 = n/d^2 \tag{27}$$

的本原解,且不同的解 x,y 对应于不同的解 u,v. 反过来,设 $d\geqslant 1, d^2\mid n$. 若 u,v 是不定方程(27)的一组本原解,则 $x=du, y=dv$ 是不定方程(20)的解,且不同的解 u,v 对应于不同的解 x,y. 这就证明了式(25). 证毕.

引理 6 把不定方程(20)的全部解的个数问题归结为讨论相应的全部本原解的个数. 下面的三个引理将在不定方程(20)的本原解与二次同余方程(35)的解之间建立一个一一对应关系.

引理 7 设 $n>1$,则对不定方程(20)的每组本原解 x,y,必有 s,满足

$$sy \equiv x \pmod n, \quad s^2 \equiv -1 \pmod n. \tag{28}$$

此外,若 x_1,y_1 和 x_2,y_2 是不定方程(20)的两组不同的非负本原解,s_1,s_2 分别是对应于它们的满足式(28)的解,那么必有

$$s_1 \not\equiv s_2 \pmod n. \tag{29}$$

证 由于本原解必满足式(26),所以一次同余方程 $ys\equiv x \pmod n$ 对模 n 必有唯一解 s,进而有

$$s^2y^2 \equiv x^2 \equiv -y^2 \pmod n,$$

由此及 $(y,n)=1$ 即得 $s^2\equiv -1 \pmod n$. 这就证明了引理前半部分结论.

当 $n>1$ 时,由式(26)知非负本原解一定是正的,且不等于$\sqrt{n}$(为什么),所以

$$1\leqslant x_1,y_1<\sqrt{n}, \quad 1\leqslant x_2,y_2<\sqrt{n}.$$

因此,有

$$1\leqslant x_1y_2, x_2y_1 < n. \tag{30}$$

若 $s_1\equiv s_2 \pmod n$,则由 $s_jy_j\equiv x_j \pmod n\ (j=1,2)$ 及 $(s_1s_2,n)=1$ 推出

$$s_1y_1x_2 \equiv s_1y_2x_1 \pmod n, \quad y_1x_2 \equiv y_2x_1 \pmod n.$$

由此及式(30)得

$$y_1x_2 = y_2x_1.$$

利用 $(x_1,y_1)=(x_2,y_2)=1$,从上式及 $x_j,y_j\ (j=1,2)$ 均为正的就推出

$x_1=x_2, y_1=y_2$. 这就证明了引理后半部分结论. 证毕.

引理 8 设 $m>1,(a,m)=1$,则二元一次同余方程

$$au+v\equiv 0(\bmod m) \tag{31}$$

必有解 u_0, v_0,满足

$$0<|u_0|\leqslant\sqrt{m},\quad 0<|v_0|<\sqrt{m}. \tag{32}$$

证 考虑以 $au+v$ 为元素的集合,其中 u 的取值范围是

$$0\leqslant u\leqslant\sqrt{m}, \tag{33}$$

v 的取值范围是

$$\begin{cases}0\leqslant v<\sqrt{m}, & m \text{不是平方数},\\ 0\leqslant v\leqslant\sqrt{m}-1, & m \text{是平方数}.\end{cases} \tag{34}$$

这样,这个集合的元素个数为

$$K=\begin{cases}([\sqrt{m}]+1)^2>m, & m \text{不是平方数},\\ \sqrt{m}(\sqrt{m}+1)>m, & m \text{是平方数}.\end{cases}$$

因此,由鸽巢原理知,必有两组不同的整数$\{u_1,v_1\}$,$\{u_2,v_2\}$,使得

$$au_1+v_1\equiv au_2+v_2(\bmod m).$$

现取 $u_0=u_1-u_2, v_0=v_1-v_2$. 显见,u_0, v_0 不同时为零且满足式(31). 由式(33)知$|u_0|\leqslant\sqrt{m}$. 由式(34)知$|v_0|<\sqrt{m}$. 此外,若 $u_0=0$,则 $v_0\neq 0$. 但由 u_0, v_0 满足式(31)推出 $m|v_0$,因此$|v_0|\geqslant m$. 这和$|v_0|<\sqrt{m}$ 矛盾,所以 $u_0\neq 0$. 若 $v_0=0$,则 $u_0\neq 0$,进而由 u_0, v_0 满足式(31)及$(a,m)=1$推出 $m|u_0$. 因此$|u_0|\geqslant m$. 这和$|u_0|\leqslant\sqrt{m}$, $m>1$ 矛盾,所以 $v_0\neq 0$. 证毕.

显见,应有 $0<u_0<\sqrt{m}$(为什么).

引理 9 设 $n>1$. 若二次同余方程

$$s^2\equiv -1(\bmod n) \tag{35}$$

有解 $s_1 \bmod n$,那么不定方程(20)有本原解,且必有一组非负本原解 x_1, y_1,满足

$$s_1y_1\equiv x_1(\bmod n). \tag{36}$$

证 显然有$(s_1,n)=1$,因而由引理 8 知,必有 u_0, v_0,满足

$$0 < |u_0| \leqslant \sqrt{n}, \quad 0 < |v_0| < \sqrt{n} \tag{37}$$

及

$$s_1 u_0 \equiv v_0 \pmod{n}. \tag{38}$$

由式(37)得

$$2 \leqslant u_0^2 + v_0^2 < 2n.$$

由 s_1 满足同余方程(35),从式(38)可推出

$$u_0^2 + v_0^2 \equiv 0 \pmod{n}.$$

由以上两式即得

$$u_0^2 + v_0^2 = n, \tag{39}$$

即 u_0, v_0 是不定方程(20)的一组解.下面来证明它是本原的,即 $d=(u_0, v_0)=1$.由式(39)得 $d^2 \mid n$,又由式(38)得

$$\frac{s_1 u_0}{d} \equiv \frac{v_0}{d} \left(\bmod \frac{n}{d} \right),$$

因而有

$$\frac{n}{d^2} = \left(\frac{u_0}{d}\right)^2 + \left(\frac{v_0}{d}\right)^2 \equiv \left(\frac{u_0}{d}\right)^2 + s_1^2 \left(\frac{u_0}{d}\right)^2 \equiv 0 \left(\bmod \frac{n}{d} \right),$$

这里用到了 $s_1^2 \equiv -1 \left(\bmod \dfrac{n}{d} \right)$.而上式仅当 $d=1$ 时才成立,所以 u_0, v_0 是不定方程(20)的本原解.

最后,当 u_0, v_0 同号时,取 $y_1 = |u_0|, x_1 = |v_0|$;当 u_0, v_0 异号时,取 $x_1 = |u_0|, y_1 = |v_0|$.我们不难验证,x_1, y_1 是不定方程(20)的非负(实际上是正的)本原解,且满足式(36)(证明留给读者).证毕.

由引理 7 及引理 9 立即推出:当 $n>1$ 时,不定方程(20)的非负(实际上一定是正的)本原解 x_1, y_1 和同余方程(35)的解 $s_1 \bmod n$ 之间,通过式(36)可建立一一对应的关系,因而它们的解数相等.以 $R(n)$ 表示同余方程(35)的解数,这就证明了

$$P(n) = R(n), \quad n > 1. \tag{40}$$

由于 $R(1)=1, Q(1)=4$,再由式(24),(40)就得到

$$Q(n) = 4R(n), \quad n \geqslant 1. \tag{41}$$

应用同余方程理论,可立即推出 $R(n)$ 的计算公式.

引理 10 我们有

$$R(1)=1,$$
$$R(2)=1,\quad R(2^{\alpha})=0,\quad \alpha>1 \tag{42}$$

及

$$R(p^{\alpha})=1+\left(\frac{-1}{p}\right)=\begin{cases}2, & p\equiv 1(\bmod 4),\\ 0, & p\equiv 3(\bmod 4),\end{cases}\quad \alpha\geqslant 1, \tag{43}$$

其中 p 为奇素数. 进而,若

$$n=2^{\alpha_0}p_1^{\alpha_1}\cdots p_r^{\alpha_r}q_1^{\beta_1}\cdots q_t^{\beta_t},$$

其中 $\alpha_0\geqslant 0,\alpha_i\geqslant 1,\beta_j\geqslant 1,p_i,q_j$ 是不同的奇素数且满足 $p_i\equiv 1(\bmod 4)$ $(1\leqslant i\leqslant r),q_j\equiv 3(\bmod 4)(1\leqslant j\leqslant t)$,则

$$R(n)=\begin{cases}2^r, & 0\leqslant\alpha_0\leqslant 1,t=0,\\ 0, & \alpha_0\geqslant 2\text{ 或 }t\geqslant 1.\end{cases} \tag{44}$$

证 $R(1)=1$ 及式(42)容易直接验证. 由第四章§5 的推论 3 及定理 1 知,式(43)当 $\alpha=1$ 时成立. 进而,由于

$$2s\equiv 0(\bmod p)$$

与同余方程(35)$(n=p)$无公共解,从第四章§4 的推论 4 就推出式(43). 最后,由第四章§4 的定理 1 知

$$R(n)=R(2^{\alpha_0})R(p_1^{\alpha_1})\cdots R(p_r^{\alpha_r})R(q_1^{\beta_1})\cdots R(q_t^{\beta_t}). \tag{45}$$

由此及式(42),(43)就推得式(44). 证毕.

定理 5 的证明 由式(25),(41)得

$$N(n)=4\sum_{d^2\mid n}R\left(\frac{n}{d^2}\right). \tag{46}$$

设 $n=n_1n_2,(n_1,n_2)=1$. 若 $d^2\mid n$,则必有$(d^2,n_1)=d_1^2,(d^2,n_2)=d_2^2$, $d=d_1d_2$[①];反过来,若 $d_1^2\mid n_1,d_2^2\mid n_2,d=d_1d_2$,则 $d^2\mid n$. 因此,当 $n=n_1n_2$, $(n_1,n_2)=1$ 时,有(利用第四章§4 的定理 1)

$$\sum_{d^2\mid n}R\left(\frac{n}{d^2}\right)=\sum_{d_1^2\mid n_1}R\left(\frac{n_1}{d_1^2}\right)\sum_{d_2^2\mid n_2}R\left(\frac{n_2}{d_2^2}\right). \tag{47}$$

设 $n=p_1^{\alpha_1}\cdots p_r^{\alpha_r}$,其中 $\alpha_j\geqslant 1,p_j(1\leqslant j\leqslant r)$是不同的素数,则由上式即得

① 这里 n,n_1,n_2,d,d_1,d_2 均为正整数.

$$\sum_{d^2 \mid n} R\left(\frac{n}{d^2}\right) = \sum_{d_1^2 \mid p_1^{\alpha_1}} R\left(\frac{p_1^{\alpha_1}}{d_1^2}\right) \cdots \sum_{d_r^2 \mid p_r^{\alpha_r}} R\left(\frac{p_r^{\alpha_r}}{d_r^2}\right). \tag{48}$$

设 p 是素数. 我们利用引理 10 来计算[注意式(46)]

$$\sum_{d^2 \mid p^\alpha} R\left(\frac{p^\alpha}{d^2}\right) = \frac{1}{4} N(p^\alpha). \tag{49}$$

当 $p=2$ 时,

$$\frac{1}{4} N(2^\alpha) = R(2^\alpha) + R(2^{\alpha-2}) + \cdots + R(2^{\alpha-2[\alpha/2]}) = 1; \tag{50}$$

当 $p \equiv 1 \pmod 4$ 时,

$$\frac{1}{4} N(p^\alpha) = R(p^\alpha) + R(p^{\alpha-2}) + \cdots + R(p^{\alpha-2[\alpha/2]}) = \alpha + 1; \tag{51}$$

当 $p \equiv 3 \pmod 4$ 时,

$$\begin{aligned} \frac{1}{4} N(p^\alpha) &= R(p^\alpha) + R(p^{\alpha-2}) + \cdots + R(p^{\alpha-2[\alpha/2]}) \\ &= \begin{cases} 1, & 1 \mid \alpha, \\ 0, & 2 \nmid \alpha. \end{cases} \end{aligned} \tag{52}$$

利用式(22)定义的 $h(d)$,从以上三式不难推出: 对任意的素数 p,有

$$\frac{1}{4} N(p^\alpha) = h(1) + h(p) + \cdots + h(p^\alpha) = \sum_{d \mid p^\alpha} h(d), \quad \alpha \geqslant 1. \tag{53}$$

由此及式(46),(48),(49)就得到

$$\begin{aligned} \frac{1}{4} N(n) &= \left(\frac{1}{4} N(p_1^{\alpha_1})\right) \cdots \left(\frac{1}{4} N(p_r^{\alpha_r})\right) \\ &= \left(\sum_{d_1 \mid p_1^{\alpha_1}} h(d_1)\right) \cdots \left(\sum_{d_r \mid p_r^{\alpha_r}} h(d_r)\right). \end{aligned} \tag{54}$$

由 $h(d)$ 的定义不难验证: 对任意的 d, d',有

$$h(dd') = h(d) h(d'). \tag{55}$$

由式(54),(55)即得(为什么)

$$\frac{1}{4} N(n) = \sum_{d \mid n} h(d).$$

这就证明了式(21). 证毕.

由定理 5 立即得到下面的结论：

推论 11　正整数 n 表示为两个整数的平方和的表示法个数等于 n 的 $4k+1$ 形式的正因数个数与 $4k+3$ 形式的正因数个数之差的 4 倍，进而推出：任一正整数的形如 $4k+1$ 的正因数个数一定不小于它的形如 $4k+3$ 的正因数个数.

二元二次型表示整数，即讨论不定方程

$$ax^2+bxy+cy^2=n, \tag{56}$$

是数论中的一个著名问题. 本节讨论的都是它的特例. 这方面有很多文献，可参阅文献[0]的第五篇，文献[3]的第十二章，文献[10]第九章的§3，§4. 可以证明：

(i) 对正整数 n，不定方程

$$x^2-xy+y^2=n \tag{57}$$

的解数 $E(n)$ 是 n 的 $3k+1$ 形式的因数个数与 $3k+2$ 形式的因数个数之差的 6 倍，即

$$E(n)=6\sum_{d\mid n}\left(\frac{d}{3}\right); \tag{58}$$

(ii) 设 $n=2^l m$，其中 m 为正奇数，则对不定方程

$$x^2+3y^2=n, \tag{59}$$

当 l 为奇数时，无解；当 $l=0$ 时，解数为 $2E(m)$；当 l 为正偶数时，解数为 $6E(m)$.

式(58)的证明亦可见文献[17]（第五章§1 的定理 10、定理 5 及§3 的定理 1）. 此外，结论(i)和(ii)是等价的（如何证）. 读者还可考虑如何用本节的方法来证明结论(ii)，这是比较复杂的.

习　题　二

第一部分(2.1 小节)

1. 找出 1～99 中哪些数可表示为两个平方数之和，哪些数不能.

2. 证明：如果素数 $p=a^2+b^2$，那么这种表示法实际上是唯一的，即假定 $a\geqslant b>0$，若还有 $p=a_1^2+b_1^2$，$a_1\geqslant b_1>0$，则必有 $a=a_1$，$b=b_1$.

3. 求出 (i) $5\cdot 13$，(ii) $17\cdot 29$，(iii) $37\cdot 41$，(iv) $5\cdot 13\cdot 17\cdot 29$，

(v) $7^2\cdot13\cdot17$ 表示为两个平方数之和的所有可能的表示法.

4. 证明：若 n 及 nm 均为两个平方数之和,则 m 也是两个平方数之和.

5. 证明：如果一个正整数不是两个平方数之和,那么也一定不是两个有理数的平方和.

6. 证明：

(i) 设 $l,m>0$,则有理数 l/m 为两个有理数的平方和的充要条件是 lm 为两个整数的平方和；

(ii) 当(i)中的 l,m 满足 $(l,m)=1$ 时,充要条件为 l,m 均为两个平方数之和.

7. 设 $n=a^2+b^2,(a,b)=1$. 证明：若 $1\leqslant m\mid n$,则

$$m=c^2+d^2,\quad (c,d)=1.$$

第 8～12 题利用 Legendre 符号具体给出了奇素数 p 表示为两个平方数之和的公式.

8. 设 p 为奇素数,$(k,p)=1$. 证明：

$$\sum_{j=0}^{p-1}\left(\frac{j(j+k)}{p}\right)=-1.$$

9. 设素数 $p\equiv1\pmod 4$,$(k,p)=1$ 及

$$S(k)=\sum_{j=0}^{p-1}\left(\frac{j(j^2+k)}{p}\right).$$

证明：(i) $S(k)$是偶数；(ii) 对任意的整数 l,有

$$S(kl^2)=\left(\frac{l}{p}\right)S(k).$$

10. 设 p 为奇素数,$\left(\frac{a}{p}\right)=1,\left(\frac{b}{p}\right)=-1$. 证明：

$$a\cdot1^2,\cdots,a\cdot((p-1)/2)^2,\ b\cdot1^2,\cdots,b\cdot((p-1)/2)^2$$

是模 p 的一组既约剩余系.

11. 设素数 $p\equiv1\pmod 4$,a,b 同第 10 题,$q=(p-1)/2$. 证明：

(i) $q(S(a))^2+q(S(b))^2=\sum_{x=1}^{p-1}\sum_{y=1}^{p-1}\sum_{k=1}^{p-1}\left(\frac{xy(x^2+k)(y^2+k)}{p}\right)$,其中 $S(k)$ 的定义同第 9 题；

(ii) $$\sum_{k=1}^{p-1}\left(\frac{xy(x^2+k)(y^2+k)}{p}\right)=\begin{cases}-2\left(\dfrac{xy}{p}\right), & y^2\not\equiv x^2 \pmod p,\\(p-2)\left(\dfrac{xy}{p}\right), & y^2\equiv x^2 \pmod p;\end{cases}$$

(iii) $p=\left(\frac{1}{2}S(a)\right)^2+\left(\frac{1}{2}S(b)\right)^2$.

12. 利用第 11 题的方法,具体求出 $p=41,53,71$ 的两个平方数之和的表达式.

13. 设 p 为奇素数. 证明:不定方程 $x^2+2y^2=p$ 有解的充要条件是 $\left(\frac{-2}{p}\right)=1$,即 $p\equiv 1$ 或 $3 \pmod 8$.

14. 设奇素数 $p>5$. 结论“不定方程 $x^2+5y^2=p$ 有解的充要条件是 $\left(\frac{-5}{p}\right)=1$”正确吗? 定理 4 的证明方法在这里可用吗? 为什么?

15. 设 d,x_1,y_1,x_2,y_2 都是整数. 证明:存在整数 x,y,满足

$$(x_1^2-dy_1^2)(x_2^2-dy_2^2)=x^2-dy^2.$$

16. 证明:

(i) 若正整数 n 的素因数 p 都满足 $\left(\frac{-3}{p}\right)=1$,则不定方程 $n=x^2+3y^2$ 有解;

(ii) 若正整数 n 的素因数都满足 $\left(\frac{-2}{p}\right)=1$,则不定方程 $n=x^2+2y^2$ 有解.

自己找几个具体正整数 n(有两个或两个以上素因数)验证结论 (i),(ii).

17. 第 2 题可推广如下:设 a,b 是两个给定的正整数,不同时为 1,p 为素数. 若不定方程 $ax^2+by^2=p\ (x,y>0)$ 有解,则解是唯一的. [提示:$(ax^2+by^2)(au^2+bv^2)=(axu\pm byv)^2+ab(xv\mp yu)^2$.]

18. 设 p 是素数,$p>3$. 证明:当且仅当 $p\equiv 1 \pmod 6$ 时,不定方程 $x^2-xy+y^2=p$ 有解.

19. 设素数 $p\equiv 1 \pmod 6$. 证明:必有整数 u,v,满足

$$4p=u^2+27v^2,\quad u\equiv 1 \pmod 3).$$

[提示：$4(a^2-ab+b^2)=(a+b)^2+3(a-b)^2=(2a-b)^2+3b^2=(2b-a)^2+3a^2$.]

第二部分(2.2小节)

1. 利用2.2小节的结论证明第一部分习题的第2题，进而证明当p用$p^\alpha(\alpha\geqslant 1)$代替时结论仍成立.

2. 对$n=200,201,202,203$计算$N(n),P(n),Q(n)$.

3. 证明：当n没有大于1的平方因数时，$N(n)=Q(n)$. 解释本题的意义.

4. 直接证明：任一正整数n的形如$4k+1$的正因数个数不少于形如$4k+3$的正因数个数.

5. 求$Q(n)=0$的充要条件.

6. 设$1<n\equiv 1(\bmod 4)$. 以$N^*(n),P^*(n),Q^*(n)$分别表示不定方程$4x^2+y^2=n$的解数、非负本原解数、本原解数，这里本原解是指满足$(x,y)=1$的解. 证明：

$$N^*(n)=N(n)/2,\quad P^*(n)=P(n)/2,\quad Q^*(n)=Q(n)/2.$$

7. 设$1<n\equiv 1(\bmod 4)$. 在第6题的意义下，证明：

(i) 若n是素数，则不定方程$4x^2+y^2=n$恰有一个非负解，而且一定是本原的；

(ii) 若n是合数，则不定方程$4x^2+y^2=n$要么没有本原解或有多于一个本原解，要么有一个非负本原解且同时还至少有一个非负的非本原解.

8. 设$1<n\equiv 1(\bmod 4)$是给定的正整数. 证明我们可用下面的方法来缩小不定方程$4x^2+y^2=n$的非负解x,y的范围：(i) $0\leqslant x\leqslant\sqrt{n}/2$；(ii) 取定奇素数$q$及模$q$的二次非剩余$a$，$-4x^2\not\equiv a-n(\bmod q)$；(iii) 当$n\equiv 1(\bmod 8)$时，$2|x$. 以$n=4993$为例，取$q=5,a=2,3$，证明：$x$仅可能在4,6,14,24,26,34中取值. 若再取$q=7,a=3,5,6$，则可推出x不能取14,34. 由此推出仅有非负解$x=16,y=63$. 进而，由第7题证明4993是素数. 这里实际上给出了正整数$n\equiv 1(\bmod 4)$的一个素性判别法.

9. 利用第 8 题的方法，判断 $n=5209,5429,6101,5809$ 是否为素数.

*10. 设 $N_4(n)$表示不定方程 $n=x_1^2+x_2^2+x_3^2+x_4^2$ 的解数(次序不同，正负号不同均看作不同的解)，$\sigma(n)$表示 n 的正因数之和，即 $\sigma(n)=\sum\limits_{d\mid n}d$(例如 $\sigma(6)=1+2+3+6=12$). 本题是利用关于不定方程 $x^2+y^2=n$ 的解数 $N(n)$的讨论与结论来证明：

$$N_4(n)=\begin{cases}8\sigma(n), & 2\nmid n,\\ 24\sigma(m), & n=2^km,k\geqslant 1,2\nmid m.\end{cases}$$

(i) 设 $2\nmid n$, $M(n)$是不定方程 $4n=u_1^2+u_2^2+u_3^2+u_4^2,2\nmid u_j(1\leqslant j\leqslant 4)$ 的解数. 证明：$M(n)=\sigma(n)$.

(ii) 设 $2\nmid n$. 证明：

$$N_4(2n)=3N_4(n),\quad N_4(2n)=N_4(4n),$$
$$N_4(4n)=16\sigma(n)+N_4(n).$$

(iii) 由(i),(ii)推出所要的结论.

(iv) 对 $n=105,210$ 验证以上结论的正确性. [提示：为了证明证(i)，利用

$$\begin{aligned}M(n)&=\sum_{a+b=2n}\frac{N(2a)}{4}\frac{N(2b)}{4}\\&=\sum_{a+b=2n}\Big(\sum_{s\mid 2a}h(s)\Big)\Big(\sum_{t\mid 2b}h(t)\Big)\\&=\sum_{sx+ty=2n}h(st),\end{aligned}$$

这里变数 s,t,x,y 取正奇数. 把最后的和式分 $s=t$ 和 $s\neq t$ 两部分讨论，$s=t$ 这一部分之和等于 $\sigma(n)$，另一部分为零.]

§3 $ax^2+by^2+cz^2=0$

这一节要讨论不定方程

$$ax^2+by^2+cz^2=0,\quad x,y,z\text{ 不全为零.}\tag{1}$$

第二章§2讨论的不定方程 $x^2+y^2=z^2$ 是它的特例.我们将证明如下结论:

定理1　设 a,b,c 均是非零整数,且乘积 abc 无平方因数,则不定方程(1)有解的充要条件是,a,b,c 的正负号不全相同,且 $-bc,-ca,-ab$ 分别是模 a,b,c 的二次剩余,即二次同余方程

$$s^2\equiv -bc(\bmod |a|),\tag{2}$$

$$s^2\equiv -ca(\bmod |b|),\tag{3}$$

$$s^2\equiv -ab(\bmod |c|)\tag{4}$$

均有解.

先来证明两个引理.

引理2　设 m 是正整数,α,β,γ 是正实数且满足 $\alpha\beta\gamma=m$,则对任意的整数 d,e,f,同余方程

$$dx+ey+fz\equiv 0(\bmod m)\tag{5}$$

必有一组不全为零的解 x_1,y_1,z_1,满足

$$|x_1|\leqslant\alpha,\quad |y_1|\leqslant\beta,\quad |z_1|\leqslant\gamma.\tag{6}$$

证　考虑整数集合

$$\{du+ev+fw:0\leqslant u\leqslant\alpha,0\leqslant v\leqslant\beta,0\leqslant w\leqslant\gamma\}.$$

这一集合的元素个数等于

$$(1+[\alpha])(1+[\beta])(1+[\gamma])>\alpha\beta\gamma=m.$$

因此,必有两组不同的整数 $\{u_1,v_1,w_1\}$,$\{u_2,v_2,w_2\}$,使得

$$du_1+ev_1+fw_1\equiv du_2+ev_2+fw_2(\bmod m).$$

取 $x_1=u_1-u_2$,$y_1=v_1-v_2$,$z_1=w_1-w_2$,就满足引理的要求.证毕.

引理3　设 $(m_1,m_2)=1$.若

$$ax^2+by^2+cz^2\equiv(d_1x+e_1y+f_1z)(d_1'x+e_1'y+f_1'z)(\bmod m_1),$$

$$ax^2+by^2+cz^2\equiv(d_2x+e_2y+f_2z)(d_2'x+e_2'y+f_2'z)(\bmod m_2),$$

则必有 d,e,f,d',e',f',使得

$$ax^2+by^2+cz^2\equiv(dx+ey+fz)(d'x+e'y+f'z)(\bmod m_1m_2),$$

这里的同余式均为恒等同余式,即对任意的整数 x,y,z 都成立.

证　由孙子定理(第四章§3的定理1)知,一定存在 d,e,f,d',e',f',满足

$d\equiv d_j(\bmod m_j)$, $e\equiv e_j(\bmod m_j)$, $f\equiv f_j(\bmod m_j)$, $j=1,2$,

$d'\equiv d'_j(\bmod m_j)$, $e'\equiv e'_j(\bmod m_j)$, $f'\equiv f'_j(\bmod m_j)$, $j=1,2$,

因而有

$$ax^2+by^2+cz^2 \equiv (dx+ey+fz)(d'x+e'y+f'z)(\bmod m_j),\quad j=1,2.$$

由此即得所要的结论.

定理 1 的证明　由 abc 无平方因数可推出 a,b,c 两两既约.

必要性　设不定方程(1)有解 x_1,y_1,z_1. 显见,a,b,c 不能有相同的符号. 不妨设$(x_1,y_1,z_1)=1$(为什么). 我们来证明同余方程(2)有解. 为此,先证明必有$(a,z_1)=1$. 若不然,必有素数 p,满足 $p|a,p|z_1$,因而 $p|by_1^2$. 由于$(a,b)=1,p\nmid b$,所以 $p|y_1$. 故有 $p^2|ax_1^2$. 由于 a 无平方因数,因此 $p|x_1$. 这和$(x_1,y_1,z_1)=1$ 矛盾. 所以,我们有 z_1^{-1},满足 $z_1z_1^{-1}\equiv1(\bmod |a|)$. 由此得

$$by_1^2\equiv -cz_1^2(\bmod |a|),\quad (by_1z_1^{-1})^2\equiv -bc(\bmod |a|).$$

这就证明了同余方程(2)有解. 由对称性就推出同余方程(3),(4)也有解.

充分性　由$(a,b)=1$ 及同余方程(2)有解知,存在 s_1 及 b^{-1},满足 $s^2\equiv -bc(\bmod |a|)$及 $bb^{-1}\equiv1(\bmod |a|)$. 这样,就有恒等同余式

$$\begin{aligned}by^2+cz^2 &\equiv bb^{-1}(by^2+cz^2)\equiv b^{-1}(b^2y^2+bcz^2)\\ &\equiv b^{-1}(b^2y^2-s_1^2z^2)\equiv b^{-1}(by-s_1z)(by+s_1z)\\ &\equiv (y-b^{-1}s_1z)(by+s_1z)(\bmod |a|),\end{aligned}$$

进而有

$$ax^2+by^2+cz^2\equiv (y-b^{-1}s_1z)(by+s_1z)(\bmod |a|).\tag{7}$$

类似可得恒等同余式

$$ax^2+by^2+cz^2\equiv (z-c^{-1}s_2x)(cz+s_2x)(\bmod |b|),\tag{8}$$

$$ax^2+by^2+cz^2\equiv (x-a^{-1}s_3y)(ax+s_3y)(\bmod |c|),\tag{9}$$

其中 s_2,s_3 分别满足同余方程(3),(4),且

$$cc^{-1}\equiv1(\bmod |b|),\quad aa^{-1}\equiv1(\bmod |c|).$$

由式(7),(8),(9),利用引理 3 两次,就推出存在 d,e,f,d',e',f',使得恒等同余式

$$ax^2+by^2+cz^2\equiv(dx+ey+fz)(d'x+e'y+f'z)\pmod{|abc|}\quad(10)$$

成立. 这时称 $ax^2+by^2+cz^2$ 对模 $|abc|$ 可分解为一次式的乘积.

为使讨论确定起见,可以假定 $a>0, b<0, c<0$. 因为以 $-a,-b,-c$ 代替 a,b,c 后,不定方程(1)及定理 1 的条件均不变,所以由 a,b,c 正负号不全相同知,可假设它们一正两负,因而(必要时可改变字母 a,b,c 的记号)可做所说的假定.

现在应用引理 2 来讨论同余方程

$$dx+ey+fz\equiv 0\pmod{abc}.\quad(11)$$

取 $\alpha=\sqrt{bc}, \beta=\sqrt{|ca|}, \gamma=\sqrt{|ab|}$,则由引理 2 知,同余方程(11)必有一组不全为零的解 x_1, y_1, z_1,满足

$$|x_1|\leqslant\sqrt{bc},\quad |y_1|\leqslant\sqrt{|ca|},\quad |z_1|\leqslant\sqrt{|ab|}.\quad(12)$$

由于 abc 无平方因数,上面等号分别仅当 $bc=1, |ca|=1, |ab|=1$ 时才有可能成立. 因为 a 是正的, b,c 是负的,所以除了

$$b=c=-1\quad(13)$$

的情形以外,必有

$$ax_1^2+by_1^2+cz_1^2\leqslant ax_1^2<abc,$$

$$ax_1^2+by_1^2+cz_1^2\geqslant by_1^2+cz_1^2>b(-ac)+c(-ab)=-2abc.$$

由式(10)知

$$ax_1^2+by_1^2+cz_1^2\equiv 0\pmod{abc}.$$

因此,当式(13)不成立时,必有

$$ax_1^2+by_1^2+cz_1^2=0\quad 或\quad ax_1^2+by_1^2+cz_1^2=-abc.$$

当上式第一种情形成立时,我们就找到了不定方程(1)的一组解 x_1, y_1, z_1. 当第二种情形成立时,取

$$x_2=-by_1+x_1z_1,\quad y_2=ax_1+y_1z_1,\quad z_2=z_1^2+ab,$$

容易验证

$$ax_2^2+by_2^2+cz_2^2=0.$$

当 x_2, y_2, z_2 不全为零时,也得到了不定方程(1)的一组解 x_2, y_2, z_2. 当 $x_2=y_2=z_2=0$ 时,我们有 $z_1^2=-ab$. 由于 ab 无平方因数,所以必有 $a=1, b=-1$(注意对 a,b,c 的正负号假定). 因此, $x=1, y=1, z=0$

是不定方程(1)的解.

最后,讨论式(13)成立的特殊情形.这时,不定方程(1)变为

$$y^2+z^2=ax^2,\quad x,y,z\text{ 不全为零}. \tag{14}$$

由条件知-1是模 a 的二次剩余.因此,由§2的定理3(并利用第四章§5的推论3)或§2的式(41)均可推出不定方程

$$\tilde{y}^2+\tilde{z}^2=a,\quad (\tilde{y},\tilde{z})=1$$

有解 $\tilde{y}_1,\tilde{z}_1$.这样,$x=1,y=\tilde{y}_1,z=\tilde{z}_1$ 就是不定方程(14),即不定方程(1)的一组解.证毕.

例1 判断以下不定方程是否有不全为零的解,有不全为零的解时求出这样的一组解:

(i) $5x^2-14y^2-41z^2=0$;　　(ii) $3x^2-14y^2-19z^2=0$.

解 (i) 这时 $a=5,b=-14,c=-41$.由定理1知,只要判断这时同余方程(2),(3),(4)是否都有解即可.首先,有

$$s^2\equiv-(-14)\cdot(-41)\equiv1(\bmod 5),$$

所以同余方程(2)有解;其次,有

$$s^2\equiv-(-41)\cdot5\equiv-5\equiv3^2(\bmod 14),$$

所以同余方程(3)有解;最后,有

$$s^2\equiv-5\cdot(-14)\equiv-12(\bmod 41),$$

而41是素数,计算 Legendre 符号得

$$\left(\frac{-12}{41}\right)=\left(\frac{-1}{41}\right)\left(\frac{2^2}{41}\right)\left(\frac{3}{41}\right)=\left(\frac{3}{41}\right)=\left(\frac{41}{3}\right)=\left(\frac{-1}{3}\right)=-1,$$

所以同余方程(4)无解.因此,该不定方程无不全为零的解.

(ii) 这里 $a=3,b=-14,c=-19$.由定理1知,也先要判断这时同余方程(2),(3),(4)是否都有解.首先,有

$$s^2\equiv-(-14)\cdot(-19)\equiv1(\bmod 3),$$

所以同余方程(2)有解;其次,有

$$s^2\equiv-(-19)\cdot3\equiv1(\bmod 14),$$

所以同余方程(3)有解;最后,有

$$s^2\equiv-3\cdot(-14)\equiv2^2(\bmod 19),$$

所以同余方程(4)有解.为了具体找出该不定方程的一组解,从定理1

的充分性证明知,先要把 $ax^2+by^2+cz^2$ 对模 a,b,c 分别分解为两个一次式的乘积. 当然,可以按证明方法来做,但在简单的具体问题中可以直接分解. 我们有

$$-14y^2-19z^2\equiv y^2-z^2\equiv(y-z)(y+z)\pmod 3,$$

$$\begin{aligned}3x^2-19x^2&\equiv 5(9x^2-57z^2)\equiv 5(9x^2-z^2)\\&\equiv 5(3x-z)(3x+z)\\&\equiv(x-5z)(3x+z)\pmod{14},\end{aligned}$$

$$\begin{aligned}3x^2-14y^2&\equiv -6(9x^2-42y^2)\equiv -6(9x^2-4y^2)\\&\equiv -6(3x-2y)(3x+2y)\\&\equiv(x-7y)(3x+2y)\pmod{19},\end{aligned}$$

进而有[相应于式(7),(8),(9)]

$$\begin{cases}3x^2-14y^2-19z^2\equiv(y-z)(y+z)\pmod 3,\\3x^2-14y^2-19z^2\equiv(x-5z)(3x+z)\pmod{14},\\3x^2-14y^2-19z^2\equiv(x-7y)(3x+2y)\pmod{19}.\end{cases}\tag{15}$$

我们当然可以如同在充分性证明中所做的那样先求出相应的分解式(10),然后求同余方程满足条件(12)的解(这一做法留给读者). 但在具体的数值题中,我们可以直接去求下述同余方程组的解(为什么):

$$\begin{cases}y-z\equiv 0\pmod 3,\\x-5z\equiv 0\pmod{14},\\x-7y\equiv 0\pmod{19},\\|x|\leqslant[\sqrt{14\cdot 19}]=16,\\|y|\leqslant[\sqrt{3\cdot 19}]=7,\\|z|\leqslant[\sqrt{3\cdot 14}]=6.\end{cases}\tag{16}$$

由取值范围最小的变数 z 开始具体取值试算,可得 $z_1=-1,y_1=2,x_1=-5$ 是解. 这时

$$3\cdot(-5)^2-14\cdot 2^2-19\cdot(-1)^2=75-56-19=0,$$

所以这是所给不定方程的解. 在试算中,如果我们得到了同余方程组(16)的这样一组解: $z_1=5,y_1=5,x_1=-3$,这时

$$3\cdot(-3)^2-14\cdot 5^2-19\cdot 5^2=-798=-3\cdot(-14)\cdot(-19),$$

则由充分性证明中的讨论知应取

$$x_2 = -(-14)\cdot 5 + (-3)\cdot 5 = 55,$$
$$y_2 = 3\cdot(-3) + 5\cdot 5 = 16,$$
$$z_2 = 5^2 + 3\cdot(-14) = -17.$$

容易验证,这就是所给不定方程的一组解.

应该指出:同余方程组(16)是根据式(15)得到的,它的取法显然不是唯一的.事实上,只要从式(15)的三个同余式右边各任取定一个一次因式,就可构成类似于式(16)的同余方程组.例如:代替同余方程组(16),可取

$$\begin{cases} y - z \equiv 0 \pmod{3}, \\ 3x + z \equiv 0 \pmod{14}, \\ 3x + 2y \equiv 0 \pmod{19}, \\ |x| \leqslant 16,\ |y| \leqslant 7,\ |z| \leqslant 6. \end{cases} \tag{17}$$

习 题 三

1. 判断以下不定方程是否有不全为零的解,如果有不全为零的解,那么按定理1证明的途径求出这样的一组解:

(i) $3x^2+7y^2-5z^2=0$; (ii) $5x^2-17y^2+3z^2=0$;

(iii) $19x^2-7y^2-11z^2=0$; (iv) $7x^2-43y^2-3z^2=0$;

(v) $4x^2+3y^2-5z^2=0$; (vi) $41x^2+3y^2-11z^2=0$.

*2. 证明定理1与下面的命题等价:设正整数 a,b 均无平方因数,则不定方程

$$ax^2+by^2=z^2,\quad x,y,z \text{ 不全为零}$$

有解的充要条件是:

(i) $x^2\equiv a \pmod{b}$ 有解;

(ii) $x^2\equiv b \pmod{a}$ 有解;

(iii) $x^2\equiv -ab/d^2 \pmod{d}$ 有解,$d=(a,b)$.

*3. 按以下途径直接证明第2题中的命题:

(i) $a=1$ 时命题成立. (ii) $a=b$ 时命题成立.

以下不妨假定 $a>b>1$.

(iii) 存在整数 $T,c,A,m,|c|\leqslant a/2,A$ 为无平方因子数,使得

$$c^2-b=aT=aAm^2.$$

证明：$0<A<a$.

(iv) $x^2\equiv A(\bmod b)$有解.

(v) $x^2\equiv -Ab/(A,b)^2(\bmod (A,b))$有解.

(vi) 不定方程 $Ax^2+by^2=z^2$ 满足命题的条件(i),(ii)及(iii).

(vii) 若 x_0,y_0,z_0 是(vi)中不定方程的非显然解,则 $x=Amx_0$, $y=cy_0+z_0,z=cz_0+by_0$ 是不定方程 $ax^2+by^2=z^2$ 的非显然解.

(viii) 把命题归结为(i)或(ii)的情形.

4. 设 a,b,c 是非零整数,且正负号不全相同,abc 无平方因数.证明：不定方程(1)有解的充要条件是恒等同余式(10)成立.

§4　$x^3+y^3=z^3$

本节将证明下面的结论：

定理 1　不定方程

$$x^3+y^3=z^3 \tag{1}$$

无 $xyz\neq 0$ 的解.

这一结论的证明主要用到§2 的定理 4 及下面的引理：

引理 2　设 $2\nmid s$,则

$$s^3=a^2+3b^2,\quad (a,b)=1 \tag{2}$$

成立的充要条件是,存在 α,β,使得

$$s=\alpha^2+3\beta^2,\quad (\alpha,3\beta)=1 \tag{3}$$

及

$$a=\alpha^3-9\alpha\beta^2,\quad b=3\alpha^2\beta-3\beta^3. \tag{4}$$

证　充分性　设式(3),(4)成立.为了使推导清楚,利用形如 $x+y\sqrt{-3}$ 的复数运算.由式(3)知

$$s=(\alpha+\sqrt{-3}\beta)(\alpha-\sqrt{-3}\beta),$$

因而有

$$
\begin{aligned}
s^3 &= (\alpha+\sqrt{-3}\beta)^3(\alpha-\sqrt{-3}\beta)^3 \\
&= ((\alpha^3-9\alpha\beta^2)+\sqrt{-3}(3\alpha^2\beta-3\beta^3)) \\
&\quad \cdot((\alpha^3-9\alpha\beta^2)-\sqrt{-3}(3\alpha^2\beta-3\beta^3)) \\
&= (\alpha^3-9\alpha\beta^2)^2+3(3\alpha^2\beta-3\beta^3)^2.
\end{aligned}
$$

由此及式(4)就可推出 $s^3=a^2+3b^2$. 由 $(\alpha,3\beta)=1$ 可得(注意 $2\nmid s$, $2\nmid\alpha\pm\beta$)

$$
\begin{aligned}
(a,b) &= (\alpha^2-9\beta^2,\alpha^2-\beta^2)=(8\beta^2,\alpha^2-\beta^2) \\
&= (\beta^2,\alpha^2-\beta^2)=1.
\end{aligned}
$$

这就证明了式(2).

必要性　设式(2)成立. 这时必有 $3\nmid s$,因此 s 的任一素因数 p 一定满足

$$p>3,\quad (p,ab)=1, \tag{5}$$

进而推出必有(为什么)

$$\left(\frac{-3}{p}\right)=1. \tag{6}$$

以 $\Omega(s)$记 s 的素因数个数(按重数计),且约定 $\Omega(1)=0$,如 $\Omega(6)=2$, $\Omega(4)=2$. 我们对 $\Omega(s)$用数学归纳法来证时必要性. 当 $\Omega(s)=0$,即 $s=1$ 时,有 $a=\pm1,b=0$. 这时可取 $\alpha=\pm1,\beta=0$,所以必要性成立. 假设对 $\Omega(s)=n(n\geqslant0)$必要性成立. 当 $\Omega(s)=n+1$ 时,设 $s=pt,p$ 是素数, $\Omega(t)=n$. 由于 p 满足式(6),由 § 2 的定理 4 知

$$p=\alpha_1^2+3\beta_1^2, \tag{7}$$

且显然有

$$(\alpha_1,3\beta_1)=1. \tag{8}$$

由充分性的证明知

$$p^3=c^2+3d^2,\quad (c,d)=1, \tag{9}$$

$$c=\alpha_1^3-9\alpha_1\beta_1^2,\quad d=3\alpha_1^2\beta_1-3\beta_1^3. \tag{10}$$

由此及式(2)得

$$
\begin{aligned}
p^6t^3 &= p^3s^3=(c^2+3d^2)(a^2+3b^2) \\
&= \begin{cases}(c+\sqrt{-3}d)(a-\sqrt{-3}b)(c-\sqrt{-3}d)(a+\sqrt{-3}b), \\ (c+\sqrt{-3}d)(a+\sqrt{-3}b)(c-\sqrt{-3}d)(a-\sqrt{-3}b)\end{cases}
\end{aligned}
$$

$$=\begin{cases}(ac+3bd)^2+3(ad-bc)^2,\\(ac-3bd)^2+3(ad+bc)^2.\end{cases}\tag{11}$$

下面来证明：$ad-bc$ 和 $ad+bc$ 这两个数中有且仅有一个被 p 整除. 我们有[利用式(2),(9)和 $s=pt$]

$$\begin{aligned}(ad-bc)(ad+bc)&=(a^2+3b^2)d^2-(c^2+3d^2)b^2\\&=s^3d^2-p^3b^2=p^3(t^3d^2-b^2),\end{aligned}\tag{12}$$

因此 p 至少整除其中的一个数. 但若 $p\mid(ad-bc,ad+bc)$，则 $p\mid(ad,bc)$（因为 $p>3$）. 而由式(9)知 $p\nmid cd$，所以 $p\mid(a,b)$. 这和 $(a,b)=1$ 矛盾. 这就证明了所要的结论，且由式(12)知被 p 整除的数必被 p^3 整除. 假设 $p^3\mid ad-bc$（对 $p^3\mid ad+bc$ 的情形可同样讨论），由式(11)知

$$t^3=u^2+3v^2,\tag{13}$$

$$u=(ac+3bd)/p^3,\quad v=(ad-bc)/p^3.\tag{14}$$

我们来证明必有

$$(u,v)=1.\tag{15}$$

由式(9),(14)得

$$ac+3bd=u(c^2+3d^2),$$
$$ad-bc=v(c^2+3d^2),$$

由此推出（分别消去 b 和 a）

$$a=uc+3vd,\quad b=ud-vc.\tag{16}$$

从以上两式及 $(a,b)=1$ 就推出式(15).

至此，我们得到 $\Omega(t)=n$，且有式(13),(15)成立，因而由归纳假设知，必有 α_2,β_2，使得

$$t=\alpha_2^2+3\beta_2^2,\quad(\alpha_2,3\beta_2)=1\tag{17}$$

及

$$u=\alpha_2^3-9\alpha_2\beta_2^2,\quad v=3\alpha_2^2\beta_2-3\beta_2^3.\tag{18}$$

由式(7),(17)可得[类似于式(11)]

$$s=pt=(\alpha_1^2+3\beta_1^2)(\alpha_2^2+3\beta_2^2)=\alpha^2+3\beta^2,\tag{19}$$

这里取

$$\alpha=\alpha_1\alpha_2+3\beta_1\beta_2,\quad\beta=\alpha_2\beta_1-\beta_2\alpha_1.\tag{20}$$

这样，为了证明 $\Omega(s)=n+1$ 时必要性成立，只要证明对所取的 α,β 式

(4)成立及$(\alpha,3\beta)=1$即可.为了使推导清楚,我们仍利用复数运算.式(16)可写为

$$a+\sqrt{-3}b=(c+\sqrt{-3}d)(u-\sqrt{-3}v),$$

式(10)可写为

$$c+\sqrt{-3}d=(\alpha_1+\sqrt{-3}\beta_1)^3,$$

式(18)可写为

$$u-\sqrt{-3}v=(\alpha_2-\sqrt{-3}\beta_2)^3.$$

由以上三式及式(20)可得

$$\begin{aligned}a+\sqrt{-3}b&=((\alpha_1\alpha_2+3\beta_1\beta_2)+\sqrt{-3}(\alpha_2\beta_1-\beta_2\alpha_1))^3\\&=(\alpha+\sqrt{-3}\beta)^3.\end{aligned}$$

比较上式两边的实部和虚部就推出式(4)成立.由式(2)知$(a,3b)=1$.由此及式(4)即得$(\alpha,3\beta)=1$.证毕.

定理1的证明 用反证法.假设有$xyz\neq0$的解.设x_0,y_0,z_0是这样的一组解,使得$|x_0y_0z_0|$取最小值.我们要证明这时一定可找出另一组解x_1,y_1,z_1,使得$0<|x_1y_1z_1|<|x_0y_0z_0|$,得到矛盾,所以定理成立.这一证明思想和第二章§2的定理4一样,但论证比定理4困难很多,这种困难就体现在引理2的证明中.

显见,必有$(x_0,y_0,z_0)=1$,进而推出

$$(x_0,y_0)=(y_0,z_0)=(z_0,x_0)=1,$$

所以x_0,y_0,z_0必为两奇一偶,不妨设$2|z_0$[若y_0为偶数,则$x=x_0$,$y=-z_0$,$z=-y_0$是不定方程(1)的这种解;若x_0为偶数,则$x=-z_0$,$y=y_0$,$z=-x_0$是不定方程(1)的这种解].令

$$x_0+y_0=2u_0,\quad x_0-y_0=2w_0.\tag{21}$$

显然有$u_0w_0\neq0$.若不然,必有$|x_0|=|y_0|$.由此及$(x_0,y_0)=1$推出$|x_0|=|y_0|=1$,而这时必有$z_0=0$(为什么),故不可能.由$(x_0,y_0)=1$及$2\nmid x_0y_0$推出(为什么)

$$2\nmid u_0\pm w_0,\quad (u_0,w_0)=1.\tag{22}$$

由式(21)得

$$z_0^3=x_0^3+y_0^3=(u_0+w_0)^3+(u_0-w_0)^3$$

$$= 2u_0(u_0^2 + 3w_0^2). \tag{23}$$

以上的推导是常规的.如果 $2u_0$ 和 $u_0^2+3w_0^2$ 互素,那么它们就都是立方数.这还要分 $3\nmid u_0$,$3|u_0$ 两种情形来讨论.

(i) $3\nmid u_0$ 的情形.由式(22)知,这时有

$$(2u_0, u_0^2 + 3w_0^2) = 1.$$

由第一章§5的推论5及 $u_0\neq 0$ 知

$$0 \neq 2u_0 = t^3,\quad u_0^2 + 3w_0^2 = s^3,$$

其中 t,s 是某两个整数.这里 s 就是引理2中所讨论的形式,这正是定理证明的关键.由引理2知,必有 α,β,使得

$$s = \alpha^2 + 3\beta^2,\quad (\alpha, 3\beta) = 1$$

及 $$u_0 = \alpha^3 - 9\alpha\beta^2,\quad w_0 = 3\alpha^2\beta - 3\beta^3,$$

所以 $$t^3 = 2\alpha(\alpha - 3\beta)(\alpha + 3\beta) \neq 0.$$

容易验证 $2\alpha,\alpha-3\beta,\alpha+3\beta$ 两两既约,因而由第一章§5的推论5知

$$2\alpha = z_1^3,\quad \alpha - 3\beta = x_1^3,\quad \alpha + 3\beta = y_1^3,$$

其中 x_1,y_1,z_1 是某三个整数.显见,x_1,y_1,z_1 是不定方程(1)的解,即

$$x_1^3 + y_1^3 = z_1^3.$$

但这时有

$$\begin{aligned} 0 \neq |x_1y_1z_1|^3 &= |t|^3 = |2u_0| = |x_0 + y_0| \\ &\leqslant |x_0^3 + y_0^3| = |z_0|^3 < |x_0y_0z_0|^3, \end{aligned}$$

其中最后一步用到了 $|x_0y_0|>1$(前已指出 $|x_0y_0|=1$ 时必有 $z_0=0$,所以不可能),因此

$$0 \neq |x_1y_1z_1| < |x_0y_0z_0|.$$

这和 $|x_0y_0z_0|$ 的最小性矛盾,所以不可能.

(ii) $3|u_0$ 的情形.设 $u_0=3v_0$,则式(23)变为

$$z_0^3 = 18v_0(3v_0^2 + w_0^2).$$

由式(22)知 $(3v_0,w_0)=1$,$2\nmid 3v_0+w_0$,所以

$$(18v_0, 3v_0^2 + w_0^2) = 1.$$

由第一章§5的推论5知

$$0 \neq 18v_0 = \tilde{t}^3,\quad 3v_0^2 + w_0^2 = \tilde{s}^3,$$

其中 $\tilde{t},\tilde{s}$ 是某两个整数. 这里 $\tilde{s}$ 又是引理 2 中的形式. 由引理 2 知, 必有 $\tilde{\alpha},\widetilde{\beta}$, 使得

$$\tilde{s}=\tilde{\alpha}^2+3\widetilde{\beta}^2,\quad (\tilde{\alpha},3\widetilde{\beta})=1$$

及
$$w_0=\tilde{\alpha}^3-9\tilde{\alpha}\widetilde{\beta}^2,\quad v_0=3\tilde{\alpha}^2\widetilde{\beta}-3\widetilde{\beta}^3,$$

所以

$$0\neq(\tilde{t}/3)^3=2\widetilde{\beta}(\tilde{\alpha}+\widetilde{\beta})(\tilde{\alpha}-\widetilde{\beta}).$$

易证 $2\beta,\tilde{\alpha}+\widetilde{\beta},\tilde{\alpha}-\widetilde{\beta}$ 两两既约, 于是由第一章 § 5 的推论 5 知

$$2\widetilde{\beta}=\tilde{z}_1^3,\quad \tilde{\alpha}+\widetilde{\beta}=\tilde{x}_1^3,\quad \tilde{\alpha}-\widetilde{\beta}=\tilde{y}_1^3,$$

其中 $\tilde{x}_1,\tilde{y}_1,\tilde{z}_1$ 是某三个整数. 显见, x_2,y_2,z_2 是不定方程(1)的解, 即

$$x_2^3+y_2^3=z_2^3.$$

但这时有

$$0\neq|\tilde{x}_1\tilde{y}_1\tilde{z}_1|^3=\left|\frac{\tilde{t}}{3}\right|^3=\left|\frac{2v_0}{3}\right|=\left|\frac{2u_0}{9}\right|=\frac{|x_0+y_0|}{9}$$
$$\leqslant\frac{|x_0^3+y_0^3|}{9}=\frac{|z_0|^3}{9}<|x_0y_0z_0|^3.$$

这和 $|x_0y_0z_0|$ 的最小性矛盾, 所以也不可能. 证毕.

从定理 1 的证明可看出, 讨论形如 $a^2+3b^2\,((a,b)=1)$ 的数的性质, 在证明中起了决定性作用. 由

$$a^2+3b^2=(a+\sqrt{-3}b)(a-\sqrt{-3}b)$$

可知, 这实际上是要讨论二次代数数 $r+\sqrt{-3}s\,(r,s\in\mathbf{Q})$ 的性质, 它属于代数数论的范围, 这里就不讨论了. 有兴趣的读者可学习附录二, 并做其习题的第 9～30 题, 以对二次代数数有初步的了解. 这里所讨论的相当于第 22 题中 $d=-3$ 的情形. 进一步的知识可看文献[17]第五章的 § 5.1～§ 5.4, 其中 § 5.4 的定理 4 就是讨论不定方程(1)的.

第七章　连　分　数

§1　什么是连分数

连分数是一个很有用的工具.我们先来举几个例子,说明什么叫作连分数以及它的用处.

例 1　如果你手边没有平方根表,也没有计算器,那么能用什么简单方法来求 $\sqrt{11}$ 的近似值呢?当然,可以用通常的求平方根的方法,但下面的方法看来更方便:

$$3<\sqrt{11}<4, \tag{1}$$

$$\sqrt{11}=3+(\sqrt{11}-3) \tag{2}$$

$$=3+\frac{1}{(\sqrt{11}+3)/2}=3+\frac{1}{3+(\sqrt{11}-3)/2} \tag{3}$$

$$=3+\frac{1}{3+\frac{1}{\sqrt{11}+3}}=3+\frac{1}{3+\frac{1}{6+(\sqrt{11}-3)}}. \tag{4}$$

重复这一过程就可得到

$$\sqrt{11}=3+\frac{1}{3+\frac{1}{6+\frac{1}{3+(\sqrt{11}-3)/2}}} \tag{5}$$

$$=3+\frac{1}{3+\frac{1}{6+\frac{1}{3+\frac{1}{6+(\sqrt{11}-3)}}}} \tag{6}$$

$$= 3 + \cfrac{1}{3 + \cfrac{1}{6 + \cfrac{1}{3 + \cfrac{1}{6 + \cfrac{1}{3 + (\sqrt{11} - 3)/2}}}}} \tag{7}$$

$$= 3 + \cfrac{1}{3 + \cfrac{1}{6 + \cfrac{1}{3 + \cfrac{1}{6 + \cfrac{1}{3 + \cfrac{1}{6 + (\sqrt{11} - 3)}}}}}} \tag{8}$$

$$= \cdots.$$

从这马上就会想到分别把式(2),(3),(4),(5),(6),(7),(8)中的无理数$(\sqrt{11}-3)$或$(\sqrt{11}-3)/2$去掉后所得到的分数作为$\sqrt{11}$的“近似值”. 容易算出,这些“近似值”依次为

$$\sqrt{11} \approx 3, \frac{10}{3}, \frac{63}{19}, \frac{199}{60}, \frac{1257}{379}, \frac{3970}{1197}, \frac{25\,077}{7561}. \tag{9}$$

用小数表示,这些“近似值”依次为(取八位小数,舍去后面的)

$$\sqrt{11} \approx 3, 3.333\,333\,33, 3.315\,789\,47, 3.316\,666\,66, \\ 3.316\,622\,69, 3.316\,624\,89, 3.316\,624\,78. \tag{10}$$

这些的确是精确度很高的近似值,因为实际上

$$\sqrt{11} = 3.316\,624\,79\cdots. \tag{11}$$

若近似值取 $10/3$,就精确到 $2/10^2$;取 $63/19$,就精确到 $9/10^4$;取 $199/60$,就精确到 $42/10^6$;取 $1257/379$,就精确到 $21/10^7$;取 $3970/1197$,就精确到 $1/10^7$;取 $25\,077/7561$,就精确到 $1/10^8$. 这些数据表明,这些近似值依次一个比一个精确度高. 此外,容易看出

$$3 < \frac{63}{19} < \frac{1257}{379} < \frac{25\,077}{7561} < \sqrt{11} < \frac{3970}{1197} < \frac{199}{60} < \frac{10}{3}. \tag{12}$$

这个例子提出了一种通过构造特殊形式的“分数”求得无理数近似值的方法. 因而,也就提出了研究这种形式“分数”的性质的新课题,以

及从理论上研究无理数的这种形式的有理数逼近. 另外,以上的过程不断地继续下去,就可以得到一个无穷尽的“分数”表达式:

$$3+\cfrac{1}{3+\cfrac{1}{6+\cfrac{1}{3+\cfrac{1}{6+\cfrac{1}{3+\cfrac{1}{6+\cfrac{1}{3+\cfrac{1}{6+\ddots}}}}}}}}. \tag{13}$$

这种表达式的确切含意是什么呢? 能否定义它的“值”? 如果能定义它的“值”,那么这个“值”和 $\sqrt{11}$ 有什么关系? 这就又提出了进一步的研究课题.

例 2　一个分母、分子很大的分数用起来是很不方便的,如 103 993/33 102. 我们想找一个分母、分子较小的分数来近似它,希望分母不太大,但误差很小. 利用例 1 的方法可得

$$\frac{103\,993}{33\,102}=3+\frac{4687}{33\,102}=3+\cfrac{1}{7+\cfrac{293}{4687}}$$

$$=3+\cfrac{1}{7+\cfrac{1}{15+\cfrac{292}{293}}}$$

$$=3+\cfrac{1}{7+\cfrac{1}{15+\cfrac{1}{1+\cfrac{1}{292}}}}.$$

以上的运算过程实际上是对 103 993 和 33 102 做辗转相除法的过程(为什么). 类似于例 1,我们扔掉这些“分数”中小于 1 的数 4687/33 102, 293/4687, 292/293, 1/292, 用依次得到的

$$3,\quad 3+\frac{1}{7}=\frac{22}{7},\quad 3+\cfrac{1}{7+\cfrac{1}{15}}=\frac{333}{106},\quad 3+\cfrac{1}{7+\cfrac{1}{15+\cfrac{1}{1}}}=\frac{355}{113}$$

来近似$\frac{103\,993}{33\,102}=3.141\,592\,653\cdots$.由

$$\frac{22}{7}=3.142\,857\,14\cdots,\quad \frac{333}{106}=3.141\,509\,43\cdots,$$

$$\frac{355}{113}=3.141\,592\,92\cdots,$$

推出它们的精确度依次为$14/10^2$,$13/10^4$,$9/10^5$,$3/10^7$.与它们的分母(依次为1,7,106,113)相比,精确度是很高的.事实上,这些都是圆周率π的近似值,其中22/7是所谓“疏率”,355/113是“密率”.此外,这些近似值也有式(12)那样的大小关系.

这个例子表明:即使是一个分数,把它表示成这种特殊形式的“分数”也是有好处的.

例3　至今,除了试算具体数值,我们还没有求解不定方程

$$x^2-11y^2=1,\quad x,y>0 \tag{14}$$

的一般方法.这个不定方程可化为

$$x-\sqrt{11}y=\frac{1}{x+\sqrt{11}y},\quad x,y>0,$$

即

$$\frac{x}{y}-\sqrt{11}=\frac{1}{y(x+\sqrt{11}y)},\quad x,y>0. \tag{15}$$

这表明:不定方程(14)的解x,y所给出的分数x/y是$\sqrt{11}$的一个精确度很高的近似值.因此,我们可以试想从式(9)的那些$\sqrt{11}$的近似值中寻找不定方程(14)的解.通过验算知,由分数10/3,199/60,3970/1197得出的

$$x=10,y=3;\quad x=199,y=60;\quad x=3970,y=1197 \tag{16}$$

是不定方程(14)的解,其他几个都不是.当然,从式(8)继续计算下去得到的近似值中还能找出解来.

这个例子启示我们:通过研究这种特殊形式的“分数”,有可能找

到求解形如式(14)的一类不定方程的方法.

现在我们来引入连分数的概念.

定义 1　设 $x_0, x_1, x_2, \cdots$ 是一个无穷实数列，$x_j > 0, j \geqslant 1$. 对给定的 $n \geqslant 0$，我们把表示式

$$x_0 + \cfrac{1}{x_1 + \cfrac{1}{x_2 + \cfrac{1}{x_3 + \ddots + \cfrac{1}{x_n}}}} \tag{17}$$

称为 **(n 阶)有限连分数**，它的值是一个实数. 当 $x_0, x_1, \cdots, x_n$ 均为整数时，称式(17)为 **(n 阶)有限简单连分数**，它的值是一个有理分数. 为了书写方便，把有限连分数(17)记作

$$\langle x_0, x_1, \cdots, x_n \rangle. \tag{18}$$

设 $0 \leqslant k \leqslant n$，我们把有限连分数

$$\langle x_0, x_1, \cdots, x_k \rangle \tag{19}$$

称为有限连分数(18)的**第 k 个渐近分数**. 当式(18)是有限简单连分数(即 $x_0, x_1, \cdots, x_n$ 均为整数)时，把 $x_k (0 \leqslant k \leqslant n)$ 称为它的**第 k 个部分商**. 当式(17)中的 $n \to \infty$ 时，我们把相应的式(17)称为**无限连分数**，记为

$$x_0 + \cfrac{1}{x_1 + \cfrac{1}{x_2 + \cfrac{1}{x_3 + \ddots}}}, \tag{20}$$

简记为

$$\langle x_0, x_1, x_2, \cdots \rangle. \tag{21}$$

当 $x_j (j \geqslant 0)$ 均为整数时，称式(20)或(21)为**无限简单连分数**. 同样，对任意的 $k \geqslant 0$，称有限连分数(19)为无限连分数(21)的**第 k 个渐近分数**；当式(21)是无限简单连分数时，称 $x_k (k \geqslant 0)$ 为它的**第 k 个部分商**. 如果存在极限

$$\lim_{k \to \infty} \langle x_0, x_1, \cdots, x_k \rangle = \theta, \tag{22}$$

那么就说**无限连分数(21)是收敛的**，并称 θ 为**无限连分数(21)的值**，

记作

$$\langle x_0, x_1, x_2, \cdots \rangle = \theta; \tag{23}$$

若极限(22)不存在,则说**无限连分数(21)是发散的**.

本章主要讨论简单连分数的基本理论及其应用.作为本节的结束,我们来证明有限连分数的一些最基本的性质.这些性质在以后是经常用到的.

定理 1 设 $x_0, x_1, x_2, \cdots$ 是无穷实数列, $x_j > 0, j \geqslant 1$.

(i) 对任意的整数 $n \geqslant 1, r \geqslant 1$,有

$$\begin{aligned}\langle x_0, \cdots, x_{n-1}, x_n, \cdots, x_{n+r} \rangle &= \langle x_0, \cdots, x_{n-1}, \langle x_n, \cdots, x_{n+r} \rangle \rangle \\ &= \langle x_0, \cdots, x_{n-1}, x_n + 1/\langle x_{n+1}, \cdots, x_{n+r} \rangle \rangle.\end{aligned} \tag{24}$$

特别地,有

$$\langle x_0, \cdots, x_{n-1}, x_n, x_{n+1} \rangle = \langle x_0, \cdots, x_{n-1}, x_n + 1/x_{n+1} \rangle. \tag{25}$$

(ii) 对任意的实数 $\eta > 0$ 及整数 $n \geqslant 0$,有

$$\langle x_0, \cdots, x_{n-1}, x_n \rangle > \langle x_0, \cdots, x_{n-1}, x_n + \eta \rangle, \quad 2 \nmid n. \tag{26}$$

$$\langle x_0, \cdots, x_{n-1}, x_n \rangle < \langle x_0, \cdots, x_{n-1}, x_n + \eta \rangle, \quad 2 \mid n. \tag{27}$$

(iii) 记

$$\alpha^{(n)} = \langle x_0, x_1, \cdots, x_n \rangle, \tag{28}$$

则有

$$\alpha^{(n)} > \alpha^{(n+r)}, \quad 2 \nmid n, r \geqslant 1, \tag{29}$$

$$\alpha^{(n)} < \alpha^{(n+r)}, \quad 2 \mid n, r \geqslant 1, \tag{30}$$

$$\alpha^{(1)} > \alpha^{(3)} > \alpha^{(5)} > \cdots > \alpha^{(2s-1)} > \cdots, \tag{31}$$

$$\alpha^{(0)} < \alpha^{(2)} < \alpha^{(4)} < \cdots < \alpha^{(2t)} < \cdots, \tag{32}$$

$$\alpha^{(2s-1)} > \alpha^{(2t)}, \quad s \geqslant 1, t \geqslant 0. \tag{33}$$

证 (i) 式(24),(25)直接由有限连分数的定义式(17)和记号(18)推出.

(ii) 当 $n=0$ 时,式(27)显然成立.现对 n 用数学归纳法来证明式(26),(27).当 $n=1$ 和 $n=2$ 时,式(26),(27)显然成立.假设当 $n=2k-1$ 和 $n=2k(k \geqslant 1)$时,式(26),(27)都成立.当 $n=2(k+1)-1=2k+1$ 时,由式(24)知

$$\langle x_0, x_1, \cdots, x_{2k+1} \rangle = \langle x_0, x_1, \langle x_2, \cdots, x_{2k+1} \rangle \rangle.$$

由假设式(26)对 $n=2k-1$ 成立有

$$\langle x_2, \cdots, x_{2k}, x_{2k+1}\rangle > \langle x_2, \cdots, x_{2k}, x_{2k+1}+\eta\rangle.$$

由上式及 $n=2$ 时式(27)成立就推出

$$\langle x_0, x_1, \langle x_2, \cdots, x_{2k}, x_{2k+1}+\eta\rangle\rangle < \langle x_0, x_1, \langle x_2, \cdots, x_{2k}, x_{2k+1}\rangle\rangle,$$

由此及式(24)就推出 $n=2(k+1)-1$ 时式(26)成立. 当 $n=2(k+1)=2k+2$ 时,由式(24)知

$$\langle x_0, x_1, \cdots, x_{2k+2}\rangle = \langle x_0, x_1, \langle x_2, \cdots, x_{2k+2}\rangle\rangle.$$

由假设式(27)对 $n=2k$ 成立有

$$\langle x_2, \cdots, x_{2k+1}, x_{2k+2}\rangle < \langle x_2, \cdots, x_{2k+1}, x_{2k+2}+\eta\rangle.$$

由上式及 $n=2$ 时式(27)成立就推出

$$\langle x_0, x_1, \langle x_2, \cdots, x_{2k+1}, x_{2k+2}\rangle\rangle < \langle x_0, x_1, \langle x_2, \cdots, x_{2k+1}, x_{2k+2}+\eta\rangle\rangle.$$

由此及式(24)就推出 $n=2(k+1)$ 时式(27)成立. 这就证明了式(26),(27)对所有 n 都成立.

(iii) 由式(24)知

$$\alpha^{(n+r)} = \langle x_0, \cdots, x_{n-1}, x_n + 1/\langle x_{n+1}, \cdots, x_{n+r}\rangle\rangle.$$

由此及式(26),(27)就分别推出式(29),(30). 取 $n=1, r=2,4,6,\cdots$,从式(29)就推出式(31). 取 $n=0, r=2,4,6,\cdots$,从式(30)就推出式(32). 最后,由式(29),(30)得

$$\alpha^{(2s-1)} > \alpha^{(2s-1+2t+1)} = \alpha^{(2s+2t)} > \alpha^{(2t)},$$

这就证明了式(33)①.

下面要证明的定理表明如何给出一个明确的公式,以用 $x_0, x_1, \cdots, x_n$ 来表示连分数 $\langle x_0, x_1, \cdots, x_n\rangle$ 的值. 先来考虑几个具体表达式:

$$\langle x_0\rangle = \frac{x_0}{1}, \quad \langle x_0, x_1\rangle = x_0 + \frac{1}{x_1} = \frac{x_0x_1+1}{x_1},$$

$$\langle x_0, x_1, x_2\rangle = \langle x_0, x_1 + 1/x_2\rangle = \frac{x_0(x_1+1/x_2)+1}{x_1+1/x_2}$$

$$= \frac{(x_0x_1+1)x_2+x_0}{x_1x_2+1},$$

① 事实上,(ii)和(iii)都可由以下简单结论直接看出:一个分数 a/b(a,b 是正实数),当分母 b 变大时变小,当分母 b 变小时变大. 具体的证明请读者给出.

$$\begin{aligned}\langle x_0,x_1,x_2,x_3\rangle &= \langle x_0,x_1,x_2+1/x_3\rangle \\ &= \frac{(x_0x_1+1)(x_2+1/x_3)+x_0}{x_1(x_2+1/x_3)+1} \\ &= \frac{((x_0x_1+1)x_2+x_0)x_3+(x_0x_1+1)}{(x_1x_2+1)x_3+x_1}.\end{aligned}$$

因此,如果把 $x_0,x_1,\cdots$看作实变数,那么

$$\langle x_0,\cdots,x_{n-1},x_n\rangle = \frac{P_n}{Q_n},\quad n\geqslant 0, \tag{34}$$

其中

$$P_n = P_n(x_0,\cdots,x_n),\quad Q_n = Q_n(x_0,\cdots,x_n) \tag{35}$$

是变数 $x_0,\cdots,x_n$ 的整系数多项式(事实上,Q_n 和 x_0 无关),且每个变数的方次数至多为1(为什么).故也可这样表示:

$$\langle x_0,\cdots,x_{n-1},x_n\rangle = \frac{K_{n-1}x_n+D_{n-1}}{H_{n-1}x_n+E_{n-1}},\quad n\geqslant 1, \tag{36}$$

其中

$$\begin{aligned}&K_{n-1}=K_{n-1}(x_0,\cdots,x_{n-1}),\quad H_{n-1}=H_{n-1}(x_0,\cdots,x_{n-1}),\\ &D_{n-1}=D_{n-1}(x_0,\cdots,x_{n-1}),\quad E_{n-1}=E_{n-1}(x_0,\cdots,x_{n-1})\end{aligned}$$

都是变数 $x_0,\cdots,x_{n-1}$ 的整系数多项式.在式(36)中,保持 $x_0,\cdots,x_{n-1}$ 不变,令 $x_n\to+\infty$,则

$$\langle x_0,\cdots,x_{n-1},x_n\rangle \to \langle x_0,\cdots,x_{n-1}\rangle = \frac{P_{n-1}}{Q_{n-1}},$$

$$\frac{K_{n-1}x_n+D_{n-1}}{H_{n-1}x_n+E_{n-1}} \to \frac{K_{n-1}}{H_{n-1}};$$

令 $x_n\to 0$,则

$$\langle x_0,\cdots,x_{n-1},x_n\rangle \to \langle x_0,\cdots,x_{n-2}\rangle = \frac{P_{n-2}}{Q_{n-2}},$$

$$\frac{K_{n-1}x_n+D_{n-1}}{H_{n-1}x_n+E_{n-1}} \to \frac{D_{n-1}}{E_{n-1}}.$$

以上关系式告诉我们,应该有

$$K_{n-1}=P_{n-1},\quad H_{n-1}=Q_{n-1},\quad D_{n-1}=P_{n-2},\quad E_{n-1}=Q_{n-2}.$$

由此及式(34),(36)进一步推测应有递推关系式

$$\begin{cases} P_n = x_n P_{n-1} + P_{n-2}, \\ Q_n = x_n Q_{n-1} + Q_{n-2}. \end{cases} \tag{37}$$

这一结论是正确的，下面用数学归纳法来严格证明.

定理 2　设 $x_0, x_1, x_2, \cdots$ 是无穷实数列，$x_j > 0, j \geqslant 1$；再设

$$P_{-2} = 0,\quad P_{-1} = 1,\quad Q_{-2} = 1,\quad Q_{-1} = 0, \tag{38}$$

以及当 $n \geqslant 0$ 时，P_n, Q_n 由递推关系式(37)给出. 那么

$$\langle x_0, \cdots, x_n \rangle = P_n / Q_n,\quad n \geqslant 0, \tag{39}$$

$$P_n Q_{n-1} - P_{n-1} Q_n = (-1)^{n+1},\quad n \geqslant -1, \tag{40}$$

$$P_n Q_{n-2} - P_{n-2} Q_n = (-1)^n x_n,\quad n \geqslant 0, \tag{41}$$

以及

$$\begin{aligned} &\langle x_0, \cdots, x_{n-1}, x_n \rangle - \langle x_0, \cdots, x_{n-1} \rangle \\ &\quad = (-1)^{n+1} (Q_n Q_{n-1})^{-1},\quad n \geqslant 1, \end{aligned} \tag{42}$$

$$\begin{aligned} &\langle x_0, \cdots, x_{n-2}, x_{n-1}, x_n \rangle - \langle x_0, \cdots, x_{n-2} \rangle \\ &\quad = (-1)^n x_n (Q_n Q_{n-2})^{-1},\quad n \geqslant 2. \end{aligned} \tag{43}$$

证　当 $n=0$ 时，$P_0 = x_0, Q_0 = 1$，所以式(39)成立. 假设 $n=k\ (k \geqslant 0)$ 时式(39)成立. 当 $n=k+1$ 时，由式(25)得

$$\langle x_0, \cdots, x_{k-1}, x_k, x_{k+1} \rangle = \langle x_0, \cdots, x_{k-1}, x_k + 1/x_{k+1} \rangle.$$

由假设 $n=k$ 时式(39)成立及式(37)就推出

$$\begin{aligned} \langle x_0, \cdots, x_{k-1}, x_k, x_{k+1} \rangle &= \frac{(x_k + 1/x_{k+1}) P_{k-1} + P_{k-2}}{(x_k + 1/x_{k+1}) Q_{k-1} + Q_{k-2}}, \\ &= \frac{x_{k+1}(x_k P_{k-1} + P_{k-2}) + P_{k-1}}{x_{k+1}(x_k Q_{k-1} + Q_{k-2}) + Q_{k-1}} \\ &= \frac{x_{k+1} P_k + P_{k-1}}{x_{k+1} Q_k + Q_{k-1}} = \frac{P_{k+1}}{Q_{k+1}}, \end{aligned}$$

即当 $n=k+1$ 时，式(39)也成立. 所以，当 $n \geqslant 0$ 时式(39)都成立.

当 $n=-1$ 时，由式(38)推出式(40)成立. 当 $n \geqslant 0$ 时，由式(37)可得(消去 x_n)

$$P_n Q_{n-1} - P_{n-1} Q_n = -(P_{n-1} Q_{n-2} - P_{n-2} Q_{n-1}). \tag{44}$$

反复利用上式就推出

$$P_n Q_{n-1} - P_{n-1} Q_n = (-1)^{n+1} (P_{-1} Q_{-2} - P_{-2} Q_{-1}).$$

由此及式(38)就得到式(40). 注意到当 $n\geqslant 0$ 时, $Q_n>0$, 由式(39), (40)就推得式(42).

当 $n\geqslant 0$ 时, 由式(37)可得

$$P_nQ_{n-2}-P_{n-2}Q_n=(P_{n-1}Q_{n-2}-P_{n-2}Q_{n-1})x_n. \tag{45}$$

由此及式(40)就证明了式(41). 注意到当 $n\geqslant 0$ 时, $Q_n>0$, 由式(39), (40)就推出式(43). 证毕.

利用定理 2 很容易推出定理 1(iii), 即式(29)~(33). 详细推导留给读者. 当然, 利用定理 2 的证明更简单.

下面举几个例子.

例 4 求有限连分数 $\langle -2,1,2/3,2,1/2,3\rangle$ 的值.

解 我们利用式(25)来计算:

$$\begin{aligned}\langle -2,1,2/3,2,1/2,3\rangle &= \langle -2,1,2/3,2,1/2+1/3\rangle\\ &= \langle -2,1,2/3,2,5/6\rangle = \langle -2,1,2/3,2+6/5\rangle\\ &= \langle -2,1,2/3,16/5\rangle = \langle -2,1,2/3+5/16\rangle\\ &= \langle -2,1,47/48\rangle = \langle -2,1+48/47\rangle\\ &= \langle -2,95/47\rangle = -2+47/95 = -143/95.\end{aligned}$$

例 5 求有限简单连分数 $\langle 1,1,1,1,1,1,1,1,1,1\rangle$ 的各个渐近分数.

解 当然, 我们可以用例 1 的方法一个一个地计算, 但这时利用定理 2 递推地计算出 P_n, Q_n 比较方便. 按公式(38), (37)可列出表 1, 这里

$$x_n=1(0\leqslant n\leqslant 9),\quad P_{-2}=0,\quad P_{-1}=1,\quad Q_{-2}=1,\quad Q_{-1}=0,$$
$$P_n=P_{n-1}+P_{n-2},\quad Q_n=Q_{n-1}+Q_{n-2},\quad n\geqslant 0.$$

表 1

n	0	1	2	3	4	5	6	7	8	9
x_n	1	1	1	1	1	1	1	1	1	1
P_n	1	2	3	5	8	13	21	34	55	89
Q_n	1	1	2	3	5	8	13	21	34	55

因此, 各个渐近分数 P_n/Q_n 依次为 1/1, 2/1, 3/2, 5/3, 8/5, 13/8,

21/13,34/21,55/34,89/55. 显见,$\{P_n\}$,$\{Q_n\}$均为 Fibonacci 数列,且有

$$P_n = Q_{n+1}, \quad n \geqslant 0.$$

习 题 一

1. 计算以下有限连分数的值和各个渐近分数:

(i) $\langle 1,2,3\rangle$; (ii) $\langle 0,1,2,3\rangle$; (iii) $\langle 3,2,1\rangle$;

(iv) $\langle 2,1,1,4,1,1\rangle$; (v) $\langle -4,2,1,7,8\rangle$;

(vi) $\langle -1,1/2,1/3\rangle$; (vii) $\langle 1/2,1/4,1/8,1/16\rangle$.

2. 把下面的有理数表示为有限简单连分数,并求各个渐近分数:

(i) 121/21; (ii) $-19/29$;

(iii) 177/292; (iv) 873/4867.

3. 求有限简单连分数$\langle 2,1,2,1,1,4,1,1,6,1,1,8\rangle$的值和各个渐近分数,并将其值与自然对数底 e 的值进行比较.

4. 设 a,b 是正数. 证明:

$$a+\sqrt{a^2+b} = 2a + \cfrac{b}{2a + \cfrac{b}{2a + \cfrac{b}{a+\sqrt{a^2+b}}}}$$

及 $a+\sqrt{a^2+b} = \langle 2a, 2a/b, 2a, 2a/b, 2a, 2a/b, a+\sqrt{a^2+b}\rangle$.

5. 证明:若 $\xi_0 = \langle x_0, x_1, \cdots, x_n\rangle$, $x_0>0$,则

$$\xi_0^{-1} = \langle 0, x_0, x_1, \cdots, x_n\rangle.$$

6. 设$\{x_j\}$,$\{P_j\}$,$\{Q_j\}$同定理 2. 证明:

(i) 当 $n\geqslant 1$ 时,$Q_n/Q_{n-1} = \langle x_n, x_{n-1}, \cdots, x_1\rangle$;

(ii) 当 $x_0>0$,$n\geqslant 0$ 时,$P_n/P_{n-1} = \langle x_n, x_{n-1}, \cdots, x_1, x_0\rangle$.

7. 在定理 2 的条件和符号下,证明:

(i) 当 $n\geqslant 1$ 时,

$$Q_{2n} \geqslant x_1(x_2+x_4+\cdots+x_{2n})+1,$$

$$Q_{2n-1} \geqslant x_1+x_3+\cdots+x_{2n-1},$$

$$Q_n < (1+x_1)(1+x_2)\cdots(1+x_n);$$

(ii) 无限连分数$\langle x_0, x_1, x_2, \cdots\rangle$收敛的充要条件是级数 $\sum_{i=0}^{\infty} x_j$ 发散；

(iii) $\langle 1/2, 1/2, 1/2, \cdots\rangle = (\sqrt{17}+1)/4$；

(iv) $\langle 4, 1/4, 4, 1/4, \cdots\rangle = \sqrt{20}+2$.

8. 证明：

$$\langle 0, x_1, \cdots, x_n\rangle = 1/(Q_0 Q_1) - 1/(Q_1 Q_2) + \cdots + (-1)^{n-1}/(Q_{n-1} Q_n).$$

9. 证明：当 $n \geqslant 0$ 时，

$$Q_{n+1}(x_0, x_1, \cdots, x_{n+1}) = P_n(x_1, x_2, \cdots, x_{n+1}),$$

这里 P_n, Q_n 同式(35).

10. 证明：

(i) 当 $n \geqslant 0$ 时，

$$P_n = \begin{vmatrix} x_0 & -1 & & & & 0 \\ 1 & x_1 & -1 & & & \\ & 1 & x_2 & \ddots & & \\ & & \ddots & \ddots & \ddots & \\ & & & \ddots & x_{n-1} & -1 \\ & 0 & & & 1 & x_n \end{vmatrix};$$

(ii) 当 $n \geqslant 1$ 时，

$$Q_n = \begin{vmatrix} x_1 & -1 & & & & 0 \\ 1 & x_2 & -1 & & & \\ & 1 & x_3 & \ddots & & \\ & & \ddots & \ddots & \ddots & \\ & & & \ddots & x_{n-1} & -1 \\ & 0 & & & 1 & x_n \end{vmatrix}.$$

11. 证明：当 $n \geqslant 1$ 时，

$$\begin{pmatrix} P_n & P_{n-1} \\ Q_n & Q_{n-1} \end{pmatrix} = \begin{pmatrix} x_0 & 1 \\ 1 & 0 \end{pmatrix} \begin{pmatrix} x_1 & 1 \\ 1 & 0 \end{pmatrix} \cdots \begin{pmatrix} x_n & 1 \\ 1 & 0 \end{pmatrix}.$$

12. 设 $\alpha^{(j)}$ 由式(28)给出，P_j, Q_j 由定理 2 给出. 证明：当 $1 \leqslant j \leqslant n$ 时，

$$Q_j|Q_{j-1}\alpha^{(n)}-P_{j-1}|+Q_{j-1}|Q_j\alpha^{(n)}-P_j|=1.$$

§2　有限简单连分数

本节讨论有限简单连分数的性质及其与有理分数的关系.

设 $a_0,a_1,a_2,\cdots$是一个无限整数列,$a_j\geqslant 1,j\geqslant 1$. 记有限简单连分数

$$\langle a_0,a_1,\cdots,a_n\rangle=r^{(n)},\quad n\geqslant 0. \tag{1}$$

定义整数列$\{h_n\}$与$\{k_n\}$:

$$\begin{cases}h_{-2}=0,h_{-1}=1,k_{-2}=1,k_{-1}=0,\\ h_n=a_nh_{n-1}+h_{n-2},k_n=a_nk_{n-1}+k_{n-2},n\geqslant 0.\end{cases} \tag{2}$$

显见,$h_0=a_0,h_1=a_1a_0+1$,且

$$1=k_0\leqslant a_1=k_1<k_2<\cdots<k_n<\cdots,\quad k_n\to+\infty(n\to\infty). \tag{3}$$

这里$\{a_j\}$,$\{h_n\}$,$\{k_n\}$就相当于§1 定理 2 中的$\{x_j\}$,$\{P_n\}$,$\{Q_n\}$取整数的特殊情形. 作为§1 定理 2 的特例,下面的定理成立:

定理 1　有限简单连分数(1)的值是有理分数,且

$$r^{(n)}=\langle a_0,\cdots,a_n\rangle=h_n/k_n,\quad (h_n,k_n)=1,n\geqslant 0, \tag{4}$$

其中 h_n,k_n 由式(2)给出. 此外,还有

$$h_nk_{n-1}-h_{n-1}k_n=(-1)^{n+1},\quad n\geqslant -1, \tag{5}$$

$$h_nk_{n-2}-h_{n-2}k_n=(-1)^na_n,\quad n\geqslant 0, \tag{6}$$

$$r^{(n)}-r^{(n-1)}=(-1)^{n+1}(k_nk_{n-1})^{-1},\quad n\geqslant 1, \tag{7}$$

$$r^{(n)}-r^{(n-2)}=(-1)^na_n(k_nk_{n-2})^{-1},\quad n\geqslant 2. \tag{8}$$

对于给定的一个不是整数的有理分数 u_0/u_1 ($u_1\geqslant 2$),如何求得它的有限简单连分数表示式呢? §1 的例 2 实际上已经给出了一种方法. 利用第一章§3 的辗转相除法知,存在 b_i ($0\leqslant i\leqslant s$),u_j ($2\leqslant j\leqslant s+1$),使得

$$\begin{cases}u_0=b_0u_1+u_2, & 0<u_2<u_1,\\ u_1=b_1u_2+u_3, & 0<u_3<u_2,\\ \cdots\cdots & \\ u_{s-1}=b_{s-1}u_s+u_{s+1}, & 0<u_{s+1}<u_s,\\ u_s=b_su_{s+1}, & \end{cases} \tag{9}$$

其中 s 是某个非负整数. 由于 u_0/u_1 不是整数,所以 $s\geqslant 1,b_s>1$. 设

$$\xi_j = u_j/u_{j+1}, \quad 0 \leqslant j \leqslant s. \tag{10}$$

由式(9)得

$$\begin{cases} \xi_j = b_j + 1/\xi_{j+1} = \langle b_j, \xi_{j+1} \rangle, & 0 \leqslant j \leqslant s-1, \\ \xi_s = b_s. \end{cases} \tag{11}$$

利用§1的式(24),得

$$\begin{aligned} \xi_0 &= u_0/u_1 = \langle b_0, \xi_1 \rangle = \langle b_0, \langle b_1, \xi_2 \rangle \rangle \\ &= \langle b_0, b_1, \xi_2 \rangle = \langle b_0, b_1, \langle b_2, \xi_3 \rangle \rangle \\ &= \langle b_0, b_1, b_2, \xi_3 \rangle = \cdots = \langle b_0, b_1, \cdots, b_{s-1}, \xi_s \rangle \\ &= \langle b_0, b_1, \cdots, b_s \rangle. \end{aligned} \tag{12}$$

这就得到了 $\xi_0 = u_0/u_1$ 的有限简单连分数表示式. 由于 $b_s > 1$,由§1的式(25)得

$$\begin{aligned} \xi_0 = u_0/u_1 &= \langle b_0, b_1, \cdots, (b_s - 1) + 1/1 \rangle \\ &= \langle b_0, b_1, \cdots, b_{s-1}, b_s - 1, 1 \rangle. \end{aligned} \tag{13}$$

这样,有理分数 u_0/u_1 就有两个有限简单连分数表示式(12),(13),其中式(12)的最后一个部分商 $b_s \geqslant 2$,式(13)的最后一个部分商为1.那么,是否还会有别的形式的表示式呢? 回答是否定的. 这可由下面的唯一性定理及式(12)得到.

定理 2 设 $\langle a_0, a_1, \cdots, a_n \rangle$, $\langle b_0, b_1 \cdots, b_s \rangle$ 是两个有限简单连分数, $a_n, b_s > 1$. 若

$$\langle a_0, a_1, \cdots, a_n \rangle = \langle b_0, b_1, \cdots, b_s \rangle, \tag{14}$$

则必有 $s = n$, $a_j = b_j (0 \leqslant j \leqslant n)$.

证 不妨设 $s \geqslant n$. 对 n 用数学归纳法. 当 $n=0$ 时,若 $s \geqslant 1$,则由§1的式(24)得

$$a_0 = \langle b_0, b_1, \cdots, b_s \rangle = \langle b_0, \langle b_1, \cdots, b_s \rangle \rangle = b_0 + 1/\langle b_1, \cdots, b_s \rangle.$$

由于 $b_s > 1$,所以 $\langle b_1, \cdots, b_s \rangle > 1$,从而上式不可能成立. 这就推出 $s=0$, $a_0 = b_0$. 所以,$n=0$ 时结论成立. 假设 $n=k(k \geqslant 0)$ 时结论成立. 当 $n=k+1$ 时,由§1的式(24)得(注意 $s \geqslant n \geqslant 1$)

$$\langle a_0, a_1, \cdots, a_{k+1} \rangle = a_0 + 1/\langle a_1, \cdots, a_{k+1} \rangle,$$

$$\langle b_0, b_1, \cdots, b_s \rangle = b_0 + 1/\langle b_1, \cdots, b_s \rangle.$$

由 $a_{k+1} > 1$, $b_s > 1$ 知 $\langle a_1, \cdots, a_{k+1} \rangle > 1$, $\langle b_1, \cdots, b_s \rangle > 1$,因而由式(14)

$(n=k+1)$就推出 $a_0=b_0$ 及

$$\langle a_1,\cdots,a_{k+1}\rangle=\langle b_1,\cdots,b_s\rangle.$$

由归纳假设知,从上式就推得 $s=k+1$ 及 $a_j=b_j(1\leqslant j\leqslant k+1)$. 这就证明了 $n=k+1$ 时结论也成立. 所以,结论对一切 $n\geqslant 0$ 都成立. 证毕.

由定理 2 及式(12)就立即推出下面的定理:

定理 3 任一不是整数的有理分数 u_0/u_1 有且仅有式(12),(13)给出的两种有限简单连分数表示式,其中 $b_0,\cdots,b_s$ 由式(9)给出,$s\geqslant 1, b_s>1$.

例 1 求 13/5 的有限简单连分数.

解 我们按式(12)来求:

$$\begin{aligned}13/5&=\langle 2+3/5\rangle=\langle 2,5/3\rangle=\langle 2,\langle 1+2/3\rangle\rangle\\&=\langle 2,\langle 1,3/2\rangle\rangle=\langle 2,1,1+1/2\rangle\\&=\langle 2,1,1,2\rangle.\end{aligned}$$

这个有限简单连分数的特点是:从左往右和从右往左的数字是一样的(参见习题二的第 5 题). 13/5 还可表示为

$$13/5=\langle 2,1,1,1,1\rangle.$$

例 2 求 7700/2145 的有限简单连分数和它的各个渐近分数.

解

$$\begin{aligned}7700/2145&=\langle 3+1265/2145\rangle=\langle 3,2145/1265\rangle\\&=\langle 3,1+880/1265\rangle=\langle 3,1,1265/880\rangle\\&=\langle 3,1,1+385/880\rangle=\langle 3,1,1,880/385\rangle\\&=\langle 3,1,1,2+110/385\rangle=\langle 3,1,1,2,385/110\rangle\\&=\langle 3,1,1,2,3+55/110\rangle=\langle 3,1,1,2,3,2\rangle\\&=\langle 3,1,1,2,3,1,1\rangle.\end{aligned}$$

按 § 2 的式(2)列表来求 h_n,k_n(见表 1)及渐近分数 h_n/k_n. 由表 1 知渐近分数依次为

$$3/1,\ 4/1,\ 7/2,\ 18/5,\ 61/17,\ 140/39=7700/2145.$$

表 1

n	0	1	2	3	4	5
a_n	3	1	1	2	3	2
h_n	3	4	7	18	61	140
k_n	1	1	2	5	17	39

这个分数化简后为 140/39. 虽然原分数不是既约的，但渐近分数一定是既约的. 利用式(7)，(8)可以计算渐近分数相对于原分数的误差，如

$$\begin{aligned} 140/39 - 61/17 &= h_5/k_5 - h_4/k_4 = 1/(k_4 k_5) \\ &= 1/(17 \cdot 39) = 1/663, \\ 140/39 - 18/5 &= h_5/k_5 - h_3/k_3 = -a_5/(k_3 k_5) \\ &= -2/(5 \cdot 39) = -2/195. \end{aligned}$$

其他几个渐近分数的误差请读者自己计算.

习 题 二

1. 设 a/b 是有理分数，$\langle a_0, a_1, \cdots, a_n \rangle$ 是它的有限简单连分数，$b \geqslant 1$. 证明：

$$a k_{n-1} - b h_{n-1} = (-1)^{n+1}(a,b), \quad n \geqslant 1.$$

2. 具体说明第 1 题给出了求最大公约数 (a,b) 及求解不定方程 $ax+by=c$ 的一种新方法. 用这种方法来求最大公约数和求解不定方程：

(i) $205x+93y=1$； (ii) $65x-56y=-1$；

(iii) $13x+17y=5$； (iv) $77x+63y=40$；

(v) $(314,159)$； (vi) $(4144,7696)$.

3. 求有理分数(i) 7/11，(ii) 173/55，(iii) $-43/1001$，(iv) 5391/3976，(v) $-873/4867$ 的两种有限简单连分数表示式和它们的各个渐近分数及其相对于有理分数的误差.

4. 设 $r_0 = \langle a_0, a_1, \cdots, a_n \rangle$，$s_0 = \langle b_0, b_1, \cdots, b_n, b_{n+1} \rangle$ 是两个有限简单连分数. 求：

(i) $r_0 = s_0$ 的充要条件； (ii) $r_0 < s_0$ 的充要条件.

5. 设有理分数 a/b $((a,b)=1, 1 \leqslant b \leqslant a)$ 的有限简单连分数是 $\langle a_0, a_1, \cdots, a_n \rangle$. 证明：

$$\langle a_0, a_1, \cdots, a_{n-1}, a_n \rangle = \langle a_n, a_{n-1}, \cdots, a_1, a_0 \rangle$$

的充要条件是：

(i) 当 $2 \nmid n$ 时，$a \mid b^2+1$； (ii) 当 $2 \mid n$ 时，$a \mid b^2-1$.

6. 设 a,b,c,d 均是整数，$0<d<c$，$ad-bc=\pm 1$，实数 $\eta \geqslant 1$. 证明：

若 $\xi=(a\eta+b)/(c\eta+d)$，则 $\xi=\langle a_0,a_1,\cdots,a_n,\eta\rangle$，$b/d=\langle a_0,a_1,\cdots,a_{n-1}\rangle$，这里$\langle a_0,a_1,\cdots,a_n\rangle$是 a/c 的有限简单连分数表示式.

7. 设 $r^{(n)}=\langle 1,2,\cdots,n+1\rangle$，它的各个渐近分数为 $h_j/k_j\,(0\leqslant j\leqslant n)$. 证明：当 $n\geqslant 3$ 时，

$$h_n=nh_{n-1}+nh_{n-2}+(n-1)h_{n-3}+\cdots+3h_1+2h_0+2h_{-1}.$$

§3　无限简单连分数

本节要讨论无限简单连分数的性质以及如何将无理数表示为无限简单连分数.

定理 1　无限简单连分数$\langle a_0,a_1,a_2,\cdots\rangle$一定是收敛的，也就是说，设 $r^{(n)}=\langle a_0,a_1,\cdots,a_n\rangle$是它的第 n 个渐近分数，则一定存在极限

$$\lim_{n\to\infty}r^{(n)}=\theta. \tag{1}$$

此外，还有

$$r^{(0)}<r^{(2)}<\cdots<r^{(2t)}<\cdots<\theta<\cdots<r^{(2s-1)}<\cdots<r^{(3)}<r^{(1)}, \tag{2}$$

以及 θ 一定是无理数.

证　由§1 的式(31)，(32)，(33)可知：

(i) 有理数列 $r^{(0)},r^{(2)},\cdots,r^{(2t)},\cdots$是严格递增数列，且有上界 $r^{(1)}=a_0+1/a_1$. 因此，它一定有极限：

$$\lim_{t\to\infty}r^{(2t)}=\theta',$$

且满足

$$r^{(0)}<r^{(2)}<\cdots<r^{(2t)}<\cdots<\theta'. \tag{3}$$

(ii) 有理数列 $r^{(1)},r^{(3)},\cdots,r^{(2s-1)},\cdots$是严格递减数列，且有下界 $r^{(0)}=a_0$. 因此，它一定有极限：

$$\lim_{s\to\infty}r^{(2s-1)}=\theta'',$$

且满足

$$\theta''<\cdots<r^{(2s-1)}<\cdots<r^{(3)}<r^{(1)}. \tag{4}$$

(iii) 由(i)，(ii)及§1 的式(33)推出

$$r^{(2t)}<\theta'\leqslant\theta''<r^{(2s-1)},\quad t\geqslant 0,s\geqslant 1. \tag{5}$$

因此，由式(5)及§2的式(7)推出：对任意的正整数 m，有

$$0 \leqslant \theta'' - \theta' < r^{(2m-1)} - r^{(2m)} = (k_{2m-1}k_{2m})^{-1}.$$

由此及§2的式(3)推出 $\theta''=\theta'=\theta$. 这就证明了式(1),(2).

下面来证明 θ 是无理数. 用反证法. 设 $\theta=u/v$ 是有理数. 由式(2)及§2的式(7)可知，对任意的正整数 n，有

$$0 < |\theta - r^{(n)}| < |r^{(n+1)} - r^{(n)}| = (k_n k_{n+1})^{-1},$$

因而有

$$0 < \left|\frac{k_n u - h_n v}{v}\right| < \frac{1}{k_{n+1}}.$$

由于 $|k_n u - h_n v|$ 一定是整数，故由上式左边的不等式知 $|k_n u - h_n v| \geqslant 1$，因而 $k_{n+1} < |v|$. 这和§2的式(3)矛盾. 证毕.

定理 2　设 $\langle a_0, a_1, a_2, \cdots\rangle$ 是无限简单连分数，记

$$\theta_n = \langle a_n, a_{n+1}, \cdots\rangle, \quad n \geqslant 0, \tag{6}$$

则有

$$a_n = [\theta_n], \quad \theta_{n+1} = \{\theta_n\}^{-1}, \quad n \geqslant 0 \tag{7}$$

及

$$\langle a_0, a_1, a_2, \cdots\rangle = \langle a_0, \cdots, a_n, \theta_{n+1}\rangle, \quad n \geqslant 0, \tag{8}$$

上式右边是一个有限连分数.

证　由定理1知，所有的无限简单连分数 $\langle a_n, a_{n+1}, \cdots\rangle (n\geqslant 0)$ 都是收敛的. 由定理1及§1的式(24)知

$$\begin{aligned}\theta_0 &= \lim_{n\to\infty}\langle a_0, a_1, \cdots, a_n\rangle = \lim_{n\to\infty}\langle a_0, \langle a_1, \cdots, a_n\rangle\rangle \\ &= \lim_{n\to\infty}(a_0 + 1/\langle a_1, \cdots, a_n\rangle),\end{aligned}$$

$$\theta_1 = \lim_{n\to\infty}\langle a_1, \cdots, a_n\rangle > a_1 \geqslant 1.$$

由以上两式就推出

$$\begin{aligned}\theta_0 &= a_0 + 1/\theta_1 = \langle a_0, \theta_1\rangle, \\ a_0 &= [\theta_0], \quad \theta_1 = \{\theta_0\}^{-1}.\end{aligned} \tag{9}$$

同理，可推出对任意的 $n\geqslant 0$，有

$$\begin{aligned}\theta_n &= a_n + 1/\theta_{n+1} = \langle a_n, \theta_{n+1}\rangle, \\ a_n &= [\theta_n], \quad \theta_{n+1} = \{\theta_n\}^{-1}.\end{aligned} \tag{10}$$

这就证明了式(7).利用数学归纳法,由式(9),(10)就可推出式(8)(证明留给读者).证毕.

由式(7)立即得到下面的结论:

推论 3　设$\langle a_0, a_1, a_2, \cdots\rangle$,$\langle b_0, b_1, b_2, \cdots\rangle$是两个无限简单连分数.若

$$\langle a_0, a_1, a_2, \cdots\rangle = \langle b_0, b_1, b_2, \cdots\rangle,$$

则

$$a_j = b_j, \quad j \geqslant 0.$$

这表明:若一个无理数能用无限简单连分数来表示(即此无限简单连分数的值等于这个无理数),则这个表示式一定是唯一的.那么,任意一个无理数是否一定能用无限简单连分数来表示呢?回答是肯定的.事实上,§1 的例 1 和定理 2 已经指出了具体求这种表示式的方法,但还需要严格证明.

定理 4　设ξ_0是一个无理数;再设

$$\begin{cases} a_0 = [\xi_0], & \xi_1 = 1/\{\xi_0\}, \\ a_j = [\xi_j], & \xi_{j+1} = 1/\{\xi_j\}, \quad j \geqslant 1. \end{cases} \tag{11}$$

那么,有$a_j \geqslant 1 (j \geqslant 1)$及

$$\xi_0 = \langle a_0, a_1, a_2, \cdots\rangle. \tag{12}$$

我们把$\langle a_0, a_1, a_2, \cdots\rangle$称为**无理数$\xi_0$的无限简单连分数表示式**.

证　由于ξ_0是无理数,所以$\xi_j (j \geqslant 1)$都是无理数.因此,$0 < \{\xi_j\} < 1 (j \geqslant 0)$,$\xi_j > 1$,$a_j \geqslant 1 (j \geqslant 1)$.由定理 1 知式(12)右边的无限简单连分数是收敛的.设

$$\theta_0 = \langle a_0, a_1, a_2, \cdots\rangle.$$

我们要来证明$\theta_0 = \xi_0$.由$x = [x] + \{x\}$及式(11)可得

$$\begin{aligned} \xi_0 &= [\xi_0] + \{\xi_0\} = a_0 + 1/\xi_1 = \langle a_0, \xi_1\rangle \\ &= \langle a_0, a_1 + 1/\xi_2\rangle = \langle a_0, a_1, \xi_2\rangle = \cdots \\ &= \langle a_0, a_1, \cdots, a_n, \xi_{n+1}\rangle, \quad n \geqslant 0. \end{aligned} \tag{13}$$

由此及§1 的定理 1 得

$$r^{(0)} < r^{(2)} < \cdots < r^{(2t)} < \cdots < \xi_0 < \cdots < r^{(2s-1)} < \cdots < r^{(3)} < r^{(1)}, \tag{14}$$

这里

$$r^{(n)} = \langle a_0, a_1, \cdots, a_n\rangle, \quad n \geqslant 0.$$

由此及式(1)就推出 $\theta_0=\xi_0$(为什么). 证毕.

由定理 4 立即得到 ξ_n 的无限简单连分数表示式:

$$\xi_n=\langle a_n,a_{n+1},\cdots\rangle,\quad n\geqslant 0. \tag{15}$$

我们把 ξ_n 称为 ξ_0 的第 n **个完全商**.

例 1 求 $\langle 1,1,1,1,\cdots\rangle$ 的值.

解 设值为 θ. 由式(8)知

$$\theta=\langle 1,\theta\rangle=1+1/\theta,$$

因此 $\theta^2-\theta-1=0$. 所以

$$\theta=(1\pm\sqrt{5})/2.$$

由此及 $\theta>1$ 知 $\theta=(1+\sqrt{5})/2$.

例 2 求 $\langle -1,3,1,2,4,1,2,4,1,2,4,\cdots\rangle$ 的值 θ.

解 先求 $\langle 1,2,4,1,2,4,1,2,4,\cdots\rangle$ 的值,设为 θ'. 由式(8)知[利用§1 的式(25)]

$$\begin{aligned}\theta'&=\langle 1,2,4,\theta'\rangle=\langle 1,2,4+1/\theta'\rangle\\&=\langle 1,2,(4\theta'+1)/\theta'\rangle=\langle 1,2+\theta'/(4\theta'+1)\rangle\\&=\langle 1,(9\theta'+2)/(4\theta'+1)\rangle=1+(4\theta'+1)/(9\theta'+2)\\&=(13\theta'+3)/(9\theta'+2),\end{aligned}$$

因此 $9(\theta')^2-11\theta'-3=0$,即

$$\theta'=(11\pm\sqrt{229})/18.$$

由此及 $\theta'>1$ 知 $\theta'=(11+\sqrt{229})/18$,因而由式(8)知

$$\begin{aligned}\theta&=\langle -1,3,\theta'\rangle=\langle -1,3,(11+\sqrt{229})/18\rangle\\&=\langle -1,3+18/(11+\sqrt{229})\rangle=\langle -1,3+(\sqrt{229}-11)/6\rangle\\&=\langle -1,(\sqrt{229}+7)/6\rangle=-1+6/(\sqrt{229}+7)\\&=(\sqrt{229}-37)/30.\end{aligned}$$

例 3 求例 2 中连分数的各个完全商.

解 这里 $\xi_0=\theta,\xi_2=\theta'$. 我们只要求出 $\xi_1=\langle 3,\theta'\rangle,\xi_3=\langle 2,4,\theta'\rangle$, $\xi_4=\langle 4,\theta'\rangle$ 即可,因为当 $n\geqslant 5$ 时,$\xi_n=\xi_{n-3}$.

$$\xi_1=\langle 3,\theta'\rangle=3+18/(11+\sqrt{229})=(\sqrt{229}+7)/6,$$

$$\xi_4=\langle 4,\theta'\rangle=4+18/(11+\sqrt{229})=(\sqrt{229}+13)/6,$$

$$\xi_3=\langle 2,4,\theta'\rangle=\langle 2,\langle 4,\theta'\rangle\rangle=\langle 2,\xi_4\rangle$$

$$=2+6/(\sqrt{229}+13)=(\sqrt{229}+7)/10.$$

例 4 求 $\sqrt{8}$ 的无限简单连分数.

解 按式(13)可得

$$\sqrt{8}=2+(\sqrt{8}-2)=2+4/(\sqrt{8}+2)$$

$$=\langle 2,(\sqrt{8}+2)/4\rangle=\langle 2,1+(\sqrt{8}-2)/4\rangle$$

$$=\langle 2,1,\sqrt{8}+2\rangle=\langle 2,1,4+(\sqrt{8}-2)\rangle$$

$$=\langle 2,1,4,(\sqrt{8}+2)/4\rangle.$$

这又回到 $\langle 2,(\sqrt{8}+2)/4\rangle$ 的情形,因此出现数字循环,得到

$$\sqrt{8}=\langle 2,1,4,1,4,1,4,\cdots\rangle.$$

我们同时得到(为什么)

$$(\sqrt{8}+2)/4=\langle 1,4,1,4,1,4,\cdots\rangle,$$

$$\sqrt{8}+2=\langle 4,1,4,1,4,1,\cdots\rangle.$$

例 4 的方法可用来求形如 $(\sqrt{d}+a)/b$ 的无限简单连分数,这将在§5 中做进一步讨论. 但求一般无理数的无限简单连分数是十分困难的. 下面举一个例子.

例 5 求 $\sqrt[3]{2}$ 的无限简单连分数的前六个数字.

解 由定理 4 知,设 $\xi_0=\sqrt[3]{2}$. 我们有

$$a_0=[\xi_0]=1,\quad \xi_1=(\xi_0-a_0)^{-1}=(\sqrt[3]{2}-1)^{-1}=\sqrt[3]{4}+\sqrt[3]{2}+1,$$

$$a_1=[\xi_1]=3,\quad \xi_2=(\xi_1-3)^{-1}=(\sqrt[3]{4}+\sqrt[3]{2}-2)^{-1}=\frac{\sqrt[3]{4}+\sqrt[3]{2}+1}{\sqrt[3]{2}+2},$$

$$a_2=[\xi_2]=1,\quad \xi_3=(\xi_2-1)^{-1}=\frac{\sqrt[3]{2}+2}{\sqrt[3]{4}-1}=\frac{4\sqrt[3]{4}+5\sqrt[3]{2}+4}{3},$$

$$a_3=[\xi_3]=5,\quad \xi_4=(\xi_3-5)^{-1}=\frac{3}{4\sqrt[3]{4}+5\sqrt[3]{2}-11},$$

$$a_4=[\xi_4]=1,\quad \xi_5=(\xi_4-1)^{-1}=\frac{4\sqrt[3]{4}+5\sqrt[3]{2}-11}{14-5\sqrt[3]{2}-4\sqrt[3]{4}},$$

$$a_5=[\xi_5]=1,\quad \xi_6=(\xi_5-1)^{-1}=\frac{14-5\sqrt[3]{2}-4\sqrt[3]{4}}{8\sqrt[3]{4}+10\sqrt[3]{2}-25},$$

所以 $$\sqrt[3]{2}=\langle 1,3,1,5,1,1,\xi_6\rangle.$$

实际上,利用计算器求 $a_n(n\geqslant 0)$时,不用求出 ξ_n 的精确表示式:

$$\begin{aligned}
&\xi_0=\sqrt[3]{2}\approx 1.259\,921\,050,\quad a_0=1,\\
&\xi_1=(\xi_0-1)^{-1}\approx 3.847\,322\,102,\quad a_1=3,\\
&\xi_2=(\xi_1-3)^{-1}\approx 1.180\,188\,736,\quad a_2=1,\\
&\xi_3=(\xi_2-1)^{-1}\approx 5.549\,736\,486,\quad a_3=5,\\
&\xi_4=(\xi_3-5)^{-1}\approx 1.819\,053\,357,\quad a_4=1,\\
&\xi_5=(\xi_4-1)^{-1}\approx 1.220\,921\,679,\quad a_5=1,\\
&\xi_6=(\xi_5-1)^{-1}\approx 4.526\,491\,037,\quad a_6=4.
\end{aligned}$$

当然,不能求太多位数,以免误差太大,使 $a_n(n\geqslant 0)$的值失真,但这里是可以的.

下面来讨论对无理数用其无限简单连分数的渐近分数来做有理逼近时的误差,并证明这种有理逼近是最佳的.

设无理数 ξ_0 的无限简单连分数表示式由式(12)给出,它的第 n 个渐近分数是

$$r^{(n)}=\langle a_0,a_1,\cdots,a_n\rangle,$$

以及整数列$\{h_n\}$,$\{k_n\}$由§2 的式(2)给出.我们先来证明下面的定理:

定理 5 对 $n\geqslant 0$,有

$$\frac{1}{k_n(k_n+k_{n+1})}<|\xi_0-r^{(n)}|=\left|\xi_0-\frac{h_n}{k_n}\right|<\frac{1}{k_nk_{n+1}}.\tag{16}$$

证 由式(13)及§1 的式(39)得

$$\xi_0=\langle a_0,\cdots,a_n,\xi_{n+1}\rangle=\frac{h_n\xi_{n+1}+h_{n-1}}{k_n\xi_{n+1}+k_{n-1}},\quad n\geqslant 0.\tag{17}$$

由此及§2 的定理 1 得

$$\begin{aligned}
\xi_0-r^{(n)}&=\xi_0-\frac{h_n}{k_n}=\frac{k_nh_{n-1}-k_{n-1}h_n}{k_n(k_n\xi_{n+1}+k_{n-1})}\\
&=\frac{(-1)^n}{k_n(k_n\xi_{n+1}+k_{n-1})},\quad n\geqslant 0.
\end{aligned}\tag{18}$$

由于 $a_{n+1}<\xi_{n+1}<a_{n+1}+1(n\geqslant 0)$，利用§2 的式(2)可推出：当 $n\geqslant 0$ 时，

$$\begin{aligned} k_{n+1} &= a_{n+1}k_n + k_{n-1} < k_n\xi_{n+1} + k_{n-1} \\ &< a_{n+1}k_n + k_{n-1} + k_n = k_{n+1} + k_n. \end{aligned} \tag{19}$$

由以上两式即得式(16). 证毕.

由§2 的式(2)知

$$k_n + k_{n+1} \leqslant k_{n+2}, \quad n \geqslant 0.$$

由此及式(16)知，当 $n\geqslant 0$ 时，

$$\left|\xi_0 - \frac{h_{n+1}}{k_{n+1}}\right| < \frac{1}{k_{n+1}k_{n+2}} \leqslant \frac{1}{k_n(k_n + k_{n+1})} < \left|\xi_0 - \frac{h_n}{k_n}\right|, \tag{20}$$

$$|k_{n+1}\xi_0 - h_{n+1}| < \frac{1}{k_{n+2}} \leqslant \frac{1}{k_n + k_{n+1}} < |k_n\xi_0 - h_n|. \tag{21}$$

以上给出了用渐近分数来逼近无限简单连分数时的误差估计. 式(20),(21)表明渐近分数依次一个比一个更接近 ξ_0. 下面来指出无理数的这种有理逼近在某种意义上说是最佳的.

定理 6　设有理分数 a/b 具有正的分母 b，则

(i) 如果对某个 $n\geqslant 0$，有

$$|\xi_0 b - a| < |\xi_0 k_n - h_n|, \tag{22}$$

那么

$$b \geqslant k_{n+1};$$

(ii) 如果对某个 $n\geqslant 1$，有

$$|\xi_0 - a/b| < |\xi_0 - h_n/k_n|, \tag{23}$$

那么

$$b > k_n.$$

证　证明的关键在于将 a/b 和渐近分数建立联系. 由§2 的式(5)知 $k_nh_{n+1}-k_{n+1}h_n=(-1)^n$，所以线性方程组

$$\begin{cases} xk_n + yk_{n+1} = b, \\ xh_n + yh_{n+1} = a \end{cases}$$

有整数解

$$x = (-1)^n(bh_{n+1} - ak_{n+1}), \quad y = (-1)^n(-bh_n + ak_n).$$

这样就有整数 x,y，使得

$$\xi_0 b - a = x(\xi_0 k_n - h_n) + y(\xi_0 k_{n+1} - h_{n+1}). \tag{24}$$

我们用反证法来证明(i). 假设 $0<b<k_{n+1}$. 我们先来证明这时

必有

$$xy < 0. \tag{25}$$

若 $x=0$,则 $b=yk_{n+1}\geqslant k_{n+1}$(注意 $b>0$). 这和假设 $0<b<k_{n+1}$ 矛盾. 若 $y=0$,则 $b=xk_n$, $a=xh_n$,因而有 $|\xi_0 b-a|=x|\xi_0 k_n-h_n|$. 这和条件(22)矛盾. 这就证明了 $xy\neq 0$. 如果 $xy>0$,则必有 $x>0$, $y>0$(为什么)及

$$b=|x|k_n+|y|k_{n+1}>k_{n+1}.$$

这又和假设 $0<b<k_{n+1}$ 矛盾. 所以,若 $0<b<k_{n+1}$,则必有式(25)成立. 但是,由式(14)知 $\xi_0 k_n-h_n$ 依次交替改变正负号[这由式(18)也可看出]. 因此,当式(25)成立时,由式(24)推出

$$\begin{aligned}|\xi_0 b-a| &= |x|\,|\xi_0 k_n-h_n|+|y|\,|\xi_0 k_{n+1}-h_{n+1}|\\ &> |\xi_0 k_n-h_n|.\end{aligned}$$

这和条件(22)矛盾. 这就证明了(i).

用反证法,由(i)立即可推出(ii). 条件(23)可改写为

$$|\xi_0 b-a| < (b/k_n)|\xi_0 k_n-h_n|, \quad n\geqslant 1. \tag{26}$$

若 $b\leqslant k_n$,则由条件(26)推出条件(22)成立,因而由已证明的(i)推出 $b\geqslant k_{n+1}$. 但当 $n\geqslant 1$ 时,由§2的式(3)知 $k_{n+1}>k_n$,矛盾. 所以,当 $n\geqslant 1$ 时,必有 $b>k_n$. 证毕.

下面的定理表明:一个无理数的“好的”有理分数逼近一定是它的渐近分数[①]给出的逼近.

定理7 设 ξ_0 是无理数. 若有有理分数 a/b, $b\geqslant 1$,使得

$$|\xi_0-a/b| < 1/(2b^2), \tag{27}$$

则 a/b 一定是 ξ_0 的某个渐近分数.

证 不妨设 $(a,b)=1$(为什么). 由§2的式(3)知,存在唯一的 n,使得

$$k_n\leqslant b < k_{n+1}. \tag{28}$$

先来证明必有 $b=k_n$. 若不然,必有

$$k_n < b < k_{n+1}, \tag{29}$$

---

① 一个无理数的渐近分数是指它的无限简单连分数表示式的渐近分数.

以及 a/b 不是渐近分数(为什么),因而有

$$|h_n/k_n - a/b| \geqslant 1/(bk_n). \tag{30}$$

由 $b<k_{n+1}$,可从定理 6(i)推出

$$|\xi_0 k_n - h_n| \leqslant |\xi_0 b - a|. \tag{31}$$

这样,由式(30),(31)及条件(27)得到

$$\begin{aligned} 1/(bk_n) &\leqslant |h_n/k_n - a/b| \leqslant |\xi_0 - h_n/k_n| + |\xi_0 - a/b| \\ &< 1/(2bk_n) + 1/(2b^2). \end{aligned}$$

由上式推出 $b<k_n$,矛盾.所以,必有 $b=k_n$,进而由上式最后的不等式[这是由条件(27)及式(31)推出的,所以一定成立]得到

$$|h_n/k_n - a/k_n| < 1/k_n^2,$$

即 $|h_n-a|<1/k_n$.故 $a=h_n$.因此,$a/b=h_n/k_n$ 是 ξ_0 的一个渐近分数.

定理 7 并未回答像式(27)这样“好的”逼近是否一定存在,即利用无理数的渐近分数去逼近无理数时是否一定有这样“好的”逼近存在.回答是肯定的,这将在下节做进一步讨论.

作为定理 7 的一个应用,我们来部分地回答 §1 例 3 提出的问题.

定理 8　设 $d(d>1)$不是平方数.若不定方程

$$x^2 - dy^2 = \pm 1 \tag{32}$$

有解 $x=x_0>0, y=y_0>0$,则 x_0/y_0 一定是 $\sqrt{d}$ 的某个渐近分数 h_n/k_n,且 $x_0=h_n, y_0=k_n$.

证　这时必有 $x_0 \geqslant y_0$.若不然,从 $y_0>x_0$ 可推出

$$\pm 1 = x_0^2 - dy_0^2 < y_0^2 - dy_0^2 \leqslant - y_0^2 \leqslant -1.$$

这是不可能的.由 x_0, y_0 是解及 $x_0 \geqslant y_0$ 可得

$$|x_0/y_0 - \sqrt{d}| = 1/(y_0^2(x_0/y_0 + \sqrt{d})) < 1/(2y_0^2).$$

$\sqrt{d}$ 是无理数(为什么),利用上式,由定理 7 就推出 x_0/y_0 必为 $\sqrt{d}$ 的某个渐近分数 h_n/k_n.由此及$(x_0, y_0)=1$ 即得 $x_0=h_n, y_0=k_n$.证毕.

虽然定理 8 并未回答不定方程(32)是否有解,但结论表明:我们只需在 $\sqrt{d}$ 的渐近分数中寻找不定方程(32)的解.这就要求我们研究 $\sqrt{d}$ 的无限简单连分数表示式的性质,并讨论 $h_n^2 - dk_n^2$ 的取值,以及它何时取 ± 1.这些将在 §5 中讨论.

例 6 求 $\sqrt{8}$ 的分母最小的渐近分数,使其误差小于或等于 10^{-6}.

解 在例 4 中已求出 $\sqrt{8}=\langle 2,1,4,1,4,1,4,\cdots\rangle$. 我们先列表求出 h_n,k_n(见表 1),然后根据式(16)估计误差.

表 1

n	0	1	2	3	4	5	6	7	8	9
a_n	2	1	4	1	4	1	4	1	4	1
h_n	2	3	14	17	82	99	478	577	2786	3363
k_n	1	1	5	6	29	35	169	204	985	1189

由表 1 知,取 $n=8,7$ 时,利用式(16)可得

$$\left|\sqrt{8}-\frac{h_8}{k_8}\right|=\left|\sqrt{8}-\frac{2786}{985}\right|<\frac{1}{985\cdot 1189}$$

$$=\frac{1}{1\,171\,165}<10^{-6},$$

$$\left|\sqrt{8}-\frac{h_7}{k_7}\right|=\left|\sqrt{8}-\frac{577}{204}\right|>\frac{1}{204(204+985)}$$

$$=\frac{1}{242\,556}>10^{-6}.$$

因此,要求的渐近分数是 $h_8/k_8=2786/985$.

习 题 三

1. 求以下无限简单连分数的值:

(i) $\langle 2,3,1,1,1,\cdots\rangle$; (ii) $\langle 1,2,3,1,2,3,1,2,3,\cdots\rangle$;

(iii) $\langle 0,2,1,3,1,3,1,3,\cdots\rangle$; (iv) $\langle -2,2,1,2,1,2,1,\cdots\rangle$.

2. 设 a,b 是正整数,$b=ac$,即 a 整除 b. 证明:

$$\langle b,a,b,a,b,a,\cdots\rangle=(b+\sqrt{b^2+4c})/2.$$

3. 求以下无理数的无限简单连分数、前六个渐近分数、前七个完全商,以及这些无理数与其前六个渐近分数的差:

(i) $\sqrt{7}$; (ii) $\sqrt{13}$; (iii) $\sqrt{29}$;

(iv) $(\sqrt{10}+1)/3$; (v) $(5-\sqrt{37})/3$.

4. 设 α,β 是无理数,它们的无限简单连分数分别是

$$\alpha=\langle a_0,a_1,a_2,\cdots\rangle,\quad \beta=\langle b_0,b_1,b_2,\cdots\rangle.$$

证明：$\alpha>\beta$ 的充要条件是,存在唯一的 $n\geqslant 0$,使得

(i) 当 $2|n$ 时,$a_j=b_j(0\leqslant j<n)$,$a_n>b_n$;

(ii) 当 $2\nmid n$ 时,$a_j=b_j(0\leqslant j<n)$,$a_n<b_n$.

5. 设 ξ_0 是无理数,它的无限简单连分数是$\langle a_0,a_1,a_2,\cdots\rangle$. 证明：

(i) 当 $a_1>1$ 时,$-\xi_0=\langle -a_0-1,1,a_1-1,a_2,a_3,\cdots\rangle$;

(ii) 当 $a_1=1$ 时,$-\xi_0=\langle -a_0-1,a_2+1,a_3,\cdots\rangle$.

6. 我们说数 β 等价于数 α,如果存在整数 a,b,c,d,满足 $ad-bc=\pm 1$,使得 $\beta=(a\alpha+b)/(c\alpha+d)$. 证明：

(i) 任意的数 α 必与自身等价;

(ii) 若数 β 等价于数 α,则数 α 等价于数 β;

(iii) 若数 α 等价于数 β,数 β 等价于数 γ,则数 α 等价于数 γ;

(iv) 有理数一定等价于零;

(v) 任意两个有理数一定等价;

(vi) 设 α,β 是两个无理数,那么 α 与 β 等价的充要条件是它们的无限简单连分数为如下形式：

$$\alpha=\langle a_0,\cdots,a_m,c_0,c_1,c_2,\cdots\rangle,\quad \beta=\langle b_0,\cdots,b_n,c_0,c_1,c_2,\cdots\rangle.$$

7. 证明：当 $k_1>1$ 时,定理 6(ii)对 $n=0$ 也成立.

8. 举例说明定理 6(ii)中的 $b>k_n$ 不能改进为 $b\geqslant k_{n+1}$(取 $\sqrt{2}$ 及它的渐近分数 h_3/k_3,即 $n=3$).

9. 设 ξ_0 是实数,a,b 是整数,$b\geqslant 1$. 证明：

$$|b\xi_0-a|=\min_{0<y\leqslant b}|y\xi_0-x| \tag{33}$$

成立的充要条件是 a/b 为 ξ_0 的渐近分数,这里 y 取整数,x 取任意整数.

10. 设 ξ_0 为无理数,它的无限简单连分数是$\langle a_0,a_1,a_2,\cdots\rangle$,$h_n/k_n$ 是它的渐近分数. 对取定的 $n\geqslant 1$,考虑数组$(h_{n-1}+lh_n)/(k_{n-1}+lk_n)$,$0\leqslant l\leqslant a_{n+1}$. 证明：当 n 是奇数时,这个数组递增;当 n 是偶数时,这个数组递减. 我们把所有分数$(h_{n-1}+lh_n)/(k_{n-1}+lk_n)(0<l<a_{n+1},n\geqslant 1)$

称为 ξ_0 的第二渐近分数.

11. 设 ξ_0 是实数,a,b 是整数,$b\geqslant 1$. 证明：若

$$|\xi_0 - a/b| = \min_{0<y\leqslant b} |\xi_0 - x/y|, \tag{34}$$

则 a/b 一定是 ξ_0 的渐近分数或第二渐近分数,这里 x 和 y 的取值同第 9 题. 举例说明,对于第二渐近分数,不一定有式(34)成立.

12. 证明：若第 9 题中的式(33)成立,则必有第 11 题中的式(34)成立.

13. 设 ξ_0 是无理数,它的无限简单连分数是$\langle a_0, a_1, a_2, \cdots\rangle$;再设 $b_1, b_2, b_3, \cdots$是一个有限或无限正整数列,以及

$$\eta_n = \langle a_0, \cdots, a_n, b_1, b_2, b_3, \cdots\rangle.$$

证明：$\lim\limits_{n\to\infty}\eta_n = \xi_0$.

§4 无理数的最佳有理逼近

设 ξ_0 是无理数,$h_n/k_n(n\geqslant 0)$是 ξ_0 的渐近分数. 由§2 的式(3)及§3 的式(16)知,对每个渐近分数 h_n/k_n,有

$$|\xi_0 - h_n/k_n| < 1/k_n^2, \quad n \geqslant 0. \tag{1}$$

§3 的定理 7 证明了：若用有理分数 a/b 逼近 ξ_0 时有§3 的误差估计式(27)成立,则 a/b 一定是 ξ_0 的渐近分数. 下面的定理将指出这样的渐近分数不仅一定存在,而且是很多的.

定理 1 设 $n\geqslant 0$,h_n/k_n,h_{n+1}/k_{n+1}是无理数 ξ_0 的两个相邻渐近分数,则

$$|\xi_0 - h_n/k_n| < 1/(2k_n^2)$$

和

$$|\xi_0 - h_{n+1}/k_{n+1}| < 1/(2k_{n+1}^2)$$

中至少有一个成立.

证 若两式都不成立,则利用§3 的式(14)可得

$$\begin{aligned}1/(2k_n^2) + 1/(2k_{n+1}^2) &\leqslant |\xi_0 - h_n/k_n| + |\xi_0 - h_{n+1}/k_{n+1}|\\ &\leqslant |h_n/k_n - h_{n+1}/k_{n+1}| = 1/(k_n k_{n+1}),\end{aligned}$$

其中最后一步用到了§2 的式(5),进而有

$$2k_nk_{n+1} \geqslant k_n^2 + k_{n+1}^2.$$

而这仅当 $k_n = k_{n+1}$ 时才能成立. 由此及 §2 的式(3)知，必有 $n=0, k_0 = k_1 = a_1 = 1, h_0 = a_0, h_1 = a_1a_0 + 1$，故有

$$a_0 + 1/2 < \xi_0 < a_0 + 1, \quad h_1/k_1 = a_0 + 1.$$

由此推出

$$|\xi_0 - h_1/k_1| = |\xi_0 - (a_0 + 1)| < 1/2 = 1/(2k_1^2).$$

这和假设矛盾. 证毕.

由定理 1 立即推出下面的结论：

推论 2　设 ξ_0 是无理数. 当 $\lambda = 2$ 时，存在无穷多个有理分数 a/b，使得

$$|\xi_0 - a/b| < 1/(\lambda b^2). \tag{2}$$

由此立即会提出的一个问题是：推论 2 中 λ 的取值能否改进？在一般情形下，下面的定理完全回答了这一问题.

定理 3　设 ξ_0 是无理数，$h_{n-1}/k_{n-1}, h_n/k_n, h_{n+1}/k_{n+1}$ $(n \geqslant 1)$ 是 ξ_0 的三个相邻渐近分数，则以下三个不等式中至少有一个成立：

$$|\xi_0 - h_j/k_j| < 1/(\sqrt{5}k_j^2), \quad j = n-1, n, n+1.$$

为了证明定理 3，先证明一个引理.

引理 4　设实数 $x \geqslant 1, x + x^{-1} < \sqrt{5}$，则必有

$$1 \leqslant x < (\sqrt{5} + 1)/2.$$

证　当 $x \geqslant 1$ 时，$x + x^{-1}$ 是增函数. 事实上，当

$$x_1 \geqslant 1, \quad x_2 \geqslant 1, \quad x_1 \neq x_2$$

时，

$$x_1 + x_1^{-1} > x_2 + x_2^{-1}$$

等价于

$$(x_1x_2 - 1)(x_1 - x_2) > 0,$$

而 $x_1x_2 > 1$，所以也等价于 $x_1 > x_2$. 这就证明了 $x \geqslant 1$ 时 $x + x^{-1}$ 是增函数. 使 $x + x^{-1} = \sqrt{5}$ 成立的 x 值为 $x = (\sqrt{5} \pm 1)/2$. 由此及 $x \geqslant 1$ 时 $x + x^{-1}$ 是增函数就推出引理的结论.

定理 3 的证明　用反证法. 设 $q_j = k_j/k_{j-1}, j = n, n+1$. 假设三个不

等式都不成立. 由假设及 §3 的式(15)和 §2 的式(5)可得

$$\frac{1}{k_j k_{j-1}} = \left|\frac{h_j}{k_j} - \frac{h_{j-1}}{k_{j-1}}\right| = \left|\frac{h_j}{k_j} - \xi_0\right| + \left|\xi_0 - \frac{h_{j-1}}{k_{j-1}}\right|$$

$$\geqslant \frac{1}{\sqrt{5}k_j^2} + \frac{1}{\sqrt{5}k_{j-1}^2}, \quad j = n, n+1.$$

由此推出

$$q_j + q_j^{-1} \leqslant \sqrt{5}, \quad j = n, n+1.$$

由 $\sqrt{5}$ 是无理数知上式中的等号不能成立. 此外, 由 §2 的式(3)知 $q_n \geqslant 1$, $q_{n+1} \geqslant 1$. 因此, 由引理 4 得

$$1 \leqslant q_j < (\sqrt{5}+1)/2, \quad j = n, n+1. \tag{3}$$

另外, 由 §2 的式(3)知

$$q_{n+1} = (a_{n+1}k_n + k_{n-1})/k_n = a_{n+1} + q_n^{-1} \geqslant 1 + q_n^{-1}.$$

由此及 $q_n < (\sqrt{5}+1)/2$ 可推出 $q_{n+1} > (\sqrt{5}+1)/2$. 这和式(3)($j=n+1$)矛盾. 证毕.

由定理 3 立即推出下面的结论:

推论 5 当取 $\lambda = \sqrt{5}$ 时, 存在无穷多个有理分数 a/b, 使得式(2)成立.

$\lambda = \sqrt{5}$ 这一数值能否进一步改进呢? 一般说来是不可能的. §3 的式(16), (18)刻画了用渐近分数逼近无理数 ξ_0 时的误差. 由 §3 的式(18)可得

$$\left|\xi_0 - \frac{h_n}{k_n}\right| = \frac{1}{k_n^2(\xi_{n+1} + k_{n-1}/k_n)}, \quad n \geqslant 0. \tag{4}$$

所以, 对一个取定的无理数 ξ_0 来说, 只要取

$$\lambda < \lambda(\xi_0) = \varlimsup_{n\to\infty}(\xi_{n+1} + k_{n-1}/k_n), \tag{5}$$

就会有无穷多个渐近分数作为 a/b 时使式(2)成立; 当取 $\lambda > \lambda(\xi_0)$ 时, 一定不可能有无穷多个有理分数 a/b, 使得式(2)成立; 当取 $\lambda = \lambda(\xi_0)$ 时, 要看具体情形而定. 这样, 推论 5 表明: 对所有的无理数 ξ_0, 有

$$\lambda(\xi_0) \geqslant \sqrt{5}, \tag{6}$$

因而为了证明推论 5 中的 $\sqrt{5}$ 是不能改进的, 就只需找出一个无理数

η_0，使得

$$\lambda(\eta_0) = \sqrt{5}. \tag{7}$$

如何找出 η_0 呢？从式(4)和§3的式(16)大致可看出这个 η_0 对应的 k_n 应尽量小，而由§2的式(2)知这就是对应的 a_n 应尽量小. 由于 $a_n \geqslant 1$ $(n \geqslant 1)$，我们来考虑无理数

$$\eta_0 = \langle 1,1,1,\cdots \rangle. \tag{8}$$

由§3的式(8)知

$$\eta_0 = \langle 1, \eta_0 \rangle = 1 + \eta_0^{-1},$$

所以

$$\eta_0 = (\sqrt{5}+1)/2. \tag{9}$$

显见 $\eta_n = \eta_0 = (\sqrt{5}+1)/2 (n \geqslant 0)$. 由§2的式(2)知，这里

$$h_0 = k_1 = 1, \qquad h_1 = k_2 = 2,$$
$$h_n = h_{n-1} + h_{n-2}, \quad k_n = k_{n-1} + k_{n-2},$$

因而得(用数学归纳法证明)

$$k_{n+1} = h_n, \quad n \geqslant 0,$$

所以有

$$\lambda(\eta_0) = \lim_{n \to \infty} (\eta_{n+1} + k_{n-1}/k_n) = \lim_{n \to \infty} (\eta_{n+1} + k_{n-1}/h_{n-1})$$
$$= \eta_0 + \eta_0^{-1} = \sqrt{5}.$$

这就证明了下面的定理：

定理 6　当 $\xi_0 = (\sqrt{5}+1)/2$ 时，对任意取定的 $\lambda > \sqrt{5}$，不可能有无穷多个有理分数 a/b，使得式(2)成立. 因而，推论 5 中的常数 $\sqrt{5}$ 是最优的.

以上我们利用无理数的无限简单连分数表示式的渐近分数讨论了无理数的有理逼近问题. 这一问题还可用 Farey 分数作为工具来讨论. 这将安排在习题中. 最后，我们来指出：利用鸽巢原理可以很容易证明形如式(1)的有理逼近定理.

定理 7　设 α 是实数，则对任意给定的正数 $x \geqslant 1$，一定存在整数 a, b，满足

$$1 \leqslant b \leqslant x, \quad (a,b) = 1, \tag{10}$$

使得

$$|\alpha - a/b| < 1/(bx). \tag{11}$$

证 显见,

$$1, \quad j\alpha - [j\alpha], \quad j = 0,1,\cdots,[x]$$

这$[x]+2$个数均位于区间$[0,1]$上,因而由鸽巢原理知,必有两个数,其差不超过$([x]+1)^{-1}$.如果这两个数是

$$j_1\alpha - [j_1\alpha], \quad j_2\alpha - [j_2\alpha], \quad 0 \leqslant j_1 < j_2 \leqslant [x],$$

那么我们就取$d=j_2-j_1, c=[j_2\alpha]-[j_1\alpha]$及

$$a = c/(c,d), \quad b = d/(c,d).$$

若不然,这两个数一定是

$$1, \quad j_1\alpha - [j_1\alpha], \quad 0 \leqslant j_1 \leqslant [x],$$

这时就取$d=j_1, c=[j_1\alpha]+1$及

$$a = c/(c,d), \quad b = d/(c,d).$$

容易验证,无论何种情形,所取的a,b均满足式(10),且有

$$|\alpha - a/b| \leqslant 1/(b([x]+1)), \tag{12}$$

由此即推出式(11).

由定理7立即推出下面的定理:

定理8 设ξ_0是无理数,则一定存在无穷多个有理分数a/b,使得

$$|\xi_0 - a/b| < 1/b^2. \tag{13}$$

证 在定理7中,取$\alpha=\xi_0$,则对$x_0=1$,一定存在整数a_0,使得

$$0 < y_0 = |\xi_0 - a_0/1| < 1.$$

由于ξ_0是无理数,所以$y_0>0$.仍由定理7推出:对$x_1=y_0^{-1}$,必有

$$1 \leqslant b_1 < x_1, \quad (a_1,b_1) = 1,$$

使得(因ξ_0为无理数)

$$0 < y_1 = |\xi_0 - a_1/b_1| < 1/(b_1x_1) < 1/b_1^2.$$

一般地,如果已经求出a_n,b_n,满足

$$1 \leqslant b_n < x_n, \quad (a_n,b_n) = 1,$$

使得(因ξ_0为无理数)

$$0 < y_n = |\xi_0 - a_n/b_n| < 1/(b_nx_n) < 1/b_n^2,$$

那么取$x_{n+1}=y_n^{-1}$,则由定理7知必有

$$1 \leqslant b_{n+1} < x_{n+1}, \quad (a_{n+1}, b_{n+1}) = 1,$$

使得(因 ξ_0 为无理数)

$$0 < y_{n+1} = |\xi_0 - a_{n+1}/b_{n+1}| < 1/(b_{n+1}x_{n+1}) < 1/b_{n+1}^2.$$

这样,就得到了无穷多个有理分数 a_n/b_n,满足式(12),且有

$$|\xi_0 - a_{n+1}/b_{n+1}| < |\xi_0 - a_n/b_n|, \quad n \geqslant 0.$$

证毕.

请读者证明:定理 8 中 $b_n \to +\infty (n \to \infty)$.

习　题　四

1. 设 ξ_0 是无理数,$\langle a_0, a_1, a_2, \cdots \rangle$ 是它的无限简单连分数,h_n/k_n $(n \geqslant 0)$ 是它的渐近分数,ξ_n 是它的第 n 个完全商. 证明:

(i) $a_{n+1} < \xi_{n+1} + k_{n-1}/k_n < a_{n+1} + 2, n \geqslant 0$;

(ii) 存在正数 $\lambda = \lambda_0$,使得式(2)仅对有限个有理分数 a/b 成立的充要条件是,存在正数 A,使得 $a_n \leqslant A, n \geqslant 0$.

2. 求出 $\xi_0 = \sqrt{2}, (\sqrt{5}+1)/2, \sqrt{11}, \sqrt{14}$ 的所有渐近分数,使得式(2)当 a/b 为这些渐近分数时,(i) 对 $\lambda = 2$ 成立;(ii) 对 $\lambda = \sqrt{5}$ 成立. 此外,求出数列 $\xi_{n+1} + k_{n-1}/k_n (n \geqslant 0)$ 的所有极限点及上极限.(提示:利用 §1 习题一的第 6 题及 §3 习题三的第 13 题.)

3. 设 ξ_0 为无理数. 对给定的 $x \geqslant 1$,如何利用渐近分数来求 a/b,使得定理 7(取 $\alpha = \xi_0$)成立? 以 $\xi_0 = \sqrt{7}, \sqrt{13}, \sqrt{23}, x = 10^2, 10^3, 10^4$ 为例,找出具体的 a/b.

*4. 证明:

(i) 对任给的实数 $c > 2$,一定存在无理数 ξ,使得仅有有限个有理数 $h/k (k \geqslant 1)$ 满足 $|\xi - h/k| < 1/k^c$;

(ii) 对任意的实数 c,一定存在无理数 ξ,使得有无穷多个有理数 $h/k (k \geqslant 1)$ 满足 $|\xi - h/k| < 1/k^c$;

(iii) ξ_0 是无理数的充要条件是存在无穷多个有理分数 a/b,使得式(13)成立.

下面的第 5～12 题是一组关于 Farey 分数的习题. 利用它也可以

讨论无理数的有理逼近. Farey 分数本身是数论中一个十分有趣和有用的课题.

5. 用下面的方法来构造一个有理分数表：首先，在第一行(从左至右)写下 0/1,1/1 这两个分数. 其次，在第 $n-1$ 行的各分数已经写好后，这样写第 n 行的分数：在第 n 行中依次重写下第 $n-1$ 行中的全部分数，当这些分数中的任意相邻两个分数 $a/b,a'/b'$ 满足 $b+b'\leqslant n$ 时，就在(第 n 行的)这两个分数之间加写上分数 $(a+a')/(b+b')$. 通常称这个表为 **Farey 分数表**，其第 n 行中的所有分数称为**第 n 阶 Farey 数列**. 显见，这个表可以无限制构造下去. 表 1 给出了 $n=7$ 时的 Farey 分数表.

表 1

n	第 n 阶 Farey 数列																		
1								$\frac{0}{1}$				$\frac{1}{1}$							
2						$\frac{0}{1}$				$\frac{1}{2}$				$\frac{1}{1}$					
3					$\frac{0}{1}$			$\frac{1}{3}$		$\frac{1}{2}$		$\frac{2}{3}$			$\frac{1}{1}$				
4				$\frac{0}{1}$		$\frac{1}{4}$		$\frac{1}{3}$		$\frac{1}{2}$		$\frac{2}{3}$		$\frac{3}{4}$		$\frac{1}{1}$			
5			$\frac{0}{1}$		$\frac{1}{5}$	$\frac{1}{4}$		$\frac{1}{3}$	$\frac{2}{5}$	$\frac{1}{2}$	$\frac{3}{5}$	$\frac{2}{3}$		$\frac{3}{4}$	$\frac{4}{5}$		$\frac{1}{1}$		
6		$\frac{0}{1}$		$\frac{1}{6}$	$\frac{1}{5}$	$\frac{1}{4}$		$\frac{1}{3}$	$\frac{2}{5}$	$\frac{1}{2}$	$\frac{3}{5}$	$\frac{2}{3}$		$\frac{3}{4}$	$\frac{4}{5}$	$\frac{5}{6}$		$\frac{1}{1}$	
7	$\frac{0}{1}$	$\frac{1}{7}$	$\frac{1}{6}$	$\frac{1}{5}$	$\frac{1}{4}$	$\frac{2}{7}$	$\frac{1}{3}$	$\frac{2}{5}$	$\frac{3}{7}$	$\frac{1}{2}$	$\frac{4}{7}$	$\frac{3}{5}$	$\frac{2}{3}$	$\frac{5}{7}$	$\frac{3}{4}$	$\frac{4}{5}$	$\frac{5}{6}$	$\frac{6}{7}$	$\frac{1}{1}$

证明 Farey 分数表有以下性质：

(i) 如果 $a/b,a'/b'$ 是第 n 行中的两个相邻分数，且 a/b 在 a'/b' 的左边，那么 $a'b-ab'=1$.

(ii) Farey 分数表中每个分数 a/b 都是既约的，即 $(a,b)=1$.

(iii) Farey 分数表中每行分数从左至右都是按它们的大小顺序递增排列的.

(iv) 设 $a/b<a'/b'$ 是同一行中的两个相邻分数，x,y 是整数，$y>0$. 如果 $a/b<x/y<a'/b'$，那么 $y\geqslant b+b'$.

(v) 第 n 行是由所有这样的既约有理分数 a/b 按大小顺序从左至右递增排列的：$0\leqslant a/b\leqslant 1,(a,b)=1,1\leqslant b\leqslant n$.

6. 设 $a/b,c/d$ 是第 n 阶 Farey 数列中的两个相邻分数. 证明：

(i) $|a/b-(a+c)/(b+d)|\leqslant 1/(b(n+1))$；

(ii) $|c/d-(a+c)/(b+d)|\leqslant 1/(d(n+1))$.

7. 设 ξ 是实数. 利用第 6 题证明：对任给的正整数 n，必有有理数 h/k，使得 $0<k\leqslant n,|\xi-h/k|\leqslant 1/(k(n+1))$. 进而证明：若 ξ 是无理数，则必有无穷多个不同的有理数 h/k，使得 $|\xi-h/k|<1/k^2$.

8. 设 ξ 是无理数，$0<\xi<1$. 若 ξ 在第 n 阶 Farey 数列的两个相邻分数 $a/b,c/d$ 之间，即 $a/b<\xi<c/d$，证明：

(i) $|\xi-a/b|<1/(2b^2)$ 和 $|\xi-c/d|<1/(2d^2)$ 中至少有一个成立，进而推出推论 2；

(ii) $|\xi-a/b|<1/(\sqrt{5}b^2)$，$|\xi-c/d|<1/(\sqrt{5}d^2)$ 和 $|\xi-(a+c)/(b+d)|<1/(\sqrt{5}(b+d)^2)$ 中至少有一个成立，进而推出推论 5.

9. 在第 n 阶 Farey 数列中，设 $a/b,a'/b'$ 分别是与 $1/2$ 左、右相邻的分数. 证明：$b=b'=1+2[(n-1)/2]$，即 b 是不超过 n 的最大奇数，且有 $a+a'=b$.

10. 设第 n 阶 Farey 数列的全体分数为 $0=a_1/b_1<a_2/b_2<\cdots<a_k/b_k=1$. 证明：

(i) $k=1+\sum\limits_{m=1}^{n}\varphi(m)$；

(ii) $\sum\limits_{j=1}^{k}\dfrac{a_j}{b_j}=\dfrac{k}{2}$；

(iii) $\sum\limits_{j=1}^{k-1}\dfrac{1}{b_jb_{j+1}}=1$；

(iv) $\max\limits_{1\leqslant j<k}(a_{j+1}/b_{j+1}-a_j/b_j)=1/n$，

$$\min_{1\leqslant j<k}(a_{j+1}/b_{j+1}-a_j/b_j)=1/n(n-1).$$

11. 设 a,b,c,d 均是整数，$b>0,d>0,ad-bc=1$；再设 $n=\max(b,d)$，$a/b,c/d$ 都属于第 n 阶 Farey 数列. 证明：

(i) $a/b,c/d$ 一定是第 n 阶 Farey 数列中的相邻分数；

(ii) $a/b,c/d$ 在第 $n+1$ 阶 Farey 数列中不一定相邻.

12. 若 $a/b,a'/b',a''/b''$ 为第 n 阶 Farey 数列中的三个相邻分数，证明：$a'/b'=(a+a'')/(b+b'')$.

§5 二次无理数与循环连分数

特殊形式的无理数的无限简单连分数应有特殊的形式与性质. 本节将讨论所谓二次无理数的无限简单连分数，并在下一节利用它的性质来求解 Pell 方程. 我们先讨论二次无理数.

一个复数 α 称为**二次无理数**或**二次代数数**，如果 α 是某个整系数二次方程

$$ax^2+bx+c=0\quad(\text{判别式 } b^2-4ac \text{ 不是平方数})\tag{1}$$

的根. 二次方程(1)有两个不同的根：

$$-b/(2a)+\sqrt{b^2-4ac}/(2a),\quad -b/(2a)-\sqrt{b^2-4ac}/(2a),\tag{2}$$

α 必为其中之一. 当二次无理数 α 为实数时，就称为**实二次无理数**. 由式(2)知，二次无理数 α 是实数当且仅当

$$b^2-4ac>0.\tag{3}$$

定理 1 α 是二次无理数的充要条件是，存在非平方数的整数 d 及有理数 $r,s(s\neq0)$，使得

$$\alpha=r+s\sqrt{d}.\tag{4}$$

此外，α 是实二次无理数的充要条件是 $d>0$.

证 必要性 设 α 满足二次方程(1)，则 α 必为式(2)给出的两个数中的一个. 因此，可取 $d=b^2-4ac,r=-b/(2a),s=1/(2a)$ 或 $-1/(2a)$，即得式(4). 当 α 为实数时，必有 $d>0$.

充分性 设 α 由式(4)给出. 显见，α 满足二次方程

$$(x-(r+s\sqrt{d}))(x-(r-s\sqrt{d}))=0,$$

即

$$x^2-2rx+(r^2-ds^2)=0.$$

将 r,s 分别表示为 $r=h/l,s=k/l$，其中 l,h,k 为整数，$l>0,k\neq 0$，则此二次方程变为

$$l^2x^2-2lhx+(h^2-dk^2)=0, \tag{5}$$

它的判别式等于

$$(2lh)^2-4l^2(h^2-dk^2)=(2lk)^2d.$$

由 d 不是平方数就推出这个判别式也不是平方数，所以 α 是二次无理数. 当 $d>0$ 时，α 为实数. 证毕.

由于非平方数 d 必可表示为(为什么)

$$d=n_1^2m, \tag{6}$$

其中 n_1 是正整数，$m\neq 0,1$ 且无平方因数. 反过来，这样的 d 一定是非平方数. 因此，由定理 1 立即推出下面的结论：

推论 2　当要求定理 1 中的整数 $d\neq 0,1$ 且无平方因数时，定理 1 仍然成立.

定理 3　设整数 d 不是平方数，则形如 $r+s\sqrt{d}$(r,s 是有理数)的数的和、差、积、商仍是这种形式的数.

证　设 $\alpha_1=r_1+s_1\sqrt{d}$，$\alpha_2=r_2+s_2\sqrt{d}$，其中 r_1,r_2,s_1,s_2 是有理数. 我们有

$$\alpha_1\pm\alpha_2=(r_1\pm r_2)+(s_1\pm s_2)\sqrt{d},$$

$$\alpha_1\alpha_2=(r_1r_2+ds_1s_2)+(r_1s_2+s_1r_2)\sqrt{d},$$

以及当 $\alpha_2\neq 0$，即 $r_2,s_2\neq 0$ 时，$r_2^2-ds_2^2\neq 0$(为什么)，所以有

$$\begin{aligned}\frac{\alpha_1}{\alpha_2}&=\frac{(r_1+s_1\sqrt{d})(r_2-s_2\sqrt{d})}{(r_2+s_2\sqrt{d})(r_2-s_2\sqrt{d})}\\&=\frac{(r_1r_2-ds_1s_2)}{r_2^2-ds_2^2}+\frac{(s_1r_2-r_1s_2)}{r_2^2-ds_2^2}\sqrt{d}.\end{aligned}$$

这就证明了所要的结论.

设整数 d 不是平方数，r,s 是有理数. 我们把

$$\alpha=r+s\sqrt{d},\quad \alpha'=r-s\sqrt{d} \tag{7}$$

称为**共轭数**，也说α'是α的**共轭数**. 当$s=0$时，$\alpha=\alpha'=r$是有理数. 当$s\neq 0$时，由定理1的证明知，α,α'都是二次无理数，且为判别式不是平方数的整系数二次方程(1)的两个根. 反过来，满足这样条件的二次方程(1)的两个根由式(2)给出，它们是一对共轭数. 显见，α'的共轭数是α，以及对给定的非平方数d，形如$r+s\sqrt{d}$的数的和、差、积、商的共轭数就等于这些数的共轭数的和、差、积、商(证明留给读者).

下面讨论循环连分数. 设无限简单连分数

$$\xi_0=\langle a_0,a_1,a_2,\cdots\rangle. \tag{8}$$

如果存在$m\geqslant 0$，以及对这个m，存在正整数k，使得当$n\geqslant m$时，总有

$$a_{n+k}=a_n, \tag{9}$$

那么ξ_0就称为**循环简单连分数**，简称**循环连分数**；如果可取$m=0$使式(9)成立，那么ξ_0就称为**纯循环简单连分数**，简称**纯循环连分数**.

例如：$\langle 4,1,2,5,3,2,5,3,2,5,3,\cdots\rangle$是循环连分数. 因为只要取$m\geqslant 2$，以及取正整数$k$，满足$3\mid k$，式(9)就一定成立，所以$m,k$的取法不是唯一的. 但$m$不能取0，所以它不是纯循环连分数. 再如：

$$\langle 2,5,3,2,5,3,2,5,3,\cdots\rangle,\quad \langle 5,3,2,5,3,2,5,3,2,\cdots\rangle$$

都是纯循环连分数. 因为当$m=0$时，只要取正整数k，满足$3\mid k$，式(9)就一定成立，所以k的取法不是唯一的. 为了简便起见，我们把满足式(9)的ξ_0记作

$$\xi_0=\langle a_0,\cdots,a_{m-1},\overline{a_m,\cdots,a_{m+k-1}}\rangle. \tag{10}$$

这样就有

$$\begin{aligned}\langle 4,1,2,5,3,2,5,3,\cdots\rangle&=\langle 4,1,\overline{2,5,3}\rangle=\langle 4,1,2,\overline{5,3,2}\rangle\\&=\langle 4,1,\overline{2,5,3,2,5,3}\rangle=\langle 4,1,2,5,\overline{3,2,5}\rangle.\end{aligned}$$

所以，形如式(10)的表示式不是唯一的.

显见，"存在某个$m\geqslant 0$，使得式(9)成立"与"存在某个$m\geqslant 0$，使得ξ_m是纯循环连分数"是一回事，这里

$$\xi_j=\langle a_j,a_{j+1},\cdots\rangle,\quad j\geqslant 0. \tag{11}$$

此外，若式(9)对某个m成立，则对任意的$m'\geqslant m$，式(9)也成立. 这样，当ξ_0是循环连分数时，必有最小的m，设为$m_0\geqslant 0$，使得式(9)成立. 当

$m \geqslant m_0$ 时，式(9)一定成立；当 $m < m_0$ 时，式(9)不可能成立．也就是说，必有 $m_0 \geqslant 0$，使得 $m \geqslant m_0$ 时 ξ_m 是纯循环连分数，而 $m < m_0$ 时 ξ_m 一定不是纯循环连分数．这样，由§3的式(8)知，任何循环连分数 ξ_0 必可唯一地表示为如下形式：

$$\xi_0 = \langle a_0, a_1, a_2, \cdots \rangle = \langle a_0, \cdots, a_{m_0-1}, \xi_{m_0} \rangle, \tag{12}$$

这里 ξ_{m_0} 是纯循环连分数，而任一 $\xi_m (m < m_0)$ 一定不是纯循环连分数．称 ξ_{m_0} 为 ξ_0 的**最大纯循环部分**．

当 ξ_0 是纯循环连分数时，必有正整数 k，使得

$$a_{n+k} = a_n, \quad n \geqslant 0. \tag{13}$$

我们把使上式成立的最小正整数 k 称为**纯循环连分数 ξ_0 的周期**，记作 l．一般地，当 ξ_0 是循环连分数时，我们把唯一的表达式(12)中的纯循环连分数 ξ_{m_0} 的周期称为**循环连分数 ξ_0 的周期**．这样，任何循环连分数 ξ_0 必可唯一地表示为如下形式：

$$\begin{aligned} \xi_0 &= \langle a_0, \cdots, a_{m_0-1}, \langle \overline{a_{m_0}, \cdots, a_{m_0+l-1}} \rangle \rangle \\ &= \langle a_0, \cdots, a_{m_0-1}, \overline{a_{m_0}, \cdots, a_{m_0+l-1}} \rangle, \end{aligned} \tag{14}$$

这里 $\xi_{m_0} = \langle \overline{a_{m_0}, \cdots, a_{m_0+l-1}} \rangle$ 是 ξ_0 的最大纯循环部分，l 是它的周期．例如：

$$\langle 4,1,2,5,3,2,5,3,2,5,3,\cdots \rangle = \langle 4,1,\overline{2,5,3} \rangle,$$

$$\langle 2,5,3,2,5,3,2,5,3,\cdots \rangle = \langle \overline{2,5,3} \rangle$$

就是形如式(14)的表示式，它们的周期都是3．

定理4　(i) ξ_0 是纯循环连分数的充要条件是，存在 $k \geqslant 1$，使得

$$\xi_0 = \xi_k; \tag{15}$$

(ii) 设 ξ_0 是纯循环连分数，其周期为 l，则式(15)成立的充要条件是 $l \mid k$；

(iii) 设 ξ_0 是纯循环连分数，则对任意的 $m \geqslant 0$，ξ_m 也是纯循环连分数，且它们的周期都相同；

(iv) 设 ξ_0 是循环连分数，则对任意的 $m' \geqslant 0$，$\xi_{m'}$ 也是循环连分数，且它们的周期都相同．

证　(i) 由定义知，ξ_0 是纯循环连分数就是有式(13)成立．由§3

的推论 3 知,式(13)等价于式(15).这就证明了所要的结论.

(ii) 当纯循环连分数 ξ_0 的周期为 l 时,若 $k\geqslant 1$ 使式(13)成立,则 $k\geqslant l$,因而 $k=ql+l'$,$q\geqslant 0(0\leqslant l'<l)$.所以,对任意的 $n\geqslant 0$,有

$$a_n = a_{n+k} = a_{n+l'+ql} = a_{n+l'}.$$

由此及 l 的最小性就推出 $l'=0$,即 $l|k$.反过来,若 $l|k\geqslant 1$,则显然有式(13)成立.这就证明了式(13)与 $l|k$ 是等价的.由此及(i)就证明了所要的结论.

(iii) 前面已经指出:存在某个 m 使式(9)成立就是说 ξ_m 是纯循环连分数.当 ξ_0 是纯循环连分数时,式(13)成立,因此对任意取定的 $m\geqslant 0$,有式(9)成立,从而 ξ_m 是纯循环连分数.设 ξ_0 和 ξ_m 的周期分别为 l 和 l_1.显见,使式(13)成立的 k 一定使式(9)(对所取的这个 m)也成立,而 l 是使式(13)成立的最小的 k,l_1 是使式(9)(对所取的这个 m)成立的最小的 k,因此 $l_1\leqslant l$.另外,必有正整数 q,使得 $ql\geqslant m$.这时必有 $\xi_{ql}=\xi_0$.以 ξ_m 和 ξ_{ql} 代替上面的 ξ_0 和 ξ_m,做同样的讨论可得 $l\leqslant l_1$.所以 $l=l_1$.这就证明了所要的结论.

(iv) 当 ξ_0 是循环连分数时,由定义即知,对任意的 $m'\geqslant 0$,$\xi_{m'}$ 也是循环连分数.利用(iii)即可推出所有 $\xi_{m'}(m'\geqslant 0)$ 的周期相同(具体推导留给读者).这就证明了所要的结论.

循环连分数 ξ_0 的值是很容易求出的,例如§3 的例 1、例 2 及例 3,其方法是先求出它的最大纯循环部分 $\xi_{m_0}=\langle\overline{a_{m_0},\cdots,a_{m_0+l-1}}\rangle$,然后通过计算有限连分数 $\langle a_0,\cdots,a_{m_0-1},\xi_{m_0}\rangle$ 就求得 ξ_0 的值.下面举个例子.

例 1 求 $\xi_0=\langle -1,1,4,\overline{3,1,1,1,3,7}\rangle$ 的值.

解 ξ_0 的最大纯循环部分是 $\xi_3=\langle\overline{3,1,1,1,3,7}\rangle$.$\xi_3$ 满足

$$\xi_3 = \langle 3,1,1,1,3,7,\xi_3\rangle.$$

先分别计算 $\langle 3,1,1,1,3\rangle$ 及 $\langle 3,1,1,1,3,7\rangle$.我们有

$$\begin{aligned}\langle 3,1,1,1,3\rangle &= \langle 3,1,1,4/3\rangle = \langle 3,1,7/4\rangle \\ &= \langle 3,11/7\rangle = 40/11,\\ \langle 3,1,1,1\rangle &= \langle 3,1,2\rangle = \langle 3,3/2\rangle = 11/3.\end{aligned}$$

利用§3 的式(17),得

$$\langle 3,1,1,1,3,7\rangle = (7\cdot 40+11)/(7\cdot 11+3) = 291/80,$$

$$\xi_3 = \langle 3,1,1,1,3,7,\xi_3 \rangle = (291\xi_3 + 40)/(80\xi_3 + 11),$$

进而有 $2\xi_3^2 - 7\xi_3 - 1 = 0$. 由此及 $\xi_3 > 1$ 得

$$\xi_3 = (7 + \sqrt{57})/4.$$

因此

$$\xi_0 = \langle -1,1,4,(7+\sqrt{57})/4 \rangle = \langle -1,1,(\sqrt{57}+1)/2 \rangle$$
$$= \langle -1,(\sqrt{57}+3)/(\sqrt{57}+1) \rangle = (3-\sqrt{57})/24.$$

定理 5　(i) 纯循环连分数 ξ_0 的值一定是实二次无理数，且 $\xi_0 > 1$，ξ_0 的共轭数 ξ'_0 满足 $-1 < \xi'_0 < 0$；

(ii) 循环连分数的值是实二次无理数.

证　(i) 设纯循环连分数 ξ_0 的周期为 l，则 ξ_0 具有以下形式：

$$\xi_0 = \langle a_0, \cdots, a_{l-1}, \xi_0 \rangle.$$

由 $a_0 = a_l \geqslant 1$ 知 $\xi_0 > 1$. 由 § 3 的式(17)知

$$\xi_0 = \frac{h_{l-1}\xi_0 + h_{l-2}}{k_{l-1}\xi_0 + k_{l-2}},$$

这里 $h_n, k_n (n \geqslant -2)$ 由 § 2 的式(2)给出. 因此，ξ_0 满足整系数二次方程

$$f(x) = k_{l-1}x^2 + (k_{l-2} - h_{l-1})x - h_{l-2} = 0.$$

由于无限简单连分数 ξ_0 的值一定是无理数，所以上述二次方程的判别式一定不是平方数①，因而 ξ_0 是实二次无理数. 由于 $a_j \geqslant 1 (j \geqslant 0)$，所以由 § 2 的式(2)知

$$f(0) = -h_{l-2} \leqslant -1, \quad l \geqslant 1,$$
$$f(-1) = (k_{l-1} - k_{l-2}) + (h_{l-1} - h_{l-2})$$
$$= k_{l-2}(a_{l-1} - 1) + h_{l-2}(a_{l-1} - 1) + k_{l-3} + h_{l-3} \geqslant 1, \quad l \geqslant 1.$$

故 ξ_0 的共轭数 ξ'_0，即 $f(x) = 0$ 的另一根必满足 $-1 < \xi'_0 < 0$.

(ii) 由式(12)及 § 3 的式(17)知

$$\xi_0 = \langle a_0, \cdots, a_{m_0-1}, \xi_{m_0} \rangle = \frac{h_{m_0-1}\xi_{m_0} + h_{m_0-2}}{k_{m_0-1}\xi_{m_0} + k_{m_0-2}}.$$

由(i)知 ξ_{m_0} 是实二次无理数. 由此，利用定理 1、定理 3 及 ξ_0 是无理数，

---

① 可以利用 h_j, k_j 的性质，直接证明该二次方程的判别式不是平方数，请读者自己证明.

从上式就推出 ξ_0 是实二次无理数. 证毕.

本节主要证明定理 5 的逆定理也成立.

定理 6 设 ξ_0 是实二次无理数.

(i) ξ_0 的无限简单连分数表示式一定是循环连分数.

(ii) 设 ξ_0' 是 ξ_0 的共轭数. 若 $\xi_0>1$, $-1<\xi_0'<0$, 则 ξ_0 的无限简单连分数表示式一定是纯循环连分数.

证 为了证明定理, 需引入二次无理数的一种表示形式[见式(16)], 这种形式对具体找出 Pell 方程的解(见 §6)也起着关键作用. 由定理 1 知, 实二次无理数 ξ_0 一定可表示为如下形式(为什么):

$$\xi_0=(\sqrt{d}+c)/q,\quad d,q,c\in\mathbf{Z},d>1\text{ 且是非平方数}.$$

但这时并不一定满足条件 $q\mid d-c^2$. 当用 §3 定理 4 的方法来求 ξ_0 的无限简单连分数表示式时, 若有这个条件成立, 则可使求表示式的过程变得简单. 注意到表达式

$$\xi_0=(\sqrt{dq^2}+c\,|q|)/(q\,|q|)$$

就满足这条件, 因此 ξ_0 一定可表示为如下形式.

$$\xi_0=(\sqrt{d}+c_0)/q_0,\quad q_0\mid d-c_0^2, \tag{16}$$

这里 $d>1$ 且是非平方数, 这就是所要的表示形式. 现在以这种形式用 §3 定理 4 的方法来求 ξ_0 的无限简单连分数表示. 以下符号均和 §3 的定理 4 相同.

先来证明所有的 ξ_j 均可表示为式(16)的形式. 我们有 $a_0=[\xi_0]$, 又由式(16)得

$$\xi_1^{-1}=\xi_0-a_0=\frac{d-(a_0q_0-c_0)^2}{q_0(\sqrt{d}+(a_0q_0-c_0))}. \tag{17}$$

取

$$c_1=a_0q_0-c_0, \tag{18}$$

则由 $q_0\mid d-c_0^2$ 就推出 $q_0\mid d-c_1^2$. 设

$$q_1q_0=d-c_1^2, \tag{19}$$

就得 ξ_1 可表示为式(16)的形式:

$$\xi_1=(\sqrt{d}+c_1)/q_1,\quad q_1\mid d-c_1^2. \tag{20}$$

继续依此递推定义：若对 $j\geqslant 0$，有

$$\xi_j=(\sqrt{d}+c_j)/q_j,\quad q_j\mid d-c_j^2, \tag{21}$$

则由 $a_j=[\xi_j]$，取

$$c_{j+1}=a_jq_j-c_j,\quad q_{j+1}q_j=d-c_{j+1}^2, \tag{22}$$

得[注意 d 不是平方数，所以 $q_j(j\geqslant 0)$ 均不为零]

$$\xi_{j+1}=(\sqrt{d}+c_{j+1})/q_{j+1},\quad q_{j+1}\mid d-c_{j+1}^2. \tag{23}$$

这就证明了所要的结论，即式(21)对所有 $j\geqslant 0$ 成立，c_j,q_j 由式(22)给出. 为了证明 ξ_0 是循环连分数，只要证明存在 $k>h\geqslant 0$，使得 $\xi_h=\xi_k$ 即可(为什么). 由 ξ_j 有式(21)的表示式知，这就等价于要证明存在 $k>h\geqslant 0$，使得

$$q_k=q_h,\quad c_k=c_h. \tag{24}$$

现在先来证明式(24)可由下面的结论推出：存在 $j_0\geqslant 0$，使得当 $j\geqslant j_0$ 时，

$$q_j>0. \tag{25}$$

若式(25)成立，则当 $j\geqslant j_0$ 时，由式(22)的第二式知

$$0<q_jq_{j+1}=d-c_{j+1}^2\leqslant d.$$

因此，$\{q_j\}$ 只取有限多个值，$\{c_j\}$ 也只取有限多个值. 由此容易推出式(24)(证明留给读者). 这就证明了(i).

式(25)的证明　由§3的式(17)($n=j-1$)解出 ξ_j，得

$$\xi_j=-\frac{k_{j-2}}{k_{j-1}}\cdot\frac{\xi_0-r^{(j-2)}}{\xi_0-r^{(j-1)}},\quad j\geqslant 2, \tag{26}$$

这里 $r^{(n)}=\langle a_0,\cdots,a_n\rangle=h_n/k_n$. 设 ξ_n' 是 ξ_n 的共轭数. 对取定的非平方数 d，一些形如 $r+s\sqrt{d}$(r,s 有理数)的二次无理数做四则运算所得的值的共轭数等于这些数的共轭数做四则运算所得的值(证明留给读者)，所以由上式及式(21)得

$$\xi_j'=-\frac{k_{j-2}}{k_{j-1}}\cdot\frac{\xi_0'-r^{(j-2)}}{\xi_0'-r^{(j-1)}}=\frac{-\sqrt{d}+c_j}{q_j}. \tag{27}$$

由于当 $j\to\infty$ 时，$r^{(j)}\to\xi_0$，以及 $\xi_0\neq\xi_0'$(为什么)，所以必有 $j_0\geqslant 2$，使得当 $j\geqslant j_0$ 时，$\xi_j'<0$(为什么). 由此及 $\xi_j>1(j\geqslant 1)$，再利用上式及式(21)

得

$$1 < \xi_j - \xi_j' = 2\sqrt{d}/q_j, \quad j \geqslant j_0, \tag{28}$$

$$0 < q_j < 2\sqrt{d}, \quad j \geqslant j_0. \tag{29}$$

这就证明了式(25),而且也同时证明了 q_j 只取有限多个值.

下面证明(ii). 设 $\xi_0 = \langle a_0, a_1, \cdots \rangle$. 由 $\xi_0 > 1$ 知 $a_j \geqslant 1 (j \geqslant 0)$. (i)已经证明必有 $k > h \geqslant 0$,使得

$$\xi_h = \xi_k. \tag{30}$$

若 $h=0$,则由此即知 ξ_0 的无限简单连分数表示式是纯循环的. 若 $h>0$,我们来证明由式(30)可推出

$$\xi_{h-1} = \xi_{k-1}. \tag{31}$$

因而,依次可得 $\xi_{h-2} = \xi_{k-2}, \cdots, \xi_0 = \xi_{k-h}$,这也证明了所要的结论.

由条件知,对所有的 $j \geqslant 0$,有 $\xi_j > 1$. 现在来证明: 当 $j \geqslant 0$ 时,

$$-1 < \xi_j' < 0. \tag{32}$$

由条件知,当 $j=0$ 时,式(32)成立. 假设当 $j=n(n \geqslant 0)$时,式(32)成立. 当 $j=n+1$ 时,

$$\xi_{n+1}' = 1/(\xi_n' - a_n).$$

利用 $a_n \geqslant 1 (n \geqslant 0)$和归纳假设,从上式就推出式(32)对 $j=n+1$ 成立. 这就证明了式(32)对所有的 $j \geqslant 0$ 成立.

由于 $a_j = \xi_j - 1/\xi_{j+1}$,所以 $a_j = \xi_j' - 1/\xi_{j+1}'$. 由此及式(32)得

$$0 < -a_j - 1/\xi_{j+1}' < 1,$$

因而有

$$a_j = [-1/\xi_{j+1}'], \quad j \geqslant 0. \tag{33}$$

由式(30)可得 $\xi_h' = \xi_k'$. 当 $h \geqslant 1$ 时,由此及式(33)就得

$$a_{h-1} = a_{k-1}.$$

而由此及式(30)可得

$$\xi_{h-1} = a_{h-1} + 1/\xi_h = a_{k-1} + 1/\xi_k = \xi_{k-1},$$

即式(31)成立. 证毕.

例 2 求 $\xi_0 = (\sqrt{14}+1)/2$ 的循环连分数.

解 我们按定理 6 的方法来求,即要求出最小的 $k > h \geqslant 0$,使得

$\xi_h=\xi_k$，即式(24)成立. 为了使条件(16)成立，ξ_0 应表示为

$$\xi_0=(\sqrt{56}+2)/4,$$

这里 $$d=56,\quad c_0=2,\quad q_0=4,\quad a_0=[\xi_0]=2.$$

现按递推公式(22)及式(23)来求 c_j,q_j,ξ_j,a_j：

$$\begin{aligned}
&c_0=2, && q_0=4,\\
&\xi_0=(\sqrt{56}+2)/4, && a_0=2;\\
&c_1=2\cdot 4-2=6, && q_1=(56-6^2)/4=5,\\
&\xi_1=(\sqrt{56}+6)/5, && a_1=2;\\
&c_2=2\cdot 5-6=4, && q_2=(56-4^2)/5=8,\\
&\xi_2=(\sqrt{56}+4)/8, && a_2=1;\\
&c_3=1\cdot 8-4=4, && q_3=(56-4^2)/8=5,\\
&\xi_3=(\sqrt{56}+4)/5, && a_3=2;\\
&c_4=2\cdot 5-4=6, && q_4=(56-6^2)/5=4,\\
&\xi_4=(\sqrt{56}+6)/4, && a_4=3;\\
&c_5=3\cdot 4-6=6, && q_5=(56-6^2)/4=5,\\
&\xi_5=(\sqrt{56}+6)/5, && a_5=2.
\end{aligned}$$

这就求出了 $h=1,k=5$ 是最小的值，使得 $\xi_k=\xi_h$，因而得到

$$\xi_0=(\sqrt{14}+1)/2=\langle 2,\overline{2,1,2,3}\rangle.$$

对定理 6 的方法稍做修改，可以得到另一种具体算法，其中求 c_j，$q_j(j\geqslant 2)$时，运算中不出现 d，也不需做除法. 由式(22)知

$$q_{j+1}q_j+c_{j+1}^2=q_jq_{j-1}+c_j^2,\quad c_{j+1}+c_j=a_jq_j,\quad j\geqslant 1,$$

因而有

$$\begin{cases}q_{j+1}=q_{j-1}+(c_j^2-c_{j+1}^2)/q_j\\ \qquad\ =q_{j-1}+(c_j-c_{j+1})a_j,\quad j\geqslant 1.\\ c_{j+1}=a_jq_j-c_j,\end{cases}\tag{34}$$

这样，先求出 q_0,c_0,a_0 及 q_1,c_1,a_1，然后用式(34)求 $q_j,c_j(j\geqslant 2)$，而 a_j 仍用原来的公式$[\xi_j]=[(\sqrt{d}+c_j)/q_j]$来求. 下面举例说明这一算法.

例 3　求 $\xi_0=\sqrt{73}$的循环连分数.

解 为了使条件(16)成立,ξ_0 应表示为

$$\xi_0=(\sqrt{73}+0)/1,$$

这里 $q_0=1,\quad c_0=0,\quad d=73,\quad a_0=[\sqrt{73}]=8.$

利用式(22)求得

$$c_1=8\cdot 1-0=8,\quad q_1=(73-8^2)/1=9,$$

$$\xi_1=(\sqrt{73}+8)/9,\quad a_1=1.$$

下面按式(34)来求:

$$\begin{aligned}
&c_0=0, && q_0=1,\\
&\xi_0=(\sqrt{73}+0)/1, && a_0=8;\\
&c_1=8, && q_1=9,\\
&\xi_1=(\sqrt{73}+8)/9, && a_1=1;\\
&c_2=1\cdot 9-8=1, && q_2=1+(8-1)\cdot 1=8,\\
&\xi_2=(\sqrt{73}+1)/8, && a_2=1;\\
&c_3=1\cdot 8-1=7, && q_3=9+(1-7)\cdot 1=3,\\
&\xi_3=(\sqrt{73}+7)/3, && a_3=5;\\
&c_4=5\cdot 3-7=8, && q_4=8+(7-8)\cdot 5=3,\\
&\xi_4=(\sqrt{73}+8)/3, && a_4=5;\\
&c_5=5\cdot 3-8=7, && q_5=3+(8-7)\cdot 5=8,\\
&\xi_5=(\sqrt{73}+7)/8, && a_5=1;\\
&c_6=1\cdot 8-7=1, && q_6=3+(7-1)\cdot 1=9,\\
&\xi_6=(\sqrt{73}+1)/9, && a_6=1;\\
&c_7=1\cdot 9-1=8, && q_7=8+(1-8)\cdot 1=1,\\
&\xi_7=(\sqrt{73}+8)/1, && a_7=16;\\
&c_8=16\cdot 1-8=8, && q_8=9+(8-8)=9,\\
&\xi_8=(\sqrt{73}+8)/9, && a_8=1.
\end{aligned}$$

这就求出了 $\xi_8=\xi_1$,因而得

$$\xi_0=\sqrt{73}=\langle 8,\overline{1,1,5,5,1,1,16}\rangle.$$

设 $d(d>1)$是非平方数,ξ_0 由式(16)给出. 由定理 6 知,ξ_j 可由式

(21)给出. 另外,ξ_0 和 ξ_j 之间又有一般的关系式——§3 的式(17). 因此,由这两个关系式可推出$\{c_n\}$,$\{q_n\}$和$\{h_n\}$,$\{k_n\}$之间的关系. 下面的定理就是刻画这种关系的.

定理 7　设 ξ_0 由式(16)给出,其连分数表示式为

$$\xi_0 = \langle a_0, a_1, a_2, \cdots \rangle;$$

再设 $h_n, k_n (n \geqslant -2)$ 由 §2 的式(2)给出,$c_n, q_n (n \geqslant 0)$ 由式(22)给出. 那么,有

$$(-1)^{n+1} c_n = (q_0 h_{n-1} h_{n-2} - c_0 (h_{n-1} k_{n-2} + h_{n-2} k_{n-1})) - \frac{d - c_0^2}{q_0} k_{n-1} k_{n-2}, \quad n \geqslant 0, \tag{35}$$

$$(-1)^n q_0 q_n = (q_0 h_{n-1} - c_0 k_{n-1})^2 - d k_{n-1}^2, \quad n \geqslant 0. \tag{36}$$

特别地,当 $c_0 = 0, q_0 = 1$,即 $\xi_0 = \sqrt{d}$ 时,有

$$(-1)^{n+1} c_n = h_{n-1} h_{n-2} - d k_{n-1} k_{n-2}, \quad n \geqslant 0, \tag{37}$$

$$(-1)^n q_n = h_{n-1}^2 - d k_{n-1}^2, \quad n \geqslant 0. \tag{38}$$

证　由 §3 的式(17)得

$$\xi_0 = (h_{n-1} \xi_n + h_{n-2}) / (k_{n-1} \xi_n + k_{n-2}), \quad n \geqslant 0.$$

ξ_0, ξ_n 用表达式(21)代入,得到

$$\frac{\sqrt{d} + c_0}{q_0} = \frac{h_{n-1}(\sqrt{d} + c_n) + h_{n-2} q_n}{k_{n-1}(\sqrt{d} + c_n) + k_{n-2} q_n}, \quad n \geqslant 0,$$

即

$$(\sqrt{d} + c_0)(k_{n-1}(\sqrt{d} + c_n) + k_{n-2} q_n) = q_0 (h_{n-1}(\sqrt{d} + c_n) + h_{n-2} q_n), \quad n \geqslant 0.$$

由上式比较系数得

$$(q_0 h_{n-1} - c_0 k_{n-1}) c_n + (q_0 h_{n-2} - c_0 k_{n-2}) q_n = d k_{n-1}, \quad n \geqslant 0,$$

$$k_{n-1} c_n + k_{n-2} q_n = (q_0 h_{n-1} - c_0 k_{n-1}), \quad n \geqslant 0.$$

由以上两式解出 q_n, c_n,再利用 §2 的式(5)化简,即得式(35),(36). 由于 $q_0 \mid d - c_0^2$,所以式(36)的右边可被 q_0 整除. 证毕.

式(38)就是具体求 Pell 方程的解(见 §6)的基础. 为此,需要进一步讨论 q_n. 对特殊的实二次无理数 ξ_0,q_n 应有特殊的性质. 下面来讨论最简单的情形.

定理 8 设 $d(d>1)$ 是非平方数，$\xi_0=\sqrt{d}+[\sqrt{d}]$；再设 ξ_j,a_j 同§3 的定理 4，c_j,q_j 由定理 6 给出的 ξ_j 的表示式(21)确定.

(i) $q_j=1$ 的充要条件是 $l|j$，这里 l 是 ξ_0 的纯循环连分数的周期；

(ii) 对任意的 $j\geqslant 0$，有 $q_j\neq -1$.

证 (i) 设 ξ_0 的共轭数是 ξ_0'. 我们有

$$\xi_0>1,\quad -1<\xi_0'=-\sqrt{d}+[\sqrt{d}]<0,$$

所以由定理 6 知，ξ_0 的无限简单连分数是纯循环的. 由定理 4(iii)知，任一 ξ_j 的无限简单连分数都是纯循环的. 若 $q_j=1$，则由式(21)知 $\xi_j=\sqrt{d}+c_j$. 因此，由定理 5 知必有

$$\xi_j>1,\quad -1<\xi_j'=-\sqrt{d}+c_j<0.$$

所以，必有 $c_j=[\sqrt{d}]$，即 $\xi_j=\xi_0$. 这就证明了 $q_j=1$ 的充要条件是 $\xi_j=\xi_0$. 由此及定理 4(ii)就证明了所要的结论.

(ii) 若有 $j\geqslant 0$，使得 $q_j=-1$，则 $\xi_j=-\sqrt{d}-c_j$. 由于前面已指出 ξ_j 的无限简单连分数一定是纯循环的，故由定理 5(i)知必有

$$\xi_j=-\sqrt{d}-c_j>1,\quad -1<\xi_j'=\sqrt{d}-c_j<0,$$

即

$$-\sqrt{d}-1>c_j>\sqrt{d},$$

这是不可能的. 所以，对任意的 $j\geqslant 0$，有 $q_j\neq -1$. 证毕.

推论 9 在定理 8 的条件和符号下，有

$$\xi_0=\sqrt{d}+[\sqrt{d}]=\langle\overline{a_0,a_1,\cdots,a_{l-1}}\rangle,\quad a_0=2[\sqrt{d}] \tag{39}$$

及

$$\tilde{\xi}_0=\sqrt{d}=\langle[\sqrt{d}],\overline{a_1,\cdots,a_{l-1},a_0}\rangle. \tag{40}$$

此外，若设

$$\left.\begin{aligned}&\tilde{\xi}_0=\langle\tilde{a}_0,\tilde{a}_1,\tilde{a}_2,\cdots\rangle,\quad \tilde{\xi}_j=\langle\tilde{a}_j,\tilde{a}_{j+1},\cdots\rangle,\\&\tilde{\xi}_j=(\sqrt{d}+\tilde{c}_j)/\tilde{q}_j,\quad \tilde{c}_{j+1}=\tilde{a}_j\tilde{q}_j-\tilde{c}_j,\quad \tilde{q}_{j+1}\tilde{q}_j=d-\tilde{c}_{j+1}^2,\end{aligned}\right\}\ j\geqslant 0$$

及 $\tilde{c}_0=0,\tilde{q}_0=1$，则

$$\tilde{a}_0=[\sqrt{d}],\quad \tilde{\xi}_j=\xi_j,\ \tilde{a}_j=a_j,\ \tilde{c}_j=c_j(j\geqslant 1)\quad \tilde{q}_j=q_j(j\geqslant 0);$$

$\tilde{q}_j=1$ 的充要条件是 $l|j$；对任意的 $j\geqslant 0$，有 $\tilde{q}_j\neq -1$.

利用 $\tilde{\xi}_1=\xi_1$，从定理 8 立即推出推论 9 的所有结论，详细论证留给

读者.例3给出了定理8的一个具体例子.

定理7的式(38)和定理8是应用连分数理论求解Pell方程的基础.

习　题　五

1. 设$\langle a_0,a_1,a_2,\cdots\rangle$是循环连分数,周期为$l$,$h_n/k_n$是它的渐近分数,$\xi_n=\langle a_n,a_{n+1},\cdots\rangle$,$n\geqslant 0$.

(i) 证明:$\xi_{n+1}+k_{n-1}/k_n=\langle\xi_{n+1},a_n,\cdots,a_1\rangle$;

(ii) 证明:数列$\xi_{n+1}+k_{n-1}/k_n(n\geqslant 0)$的极限点至多有$l$个,它们是

$$\lambda_k=\langle\overline{a_k,\cdots,a_{k+l-1}}\rangle+(\langle\overline{a_{k-1},\cdots,a_{k-l}}\rangle)^{-1},$$
$$k=m_0+l,\cdots,m_0+2l-1,$$

这里假定ξ_0由§5的式(14)给出;

(iii) 对$\xi_0=\langle 2,5,1,\overline{1,2}\rangle,\langle 0,5,8,6,\overline{1,1,1,4}\rangle,\langle\overline{2,1,3,1,2,8}\rangle$,分别求出(ii)中的各极限点.

2. 求以下二次无理数的循环连分数表示式及其纯循环部分和周期:

(i) $(5+\sqrt{37})/3$;　(ii) $\sqrt{43}$;　(iii) $(6+\sqrt{43})/7$;

(iv) $\sqrt{80}+8$;　(v) $(3+\sqrt{7})/2$;　(vi) $\sqrt{26/5}$.

3. 设二次无理数$\alpha=(a+\sqrt{d})/b$,其中a,b,d均是整数,$b>0$,d是非平方数;再设α'是α的共轭数.证明:$\alpha>1,-1<\alpha'<0$的充要条件是$0<a<\sqrt{d}$,$\sqrt{d}-a<b<\sqrt{d}+a$.进而求出:

(i) $a=[\sqrt{d}]$时所有满足$\alpha>1,-1<\alpha'<0$的α;

(ii) $b=1$时所有满足$\alpha>1,-1<\alpha'<0$的α;

(iii) $a=1$时所有满足$\alpha>1,-1<\alpha'<0$的α.

以$d=2,5,7,11,19,37$为例,具体说明以上结论.

*4. 用以下的方法来证明定理6(i).设实二次无理数ξ_0是$f(x)=ax^2+bx+c=0$的根,ξ_0的无限简单连分数是$\langle a_0,a_1,a_2,\cdots\rangle$.证明:

(i) $\xi_n=\langle a_n,a_{n+1},\cdots\rangle$满足二次方程$A_nx^2+B_nx+C_n=0$,其中

$$A_n=ah_{n-1}^2+bh_{n-1}k_{n-1}+ck_{n-1}^2,$$

$$B_n = 2ah_{n-1}h_{n-2} + b(k_{n-1}h_{n-2} + k_{n-2}h_{n-1}) + 2ck_{n-1}k_{n-2},$$
$$C_n = ah_{n-2}^2 + bh_{n-2}k_{n-2} + ck_{n-2}^2,$$

这里 $h_n/k_n(n\geqslant 0)$是 ξ_0 的渐近分数；

(ii) 对任意的 $n\geqslant 0$，有 $B_n^2-4A_nC_n=b^2-4ac$；

(iii) 对任意的 $n\geqslant 0$，有

$$|A_n|<|2a\xi_0|+|a|+|b|,\quad |C_n|<|2a\xi_0|+|a|+|b|,$$
$$B_n^2 < 4(|2a\xi_0|+|a|+|b|)^2+(b^2-4ac);$$

(iv) 至少有三个 ξ_n 的值 $\xi_{n_1},\xi_{n_2},\xi_{n_3}$ 是同一个整系数二次方程

$$Ax^2+Bx+C=0$$

的根.

5. 设 $\xi_0=\langle\overline{a_0,a_1,\cdots,a_n}\rangle$，$\xi_0'$ 是 ξ_0 的共轭数. 证明：

$$-1/\xi_0' = \langle\overline{a_n,a_{n-1},\cdots,a_0}\rangle.$$

6. 证明：当且仅当 $d=a^2+1$（a 是正整数）时，$\sqrt{d}$ 的循环连分数的周期为 1，且 $\sqrt{a^2+1}=\langle a,\overline{2a}\rangle$. 由此求 $\sqrt{101}$，$\sqrt{325}$，$\sqrt{2602}$ 的循环连分数.

7. 设整数 $a\geqslant 2$. 证明：

(i) $\sqrt{a^2-1}=\langle a-1,\overline{1,2a-2}\rangle$；

(ii) $\sqrt{a^2-a}=\langle a-1,\overline{2,2a-2}\rangle$.

举例说明(i)，(ii)的应用.

8. 设整数 $a\geqslant 3$. 证明：

(i) $\sqrt{a^2-2}=\langle a-1,\overline{1,a-2,1,2a-2}\rangle$；

(ii) $\sqrt{a^2+2}=\langle a,\overline{a,2a}\rangle$.

举例说明(i)，(ii)的应用.

9. 设 a 是奇数. 证明：

(i) 当 $a>1$ 时，$\sqrt{a^2+4}=\langle a,\overline{(a-1)/2,1,1,(a-1)/2,2a}\rangle$；

(ii) $a>3$ 时，

$$\sqrt{a^2-4}=\langle a-1,\overline{1,(a-3)/2,2,(a-3)/2,1,2a-2}\rangle.$$

具体举例说明(i)，(ii)的应用.

*10. 证明：$\sqrt{d}$ 的循环连分数周期等于 2 的充要条件是

$$d = a^2 + b,\quad b > 1,\ b \mid 2a,\ \sqrt{a^2+b} = \langle a, \overline{2a/b, 2a} \rangle.$$

举例说明这一结论的应用.

*11. 设 l 是正整数. 证明：存在无穷多个 $\sqrt{d}$，使得 $\sqrt{d}$ 的循环连分数的周期为 l.

*12. 设 $\sqrt{d}$ 的循环连分数是 $\langle [\sqrt{d}], \overline{a_1, \cdots, a_{l-1}, 2[\sqrt{d}]} \rangle$，其中 l 是周期. 证明：

$$\langle a_1, \cdots, a_{l-1} \rangle = \langle a_{l-1}, \cdots, a_1 \rangle,\quad \text{即}\quad a_j = a_{l-j}, 1 \leqslant j \leqslant l/2.$$

*13. 设 ξ_0 是二次无理数，它的循环连分数的周期为 l，渐近分数为 $h_n/k_n (n \geqslant 0)$. 证明：

(i) 当 ξ_0 是纯循环连分数时，存在整数 $a,b,c,d, ad-bc=(-1)^l$，使得

$$\begin{pmatrix} h_{n+l} \\ k_{n+l} \end{pmatrix} = \begin{pmatrix} a & b \\ c & d \end{pmatrix} \begin{pmatrix} h_n \\ k_n \end{pmatrix},\quad n \geqslant 0;$$

(ii) 当 ξ_0 是循环连分数且由式(14)给出时，存在整数 a,b,c,d，满足 $ad-bc=(-1)^l$，使得

$$\begin{pmatrix} h_{n+l} \\ k_{n+l} \end{pmatrix} = \begin{pmatrix} a & b \\ c & d \end{pmatrix} \begin{pmatrix} h_n \\ k_n \end{pmatrix},\quad n \geqslant m_0.$$

*14. 设 $\sqrt{d}$ 的循环连分数同第 13 题，$h_n/k_n (n \geqslant 0)$ 是它的渐近分数. 证明：对正整数 m，当 $1 \leqslant j \leqslant ml$ 时，

$$\begin{pmatrix} h_{ml-1} \\ k_{ml-1} \end{pmatrix} = k_{j-1} \begin{pmatrix} h_{ml-j} \\ k_{ml-j} \end{pmatrix} + k_{j-2} \begin{pmatrix} h_{ml-j-1} \\ k_{ml-j-1} \end{pmatrix}, \tag{41}$$

$$\begin{pmatrix} dk_{ml-1} \\ h_{ml-1} \end{pmatrix} = h_{j-1} \begin{pmatrix} h_{ml-j} \\ k_{ml-j} \end{pmatrix} + h_{j-2} \begin{pmatrix} h_{ml-j-1} \\ k_{ml-j-1} \end{pmatrix}. \tag{42}$$

进而推出

$$\begin{cases} k_{2ml-1} = k_{ml-1}(k_{ml} + k_{ml-2}) = 2h_{ml-1}k_{ml-1}, \\ h_{2ml-1} = h_{ml-1}^2 + dk_{ml-1}^2. \end{cases} \tag{43}$$

*15. 设无理数 $\alpha = \langle \overline{a_0, a_1} \rangle, a_0 = ca_1, \beta$ 是 α 的共轭数；再设 $h_n/k_n (n \geqslant 0)$ 是 α 的渐近分数. 证明：

$$h_n = c^{-[(n+1)/2]}\frac{\alpha^{n+2}-\beta^{n+2}}{\alpha-\beta},\quad n\geqslant -2,$$

$$k_n = c^{-[(n+1)/2]}\frac{\alpha^{n+1}-\beta^{n+1}}{\alpha-\beta},\quad n\geqslant -2.$$

*16. 设 $u_1,u_2,\cdots,u_n,\cdots$ 是 Fibonacci 数列，即 $u_1=u_2=1,u_{n+2}=u_{n+1}+u_n(n\geqslant 1)$. 证明：

$$u_n=\frac{1}{\sqrt{5}}\left(\left(\frac{1+\sqrt{5}}{2}\right)^n-\left(\frac{1-\sqrt{5}}{2}\right)^n\right),\quad n\geqslant 1.$$

§6 $x^2-dy^2=\pm1$

在这一节中，我们应用连分数理论来解不定方程

$$x^2-dy^2=1 \tag{1}$$

及

$$x^2-dy^2=-1, \tag{2}$$

这里 d 是非平方数，$d>1$. 通常称这类方程为 **Pell 方程**，并称其满足 $x,y>0$ 的解为**正解**.

定理 1 设 $\xi_0=\sqrt{d}$，它的循环连分数的周期为 l，渐近分数为 h_n/k_n $(n\geqslant 0)$，则

(i) 当 l 为偶数时，不定方程(2)无解，不定方程(1)的全部正解为

$$x=h_{jl-1},\quad y=k_{jl-1},\quad j=1,2,3,\cdots; \tag{3}$$

(ii) 当 l 为奇数时，不定方程(2)的全部正解为

$$x=h_{lj-1},\quad y=k_{lj-1},\quad j=1,3,5,\cdots, \tag{4}$$

不定方程(1)的全部正解为

$$x=h_{lj-1},\quad y=k_{lj-1},\quad j=2,4,6,\cdots. \tag{5}$$

证 由§3的定理8知，若 x,y 是不定方程(1)或(2)的正解，那么必有某个 $n\geqslant 0$，使得 $x=h_n,y=k_n$. 另外，由§5的式(38)得

$$h_n^2-dk_n^2=(-1)^{n+1}q_{n+1}. \tag{6}$$

由§5的推论9(那里的 $\tilde{\xi}_0,\tilde{q}_j$ 即这里的 ξ_0,q_j)知，$q_j\neq -1$，以及当且仅当 $l\mid j$ 时，$q_j=1$. 因此，仅当 $n+1=jl(j>0)$ 时，$h_n=h_{lj-1},k_n=k_{lj-1}$ 才

可能是不定方程(1)或(2)的解. 这时

$$h_{lj-1}^2 - dk_{lj-1}^2 = (-1)^{lj}, \quad j > 0.$$

由此就推出所要的全部结论. 证毕.

由于当 x,y 是不定方程(1)或(2)的解时, $\pm x, \pm y$(正负号任意选取)也是不定方程(1)或(2)的解,再注意到 $\pm 1, 0$ 是不定方程(1)的解及 $h_{-1}=1, k_{-1}=0$,从定理1立即得到下面的结论:

推论 2　在定理1的符号和条件下,有

(i) 当 l 为偶数时,不定方程(2)无解,不定方程(1)的全部解为

$$x = \pm h_{lj-1}, \quad y = \pm k_{lj-1}, \quad j = 0,1,2,\cdots, \tag{7}$$

其中正负号任意选取;

(ii) 当 l 为奇数时,不定方程(2)的全部解为

$$x = \pm h_{lj-1}, \quad y = \pm k_{lj-1}, \quad j = 1,3,5,\cdots, \tag{8}$$

不定方程(1)的全部解为

$$x = \pm h_{lj-1}, \quad y = \pm k_{lj-1}, \quad j = 0,2,4,\cdots, \tag{9}$$

这里式(8),(9)中的正负号均任意选取.

定理1表明: 为了求出不定方程(1),(2)的全部正解,就要求出 $\sqrt{d}$ 的所有渐近分数 $h_{lj-1}/k_{lj-1}(j \geqslant 1)$. 当然,逐个求不仅麻烦,也是不可能的. 下面将证明只要求出 h_{l-1}, k_{l-1},其他的解都可用它很简单地表示出来. 为了叙述和推导方便起见,当 x,y 是不定方程(1)或(2)的(正)解时,我们就说二次无理数 $x+y\sqrt{d}$ 是不定方程(1)或(2)的(正)解.

定理 3　设 $\xi_0=\sqrt{d}$,它的循环连分数的周期为 l,渐近分数为 h_n/k_n $(n \geqslant 0)$,则

$$h_{lj-1} + \sqrt{d}k_{lj-1} = (h_{l-1} + \sqrt{d}k_{l-1})^j, \quad j \geqslant 1. \tag{10}$$

证　记 $\rho_j = h_{lj-1} + \sqrt{d}k_{lj-1}$,它的共轭数为

$$\rho_j' = h_{lj-1} - \sqrt{d}k_{lj-1}.$$

定理1证明了不定方程(1),(2)(有解的话)的全部正解由 $\rho_j (j \geqslant 1)$ 给出. 我们有

$$\rho_j\rho_j' = h_{lj-1}^2 - dk_{lj-1}^2 = \pm 1, \quad j \geqslant 1; \tag{11}$$

$$\rho_{j+1} > \rho_j, \quad j \geqslant 1. \tag{12}$$

式(12)用到了$\{h_n\}$,$\{k_n\}$均是严格递增数列.由 $\rho_1=h_{l-1}+\sqrt{d}k_{l-1}\geqslant 1+\sqrt{d}>1$知,对任意的 $j>1$,必有正整数 k,使得

$$\rho_1^k \leqslant \rho_j < \rho_1^{k+1}.$$

我们来证明必有

$$\rho_j = \rho_1^k \ . \tag{13}$$

若不然,则

$$1 < \rho_j\rho_1^{-k} < \rho_1. \tag{14}$$

由式(11)知 $\rho_1^{-1}=\pm\rho_1'$,所以

$$\rho_j\rho_1^{-k} = \rho_j(\pm\rho_1')^k = a+b\sqrt{d}, \quad a,b \in \mathbf{Z}. \tag{15}$$

由于乘积的共轭数等于共轭数的乘积,利用式(15)得

$$\begin{aligned} a^2-db^2 &= (a+b\sqrt{d})(a-b\sqrt{d}) = \rho_j(\pm\rho_1')^k \cdot \rho_j'(\pm\rho_1)^k \\ &= \rho_j\rho_j'(\rho_1\rho_1')^k = \pm 1. \end{aligned}$$

由此可推出 $ab\neq 0$.这是因为,若 $a=0$,则上式不可能成立;若 $b=0$,则 $a=\pm 1$,但由式(14),(15)知,这也是不可能的.由以上三式得

$$1 < a+b\sqrt{d} = \pm 1/(a-b\sqrt{d}).$$

显见,a,b 不能均为负的.若 a,b 为一正一负的,则

$$|\pm 1/(a-b\sqrt{d})| = 1/(|a|+\sqrt{d}\,|b|) \leqslant 1/(1+\sqrt{d}).$$

这和上式矛盾.因此,a,b 均为正整数,且 $a+b\sqrt{d}$是不定方程(1)或(2)的正解.但由式(12),(14),(15)知

$$a+b\sqrt{d} < \rho_j, \quad j \geqslant 1.$$

这和定理 1 矛盾.这就证明了式(13)成立.

显见,为了证明式(10),只要证明必有 $k=j$ 即可.下面证明这一点.由于对任意的 $m\geqslant 1$,设 $\rho_1^m=a_m+\sqrt{d}b_m$,我们有

$$a_m^2-db_m^2 = \rho_1^m(\rho_1^m)' = \rho_1^m(\rho_1')^m = (\rho_1\rho_1')^m = \pm 1,$$

这里$(\rho_1^m)'$表示 ρ_1^m 的共轭数,所以 $\rho_1^m(m\geqslant 1)$一定是不定方程(1)或(2)的正解.由此及定理 1 和式(13)就证明了 $\rho_1^m(m\geqslant 1)$与 $\rho_j(j\geqslant 1)$一样,都分别给出了不定方程(1),(2)的全部正解,因此它们所构成的两个集

合是一样的.注意到[利用式(12)及 $\rho_1>1$]

$$\rho_1<\rho_2<\rho_3<\cdots<\rho_j<\cdots,$$
$$\rho_1<\rho_1^2<\rho_1^3<\cdots<\rho_1^j<\cdots,$$

所以式(13)中 $k=j$.证毕.

由定理 3 及推论 2 立即得到下面的结论(证明留给读者):

推论 4　在定理 1 的符号和条件下,有

(i) 当 l 为偶数时,不定方程(2)无解,不定方程(1)的全部解为

$$x+y\sqrt{d}=\pm(h_{l-1}\pm\sqrt{d}k_{l-1})^j,\quad j=0,1,2,\cdots,\tag{16}$$

其中正负号任意选取;

(ii) 当 l 为奇数时,不定方程(2)的全部解为

$$x+y\sqrt{d}=\pm(h_{l-1}\pm\sqrt{d}k_{l-1})^j,\quad j=1,3,5,\cdots,\tag{17}$$

不定方程(1)的全部解为

$$x+y\sqrt{d}=\pm(h_{l-1}\pm\sqrt{d}k_{l-1})^j,\quad j=0,2,4,\cdots,\tag{18}$$

这里式(16),(17)中的正负号均任意选取.

如果不定方程(2)有解,显见 h_{l-1},k_{l-1} 是它的正解中最小的.我们把 h_{l-1},k_{l-1} 或 $h_{l-1}+k_{l-1}\sqrt{d}$ 称为不定方程(2)的**最小正解**.这时 h_{2l-1},k_{2l-1} 是不定方程(1)的正解中最小的,它或 $h_{2l-1}+k_{2l-1}\sqrt{d}$ 称为不定方程(1)的**最小正解**.如果不定方程(2)无解,那么称 h_{l-1},k_{l-1} 或 $h_{l-1}+k_{l-1}\sqrt{d}$ 为不定方程(1)的**最小正解**.

例 1　求不定方程

$$x^2-73y^2=-1\tag{19}$$

及

$$x^2-73y^2=1\tag{20}$$

的全部解.

解　由 §5 的例 3 知,$\sqrt{73}=\langle 8,\overline{1,1,5,5,1,1,16}\rangle$,其周期为 7.因此,由定理 1 及定理 3 知不定方程(19)的最小正解是 $x=h_6,y=k_6$.不难求出

$$h_6/k_6=\langle 8,1,1,5,5,1,1\rangle=1068/125.$$

因此,由推论 4 知不定方程(19)的全部解为

$$x+y\sqrt{73}=\pm(1068\pm125\sqrt{73})^j,\quad j=1,3,5,7,\cdots,$$
不定方程(20)的全部解为
$$x+y\sqrt{73}=\pm(1068\pm125\sqrt{73})^j,\quad j=0,2,4,8,\cdots.$$

例 2 求不定方程
$$x^2-8y^2=-1 \tag{21}$$
及
$$x^2-8y^2=1 \tag{22}$$
的全部解.

解 由§3的例4知,$\sqrt{8}=\langle 2,\overline{1,4}\rangle$,其周期为2.因此,由定理1及定理3知不定方程(21)无解,不定方程(22)的最小正解是$x=h_1$,$y=k_1$.容易求出
$$h_1/k_1=\langle 2,1\rangle=3/1.$$
所以,由推论4知不定方程(22)的全部解为
$$x+y\sqrt{8}=\pm(3\pm\sqrt{8})^j,\quad j=0,1,2,\cdots.$$

当d是比较小或比较特殊的数时,我们可以不用求$\sqrt{d}$的循环连分数,而是通过一个一个地取$y=1,2,\cdots$进行试算来求出不定方程
$$x^2-dy^2=-1\quad 或\quad x^2-dy^2=1$$
的最小正解,即第一次找到的一组解.由以上讨论知,当这组第一次找到的解是$x^2-dy^2=-1$的最小正解时,就可按推论4(ii)求出这两个方程的全部解;当是$x^2-dy^2=1$的最小正解时,$x^2-dy^2=-1$就无解,而按推论4(i)就找到$x^2-dy^2=1$的全部解.例如:在例2的情形,取$y=1$时,$x=3$,$y=1$就是不定方程(22)的解,因而不定方程(21)无解.由此立即得到不定方程(22)的全部解.下面再举一个例子.

例 3 求解不定方程
$$x^2-29y^2=-1 \tag{23}$$
及
$$x^2-29y^2=1 \tag{24}$$
的全部解.

解 依次取$y=1,2,\cdots,12$,由计算知$\pm1+29y^2$均不是完全平方.

当 $y=13$ 时，$-1+29\cdot 13^2=70^2$，因此 $x=70, y=13$ 是不定方程(23)的最小正解. 由

$$(70+13\sqrt{29})^2=9801+1820\sqrt{29}$$

知，不定方程(24)的最小正解是 $x=9801, y=1820$. 由推论 4 知，不定方程(23)的全部解是

$$x+y\sqrt{29}=\pm(70\pm 13\sqrt{29})^j,\quad j=1,3,5,7,\cdots,$$

不定方程(24)的全部解是

$$x+y\sqrt{29}=\pm(70\pm 13\sqrt{29})^j,\quad j=0,2,4,6,\cdots.$$

当然，利用 $\sqrt{29}=\langle 5,\overline{2,1,1,2,10}\rangle$ 可得到同样的结果(求解过程留给读者).

习　题　六

1. 利用 $\sqrt{d}$ 的循环连分数求解下面的 Pell 方程：

(i) $x^2-80y^2=-1$；　(ii) $x^2-80y^2=1$；

(iii) $x^2-13y^2=-1$；　(iv) $x^2-13y^2=1$；

(v) $x^2-23y^2=-1$；　(vi) $x^2-23y^2=1$；

(vii) $x^2-28y^2=-1$；　(viii) $x^2-28y^2=1$；

(ix) $x^2-29y^2=-1$；　(x) $x^2-29y^2=1$；

(xi) $x^2-61y^2=-1$；　(xii) $x^2-61y^2=1$.

2. 利用直接试算求最小正解的方法求解下面的 Pell 方程：

(i) $x^2-7y^2=-1$；　(ii) $x^2-7y^2=1$；

(iii) $x^2-13y^2=-1$；　(iv) $x^2-13y^2=1$；

(v) $x^2-74y^2=-1$；　(vi) $x^2-74y^2=1$；

(vii) $x^2-87y^2=-1$；　(viii) $x^2-87y^2=1$.

3. 设 $d>1$ 是非平方数，a 是给定的正整数. 证明：$x^2-dy^2=1$ 有无穷多个解满足 $a\mid y$.

4. 求不定方程 $x^2+(x+1)^2=y^2$ 的全部解，并说明本题的几何意义.

5. 证明：存在无穷多个正整数 n，使得 $1+2+\cdots+n$ 是平方数.

*6. 设 $x_n+y_n\sqrt{2}=(1+\sqrt{2})^n$. 证明：

(i) $y_{n+1}=x_n+y_n, x_{n+1}=y_{n+1}+y_n$, $n\geqslant1$；

(ii) $y_{2n+1}=y_{n+1}^2+y_n^2$, $n\geqslant1$；

(iii) y_{2n+1}^2是两个相邻自然数的平方和,求出这两个自然数；

(iv) 若设 $x_0=1, y_0=0$,则当 $n\geqslant m$ 时,

$x_nx_m-2y_ny_m=(-1)^mx_{n-m}$,　$x_ny_m-y_nx_m=(-1)^my_{n-m}$；

(v) $x_{2n+1}=x_{n+1}x_n+2y_{n+1}y_n=2x_{n+1}x_n+(-1)^{n+1}$,

$y_{2n+1}=x_{n+1}y_n+y_{n+1}x_n$；

(vi) $2\mid y_{2n}, 2\nmid y_{2n+1}$；

(vii) 当 $n>1$ 时,x_n 不是完全平方数.

*7. 设素数 p 满足 $p\equiv1(\bmod 4)$. 证明：不定方程 $x^2-py^2=-1$ 必有解.

8. 设 $d(d>1)$是非平方数,u,v 是不定方程 $x^2-dy^2=1$ 的最小正解. 证明：不定方程 $x^2-dy^2=-1$ 有解的充要条件是,不定方程组

$$s^2+dt^2=u,\quad 2st=v$$

有正解 s,t,以及 s,t 是不定方程 $x^2-dy^2=-1$ 的最小正解.

以下第 9～11 题不用连分数方法,直接讨论 Pell 方程. $d(d>1)$表示非平方数.

*9. 证明：存在无限多对正整数 x,y,使得$|x^2-dy^2|<1+2\sqrt{d}$(利用§4 的定理 8).

*10. 证明：一定存在整数 m,使得不定方程 $x^2-dy^2=m$ 有无穷多组解 x_j,y_j,满足 x_j,y_j 是正整数,且对任意的 j_1,j_2,有

$$x_{j_1}\equiv x_{j_2}(\bmod m),\quad y_{j_1}\equiv y_{j_2}(\bmod m).$$

*11. 证明：

(i) 至少有一对正整数 x,y 满足不定方程 $x^2-dy^2=1$. 设 x_1,y_1 和 x_2,y_2 是此方程的两组正解,那么 $x_1\leqslant x_2$ 的充要条件是 $y_1\leqslant y_2$. 如果正解 x_1,y_1 是所有正解 x,y 中使 x 为最小的解,那么称 x_1,y_1 或 $x_1+\sqrt{d}y_1$ 为这个方程的最小正解.

(ii) 由$(x_1+\sqrt{d}y_1)^n=x_n+\sqrt{d}y_n(n=1,2,\cdots)$给出的 x_n,y_n 是不定

方程 $x^2-dy^2=1$ 的全部正解.

12. 证明：若不定方程 $x^2-dy^2=c$ 有一组解,则它必有无穷多组解,这里 $d(d>1)$是非平方数,c 为整数.

13. 在假定有解的前提下,类似于第 12 题和第 8 题讨论不定方程 $x^2-dy^2=\pm 4$,其中 $d(d>1)$是非平方数.[提示：当 x,y 是解时,考虑 $\rho=(x+y\sqrt{d})/2$,把它看作解.]

*14. 设 $d(d>1)$是非平方数,c 是整数,$|c|<\sqrt{d}$. 证明：若正整数 h,k 是不定方程 $x^2-dy^2=c$ 的一组解,且$(h,k)=1$,则 h/k 一定是 $\sqrt{d}$ 的渐近分数.

*15. 设 $d(d>1)$是非平方数,ξ,η 是两个正整数,满足 $\xi^2-d\eta^2=1$. 证明：若 $\xi>\eta^2/2-1$,则 $\xi+\eta\sqrt{d}$ 是不定方程 $x^2-dy^2=1$ 的最小正解.

第八章　素数分布的初等结果

素数一直是数论中最有趣、最吸引人的重要研究课题. 但是,对于素数,除了它的定义之外,我们还知道的性质就是算术基本定理(第一章§5的定理2),而其他的性质都是从它们推出来的. 关于素数有许多有趣的问题,它们看起来很简单、很容易理解,但绝大多数是至今仍未解决的数学难题[可参看文献[19],[20]]. 素数的个数和它的大小一直是大家关心的一个重要问题. 设 x 是给定的实数,以 $\pi(x)$ 表示**不超过实数 x 的素数个数**. 例如:

$$\pi(x)=0, x<2;\quad \pi(5)=3;\quad \pi(10.5)=4;\quad \pi(50)=15.$$

寻找一个尽可能简单的 $\pi(x)$ 的表达式,这个问题很早就吸引了许多优秀的数学家,但一直没有结果. 直到 1800 年左右,在具体计算的基础上,Legendre 和 Gauss 分别提出了以下两个渐近公式:

$$\pi(x)\sim\frac{x}{\ln x-1.08366},\quad x\to+\infty$$

和(下面的积分在 1 处取主值,称为对数积分)

$$\pi(x)\sim \mathrm{li}x=\int_0^x\frac{\mathrm{d}t}{\ln t},\quad x\to+\infty. \tag{1}$$

直观地说,Gauss 所猜测的上式表示,在全体正整数中,在数值 t 处素数的分布密度是 $1/\ln t$,即在 t 到 $2t$ 之间约有 $[t/\ln t]$ 个素数.

从表 1 可以看出,这两个渐近公式的精确度是很高的. 容易看出,$\mathrm{li}x\sim x/\ln x, x\to+\infty$. 所以,他们实际上都猜测

$$\pi(x)\sim x/\ln x,\quad x\to+\infty. \tag{2}$$

式(1),(2)就是现在所说的**素数定理**. 这个定理到了 1896 年才被 J. Hadamard 和 de la Vallée Poussin 利用十分高深的复变函数理论各自独立证明[可参看文献[18]]. 直到 1949 年,A. Selberg 和 P. Erdös 才在 Selberg 的工作基础上各自独立地给出了这个定理的初等证明[可参看文献[16]],但证明十分复杂. 这些都超出了本书的范围.

表 1

x	$\pi(x)$	$\dfrac{x}{\ln x}$	$\operatorname{li}x$	$\dfrac{\pi(x)\ln x}{x}$	$\dfrac{\pi(x)}{\operatorname{li}x}$
1 000	168	145	178	1.16	0.95
10 000	1 229	1 086	1 246	1.13	0.99
50 000	5 133	4 621	5 167	1.11	0.994
100 000	9 592	8 686	9 630	1.10	0.996
500 000	41 538	38 103	41 606	1.090	0.998
1 000 000	78 498	72 382	78 628	1.084	0.998
2 000 000	148 933	137 849	149 055	1.080	0.999 2
5 000 000	348 513	324 150	348 638	1.075	0.999 6
10 000 000	664 579	620 421	664 918	1.071	0.999 5

在第一章的§2中,对给定的正整数 N,介绍了一个从已知不超过$\sqrt{N}$的所有素数出发,具体找出不超过 N 的所有素数的方法,即 Eratosthenes 筛法. 这是筛选素数的十分有效的方法,至今构造素数表仍然利用这个方法. 但是,这个方法对不超过 N 的素数的个数 $\pi(N)$没有给出任何信息,这只是一个定性的方法. 在本章的§1中,将对 Eratosthenes 筛法的过程精确地量化,进而给出计算 $\pi(N)$的一个方法. 由于这样的 Eratosthenes 筛法实质上是组合数学中容斥原理的一个特例,所以在这一节最后顺便介绍容斥原理. 同时,我们引入数论中十分重要的 Möbius 函数 $\mu(n)$,并初步介绍 $\mu(n)$的应用,还得到 $\pi(N)$和素数大小的一个很弱的上、下界估计. 这可使原来的讨论更简单,以对这一方法有一个较清晰的理解. 在§2中有三部分内容:一是代替素数定理,证明 $\pi(N)$和 $N/\ln N$ 是同阶量,即给出 $\pi(N)$的最佳(不计系数)上、下界估计(§2的定理1,这就是著名的 Чебышев 不等式);二是介绍著名的 Betrand 假设:在正整数 m 与 $2m$(含 $2m$)之间必有一个素数;三是给出素数定理的重要等价形式,为此还介绍重要的 Чебышев 函数 $\theta(x)$,$\psi(x)$,以及 Mangoldt 函数 $\Lambda(n)$. 在§3中,证明著名的 Euler 恒等式,它的重要性在于它是算术基本定理的分析等价形式,是用分析方法研究素数理论的基础.

关于素数定理可参看文献[16],[3],[4]及[14].

§1 Eratosthenes 筛法与 $\pi(N)$

1.1 Eratosthenes 筛法的定量分析与 $\pi(N)$ 的算法

现在我们对 Eratosthenes 筛法的筛选过程做精确的定量分析，由此对所得到的素数的个数给出一个算法.

设正整数 $N\geqslant 2$，$\pi(N)$表示不超过 N 的素数个数. 以

$$2=p_1<p_2<\cdots<p_s \tag{1}$$

表示所有不超过 $\sqrt{N}$ 的素数，因而 $s=\pi(\sqrt{N})$. 令 $P=P(\sqrt{N})=p_1\cdots p_s$. 这样，由第一章的 §2 推论 6(i)知，把满足 $1\leqslant n\leqslant N$ 的所有整数 n 中被任一 $p_i(1\leqslant i\leqslant s)$整除的整数去掉后，剩下的就是 1 以及满足条件

$$\sqrt{N}<p\leqslant N \tag{2}$$

的全部素数 p. 所以，剩下的整数个数为

$$T=T(N)=\pi(N)-\pi(\sqrt{N})+1. \tag{3}$$

要找到一个公式来表示 T 是不可能的. 我们先对筛选过程做以下的分析. 区间$[1,N]$上被 d 整除的整数个数是$[N/d]$. 筛选过程是这样进行的：先在 $1\sim N$ 这 N 个整数中把被 $p_1=2$ 整除的整数删去，共删去了$[N/p_1]$个数；再依次把$[1,N]$上被 $p_2,p_3,\cdots,p_s$整除的整数删去，各次分别删去了$[N/p_2],[N/p_3],\cdots,[N/p_s]$个数. 要注意的是：这里每次在做删除时，必须把以前删去的整数仍然保留，即每次都是在$[1,N]$上进行删除. 这是因为，若不把以前删去的整数保留，则后面每次新删去的整数的个数很难明确表示出来. 如果直接从这 N 个正整数中这样进行重复删除，就导致要考虑如下一个量：

$$T_1=T_1(N)=N-\sum_{i_1=1}^{s}\left[\frac{N}{p_{i_1}}\right]. \tag{4}$$

由于一些整数可能被重复删除，所以显然有

$$T_1\leqslant T. \tag{5}$$

为了找出 T_1 和 T 的差别，我们来仔细分析得到 T_1 的筛选过程.

在$[1,N]$上恰好只能被某个素数 p_{i_1} $(1\leqslant i_1\leqslant s)$整除的整数(即形如 $dp_{i_1}^{\alpha_1}$ 的数,其中$(d,P)=1$),在这一过程中都无重复地被删除了 1 次. 对取定的 $r(2\leqslant r\leqslant s)$,在$[1,N]$上恰好只能被某 r 个取定的两两不同的素数 $p_{i_1},\cdots,p_{i_r}$ $(1\leqslant i_1<\cdots<i_r\leqslant s)$整除的整数(即形如 $dp_{i_1}^{\alpha_1}\cdots p_{i_r}^{\alpha_r}$ 的数,其中$(d,P)=1$),在这一过程中都恰好被重复删除了 r 次. 当在$[1,N]$上有这样的数时,式(5)就一定取不等号. 如何来弥补这种差异呢? 对取定的 $r(2\leqslant r\leqslant s)$,我们来考虑下面的量:

$$V_r=V_r(N)=\sum_{i_1=1}^{s}\cdots\sum_{\substack{i_r=1\\ i_1<i_2<\cdots<i_r}}^{s}\left[\frac{N}{p_{i_1}\cdots p_{i_r}}\right]. \tag{6}$$

显见 $T_1=N-V_1$. 为了弥补 T_1 可能去掉了过多,我们先来依次补上被两个素数 p_{i_1},p_{i_2} $(1\leqslant i_1<i_2\leqslant s)$整除的整数个数,即对 T_1 加上 V_2,也就是要考虑这样的量:

$$\begin{aligned} T_2=T_2(N)&=T_1+V_2=N-V_1+V_2\\ &=N-\sum_{i_1=1}^{s}\left[\frac{N}{p_{i_1}}\right]+\sum_{\substack{i_1=1\\ i_1\neq i_2}}^{s}\sum_{i_2=1}^{s}\left[\frac{N}{p_{i_1}p_{i_2}}\right], \end{aligned} \tag{7}$$

这里最后的等号右边的和式在数量上表示:在$[1,N]$上的整数 n 中,把那些恰好被一个素数 p_{i_1} 整除的整数 n 去掉了 1 次,那些恰好被两个不同的素数 p_{i_1},p_{i_2} 整除的整数 n 去掉了$\binom{2}{1}-\binom{2}{2}=1$ 次,也恰好去掉了 1 次. 但那些恰好被 $t(t>2)$个两两不同的素数 $p_{i_1},\cdots,p_{i_t}$ $(1\leqslant i_1<\cdots<i_t\leqslant s)$整除的整数 n 被去掉了$\binom{t}{1}-\binom{t}{2}$次,而

$$\binom{t}{1}-\binom{t}{2}=t-(t-1)\frac{t}{2}\leqslant 0,\quad t>2,$$

这表明那些恰好被 t 个两两不同的素数 $p_{i_1},\cdots,p_{i_t}$ 整除的整数 n 并没有被去掉,相反地每个这样的整数 n 又被以 $\binom{t}{2}-\binom{t}{1}$次重复地计算了进去,所以就会有

$$T_2\geqslant T. \tag{8}$$

不等号出现在$[1,N]$上有整数被三个不同的素数 p_{i_1},p_{i_2},p_{i_3} 整除的情形. 为了消除在 T_2 中增加的整数个数,类似地就要考虑 $T_3=T_3(N)=T_2-V_3=N-V_1+V_2-V_3$. 依次下去,一般地,就要考虑 $N-U_r$,这里

$$U_r=U_r(N)=V_1-V_2+\cdots+(-1)^{r-1}V_r,\quad 1\leqslant r\leqslant s. \tag{9}$$

U_r 表示对满足以下条件的$[1,N]$上的整数 n 的个数的某种有重复的"代数计数": 当 $1\leqslant t\leqslant r$ 时,恰好被 t 个两两不同的素数 $p_{i_1},\cdots,p_{i_t}$ 整除的整数 n 在式(9)中被计算的次数是

$$\binom{t}{1}-\binom{t}{2}+\cdots+(-1)^{t-1}\binom{t}{t}=1-(1-1)^t=1; \tag{10}$$

当 $r<t\leqslant s$ 时,恰好被 t 个两两不同的素数 $p_{i_1},\cdots,p_{i_t}$ 整除的整数 n 在式(9)中被计算了 $b(t,r)$ 次,这里

$$b(t,r)=\binom{t}{1}-\binom{t}{2}+\cdots+(-1)^{r-1}\binom{t}{r},\quad 1\leqslant r<t\leqslant s. \tag{11}$$

我们来证明

$$\begin{cases}b(t,r)>1, & 2\nmid r<t,\\ b(t,r)<1, & 2\mid r<t,\end{cases}\quad t\geqslant 2. \tag{12}$$

由于

$$1=\binom{t}{0}<\binom{t}{1}<\binom{t}{2}<\cdots<\binom{t}{[t/2]},\quad t\geqslant 2, \tag{13}$$

所以当 $r\leqslant t/2$ 时,显然有

$$\begin{cases}1-b(t,r)<0, & 2\nmid r\leqslant t/2,\\ 1-b(t,r)>0, & 2\mid r\leqslant t/2,\end{cases}\quad t\geqslant 2. \tag{14}$$

而当 $r>t/2$ 时[利用式(10)],可得

$$\begin{aligned}1-b(t,r)&=-\sum_{j=r+1}^{t}(-1)^j\binom{t}{j}=-\sum_{j=r+1}^{t}(-1)^j\binom{t}{t-j}\\ &=(-1)^{t+1}\sum_{j=0}^{t-r-1}(-1)^j\binom{t}{j}\\ &=(-1)^{t+1}(1-b(t,t-r-1)).\end{aligned} \tag{15}$$

由于当 $r>t/2$ 时,$t-r-1<t/2$,由式(14),(15)得

$$\begin{cases}1-b(t,r)<0, & 2\nmid r>t/2,r<t,\\ 1-b(t,r)>0, & 2\mid r>t/2,r<t,\end{cases}\quad t\geqslant 2. \tag{16}$$

综合式(14),(16)就证明了式(12).

记

$$T_r = N - U_r,\quad 1 \leqslant r \leqslant s. \tag{17}$$

综合以上讨论就证明了下面的定理:

定理 1　在式(1),(3),(6),(9),(17)的条件和符号下,我们有

(i) U_s 是区间$[1,N]$上与 $p_1 \cdots p_s$ 不既约的整数 n 的个数,即满足

$$1 \leqslant n \leqslant N,\quad (n, p_1 \cdots p_s) > 1$$

的整数 n 的个数;

(ii) T_s 是区间$[1,N]$上与 $p_1 \cdots p_s$ 既约的整数 n 的个数,即满足

$$1 \leqslant n \leqslant N,\quad (n, p_1 \cdots p_s) = 1$$

的整数 n 的个数;

(iii) $T = \pi(N) - \pi(\sqrt{N}) + 1 = T_s$; (18)

(iv) $T_{2k-1} < T < T_{2k},\ 2k < s.$ (19)

定理 1 中的式(18)通常表示为以下形式:

$$\begin{aligned}\pi(N) &= \pi(\sqrt{N}) - 1 + T_s \\ &= s - 1 + N - \sum_{1 \leqslant i_1 \leqslant s}\left[\frac{N}{p_{i_1}}\right] + \sum_{1 \leqslant i_1 < i_2 \leqslant s}\left[\frac{N}{p_{i_1} p_{i_2}}\right] - \cdots \\ &\quad + (-1)^k \sum_{1 \leqslant i_1 < \cdots < i_k \leqslant s}\left[\frac{N}{p_{i_1} \cdots p_{i_k}}\right] + \cdots + (-1)^s\left[\frac{N}{p_1 \cdots p_s}\right].\end{aligned} \tag{20}$$

这就给出了计算 $\pi(N)$的一个有效方法.

仔细分析定理 1 的证明过程可以看出:当以任意一个整数列 A 代替不超过 N 的全体正整数,以任意 s 个两两不同的素数 $p_1, \cdots, p_s$ 代替不超过$\sqrt{N}$ 的素数时,证明同样成立.要注意的是:这时不超过 N 的全体正整数 n 中被 d 整除的整数个数$[N/d]$,要用整数列 A 中所有被 d 整除的整数个数$|A_d|$来代替.事实上,我们可以得到下面的定理,其仿照定理 1 的详细证明留给读者.我们将在 1.2 小节利用 Möbius 函数给出它的一个简单证明.

定理 2　设序列 A 是一个给定的有限整数列,K 是给定的正整数;再设 A_d 表示 A 中被正整数 d 整除的所有整数组成的子序列,$p_1, \cdots, p_s$ 是 K 的所有不同的素因数,$|A_d|$表示子序列 A_d 中的整数个数.那

么,序列 A 中所有与 K 既约的整数个数为

$$S(A;K)=\sum_{\substack{a\in A\\(a,K)=1}}1=|A|-\sum_{r=1}^{s}(-1)^r\sum_{\substack{i_1=1\\i_1<\cdots<i_r}}^{s}\cdots\sum_{i_r=1}^{s}|A_{p_{i_1}\cdots p_{i_r}}|.\quad(21)$$

通常我们把式(21)称为 **Eratosthenes 筛法**.

下面举两个例子.

例 1 求不超过 100 的素数个数.

解 我们取 $N=100$. 不超过 $\sqrt{100}=10$ 的素数是 2,3,5,7,所以由式(20)得

$$\begin{aligned}\pi(100)=4-1+100&-\left(\left[\frac{100}{2}\right]+\left[\frac{100}{3}\right]+\left[\frac{100}{5}\right]+\left[\frac{100}{7}\right]\right)\\&+\left(\left[\frac{100}{2\cdot3}\right]+\left[\frac{100}{2\cdot5}\right]+\left[\frac{100}{2\cdot7}\right]+\left[\frac{100}{3\cdot5}\right]+\left[\frac{100}{3\cdot7}\right]+\left[\frac{100}{5\cdot7}\right]\right)\\&-\left(\left[\frac{100}{2\cdot3\cdot5}\right]+\left[\frac{100}{2\cdot3\cdot7}\right]+\left[\frac{100}{2\cdot5\cdot7}\right]+\left[\frac{100}{3\cdot5\cdot7}\right]\right)\\&+\left[\frac{100}{2\cdot3\cdot5\cdot7}\right]\\=4-1+100&-117+45-6+0=25.\end{aligned}$$

这和第一章§2 的结果相符.

例 2 证明:设 N 是正整数,$\varphi(N)$是 $1,\cdots,N$ 中和 N 互素的正整数个数,则

$$\varphi(N)=N\prod_{p|N}\left(1-\frac{1}{p}\right),$$

这里连乘号的意义参见第一章§5 的式(18).

证 设 $p_1,\cdots,p_m$ 是 N 的所有不同的素因数. 在定理 2 中,取序列 A 为 $1,\cdots,N$,$K=p_1\cdots p_m$. 这样,$\varphi(N)$就是 A 中所有与 K 既约的整数个数,即 $S(A;K)$. 注意到这时有(为什么)

$$[p_{i_1},\cdots,p_{i_k}]=p_{i_1}\cdots p_{i_k}|N,\quad 1\leqslant i_1<\cdots<i_k\leqslant m,$$

所以 $|A_{p_{i_1}\cdots p_{i_k}}|=N/(p_{i_1}\cdots p_{i_k})$. 因此,由式(21)推出

$$\varphi(N)=N-\sum_{1\leqslant i_1\leqslant m}\frac{N}{p_{i_1}}+\sum_{1\leqslant i_1<i_2\leqslant m}\frac{N}{p_{i_1}p_{i_2}}-\cdots$$

$$+(-1)^k \sum_{1\leqslant i_1<\cdots<i_k\leqslant m} \frac{N}{p_{i_1}\cdots p_{i_k}}+\cdots+(-1)^m \frac{N}{p_1\cdots p_m}$$

$$=N\left(1-\frac{1}{p_1}\right)\left(1-\frac{1}{p_2}\right)\cdots\left(1-\frac{1}{p_m}\right).$$

这就证明了所要的结论.第三章的§3已对$\varphi(N)$做了详细讨论,在那里这一结论是用不同的方法证明的.

应该指出,定理1和定理2都是组合数学中的容斥原理的特例.我们将在1.4小节中讨论这一原理,由此可进一步认识定理1证明的实质.

1.2 Möbius函数

式(21)的表示方式中要利用K的全部素因数,这在推导、表述时都不太方便.下面我们引入一个十分重要的数论函数,它不仅可以给式(21)一个简洁的表示式,而且用它的性质可以直接、简单地证明定理2.这就是通常所说的**Möbius函数**$\mu(n)$(参看第三章§2的例8),其中变数n取正整数.$\mu(n)$定义为

$$\mu(n)=\begin{cases}1, & n=1,\\ (-1)^r, & n=p_1\cdots p_r,\text{其中 } p_1,\cdots,p_r \text{ 是两两不同的素数},\\ 0, & \text{其他,即 } n \text{ 有大于 } 1 \text{ 的平方因数}.\end{cases} \tag{22}$$

显见,当$(d_1,d_2)=1$时,有(请读者自己证明)

$$\mu(d_1d_2)=\mu(d_1)\mu(d_2). \tag{23}$$

由$\mu(n)$的定义立即推出式(21)可改写为

$$S(A;K)=\sum_{\substack{a\in A\\(a,K)=1}} 1=\sum_{d\mid K}\mu(d)\,|A_d|. \tag{24}$$

我们先来证明Möbius函数的一个最基本、最重要的性质,由它就可证明定理2,即式(24).

引理3 设n是正整数,则

$$\sum_{d\mid n}\mu(d)=\left[\frac{1}{n}\right]=\begin{cases}1, & n=1,\\ 0, & n>1.\end{cases} \tag{25}$$

证 当 $n=1$ 时,式(25)显然成立. 现设 $n=p_1^{\alpha_1}\cdots p_s^{\alpha_s}$, $\alpha_j\geqslant 1(1\leqslant j\leqslant s)$. 由定义式(22)知

$$\sum_{d|n}\mu(d)=\sum_{d|p_1\cdots p_s}\mu(d)=1-\binom{s}{1}+\binom{s}{2}-\cdots+(-1)^s\binom{s}{s}$$
$$=(1-1)^s=0.$$

这就证明了当 $n>1$ 时,式(25)也成立. 证毕.

定理 2 的证明 由引理 3 知

$$\sum_{\substack{a\in A\\(a,K)=1}}1=\sum_{a\in A}\sum_{d|(a,K)}\mu(d)=\sum_{d|K}\mu(d)\sum_{\substack{a\in A\\d|a}}1=\sum_{d|K}\mu(d)|A_d|.$$

这就证明了式(24),也就是式(21)成立. 证毕.

我们利用式(24)很容易给出例 2[即第三章§3 的式(5)——$\varphi(m)$ 的计算公式]的简洁证明. 取 A 为由 $1,2,\cdots,m$ 组成的序列, $K=m=p_1^{\alpha_1}\cdots p_r^{\alpha_r}$, $\alpha_j\geqslant 1$, $1\leqslant j\leqslant r$. 由于

$$|A_d|=m/d,\quad d|m,$$

故有

$$\varphi(m)=\sum_{\substack{a\in A\\(a,m)=1}}1=\sum_{\substack{a=1\\(a,m)=1}}^{m}1=\sum_{a=1}^{m}\sum_{d|(a,m)}\mu(d)$$
$$=\sum_{d|m}\mu(d)\sum_{\substack{a=1\\d|a}}^{m}1=\sum_{d|m}\mu(d)\frac{m}{d}. \tag{26}$$

利用式(23)可得

$$\sum_{d|m}\frac{\mu(d)}{d}=\sum_{i_1=0}^{\alpha_1}\cdots\sum_{i_r=0}^{\alpha_r}\frac{\mu(p_1^{i_1}\cdots p_r^{i_r})}{p_1^{i_1}\cdots p_r^{i_r}}=\sum_{i_1=0}^{\alpha_1}\frac{\mu(p_1^{i_1})}{p_1^{i_1}}\cdots\sum_{i_r=0}^{\alpha_r}\frac{\mu(p_r^{i_r})}{p_r^{i_r}}$$
$$=(1-1/p_1)\cdots(1-1/p_r), \tag{27}$$

其中最后一步用了式(22). 由式(26),(27)就推出例 2 的结论. 反过来,从式(27)及例 2 的结论可推出式(26).

下面给出式(24)(即定理 2)的一个应用.

定理 4 设 $x\geqslant y\geqslant 2$, $\Phi(x;y)$表示不超过 x 且素因数都大于 y 的所有正整数的个数,则

$$x\prod_{p\leqslant y}\left(1-\frac{1}{p}\right)-2^{\pi(y)}\leqslant 1+\Phi(x;y)\leqslant x\prod_{p\leqslant y}\left(1-\frac{1}{p}\right)+2^{\pi(y)}. \tag{28}$$

证　取序列 A 为 $1,2,\cdots,[x]$,

$$K=P(y)=\prod_{p\leqslant y}p.$$

我们有

$$\begin{aligned}1+\Phi(x;y)=S(A;P(y))&=\sum_{\substack{1\leqslant a\leqslant x\\(a,P(y))=1}}1\\&=\sum_{d|P(y)}\mu(d)\left[\frac{x}{d}\right]=x\sum_{d|P(y)}\frac{\mu(d)}{d}-\sum_{d|P(y)}\mu(d)\left\{\frac{x}{d}\right\}\\&=x\prod_{p\leqslant y}\left(1-\frac{1}{p}\right)-\sum_{d|P(y)}\mu(d)\left\{\frac{x}{d}\right\},\end{aligned} \tag{29}$$

其中最后一步用到了式(27). 由此及

$$\left|\sum_{d|P(y)}\mu(d)\left\{\frac{x}{d}\right\}\right|\leqslant\sum_{d|P(y)}1=\tau(P(y))=2^{\pi(y)} \tag{30}$$

就推出式(28).

1.3　素数的个数与大小的简单估计

现在我们要利用定理 4 来得到 $\pi(x)$的上界及第 n 个素数 p_n 的下界的很弱的估计.

定理 5　设 $x\geqslant 10$,则一定存在正常数 c_1,使得

$$\pi(x)\leqslant c_1x(\ln\ln x)^{-1}, \tag{31}$$

$$p_n\geqslant c_1^{-1}n\ln\ln n,\quad n\geqslant 5, \tag{32}$$

这里 p_n 表示第 n 个素数.

证　容易看出

$$\pi(x)-\pi(y)\leqslant\Phi(x;y),\quad 2\leqslant y\leqslant x. \tag{33}$$

由此及式(28)得到

$$\pi(x)\leqslant\pi(y)+x\prod_{p\leqslant y}\left(1-\frac{1}{p}\right)+2^{\pi(y)},\quad 2\leqslant y\leqslant x. \tag{34}$$

注意到

$$\prod_{p\leqslant y}\left(1-\frac{1}{p}\right)^{-1}=\prod_{p\leqslant y}\left(1+\frac{1}{p}+\frac{1}{p^2}+\cdots\right)>\sum_{k\leqslant y}\frac{1}{k}$$
$$>\sum_{k\leqslant y}\ln\left(1+\frac{1}{k}\right)=\ln([y]+1)>\ln y,\qquad(35)$$

取 $y=\ln x$，由以上两式得

$$\pi(x)\leqslant x(\ln\ln x)^{-1}+\ln x+2^{\ln x}$$
$$\leqslant x(\ln\ln x)^{-1}+\ln x+x^{0.7},\qquad(36)$$

这就证明了式(31). 在式(31)中，取 $p_n=x$，注意到 $\pi(p_n)=n$ 及 $p_n>n$，就得到式(32). 这里常数 c_1 的具体数值请读者自己计算. 证毕.

素数虽有无穷多个，但由式(31)知

$$\lim_{x\to+\infty}\frac{\pi(x)}{x}=0,\qquad(37)$$

所以正整数中绝大多数是合数，素数只有很少一部分.

最后，我们利用第一章 §2 定理 7 的证明方法来得到 $\pi(x)$ 的很弱的下界估计及第 n 个素数 p_n 的很弱的上界估计.

定理 6　设全体素数按由小到大顺序排成的序列是

$$p_1=2,\ p_2=3,\ p_3,\ p_4,\ \cdots.\qquad(38)$$

我们有

$$p_n\leqslant 2^{2^{n-1}},\quad n=1,2,\cdots\qquad(39)$$

及

$$\pi(x)>\log_2\log_2 x,\quad x\geqslant 2.\qquad(40)$$

证　由第一章 §2 定理 7 的证明知

$$p_n\leqslant p_1p_2\cdots p_{n-1}+1,\quad n>1.\qquad(41)$$

我们用数学归纳法来证明式(39). 当 $n=1$ 时，式(39)显然成立. 假设式(39)对 $n\leqslant k(k\geqslant 1)$ 成立. 当 $n=k+1$ 时，由式(41)及归纳假设得

$$p_{k+1}\leqslant 2^{2^0}\cdot 2^{2^1}\cdot\cdots\cdot 2^{2^{k-1}}+1=2^{2^k-1}+1<2^{2^k}.$$

即式(39)对 $n=k+1$ 也成立. 这就证明了式(39)对任意的 $n\geqslant 1$ 都成立.

下面来证明式(40). 对 $x\geqslant 2$，必有唯一的正整数 n，使得 $2^{2^{n-1}}\leqslant x<2^{2^n}$，因而有

$$\pi(x) \geqslant \pi(2^{2^{n-1}}) \geqslant n,$$

其中最后一步用到了式(39). 由此及 $x<2^{2^n}$ 就推出式(40).

1.4　容斥原理

容斥原理讨论这样的问题：设 A 是给定的由有限个元素组成的序列 $a_1, a_2, \cdots, a_n$，而 $P_1, P_2, \cdots, P_m$ 是与 A 中的元素有关的 m 个性质. 我们要讨论序列 A 中具有或不具有(和给定的这 m 个性质有关的)某种性质的元素个数. 例如：取 A 是 $1 \sim N$ 中所有正整数组成的序列，$p_1, p_2, \cdots, p_s$ 表示不超过 $N^{1/2}$ 的所有素数. 如果我们把"被 p_i 整除"看作性质 P_i，那么要求 $1 \sim N$ 中所有不能被任何一个素数 $p_i (1 \leqslant i \leqslant s)$ 整除的整数个数，就是要求 A 中所有不具有任何一个性质 $P_i (1 \leqslant i \leqslant s)$ 的元素个数. 这就是 1.1 小节讨论的问题，它是容斥原理的一个特殊情形. 对定理 2 也可做同样理解. 为了方便陈述和讨论，先引入一些记号. 这些记号的意义可对照 1.1 小节讨论的问题来理解.

对任一有限序列 E，以 $|E|$ 表示这个序列的元素个数.

(i) 记 $A(i_1, i_2, \cdots, i_r)$ 是序列 A 中同时具有给定的 r 个性质 P_{i_1}, $P_{i_2}, \cdots, P_{i_r}$ 的所有元素组成的子序列，其中 $\{i_1, i_2, \cdots, i_r\}$ 是集合 $\{1, 2, \cdots, m\}$ 的一个 r 组合. 当然，它的元素也可能具有其他性质，即两个子序列 $A(i_1, i_2, \cdots, i_r)$ 和 $A(t_1, t_2, \cdots, t_s)$ 中可以有公共元素，但具有少于 r 个性质的元素一定不属于它.

(ii) 设 $1 \leqslant r \leqslant m$. 记

$$A^{(r)} = \sum_{\{i_1, i_2, \cdots, i_r\}} |A(i_1, i_2, \cdots, i_r)|,$$

其中求和条件 $\{i_1, i_2, \cdots, i_r\}$ 表示对集合 $\{1, 2, \cdots, m\}$ 的所有 r 组合求和. 此外，约定 $A^{(0)} = |A|$.

$A^{(r)}$ 是所有具有任意指定的 r 个性质的元素组成的子序列的元素个数之和，具有少于 r 个性质的元素一定不被计数在内，而每个有且只有(恰有) $l (r \leqslant l)$ 个性质的元素在 $A^{(r)}$ 中被重复计数了 $\binom{l}{r}$ 次.

(iii) 记 $B(i_1, i_2, \cdots, i_r)$ 是序列 A 中有且只有给定的 r 个性质

$P_{i_1}, P_{i_2}, \cdots, P_{i_r}$ 的所有元素组成的子序列，其中 $\{i_1, i_2, \cdots, i_r\}$ 是集合 $\{1,2,\cdots,m\}$ 的一个 r 组合.

显见，对任意两个不同的组合 $\{i_1, i_2, \cdots, i_r\}$ 和 $\{t_1, t_2, \cdots, t_s\}$（$r$ 和 s 的值也可不同），相应的两个子序列 $B(i_1, i_2, \cdots, i_r)$ 和 $B(t_1, t_2, \cdots, t_s)$ 没有公共元素. $B(0)$ 表示序列 A 中性质 $P_j(1 \leqslant j \leqslant m)$ 都不满足的所有元素组成的子序列.

(iv) 设 $1 \leqslant r \leqslant m$. 记 $B^{(r)}$ 是序列 A 中有且只有 r 个性质的所有元素组成的子序列. 由(iii)知 $B^{(r)}$ 是由所有两两不交的子序列 $B(i_1, i_2, \cdots, i_r)$ 合并而成的（按序列 A 中原有元素次序排列），因此 $B^{(r)}$ 中的元素个数为

$$|B^{(r)}| = \sum_{\{i_1, i_2, \cdots, i_r\}} |B(i_1, i_2, \cdots, i_r)|,$$

其中求和条件 $\{i_1, i_2, \cdots, i_r\}$ 表示对集合 $\{1, 2, \cdots, m\}$ 的所有 r 组合求和. 此外，约定 $B^{(0)} = B(0)$ 表示序列 A 中性质 $P_j(1 \leqslant j \leqslant m)$ 都不满足的所有元素组成的子序列. 为了简单起见，下面在不会混淆时，$B^{(r)}(0 \leqslant r \leqslant m)$ 就表示其元素个数 $|B^{(r)}|$.

这样，序列 A 中的元素可按其恰好具有的性质的个数分为这样两两不相交的子序列：不具有任一性质 $P_j(1 \leqslant j \leqslant m)$ 的所有元素组成的子序列，即 $B^{(0)}$；有且只有 r 个性质 $P_j(1 \leqslant j \leqslant m)$ 的所有元素组成的子序列，即 $B^{(r)}(1 \leqslant r \leqslant m)$. 因此有

$$A^{(0)} = |A| = B^{(0)} + B^{(1)} + \cdots + B^{(m)}$$

[这里 $B^{(r)}(1 \leqslant r \leqslant m)$ 就表示其元素个数]. 对给定的序列和性质，$A(i_1, i_2, \cdots, i_r)$ 和 $A^{(r)}$ 应该是容易处理和计算的，而我们对 $B^{(0)}$，$B^{(1)}, \cdots, B^{(m)}$ 则了解得很少. 我们希望解决以下两个问题：

(i) 序列 A 中不具有任一性质 $P_j(1 \leqslant j \leqslant m)$ 的元素的个数是多少？即求 $B^{(0)}$ 的值. 序列 A 中至少具有一个性质 P_j 的元素的个数就是

$$A^{(0)} - B^{(0)} = |A| - B^{(0)}.$$

(ii) 对给定的 $r(1 \leqslant r \leqslant m)$，序列 A 中恰好具有 r 个性质 P_{i_1}，$P_{i_2}, \cdots, P_{i_r}$（$\{i_1, i_2, \cdots, i_r\}$ 为 $\{1, 2, \cdots, m\}$ 为任意组合）的元素个数是多少？即求 $B^{(r)}$ 的值.

我们先来回答第一个问题.

定理 7(容斥原理)　在以上的符号和约定下,设 A 是有限序列,$P_1,P_2,\cdots,P_m$ 是与序列 A 中的元素有关的 m 个性质,则序列 A 中不具有任一性质 $P_j(1\leqslant j\leqslant m)$ 的元素个数为

$$\begin{aligned}B^{(0)}&=|A|-A^{(1)}+A^{(2)}-\cdots+(-1)^rA^{(r)}+\cdots+(-1)^mA^{(m)}\\&=A^{(0)}-A^{(1)}+A^{(2)}-\cdots+(-1)^rA^{(r)}+\cdots+(-1)^mA^{(m)},\end{aligned}$$

至少具有一个性质 P_j 的元素个数为

$$A^{(0)}-B^{(0)}=A^{(1)}-A^{(2)}+\cdots+(-1)^{r-1}A^{(r)}+\cdots+(-1)^{m-1}A^{(m)}.$$

证明定理 7 的思想方法是(为什么):把序列 A 中的元素按其恰好具有指定性质的元素分为两两不相交的子序列 $B(0)$ 和 $B(i_1,i_2,\cdots,i_r)$ $(1\leqslant r\leqslant m)$,进而考虑 $A^{(l)}(0\leqslant l\leqslant m)$ 和 $B^{(r)}(0\leqslant r\leqslant m)$ 之间的关系. 这就是下面的引理:

引理 8　在定理 7 的条件和符号下,我们有以下 $m+1$ 个等式:

$$\begin{aligned}|A|=A^{(0)}&=B^{(0)}+B^{(1)}+\cdots+B^{(m)}\\&=B^{(0)}+\binom{1}{0}B^{(1)}+\binom{2}{0}B^{(2)}+\cdots+\binom{r}{0}B^{(r)}+\cdots+\binom{m-1}{0}B^{(m-1)}+\binom{m}{0}B^{(m)},\\A^{(1)}&=\binom{1}{1}B^{(1)}+\binom{2}{1}B^{(2)}+\cdots+\binom{r}{1}B^{(r)}+\cdots+\binom{m-1}{1}B^{(m-1)}+\binom{m}{1}B^{(m)},\\A^{(2)}&=\binom{2}{2}B^{(2)}+\cdots+\binom{r}{2}B^{(r)}+\cdots+\binom{m-1}{2}B^{(m-1)}+\binom{m}{2}B^{(m)},\\&\cdots\cdots\\A^{(r)}&=\binom{r}{r}B^{(r)}+\cdots+\binom{m-1}{r}B^{(m-1)}+\binom{m}{r}B^{(m)},\\&\cdots\cdots\\A^{(m-1)}&=\binom{m-1}{m-1}B^{(m-1)}+\binom{m}{m-1}B^{(m)},\\A^{(m)}&=\binom{m}{m}B^{(m)}.\end{aligned}$$

证　第一个等式前面已经证明. 下面我们来讨论关于 $A^{(1)}=\sum\limits_{\{i_1\}}|A(i_1)|$ 的等式,即第二个等式. 各个 $A(i_1)$ 可以看作这样构成的:子序列 $B^{(0)}$ 中的任一元素一定不属于任何 $A(i_1)$;$B^{(1)}$ 中的每个元素有且只有一个性质 P_{i_1},所以一定属于且仅属于某个 $A(i_1)$,即 $B^{(1)}$ 中的

每个元素在所有的 $A(i)$ 中恰好出现了 1 次；$B^{(2)}$ 中的每个元素有且只有两个性质 P_{i_1}, P_{i_2}，所以一定既属于 $A(i_1)$，又属于 $A(i_2)$，即 $B^{(2)}$ 中的每个元素在所有的 $A(i)$ 中恰好出现了 2 次；一般地，$B^{(r)}$ 中的每个元素有且只有 r 个性质 $P_{i_1}, P_{i_2}, \cdots, P_{i_r}$，所以一定同时属于 $A(i_1)$，$A(i_2), \cdots, A(i_r)$，即 $B^{(r)}$ 中的每个元素在所有的 $A(i)$ 中恰好出现了 r 次. 这就证明了第二个等式. 一般地，对每个 $r(0\leqslant r\leqslant m)$，第 $r+1$ 个关于 $A^{(r)} = \sum\limits_{\{i_1, i_2, \cdots, i_r\}} |A(i_1, i_2, \cdots, i_r)|$ 的等式中各个 $A(i_1, i_2, \cdots, i_r)$ 可以看作这样构成的：所有子序列 $B^{(0)}, B^{(1)}, B^{(2)}, \cdots, B^{(r-1)}$ 中的元素均不出现在任何一个 $A(i_1, i_2, \cdots, i_r)$ 中，而 $B^{(s)}(r\leqslant s)$ 中的每个元素一定恰好出现在 $\binom{s}{r}$ 个 $A(i_1, i_2, \cdots, i_r)$ 中，即 $B^{(s)}$ 中的每个元素在所有的 $A(i_1, i_2, \cdots, i_r)$ 中恰好出现了 $\binom{s}{r}$ 次. 这就证明了第 $r+1$ 个等式. 证毕.

这就得到了 $A^{(0)}, A^{(1)}, A^{(2)}, \cdots, A^{(r)}, \cdots, A^{(m-1)}, A^{(m)}$ 和 $B^{(0)}, B^{(1)}, B^{(2)}, \cdots, B^{(r)}, \cdots, B^{(m-1)}, B^{(m)}$ 之间的 $m+1$ 个关系式. 将 $A^{(l)}(0\leqslant l\leqslant m)$ 看作是已知的，这就是一个线性方程组.

读者可考虑每个 $A(i_1, i_2, \cdots, i_r)$ 如何用 $B(t_1, t_2, \cdots, t_s)$ 来表示的问题.

定理 7 的证明 $B^{(0)}$ 是容易解出的. 将以上所得的 $m+1$ 个等式做以下的代数和：第一式减去第二式，再加上第三式，再减去第四式……可得

$$\begin{aligned}
&A^{(0)} - A^{(1)} + A^{(2)} - \cdots + (-1)^r A^{(r)} + \cdots + (-1)^{m-1} A^{(m-1)} + (-1)^m A^{(m)} \\
&\quad = B^{(0)} + \left(\binom{1}{0} - \binom{1}{1}\right) B^{(1)} \\
&\quad\quad + \left(\binom{2}{0} - \binom{2}{1} + \binom{2}{2}\right) B^{(2)} \\
&\quad\quad + \cdots \\
&\quad\quad + \left(\binom{r}{0} - \binom{r}{1} + \binom{r}{2} - \cdots + (-1)^r \binom{r}{r}\right) B^{(r)}
\end{aligned}$$

$$+\cdots$$

$$+\left(\binom{m-1}{0}-\binom{m-1}{1}+\binom{m-1}{2}-\cdots+(-1)^{m-1}\binom{m-1}{m-1}\right)B^{(m-1)}$$

$$+\left(\binom{m}{0}-\binom{m}{1}+\binom{m}{2}-\cdots+(-1)^{m}\binom{m}{m}\right)B^{(m)}.$$

利用二项式定理即得

$$A^{(0)}-A^{(1)}+A^{(2)}-\cdots+(-1)^{r}A^{(r)}+\cdots$$
$$+(-1)^{m-1}A^{(m-1)}+(-1)^{m}A^{(m)}=B^{(0)}.$$

这就求出了 $B^{(0)}$,即证明了定理 7.

这个证明方法实质上就是定理 1 的证明方法,这里把数量关系表述得更清晰.事实上,完全可以像定理 1 那样来证明定理 7.

由于本书中并不需要 $B^{(r)}$ $(1\leqslant r\leqslant m)$ 的值,下面我们简单介绍一下如何用线性代数理论来解出 $B^{(r)}$ $(0\leqslant r\leqslant m)$. 这个方程组的系数矩阵是上三角形矩阵 $\boldsymbol{A}=\left[\binom{j}{i}\right]_{i,j=0,1,\cdots,m}$,其中 i 代表行,j 代表列,组合数 $\binom{j}{0}=1(j\geqslant 0)$. 它的逆矩阵是

$$\boldsymbol{B}=\left[(-1)^{j-i}\binom{j}{i}\right]_{i,j=0,1,\cdots,m},$$

它也是上三角形矩阵(请读者考虑这个逆矩阵是如何得来的). 这是因为,$\boldsymbol{A}$ 的第 i 行乘以 $\boldsymbol{B}$ 的第 j 列等于(为什么)

$$\sum_{k=i}^{j}(-1)^{j-k}C(k,i)C(j,k)=C(j,i)\sum_{l=0}^{j-i}(-1)^{j-i-l}C(j-i,l)$$
$$=\begin{cases}1, & i=j,\\ 0, & \text{其他},\end{cases}$$

这里 $C(s,t)=\binom{s}{t}$. 由此就推出了下面的定理:

定理 9　在定理 7 的条件与符号下,恰好具有 r 个性质 $P_{i_1},P_{i_2},\cdots,P_{i_r}$ ($\{i_1,i_2,\cdots,i_r\}$ 为 $\{1,2,\cdots,m\}$ 的任意组合)的元素个数为

$$B^{(r)}=C(r,r)A^{(r)}-C(r+1,r)A^{(r+1)}+\cdots+(-1)^{k-r}C(k,r)A^{(k)}$$

$$+\cdots+(-1)^{m-r}C(m,r)A^{(m)}.$$

当 $r=0$ 时,定理 9 就是定理 7.

下面举几个具体例子.

例 3 (i) 求 1～500 之间不能被 5,6,8 中任一数整除的整数个数;

(ii) 求 1～500 之间能被 5,或 6,或 8 整除的整数个数.

解 设 A 是由 1～500 之间的整数组成的序列. 再假设: 性质 P_1: 被 5 整除,性质 P_2: 被 6 整除,性质 P_3: 被 8 整除. 这样,(i)就是要求 $B^{(0)}$ 的元素个数,(ii)就是要求 $A^{(0)}-B^{(0)}$ 的元素个数.

$A(1)$的元素个数是 100,$A(2)$的元素个数是 83,$A(3)$的元素个数是 62. $A(1,2)$由被 30 整除的整数组成,其元素个数是 16;$A(1,3)$由被 40 整除的整数组成,其元素个数是 12;$A(2,3)$由被 24 整除的整数组成,其元素个数是 20. $A(1,2,3)$由被 120 整除的整数组成,其元素个数是 4. 因此

$$B^{(0)}=500-(100+83+62)+(16+12+20)-4=299,$$

$$A^{(0)}-B^{(0)}=500-299=201.$$

例 4 设序列 A 是 1,3,2,5,4,3,5,7,6,11. 再假设: 性质 P_1: 被 3 整除,性质 P_2: 被 3 除得余数 1,性质 P_3: 被 2 整除. 试验证定理 7 和定理 9 的结论成立.

解 $A(1)$是 3,3,6;$A(2)$是 1,4,7;$A(3)$是 2,4,6. $A(1,2)$中没有元素;$A(1,3)$是 6;$A(2,3)$是 4. $A(1,2,3)$中没有元素.

$B^{(0)}=B(0)$是 5,5,11;$B(1)$是 3,3;$B(2)$是 1,7;$B(3)$是 2. $B(1,2)$中没有元素;$B(1,3)$是 6;$B(2,3)$是 4. $B(1,2,3)$中没有元素.

所以,我们有

$$\begin{aligned}3=B^{(0)}=B(0)&=A^{(0)}-A^{(1)}+A^{(2)}-A^{(3)}\\&=10-(3+3+3)+(0+1+1)-0=3.\end{aligned}$$

这与定理 7 的结论相符.

同样,可以验证定理 9 的结论成立(验证留给读者).

例 5 设序列 A 是 1,3,2,5,4,3,5,7,6,11. 再假设: 性质 P_1: 被 3 整除,性质 P_2: 被 3 除得余数 1,性质 P_3: 被 2 整除,性质 P_4: 被 3

整除. 试验证定理 7 和引理 8 的结论成立.

解　$A(1)$是 3,3,6;$A(2)$是 1,4,7;$A(3)$是 2,4,6;$A(4)$是 3,3,6. $A(1,2)$中没有元素;$A(1,3)$是 6;$A(1,4)$是 3,3,6;$A(2,3)$是 4;$A(2,4)$中没有元素;$A(3,4)$是 6. $A(1,2,3)$中没有元素;$A(1,2,4)$中没有元素,$A(1,3,4)$是 6;$A(2,3,4)$中没有元素;$A(1;2,3,4)$中没有元素.

$B^{(0)}=B(0)$是 5,5,11;$B(1)$中没有元素(因为性质 P_1 与性质 P_4 相同);$B(2)$是 1,7;$B(3)$是 2;$B(4)$中没有元素. $B(1,2)$中没有元素;$B(1,3)$中没有元素;$B(1,4)$是 3,3;$B(2,3)$是 4;$B(2,4)$中没有元素;$B(3,4)$中没有元素. $B(1,2,3)$中没有元素;$B(1,2,4)$中没有元素;$B(1,3,4)$是 6;$B(2,3,4)$中没有元素. $B(1,2,3,4)$中没有元素.

所以,我们有

$$\begin{aligned}3=B^{(0)}-B(0)&=A^{(0)}-A^{(1)}+A^{(2)}-A^{(3)}+A^{(4)}\\&=10-(3+3+3+3)+(0+1+3+1+0+1)\\&\quad-(0+0+1+0)+0=3.\end{aligned}$$

这与定理 7 的结论亦相符.

同样,可以验证引理 8 的结论成立(验证留给读者).

例 6　证明:设 $a_1,a_2,\cdots,a_m$ 是 m 个非负整数,则它们中的最大值为

$$\begin{aligned}\max(a_1,\cdots,a_m)=&\sum_{1\leqslant i_1\leqslant m}a_{i_1}-\sum_{1\leqslant i_1<i_2\leqslant m}\min(a_{i_1},a_{i_2})+\cdots\\&+(-1)^{k-1}\sum_{1\leqslant i_1<\cdots<i_k\leqslant m}\min(a_{i_1},\cdots,a_{i_k})\\&+\cdots+(-1)^{m-1}\min(a_1,\cdots,a_m).\end{aligned}$$

证　取 N 是一个不小于所有 $a_j(1\leqslant j\leqslant m)$ 的正整数. 在定理 7 中,取序列 A 为 $1,2,\cdots,N$,设性质 $P_j(1\leqslant j\leqslant m)$是不大于 a_j. 这样就有

$$\left|A(i_1,\cdots,i_k)\right|=\min(a_{i_1},\cdots,a_{i_k}),$$

$$1\leqslant i_1<\cdots<i_k\leqslant m,\ 1\leqslant k\leqslant m.$$

由此及定理 7 就推出:$1,2,\cdots,N$ 中任一性质 $P_j(1\leqslant j\leqslant m)$都不成立,即大于 $\max(a_1,\cdots,a_m)$的整数个数可表示为

$$
\begin{aligned}
N - \sum_{1\leqslant i_1\leqslant m} a_{i_1} + \sum_{1\leqslant i_1<i_2\leqslant m}\min(a_{i_1},a_{i_2}) - \cdots \\
+ (-1)^k \sum_{1\leqslant i_1<\cdots<i_k\leqslant m}\min(a_{i_1},\cdots,a_{i_k}) + \cdots \\
+ (-1)^m \min(a_1,\cdots,a_m).
\end{aligned}
$$

但这样的整数个数显然等于 $N-\max(a_1,\cdots,a_m)$. 由此及上式就推出所要的结论.

最后,我们对定理 7(容斥原理)做两点说明. 第一,对定理 7 中的条件做一点说明. 在例 4 和例 5 中,序列 A 中有重复的元素,即元素不是两两不同的;在例 5 中,性质 P_1,P_2,P_3,P_4 也不是两两不同的. 事实上,在使定理 7、引理 8 和定理 9 成立的条件中,既没有要求序列 A 中没有重复的元素,也没有要求 m 个性质两两不同,例 4 和例 5 就具体表明了在这样的情形下结论仍然成立. 这在应用中有时是方便的. 第二,对定理 7 称为容斥原理做定量的解释. 记

$$
I(k,r) = \binom{k}{0} - \binom{k}{1} + \binom{k}{2} - \cdots + (-1)^r \binom{k}{r}.
$$

由 $I(k,r)=1-b(k,r)$[见式(11)]知,当 $k\leqslant r$ 时,$I(k,r)=0$;当 $r<k$ 且 r 为偶数时,$I(k,r)>0$;当 $r<k$ 且 r 为奇数时,$I(k,r)<0$.

由引理 8 可知,从 $A^{(0)}$ 中减去 $A^{(1)}$ 得

$$
\begin{aligned}
A^{(0)} - A^{(1)} &= B^{(0)} + \left(\binom{1}{0} - \binom{1}{1}\right)B^{(1)} + \left(\binom{2}{0} - \binom{2}{1}\right)B^{(2)} \\
&\quad + \left(\binom{3}{0} - \binom{3}{1}\right)B^{(3)} + \cdots + \left(\binom{r}{0} - \binom{r}{1}\right)B^{(r)} \\
&\quad + \cdots + \left(\binom{m-1}{0} - \binom{m-1}{1}\right)B^{(m-1)} + \left(\binom{m}{0} - \binom{m}{1}\right)B^{(m)} \\
&= B^{(0)} + I(1,1)B^{(1)} + I(2,1)B^{(2)} + I(3,1)B^{(3)} + \cdots \\
&\quad + I(r,1)B^{(r)} + \cdots + I(m-1,1)B^{(m-1)} + I(m,1)B^{(m)} \\
&= B^{(0)} + I(2,1)B^{(2)} + I(3,1)B^{(3)} + \cdots + I(r,1)B^{(r)} \\
&\quad + \cdots + I(m-1,1)B^{(m-1)} + I(m,1)B^{(m)}.
\end{aligned}
$$

因为最后一式中各 $I(k,1)$ $(2\leqslant k\leqslant m)$ 的值都是负的,所以 $A^{(0)}-A^{(1)}$

比 $B^{(0)}$ 小. 如果再加上 $A^{(2)}$，就有

$$A^{(0)}-A^{(1)}+A^{(2)}=B^{(0)}+I(3,2)B^{(3)}+\cdots+I(r,2)B^{(r)} \\ +I(m-1,2)B^{(m-1)}+I(m,2)B^{(m)}.$$

因为最后一式中各 $I(k,2)(3\leqslant k\leqslant m)$ 的值都是正的，所以 $A^{(0)}-A^{(1)}+A^{(2)}$ 比 $B^{(0)}$ 大. 这样的依次减去和加上，一般地就有

$$A^{(0)}-A^{(1)}+A^{(2)}-\cdots+(-1)^{r}A^{(r)} \\ =B^{(0)}+I(r+1,r)B^{(r+1)}+\cdots+I(m+1,r)B^{(m-1)}+I(m,r)B^{(m)}.$$

因此，当 $r<m$ 且为奇数时，$A^{(0)}-A^{(1)}+A^{(2)}-\cdots+(-1)^{r}A^{(r)}$ 小于 $B^{(0)}$；当 $r<m$ 且为偶数时，它大于 $B^{(0)}$；当 r 等于 m 时，两者相等.

综上所述，定理 7 是对 $A=A^{(0)}$ 中的元素个数依次（按重数计地）删去（即排斥）和添加（即容纳），最后达到与 $B^{(0)}$ 中的元素个数相等的，所以称之为**容斥原理**.

习　题　一

第一部分(1.1～1.3 小节)

1. (i) 求 1～2000 中不能被 10，14 或 21 整除的整数个数；

(ii) 求 1～1000 中能被 3 和 7 整除，但不能被 5 整除的整数个数；

(iii) 求 1～1000 中能被 3 或 7 整除，但不能被 5 整除的整数个数；

(iv) 求 $\pi(N)$，其中

$$N=200,300,400,500,600,700,800,900,1000;$$

(v) 求 2～1000 中素因数均大于 17 的整数个数；

(vi) 求 2～200 中素因数均大于 5 但不大于 17 的整数个数.

2. 详细写出仿照定理 1 的证明方法来证明定理 2 的论证.

3. 设 n,d 是正整数，$n>1$，$d\mid n$；再设整数 r 满足 $(r,d)=1$，以及集合 $A=\{r+dl:\ l=1,2,\cdots,n/d\}$. 证明：集合 A 中与 n 互素的整数个数是 $\varphi(n)/\varphi(d)$.

4. 设 n 为任给的正整数. 求 $\mu(n)\mu(n+1)\mu(n+2)\mu(n+3)$ 的值.

5. 求 $\sum\limits_{j=1}^{\infty}\mu(j!)$ 的值.

6. 分别求正整数 k，使得

$$\mu(k)+\mu(k+1)+\mu(k+2)=0,\pm 1,\pm 2,\pm 3.$$

7. 证明：$\sum\limits_{d^2\mid n}\mu(d)=u^2(n)=|\mu(n)|$，这里求和号表示对所有满足 $d^2\mid n$ 的正整数 d 求和.

8. 证明：

(i) $\sum\limits_{d\mid n}\mu^2(d)=2^{\omega(n)}$，其中 $\omega(n)$ 是 n 的不同素因数的个数，$\omega(1)=0$；

(ii) $\sum\limits_{d\mid n}\mu(d)\tau(d)=(-1)^{\omega(n)}$.

9. 设 k 是给定的正整数. 证明：

$$\sum_{d^k\mid n}\mu(d)=\begin{cases}0, & \text{存在 } m>1, \text{使得 } m^k\mid n,\\ 1, & \text{其他},\end{cases}$$

这里求和号表示对所有满足 $d^k\mid n$ 的正整数 d 求和.

10. 设 $2\mid n$. 证明：$\sum\limits_{d\mid n}\mu(d)\varphi(d)=0$.

11. 设 $f(n)$ 是定义在正整数集合上的函数(称为数论函数)，再设 $F(n)=\sum\limits_{d\mid n}f(d)$. 证明：若对任意的 $(n_1,n_2)=1$，必有 $f(n_1n_2)=f(n_1)f(n_2)$，则对任意的 $(n_1,n_2)=1$，亦有

$$F(n_1n_2)=F(n_1)F(n_2).$$

12. 求 $\sum\limits_{d\mid n}\mu(d)\sigma(d)$ 的值.

13. (i) 设 $k\mid n$. 证明：$\sum\limits_{\substack{d=1\\(d,n)=k}}^{n}1=\varphi\left(\dfrac{n}{k}\right)$.

(ii) 设 $f(n)$ 是数论函数. 证明：

$$\sum_{d=1}^{n}f((d,n))=\sum_{d\mid n}f(d)\varphi\left(\frac{n}{d}\right).$$

(iii) 证明：$\sum\limits_{d=1}^{n}(d,n)\mu((d,n))=\mu(n)$.

14. 证明：$\mu(n)=\sum\limits_{\substack{d=1\\(d,n)=1}}^{n}\mathrm{e}^{2\pi\mathrm{i}d/n}$.

15. 证明：$\sum\limits_{d\leqslant x}\mu(d)\left[\dfrac{x}{d}\right]=1$.

16. 求以下各对 x,y 对应的 $\Phi(x;y)$ 的值：

(i) $x=400, y=3,5,7,11$；　(ii) $x=1000, y=5,7,11,17,29$.

比较 $\Phi(x;y)$ 和 $x\prod_{p\leqslant y}\left(1-\frac{1}{p}\right)$的大小，$x,y$ 取(i),(ii) 中的值.

17. 设 $k>l\geqslant 0$，$(k,l)=1$ 及 $x>k$；再设 A 表示由满足以下条件的正整数 a 组成的序列：$1\leqslant a\leqslant x$，$a\equiv l(\bmod k)$，而 $\pi(x;k,l)$表示 A 中的素数个数，K 表示不超过 $\sqrt{x}$ 且不能整除 k 的所有素数的乘积.

(i) 证明：

$$\pi(x;k,l)=S(A,K)-\varepsilon,$$

这里 $S(A,K)$由定理 2 给出；$1\in A$ 时 $\varepsilon=1$，$1\notin A$ 时 $\varepsilon=0$.

(ii) 利用式(21)求 $\pi(x;4,1)$和 $\pi(x;4,3)$，其中

$$x=100,300,500,700,1000.$$

18. 设整数 $N\geqslant 2$. 证明：

(i) $\sum_{p\leqslant N}\frac{1}{p-1}>\ln\ln(N+1)$，这里求和号表示对所有不超过 N 的素数 p 求和；

(ii) $\sum_{p\leqslant N}\frac{1}{p}>\ln\ln(N+1)-1$.

19. 证明：

(i) 任一正整数 a 一定可表示为 $a=k^2l$ 的形式，其中 k 是正整数，l 是 1 或不同素数的乘积；

(ii) 设整数 $N\geqslant 2$，则有 $N\leqslant\sqrt{N}\cdot 2^{\pi(N)}$；

(iii) $\pi(N)\geqslant(\log_2 N)/2$；

(iv) 第 n 个素数 $p_n\leqslant 2^{2n}$.

第二部分(1.4 小节)

1. 通过证明下面的(i),(ii)，用数学归纳法来证明定理 1：

(i) $|B_1\cup B_2|=|B_1|+|B_2|-|B_1\cap B_2|$；

(ii) $|(B_1\cup B_2)\cap B_3|=|B_1\cap B_3|+|B_2\cap B_3|-|B_1\cap B_2\cap B_3|$.

2. 定理 7 中的性质 $P_1,P_2,\cdots,P_m$ 是否一定要求是两两不同的？

并举例说明.

3. 设 $a_1,a_2,\cdots,a_m$ 是 m 个非负整数. 证明：

$$\min(a_1,\cdots,a_m)=\sum_{1\leqslant i_1\leqslant m}a_{i_1}-\sum_{1\leqslant i_1<i_2\leqslant m}\max(a_{i_1},a_{i_2})+\cdots$$
$$+(-1)^{k-1}\sum_{1\leqslant i_1<\cdots<i_k\leqslant m}\max(a_{i_1},\cdots,a_{i_k})$$
$$+\cdots+(-1)^{m-1}\max(a_1,\cdots,a_m).$$

*4. 设 $a_1,a_2,\cdots,a_m$ 是 m 个正整数. 证明：

$$[a_1,\cdots,a_m]=\Big(\prod_{1\leqslant i_1\leqslant m}a_{i_1}\Big)\Big(\prod_{1\leqslant i_1<i_2\leqslant m}(a_{i_1},a_{i_2})\Big)^{-1}$$
$$\cdot\Big(\prod_{1\leqslant i_1<i_2<i_3\leqslant m}(a_{i_1},a_{i_2},a_{i_3})\Big)$$
$$\cdot\cdots\cdot\Big(\prod_{1\leqslant i_1<\cdots<i_k\leqslant m}(a_{i_1},\cdots,a_{i_k})\Big)^{(-1)^{k-1}}$$
$$\cdot\cdots\cdot((a_1,\cdots,a_m))^{(-1)^{m-1}}$$

及

$$(a_1,\cdots,a_m)=\Big(\prod_{1\leqslant i_1\leqslant m}a_{i_1}\Big)\Big(\prod_{1\leqslant i_1<i_2\leqslant m}[a_{i_1},a_{i_2}]\Big)^{-1}$$
$$\cdot\Big(\prod_{1\leqslant i_1<i_2<i_3\leqslant m}[a_{i_1},a_{i_2},a_{i_3}]\Big)$$
$$\cdot\cdots\cdot\Big(\prod_{1\leqslant i_1<\cdots<i_k\leqslant m}[a_{i_1},\cdots,a_{i_k}]\Big)^{(-1)^{k-1}}$$
$$\cdot\cdots\cdot([a_1,\cdots,a_m])^{(-1)^{m-1}}.$$

§2 π(x)的上、下界估计

2.1 Чебышев 不等式

在 1.3 小节及习题一第一部分的第 18,19 题中,我们给出了 $\pi(x)$, p_n 的很弱的下、上界估计. 本节将利用第一章 §7 的推论 3 得到的 $n!$

的素因数分解式来给出从阶上说最好的上、下界估计. 这就是著名的 Чебышев 不等式(它的证明需要用到微积分知识).

定理 1(Чебышев 不等式) 设 $x\geqslant 2$. 我们有

$$\frac{\ln 2}{3}\cdot\frac{x}{\ln x}<\pi(x)<(6\ln 2)\frac{x}{\ln x} \tag{1}$$

及

$$\frac{1}{6\ln 2}n\ln n<p_n<\frac{8}{\ln 2}n\ln n,\quad n\geqslant 2, \tag{2}$$

这里 p_n 是第 n 个素数.

证 先来证明式(1). 设 m 是正整数,

$$M=(2m)!/(m!)^2,$$

由第一章 § 7 的例 4 知, M 是正整数①. 我们来考虑 μ 的素因数分解式. 由第一章 § 7 的推论 3 知(为了方便起见,取对数形式)

$$\begin{aligned}\ln M&=\ln(2m)!-2\ln m!\\&=\sum_{p\leqslant m}(\alpha(p,2m)-2\alpha(p,m))\ln p+\sum_{m<p\leqslant 2m}\alpha(p,2m)\ln p,\end{aligned} \tag{3}$$

这里

$$\alpha(p,n)=\sum_{j=1}^{\infty}\left[\frac{n}{p^j}\right]. \tag{4}$$

我们来考查式(3)中 $\ln p$ 的系数. 显见

$$\alpha(p,2m)=1,\quad m<p\leqslant 2m. \tag{5}$$

当 $p\leqslant m$ 时,由 $0\leqslant[2y]-2[y]\leqslant 1$ 及式(4)得

$$\begin{aligned}0\leqslant\alpha(p,2m)-2\alpha(p,m)&=\sum_{j=1}^{\infty}\left(\left[\frac{2m}{p^j}\right]-2\left[\frac{m}{p^j}\right]\right)\\&\leqslant\sum_{p^j\leqslant 2m}1=\left[\frac{\ln(2m)}{\ln p}\right].\end{aligned} \tag{6}$$

这样,由式(3),(5),(6)得到

$$\sum_{m<p\leqslant 2m}\ln p\leqslant\ln M\leqslant\sum_{p\leqslant 2m}\left[\frac{\ln(2m)}{\ln p}\right]\ln p, \tag{7}$$

---

① 当然, M 就是组合数 $\binom{2m}{m}$,由此也可推出 M 是正整数.

因而有

$$(\pi(2m)-\pi(m))\ln m \leqslant \ln M \leqslant \pi(2m)\ln(2m). \tag{8}$$

另外,我们直接估计 M 的上、下界,有

$$M=\frac{2m}{m}\cdot\frac{2m-1}{m-1}\cdot\cdots\cdot\frac{m+1}{1}\geqslant 2^m, \tag{9}$$

$$M=(2m)!/(m!)^2<(1+1)^{2m}=2^{2m}. \tag{10}$$

由以上三式即得

$$\pi(2m)\ln(2m)\geqslant m\ln 2, \tag{11}$$

$$(\pi(2m)-\pi(m))\ln m<2m\ln 2. \tag{12}$$

当 $x\geqslant 6$ 时,取 $m=[x/2]>2$. 这时,显然有 $2m\leqslant x<3m$,因而由式(11)得

$$\pi(x)\ln x\geqslant \pi(2m)\ln(2m)>(\ln 2/3)x.$$

由直接验算知,上式当 $2\leqslant x<6$ 时也成立. 这就证明了式(1)左边的不等式.

当 $m=2^k$ 时,由式(12)可得

$$k(\pi(2^{k+1})-\pi(2^k))<2^{k+1}.$$

由此及显然估计式 $\pi(2^{k+1})\leqslant 2^k(k\geqslant 0)$可推出

$$(k+1)\pi(2^{k+1})-k\pi(2^k)<3\cdot 2^k.$$

对上式从 $k=0$ 到 $l-1$ 求和,得到

$$l\pi(2^l)<3\cdot 2^l.$$

对任意的 $x\geqslant 2$,必有唯一的整数 $h(h\geqslant 1)$,使得 $2^{h-1}<x\leqslant 2^h$,因而有

$$\pi(x)\leqslant \pi(2^h)<3\cdot 2^h/h<(6\ln 2)x/\ln x,$$

这就证明了式(1)右边的不等式①.

在上式中,取 $x=p_n$,利用 $p_n>n$ 就得到

$$p_n>\frac{1}{6\ln 2}n\ln p_n>\frac{1}{6\ln 2}n\ln n,$$

这就证明了式(2)左边的不等式. 设 $n\geqslant 2$. 在式(11)中,取 $2m=p_n+1$,得到

① 这一证明方法通常称为“二分法”,是很有用的.

$$n\ln(p_n+1) \geqslant ((p_n+1)/2)\ln 2,$$

进而两边取对数可得

$$\ln(p_n+1) \leqslant \ln(2n/\ln 2) + \ln\ln(p_n+1). \tag{13}$$

当 $s>-1$ 时,

$$\frac{s}{1+s} \leqslant \ln(1+s) = \int_0^s \frac{\mathrm{d}t}{1+t} \leqslant s. \tag{14}$$

取 $s=y/2-1$,则由上式右边的不等式即得

$$\ln y \leqslant y/2-(1-\ln 2) < y/2, \quad y>0.$$

取 $y=\ln(p_n+1)$,则由上式及式(13)得

$$\ln(p_n+1) \leqslant 2\ln(2n/\ln 2) < 4\ln n, \quad n \geqslant 3.$$

由此及式(13)的上一式就推出：当 $n\geqslant 3$ 时,式(2)右边的不等式成立；当 $n=2$ 时,可直接验证式(2)右边的不等式成立. 证毕.

由定理 1 可得到有关素数平均分布的一些估计. 为此,需要下面的引理:

引理 2　设 $y\geqslant 2$. 我们有

$$\ln\ln([y]+1) - \ln\ln 2 < \sum_{2\leqslant k\leqslant y} \frac{1}{k\ln k} < \ln\ln[y] + \frac{1}{2\ln 2} - \ln\ln 2 \tag{15}$$

及

$$[y](\ln[y]-1)+1 < \sum_{1\leqslant k\leqslant y} \ln k < ([y]+1)(\ln([y]+1)-1)+2-2\ln 2. \tag{16}$$

证　我们有

$$\int_k^{k+1} \frac{\mathrm{d}t}{t\ln t} < \frac{1}{k\ln k} < \int_{k-1}^{k} \frac{\mathrm{d}t}{t\ln t}, \quad k \geqslant 3,$$

因此

$$\sum_{2\leqslant k\leqslant y} \frac{1}{k\ln k} < \frac{1}{2\ln 2} + \int_2^{[y]} \frac{\mathrm{d}t}{t\ln t} = \ln\ln[y] + \frac{1}{2\ln 2} - \ln\ln 2,$$

$$\sum_{2\leqslant k\leqslant y} \frac{1}{k\ln k} > \int_2^{[y]+1} \frac{\mathrm{d}t}{t\ln t} = \ln\ln([y]+1) - \ln\ln 2.$$

由以上两式即得式(15). 类似地，由

$$\int_{k-1}^{k} \ln t \, dt < \ln k < \int_{k}^{k+1} \ln t \, dt, \quad k \geqslant 2$$

可得

$$\sum_{1 \leqslant k \leqslant y} \ln k < \int_{2}^{[y]+1} \ln t \, dt = t \ln t \Big|_{2}^{[y]+1} - \int_{2}^{[y]+1} dt$$

$$= ([y]+1)\ln([y]+1) - ([y]+1) + 2 - 2\ln 2,$$

$$\sum_{1 \leqslant k \leqslant y} \ln k > \int_{1}^{[y]} \ln t \, dt = [y]\ln[y] - [y] + 1.$$

这就证明了式(16). 证毕.

由引理 2 及式(2)立即推出下面的定理：

定理 3 设 $x \geqslant 5$，则一定存在正常数 $c_1, c_2, \cdots, c_6$，使得

$$c_1 \ln \ln x < \sum_{p \leqslant x} \frac{1}{p} < c_2 \ln \ln x^{①}, \tag{17}$$

$$c_3 x < \sum_{p \leqslant x} \ln p < c_4 x, \tag{18}$$

$$c_5 \ln x < \sum_{p \leqslant x} \frac{\ln p}{p} < c_6 \ln x. \tag{19}$$

此外，有

$$\lim_{n \to \infty} \ln p_n / \ln n = 1. \tag{20}$$

证 式(20)由式(2)立即推出. 由式(2)容易推出

$$a_1 \ln n < \ln p_n < a_2 \ln n, \quad n \geqslant 2, \tag{21}$$

$$a_3 \ln \ln n < \ln \ln p_n < a_4 \ln \ln n, \quad n \geqslant 25, \tag{22}$$

其中 a_1, a_2, a_3, a_4 是和 n 无关的正常数. 下面证明式(17),(18),(19). 显见，不妨设 $x \geqslant 100$. 令 $p_m \leqslant x < p_{m+1}$，则 $m \geqslant 25$. 先证明式(17). 由式(2)知，存在正常数 a_5, a_6，使得

$$a_5 \sum_{k=2}^{m} \frac{1}{k \ln k} < \sum_{p \leqslant x} \frac{1}{p} = \sum_{k=1}^{m} \frac{1}{p_k} < a_6 \sum_{k=2}^{m} \frac{1}{k \ln k} + \frac{1}{2},$$

进而由式(15)及 $m \geqslant 25$ 推出存在正常数 a_7, a_8，使得

---

① 请比较式(17) 左边的不等式和习题一第一部分第 18 题的(ii).

$$a_7 \ln\ln(m+1) < \sum_{p \leqslant x} \frac{1}{p} < a_8 \ln\ln m.$$

于是，由式(22)及 $m \geqslant 25$ 知

$$\ln\ln m < a_3^{-1} \ln\ln p_m \leqslant a_3^{-1} \ln\ln x,$$

$$\ln\ln(m+1) > a_4^{-1} \ln\ln p_{m+1} > \ln\ln x.$$

由以上三式就推出式(17).

下面证明式(18). 由式(21)得

$$a_1 \sum_{k=2}^{m} \ln k < \sum_{p \leqslant x} \ln p = \sum_{k=1}^{m} \ln p_k < a_2 \sum_{k=2}^{m} \ln k + \ln 2.$$

利用式(16)及 $m \geqslant 25$，由此就推出存在正常数 a_9，a_{10}，使得

$$a_9 (m+1) \ln(m+1) < \sum_{p \leqslant x} \ln p < a_{10} m \ln m,$$

进而由式(2)及 $m \geqslant 25$ 推出

$$m \ln m < (6\ln 2) p_m \leqslant (6\ln 2) x$$

及 $$(m+1)\ln(m+1) > (\ln 2/8) p_{m+1} > (\ln 2/8) x.$$

由以上三式就推出式(18).

最后证明式(19). 由式(2)，(21)知，存在正常数 a_{11}，a_{12}，使得

$$a_{11}/n < \ln p_n / p_n < a_{12}/n, \quad n \geqslant 2,$$

且上式对 $n=1$ 也成立，因此

$$a_{11} \sum_{k=1}^{m} \frac{1}{k} < \sum_{p \leqslant x} \frac{\ln p}{p} = \sum_{k=1}^{m} \frac{\ln p_k}{p_k} < a_{12} \sum_{k=1}^{m} \frac{1}{k}.$$

由此及

$$\ln(m+1) = \int_1^{m+1} t^{-1} \mathrm{d}t < \sum_{k=1}^{m} \frac{1}{k} < 1 + \int_1^m t^{-1} \mathrm{d}t = 1 + \ln m$$

得到

$$a_{11} \ln(m+1) < \sum_{p \leqslant x} \frac{\ln p}{p} < 2a_{12} \ln m.$$

由式(21)可得

$$\ln m < a_1^{-1} \ln p_m < a_1^{-1} \ln x,$$

$$\ln(m+1) > a_2^{-1} \ln p_{m+1} > a_2^{-1} \ln x.$$

由以上三式就推出式(19). 证毕.

在第九章§3的3.4小节中将把定理3改进为渐近公式，这需要用到更多的分析方法与技巧.

2.2 Betrand 假设

关于素数有一个很出名的猜想：对每个整数 $m(m\geqslant 1)$，必有素数 p，使得 $m<p\leqslant 2m$，即

$$\pi(2m)-\pi(m)\geqslant 1,\quad m\geqslant 1. \tag{23}$$

通常称之为 **Betrand 假设**. 从式(1)还不能立即推出式(23). 从式(3)，(5)知

$$\sum_{m<p\leqslant 2m}\ln p=\ln M-\sum_{p\leqslant m}(\alpha(p,2m)-2\alpha(p,m))\ln p. \tag{24}$$

如果能较精确地估计上式右边的两项，证明 $m\geqslant 1$ 时右边一定大于零，那么就证明了式(23). 这就是下面定理4的证明途径.

定理 4 当 $m\geqslant 1$ 时，式(23)一定成立，即必有一个素数 p，使得

$$m<p\leqslant 2m.$$

证 我们先来较精确地估算 $\alpha(p,2m)-2\alpha(p,m)$ 的值. 当 $m\geqslant 5$ 时，我们有

$$p^2>4m^2/9>2m,\quad 2m/3<p\leqslant m,$$

所以，当 $2m/3<p\leqslant m$ 时，有

$$\alpha(p,2m)-2\alpha(p,m)=[2m/p]-2[m/p]=0.$$

另外，由式(6)知

$$\alpha(p,2m)-2\alpha(p,m)\leqslant\left[\frac{\ln 2m}{\ln p}\right]<2,\quad \sqrt{2m}<p\leqslant 2m/3.$$

由此及式(6)，从式(24)推出：当 $m\geqslant 5$ 时，有

$$\begin{aligned}\sum_{m<p\leqslant 2m}\ln p\geqslant{}&\ln M-\sum_{\sqrt{2m}<p\leqslant 2m/3}\ln p\\&-\sum_{p\leqslant\sqrt{2m}}(\alpha(p,2m)-2\alpha(p,m))\ln p\\\geqslant{}&\ln M-\sum_{\sqrt{2m}<p\leqslant 2m/3}\ln p-\pi(\sqrt{2m})\ln(2m).\end{aligned} \tag{25}$$

式(25)改进了式(7)，(8)右边的不等式. 下面我们要更精确地估计式

(25)右边的三项.

首先,由$\binom{2m}{m}\geqslant\binom{2m}{k}$,$1\leqslant k\leqslant 2m-1$及$\binom{2m}{m}\geqslant 2$得

$$(1+1)^{2m}=2+\binom{2m}{1}+\cdots+\binom{2m}{2m-1}\leqslant 2m\binom{2m}{m},$$

因而有

$$M=\binom{2m}{m}\geqslant\frac{2^{2m}}{2m}.\tag{26}$$

这改进了式(9).其次,当$y\geqslant 16$时,至少有9,15这两个数,它们是不超过y的奇合数,而$\pi(y)$等于不超过y的奇数个数与不超过y的奇合数个数之差(为什么),所以

$$\pi(y)\leqslant(y+1)/2-2<y/2-1,\quad y\geqslant 16,$$

因而有

$$\pi(\sqrt{2m})<\sqrt{m/2}-1,\quad m\geqslant 128.\tag{27}$$

最后,为了估计式(25)右边的第二项,需要下面的引理:

引理 5[①]　设$x\geqslant 2$,则

$$\sum_{p\leqslant x}\ln p<(2\ln 2)x.\tag{28}$$

我们来证明这个引理.显见,只要考虑x是整数的情形即可.用数学归纳法来证明.当$x=2$时,式(28)显然成立.假设式(28)对所有的$x<k(k\geqslant 3)$成立.若k是合数,则当$x=k$时,式(28)显然成立.若k是素数,设$k=2n+1(n\geqslant 1)$.由归纳假设知

$$\sum_{p\leqslant n+1}\ln p<(2\ln 2)(n+1).\tag{29}$$

利用

$$\prod_{n+2\leqslant p\leqslant 2n+1}p\,\Big|\,\frac{(2n+1)!}{n!(n+1)!}=\binom{2n+1}{n}$$

及
$$(1+1)^{2n+1}>\binom{2n+1}{n}+\binom{2n+1}{n+1}=2\binom{2n+1}{n},$$

① 这个引理给出了式(18)中较好的正常数c_4.

就推出

$$\sum_{n+2\leqslant p\leqslant 2n+1}\ln p<(2\ln 2)n.$$

由此及式(29)就证明了 $x=k=2n+1$ 为素数时式(28)也成立.因此,式(28)对一切 $x\geqslant 2$ 都成立.这就证明了引理5.

由式(28)可得

$$\sum_{\sqrt{2m}<p\leqslant 2m/3}\ln p<\frac{4\ln 2}{3}m.$$

综合式(25),(26),(27)及上式即得:当 $m\geqslant 128$ 时,

$$\begin{aligned}\sum_{m<p\leqslant 2m}\ln p&>2m\ln 2-\ln(2m)-\frac{4\ln 2}{3}m-\left(\sqrt{\frac{m}{2}}-1\right)\ln(2m)\\&=m(2\ln 2/3-2\ln\sqrt{2m}/\sqrt{2m}).\end{aligned}\tag{30}$$

由于 $$(y^{-1}\ln y)'=(1-\ln y)/y^2,$$

所以当 $y\geqslant \mathrm{e}$ 时,函数 $y^{-1}\ln y$ 递减,因而

$$y^{-1}\ln y\leqslant \ln 2/4,\quad y\geqslant 16.$$

由此及式(30)得到

$$\sum_{m<p\leqslant 2m}\ln p>\frac{\ln 2}{6}m,\quad m\geqslant 128.\tag{31}$$

这就证明了 $m\geqslant 128$ 时定理成立.

当 $1\leqslant m<128$ 时,可直接验证存在素数 p,使得 $m<p\leqslant 2m$:

$m=1,p=2$; $m=2,p=3$; $m=3,p=5$;

$4\leqslant m\leqslant 6,p=7$; $7\leqslant m\leqslant 12,p=13$;

$13\leqslant m\leqslant 22,p=23$; $23\leqslant m\leqslant 42,p=43$;

$43\leqslant m\leqslant 82,p=83$; $83<m\leqslant 127,p=131$.

证毕.

2.3 **Чебышев 函数 $\theta(x)$ 与 $\psi(x)$**

为了证明素数定理,Чебышев 引入了两个重要函数来代替 $\pi(x)$,它们是

$$\theta(x)=\sum_{p\leqslant x}\ln p\tag{32}$$

和

$$\psi(x)=\sum_{n\leqslant x}\Lambda(n),\tag{33}$$

通常都称为 **Чебышев 函数**,其中 $\Lambda(n)$定义为

$$\Lambda(n)=\begin{cases}\ln p, & n=p^{\alpha},p\text{ 素数},\alpha\geqslant 1,\\ 0, & \text{其他}.\end{cases}\tag{34}$$

通常称 $\Lambda(n)$为 **Mangoldt 函数**. $\theta(x)$和 $\psi(x)$这两个函数讨论起来比 $\pi(x)$方便很多. 从上面的讨论可以看出引入 $\theta(x)$的好处,引入 $\psi(x)$的理由将在下一节说明. 我们先来证明一个定理,说明这三个函数之间的关系.

定理 6　设 $x\geqslant 2$,则存在正常数 c_7,使得

$$(\ln x-c_7)\pi(x)<\theta(x)<\ln x\pi(x)\tag{35}$$

及

$$\theta(x)\leqslant\psi(x)\leqslant\theta(x)+x^{1/2}\ln x.\tag{36}$$

证　先证明式(35). 我们有

$$\begin{aligned}\theta(x)&=\sum_{p\leqslant x}\ln p=\sum_{k\leqslant x}\ln k(\pi(k)-\pi(k-1))\\&=-\sum_{k=2}^{[x]-1}\pi(k)(\ln(k+1)-\ln k)+\pi([x])\ln[x].\end{aligned}$$

利用式(14)可得

$$\frac{1}{y+1}<-\ln\left(1-\frac{1}{y+1}\right)=\ln\left(1+\frac{1}{y}\right)<\frac{1}{y},\quad y\geqslant 1.\tag{37}$$

由此得到

$$\pi(x)\ln[x]-\sum_{k=2}^{[x]-1}\frac{\pi(k)}{k}<\theta(x)<\pi(x)\ln x-\sum_{k=2}^{[x]-1}\frac{\pi(k)}{k+1}.$$

由式(1)得

$$\begin{aligned}\sum_{k=2}^{[x]-1}\frac{\pi(k)}{k}&<a_1\sum_{k=2}^{[x]-1}\frac{1}{\ln k}<\frac{a_1}{\ln 2}+a_1\int_2^x\frac{\mathrm{d}t}{\ln t}\\&=\frac{a_1}{\ln 2}+a_1\left(\int_2^{\sqrt{x}}\frac{\mathrm{d}t}{\ln t}+\int_{\sqrt{x}}^x\frac{\mathrm{d}t}{\ln t}\right)\\&<\frac{a_1}{\ln 2}+\frac{a_1}{\ln 2}\sqrt{x}+2a_1\frac{x}{\ln x}<a_2\pi(x),\end{aligned}$$

其中最后一步用到了由式(14)的下一式推出的 $\sqrt{x}<x/\ln x$(为什么),以及式(1),这里的 a_1,a_2 是正常数.此外,

$$\ln[x]>\ln(x-1)=\ln x+\ln(1-1/x)>\ln x-1/(x-1),$$

其中最后一步用到了式(37).由以上三式即得式(35).

下面证明式(36).由式(34)知

$$\psi(x)=\sum_{n\leqslant x}\Lambda(n)=\sum_{p^\alpha\leqslant x}\ln p,$$

其中第二个等号右边表示在素变数 p 及整变数 α 满足条件 $p^\alpha\leqslant x$ 的范围内求和.显见,对固定的 p,α 的求和范围是 $1\leqslant\alpha\leqslant\ln x/\ln p$,所以有(记 $\alpha_p=\ln x/\ln p$)

$$\begin{aligned}\psi(x)&=\sum_{p\leqslant x}\ln p+\sum_{p^\alpha\leqslant x,\alpha\geqslant 2}\ln p=\theta(x)+\sum_{p\leqslant\sqrt{x}}\ln p\sum_{2\leqslant\alpha\leqslant\alpha_p}1\\&\leqslant\theta(x)+\sum_{p\leqslant\sqrt{x}}\ln p\cdot\frac{\ln x}{\ln p}\leqslant\theta(x)+x^{1/2}\ln x.\end{aligned}$$

由此就推出式(36).证毕.

定理 6 表明了为什么可以用 $\theta(x)$ 或 $\psi(x)$ 来代替 $\pi(x)$ 研究素数分布.具体地说,有下面的定理:

定理 7 设 $x\geqslant 2$.

(i) 以下三个命题等价:

(a) 存在正常数 d_1,d_2,使得

$$d_1x/\ln x<\pi(x)<d_2x/\ln x;$$

(b) 存在正常数 d_3,d_4,使得

$$d_3x<\theta(x)<d_4x;$$

(c) 存在正常数 d_5,d_6,使得

$$d_5x<\psi(x)<d_6x.$$

(ii) 以下三个命题等价:

(d) $\lim\limits_{x\to\infty}\pi(x)\ln x/x=1$;

(e) $\lim\limits_{x\to\infty}\theta(x)/x=1$;

(f) $\lim\limits_{x\to\infty}\psi(x)/x=1$.

这两部分结论容易从定理 6 推出,详细推导留给读者.下面我们来

直接证明定理 7(i)的(c),由此利用等价性就可推出式(1)(当然,常数可以不同),而这里的推导要简洁些.为此,先证明两个引理.

引理 8　设整数 $n\geqslant 1$,则

$$\sum_{d\mid n}\Lambda(d)=\ln n. \tag{38}$$

证　当 $n=1$ 时,结论显然成立.若 $n>1$,设 n 的素因数分解式是

$$n=p_1^{\alpha_1}\cdots p_r^{\alpha_r}.$$

由 $\Lambda(d)$ 的定义式(34)知

$$\begin{aligned}\sum_{d\mid n}\Lambda(d)&=\sum_{d\mid p_1^{\alpha_1}}\Lambda(d)+\cdots+\sum_{d\mid p_r^{\alpha_r}}\Lambda(d)\\&=\alpha_1\ln p_1+\cdots+\alpha_r\ln p_r=\ln n.\end{aligned}$$

这就证明了式(38).

这个性质是算术基本定理的推论.

引理 9　设 $x\geqslant 1$,则

$$\sum_{m\leqslant x}\psi\left(\frac{x}{m}\right)=\ln([x]!). \tag{39}$$

证　由 $\psi(x)$ 的定义式(33)知

$$\sum_{m\leqslant x}\psi\left(\frac{x}{m}\right)=\sum_{m\leqslant x}\sum_{k\leqslant x/m}\Lambda(k)=\sum_{m\leqslant x}\sum_{km\leqslant x}\Lambda(k), \tag{40}$$

做整变数替换 $km=d,k=k$,则上式变为

$$\sum_{m\leqslant x}\psi\left(\frac{x}{m}\right)=\sum_{d\leqslant x}\sum_{k\mid d}\Lambda(k)=\sum_{d\leqslant x}\ln d,$$

其中最后一步用到了式(38).由此就推出式(39).

应该指出:式(39)是 $n!$ 的素因数分解式(即第一章 §7 的推论 3)的等价形式.先来证明从式(39)可推出 $n!$ 的素因数分解式.由式(40)可得

$$\sum_{m\leqslant x}\psi\left(\frac{x}{m}\right)=\sum_{k\leqslant x}\Lambda(k)\sum_{m\leqslant x/k}1=\sum_{k\leqslant x}\left[\frac{x}{k}\right]\Lambda(k). \tag{41}$$

由 $\Lambda(d)$ 的定义式(34)得

$$\sum_{k\leqslant x}\left[\frac{x}{k}\right]\Lambda(k)=\sum_{p^\alpha\leqslant x,\alpha\geqslant 1}\left[\frac{x}{p^\alpha}\right]\ln p=\sum_{p\leqslant x}\ln p\sum_{\alpha=1}^{\infty}\left[\frac{x}{p^\alpha}\right]. \tag{42}$$

在式(39)中,取 $x=n$,利用以上两式即得

$$\ln(n!)=\sum_{p\leqslant n}\ln p\sum_{\alpha=1}^{\infty}\left[\frac{n}{p^{\alpha}}\right],\tag{43}$$

这就是 $n!$ 的素因数分解式(取对数形式). 反过来,从式(43)成立可推出式(39): 只要在式(43)中取 $n=[x]$,注意到 $[[x]/p^{\alpha}]=[x/p^{\alpha}]$,由式(43)($n=[x]$),(42),(41)就推出式(39). 这给出了引理 9 的一个新的证明(但它的基础仍是算术基本定理). 由这一证明也可看出引入函数 $\psi(x)$ 的理由.

现在我们来证明定理 7 的(c).

定理 10 设 $x\geqslant 2$,则

$$\frac{\ln 2}{4}x<\psi(x)<(4\ln 2)x.\tag{44}$$

证 设 m 为正整数. 由式(39)得

$$\begin{aligned}\ln((2m)!)-2\ln(m!)&=\sum_{k\leqslant 2m}\psi\left(\frac{2m}{k}\right)-2\sum_{d\leqslant m}\psi\left(\frac{m}{d}\right)\\&=\sum_{k\leqslant 2m}\psi\left(\frac{2m}{k}\right)-2\sum_{d\leqslant m}\psi\left(\frac{2m}{2d}\right)\\&=\sum_{k\leqslant 2m}(-1)^{k-1}\psi\left(\frac{2m}{k}\right),\end{aligned}\tag{45}$$

因而有

$$\psi(2m)-\psi(m)\leqslant\ln\frac{(2m)!}{(m!)^2}\leqslant\psi(2m).\tag{46}$$

由此及式(9),(10)推出

$$\psi(2m)\geqslant m\ln 2,\tag{47}$$

$$\psi(2m)-\psi(m)\leqslant 2m\ln 2.\tag{48}$$

当 $x\geqslant 2$ 时,由式(47)得

$$\psi(x)\geqslant\psi\left(2\left[\frac{x}{2}\right]\right)\geqslant\left[\frac{x}{2}\right]\ln 2>\frac{\ln 2}{4}x,$$

这就证明了式(44)左边的不等式. 而对 $x\geqslant 2$,必有唯一的正整数 m,使得 $2^{m-1}<x\leqslant 2^{m}$. 这样,由式(48)得

$$\psi(x)\leqslant\psi(2^{m})=\sum_{k=0}^{m-1}(\psi(2^{k+1})-\psi(2^{k}))$$

$$\leqslant \sum_{k=0}^{m-1} 2^{k+1}\ln 2 < 2^{m+1}\ln 2 < (4\ln 2)x,$$

这就证明了式(44)右边的不等式. 证毕.

习 题 二

1. 设 $\pi_2(x)$表示所有不超过 x 且恰为两个素数乘积的正整数个数. 证明: 存在正常数 c_1, c_2, 使得

$$c_1 \frac{x\ln\ln x}{\ln x} < \pi_2(x) < c_2 \frac{x\ln\ln x}{\ln x}, \quad x \geqslant 4.$$

2. 证明: 当 $m \geqslant 6$ 时, 必存在两个素数 p, q, 使得 $m<p<q<2m$.

3. 证明: 存在正常数 c, 使得

$$\pi(2x)-\pi(x)>cx/\ln x, \quad x\geqslant 2.$$

4. 证明:

$$\text{(i) } \psi(x) = \sum_{n=1}^{\infty}\theta(x^{1/n}); \quad \text{(ii) } \theta(x) = \sum_{n=1}^{\infty}\mu(n)\psi(x^{1/n}).$$

5. 证明: 存在正常数 c, 使得

$$\psi(x) < \theta(x) + cx^{1/2}.$$

6. 证明: 素数定理 $\lim\limits_{x\to\infty} \pi(x)\dfrac{\ln x}{x}=1$ 等价于

$$\lim_{n\to\infty} \frac{p_n}{n\ln n} = 1,$$

这里 p_n 表示第 n 个素数.

7. 设 $T(x)=\ln([x]!)$. 证明: 当 $x\geqslant 1$ 时,

$$\psi(x) = \sum_{n\leqslant x} \mu(n) T\left(\frac{x}{n}\right).$$

*8. 设 $T(x)$同第 7 题,

$$U(x) = T(x) - T(x/2) - T(x/3) - T(x/5) + T(x/30).$$

证明:

(i) $U(x)=Ax+5\theta_1(\ln x+1)$, 其中 $|\theta_1|\leqslant 1$, 而

$$A = \frac{7}{15}\ln 2 + \frac{3}{10}\ln 3 + \frac{1}{6}\ln 5 = 0.921\,29\cdots;$$

(ii) $U(x)=\sum_{j=1}^{\infty}a_j\psi\left(\frac{x}{j}\right)$, $a_{j+30}=a_j$, $j\geqslant 1$，并具体定出 a_j；

(iii) $\psi(x)\geqslant U(x)\geqslant \psi(x)-\psi(x/6)$；

(iv) 当 $x\geqslant 1$ 时，

$$Ax-5(\ln x+1)\leqslant \psi(x)\leqslant \frac{6A}{5}x+(3\ln x+5)(\ln x+1).$$

*9. 证明：存在正常数 A_1, A_2，使得

(i) $\sum_{k\leqslant x}\frac{\Lambda(k)}{k}=\ln x+\Delta_1(x)$, $|\Delta_1(x)|\leqslant A_1$, $x\geqslant 1$；

(ii) $\sum_{p\leqslant x}\frac{\ln p}{p}=\ln x+\Delta_2(x)$, $|\Delta_2(x)|\leqslant A_2$, $x\geqslant 2$.

*10. 设 $f(x)$是区间$[a,b]$上的非负递增函数. 证明：

$$\left|\sum_{a<n\leqslant b}f(n)-\int_a^b f(t)\,\mathrm{d}t\right|\leqslant f(b).$$

*11. 设 $f(x)$是区间$[a,b]$上的非负递减函数. 证明：

$$\left|\sum_{a<n\leqslant b}f(n)-\int_a^b f(t)\,\mathrm{d}t\right|\leqslant f(a).$$

*12. 利用第 10, 11 题估计引理 2 中两个和式的上、下界.

*13. 证明：级数 $\sum_{p}(\ln\ln p)^{-\lambda}p^{-1}$ 当 $\lambda>1$ 时收敛，当 $\lambda\leqslant 1$ 时发散，这里求和号 $\sum_{p}$ 表示对所有素数 p 求和.

*14. 利用 $\Lambda(n)=\sum_{d\mid n}\Lambda(d)\sum_{l\mid n/d}\mu(l)$，证明：

$$\Lambda(n)=\sum_{l\mid n}\mu(l)\ln\frac{n}{l}=-\sum_{l\mid n}\mu(l)\ln l.$$

进而推出第 7 题.

15. 设 $f(n)$是正整数变数的函数，$F(n)=\sum_{d\mid n}f(d)$. 利用

$$f(n)=\sum_{d\mid n}f(d)\sum_{l\mid n/d}\mu(l)$$

证明：$f(n)=\sum_{d\mid n}\mu(d)F\left(\frac{n}{d}\right)$. 反过来，若先给定正整数变数函数 $F(n)$，并设 $f(n)=\sum_{d\mid n}\mu(d)F\left(\frac{n}{d}\right)$，证明：$F(n)=\sum_{d\mid n}f(d)$. 这一对关

系式通常称为 **Möbius 反转公式**.

§3　Euler 恒等式

关于正整数与素数之间的关系,我们证明了两个重要结论:一个是算术基本定理,它是最基本的;另一个是由它推出的 $n!$ 的素因数分解式,它的等价形式是 §2 的式(39). 本节将证明算术基本定理的一个分析等价形式,其证明思想在第一章 §2 习题二第一部分的第 28 题给出的素数有无穷多个的另一证明中已经用到. 本节需要用到数学分析中的级数与无穷乘积的有关知识. 为此,先来证明两个引理.

引理 1　当实数 $s>1$ 时,无穷乘积

$$\prod_p \left(1-\frac{1}{p^s}\right)^{-1} \tag{1}$$

收敛且大于 1,这里的连乘号 $\prod\limits_p$ 表示对所有素数 p 求积. 式(1) 称为 **Euler 乘积**.

证　由 §2 的式(14)可得

$$0<\frac{1}{p^s}<\ln\left(1-\frac{1}{p^s}\right)^{-1}=\ln\left(1+\frac{1}{p^s-1}\right)<\frac{1}{p^s-1},\quad s>0, \tag{2}$$

因而有

$$\begin{aligned}\sum_p \frac{1}{p^s}<\sum_p \ln\left(1-\frac{1}{p^s}\right)^{-1}&<\sum_p \frac{1}{p^s-1}\\ &<2\sum_p \frac{1}{p^s}<2\sum_{n=1}^{\infty}\frac{1}{n^s},\quad s>1,\end{aligned} \tag{3}$$

由于 $s>1$ 时级数 $\sum\limits_{n=1}^{\infty} n^{-s}$ 收敛,所以由式(3)知此时正项级数

$$\sum_p \ln\left(1-\frac{1}{p^s}\right)^{-1}$$

也收敛. 由此就推出无穷乘积(1)收敛. 它的值大于 1 是显然的. 证毕.

假定我们还没有证明算术基本定理. 当 $n>1$ 时,由第一章 §2 的

定理 5 知 n 必可表示为

$$n = p_1^{\alpha_1} \cdots p_r^{\alpha_r}. \tag{4}$$

由于必有 $p_j^{\alpha_j} \leqslant n$,所以这种表示法的个数是有限的.设不计次序的这种表示法个数为 $c(n)$,显然有 $c(n) \geqslant 1$.我们约定 $c(1)=1$.

引理 2　当实数 $s>1$ 时,

$$\prod_p \left(1-\frac{1}{p^s}\right)^{-1} = \sum_{n=1}^{\infty} \frac{c(n)}{n^s}. \tag{5}$$

证　当 $s>1$ 时,

$$\left(1-\frac{1}{p^s}\right)^{-1} = 1+\frac{1}{p^s}+\frac{1}{p^{2s}}+\cdots.$$

对任给的正整数 N,取正整数 k,使得 $2^{k-1} \leqslant N < 2^k$,则我们有

$$\begin{aligned}\sum_{n=1}^{N} \frac{c(n)}{n^s} &\leqslant \prod_{p \leqslant N}\left(1+\frac{1}{p^s}+\frac{1}{p^{2s}}+\cdots+\frac{1}{p^{ks}}\right) \\ &\leqslant \prod_{p \leqslant N}\left(1-\frac{1}{p^s}\right)^{-1} \leqslant \prod_p \left(1-\frac{1}{p^s}\right)^{-1}, \quad s>1,\end{aligned} \tag{6}$$

这里连乘号 $\prod\limits_{p \leqslant N}$ 表示对所有不超过 N 的素数 p 求积.当 $s>1$ 时,由引理 1 知上式最后的无穷乘积收敛,所以由上式知式(5)右边的正项级数收敛,且有

$$\sum_{n=1}^{\infty} \frac{c(n)}{n^s} \leqslant \prod_p \left(1-\frac{1}{p^s}\right)^{-1}. \tag{7}$$

反过来,对任给的正整数 M 及 h,取

$$N_1 = \prod_{p \leqslant M} p^h,$$

由 $c(n)$ 的定义知

$$\prod_{p \leqslant M}\left(1+\frac{1}{p^s}+\cdots+\frac{1}{p^{hs}}\right) \leqslant \sum_{n=1}^{N_1} \frac{c(n)}{n^s} < \sum_{n=1}^{\infty} \frac{c(n)}{n^s}, \quad s>1,$$

其中最后一步用到了已经证明的正项级数 $\sum\limits_{n=1}^{\infty} \frac{c(n)}{n^s}$ 的收敛性.令 $h \to +\infty$,则由上式得

$$\prod_{p \leqslant M}\left(1-\frac{1}{p^s}\right)^{-1} \leqslant \sum_{n=1}^{\infty} \frac{c(n)}{n^s}, \quad s>1.$$

再令 $M\to+\infty$,则由上式得

$$\prod_{p}\left(1-\frac{1}{p^{s}}\right)^{-1}\leqslant\sum_{n=1}^{\infty}\frac{c(n)}{n^{s}},\quad s>1.$$

由此及式(7)就证明了所要的结论.

定理 3 算术基本定理,即

$$c(n)=1,\quad n\geqslant 1 \tag{8}$$

等价于

$$\prod_{p}\left(1-\frac{1}{p^{s}}\right)^{-1}=\sum_{n=1}^{\infty}\frac{1}{n^{s}},\quad s>1, \tag{9}$$

上式通常称为 **Euler 恒等式.**

证 利用引理 2,从式(8)成立就推出式(9)成立.反过来,若式(9)成立,则由引理 2 知

$$\sum_{n=1}^{\infty}\frac{c(n)-1}{n^{s}}=0,\quad s>1.$$

由于对所有的 n,都有 $c(n)-1\geqslant 0$,所以由上式就推出式(8)成立(为什么).证毕.

应该指出的是:据我们所知,至今还没有不利用算术基本定理推出式(9)的直接证明.式(9)右边的级数通常记作

$$\zeta(s)=\sum_{n=1}^{\infty}\frac{1}{n^{s}},\quad s>1, \tag{10}$$

称之为 **Riemann ζ 函数**.关系式(9)的重要性在于它是应用分析方法研究素数性质的基础.这些当然完全超出了本书讨论的范围.利用本节的方法和关系式(9)可得到许多有趣而重要的关系式,这些将安排在习题中.特别是习题三的第 8 题,给出了以 $\Lambda(n)$ 为系数的形如式(10)的级数与 Riemann ζ 函数的关系.这一关系是利用分析方法,通过研究 Riemann ζ 函数,进而研究 $\psi(x)$(也就是研究 $\pi(x)$)的基础.素数定理最初的证明就是基于这一关系的.有关这方面的内容可参看文献[16],[18].

习 题 三

1. 设 $f(n)$ 是定义在正整数集合上的函数，s 是实数，级数 $\sum_{n=1}^{\infty} f(n)n^{-s}$[①] 绝对收敛且不等于零. 证明：

(i) 若当 $(m,n)=1$ 时，$f(mn)=f(m)f(n)$，则

$$\sum_{n=1}^{\infty} f(n)n^{-s} = \prod_{p}(1+f(p)p^{-s}+f(p^2)p^{-2s}+\cdots);$$

(ii) 若对任意的 m,n，有 $f(mn)=f(m)f(n)$，则

$$\sum_{n=1}^{\infty} f(n)n^{-s} = \prod_{p}(1-f(p)p^{-s})^{-1}.$$

这里所要证明等式右边的两个无穷乘积都绝对收敛.

2. 设 s 是实数，级数 $\sum_{n=1}^{\infty} f(n)n^{-s}$ 和 $\sum_{m=1}^{\infty} g(m)m^{-s}$ 都绝对收敛. 证明：

$$\sum_{n=1}^{\infty} f(n)n^{-s}\sum_{m=1}^{\infty} g(m)m^{-s} = \sum_{l=1}^{\infty} h(l)l^{-s},$$

这里

$$h(l) = \sum_{n\mid l} f(n)g\left(\frac{l}{n}\right) = \sum_{n\mid l} f\left(\frac{l}{n}\right)g(n) = \sum_{nm=l} f(n)g(m),$$

且所要证明等式右边的级数也绝对收敛.

3. (i) 证明：$\sum_{n=1}^{\infty} \mu(n)n^{-s} = \prod_{p}(1-p^{-s}), s>1$；

(ii) 证明：$\sum_{n=1}^{\infty} \mu(n)n^{-s} = \frac{1}{\zeta(s)}, s>1$；

(iii) 由(ii)给出§1引理3的另一证明.

4. 证明：当 $s>1$ 时，$\sum_{n=1}^{\infty} \mu^2(n)n^{-s} = \frac{\zeta(s)}{\zeta(2s)}$.

5. 设 $\Omega(n)$ 表示 n 的不同素因数的个数，$\Omega(1)=0$，$\lambda(n)=$

---

① 这种形式的级数称为Dirichlet级数.

$(-1)^{\Omega(n)}$. 证明：

(i) $\sum_{n=1}^{\infty}\lambda(n)n^{-s}=\prod_{p}(1+p^{-s})^{-1}=\frac{\zeta(2s)}{\zeta(s)}, s>1$；

(ii) $\sum_{d\mid n}\lambda(d)=\begin{cases}1, & n\text{是平方数},\\ 0, & \text{其他};\end{cases}$

(iii) $\sum_{mn=l}\mu^{2}(m)\lambda(n)=\begin{cases}1, & l=1,\\ 0, & l>1.\end{cases}$

6. 证明：当 $s>1$ 时，$\sum_{n=1}^{\infty}\tau(n)n^{-s}=\zeta^{2}(s)$.

7. 证明：当 $s>2$ 时，

$$\sum_{n=1}^{\infty}\varphi(n)n^{-s}=\frac{\zeta(s-1)}{\zeta(s)}.$$

由此给出 $\sum_{d\mid n}\varphi(d)=n$ 及 $\sum_{d\mid n}\frac{\mu(d)}{d}=\frac{\varphi(n)}{n}$ 的新证明.

8. (i) 设 $s>1$. 证明：$-\frac{\zeta'(s)}{\zeta(s)}=\sum_{n=1}^{\infty}\Lambda(n)n^{-s}$；

(ii) 由(i) 给出 $\sum_{d\mid n}\Lambda(n)=\ln n$ 及 $\Lambda(n)=-\sum_{d\mid n}\mu(d)\ln d$ 的新证明.

第九章　数论函数

在前面八章中，经常出现自变数 n 在某个整数集合中取值，因变数 y 取复数值的函数 $y=f(n)$，这种函数称为**数论函数**或**算术函数**. 数论函数的定义域可以取各种形式的整数集合. 为了简单起见，当我们不说明定义域时，它的定义域就是全体正整数集合 $\mathbf{N}$(本书中正整数等同于自然数)，而在其他情形下则将明确指出其定义域. 表 1 列出了前面出现的一些数论函数.

表　1

函数名称	符号	定义域	所在位置	是否积性
除数函数	$\tau(n), d(n)$	$n\in\mathbf{N}$	第一章 § 5 的推论 6	是
除数和函数	$\sigma(n)$	$n\in\mathbf{N}$	第一章 § 5 的推论 7	是
Euler 函数	$\varphi(n)$	$n\in\mathbf{N}$	第三章 § 2 的定义 3	是
$f(x)\equiv 0 \pmod n$ 的解数	$T(n,f)$	$n\in\mathbf{N}$	第四章 § 4 的式(1)	是
Legendre 符号	$\left(\frac{n}{p}\right)$	$n\in\mathbf{Z}$	第四章 § 6 的定义 1	完全积性
Jacobi 符号	$\left(\frac{n}{P}\right)$	$n\in\mathbf{Z}$	第四章 § 7 的定义 1	完全积性
n 对模 m 的指数	$\delta_m(n)$	$n\in\mathbf{Z}$	第一章 § 4 的例 5，第五章 § 1 的定义 1	否
n 对模 m 的以原根 g 为底的指标	$\gamma_{m,g}(n)$	$n\in\mathbf{Z}$	第五章 § 3 的定义 1	否
$x^2+y^2=n$ 的解数	$N(n)$	$n\in\mathbf{N}$	第六章 § 2 的定理 5	否
模 4 的非主特征	$h(n)$	$n\in\mathbf{Z}$	第六章 § 2 的定理 5	完全积性
$x^2+y^2=n$ 的非负本原解数	$P(n)$	$n\in\mathbf{N}$	第六章 § 2 引理 6 的前面	否
$x^2+y^2=n$ 的本原解数	$Q(n)$	$n\in\mathbf{N}$	第六章 § 2 引理 6 的前面	否
$s^2\equiv -1 \pmod n$ 的解数	$R(n)$	$n\in\mathbf{N}$	第六章 § 2 式(40)的前面	是
Möbius 函数	$\mu(n)$	$n\in\mathbf{N}$	第八章 § 1 的式(22)	是
Mangoldt 函数	$\Lambda(n)$	$n\in\mathbf{N}$	第八章 § 2 的式(34)	否

我们已经看到,这些函数在研究相应的数论问题中起着十分重要的作用.数论函数是数论的一个重要研究课题,是研究各种数论问题不可缺少的工具.因此,在本书最后一章对数论函数做初步的一般性讨论,介绍有关基础知识.在§1中,将讨论具有所谓"积性"性质的一类重要数论函数的一般性质;在§2中,将引入关于数论函数的一种重要运算——Möbius变换,并讨论它的性质;在§3中,将讨论几个著名数论问题,它们实际上是讨论著名数论函数的和;在§4中,将介绍一个重要的数论函数——Dirichlet特征及其应用.

§1　积性函数

定义1　设整数集合D满足条件:若$m,n\in D$,则$mn\in D$.定义在集合D上的数论函数$f(n)$称为**积性函数**,如果满足

$$f(mn)=f(m)f(n),\quad (m,n)=1,m,n\in D;\qquad (1)$$

$f(n)$称为**完全积性函数**,如果满足

$$f(mn)=f(m)f(n),\quad m,n\in D.\qquad (2)$$

根据定义容易验证(留给读者),表1中的$\tau(n)(d(n))$,$\sigma(n)$,$\varphi(n)$,$R(n)$,$\mu(n)$均是积性函数,但均不是完全积性函数;$\left(\frac{n}{p}\right)$,$\left(\frac{n}{P}\right)$,$h(n)$均是完全积性函数;$T(n,f)$是积性函数,在某些特殊情形下可能是完全积性函数(为什么).表1中其他数论函数都不是积性函数.

我们再举几个例子:

$f(n)=n^k$(k是给定的非负整数,$n\in\mathbf{Z}$)是完全积性函数.

$f(n)=n^{-k}$(k是给定的正整数,$n\in\mathbf{Z},n\neq 0$)是完全积性函数.

$f(n)=$常数$\neq 0,1$($n\in\mathbf{Z}$)不是积性函数.

$f(n)=\begin{cases}1, & n\text{是素数},\\ 0, & \text{其他}\end{cases}$　($n\in\mathbf{Z}$)不是积性函数.

$f(n)=\mathrm{e}^{2\pi i a n/m}$($a,m$是给定的非零整数,$n\in\mathbf{Z}$)当$m$不整除$a$时不是积性函数.

$f(n)=\ln n$($n\in\mathbf{N}$)不是积性函数.

设 p 是给定的素数，$f(n)=\alpha(p,n)$（见第一章§7 的定理 2）不是积性函数.

设 p 是给定的素数，k 是给定的正整数，c 是任意给定的整数. 由表 1 中的数论函数 $\gamma_{p^k,g}(n)$（取 $m=p^k$）可构造如下数论函数：

$$\chi(n;p^k)=\begin{cases}\exp(2\pi i c\gamma(n)/\varphi(p^k)), & (n,p)=1,\\ 0, & (n,p)>1.\end{cases} \tag{3}$$

它是定义在 $n\in\mathbf{Z}$ 上的完全积性函数（这将在§4 中做进一步讨论）. 这是因为，当 $(n_1n_2,p)>1$ 时，显然有

$$\chi(n_1n_2;p^k)=\chi(n_1;p^k)\chi(n_2;p^k)=0;$$

当 $(n_1n_2,p)=1$ 时，由第五章§3 的性质Ⅱ（$m=p^k$）推出

$$\begin{aligned}\chi(n_1n_2;p^k)&=\exp(2\pi i c\gamma(n_1n_2)/\varphi(p^k))\\&=\exp(2\pi i c(\gamma(n_1)+\gamma(n_2))/\varphi(p^k))\\&=\chi(n_1;p^k)\chi(n_2;p^k).\end{aligned}$$

还有两个重要的数论函数是 $\omega(n)$ 和 $\Omega(n)$. 设 $n(n>1)$ 的标准素因数分解式是

$$n=p_1^{\alpha_1}\cdots p_r^{\alpha_r}. \tag{4}$$

我们定义

$$\omega(n)=\begin{cases}r, & n>1,\\ 0, & n=1,\end{cases} \tag{5}$$

即 $\omega(n)$ 是 n 的不同素因数的个数；并定义

$$\Omega(n)=\begin{cases}\alpha_1+\cdots+\alpha_r, & n>1,\\ 0, & n=1,\end{cases} \tag{6}$$

即 $\Omega(n)$ 是 n 的全部素因数的个数（按重数计算）. 这两个数论函数都不是积性函数，但容易验证：

$$\omega(mn)^{①}=\omega(m)+\omega(n),\quad (m,n)=1, \tag{7}$$

① 这是数论中的另一类重要数论函数：满足 $f(mn)=f(m)+f(n)$，$(m,n)=1$ 的数论函数 $f(n)$ 称为**加性函数**，满足 $f(mn)=f(m)+f(n)$ 的数论函数 $f(n)$ 称为**完全加性函数**. $\omega(n)$ 是加性函数，$\Omega(n)$ 是完全加性函数，$\ln n$ 是完全加性函数. 加性函数与积性函数有密切联系（见下面的 $\nu(n)$ 和 $\lambda(n)$）. 对此，本书不做讨论.

以及对任意的正整数 m,n,有

$$\Omega(mn)=\Omega(m)+\Omega(n). \tag{8}$$

由式(7),(8)立即推出:数论函数

$$\nu(n)=(-1)^{\omega(n)} \tag{9}$$

是积性函数,但不是完全积性函数,而数论函数

$$\lambda(n)=(-1)^{\Omega(n)} \tag{10}$$

是完全积性函数.通常称 $\lambda(n)$ 为 **Liouville 函数.**

显见,两个(完全)积性函数之积、商(分母恒不为零)都是(完全)积性函数.积性函数的构造是十分简单的.为了简单起见,下面仅讨论定义域为 $\mathbf{N}$ 的情形.

定理 1 设 $f(n)$ 是不恒为零的数论函数,$n>1$ 时由式(4)给出,则 $f(n)$ 为积性函数的充要条件是 $f(1)=1$ 及

$$f(n)=f(p_1^{\alpha_1})\cdots f(p_r^{\alpha_r}); \tag{11}$$

$f(n)$ 为完全积性函数的充要条件是 $f(1)=1$ 及

$$f(n)=f^{\alpha_1}(p_1)\cdots f^{\alpha_r}(p_r). \tag{12}$$

证 必要性 由已知条件必有 $f(n_0)\neq 0$.由式(1)得

$$0\neq f(n_0)=f(1\cdot n_0)=f(1)f(n_0).$$

这就推出了 $f(1)=1$.式(11),(12)可分别由式(1),(2)推出.

充分性 当 m,n 中有一个等于 1 时,不妨设 $m=1$,由 $f(1)=1$ 推出式(1),(2)一定成立.当 $n>1,m>1$ 时,设 m 的素因数分解式是 $q_1^{\beta_1}\cdots q_s^{\beta_s}$.若式(11)成立,则当 $(m,n)=1$ 时,mn 的素因数分解式是 $q_1^{\beta_1}\cdots q_s^{\beta_s}p_1^{\alpha_1}\cdots p_r^{\alpha_r}$.由式(11)得

$$\begin{aligned} f(mn) &= f(q_1^{\beta_1}\cdots q_s^{\beta_s}p_1^{\alpha_1}\cdots p_r^{\alpha_r}) \\ &= f(q_1^{\beta_1})\cdots f(q_s^{\beta_s})f(p_1^{\alpha_1})\cdots f(p_r^{\alpha_r}) \\ &= f(m)f(n), \end{aligned}$$

即式(1)成立,所以 $f(n)$ 是积性函数.若式(12)成立,假定 $p_1=q_1,\cdots,p_t=q_t$,以及当 $j>t$ 时,总有 $p_j\neq q_i\ (1\leqslant i\leqslant s)$ 和 $q_j\neq p_i\ (1\leqslant i\leqslant r)$.这样,$mn$ 的素因数分解式是

$$p_1^{\alpha_1+\beta_1}\cdots p_t^{\alpha_t+\beta_t}q_{t+1}^{\beta_{t+1}}\cdots q_s^{\beta_s}p_{t+1}^{\alpha_{t+1}}\cdots p_r^{\alpha_r}.$$

由式(12)得

$$
\begin{aligned}
f(mn) &= f^{\alpha_1+\beta_1}(p_1)\cdots f^{\alpha_t+\beta_t}(p_t) f^{\beta_{t+1}}(q_{t+1})\cdots f^{\beta_s}(q_s) \\
&\quad \cdot f^{\alpha_{t+1}}(p_{t+1})\cdots f^{\alpha_r}(p_r) \\
&= f^{\beta_1}(q_1)\cdots f^{\beta_s}(q_s) f^{\alpha_1}(p_1)\cdots f^{\alpha_r}(p_r) \\
&= f(m)f(n).
\end{aligned}
$$

这就证明了 $f(n)$是完全积性函数. 证毕.

对于一个数论函数 $f(n)$,可以先证明它是积性函数,然后利用式(11)或(12)(如果是完全积性函数)得到它的表达式. 例如:对于 $\varphi(n)$,就是由第三章§3 的式(4)证明了它是积性函数,并由第三章§2 的定理 8 给出 $\varphi(p^\alpha)$的公式,而得到它的表达式[即第三章§3 的式(5)]的. 反过来,我们也可以先证明 $f(n)$有式(11)或(12)成立及 $f(1)=1$,然后推出 $f(n)$是积性函数或完全积性函数. 这是讨论积性函数的两个途径. 第八章§1 的例 2 正是证明了 $\varphi(n)$有表达式(11)[即第三章§3 的式(5)]成立. 由此即可推出它是积性函数. 对于 $\tau(n)$和 $\sigma(n)$,第一章§5 的式(7),(8)正是证明了它们有式(11)成立. 由此从定理 1 的充分性就推出它们是积性函数. 当然,也可直接证明 $\tau(n)$和 $\sigma(n)$是积性函数[请读者自己证明,或参见下一节的定理 1(ii)]. 对于同余方程 $s^2\equiv -1 \pmod n$的解数 $R(n)$,由第四章§4 的定理 1 知它是积性函数. 第六章§2 的引理 10 就是通过求出 $R(p^\alpha)$及利用式(11)来得到 $R(n)$的表达式的[见第六章§2 的式(42),(43),(44)]. $R(n)$不是完全积性函数.

定理 1 表明:一个积性函数完全由它在素数幂 p^α 上的取值所确定,而一个完全积性函数则完全由它在素数 p 上的取值所确定. 由此可以构造积性函数. 例如:对每个素数 p,定义

$$
f(p^\alpha) = \begin{cases} 1-p, & \alpha = 1, \\ 0, & \alpha > 1, \end{cases}
$$

并定义 $f(1)=1$,以及当 $n(n>1)$由式(4)给出时,

$$
f(n) = f(p_1^{\alpha_1})\cdots f(p_r^{\alpha_r}).
$$

这就构造了一个数论函数 $f(n)$. 由定理 1 的充分性知它是积性函数. 容易证明 $f(n)=\mu(n)\varphi(n)$(证明留给读者).

习　题　一

1. 设 $f(n)$是积性函数.证明以下数论函数都是积性的：

(i) $|f(n)|$；

(ii) $f(n^l)$,其中 l 为给定的正整数；

(iii) $f((n,K))$,其中 K 为给定的整数；

(iv) 对给定的整数 K,定义

$$f_1(n)=\begin{cases}0, & (n,K)>1,\\ f(n), & (n,K)=1;\end{cases}$$

(v) 对给定的整数 K,定义 $f_2(n)=f(n^*)$,这里 $n=n^*m$, $(n^*,K)=1$,并且 m 满足：若素数 $p|m$,则必有 $p|K$.

2. 证明：若 $f(n)$是积性函数,则

$$f(m)f(n)=f((m,n))f([m,n]).$$

3. 证明：若积性函数 $f(n)$在 $n=-1$ 处有定义,则 $f(-1)=\pm 1$.

4. 设 k 是给定的正整数,$P_k(n)$是定义正整数集合上的函数：

$$P_k(n)=\begin{cases}1, & n\text{ 是 }k\text{ 次方数},\\ 0, & \text{其他}.\end{cases}$$

证明：$P_k(n)$是积性函数,且仅当 $k=1$ 时是完全积性函数;此外,

$$P_k(n)=[n^{1/k}]-[(n-1)^{1/k}],\quad P_1(n)\equiv 1.$$

5. 设 k 是给定的正整数,$Q_k(n)$是定义正整数集合上的函数：

$$Q_k(n)=\begin{cases}1, & n\text{ 无大于 1 的 }k\text{ 次方因数},\\ 0, & \text{其他}.\end{cases}$$

证明：$Q_k(n)$是积性函数,且仅当 $k=1$ 时是完全积性函数;此外,

$$Q_1(n)=[1/n],\quad Q_2(n)=|\mu(n)|=\mu^2(n)=\mu(n)\nu(n).$$

6. 设 l 是给定的正整数,$\tau_l(n)$是正整数 n 表示为某 l 个正整数 $d_1,d_2,\cdots,d_l$ 的乘积的不同表示法种数.例如：$\tau_1(n)\equiv 1$,$\tau_2(n)=\tau(n)$.证明：$\tau_l(n)$是积性函数,且当 $l\geqslant 2$ 时不是完全积性函数.试求 $\tau_l(n)$的表达式.

7. 设 l 是给定的正整数,$\tau_l^*(n)$是以下表示法的种数：$n=d_1\cdots d_l$,d_i 为正整数,$(d_i,d_j)=1(i\neq j)$,$1\leqslant i,j\leqslant l$.证明：$\tau_l^*(n)$是积性函数,

且当 $l\geqslant 2$ 时不是完全积性函数. 试求 $\tau_l^*(n)$ 的表达式.

8. 以 $T(n)$ 表示 $x^2+x\equiv 0(\bmod n)$ 的解数. 求 $T(n)$ 的表达式.

§2 Möbius 变换及其反转公式

对于给定的数论函数 $f(n)$，我们经常要考虑它的一种运算，即与它相关的一个新数论函数：

$$F(n)=\sum_{d\mid n} f(d). \tag{1}$$

前面我们已经见到了不少这样的关系，例如表 1 所给出的 $f(n)$ 与 $F(n)$ 的关系. 表 1 中的七个例子依次可见于第一章 §5 的推论 6、推论 7，第三章 §3 的定理 2，第八章 §1 的引理 3、§1 的式(26)、§2 的引理 8，第六章 §2 的定理 5.

表 1

$f(n)$	1	n	$\varphi(n)$	$\mu(n)$	$\mu(n)/n$	$\Lambda(n)$	$h(n)$
$F(n)$	$\tau(n)$	$\sigma(n)$	n	$[1/n]$	$\varphi(n)/n$	$\ln n$	$N(n)/4$

通常把数论函数 $F(n)$ 称为数论函数 $f(n)$ 的 **Möbius 变换**，而把 $f(n)$ 称为 $F(n)$ 的 **Möbius 逆变换**. 这里的两个基本问题是：

(A) 给定 $f(n)$，如何求 $F(n)$ 的表达式及 $F(n)$ 有怎样的性质?

(B) 给定 $F(n)$，能否找到 $f(n)$，使得式(1)成立? 如果 $f(n)$ 存在的话，它是否唯一?

上面所举的例子实际上已经具体地回答了问题(A)，而对问题(B)只讨论了一个特殊例子：$F(n)=N(n)/4$. 我们先来讨论问题(A).

定理 1 设 $f(n)$ 是给定的数论函数，$F(n)$ 是它的 Möbius 变换.

(i) $F(1)=f(1)$，且当 $n(n>1)$ 由 §1 的式(4)给出时，

$$F(n)=\sum_{e_1=0}^{\alpha_1}\cdots\sum_{e_r=0}^{\alpha_r} f(p_1^{e_1}\cdots p_r^{e_r}). \tag{2}$$

(ii) 若 $f(n)$ 是积性函数，则 $F(n)$ 也是积性函数，且当 $n(n>1)$ 由 §1 的式(4)给出时，

$$F(n)=\prod_{j=1}^{r}(1+f(p_j)+\cdots+f(p_j^{\alpha_j}))$$

$$=\prod_{p^\alpha\parallel n}(1+f(p)+\cdots+f(p^\alpha)),\tag{3}$$

这里 p 为素数，$\alpha\geqslant 1$；若 $f(n)$ 是完全积性函数，则

$$F(n)=\prod_{j=1}^{r}(1+f(p_j)+\cdots+f^{\alpha_j}(p_j))$$

$$=\prod_{p^\alpha\parallel n}(1+f(p)+\cdots+f^\alpha(p)).\tag{4}$$

证　(i) $F(1)=f(1)$ 是显然的. 式(2)就是第一章§5的式(21).

(ii) 当 $f(n)$ 是积性函数时，由式(2)得

$$F(n)=\sum_{e_1=0}^{\alpha_1}\cdots\sum_{e_r=0}^{\alpha_r}f(p_1^{e_1})\cdots f(p_r^{e_r})$$

$$=\sum_{e_1=0}^{\alpha_1}f(p_1^{e_1})\cdots\sum_{e_r=0}^{\alpha_r}f(p_r^{e_r}).$$

这就证明了式(3). 由式(3)显然可得

$$F(n)=F(p_1^{\alpha_1})\cdots F(p_r^{\alpha_r}).\tag{5}$$

由此及§1的定理1(注意 $F(1)=f(1)=1$)就推出 $F(n)$ 是积性函数. 当 $f(n)$ 是完全积性函数时，由式(3)可推出式(4). 证毕.

在定理1(ii)中，"由 $f(n)$ 是积性函数推出 $F(n)$ 是积性函数"还可用下面的方法直接证明，并由此推出其余结论. 这依赖于下面的引理：

引理2　设 $(m,n)=1$，k 是给定的正整数，则对每个正整数 d，有 $d^k|mn$ 成立的充要条件是，存在唯一的一对正整数 d_1,d_2，使得

$$d=d_1d_2,\quad d_1^k|m,\quad d_2^k|n.\tag{6}$$

证　我们利用第一章§4例4(ii)中的结论(即第一章§5的推论5)来证明. 由 $(m,n)=1$ 知 $d^k|mn$ 的充要条件是

$$d^k=(d^k,mn)=(d^k,m)(d^k,n).\tag{7}$$

显见 $((d^k,m),(d^k,n))=1$，故由第一章§4的例4(ii)知

$$(d^k,m)=((d^k,m),d)^k=(d,m)^k,\tag{8}$$

$$(d^k,n)=((d^k,n),d)^k=(d,n)^k.\tag{9}$$

取 $d_1=(d,m)$，$d_2=(d,n)$，则由以上三式就推出式(6)成立. 反过来，若有式(6)成立，则 $d^k\mid mn$ 是显然的，进而由式(7)，(8)，(9)知

$$d_1^k d_2^k = (d^k,m)(d^k,n) = (d,m)^k(d,n)^k.$$

由此，注意到 $(m,n)=1$，$(d_1,n)=(d_2,m)=1$，就推出

$$d_1 = (d,m),\quad d_2 = (d,n).$$

证毕.

定理 1(ii)的另一证明 设 $(m,n)=1$. 由引理 2(取 $k=1$)及 $f(n)$ 是积性函数得

$$\begin{aligned}F(mn) &= \sum_{d\mid mn} f(d) = \sum_{d_1\mid m}\sum_{d_2\mid n} f(d_1d_2)\\ &= \sum_{d_1\mid m} f(d_1)\sum_{d_2\mid n} f(d_2) = F(m)F(n).\end{aligned}\tag{10}$$

这就证明了 $F(n)$ 也是积性函数. 因此，当 $n(n>1)$ 由 §1 的式(4)给出时，就有式(5)成立. 由此即推得式(3)，(4). 证毕.

下面举几个例子.

例 1 求 Liouville 函数 $\lambda(n)$ 的 Möbius 变换.

解

$$\begin{aligned}\sum_{d\mid p^\alpha}\lambda(d) &= (-1)^0+(-1)^1+\cdots+(-1)^\alpha\\ &= \begin{cases}1, & 2\mid\alpha,\\ 0, & 2\nmid\alpha,\end{cases}\end{aligned}\tag{11}$$

其中 p 为素数，$\alpha\geqslant 1$. 由此及 $\lambda(n)$ 是积性函数得

$$\sum_{d\mid n}\lambda(d) = \begin{cases}1, & n\text{ 是完全平方数},\\ 0, & \text{其他}.\end{cases}\tag{12}$$

例 2 求 $\mu^2(n)/\varphi(n)$ 的 Möbius 变换.

解

$$\sum_{d\mid p^\alpha}\frac{\mu^2(d)}{\varphi(d)} = 1+\frac{1}{p-1} = \left(1-\frac{1}{p}\right)^{-1},$$

其中 p 为素数，$\alpha\geqslant 1$. 由此及 $\mu^2(n)/\varphi(n)$ 是积性函数得

$$\sum_{d\mid n}\frac{\mu^2(d)}{\varphi(d)} = \prod_{p\mid n}\left(1-\frac{1}{p}\right)^{-1} = \frac{n}{\varphi(n)}.\tag{13}$$

例 3 求 $\Omega(n)$ 的 Möbius 变换 $F(n)$.

解 $\Omega(n)$ 不是积性函数，所以只能利用式(2)计算. $F(1)=0$，当

$n=p_1^{\alpha_1}\cdots p_r^{\alpha_r}\geqslant 1$ 时，

$$\begin{aligned}F(n)&=\sum_{e_1=0}^{\alpha_1}\cdots\sum_{e_r=0}^{\alpha_r}\Omega(p_1^{e_1}\cdots p_r^{e_r})\\&=\sum_{e_1=0}^{\alpha_1}\cdots\sum_{e_r=0}^{\alpha_r}(e_1+\cdots+e_r)\\&=\frac{1}{2}\alpha_1(\alpha_1+1)\cdots(\alpha_r+1)+\cdots+\frac{1}{2}\alpha_r(\alpha_1+1)\cdots(\alpha_r+1)\\&=\frac{1}{2}\Omega(n)\tau(n).\end{aligned}$$

定理 1(ii)的两个有用的特殊情形是：

推论 3　设 $f(n)$是积性函数，则

$$\sum_{d\mid n}\mu(d)f(d)=\prod_{p\mid n}(1-f(p)),\tag{14}$$

$$\sum_{d\mid n}\mu^2(d)f(d)=\prod_{p\mid n}(1+f(p)).\tag{15}$$

推论 3 的证明留给读者. 例 2 就是式(15)的例子. 取 $f(n)=1/n$，则由式(14)即得

$$\sum_{d\mid n}\frac{\mu(d)}{d}=\prod_{p\mid n}\Bigl(1-\frac{1}{p}\Bigr).\tag{16}$$

这就是第八章 §1 的式(27)，证明也相同. 由此及第三章 §3 的式(5)推出

$$\varphi(n)=\sum_{d\mid n}\mu(d)\,\frac{n}{d}.\tag{17}$$

这就是第八章 §1 的式(26). 取 $f(n)\equiv 1$，则由式(14)得

$$\sum_{d\mid n}\mu(d)=\begin{cases}1, & n=1,\\0, & n>1.\end{cases}\tag{18}$$

这给出了第八章 §1 的式(25) 又一证明. 我们用 $I(n)$ 表示式(18) 给出的这个数论函数，即记 $I(n)=\sum\limits_{d\mid n}\mu(d)$.

下面讨论问题(B). 我们来证明下面的定理：

定理 4　设 $f(m)$，$F(n)$均是数论函数，则式(1)成立的充要条件是

$$f(n)=\sum_{d\mid n}\mu(d)F\Bigl(\frac{n}{d}\Bigr).\tag{19}$$

证 先证明充分性. 若式(19)成立,则有

$$\sum_{d|n} f(d)=\sum_{d|n}\Big(\sum_{k|d}\mu(k)F\Big(\frac{d}{k}\Big)\Big)=\sum_{k|n}\mu(k)\sum_{k|d,d|n}F\Big(\frac{d}{k}\Big).$$

令 $d=kl$,得

$$\sum_{d|n} f(d)=\sum_{k|n}\mu(k)\sum_{l|n/k}F(l)=\sum_{l|n}F(l)\sum_{k|n/l}\mu(k)=F(n),$$

即式(1)成立. 上式中最后一步用到了式(18).

再来证明必要性. 我们给出两个证明:

第一个证明 若式(1)成立,代入式(19)的右边,并计算得

$$\sum_{d|n}\mu(d)F\Big(\frac{n}{d}\Big)=\sum_{d|n}\mu(d)\sum_{l|n/d}f(l)=\sum_{l|n}f(l)\sum_{d|n/l}\mu(d)=f(n),$$

其中也用到了式(18). 这就证明了式(19)成立. 但这个证明看不出表示式(19)是怎样得来的.

第二个证明 这要利用 Möbius 函数的性质——式(18),它的实质是把"等于 1"的元素留下,而把"大于 1"的元素删去(在第八章的§1中已看到了这一点). 由此可得

$$f(n)=\sum_{k|n}f\Big(\frac{n}{k}\Big)\sum_{d|k}\mu(d)=\sum_{d|n}\mu(d)\sum_{d|k,k|n}f\Big(\frac{n}{k}\Big).$$

令 $k=dl$,得

$$f(n)=\sum_{d|n}\mu(d)\sum_{l|n/d}f\Big(\frac{n/d}{l}\Big)=\sum_{d|n}\mu(d)F\Big(\frac{n}{d}\Big),$$

其中最后一步用到了式(1). 这就得到了式(19).

这两个证明似乎只是顺序颠倒了一下,但思想是不同的.

定理 4 表明: 给定 $F(n)$,一定存在唯一的 $f(n)$,使得式(1)成立,且 $f(n)$由式(19)给出. 这就完全回答了问题(B). 当然,定理 4 还表明: 给定 $f(n)$,一定存在唯一的 $F(n)$,使得式(19)成立,且 $F(n)$由式(1)给出. 式(1),(19)这一对等价的关系式就称为 **Möbius 反转公式**. 由于 d 和 n/d 同时遍历 n 的正因数,所以式(19)也可以表示为

$$f(n)=\sum_{d|n}\mu\Big(\frac{n}{d}\Big)F(d). \tag{19$'$}$$

这样,由定理 4 及本节开始所说的例子可以得到

$$1=\sum_{d\mid n}\mu(d)\tau\left(\frac{n}{d}\right)=\sum_{d\mid n}\mu\left(\frac{n}{d}\right)\tau(d),\tag{20}$$

$$n=\sum_{d\mid n}\mu(d)\sigma\left(\frac{n}{d}\right)=\sum_{d\mid n}\mu\left(\frac{n}{d}\right)\sigma(d),\tag{21}$$

$$\varphi(n)=\sum_{d\mid n}\mu(d)\frac{n}{d}=\sum_{d\mid n}\mu\left(\frac{n}{d}\right)d,\tag{22}$$

$$\frac{\mu(n)}{n}=\sum_{d\mid n}\left(\mu(d)\varphi\left(\frac{n}{d}\right)\Big/\frac{n}{d}\right)=\sum_{d\mid n}\frac{\mu(n/d)\varphi(d)}{d}.\tag{23}$$

$$\Lambda(n)=\sum_{d\mid n}\mu(d)\ln\frac{n}{d}=\sum_{d\mid n}\mu\left(\frac{n}{d}\right)\ln d,\tag{24}$$

$$h(n)=\sum_{d\mid n}\mu(d)\frac{N(n/d)}{4}=\sum_{d\mid n}\mu\left(\frac{n}{d}\right)\frac{N(d)}{4}.\tag{25}$$

这里得到的式(22)就是式(17),但证明的方法不同.

定理 4 已经证明:当 $f(n)$是积性函数时,它的 Möbius 变换 $F(n)$一定是积性函数.那么,反过来是否成立呢?回答是肯定的.我们来证明一个更一般的结论.

定理 5 设 $f(n)$,$g(n)$均是数论函数,

$$h(n)=\sum_{d\mid n}f(d)g\left(\frac{n}{d}\right),\tag{26}$$

则当 $f(n)$,$g(n)$都是积性函数时,$h(n)$也是积性函数.

证 由 $f(1)=g(1)=1$ 推出 $h(1)=1$.若$(m,n)=1$,利用引理 2 $(k=1)$,则有

$$\begin{aligned}h(mn)&=\sum_{d\mid mn}f(d)g\left(\frac{mn}{d}\right)=\sum_{d_1\mid m,d_2\mid n}f(d_1d_2)g\left(\frac{mn}{d_1d_2}\right)\\&=\sum_{d_1\mid m}f(d_1)g\left(\frac{m}{d_1}\right)\sum_{d_2\mid n}f(d_2)g\left(\frac{n}{d_2}\right)\\&=h(m)h(n),\end{aligned}$$

这里用到了 $f(n)$,$g(n)$是积性的.这就证明了所要的结论.

同样,也可用证明定理 1(ii)的第一种方法来证明定理 5,具体推导留给读者.由定理 5 立即得到下面的结论(证明留给读者):

推论 6 $f(n)$是积性函数的充要条件是它的 Möbius 变换 $F(n)$为

积性函数.

由于积性函数 $F(n)$ 的 Möbius 逆变换 $f(n)$ 也是积性函数,所以要求 $f(n)$,只需求 $f(p^\alpha)$ 即可,而由式(1)或(19)知

$$f(p^\alpha)=F(p^\alpha)-F(p^{\alpha-1}). \tag{27}$$

20 世纪 80 年代末,我国物理学家陈难先首先发现了 Möbius 反转公式在物理学中的重要应用,在一些著名的经典问题上取得了进展,为推动数论的应用做出了贡献. 这可参看他的专著 *Möbius Inversion in Physics* (World Scientific, Singapore, 2010) 及 J. Maddx 的评论文章 *Möbius and problems of inversion* (Nature, 1990, 344: 377).

下面举几个例子.

例 4 求 $F(n)=n^t$ 的 Möbius 逆变换 $f(n)$.

解 $F(n)=n^t$ 是积性函数,所以由式(27)得

$$f(p^\alpha)=p^{\alpha t}-p^{(\alpha-1)t}=p^{\alpha t}(1-p^{-t}).$$

因此,有

$$f(n)=n^t\prod_{p\mid n}(1-p^{-t}).$$

例 5 求 $F(n)=\varphi(n)$ 的 Möbius 逆变换 $f(n)$.

解 $\varphi(n)$ 是积性函数,所以由式(27)得

$$f(p^\alpha)=\varphi(p^\alpha)-\varphi(p^{\alpha-1})=\begin{cases}p(1-2/p), & \alpha=1,\\ p^\alpha(1-p^{-1})^2, & \alpha\geqslant 2.\end{cases}$$

因此,有

$$f(n)=n\prod_{p\parallel n}\left(1-\frac{2}{p}\right)\prod_{p^2\mid n}\left(1-\frac{1}{p}\right)^2.$$

例 6 求 $F(n)=\Lambda(n)$ 的 Möbius 逆变换 $f(n)$.

解 $\Lambda(n)$ 不是积性函数,所以不能用式(27). 但想得到 $f(n)$ 的好的表达式,用式(19)较困难. 注意到式(24),我们有

$$\Lambda(n)=\Big(\sum_{d\mid n}\mu(d)\Big)\ln n-\sum_{d\mid n}\mu(d)\ln d.$$

利用式(18),得

$$\Lambda(n)=-\sum_{d\mid n}\mu(d)\ln d=\sum_{d\mid n}\mu(d)\ln\frac{1}{d}. \tag{28}$$

这就说明了

$$f(n)=\mu(n)\ln(1/n)=-\mu(n)\ln n.$$

例 7　第六章§2 的式(48)[或式(54)的第一式]实际上证明了 $N(n)/4$ 是积性函数. 第六章§2 的式(21)就是说 $h(n)$ 是 $N(n)/4$ 的 Möbius 逆变换,在那里 $h(n)$是直接给出的,而式(21)是直接验证的. 现在我们来指出:通过求 $F(n)=N(n)/4$ 的 Möbius 逆变换 $h(n)$,就可推出 $h(n)$具有第六章§2 的式(22)给出的表达式. 由式(27)知

$$h(p^\alpha)=N(p^\alpha)/4-N(p^{\alpha-1})/4.$$

由此和第六章§2 的式(50),(51),(52)分别得到

$$h(2^\alpha)=0,\quad \alpha\geqslant 1,$$

$$h(p^\alpha)=1=\left(\frac{-1}{p^\alpha}\right),\quad \alpha\geqslant 1, p\equiv 1(\mathrm{mod}\,4),$$

$$h(p^\alpha)=(-1)^\alpha=\left(\frac{-1}{p^\alpha}\right),\quad \alpha\geqslant 1, p\equiv 3(\mathrm{mod}\,4),$$

这里$\left(\frac{-1}{p^\alpha}\right)$是 Jacobi 符号. 由此即可推出 $h(n)$是完全积性函数[在§4 的式(19)中将看到这就是模 4 的非主特征],并能表示为第六章§2 式(22)的形式,详细推导留给读者.

例 8　设 $P(x)$是整系数多项式,以 $S(n;P(x))$表示满足以下条件的整数 d 的个数:

$$(P(d),n)=1,\quad 1\leqslant d\leqslant n.$$

证明:$S(n)=S(n;P(x))$是 n 的积性函数.

证　利用性质式(18),有

$$S(n)=\sum_{\substack{d=1\\(P(d),n)=1}}^{n}1=\sum_{d=1}^{n}\sum_{k\mid(P(d),n)}\mu(k)=\sum_{k\mid n}\mu(k)\sum_{\substack{d=1\\k\mid P(d)}}^{n}1.$$

以 $T(k)=T(k;P(x))$表示同余方程

$$P(x)\equiv 0(\mathrm{mod}\,k)$$

的解数. 当 $k\mid n$ 时,有

$$\sum_{\substack{d=1\\k\mid P(d)}}^{n}1=\frac{n}{k}T(k),$$

因此
$$S(n) = n\sum_{k\mid n}\mu(k)\,\frac{T(k)}{k}.$$
由于 $T(k)$是 k 的积性函数(见第四章§4 的定理 1),所以 $\mu(k)T(k)/k$ 是积性函数,进而由定理 1(ii)知 $S(n)/n$ 是积性函数,即 $S(n)$是积性函数.若取 $P(x)=x$,则 $S(n)$就是 $\varphi(n)$.证毕.

应该指出:式(1),(26)的右边
$$\sum_{d\mid n}f(d),\quad \sum_{d\mid n}f(d)g\left(\frac{n}{d}\right)$$
都可以看作定义在数论函数集合上的一种运算,前者是后者的特例.我们把由式(26)定义的 $h(n)$称为 $f(n)$和 $g(n)$的 **Dirichlet 卷积**,通常简记为
$$h = f * g. \tag{29}$$
显见,当取
$$g(n) = U(n) \equiv 1 \tag{30}$$
时,这就是 $f(n)$的 Möbius 变换;当取 $g(n)=\mu(n)$时,这就是 $f(n)$的 Möbius 逆变换.式(17)表明 $\varphi(n)$是 $\mu(n)$和 n 的 Dirichlet 卷积.显见
$$\begin{aligned} f * g(n) &= \sum_{d\mid n}f(d)g\left(\frac{n}{d}\right) = \sum_{d\mid n}f\left(\frac{n}{d}\right)g(d) \\ &= \sum_{n=dl}f(d)g(l). \end{aligned} \tag{31}$$
这是卷积的三种表达形式,其中求和号 $\sum\limits_{n=dl}$ 表示对 n 分解为两个正整数 d,l 的乘积的所有不同有序数对$\{d,l\}$求和(例如:$3=1\cdot 3$ 和 $3=3\cdot 1$ 就是两种不同的分解).Dirichlet 卷积是数论中一个十分重要的工具,它(包括 Möbius 变换)有各种形式的推广.我们将在习题中安排这方面的部分内容.

习 题 二

1. 证明:

(i) $\sum\limits_{d\mid n}\tau^3(d) = \left(\sum\limits_{d\mid n}\tau(d)\right)^2$;

(ii) $\tau_l(n) = \sum\limits_{d\mid n}\tau_{l-1}(d)\,(l\geqslant 2)$,其中 $\tau_l(n)$ 由习题一的第 6 题给出.

2. 设 p 是给定的素数,求 $\sum_{d|n}\mu(d)\mu((d,p))$ 的表达式.

3. 将第 2 题中的素数 p 改为整数 K,求 $\sum_{d|n}\mu(d)\mu((d,K))$ 的表达式.

4. 设 m 是给定的正整数,求 $\sum_{d|n}\mu(d)\ln^m d$,并证明:当 n 有多于 m 个不同的素因数时,该和式等于零.

5. 证明:$f(n)$ 的 Möbius 变换的 Möbius 变换为

$$\sum_{d|n}f(d)\tau\left(\frac{n}{d}\right).$$

6. 设 $f(n)$ 是积性函数,k,l 是给定的正整数. 证明:$F_{k,l}(n)=\sum_{d^k|n}f(d^l)$ 是积性函数.

7. 证明:$Q_k(n)=\sum_{d^k|n}\mu(d)$,其中 $Q_k(n)$ 同习题一的第 5 题.

8. 求 $|\mu(n)|$ 的 Möbius 变换及 Möbius 逆变换.

9. 求 $P_k(n)$(见习题一的第 4 题)的 Möbius 变换及 Möbius 逆变换. 证明:$P_2(n)$ 的 Möbius 逆变换是 $\lambda(n)$.

10. 求 $Q_k(n)$(见习题一的第 5 题)的 Möbius 变换及 Möbius 逆变换.

11. 以 $f(n)$ 表示满足 $1\leqslant d\leqslant n,(d,n)=(d+1,n)=1$ 的 d 的个数. 证明:$f(n)$ 是积性函数,且 $f(n)=n\prod_{p|n}\left(1-\frac{2}{p}\right)$($p$ 为素数).

12. 设 k 是给定的正整数,以 $\varphi_k(n)$ 表示满足以下条件的数组 $\{d_1,d_2,\cdots,d_k\}$ 的个数:

$$1\leqslant d_j\leqslant n(1\leqslant j\leqslant k)\quad 及\quad (d_1,\cdots,d_k,n)=1$$

(显见 $\varphi_1(n)=\varphi(n)$). 证明:

(i) $\varphi_k(n)$ 的 Möbius 变换是 n^k(用两种不同的证法);

(ii) $\varphi_k(n)=n^k\prod_{p|n}\left(1-\frac{1}{p^k}\right)$($p$ 为素数).

13. 设 $S_k(n)=n^{-k}\sum_{j=1}^{n}j^k,S_k^*(n)=n^{-k}\sum_{\substack{j=1\\(j,n)=1}}^{n}j^k$.

(i) 证明：$S_k^*(n)$的 Möbius 变换是 $S_k(n)$(用两种不同的证法)；

(ii) 求 $S_1^*(n)$,$S_2^*(n)$的值.

14. 以下是各种形式的 Möbius 反转公式,它们可以直接验证,也可以由 $\sum\limits_{d|n}\mu(d)=\left[\frac{1}{n}\right]$导出：

(i) 设 $x\geqslant 1$,K 是给定的正整数;再设 $1\leqslant n\leqslant x$,$n\mid K$. 证明：$F(n)=\sum\limits_{\substack{d|K\\ n|d\leqslant x}}f(d)$ 的充要条件是 $f(n)=\sum\limits_{\substack{d|K\\ n|d\leqslant x}}\mu\left(\frac{d}{n}\right)F(d)$.

(ii) 设 x_0,x_1 均为实数,且 $0<x_0\leqslant x_1$,$\alpha(x)$,$\beta(x)$均是定义在区间$[x_0,x_1]$上的函数. 证明：$\beta(x)=\sum\limits_{1\leqslant d\leqslant x_1/x}\alpha(dx)$ 的充要条件是 $\alpha(x)=\sum\limits_{1\leqslant d\leqslant x_1/x}\mu(d)\beta(dx)$,这里 d 是整变数(取整数值的变数).

*(iii) 在(ii)中假定 $x_1=+\infty$,那么 $\beta(x)=\sum\limits_{d=1}^{\infty}\alpha(dx)$ 的充要条件是 $\alpha(x)=\sum\limits_{d=1}^{\infty}\mu(d)\beta(dx)$,这里假定对给定的 $x\geqslant x_0$,二重级数 $\sum\limits_{d=1}^{\infty}\sum\limits_{k=1}^{\infty}|\alpha(dkx)|$ 及 $\sum\limits_{d=1}^{\infty}\sum\limits_{k=1}^{\infty}|\beta(dkx)|$ 都收敛.

(iv) 设 $\alpha(x)$,$\beta(x)$均是定义在区间$[1,+\infty)$上的函数. 证明：$\beta(x)=\sum\limits_{1\leqslant d\leqslant x}\alpha\left(\frac{x}{d}\right)$的充要条件是$\alpha(x)=\sum\limits_{1\leqslant d\leqslant x}\mu(d)\beta\left(\frac{x}{d}\right)$,这里 d 是整变数.

*(v) 设 $\alpha(x)$,$\beta(x)$ 均是定义在区间$(0,+\infty)$上的函数. 证明：$\beta(x)=\sum\limits_{d=1}^{\infty}\alpha\left(\frac{x}{d}\right)$的充要条件是$\alpha(x)=\sum\limits_{d=1}^{\infty}\mu(d)\beta\left(\frac{x}{d}\right)$,这里假定对给定的 $x>0$,二重级数$\sum\limits_{d=1}^{\infty}\sum\limits_{k=1}^{\infty}\left|\alpha\left(\frac{x}{dk}\right)\right|$及$\sum\limits_{d=1}^{\infty}\sum\limits_{k=1}^{\infty}\left|\beta\left(\frac{x}{dk}\right)\right|$都收敛.

(vi) 设 $\alpha(x,y)$,$\beta(x,y)$均是定义在矩形区域 $0<x_0\leqslant x\leqslant x_1$,$0<y_0\leqslant y\leqslant y_1$ 上的二元函数. 证明：

$$\beta(x,y)=\sum_{1\leqslant d\leqslant x_1/x}\ \sum_{1\leqslant l\leqslant y_1/y}\alpha(dx,ly)$$

的充要条件是

$$\alpha(x,y)=\sum_{1\leqslant d\leqslant x_1/x}\sum_{1\leqslant l\leqslant y_1/y}\mu(d)\mu(l)\beta(dx,ly).$$

*(vii) 类似于(ii)推广为(iii),(iv),(v)的形式,对(vi)做相应的推广.

15. 设 $h(n)$是完全积性函数,$f(n)$,$F(n)$是两个数论函数. 证明:$F(n)=\sum_{d|n}f(d)h\left(\frac{n}{d}\right)$ 的充要条件是

$$f(n)=\sum_{d|n}\mu(d)F\left(\frac{n}{d}\right)h(d).$$

16. 类似于 Möbius 变换的反转公式推广为第 15 题的形式,对第 14 题中各个 Möbius 变换的反转公式做类似的推广.

以下第 17~28 题是关于 Dirichlet 卷积的习题,U,I,μ,E,φ,τ,σ 分别表示数论函数 $U(n)\equiv 1$,$I(n)=[1/n]$,$\mu(n)$,$E(n)=n$,$\varphi(n)$,$\tau(n)$,$\sigma(n)$.

17. 设 $f_1,\cdots,f_r$ 均是数论函数. 证明:

(i) $f_1*f_2=f_2*f_1$;

(ii) $(f_1*f_2)*f_3=f_1*(f_2*f_3)$;

(iii) $(f_1+f_2)*f_3=(f_1*f_3)+(f_2*f_3)$,这里"+"号表示函数的加法;

(iv) $f_1*I=f_1$.

18. 设 $h=f*g$. 证明:若 h,f 均是积性函数,则 g 也是积性函数.

19. 证明:

(i) $\mu*U=I$; (ii) $\tau=U*U$; (iii) $\varphi=\mu*E$;

(iv) $\sigma=U*E$; (v) $\sigma=\varphi*\tau$;

(vi) $\sigma*\varphi=E*E$; (vii) $\tau^2*\mu=\tau*\mu^2$.

20. 设 h 是完全积性函数,hf 表示两个函数 h,f 的通常乘积. 证明:

$$h(f*g)=(hf)*(h*g);$$

此外,对任意的数论函数 J,有

$$J(f*g)=(Jf)*g+f*(Jg).$$

21. 设 f 是数论函数,$f(1)\neq 0$. 证明:必有唯一的一个数论函数

k,使得 $f*k=I$. 我们称 k 是 f 的 **Dirichlet 逆**,记作 f^{-1}. 进一步证明:

(i) $(f^{-1})^{-1}=f$,$(f_1*f_2)^{-1}=(f_1^{-1})*(f_2^{-1})$;

(ii) $h=f*g$ 的充要条件是 $g=f^{-1}*h$.

22. 证明:若 f 是积性函数,则 f^{-1} 也是积性函数. 进一步利用这一性质证明第 18 题.

23. (i) 证明:$\mu^{-1}=U$; (ii) 证明:$\tau^{-1}=\mu*\mu$;

(iii) 求 E^{-1}; (iv) 求 σ^{-1},φ^{-1}; (v) 求 Liouville 函数 λ 的逆.

24. 设 f 是积性函数. 证明:

(i) 对每个无平方因子数 n,有 $f^{-1}(n)=\mu(n)f(n)$;

(ii) 对每个素数 p,有 $f^{-1}(p^2)=f^2(p)-f(p^2)$.

25. 设 f 是积性函数. 证明:f 为完全积性函数的充要条件是,对每个素数 p 及所有整数 $l\geqslant 2$,有 $f^{-1}(p^l)=0$.

26. 设 f 是完全积性函数,g 是一个数论函数,$g(1)\neq 0$. 证明:

(i) $(fg)^{-1}=fg^{-1}$; (ii) $f^{-1}=\mu f$.

27. 设 f 是积性函数. 证明:f 是完全积性函数的充要条件是第 26 题中的(ii)成立.

28. 设 $\varphi_1=\mu^2*E$. 证明:$\varphi_1(n)=\sum\limits_{d^2\mid n}\mu(d)\sigma\left(\dfrac{n}{d^2}\right)$.

*29. 设 f 是集合 S 到自身的映射,它的 n 次迭代记为

$$f^{(n)}(x)=\underbrace{f(f(\cdots(f}_{n\text{个}f}(x))\cdots)).$$

假设对每个正整数 n,$f^{(n)}$ 有有限个不动点,即有有限个 $x\in S$,满足 $f^{(n)}(x)=x$. 以 $T(n)$ 记所有这样的不动点组成的集合,且亦表示这个集合中点的个数.

(i) 设 x 是不动点(即属于某个 $T(n)$),d 是使 $f^{(d)}(x)=x$ 成立的最小正整数. 把 d 称为不动点 x 的阶,并以 $P(d)$ 表示所有 d 阶不动点组成的集合及这集合中点的个数. 证明:若 $x\in T(n)$,$x\in P(d)$,则必有 $d\mid n$.

(ii) 证明:$T(n)=\sum\limits_{d\mid n}P(d)$. (iii) 证明:$n\left|\sum\limits_{d\mid n}\mu(d)T\left(\dfrac{n}{d}\right)\right.$.

(iv) 取 S 为全体复数组成的集合 $\mathbf{C}$，n,k 均为正整数，$f(z)=z^k$. 试由(iii)推出 $n\left|\sum_{d\mid n}\mu\left(\frac{n}{d}\right)k^d\right.$. 当 n 为素数时，这就是 Fermat 小定理，所以这是 Fermat 小定理的推广[本题取自文献：Levine L. Fermat's little theorem: A proof by function iteration[J]. Math Magazine, 1999, 72(4): 308-309].

*30. 设 $m\geqslant 3$. 按以下途径证明算术数列 $1+lm(l=0,1,\cdots)$ 中有无穷多个素数：

(i) 原命题等价于：对任意的 $m\geqslant 3$，上述算术数列中必有一个素数.

(ii) 设 $a>1,m>1,q\geqslant 1$. 在第 29 题中取集合 $S=S(q,m)$ 是所有不能被 q 整除的 a 进位制表示的 m 位数，即

$$\begin{aligned}S&=S(q,m)\\&=\{\bar{x}=x_1a^{m-1}+\cdots+x_{m-1}a+x_m:0\leqslant x_j\leqslant a-1,1\leqslant j\leqslant m,q\nmid\bar{x}\}.\end{aligned}$$

再设 m 的不同素因数是 $p_1,\cdots,p_k$ 及

$$D=\left(\frac{a^m-1}{a^{m/p_1}-1},\frac{a^m-1}{a^{m/p_2}-1},\cdots,\frac{a^m-1}{a^{m/p_k}-1}\right).$$

证明：当 $q\mid D$ 时，函数 $f(\bar{x})=x_2a^{m-1}+x_3a^{m-2}+\cdots+x_ma+x_1$ 是集合 S 到自身的映射，且当 $d\mid m,d<m$ 时，$T(d)=0$.

(iii) 在(ii)的条件和符号下，证明：若 $q\mid D$，则 $m\mid(a^m-1)(q-1)/q$.

以下用反证法证明(i)中的命题.

(iv) 假设上述算术数列中只有有限个素数 $q_1,\cdots,q_s$. 设 m 的不同素因数为 $p_1,\cdots,p_k$. 考虑整系数多项式

$$\frac{x^m-1}{x^{m/p_1}-1},\ \frac{x^m-1}{x^{m/p_2}-1},\ \cdots,\ \frac{x^m-1}{x^{m/p_k}-1}.$$

证明：它们的最大公因式 $g(x)$ 的次数高于或等于 1，首项系数可取为 1，以及 $g(0)=\pm 1$. 进一步证明：存在整系数多项式 $h_1(x),h_2(x)$，使得 $h_1(x)g(x)+h_2(x)x=1$(参看第一章习题四第一部分的第 7～16 题).

(v) 存在正整数 t，使得当 $x>t$ 时，$g(x)>1$. 取 $a=mtq_1\cdots q_s$. 设 q

是 a 的素因数. 证明：$q\equiv 1 \pmod m$，且 $q\neq q_1,\cdots,q_s$[本题取自文献：Gauchman H. A special case of Dirichlet's theorem on primes in an arithmetic progression[J]. Math Magazine, 2001, 74(5): 397-399].

§3 数论函数的均值

一些重要的数论函数的取值是十分不规则的，例如数论函数 $f(n)=\tau(n)$，$f(n)=\sigma(n)$，$f(n)=\varphi(n)$，$f(n)=N(n)$，$f(n)=\mu(n)$，$f(n)=\Lambda(n)$等. 本书不讨论这一问题，有关内容可参看文献[4]的第十八章和文献[21]第二章的§4. 但是，这些数论函数取值的和

$$\sum_{n\leqslant x} f(n) \tag{1}$$

却有很好的渐近公式. 这样就可把 $\frac{1}{x}\sum_{n\leqslant x} f(n)$ 作为 $f(n)$ 的平均值. 通常也把和式(1)称为数论函数 $f(n)$ 的均值，而把和式(1)的渐近公式称为数论函数 $f(n)$ 的均值公式. 本节将讨论数论函数 $f(n)=\tau(n)$，$f(n)=N(n)$，$f(n)=\varphi(n)$，$f(n)=\mu(n)$，$f(n)=\Lambda(n)$的均值公式. 本节需要用到数学分析的知识.

3.1 Dirichlet 除数问题

我们来求除数函数 $\tau(n)$的均值公式. 先证明一个较简单的结论.

定理 1 设 $x\geqslant 1$，$D(x)=\sum_{n\leqslant x}\tau(n)$，则

$$D(x)=x\ln x+r_1(x), \tag{2}$$

其中

$$|r_1(x)|\leqslant x. \tag{3}$$

证 利用 $\tau(n)=\sum_{d\mid n} 1$，即 $\tau(n)$是数论函数 $U(n)\equiv 1$ 的 Möbius 变换，可得(做整数变换 $n=dl$)

$$D(x)=\sum_{n\leqslant x}\sum_{d\mid n} 1=\sum_{d\leqslant x}\sum_{d\mid n\leqslant x} 1=\sum_{d\leqslant x}\sum_{l\leqslant x/d} 1 \tag{4}$$

$$=\sum_{d\leqslant x}\left[\frac{x}{d}\right]=x\sum_{d\leqslant x}\frac{1}{d}-\sum_{d\leqslant x}\left\{\frac{x}{d}\right\}; \tag{4'}$$

再利用

$$\ln\left(1+\frac{1}{d}\right)<\frac{1}{d}<\ln\left(1+\frac{1}{d-1}\right),\quad d\geqslant 2 \tag{5}$$

可得：对整数 $N\geqslant 1$，有

$$1+\ln N\geqslant\sum_{d=1}^{N}\frac{1}{d}\geqslant 1-\ln 2+\ln(N+1). \tag{6}$$

因此

$$1\geqslant\sum_{d\leqslant x}\frac{1}{d}-\ln x\geqslant 1-\ln 2,\quad x\geqslant 1. \tag{7}$$

由此及式(4′)即证明了所要的结论.

定理1证明了一个余项估计很差的渐近公式.下面来改进这个结果.定理1是从式(4)出发来计算 $D(x)$ 的，现在把 $D(x)$ 表示为

$$D(x)=\sum_{n\leqslant x}\sum_{d\mid n}1=\sum_{n\leqslant x}\sum_{dl=n}1, \tag{8}$$

其中求和号 $\sum\limits_{n=dl}$ 的含义和 §2 的式(31) 中该符号的含义相同.我们来看式(8) 的几何意义.在直角坐标平面 Ouv 上，内层和表示第一象限内双曲线 $uv=n$ 上的整点(坐标为整数的点)数.因此，式(8) 中的二重和表示区域

$$1\leqslant u,\quad 1\leqslant v,\quad uv\leqslant x \tag{9}$$

上的整点数(见图1，这里给出 $x=11.7$ 的情形).这样，计算 $D(x)$ 就是计算区域(9)上的整点数.定理1是这样计算这些整点数的(见图1，这里给出 $x=11.7$ 的情形)：按 $d=1,2,\cdots,[x]$，依次计算直线段

$$u=d,\quad 1\leqslant v\leqslant x/d$$

上的整点数——$[x/d]$，并把它们加起来.为了得到渐近公式，我们用 x/d 来近似代替$[x/d]$.于是，得到式(4′).当 d 相对于 x 很小时，这样近似的精确度是很高的，但当 d 比较接近于 x 时，这样近似的精确度就较低了.这就是定理1所得到的渐近公式不好的原因.如果能避免计算大的 d，就有可能改进渐近公式.

我们注意到所讨论的区域(9)对直线 $u=v$ 是对称的.由图2知，这个区域上的整点数等于区域

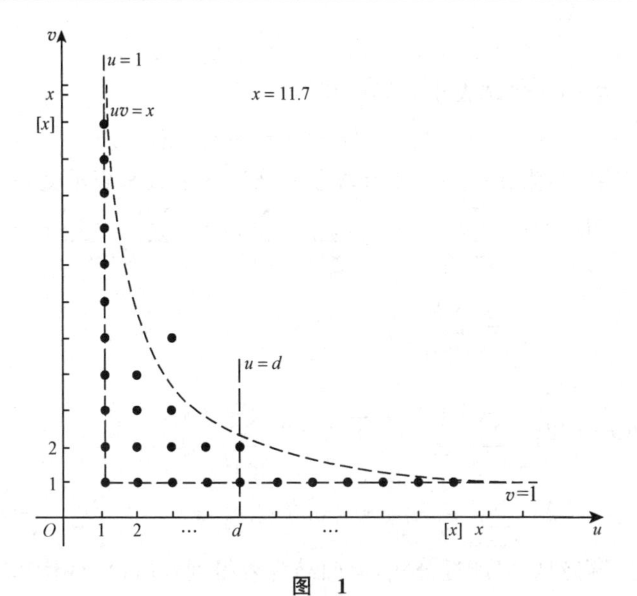
v
u = 1
x
uv = x
[x]
x = 11.7
u = d
2
1
v=1
O
1
2
…
d
…
[x]
x
u

图 1

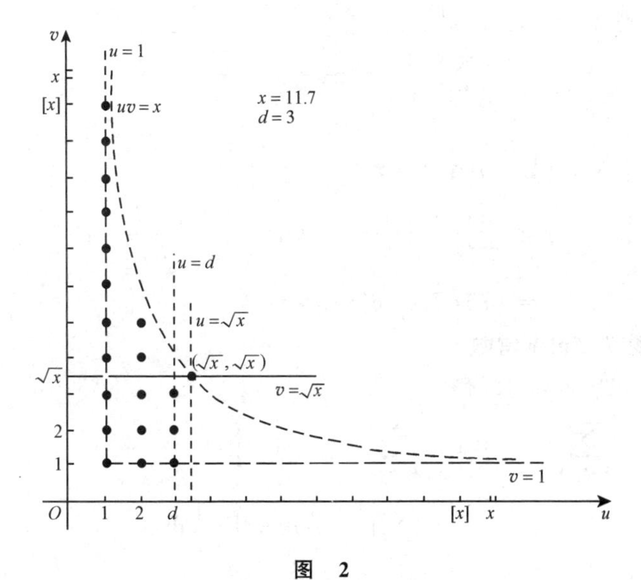
v
u = 1
x
[x]
uv = x
x = 11.7
d = 3
u = d
u = √x
(√x, √x)
√x
v = √x
2
1
v = 1
O
1
2
d
[x]
x
u

图 2

$$1 \leqslant u \leqslant \sqrt{x}, \quad 1 \leqslant v \leqslant x/u$$

上的整点数的 2 倍减去正方形区域

$$1 \leqslant u \leqslant \sqrt{x}, \quad 1 \leqslant v \leqslant \sqrt{x}$$

上的整点数(因为在上面重复计算了一次),用公式来表示就是

$$D(x) = \sum_{\substack{dl \leqslant x \\ d \geqslant 1, l \geqslant 1}} 1 = 2 \sum_{1 \leqslant d \leqslant \sqrt{x}} \sum_{1 \leqslant l \leqslant \frac{d}{x}} 1 - \sum_{1 \leqslant d \leqslant \sqrt{x}} \sum_{1 \leqslant l \leqslant \sqrt{x}} 1$$

$$= 2 \sum_{1 \leqslant d \leqslant \sqrt{x}} \left[\frac{x}{d}\right] - [\sqrt{x}]^2, \tag{10}$$

进而有

$$D(x) = 2x \sum_{1 \leqslant d \leqslant \sqrt{x}} \frac{1}{d} - [\sqrt{x}]^2 - 2 \sum_{1 \leqslant d \leqslant \sqrt{x}} \left\{\frac{x}{d}\right\}$$

$$= 2x \sum_{1 \leqslant d \leqslant \sqrt{x}} \frac{1}{d} - x + 2\sqrt{x}\{x\} - \{x\}^2 - 2 \sum_{1 \leqslant d \leqslant \sqrt{x}} \left\{\frac{x}{d}\right\}. \tag{11}$$

这样,为了得到好的渐近公式,就归结为要得到式(11)中调和级数的一个好的渐近公式.为此,我们来证明下面的引理:

引理 2 设 $y \geqslant 1$,则

$$\sum_{1 \leqslant n \leqslant y} \frac{1}{n} = \ln y + \gamma + \Delta_1(y), \tag{12}$$

这里

$$|\Delta_1(y)| \leqslant 1/y, \tag{13}$$

$$\gamma = \sum_{n=1}^{\infty} \int_n^{n+1} \left(\frac{1}{n} - \frac{1}{t}\right) \mathrm{d}t = \int_1^{+\infty} \frac{t - [t]}{t[t]} \mathrm{d}t$$

$$= 0.57\,721\,566\cdots. \tag{14}$$

γ 通常称为 **Euler 常数.**

证 当 $y \geqslant 1$ 时,有

$$\sum_{1 \leqslant n \leqslant y} \frac{1}{n} - \ln y = \sum_{1 \leqslant n \leqslant [y]} \frac{1}{n} - \int_1^y \frac{1}{t} \mathrm{d}t$$

$$= \sum_{n=1}^{[y]} \int_n^{n+1} \frac{1}{n} \mathrm{d}t - \int_1^y \frac{1}{t} \mathrm{d}t$$

$$= \sum_{n=1}^{[y]} \int_n^{n+1} \left(\frac{1}{n} - \frac{1}{t}\right) \mathrm{d}t + \int_y^{[y]+1} \frac{1}{t} \mathrm{d}t. \tag{15}$$

由

$$0 < \int_n^{n+1}\left(\frac{1}{n}-\frac{1}{t}\right)\mathrm{d}t < \int_n^{n+1}\left(\frac{1}{n}-\frac{1}{n+1}\right)\mathrm{d}t = \frac{1}{n(n+1)} \tag{16}$$

知,级数

$$\sum_{n=1}^{\infty}\int_n^{n+1}\left(\frac{1}{n}-\frac{1}{t}\right)\mathrm{d}t = \sum_{n=1}^{\infty}\left(\frac{1}{n}-\ln\left(1+\frac{1}{n}\right)\right)$$

收敛,设其值为 γ. 由式(16)知

$$0 < \sum_{n=[y]+1}^{\infty}\int_n^{n+1}\left(\frac{1}{n}-\frac{1}{t}\right)\mathrm{d}t < \frac{1}{[y]+1},$$

因而若记

$$\Delta_1(y) = \int_y^{[y]+1}\frac{1}{t}\mathrm{d}t - \sum_{n=[y]+1}^{\infty}\int_n^{n+1}\left(\frac{1}{n}-\frac{1}{t}\right)\mathrm{d}t,$$

则有式(12),且

$$-1/y < -1/([y]+1) < \Delta_1(y) < 1/y. \tag{17}$$

这就证明了引理.

由引理 2 及式(11)立即推出下面的定理:

定理 3 设 $x \geqslant 1$,则

$$D(x) = \sum_{n\leqslant x}\tau(n) = x\ln x + (2\gamma-1)x + r_2(x), \tag{18}$$

其中 γ 是由式(14)给出的 Euler 常数,且

$$|r_2(x)| < 4\sqrt{x}. \tag{19}$$

证 由式(11)及引理 2 得

$$\begin{aligned} D(x) &= 2x(\ln\sqrt{x} + \gamma + \Delta_1(\sqrt{x})) - x \\ &\quad + 2\sqrt{x}\{x\} - \{x\}^2 - 2\sum_{1\leqslant d\leqslant\sqrt{x}}\left\{\frac{x}{d}\right\} \\ &= x\ln x + (2\gamma-1)x + r_2(x), \end{aligned}$$

其中 $r_2(x) = 2x\Delta_1(\sqrt{x}) + 2\sqrt{x}\{x\} - \{x\}^2 - 2\sum_{1\leqslant d\leqslant\sqrt{x}}\left\{\frac{x}{d}\right\}$,

进而由式(17)推出(利用 $0 \leqslant \{y\} < 1$)

$$-4\sqrt{x} < r_2(x) < 4\sqrt{x}.$$

这就证明了所要的结论.

如何改进渐近公式(18)中余项 $r_2(x)$ 的估计式(19),是数论中的一个著名问题,称为 **Dirichlet 除数问题**[参看文献[18]的第二十七章]

从渐近公式(2),(18)可分别得到

$$\left.\begin{aligned}\frac{1}{x}\sum_{n\leqslant x}\tau(n)&=\ln x+O(1),\\ \frac{1}{x}\sum_{n\leqslant x}\tau(n)&=\ln x+2\gamma-1+o(1),\end{aligned}\right\}\quad x\to+\infty.$$

粗略地说,$\tau(1),\tau(2),\cdots,\tau([x])$ 的平均值(即期望值)是 $\ln x$ 或 $\ln x+2\gamma-1$. 为了把这一点看得更清楚,我们进一步来分析渐近公式(18),以对 $\tau(n)$ 从平均意义上的取值得到更明确的表述. 为此,先证明一个引理.

引理 4[①]　设 $y\geqslant 1$,则

$$\ln([y]!)=\sum_{1\leqslant n\leqslant y}\ln n=y\ln y-y+\Delta_2(y),\tag{20}$$

其中

$$|\Delta_2(y)|<2+\ln y.\tag{21}$$

证　当 $1\leqslant y<2$ 时,式(20)显然成立,故可设 $y\geqslant 2$. 我们有

$$\begin{aligned}\sum_{1\leqslant n\leqslant y}\ln n&=\sum_{2\leqslant n\leqslant[y]}\ln n=\int_1^2\frac{\mathrm{d}t}{t}+\int_1^3\frac{\mathrm{d}t}{t}+\cdots+\int_1^{[y]}\frac{\mathrm{d}t}{t}\\ &=\int_1^2\frac{[y]-1}{t}\mathrm{d}t+\int_2^3\frac{[y]-2}{t}\mathrm{d}t+\cdots\\ &\quad+\int_{[y]-1}^{[y]}\frac{[y]-([y]-1)}{t}\mathrm{d}t\\ &=\int_1^2\frac{[y]-[t]}{t}\mathrm{d}t+\int_2^3\frac{[y]-[t]}{t}\mathrm{d}t+\cdots\\ &\quad+\int_{[y]-1}^{[y]}\frac{[y]-[t]}{t}\mathrm{d}t\\ &=[y]\int_1^{[y]}\frac{\mathrm{d}t}{t}-\int_1^{[y]}\frac{[t]}{t}\mathrm{d}t\\ &=[y]\ln[y]-([y]-1)+\int_1^{[y]}\frac{t-[t]}{t}\mathrm{d}t.\end{aligned}$$

---

①　这可直接从第八章 § 2 的式(16)推出,这里给出另一证法.

由此及

$$
\begin{aligned}
y\ln y \geqslant [y]\ln[y] &> (y-1)\ln(y-1) \\
&= (y-1)\ln y + (y-1)\ln\left(1-\frac{1}{y}\right) \\
&> y\ln y - \ln y - 1
\end{aligned}
$$

推出

$$
\begin{aligned}
2+\int_1^{[y]}\frac{t-[t]}{t}\mathrm{d}t > \Delta_2(y) &= [y]\ln[y] - y\ln y + y - [y] + 1 \\
&\quad + \int_1^{[y]}\frac{t-[t]}{t}\mathrm{d}t \\
&> -\ln y + \int_1^{[y]}\frac{t-[t]}{t}\mathrm{d}t,
\end{aligned}
$$

进而得

$$
2+\ln y > \Delta_2(y) > -\ln y.
$$

这就证明了所要的结论.

由式(18),(20)立即推出

$$
\lim_{x\to+\infty}\frac{1}{x}\sum_{n\leqslant x}(\tau(n)-\ln n-2\gamma) = 0. \tag{22}
$$

这表明:平均来说,$\tau(n)$的值约为 $\ln n+2\gamma$,或者说约为 $\ln n$.

上面的方法稍做改变就可用于求这样的数论函数 $f(n)$的均值:$f(n)$是 $g(n)$和 $k(n)$的 Dirichlet 卷积,即

$$
f(n) = \sum_{d\mid n} g(d)k\left(\frac{n}{d}\right) = \sum_{dl=n} g(d)k(l),
$$

而且 $g(n)$和 $k(n)$的均值都容易求出.这是因为类似于式(8),(10)可得

$$
\begin{aligned}
\sum_{n\leqslant x} f(n) &= \sum_{\substack{dl\leqslant x\\ d\geqslant1,\,l\geqslant1}} g(d)k(l) \\
&= \sum_{1\leqslant d\leqslant\sqrt{x}} g(d)\sum_{1\leqslant l\leqslant x/d} k(l) + \sum_{1\leqslant l\leqslant\sqrt{x}} k(l)\sum_{1\leqslant d\leqslant x/l} g(d) \\
&\quad - \sum_{1\leqslant d\leqslant\sqrt{x}} g(d)\sum_{1\leqslant l\leqslant\sqrt{x}} k(l).
\end{aligned} \tag{23}
$$

更一般地,若令 $x=st$,$s\geqslant1$,$t\geqslant1$,可得

$$\sum_{n\leqslant x}f(n)=\sum_{1\leqslant d\leqslant s}g(d)\sum_{1\leqslant l\leqslant x/d}k(l)+\sum_{1\leqslant l\leqslant t}k(l)\sum_{1\leqslant d\leqslant x/l}g(d)$$
$$-\sum_{1\leqslant d\leqslant s}g(d)\sum_{1\leqslant l\leqslant t}k(l). \tag{24}$$

式(4)就是在式(24)中取 $s=x,t=1$ 的情形. 请读者自己验证式(23), (24),并解释它们的几何意义. 这样的求和法通常称为 **Dirichlet 求和法或双曲型求和法**. 下面用这一方法求 $N(n)$ 和 $\varphi(n)$ 的均值.

3.2 Gauss 圆问题

我们来求数论函数 $N(n)$ 的均值公式. 先证明下面的定理:

定理 5　设 $x\geqslant 1, C(x)=\sum_{n\leqslant x}N(n)$, 则

$$C(x)=\pi x+r_3(x), \tag{25}$$

其中

$$-12\sqrt{x}<r_3(x)<12\sqrt{x}. \tag{26}$$

证　由第六章 § 2 的定理 5 及式(23)(取 $g(n)=h(n), k(n)\equiv 1$)可得

$$\frac{1}{4}C(x)=\sum_{n\leqslant x}\frac{1}{4}N(n)=\sum_{\substack{dl\leqslant x\\ d\geqslant 1,l\geqslant 1}}h(d)$$
$$=\sum_{1\leqslant d\leqslant\sqrt{x}}h(d)\sum_{1\leqslant l\leqslant x/d}1+\sum_{1\leqslant l\leqslant\sqrt{x}}\sum_{1\leqslant d\leqslant x/l}h(d)$$
$$-\sum_{1\leqslant d\leqslant\sqrt{x}}h(d)\sum_{1\leqslant l\leqslant\sqrt{x}}1$$
$$\triangleq\Sigma_1+\Sigma_2-\Sigma_3.$$

下面来计算 $\Sigma_1,\Sigma_2,\Sigma_3$. 我们有[利用第六章 § 2 的式(22)]

$$\Sigma_1=\sum_{1\leqslant d\leqslant\sqrt{x}}h(d)\left[\frac{x}{d}\right]$$
$$=x\sum_{1\leqslant d\leqslant\sqrt{x}}\frac{h(d)}{d}-\sum_{1\leqslant d\leqslant\sqrt{x}}h(d)\left\{\frac{x}{d}\right\},$$

$$\sum_{1\leqslant d\leqslant\sqrt{x}}\frac{h(d)}{d}=\sum_{j=1}^{\infty}\frac{(-1)^{j-1}}{2j-1}-\sum_{2j-1\geqslant[\sqrt{x}]+1}\frac{(-1)^j}{2j-1}.$$

由 arctany 的幂级数展开式知

$$\sum_{j=1}^{\infty} \frac{(-1)^{j-1}}{2j-1} = \frac{\pi}{4}. \tag{27}$$

此外,有

$$\frac{-1}{\sqrt{x}} < \frac{-1}{[\sqrt{x}]+1} < \sum_{2j-1\geqslant[x]+1} \frac{(-1)^j}{2j-1} < \frac{1}{[\sqrt{x}]+1} < \frac{1}{\sqrt{x}}.$$

由以上各式得

$$\pi x/4 - 2\sqrt{x} < \Sigma_1 < \pi x/4 + 2\sqrt{x}.$$

由 $h(n)$的定义易知,对任意的 $y\geqslant1$,有

$$0 \leqslant \sum_{1\leqslant d\leqslant y} h(d) \leqslant 1.$$

因此 $$0\leqslant\Sigma_2\leqslant\sqrt{x}, \quad 0\leqslant\Sigma_3\leqslant\sqrt{x}.$$

综合以上各式即得

$$\pi x/4 - 3\sqrt{x} < C(x)/4 < \pi x/4 + 3\sqrt{x}.$$

这就证明了所要的结论.

由定理 5 立即推出

$$\lim_{x\to+\infty} \frac{1}{x} \sum_{n\leqslant x} (N(n) - \pi) = 0.$$

这表明：平均来说,$N(n)$的值约为 π.

由于 $N(n)$是不定方程 $u^2+v^2=n$ 的解数,所以均值 $C(x)$就是满足 $u^2+v^2\leqslant x$ 的所有整数对$\{u,v\}$的个数,因而就是以原点为圆心、$\sqrt{x}$为半径的圆 $R(\sqrt{x})$上的整点数. 因此,改进余项 $r_3(x)$的估计通常称为**圆内整点问题或 Gauss 圆问题**[参看文献[18]的第二十七章],这也是数论中的一个著名问题. 由此观点可给出定理 5 的一个十分简洁的几何证明：由于任意一点$\{u,v\}$(不一定是整点)必在整点$\{[u],[v]\}$右上方的单位正方形上,即以$\{[u],[v]\}$,$\{[u]+1,[v]\}$,$\{[u],[v]+1\}$,$\{[u]+1,[v]+1\}$这四个整点为顶点的正方形上,而点$\{u,v\}$与整点$\{[u],[v]\}$的距离不超过$\sqrt{2}$,因此对圆 $R(\sqrt{x})$上的每个整点做一个这样的小正方形,那么这些小正方形两两不重叠(不计边界),并且一方面这些小正方形全部覆盖了圆 $R(\sqrt{x}-\sqrt{2})$,另一方面这些小正方形显然

全部在圆 $R(\sqrt{x}+\sqrt{2})$ 中. 所以,比较面积(注意小正方形的面积为 1,故它们的面积和即为整点数 $C(x)$)即得

$$\pi(\sqrt{x}-\sqrt{2})^2 < C(x) < \pi(\sqrt{x}+\sqrt{2})^2. \tag{28}$$

由此即推出定理 5. 应该指出: 由式(28)及定理 5 的证明可推出式(27). 请读者自己证明这一点.

3.3 Euler 函数 $\varphi(n)$ 的均值

下面来求 $\varphi(n)$ 的均值. 如果用 §2 例 5 得到的 $\varphi(n)$ 的 Möbius 逆变换,按前面两个例子的方法来计算,将出现困难. 我们要利用 $\varphi(n)$ 是 $\mu(n)$ 和 n 的 Dirichlet 卷积,按公式(24)($s=x,t=1$)来求.

我们来证明下面的定理:

定理 6 设 $x\geqslant 1$, $\Phi(x)=\sum\limits_{n\leqslant x}\varphi(n)$, 则

$$\Phi(x)=\frac{1}{2}\left(\sum_{d=1}^{\infty}\frac{\mu(d)}{d^2}\right)x^2+r_4(x), \tag{29}$$

其中

$$|r_4(x)| < 3x\ln x+4x. \tag{30}$$

证 利用 §2 的式(17)及本节的式(24)(取 $s=x,t=1$),可得

$$\begin{aligned}\Phi(x)&=\sum_{n\leqslant x}\sum_{d\mid n}\mu(d)\frac{n}{d}=\sum_{\substack{dl\leqslant x\\ d\geqslant 1,l\geqslant 1}}\mu(d)l\\ &=\sum_{1\leqslant d\leqslant x}\mu(d)\sum_{1\leqslant l\leqslant x/d}l\\ &=\sum_{1\leqslant d\leqslant x}\mu(d)\cdot\frac{1}{2}\left[\frac{x}{d}\right]\left(\left[\frac{x}{d}\right]+1\right).\end{aligned}$$

注意到

$$\begin{aligned}\left[\frac{x}{d}\right]\left(\left[\frac{x}{d}\right]+1\right)&=\left(\frac{x}{d}-\left\{\frac{x}{d}\right\}\right)\left(\frac{x}{d}-\left\{\frac{x}{d}\right\}+1\right)\\ &=\frac{x^2}{d^2}+\frac{x}{d}-2\left\{\frac{x}{d}\right\}\frac{x}{d}+\left\{\frac{x}{d}\right\}^2+\left\{\frac{x}{d}\right\}\\ &\triangleq\frac{x^2}{d^2}+\Delta(d,x),\end{aligned}$$

以及由 $0\leqslant\{x/d\}<1$ 和 $\{x/d\}\leqslant x/d$ 可得

$$|\Delta(d,x)|\leqslant 3x/d,$$

我们有

$$\Phi(x)=\frac{x^2}{2}\sum_{d\leqslant x}\frac{\mu(d)}{d^2}+\sum_{d\leqslant x}\mu(d)\Delta(d,x),$$

$$\begin{aligned}\left|\sum_{d\leqslant x}\mu(d)\Delta(d,x)\right| &\leqslant 3x\sum_{d\leqslant x}\frac{1}{d}<3x\Big(1+\sum_{2\leqslant d\leqslant x}\ln\Big(1+\frac{1}{d-1}\Big)\Big)\\ &\leqslant 3x(1+\ln[x]),\end{aligned}$$

$$\left|\sum_{d>x}\frac{\mu(d)}{d^2}\right|<\sum_{d>x}\frac{1}{d^2}<\sum_{d>x}\Big(\frac{1}{d-1}-\frac{1}{d}\Big)<\frac{1}{[x]}<\frac{2}{x}.$$

由以上三式即得所要的结论.

在式(29)中出现了一个绝对收敛的无穷级数. 利用第八章 §3 式(10)定义的 Riemann ζ 函数、绝对收敛级数的乘法及第八章 §1 的式(25),可得

$$\zeta(2)\sum_{d=1}^{\infty}\frac{\mu(d)}{d^2}=\sum_{l=1}^{\infty}\frac{1}{l^2}\cdot\sum_{d=1}^{\infty}\frac{\mu(d)}{d^2}=\sum_{n=1}^{\infty}\frac{1}{n^2}\sum_{dl=n}\mu(d)=1.$$

由此及第八章 §3 的式(9)推出

$$\sum_{d=1}^{\infty}\frac{\mu(d)}{d^2}=\frac{1}{\zeta(2)}=\prod_{p}\Big(1-\frac{1}{p^2}\Big),\tag{31}$$

其中 p 为素数. 可以证明

$$\zeta(2)=\pi^2/6,\tag{32}$$

因而有

$$\Phi(x)=\sum_{n\leqslant x}\varphi(n)=\frac{3}{\pi^2}x^2+r_4(x).\tag{33}$$

由此及式(30)推出

$$\left|\frac{1}{x}\sum_{n\leqslant x}\Big(\varphi(n)-\frac{6}{\pi^2}n\Big)\right|<3\ln x+5.\tag{34}$$

所以,平均来说,$\varphi(n)$的值约为 $6n/\pi^2$.

3.4 Mertens 定理

最后,我们来讨论 $\mu(n)$和 $\Lambda(n)$的均值. 由第八章 §2 的定理 7(ii)

知,证明了均值 $\psi(x)=\sum_{n\leqslant x}\Lambda(n)$ 的渐近公式,就等于证明了素数定理.这是很困难的,不能由上面的方法得到,超出了本书的范围.对 $\mu(n)$的均值也是一样.关于这一点,只要对它们的 Möbius 逆变换用 Dirichlet 求和法做分析讨论(留给读者)就可看出.但是,它们的 Möbius 变换都很简单,从它们的 Möbius 变换的均值的渐近公式可推出它们本身的某种较弱的加权均值公式[见式(35),(37)].下面就是利用这样的方法来得到**素数分布的加权均值公式**,即定理 8、定理 9、定理 11、定理 12 的.这些定理通常称为 **Mertens 定理**.我们先来证明下面的结论:

定理 7　设 $x\geqslant 1$,则

$$\left|\sum_{n\leqslant x}\frac{\mu(n)}{n}\right|\leqslant 1. \tag{35}$$

证　由 § 2 的式(18)得

$$\begin{aligned}1&=\sum_{n\leqslant x}\left[\frac{1}{n}\right]=\sum_{n\leqslant x}\sum_{d\mid n}\mu(d)=\sum_{\substack{dl\leqslant x\\ d\geqslant 1,l\geqslant 1}}\mu(d)\\&=\sum_{d\leqslant x}\mu(d)\sum_{1\leqslant l\leqslant x/d}1=\sum_{d\leqslant x}\mu(d)\left[\frac{x}{d}\right],\end{aligned} \tag{36}$$

进而有

$$x\sum_{d\leqslant x}\frac{\mu(d)}{d}=1+\sum_{d\leqslant x}\mu(d)\left\{\frac{x}{d}\right\}.$$

由此及

$$\left|1+\sum_{d\leqslant x}\mu(d)\left\{\frac{x}{d}\right\}\right|=\left|1+\{x\}+\sum_{2\leqslant d\leqslant x}\mu(d)\left\{\frac{x}{d}\right\}\right|\leqslant x$$

就推出式(35).证毕.

定理 8　设 $x\geqslant 1$,则

$$\sum_{n\leqslant x}\frac{\Lambda(n)}{n}=\ln x+r_5(x), \tag{37}$$

其中

$$|r_5(x)|<4\ln 2+2.$$

证　由第八章 § 2 的引理 8 得

$$\ln([x]!)=\sum_{n\leqslant x}\ln n=\sum_{n\leqslant x}\sum_{d\mid n}\Lambda(d)=\sum_{\substack{dl\leqslant x\\ d\geqslant 1,l\geqslant 1}}\Lambda(d)$$

$$= \sum_{d \leqslant x} \Lambda(d) \sum_{1 \leqslant l \leqslant x/d} 1 = \sum_{d \leqslant x} \Lambda(d) \left[\frac{x}{d} \right]$$

[这实际上就是第八章§2的式(39),(41)].由此及引理4得

$$x \sum_{d \leqslant x} \frac{\Lambda(d)}{d} = x \ln x - x + \Delta_2(x) + \sum_{d \leqslant x} \Lambda(d) \left\{ \frac{x}{d} \right\}.$$

由式(21)及第八章§2的式(44)推出

$$\left| -x + \Delta_2(x) + \sum_{d \leqslant x} \Lambda(d) \left\{ \frac{x}{d} \right\} \right| < (4\ln 2 - 1)x + \ln x + 2.$$

由以上两式就证明了定理.

把式(12)和(35)相比较,可得出这样的结论:平均来说,$\mu(n)$的值约为零.但由此不能推出

$$\frac{1}{x} \sum_{n \leqslant x} \mu(n) \to 0, \quad x \to +\infty. \tag{38}$$

把式(12)和(37)相比较,可得出这样的结论:平均来说,$\Lambda(n)$的值约为1.但由此不能推出

$$\frac{1}{x} \sum_{n \leqslant x} \Lambda(n) \to 1, \quad x \to +\infty. \tag{39}$$

和式(39)一样,式(38)也和素数定理等价.这些超出了本书范围,我们都不讨论了[参看文献[16]的第四章].从定理8可推出如下一个有用的结论:

定理9 设$x \geqslant 1$,则

$$\sum_{p \leqslant x} \frac{\ln p}{p} = \ln x + r_6(x), \tag{40}$$

其中p为素数,

$$|r_6(x)| < 5\ln 2 + 3. \tag{41}$$

证 由$\Lambda(n)$的定义知(令$n = p^m$)

$$\sum_{n \leqslant x} \frac{\Lambda(n)}{n} - \sum_{p \leqslant x} \frac{\ln p}{p} = \sum_{p^m \leqslant x, m \geqslant 2} \frac{\ln p}{p^m} < \sum_{p} \left(\frac{1}{p^2} + \frac{1}{p^3} + \cdots \right) \ln p$$

$$= \sum_{p} \frac{\ln p}{p(p-1)} < \sum_{n=2}^{\infty} \frac{\ln n}{n(n-1)}.$$

我们来估计最后的级数:

$$\sum_{n=2}^{\infty}\frac{\ln n}{n(n-1)}=\sum_{n=2}^{\infty}\left(\frac{1}{n-1}-\frac{1}{n}\right)\ln n$$

$$=\ln 2+\sum_{n=2}^{\infty}\frac{1}{n}(\ln(n+1)-\ln n)$$

$$=\ln 2+\sum_{n=2}^{\infty}\frac{1}{n}\ln\left(1+\frac{1}{n}\right)<\ln 2+\sum_{n=2}^{\infty}\frac{1}{n^2}$$

$$<\ln 2+\sum_{n=2}^{\infty}\frac{1}{n(n-1)}=1+\ln 2.$$

由以上两式及定理 8 就推出所要的结论.

第八章 § 2 的式(19)仅给出了 $\sum\limits_{p\leqslant x}\frac{\ln p}{p}$ 的上、下界估计，而式(40)给出了它的渐近公式. 由此可以得到 $\sum\limits_{p\leqslant x}\frac{1}{p}$ 的渐近公式，而第八章 § 2 的式(17)也仅给出了它的上、下界估计. 为此，需要下面引理给出的 **Abel 求和公式**：

引理 10　设 $x\geqslant 1$，$b(n)$是一个数论函数，

$$B(x)=\sum_{n\leqslant x}b(n);$$

再设 $\alpha(x)$是区间$[x_1,x_2]$上的连续可微函数，$x_2>x_1\geqslant 0$. 那么，我们有

$$\sum_{x_1<n\leqslant x_2}b(n)\alpha(n)=B(x_2)\alpha(x_2)-B(x_1)\alpha(x_1)-\int_{x_1}^{x_2}B(x)\alpha'(x)\mathrm{d}x. \tag{42}$$

证　设 $n_1=[x_1]$，$n_2=[x_2]$. 我们有(约定 $B(0)=0$)

$$\sum_{x_1<n\leqslant x_2}b(n)\alpha(n)=\sum_{n_1<n\leqslant n_2}b(n)\alpha(n)$$

$$=\sum_{n=n_1+1}^{n_2}(B(n)-B(n-1))\alpha(n)$$

$$=-B(n_1)\alpha(n_1+1)$$

$$-\sum_{n=n_1+1}^{n_2-1}B(n)(\alpha(n+1)-\alpha(n))+B(n_2)\alpha(n_2)$$

$$=-B(n_1)\alpha(n_1+1)$$

$$-\sum_{n=n_1+1}^{n_2-1}B(n)\int_n^{n+1}\alpha'(x)\mathrm{d}x+B(n_2)\alpha(n_2)$$

$$=-B(n_1)\alpha(n_1+1)$$

$$-\int_{n_1+1}^{n_2}B(x)\alpha'(x)\mathrm{d}x+B(n_2)\alpha(n_2).$$

此外,还有

$$\int_{x_1}^{n_1+1}B(x)\alpha'(x)\mathrm{d}x=B(n_1)(\alpha(n_1+1)-\alpha(x_1)),$$

$$\int_{n_2}^{x_2}B(x)\alpha'(x)\mathrm{d}x=B(n_2)(\alpha(x_2)-\alpha(n_2)).$$

注意到 $B(x_1)=B(n_1)$,$B(x_2)=B(n_2)$,由以上三式即得式(42).

Abel 求和公式(42)表明:如果我们知道了数论函数 $b(n)$ 的均值 $B(x)$ 的渐近公式,那么对于满足适当条件的函数 $\alpha(x)$,数论函数 $b(n)\alpha(n)$ 的均值的渐近公式有可能通过式(42)得到.例如:取

$$b(n)=\begin{cases}\ln p/p, & n=p,p\text{ 为素数},\\ 0, & \text{其他}\end{cases}\tag{43}$$

及 $\alpha(x)=(\ln x)^{-1}$,就导致讨论均值 $\sum\limits_{p\leqslant x}\dfrac{1}{p}$;若取 $\alpha(x)=x$,$b(n)$ 同式(43),就导致讨论均值 $\sum\limits_{p\leqslant x}\ln p$.前者可以得到渐近公式,而后者则不能(后一点请读者自己讨论).下面来证明 $\sum\limits_{p\leqslant x}\dfrac{1}{p}$ 的一个渐近公式.

定理 11 设 $x\geqslant 2$,则

$$\sum_{p\leqslant x}\frac{1}{p}=\ln\ln x+A_1+r_7(x),\tag{44}$$

其中 A_1 为常数:

$$A_1=1-\ln\ln 2+\int_2^{+\infty}r_6(t)(t\ln^2 t)^{-1}\mathrm{d}t,\tag{45}$$

且

$$|r_7(x)|<2(5\ln 2+3)(\ln x)^{-1}.\tag{46}$$

证 取 $x_1=2$,$x_2=x$,$b(n)$ 同式(43),$\alpha(x)=(\ln x)^{-1}$.由式(42)得

$$\sum_{p\leqslant x}\frac{1}{p}=\frac{1}{2}+\sum_{2<n\leqslant x}b(n)\alpha(n)$$

$$= \frac{1}{2} + \frac{1}{\ln x}\sum_{p\leqslant x}\frac{\ln p}{p} - \frac{1}{2} + \int_2^x \Big(\sum_{p\leqslant t}\frac{\ln p}{p}\Big)\frac{1}{t\ln^2 t}\mathrm{d}t.$$

由此及式(40)得

$$\sum_{p\leqslant x}\frac{1}{p} = \frac{1}{2} + \frac{1}{\ln x}(\ln x + r_6(x)) - \frac{1}{2} + \int_2^x \frac{\mathrm{d}t}{t\ln t} + \int_2^x \frac{r_6(t)}{t\ln^2 t}\mathrm{d}t$$
$$= \ln\ln x + \Big(1 - \ln\ln 2 + \int_2^{+\infty}\frac{r_6(t)}{t\ln^2 t}\mathrm{d}t\Big) + \frac{r_6(x)}{\ln x} - \int_x^{+\infty}\frac{r_6(t)}{t\ln^2 t}\mathrm{d}t.$$

由式(41)知积分 $\int_2^{+\infty} r_6(t)(t\ln^2 t)^{-1}\mathrm{d}t$ 收敛，以及

$$\left|\frac{r_6(x)}{\ln x} - \int_x^{+\infty}\frac{r_6(t)}{t\ln^2 t}\mathrm{d}t\right| < 2(5\ln 2 + 3)\ln^{-1} x.$$

由此及上式就证明了所要的结论.

可以证明定理 11 中的常数为

$$A_1 = \gamma + \sum_p \Big(\ln\Big(1 - \frac{1}{p}\Big) + \frac{1}{p}\Big) = 0.26\,149\,721\cdots, \tag{47}$$

其中 γ 是由式(14)给出的 Euler 常数. 这已超出了本书范围[参看文献[16]的第三章]. 由定理 11 可立即推出下面的定理：

定理 12　设 $x\geqslant 2$，则

$$\prod_{p\leqslant x}\Big(1 - \frac{1}{p}\Big) = \frac{\mathrm{e}^{-A_2}}{\ln x} + O\Big(\frac{1}{\ln^2 x}\Big), \tag{48}$$

其中 $A_2 = A_1 - A_3$，这里 A_1 由式(45)给出，而

$$A_3 = \sum_p \Big(\ln\Big(1 - \frac{1}{p}\Big) + \frac{1}{p}\Big). \tag{49}$$

利用

$$\sum_{p\leqslant x}\Big(\ln\Big(1 - \frac{1}{p}\Big) + \frac{1}{p}\Big) = A_3 + O\Big(\frac{1}{x}\Big),$$

从定理 11 立即推出定理 12. 详细推导留给读者.

Abel 求和公式是一个重要的工具，可以用它求许多有用的和式的渐近公式. 这些将安排在习题中.

应该指出：将定理 8 和定理 9 做改进，即把其中的 $r_5(x)$ 和 $r_6(x)$ 改进为 $c_1 + o(1)$ 和 $c_2 + o(1)$ (c_1, c_2 是两个常数)，便得到与素数定理等价的命题[参看文献[16]的第四章].

习 题 三

1. 证明：$\gamma = 1 - \int_1^{+\infty} (t - [t])t^{-2}\mathrm{d}t$，其中 γ 是 Euler 常数.

2. 设 $x \geqslant 1$. 证明：$\sum\limits_{n \leqslant x} \frac{\ln n}{n} = \frac{1}{2}\ln^2 x + c + r(x)$，这里 c 为常数，$|r(x)| \leqslant A\ln x/x$，$A$ 为正常数.

3. 设 $x \geqslant 2$. 证明：$\sum\limits_{n \leqslant x} \sigma(n) = cx^2 + r(x)$，其中 c 为常数，$|r(x)| \leqslant Ax\ln x$，A 为正常数.

4. 设 $x \geqslant 1$. 证明：$\sum\limits_{n \leqslant x} \mu^2(n) = \frac{6}{\pi^2}x + r(x)$，这里 $|r(x)| < Ax^{1/2}$，A 为正常数.

5. 设 $D(x)$ 由 §3 的定理 1 给出. 证明：

$$\sum_{n \leqslant x} 2^{\omega(n)} = \sum_{n \leqslant \sqrt{x}} \mu(n) D\left(\frac{x}{n^2}\right).$$

6. 设 $x \geqslant 2$. 证明：$\sum\limits_{n \leqslant x} 2^{\omega(n)} = \frac{6}{\pi^2}x\ln x + cx + r(x)$，这里 c 为常数，$|r(x)| \leqslant A\sqrt{x}\ln x$，$A$ 为正常数.

7. 求以下均值的渐近公式：

(i) $\sum\limits_{n \leqslant x} \frac{\tau(n)}{n}$； (ii) $\sum\limits_{n \leqslant x} \frac{\sigma(n)}{n}$； (iii) $\sum\limits_{n \leqslant x} \frac{\varphi(n)}{n}$；

(iv) $\sum\limits_{n \leqslant x} \frac{2^{\omega(n)}}{n}$； (v) $\sum\limits_{n \leqslant x} \frac{\varphi(n)}{n^2}$.

8. 设 $x \geqslant 1$. 证明：

(i) $\sum\limits_{n \leqslant x} \varphi(n) = \frac{1}{2}\sum\limits_{n \leqslant x} \mu(n)\left[\frac{x}{n}\right]^2 + \frac{1}{2}$；

(ii) $\sum\limits_{n \leqslant x} \frac{\varphi(n)}{n} = \sum\limits_{n \leqslant x} \frac{\mu(n)}{n}\left[\frac{x}{n}\right]$.

9. 证明：

(i) 当 $n \geqslant 2$ 时，$\sigma(n)/n < n/\varphi(n) < (\pi^2/6)\sigma(n)/n$；

(ii) 存在正常数 A，使得 $\sum\limits_{n \leqslant x} \frac{n}{\varphi(n)} \leqslant Ax$，$x \geqslant 1$；

(iii) 存在正常数 B,使得 $\sum\limits_{n\leqslant x}\dfrac{1}{\varphi(n)}\leqslant B\ln x, x\geqslant 2$.

10. 求均值 $\sum\limits_{n\leqslant x}\varphi_1(n)$ 的渐近公式,其中 $\varphi_1(n)$ 由习题二的第 28 题给出.

11. 在 §3 引理 10 的符号和条件下,证明:当取 $b(n)\equiv 1$ 时,有

$$\begin{aligned}\sum_{x_1<n\leqslant x_2}\alpha(n)=&\int_{x_1}^{x_2}\alpha(x)\mathrm{d}x+\int_{x_1}^{x_2}(x-[x])\alpha'(x)\mathrm{d}x\\&-(x_2-[x_2])\alpha(x_2)+(x_1-[x_1])\alpha(x_1)\\=&\int_{x_1}^{x_2}\alpha(x)\mathrm{d}x+\int_{x_1}^{x_2}(x-[x]-1/2)\alpha'(x)\mathrm{d}x\\&-(x_2-[x_2]-1/2)\alpha(x_2)\\&+(x_1-[x_1]-1/2)\alpha(x_1).\end{aligned}$$

这个公式通常称为 **Euler 求和公式**. 利用它证明 §3 的引理 2 及引理 4.

12. 设 $s\geqslant 0, x\geqslant 1$. 证明:

$$\sum_{n\leqslant x}n^s=\frac{x^{s+1}}{s+1}+r(x),\quad |r(x)|\leqslant x^s.$$

13. 设 $s>0, s\neq 1$ 及 $x\geqslant 1$. 证明:

$$\sum_{n\leqslant x}\frac{1}{n^s}=\frac{x^{1-s}}{1-s}+F(s)+r(x),$$

其中

$$F(s)=\zeta(s)=1-(1-s)^{-1}-s\int_1^{+\infty}(t-[t])t^{-s-1}\mathrm{d}t,$$

$|r(x)|<x^{-s}$.

14. 设 $s>1, x\geqslant 1$. 证明:

$$\sum_{n>x}n^{-s}=\frac{x^{1-s}}{s-1}-r(x),$$

其中 $r(x)$ 同第 13 题.

15. 设 t 为实数,$\sigma_t(n)=\sum\limits_{d\mid n}d^t, x\geqslant 1$. 证明:当 $t>0, t\neq 1$ 时,

$$\sum_{n\leqslant x}\sigma_t(n)=\frac{\zeta(t+1)}{t+1}x^{t+1}+r(x),$$

其中

$$|r(x)| \leqslant A(t)x^{t_1}, \quad t_1 = \max(1,t),$$

这里 $A(t)$ 是仅和 t 有关的正常数.

16. 设 $x \geqslant 2$，$\sigma_t(n)$ 同第 15 题. 证明：

(i) $\sum\limits_{n \leqslant x} \sigma_{-1}(n) = \zeta(2)x + r_1(x)$，其中 $|r_1(x)| \leqslant A_1 \ln x$，$A_1$ 为正常数；

(ii) 当 $t > 0$，$t \neq 1$ 时，

$$\sum_{n \leqslant x} \sigma_{-t}(n) = \zeta(t+1)x + r_2(x),$$

其中 $|r_2(x)| \leqslant A_2(t)x^{t_2}$，$A_2(t)$ 是仅和 t 有关的正常数，$t_2 = \max(0, 1-t)$.

17. 写出定理 12 的详细证明.

18. 设 $x \geqslant 2$. 证明：

$$\sum_{p \leqslant x} \frac{\ln^2 p}{p} = \frac{1}{2}\ln^2 x + r(x),$$

其中 p 为素数，$|r(x)| \leqslant B\ln x$，B 为正常数.

19. 设 $x \geqslant 2$，整数 $k \geqslant 2$. 求 $\sum\limits_{p \leqslant x} \dfrac{\ln^k p}{p}$ 的渐近公式，其中 p 为素数.

20. 设 $x \geqslant 4$. 证明：

$$\sum_{pq \leqslant x} \frac{1}{pq} = (\ln\ln x)^2 + A\ln\ln x + r(x),$$

这里求和号 $\sum\limits_{pq \leqslant x}$ 表示对两个满足 $pq \leqslant x$ 的素变数 p, q 求和，A 是正常数，$|r(x)| \leqslant B$，B 是正常数.

21. 设 $x \geqslant 4$. 证明：

(i) $\sum\limits_{n \leqslant x} \omega(n) = x\ln\ln x + A_1 x + r_1(x)$；

(ii) $\sum\limits_{n \leqslant x} \Omega(n) = x\ln\ln x + A_2 x + r_2(x)$，

其中 A_1, A_2 是两个正常数，$|r_j(x)| \leqslant B\pi(x)$，$B$ 为正常数.

22. 设 $x \geqslant 4$. 证明：

$$\sum_{n \leqslant x} \omega^2(n) = x(\ln\ln x)^2 + A\ln\ln x + r(x),$$

其中 A 是正常数，$|r(x)| \leqslant Bx$，B 为正常数.

§4　Dirichlet 特征

我们已经证明了在一些特殊的算术数列中有无穷多个素数.例如：在算术数列 $n\equiv 3(\mathrm{mod}\,4)$，$n\equiv -1(\mathrm{mod}\,6)$，$n\equiv 1(\mathrm{mod}\,4)$，$n\equiv 1(\mathrm{mod}\,8)$ 中都有无穷多个素数.前两个的证明很容易，但后两个的证明就不那么简单了(见第三章§4 习题四的第 6 题及第四章§6 的例 6 和例 7).数论中一个十分著名的问题是要证明：对任意给定的 $k>2$ 及 $(a,k)=1$，在算术数列 $n\equiv a(\mathrm{mod}\,k)$ 中一定有无穷多个素数.这一问题已在 1837 年被 D. G. L. Dirichlet 解决.它的证明已超出了本书的范围，就不在此讨论了(第五章习题一的第 33 题及第九章习题二的第 30 题讨论了 $a=1$ 的情形).但是，为了解决这一问题，Dirichlet 引入了一类十分重要的数论函数，利用它能够从给定的整数列(例如素数列)中把属于算术数列 $n\equiv a(\mathrm{mod}\,k)$ 的子数列挑选出来.这一节就是要介绍这类数论函数，并讨论其最基本的性质，给出它的几个应用.

4.1　定义、构造与基本性质

定义 1　设 $k\geqslant 1$，$\chi(n)$ 是定义在全体整数集合 $\mathbf{Z}$ 上不恒为零的数论函数.如果 $\chi(n)$ 满足条件：

(i) 当 $(n,k)>1$ 时，$\chi(n)=0$；

(ii) $\chi(n)$ 是周期为 k 的周期函数：$\chi(n+k)=\chi(n)$；

(iii) $\chi(n)$ 是完全积性函数：对任意的整数 m,n，有

$$\chi(mn)=\chi(m)\,\chi(n),$$

那么就称 $\chi(n)$ 为**模 k 的 Dirichlet 特征**或**模 k 的剩余特征**，简称**模 k 的特征**或**特征**.为了明确起见，通常以 $\chi(n;k)$ 或 $\chi\,\mathrm{mod}\,k$ 表示模 k 的特征[①].

---

① 从代数观点来看，模 k 的特征 $\chi(n;k)$ 可以看作是定义在由模 k 的既约同余类所构成的乘法群(见第三章习题二第一部分的第 16 题)上的.对这些知识熟悉的读者可以做这样的思考.但在初等数论中，这里的定义是比较直观、方便的.

例如：Legendre 符号$\left(\dfrac{n}{p}\right)$就是模 p 的特征，Jacobi 符号$\left(\dfrac{n}{P}\right)$是模 P 的特征，§1 式(3)给出的 $\chi(a;p^k)$是模 p^k 的特征(为什么)，第六章§2 式(22)定义的 $h(n)$是模 4 的特征.

由 $\chi(n)$是积性函数且不恒为零知(§1 的定理 1)

$$\chi(1)=1; \tag{1}$$

由 $\chi(-1)\cdot\chi(-1)=\chi(1)$推出

$$\chi(-1)=\pm 1. \tag{2}$$

由 Euler 定理 $n^{\varphi(k)}\equiv 1(\bmod k)$、$\chi(n)$的周期性和完全积性推出：当 $(n,k)=1$时，

$$1=\chi(1)=\chi(n^{\varphi(k)})=(\chi(n))^{\varphi(k)}. \tag{3}$$

由定义 1 立即推出：模 1 的特征只有一个，即

$$\chi(n;1)=1,\quad n\in\mathbf{Z}. \tag{4}$$

由 $\chi(2m+1;2)=\chi(1;2)=1$ 知，模 2 的特征也只有一个，即

$$\chi(n;2)=\begin{cases}1, & 2\nmid n,\\ 0, & 2\mid n.\end{cases} \tag{5}$$

显见，要确定一个特征就只要确定它在模 k 的既约剩余系上的取值，且这样的取值满足完全积性条件. 下面举几个例子. 模 3 的特征可能的取值是

$$\chi(1;3)=1.$$

由完全积性条件知

$$\chi^2(2;3)=\chi(4;3)=\chi(1;3)=1,$$

所以

$$\chi(2;3)=\pm 1.$$

故模 3 的特征有两个：

$$\chi(n;3,0)=\begin{cases}1, & 3\nmid n,\\ 0, & 3\mid n,\end{cases} \tag{6}$$

$$\chi(n;3,1)=\begin{cases}1, & n\equiv 1(\bmod 3),\\ -1, & n\equiv 2(\bmod 3),\\ 0, & n\equiv 0(\bmod 3).\end{cases}\tag{7}$$

显见,$\chi(n;3,1)$就是 Legendre 符号$\left(\frac{n}{3}\right)$. 同样,模 4 的特征可能的取值是

$$\chi(1;4)=1,$$

又由 $\chi^2(3;4)=\chi(9;4)=\chi(1;4)=1$ 知

$$\chi(3;4)=\pm 1,$$

所以模 4 的特征也有两个:

$$\chi(n;4,0)=\begin{cases}1, & (n,4)=1,\\ 0, & (n,4)>1,\end{cases}\tag{8}$$

$$\chi(n;4,1)=\begin{cases}1, & n\equiv 1(\bmod 4),\\ -1, & n\equiv 3(\bmod 4),\\ 0, & (n,4)>1.\end{cases}\tag{9}$$

显见,后一个特征就是 $h(n)$,且当$(n,2)=1$ 时,

$$\chi(n;4,1)=\left(\frac{-1}{n}\right)=\left(\frac{-4}{n}\right),$$

这里$\left(\frac{-1}{n}\right)$,$\left(\frac{-4}{n}\right)$是 Jacobi 符号.

模 5 的特征可能的取值是

$$\chi(1;5)=1.$$

由 $\chi^4(2;5)=\chi(16;5)=\chi(1;5)=1$ 知

$$\chi(2;5)=\mathrm{e}^{2\pi \mathrm{i}l/4},\quad l=0,1,2,3,$$

再注意到

$$\chi^2(2;5)=\chi(4;5),\quad \chi^3(2;5)=\chi(8;5)=\chi(3;5),$$

所以只要$\chi(2;5)$的取值确定后,其他的取值就确定了,且满足完全积性条件. 因此,模 5 的特征有四个,即

$$\chi(n;5,0)=\begin{cases}1, & (n,5)=1,\\ 0, & (n,5)>1,\end{cases}\tag{10}$$

$$\chi(n;5,1)=\begin{cases}1, & n\equiv 1(\bmod 5),\\ \mathrm{i}, & n\equiv 2(\bmod 5),\\ -\mathrm{i}, & n\equiv 3(\bmod 5),\\ -1, & n\equiv 4(\bmod 5),\\ 0, & n\equiv 0(\bmod 5),\end{cases} \tag{11}$$

$$\chi(n;5,2)=\begin{cases}1, & n\equiv 1(\bmod 5),\\ -1, & n\equiv 2(\bmod 5),\\ -1, & n\equiv 3(\bmod 5),\\ 1, & n\equiv 4(\bmod 5),\\ 0, & n\equiv 0(\bmod 5),\end{cases} \tag{12}$$

$$\chi(n;5,3)=\begin{cases}1, & n\equiv 1(\bmod 5),\\ -\mathrm{i}, & n\equiv 2(\bmod 5),\\ \mathrm{i}, & n\equiv 3(\bmod 5),\\ -1, & n\equiv 4(\bmod 5),\\ 0, & n\equiv 0(\bmod 5),\end{cases} \tag{13}$$

显见，$\chi(n;5,2)$就是 Legendre 符号$\left(\frac{n}{5}\right)$.

对给定的模 k，当$(n,k)=1$时，由式(3)知模 k 的特征 $\chi(n;k)$仅能取有限个值，它们是 1 的 $\varphi(k)$次单位根

$$\mathrm{e}^{2\pi\mathrm{i}l/\varphi(k)},\quad l=0,1,\cdots,\varphi(k)-1, \tag{14}$$

所以对给定的 k，模 k 的特征仅有有限个. 我们以 $C(k)$表示模 k 的所有不同特征的个数. 上面的例子表明：

$$C(1)=1,\quad C(2)=1,\quad C(3)=2,$$
$$C(4)=2,\quad C(5)=4.$$

下面将证明：

$$C(k)=\varphi(k),\quad k\geqslant 1. \tag{15}$$

显见，当$(n,k)=1$时，恒取值 1 的数论函数 $\chi(n)$一定是模 k 的特征，它称为**模 k 的主特征**，记作 $\chi^0(n;k)$或 $\chi^0 \bmod k$，即

$$\chi^0(n;k)=\begin{cases}1, & (n,k)=1,\\ 0, & (n,k)>1.\end{cases}$$

模 1 和模 2 仅有一个主特征. 如果一个特征仅取实值,由式(14)知即仅取±1,那么称这个特征为**实特征**. 主特征一定是实特征,但实特征不一定是主特征. 模 3 和模 4 的特征都是实特征,且其中各有一个非主特征. 一个取到复值的特征称为**复特征**. 模 5 的特征中有两个复特征、两个实特征(其中一个是非主特征).

特征有以下基本性质:

性质Ⅰ　两个模 k 的特征的乘积是模 k 的特征.

性质Ⅱ　若 $\chi(n)$是模 k 的特征,则 $\overline{\chi(n)}$也是模 k 的特征(这里$\bar{\theta}$表示复数 θ 的共轭数),记作 $\bar{\chi}(n)$,称为 $\chi(n)$的**共轭特征**. 当 $nn^{-1}\equiv1(\bmod k)$时,$\bar{\chi}(n)=\chi(n^{-1})$. 此外,$\chi(n)\bar{\chi}(n)=\chi^0(n;k)$,当 $\chi(n)$是实特征时,$\chi(n)=\bar{\chi}(n)$.

性质Ⅲ　设 $\chi(n),\chi_1(n),\chi_2(n)$都是模 k 的特征. 若 $\chi(n)\chi_1(n)=\chi(n)\chi_2(n)$,则 $\chi_1(n)=\chi_2(n)$.

性质Ⅳ　设模 k 的全部特征是 $\chi_0(n),\chi_1(n),\cdots,\chi_h(n),h=C(k)-1$,$\bar{\chi}(n)$是任意取定的一个模 k 的特征,则

(i) $\bar{\chi}_0(n),\bar{\chi}_1(n),\cdots,\bar{\chi}_h(n)$也是模 k 的全部特征;

(ii) $\bar{\chi}(n)\chi_0(n),\bar{\chi}(n)\chi_1(n),\cdots,\bar{\chi}(n)\chi_h(n)$也是模 k 的全部特征.

性质Ⅴ　设 $k_1|k_2$. 若 k_1 和 k_2 有相同的素因数(即 $p|k_2\Rightarrow p|k_1$),则模 k_1 的特征一定是模 k_2 的特征. 特别地,当 $l\geqslant d$ 时,模 k^d 的特征一定是模 k^l 的特征.

性质Ⅵ　设 $\chi_1(n)$是模 k_1 的特征,$\chi_2(n)$是模 k_2 的特征,则$\chi_1(n)\chi_2(n)$是模$[k_1,k_2]$的特征.

这些性质的证明是十分简单的,留给读者. 下面的性质是十分重要的.

性质Ⅶ　设 $k=k_1k_2,(k_1,k_2)=1,\chi(n;k)$是模 k 的特征,则一定存在唯一的模 k_1 的特征 $\chi(n;k_1)$,使得

$$\chi(n;k)=\chi(n;k_1),\quad n\equiv1(\bmod k_2).\tag{16}$$

证　定义数论函数 $f(m)$如下:对任意的整数 m,由孙子定理知,

对模 k,存在唯一的 n,满足

$$\begin{cases} n \equiv m \pmod{k_1}, \\ n \equiv 1 \pmod{k_2}. \end{cases} \tag{17}$$

我们定义

$$f(m) = \chi(n;k). \tag{18}$$

下面证明 $f(m)$是模 k_1 的特征. 因为 $f(1)=\chi(1;k)=1$,所以 $f(m)$ 不恒为零. 若式(17)成立,则必有

$$\begin{cases} n \equiv m + k_1 \pmod{k_1}, \\ n \equiv 1 \pmod{k_2}. \end{cases}$$

因此 $f(m+k_1)=\chi(n;k)=f(m)$. 对任意的整数 m' 以及模 k,存在唯一的 n',满足

$$\begin{cases} n' \equiv m' \pmod{k_1}, \\ n' \equiv 1 \pmod{k_2}. \end{cases}$$

由此及式(17)得

$$\begin{cases} nn' \equiv mm' \pmod{k_1}, \\ nn' \equiv 1 \pmod{k_2}. \end{cases}$$

因此,由 $\chi(n;k)$的完全积性及 $f(m)$的定义知

$$f(mm') = \chi(nn';k) = \chi(n;k)\,\chi(n';k) = f(m)f(m').$$

这就证明了 $f(m)$是完全积性函数. 最后,当$(m,k)>1$ 时,对由式(17)确定的 n,必有$(n,k)=(n,k_1)>1$,所以 $f(m)=0$. 这就证明了 $f(m)$是模 k_1 的特征.

现取 $\chi(m;k_1)=f(m)$. 当 $m\equiv 1 \pmod{k_2}$时,对由式(17)确定的 n,显然有 $n\equiv m \pmod{k}$,因此

$$\chi(m;k_1) = f(m) = \chi(n;k) = \chi(m;k).$$

这就证明了式(16)成立.

下面证明唯一性. 若还有模 k_1 的特征 $\widetilde{\chi}(n;k_1)$满足式(16),则对任意的整数 m,当 n 由式(17)给出时,就有

$$\chi(m;k_1) = \chi(n;k_1) = \chi(n;k) = \widetilde{\chi}(n;k_1) = \widetilde{\chi}(m;k_1).$$

证毕.

定理 1　设 $k=k_1k_2$，$(k_1,k_2)=1$，$\chi(n;k)$是模 k 的特征，则一定存在唯一的一对特征：模 k_1 的特征$\chi(n;k_1)$和模 k_2 的特征 $\chi(n;k_2)$，使得对任意的整数 n，有

$$\chi(n;k)=\chi(n;k_1)\,\chi(n;k_2). \tag{19}$$

证　先证明唯一性. 若式(19)成立，则

$$\chi(n;k)=\chi(n;k_1),\quad n\equiv 1(\operatorname{mod} k_2), \tag{20}$$

$$\chi(n;k)=\chi(n;k_2),\quad n\equiv 1(\operatorname{mod} k_1), \tag{21}$$

因而由性质Ⅶ知 $\chi(n;k_1)$，$\chi(n;k_2)$都是唯一的.

再证明存在性. 由性质Ⅶ知，必有模 k_1 的特征 $\chi(n;k_1)$，满足式(20)，同时有模 k_2 的特征 $\chi(n;k_2)$，满足式(21). 对任意的整数 n，取

$$\begin{cases} m_1\equiv n(\operatorname{mod} k_1), \\ m_1\equiv 1(\operatorname{mod} k_2) \end{cases} \quad 及 \quad \begin{cases} m_2\equiv 1(\operatorname{mod} k_1), \\ m_2\equiv n(\operatorname{mod} k_2). \end{cases}$$

由性质Ⅶ推出

$$\chi(m_1;k)=\chi(m_1;k_1)=\chi(n;k_1),$$

$$\chi(m_2;k)=\chi(m_2;k_2)=\chi(n;k_2).$$

显见 $m_1m_2\equiv n(\operatorname{mod} k)$. 由此及特征的完全积性、周期性，从以上两式即得

$$\chi(n;k)=\chi(m_1m_2;k)=\chi(m_1;k)\,\chi(m_2;k)=\chi(n;k_1)\,\chi(n;k_2).$$

证毕.

由定理 1 立即推出下面的结论(证明留给读者)：

推论 2　设 $k=k_1\cdots k_r$，$k_1,\cdots,k_r$ 两两既约，$\chi(n;k)$是模 k 的特征，则一定存在唯一的一组特征(r 个)：模 k_1 的特征 $\chi(n;k_1)$，…，模 k_r 的特征 $\chi(n;k_r)$，使得

$$\chi(n;k)=\chi(n;k_1)\cdots\chi(n;k_r); \tag{22}$$

此外，$\chi(n;k)$是主特征的充要条件是 $\chi(n;k_1)$，…，$\chi(n;k_r)$都是主特征，$\chi(n;k)$是实特征的充要条件是 $\chi(n;k_1)$，…，$\chi(n;k_r)$都是实特征. 特别地，当有素因数分解式

$$k=2^{\alpha_0}p_1^{\alpha_1}\cdots p_s^{\alpha_s} \tag{23}$$

时，有唯一的分解式

$$\chi(n;k)=\chi(n;2^{\alpha_0})\chi(n;p_1^{\alpha_1})\cdots\chi(n;p_s^{\alpha_s}). \tag{24}$$

式(24)表明：要研究任意模的特征，只要研究模为素数幂的特征即可. 我们先讨论模 p^α 的特征，其中素数 $p>2$. 设 g 是模 p^α 的一个原根(对任意的 $\alpha\geqslant 1$，见第五章§2 的定理 3). 由第五章§2 的定理 5 及§3 的定义 1 知，对任一$(n,p)=1$，有

$$n\equiv g^{\gamma(n)}\pmod{p^\alpha}, \tag{25}$$

这里 $\gamma(n)$表示 n 对模 p^α 的以原根 g 为底的指标，因而有

$$\chi(n;p^\alpha)=\chi(g^{\gamma(n)};p^\alpha)=(\chi(g;p^\alpha))^{\gamma(n)},\quad (n,p)=1. \tag{26}$$

因此，模 p^α 的特征完全由它在原根 g 上的值唯一确定. 由式(14)知，模 p^α 的特征可能的取值是

$$\chi(g;p^\alpha)=\mathrm{e}^{2\pi\mathrm{i}l/\varphi(p^\alpha)},\quad l=0,1,\cdots,\varphi(p^\alpha)-1, \tag{27}$$

所以模 p^α 至多有 $\varphi(p^\alpha)$个不同的特征. 由指标的性质(见第五章§3 的性质Ⅱ)知，对任意取定的 l，

$$f(n;l)=\begin{cases}\mathrm{e}^{2\pi\mathrm{i}l\gamma(n)/\varphi(p^\alpha)}, & (n,p)=1,\\ 0, & (n,p)>1\end{cases}$$

一定是模 p^α 的特征，且当 $l\not\equiv l'\pmod{\varphi(p^\alpha)}$时，$f(g;l)\neq f(g;l')$，所以这时对应不同的特征. 此外，当且仅当 $l=0$ 时是主特征，当且仅当 $l=0,\varphi(p^\alpha)/2$ 时是实特征. 这样，我们就证明了下面的定理：

定理 3 设 $p(p>2)$为素数，$\alpha\geqslant 1$，g 是模 p^α 的原根，则模 p^α 的特征恰有 $\varphi(p^\alpha)$个，它们是

$$\chi(n;p^\alpha,l)=\begin{cases}\mathrm{e}^{2\pi\mathrm{i}l\gamma(n)/\varphi(p^\alpha)}, & (n,p)=1,\\ 0, & (n,p)>1,\end{cases} \tag{28}$$

$$l=0,1,\cdots,\varphi(p^\alpha)-1.$$

例如：对 $k=5$，取原根 $g=2$，式(28)就给出了式(10)～(13)的四个模 5 的特征.

下面讨论模 2^α 的特征. 前面已经给出模 2 和模 4 的特征(事实上，它们有原根，可像定理 3 一样讨论)，我们可假定 $\alpha\geqslant 3$. 由于

$$n\equiv(-1)^{\gamma^{(-1)}(n)}\cdot 5^{\gamma^{(0)}(n)}\pmod{2^\alpha}, \tag{29}$$

这里 $\gamma^{(-1)}(n),\gamma^{(0)}(n)$ 是 n 对模 2^α 的以 $-1,5$ 为底的指标组(见第五章 §3 的定义 2 及第三章 §3 的定理 5),

$$\gamma^{(-1)}(n)=(n-1)/2(\bmod 2) \tag{30}$$

(见第五章 §3 的性质Ⅴ),因此对任一模 2^α 的特征 $\chi(n;2^\alpha)$,有

$$\begin{aligned}\chi(n;2^\alpha)&=\chi((-1)^{\gamma^{(-1)}(n)}\cdot 5^{\gamma^{(0)}(n)};2^\alpha)\\&=(\chi(-1;2^\alpha))^{\gamma^{(-1)}(n)}(\chi(5;2^\alpha))^{\gamma^{(0)}(n)},\\&\quad(n,2)=1.\end{aligned} \tag{31}$$

所以,模 $2^\alpha(\alpha\geqslant 3)$ 的特征 $\chi(n;2^\alpha)$ 完全由

$$\chi(-1;2^\alpha) \quad \text{及} \quad \chi(5;2^\alpha)$$

的取值所确定. 由于

$$5^{2^{\alpha-2}}\equiv 1(\bmod 2^\alpha),$$

所以 $\chi(5;2^\alpha)$ 仅可能取以下 $2^{\alpha-2}$ 个值:

$$\mathrm{e}^{2\pi\mathrm{i}l_0/2^{\alpha-2}},\quad l_0=0,1,\cdots,2^{\alpha-2}-1.$$

而 $\chi(-1;2^\alpha)$ 仅可能取 ± 1 两个值,即

$$\mathrm{e}^{2\pi\mathrm{i}l_{-1}/2},\quad l_{-1}=0,1.$$

所以,模 2^α 至多有 $2\cdot 2^{\alpha-2}=\varphi(2^\alpha)$ 个不同的特征. 另外,由指标组的性质(第五章 §3 的性质Ⅵ)知,对任意取定的 l_{-1},l_0,

$$f(n;l_{-1},l_0)=\begin{cases}\mathrm{e}^{2\pi\mathrm{i}l_{-1}\gamma^{(-1)}(n)/2}\cdot\mathrm{e}^{2\pi\mathrm{i}l_0\gamma^{(0)}(n)/2^{\alpha-2}}, & (n,2)=1,\\0, & (n,2)>1\end{cases}$$

一定是模 2^α 的特征,且当 $l_{-1}\not\equiv l'_{-1}(\bmod 2)$ 或 $l_0\not\equiv l'_0(\bmod 2^\alpha)$ 时,相应地有

$$f(-1;l_{-1},l_0)\neq f(-1;l'_{-1},l'_0)\quad \text{或}\quad f(5,l_{-1},l_0)\neq f(5;l'_{-1},l'_0),$$

所以这时对应不同的特征. 这样就证明了下面的定理:

定理 4 设 $\alpha\geqslant 3$. 模 2^α 的特征恰有 $\varphi(2^\alpha)$ 个,它们是

$$\chi(n;2^\alpha,l_{-1},l_0)=\begin{cases}\mathrm{e}^{2\pi\mathrm{i}l_{-1}\gamma^{(-1)}(n)/2}\cdot\mathrm{e}^{2\pi\mathrm{i}l_0\gamma^{(0)}(n)/2^{\alpha-2}}, & (n,2)=1,\\0, & (n,2)>1,\end{cases} \tag{32}$$

$$l_{-1}=0,1,\quad l_0=0,1,\cdots,2^{\alpha-2}-1;$$

此外,当且仅当 $l_{-1}=l_0=0$ 时是主特征,当且仅当 $l_0=0,2^{\alpha-3}$ 时是实

特征.

这样,综合推论 2 的式(24),定理 3,定理 4,模 2、模 4 的特征表达式,就完全解决了模 k[k 由式(23)给出]的特征的构造,因而证明了下面的定理:

定理 5 设 $k\geqslant 1$. 模 k 的特征恰有 $\varphi(k)$ 个,即式(15)成立. 具体地说,若 $k>1$ 的素因数分解式由式(23)给出,$c_{-1}=c_{-1}(\alpha_0)$,$c_0=c_0(\alpha_0)$ 由第五章 §3 的式(20)给出,$c_j=\varphi(p_j^{\alpha_j})$,$g_j$ 是模 $p_j^{\alpha_j}$ $(1\leqslant j\leqslant s)$ 的原根,$\{\gamma^{(-1)}(n),\gamma^{(0)}(n);\gamma^{(1)}(n),\cdots,\gamma^{(s)}(n)\}$ 是 n 对模 k 的以 $-1,5;g_1,\cdots,g_s$ 为底的指标组(见第五章 §3 的定义 3),则

$$\chi(n;k)=\chi(n;k,l_{-1},l_0,l_1,\cdots,l_s)$$

$$=\begin{cases}\displaystyle\prod_{j=-1}^{s}\mathrm{e}^{2\pi\mathrm{i}l_j\gamma^{(j)}(n)/c_j}, & (n,k)=1,\\ 0, & (n,k)>1,\end{cases}\tag{33}$$

$$0\leqslant l_j<c_j,\quad -1\leqslant j\leqslant s$$

恰好给出了模 k 的全部特征($\varphi(k)$个);此外,当且仅当 $l_j=0(-1\leqslant j\leqslant s)$ 时是主特征,当且仅当 $c_j\mid 2l_j(-1\leqslant j\leqslant s)$,即

$$l_j=0\quad 或\quad l_j=[c_j/2],\quad -1\leqslant j\leqslant s$$

时是实特征.

定理 5 也包括了 $\alpha_0=1$ 和 $\alpha_0=2$ 的情形. 请读者自己写出定理 5 的详细证明. 式(33)给出了模 k 的特征的一个便于研究的表达式. 但是,由于这里涉及原根和指标组,对它们的性质并不清楚,所以特征的深入研究是十分困难的.

应该指出:由式(33)知,模 k 的每个特征唯一地对应一组数 $\{l_{-1},l_0,l_1,\cdots,l_s\}$;而一组既约剩余系中的每个 n 唯一地对应一个指标组 $\{\gamma^{(-1)}(n),\gamma^{(0)}(n);\gamma^{(1)}(n),\cdots,\gamma^{(s)}(n)\}$. l_j 和 $\gamma^{(j)}(n)$ 的取值范围是相同的,因此通过关系

$$l_j=\gamma^{(j)}(n),\quad -1\leqslant j\leqslant s\tag{34}$$

就可建立模 k 的既约剩余系和全体特征之间的一一对应关系:

$$n\longleftrightarrow\chi \bmod k,\quad (n,k)=1.\tag{35}$$

容易验证(留给读者)这种对应有如下性质：设$(n_1,k)=(n_2,k)=1$.若

$$n_1 \longleftrightarrow \chi_1 \bmod k, \quad n_2 \longleftrightarrow \chi_2 \bmod k,$$

则

$$n_1 n_2 \longleftrightarrow \chi_1 \chi_2 \bmod k. \tag{36}$$

这种对应表明了模 k 的既约剩余系和全体特征之间的对偶关系[①].这种对偶关系将在下面的特征性质中显示出来.

由定理 5 可以推出下面的结论：

定理 6　设 $k>1,(a,k)=1,a\not\equiv 1(\bmod k)$,则一定存在模 k 的一个非主特征 $\chi(n)$,使得 $\chi(a)\neq 1$.

证　设 k 由式(23)给出,并利用定理 5 的符号,则由条件知

$$a \not\equiv 1(\bmod 2^{\alpha_0}), \quad a \not\equiv 1(\bmod p_1^{\alpha_1}), \quad \cdots, \quad a \not\equiv 1(\bmod p_s^{\alpha_s})$$

中至少有一个成立.若 $a\not\equiv 1(\bmod 2^{\alpha_0})$成立,则 $\gamma^{(-1)}(a),\gamma^{(0)}(a)$一定不全为零.当 $0<\gamma^{(-1)}(a)<c_{-1}$时,取 $l_{-1}=1,l_0=l_1=\cdots=l_s=0$,这时

$$\chi(n;k) = \chi(n;k,1,0,0,\cdots,0)$$

不是主特征,且(注意这时必有 $\gamma^{(-1)}(a)=1,c_{-1}=2$)$\chi(a;k)=-1$.当 $0<\gamma^{(0)}(a)<c_0$ 时,取 $l_0=1,l_j=0(-1\leqslant j\leqslant s,j\neq 0)$,则有(这时必有 $\alpha_0\geqslant 3$)

$$\chi(a;k,0,1,0,\cdots,0) = \mathrm{e}^{2\pi \mathrm{i}\gamma^{(0)}(a)/c_0} \neq 1.$$

若 $a\not\equiv 1(\bmod p_t^{\alpha_t})$,则必有 $0<\gamma^{(t)}(a)<c_t$.这时,取 $l_t=1,l_j=0(-1\leqslant j\leqslant s,j\neq t)$,就有

$$\chi(a;k,0,\cdots,0,1,0,\cdots,0) = \mathrm{e}^{2\pi \mathrm{i}\gamma^{(t)}(a)/c_t} \neq 1.$$

这就证明了所要的结论.

下面证明特征的两个重要性质.

定理 7　设 $k\geqslant 1$,则

$$\sum_{\chi \bmod k} \chi(n) = \begin{cases} \varphi(k), & n \equiv 1(\bmod k), \\ 0, & n \not\equiv 1(\bmod k), \end{cases} \tag{37}$$

---

① 用代数的语言说就是：这两个乘法群是同构的.

这里求和号 $\sum\limits_{\chi \bmod k}$ 表示对模 k 的全体特征求和.

证 当 $n\equiv1(\bmod k)$时,对任一 $\chi \bmod k$,有 $\chi(n)=1$,因此式(37)左边就是模 k 的特征的个数. 由定理 5 知它为 $\varphi(k)$. 这就证明了式(37)的第一式.

当 $n\not\equiv1(\bmod k)$时,必有 $k>1$. 若$(n,k)>1$,则式(37)的第二式显然成立. 若$(n,k)=1$,由式(33)知

$$\begin{aligned}\sum_{\chi \bmod k}\chi(n)&=\sum_{0\leqslant l_{-1}<c_{-1}}\cdots\sum_{0\leqslant l_s<c_s}\prod_{j=-1}^{s}\mathrm{e}^{2\pi\mathrm{i}l_j\gamma^{(j)}(n)/c_j}\\&=\Big(\sum_{0\leqslant l_{-1}<c_{-1}}\mathrm{e}^{2\pi\mathrm{i}l_{-1}\gamma^{(-1)}(n)/c_{-1}}\Big)\cdots\Big(\sum_{0\leqslant l_s<c_s}\mathrm{e}^{2\pi\mathrm{i}l_s\gamma^{(s)}(n)/c_s}\Big).\end{aligned}$$

这时必有一个 $h(-1\leqslant h\leqslant s)$,使得 $0<\gamma^{(h)}(n)<c_h$,因而有

$$\sum_{0\leqslant l_h<c_h}\mathrm{e}^{2\pi\mathrm{i}l_h\gamma^{(h)}(n)/c_h}=0.$$

由以上两式就推出这时式(37)的第二式也成立. 证毕.

式(37)的第二式也可以不利用式(33)而利用定理 6 来证明,请读者考虑.

定理 8 设 $k\geqslant1$,χ 是模 k 的一个特征,则

$$\sum_{n \bmod k}{}'\chi(n)=\begin{cases}\varphi(k), & \chi=\chi^0 \bmod k,\\0, & \chi\neq\chi^0 \bmod k,\end{cases}\tag{38}$$

其中求和号 $\sum\limits_{n \bmod k}{}'$ 表示对模 k 的一组既约剩余系求和.

证 当 $\chi=\chi^0 \bmod k$ 时,对任意的$(n,k)=1$,有 $\chi(n)=1$. 这就证明了式(38)的第一式. 由定理 5 知,存在一组数$\{l_{-1},l_0,l_1,\cdots,l_s\}$,使得

$$\chi(n)=\chi(n;k,l_{-1},l_0,l_1,\cdots,l_s).$$

当 $\chi\neq\chi^0 \bmod k$ 时,一定有一个 $h(-1\leqslant h\leqslant s)$,使得 $0<l_h<c_h$. 由式(33)及第五章§3 的性质Ⅸ知

$$\sum_{n \bmod k}{}'\chi(n)=\sum_{0\leqslant\gamma^{(-1)}<c_{-1}}\cdots\sum_{0\leqslant\gamma^{(s)}<c_s}\prod_{j=-1}^{s}\mathrm{e}^{2\pi\mathrm{i}l_j\gamma^{(j)}/c_j}$$

$$= \Big(\sum_{0 \leqslant \gamma^{(-1)} < c_{-1}} \mathrm{e}^{2\pi i l_{-1} \gamma^{(-1)} / c_{-1}} \Big) \cdots \Big(\sum_{0 \leqslant \gamma^{(s)} < c_s} \mathrm{e}^{2\pi i l_s \gamma^{(s)} / c_s} \Big).$$

由此及

$$\sum_{0 \leqslant \gamma^{(h)} < c_h} \mathrm{e}^{2\pi i l_h \gamma^{(h)} / c_h} = 0$$

就推出式(38)的第二式. 证毕.

定理 7 与定理 8 从形式到证明都显示了模 k 的既约剩余系和全体特征的对偶关系. 同样,式(38)的第二式也可以不利用式(33)而利用定理 6 来证明,请读者考虑.

对定理 7,经常采用以下的表达形式: 设$(a,k)=1$,则

$$\sum_{\chi \bmod k} \bar{\chi}(a)\chi(n) = \begin{cases} \varphi(k), & n \equiv a \pmod k, \\ 0, & n \not\equiv a \pmod k. \end{cases} \tag{39}$$

这是因为,由 $\bar{\chi}(a)=\chi(a^{-1})$,$a^{-1}a\equiv 1 \pmod k$可推出

$$\sum_{\chi \bmod k} \bar{\chi}(a)\chi(n) = \sum_{\chi \bmod k} \chi(a^{-1}n),$$

而 $n\equiv a \pmod k$等价于 $a^{-1}n\equiv 1 \pmod k$,因而由上式及式(37)就推出式(39). 利用式(39)就可把属于算术数列 $n\equiv a \pmod k$($(a,k)=1$)的整数挑选出来.

关于特征的一个重要概念是所谓的原特征.

定义 2　称特征$\chi(n;k)$为**模 k 的非原特征**,如果存在正整数 $k'<k$,使得对任意的整数 n_1,n_2,当满足$(n_1n_2,k)=1$,$n_1\equiv n_2 \pmod{k'}$时,必有 $\chi(n_1;k)=\chi(n_2;k)$. 否则,就称$\chi(n;k)$为**模 k 的原特征**.

原特征有许多不同于非原特征的重要性质. 关于它的讨论将安排在习题中.

4.2　几个应用

特征进一步的性质及其在数论问题中的应用(以及相应的习题),都超出了本书范围,且需要用到数学分析的知识. 下面仅举几个例子来说明将一些数论问题归结为讨论特征性质的思想和方法(大多数是不加证明和不严格的).

例 1(算术数列中有无穷多个素数) 设 $k>2,1\leqslant a<k,(a,k)=1$. 以下是 Dirichlet 证明"在算术数列 $a+lk(l=0,1,2,\cdots)$ 中有无穷多个素数(通常称为 **Dirichlet 定理**)"的思想和方法. 考虑级数

$$\sum_{p\equiv a(\bmod k)}\frac{1}{p^s},\quad s>1,\tag{40}$$

其中求和号 $\sum\limits_{p\equiv a(\bmod k)}$ 表示对所有模 k 同余于 a 的素数 p 求和. 显见,当 $s>1$ 时,级数(40) 收敛. 利用式(39) 可得

$$\begin{aligned}\sum_{p\equiv a(\bmod k)}\frac{1}{p^s}&=\sum_{p}\frac{1}{p^s}\left(\frac{1}{\varphi(k)}\sum_{\chi\bmod k}\bar{\chi}(a)\chi(p)\right)\\&=\frac{1}{\varphi(k)}\sum_{\chi\bmod k}\bar{\chi}(a)\sum_{p}\frac{\chi(p)}{p^s}\\&=\sum_{p,p\nmid k}\frac{1}{p^s}+\frac{1}{\varphi(k)}\sum_{\substack{\chi\bmod k\\ \chi\neq\chi^0}}\bar{\chi}(a)\sum_{p}\frac{\chi(p)}{p^s},\quad s>1.\end{aligned}\tag{41}$$

显然,有

$$\sum_{p,p\nmid k}\frac{1}{p^s}\to+\infty,\quad s\to1.\tag{42}$$

如果能证明存在仅和 k 有关的正常数 A,使得对任意的非主特征 χ,对 s 一致地有

$$\left|\sum_{p}\frac{\chi(p)}{p^s}\right|\leqslant A,\quad s>1,\tag{43}$$

那么令 $s\to1$,从以上三式就推出所要的结论.

另外,类似于 Riemann ζ 函数,考虑级数

$$L(s,\chi)=\sum_{n=1}^{\infty}\frac{\chi(n)}{n^s},\quad s>1.\tag{44}$$

它通常称为 **Dirichlet L 函数**. 容易看出:当 χ 是非主特征时,级数(44) 当 $s>0$ 时收敛. 容易证明(留给读者):对所有特征 χ,有

$$L(s,\chi)=\sum_{n=1}^{\infty}\frac{\chi(n)}{n^s}=\prod_{p}\left(1-\frac{\chi(p)}{p^s}\right)^{-1},\quad s>1.\tag{45}$$

上式两边取对数,得到

$$\ln L(s,\chi)=-\sum_{p}\ln\left(1-\frac{\chi(p)}{p^s}\right),\quad s>1.\tag{46}$$

容易证明(为什么)：存在正常数 B，使得对 s 一致地有

$$\left|-\sum_{p}\ln\left(1-\frac{1}{p^s}\right)-\sum_{p}\frac{\chi(p)}{p^s}\right|\leqslant B,\quad s>1.\tag{47}$$

由此可见，若能证明当 χ 是非主特征时，必有

$$L(1,\chi)\neq 0,\tag{48}$$

则由以上三式就推出式(43)成立. 因此，证明所要的结论被归结为证明式(48). 它的证明可参看文献[3]第九章的§8及文献[14]的第七章.

例 2　设 $x\geqslant 2,k>2,1\leqslant a<k,(a,k)=1$. 以 $\pi(x;k,a)$ 表示算术数列 $n=a+lk(l=0,1,2,\cdots)$ 中不超过 x 的素数个数，即

$$\pi(x;k,a)=\sum_{\substack{p\leqslant x\\ p\equiv a(\bmod k)}}1.\tag{49}$$

在讨论 $\pi(x)$ 时，我们可用 $\psi(x)$ 来代替[见第八章§2的式(33)]. 同样，这里可讨论

$$\psi(x;k,a)=\sum_{\substack{n\leqslant x\\ n\equiv a(\bmod k)}}\Lambda(n).\tag{50}$$

关于 $\pi(x;k,a)$ 和 $\psi(x;k,a)$ 的关系将安排在习题中. 利用式(39)可得

$$\begin{aligned}\pi(x;k,a)&=\frac{1}{\varphi(k)}\sum_{p\leqslant x}\Big(\sum_{\chi \bmod k}\bar{\chi}(a)\chi(p)\Big)\\&=\frac{1}{\varphi(k)}\sum_{\chi \bmod k}\bar{\chi}(a)\sum_{p\leqslant x}\chi(p)\\&=\frac{1}{\varphi(k)}\sum_{\substack{p\leqslant x\\ p\nmid k}}1+\frac{1}{\varphi(k)}\sum_{\substack{\chi \bmod k\\ \chi\neq\chi^0}}\bar{\chi}(a)\sum_{p\leqslant x}\chi(p),\end{aligned}\tag{51}$$

这里第一项是把相应于模 k 的主特征 χ^0 的一项分出来而得到的. 以 $\omega(k,x)$ 表示不超过 x 的 k 的不同素因数个数. 显见 $\omega(k,x)\leqslant\omega(k)$. 我们有

$$\pi(x;k,a)=\frac{1}{\varphi(k)}\pi(x)-\frac{1}{\varphi(k)}\omega(k,x)+\frac{1}{\varphi(k)}\sum_{\substack{\chi \bmod k\\ \chi\neq\chi^0}}\bar{\chi}(a)\sum_{p\leqslant x}\chi(p).\tag{52}$$

一个合理的猜测是：对给定的 $k>2$，素数应"平均地分布"在以下 $\varphi(k)$ 个算术数列中[①]：

$$n \equiv a(\bmod k), \quad 1 \leqslant a \leqslant k, (a,k)=1, \tag{53}$$

即应有

$$\frac{\pi(x;k,a)}{\pi(x)/\varphi(k)} \to 1, \quad x \to +\infty. \tag{54}$$

这就是**算术数列中的素数定理**[②]. 如果能证明对每个模 k 的非主特征 χ，有

$$\sum_{p \leqslant x} \frac{\chi(p)}{\pi(x)} \to 1, \quad x \to +\infty, \tag{55}$$

那么由此及式(52)就推出式(54)成立. 可以证明式(55)成立，但这已超出了本书范围，属于解析数论的内容. 这就看出了特征的重要作用，以及需要估计特征和

$$\sum_{p \leqslant x} \chi(p). \tag{56}$$

类似地，可从对 $\psi(x;k,a)$ 进行这样的讨论(见习题四的第 24,25 题).

例 3 设素数 $p>2$. 我们知道 $1,2,\cdots,p-1$ 中有一半是模 p 的二次剩余，一半是非剩余. 但是，剩余和非剩余的分布很不规则. 一个著名的数论问题是：求模 p 的正的最小二次非剩余 $n(p)$. 显见，若存在整数 $A[1<A\leqslant(p+1)/2]$，使得

$$\sum_{a=1}^{A} \left(\frac{a}{p}\right) < A, \tag{57}$$

则 $n(p)\leqslant A$，这里 Legendre 符号是模 p 的实特征. 在习题四的第 22 题中将给出一个形如式(57)的估计.

以上两个例子表明了：需要讨论特征和

$$\sum_{a<n\leqslant b} f(n)\chi(n) \tag{58}$$

---

① 当 $(a,k)>1$ 时，算术数列 $n\equiv a(\bmod k)$ 中至多有一个素数 a，所以不用考虑.

② 有关内容可参看文献[18](第十八章)及 A. O. Gel′fond 和 Yu. V. Linnik 的著作 *Elementary Methods in the Analytic Theory of Numbers*(第三章).

的性质，特别是它的上界估计，这里 $f(n)$ 是某个数论函数.

例 4　设 p 是素数，$r\geqslant 1$，a 是一整数. 以 $T(r;a)$ 表示同余方程

$$x_1^2+\cdots+x_r^2\equiv a(\bmod p)$$

的解数. 当 $r=1$ 时，已知

$$T(1;a)=1+\left(\frac{a}{p}\right). \tag{59}$$

下面我们来看 $r\geqslant 2$ 时应如何求 $T(r;a)$. 我们有

$$\begin{aligned}T(r;a)&=\frac{1}{p}\sum_{l=1}^{p}\sum_{x_1=1}^{p}\cdots\sum_{x_r=1}^{p}\mathrm{e}^{2\pi\mathrm{i}l(x_1^2+\cdots+x_r^2-a)/p}\\&=\frac{1}{p}\sum_{l=1}^{p}\mathrm{e}^{-2\pi\mathrm{i}al/p}\left(\sum_{x=1}^{p}\mathrm{e}^{2\pi\mathrm{i}lx^2/p}\right)^r.\end{aligned}$$

由式(59)知

$$\sum_{x=1}^{p}\mathrm{e}^{2\pi\mathrm{i}lx^2/p}=\sum_{y=1}^{p}\left(1+\left(\frac{y}{p}\right)\right)\mathrm{e}^{2\pi\mathrm{i}ly/p},$$

进而有

$$\begin{aligned}T(r;a)&=\frac{1}{p}\sum_{l=1}^{p}\mathrm{e}^{-2\pi\mathrm{i}al/p}\left(\sum_{y=1}^{p}\mathrm{e}^{2\pi\mathrm{i}ly/p}+\sum_{y=1}^{p}\left(\frac{y}{p}\right)\mathrm{e}^{2\pi\mathrm{i}ly/p}\right)^r\\&=p^{r-1}+\frac{1}{p}\sum_{l=1}^{p-1}\mathrm{e}^{-2\pi\mathrm{i}al/p}\left(\sum_{y=1}^{p}\left(\frac{y}{p}\right)\mathrm{e}^{2\pi\mathrm{i}ly/p}\right)^r,\end{aligned}$$

这里用到了 $\sum\limits_{y=1}^{p}\left(\frac{y}{p}\right)=0$. 当 $(l,p)=1$ 时，$\left(\frac{l}{p}\right)^2=1$，$y$ 和 ly 同时遍历模 p 的完全剩余系，所以

$$\sum_{y=1}^{p}\left(\frac{y}{p}\right)\mathrm{e}^{2\pi\mathrm{i}ly/p}=\left(\frac{l}{p}\right)\sum_{y=1}^{p}\left(\frac{ly}{p}\right)\mathrm{e}^{2\pi\mathrm{i}ly/p}=\left(\frac{l}{p}\right)\sum_{y=1}^{p}\left(\frac{y}{p}\right)\mathrm{e}^{2\pi\mathrm{i}y/p},$$

因而

$$T(r;a)=\begin{cases}p^{r-1}+\dfrac{1}{p}\left(\displaystyle\sum_{l=1}^{p-1}\mathrm{e}^{-2\pi\mathrm{i}al/p}\right)\left(\displaystyle\sum_{y=1}^{p}\left(\frac{y}{p}\right)\mathrm{e}^{2\pi\mathrm{i}y/p}\right)^r, & 2\mid r,\\ p^{r-1}+\dfrac{1}{p}\left(\displaystyle\sum_{l=1}^{p-1}\left(\frac{l}{p}\right)\mathrm{e}^{-2\pi\mathrm{i}al/p}\right)\left(\displaystyle\sum_{y=1}^{p}\left(\frac{y}{p}\right)\mathrm{e}^{2\pi\mathrm{i}y/p}\right)^r, & 2\nmid r.\end{cases}$$

当 $p\mid a$ 时，

$$T(r;a)=\begin{cases}p^{r-1}+\left(1-\dfrac{1}{p}\right)\left(\sum\limits_{y=1}^{p}\left(\dfrac{y}{p}\right)\mathrm{e}^{2\pi\mathrm{i}y/p}\right)^{r}, & 2\mid r,\\ p^{r-1}, & 2\nmid r;\end{cases}\tag{60}$$

当 $p\nmid a$ 时，

$$\sum_{l=1}^{p-1}\mathrm{e}^{-2\pi\mathrm{i}al/p}=-1,$$

$$\begin{aligned}\sum_{l=1}^{p-1}\left(\frac{l}{p}\right)\mathrm{e}^{-2\pi\mathrm{i}al/p}&=\left(\frac{-a}{p}\right)\sum_{l=1}^{p-1}\left(\frac{-al}{p}\right)\mathrm{e}^{-2\pi\mathrm{i}al/p}\\&=\left(\frac{-a}{p}\right)\sum_{y=1}^{p}\left(\frac{y}{p}\right)\mathrm{e}^{2\pi\mathrm{i}y/p},\end{aligned}$$

这里用到了 $p\nmid a$ 时 $\left(\dfrac{-a}{p}\right)^2=1$，以及 $-al$ 和 l 同时遍历模 p 的既约剩余系. 所以，当 $p\nmid a$ 时，

$$T(r;a)=\begin{cases}p^{r-1}-\dfrac{1}{p}\left(\sum\limits_{y=1}^{p}\left(\dfrac{y}{p}\right)\mathrm{e}^{2\pi\mathrm{i}y/p}\right)^{r}, & 2\mid r,\\ p^{r-1}+\dfrac{1}{p}\left(\dfrac{-a}{p}\right)\left(\sum\limits_{y=1}^{p}\left(\dfrac{y}{p}\right)\mathrm{e}^{2\pi\mathrm{i}y/p}\right)^{r+1}, & 2\nmid r.\end{cases}\tag{61}$$

因此，为了求 $T(r;a)$，导致讨论

$$\sum_{y=1}^{p}\left(\frac{y}{p}\right)\mathrm{e}^{2\pi\mathrm{i}y/p}.\tag{62}$$

可以证明[见文献[3]第七章的§5]：对奇素数 p，有

$$\sum_{y=1}^{p}\left(\frac{y}{p}\right)\mathrm{e}^{2\pi\mathrm{i}y/p}=\begin{cases}\sqrt{p}, & p\equiv 1\pmod 4,\\ \mathrm{i}\sqrt{p}, & p\equiv -1\pmod 4.\end{cases}\tag{63}$$

由此即得：当 $p\mid a$ 时，

$$T(r;a)=\begin{cases}p^{r-1}+(p-1)p^{r/2-1}, & 2\mid r,p\equiv 1\pmod 4,\\ p^{r-1}+(-1)^{r/2}(p-1)p^{r/2-1}, & 2\mid r,p\equiv 3\pmod 4,\\ p^{r-1}, & 2\nmid r;\end{cases}\tag{64}$$

当 $p\nmid a$ 时，

$$T(r;a)=\begin{cases}p^{r-1}-p^{r/2-1}, & 2|r,p\equiv 1(\bmod 4),\\ p^{r-1}-(-1)^{r/2}p^{r/2-1}, & 2|r,p\equiv 3(\bmod 4)\end{cases} \tag{65}$$

及

$$T(r;a)=\begin{cases}p^{r-1}+\left(\dfrac{a}{p}\right)p^{(r-1)/2}, & 2\nmid r,p\equiv 1(\bmod 4),\\ p^{r-1}-\left(\dfrac{a}{p}\right)(-1)^{(r+1)/2}p^{(r-1)/2}, & 2\nmid r,p\equiv 3(\bmod 4),\end{cases} \tag{66}$$

这里用到了$\left(\dfrac{-1}{p}\right)=(-1)^{(p-1)/2}$. 显见,以上各式当 $r=1$ 时也成立.

这个例子表明形如式(62)的特征和在数论中的重要作用. 更一般地,对模 k 的特征 χ,可考虑特征和

$$G(a;\chi)=\sum_{l=1}^{k}\chi(l)\mathrm{e}^{2\pi\mathrm{i}al/k}, \tag{67}$$

其中 a 为整数. 通常称 $G(a;\chi)$为**关于特征 χ 的 Gauss 和.**

习　题　四

1. 写出模 $k=6,7,8,9,11,13,15,20$ 的全体特征,并指出它们的非主实特征.

2. 模 k 的特征 $\chi(n;k)$可用以下方法来定义:

(i) $\chi(n;1)\equiv 1$;

(ii) 对奇素数 p 及$\alpha\geqslant 1$,$\chi(n;p^{\alpha})$由 § 4 的式(28)定义;

(iii) $\chi(n;2^{\alpha})$由 § 4 的式(5),(8),(9),(31)定义;

(iv) 一般地,$\chi(n;k)$由 § 4 的式(33)定义.

证明: 这样的定义和 § 4 的定义 1 是等价的,并且由这里的定义也可直接推出特征的所有性质.

3. 设 $k=2^{\alpha_0}p_1^{\alpha_1}\cdots p_s^{\alpha_s}$. 证明: $\chi(n;k)$是实特征的充要条件是

(i) 当 $\alpha_0=0$ 时,

$$\chi(n;k)=\left(\frac{n}{p_1}\right)^{\beta_1}\cdots\left(\frac{n}{p_s}\right)^{\beta_s},$$

这里 $\beta_j=1$ 或 $2(1\leqslant j<s)$；

(ii) 当 $\alpha_0\geqslant 1$ 时，

$$\chi(n;k)=\left(\frac{-4}{n}\right)^{\beta_{-1}}\left(\frac{8}{n}\right)^{\beta_0}\left(\frac{n}{p_1}\right)^{\beta_1}\cdots\left(\frac{n}{p_s}\right)^{\beta_s},$$

这里 $\beta_j=1$ 或 $2(1\leqslant j<s)$，$2\nmid n$.

4. 数论函数 $f(n)$ 称为周期的，如果存在正整数 q，使得对任意的整数 n，有 $f(n+q)=f(n)$. 设 $f(n)$ 是周期的. 证明：

(i) 若 q_0 是具有上述性质的 q 中的最小值，则 $q_0\mid q$. 称 q_0 为 $f(n)$ 的最小正周期.

(ii) 若 $f(n)$ 是完全积性函数且不恒为零，则 $f(n)$ 一定是模 q_0 的特征.

5. 当 $\mu(k)\neq 0$ 时，$\chi(n;k)$ 的最小正周期(见第 4 题)为 k.

6. (i) 如何确定由式(28)给出的 $\chi(n;p^\alpha)$ 的最小正周期？

(ii) 如何确定由式(31)给出的 $\chi(n;2^\alpha)$ 的最小正周期？

(iii) 设 $\chi(n;k)$ 由式(24)给出. 证明：它的最小正周期等于右边各个特征的最小正周期的乘积.

7. 证明：

(i) 若 $\chi(n;k)$ 是非原特征，记满足定义要求的最小的 k' 为 k^*，则必有 $k^*\mid k$.

(ii) 非原特征的定义等价于以下四个定义：

(a) 存在正整数 $k'<k$，使得对任意的 $(n,k)=1$，当 $n\equiv 1(\bmod k')$ 时，必有 $\chi(n;k)=1$；

(b) 存在正整数 $k'<k$，使得对任意的 $n_1\equiv n_2(\bmod k')$，$(n_1n_2,k)=1$，有 $\chi(n_1;k)=\chi(n_2;k)$；

(c) 存在 d，$1\leqslant d<k$，$d\mid k$，使得对任意的 $n_1\equiv n_2(\bmod d)$，$(n_1n_2,k)=1$，有 $\chi(n_1;k)=\chi(n_2;k)$；

(d) 存在 d，$1\leqslant d<k$，$d\mid k$，使得对任意的 $n\equiv 1(d)$，$(n,k)=1$，有

$\chi(n;k)=1$.

8. 证明：

(i) 模 1 的特征是原特征； (ii) 模 2 没有原特征；

(iii) $\chi(n;4,0)$[见式(8)]不是原特征，$\chi(n;4,1)$[见式(9)]是原特征；

(iv) $\chi(n;p^{\alpha},l)$[见式(28)]是原特征的充要条件是$(l,p)=1$；

(v) $\chi(n;2^{\alpha},l_{-1},l_0)$[$\alpha\geqslant 3$，见式(32)]是原特征的充要条件是 $2\nmid l_0$；

(vi) 若对 $\chi(n;k)$有式(22)或(24)成立，则 $\chi(n;k)$是(实)原特征的充要条件是式(22)或(24)右边的各个特征都是(实)原特征.

9. 以 $P(k)$表示模 k 的原特征的个数.

(i) 证明：$P(k)$是 k 的积性函数；

(ii) 证明：$\sum_{d\mid k}P(d)=\varphi(k)$；

(iii) 求 $P(p^{\alpha})$的值，其中 p 为素数，$\alpha\geqslant 1$.

10. (i) 设 p 是素数，$k=p^{\alpha}$，$\alpha\geqslant 1$. 证明：当且仅当 $k=4,8,p$(p 为奇素数)时，模 k 有实原特征，且它们是 $\chi(n;4,1)$[见式(9)]，$\chi(n;8,0,1)$，$\chi(n;8,1,1)=\chi(n;4,1)\chi(n;8,0,1)$[见式(32)]，$\chi(n;p,(p-1)/2)=\left(\frac{n}{p}\right)$[见式(28)].

(ii) 模 k 有实原特征的充要条件是 $k=1,4,8,2^{\alpha}p_1\cdots p_r$，其中 $r\geqslant 1$，$\alpha=0,2,3$，$p_j(1\leqslant j<r)$是不同的奇素数；

(iii) 模 k 的实原特征就是第四章习题七第 5 题中的 Kronecker 符号$\left(\frac{D}{n}\right)$，$|D|=k$.

11. 设 p 为素数，$\alpha\geqslant 1$. 证明：

(i) 对取定的 p，模 p^{α} 的主特征都相同；

(ii) 对模 p^{α} 的每个非主特征，必有唯一的模 $k^{*}=p^{\lambda}(1\leqslant\lambda\leqslant\alpha)$以及唯一的模 k^{*} 的原特征，使得该原特征与它恒等；

(iii) 对取定的 $\alpha\geqslant 1$，对模 $p^{\lambda}(1\leqslant\lambda\leqslant\alpha)$的每个特征，必有唯一的模 p^{α} 的特征，与它恒等.

12. 证明：对模 k 的每个特征 $\chi(n;k)$，一定存在唯一的满足 $k^*|k$ 的模 k^* 以及唯一的模 k^* 的原特征 $\chi^*(n;k^*)$，使得当 $(n,k)=1$ 时，必有 $\chi(n;k)=\chi^*(n;k^*)$. 反过来，对每个满足 $k^*|k$ 的模 k^* 以及模 k^* 的每个原特征 $\chi^*(n;k^*)$，一定存在唯一的模 k 的特征 $\chi(n;k)$，使得当 $(n,k)=1$ 时，$\chi(n;k)=\chi^*(n;k^*)$. 事实上，我们有

$$\chi(n;k)=\chi^*(n;k^*)\chi^0(n;k),$$

这里 $\chi^0(n;k)$ 是模 k 的主特征.

13. 设 p 为素数，$\alpha\geqslant 1$. 当 $k=p^\alpha$，$\chi(n;k)$ 不是主特征时，第 12 题中的 k^* 就是 $\chi(n;k)$ 的最小正周期(见第 4 题). 举例说明，当 k 不是素数幂时，这结论不成立.

14. 模 k 的所有特征都是实特征的充要条件是 $k=1,2,3,4,6,8,12$ 或 24.

15. 设 $f(n)$ 是周期为 k 的数论函数. 记 $e(\theta)=\mathrm{e}^{2\pi i\theta}$. 证明：

$$f(n)=\sum_{l=1}^{k}a_l e\left(-n\frac{l}{k}\right),$$

这里 $a_l=\frac{1}{k}\sum_{m=1}^{k}f(m)e\left(l\frac{m}{k}\right)$. 特别地，当取 $f(n)=\chi(n;k)$ 时，$a_l=(1/k)G(l;\chi)$，这里 $G(l;\chi)$ 由式(67)给出.

16. 设 $G(a;\chi)$ 由式(67)给出. 证明：

(i) 当 $a_1\equiv a_2 \pmod k$ 时，$G(a_1;\chi)=G(a_2;\chi)$.

(ii) $G(-a;\chi)=\chi(-1)G(a;\chi)$.

(iii) $G(a;\bar{\chi})=\chi(-1)\overline{G(a;\chi)}$.

(iv) 当 $\chi=\chi^0$ 时，$G(0;\chi)=\varphi(k)$；当 $\chi\neq\chi^0$ 时，$G(0;\chi)=0$.

(v) 当 $(a,k)=1$ 时，$G(a;\chi)=\bar{\chi}(a)G(1,\chi)$.

(vi) 在 §4 定理 1 的条件和符号下，记 $\chi=\chi(n;k)$，$\chi_1=\chi(n;k_1)$，$\chi_2=\chi(n;k_2)$，则

$$G(a;\chi)=\chi_1(k_2)\chi_2(k_1)G(a;\chi_1)G(a;\chi_2).$$

(vii) 当 $(a,k)=1$ 时，$G(a;\chi^0)=\mu(k)$，其中 χ^0 是模 k 的主特征.

一般地,有

$$G(a;\chi^0)=\mu(k/(k,a))\varphi(k)/\varphi(k/(k,a)),$$

且 $G(a;\chi^0)$ 是 k 的积性函数.

17. 设 $G(a;\chi)$ 由式(67)给出,χ 是模 k 的原特征,$(a,k)=\lambda>1$. 记 $a=\lambda a'$,$k=\lambda k'$. 证明:

(i) $G(a;\chi)=\sum\limits_{n=1}^{k'}S(n)e\left(a'\dfrac{n}{k'}\right)$,其中

$$e(\theta)=\mathrm{e}^{2\pi\mathrm{i}\theta},\quad S(n)=\sum_{l=0}^{\lambda-1}\chi(n+k'l);$$

(ii) 当 $n_1\equiv n_2\ (\mathrm{mod}\ k')$ 时,$S(n_1)=S(n_2)$;

(iii) $S(n)\equiv 0$;

(iv) $G(a;\chi)=0$.

18. 证明:

(i) 当 χ 是模 k 的原特征时,$G(a;\chi)=\bar{\chi}(a)G(1;\chi)$;

(ii) 当 χ 是模 k 的原特征时,$|G(1;\chi)|=\sqrt{k}$;

(iii) 当 χ 是模 k 的实原特征时,$G^2(1,\chi)=\chi(-1)k$;

(iv) 当 χ 是模 p 的 Legendre 符号时,

$$G(1,\chi)=\begin{cases}\pm\sqrt{p}, & p\equiv 1\ (\mathrm{mod}\ 4);\\ \pm\mathrm{i}\sqrt{p}, & p\equiv 3\ (\mathrm{mod}\ 4).\end{cases}$$ ①

19. 设 χ 是模 k 的特征,χ^* 是第 12 题中所确定的对应于 χ 的模 k^* 的原特征. 证明:

$$G(1;\chi)=\chi^*(k/k^*)\mu(k/k^*)G(1;\chi^*).$$

20. 设 $k\geqslant 3$,χ 是模 k 的原特征. 利用第 18 题证明:对任意的整数 M 及正整数 N,有

$$\left|\sum_{n=M+1}^{M+N}\chi(n)\right|\leqslant\frac{1}{\sqrt{k}}\sum_{l=1}^{k-1}\left(\sin\frac{\pi l}{k}\right)^{-1},$$

---

① 可以证明均取"+"号,见文献[3]第七章的§5.

进而推出

$$\left|\sum_{n=M+1}^{M+N}\chi(n)\right|<\sqrt{k}\ln k.$$

21. 利用第 12,20 题推出：对任意的整数 M 及正整数 N，当 χ 是模 k 的非主特征时，有 $\left|\sum_{n=M+1}^{M+N}\chi(n)\right|<2\sqrt{k}\ln k$.

22. 设 p 为奇素数. 证明：模 p 的正的最小二次非剩余不大于

$$[\sqrt{p}\ln p]+1.$$

23. 设 p 是奇素数，N_p 表示模 p 的正的最小二次非剩余，$N(x)$ 表示不超过 x 的模 p 的正二次非剩余个数. 证明：

(i) 若 a 是模 p 的正二次非剩余，则必有素数 q，满足 $q|a, q\geqslant N_p$，使得 q 是模 p 的二次非剩余.

(ii) 对任意的 $1<y<N_p<x$，有

$$N(x)\leqslant\sum_{y<q\leqslant x}\left[\frac{x}{q}\right],$$

这里 q 是素变数.

(iii) $N(x)>[x]/2-\sqrt{p}\ln p/2$.

(iv) 取 $x=\sqrt{p}\ln^2 p$. 若 $N_p>p^{\delta}\ln^2 p, \delta=(2\sqrt{e})^{-1}$，利用 §3 的定理 11，从(ii)及(iii)推出矛盾. 所以，对充分大的 p，有 $N_p<p^{\delta}\ln^2 p$.

24. 设 χ 是模 k 的非主特征. 证明：

(i) 当 $s>0$ 时，级数 $\sum_{n=1}^{\infty}\chi(n)n^{-s}$ 收敛，且当 $s>1$ 时，

$$L(s,\chi)=\sum_{n=1}^{\infty}\chi(n)n^{-s}=\prod_{p}\left(1-\frac{\chi(p)}{p^s}\right)^{-1};$$

(ii) 当 $s>1$ 时，

$$L^{-1}(s,\chi)=\sum_{n=1}^{\infty}\mu(n)\chi(n)n^{-s};$$

(iii) 当 $s>1$ 时，

$$\ln L(s,\chi)=\sum_{n=2}^{\infty}\Lambda(n)\chi(n)(\ln n)^{-1}n^{-s};$$

(iv) 当 $s>1$ 时,

$$-\frac{L'(s,\chi)}{L(s,\chi)}=\sum_{n=1}^{\infty}\Lambda(n)\chi(n)n^{-s}.$$

25. 设 $x\geqslant 2,(a,k)=1,1\leqslant a\leqslant k$. 证明:

(i) $$\psi(x;k,a)=\sum_{\substack{n\leqslant x\\ n\equiv a(\bmod k)}}\Lambda(n)=\frac{1}{\varphi(k)}\sum_{\chi \bmod k}\bar{\chi}(a)\psi(x,\chi),$$

这里

$$\psi(x;\chi)=\sum_{n\leqslant x}\Lambda(n)\chi(n);$$

(ii) $$\psi(x;k,a)=\frac{1}{\varphi(k)}\psi(x)+\frac{1}{\varphi(k)}\sum_{\substack{\chi \bmod k\\ \chi\neq\chi^0}}\bar{\chi}(a)\psi(x;\chi)-r(x,k),$$

这里

$$0\leqslant r(x,k)<\frac{1}{\varphi(k)}\omega(k)\ln x.$$

*26. 设 p 为奇素数,以 $T_p^*(r)$ 表示同余方程

$$x_1^2+\cdots+x_r^2\equiv 0(\bmod p),\quad 1\leqslant x_1<\cdots<x_r\leqslant(p-1)/2$$

的解数.

(i) 证明:当 $p\equiv 1(\bmod 4)$ 时,$T_p^*(2)=(p-1)/4$;当 $p\equiv 3(\bmod 4)$ 时,$T_p^*(2)=0$.

(ii) 证明:

$$T_3^*(3)=T_5^*(3)=0;$$

当 $p>5$ 时,有

$$(3!)pT_p^*(3)=\sum_{l=1}^{p}\sum_{x_1=1}^{c}\sum_{x_2=1}^{c}\sum_{x_3=1}^{c}e^{2\pi il(x_1^2+x_2^2+x_3^2)/p}$$
$$-3\sum_{l=1}^{p}\sum_{x_1=1}^{c}\sum_{x_2=1}^{c}e^{2\pi il(x_1^2+2x_2^2)/p}+2\sum_{l=1}^{p}\sum_{x_1=1}^{c}e^{2\pi il(3x_1^2)/p},$$

其中 $c=(p-1)/2$. 这公式当 $p=3,5$ 时也成立.

(iii) 证明:

$$T_3^*(4)=T_5^*(4)=T_7^*(4)=0;$$

当 $p>7$ 时,有

$$
\begin{aligned}
(4!)pT_p^*(4) = & \sum_{l=1}^{p}\sum_{x_1=1}^{c}\cdots\sum_{x_4=1}^{c} e^{2\pi i l(x_1^2+\cdots+x_4^2)/p} \\
& - 6\sum_{l=1}^{p}\sum_{x_1=1}^{c}\sum_{x_2=1}^{c}\sum_{x_3=1}^{c} e^{2\pi i l(x_1^2+x_2^2+2x_3^2)/p} \\
& + 3\sum_{l=1}^{p}\sum_{x_1=1}^{c}\sum_{x_2=1}^{c} e^{2\pi i l(2x_1^2+2x_2^2)/p} \\
& + 8\sum_{l=1}^{p}\sum_{x_1=1}^{c}\sum_{x_2=1}^{c} e^{2\pi i l(x_1^2+3x_2^2)/p}.
\end{aligned}
$$

这公式当 $p=3,5,7$ 时也成立.

(iv) 利用例 4 的方法及式(63),求 $T_p^*(3)$ 及 $T_p^*(4)$ 的表达式.

附录一　自　然　数

§1　Peano 公理

在第一章中我们就提到：**自然数**也叫作**正整数**[①]，就是大家所熟知的

$$1, 2, 3, \cdots, n, \cdots. \tag{1}$$

它的形成和我们对它性质的认识都源于经验. 随着数学理论的发展，“自然数是什么”这一问题就摆在了数学家们的面前. 这是因为，可以说“自然数”是整个数学的基础，如果这个基础有问题，那么数学的可靠性就有了疑问. 19 世纪后期，数学家们就开始思考这一问题. 在 1889 年，意大利数学家 G. Peano(1858—1932)提出了自然数集合的抽象而严格的公理化定义——Peano 公理. 它刻画了自然数的本质属性，并导出有关自然数的所有运算和性质. 下面我们来给出这一公理化定义. 在此之前，我们需要指出的是：初等数论的所有基本理论早在 Peano 公理提出之前就已经建立了，它们当然没有用到这一公理化定义，也没有用到其中的归纳公理. 那时，初等数论论证的重要基础就是公认正确的“最小自然数原理”. 下面将看到从 Peano 公理可推出最小自然数原理的确成立.

Peano 公理　设 $\mathbf{N}$ 是一个非空集合，满足以下条件：

(i) 对每个元素 $n\in\mathbf{N}$，$\mathbf{N}$ 中一定有唯一的元素，与之对应，这个元素记作 n^+，称为 n 的**后继元素**(简称**后继**).

(ii) 有元素 $e\in\mathbf{N}$，它不是 $\mathbf{N}$ 中任一元素的后继.

(iii) $\mathbf{N}$ 中的任一元素至多是一个元素的后继，即从 $a^+=b^+$ 一定

---

① 由于某种需要，一些书上把 0 也作为自然数. 本书不采用这样的说法，因为 0 是很不“自然”的数.

可推出 $a=b$.

(iv) **(归纳公理)**设 S 是 $\mathbf{N}$ 的一个子集合,$e\in S$. 如果 $n\in S$,必有 $n^{+}\in S$,那么 $S=\mathbf{N}$.

这样的集合 $\mathbf{N}$ 称为**自然数集合**,它的元素称为**自然数**.

由定义立即可推出自然数集合具有以下性质:

定理 1 对任意的 $n\in\mathbf{N}$,有 $n\neq n^{+}$.

证 将 $\mathbf{N}$ 中所有使 $n\neq n^{+}$ 成立的元素 n 组成的子集记作 S. 由 Peano 公理(ii)知 $e\neq e^{+}$,所以 $e\in S$,从而 S 非空. 若 $n\in S$,则 $n\neq n^{+}$. 我们来证明必有 $n^{+}\in S$. 若不然,则有 $n^{+}=(n^{+})^{+}$. 由此及 Peano 公理(iii)推出 $n=n^{+}$,矛盾. 因此,由归纳公理推出 $S=\mathbf{N}$. 证毕.

定理 2 设 $m\in\mathbf{N}$,$m\neq e$,则必有 $n\in\mathbf{N}$,使得 $n^{+}=m$,即 $\mathbf{N}$ 中每个不等于 e 的元素必是某个元素的后继,e 是唯一没有后继的元素. 此外,这个元素 n 是唯一的,记作 m^{-},称为 m 的**前导元素**(简称**前导**).

证 设集合 A 由 $\mathbf{N}$ 中所有这样的元素 a 组成:a 必是某个元素的后继. 因为有 $e^{+}\in A$,所以 A 非空. 设并集 $S=\{e\}\cup A$. 显见 $e\in S$. 若 $n\in S$,则由 A 的定义知 $n^{+}\in A$,因而 $n^{+}\in S$. 由归纳公理就推出 $S=\mathbf{N}$. 因此,若 $m\in\mathbf{N}$,$m\neq e$,则必有 $m\in A$. 这就证明了定理的前半部分结论. 由 Peano 公理(iii)可推出定理的后半部分结论.

以上两个定理的证明方法实际上就是通常所说的数学归纳法,它基于归纳公理. 一般的**数学归纳法**可表述如下:

定理 3(归纳证明原理) 设 $P(n)$是关于自然数 n 的一种性质或命题. 如果当 $n=e$ 时,$P(e)$成立,且由 $P(n)$成立必可推出 $P(n^{+})$成立,那么 $P(n)$对所有的 $n\in\mathbf{N}$ 都成立.

证 设 S 是由使 $P(n)$成立的所有 n 组成的集合. 由条件知 $e\in S$,且当 $n\in S$ 时,必有 $n^{+}\in S$. 因此,由归纳公理知定理成立.

为了说明我们所十分熟悉的自然数(1)就是由 Peano 公理所定义的抽象自然数集合的一个具体模型,就需要在抽象自然数集合 $\mathbf{N}$ 中相应地引入加法、乘法、顺序(即大小)的概念,以及证明它们满足熟知的性质. 这就是下面几节的内容. 为此,这里先引入集合上的二元运算的概念.

定义 1　设 X 是一个集合,它的有序对组成的集合,即乘积集合 $X\cdot X$ 是

$$Y=X\cdot X=\{\{a,b\}: a\in X, b\in X\}. \tag{2}$$

从集合 Y 到集合 X 的一个映射 τ 称为 X 上的一个**二元运算**. 也就是说,对任意的两个元素 $a,b\in X$,有序对 $\{a,b\}$ 按法则 τ 对应于 X 中唯一确定的元素,记作 $\tau\{a,b\}$ 或 $a\tau b$. 二元运算 τ 称为**结合**的,如果对任意的 $a,b,c\in X$,有

$$(a\tau b)\tau c=a\tau(b\tau c); \tag{3}$$

二元运算 τ 称为**交换**的,如果对任意的 $a,b\in X$,有

$$a\tau b=b\tau a. \tag{4}$$

§2　加法与乘法

下面我们来定义自然数集合 $\mathbf{N}$ 上的加法与乘法运算,并给出它们所满足的性质.

定理 1　在自然数集合 $\mathbf{N}$ 上一定存在唯一的二元运算 σ,满足条件:

(i) 对任意的 $n\in\mathbf{N}$,有

$$n\sigma e=n^{+}; \tag{1}$$

(ii) 对任意的 $n,m\in\mathbf{N}$,有

$$n\sigma m^{+}=(n\sigma m)^{+}. \tag{2}$$

先来证明一个引理.

引理 2　对任意给定的 $n\in\mathbf{N}$,一定存在唯一的 $\mathbf{N}$ 到自身的映射 f_n,满足

$$f_n(e)=n^{+}; \tag{3}$$

而且对任意的 $m\in\mathbf{N}$,有

$$f_n(m^{+})=(f_n(m))^{+}. \tag{4}$$

证　唯一性　若还存在一个这样的映射 g_n,则当 $m=e$ 时,由式(3)得 $g_n(e)=f_n(e)=n^{+}$. 假设对某个 $m\in\mathbf{N}$,有 $g_n(m)=f_n(m)$,则由式(4)得

$$g_n(m^+) = (g_n(m))^+ = (f_n(m))^+ = f_n(m^+).$$

因此,由归纳证明原理(§1 的定理 3)知,对一切 $m\in\mathbf{N}$,有 $g_n(m)=f_n(m)$. 这就证明了唯一性.

存在性　当 $n=e$ 时,我们定义 $\mathbf{N}$ 到自身的映射

$$f_e(m) = m^+,\quad m\in\mathbf{N}, \tag{5}$$

它就满足要求. 事实上,因为 $f_e(e)=e^+$,所以条件(3)满足. 对任意的 $m\in\mathbf{N}$,由定义(5)得

$$f_e(m^+) = (m^+)^+ = (f_e(m))^+,$$

即条件(4)满足. 假设对 n 存在这样的映射 f_n. 我们对 n^+ 定义 $\mathbf{N}$ 到自身的映射

$$f_{n^+}(m) = (f_n(m))^+,\quad m\in\mathbf{N}. \tag{6}$$

由此及映射 f_n 满足条件(3)与(4)就推出

$$f_{n^+}(e) = (f_n(e))^+ = (n^+)^+,$$

$$f_{n^+}(m^+) = (f_n(m^+))^+ = ((f_n(m))^+)^+ = (f_{n^+}(m))^+.$$

这就证明了映射 f_{n^+} 满足条件(3),(4). 因此,由归纳证明原理就证明了:对任意的 $n\in\mathbf{N}$,一定存在满足条件(3),(4)的映射 f_n. 证毕.

定理 1 的证明　存在性　对任一 $n\in\mathbf{N}$,设 f_n 是引理 2 中确定的映射. 现定义二元运算 σ:

$$n\sigma m = f_n(m),\quad n,m\in\mathbf{N}. \tag{7}$$

由式(3)得

$$n\sigma e = f_n(e) = n^+,$$

所以条件(1)满足. 由式(4)得

$$n\sigma m^+ = f_n(m^+) = (f_n(m))^+ = (n\sigma m)^+,$$

所以条件(2)成立. 因此,由式(7)定义的二元运算满足定理要求.

唯一性　设还有二元运算 η 也满足条件(1),(2). 当 $m=e$ 时,对所有的 $n\in\mathbf{N}$,有

$$n\sigma e = n^+ = n\eta e.$$

若对某个 m 及任意的 $n\in\mathbf{N}$,有 $n\sigma m=n\eta m$,则对 m^+ 及任意的 $n\in\mathbf{N}$,有

$$n\sigma m^+ = (n\sigma m)^+ = (n\eta m)^+ = n\eta m^+.$$

所以,由归纳证明原理知,对任意的 $n,m\in\mathbf{N}$,有

$$n\sigma m = n\eta m.$$

这就证明了唯一性.

基于定理 1,我们就可以定义加法.

定义 1 满足定理 1 的二元运算 σ 称为自然数集合 $\mathbf{N}$ 上的**加法运算**(简称**加法**),记作

$$n\sigma m = n+m,\quad n,m\in\mathbf{N}.$$

下面来证明加法所满足的运算规律及性质.

(1) **加法结合律** 对任意的 $a,b,c\in\mathbf{N}$,有

$$(a+b)+c = a+(b+c). \tag{8}$$

证 当 $c=e$ 时,对任意的 $a,b\in\mathbf{N}$,由式(1)和(2)得

$$(a+b)+e=(a+b)^+=a+b^+=a+(b+e),$$

所以式(8)成立. 假设式(8)对某个 $c=n$ 及任意的 $a,b\in\mathbf{N}$ 成立. 当 $c=n^+$ 时,对任意的 $a,b\in\mathbf{N}$,就有[利用式(2)及假设]

$$\begin{aligned}(a+b)+n^+ &= ((a+b)+n)^+=(a+(b+n))^+\\ &= a+(b+n)^+=a+(b+n^+),\end{aligned}$$

即式(8)对 $c=n^+$ 及任意的 $a,b\in\mathbf{N}$ 也成立. 由归纳证明原理就证明了所要的结论.

(2) **加法交换律** 对任意的 $a,b\in\mathbf{N}$,有

$$a+b=b+a. \tag{9}$$

证 先证明对任意的 $b\in\mathbf{N}$,有

$$e+b=b+e. \tag{10}$$

当 $b=e$ 时,式(10)显然成立. 假设 $b=n$ 时式(10)成立. 当 $b=n^+$ 时,由式(2)、假设及式(1)得

$$e+n^+=(e+n)^+=(n+e)^+=(n^+)^+=n^++e,$$

即式(10)也成立. 因此,由归纳证明原理知式(10)成立.

式(10)表明:当 $a=e$ 时,式(9)对任意的 $b\in\mathbf{N}$ 成立. 假设当 $a=n$ 时,式(9)对任意的 $b\in\mathbf{N}$ 成立. 当 $a=n^+$ 时,对任意的 $b\in\mathbf{N}$,利用式(1),(8),(10),(2)及假设可得

$$n^++b=(n+e)+b=n+(e+b)=n+(b+e)$$

$$= n + b^{+} = (n + b)^{+} = (b + n)^{+} = b + n^{+},$$

即式(9)也成立.所以,由归纳证明原理就证明了所要的结论.

(3) **加法相消律** 设 $a,b,c\in \mathbf{N}$.若 $b+a=c+a$,则 $b=c$.

证 先证明结论当 $a=e$ 时成立.如果有 $b+e=c+e$,那么由式(1)知 $b+e=b^{+}$,$c+e=c^{+}$.所以 $b^{+}=c^{+}$.由 Peano 公理(iii)就推出 $b=c$,所以 $a=e$ 时结论成立.假设 $a=n$ 时结论成立.当 $a=n^{+}$ 时,若 $b+n^{+}=c+n^{+}$,则由式(2)知

$$(b + n)^{+} = (c + n)^{+}.$$

由此及 Peano 公理(iii)知 $b+n=c+n$,进而由假设知 $b=c$,即结论对 $a=n^{+}$ 也成立.因此,由归纳证明原理就证明了所要的结论.

(4) 对任意的 $a,b\in \mathbf{N}$,有 $b+a\neq a$.

证 当 $a=e$ 时,$b+e=b^{+}$.由此及 Peano 公理(ii)知 $b+e\neq e$.假设 $a=n$ 时结论成立.当 $a=n^{+}$ 时,由式(4)知

$$b + n^{+} = (b + n)^{+}.$$

若 $b+n^{+}=n^{+}$,则由 Peano 公理(iii)可推出 $b+n=n$.这和假设矛盾,所以有 $b+n^{+}\neq n^{+}$.因此,由归纳证明原理就推出所要的结论.

(5) 对任意的 $a,b\in \mathbf{N}$,以下三种情形中有且仅有一种成立:

(i) $a=b$;

(ii) 存在 $x\in \mathbf{N}$,使得 $a=b+x$;

(iii) 存在 $y\in \mathbf{N}$,使得 $a+y=b$.

证 当 $b=e$ 时,结论成立.这是因为,若 $a=e$,则情形(i)成立;若 $a\neq e$,则由§1的定理2知 $a=(a^{-})^{+}$,进而由式(1)及加法交换律得 $a=a^{-}+e=e+a^{-}$,即情形(ii)成立.此外,由性质(4)容易推出:对任意的 $a,b\in \mathbf{N}$,这三种情形中至多有一种成立.假设 $b=n$ 时结论成立.当 $b=n^{+}$ 时,若 $a=e$,则 $n^{+}=e+n$,从而情形(iii)成立.若 $a\neq e$,则由§1的定理2知 $a=(a^{-})^{+}$.由假设知对 a^{-} 和 n,这三种情形中必有一种成立.若 $a^{-}=n$,则推出 $a=n^{+}$,从而情形(i)成立;若 $a^{-}=n+x=x+n$,则 $a=(a^{-})^{+}=(x+n)^{+}=x+n^{+}=n^{+}+x$,从而情形(ii)成立,这里用到了式(4)和加法交换律;同样,从 $a^{-}+y=n$ 可推出 $a+y=n^{+}$,即有情形(iii)成立.所以,结论对 $b=n^{+}$ 也成立.由归纳证明原理就推出所

要的结论.

为了定义乘法,先来证明下面的定理:

定理 3 在自然数集合 $\mathbf{N}$ 上一定存在唯一的二元运算 π,满足条件:

(i) 对任意的 $n\in\mathbf{N}$,有

$$n\pi e = n; \tag{11}$$

(ii) 对任意的 $n,m\in\mathbf{N}$,有

$$n\pi m^{+} = (n\pi m) + n. \tag{12}$$

为此,先证明一个引理.

引理 4 对任意给定的 $n\in\mathbf{N}$,一定存在唯一的 $\mathbf{N}$ 到自身的映射 h_n,满足

$$h_n(e) = n; \tag{13}$$

而且对任意的 $m\in\mathbf{N}$,有

$$h_n(m^{+}) = h_n(m) + n. \tag{14}$$

证 唯一性 若还存在这样一个映射 k_n,则当 $m=e$ 时,显然有 $h_n(e)=k_n(e)=n$. 假设对某个 m,有 $h_n(m)=k_n(m)$,则由式(14)得

$$k_n(m^{+}) = k_n(m) + n = h_n(m) + n = h_n(m^{+}).$$

因此,由归纳证明原理就推出:对一切 $m\in\mathbf{N}$,有 $h_n(m)=k_n(m)$. 这就证明了唯一性.

存在性 当 $n=e$ 时,取

$$h_e(m) = m, \quad m \in \mathbf{N}. \tag{15}$$

显见,条件(13)成立. 由式(1)知 $h_e(m^{+})=m^{+}=m+e=h_e(m)+e$,因此条件(14)也成立. 所以,当 $n=e$ 时,满足条件的映射存在. 假设对 n 存在这样的映射 $h_n(m)$. 对 n^{+},我们取

$$h_{n^{+}}(m) = h_n(m) + m. \tag{16}$$

这样,当 $m=e$ 时,由式(16),(13),(1)推出

$$h_{n^{+}}(e) = h_n(e) + e = n + e = n^{+},$$

所以条件(13)对 n^{+} 也成立. 利用式(16),(14),加法交换律,加法结合律及式(1)就得

$$\begin{aligned} h_{n^{+}}(m^{+}) &= h_n(m^{+}) + m^{+} = (h_n(m) + n) + (m + e) \\ &= (h_n(m) + m) + (n + e) = h_{n^{+}}(m) + n^{+}, \end{aligned}$$

这就证明了条件(14)对 n^+ 也成立. 由归纳证明原理就证明了引理的结论.

定理 3 的证明 *存在性* 对任一 $n\in\mathbf{N}$,设 h_n 是引理 4 中确定的映射. 现定义二元运算 π 为

$$n\pi m = h_n(m),\quad n,m\in\mathbf{N}. \tag{17}$$

我们来证明这个二元运算满足条件(11),(12). 由式(13)得

$$n\pi e = h_n(e) = n,$$

所以条件(11)成立. 由式(14)得

$$n\pi m^+ = h_n(m^+) = h_n(m) + n = (n\pi m) + n,$$

即条件(12)成立. 这就证明了存在性.

唯一性 设二元运算 τ 也满足条件(11),(12). 当 $m=e$ 时,对任意的 $n\in\mathbf{N}$,由式(11)得

$$n\pi e = n = n\tau e.$$

假设存在某个 m,使得对任意的 $n\in\mathbf{N}$,有

$$n\pi m = n\tau m,$$

则对 m^+ 及任意的 $n\in\mathbf{N}$,由式(12)及上式就推出

$$n\pi m^+ = (n\pi m) + n = (n\tau m) + n = n\tau m^+.$$

所以,由归纳证明原理推出:对任意的 $n,m\in\mathbf{N}$,有 $n\pi m=n\tau m$. 这就证明了唯一性.

基于定理 3,我们就可以定义乘法.

定义 2 满足定理 3 的二元运算 π 称为自然数集合 $\mathbf{N}$ 上的**乘法运算**(简称**乘法**),记作

$$n\pi m = n\cdot m,\quad n,m\in\mathbf{N}.$$

下面来证明乘法所满足的运算规律及性质.

(6) **乘法右分配律** 对任意的 $a,b,c\in\mathbf{N}$,有

$$(a+b)\cdot c = (a\cdot c) + (b\cdot c). \tag{18}$$

证 对 c 用归纳证明原理. 当 $c=e$ 时,由乘法的定义得

$$(a+b)\cdot e = a+b = (a\cdot e) + (b\cdot e),$$

所以结论成立. 假设 $c=n$ 时结论成立. 当 $c=n^+$ 时,由乘法的定义、假设及加法的交换律与结合律可得

$$\begin{aligned}(a+b)\cdot n^{+} &= ((a+b)\cdot n)+(a+b)\\ &= ((a\cdot n)+(b\cdot n))+(a+b)\\ &= ((a\cdot n)+a)+((b\cdot n)+b)\\ &= (a\cdot n^{+})+(b\cdot n^{+}),\end{aligned}$$

所以结论也成立.证毕.

(7) 对任意的 $a\in\mathbf{N}$,有

$$e\cdot a=a. \tag{19}$$

证 对 a 用归纳证明原理.当 $a=e$ 时,由乘法的定义知式(19)成立.假设 $a=n$ 时结论成立.当 $a=n^{+}$ 时,由乘法的定义、假设及加法的定义[即式(1)]得

$$e\cdot n^{+}=(e\cdot n)+e=n+e=n^{+},$$

所以结论也成立.证毕.

(8) **乘法交换律** 对任意的 $a,b\in\mathbf{N}$,有

$$a\cdot b=b\cdot a. \tag{20}$$

证 对 b 用归纳证明原理.当 $b=e$ 时,由乘法的定义知,式(20)就是式(19),所以结论成立.假设 $b=n$ 时结论成立.当 $b=n^{+}$ 时,由加法的定义、性质(6)、假设、性质(7)及乘法的定义得到

$$\begin{aligned}n^{+}\cdot a &= (n+e)\cdot a=(n\cdot a)+(e\cdot a)\\ &= (a\cdot n)+a=a\cdot n^{+},\end{aligned}$$

所以结论也成立.证毕.

(9) **乘法结合律** 对任意的 $a,b,c\in\mathbf{N}$,有

$$(a\cdot b)\cdot c=a\cdot(b\cdot c). \tag{21}$$

证 对 c 用归纳证明原理.当 $c=e$ 时,由乘法的定义得

$$(a\cdot b)\cdot e=a\cdot b=a\cdot(b\cdot e),$$

所以结论成立.假设 $c=n$ 时结论成立.当 $c=n^{+}$ 时,由乘法的定义、假设、性质(8)及性质(6)得到

$$\begin{aligned}(a\cdot b)\cdot n^{+} &= ((a\cdot b)\cdot n)+(a\cdot b)=(a\cdot(b\cdot n))+(a\cdot b)\\ &= ((b\cdot n)\cdot a)+(b\cdot a)=((b\cdot n)+b)\cdot a\\ &= (b\cdot n^{+})\cdot a=a\cdot(b\cdot n^{+}),\end{aligned}$$

所以结论也成立.证毕.

(10) **乘法右相消律**　对任意的 $a,b,c\in\mathbf{N}$,从 $a\cdot c=b\cdot c$ 可推出 $a=b$.

证　用反证法. 若 $a\neq b$,由加法的性质(5)知,必有 $a=b+x$ 或 $b=a+y$. 不妨设 $a=b+x$,由条件及乘法性质(6)知

$$b\cdot c=a\cdot c=(b+x)\cdot c=(b\cdot c)+(x\cdot c),$$

而由加法的性质(4)知这是不可能的,矛盾. 证毕.

由乘法交换律知,乘法的左分配律及左相消律均成立. 请读者自己写出.

§3　顺序(大小)关系

基于§2中加法的性质(5),我们可以在自然数集合 $\mathbf{N}$ 中引入顺序(大小)的概念.

定义1(顺序或大小)　对给定的 $a,b\in\mathbf{N}$,如果存在 $x\in\mathbf{N}$,使得 $b=a+x$,那么称 b **在** a **之后**(或 a **在** b **之前**),也称 b **大于** a(或 a **小于** b),记作

$$b>a\quad(\text{或 } a<b).$$

由定义及§2中加法的性质(5)可立即推出下面的定理:

定理1　对任意的 $a,b\in\mathbf{N}$,以下三式中有且仅有一式成立:

$$a=b,\ \ a>b\quad\text{或}\quad a<b,$$

容易证明有以下性质成立:

(1) 对任意的 $a\in\mathbf{N}$,有 $a^{+}>a$;

(2) 对任意的 $a\in\mathbf{N}$,有 $a\geqslant e$,即 $a=e$ 或 $a>e$;

(3) 由 $a>b,b>c$ 可推出 $a>c$;

(4) $a+x>b+x\Leftrightarrow a>b$;

(5) $a>b\Leftrightarrow a\geqslant b^{+}$;

(6) 对任意的 $a\in\mathbf{N}$,不存在 m,使得 $a^{+}>m>a$.

证　由 $a^{+}=a+e$ 可推出性质(1).

当 $a\neq e$ 时,由§1的定理2可推出性质(2).

性质(3)可直接由定义1及加法结合律推出.

性质(4)可这样证明：由定义1知 $a>b$，即 $a=b+y$. 由此及加法的相消律、交换律、结合律知，它等价于 $a+x=(b+x)+y$，而这就是 $a+x>b+x$.

下面证明性质(5). $a>b$ 就是 $a=b+x$. 由性质(2)知 $x\geqslant e$. 由此及性质(4)推出 $b+x\geqslant b+e=b^+$（用到加法交换律），所以 $a\geqslant b^+$. 利用性质(1)和(3)立即推出：若 $a\geqslant b^+$，则必有 $a>b$.

最后，用反证法证明性质(6). 假设 m 存在，我们有

$$a+e=a^+=m+x,\quad m=a+y,$$

进而得 $a+e=(a+y)+x$. 由此及加法的结合律、相消律得

$$e=y+x,$$

即 $e>x$. 这和性质(2)矛盾，所以 m 不存在. 证毕.

下面证明自然数集合 $\mathbf{N}$ 的两个重要性质.

定理2(最小自然数原理)　自然数集合 $\mathbf{N}$ 的任一非空子集 T 必有最小元素存在，即存在自然数 $t_0\in T$，使得对任意的 $t\in T$，必有 $t_0\leqslant t$.

证　考虑由所有这样的自然数 s 组成的集合 S：对任意的 $t\in T$，必有 $s\leqslant t$. 由性质(2)知 $e\in S$，所以 S 非空. 此外，若 $t_1\in T$（T 非空，所以必有 t_1），则 $t_1+e>t_1$. 所以 $t_1+e\notin S$. 由这两点及归纳公理就推出：必有 $s_0\in S$，使得 $s_0+e\notin S$（为什么）. 我们来证明这一 s_0 必属于 T. 若不然，由 S 的定义知，对任意的 $t\in T$，必有 $t>s_0$. 由此及性质(5)推出：对任意的 $t\in T$，必有 $t\geqslant s_0^+=s_0+e$，因而由 S 的定义知 $s_0+e\in S$，矛盾. 取 $t_0=s_0$，就证明了定理.

定理3(最大自然数原理)　设 M 是自然数集合 $\mathbf{N}$ 的非空子集. 若 M 有上界，即存在 $a\in\mathbf{N}$，使得对任意的 $m\in M$，有 $m\leqslant a$，则必有 $m_0\in M$，使得对任意的 $m\in M$，有 $m\leqslant m_0$，即 m_0 是 M 中的最大自然数.

证　考虑由所有这样的自然数 t 组成的集合 T：对任意的 $m\in M$，必有 $m\leqslant t$. 由条件知 $a\in T$，所以 T 非空. 由定理2知，T 中有最小自然数存在，设为 t_0. 我们来证明 $t_0\in M$. 若不然，对任意的 $m\in M$，必有 $m<t_0$. 由此及性质(2)知 $t_0\neq e$，因而由§1的定理2知，存在 $t_1\in\mathbf{N}$，使得 $t_0=t_1^+$. 由性质(5)知，对任意的 $m\in M$，有 $m^+\leqslant t_0$，所以 $m^+\leqslant t_1^+$. 由此即得 $m\leqslant t_1$（为什么）. 这表明 $t_1\in T$. 但 $t_1<t_0$，这和 t_0 的最小性矛盾. 取 $m_0=t_0$，就

证明了定理.

至此,我们用公理化方法定义了抽象自然数集合 $\mathbf{N}$,并严格地建立了它的全部基本知识. 我们所十分熟悉的由 §1 的式(1)给出的自然数就是它的一个具体模型: 规定

$$e=1,\quad 2=1^{+},\quad 3=2^{+},\quad 4=3^{+},\quad 5=4^{+},\quad 6=5^{+},$$
$$7=6^{+},\quad 8=7^{+},\quad 9=8^{+},\quad 10=9^{+},\quad 11=10^{+},\quad \cdots,$$

并利用十进位制记数法的规定依次写出各数. 这样,我们所熟悉的关于 §1 的式(1)给出的自然数的记数、加法、乘法、大小以及各种运算规律和性质,与这里严格建立起来的相应知识是完全一致的. 所以,我们就用满足 Peano 公理的集合 $\mathbf{N}$ 来表示由 §1 式(1)给出的自然数组成的集合.

要说明的一点是: 如果把数 0 也算作自然数,也就是说具体规定时把 Peano 公理中的元素 e 定为 0,在定义加法、乘法与大小时都要做相应的改变,以使和我们熟悉的知识相一致①. 有兴趣的读者可以自己做这样的讨论,这也是熟悉公理化方法的一个很好的练习.

以上我们建立了自然数(即正整数)的严格理论. 进一步,就可引入整数集合(由正、负整数及 0 组成的集合)及有理数集合,并在其中严格地建立起我们所熟知的知识. 这些就不讨论了,有兴趣的读者可以自己做这一有益的工作.

在结束本附录时,我们来简单讨论一下最小自然数原理和归纳公理的关系. 在一些书中②说: 这两者等价,或由前者可推出后者,并给出了证明. 应该说这样的提法是不确切的,证明是不严格的. 因为大小关系是在 Peano 公理(它包括归纳公理)的基础上引入并证明关于它的性质的,所以当我们说"可由最小自然数原理推出归纳公理"时,一个逻辑上的问题是: 最小自然数原理中的"大小"概念是怎样定义的? 如果不加说明,那么这种推导就有在前提中已包含了结论的毛病,因而是有缺

---

① 可参看聂灵沼和丁石孙合著的《代数学引论》(高等教育出版社,1988)第零章的 §2,本附录内容的进一步讨论也可参看这一章.

② 例如: 文献[11]第一章的 1.1 就有这样的"证明";华罗庚的《数学归纳法》(科学出版社,2002)的第 82 页中也说两者是等价的.

陷的;如果给出和归纳公理无关的大小关系的定义,那么就立即出现"自然数"究竟是以怎样的公理体系来定义的问题.这里我们不做深入讨论,只证明以下的结论:

定理 4　归纳公理和以下的**非后继元素原理**等价:设 S 是自然数集合 $\mathbf{N}$ 的一个非空子集,则必有 $s_0\in S$,使得 s_0 不是 S 中任一元素的后继,并且当 $S=\mathbf{N}$ 时,e 是 $\mathbf{N}$ 中的唯一具有这样性质的元素.

也就是说,在由 Peano 公理定义的 $\mathbf{N}$ 中,非后继元素原理一定成立;反过来,如果非空集合 $\mathbf{N}$ 满足 Peano 公理(i),(ii),(iii)及非后继元素原理,那么在这集合 $\mathbf{N}$ 中归纳公理成立.

证　先证明前半部分结论.若 $e\in S$,则结论成立.若 $e\notin S$,考虑 $\mathbf{N}$ 中所有不属于 S 的元素组成的集合,记作 T.显见 $e\in T$.由于 S 非空,所以 $T\subset\mathbf{N}$,即 T 是 $\mathbf{N}$ 的真子集.因此,由归纳公理知(为什么),必有 $n_0\in T,n_0^+\notin T$.这样就有 $n_0\notin S,n_0^+\in S$.由此及 Peano 公理(iii)知,S 中的任一元素一定不以 n_0^+ 为其后继元素.取 $s_0=n_0^+$,就满足要求.

再证明后半部分结论.假设满足 Peano 公理(i),(ii),(iii)及非后继元素原理的非空集合 $\mathbf{N}$ 中归纳公理不成立,即存在 $\mathbf{N}$ 的非空子集 $S,e\in S$,以及若 $n\in S$,则必有 $n^+\in S$,但 $S\subset\mathbf{N}$,即 S 是 $\mathbf{N}$ 的真子集.设 T 是由 $\mathbf{N}$ 中所有不属于 S 的元素组成的集合.显见,T 非空,且 $e\notin T$.由非后继元素原理知,必有 $t_0\in T$,使得 t_0 不是 T 中任一元素的后继.由于 $e\notin T$,所以 $t_0\neq e$.由非后继元素原理的第二部分知,必有 $n_0\in\mathbf{N}$,使得 $n_0^+=t_0$.由此及 t_0 的性质知 $n_0\notin T$,因此 $n_0\in S$.但由 S 满足的条件知必有 $n_0^+=t_0\in S$.这和 $t_0\in T$ 矛盾.证毕.

粗略地说,这里的非后继元素原理就相当于定义了大小关系后的最小自然数原理.在定理 4 的意义下,它们是等价的.以上都是在 Peano 公理的框架下,即在后继这一关系及对它所规定的性质下讨论这些问题的.应该指出的是:大小关系是集合元素的一种重要、基本的二元关系.在以上讨论中,从二元关系——后继关系出发,假定这一关系满足 Peano 公理(特别是归纳公理,由定理 4 知也就是非后继元素公理),先建立加法运算,再引入二元关系——大小关系,进而证明有关这一关系的两个性质"最小元素原理与最大元素原理(即定理 2 和定理

3)”的. 反过来，可以先引进二元关系——“大小”关系，再要求它满足包括最小元素原理、最大元素原理在内的适当的公理体系来刻画自然数集合. 这和用 Peano 公理来刻画自然数集合就完全不同了. 这些将安排在习题中. 这些习题表明：在这种刻画自然数集合的公理体系中提出的最小元素原理比归纳公理弱.

习　　题

1. 在自然数集合 $\mathbf{N}$ 中证明：

(i) 若 $a>b, c>d$，则 $a+c>b+d, a\cdot c>b\cdot d$；

(ii) 若 $a=b\cdot c$，则 $a\geqslant b$，其中等号当且仅当 $c=e$ 时成立；

(iii) $a\cdot b\geqslant a\cdot c \Longleftrightarrow b\geqslant c$.

2. 在抽象的自然数集合 $\mathbf{N}$ 以 §3 的式(1)定义后，根据加法和乘法的定义证明：

(i) $1+1=2, 1+2=3, 2+2=4, 2+3=5, 2+4=3+3=6$；

(ii) $2\cdot 2=4, 2\cdot 3=6, 3\cdot 4=2\cdot 6=12$.

3. 具体举例说明 Peano 公理(i)，(ii)，(iii)，(iv)中随便去掉一条公理后，可以找到一个集合 M，满足剩下的三条公理，且 M 和自然数集合 $\mathbf{N}$ 本质上是不同的.

4. 设 $P(n)$ 是一个和自然数有关的命题，$n_0\in\mathbf{N}$. 证明：如果(i) 命题 $P(n_0)$ 成立；(ii) 对某个 $n\geqslant n_0$，若命题 $P(n)$ 成立，则必有命题 $P(n^+)$ 成立，那么命题 $P(n)$ 对所有的 $n\geqslant n_0$ 都成立.

5. 一个集合 M 称为**有序集**，如果在这集合中定义了一个二元关系，叫作**序**，记作 $\leqslant$，满足以下条件：

(A) 自反性：对所有的 $x\in M$，有 $x\leqslant x$；

(B) 反对称性：若 $x\leqslant y$ 且 $y\leqslant x$，则 $x=y$；

(C) 传递性：若 $x\leqslant y$ 且 $y\leqslant z$，则 $x\leqslant z$.

此外，在有序集中，$x<y$ 表示 $x\leqslant y$ 且 $x\neq y$；$x\geqslant y$ 就是 $y\leqslant x$；$x>y$ 表示 $x\geqslant y$ 且 $x\neq y$. 证明：

(i) 在有序集中，$x=y, x<y, y<x$ 中至多有一个成立.

(ii) 若 $x<y, y<z$，则 $x<z$.

(iii) 设 S 是一个非空集合，T 是由 S 的所有子集组成的集合. 如果把集合的包含关系 $A\subseteq B$ 作为序 $A\leqslant B$，那么 T 是一个有序集.

(iv) 在通常的非负整数集合中，如果把整除关系 $a|b$ 作为序 $a\leqslant b$，那么它是一个有序集(注意：对有序集 M 中的任意两个元素 x,y，不一定要有 $x\leqslant y$ 或 $y\leqslant x$ 成立，它们可以没有这种序关系).

6. 一个有序集称为**全序集**，如果对于它的任意两个元素 x,y，序关系 $x\leqslant y,y\leqslant x$ 中至少有一个成立. 这种序叫作**全序**. 证明：

(i) 第 5 题的(iii)(当 S 多于一个元素时)及(iv)中的有序集都不是全序集；

(ii) 当把通常的不大于关系 $x\leqslant y$ 作为序 $x\leqslant y$ 时，自然数集合、整数集合、有理数集合、实数集合及它们的子集都是全序集.

7. 设 M 是一个全序集. 我们把命题"在 M 的任一非空子集 S 中，存在 $s_0\in S$，使得对任意的 $s\in S$，必有 $s_0\leqslant s$"称为**最小元素原理**或**良序原理**. 这一原理成立的集合称为**良序集**.

(i) 举出这一原理成立和不成立的具体例子；

(ii) 证明：在良序集 M 中，对任一 $a\in M$，只要 a 不是 M 的最大元素 a_0(即对任意的 $m\in M$，有 $m\leqslant a_0$)，就必有唯一的 $a^*\in M$，使得 $a<a^*$，并且对任意的 $m\in M$，$a<m<a^*$ 都不成立.

8. 设 M 是一个全序集. 我们把命题"对 M 的任一非空子集 S，若它有上界，即存在 $a\in M$，使得对任意的 $s\in S$，有 $s\leqslant a$，则存在 $s_0\in S$，使得对任意的 $s\in S$，必有 $s\leqslant s_0$"称为**最大元素原理**.

(i) 证明：如果在全序集 M 中最大元素原理成立，那么对任一 $a\in M$，只要 a 不是 M 的最小元素 a_0(即对所有的 $m\in M$，有 $a_0\leqslant m$)，就必有唯一的 $a^0\in M$，使得 $a^0<a$，并且对任意的 $m\in M$，$a^0<m<a$ 都不成立；

(ii) 举出这一原理成立和不成立的具体例子；

(iii) 举出良序原理和最大元素原理同时成立、同时不成立或只有一个成立的具体例子；

(iv) 证明：从良序原理和(i)中的 a^0 的存在性可推出最大元素原理.

9. 设 M 是一个全序集,且在 M 中有: (i) 良序原理成立;(ii) 没有最大元素,即不存在 $a\in M$,使得对任意的 $m\in M$,有 $m\leqslant a$;(iii) 最大元素原理成立. 证明: 若把 M 中的每个 a 所对应的 a^* (见第 7 题)看作 a 的后继元素,则在集合 M 中 Peano 公理成立. 这就给出了自然数集合的又一公理化定义.

10. 第 9 题的(iii)用"对任一 $a\in M$,只要 a 不是 M 的最小元素(见第 8 题),就必有唯一的 $a^0\in M$,使得 $a^0\prec a$,并且对任意的 m,$a^0\prec m\prec a$ 都不成立"来代替时,结论仍然成立.

附录二　$\mathbf{Z}[\sqrt{-5}]$——算术基本定理不成立的例子

设集合

$$\mathbf{Z}[\sqrt{-5}]=\{\alpha=a+b\sqrt{-5}: a,b\in\mathbf{Z}\}.$$

容易验证,在这个集合中,通常复数的加法、减法及乘法运算是封闭的,但不一定总可以做除法运算. 例如: 不存在 $\gamma\in\mathbf{Z}[\sqrt{-5}]$,使得 $1+\sqrt{-5}=2\gamma$. 但是,在集合

$$\mathbf{Q}(\sqrt{-5})=\{\alpha=r+s\sqrt{-5}: r,s\in\mathbf{Q}\}$$

中,通常复数的加法、减法、乘法及除法运算都是封闭的. 这是因为,当 $\alpha=r+s\sqrt{-5}\neq 0$ 时,

$$\begin{aligned}\frac{1}{\alpha}&=\frac{1}{r+s\sqrt{-5}}=\frac{r-s\sqrt{-5}}{r^2+5s^2}\\&=\frac{r}{r^2+5s^2}-\frac{s}{r^2+5s^2}\sqrt{-5}\in\boldsymbol{Q}(\sqrt{-5}).\end{aligned}$$

显见 $\mathbf{Z}[\sqrt{-5}]\subset\mathbf{Q}(\sqrt{-5})$. 由上式容易推出: α,α^{-1} 同时属于 $\mathbf{Z}[\sqrt{-5}]$ 的充要条件是 $s=0,r=\pm 1$,即 $\alpha=\pm 1$.

如同在 $\mathbf{Z}$ 中一样,在 $\mathbf{Z}[\sqrt{-5}]$ 中可引进整除、不可约数等概念.

定义 1($\mathbf{Z}[\sqrt{-5}]$ 中的整除)　设 $\alpha,\beta\in\mathbf{Z}[\sqrt{-5}]$,$\alpha\neq 0$. 若有 $\gamma\in\mathbf{Z}[\sqrt{-5}]$,使得 $\beta=\alpha\gamma$,则称 β **被** α **整除**或 α **整除** β,记作 $\alpha\mid\beta$,且称 β 是 α 的**倍数**,α 是 β 的**约数**(或**因数**、**除数**). β 不能被 α 整除通常记作 $\alpha\nmid\beta$.

上面已经证明: 1 的约数是 ± 1. 对任一 $\beta\in\mathbf{Z}[\sqrt{-5}]$($\beta\neq 0$),$\pm 1$,$\pm\beta$ 一定是 β 的约数,称为 β 的**显然约(因、除)数**,其他的约数称为 β 的**非显然约(因、除)数**. 例如: 因为

$$9 = 3 \cdot 3 = (2 + \sqrt{-5})(2 - \sqrt{-5}), \tag{1}$$

所以$\pm 3, \pm(2+\sqrt{-5}), \pm(2-\sqrt{-5})$都是 9 的非显然约数.因为

$$29 = (3 + 2\sqrt{-5})(3 - 2\sqrt{-5}),$$

所以$\pm(3+2\sqrt{-5}), \pm(3-2\sqrt{-5})$都是 29 的非显然约数.

定义 2($\mathbf{Z}[\sqrt{-5}]$中的不可约数) 设$\xi \in \mathbf{Z}[\sqrt{-5}], \xi \neq 0, \pm 1$.若$\xi$没有非显然约数,则称$\xi$是**不可约数**;若不然,就称$\xi$是**合数**.

29 是 $\mathbf{Z}$ 中的不可约数,但它不是$\mathbf{Z}[\sqrt{-5}]$中的不可约数.下面证明:$3, 2\pm\sqrt{-5}$ 都是不可约数.用反证法.若 3 不是不可约数,则

$$3 = (a + b\sqrt{-5})(c + d\sqrt{-5}), \quad a, b, c, d \in \mathbf{Z},$$

且 $a+b\sqrt{-5} \neq \pm 1, c+d\sqrt{-5} \neq \pm 1$.易知

$$3 = (a - b\sqrt{-5})(c - d\sqrt{-5}).$$

上两式相乘得

$$9 = (a^2 + 5b^2)(c^2 + 5d^2) = a^2c^2 + 5(b^2c^2 + a^2d^2) + 25b^2d^2,$$

所以必有 $bd = 0$.若 $b = 0$,则

$$9 = a^2c^2 + 5a^2d^2.$$

所以 $a^2 \mid 9$,即 $a = \pm 1$ 或± 3.但 $a+b\sqrt{-5} \neq \pm 1$,所以必有 $a = \pm 3$,因而得

$$1 = c^2 + 5d^2,$$

即必有 $c = \pm 1, d = 0$.这和 $c+d\sqrt{5} \neq \pm 1$ 矛盾.同样,可以证明 $d = 0$ 也是不可能的.所以,3 是不可约数.

若 $2+\sqrt{-5}$ 不是不可约数,则

$$2 + \sqrt{-5} = (a + b\sqrt{-5})(c + d\sqrt{-5}), \quad a, b, c, d \in \mathbf{Z},$$

且 $a+b\sqrt{-5} \neq \pm 1, c+d\sqrt{-5} \neq \pm 1$.易知

$$2 - \sqrt{-5} = (a - b\sqrt{-5})(c - d\sqrt{-5}).$$

上两式相乘得

$$9 = (a^2 + 5b^2)(c^2 + 5d^2).$$

同上面推理一样,由此必得 $a+b\sqrt{-5} = \pm 1$ 或 $c+d\sqrt{-5} = \pm 1$,矛

盾.所以,$2+\sqrt{-5}$是不可约数.上面已同时证明了$2-\sqrt{-5}$是不可约数(为什么).

显见$3\neq\pm(2\pm\sqrt{-5})$,所以式(1)给出了9在$\mathbf{Z}[\sqrt{-5}]$中的两个不同的不可约数分解式.这表明:在$\mathbf{Z}[\sqrt{-5}]$中,第一章§5的定理2——算术基本定理不成立.

对不可约数,在$\mathbf{Z}$中有第一章§5的定理1成立,但这在$\mathbf{Z}[\sqrt{-5}]$中也不成立,即若ξ是$\mathbf{Z}[\sqrt{-5}]$中的不可约数,且$\xi|\alpha\beta$,这时$\xi|\alpha,\xi|\beta$可能都不成立.例如:由以上讨论知

$$3|9=(2+\sqrt{-5})(2-\sqrt{-5}),\quad 3\nmid 2\pm\sqrt{-5}$$

及

$$2+\sqrt{-5}|9=3\cdot 3,\quad 2\pm\sqrt{-5}\nmid 3.$$

但我们可以证明下面的结论:

定理1　设$\pi\in\mathbf{Z}[\sqrt{-5}]$,$\pi\neq 0,\pm 1$.若对任意的$\alpha,\beta\in\mathbf{Z}[\sqrt{-5}]$,从$\pi|\alpha\beta$必可推出$\pi|\alpha,\pi|\beta$中至少有一个成立,则$\pi$一定是不可约数.

证　为了使推导简单,引入下面的记号:对$\sigma=r+s\sqrt{-5}\in\mathbf{Q}(\sqrt{-5})$,记$\sigma'=r-s\sqrt{-5}$及

$$N(\sigma)=\sigma\sigma'=r^2+5s^2.\tag{2}$$

容易验证(留给读者):

$$N(\sigma_1\sigma_2)=N(\sigma_1)N(\sigma_2),\quad \sigma_1,\sigma_2\in\mathbf{Q}(\sqrt{-5});\tag{3}$$

$$N(\alpha)\in\mathbf{N},\quad \alpha\in\mathbf{Z}[\sqrt{-5}],\tag{4}$$

$$N(\alpha)|N(\beta),\quad \alpha|\beta,\alpha,\beta\in\mathbf{Z}[\sqrt{-5}],\tag{5}$$

其中$N(\alpha)|N(\beta)$表示在$\mathbf{Z}$中$N(\alpha)$整除$N(\beta)$;若$\alpha\in\mathbf{Z}[\sqrt{-5}]$,则

$$\alpha=\pm 1\Longleftrightarrow N(\alpha)=1.\tag{6}$$

下面用反证法来证明定理.若π不是不可约数,则必有$\alpha\neq\pm 1,\pm\pi$,满足$\alpha|\pi$,即有

$$\pi=\alpha\beta,\quad \alpha,\beta\in\mathbf{Z}[\sqrt{-5}],\ \alpha\neq\pm 1,\pm\pi.$$

显见$\beta\neq\pm 1,\pm\pi$.所以,由式(4),(6)知

$$N(\alpha)>1,\quad N(\beta)>1.$$

因此,由式(3)得

$$N(\pi) > N(\alpha) > 1, \quad N(\pi) > N(\beta) > 1. \tag{7}$$

但由定理条件知 $\pi|\alpha, \pi|\beta$ 中至少有一个成立. 若 $\pi|\alpha$,则 $N(\pi)|N(\alpha)$,因而有 $N(\pi)\leqslant N(\alpha)$;若 $\pi|\beta$,则可推出 $N(\pi)\leqslant N(\beta)$. 这都和式(7)矛盾. 证毕.

那么,在 $\mathbf{Z}[\sqrt{-5}]$ 中是否有满足定理 1 中的性质的 π 存在呢? 回答是肯定的. 例如: $\sqrt{-5}$ 就有这样的性质. 事实上,设

$$\alpha = a + b\sqrt{-5}, \quad \beta = c + d\sqrt{-5}, \quad a, b, c, d \in \mathbf{Z}.$$

若 $\sqrt{-5}|\alpha\beta$,则

$$5 = N(\sqrt{-5}) \mid N(\alpha)N(\beta) = (a^2 + 5b^2)(c^2 + 5d^2).$$

由第一章 §5 的定理 1 知,在 $\mathbf{Z}$ 中,$5|a^2+5b^2$,$5|c^2+5d^2$ 中必有一个成立. 若 $5|a^2+5b^2$,则 $5|a^2$,因而 $5|a$. 设 $a=5a_1$,就有

$$\alpha = 5a_1 + b\sqrt{-5} = \sqrt{-5}(b - a_1\sqrt{-5}),$$

即 $\sqrt{-5}|\alpha$. 同样,由 $5|c^2+5d^2$ 可推出 $\sqrt{-5}|\beta$. 具有这种性质的数比不可约数的要求更强. 我们可以引入一个新的概念.

定义 3($\mathbf{Z}[\sqrt{-5}]$中的素数) 设 $\pi\in\mathbf{Z}[\sqrt{-5}]$,$\pi\neq 0, \pm 1$. 若对任意的 $\alpha,\beta\in\mathbf{Z}[\sqrt{-5}]$,由 $\pi|\alpha\beta$ 可推出 $\pi|\alpha, \pi|\beta$ 中至少有一个成立,则称 π 是**素数**.

这样,在 $\mathbf{Z}[\sqrt{-5}]$ 中,素数一定是不可约数,但不可约数不一定是素数.

在 $\mathbf{Z}$ 中,我们也可以把由第一章 §2 的定义 2 所定义的数称为不可约数,而像定义 3 那样来定义 $\mathbf{Z}$ 中的素数(把定义 3 中的 $\mathbf{Z}[\sqrt{-5}]$ 都改为 $\mathbf{Z}$ 即可). 但由第一章 §5 的定理 1 知,在 $\mathbf{Z}$ 中素数就是不可约数. 因此,在 $\mathbf{Z}$ 中我们不用引入两个概念.

应该指出: 不可约数、素数的概念是和所讨论的“整数”集合(例如这里的 $\mathbf{Z}$,$\mathbf{Z}[\sqrt{-5}]$)有关的. 29 是 $\mathbf{Z}$ 中的素数,但不是$\mathbf{Z}[\sqrt{-5}]$中的不可约数;3 是 $\mathbf{Z}$ 中的素数,也是 $\mathbf{Z}[\sqrt{-5}]$ 中的不可约数,但不是 $\mathbf{Z}[\sqrt{-5}]$中的素数;11 是 $\mathbf{Z}$ 中的素数,也是 $\mathbf{Z}[\sqrt{-5}]$中的素数. 前几

个结论前面已证明,下面证明最后一个结论.设

$$\alpha=a+b\sqrt{-5},\quad \beta=c+d\sqrt{-5},\quad a,b,c,d\in\mathbf{Z}.$$

若 $11\mid\alpha\beta$,则

$$121=N(11)\mid N(\alpha\beta)=N(\alpha)N(\beta)=(a^2+5b^2)(c^2+5d^2).$$

故在 $\mathbf{Z}$ 中,$11\mid a^2+5b^2$,$11\mid c^2+5d^2$ 中至少有一个成立.若 $11\mid a^2+5b^2$,则由第一章 §4 的例 7 知,必有 $11\mid a$,$11\mid b$,因而 $11\mid\alpha$.同理,若 $11\mid c^2+5d^2$,则 $11\mid\beta$.因此,11 是 $\mathbf{Z}[\sqrt{-5}]$中的素数.

上面讨论表明:虽然表面上"整数"集合 $\mathbf{Z}[\sqrt{-5}]$和整数集合 $\mathbf{Z}$ 很相像,可引入整除、不可约数、素数等概念,但它们的整除性质本质上是不同的.进一步分析可以看出:我们很难在 $\mathbf{Z}[\sqrt{-5}]$中引入最大公约数的概念.例如:9 和 $3(2+\sqrt{-5})$有公约数的

$$\pm1,\quad \pm3,\quad \pm(2+\sqrt{-5}).$$

无论是把 3 还是$(2+\sqrt{-5})$看作最大公约数,都不可能具有第一章 §4 的定理 2 所刻画的 $\mathbf{Z}$ 中最大公约数具有的最本质的性质:公约数一定是最大公约数的约数.这一切导致一门新的学科——代数数论的产生.对此,这里不做进一步讨论,有兴趣的读者可参看文献[15],[17]或其他代数数论基础教材.

习　　题

1. 设 $\alpha,\beta\in\mathbf{Z}$.若在 $\mathbf{Z}[\sqrt{-5}]$中有 $\alpha\mid\beta$,则在 $\mathbf{Z}$ 中也一定有 $\alpha\mid\beta$.

2. 证明:$2,7,23,1+\sqrt{-5},3+\sqrt{-5}$ 都是 $\mathbf{Z}[\sqrt{-5}]$中的不可约数,但都不是 $\mathbf{Z}[\sqrt{-5}]$中的素数.

3. 证明:13,17 都是 $\mathbf{Z}[\sqrt{-5}]$中的素数.

4. 设 $r+s\sqrt{-5}\in\mathbf{Q}(\sqrt{-5})$,$N(r+s\sqrt{-5})=1$.问:$r+s\sqrt{-5}$一定属于 $\mathbf{Z}[\sqrt{-5}]$吗?

5. 设 $\alpha\in\mathbf{Z}[\sqrt{-5}]$,$\alpha\neq0,\pm1$.证明:

(i) α 一定可表示为 $\mathbf{Z}[\sqrt{-5}]$中不可约数的乘积；

(ii) 若 α 可分解为 $\mathbf{Z}[\sqrt{-5}]$中素数的乘积，则在不计次序和相差乘一个 ± 1 的意义下这个分解式是唯一的，而且它的不可约数分解式一定是素数分解式.

6. 证明：

(i) $3, 2+\sqrt{-5}$ 的公约数只有 ± 1.

(ii) 不存在 $\alpha, \beta \in \mathbf{Z}[\sqrt{-5}]$，使得 $3\alpha+(2+\sqrt{-5})\beta=1$. 解释这一题的意义.

7. 设 $\mathbf{Z}[\sqrt{-6}]=\{\alpha=a+b\sqrt{-6}: a, b \in \mathbf{Z}\}$. 如同讨论 $\mathbf{Z}[\sqrt{-5}]$一样来讨论 $\mathbf{Z}[\sqrt{-6}]$，指出在 $\mathbf{Z}[\sqrt{-6}]$中和在 $\mathbf{Z}[\sqrt{-5}]$中一样，算术基本定理不成立，即一个数的不可约数分解式不一定是唯一的.

8. 设 M 是由全体正偶数 $2,4,6,\cdots,2k,\cdots$ 组成的集合. 如同讨论 $\mathbf{Z}[\sqrt{-5}]$一样来讨论 M，指出：

(i) 在 M 中，算术基本定理不成立；

(ii) 可以在 M 中引入后继关系，使得 Peano 公理成立；

(iii) 把它和正整数集合 $\mathbf{N}$ 作比较，看看问题究竟出在哪里.

第 9～19 题讨论 $\mathbf{Q}[x]$和 $\mathbf{Z}[x]$中的整除性，建立 $\mathbf{Q}[x]$中的整除理论及 $\mathbf{Z}[x]$中的整除理论. 我们以 $\deg f$ 表示多项式 f 的次数. 为了简单起见，有时以 $\mathbf{M}[x]$表示 $\mathbf{Q}[x]$或 $\mathbf{Z}[x]$. 这些内容可参看文献[17].

9. 设 $f \in \mathbf{M}[x], f \neq 0$（即 f 不恒等于零，是一个非零多项式）. 若 $1/f \in \mathbf{M}[x]$，则称 f 是 $\mathbf{M}[x]$的**单位元素**. 证明：

(i) $\mathbf{Q}[x]$中的单位元素是且仅是全体非零有理数；

(ii) $\mathbf{Z}[x]$中的单位元素是且仅是 ± 1.

10. 设 $f, g \in \mathbf{M}[x], g \neq 0$. 如果存在 $q \in \mathbf{M}[x]$，使得 $f=qg$，那么称（在 $\mathbf{M}[x]$中）g **整除** f，记作 $g \mid f$，并称 g 是 f 的**因式**，f 是 g 的**倍式**. 若不然，则称（在 $\mathbf{M}[x]$中）g **不整除** f，记作 $g \nmid f$.

(i) 把第一章 §2 的定理 1(ii)～(iv)推广到这里的情形.

(ii) 证明：$g \mid f$ 的充要条件是 $\varepsilon_1 g \mid \varepsilon_2 f$，其中 $\varepsilon_1, \varepsilon_2$ 是 $\mathbf{M}[x]$中的单位元素（即当 $\mathbf{M}[x]=Q[x]$时，$\varepsilon_1, \varepsilon_2$ 是非零有理数；当 $\mathbf{M}[x]=\mathbf{Z}[x]$

时，$\varepsilon_1,\varepsilon_2$ 是 ±1).

(iii) 证明：若 $g|f,f|g$，则 $f=\varepsilon g$，其中 ε 是 $\mathbf{M}[x]$中的单位元素. 这样的两个多项式 f 和 g 称为**相伴多项式**.

(iv) 证明：若 $g|f$，且 $f\neq0$，则 $\deg g\leqslant\deg f$，等号成立的充要条件是：(a) 当 $f,g\in\mathbf{Q}[x]$时，f 和 g 是相伴多项式；(b) 当 $f,g\in\mathbf{Z}[x]$时，$f=ag,0\neq a\in\mathbf{Z}$.

11. 设 $f\in\mathbf{M}[x],f\neq0$. 显见，当 ε 是 $\mathbf{M}[x]$中的单位元素时，$\varepsilon,\varepsilon f$ 一定是 f 的因式. 这样的因式称为 f 的**显然因式**，其他因式称为 f 的**非显然因式**或**真因式**. 如果 $f\neq0$，单位元素，且它没有真因式，则称 f 为 $\mathbf{M}[x]$中的**不可约多项式**(或**既约多项式**、**素多项式**)；若不然，则称 f 为 $\mathbf{M}[x]$中的**可约多项式**.

(i) 写出 $\mathbf{Q}[x]$，$\mathbf{Z}[x]$中的全部零次、一次、二次不可约多项式.

(ii) 设 $f(x)=a_nx^n+\cdots+a_1x+a_0\in\mathbf{Z}[x],n\geqslant1$. 证明：如果存在一个素数 p，满足

$$p\nmid a_n,\quad p^2\nmid a_0\quad 及\quad p|a_i,0\leqslant i<n,$$

那么 $f(x)$是 $\mathbf{Z}[x]$中的不可约多项式(这通常称为 **Eisenstein 判别法**).

(iii) 设 p 是素数，$a\in\mathbf{Z}$，$(a,p)=1$. 证明：$x^n+ap(n\geqslant0)$是 $\mathbf{Z}[x]$中的不可约多项式.

(iv) 设 p 是素数. 证明：$x^{p-1}+x^{p-2}+\cdots+1$ 是 $\mathbf{Z}[x]$中的不可约多项式.

(v) 设 $f\in\mathbf{Z}[x]$. 证明：若 f 是 $\mathbf{Z}[x]$中的不可约多项式，则它一定是 $\mathbf{Q}[x]$中的不可约多项式. 反过来，结论一定成立吗？一定成立的条件是什么？

(vi) 设 $f\in\mathbf{M}[x],f\neq0$，单位元素. 证明：f 一定可分解为$\mathbf{M}[x]$中的不可约多项式之积.

12. **($\mathbf{Q}[x]$中的带余除法)**设 $f,g\in\mathbf{Q}[x],g\neq0$. 证明：必有唯一的一对 $q,r\in\mathbf{Q}[x]$，使得 $f=qg,r=0$，即 $g|f$，或者 $f=qg+r,\deg r<\deg g$，$r\neq0$. 这样的带余除法能在 $\mathbf{Z}[x]$中实现吗？

13. **($\mathbf{Q}[x]$中的辗转相除法，即 Euclid 除法)**设 $f_0,f_1\in\mathbf{Q}[x]$，$f_1\neq0,f_1\nmid f_0$. 证明：

(i) 一定可重复应用第 12 题所说 $\mathbf{Q}[x]$中的带余除法得到下面的 $k+1$(k 为某个正整数)个等式：

$$
\begin{aligned}
&f_0 = q_0 f_1 + f_2, && \deg f_2 < \deg f_1, f_2 \neq 0,\\
&f_1 = q_1 f_2 + f_3, && \deg f_3 < \deg f_2, f_3 \neq 0,\\
&\cdots\cdots\\
&f_{k-1} = q_{k-1} f_k + f_{k+1}, && \deg f_{k+1} < \deg f_k, f_{k+1} \neq 0,\\
&f_k = q_k f_{k+1};
\end{aligned}
$$

(ii) $f_{k+1} \mid f_j\ (0\leqslant j\leqslant k)$；

(iii) 对每个 $j(0\leqslant j<k)$，必有 $h_j, h_{j+1}\in\mathbf{Q}[x]$，使得

$$f_{k+1} = h_j f_j + h_{j+1} f_{j+1}.$$

14. 设 $g_1,\cdots,g_n\in\mathbf{M}[x]$，且它们不全为零. 若存在 $d\in\mathbf{M}[x]$，$d\neq 0$，使得 $d\mid g_j(1\leqslant j\leqslant n)$，则称 d 是 $g_1,\cdots,g_n$ 的**公因式**. 若 $g_1,\cdots,g_n$ 除了 $\mathbf{M}[x]$中的单位元素外，没有其他的公因式，则称 $g_1,\cdots,g_n$ 是**既约**(或**互素**)的. 若 $g_1,\cdots,g_n$ 的公因式 D 满足这样的性质：$g_1,\cdots,g_n$ 的任一公因式 d 一定是 D 的因式，则称 D 是 $g_1,\cdots,g_n$ 的**最大公因式**，记作$(g_1,\cdots,g_n)$.

(i) 证明：若最大公因式存在，则在相伴的意义下它是唯一的，即若 D_1, D_2 都是最大公因式，则 $D_1=\varepsilon D_2$，其中 ε 是 $\mathbf{M}[x]$中的单位元素.

(ii) 设 $f_0, f_1\in\mathbf{Q}[x]$，且它们不全为零. 证明：(f_0,f_1)一定存在，且必有 $h_0,h_1\in\mathbf{Q}[x]$，使得$(f_0,f_1)=h_0f_0+h_1f_1$.

(iii) 设 $f(x)=a_mx^m+\cdots+a_1x+a_0\in\mathbf{Z}[x]$. 若在 $\mathbf{Z}$ 中有 $(a_m,\cdots,a_1,a_0)=1$，则称 f 是 $\mathbf{Z}[x]$中的**本原多项式**. 证明：本原多项式的乘积一定是本原多项式.

(iv) 若 $f_0,f_1\in\mathbf{Z}[x]$，且它们不全为零，则(f_0,f_1)一定存在，但不一定有 $h_0,h_1\in\mathbf{Z}[x]$，使得$(f_0,f_1)=h_0f_0+h_1f_1$.

15. 按照在 $\mathbf{Z}$ 中建立最大公约数理论的第三个途径，(i) 在 $\mathbf{Q}[x]$中建立相应的最大公因式理论(结论中的相等都是指在相伴的意义下相等)；(ii) 在 $\mathbf{Z}[x]$中建立相应的最大公因式理论(结论中的相等都是指在相伴的意义下相等). 比较这两个理论的差别.

16. 设 $g_1,\cdots,g_n\in\mathbf{Q}[x]$,且它们不全为零. 考虑集合

$$\mathscr{D}=\{d=u_1g_1+\cdots+u_ng_n:\ u_j\in\mathbf{Q}[x],1\leqslant j\leqslant n,d\neq 0\}.$$

(i) 证明:$\mathscr{D}$ 中所有次数最低的多项式在 $\mathbf{Q}[x]$ 中都是相伴的. 设 g 是其中的一个. 证明:$g=(g_1,\cdots,g_n)$.

(ii) 设 $g_1,\cdots,g_n\in\mathbf{Z}[x]$. 证明:在 $\mathbf{Z}[x]$ 中,最大公因式 $(g_1,\cdots,g_n)$ 存在.

17. 按照在 $\mathbf{Z}$ 中建立最大公约数的第二种途径,(i) 建立 $\mathbf{Q}[x]$ 中相应的最大公因式理论;(ii) 建立 $\mathbf{Z}[x]$ 中相应的最大公因式理论.

18. (i) 设 $f\in\mathbf{Q}[x]$,$f\neq 0$,单位元素. 证明:f 一定可表示为 $\mathbf{Q}[x]$ 中不可约多项式的乘积,且在不计次序和相伴的意义下,表达式是唯一的,即若 $f=f_1\cdots f_s$,$f=g_1\cdots g_t$,其中 $f_j(1\leqslant j\leqslant s)$,$g_l(1\leqslant l\leqslant t)$ 都是 $\mathbf{Q}[x]$ 中的不可约多项式,则 $s=t$,并且可把 $g_1,\cdots,g_s$ 做适当排列 $g_{l_1},\cdots,g_{l_s}$,使得 f_j 和 $g_{l_j}(1\leqslant j\leqslant s)$ 是相伴的.

(ii) 把 $\mathbf{Q}[x]$ 改为 $\mathbf{Z}[x]$. 证明:这时(i)中的命题亦成立.

(iii) 做类似于第一章§5 的讨论.

19. (i) 设非零多项式 $f_1,\cdots,f_n\in\mathbf{Q}[x]$. 证明:$f_1,\cdots,f_n$ 既约的充要条件是它们没有公根(根可以是实数或复数).

(ii) 设非零多项式 $f_1,\cdots,f_n\in\mathbf{Z}[x]$,且它们中至少有一个是本原的. 证明:$f_1,\cdots,f_n$ 既约的充要条件是它们没有公根.

(iii) 设 $f=a_nx^n+\cdots+a_1x+a_0\in\mathbf{Q}[x]$,$\deg f\geqslant 2$. 证明:$f$ 没有重根(根可以是实数或复数)的充要条件是 f 和 $f'=na_nx^{n-1}+\cdots+2a_2x+a_1$ 既约.

第 20～30 题介绍代数数和代数整数的概念(它们分别是有理数和整数概念的重要推广),以及通过对 Gauss 整数集

$$\mathbf{Z}[\sqrt{-1}]=\{a+b\sqrt{-1}:\ a,b\in\mathbf{Z}\}$$

的讨论,简单介绍有关整数的整除理论如何推广到代数整数上. 以下要用到第 9～19 题中的概念、符号和术语等,不再一一说明. 这些内容可参看文献[17].

20. 复数 α 称为**代数数**,如果存在不恒为零的 $f\in\mathbf{Q}[x]$,使得 $f(\alpha)=0$;复数 α 称为**代数整数**,如果存在最高次项系数为 1 的 $g\in\mathbf{Z}[x]$,

使得 $g(\alpha)=0$. 证明：

(i) 若 α 是代数数，则必有 $f\in\mathbf{Z}[x]$，使得 $f(\alpha)=0$；

(ii) 有理数一定是代数数，并且有理数 r 为代数整数的充要条件是 $r\in\mathbf{Z}$；

(iii) 设 $d\in\mathbf{Z}, r, s\in\mathbf{Q}$，则 $r+s\sqrt{d}$ 是代数数；

(iv) $\sqrt{2}+\mathrm{i}, \mathrm{i}\sqrt{2}$ 都是代数整数；

(v) 设 $r\in\mathbf{Q}, \alpha$ 是代数数，则 $r\alpha$ 是代数数；

(vi) 若 $\alpha\neq 0$ 是代数数，则 α^{-1} 也是代数数；

*(vii) 若 α, β 都是代数(整)数，则 $\alpha+\beta$ 也是代数(整)数；

*(viii) 若 α, β 都是代数(整)数，则 $\alpha\beta$ 也是代数(整)数.

21. 设 α 是代数数. 定义多项式集合

$$P(\alpha)=\{f: f\in\mathbf{Q}[x], f(\alpha)=0\}.$$

(i) 证明：对 $P(\alpha)$ 中的非零多项式来说，h 的以下三个性质等价：(a) h 是 $P(\alpha)$ 中次数最低的多项式；(b) $f\in P(\alpha)$ 的充要条件是，在 $\mathbf{Q}[x]$ 中，h 整除 f；(c) h 是属于 $P(\alpha)$ 的 $\mathbf{Q}[x]$ 中的不可约多项式.

(ii) 证明：在 $P(\alpha)$ 中存在唯一的最高次项系数为 1 的多项式 $g=g(x;\alpha)$，具有(i)中的性质(a)，(b)，(c). 我们把 g 称为代数数 α 的**最小多项式**，g 的次数称为代数数 α 的**次数**.

(iii) 证明：α 是一次代数数的充要条件是 $\alpha\in\mathbf{Q}$，α 是一次代数整数的充要条件是 $\alpha\in\mathbf{Z}$.

(iv) 证明：α 是代数整数的充要条件是它的最小多项式 $g(x;\alpha)\in\mathbf{Z}[x]$.

(v) 代数数 α 称为**单位数**，如果 α 和 α^{-1} 都是代数整数. 证明：α 是单位数的充要条件是它的最小多项式 $g(x;\alpha)\in\mathbf{Z}[x]$，且其常数项等于 ± 1.

22. (i) 证明：复数 α 是二次代数数的充要条件是

$$\alpha=r+s\sqrt{d},$$

其中 r, s 是有理数，$s\neq 0, d\in\mathbf{Z}, d\neq 0, 1$，且 d 无平方因子.

(ii) 证明：α 是二次代数整数的充要条件是除(i)中所说的外，还

要满足

$$2r \in \mathbf{Z}, \quad r^2 - ds^2 \in \mathbf{Z}.$$

(iii) 设 d 满足(i)中的条件及

$$\omega = \begin{cases} \sqrt{d}, & d \equiv 2,3 \pmod 4, \\ -1/2 + \sqrt{d}/2, & d \equiv 1 \pmod 4). \end{cases}$$

证明：α 是二次代数整数的充要条件是它可表示为

$$\alpha = m + n\omega, \quad m, n \in \mathbf{Z}, n \neq 0.$$

(iv) 证明：二次代数整数 α 是单位数的充要条件是它在(iii)中的表示形式满足：(a) 当 $d \equiv 2,3 \pmod 4$ 时，

$$m^2 - dn^2 = \pm 1, \quad m, n \in \mathbf{Z}, n \neq 0;$$

(b) 当 $d \equiv 1 \pmod 4$ 时，

$$(2m-n)^2 - dn^2 = \pm 4, \quad m, n \in \mathbf{Z}, n \neq 0.$$

(v) 设 d 满足(i)的条件，且 $d \leqslant -1$，$\alpha = r + s\sqrt{d}$，其中 r, s 是有理数. 证明：(a) 当 $d \neq -1, -3$ 时，α 是单位数当且仅当 $\alpha = \pm 1$；(b) 当 $d = -1$ 时，α 是单位数当且仅当 $\alpha = \pm 1, \pm \mathrm{i}$；(c) 当 $d = -3$ 时，α 是单位数当且仅当 $\alpha = \pm 1, \pm 1/2 \pm \sqrt{-3}/2$（正负号任取）.

(vi) 证明：当 $d\,(d > 1)$ 满足(i)的条件时，形如 $\alpha = r + s\sqrt{d}$ $(r, s$ 是有理数)的单位数一定有无穷多个.

第 23～30 题表明：在 Gauss 整数集 $\mathbf{Z}[\sqrt{-1}]$ 中可建立和 $\mathbf{Z}$ 中相同的整除理论.

23. 设 $\mathbf{Z}[\sqrt{-1}] = \{\alpha = a + b\sqrt{-1}: a, b \in \mathbf{Z}\}$，$N(\alpha) = a^2 + b^2$.

(i) 试在 $\mathbf{Z}[\sqrt{-1}]$ 中引入整除、不可约数及素数的概念，并建立相应于第一章 §2 前一部分的基本性质.

(ii) 设 $\alpha, \beta \in \mathbf{Z}[\sqrt{-1}]$. 若 $\alpha \mid \beta, \beta \mid \alpha$ 同时成立，则称 α, β 是**相伴**的. 证明：α, β 是相伴的充要条件是 $\alpha = \pm\beta, \pm \mathrm{i}\beta$.

24. **($\mathbf{Z}[\sqrt{-1}]$ 中的带余数除法)** 设 $\alpha_j = a_j + \mathrm{i}b_j \in \mathbf{Z}[\sqrt{-1}]$，$a_j$，$b_j \in \mathbf{Z}\,(j = 0, 1)$.

(i) 证明：一定存在 $\eta_1, \alpha_2 \in \mathbf{Z}[\sqrt{-1}]$，满足

$$\alpha_0 = \eta_1\alpha_1 + \alpha_2, \quad 0 \leqslant N(\alpha_2) < N(\alpha_1),$$

这里 $N[\sigma]=r^2+s^2$，$\sigma=r+s\sqrt{-1}$，$r,s\in\mathbf{Q}$，通常称 $N(\sigma)$ 为 σ 的**范数**；

(ii) (i)中的 η_1，α_2 是否唯一？最多有几组解？

25. (**$\mathbf{Z}[\sqrt{-1}]$中的辗转相除法**)在第 24 题的符号下，证明：若 $\alpha_1 \nmid \alpha_0$，则一定存在正整数 k，使得以下的除法算式成立：

$$\alpha_0 = \eta_1\alpha_1 + \alpha_2, \qquad 0 < N(\alpha_2) < N(\alpha_1),\ \eta_1, \alpha_2 \in \mathbf{Z}[\sqrt{-1}],$$

$$\alpha_1 = \eta_2\alpha_2 + \alpha_3, \qquad 0 < N(\alpha_3) < N(\alpha_2),\ \eta_2, \alpha_3 \in \mathbf{Z}[\sqrt{-1}],$$

$$\cdots\cdots$$

$$\alpha_{k-1} = \eta_k\alpha_k + \alpha_{k+1}, \quad 0 < N(\alpha_{k+1}) < N(\alpha_k), \eta_k, \alpha_{k+1} \in \mathbf{Z}[\sqrt{-1}],$$

$$\alpha_k = \eta_{k+1}\alpha_k, \qquad \eta_{k+1} \in \mathbf{Z}[\sqrt{-1}].$$

26. 设 $\alpha_0,\alpha_1\in\mathbf{Z}[\sqrt{-1}]$，且它们不全为零. 若 $\Delta\in\mathbf{Z}[\sqrt{-1}]$，满足：

(A) Δ 是 α_0，α_1 的公约数，即 $\Delta|\alpha_0$，$\Delta|\alpha_1$；

(B) 对 α_0，α_1 的任意公约数 δ，即 $\delta|\alpha_0$，$\delta|\alpha_1$，必有 $\delta|\Delta$，

则称 Δ 是 α_0，α_1 的**最大公约数**. 证明：

(i) 这样的 Δ 一定存在，且在相伴的意义下是唯一的，即若 Δ，Δ' 均满足要求，则 Δ，Δ' 是相伴的，即必有 $\Delta=\varepsilon\Delta'$，其中 ε 是 $\mathbf{Z}[\sqrt{-1}]$的单位数，即 $\varepsilon=\pm1,\pm\mathrm{i}$.

(ii) 一定存在 ξ_0，$\xi_1\in\mathbf{Z}[\sqrt{-1}]$，使得 $\Delta=\xi_0\alpha_0+\xi_1\alpha_1$.

(iii) Δ 是 α_0，α_1 的最大公约数的充要条件是：(a) Δ 是 α_0，α_1 的公约数；(b) Δ 是 α_0，α_1 的所有公约数中范数(见第 24 题)最大的.

27. 按照第一章的 §4 建立 $\mathbf{Z}$ 中最大公约数理论的第三个途径，建立 $\mathbf{Z}[\sqrt{-1}]$中的最大公约数理论(结论中的相等均理解为在相伴意义下相等，即这两个 Gauss 整数是相伴的).

28. (i) 证明：在 $\mathbf{Z}[\sqrt{-1}]$中，算术基本定理成立，即对任一 $\alpha\in\mathbf{Z}[\sqrt{-1}]$，$\alpha\neq0,\pm1,\pm\mathrm{i}$，它一定可表示为 $\mathbf{Z}[\sqrt{-1}]$中素数的乘积，且在不计次序和相伴的意义下，表达式是唯一的，即若 $\alpha=\pi_1\cdots\pi_s$，$\alpha=\zeta_1\cdots\zeta_t$，其中 $\pi_j(1\leqslant j\leqslant s)$，$\zeta_l(1\leqslant l\leqslant t)$ 均为 $\mathbf{Z}[\sqrt{-1}]$中的素数，则

$s=t$，并且可把 $\zeta_1,\cdots,\zeta_s$ 做适当排列 $\zeta_{l_1},\cdots,\zeta_{l_s}$，使得 π_j 和 ζ_{l_j} $(1\leqslant j\leqslant s)$是相伴的；

(ii) 做类似于第一章 § 5 的讨论.

29. 证明：π 是 $\mathbf{Z}[\sqrt{-1}]$中的不可约数，即素数，当且仅当(i) $N(\pi)=2$，即 π 是 $1+\mathrm{i}$ 的相伴数；(ii) 存在 $\mathbf{Z}$ 中的素数 $p>0$，$p\equiv 3 \pmod 4$，使得 π 是 p 的相伴数；(iii) 存在 $\mathbf{Z}$ 中的素数 $p>0$，$p\equiv 1 \pmod 4$，使得 $N(\pi)=p$.（提示：利用第五章 § 2 的定理 1.）

30. 能否在 $\mathbf{Z}[\sqrt{-5}]$中引入类似于 $\mathbf{Z}[\sqrt{-1}]$中的带余除法(见第 24 题)？说明理由.

附录三　初等数论的几个应用

§1　循环赛的程序表

设有 N 个篮球队进行循环赛，每队都要和其他队进行 $N-1$ 场比赛. 这样，至少要进行 $N-1$ 轮比赛才能使得各队之间都进行了比赛. 现在的问题是：

(A) 为了实现循环赛，举行 $N-1$ 轮比赛是否足够，最少要举行多少轮比赛？

(B) 如何安排每轮各队之间的比赛？即排出比赛程序表.

首先，N 个篮球队进行循环赛时，比赛的总场数为

$$\begin{aligned} S &= (N-1)+(N-2)+\cdots+2+1 \\ &= N(N-1)/2. \end{aligned} \tag{1}$$

其次，在每轮比赛中最多安排的比赛场数为

$$l=\begin{cases} N/2, & N\ 是偶数, \\ (N-1)/2, & N\ 是奇数. \end{cases} \tag{2}$$

由以上两式立即推出：当 N 是偶数时，至少举行 $N-1$ 轮比赛；当 N 是奇数时，至少举行 N 轮比赛，这时每轮比赛中必有一队轮空. 这种不一致的情形很容易统一. 当 N 是奇数时，我们可假想加进第 $N+1$ 队 T，并按 $N+1$ 个篮球队来安排比赛程序，凡是在一轮比赛中安排与队 T 进行比赛的篮球队就轮空. 所以，下面我们总假定参赛的队数 N 是偶数.

现在我们用同余理论来安排每轮比赛，从而证明进行 $N-1$ 轮比赛就足够了. 对 N 个篮球队进行编号：$x=1,2,\cdots,N$. 在第 r 轮比赛中，以 x_r 表示与第 x 队进行比赛的篮球队的编号. 这样，安排比赛程序表就是要确定 $x_r(1\leqslant r\leqslant N-1)$. 我们来证明按下面方法确定的 x_r 就

满足要求：

(a) 当 $x \neq N$ 且

$$x \neq \begin{cases} r/2, & r\text{ 为偶数}, \\ (r+N-1)/2, & r\text{ 为奇数} \end{cases} \tag{3}$$

时，取 x_r 满足

$$\begin{cases} x + x_r \equiv r(\operatorname{mod} N-1), \\ 1 \leqslant x_r \leqslant N-1; \end{cases} \tag{4}$$

(b) 当

$$x = \begin{cases} r/2, & r\text{ 为偶数}, \\ (r+N-1)/2, & r\text{ 为奇数} \end{cases} \tag{5}$$

时，取 $x_r = N$.

为此，我们需要证明：

(i) 在第 $r(1 \leqslant r \leqslant N-1)$ 轮比赛中，按这样的安排，必有 $x_r \neq x$，且对不同的队 $x, x'(x \neq x')$，其对手也是不同的，即 $x_r \neq x'_r$；

(ii) 每个确定的队 x 在这 $N-1$ 轮比赛中的对手都是不同的，即当 $r_1 \neq r_2$ 时，必有 $x_{r_1} \neq x_{r_2}$.

先证明(i). 当 x, x' 都不等于 N 且满足式(3)时，x_r, x'_r 由式(4)确定. 若 $x_r = x'_r$，则由式(4)推出

$$x \equiv x'(\operatorname{mod} N-1).$$

由此及 $1 \leqslant x, x' \leqslant N-1$ 知 $x = x'$，所以 $x_r = x'_r$ 是不可能的. 若 $x_r = x$，则由式(4)知

$$2x = 2x_r \equiv r\ (\operatorname{mod} N-1).$$

由此及 N 是偶数推出必有式(5)成立. 这和式(3)矛盾，所以 $x_r = x$ 也是不可能的. 这里附带证明了：这时 x_r 也满足式(3)(以 x_r 代 x). 这就证明了：除了 $x = N$ 及式(5)(x 显然不等于 N)确定的队之外，第 r 轮比赛中其他 $N-2$ 队恰好两两分组进行比赛. 而由确定 x_r 的方法(b)知，这两个例外的队恰好分在一组比赛. 这就证明了(i).

再证明(ii). 我们先对第 N 队进行证明. 若 $N_{r_1} = N_{r_2}$，则由确定 x_r 的方法(b)知

$$N_r = \begin{cases} r/2, & r\text{ 为偶数}, \\ (r+N-1)/2, & r\text{ 为奇数}. \end{cases}$$

所以

$$2N_r \equiv r \pmod{N-1}.$$

故由 $N_{r_1}=N_{r_2}$ 推出 $r_1 \equiv r_2 \pmod{N-1}$，即 $r_1=r_2$. 这就证明了结论(ii)对第 N 队成立. 当 $1 \leqslant x \leqslant N-1$ 时，若 $x_{r_1}=x_{r_2}=N$，则由已经证明的第 N 队在不同轮的比赛中对手是不同的，就推出 $r_1=r_2$；若 $x_{r_1}=x_{r_2} \neq N$，则由(i)知式(3)对 $r=r_1, r_2$ 均成立，从而式(4)对 $r=r_1, r_2$ 也都成立，进一步推出 $r_1 \equiv r_2 \pmod{N-1}$，即 $r_1=r_2$. 证毕.

表 1 列出了 $N=8$ 时的比赛程序.

表 1

r	x							
	1	2	3	4	5	6	7	8
1	7	6	5	8	3	2	1	4
2	8	7	6	5	4	3	2	1
3	2	1	7	6	8	4	3	5
4	3	8	1	7	6	5	4	2
5	4	3	2	1	7	8	5	6
6	5	4	8	2	1	7	6	3
7	6	5	4	3	2	1	8	7

§2 如何计算星期几

看一下日历就能知道今天是星期几. 但是，如果问你中华人民共和国成立的日子——1949 年 10 月 1 日是星期几，或者 2000 年 1 月 1 日是星期几，就不一定能很快说出来了. 虽然日期的星期几是以 7 为周期的(即相隔天数为 7 的倍数的两个日期的星期几是相同的)，但是通常一年的天数 365 不是 7 的倍数，而且按现行公历的规定，除了以下规定的年份之外，年份是 4 的倍数的年都是闰年(即一年有 366 天，且这增

加的 1 天定为 2 月 29 日). 这些例外的年份是形如

$$k \times 100\ (4 \nmid k), \tag{1}$$

即

$$1700,\ 1800,\ 1900,\ 2100,\ 2200,\ 2300,\ \cdots$$

的年份. 这种不规则性给我们确定星期几带来了很大的困难. 下面我们要利用同余知识来给出一个方便的计算公式. 在给出之前,先做一些分析. 由于闰年增加的 1 天是定在 2 月 29 日,所以由这一天而引起的与确定通常年份日期的星期几不同的变化仅发生在闰年的 3 月 1 日到下一年的 2 月 28 日之间. 因此,为了便于给出一般公式,我们把 3 月算作这一年的第 1 个月,4 月算作这一年的第 2 个月……12 月算作第 10 个月,下一年的 1 月算作这一年的第 11 个月,以及下一年的 2 月算作这一年的第 12 个月. 在这样的规定下,1991 年 9 月 2 日就要写为“1991”年“7”月 2 日;而 1991 年 1 月 3 日就要写为“1990”年“11”月 3 日. 以后我们写出的日期

$$D = \text{“}N\text{” 年“}m\text{” 月 } d \text{ 日} \tag{2}$$

都按这一规定来理解. 对星期几,我们也给一个数作为代表:

$$\begin{aligned}&\text{星期日} = 0,\quad \text{星期一} = 1,\quad \text{星期二} = 2,\quad \text{星期三} = 3,\\ &\text{星期四} = 4,\quad \text{星期五} = 5,\quad \text{星期六} = 6.\end{aligned} \tag{3}$$

我们称这些代表星期几的数为**星期数**. 我们的目的就是找出一个公式来计算由式(2)给出的日期 D 的星期数. 我们将这个星期数记作 W_D.

我们来证明: 当日期 D 由式(2)给出时,

$$W_D \equiv d + [(13m-1)/5] + y + [y/4] + [c/4] - 2c \pmod 7, \tag{4}$$

这里 c, y 由下式确定:

$$N = 100c + y,\quad 0 \leqslant y < 100. \tag{5}$$

在证明公式(4)之前,先用它来计算几个日期的星期数,同时检验它的正确性.

例 1　1991 年 9 月 2 日是星期一. 下面用公式(4)来计算. 按规定,由式(2),这一日期应写为

$$D = \text{“1991” 年“7” 月 2 日},$$

所以 $c=19, y=91, m=7, d=2$. 由式(4)得

$$W_D \equiv 2+[90/5]+91+[91/4]+[19/4]-38$$
$$\equiv 2+18+91+22+4-38 \equiv 1(\bmod 7),$$

即由公式(4)也算出这一天是星期一.

例 2 1949 年 10 月 1 日是星期几?

解 这时

$$D = \text{“1949”年“8”月 1 日},$$

所以 $c=19, y=49, m=8, d=1$. 由式(4)得

$$W_D \equiv 1+[103/5]+49+[49/4]+[19/4]-38$$
$$\equiv 1+20+49+12+4-38 \equiv 6(\bmod 7).$$

因此,这天是星期六.

例 3 2000 年 1 月 1 日是星期几?

解 这时

$$D = \text{“1999”年“11”月 1 日},$$

所以 $c=19, y=99, m=11, d=1$. 由式(4)得

$$W_D \equiv 1+[142/5]+99+[99/4]+[19/4]-38$$
$$\equiv 1+28+99+24+4-38 \equiv 6(\bmod 7).$$

因此,这天是星期六.

公式(4)的证明 证明的途径是这样的:先求出 N 年 3 月 1 日,即“N”年“1”月 1 日的星期数,然后求“N”年“m”月 1 日的星期数,最后求“N”年“m”月 d 日的星期数.

(i) 求“N”年“1”月 1 日的星期数的计算公式. 我们以 W_N^0 表示“N”年“1”月 1 日的星期数,设 1601 年到 N 年中有 S 年不是闰年,T 年是闰年. 由于非闰年有 365 天,$365 \equiv 1(\bmod 7)$,闰年有 366 天,$366 \equiv 2(\bmod 7)$,以及星期数以 7 为周期,所以

$$W_N^0 \equiv W_{1600}^0 + S + 2T(\bmod 7).$$

由此及 $S+T=N-1600=100c+y-1600$ 得

$$W_N^0 \equiv W_{1600}^0 + (100c+y-1600) + T(\bmod 7). \tag{6}$$

这就归结为求闰年数 T. 注意到 1600 年是闰年,由除了式(1)给出的年份以外年份是 4 的倍数的年是闰年的规定,易得

$$T = [(100c+y-1600)/4]-(c-16)+[(c-16)/4]. \tag{7}$$

由式(6),(7)推出

$$
\begin{aligned}
W_N^0 \equiv & W_{1600}^0 + (100c + y - 1600) + 25c - 400 + [y/4] \\
& - (c - 16) + [c/4] - 4 \\
\equiv & W_{1600}^0 + 124c + y - 1988 + [y/4] + [c/4] \\
\equiv & W_{1600}^0 - 2c + y + [y/4] + [c/4] \pmod 7. \qquad (8)
\end{aligned}
$$

1991 年 3 月 1 日(即“1991”年“1”月 1 日)是星期五,即

$$W_{1991}^0 = 5.$$

由此及式(8)(注意到 $N=1991$ 时 $c=19, y=91$)推出

$$W_{1600}^0 \equiv 5 + 38 - 91 - 22 - 4 \equiv 3 \pmod 7.$$

所以 $W_{1600}^0=3$,即“1600”年“1”月 1 日(即 1600 年 3 月 1 日)是星期三.因此,式(8)变为

$$W_N^0 \equiv 3 - 2c + y + [y/4] + [c/4] \pmod 7. \qquad (9)$$

这就是我们所要的计算公式.

(ii) 求“N”年“m”月 1 日的星期数的计算公式.我们以 $W_{N,m}^0$ 表示这一天的星期数.显见 $W_N^0=W_{N,1}^0$.每月的天数如下:

3 月=“1”月:31 天	9 月=“7”月:30 天
4 月=“2”月:30 天	10 月=“8”月:31 天
5 月=“3”月:31 天	11 月=“9”月:30 天
6 月=“4”月:30 天	12 月=“10”月:31 天
7 月=“5”月:31 天	下一年 1 月=“11”月:31 天
8 月=“6”月:31 天	

由此及星期数以 7 为周期推出

$$
\begin{aligned}
& W_{N,1}^0 = W_N^0, && W_{N,2}^0 \equiv W_N^0 + 3 \pmod 7, \\
& W_{N,3}^0 \equiv W_N^0 + 5 \pmod 7, && W_{N,4}^0 \equiv W_N^0 + 8 \pmod 7, \\
& W_{N,5}^0 \equiv W_N^0 + 10 \pmod 7, && W_{N,6}^0 \equiv W_N^0 + 13 \pmod 7, \\
& W_{N,7}^0 \equiv W_N^0 + 16 \pmod 7, && W_{N,8}^0 \equiv W_N^0 + 18 \pmod 7, \\
& W_{N,9}^0 \equiv W_N^0 + 21 \pmod 7, && W_{N,10}^0 \equiv W_N^0 + 23 \pmod 7, \\
& W_{N,11}^0 \equiv W_N^0 + 26 \pmod 7, && W_{N,12}^0 \equiv W_N^0 + 29 \pmod 7.
\end{aligned}
$$

注意到 $29/11=2.6\cdots$.经过试算,我们很幸运地发现,以上 12 个式子可

以用以下公式统一表示：

$$W_{N,m}^{0} \equiv W_{N}^{0} + [(13m - 11)/5] \pmod 7. \tag{10}$$

由此及式(9)得到

$$W_{N,m}^{0} \equiv 1 - 2c + y + [y/4] + [c/4] + [(13m - 1)/5] \pmod 7. \tag{11}$$

这就是我们所要的公式.

当日期 D 由式(2)给出时，显然有

$$W_{D} \equiv W_{N,m}^{0} + (d - 1) \pmod 7.$$

由此及式(11)就推出公式(4). 证毕.

最后，必须指出的是：以上所说的公历规则是教皇 Pope Gregory XIII 要求实行的，是改革了的恺撒历. 为了使得季节和日历之间的关系协调一致，Pope Gregory XIII 于原来恺撒历的 1582 年 10 月 5 日(星期五)，把这一天改为 1582 年 10 月 15 日(星期五)，并自此以后按他规定的办法来确定闰年(这就是我们前面所说的). 因此，公式(4)只能计算 1582 年 10 月 15 日以后日期的星期几. 还要指出的是：英国和它的殖民地直到 1752 年才实行 Pope Gregory XIII 的历法，把原来恺撒历的 1752 年 9 月 3 日改为 1752 年 9 月 14 日. 所以，对那些地区，公式(4)只适用于计算 1752 年 9 月 14 日以后日期的星期几. 当然，如果以后历法改变，那么公式(4)也要做相应的改变.

§3　电话电缆的铺设

我们知道两条电话线如果长距离地靠近在一起，就会发生干扰和串音，影响通话质量. 铺设多路电话线都是用一段段的环状电缆连接起来实现的. 为了保证通话质量，我们希望一段电缆中相邻的两条电话线在以后尽可能多的各段电缆中都不相邻. 这就需要设计一种连接各段电缆的方法. 为了施工方便，这种方法又要求是简单而有规律的.

利用同余理论可以证明下面的简单方法可以达到我们的要求. 设每段电缆有 m 条电线并以同样顺序编号：$j = 1, 2, \cdots, m$(见图 1，$m = 11, j = 1, 2, \cdots, 11$). 我们的连接方法是：选定一个正整数 $s > 1$，满足 $(s, m) = 1$. 把第 l 段电缆中在位置 j 的电线与第 $l + 1$ 段电缆中在

位置

$$S(j) \equiv 1 + (j-1)s \pmod m, \quad 1 \leqslant j \leqslant m, \tag{1}$$

的电线相连接(见图 1,$m=11,s=2$).这种连接方法有以下两个性质:

(i) 若 $j_1 \neq j_2$,则 $S(j_1) \neq S(j_2)$.

事实上,若不然,由 $S(j_1)=S(j_2)$及式(1)推出

$$1 + (j_1 - 1)s \equiv 1 + (j_2 - 1)s \pmod m,$$

即 $j_1 s \equiv j_2 s \pmod m$,再由$(s,m)=1$及 $1 \leqslant j_1, j_2 \leqslant m$ 就得到 $j_1 = j_2$.

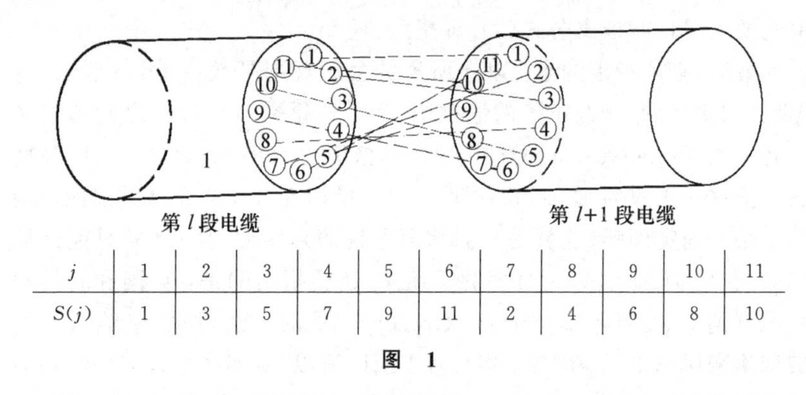

j	1	2	3	4	5	6	7	8	9	10	11
$S(j)$	1	3	5	7	9	11	2	4	6	8	10

图　1

(ii) 第 l 段电缆中在位置 j 的电线到了第 $l+n$ 段电缆时,其位置 $S^{(n)}(j)$满足

$$S^{(n)}(j) \equiv 1 + (j-1)s^n \pmod m, \quad 1 \leqslant j \leqslant m. \tag{2}$$

事实上,显然有 $S^{(1)}(j)=S(j)$,所以式(2)对 $n=1$ 成立.假设式(2)对 $n=k(k \geqslant 1)$成立.当 $n=k+1$ 时,由式(1)及假设知

$$\begin{aligned} S^{(k+1)}(j) = S(S^{(k)}(j)) &\equiv 1 + (S^{(k)}(j) - 1)s \\ &\equiv 1 + (j-1)s^{k+1} \pmod m, \end{aligned}$$

即式(2)对 $n=k+1$ 也成立.

为了尽可能好地保证通话质量,我们希望第 l 段中相邻的两条电线 $j, j+1$ 在以后尽可能多的各段中都不相邻,即

$$S^{(n)}(j+1) - S^{(n)}(j) \not\equiv \pm 1 \pmod m \tag{3}$$

对 $n=1,2,\cdots,n_0-1$ 都成立,而对 $n=n_0$ 不成立[当然,对所有的 n,式(3)都成立就更好,但对我们的方法,这是不可能的],要求 n_0 尽可能大.这就要求选取适当的 s.若

$$S^{(n_0)}(j+1)-S^{(n_0)}(j)\equiv 1 \text{ 或 } -1(\operatorname{mod} m), \tag{4}$$

则由式(2)知它等价于

$$s^{n_0}\equiv 1 \text{ 或 } -1(\operatorname{mod} m). \tag{5}$$

这样,我们的问题就转化为寻找与 m 既约的 s,使得满足式(5)的最小正整数 $n_0=n_0(s)$ 是最大的.把这种最大的 n_0 记作 $\lambda_0(m)$.当 m 的素因数分解式为

$$m=2^{\alpha_0}p_1^{\alpha_1}\cdots p_r^{\alpha_r}$$

时,必有

$$s^{\lambda(m)}\equiv 1(\operatorname{mod} m),\quad (s,m)=1,$$

这里 $\lambda(m)$ 由第五章§1的式(7)给出,即

$$\lambda(m)=[2^{c_0},\varphi(p_1^{\alpha_1}),\cdots,\varphi(p_r^{\alpha_r})], \tag{6}$$

其中当 $\alpha_0=0,1$ 时,$c_0=0$;当 $\alpha_0=2$ 时,$c_0=1$;当 $\alpha_0\geqslant 3$ 时,$c_0=\alpha_0-2$.所以,必有

$$\lambda_0(m)\leqslant\lambda(m)^{①}. \tag{7}$$

关于如何寻求 $\lambda_0(m)$ 和确定相应的 s,可利用指数、原根、指标、指标组的理论来讨论,这里就不介绍了.

在图1的实例中,$m=11$,容易证明 $\lambda_0(11)=\lambda(11)/2=5$,而 $s=2$ 的确满足所说的要求(证明留给读者).

通常把确定铺设方法的公式(1)中的 s 称为铺设的**离散指数**.当 $n_0(s)=\lambda_0(m)$ 时,相应的 s 称为**模 m 的最佳离散指数**.2就是模11的最佳离散指数.

§4 筹码游戏

筹码游戏是我国古代的一种游戏,在国外称为Nim游戏.这种由两人玩的游戏是这样的:设有 $k(k\geqslant 2)$ 堆筹码,各堆的筹码个数为

$$n_1,\ n_2,\ \cdots,\ n_k. \tag{1}$$

游戏规则是:两人轮流从这 k 堆中取筹码,最后把筹码取完的人是胜

① 可以证明:必有 $\lambda_0(m)=\lambda(m)$ 或 $\lambda(m)/2$.证明留给读者.

者，其中要求：

(i) 每次只能从一堆中取筹码，不能在两堆或两堆以上中同时取筹码；

(ii) 每次至少取一个筹码，多取不限，直至把一堆中的筹码完全取走.

显然，这种两人游戏的过程可用 k 元数组 $\{n_1,n_2,\cdots,n_k\}$ 来描述. 一人取一次筹码就相当于通过只能将其中某个分量 n_j 变为 n_j' $(0\leqslant n_j'<n_j)$ 的办法，把原来的 k 元数组变为一个新的 k 元数组. 我们称这种类型的变换为 k **元数组的 T 变换**. 例如：

$$\{5,8,13,7,6,2\}\rightarrow\{5,8,4,7,6,2\}$$

就是 6 元数组的 T 变换，这里仅把第三个分量 13 变为 4.

现在放好了由式(1)给出的 k 堆筹码，也就是给定了 k 元数组 $\{n_1,n_2,\cdots,n_k\}$，由 A，B 两人参加，假设由 A 先取. 这样，想取胜的 A 所面临的问题是：能否取一次筹码，即对数组做一个 T 变换 π_1，使得不管 B 接着怎样取筹码，即做 T 变换，A 总有相应的取法来对付，直至最后保证 A 获胜. 这里会面临三种情形：(a) 存在这样的 T 变换 π_1，即对放好的这 k 堆筹码，必有方法保证先取者获胜；(b) 不存在这样的 T 变换 π_1，相反地，对放好的这 k 堆筹码，必有方法保证后取者获胜；(c) 无法事先肯定是先取者获胜，还是后取者获胜. 下面将看到情形(c)是不会出现的(这是一个一般性定理的特例).

如果我们能够找到 k 元数组的这样一种性质 P：它对 T 变换满足以下的条件：

(i) 对具有性质 P 的 k 元数组做一个 T 变换后，所得的新 k 元数组一定不具有性质 P；

(ii) 对不具有性质 P 的 k 元数组，一定可找到某个 T 变换，使得其变为具有性质 P 的 k 元数组；

(iii) k 元数组 $\{0,0,\cdots,0\}$ 具有性质 P，

那么当原始的 k 元数组(即开始时放好的 k 堆筹码各堆的个数)不具有性质 P 时，先取者 A 必有方法取胜；当原始的 k 元数组具有性质 P 时，后取者 B 必有方法取胜. 这是因为，在第一种情形，先取者 A 必有方法

使他取过筹码后所得的 k 元数组具有性质 P；在第二种情形，后取者 B 必有方法使他取过筹码后所得的 k 元数组具有性质 P. 由于每取一次筹码总数一定减少及$\{0,0,\cdots,0\}$具有性质 P，所以结论成立. 这样，问题就变为寻找这样的性质 P.

当 $k=2$ 时，问题很简单. 二元数组$\{n_1,n_2\}$当 $n_1=n_2$ 时称为具有性质 P. 显见，它满足前面所说的条件(i)，(ii)，(iii). 这样，当两堆筹码个数不相同，即不具有性质 P 时，先取者只要保持每次取筹码后所留下的二元数组具有性质 P，即 $n_1=n_2$，一定获胜；当两堆筹码个数相等，即具有性质 P 时，不管先取者如何取法，留下的二元数组$\{n_1',n_2'\}$一定不具有性质 P，即必有 $n_1'\neq n_2'$，所以后取者必有方法获胜.

当 $k\geqslant 3$ 时，就很不容易找出这种性质 P 了. 这时需要利用整数的二进位制表示来刻画这种性质. 把 k 元数组$\{n_1,n_2,\cdots,n_k\}$中的每个数用二进位制来表示，$n_j(1\leqslant j\leqslant k)$写在第 j 行，且对齐二进位制的位数，然后把每列的数字相加，其和用十进位制表示写在第 $k+1$ 行，记为$\{m_1,m_2,\cdots,m_l\}$(l 为某个正整数). 如果这些和 $m_t(1\leqslant t\leqslant l)$均为偶数，我们就称这个 k 元数组具有性质 P. 例如：对$\{3,5,8\}$，有

$$\begin{array}{ccccccc} n_1 & 3 & 0 & 0 & 1 & 1 \\ n_2 & 5 & 0 & 1 & 0 & 1 \\ n_3 & 8 & 1 & 0 & 0 & 0 \\ \hline & & 1 & 1 & 1 & 2 \\ & & m_1 & m_2 & m_3 & m_4 \end{array},$$

所以$\{3,5,8\}$不具有性质 P；对$\{3,5,6\}$，有

$$\begin{array}{ccccc} 3 & 0 & 0 & 1 & 1 \\ 5 & 0 & 1 & 0 & 1 \\ 6 & 0 & 1 & 1 & 0 \\ \hline & 0 & 2 & 2 & 2 \end{array},$$

所以$\{3,5,6\}$具有性质 P. 再如：对$\{25,43,65\}$，有

$$\begin{array}{r|ccccccc} 25 & 0 & 0 & 1 & 1 & 0 & 0 & 1 \\ 43 & 0 & 1 & 0 & 1 & 0 & 1 & 1 \\ 65 & 1 & 0 & 0 & 0 & 0 & 0 & 1, \\ \hline & 1 & 1 & 1 & 2 & 0 & 1 & 3 \end{array}$$

所以它不具有性质 P;对$\{25,43,50\}$,有

$$\begin{array}{r|ccccccc} 25 & 0 & 0 & 1 & 1 & 0 & 0 & 1 \\ 43 & 0 & 1 & 0 & 1 & 0 & 1 & 1 \\ 50 & 0 & 1 & 1 & 0 & 0 & 1 & 0, \\ \hline & 0 & 2 & 2 & 2 & 0 & 2 & 2 \end{array}$$

所以它具有性质 P.

现在我们要证明对 k 元数组这样定义的性质 P 满足条件(i),(ii),(iii).显然,满足条件(iii).下面先证明满足条件(i).若 k 元数组$\{n_1,n_2,\cdots,n_k\}$具有性质 P,即对应的 l 元数组$\{m_1,m_2,\cdots,m_l\}$中的每个 m_t 都是偶数.对这一数组任做一个 T 变换 π,不妨设这个变换把某个 n_{j_0} 变为 n'_{j_0}($0\leqslant n'_{j_0}<n_{j_0}$),而其他的 n_j($j\neq j_0$)不变.这样新数组为

$$\{n_1,\cdots,n_{j_0-1},n'_{j_0},n_{j_0+1},\cdots,n_k\},$$

设其相应的 l 元数组是$\{m'_1,m'_2,\cdots,m'_l\}$.由于 $n'_{j_0}\neq n_{j_0}$,所以 n'_{j_0} 和 n_{j_0} 的二进位制表示一定不同.设

$$n_{j_0}=a_1a_2\cdots a_t\cdots a_l,\quad a_t=0,1,$$
$$n'_{j_0}=a'_1a'_2\cdots a'_t\cdots a'_l,\quad a'_t=0,1$$

是它们的二进位制表示,那么至少有一个 t_0,使得

$$a_{t_0}\neq a'_{t_0}.$$

这仅可能是

$$a_{t_0}=1,a'_{t_0}=0\quad 或\quad a_{t_0}=0,a'_{t_0}=1.$$

无论哪种情形都使 m_{t_0} 和 m'_{t_0} 的奇偶性不同.具体地说,相应地必有

$$m_{t_0}=m'_{t_0}+1\quad 或\quad m_{t_0}=m'_{t_0}-1,$$

即 m'_{t_0} 为奇数,所以新数组不具有性质 P.这就证明了满足条件(i).

再证明满足条件(ii).设数组$\{n_1,n_2,\cdots,n_k\}$不具有性质 P,即相应的 l 元数组$\{m_1,m_2,\cdots,m_l\}$中必有一些 m_t 为奇数.设 t_0 是最小正整

数,使得 m_{t_0} 为奇数,即当 $1\leqslant t\leqslant t_0$ 时,m_t 均为偶数. 显然 $m_{t_0}\geqslant 1$. 因此,必有一个 n_{j_0},其二进位制表示为

$$n_{j_0}=a_1\cdots a_{t_0}a_{t_0+1}\cdots a_l,\quad a_{t_0}=1,\ a_t=0,1(1\leqslant t\leqslant l,t\neq t_0),$$

假设 $m_1,m_2,\cdots,m_l$ 中所有为奇数的是

$$m_{t_0},\ m_{t_1},\ \cdots,\ m_{t_h},\quad 1\leqslant t_0<t_1<\cdots<t_h\leqslant l.$$

构造一个数 n'_{j_0},它的二进位制表示为

$$n'_{j_0}=a'_1\cdots a'_t\cdots a'_l,$$

其中这样规定:

$$\begin{cases}a'_t=a_t, & t\neq t_i,0\leqslant i\leqslant h,\\ a'_t=1-a_t, & t=t_i,0\leqslant i\leqslant h.\end{cases}\tag{2}$$

由于 $a_{t_0}=1$,所以必有 $0\leqslant n'_{j_0}<n_{j_0}$. 对所给的数组做 T 变换 $n_{j_0}\to n'_{j_0}$,其他 n_j 不变,就得到新 k 元数组 $\{n_1,\cdots,n_{j_0-1},n'_{j_0},n_{j_0+1},\cdots,n_k\}$. 设它相应的 l 元数组是 $\{m'_1,m'_2,\cdots,m'_l\}$. 由式(2)知

$$m'_t=m_t,\quad t\neq t_i,0\leqslant i\leqslant h,$$

$$m'_t=m_t+1-2a_t,\quad t=t_i,0\leqslant i\leqslant h.$$

因此,所有的 m'_t 均为偶数,即做 T 变换后得的新 k 元数组具有性质 P. 这就证明了满足条件(ii). 证毕.

前面的 $\{3,5,8\}\to\{3,5,6\}$ 及 $\{25,43,65\}\to\{25,43,50\}$ 都是满足条件(ii)的例子.

以上仅举了四个简单例子来说明初等数论有广泛而有趣的应用. 应该指出:初等数论最重要的应用在密码学、信息论及数值分析等领域. 这些应用在很多书中都可找到,并有专门论著. 在短短的篇幅中不可能将它们介绍清楚(有的已超出初等数论范围),这里就不讨论了.

习 题

1. 分别排出有 6,7,9,10 位运动员参加的循环赛程序表.

2. 设 N 个篮球队进行循环赛. 证明:在第 2 轮比赛中第 $1,2,\cdots,N$ 队分别和第 $N,N-1,\cdots,1$ 队进行比赛.

3. 设 N 个篮球队进行循环赛. 在第 r 轮比赛中,哪一队和第 r 队比赛?

4. 1937 年 7 月 7 日发生卢沟桥事变，那天是星期几？

5. 第二次世界大战中日本宣布无条件投降的 1945 年 8 月 14 日是星期几？

6. 你和你的爸爸、妈妈的生日是星期几？

7. 设 $m=16,17,19,22,25,32,36,60,99,100$.

(i) 求 $\lambda_0(m)$；

(ii) 求 s，使得 $\lambda_0(m)=n_0(s)$.

8. 找出三个 m，使得 $\lambda_0(m)=\lambda(m)$.

9. 判定以下数组是否具有 §4 中的性质 P：

$\{2,4,5\},\{3,7,8\},\{6,10,12\},\{16,39,47\},\{29,63,66\}$,

$\{7,12,21,25\},\{58,19,23\},\{14,31,33,29,63,66\}$.

附录四　与初等数论有关的IMO试题

面向中学生的国际数学奥林匹克竞赛(International Mathematical Olympiad,简称IMO)[①],从1959年起到2023年,已经举行了64届竞赛.大致统计,在总共386道试题中,可以主要用初等数论知识来求解的试题有138道,约占35.8%.如果加上需要用到一点初等数论知识求解的题,所占的比例就更大了.除了第3,5,7,15届竞赛中没有数论题以外,其他各届均有,而且显示出初等数论知识在国际数学奥林匹克竞赛中起着愈来愈重要的作用.

国际数学奥林匹克竞赛,从本质上说是智力竞赛,也是能力竞赛.好的竞赛试题的主要特点是:题目的条件和所要求证的结论一般都很简洁、漂亮;试题的证明是从不多的最初等、最基本甚至显然的概念、性质、方法、技巧出发,灵活地、有创见地、出人意料地加以运用,来得到看起来很困难、似乎无从下手去做的结论的;试题(特别是难题)往往要结合运用代数、几何、组合、初等数论中的若干方法才能解出;试题大多数可用多种方法,甚至决然不同的方法求解;一道百思不得其解的试题,看到解答后,都会觉得“这不难”甚至是“很容易”,以至于有些人会很懊恼:“我想了这么久,怎么想不到!”从分析上述与初等数论有关的竞赛试题可以看到,有不少试题是以游戏、几何、组合、多项式的形式出现的,有的似乎与初等数论没有什么关系,直接看不出要用到什么初等数论知识.这就必须(也只需)利用有关的基本知识,从分析所给的条件着手,来看出它实际上是一道数论题,需要用到什么初等数论知识.还有一些所谓的“智力题”是指这样的试题:初看起来什么方法都用不上,自以为找到了一种有希望的方法而做下去时却发现根本不对路,真是无从下手;而实际上却不需要什么复杂的论证、推导、计算,只要用一些

① 关于它的介绍可参看单墫的《数学竞赛史话》(广西教育出版社,1990).

看起来和题目关系不大的基本知识,以意想不到的巧办法一下就可解出来.

从分析这些与初等数论有关的竞赛试题似乎可以得到这样一个看法:最简单、最基本的东西是最重要的,也是最容易被忽视的;自觉地乃至巧妙地应用最简单、最基本的东西是最困难,最不容易学会、做到的.

国际数学奥林匹克竞赛是中学生的竞赛,它所需的知识应严格控制在公认的中学数学范围之内,使参赛者在试题面前是人人平等的.那些使得学过更多知识的学生就能很容易做出的试题,那些方法单一、需要过多严格论证才能解出的试题,等等,看来都不应算是好的试题.

在§1中,我们列出了主要用初等数论知识来求解的138道试题,题号[$x.y$]表示第x届的第y题.除了个别试题外,这些试题都是很好的.虽然题目的难度不断增大[只要比较一下试题[1.1]和试题[31.3]就可看出,试题[31.3]不能说是一道很好的竞赛试题],但是从根本上说,解IMO试题只要也只应该用到本书第一章所讲的内容.的确,利用同余、同余式、同余类及剩余系的思想、符号、概念与基本性质对解某些题是很有好处的,例如试题[20.1](见第三章§1的例6)及试题[26.2](见第一章§4的例8及第三章§2的例1).这样来分析、处理往往容易抓住问题的本质,使得思路、表述清晰,可以给出漂亮、简洁的解答,所以中学生可以学点同余的基础知识,但是绝不需要同余理论本身的进一步内容.事实上,只要你愿意,所有试题都可以绕过同余知识而仅用整除知识来求解,当然这样有时会很烦琐.

本书中与中学生数学竞赛有关的内容至多是:第一章,第二章的§1,§2(到定理3为止),第三章的§1,§2,§3,第四章的§1,§2,§3,第七章的§1,§2.其他章节不应该是中学生需要的.

在§2中,我们选择其中的一些我们认为较好、较典型的试题,给出了较详细的解答,作为我们如何分析、解决竞赛试题的体会与大家分享.在做这些试题时,我们决不先看已有的解答,而是自己独立做出的.有的试题,我们做了很长时间,甚至做不出来时先放下,一年后才做出来.

虽然有各种版本的题解(包括§2给出的解法),但我们希望有兴趣的读者,特别是中学生,一定要自己独立去解这些试题,做不出来可以先放着,过些时候再做,不要去看题解.我们这里也不给出提示.为了方便读者,我们已经把其中1～53届的试题分类列入有关章节习题的后面,以供读者思考、选做,对于其中剩下的试题,读者可自己做这样的尝试,这对提高分析能力是有益的.当然,解题方法是多样的,读者的考虑不应受此局限.

§1 第1～64届IMO中与初等数论有关的试题(共138道试题)

[1.1] 证明:对任意的正整数n,分数$(21n+4)/(14n+3)$都不可约.

[2.1] 求出所有这样的三位数:它被11整除,且所得的商是原三位数的各位数的平方和.

[4.1] 求具有如下性质的最小自然数:用十进位制表示时,它的个位数是6;将此个位数移到最高位数之前,其他各位数保持不动,则所得的数是原数的4倍.

[6.1] (i) 求使2^n-1被7整除的所有正整数n;

(ii) 证明:对任意的正整数n,2^n+1不能被7整除.

[8.1] 在一次竞赛中共出了A,B,C三道试题.已知:

(i) 在所有参赛学生中共有25人每人至少解出了一道试题;

(ii) 在没有解出试题A的学生中,解出试题B的人数是解出试题C的人数的2倍;

(iii) 在解出试题A的学生中,只解出试题A的人数比还解出其他试题的人数多1;

(iv) 在只解出一道试题的学生中,有一半未解出试题A.

问:有多少个学生只解出了试题B?

[9.3] 设k,m,n是正整数,$m+k+1$是素数且大于$n+1$.记$C_s=s(s+1)$.证明:乘积$(C_{m+1}-C_k)(C_{m+2}-C_k)\cdots(C_{m+n}-C_k)$被乘积

$C_1C_2\cdots C_n$ 整除.

[9.6] 一次体育比赛举行了 n 天,共颁发了 m 枚奖章.已知第一天颁发了 1 枚奖章再加上余下 $m-1$ 枚奖章的 1/7;第二天颁发了 2 枚奖章再加上余下奖章的 1/7;每天均是这样颁发奖章,即第 k 天颁发了 k 枚奖章再加上余下奖章的 1/7;最后,在第 n 天恰好颁发了 n 枚奖章而无剩余.问:比赛进行了几天,总共颁发了多少枚奖章?

[10.2] 设正整数 x 的十进位制表示的各位数之积是 $P(x)$.求满足 $P(x)=x^2-10x-22$ 的所有正整数 x.

[10.6] 以 $[x]$ 表示不大于实数 x 的最大整数.设 n 是正整数.求 $\sum_{k=0}^{\infty}\left[\frac{n+2^k}{2^{k+1}}\right]$ 的值.

[11.1] 证明:有无穷多个正整数 a,使得对任意的正整数 n,n^4+a 均为合数.

[12.2] 设 a,b,n 是给定的正整数,且都大于 1;再设 A_{n-1} 和 A_n 在 a 进位制中可分别表示为

$$A_{n-1}=x_{n-1}x_{n-2}\cdots x_0,\quad A_n=x_nx_{n-1}\cdots x_0,$$

B_{n-1} 和 B_n 在 b 进位制中可分别表示为

$$B_{n-1}=x_{n-1}x_{n-2}\cdots x_0,\quad B_n=x_nx_{n-1}\cdots x_0,$$

这里 $x_{n-1}\neq 0$,$x_n\neq 0$.证明:当 $a>b$ 时,有 $A_{n-1}/A_n<B_{n-1}/B_n$.

[12.4] 求具有下述性质的所有正整数 n:六个数 $n,n+1,n+2,n+3,n+4,n+5$ 可以分为两组,使得一组中各数的乘积等于另一组中各数的乘积.

[13.3] 证明:在数列 $2^n-3(n=2,3,\cdots)$ 中必可取出一个无穷子数列,使得其中的数两两互素.

[14.3] 设 m,n 是非负整数.证明:$\frac{(2m)!(2n)!}{m!n!(m+n)!}$ 是整数,这里约定 $0!=1$.

[16.1] A,B,C 三人做如下游戏:有三张纸牌,每张上各写一个正整数,分别为 p,q,r,且满足 $p<q<r$.先把这三张牌任意分给三人,每人一张,再按牌上的数分给各人相同个数的小球,最后把牌收回,但分

得的小球仍留在各人手中.继续这一过程(发牌、分球、收牌),至少要进行两次.这样进行若干次后游戏结束,此时A,B,C三人分别得到了20,10,9个小球.此外,还知道B在最后一次分得了r个小球.问:谁在第一次分得了q个小球?

[16.3] 证明:对任意的正整数n,5一定不能整除

$$\sum_{k=0}^{n}\binom{2n+1}{2k+1}\cdot 2^{3k}.$$

[16.4] 将具有黑白相间的8×8个格子的棋盘分为K个矩形,且保持方格的完整,还要求满足条件:

(i) 每个矩形中白格子和黑格子的个数相等;

(ii) 设a_i是第i个矩形中白格子的个数,则$a_1<a_2<\cdots<a_K$.

求满足这种条件的分法对应的K的最大值,并对这个最大值K求出所有可能的$a_1,a_2,\cdots,a_K$.

[16.6] 设$P(x)$是一个整系数多项式,它的次数$\deg P\geqslant 1$.证明:如果有n个整数$k_1,\cdots,k_n$,使得$P^2(k_1)=\cdots=P^2(k_n)=1$,那么必有

$$n\leqslant 2+\deg P.$$

[17.2] 设$a_1<a_2<a_3<\cdots$是一个无穷正整数列.证明:这个数列中必有无穷多个a_m可表示为$a_m=xa_p+ya_q$,这里x,y是适当的正整数,a_p,a_q是这个数列中的某两个数,$p\neq q$.

[17.4] 设A是十进位制数4444^{4444}的各位数之和,B是A的十进位制表示中各位数之和.求B的十进位制表示中各位数之和.

[17.5] 是否可能在半径为1的圆周上选定1975个点,使得其中任意两点间的距离都是有理数?

[18.3] 已知一个长方形盒子可用单位立方体(即边长为一个单位)填满.如果改放尽可能多的体积为两个单位的立方体(保持立方体与长方形盒子的边平行),则长方形盒子的容积恰被占40%.求所有这种长方形盒子的容积($\sqrt[3]{2}=1.259\,9\cdots$).

[18.4] 求其和为1976的正整数之积的最大值.

[18.6] 定义数列:$u_0=2,u_1=5/2,u_{n+1}=u_n(u_{n-1}^2-2)-u_1$ $(n=1,2,\cdots)$.证明:$[u_n]=2^{(2^n-(-1)^n)/3}$ $(n=1,2,\cdots)$,这里$[x]$表示不超过实

数 x 的最大整数.

[19.3] 设 $n(n>2)$是给定的正整数,集合

$$V_n = \{kn+1: k=1,2,\cdots\}.$$

一个数 $m\in V_n$ 称为 V_n 中的不可约数,如果不存在 $p\in V_n$,$q\in V_n$,使得 $m=pq$. 证明:存在 $r\in V_n$,它可用多于一种方式表示为 V_n 中不可约数的乘积.

[19.5] 设 a,b 是正整数,$a^2+b^2=q(a+b)+r$,$0\leqslant r<a+b$. 求所有的数对$\{a,b\}$,使得 $q^2+r=1977$.

[20.1] 求正整数 m,n,使得

(i) 1978^n 与 1978^m 的最后三位数相等;

(ii) $m>n\geqslant 1$;　　(iii) $m+n$ 取最小值.

[20.3] 设 $\mathbf{N}$ 是正整数集合,f,g 都是 $\mathbf{N}\to\mathbf{N}$ 的严格递增函数. 已知并集 $f(\mathbf{N})\cup g(\mathbf{N})=\mathbf{N}$,交集 $f(\mathbf{N})\cap g(\mathbf{N})$是空集,且对任意的正整数 n,有 $g(n)=f(f(n))+1$. 求 $f(240)$的表示式.

[21.1] 设 p,q 是正整数,满足

$$\frac{p}{q}=1-\frac{1}{2}+\frac{1}{3}-+\cdots-\frac{1}{1318}+\frac{1}{1319}.$$

证明:p 被 1979 整除.

[21.6] 设 A 和 E 是一个正八边形的两个相对的顶点. 现有一只青蛙从点 A 开始起跳,如果青蛙在任一不是 E 的顶点上,那么它可以跳向和这个顶点相邻的任一顶点,而当它跳到顶点 E 时就停在那里. 设 a_n 是恰好跳 n 步到达顶点 E 的不同途径的条数. 证明:

$$a_{2n-1}=0,$$
$$a_{2n}=\frac{1}{\sqrt{2}}((2+\sqrt{2})^{n-1}-(2-\sqrt{2})^{n-1}),\quad n=1,2,\cdots.$$

[22.3] 设 m,n 在 $1,2,\cdots,1981$ 中取值. 求满足条件

$$(n^2-mn-m^2)^2=1$$

的 m^2+n^2 的最大值.

[22.4] (i) 对怎样的正整数 $n>2$,才可能存在 n 个连续正整数,使得其中最大的数是其他 $n-1$ 个数的最小公倍数的约数?

(ii) 对怎样的 n,(i)中所述的这样 n 个连续正整数是唯一的?

[22.6] 设函数 $f(x,y)$ 满足:

(i) $f(0,y)=y+1$;

(ii) $f(x+1,0)=f(x,1)$;

(iii) $f(x+1,y+1)=f(x,f(x+1,y))$,

其中 x,y 为非负整数. 求 $f(4,1981)$.

[23.1] 设 $f(n)$ 是定义在正整数集合上的函数,其值域为非负整数,且满足:

(i) $f(2)=0, f(3)>0, f(9999)=3333$;

(ii) 对任意的 m,n,有 $f(m+n)-f(m)-f(n)=0$ 或 1.

求 $f(1982)$.

[23.4] 证明:

(i) 设 n 是正整数. 若方程 $x^3-3xy^2+y^3=n$ 有一组整数解 x,y,那么它至少有三组整数解.

(ii) 当 $n=2891$ 时,(i)中的方程无整数解.

[24.3] 设 a,b,c 是给定的正整数,且两两互素. 证明:不能由 $bcx+cay+abz$(x,y,z 是非负整数)表示的最大整数是

$$2abc-ab-bc-ca.$$

[24.5] 能否找到每个都不大于 10^5 的 1983 个互不相同的正整数,使得其中任意 3 个数都不是某个算术级数中的连续 3 项?

[25.2] 求正整数 a,b,使得 7 不能整除 $ab(a+b)$,并且 7^7 整除 $(a+b)^7-a^7-b^7$.

[25.6] 设 a,b,c,d 均是正奇数,且满足 $a<b<c<d, ad=bc$. 证明:若有正整数 k,m,使得 $a+d=2^k, b+c=2^m$,则 $a=1$.

[26.2] 设 n,k 是正整数,k 和 n 互素且满足 $0<k<n$;再设集合 $M=\{1,2,\cdots,n-1\}$. 现对集合 M 中的每个数 i 涂上蓝色或白色,要求满足以下条件:

(i) i 和 $n-i$ 涂上同一种颜色;

(ii) 当 $i\neq k$ 时,i 和 $|k-i|$ 涂上同一种颜色.

证明:所有数都涂上同一种颜色.

[26.4] 设 M 是由 1985 个不同正整数组成的集合,其中每个数的素因数不大于 26. 证明: M 中有 4 个互不相同的元素,它们的乘积是某个整数的四次方.

[27.1] 设正整数 $d\neq 2,5,13$. 证明: 在集合 $\{2,5,13,d\}$ 中,一定可以找到两个不同元素 a,b,使得 $ab-1$ 不是完全平方数.

[28.3] 设 $x_1,x_2,\cdots,x_n$ 均为实数,满足 $x_1^2+x_2^2+\cdots+x_n^2=1$. 证明:对任给的整数 $k\geqslant 2$,存在不全为零的整数 $a_1,a_2,\cdots,a_n$,满足 $|a_i|\leqslant k-1(i=1,2,\cdots,n)$,使得

$$|a_1x_1+a_2x_2+\cdots+a_nx_n|\leqslant(k-1)n^{1/2}(k^n-1).$$

[28.5] 证明: 对任意的正整数 $n\geqslant 3$,一定可以在笛卡儿坐标平面上取到 n 个点,使得每一对点之间的距离为无理数,以及每三点构成一个非退化三角形,其面积是有理数.

[28.6] 设正整数 $n\geqslant 2$. 证明: 如果当 $0\leqslant k\leqslant\sqrt{n/3}$ 时, k^2+k+n 都是素数,那么当 $0\leqslant k\leqslant n-2$ 时, k^2+k+n 也都是素数.

[29.3] 设 f 是定义在正整数集合 $\mathbf{N}$ 上的函数: $f(1)=1,f(3)=3$,以及对任意的 $n\in\mathbf{N}$,满足

$$f(2n)=f(n),$$
$$f(4n+1)=2f(2n+1)-f(n),$$
$$f(4n+3)=3f(2n+1)-2f(n).$$

求满足 $n\leqslant 1988$ 及 $f(n)=n$ 的正整数 n 的个数.

[29.6] 设 a,b 均是正整数,满足 $ab+1\mid a^2+b^2$. 证明: $(a^2+b^2)/(ab+1)$ 一定是完全平方数.

[30.1] 证明: 集合 $\{1,2,\cdots,1989\}$ 可以分为 117 个互不相交的子集 $A_i(i=1,2,\cdots,117)$,使得

(i) 每个 A_i 都含有 17 个元素;

(ii) 每个 A_i 中各元素之和相等.

[30.5] 证明: 对任意正整数 n,存在 n 个相邻的正整数,使得它们都不是素数的幂.

[31.2] 设正整数 $n\geqslant 3$, E 是由同一圆周上的 $2n-1$ 个不同点组成的集合. 将 E 中的一部分点染黑,其余点不染色. 如果至少有一对黑

点，以它们为端点的两条弧中有一条的内部(不包含端点)恰有 E 中的 n 个点，那么称这种染色方式是好的．求最小的 k，使得将 E 中任意 k 个点染黑的染色方式都是好的．

[31.3] 求出所有大于1的整数 n，使得 $(2^n+1)/n^2$ 为整数．

[31.4] 记全体正有理数组成的集合为 $\mathbf{Q}^+$．试构造一个函数 f：$\mathbf{Q}^+\to\mathbf{Q}^+$，使得对任意的 $x,y\in\mathbf{Q}^+$，满足 $yf(xf(y))=f(x)$．

[31.5] 给定一个初始整数值 $n_0(n_0>1)$后，两名竞赛者A，B按以下规则轮流取整数 $n_1,n_2,n_3,\cdots$：在已知 n_{2k} 时，A可以任取一个整数 n_{2k+1}，满足 $n_{2k}\leqslant n_{2k+1}\leqslant n_{2k}^2$；在已知 n_{2k+1} 时，B可以任取一个整数 n_{2k+2}，使得 n_{2k+1}/n_{2k+2} 是一个素数的正整数幂．若A取到1990，则A胜；若B取到1，则B胜．问对怎样的 n_0，(i) A有必胜策略；(ii) B有必胜策略；(iii) 双方均无必胜策略．

[31.6] 证明：存在一个凸1990边形，它同时具有下面的性质：

(i) 所有的内角均相等；

(ii) 1990条边的长度是 $1^2,2^2,3^2,\cdots,1989^2,1990^2$ 的一个排列．

[32.2] 设整数 $n>6$，$a_1,a_2,\cdots,a_k$ 是所有小于 n 且与 n 互素的正整数．证明：如果 $a_2-a_1=a_3-a_2=\cdots=a_k-a_{k-1}>0$，那么 n 是素数，或者等于 2^s，其中整数 $s\geqslant3$．

[32.3] 设集合 $S=\{1,2,3,\cdots,280\}$．求最小的正整数 n，使得 S 的每个有含 n 个元素的子集必含有5个两两互素的元素．

[32.6]① 对已给实数 $a>1$，构造一个有界无穷数列 $x_0,x_1,\cdots$，使得当 $i\neq j$ 时，必有 $|x_i-x_j|\geqslant|i-j|^{-a}$．

[33.1] 求出所有满足如下条件的整数 a,b,c：

(i) $1<a<b<c$； (ii) $(a-1)(b-1)(c-1)$ 是 $abc-1$ 的约数．

[33.6] 对每个正整数 n，以 $S(n)$ 表示满足如下条件的最大整数：对每个正整数 $k\leqslant S(n)$，n^2 必可表示为 k 个正整数的平方之和．

(i) 证明：对每个 $n\geqslant4$，都有 $S(n)\leqslant n^2-14$；

(ii) 找出一个正整数 n，使得 $S(n)=n^2-14$；

① 本题的 $a>1$ 可改进为 $a\geqslant1$．

(iii) 证明：存在无穷多个正整数 n，使得 $S(n)=n^2-14$.

[34.1] 设整数 $n>1$，$f(x)=x^n+5x^{n-1}+3$. 证明：$f(x)$不能表示为两个次数都不低于一次的整系数多项式的乘积.

[34.5] 设 $\mathbf{N}=\{1,2,3,\cdots\}$是全体正整数组成的集合. 问是否存在一个定义在集合 $\mathbf{N}$ 上的函数 $f(n)$，使得它具有以下性质：

(i) 对一切 $n\in\mathbf{N}$，都有 $f(n)\in\mathbf{N}$；

(ii) 对一切 $n\in\mathbf{N}$，都有 $f(n)<f(n+1)$；

(iii) $f(1)=2$；

(iv) 对一切 $n\in\mathbf{N}$，都有 $f(f(n))=f(n)+n$.

[34.6] 设整数 $n>1$，有 n 盏灯 $L_0,L_1,\cdots,L_{n-1}$ 依次排列在一个圆周上，每盏灯可以有“开”或“关”两种状态. 现依次进行一系列步骤：$S_0,S_1,\cdots,S_j,\cdots$，每个步骤 S_j 按以下规则来影响灯 L_j 的状态：若它的前一盏灯 L_{j-1} 是“关”的，则 L_j 的状态不变；若 L_{j-1} 是“开”的，则 L_j 改变状态，即从“开”变为“关”，或者从“关”变为“开”. 这里约定：当 $h<0$ 或 $h\geqslant n$ 时，L_h 就是 L_r，其中 r 满足 $h=qn+r$，$0\leqslant r<n$. 假设开始时全部灯都是“开”的. 证明：

(i) 一定存在正整数 $M(n)$，经过 $M(n)$ 个步骤 $S_0,S_1,\cdots,S_{M(n)-1}$ 后，全部灯也都是“开”的；

(ii) 若 $n=2^k$，则(i)中可取 $M(n)=n^2-1$；

(iii) 若 $n=2^k+1$，则(i)中可取 $M(n)=n^2-n+1$.

[35.3] 对任一正整数 k，以 A_k 表示集合$\{k+1,k+2,\cdots,2k\}$中所有满足下述条件的元素组成的子集：它的二进位制表示中恰好有三个数字是 1. 记 A_k 中的元素个数为 $f(k)$.

(i) 证明：对任一正整数 m，$f(k)=m$ 至少有一个解；

(ii) 求出所有正整数 m，使得 $f(k)=m$ 恰有一个解.

[35.4] 求出所有正整数对$\{m,n\}$，使得$(n^3+1)/(mn-1)$是整数.

[35.6] 求一个具有以下性质的正整数集合 A：对任一有无穷多个素数组成的集合 P，一定存在正整数 $m\in A$，$n\notin A$，使得它们都是 P 中同样个数的不同元素的乘积.

[36.4] 设正实数列 $x_0, x_1, x_2, \cdots, x_{1995}$ 满足条件：

(i) $x_0 = x_{1995}$；

(ii) 对 $i=1,2,\cdots,1995$，有 $x_{i-1} + 2/x_{i-1} = 2x_i + 1/x_i$.

求 x_0 的最大值.

[36.6] 设 p 是奇素数. 求集合 $\{1,2,\cdots,2P\}$ 的所有满足以下条件的子集 A 的个数：

(i) A 恰好含有 P 个元素；

(ii) A 中所有元素之和被 P 整除.

[37.1] 设四边形 $ABCD$ 是一个矩形，边长 $|AB|=20$，$|BC|=12$. 把这个矩形分为 20×12 个单位正方形. 再设 r 是一个给定的正整数. 把一枚硬币放在一个单位正方形中，这枚硬币可从一个正方形移到另一个正方形当且仅当这两个正方形中心之间的距离等于 $r^{1/2}$. 现把一枚硬币放在以 A 为顶点的单位正方形中，目的是要通过上述所允许的移动把这枚硬币移到以 B 为顶点的单位正方形中.

(i) 证明：当2或3整除 r 时，这样的移动是不可能的.

(ii) 证明：当 $r=73$ 时，这样的移动是可以实现的.

(iii) 当 $r=97$ 时，这样的移动是可能的吗？

[37.3] 设 S 是由全体非负整数组成的集合. 求出所有定义在 S 上的函数 $f(m)$：它在 S 中取值，且对所有的 $m, n\in S$，满足

$$f(m+f(n)) = f(f(m)) + f(n).$$

[37.4] 设正整数 a, b 使得 $15a+16b$ 和 $16a-15b$ 都是正整数的平方. 求这两个平方数所可能取的最小值.

[37.6] 设 n, p, q 均是正整数，$n>p+q$. 再设 $x_0, x_1, \cdots, x_n$ 均是整数，且满足以下条件：

(i) $x_0 = x_n = 0$；

(ii) 对每个整数 $i(1\leqslant i\leqslant n)$，$x_i - x_{i-1} = p$ 或 $-q$.

证明：存在一对指标 (i,j)，$i<j$，$(i,j)\neq(0,n)$，使得 $x_i = x_j$.

[38.5] 求所有的正整数对 $\{a,b\}$，满足等式 $a^{b^2} = b^a$.

[38.6] 对每个正整数 n，将 n 表示为2的非负整数次方的和. 设

$f(n)$是 n 的这样的不同表示法的种数(如果两种表示法的差别只是各个加数的次序不同,则它们被看作相同的.例如：$f(4)=4$,因为 4 有 4 种不同表示法：4,2+2,2+1+1,1+1+1+1).证明：对 $n>2$,有

$$2^m<f(2^n)<2^{2m},\quad 4m=n^2.$$

[39.3] 对任一正整数 n,以 $d(n)$表示 n 的所有正因数(包括 1 和 n)的个数.试确定所有可能的正整数 k,使得有正整数 n,满足

$$d(n^2)/d(n)=k.$$

[39.4] 求所有的正整数对$\{a,b\}$,使得 a^2b+a+b 被 ab^2+b+7 整除.

[39.6] 设 **N** 表示正整数集合.考虑所有由 **N** 到 **N** 且满足下列条件的函数：对任意的正整数 s,t,有 $f(t^2f(s))=s(f(t))^2$.求 $f(1998)$ 所有可能取值中的最小值.

[40.4] 求所有满足以下条件的正整数对$\{p,n\}$：

(i) p 是素数； (ii) $n\leqslant 2p$； (iii) $(p-1)^n+1$ 被 n^{p-1} 整除.

[41.5] 是否存在正整数 n,满足以下条件?

(i) $n|2^n+1$； (ii) n 恰有 2000 个不同的素因数.

[42.4] 设 n 是大于 1 的奇数,$k_1,k_2,\cdots,k_n$ 均是给定的整数.对 $1,2,\cdots,n$ 的每个排列 $\boldsymbol{a}=(a_1,a_2,\cdots,a_n)$,记

$$S(\boldsymbol{a})=k_1a_1+k_2a_2+\cdots+k_na_n.$$

证明：必有两个不同的排列 $\boldsymbol{b},\boldsymbol{c}$,使得 $n!$ 整除 $S(\boldsymbol{b})-S(\boldsymbol{c})$.

[42.6] 设 a,b,c,d 均为整数,$a>b>c>d>0$,且满足

$$ac+bd=(b+d+a-c)(b+d-a+c).$$

证明：$ab+cd$ 不是素数.

[43.3] 求所有的正整数对$\{m,n\}$$(m,n\geqslant 3)$,使得存在无穷多个正整数 a,满足$\dfrac{a^m+a-1}{a^n+a^2-1}$为整数.

[43.4] 设正整数 $n>1$,它的全部正因数为 $d_1,d_2,\cdots,d_{k-1},d_k$,满足 $1=d_1<d_2<\cdots<d_{k-1}<d_k=n$;再设

$$D=d_1d_2+d_2d_3+\cdots+d_{k-1}d_k.$$

(i) 证明：$D<n^2$；　　(ii) 确定所有的 n，使得 $D|n^2$.

[44.2] 求所有的正整数对 $\{a,b\}$，使得 $a^2/(2ab^2-b^2+1)$ 是正整数.

[44.6] 设 p 为任意给定的素数. 证明：一定存在素数 q，使得对任意的整数 n，n^p-p 都不能被 q 整除.

[45.3] 由六个单位正方形构成的如图1所示的图形以及它旋转或翻转所得到的图形统称为钩形. 试确定所有 $m\times n$ 矩形，使其能被钩形所覆盖，要求：

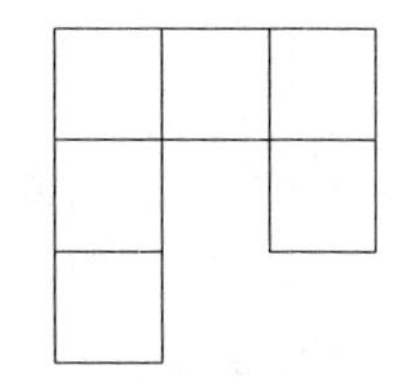

图　1

(i) 覆盖矩形时，不能有空隙，钩形之间不重叠；

(ii) 钩形不能覆盖到矩形之外.

[45.6] 如果一个正整数的十进位制表示中，任何两个相邻位数的奇偶性不同，那么称这个正整数为交替数. 求出所有的正整数 n，使得 n 至少有一个倍数为交替数.

[46.2] 设 $a_1,a_2,\cdots$ 是一个整数列，其中既有无穷多项是正整数，又有无穷多项是负整数. 证明：如果对每个正整数 n，整数 $a_1,a_2,\cdots,a_n$ 被 n 除后所得到的余数互不相同，那么每个整数恰好在数列 $a_1,a_2,\cdots$ 中出现一次.

[46.4] 设数列 $a_1,a_2,\cdots$ 定义如下：$a_n=2^n+3^n+6^n-1(n=1,2,\cdots)$. 求与此数列的每项都互素的所有整数.

[46.6] 某次数学竞赛共有6道试题，其中任意2道试题都被超过2/5的参赛者答对了，但没有一个参赛者答对6道试题. 证明：至少有两个参赛者恰好答对了5道试题.

[47.4] 求所有的整数对 $\{x,y\}$，使得 $1+2^x+2^{2x+1}=y^2$.

[47.5] 设 $P(x)$ 是 $n(n>1)$ 次整系数多项式，k 是正整数. 考虑迭代多项式 $Q(x)=P(P(\cdots P(P(x))\cdots))$，其中 P 出现 k 次. 证明：最多存在 n 个整数 t，使得 $Q(t)=t$.

[48.5] 设 a,b 均为正整数. 已知 $4ab-1$ 整除 $(4a^2-1)^2$. 证明：

$$a=b.$$

[48.6] 设 n 是一个正整数. 考虑

$$S=\{(x,y,z): x,y,z\in\{0,1,\cdots,n\}, x+y+z>0\}$$

这样一个具有 $(n+1)^3-1$ 个点的三维空间中的集合. 问: 最少要多少个平面,它们的并集才能包含 S,但不包含 $(0,0,0)$?

[49.2] 设实数 x,y,z 都不等于1,满足 $xyz=1$. 证明:

(i) $\dfrac{x^2}{(x-1)^2}+\dfrac{y^2}{(y-1)^2}+\dfrac{z^2}{(z-1)^2}\geqslant 1$;

(ii) 存在无穷多组有理数 x,y,z,使得(i)中等号成立.

[49.3] 证明: 存在无穷多个正整数 n,使得 n^2+1 有大于 $2n+(2n)^{1/2}$ 的素因数.

[50.1] 设 n 是正整数, $a_1,a_2,\cdots,a_k(k\geqslant 2)$ 是集合 $\{1,2,\cdots,n\}$ 中互不相同的整数,使得对 $i=1,2,\cdots,k-1$,都有 n 整除 $a_i(a_{i+1}-1)$. 证明: n 整除 $a_k(a_1-1)$.

[50.3] 设 $s_1,s_2,s_3,\cdots$ 是严格递增的正整数列,它的两个子数列 $s_{s_1},s_{s_2},s_{s_3},\cdots$ 和 $s_{s_1+1},s_{s_2+1},s_{s_3+1},\cdots$ 都是等差数列. 证明: 数列 $s_1,s_2,s_3,\cdots$ 本身也是等差数列.

[50.5] 求所有从正整数集合到正整数集合上的满足如下条件的函数 f: 对所有正整数 a,b,都存在一个以 $a,f(b),f(b+f(a)-1)$ 为三边长的非退化三角形(称一个三角形为非退化三角形,是指它的三个顶点不共线).

[51.3] 设 $\mathbf{N}$ 是所有正整数组成的集合. 求所有 $\mathbf{N}\to\mathbf{N}$ 的函数 g,使得对所有正整数 $m,n,(g(m)+n)(g(n)+m)$ 都是完全平方数.

[52.1] 对任意由四个不同正整数组成的集合 $A=\{a_1,a_2,a_3,a_4\}$,记 $s_A=a_1+a_2+a_3+a_4$. 设 n_A 是满足 $a_i+a_j(1\leqslant i\leqslant j\leqslant 4)$ 整除 s_A 的数对 $\{i,j\}$ 的个数. 求所有由不同正整数组成的集合 A,使得 n_A 达到最大值.

[52.4] 设 n 是给定的正整数;再设有一台天平和 n 个质量分别为 $2^0,2^1,\cdots,2^{n-1}$ 的砝码. 现要通过 n 步操作逐个将所有砝码都放上天平,使得在操作过程中,右边砝码的质量总不超过左边砝码的质量,这里的每步操作是从尚未放上天平的砝码中选择一个,将其放到天平的

左边或右边,直至所有的砝码都被放上天平.

[52.5] 设 f 是定义在整数集合 $\mathbf{Z}$ 上取值为正整数的函数. 已知对任意的两个整数 m,n,$f(m)-f(n)$ 都被 $f(m-n)$ 整除. 证明:对所有整数 m,n,若 $f(m)\leqslant f(n)$,则 $f(n)$ 被 $f(m)$ 整除.

[53.4] 求所有的函数 f: $\mathbf{Z}\to\mathbf{Z}$,使得对所有满足 $a+b+c=0$ 的整数 a,b,c,都有

$$f(a)^2+f(b)^2+f(c)^2=2f(a)f(b)+2f(b)f(c)+2f(c)f(a).$$

[53.6] 求所有的正整数 n,使得存在非负整数 $a_1,a_2,\cdots,a_n$,满足

$$\frac{1}{2^{a_1}}+\frac{1}{2^{a_2}}+\cdots+\frac{1}{2^{a_n}}=\frac{1}{3^{a_1}}+\frac{2}{3^{a_2}}+\cdots+\frac{n}{3^{a_n}}=1.$$

[54.1] 设 k 和 n 是任意给定的一对正整数. 证明:一定存在 k 个(可以是相同的)正整数 $m_1,m_2,\cdots,m_k$,使得

$$1+\frac{2^k-1}{n}=\left(1+\frac{1}{m_1}\right)\left(1+\frac{1}{m_2}\right)\cdots\left(1+\frac{1}{m_k}\right).$$

[54.5] 记 $\mathbf{Q}^+$ 是全体正有理数组成的集合,$\mathbf{R}$ 是全体实数组成的集合. 设函数 f: $\mathbf{Q}^+\to\mathbf{R}$ 满足以下条件:

(i) 对所有的 $x,y\in\mathbf{Q}^+$,有 $f(x)f(y)\geqslant f(xy)$;

(ii) 对所有的 $x,y\in\mathbf{Q}^+$,有 $f(x+y)\geqslant f(x)+f(y)$;

(iii) 存在有理数 $a>1$,使得 $f(a)=a$.

证明:对所有的 $x\in\mathbf{Q}^+$,都有 $f(x)=x$.

[54.6] 设整数 $n>2$,在圆周上有 $n+1$ 个等分点. 用数 $0,1,\cdots,n$ 来标记这些点,每个数恰好用一次. 现来考虑所有可能的标记方式. 如果一种标记方式可以由另一种标记方式通过圆的旋转得到,那么认为这两种标记方式是相同的. 称一种标记方式是漂亮的,如果对于任意满足 $a+d=b+c$,$a<b<c<d$ 的四个标记数 a,b,c,d,连接 a 和 d 所表示的点的弦与连接 b 和 c 所表示的点的弦一定都不相交. 设 M 是所有不同的漂亮标记方式的种数,再设 N 是满足 $x+y\leqslant n$ 且 x,y 互素的所有有序正整数对$\{x,y\}$的个数. 证明:$M=N+1$.

[55.1] 设 $a_0<a_1<a_2<\cdots$是一个无穷正整数列. 证明:存在唯一的整数 $n(n\geqslant 1)$,使得

$$a_n<\frac{a_0+a_1+\cdots+a_n}{n}\leqslant a_n+1.$$

[55.2] 设 $n(n\geqslant 2)$是一个整数.考虑由 n^2 个单位正方形组成的一个 $n\times n$ 棋盘.一种放置 n 个棋子“车”的方案被称为是和平的,如果每一行和每一列上都恰好有一个棋子“车”.求最大的正整数 k,使得对于任何一种和平放置 n 个棋子“车”的方案,都存在一个 $k\times k$ 正方形,它的 k^2 个单位正方形里都没有棋子“车”.

[55.5] 对每个正整数 n,开普敦银行都发行面值为 $\frac{1}{n}$ 的硬币.给定总额不超过 $99+\frac{1}{2}$ 的有限多个这样的硬币(面值不必两两不同).证明:可以把它们分为至多 100 组,使得每一组中硬币的面值之和最多是 1.

[56.2] 确定所有三元正整数组 $\{a,b,c\}$,使得 $ab-c,bc-a,ca-b$ 这三个数都是 2 的方幂,即均为 2^n 形式的数,其中 n 为非负整数.

[56.6] 设整数列 $a_1,a_2,\cdots$ 满足以下条件:

(i) 对每个正整数 j,有 $1\leqslant a_j\leqslant 2015$;

(ii) 对任意的正整数 $k,l(k<l)$,有 $k+a_k\neq l+a_l$.

证明:存在两个正整数 b,N,使得对所有满足 $n>m\geqslant N$ 的整数 m,n,均有

$$\left|\sum_{j=m+1}^{n}(a_j-b)\right|\leqslant 1007^2.$$

[57.2] 确定所有正整数 n,使得可在一张 $n\times n$ 方格表的每个小方格中填入字母 I,M,O 之一,满足以下条件:

(i) 在每一行及每一列的小方格中,所填入的字母 I,M,O 的个数都恰好各占 1/3;

(ii) 对每条对角线,若对角线上小方格的个数是 3 的倍数,那么这些小方格中所填入的字母 I,M,O 的个数也都恰好各占 1/3.

注:一张 $n\times n$ 方格表的行与列按自然顺序标记为 $1\sim n$.由此每个小方格对应于一个有序正整数对 $\{i,j\}$,其中 $1\leqslant i,j\leqslant n$.对 $n>1$,这张方格表上共有 $4n-2$ 条对角线.一条至少连接两个小方格的对角线,称

为第一类的，若其上所有的小方格$\{i,j\}$使得$i+j$都相等；称为第二类的，若其上所有的小方格$\{i,j\}$使得$i-j$都相等.

[57.3] 设$P=A_1A_2\cdots A_k$是平面上的一个凸多边形，顶点A_1，A_2，…，A_k的纵、横坐标均为整数，且都在一个圆周上，以及其面积记为S. 设n是一个正奇数，使得每条边长度的平方都被n整除. 证明：$2S$是整数，且被n整除.

[57.4] 一个由正整数构成的集合称为芳香集，若它至少有两个元素，且其中每个元素都与其他元素中至少一个元素有公共素因数. 设$P(n)=n^2+n+1$. 试问：正整数b最小为何值时，能够存在一个非负整数a，使得集合

$$\{P(a+1),P(a+2),\cdots,P(a+b)\}$$

是一个芳香集？

[57.5] 在黑板上写有方程

$$(x-1)(x-2)\cdots(x-2016)=(x-1)(x-2)\cdots(x-2016),$$

其中等号两边各有2016个一次因式. 试问：正整数k最小为何值时，可以在等号两边擦去这4032个一次因式中的恰好k个，使得等号两边都至少留下一个一次因式，且所得到的方程没有实数根？

[57.6] 在平面上有$n(n\geqslant 2)$条线段，其中任意两条线段都相交，且没有三条线段相交于同一点. 杰夫在每条线段上选取一个端点并放置一只青蛙在此端点上，青蛙面向另一个端点. 接着杰夫会拍$n-1$次手，每当他拍一次手时，每只青蛙都立即向前跳到它所在线段上的下一个交点. 每只青蛙自始至终不改变跳跃的方向. 杰夫的愿望是能够适当地放置青蛙，使得在任何时刻都不会有两只青蛙落在同一个交点上. 证明：

(i) 若n是奇数，则杰夫都能实现其愿望；

(ii) 若n是偶数，则杰夫都不能实现其愿望.

[58.1] 对每个整数$a_0>1$，定义数列$a_0,a_1,a_2,\cdots$如下：对任意的$n\geqslant 0$，

$$\begin{cases} a_{n+1}=a_n^{1/2}, & a_n^{1/2}\text{是整数}, \\ a_{n+1}=a_n+3, & \text{其他}. \end{cases}$$

试求满足下述条件的所有 a_0：存在一个数 A，使得对无穷多个 n，有 $a_n=A$.

[58.2] 设 $\mathbf{R}$ 是全体实数构成的集合，求所有的函数 f：$\mathbf{R}\to\mathbf{R}$，使得对任意的实数 x 和 y，都有

$$f(f(x)f(y))+f(x+y)=f(xy).$$

[58.6] 一个本原格点是一个有序整数对$\{x,y\}$，其中 x 和 y 的最大公约数是1. 给定一个有限的本原格点集 S. 证明：存在一个正整数 n 和整数 $a_0,a_1,\cdots,a_n$，使得对 S 中的每个元素$\{x,y\}$，都有

$$a_0x^n+a_1x^{n-1}y+a_2x^{n-2}y^2+\cdots+a_{n-1}xy^{n-1}+a_ny^n=1.$$

[59.2] 求所有整数 $n\geqslant3$，使得存在实数 $a_1,a_2,\cdots,a_{n+2}$，满足

$$a_{n+1}=a_1,\quad a_{n+2}=a_2,$$

并且对 $i=1,2,\cdots,n$，都有

$$a_ia_{i+1}+1=a_{i+2}.$$

[59.3] 一个反帕斯卡三角形(即反杨辉三角形)是由一些数排成的等边三角形数阵，其中每个不在最后一行的数都恰好等于它左下方和右下方两个数之差的绝对值. 例如：下面的数阵是一个反帕斯卡三角形，它共有4行，并且恰好含有1～10中的每个整数：

4

2　6

5　7　1

8　3　10　9

试问：是否存在一个共有2018行的反帕斯卡三角形，它恰好含有1～1+2+…+2018中的每个整数?

[59.4] 所谓一个位置，是指直角坐标平面上的一个点$\{x,y\}$，其中 x,y 都是不超过20的正整数. 最初时，所有400个位置都是空的. 甲、乙两人轮流摆放石子，由甲先进行. 每次轮到甲时，他在一个空位置上摆放一个新的红色石子，要求任意两个红色石子所在位置之间的距离都不等于 $\sqrt{5}$. 每次轮到乙时，他在任意一个空位置上摆放一个新的蓝色石子(蓝色石子所在位置与其他石子所在位置之间的距离可以是任意值). 如此进行下去，直至某个人无法再摆放石子为止. 试确定最大的

整数 K,使得无论乙如何摆放蓝色石子,甲总能保证至少摆放 K 个红色石子.

[59.5] 设 $a_1,a_2,\cdots$ 是一个无穷正整数列.已知存在整数 $N>1$,使得对每个整数 $n\geqslant N$,

$$\frac{a_1}{a_2}+\frac{a_2}{a_3}+\cdots+\frac{a_{n-1}}{a_n}+\frac{a_n}{a_1}$$

都是整数.证明:存在正整数 M,使得 $a_m=a_{m+1}$ 对所有整数 $m(m\geqslant M)$ 都成立.

[60.1] 设 $\mathbf{Z}$ 是全体整数组成的集合.确定所有满足以下条件的 $\mathbf{Z}\to\mathbf{Z}$ 的函数 f:对所有的整数 a,b,都有

$$f(a)+2f(b)=f(f(a+b)).$$

[60.4] 试求所有的正整数对 $\{k,n\}$,使其满足

$$k!=(2^n-1)(2^n-2)(2^n-4)(2^n-2^{n-1}).$$

[61.4] 给定整数 $n>1$.在一座山上有 n^2 个高度互不相同的缆车车站,有两家缆车公司 A 和 B,各运营 k 辆缆车,每辆从一个车站运行到某个更高的车站(中间不停留其他车站).公司 A 的 k 辆缆车的 k 个起点互不相同,k 个终点也互不相同,并且起点较高的缆车,它的终点也较高;公司 B 的缆车也满足相同的条件.我们称两个车站被某家公司连接,如果可以从其中较低的车站通过该公司的一辆或多辆缆车到达较高的车站(中间不允许在车站之间有其他移动).确定最小的正整数 k,使得一定有两个车站被这两家公司同时连接.

[61.5] 有一沓卡片,共 $n(n>1)$ 张,在每张卡片上写有一个正整数.这沓卡片具有如下性质:任意两张卡片上的数的算术平均值等于这沓卡片中某一张或几张卡片上的数的几何平均值.确定所有的 n,使得可以推出所有卡片上的数均相等.

[62.1] 设整数 $n\geqslant 100$.伊凡把 $n,n+1,\cdots,2n$ 中的每个数写在不同的卡片上,然后将这 $n+1$ 张卡片打乱顺序并分成两堆.证明:至少有一堆,它包含两张卡片,使得这两张卡片上的数之和是一个完全平方数.

[62.5] 两只松鼠 B 和 J 为过冬收集了 2021 枚核桃.松鼠 J 将核

桃依次编号为 1～2021,并在它们最喜欢的树周围挖了一圈小坑,共 2021 个.第二天早上,松鼠 J 发现松鼠 B 已经在每个小坑里放入了一枚核桃,但并未注意编号.不开心的松鼠 J 决定用 2021 次操作来改变这些核桃的位置.在第 k 次操作中,松鼠 J 把与第 k 号核桃相邻的两枚核桃交换位置.证明:存在某个 k,使得在第 k 次操作中,松鼠 J 交换了两枚编号分别为 a 和 b 的核桃,且 $a<k<b$.

[62.6] 设整数 $m>2$,集合 A 由有限个整数(不一定为正数)构成,且 $B_1,B_2,\cdots,B_m$ 是 A 的子集.假设对任意的 $k=1,2,\cdots,m$,B_k 中所有元素之和为 m^k.证明:A 至少包含 $m/2$ 个元素.

[63.1] 奥斯陆银行发行两种硬币:铝币(记作 A)与铜币(记作 B).玛丽有 n 个铝币与 n 个铜币,她任意将这些硬币排成一列.我们称相同材料的连续一段硬币为“同花段”.给定一个正整数 $k\leqslant 2n$,玛丽重复下列操作:找出包含从左数起第 k 个硬币的最长同花段,然后将这个同花段中的所有硬币移到整列硬币的最左边.举例来说,当 $n=4$ 且 $k=4$ 时,从 AABBBABA 这个初始状态开始操作,过程会是

$$\mathrm{AAB\underline{B}BABA}\to\mathrm{BBB\underline{A}AABA}\to\mathrm{AAA\underline{B}BBBA}\to\mathrm{BBB\underline{B}AAAA}$$
$$\to\mathrm{BBB\underline{B}AAAA}\to\cdots.$$

求所有满足 $1\leqslant k\leqslant 2n$ 的数对 $\{n,k\}$,使得不论初始状态如何,必有操作过程中的某个时刻,最左边的 n 个硬币都是同一种材料的.

[63.3] 令 k 为一个正整数,且 S 是一个由有限多个奇素数所构成的集合.证明:至多只有一种可以将 S 中所有数排成一个圆圈的方式(旋转与反射视为同一种方式),使得任意两个相邻数的乘积皆可以表示成 x^2+x+k 的形式,其中 x 为某个正整数.

[63.5] 找出所有的三元正整数组 $\{a,b,p\}$,满足 p 是质数且

$$a^p=b!+p.$$

[63.6] 设 n 是一个正整数.一个北欧方阵是一个包含 $1\sim n^2$ 所有整数的 $n\times n$ 方格表,使得每个方格内恰有一个数.称两个不同方格是相邻的,如果它们有公共边.称一个方格为山谷,如果其内的数比所有相邻方格内的数都小.一条上坡路径是一个包含一个或多个方格的序列,满足:

(i) 序列的第一个方格是山谷;

(ii) 序列中随后的每个方格都和其前一个方格相邻;

(iii) 序列中方格内所写的数递增.

试求一个北欧方阵中上坡路径条数的最小可能值,以 n 的函数表示之.

[64.1] 求所有满足下述条件的合数 $n(n>1)$: 如果 n 的所有正因数为 $d_1,d_2,\cdots,d_k$,这里 $1=d_1<d_2<\cdots<d_k=n$,那么对每个 $i(1\leqslant i\leqslant k-2)$,均有 d_i 整除 $d_{i+1}+d_{i+2}$.

[64.3] 对每个整数 $k\geqslant 2$,求所有满足下述条件的无穷正整数列 $a_1,a_2,\cdots$: 存在一个多项式

$$P(x)=x^k+c_{k-1}x^{k-1}+\cdots+c_1x+c_0,$$

这里 $c_0,c_1,\cdots,c_{k-1}$ 是非负整数,使得

$$P(a_n)=a_{n+1}a_{n+2}\cdots a_{n+k}$$

对所有正整数 n 成立.

[64.5] 设 n 是一个正整数. 日式三角是将 $1+2+\cdots+n$ 个圆圈排成正三角形的形状,使得对 $i=1,2,\cdots,n$,从上到下的第 i 行恰有 i 个圆圈且其中恰有一个被染为红色的圆圈. 在日式三角内,忍者路径是指一串由 n 个圆圈组成的序列,从最上面一行的圆圈开始,每次从当前圆圈连接到它下方相邻的两个圆圈之一,直到最下面一行的某个圆圈为止. 图1为一个 $n=6$ 的日式三角,其中画有一条包含两个红色圆圈的忍者路径(图1中用灰色表示红色). 求最大的整数 k(用 n 表示),使得在每个日式三角中都存在一条忍者路径,它至少包含 k 个红色圆圈.

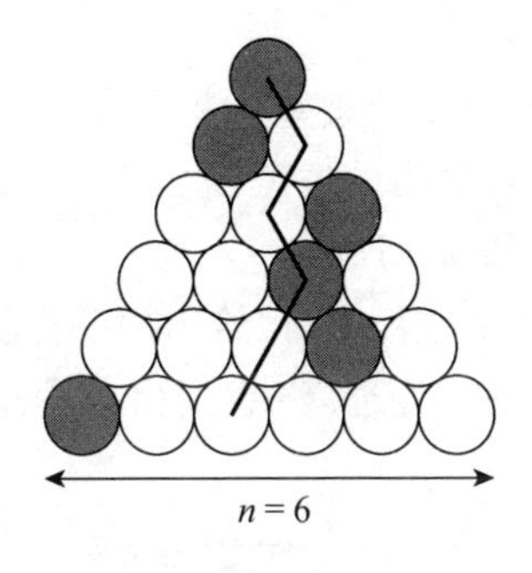

图　1

§2　典型试题的解法举例

本节将选择§1中的一些试题，给出解答. 我们认为这些试题是较好、较典型的. 我们将按照解题所要用到的知识，由浅入深依次给出这些试题的解答.

以下的12道试题只需要用到第一章§1，§2的内容，是整除基本性质的应用.

例1([9.6])　一次体育比赛举行了 n 天，共颁发了 m 枚奖章. 已知第一天颁发了1枚奖章再加上余下 $m-1$ 枚奖章的 $1/7$；第二天颁发了2枚奖章再加上余下奖章的 $1/7$；每天均是这样颁发奖章，即第 k 天颁发了 k 枚奖章再加上余下奖章的 $1/7$；最后，在第 n 天恰好颁发了 n 枚奖章而无剩余. 问：比赛进行了几天，总共颁发了多少枚奖章?

解　本题要求的是 n 和 m. 题目中实际上是给出了 n 和 m 所要满足的条件，但这种条件是通过第 k 天所颁发的奖章数要满足的条件来给出的. 此外，由题意知 $1<n<m$(为什么).

(i) 按所给条件列方程组. 设第 k 天颁发了 $a_k(1\leqslant k\leqslant n)$ 枚奖章，由题意列出这 n 个未知数和未知数 n,m 所要满足的条件：

$$\begin{cases}a_1=1+(m-1)/7,\\ a_k=k+(m-(a_1+\cdots+a_{k-1})-k)/7,\quad 2\leqslant k<n,\\ a_n=n,\\ a_1+\cdots+a_n=m.\end{cases}\tag{1}$$

这里有 $n+1$ 个方程和 $n+2$ 个整数变数：n,m 和 $a_k(1\leqslant k\leqslant n)$. 本题就是要求由这 $n+1$ 个方程给出的方程组关于 $n+2$ 个变数的正整数解. 当然，问题只要求出 n 和 m 即可.

(ii) 化简方程组(1). 方程组(1)给出的条件较复杂，首先要把这些条件变得较简单明确、易于处理. 注意到由方程组(1)的第二式给出的 $n-2$ 个方程可改写为

$$7a_k=6k+m-(a_1+\cdots+a_{k-1}),\quad 2\leqslant k<n.$$

由方程组(1)的第一、三、四式可看出上式对 $k=1,n$ 也成立，即有

$$7a_k = 6k + m - (a_1 + \cdots + a_{k-1}), \quad 1 \leqslant k \leqslant n.$$

注意到

$$7a_{k-1} = 6(k-1) + m - (a_1 + \cdots + a_{k-2}), \quad 2 \leqslant k \leqslant n.$$

由上两式得

$$7a_k = 6(a_{k-1} + 1), \quad 2 \leqslant k \leqslant n.$$

因此,方程组(1)就可简化为较简单明确、易于处理的等价方程组(为什么)

$$7a_1 = m + 6, \quad 7a_k = 6(a_{k-1} + 1), 2 \leqslant k \leqslant n, \quad a_n = n. \tag{2}$$

(iii) 讨论 a_k 所应满足的整除性质. 为了求方程组(2)的正整数解,特别是关于 m,n 的正整数解,就需要利用整除性质来讨论方程组(2)中的各个关系式,得到整变数 n,m 和 $a_k(1\leqslant k\leqslant n)$ 所要满足的进一步条件. 由方程组(2)的第二式知

$$7 \mid 6(a_{k-1} + 1) = 7(a_{k-1} + 1) - (a_{k-1} + 1), \quad 2 \leqslant k \leqslant n,$$

所以(这里利用了第一章§2的例3)

$$7 \mid a_{k-1} + 1, \quad 2 \leqslant k \leqslant n. \tag{3}$$

因此,可令

$$a_{k-1} + 1 = 7(b_{k-1} + 1), \quad 2 \leqslant k \leqslant n, \tag{4}$$

其中 $b_{k-1}(2\leqslant k\leqslant n)$ 是非负整数. 由此及方程组(2)的第二式就推出

$$7b_{k-1} = 6b_{k-2}, \quad 3 \leqslant k \leqslant n. \tag{5}$$

若 $b_1\neq 0$,则由上式知 $b_k\neq 0(1\leqslant k\leqslant n-1)$,从而由上式即得(为什么)

$$7^{n-2}b_{n-1} = 6^{n-2}b_1, \quad n \geqslant 3. \tag{6}$$

同样,利用第一章§2的例3就推出 $7^{n-2}\mid b_1$ 及 $6^{n-2}\mid b_{n-1}(n\geqslant 3)$(为什么). 这表明 b_{n-1} 很大,因而 a_{n-1} 及 a_n 也很大. 但这显然是不可能的,因为条件 $a_n=n$ 控制了 a_n 的大小,由此会得到很强的限制. 为此,要做进一步定量讨论.

(iv) 解的定量讨论.

(a) 若 $b_1=0$,则由式(5)得 $b_2=b_3=\cdots=b_{n-1}=0$. 由此及式(3)和方程组(2)解得

$$a_1 = a_2 = \cdots = a_n = 6, \quad n = 6, \quad m = 36.$$

(b) 若 $b_1\geqslant 1$,由于(iii)中证明了 $6^{n-2}\mid b_{n-1}(n\geqslant 3)$,因此可设

$$b_{n-1} = 6^{n-2}t, \quad n \geqslant 3,$$

其中 t 是正整数. 利用式(4),(2)就推出

$$n = a_n = 6(b_{n-1} + 1) = 6^{n-1}t + 6 \geqslant 6^{n-1} + 6. \tag{7}$$

(v) 证明式(7)对任意的正整数 n 都不可能成立. 所以,这时方程组(2)没有满足这样条件的解. 我们来证明: 对任意的正整数 n,必有

$$n < 6^{n-1} + 6. \tag{8}$$

我们用反证法及最小自然数原理(当然,也可用归纳证明原理)来证明. 假定有正整数 n,使得上式不成立. 把由所有这样的正整数 n 组成的集合记为 S,即有

$$n \geqslant 6^{n-1} + 6, \quad n \in S. \tag{9}$$

由最小自然数原理知,非空集合 S 中必有一个最小的正整数,设为 n_0. 由于 1,2 均不属于 S,所以显然有 $n_0 > 2$. 由集合 S 的定义知,对所有的 $1 \leqslant n < n_0$,均有式(8)成立. 特别地,有

$$n_0 - 1 < 6^{n_0-2} + 6.$$

由此可得

$$6^{n_0-1} + 6 = 5 \cdot 6^{n_0-2} + 6^{n_0-2} + 6 > 5 \cdot 6^{n_0-2} + n_0 - 1 > n_0.$$

这表明: 当 $n = n_0$ 时,式(9)不成立. 这和 $n_0 \in S$ 矛盾. 证毕.

例 2([18.4])　求其和为 1976 的正整数之积的最大值.

解　将 1976 表示为若干个正整数之和:

$$1976 = x_1 + \cdots + x_k, \tag{1}$$

其中项数 k 及相加项 $x_1, \cdots, x_k$ 都是正整数. 因为 $1 \leqslant k \leqslant 1976$, $1 \leqslant x_j \leqslant 1976$, $1 \leqslant j \leqslant k$,所以这样的表示法只有有限种,并且相应的正整数的乘积 $x_1 \cdots x_k$ 也只取到有限个值,它们有上界. 例如: 显然有 $1 \leqslant x_1 \cdots x_k \leqslant 1976^{1976}$. 所以,根据最大自然数原理就推出: 这些乘积中必有一个最大值,设为 A,即存在正整数 t 及 $a_1, \cdots, a_t$,使得对任意满足式(1)的 k 及 $x_1, \cdots, x_k$,都有

$$1976 = a_1 + \cdots + a_t, \quad A = a_1 \cdots a_t \geqslant x_1 \cdots x_k. \tag{2}$$

下面要具体求出这样的正整数 t 及 $a_1, \cdots, a_t$.

求解的关键是以下三个简单事实(证明留给读者):

(i) 若 $x \geqslant 4$,则 $2(x-2) \geqslant x$,其中等号当且仅当 $x = 4$ 时成立;

(ii) 设 $x\geqslant 1$，则 $x+1\geqslant 1\cdot x$；

(iii) $2+2+2=3+3,2^3<3^2$.

首先，由它们可推出以下结论：若乘积 $a_1\cdots a_t$ 取最大值 A，则必可使其满足 $2\leqslant a_j\leqslant 3,1\leqslant j\leqslant t$. 我们用反证法证明这一结论.

如果有某个 $a_j=1$，不妨设 $a_t=1$，那么由(ii)知，数组 $a_1,\cdots,a_{t-2}$，$a_{t-1}+1$ 满足式(1)($k=t-1$)，且有

$$a_1\cdots a_{t-2}(a_{t-1}+1)>a_1\cdots a_t.$$

这和乘积 $a_1\cdots a_t$ 取最大值 A 矛盾.

如果有某个 $a_j>4$，不妨设 $a_t>4$，那么由(i)知，数组 $a_1,\cdots,a_{t-1}$，$a_t'=a_t-2,a_{t+1}'=2$ 满足式(1)($k=t+1$)，且有

$$a_1\cdots a_{t-1}a_t'a_{t+1}'=a_1\cdots a_{t-1}(a_t-2)\cdot 2>a_1\cdots a_t.$$

这和乘积 $a_1\cdots a_t$ 取最大值 A 矛盾.

当某个 $a_j=4$ 时，用两个 2 代替. 所以，结论成立.

现在来求满足式(2)的正整数 t 及 $a_1,\cdots,a_t$. 设这样的 $a_1,\cdots,a_t$ 中有 r 个 2，s 个 3，即 $1976=2r+3s,a_1\cdots a_t=2^r\cdot 3^s=A$. 由(iii)知 $2+2+2=3+3$ 及 $2^3<3^2$，所以必有 $r\leqslant 2$(为什么). 由此及 $1976=2r+3s$ 就推出(为什么)$r=1,s=658$，即取 $t=659,a_1=2,a_2=\cdots=a_{659}=3$，这时最大值为

$$A=2\cdot 3^{658}.$$

本题的特点是项数是可变的，所以不需要也不能利用几何平均数与算术平均数一类的不等式. 把 1976 代之以任意正整数 n，所得问题可以同样解决. 若任意固定项数 k，则是可讨论的一个问题.

例 3([33.1]) 求出所有满足如下条件的整数 a,b,c：

(i) $1<a<b<c$； (ii) $(a-1)(b-1)(c-1)\mid abc-1$.

解 约数的形式要尽量简单，以便于讨论. 为此，令

$$x=a-1,\quad y=b-1,\quad z=c-1.$$

我们有

$$(a-1)(b-1)(c-1)=xyz,$$

$$abc-1=xyz+xy+yz+zx+x+y+z.$$

这样，条件(i)，(ii)分别变为

$$1 \leqslant x < y < z,$$

$$xy + yz + zx + x + y + z = rxyz, \quad r \text{ 为正整数}.$$

上式左边当然是 yz 的倍数，而由条件 $1 \leqslant x < y < z$ 知，上式左边与 yz 相比不会太大. 粗略估计，有

$$yz < xy + yz + zx + x + y + z < 6yz.$$

因此，必有 $rx = 2,3,4$ 或 5. 由此，分情形就可解决本题. 但事实上，可得更精确的估计

$$\begin{aligned} yz &< xy + yz + zx + x + y + z = rxyz \\ &< yz + z(x+1) + y(x+2) < 3yz. \end{aligned}$$

因此，必有 $rx = 2$，即有

$$1 \leqslant x < y < z, \quad xy + yz + zx + x + y + z = 2yz, \quad rx = 2.$$

若 $x = 1, r = 2$，则得

$$1 < y < z, \quad 1 + 2y + 2z = yz.$$

由此得

$$2z > 1 + 2y = (y-2)z \geqslant z,$$

因此 $y = 3, z = 7$. 所以 $a = 2, b = 4, c = 8$.

若 $x = 2, r = 1$，类似可得 $a = 3, b = 5, c = 15$.

由本题可以看出：讨论和比较变数取值的大小是很重要的.

例 4([34.1])　设整数 $n > 1$，$f(x) = x^n + 5x^{n-1} + 3$. 证明：$f(x)$ 不能表示为两个次数都不低于一次的整系数多项式的乘积.

证　用反证法. 假设 $f(x)$ 可以这样表示，即设

$$f(x) = x^n + 5x^{n-1} + 3 = g(x)h(x), \tag{1}$$

其中整系数多项式 $g(x)$，$h(x)$ 分别为

$$\begin{aligned} g(x) &= x^l + a_{l-1}x^{l-1} + \cdots + a_1 x + a_0, \\ h(x) &= x^m + b_{m-1}x^{m-1} + \cdots + b_1 x + b_0, \end{aligned} \tag{2}$$

$$1 \leqslant l,\ 1 \leqslant m,\ l + m = n.$$

本题要利用整系数多项式做运算(特别是乘法运算)时系数的关系及整系数多项式整数根(或一般的有理根)的最简单性质.

以 c_k 表示 $f(x)$ 中 x^k 的系数，则由式(1)知乘积 $g(x)h(x)$ 中 x^k 的系数为

$$b_0a_k + b_1a_{k-1} + \cdots + b_{k-1}a_1 + b_ka_0 = c_k,\quad 0 \leqslant k \leqslant n, \tag{3}$$

这里约定 $a_l = b_m = 1$；当 $l < j$ 时，$a_j = 0$；当 $m < j$ 时，$b_j = 0$.

由于 c_k 的值是确定的，即

$$c_n = 1,\quad c_{n-1} = 5,\quad c_k = 0\ (1 \leqslant k \leqslant n-2),\quad c_0 = 3, \tag{4}$$

所以由式(3)确定的 a_k, b_k 的值要满足严格的条件. 这就是下面要讨论的.

(i) 由式(3)和(4)知 $a_0b_0 = 3$，因此可设(为什么)

$$a_0 = 1, b_0 = 3 \quad 或 \quad a_0 = -1, b_0 = -3. \tag{5}$$

此外，由 $f(\pm 1) \neq 0, f(\pm 3) \neq 0$(为什么)知 $g(\pm 1) \neq 0, h(\pm 3) \neq 0$. 由此，从式(5)得多项式 $g(x), h(x)$ 的次数均大于 2(为什么)，即

$$2 \leqslant l,\quad 2 \leqslant m,\quad 4 \leqslant n. \tag{6}$$

(ii) 当 $1 \leqslant k \leqslant n-2$ 时，由式(3)，(4)知乘积 $g(x)h(x)$ 中 x^k 的系数为

$$b_0a_k + b_1a_{k-1} + \cdots + b_{k-1}a_1 + b_ka_0 = c_k = 0. \tag{7}$$

具体写出 $k = 1, 2, \cdots, n-2$ 时的各式，可得(注意 $a_0 = \pm 1$)，

$$\begin{aligned}
&b_0a_1 + b_1a_0 = 0,\\
&b_0a_2 + b_1a_1 + b_2a_0 = 0,\\
&b_0a_3 + b_1a_2 + b_2a_1 + b_3a_0 = 0,\\
&\cdots\cdots\\
&b_0a_{n-2} + b_1a_{n-3} + \cdots + b_{n-3}a_1 + b_{n-2}a_0 = 0,
\end{aligned}$$

即

$$\begin{aligned}
&\pm b_1 = b_0a_1,\\
&\pm b_2 = b_0a_2 + b_1a_1,\\
&\pm b_3 = b_0a_3 + b_1a_2 + b_2a_1,\\
&\cdots\cdots\\
&\pm b_{n-2} = b_0a_{n-2} + b_1a_{n-3} + \cdots + b_{n-3}a_1.
\end{aligned}$$

由此及 $b_0 = \pm 3$，利用整除性质可依次推出(为什么)

$$3 \mid b_1,\quad 3 \mid b_2,\quad \cdots,\quad 3 \mid b_{n-2}.$$

由此及 $b_m = 1$ 知

$$n - 2 < m,\quad l = n - m < 2.$$

这和式(6)矛盾. 证毕.

例 5([25.6])　设 a,b,c,d 均是正奇数,且满足 $a<b<c<d$, $ad=bc$. 证明:若有正整数 k,m,使得 $a+d=2^k$, $b+c=2^m$,则 $a=1$.

证　本题给出的正奇数 $a,b,c,d(a<b<c<d)$ 满足非常严格的条件

$$ad=bc,\quad a+d=2^k,\quad b+c=2^m. \tag{1}$$

但这些条件并不很方便讨论,我们要由此导出便于用整除性来讨论的条件.

(i) 进一步确定这些数量的基本的大小关系. 由条件容易看出

$$a\geqslant 1,\quad b\geqslant 3,\quad c\geqslant 5,\quad d\geqslant 7,$$

所以

$$b+c\geqslant 8,\quad m\geqslant 3;\quad a+d\geqslant 8,\quad k\geqslant 3. \tag{2}$$

但是,我们还不能断定 m 和 k,或者 $b+c$ 和 $a+d$,哪个大,哪个小[这在后面推出式(4)中要用到]. 由条件知 $d-a>c-b>0$, $(d-a)^2>(c-b)^2$. 由此及条件 $ad=bc$ 就推出 $(d+a)^2>(c+b)^2$,即有

$$a+d>b+c.$$

由此及式(2),(1)得到解本题的重要数量关系

$$k>m\geqslant 3. \tag{3}$$

(ii) 由式(1),(3)可得

$$\begin{aligned}a(2^k-a)&=b(2^m-b),\\ b^2-a^2&=2^mb-2^ka=2^m(b-a\cdot 2^{k-m}),\end{aligned} \tag{4}$$

其中 2^{k-m} 是 2 的正整数幂. 这样,我们就可利用整除性质来做进一步讨论.

由于 a,b 都是奇数,所以 $(b+a)/2$, $(b-a)/2$ 都是整数. 因此,式(4)中后一式可表示为

$$((b+a)/2)((b-a)/2)=2^{m-2}(b-a\cdot 2^{k-m}). \tag{5}$$

由 $m\geqslant 3$ 知,2^{m-2} 是 2 的正整数幂. 此外,已知 2^{k-m} 也是 2 的正整数幂. 注意到 $(b+a)/2$, $(b-a)/2$ 之和等于 a(是奇数),所以它们一定是一奇一偶的. 由第一章§2 的例 2(ii)知,2^{m-2} 一定整除它们中为偶数的那一个. 但是,要直接确定 $(b+a)/2$, $(b-a)/2$ 的奇偶性并不容易,这是本

题的又一个难点.

注意到$(b+a)/2,(b-a)/2$中有且仅有一个被2^{m-2}整除,以及一个正整数r的正因数t一定不超过r[见第一章§2的定理1(vi)],如果能证明

$$(b-a)/2<2^{m-2}, \tag{6}$$

那么就推出2^{m-2}一定整除$(b+a)/2$.这就又要利用上面已经讨论过的大小关系.

(iii) 式(6)的证明.由条件$a<b<c<d$及$b+c=2^m$知

$$(b-a)/2<b/2<(b+c)/4=2^{m-2}.$$

(iv) 由条件$b+a<b+c=2^m$及2^{m-2}整除$(b+a)/2$就推出

$$2^{m-1}=b+a,$$

进而利用式(3)及上式得

$$(b-a)/2=(b-a\cdot 2^{k-m}),\quad b=(2^{k-m+1}-1)a,\quad a=2^{2m-k-2}.$$

由于a是奇数,所以

$$2m-k-2=0,\quad a=1,\quad k=2m-2.$$

此外,可得

$$b=2^{m-1}-1,\quad c=2^{m-1}+1,\quad d=2^{2m-2}-1.$$

证毕.

例6([47.4]) 求所有的整数对$\{x,y\}$,使得$1+2^x+2^{2x+1}=y^2$.

解 先排除简单情形.x不能是负整数(为什么).当$x=0$时,$y=\pm 1$.下面讨论$x\geqslant 1$的情形.

(i) y必为奇数,所以y^2为形如$8k+1$的正整数.由此推出$x\geqslant 3$(为什么).以下先假定y为正的.

(ii) 把方程$1+2^x+2^{2x+1}=y^2$改写为

$$2^x(1+2^{x+1})=(y-1)(y+1),$$

即
$$2^{x-2}(1+2^{x+1})=((y-1)/2)((y+1)/2).$$

由于正整数$(y-1)/2$和$(y+1)/2$之差等于1,所以它们必是一奇一偶的.

(iii) 若$(y-1)/2$为偶数,则2^{x-2}整除$(y-1)/2$(为什么),从而可设$(y-1)/2=2^{x-2}n$,其中n为正奇数.因此$(y+1)/2=2^{x-2}n+1$.由此

及(ii)知

$$2^{x-2}n(2^{x-2}n+1)=2^{x-2}(1+2^{x+1}),$$

即
$$n(2^{x-2}n+1)=1+2^{x+1},$$

从而
$$n-1=2^{x-2}(8-n^2).$$

上式是不可能成立的,因为这要求 $8-n^2\geqslant 0$(为什么),从而必有 $n=1$ 或 2,它们都不满足上式.

(iv) 若 $(y+1)/2$ 为奇数,则 2^{x-2} 整除 $(y+1)/2$(为什么),从而可设 $(y+1)/2=2^{x-2}n$,其中 n 为正奇数.因此 $(y-1)/2=2^{x-2}n-1$.由此及(ii)知

$$2^{x-2}n(2^{x-2}n-1)=2^{x-2}(1+2^{x+1}),$$

即
$$n(2^{x-2}n-1)=1+2^{x+1},$$

从而
$$n+1=2^{x-2}(n^2-8).$$

由于 $2^{x-2}(n^2-8)\geqslant 2(n^2-8)>0$,所以 n 仅可取 3(为什么),得

$$x=4,\quad y=23.$$

(v) 综合以上讨论,全部整数对为 $\{x,y\}$:

$$x=0,y=\pm 2;\quad x=4,y=\pm 23.$$

例 7([43.4])　设正整数 $n>1$,它的全部正因数为 $d_1,d_2,\cdots,d_k$,满足 $1=d_1<d_2<\cdots<d_k=n$;再设

$$D=d_1d_2+d_2d_3+\cdots+d_{k-1}d_k.$$

(i) 证明:$D<n^2$;　　(ii) 确定所有的 n,使得 $D\mid n^2$.

解　利用第一章§1,§2 的知识可以证明(i).(i)的证明要利用正整数 n 的因数的基本性质:若 $d_1,d_2,\cdots,d_k$ 是 n 的全部(正)因数,则 $n/d_1,n/d_2,\cdots,n/d_k$ 也是 n 的全部(正)因数,且当 $1=d_1<d_2<\cdots<d_k=n$ 时,有 $d_j=n/d_{k-j+1}$(见第一章§2 的定理 2).由这一性质及题目条件可得

$$\begin{aligned}n^2/d_2=n^2/(d_1d_2)&\leqslant D=d_1d_2+d_2d_3+\cdots+d_{k-1}d_k\\&=n^2(1/(d_{k-1}d_k)+1/(d_{k-2}d_{k-1})+\cdots+1/(d_1d_2))\\&\leqslant n^2((1/d_{k-1}-1/d_k)+(1/d_{k-2}-1/d_{k-1})\\&\quad+\cdots+(1/d_1-1/d_2))\\&=n^2(1/d_1-1/d_k)=n^2(1-1/n)=n^2-n.\end{aligned}$$

这就证明了(i).上式的第一个不等式中当且仅当 $k=2$ 时等号成立,即 n 的全部正因数是 1 和 n 本身,亦即 n 是素数.此外,上式的第二个不等式中当且仅当 $n=2$ 时等号成立(为什么).

关于如何求解(ii)的分析:不利用第一章§5关于整除理论的内容是不能求解(ii)的.我们来分析、说明这一点.在(i)的证明中已指出

$$n^2/d_2 \leqslant D \leqslant n^2-n. \tag{1}$$

若 $D\mid n^2$,则由上式知必须满足

$$n^2=qD, \quad 1<q\leqslant d_2. \tag{2}$$

(a) 这里的 d_2 是 n 的大于 1 的最小因数,所以 d_2 除了 1 及其本身 d_2 之外,不能有别的正因数(因为若 d_2 有正因数 $d\neq 1,d_2$,则 d 一定也是 n 的正因数,这和假设矛盾).这种数就是第一章§2的2.2小节所定义的素数.当然,d_2 也是 n^2 的素因数.

(b) 同理,n^2 的大于 1 的最小因数也必是素数.从直觉上看,它也应该是 n 的因数,所以 n^2 不应该有比 d_2 更小的大于 1 的因数.如果是这样,那么由式(2)就应该推出

$$q=d_2. \tag{3}$$

这就是说,式(1)的第二个不等式中的等号成立.(i)的证明已指出:这时 $k=2$,n 的全部正因数是 1 和 n 本身,即使得 $D\mid n^2$ 成立的所有 n 就是全部素数.但式(3)是要严格证明的.这就是第一章§5的定理1所证明的结论.

这些看来挺显然的"结论",却需要"整除理论"才能得到.在数学中,你所做出的任一断言,必须要有严格的、符合逻辑的证明,不能认为是"显然成立".以上分析是很重要的,可以看出进一步讨论的方向,也可以使我们清楚地了解理论的逻辑结构.

例8([35.4]) 求出所有的正整数对 $\{m,n\}$,使得 $mn-1\mid n^3+1$.

解 在本题所给的形式中,m,n 是不对称的,这给解题带来了困难.注意到 m,n 均和 $mn-1$ 互素,这样利用例1([9.6])的解法分析,通过代数式运算,可以得到与 $mn-1\mid n^3+1$ 等价的整除关系,从而证明 m,n 实质上是对称的.

(i) 由于 $mn+(-1)(mn-1)=1$,由例1([9.6])的解法分析知

$$mn-1\mid n^3+1 \text{ 的充要条件是 } mn-1\mid m^s n^t(n^3+1). \tag{1}$$

取 $s=3, t=0$，注意到

$$m^3(n^3+1)=m^3n^3-1+m^3+1, \tag{2}$$

利用整除的基本性质[第一章 § 2 的定理 1(vii)]“设 $b=qa+c, a\neq 0$，则 $a\mid b$ 的充要条件是 $a\mid c$”，由结论(1)和式(2)就推出

$$mn-1\mid n^3+1 \text{ 的充要条件是 } mn-1\mid m^3+1.$$

事实上，可以证明以下四个条件是两两等价的(证明留给读者)：

$$mn-1\mid n^3+1,\quad mn-1\mid n^2+m,$$

$$mn-1\mid m^2+n,\quad mn-1\mid m^3+1.$$

因此，若 $\{m,n\}$ 是解(即满足要求的正整数对)，则 $\{n,m\}$ 也是解，即 m，n 是对称的. 故可设

$$1\leqslant n\leqslant m.$$

(ii) 由直接验证知(为什么)，当 $n=1$ 时，仅有解 $\{m,n\}=\{2,1\}$，$\{3,1\}$；当 $n=m$ 时，仅有解 $\{m,n\}=\{2,2\}$.

(iii) 当 $2\leqslant n<m$ 时，利用 $mn-1\mid n^2+m$ 及

$$n^3+1=(n-1)(n^2+m)-(mn-n^2-m-1),$$

由整除的基本性质推出

$$mn-1\mid n^3+1 \text{ 的充要条件是 } mn-1\mid mn-n^2-m-1.$$

这时有(这是解本题的又一关键)

$$-(mn-1)<mn-n^2-m-1<mn-1.$$

利用第一章 § 2 的定理 1(vi)，由以上两式就推出 $mn-1\mid n^3+1$ 当且仅当

$$mn-n^2-m-1=0,\quad \text{即}\quad m=(n+1)+2/(n-1).$$

所以，有且仅有解

$$\{m,n\}=\{5,2\},\{5,3\}.$$

(iv) 全部解是：$\{m,n\}=\{2,1\},\{3,1\},\{2,2\},\{5,2\},\{5,3\}$.

本题的解法有一般性意义：设 A 和 B 是包含一些参数的整系数多元多项式，满足 $A\mid B$，要求出所包含参数的值(本题就是 $A=mn-1$，$B=n^3+1$).

解法的思想是：给 B 找一个如下形式的表达式：

$$B = QA + R,$$

其中 Q 和 R 也是包含一些参数的整系数多元多项式[本题就是 $Q=n-1, R=-(mn-n^2-m-1)$],使得

$$|R| < |A|.$$

从第一章§2 的定理 1(vi)就推出

$$R = 0,$$

由此就可解出参数的值.这一方法可解决一些看起来很困难的问题.在应用时,当然会有一些技巧问题要处理,有时是很复杂的.这些将在"带余数除法的应用"这部分进一步讨论.

例 9([47.5]) 设 $P(x)$是 $n(n>1)$次整系数多项式,k 是正整数.考虑迭代多项式 $Q(x)=P(P(\cdots P(P(x))\cdots))$,其中 P 出现 k 次.证明:最多存在 n 个整数 t,使得 $Q(t)=t$.

证 满足 $f(a)=a$ 的 a 称为 f 的不动点,即 a 是 $f(x)-x$ 的根.通常称 $Q(x)$是 $P(x)$的 k 次迭代,记作 $P_{(k)}(x)$.对任意的正整数 k,本题要证明:$n(n>1)$次整系数多项式 $P(x)$的 k 次迭代 $P_{(k)}(x)$至多有 n 个不动点是整数.显然,有

$$P_{(k)}(x) = P(P_{(k-1)}(x)) = P_{(k-1)}(P(x))$$

及

$$P_{(k)}(x) = P_{(j)}(P_{(k-j)}(x)). \tag{1}$$

(i) 显见,$P(x)$的不动点一定是 $P_{(k)}(x)$的不动点.由 n 次整系数多项式 $P(x)-x$ 至多有 n 个整数根知,结论对 $k=1$ 成立.

当 $k\geqslant 2$ 时,$P_{(k)}(x)$是 n^k 次整系数多项式,情况变得复杂,这就要进一步讨论迭代多项式不动点的性质,并利用整系数多项式的性质.若 $P_{(k)}(x)(k\geqslant 2)$的不动点都是 $P(x)$的不动点,则结论成立.所以,只要讨论 $P_{(k)}(x)$有不动点 a,而 a 不是 $P(x)$的不动点的情形.

(ii) 设 a 是 $P_{(k)}(x)$的不动点,而不是 $P(x)$的不动点.记 $a_0=a$.我们来考查整数列

$$a_0,\ a_1 = P(a_0) \neq a_0,\ a_2 = P(a_1),\ a_3 = P(a_2),\ \cdots,$$
$$a_j = P(a_{j-1}),\ a_{j+1} = P(a_j),\ \cdots. \tag{2}$$

显见 $a_j=P_{(j)}(a_0)(j\geqslant 1)$.由 $a_0=P_{(k)}(a_0)$及式(1)推出:数列(2)一定是周期为 k 的循环整数列,即 $a_j=a_{j+k}(j\geqslant 0)$.因此,这个数列仅取有限个

值,且至少取两个不同的值.这个数列的前 k 个值是 $a_0,a_1,a_2,\cdots,a_{k-1}$,以后的值依次循环:$a_k=P(a_{k-1})=P_{(k)}(a_0)=a_0,a_{k+1}=P(a_k)=P(a_0)=a_1,\cdots$.由于 a 不是 $P(x)$的不动点,故必有 $a_j\neq a_{j+1},j\geqslant 0$(为什么).

(iii) 在(ii)的条件下,a 一定是 $P_{(2)}(x)=P(P(x))$的不动点,这等价于数列(2)的周期为 2,交错地取两个整数 a_0,a_1.这一点是证明的关键,它需要巧用整系数多项式的整除性质(见第一章 § 2 的例 4):

$$设\ u,v\ 是两个不同的整数,则\ u-v\mid P(u)-P(v). \tag{3}$$

由于 $a_j\neq a_{j+1}(j\geqslant 0)$,所以有

$$a_{j+1}-a_j\mid P(a_{j+1})-P(a_j)=a_{j+2}-a_{j+1}\neq 0,\quad j\geqslant 0.$$

因此,以下的 $k+1$ 项,后一项一定被前一项整除:

$$a_1-a_0,\ a_2-a_1,\ a_3-a_2,\ \cdots,\ a_k-a_{k-1},\ a_{k+1}-a_k=a_1-a_0.$$

由于首尾两项相等,推出[见第一章 § 2 的定理 1(v)]

$$a_{j+1}-a_j\ 的绝对值均相等,\quad j\geqslant 0. \tag{4}$$

设 a_l 是数列(2)中取到最小值的一项,则由式(4)知(当 $l=0$ 时,可改取 $l=k$)

$$a_{l+1}-a_l=a_{l-1}-a_l,\quad a_{l+1}=a_{l-1},$$

即

$$P(a_{l-1})=a_l,\quad a_{l+1}=P(a_l)=a_{l-1},$$
$$a_{l+2}=P(a_{l+1})=P(a_{l-1})=a_l,\quad \cdots.$$

因此,从项 a_{l-1} 开始数列(2)就交错取 a_{l-1} 和 a_l 两个值,进而由数列(2)是循环的就推出:整个数列一定也是交错地取 a_{l-1} 和 a_l,即取 a_0 和 a_1(可能次序不同).所以

$$P(a_0)=a_1,P(a_1)=a_0,\quad 即\quad P(P(a_0))=a_0,$$

这就证明了我们的结论.因此,只要对 2 次迭代 $P(P(x))$来证明即可.

(iv) 在(ii)的条件下,设 $P(a_0)=a_1,P(a_1)=a_0,a_1\neq a_0$;再设 b_0 是 $P(P(x))$的任一整数不动点(可以是 $P(x)$的不动点),$P(b_0)=b_1$,$P(b_1)=b_0$.我们来证明必有 $b_0+b_1=a_0+a_1$.

若 $b_0=a_0$ 或 a_1,则结论成立.现设 $b_0\neq a_0$ 或 a_1.由整除性质(3)知

$$b_0-a_0\mid P(b_0)-P(a_0)=b_1-a_1,$$
$$b_1-a_1\mid P(b_1)-P(a_1)=b_0-a_0,$$

$$b_0 - a_1 | P(b_0) - P(a_1) = b_1 - a_0,$$
$$b_1 - a_0 | P(b_1) - P(a_0) = b_0 - a_1,$$

因此有

$$b_0 - a_0 = \pm (b_1 - a_1), \quad b_0 - a_1 = \pm (b_1 - a_0).$$

上两式不能同时取“+”号,若不然,则推出 $a_0 = a_1$,矛盾. 因此,至少有一式取“−”号. 这就推出 $b_0 + b_1 = a_0 + a_1$.

(v) 由(iv)就推出:$P(P(x))$的任一整数不动点一定是整系数多项式 $P(x)+x-(a_0+a_1)$的根(为什么). 这是一个 n 次整系数多项式,它的根不超过 n 个. 证毕.

需利用不动点思想求解的试题还有下面的例 10([37.3]).

例 10([37.3]) 设 S 是由全体非负整数组成的集合. 求出所有定义在 S 上的函数 $f(m)$:它在 S 中取值,且对所有的 $m,n\in S$,满足

$$f(m+f(n))=f(f(m))+f(n).$$

解 下面简单列出解法的步骤:

(i) $f(f(0))=f(0+f(0))=f(f(0))+f(0)$

$$\Rightarrow f(0)=0$$
$$\Rightarrow f(f(m))=f(m)$$
$$\Rightarrow f(m+f(n))=f(m)+f(n),$$
$$f(m+f(n)) = f(f(m)) + f(n)$$
$$\Leftrightarrow f(m+f(n)) = f(m) + f(n), f(0) = 0.$$

(ii) $f(2f(m))=2f(m)$. 由数学归纳法得 $f(kf(m))=kf(m), k\geqslant 0$.

(iii) 由 $f(f(m))=f(m)$知,函数 $f(m)$有不动点,且所有的不动点就是 $f(m)$所取的全部值.

(iv) 若 $f(m)\equiv 0$,显然满足要求. 若不然,设 $a(a\geqslant 1)$是 $f(m)$的最小不动点(即 $f(m)$所取的最小正整数值),即 $f(a)=a, f(r)\neq r, 1\leqslant r<a$.

(v) 若 $a=1$,则 $f(m)=f(mf(1))=mf(1)=m$,显然满足要求.

若 $a>1$,设 $m=ka+r, 0\leqslant r<a$,则(这里用了第一章§3 的带余数除法)

$$f(m) = f(r+ka) = f(r+kf(a)) = f(r+f(kf(a)))$$
$$= f(r) + f(kf(a)) = f(r) + ka,$$

m 是 $f(m)$ 的不动点 $\Longleftrightarrow r=f(r), 0\leqslant r<a \Longleftrightarrow r=0$，即 $m=ka$. 由于 $f(m)$ 是 $f(m)$ 的不动点，所以 $f(m)=g(m)a$，其中 $g(ka)=k$. 因此

$$f(m)=ka+f(r)=ka+g(r)a=([m/a]+g(r))a,$$

其中 $g(0)=0$，$g(r)(1\leqslant r<a)$ 可任意选取.

例 11([19.3])　设 $n(n>2)$ 是给定的正整数，集合

$$V_n=\{kn+1: k=1,2,\cdots\}.$$

一个数 $m\in V_n$ 称为 V_n 中的不可约数，如果不存在 $p,q\in V_n$，使得 $m=pq$. 证明：存在 $r\in V_n$，它可用多于一种方式表示为 V_n 中不可约数的乘积.

本题说明了：正整数表示为"素数"乘积时的唯一性并不是一定成立的性质. 在某种整数集合中，这样的性质就不成立. 这种例子很多，在附录二中也给出了这样的例子.

证　先指出在集合 V_n 中一定成立的三个简单事实：

(i) V_n 中任意两个数的乘积仍属于 V_n；

(ii) 任一形如 $kn-1$ 的数一定不属于 V_n(若 $kn-1$ 属于 V_n，则有 $k'\geqslant 1$，使得 $kn-1=k'n+1$，即 $(k-k')n=2$. 这与 $n>2$ 矛盾)；

(iii) 任意两个形如 $kn-1\ (k\geqslant 1)$ 的数的乘积一定属于 V_n.

我们的想法是具体找一个 V_n 中的数，它满足条件：(a) 可用两种不同方式表示为 V_n 中数的乘积；(b) 这两种乘积的数都是 V_n 中的不可约数. 为了满足(b)，我们应该取满足条件(a)的尽可能小的数. 由以上的简单事实知，可考虑取 $r=(n-1)^2(2n-1)^2$.

下面我们用两种不同的方法来证明：$r=(n-1)^2(2n-1)^2$ 可用两种不同方式表示为 V_n 中不可约数的乘积.

证法 1　我们有

$$\begin{aligned} r&=(n-1)^2(2n-1)^2=(n-1)^2\cdot(2n-1)^2\\ &=(n-1)(2n-1)\cdot(n-1)(2n-1). \end{aligned}\tag{1}$$

显见，$(n-1)^2$，$(2n-1)^2$，$(n-1)(2n-1)$ 都是 V_n 中不同的数(为什么). 因此，如果能证明 $(n-1)^2$，$(2n-1)^2$，$(n-1)(2n-1)$ 都是 V_n 中的不可约数，那么就证明了所要的结论.

(i) 显然，$(n-1)^2$ 是 V_n 中的不可约数，因为不可能有正整数 k_1，k_2，使得

$$(n-1)^2=(k_1n+1)(k_2n+1).$$

(ii) 若$(2n-1)^2$不是 V_n 中的不可约数，则它仅可表示为(为什么)

$$(2n-1)^2=(n+1)^2,(n+1)(2n+1),(n+1)(3n+1)\text{或}(n+1)^3.$$

注意到 $n>2$，容易验证上式的第一、二、四式都不可能成立，而当且仅当 $n=8$ 时，才有

$$(2n-1)^2=(n+1)(3n+1),$$

即$(2n-1)^2$不是 V_n 中的不可约数.

(iii) 若$(n-1)(2n-1)$不是 V_n 中的不可约数，则它仅可表示为(为什么)

$$(n-1)(2n-1)=(n+1)^2,$$

而这当且仅当 $n=5$ 时才成立，即当且仅当 $n=5$ 时$(n-1)(2n-1)$不是 V_n 中的不可约数.

由以上讨论知，当 $n\neq 5,8$ 时，式(1)就给出了$(n-1)^2(2n-1)^2$ 表示为 V_n 中不可约数的乘积的两种不同方式. 当 $n=5$ 时，4^2，9^2，6 是 V_n 中的不可约数，

$$r=(n-1)^2(2n-1)^2=4^2\cdot 9^2=6\cdot 6\cdot 6\cdot 6$$

给出了 r 表示为 V_n 中不可约数的乘积的两种不同方式. 当 $n=8$ 时，7^2，9，25，105 是 V_n 中的不可约数，而

$$r=(n-1)^2(2n-1)^2=7^2\cdot 15^2=7^2\cdot 9\cdot 25=105\cdot 105,$$

容易验证其中后两式就是 r 表示为 V_n 中不可约数的乘积的两种不同方式.

证法 2 这是一个理论性较强的证明. 类似于在正整数中，每个大于 1 的数必可表示为素数的乘积(见第一章 §2 的定理 5)，可完全同样证明(留给读者)：

$$V_n\text{ 中的数必可表示为 }V_n\text{ 中不可约数的乘积.}\tag{1}$$

我们仍考虑 $r=(n-1)^2(2n-1)^2$. $(n-1)^2$，$(2n-1)^2$，$(n-1)(2n-1)$都是 V_n 中不同的数，且$(n-1)^2$ 是 V_n 中的不可约数. 由结论(1)知，我们一定有表达式

$(2n-1)^2=p_1\cdots p_r$,　　　$p_i(1\leqslant i\leqslant r)$是$V_n$中的不可约数;

$(n-1)(2n-1)=q_1\cdots q_s$,　$q_j(1\leqslant j\leqslant s)$是$V_n$中的不可约数.

由于$(n-1)^2$不整除$(n-1)(2n-1)$(为什么),所以V_n中的不可约数$(n-1)^2$不等于任一$q_j(1\leqslant j\leqslant s)$.因此

$$r=(n-1)^2(2n-1)^2=(n-1)^2p_1\cdots p_r=q_1^2\cdots q_s^2,$$

这就给出r表示为V_n中不可约数的乘积的两种不同方式.

例12([28.6])　设正整数$n\geqslant 2$.证明:如果当$0\leqslant k\leqslant\sqrt{n/3}$时,$k^2+k+n$都是素数,则当$0\leqslant k\leqslant n-2$时,$k^2+k+n$也都是素数.

证　设$f(k)=k^2+k+n$.本题就是要证明其逆否命题:若存在某个$k(0\leqslant k\leqslant n-2)$,使得$f(k)$不是素数,则定有一个$k_0(0\leqslant k_0\leqslant\sqrt{n/3})$,使得$f(k_0)$不是素数.也就是说,设由所有使得$f(k)$不是素数的$k(0\leqslant k\leqslant n-2)$组成的集合为$S$,如果$S$不是空集,那么$S$中的最小整数$k_0$必满足$0\leqslant k_0\leqslant\sqrt{n/3}$.

(i) 这样,问题就是要从$f(k_0)$不是素数出发来估计这最小的k_0的大小.这就需要有关多项式$f(k)$的因数和自变数k之间关系的性质.整系数多项式的最重要、最基本的整除性质就是第一章§2的例4.解本题的关键除了巧妙地利用这一性质和素数的定义之外,还需要利用特殊多项式的特殊整除性质.下面先对此做一讨论.

以$\mathbf{Z}[x]$表示由所有一元整系数多项式所组成的集合:

$$\mathbf{Z}[x]=\{g(x)=a_nx^n+a_{n-1}x^{n-1}+\cdots+a_jx^j+\cdots+a_1x+a_0:\ a_j\in\mathbf{Z},0\leqslant j\leqslant n,n\geqslant 0\}.$$

我们有

$$\begin{aligned}g(y)-g(x)&=(a_ny^n+a_{n-1}y^{n-1}+\cdots+a_jy^j+\cdots+a_1y+a_0)\\&\quad-(a_nx^n+a_{n-1}x^{n-1}+\cdots+a_jx^j+\cdots+a_1x+a_0)\\&=a_n(y^n-x^n)+a_{n-1}(y^{n-1}-x^{n-1})+\cdots\\&\quad+a_j(y^j-x^j)+\cdots+a_1(y-x)\\&=(y-x)h(x,y),\end{aligned}$$

其中$h(x,y)\in\mathbf{Z}[x,y]$,$\mathbf{Z}[x,y]$是二元整系数多项式组成的集合.当x,y是整变数时,有

(a) $y-x \mid g(y)-g(x)$；　　(b) $h(x,y) \mid g(y)-g(x)$.

(a)就是常用的多项式的一般整除性质(见第一章§2的例4).这样的关系易于推广至多元整系数多项式.

对特殊的整系数多项式,它和其自变数之间在整除性上会有特殊的关系,也就是(b)所刻画的关系,这要由 $h(x,y)$ 来决定.这是很重要的.例如:对 $f(x)=x^2+x+n$,有

$$f(x)-f(y)=(x-y)(x+y+1),$$

所以

$$x+y+1 \mid f(x)-f(y).$$

当 $a \mid x+y+1$ 时,有 $a \mid f(x)-f(y)$.进一步,若还有 $a \mid f(x)$,则推出 $a \mid f(y)$.

下面来具体分析多项式 $f(k)=k^2+k+n$ 的因数的特性.

(ii) 由

$$n=f(0)\leqslant f(k)=k^2+k+n<f(n-1)=n^2,\quad 0\leqslant k\leqslant n-2$$

可看出:(a) $f(n-1)$一定是合数;(b) 当 $0\leqslant k\leqslant n-2$ 时,$f(k)$是合数的充要条件是 $f(k)$有因数 $d(1<d<n)$(见第一章§2的定理3).

(iii) 多项式 $f(k)$的整除性质.设 $x>y$.由

$$f(x)-f(y)=(x-y)(x+y+1)$$

可以看出:(a) 若 $d \mid f(x)$,$d \mid x-y$,则 $d \mid f(y)$;(b) 若 $d \mid f(x)$,$d \mid x+y+1$,则 $d \mid f(y)$(这是多项式 $f(k)$的特殊整除性质).无论是(a)还是(b),我们都可适当控制 y 的大小的选取,在(a)中可取 $y=x-sd$,在(b)中可取 $y=-(x+1)+td$.

(iv) 若集合 S 不是空集,设 k_0 是集合 S 中使 $f(k)$不是素数的最小的 k.设

$$f(k_0)=p_0a,$$

其中 p_0 是 $f(k_0)$的最小素因数.显然,有

$$p_0\leqslant a,\quad p_0^2\leqslant f(k_0)<n^2.$$

利用(iii)就可以讨论 k_0 和 p_0 的大小关系,即由 p_0 可控制 k_0 的大小,而由 $p_0^2\leqslant f(k_0)$可估计 p_0 的上界,因此就得到了 k_0 的上界估计.这就是解本题的思路.

(v) 必有 $k_0<p_0$.用反证法.由(iii)中的(a)知,若 $k_0\geqslant p_0$,则由

$$p_0 \mid f(k_0), \quad p_0 \mid k_0 - (k_0 - p_0)$$

可推出 $p_0 \mid f(k_0 - p_0)$. 因此，由(iv)及(ii)中的(b)知 $f(k_0 - p_0)$是合数. 但是，这时有 $0 \leqslant k_0 - p_0 < k_0$. 这和 k_0 的最小性矛盾.

(vi) 必有 $k_0 \leqslant (p_0 - 1)/2$. 用反证法. 由(iii)中的(b)知，若 $k_0 > (p_0 - 1)/2$，则由

$$p_0 \mid f(k_0), \quad p_0 \mid k_0 + (p_0 - 1 - k_0) + 1$$

可推出 $p_0 \mid f(p_0 - 1 - k_0)$. 因此，由(iv)及(ii)中的(b)知 $f(p_0 - 1 - k_0)$是合数. 但是，这时有 $0 \leqslant p_0 - 1 - k_0 < k_0$. 这和 k_0 的最小性矛盾.

(vii) 由(iv)及(vi)知

$$p_0^2 \leqslant f(k_0) \leqslant f((p_0 - 1)/2) = n + (p_0^2 - 1)/4,$$

因而有 $3p_0^2 \leqslant 4n - 1$ 及 $p_0 < 2(n/3)^{1/2}$. 由此及(vi)就推出所要的结论. 证毕.

这是IMO难得的最好的试题之一，它只需用到很少的概念和知识，但需要很强的分析问题能力、逻辑推理能力及巧妙应用这些概念和知识的能力.

此外，本题还有深刻的理论背景. Euler首先发现：对某些正整数 n，当 $0 \leqslant k \leqslant n-2$ 时，多项式 $f(k) = k^2 + k + n$ 总取素数值. 例如：$n = 2, 3, 5, 11, 7, 41$ 就是这样的正整数. 这样，很自然地会问：对怎样的 n，多项式 $f(k)$具有这样的性质？这是历史上著名的数论问题，它与虚二次域的类数有关，已在1905年由G. Rabinovitch解决. 他证明了当且仅当 n 是上述六个数时，多项式 $f(k)$具有这样的性质. 这已超出初等数论的范围，有关内容可参看文献[17]第九章的§9.3(那里考虑的多项式是 $k^2 - k + n$，两者是一样的).

以下试题要用到第一章的§3中带余数除法的内容，共12道试题. 灵活应用带余数除法(包括多项式的带余除法)及辗转相除法是解与初等数论有关试题的最重要的思想、方法.

以下4道试题是基本应用.

例13([17.2])　设 $a_1 < a_2 < a_3 < \cdots$ 是一个无穷正整数列. 证明：这个数列中必有无穷多个 a_m 可表示为 $a_m = xa_p + ya_q$，这里 x, y 是适当的正整数，a_p, a_q 是这个数列中的某两个数，$p \neq q$.

证 利用带余数除法，一定存在 $a_p>1$，使得

$$a_j = q_j a_p + r_j,\quad 0\leqslant r_j < a_p, j\geqslant 1.$$

由于 r_j 只能取有限个值，所以必有无穷多个 a_j 取的余数 r_j 都相同. 故可取到无穷递增子数列

$$a_{11},\ a_{12},\ \cdots,\ a_{1j},\ \cdots,$$

它们被 a_p 除后的余数均相等，且 $a_{11}>a_p$. 所以，我们有

$$a_{1j} - q_{1j}a_p = a_{11} - q_{11}a_p,\quad j\geqslant 2.$$

现取 $a_q=a_{11}$，$x_j=q_{1j}-q_{11}$，即得

$$a_{1j} = x_j a_p + a_q,\quad j\geqslant 2, x_j \text{ 为正整数(为什么)}.$$

这样，a_{12}，…，a_{1j}，…即为所要找的无穷多个数. 证毕.

本题还有其他证法，但这可能是最简单的.

例 14([13.3]) 证明：在数列 $2^n-3(n=2,3,\cdots)$ 中必可取出一个无穷子数列，使得其中的数两两互素.

证 (i) 对任意的奇数 a，必有 $d\geqslant 2$，使得 $a\mid 2^d-1$，且 a 和 2^d-3 互素(见第一章 §3 的例 5).

(ii) 基于(i)用归纳构造法来给出所要的数列. 取 $a_1=2^2-3$. 若已取定 a_1，…，a_k，则取

$$a_{k+1} = 2^{d(k+1)} - 3,$$

其中 $d(k+1)$ 满足 $a_1\cdots a_k\mid 2^{d(k+1)}-1$. 这样，就归纳定义了数列 2^n-3 $(n=2,3,\cdots)$ 中的一个无穷子数列 a_1，…，a_k，….

(iii) 由 $a_1\cdots a_k\mid a_{k+1}+2$ 及 $a_j(j\geqslant 1)$ 均为奇数就推出所要的结论(为什么).

例 15([46.2]) 设 a_1，a_2，…是一个整数列，其中既有无穷多项是正整数，又有无穷多项是负整数. 证明：如果对每个正整数 n，整数 a_1，a_2，…，a_n 被 n 除后所得到的余数互不相同，那么每个整数恰好在数列 a_1，a_2，…中出现一次.

证 本题所给的条件"对每个正整数 n，整数 a_1，a_2，…，a_n 被 n 除后所得到的余数互不相同"是很强的，严格限制了每个 $a_j(j\geqslant 1)$ 的取值. 由此我们可推出以下性质：

(i) 数列 a_1，a_2，…中任意两个数不能相等.

事实上,若有 $i<j$,使得 $a_i=a_j$,则对正整数 j,在 $a_1,a_2,\cdots,a_j$ 中 a_i 和 a_j 被 j 除后所得到的余数相同,和条件矛盾.

(ii) $a_1,a_2,\cdots,a_n$ 中任意两数之差的绝对值小于 n.

事实上,若 $|a_i-a_j|=l\geqslant n$,则对正整数 l,在 $a_1,a_2,\cdots,a_l$ 中 a_i 和 a_j 被 l 除后所得到的余数相同,和条件矛盾.

(iii) $a_1,a_2,\cdots,a_n$ 中的最大数 M 和最小数 m 之差恰好等于 $n-1$,并且 $a_1,a_2,\cdots,a_n$ 恰好是 $m\sim M$ 这 n 个相邻整数的一个排列,即 a_1,$a_2,\cdots,a_n$ 恰好取到 $m\sim M$ 这 n 个连续整数.

事实上,由(i)知这 n 个数两两不相等,把它们从小到大排列:设 $i(1),i(2),\cdots,i(n)$ 是 $1,2,\cdots,n$ 的一个排列,且 $m=a_{i(1)}<a_{i(2)}<\cdots<a_{i(n)}=M$. 因此 $M-m\geqslant n-1$. 由此及(ii)即得所要的结论.

(iv) 对任意给定的正整数 K,一定存在 n,使得在 $a_1,a_2,\cdots,a_n$ 中取到 $-K\sim K$ 的每个整数.

事实上,由条件"既有无穷多项是正整数,又有无穷多项是负整数"及(i)可推出:一定存在 n,使得 $a_1,a_2,\cdots,a_n$ 中的最大数 M 大于 K,最小数 m 小于 $-K$. 由此及(iii)即得所要的结论.

思考 如果把题目中的条件"既有无穷多项是正整数,又有无穷多项是负整数"改为"$a_j\ (j\geqslant 1)$ 均不大于给定的整数 M"或"$a_j\ (j\geqslant 1)$ 均不小于给定的整数 M",我们能得到怎样的结论?

例 16([49.3]) 证明:存在无穷多个正整数 n,使得 n^2+1 有大于 $2n+(2n)^{1/2}$ 的素因数.

证 可考虑 n 是大于 2 的偶数. 若 n^2+1 是素数 p,则 $p>2n+(2n)^{1/2}$. 若 n^2+1 不是素数,则它有奇素因数 p. 由带余数除法知

$$n = qp + r, \quad |r| \leqslant p/2.$$

记 $n_1=|r|$,则由上式有 $p\mid n_1^2+1$. 这里仅得到 $p\geqslant 2n_1$. 当然,一定有 $p>2n_1$,所以要进一步估计 $p-2n_1$ 的下界. 显见

$$p \mid (p-2n_1)^2+4,$$

所以

$$(p-2n_1)^2 \geqslant p-4.$$

如果能肯定 $p-4>16$,即 $p>20$,则由此及上式知

$$(p-2n_1)^2>16,\quad p-2n_1>4.$$

由此即得

$$(p-2n_1)^2\geqslant p-4>2n_1,\quad \text{即}\quad p>2n_1+(2n_1)^{1/2}.$$

为了保证 $p>20$,可以有多种考虑.例如:取 $n=2\cdot 3\cdot 5\cdot 7\cdot 11\cdot 13\cdot 17\cdot 19\cdot m$;$n=19!\cdot m$;$n=m!$,$m>19$.为了证明有无穷多个这样的 n,也可以有多种考虑.当得到了 $\{n_j,p_j\}(j=1,2,\cdots,k)$ 后,可在以上任一种取法中适当选取 m,把其作为 n_{k+1}.例如:设 p 是 $p_j(j=1,2,\cdots,k)$ 中最大的,取 $n_{k+1}=p!$ 即可.

解本题不需要利用二次剩余的知识,这样的解法不好.

下一试题是整数分类的应用.这也是第三章同余思想的应用,即把整数按模分为同余类.

例 17([12.4])　求具有以下性质的所有正整数 n:六个数 n,$n+1$,$n+2$,$n+3$,$n+4$,$n+5$ 可以分为两组,使得一组中各数的乘积等于另一组中各数的乘积.

解　这六个数分为两组有以下三种情形:

(i) 一组一个数,另一组五个数.这显然是不可能的.

(ii) 一组两个数,另一组四个数.当 $n=1$ 时,这六个数是 1,2,3,4,5,6,所以是不可能的;当 $n>1$ 时,由 $n(n+1)\geqslant(n+4)$ 及 $(n+2)(n+3)>(n+5)$ 可推出

$$n(n+1)(n+2)(n+3)>(n+4)(n+5),$$

所以也是不可能的.

(iii) 一组三个数,另一组三个数.因为在连续的五个数中有且必有一个数被 5 整除,在连续的六个数中至多有两个数被 5 整除,所以在这两组数中,一定都有数被 5 整除(为什么).因此,这六个数中必有两个数被 5 整除,从而这六个数必为 $n=5m,5m+1,5m+2,5m+3,5m+4,5m+5$,且 $5m$ 和 $5m+5$ 分属两组.下面证明满足条件的分法是不可能的.若不然,则必有

$$5m(5m+3)(5m+4)=(5m+1)(5m+2)(5m+5).$$

这是因为任意调换 $5m+1,5m+2,5m+3,5m+4$ 的位置必使上式右边大于左边.但由

$$(5m+1)(5m+2) > 5m(5m+3), \quad (5m+5) > (5m+4)$$

知,这也是不可能的.故本题无解.

以下3道试题用到了特殊数列余数的特殊性.

例18([27.1]) 设正整数 $d \neq 2,5,13$.证明:在集合 $\{2,5,13,d\}$ 中,一定可以找到两个不同元素 a,b,使得 $ab-1$ 不是完全平方数.

证 容易验证,从2,5,13中任取两个数作为 a,b,则 $ab-1$ 一定是完全平方数.所以,a,b 的取法一定是一个为 d,另一个从2,5,13中选取.我们用反证法来证明这时一定有一种取法使 $ab-1$ 不是完全平方数.若 $ab-1$ 都是完全平方数,即有

$$2d-1=x^2, \quad 5d-1=y^2, \quad 13d-1=z^2. \tag{1}$$

如果式(1)成立,那么表明 d 和平方数列有着多方面的密切联系,所以它对某些模的余数有多方面很强的限制.我们将指出这些限制是矛盾的.这就是解本题的思想.

由式(1)的第一式知,x 是奇数,x^2 是形如 $8m+1$ 的数,所以可设

$$d=4k+1. \tag{2}$$

由此及式(1)的第二、三式推出 y,z 均为偶数,设为

$$y=2u, \quad z=2v. \tag{3}$$

利用式(2),(3),由式(1)的第二、三式相减可得

$$v^2-u^2=2d=8k+2.$$

但 v^2-u^2 不可能等于 $8k+2$,矛盾.

例19([23.4(ii)]) 证明:当 $n=2891$ 时,方程 $x^3-3xy^2+y^3=n$ 无整数解.

证 为了简洁起见,用同余符号.若有整数解,方程 $2891=x^3-3xy^2+y^3$ 两边取模3,则有

$$2 \equiv 2891 = x^3-3xy^2+y^3 \equiv x+y \pmod 3.$$

所以 $x=3k+2-y$.再方程两边取模9,得到

$$\begin{aligned} 2 \equiv 2891 &= x^3-3xy^2+y^3 = (3k+2-y)^3-3(3k+2-y)y^2+y^3 \\ &\equiv (2-y)^3-3(2-y)y^2+y^3 \equiv 8-3y+3y^3 \pmod 9, \end{aligned}$$

进而得

$$y^3-y \equiv 2 \pmod 3.$$

这是不可能的(为什么). 证毕.

例 20([37. 4]) 设正整数 a,b 使得 $15a+16b$ 和 $16a-15b$ 都是正整数的平方. 求这两个平方数所可能取的最小值.

解 设 $15a+16b=x^2$, $16a-15b=y^2$ $(x,y\in\mathbf{N})$, 则

$$15x^2+16y^2=(13\cdot 37)a,\quad 16x^2-15y^2=(13\cdot 37)b.$$

我们要证明 x,y 都是 $13\cdot 37$ 的倍数. 13 和 37 都是素数. 下面要用到模的逆元素概念(但只是对具体的模 37,13, 用不到一般的结论)及平方数列对特殊模的余数的特殊性.

若 37 不整除 y, 则必有 y' 和 q, 使得 $yy'+37q=1$(这可对 $y\equiv 1,2,\cdots,36 \pmod{37}$ 直接验证), 即 $yy'\equiv 1 \pmod{37}$(y' 称为 y 对模 37 的逆元素). 利用 $15x^2+16y^2\equiv 0 \pmod{37}$, 得

$$15(xy')^2\equiv -16 \pmod{37},\quad (xy')^2\equiv -6 \pmod{37}.$$

这是不可能的, 因为仅有

$$r^2\equiv 0,\pm 1,\pm 3,\pm 4,\pm 7,\pm 9,\pm 10,\pm 11,\pm 12,\pm 16 \pmod{37}.$$

所以可设 $x=37u$, $y=37v$, 进而有

$$0\equiv 15u^2+16v^2\equiv 2u^2+3v^2 \pmod{13}.$$

若 13 不整除 u, 则必有 u' 和 r, 使得 $uu'+13r=1$(这可对 $u\equiv 1,2,\cdots,12 \pmod{13}$ 直接验证), 即 $uu'\equiv 1 \pmod{13}$(u' 称为 u 对模 13 的逆元素). 利用上式, 得

$$3(vu')^2\equiv -2 \pmod{13},\quad (vu')^2\equiv -5 \pmod{13}.$$

这是不可能的, 因为仅有

$$r^2\equiv 0,\pm 1,\pm 3,\pm 4 \pmod{13}.$$

所以可设 $u=13s$, $v=13t$. 故 $x=13\cdot 37s$, $y=13\cdot 37t$, 从而

$$(13\cdot 37)(15\,s^2+16\,t^2)=a,\quad (13\cdot 37)(16\,s^2-15\,t^2)=b.$$

取 $s=t=1$, $a=13\cdot 37\cdot 31$, $b=13\cdot 37$, 这时最小值为

$$x^2=y^2=(13\cdot 37)^2.$$

下一试题是模算术的应用. 模算术见第三章习题二第一部分的第 16,17 题.

例 21([31. 2]) 设正整数 $n\geqslant 3$, E 是由同一圆周上的 $2n-1$ 个不同点组成的集合. 将 E 中的一部分点染黑, 其余点不染色. 如果至少有

一对黑点，以它们为端点的两条弧中有一条的内部（不包含端点）恰有 E 中的 n 个点，那么称这种染色方式是好的. 求最小的 k，使得将 E 中任意 k 个点染黑的染色方式都是好的.

解　设这 $2n-1$ 个点顺时针编号为 $1,2,\cdots,2n-1$.

(i) 取模 $m=2n-1$，使得在模算术的意义下每个点有无穷多个编号. 按顺时针方向从点 1 开始依次将这 $2n-1$ 个点循环地编号：$1,2,3,\cdots,2n-2,2n-1;2n,2n+1,\cdots$. 反方向的编号也可算上，即按逆时针方向从点 1 开始编号：$1,0,-1,-2,-3,\cdots,-(2n-3);-(2n-2),-(2n-1),-2n,-(2n+1),\cdots$（但这里用不到）. 这样，每个点有无穷多个编号，但只要 $i\equiv j(\bmod 2n-1)$，i,j 就代表同一个点. 也就是说，属于同一个模 $2n-1$ 的同余类的数均表示同一个点. 这样，问题的讨论就可利用模算术.

(ii) 取定点 i，将它染黑，按顺时针方向，第一个使其被染黑后与点 i 构成好的染色方式的点是 $i+(n-2)$. 这样利用模算术，将这些点重新排序，使得在新排序下有两个相邻的点被染黑的染色方式一定是好的. 现对取定的 i，按模 $n-2$ 依次考虑点

$$a_{i,r}=i+r(n-2),\quad r=0,1,\cdots.$$

这样，一种染色方式，如果一定能使有某个 r，把在新排序下相邻两点 $a_{i,r},a_{i,r+1}$ 都染黑，那么这种染色方式就一定是好的. 因此，如果将 E 中任意 k 个点染黑时，在这样排序的点中一定有两个相邻的点被染黑，那么这种染色方式就是好的. 这样，问题就变为求这样的最小的 k. 但是，现在首先要讨论的问题是，对取定的一个 i，比如说 $i=1$，$a_{1,r}=1+r(n-2)$ $(r=0,1,\cdots)$ 能否把全部不同的点（$2n-1$ 个）都表示出. 如果不能，应如何进一步考虑.

(iii) 现取定 $i=1$，两个点 $a_{1,r},a_{1,s}$ 表示同一个点的充要条件是

$$a_{1,r}\equiv a_{1,s}(\bmod 2n-1),\quad (s-r)(n-2)\equiv 0(\bmod 2n-1).$$

注意到

$$(2n-1,n-2)=(3,n-2)=(2n-1,3),$$

我们要分两种情形来讨论：

(a) 当 $(2n-1,n-2)=(3,2n-1)=1$，即 $n\neq 3l+2$ 时，依次将点

$a_{1,r}=1+r(n-2)$与点 $a_{1,r+1}=1+(r+1)(n-2)$连接，若取 $r=0$，$1,\cdots,2n-2$，则得到的是一条闭折线，它连接了这 $2n-1$ 个点. 这时，将 $a_{1,r}(0\leqslant r\leqslant 2n-2)$中任意 n 个点染黑，必有两个相邻的点 a_j，a_{j+1} 同时被染黑，所以染色方式一定是好的. 若将 $a_{1,1}$，$a_{1,3}$，$\cdots$，$a_{1,2n-3}$ 这 $n-1$ 个点染黑，则染色方式是不好的. 所以 $k=n$.

(b) 当$(2n-1,n-2)=(3,2n-1)=3$，即 $n=3l+2$ 时，$a_{1,r}$，$a_{1,s}$ 表示同一个点的充要条件

$$(s-r)(n-2)\equiv 0(\operatorname{mod} 2n-1)$$

就变为(为什么)

$$(s-r)\equiv 0(\operatorname{mod}(2n-1)/3).$$

我们将发现：对取定的 i，按从 r 到 $r+1$ 的方式将 $a_{i,r}$ 与 $a_{i,r+1}$ 连接时，并不能连接这 $2n-1$ 个点，而只能把$(2n-1)/3=2l+1$ 个点连成一条闭折线. 容易发现：全部点将分属三条这样的闭折线且每个点只属于一条，即对相同的 i，所有编号 r 是模$(2n-1)/3$ 同余的点，属于同一条闭折线. 这三条闭折线可取为

$$a_{i,r},\quad r=0,1,\cdots,(2n-4)/3, i=1,2,3.$$

这样，当把这 $2n-1$ 个点中的任意 $n-1=3l+1$ 个点染黑时，必有 $l+1$ 个染黑的点属于上述某一条闭折线(设为 $i=1$)，因此这条闭折线中必有两个相邻的点 $a_{1,r}$，$a_{1,r+1}$ 被染黑，从而这种染色方式一定是好的. 但将 $a_{i,r}[r=1,3,5,\cdots,(2n-7)/3=2l-1; i=1,2,3]$这 $n-2=3l$ 个点染黑的染色方式就不是好的. 所以 $k=n-1$.

以下 3 道试题是带余除法在解多项式整除问题中的应用. 这也可看作带余除法在解某种不定方程中的应用.

例 22([39.4]) 求所有的正整数对$\{a,b\}$，使得 a^2b+a+b 被 ab^2+b+7 整除.

解 (i) 分析的 a，b 之间的大小关系. 因为必有 $a^2b+a+b\geqslant ab^2+b+7$，所以

$$a-7\geqslant ab(b-a).$$

由此推出必有(为什么)

$$a\geqslant b\geqslant 1.$$

我们要从 a^2b+a+b 中减去 ab^2+b+7 的若干倍，使得其余数的绝对值从直观上看比 ab^2+b+7 小. 这样，这个余数必为零.

(ii) 利用带余数除法. 设

$$a=qb+r,\quad 0\leqslant r<b.$$

由(i)知 $q\geqslant 1$. 利用上式从 a^2b+a+b 中减去 ab^2+b+7 的 q 倍，可得

$$\begin{aligned} a^2b+a+b &= (qb+r)ab+a+b \\ &= q(ab^2+b+7)+(abr+b+r-7q). \end{aligned}$$

这里要注意的是：如何从 a^2b+a+b 中减去 ab^2+b+7 的若干倍是需要技巧的. 因此

$$ab^2+b+7\mid a^2b+a+b \Longleftrightarrow ab^2+b+7\mid abr+b+r-7q. \quad (1)$$

从直观上看，$abr+b+r-7q$ 的绝对值比 ab^2+b+7 小，因此应该等于零. 但可能对于一些特殊值并不一定成立，所以经常要对某些特殊值进行单独讨论. 这是应用带余数除法讨论这类问题时要特别注意的.

(iii) 若 $r=0$，则 $a=qb$，从而式(1)右边为

$$ab^2+b+7\mid b-7q. \quad (2)$$

当 $b=1$ 时，上式变为

$$a+8\mid 1-7a=-7(a+8)+57,\quad a+8\mid 57,$$

所以有解

$$\{a,b\}=\{11,1\},\{49,1\}.$$

当 $b\geqslant 2$ 时，我们有

$$ab^2+b+7=b^3q+b+7>8q+b>|b-7q|.$$

由此及式(2)推出 $b-7q=0$，所以有解

$$\{a,b\}=\{7t^2,7t\},\quad t\text{ 为任意正整数}.$$

(iv) 若 $r>0$，则 $b>1$. 我们来证明这时无解.

(a) 当 $b=2$ 时，必有 $r=1$，$a=2q+1$. 这时，式(1)的右边变为

$$8q+13=ab^2+b+7\mid abr+b+r-7q=5-3q.$$

显然，有 $5-3q\neq 0$ 及 $8q+13>|5-3q|$. 因此，上式不可能成立，从而无解.

(b) 当 $b\geqslant 3$ 时，我们有(为什么)

$$ab^2+b+7\geqslant ab(r+1)+b+7=abr+b+b^2q+br+7$$

$$>|abr+b+r-7q|.$$

因此,式(1)的右边成立的充要条件是

$$abr+r+b-7q=0.$$

但是 $abr+r+b>b^2q\geqslant 9q>7q$,因此上式不可能成立,从而无解.

例 23([29.6]) 设 a,b 均是正整数,满足 $ab+1\mid a^2+b^2$. 证明:$(a^2+b^2)/(ab+1)$ 一定是完全平方数.

证法 1 解题的思想与例 22 相同. 由 a,b 的对称性知,不妨设 $b\geqslant a$.

(i) 活用带余数除法,取余数为绝对最小余数. 设

$$b=ma+r_1,\quad -a/2<r_1\leqslant a/2,m\geqslant 1. \tag{1}$$

由此可得

$$ab+1=a^2m+ar_1+1,$$

$$a^2+b^2=m(ab+1)+(a^2+amr_1+r_1^2-m), \tag{2}$$

因此 $(ab+1)\mid(a^2+b^2)$ 成立的充要条件是

$$a^2m+ar_1+1\mid a^2+amr_1+r_1^2-m. \tag{3}$$

从直观上看,$a^2+amr_1+r_1^2-m$ 应该比 a^2m+ar_1+1 小,所以应该有

$$a^2+amr_1+r_1^2-m=0. \tag{4}$$

我们来严格证明这一点,即证明式(3)成立的充要条件是式(4)成立. 充分性是显然的,只需证明必要性.

(ii) 必要性的证明分三种情形讨论:

(a) $r_1=0$; (b) $1\leqslant r_1\leqslant a/2$; (c) $-a/2<r_1\leqslant -1$.

(a) $r_1=0$: 这时 $a^2m+1\mid a^2-m$. 因为 a,m 是正整数,所以 $a^2m+1>a^2-m$,推出式(4). 由此得

$$m=a^2,\quad b=a^3,\quad m=(a,b)^2.$$

讨论情形(b)和(c)要用到

$$a^2+amr_1+r_1^2-m$$
$$=a^2m+ar_1+1-(m-1)(a^2-ar_1+1)+r_1^2-2 \tag{5}$$

及

$$(a^2-a|r_1|+1)\geqslant a^2/2+1>|r_1^2-2|>1,\quad 1\leqslant|r_1|\leqslant a/2. \tag{6}$$

(b) $1\leqslant r_1\leqslant a/2$: 我们来证明这种情形不可能出现. 这时,必有

$$a^2+amr_1+r_1^2-m>1.$$

若 $m>1$，则由以上三式得

$$a^2m+ar_1+1>a^2+amr_1+r_1^2-m>1.$$

所以，式(3)不可能成立. 若 $m=1$，由式(5)知，式(3)等价于

$$a^2+ar_1+1\mid r_1^2-2. \tag{7}$$

而由式(6)知，这也是不可能的.

(c) $-a/2<r_1\leqslant -1$：这时，必有 $a\geqslant 3$. 由此可得 $m>1$. 若不然，$m=1$，则由式(3)，(5)可推出这时必有式(7)成立. 但由式(6)知，这是不可能的.

当 $m>1$ 时，由式(5)，(6)可得

$$a^2m+ar_1+1\mid (m-1)(a^2-ar_1+1)-r_1^2+2>0. \tag{8}$$

再来比大小. 在所讨论的情形下，有

$$(m-1)(a^2-ar_1+1)-r_1^2+2<(m-1)(3a^2/2+1)+1$$

及

$$a^2m+ar_1+1>(m-1/2)a^2+1.$$

此外，当 $m>1,a\geqslant 3$ 时，

$$2(a^2m+ar_1+1)>2((m-1/2)a^2+1)>(m-1)(3a^2/2+1)+1$$
$$>(m-1)(a^2-ar_1+1)-r_1^2+2.$$

由此及式(8)得

$$a^2m+ar_1+1=(m-1)(a^2-ar_1+1)-r_1^2+2,$$

即式(4)成立. 由式(4)推出(注意 $r_1\leqslant -1$)

$$(a^2+r_1^2)/(a\,|r_1|+1)=m=(a^2+b^2)/(ba+1). \tag{9}$$

这样，问题就转化为进一步讨论满足同样条件的正整数对$\{|r_1|,a\}$ $(a|r_1|+1\mid a^2+r_1^2)$，它和正整数对$\{a,b\}$之间的关系是：

$$b=ma+r_1\quad (-a/2<r_1\leqslant -1),$$

且式(9)成立，商是同一个 $m(m>1)$.

(iii) 这样，当 $-a/2<r_1\leqslant -1$ 时，用转辗相除法，依次得到正整数对$\{a,b\}$，$\{|r_1|,a\}$，$\{|r_2|,|r_1|\}$，…，$\{|r_{k-1}|,|r_{k-2}|\}$，$\{|r_k|,|r_{k-1}|\}$，满足

$b = ma + r_1$, $\quad -a/2 < r_1 \leqslant -1$, $\quad a|r_1|+1$ 整除 $a^2+r_1^2$,

$a = m|r_1| + r_2$, $\quad -|r_1|/2 < r_2 \leqslant -1$, $\quad |r_1||r_2|+1$ 整除 $r_1^2+r_2^2$,

……

$|r_{k-2}| = m|r_{k-1}| + r_k$, $\quad -|r_{k-1}|/2 < r_k \leqslant |r_{k-1}|/2$, $\quad |r_{k-1}||r_k|+1$ 整除 $r_{k-1}^2+r_k^2$,

$|r_{k-1}| = m|r_k|$.

因此,由(ii)中的情形(a)可得 $m=r_k^2$, $|r_{k-1}|=|r_k|^3$. 注意到由式(9)可得

$$m=(a^2+b^2)/(ba+1)=(a^2+r_1^2)/(a|r_1|+1)$$
$$=\cdots=(|r_{k-1}|^2+|r_k|^2)/(|r_{k-1}||r_k|+1)$$

及 $(a,b)=(r_1,a)=(r_1,r_2)=\cdots=(r_{k-1},r_k)=|r_k|$,因此 $m=(a,b)^2$.

(iv) 对给定的正整数 d,利用二阶递推数列公式,可得到满足

$$(a,b)=d,\quad ab+1\,|\,a^2+b^2$$

的全部解.

(a) 当 $d=1$ 时,有 $a^2+b^2=ab+1$. 因为 $2ab\leqslant a^2+b^2$,所以仅有解 $\{a,b\}=\{1,1\}$, $m=1$. 若求解范围考虑所有非负整数对,则还有解 $\{a,b\}=\{0,1\}$. 此外,相对于 $m=0$,还有解 $\{a,b\}=\{0,0\}$.

(b) 当 $d>1$ 时,由式(4)知 $|r_k|=d$, $|r_{k-1}|=|r_k|^3=d^3$, $m=r_k^2$. 这样,由(iii)中的转辗相除法反推上去,可求得正整数对 $\{a,b\}$. 事实上,相应于这个 d,正整数对

$$\{d,d^3\}=\{|r_k|,|r_{k-1}|\},\{|r_{k-1}|,|r_{k-2}|\},\cdots,$$
$$\{|r_2|,|r_1|\},\{|r_1|,a\},\{a,b\}$$

都是解,且对应的 m 都等于 d^2.

反过来,记

$$a_1=d, b_1=d^3,\quad a_j=b_{j-1}, b_j=d^2b_{j-1}-a_{j-1}, j\geqslant 2,$$

则 $\{a_j,b_j\}$ $(j=1,2,\cdots)$ 就是相应于 $(a,b)=d$, $ab+1\,|\,a^2+b^2$ 的全部解,且

$$m=(a^2+b^2)/(ab+1)=d^2.$$

(v) 求出 $\{a_j,b_j\}$ $(j=1,2,\cdots)$. (iv)中的 a_j 满足递推关系

$$a_{j+1}=d^2a_j-a_{j-1},\quad j\geqslant 2,$$

其中 $a_1=d,a_2=d^3$. 可解得

$$a_j=d(d^4-4)^{-1/2}(((d^2+(d^4-4)^{1/2})/2)^j-((d^2-(d^4-4)^{1/2})/2)^j),\quad j\geqslant 2.$$

由此得

$$\begin{aligned}b_j&=a_{j+1}\\&=d(d^4-4)^{-1/2}(((d^2+(d^4-4)^{1/2})/2)^{j+1}\\&\quad-((d^2-(d^4-4)^{1/2})/2)^{j+1}),\quad j\geqslant 2.\end{aligned}$$

此外,$b_1=a_2=d^3$.

另一巧妙解法是利用二次方程的根与系数关系进行求解,但由此不能求出解的公式.

证法 2　用反证法. 设 $(a^2+b^2)/(ab+1)=k$. 若 k 不是平方数,则

$$k>1.$$

考虑二元二次不定方程

$$x^2-kxy+y^2-k=0,\quad x,y\in\mathbf{Z}.\tag{10}$$

由假设知它一定有解 $x=a,y=b$. 对于它的任意一组解 x,y,由于 k 不是平方数,所以 x,y 一定均不为零. 由此及 $x^2+y^2=k(1+xy)$ 就推出必有 $xy>0$(为什么),即 x,y 必同为正的,或者同为负的. 由于若 x,y 是一组解,则 y,x 及 $-x,-y$ 亦均为解,所以可仅讨论不定方程(10)的满足以下条件的正解 x,y:

$$x\geqslant y>0.\tag{11}$$

设 x_0,y_0 是满足条件(11)的正解 x,y 中使 $x+y$ 取最小值的一组解.

现对上面取定的 k,y_0,考虑一元二次方程

$$x^2-kxy_0+y_0^2-k=0,\quad x\in\mathbf{Z}.\tag{12}$$

x_0 是方程(12)的一个解. 设它的另一个解是 x_1,则我们有

$$x_0+x_1=ky_0,\quad x_0x_1=y_0^2-k.\tag{13}$$

因此,x_1 是整数. 显见,x_1,y_0 是不定方程(10)的解,因此由 $y_0>0$ 及 $x_1y_0>0$ 就推出 x_1 是正整数,从而 x_1,y_0 也是不定方程(10)的正解. 再利用 x_0,y_0 是满足条件(11)的正解,由式(13)的第二式及 $1<k$ 即得

$$0 < x_1 = (y_0^2 - k)/x_0 < (x_0^2 - 1)/x_0 < x_0,$$

因此 $x_1 + y_0 < x_0 + y_0$. 由不定方程(10)的正解 x_1, y_0 一定可得到一组满足条件(11)的正解(为什么). 这和假设矛盾,所以 k 一定是平方数. 证毕.

例 24([43.3]) 求所有的正整数对$\{m,n\}(m,n\geqslant 3)$,使得存在无穷多个正整数 a,满足$\dfrac{a^m+a-1}{a^n+a^2-1}$为整数.

解 首先,若结论成立,则必有 $m>n$(为什么). 由多项式的带余式除法知,存在整系数多项式 $q(x)$及 $r(x)$(次数低于 n),使得

$$x^m + x - 1 = q(x)(x^n + x^2 - 1) + r(x). \tag{1}$$

如果存在无穷多个正整数 a,使得当 $x=a$ 时,$(x^m+x-1)/(x^n+x^2-1)$取整数值,则由式(1)知,对这无穷多个正整数 a,当 $x=a$ 时,$r(x)/(x^n+x^2-1)$亦取整数值. 由于 $r(x)$的次数低于 n,这是不可能的,除非 $r(x)$恒等于零(为什么). 因此,结论成立的必要条件是 $r(x)$恒等于零,即多项式 $x^n+x^2-1 \mid x^m+x-1$.

这样,设 $m=n+k, k\geqslant 1$,我们就得到: 结论成立的必要条件是有首项系数为 1(为什么)的整系数多项式

$$q(x) = (x^k + c_{k-1}x^{k-1} + c_{k-2}x^{k-2} + \cdots + c_2x^2 + c_1x + 1),$$

使得

$$x^{n+k} + x - 1 = (x^k + c_{k-1}x^{k-1} + c_{k-2}x^{k-2} + \cdots + c_2x^2 + c_1x + 1)(x^n + x^2 - 1). \tag{2}$$

我们来简化上式. 上式两边分别减去 $x^k(x^n+x^2-1)$,可得

$$\begin{aligned}&-(x-1)(x^{k+1}+x^k-1)\\&\quad=-x^{k+2}+x^k+x-1\\&\quad=(c_{k-1}x^{k-1}+c_{k-2}x^{k-2}+\cdots+c_2x^2+c_1x+1)(x^n+x^2-1).\end{aligned} \tag{3}$$

当 $x=1$ 时,$x^n+x^2-1=1$,所以由式(3)知

$$c_{k-1}x^{k-1} + c_{k-2}x^{k-2} + \cdots + c_2x^2 + c_1x + 1 = 0.$$

因此,整系数多项式 $c_{k-1}x^{k-1}+c_{k-2}x^{k-2}+\cdots+c_2x^2+c_1x+1$ 被 $x-1$ 整除(为什么). 我们设

$$c_{k-1}x^{k-1} + c_{k-2}x^{k-2} + \cdots + c_2x^2 + c_1x + 1 = -(x-1)h(x),$$

其中整系数多项式 $h(x)$ 为

$$h(x)=b_lx^l+b_{l-1}x^{l-1}+\cdots+b_1x+1,\quad b_l\neq 0,l\geqslant 0. \tag{4}$$

综合以上讨论,得

$$(x^{k+1}+x^k-1)=(b_lx^l+b_{l-1}x^{l-1}+\cdots+b_1x+1)(x^n+x^2-1). \tag{5}$$

比较上式两边的系数,得

$$k+1=l+n,\quad b_l=1,l\geqslant 0. \tag{6}$$

由于 $n\geqslant 3$,故必有 $k\geqslant 2$. 若 $k=2$,则由式(6)立即推出

$$l=0,\quad n=3,\quad m=5, \tag{7}$$

相应地有

$$x^5+x-1=(x^3+x^2-1)(x^2-x+1). \tag{8}$$

下面证明式(7)是唯一的解,即不可能有 $k>2$. 用反证法. 若 $k>2$,设 $f(x)=x^n+x^2-1$. 多项式是连续函数,注意到

$$f(0)=-1,\quad f(1)=1, \tag{9}$$

由连续函数的介值定理知,必有实数 $\alpha(0<\alpha<1)$,使得

$$f(\alpha)=0. \tag{10}$$

由此及式(5)得

$$\alpha^{k+1}+\alpha^k-1=0. \tag{11}$$

若 $k>2$,则 $\alpha^2>\alpha^k$(为什么). 由以上两式就推出

$$\alpha^{k+1}>\alpha^n,\quad k+1<n,$$

这和式(6)矛盾. 证毕.

这一解法的缺点是利用了"连续函数的介值定理",这是属于高等数学的内容. 应该可以从式(5)出发比较两边的系数来直接证明 $l=0$,但出现的系数关系相当复杂,不好处理.

最后,考虑问题:对这一特殊情形,为什么由式(9)可推出式(10)?我们来做一个直观说明. 设 $\alpha_0=0,\alpha_1=1$. 在闭区间 $[\alpha_0,\alpha_1]$ 的两个端点处,$f(x)$ 取值的符号相反. 取 $\alpha=(\alpha_0+\alpha_1)/2$. 若 $f(\alpha)=0$,则结论成立. 若 $f(\alpha)>0$,则考虑闭区间 $[\alpha_0,\alpha]$;若 $f(\alpha)<0$,则考虑闭区间 $[\alpha,\alpha_1]$. 这样,相应地在闭区间 $[\alpha_0,\alpha]$ 或 $[\alpha,\alpha_1]$ 的两个端点处,$f(x)$ 取值的符号也相反,且区间长度为 1/2. 把所考虑的闭区间 $[\alpha_0,\alpha]$ 或 $[\alpha,\alpha_1]$ 记作 $[\alpha_2,\alpha_3]$,

再用同样的方法讨论闭区间$[\alpha_2,\alpha_3]$. 当$f(x)$在这个区间的中点处取值不等于零时,由它可得到闭区间$[\alpha_4,\alpha_5]$,使得在闭区间$[\alpha_4,\alpha_5]$的两个端点处,$f(x)$不等于零,$f(\alpha_4)<0$,$f(\alpha_5)>0$,且区间长度为$1/2^2$. 这样,我们就得到一列闭区间$[\alpha_{2l},\alpha_{2l+1}]$($l=0,1,2,\cdots$),它们满足条件:

(i) $\alpha_{2l}\leqslant\alpha_{2(l+1)}$,$\alpha_{2l+1}\geqslant\alpha_{(2l+1)+1}$,$\alpha_{2l+1}\geqslant\alpha_{2l}$($l=0,1,2,\cdots$);

(ii) $[\alpha_{2l},\alpha_{2l+1}]\supseteq[\alpha_{2(l+1)},\alpha_{(2l+1)+1}]$,闭区间$[\alpha_{2l},\alpha_{2l+1}]$的长度为$1/2^l$($l=0,1,2,\cdots$);

(iii) 在闭区间$[\alpha_{2l},\alpha_{2l+1}]$的两个端点处有$f(\alpha_{2l})<0$,$f(\alpha_{2l+1})>0$($l=0,1,2,\cdots$);

(iv) $$0<f(\alpha_{2l+1})-f(\alpha_{2l})=(\alpha_{2l+1})^n-(\alpha_{2l})^n+(\alpha_{2l+1})^2-(\alpha_{2l})^2$$
$$<(n+2)(1/2^l)\ (l=0,1,2,\cdots).$$

由这些条件,从极限理论就可推出(请读者自己讨论):

(a) 数列α_{2l}($l=0,1,2,\cdots$)与数列α_{2l+1}($l=0,1,2,\cdots$)都一定有极限,且极限相同,设为α($0<\alpha<1$);

(b) $\lim\limits_{l\to\infty}f(\alpha_{2l})=f(\alpha)=\lim\limits_{l\to\infty}f(\alpha_{2l+1})$;

(c) $f(\alpha)=0$.

以下 10 道试题是第一章整除理论(§4～§7)的应用,其中前 6 道试题是基本应用.

例 25([46.4]) 设数列$a_1,a_2,\cdots$定义如下:$a_n=2^n+3^n+6^n-1$($n=1,2,\cdots$). 求与此数列的每项都互素的所有整数.

解 显见,本题可归结为求与此数列的每项都互素的所有素数,即不能整除其每项的素数. 从$a_1=10$,$a_2=48$知,可考虑素数$p\geqslant5$. 对整数列a^n($n=1,2,\cdots$),被素数p除的有关数论的结论是 Fermat 小定理(见第一章§4 的例 1):

$$a^p\equiv a(\bmod p),\tag{1}$$

以及当$(a,p)=1$时,

$$a^{p-1}\equiv1(\bmod p).\tag{2}$$

因此,当$p\geqslant5$时,由式(1)知,为了考查是否此数列的每项均不被p整除,只要考查$a_1,a_2,\cdots,a_{p-1}$即可. 由式(2)知

$$a_{p-1}\equiv1+1+1-1\equiv2(\bmod p).$$

利用对模 p 的逆元素(见第三章§1的性质Ⅷ),由式(2)知

$$a_{p-2} \equiv 2^{-1} + 3^{-1} + 6^{-1} - 1 (\bmod p).$$

上式等价于

$$6a_{p-2} \equiv 6(2^{-1} + 3^{-1} + 6^{-1} - 1) \equiv 3 + 2 + 1 - 6 \equiv 0 (\bmod p),$$

即 $p|a_{p-2}$. 因此,与此数列的每项都互素的整数仅为 $1,-1$.

例 26([22.4])　(i) 对怎样的正整数 $n>2$,才可能存在 n 个连续正整数,使得其中最大的数是其他 $n-1$ 个数的最小公倍数的约数?

(ii) 对怎样的 n,(i)中所述的这样 n 个连续正整数是唯一的?

解　首先,要为这 n 个连续正整数选取一种便于讨论的表达形式. 由(i)的要求知,我们应取它们为

$$K, K-1, \cdots, K-(n-1), \quad K \geqslant n > 2.$$

这样,问题就是要求正整数 K,满足

$$K|[K-1, \cdots, K-(n-1)]. \tag{1}$$

下面证明式(1)等价于

$$K|[1, \cdots, n-1]. \tag{2}$$

由于式(2)中被除数不包含 K,这就大大简化了问题. 假设式(1)成立. 若对任意的素数 p 及正整数 l,有 $p^l|K$,则必有 $j(1\leqslant j\leqslant n-1)$,使得(为什么)

$$p^l|K-j, \quad p^l|j,$$

所以

$$p^l|[1, \cdots, n-1],$$

因而有式(2)成立(为什么). 假设式(2)成立. 容易看出. 上面的推导可反过来,推出式(1)成立(证明留给读者).

当 $n=3$ 时,$K\geqslant3$,$K|[1,2]=2$,无解.

当 $n=4$ 时,$K\geqslant4$,$K|[1,2,3]=6$,有唯一解 $K=6$.

当 $n\geqslant5$ 时,$K=(n-1)(n-2)$,$(n-2)(n-3)$都是解.

例 27([38.5])　求所有的正整数对$\{a,b\}$,满足等式

$$a^{b^2} = b^a. \tag{1}$$

解　(i) 讨论最简单的情形. 若 $a=b$,则 $a=1$;若 $a=1$,则 $b=1$;若 $b=1$,则 $a=1$. 故只需讨论

$$a \neq b, \quad a \geqslant 2, \quad b \geqslant 2.$$

(ii) 讨论 a,b 之间的大小关系. 先证明不可能有 $b>a\geqslant 2$. 易证 $2^b>b$(用最小自然数原理,证明留给读者). 故当 $a\geqslant 2$ 时,必有

$$a^{b^2}\geqslant 2^{b^2}>b^b.$$

因此,为了使式(1)成立必有 $a>b$,从而必有

$$a>b\geqslant 2.$$

由上式及式(1)知

$$b^a=a^{b^2}>b^{b^2},$$

所以有 $a>b^2$,再利用式(1)可得

$$b^a=a^{b^2}>b^{2b^2}.$$

所以,a,b 应满足条件

$$a>2b^2,\quad b\geqslant 2. \tag{2}$$

(iii) 显见,a,b 的素因数必相同(为什么). 设 p 为素数. 若 $p^s\|a$, $p^t\|b$,则由式(1)知

$$sb^2=ta. \tag{3}$$

由此及式(2)得 $s>2t$,所以必有 $b^2|a$. 故有(为什么)

$$a=kb^2,\quad k>2,\quad b\geqslant 2, \tag{4}$$

进而得 $s=kt$. 因此有(为什么)

$$a=b^k,\quad k>2,\quad b\geqslant 2. \tag{5}$$

(iv) 由式(4),(5)得

$$k=b^{k-2},\quad k>2,\quad b\geqslant 2. \tag{6}$$

若 $b=2$,则 $k=4,a=16$;若 $b=3$,则 $k=3,a=27$.

最后,证明 $b\geqslant 4$ 时式(6)无解:当 $k>2$ 时,有

$$b^{k-2}\geqslant (1+3)^{k-2}\geqslant 1+3(k-2)>k.$$

上式中间的不等式可用最小自然数原理证明.

(v) 综上所述,全部解为 $\{a,b\}=\{1,1\},\{16,2\},\{27,3\}$.

例 28([39.3]) 对任一正整数 n,以 $d(n)$ 表示 n 的所有正因数(包括 1 和 n)的个数. 试确定所有可能的正整数 k,使得有正整数 n,满足 $d(n^2)/d(n)=k$.

解 设 $n=p_1^{a(1)}\cdots p_r^{a(r)}$,我们有

$$k=d(n^2)/d(n)$$

$$=(1+2a(1))\cdots(1+2a(r))/((1+a(1))\cdots(1+a(r))),$$

故 k 必是奇数.因此,n 必是平方数.

现在来证明奇数 k 必可这样表示.用数学归纳法.$k=1$ 时可取 $n=1$,$k=3$ 时可取 $n=(2\cdot 3^2)^2$,故 $k=1,3$ 时结论成立.假设对所有正奇数 $k\leqslant 4N+3(N\geqslant 0)$,结论成立.下面我们来证明:对所有正奇数 $k\leqslant 4(N+1)+3$,结论成立.这要分两种情形来讨论:

当 $k=4(N+1)+1$ 时,由归纳假设及 n 一定是平方数知,存在 n_1,使得 $1+2(N+1)=d(n_1^4)/d(n_1^2)$.现取 $n=n_1^2p^{2(N+1)}$,其中素数 p 与 n_1 互素,我们就有

$$k=4(N+1)+1=d(n^2)/d(n).$$

当 $k=4(N+1)+3$ 时,我们有 $k=2^lm-1,(2,m)=1,l\geqslant 2$.由归纳假设及 n 一定是平方数知,存在 n_1,使得 $m=d(n_1^4)/d(n_1^2)$.取素数 $q_1,\cdots,q_l$ 两两不同且均与 n_1 互素,再取 $2\beta(j)=3^j2^{l-j}m-2(1\leqslant j\leqslant l-1)$,$2\beta(l)=3^{l-1}m-1$,$n=n_1q_1^{\beta(1)}\cdots q_l^{\beta(l)}$,就有

$$k=4(N+1)+3=d(n^2)/d(n).$$

所以,对所有正奇数 $k\leqslant 4(N+1)+3$,结论成立.

例 29([42.6])　设 a,b,c,d 均为整数,$a>b>c>d>0$,且满足

$$ac+bd=(b+d+a-c)(b+d-a+c).$$

证明:$ab+cd$ 不是素数.

证　所给的第二个条件可化为

$$a^2-ac+c^2=b^2+bd+d^2. \tag{1}$$

为了把已知条件和 $ab+cd$ 相联系,式(1)两边乘以 $ac+bd$ 可得

$$\begin{aligned}(ac+bd)(a^2-ac+c^2)&=ac(b^2+bd+d^2)+bd(a^2-ac+c^2)\\&=(ab+cd)(ad+bc).\end{aligned} \tag{2}$$

由已知条件可得 $(a-d)(b-c)>0$,所以

$$ab+cd>ac+bd.$$

若 $ab+cd$ 是素数,则由上式知 $ac+bd$ 与 $ab+cd$ 互素.所以,由式(2)可推出 $ac+bd\mid ad+bc$,但由条件 $a>b>c>d>0$ 知 $ac+bd>ad+bc$.这是不可能的.所以,$ab+cd$ 不是素数.

请具体找出几组这样的解.

式(1)有很好的几何意义：以 a,c 为边且它们的夹角为 $60°$ 的三角形的第三边，等于以 b,d 为边且它们的夹角为 $120°$ 的三角形的第三边. 因此，由边 a,b,c,d 构成的四边形是一个圆的内接四边形，进而利用平面几何的 Ptolemy 定理亦可推出式(2). 这样的证明留给读者. 当然，这里的证明简单得多，但想到这样来导出式(2)并不容易.

例 30([32. 2]) 设整数 $n>6$，$a_1,a_2,\cdots,a_k$ 是所有小于 n 且与 n 互素的正整数. 证明：如果 $a_2-a_1=a_3-a_2=\cdots=a_k-a_{k-1}>0$，那么 n 是素数，或者等于 2^s，其中整数 $s\geqslant 3$.

证 本题的条件是说，模 n 的正的最小既约剩余系构成一个等差数列. 可设 $a_i-a_{i-1}=d(2\leqslant i\leqslant k)$. 先证明在所说条件下有以下三个性质成立：

(i) 显见 $a_1=1$，$a_k=n-1$，因而有

$$a_j=1+(j-1)d(2\leqslant j\leqslant k) \quad 及 \quad a_k-a_1=n-2=(k-1)d.$$

(ii) a_2 一定是素数. 事实上，a_2 是大于 1 且与 n 互素的最小整数，若 a_2 是合数，则 a_2 必有小于 a_2 的素因数 p，满足 p 与 n 互素. 这和 a_2 的最小性矛盾.

(iii) 若素数 p 小于 a_2，则由 a_2 的最小性及素数的定义推出 $p|n$.

下面分 $a_2=2,3$ 及 $a_2>3$ 三种情形来讨论.

若 $a_2=2$，则由(i)知 $d=1$，$k=n-1$. 所以，n 与所有小于 n 的正整数都互素. 因此，n 必为素数(为什么).

若 $a_2=3$，则由(i)知 $d=2$，n 是偶数，$k=n/2$. 所以，n 与所有小于 n 的正奇数都互素. 因此，必有 $n=2^s$，其中 $s\geqslant 3$(为什么).

下面证明 $a_2>3$ 的情形不可能出现. 若 $a_2>3$，则由(iii)知 $3|n$，进而由(i)知 d 不能被 3 整除. 因此，$a_2=1+d$ 与 $a_3=1+2d$ 有且必有一个被 3 整除(为什么). 由(ii)知，3 不能整除 a_2，所以 $a_3=1+2d$ 必定被 3 整除. 利用 $a_1,a_2,\cdots,a_k$ 的定义和(i)中给出的表达式，由此就推出 $k=2$，即所有小于 n 的正整数中仅有两个数和 n 互素. 显然，它们就是 1 和 $n-1$. 但这当 $n>6$ 时是不可能的，因为当 n 是奇数时，$1,2,n-1$ 必和 n 互素；当 n 是偶数时，设 $n=2^l m$，m 是奇数，此时 $m+2,n-1$ 必和 n 互素(注意：仅当 $n=6$ 时才有 $m+2=n-1$). 证毕.

例 31([51.3])　设 **N** 是所有正整数组成的集合. 求所有 $\mathbf{N}\to\mathbf{N}$ 的函数 g,使得对所有正整数 m,n,$(g(m)+n)(g(n)+m)$都是完全平方数.

解　先观察一些特殊情形. 当 $m=n$ 时,$(g(m)+n)(g(n)+m)$一定是平方数. 如果对所有正整数 m,n,一定有

$$g(m)+n=g(n)+m, \tag{1}$$

那么$(g(m)+n)(g(n)+m)$也一定是平方数. 式(1)成立的充要条件是

$$g(m)-g(n)=m-n. \tag{2}$$

由条件知可令 $g(1)=1+c$,其中 c 是非负整数,这样就有

$$g(m)=m+c. \tag{3}$$

当然,这只是满足条件的一类函数. 本题所要求满足的条件"$(g(m)+n)\cdot(g(n)+m)$是完全平方数"是很强的,函数 g 应该是很简单的,一般应是整系数多项式类型的函数. 由于式(3)给出了函数 g 满足的要求,我们可以猜测这可能就是满足要求的所有函数. 由于条件是对两个正整数变数 m,n 给出的,所以很难用数学归纳法来证明这一猜测. 由条件"$(g(m)+n)(g(n)+m)$是完全平方数"可以推出:$(g(m)+n)\cdot(g(n)+m)$的标准素因数分解式中的指数一定是偶数. 因此,这里能用得上的整除性质仅是:

$$\begin{array}{l}\text{设 } t \text{ 是正整数},p \text{ 是素数. 若素数 } p^{2t-1}\mid g(m)+n,\\ \text{但 } p^{2t}\nmid g(m)+n,\text{则 } p\mid g(n)+m.\end{array} \tag{4}$$

但直接由此无法看出有可能推出函数 g 的性质,特别是 $g(k)$和 k 的关系,而这才是我们所需要的,因为只有知道了这样的关系才能确定函数 g.

当结论(4)成立时,我们能推出的结论是:

对任意的整数 A 和 B,必有 $p\mid A(g(m)+n)+B(g(n)+m)$.

特别地,有

$$p\mid(g(m)+n)-(g(n)+m)=(g(m)-g(n))-(m-n). \tag{5}$$

进一步设想:

$$\begin{array}{l}\text{如果还有 } p\mid g(m)-g(n)\text{(这一般是不可能的)},\\ \text{那么 } p\mid m-n,\text{且反过来也成立}.\end{array} \tag{6}$$

设 $k=m-n$. 上述结论就是:

如果还有 $p\mid g(n+k)-g(n)$（这一般是不可能的），
那么 $p\mid k$，且反过来也成立. (6′)

这就相当于找到了 $g(k)$ 和 k 的关系. 把它和整系数多项式的整除性质（见第一章 §2 的例 4）做粗略的比较，就可发现这是很强的结论. 这是因为，对整系数多项式 f 来说，当 $p\mid m-n$ 时，一定有 $p\mid f(m)-f(n)$，而反过来不一定成立，并且一般当且仅当 f 是首项系数为 1 或 -1 的一次多项式时才成立（为什么）. 这也与我们的猜测一致. 当然，那里是对任意这样的素数 p 来说的. 但这也给我们启发：在本题的条件下，是否可能推出结论(6′)对任意整除 $g(m)-g(n)=g(n+k)-g(n)$ 的素数 p 都成立？即下面的结论是否成立？

对任意取定的 m,n，若素数 $p\mid g(m)-g(n)$，
则 $p\mid m-n$. (7)

我们先来看看，如果上述结论成立，那么能推出函数 g 有什么样的性质.

(i) 若对取定的 m,n，有 $g(m)=g(n)$，则对任意的素数 p，都有 $p\mid g(m)-g(n)=0$. 因此，对任意的素数 p，都有 $p\mid m-n$. 由此推出 $m=n$，即 $g(m)=g(n)$ 的充要条件是 $m=n$.

(ii) 若素数 $p\mid g(n+1)-g(n)$，则素数 $p\mid (n+1)-n=1$. 这是不可能的. 所以，必有 $g(n+1)-g(n)=1$ 或 -1.

(iii) 由于函数 g 只取正整数值及 $g(m)=g(n)$ 的充要条件是 $m=n$ [见(i)]，我们来证明这时必有 $g(n+1)-g(n)=1$.

首先，不可能对所有的 n 有 $g(n+1)-g(n)=-1$. 若不然，设 $g(1)=1+c$，其中 c 是非负整数，则我们有

$$g(c+1+1)-g(c+1)=g(c+1)-g(c)=\cdots$$
$$=g(2)-g(1)=-1.$$

将这 $1+c$ 个等式相加，得到

$$g(c+1+1)-g(1)=-(1+c),\quad 即\quad g(c+1+1)=0.$$

由条件知这是不可能的.

其次，证明不可能有 n，使得 $g(n+1)-g(n)=-1$. 若有这样的 n，则由刚证明的结论必有一些 k，使得 $g(k+1)-g(k)=1$. 因此，一定有正整数 h，使得（为什么）

$$g(h+1)-g(h)=-1 \quad \text{及} \quad g(h+2)-g(h+1)=1,$$

或者

$$g(h+1)-g(h)=1 \quad \text{及} \quad g(h+2)-g(h+1)=-1.$$

以上无论何种情形成立，都推出 $g(h+2)=g(h)$. 这和(i)矛盾.

(iv) 由(iii)立即推出：对所有正整数 n，有 $g(n)-g(1)=n-1$，$g(n)=n+c$(为什么). 这就证明了我们的猜测.

因此，由这一想法来求解本题的关键是要证明结论(7)成立. 为此，首先要设法建立 $g(m)-g(n)$ 和 $m-n$ 之间的联系. 这从条件"$(g(m)+n)(g(n)+m)$是完全平方数"不能直接得到. 但可以引入一个中间正整数变数 l，考虑 $g(m)+l, g(l)+m, g(n)+l, g(l)+n$. 这样，由本题条件知

$$(g(m)+l)(g(l)+m) \text{ 和 } (g(n)+l)(g(l)+n) \text{ 都是完全平方数}, \tag{8}$$

以及

$$\begin{aligned}(g(m)+l)-(g(n)+l)&=g(m)-g(n),\\(g(l)+m)-(g(l)+n)&=m-n.\end{aligned} \tag{9}$$

这就间接地建立了 $g(m)-g(n)$ 和 $m-n$ 之间的联系. 下面证明由此的确可以推出结论(7)成立.

设素数 $p \mid g(m)-g(n)$. 如果我们能取到一个正整数 l，使得

$$\text{对这个素数 } p, g(m)+l \text{ 和 } g(n)+l \text{ 都满足结论(4)中的条件}, \tag{10}$$

那么由结论(4)就推出 $g(l)+m$ 和 $g(l)+n$ 都被素数 p 整除. 因此

$$p \mid (g(l)+m)-(g(l)+n)=m-n.$$

这就是我们所要的关系与结论，也就完全解决了本题，即满足条件的所有函数是 $g(n)=n+c$，其中 c 为任一非负整数. 下面具体找出这个正整数 l.

设 $g(m)-g(n)=sp$. 对任意的整数 u，当 p 不整除 u 时，取 $l=up-g(m)$，就有 $p \mid g(m)+l$，但 $p^2 \nmid g(m)+l$. 这时 $g(n)+l=(u-s)p$，所以 $p \mid g(n)+l$，并且只要 $p \nmid u-s$，就有 $p^2 \nmid g(n)+l$. 因此，只要能取到 u 满足以下条件：

(a) $p\nmid u$;

(b) $p\nmid u-s$;

(c) $up-g(m)$是正整数,

那么所取的 $l=up-g(m)$就满足式(10)的要求. 这是容易做到的,具体取法如下:

当 $p>2$ 时,u 取 $rp+1,rp+2,\cdots,rp+(p-1)$中的任一数,都满足条件(a),其中 r 是任意非负整数. 而当 $p>2$ 时,在 $j=1,2,\cdots,p-1$ 中,一定可取到一个 j_0,使得 j_0-s 不被 p 整除(为什么),因而取 $u_0=rp+j_0$ 就满足条件(b),且只要其中的 r 取得足够大,就一定满足条件(c). 所以,可取 $l=u_0p-g(m)$.

当 $p=2$ 时,$g(m)-g(n)=2s$,要分两种情形讨论:

当 s 是偶数时,为了使 $2\nmid u,2\nmid u-s$,可以取 $u=2r+1$,且只要其中的 r 取得足够大,就一定满足条件(c). 所以,可取

$$l=2(2r+1)-g(m).$$

当 s 是奇数时,就取不到 u 使其满足条件(a),(b),所以不能取 $l=up-g(m)$的形式. 注意到 $t>1$ 时结论(4)所给出的性质,可以取 $l=2^3(2r+1)-g(m)$. 这时,我们有 $2^3\mid g(m)+l$,但 $2^4\nmid g(m)+l$,所以 $2\mid g(l)+m$;$g(n)+l=2(2^2u-s)$,$2\mid g(n)+l$,但 $2^2\nmid g(n)+l$,所以 $2\mid g(l)+n$. 只要 r 取得足够大,就满足所需要的全部条件.

以下 4 道试题是指数性质的应用. 整数对模 m 的指数的性质(见第一章§4 的例 5 及第五章的§1)是十分重要的,在与数论有关的竞赛试题中经常用到. 但正确、巧妙地应用这些性质来解题并不容易. 下面通过讨论几道 IMO 试题来说明. 为了方便起见,我们先给出 a 对模 m 的指数的重要基本性质.

性质Ⅰ 设$(a,m)=1$(或存在 x_0,y_0,使得 $ax_0+my_0=1$),$m\geqslant 2$,则

(i) 一定存在正整数 $d\leqslant m-1$,使得

$$m\mid a^d-1,\quad 即\quad a^d-1\equiv 0(\bmod m).$$

(ii) 记 d_0 是满足(i)的最小正整数 d,则正整数 h 满足 $m\mid a^h-1$,即

$a^h-1\equiv 0(\bmod m)$的充要条件是 $d_0\mid h$. 通常记 d_0 为 $\delta_m(a)$或 $\delta_m^+(a)$，称为 a **对模** m **的指数**.

证 考虑 m 个数 $a^0,a^1,\cdots,a^{m-1}$. 它们均不能被 m 整除，所以它们被 m 除后所得的 m 个非负余数必在 $1,2,\cdots,m-1$ 这 $m-1$ 个数中，因此必有两个数，它们的余数相同，设它们为 $a^i,a^j(0\leqslant i<j\leqslant m-1)$. 故得$m\mid a^j-a^i=a^i(a^{j-i}-1)$. 取 $d=j-i$ 就证明了(i).

记 $\delta=\delta_m^+(a)$. 设 $h=q\delta+r(0\leqslant r<\delta)$，则 $a^h-1=a^r(a^{q\delta}-1)+a^r-1$. 因此，得到 $m\mid a^h-1\Longleftrightarrow m\mid a^r-1$. 注意到 $0\leqslant r<\delta$，由此及 δ 的定义就推出(ii).

性质Ⅱ 设$(a,m)=1$(或存在 x_0,y_0，使得 $ax_0+my_0=1$)，$m\geqslant 2$. 如果有正整数 d，使得 $m\mid a^d+1$，设 $\delta_m^-(a)$是这样的最小的 d，那么当 $m\mid a^h-1$ 或 $m\mid a^h+1$ 时，均有 $\delta_m^-(a)\mid h$. 精确地说，有

(i) 当 $m=2$ 时，$\delta_2^+(a)=\delta_2^-(a)=1$；

(ii) 当 $m>2$ 时，$\delta_m^+(a)=2\delta_m^-(a)$；

(iii) 当 $m>2$ 时，$m\mid a^h+1$ 的充要条件是 $\delta_m^-(a)\mid h$，且 $h/\delta_m^-(a)$是奇数.

证 (i)显然成立. 下面证明(ii)，(iii).

设 $\delta_m^+(a)=\delta(+)$，$\delta_m^-(a)=\delta(-)$. 先证明 $\delta(+)>\delta(-)$. 若不然，则有 $\delta(+)\leqslant\delta(-)$. 由 $a^{\delta(-)}+1=a^{\delta(+)}(a^{\delta(-)-\delta(+)}+1)-(a^{\delta(+)}-1)$，$m\mid(a^{\delta(-)-\delta(+)}+1)$及 $\delta(-)$的定义可推出 $\delta(-)-\delta(+)=0$，但 $m>2$，这不可能. 由性质Ⅰ(ii)知 $\delta(+)\mid 2\delta(-)$(为什么). 由此及 $\delta(+)>\delta(-)$就证明了(ii).

设 $h=q\delta(-)+r$，$0\leqslant r<\delta(-)$. 由 $a^h+1=a^r(a^{q\delta(-)}-(-1)^q)+(-1)^q a^r+1$ 可推出 $m\mid a^r+(-1)^q$. 由 $m>2$ 及 $\delta(-)$的定义知 q 不可能为偶数(为什么)，而当 q 为奇数时，由 $\delta(+)>\delta(-)>r$ 及 $\delta(+)$的定义知必有 $r=0$. 这就证明了(iii).

由性质Ⅰ，Fermat 小定理和 Fermat-Euler 定理就推出

$$\delta_p^+(a)\mid p-1,\quad \delta_m^+(a)\mid\varphi(m).$$

这两个性质灵活地与 Fermat 小定理、Fermat-Euler 定理及性质

$$(a^m-1,a^n-1)=a^{(m,n)}-1,$$

$$(a^m-b^m,a^n-b^n)=a^{(m,n)}-b^{(m,n)},\quad (a,b)=1$$

相结合,在解决问题时是十分有用的.

例 32([41.5]) 是否存在正整数 n,满足如下条件?

(i) $n\mid 2^n+1$; (ii) n 恰有 2000 个不同的素因数.

解 (A) 从题意看数 2000 无特殊意义,仅因比赛当年是 2000 年. 条件(ii)中的 2000 可一般地改为任意给定的正整数 k.

(B) 首先,满足条件(i)的正整数 n 一定是奇数,并且 $n=1,3$ 满足这个条件. 其次,$3\mid 2^{2n}-2^n+1$ 的充要条件是 n 为奇数(为什么).

(C) 若奇数 $n\geqslant 3$, $n\mid 2^n+1$,则由(B)知必有

$$3n\mid 2^{3n}+1=(2^n+1)(2^{2n}-2^n+1).$$

由于

$$2^{2n}-2^n+1=(2^n+1)^2-3\cdot 2^n,$$

所以

$$(2^n+1,2^{2n}-2^n+1)=3,\quad 9\nmid 2^{2n}-2^n+1,$$

且 $2^{2n}-2^n+1$ 必有素因数 p,满足 $p>3$, $p\nmid 2^n+1$(为什么),因而有

$$p>3,\quad p\nmid n,\quad 3np\mid 2^{3n}+1,\quad 3np\mid 2^{3np}+1.$$

(D) 用归纳构造法来证明一般的结论. 当 $k=1$ 时,$n=n(1)=3$ 是解. 假设对 $k(k\geqslant 1)$,$n=n(k)$ 满足条件. 那么,对 $k+1$,由(C)知取 $n=n(k+1)=3n(k)p(k)$ 就满足条件,这里素数 $p(k)$ 满足

$$p(k)\mid 2^{2n(k)}-2^{n(k)}+1,\quad p(k)>3.$$

例 33([40.4]) 求满足以下条件的正整数对 $\{p,n\}$:

(i) p 是素数; (ii) $n\leqslant 2p$; (iii) $(p-1)^n+1$ 被 n^{p-1} 整除.

解 对任意的素数 p,数对 $\{p,1\}$ 是解;当 $p=2$ 时,有且仅有解 $\{2,1\}$,$\{2,2\}$. 因此,只要讨论 $p\geqslant 3$, $n>1$ 即可.

若数对 $\{p,n\}$ 是解,$p\geqslant 3$, $n>1$,则 n 一定是奇数. 我们要进一步讨论这样的 n 应满足的条件. 为此,设 n 的最小素因数为 q,并令

$$n=q^d m,\quad m \text{ 的素因数均大于 } q\text{(这是一个常用方法)}.$$

利用 Fermat 小定理 $a^q\equiv a\pmod q$,由 $(p-1)^n+1\equiv 0\pmod q$ 推出

$$(p-1)^m+1\equiv 0\pmod q,$$

因而有$(p-1)^{2m}-1\equiv 0(\bmod q)$. 由此及$(p-1)^{q-1}-1\equiv 0(\bmod q)$推出(为什么)

$$(p-1)^{(2m,q-1)}-1\equiv 0(\bmod q).$$

再由此及$(m,q-1)=1$得到

$$(p-1)^2-1=p(p-2)\equiv 0(\bmod q).$$

这里不可能有 $q\mid p-2$,因为由此及$(p-1)^m+1\equiv 0(\bmod q)$将推出 $q\mid 2$. 所以,必有

$$q=p,\quad n=p^d m.$$

由此及条件 $n\leqslant 2p$ 推出 $n=p$,进而由条件(iii)推出必有 $n=p=3$.

例 34([44.6])　设 p 为任意给定的素数. 证明: 一定存在素数 q,使得对任意的整数 n,n^p-p 都不能被 q 整除.

证　从题意知,要找的素数 q 仅和 p 有关,和 n 无关. 所以,要对所要求的结论"对任意的整数 n,n^p-p 都不能被 q 整除"进行分析,使得 q 和 p 直接联系起来.

由于 $n^p-p=(n^p-1)-(p-1)$以及我们对 n^p-1 的因数有较多的了解,如果找到 $p-1$ 的某个素因数 q,使得对任意的整数 n,n^p-1 都不能被 q 整除,那么就解决了本题. 但这是不可能的,因为 q 一定整除$(kq+1)^p-1$. 所以,要进一步考虑扩大 q 的选择范围.

对任意的正整数 k,若 $q\mid n^p-p$ 成立,则必有 $q\mid n^{kp}-p^k$. 也就是说,若 $q\nmid n^{kp}-p^k$,则必有 $q\nmid n^p-p$(逆否命题). 这样,问题就可转化为: 选取适当的 k 来讨论 $n^{kp}-p^k$(代替对 n^p-p 的讨论). 最简单的选择是取 $k=p$. 我们先对此进行试探性讨论: 由于

$$n^{p^2}-p^p=(n^{p^2}-1)-(p^p-1)\triangleq M-(p^p-1),$$

如果找到 p^p-1(它代替了 $p-1$,扩大了 q 的选择范围)的素因数 q,使得对任意的整数 n,$M=n^{p^2}-1$ 都不能被 q 整除,那么也就解决了本题. 当然,对所有的 n,这也是不可能的(为什么). 所以,要做进一步分析,对不同类的 n 做不同考虑.

对取定的 p^p-1 的素因数 q,整数 n 可分为以下两类:

(i) $n^{p^2}-1$ 不能被 q 整除. 对这些 n,$n^{kp}-p^k$不能被 q 整除,因而 n^p-p 不能被 q 整除.

(ii) $n^{p^2}-1$ 被 q 整除. 这时,我们希望对所选取的 p^p-1 的素因数 q,加上进一步可实现的条件(因为这时 q 的选择范围扩大了),使其能直接具有 n^p-p 不能被 q 整除的性质. 这样,问题就归结为讨论这样的素数 q 是否存在.

下面来做逆向推理,即假定这样的素数 q 存在,去推出满足什么样条件(充分条件)的素数 q 就是我们所要的,然后根据这些条件寻找出素数 q. 如果存在的话,问题就解决了;如果不存在,就要重新讨论.

取素数 q,满足 $q\mid p^p-1$. 若存在某个 n,使得 $q\mid M$,则 $q\nmid n$. 由此及 $q\mid n^{q-1}-1$ 推出 $q\mid n^g-1$,这里 $g=(p^2,q-1)$. 注意到

$$g=(p^2,q-1)=1,p\text{ 或 }p^2,$$

如果取得素数 q,使得

$$(p^2,q-1)\neq p^2,\quad\text{即}\quad p^2\nmid q-1,$$

那么必有 $q\mid n^p-1$. 如果再要求 $q\nmid p-1$,那么就有

$$q\nmid(n^p-1)-(p-1)=n^p-p.$$

这就满足本题的要求.

由以上分析知,只要存在素数 q,满足条件:

(a) $q\mid p^p-1$; (b) $q\nmid p-1$; (c) $p^2\nmid q-1$,

这样的素数 q 就满足本题的要求.

下面具体找出这样的素数 q. 由前两个条件启发,我们考虑

$$(p^p-1)/(p-1)=p^{p-1}+p^{p-2}+\cdots+p+1$$

的素因数 q. 显见,这样的 q 不等于 p. 若 $q\mid p-1$,则由此及

$$(p^p-1)/(p-1)=p^{p-1}+p^{p-2}+\cdots+p+1\equiv p(\operatorname{mod} p-1)$$

推出 $q\mid p$,矛盾. 所以,q 满足条件(a),(b). 再由于

$$(p^p-1)/(p-1)=p^{p-1}+p^{p-2}+\cdots+p+1\equiv p+1\not\equiv 1(\operatorname{mod} p^2),$$

所以$(p^p-1)/(p-1)$必有一个素因数 q,使得 $q\not\equiv 1(\operatorname{mod} p^2)$,即这样的 q 满足条件(c). 证毕.

例 35([31.3]) 求出所有大于 1 的整数 n,使得$(2^n+1)/n^2$为整数.

解 求解本题除了需要用到上面给出的指数性质及其他性质之外,

还需要以下结论：设 $e(k)=3^{k-1}$，则(a) $3^k\mid 2^{e(k)}+1$，但 $3^{k+1}\nmid 2^{e(k)}+1$；(b) $3^k\mid 2^s+1$ 的充要条件是 $3^{k-1}\mid s$，其中 s 是奇数. 本题可以说是IMO中最难的试题之一，只有一种解法，它似乎不适合作为竞赛试题. 下面我们只给出解题步骤，请读者自己完成严格的求解过程.

(i) n 一定可写成如下形式：$n=3^a p_1^{a(1)}\cdots p_s^{a(s)}$，$3<p_1<\cdots<p_s$.

(ii) 一定有 $a=0,1$. 事实上，由 $3^{2a}\mid 2^n+1$ 可推出 $3^{2a-1}\mid n$，进而推出 $2a-1\leqslant a$.

(iii) 一定有 $a(1)=\cdots=a(s)=0$. 用反证法. 若 $a(1)>0$，设 c 是最小的正整数，使得 $p_1\mid 2^c+1$. 由此推出 $c\mid(n,p_1-1)$，进而推出 $c\mid n$，且 c 的素因数小于 p_1. 这样就有 $c=3^u(1\leqslant u\leqslant a)$. 由此推出 $a=u=1$，因此有 $p_1\mid 2^3+1=9$. 这是不可能的.

(iv) 只有 $n=1,3$，所以 $n=3$.

以下2道试题是同余类及剩余系的思想和方法的应用.

例36([26.2])　设 n,k 是正整数，k 和 n 互素，且满足 $0<k<n$；再设集合 $M=\{1,2,\cdots,n-1\}$. 现对集合 M 中的每个数 i 涂上蓝色或白色，要求满足以下条件：

(i) i 和 $n-i$ 涂上同一种颜色；

(ii) 当 $i\neq k$ 时，i 和 $|k-i|$ 涂上同一种颜色.

证明：所有的数都涂上同一种颜色.

证　见第三章§2的例1. 这里要用到整除理论的性质：k 和 n 互素的充要条件是存在整数 x,y，使得 $kx+ny=1$(见第一章§3的定理5或§4的定理8).

例37([31.6])　证明：存在一个凸1990边形，它同时具有下面的性质：

(i) 所有的内角均相等；

(ii) 1990条边的长度是数 $1^2,2^2,3^2,\cdots,1989^2,1990^2$ 的一个排列.

证　设这个多边形存在，它的顶点为 $A_1,A_2,\cdots,A_{1990}$. 选取一个直角坐标系，把顶点 A_{1990} 放在原点，边 $A_{1990}A_1$ 在 x 轴上. 由条件(i)知，这个凸多边形的内角均为 $1-\theta$，其中 $\theta=2\pi/1990$(为什么). 把此多边形的边 $A_1A_2,A_2A_3,\cdots,A_{1989}A_{1990},A_{1990}A_1$ 都看作向量，这样就有(为

什么)

$$\overrightarrow{A_1A_2}+\overrightarrow{A_2A_3}+\cdots+\overrightarrow{A_jA_{j+1}}+\cdots+\overrightarrow{A_{1989}A_{1990}}+\overrightarrow{A_{1990}A_1}=\vec{0}. \quad (1)$$

用复数表示这些向量,就有(为什么)

$$\overrightarrow{A_jA_{j+1}}=r_j^2\exp(\mathrm{i}j\theta),\quad 1\leqslant j\leqslant 1990, \quad (2)$$

其中 $\mathrm{i}=\sqrt{-1}$,r_j^2是边A_jA_{j+1}的长度,$A_{1991}=A_1$. 由式(1),(2)得到

$$T=\sum_{1\leqslant j\leqslant 1990} r_j^2\exp(\mathrm{i}j\theta)=0. \quad (3)$$

由式(2)知 $r_1,r_2,\cdots,r_{1990}$ 应是 $1,2,\cdots,1990$ 的一个排列,这样我们的问题就是能否取到以及如何选取 $1,2,\cdots,1990$ 的一个排列 $r_1,r_2,\cdots,r_{1990}$,使得式(3)成立.

式(3)中的和式通常称为**指数和**. 因此,我们就需要有关指数和等于零的知识. 下面的结论可以说是这方面唯一的结论: 对任何大于 1 的正整数 M,有

$$\sum_{1\leqslant k\leqslant M}\exp\left(\frac{2\pi\mathrm{i}k}{M}\right)=0. \quad (4)$$

由此可推出: 对任意与 M 互素的整数 c,有(为什么)

$$\sum_{1\leqslant k\leqslant M}\exp\left(\frac{2\pi\mathrm{i}ck}{M}\right)=0. \quad (5)$$

为了用这两个结论来解决我们的问题,就要求特殊选取的 $r_1,r_2,\cdots,r_{1990}$,使得式(3)中的和式能表示为式(4),(5)中和式的组合. 这就需要考虑式(3)中和式的项,看看如何把对应于角 $j\theta$ 的项进行适当的组合,使其变为式(4),(5)中和式的形式.

由于这里角 $j\theta$ 的次序是确定的,这对项的组合带来了不便. 由于对任意的整数 d,有

$$\exp(\mathrm{i}j\theta)=\exp(\mathrm{i}(j+1990d)\theta),$$

所以对模 1990 的某一组完全剩余系 $u_1,u_2,\cdots,u_{1990}$,有(为什么)

$$T=\sum_{1\leqslant j\leqslant 1990} r_j^2\exp(\mathrm{i}\theta u_j)=0. \quad (6)$$

这样,问题就变为如何选择 $r_1,r_2,\cdots,r_{1990}$ 和 $u_1,u_2,\cdots,u_{1990}$,使得对它们适当地组合求和,就可实现我们的想法. 这就要利用剩余系构造的性质(见第三章的§2). 在我们的想法指导下,注意到性质 $\mathrm{e}^{\mathrm{i}\pi}=-1$ 及

1990 这个数的特点，利用剩余系构造的性质，通过试验，我们选取：

$\{r_j\}$由 $a_{k,m}=10k+m(1\leqslant m\leqslant 10,0\leqslant k\leqslant 198)$的形式来给出；

$\{u_j\}$由 $b_{k,n}=10k+199n(0\leqslant n\leqslant 9,0\leqslant k\leqslant 198)$的形式来给出.

在对 T 的求和时，它们按以下的形式来组合：

$$T=\sum_{0\leqslant k\leqslant 198}T_k,$$

其中

$$\begin{aligned}T_k=&a_{k,1}^2\exp(\mathrm{i}\theta b_{k,0})+a_{k,6}^2\exp(\mathrm{i}\theta b_{k,5})+a_{k,2}^2\exp(\mathrm{i}\theta b_{k,2})\\&+a_{k,7}^2\exp(\mathrm{i}\theta b_{k,7})+a_{k,3}^2\exp(\mathrm{i}\theta b_{k,4})+a_{k,8}^2\exp(\mathrm{i}\theta b_{k,9})\\&+a_{k,4}^2\exp(\mathrm{i}\theta b_{k,6})+a_{k,9}^2\exp(\mathrm{i}\theta b_{k,1})\\&+a_{k,5}^2\exp(\mathrm{i}\theta b_{k,8})+a_{k,10}^2\exp(\mathrm{i}\theta b_{k,3}).\end{aligned}$$

不难看出

$$\begin{aligned}T_k=&\exp(10k\theta\mathrm{i})((a_{k,1}^2-a_{k,6}^2)\exp(0\cdot 2\pi\mathrm{i}/5)+(a_{k,2}^2-a_{k,7}^2)\exp(1\cdot 2\pi\mathrm{i}/5)\\&+(a_{k,3}^2-a_{k,8}^2)\exp(2\cdot 2\pi\mathrm{i}/5)+(a_{k,4}^2-a_{k,9}^2)\exp(3\cdot 2\pi\mathrm{i}/5)\\&+(a_{k,5}^2-a_{k,10}^2)\exp(4\cdot 2\pi\mathrm{i}/5))\\=&-5\exp(10k\theta\mathrm{i})((20k+7)\exp(0\cdot 2\pi\mathrm{i}/5)+(20k+9)\exp(1\cdot 2\pi\mathrm{i}/5)\\&+(20k+11)\exp(2\cdot 2\pi\mathrm{i}/5)+(20k+13)\exp(3\cdot 2\pi\mathrm{i}/5)\\&+(20k+15)\exp(4\cdot 2\pi\mathrm{i}/5))\\=&-5\exp(10k\theta\mathrm{i})(1\exp(0\cdot 2\pi\mathrm{i}/5)+3\exp(1\cdot 2\pi\mathrm{i}/5)\\&+5\exp(2\cdot 2\pi\mathrm{i}/5)+7\exp(3\cdot 2\pi\mathrm{i}/5)+9\exp(4\cdot 2\pi\mathrm{i}/5))\\=&-5A\exp(10k\theta\mathrm{i})=-5A\exp(2k\pi\mathrm{i}/199),\end{aligned}$$

因此

$$T=-5A\sum_{0\leqslant k\leqslant 198}\exp\left(\frac{2k\pi\mathrm{i}}{199}\right)=0.$$

这就具体构造出了所要求的多边形.

最后，我们举出几道智力题的例子.

例 38([24.5]) 能否找到每个都不大于 10^5 的 1983 个互不相同的正整数，使其中任意 3 个数都不是某个算术级数中的连续 3 项？

解 很难想到本题和记数法有关. 由条件“10^5”和“1983”，考虑取三进位制与数的位数为 11，并取集合

$$M = \{n = (a_1 \cdots a_{11})_3 : a_j = 0,1, 1 \leqslant j \leqslant 11\}. \tag{1}$$

这样,当 $n \in M$ 时,一定有

$$2n = (b_1 \cdots b_{11})_3, \quad b_j = 2a_j = 0,2, 1 \leqslant j \leqslant 11, \tag{2}$$

所以 $2n$ 不属于集合 M. 若 3 个不同的数 $n_1, n, n_2 \in M$ 是某个算术级数中的连续 3 项,则

$$n_1 + n_2 = 2n. \tag{3}$$

因为 $n \in M$,所以 $2n$ 一定是式(2)给出的形式. 但由于 $n_1, n_2 \in M$,所以式(3)当且仅当 $n_1 = n_2 = n$ 时才成立. 因此,M 中不可能有这样的 3 个数.

例 39([31.4]) 记全体正有理数组成的集合为 $\mathbf{Q}^+$. 试构造一个函数 $f: \mathbf{Q}^+ \to \mathbf{Q}^+$,使得对任意的 $x, y \in \mathbf{Q}^+$,满足 $yf(xf(y)) = f(x)$.

解 假定函数 f 满足所说的条件 $yf(xf(y)) = f(x)$. 先讨论这样的函数 f 应满足的基本性质. 取 $x=1$,则由函数 f 应满足的条件得

$$f(f(y)) = f(1)/y. \tag{1}$$

若 $f(x) = f(y)$,则由式(1)推出

$$f(1)/y = f(f(y)) = f(f(x)) = f(1)/x, \quad 即 \quad x = y.$$

因此

$$当且仅当\ x = y\ 时才有\ f(x) = f(y). \tag{2}$$

取 $x=y=1$,则由函数 f 应满足的条件得 $f(f(1)) = f(1)$. 由此及式(2),(1)得

$$f(1) = 1, \quad f(f(y)) = 1/y. \tag{3}$$

以 $f(x)$ 代 x,则由函数 f 应满足的条件及式(3)得

$$f(f(x)f(y)) = f(f(x))/y = 1/(xy) = f(f(xy)). \tag{4}$$

由此从式(2)推出

$$f(xy) = f(x)f(y), \tag{5}$$

即 $f(x)$ 是完全积性函数. 由于 $f(x)$ 不等于零,容易看出(为什么): 条件 $yf(xf(y)) = f(x)$ 成立等价于式(1),(5)成立.

函数 f 定义在 $\mathbf{Q}^+$ 上,由算术基本定理知,$x \in \mathbf{Q}^+$ 当且仅当 x 有表达式

$$x = p_1^{a(1)} \cdots p_r^{a(r)}, \quad a(j) \in \mathbf{Z}, 1 \leqslant j \leqslant r,$$

其中 $p_1,\cdots,p_r$ 是素数，按由小到大的顺序排列. 当 x 由上式给出时，从式(5)及 $f(1)=1$ 可得

$$f(x)=f(p_1)^{a(1)}\cdots f(p_r)^{a(r)}.$$

因此，只需定义函数 f 在素数 p 处的值，使其满足所要求的条件. 从以上分析可知，只需对素数 p，满足条件(1)，即

$$f(f(p))=1/p.$$

由于 f 是 $\mathbf{Q}^+\to\mathbf{Q}^+$ 的函数，所以可设

$$f(p)=q_1^{b(1)}\cdots q_r^{b(r)},\quad q_j \text{ 是素数}, b(j)\in\mathbf{Z}, 1\leqslant j\leqslant r.$$

由式(5)知

$$1/p=f(f(p))=f(q_1)^{a(1)}\cdots f(q_r)^{a(r)}.$$

因为仅当 $x=1$ 时 $f(1)=1$，所以上式提示我们：$f(p)$ 应取很简单的值，例如它等于 q 或 $1/q$，其中 q 是素数. 但这些讨论没有真正给出需要如何定义 $f(p)$ 的值的信息. 通过试验与观察，对 $j\geqslant1$，定义

$$f(p_{2j-1})=1/p_{2j},\quad f(p_{2j})=p_{2j-1}$$

就能满足要求.

例 40([35.6])　求一个具有以下性质的正整数集合 A：任一有无穷多个素数组成的集合 P，一定存在正整数 $m\in A, n\notin A$，使得它们都是 P 中同样个数的不同元素的乘积.

解　由题意知，可要求 A 中的数由不同素数的乘积(即无平方因子数)组成. 由 P 的任意性知，对 A 中的数的素因数无限制. 由于条件需要这两个正整数是“P 中同样个数的不同元素的乘积”，所以 A 中的数的特殊性应体现在这个数的素因数的个数和这个数本身有关. 例如：素因数的个数等于最小素因数的无平方因子数就是这种数. 这提示我们考虑取

$$A=\{a=p_1\cdots p_r: p_1<\cdots<p_r, r=p_1, p_1,\cdots,p_r \text{ 是任意素数}\}.$$

这样，对任意给定的有无穷多个素数组成的集合

$$P=\{q_1,\cdots,q_j,\cdots: q_1<\cdots<q_j<\cdots, q_1,\cdots,q_j,\cdots \text{ 为素数}\},$$

A 中显然含有元素 $m=q_2q_3\cdots q_r$，其中 $r=q_2+1$，但有同样个数素因数的元素 $n=q_1q_3\cdots q_r$ 显然不属于 A. 这样的元素对 $\{m,n\}$ 是很多的.

本题是纯粹的一道智力题，没有用到任何理论知识.

部分习题的提示与解答

第　一　章

习　题　一

1. 做变数替换：$n=m+k_0-1$. $P(n)=P(m+k_0-1)\triangleq P^*(m)$. 对 $P^*(m)$用定理 1.

2. $P^*(m)$同第 1 题解答，对 $P^*(m)$用 § 1 的定理 4.

3. 设 T^* 是 T 中所有正整数组成的子集. 对 T^* 用定理 2.

4. 考虑集合 $T^*=\{t^*=t-a+1:\ t\in T\}$. 对 T^* 用定理 2.

5. 考虑集合 $M^*=\{m^*=-m:\ m\in M\}$. 对 M^* 用第 4 题的结论.

6. (i) 用数学归纳法；

(ii) 考虑集合 $T=\{k:\ a^k\leqslant n, k\in\mathbf{Z}\}$，对 T 用第 5 题的结论.

习　题　二

第一部分(2.1 与 2.2 小节)

2. $a_0=-x_0(x_0^{n-1}+a_{n-1}x_0^{n-2}+\cdots+a_1)$.

3. 利用第 2 题. (i) 无；(ii) 无；(iii) 无；(iv) $x=1, x=2, x=-2$.

4. 不可能，因为 $100\neq 3x+6y, x, y\in\mathbf{Z}$.

5. $7\cdot 5+(-2)\cdot 17=1$. 利用例 3.

6. $1\cdot 5+(-2)\cdot 2=1$，所以 $10\mid n$. $3\cdot 7+(-2)\cdot 10=1$，所以 $70\mid n$.

7. $n^k-1=((n-1)+1)^k-1=A(n-1)^2+k(n-1)$，其中 A 为整数.

8. $1234=2\cdot 617$，素因数：2, 617；正因数：1, 2, 617, 1234. $2345=5\cdot 7\cdot 67$，素因数：5, 7, 67；正因数：1, 5, 7, 35, 67, 335, 469, 2345. $34\,560=2^8\cdot 3^3\cdot 5$，素因数：2, 3, 5；正因数：$2^{\alpha_1}\cdot 3^{\alpha_2}\cdot 5^{\alpha_3}$，$0\leqslant\alpha_1\leqslant 8, 0\leqslant\alpha_2\leqslant 3, 0\leqslant\alpha_3\leqslant 1$.

9. (i) 若 $n\neq 2^k$，则可设 $n=am, 2\nmid m, m>1$.

$$2^n+1=(2^a)^m+1=(2^a+1)((2^a)^{m-1}-(2^a)^{m-2}+\cdots+1).$$

(ii) 若 n 为合数，则可设 $n=am, a>1, m>1$. $2^n-1=(2^a)^m-1=(2^a-1)\cdot((2^a)^{m-1}+\cdots+1)$. $2^{2^0}+1=3, 2^{2^1}+1=5, 2^{2^2}+1=17, 2^{2^3}+1=257$. $2^2-1=3$,

$2^3-1=7, 2^5-1=31, 2^7-1=127$.

10. $(K+1)!+2, (K+1)!+3, \cdots, (K+1)!+(K+1)$.

11. $2n+1=(n+1)^2-n^2$.

12. $k+1$ 个相邻正整数 $m, m+1, \cdots, m+k$ 之和为 $(k+1)(2m+k)/2$. 设 $n=m+(m+1)+\cdots+(m+k)=(k+1)(2m+k)/2$. 若 $k\geqslant 2$, 显见 n 是合数. 这就证明了必要性. 若奇数 $n(n>1)$ 是合数, 则可设 $n=n_1n_2, n_1\geqslant n_2\geqslant 3$. 取 $m_0=n_1-(n_2-1)/2$, $k_0=n_2-1$, 得 $n=m_0+\cdots+(m_0+k_0)$, 即 n 可表示为三个或三个以上相邻正整数之和. 这就证明了充分性.

13. 若 n/p 不是素数, 则必有素因数 p', 满足 $p'\leqslant(n/p)^{1/2}$, $p'\geqslant p$. 由此推出 $p\leqslant n^{1/3}$. 这和假设矛盾.

14. $p_1^3\leqslant p_1p_2p_3\leqslant n$, $2p_2^2\leqslant p_1p_2p_3\leqslant n$.

15. 见附表 1. 用不超过 $\sqrt{300}$ 的素数 2, 3, 5, 7, 11, 13, 17 去筛选.

16. 设 N 是给定的正整数. $p_{11}, p_{12}, \cdots, p_{1r}$ 表示所有不超过 $N^{1/3}$ 的素数, $p_{21}, p_{22}, \cdots, p_{2s}$ 表示所有不超过 $(N/2)^{1/2}$ 的素数. 这样, 由第 14 题知, 任一满足 $N^{1/3}(N/2)^{1/2}<n\leqslant N$ 的整数 n 为三个或三个以上素数乘积的充要条件是 n 被某一乘积 $p_{1i}p_{2j}$ 整除. 由此, 即可提出以下方法: 把满足 $N^{1/3}(N/2)^{1/2}<n\leqslant N$ 的正整数 n 列出, 依次把被 $p_{1i}p_{2j}(1\leqslant i\leqslant r, 1\leqslant j\leqslant s)$ 整除的数都删去, 剩下的就是素数或两个素数的乘积. 再补上不超过 $N^{1/3}(N/2)^{1/2}$ 的素数及两个素数的乘积, 就得到不超过 N 的素数及两个素数乘积的全体正整数. 当 $N=100$ 时, 不超过 $100^{1/3}$ 的素数是: 2, 3; 不超过 $50^{1/2}$ 的素数是: 2, 3, 5, 7; 不超过 $100^{1/3}\cdot 50^{1/2}(<33)$ 的素数是: 2, 3, 5, 7, 11, 13, 17, 19, 23, 29, 31. 这样, 不超过 $100^{1/3}\cdot 50^{1/2}$ 的素数及两个素数乘积的全体正整数是: 2, 3, 2·2, 5, 2·3, 7, 3·3, 2·5, 11, 13, 2·7, 3·5, 17, 19, 3·7, 2·11, 23, 5·5, 2·13, 29, 31.

再列出满足 $100^{1/3}\cdot 50^{1/2}<n\leqslant 100$ 的整数 n, 依次删去被 2·2, 2·3, 2·5, 2·7, 3·3, 3·5, 3·7 整除的整数, 剩下的就是其中的素数及两个素数的乘积:

33　34　35　~~36~~　37　38　39　~~40~~　41　~~42~~　43　~~44~~

~~45~~　46　47　~~48~~　49　~~50~~　51　~~52~~　53　~~54~~　55　~~56~~

57　58　59　~~60~~　61　62　~~63~~　~~64~~　65　~~66~~　67　~~68~~

69　~~70~~　71　~~72~~　73　74　~~75~~　~~76~~　77　~~78~~　79　~~80~~

~~81~~　82　83　~~84~~　85　86　87　~~88~~　89　~~90~~　91　~~92~~

93　94　95　~~96~~　97　~~98~~　~~99~~　~~100~~

实际上, 以下的方法可能更方便: 先找出不超过 N 的全体素数, 然后补上不超过

两个素数的乘积 p_1p_2，$p_1\leqslant p_2\leqslant N/p_1$.

17. 当 $m>n$ 时，必有 $F_n\mid 2^{2^m}-1$.

18. 用数学归纳法.

19. 当 $m>n$ 时，必有 $A_n\mid A_m-1$.

20. 用数学归纳法.

21. $5!-1=7\cdot 17$.

22. 对任意的 x，$P(x)$都是合数；$P(x_0)=\pm p$，其中 p 是素数，于是

$$p\mid P(x_0+jp),\quad j\in\mathbf{Z}.$$

23. 直接验证.

24. 设 $1\leqslant a_1<a_2<a_3$. 如果 $a_3\mid a_1+a_2$，$a_2\mid a_3+a_1$，$a_1\mid a_2+a_3$，那么 $a_3=a_1+a_2$，$a_2=2a_1$. 所有的集合为$\{a_1,2a_1,3a_1\}$，这时 $k=3$.

25. 用反证法及素数的定义.

26. $a\mid byn=(1-ax)n$，所以 $a\mid n$.

27. 用反证法及合数的定义.

28. 利用定理 5，以及当 N 变大时，$\sum_{n=1}^{N}\frac{1}{n}$ 也愈来愈大，可大于任意指定的数.

第二部分(2.3小节)

1. (i) $\mathscr{D}(72,-60)=\{\pm1,\pm2,\pm3,\pm4,\pm6,\pm12\}$，$(72,-60)=12$；

(ii) $\mathscr{D}(-120,28)=\{\pm1,\pm2,\pm4\}$，$(-120,28)=4$；

(iii) $\mathscr{D}(168,-180,495)=\{\pm1,\pm3\}$，$(168,-180,495)=3$.

2. $2\cdot3\cdot5=30$，$2\cdot3\cdot7=42$，$2\cdot5\cdot7=70$，$3\cdot5\cdot7=105$.

3. (i) $\mathscr{D}(a,b,c)\subseteq\mathscr{D}(a,b)$，$\mathscr{L}(a,b,c)\supseteq\mathscr{L}(a,b)$；

(ii) $\mathscr{L}(a,c)\subseteq\mathscr{L}(b,c)$，$\mathscr{D}(a,c)\subseteq\mathscr{L}(b,c)$；

(iii) $\mathscr{D}(a,b)\subseteq\mathscr{D}(ax+by,au+bv)$；

(iv) 同(iii).

4. $d\mid c,d\mid a\Rightarrow d\mid a+b,d\mid a\Rightarrow d\mid b,d\mid a\Rightarrow d=\pm1$，所以$(c,a)=1$. 同样，可证明$(c,b)=1$. 或用第 3 题的(ii)及$(a,b)=(a,a+b)$.

5. $(n!+1,(n+1)!+1)=(n!+1,-n)=(1,-n)=1$.

6. (i) $(2t+1,2t-1)=(2t+1,-2)=(1,-2)=1$.

(ii) $(2n,2(n+1))=(2n,2)=2$.

(iii) $(kn,k(n+2))=(kn,2k)$. 当 $n=2a$ 时，$(kn,2k)=(2ak,2k)=2k$；当

$n=2a+1$ 时,$(kn,2k)=(2ak+k,2k)=(k,2k)=k$.

(iv) $(n-1,n^2+n+1)=(n-1,2n+1)=(n-1,3)=\begin{cases}3, & n=3k+1,\\ 1, & n=3k-1,3k.\end{cases}$

7. $[a,b]\geqslant a\geqslant(a,b)$,$[a,b]\geqslant b\geqslant(a,b)$,所以 $a=b=(a,b)=[a,b]$.

8. a,b 可表示为如下形式:$a=4k_1+2,b=4k_2+2$.

9. 必可解出 $m=xu+yv,n=su+tv$,其中 x,y,s,t 为整数. 再利用第 3 题的(iv).

10. (i) 由例 3 知,若 $a|l,b|l$,则 $ab|l$; (ii) 若 $d|ac,d|b$,则 $d|acx+byc=c$.

11. 必有整数 x,y,使得 $2^kx+by=1$.

12. (i) 充分性:设 $l=cg$,取 $x=g,y=cg$;

(ii) 充分性:设 $l=dg^2$,取 $x=g,y=dg$.

13. $(a/10,b/10)=1,[a/10,b/10]=10$. $a/10,b/10$ 仅可能取值 1,2,5,10,且满足上述两个条件. 故得下表:

$a/10$	1	10	2	5
$b/10$	10	1	5	2

14. {10,10,10},{10,10,5},{10,10,2},{10,10,1},{5,5,2},{2,2,5},{1,1,10},{10,5,2},{10,5,1},{10,2,1},{5,2,1},以及它们的轮换.

15. $(a/10,b/10,c/10)=1,[a/10,b/10,c/10]=10$. $a/10,b/10,c/10$ 仅可能取值 1,2,5,10,且满足上述两个条件. 有三种可能情形:(i) $a/10=b/10=c/10$,这是不可能的;(ii) 三个中有两个相等,由条件知另一个唯一确定,它们是{10,10,1},{5,5,2},{2,2,5},{1,1,10},以及改变次序得到的数组,共有 $3\cdot4=12$ 组解;(iii) 三个两两不等,任取三个不等的均可,它们是{10,5,2},{10,5,1},{10,2,1},{5,2,1},以及改变次序得到的数组,共有 $6\cdot4=24$ 组解. 把每个数都乘以 10 就得到原问题的解,共有 36 组解.

16. (i) $[198,252]=2[99,126]=18[11,14]=2^2\cdot3^2\cdot7\cdot11$,其中最后一步用到了第 10 题的(i);

(ii) $[482,1687]=241[2,7]=2\cdot7\cdot241$.

17. 考虑 $a_1,2a_1,3a_1,4a_1,\cdots$ 中第一个被 $a_2,\cdots,a_k$ 都整除的数.

18. (ii) $(d,n)=1\Longleftrightarrow(n-d,n)=1$. 设 $d_1,\cdots,d_r$ 是小于 $n/2$ 且和 n 既约的全部正整数,则 $d_1,\cdots,d_r,n-d_r,\cdots,n-d_1$ 是不超过 n 且和 n 既约的全部正整数,这里 $n\geqslant3$.

(iii) 由素数的定义推出.

习　题　三

第一部分(3.1小节)

2. 设相邻的 a 个整数是 $m,m+1,\cdots,m+a-1$，它们被 a 除后的最小非负余数分别是 $r_0,r_1,\cdots,r_{a-1}$，$0\leqslant r_j<a$，$0\leqslant j\leqslant a-1$。这样，当 $r_0+j<a$ 时，$r_j=r_0+j$；当 $r_0+j\geqslant a$ 时，$r_j=r_0+j-a$。由此推出要么只有 $a\mid m(r_0=0)$，要么只有

$$a\mid m+j_0,\quad j_0=a-r_0,r_0\neq 0.$$

4. (i) 若 $2\nmid a$，则必有 x,y，使得 $2x+ay=1$；

(ii) 若 $7\nmid a$，则必有 x,y，使得 $7x+ay=1$；　(iii) $14\mid 2\cdot 7$.

5. 若 $a\mid A_1-A_2$，则 A_1 与 A_2 被 a 除后各种形式的余数都相等.

6. 同第 5 题.

7. (i)～(iv) 利用§2 的例 3 及第 2 题；

(v) 利用(iv)及§2 的例 3；　(vii) 利用(vi)，$5\mid n^5-n$ 及§2 的例 3；

(viii) 类似于(vii)；

(ix) 利用 $5\mid n^5-n$，$3\mid n^3-n$，推出存在整数 A，使得

$$n^5/5+n^3/3+7n/15=n/5+n/3+7n/15+A=n+A.$$

8. 下表列出了绝对最小余数：

被除数	除数			
	3	4	8	10
n^2	$\{0,1\}$	$\{0,1\}$	$\{0,1,4\}$	$\{-4,-1,0,1,4,5\}$
n^3	$\{-1,0,1\}$	$\{-1,0,1\}$	$\{-3,-1,0,1,3\}$	$\{-4,-3,-2,-1,0,1,2,3,4,5\}$
n^4	$\{0,1\}$	$\{0,1\}$	$\{0,1\}$	$\{-4,0,1,5\}$
n^5	$\{-1,0,1\}$	$\{-1,0,1\}$	$\{-3,-1,0,1,3\}$	$\{-4,-3,-2,-1,0,1,2,3,4,5\}$

9. (i)～(iii) 利用定理 1 及第 5 题；　(iv) 由(ii)及(iii)推出.

10. (iii) $0\in\mathscr{M}$. 若 $a\in\mathscr{M}$，则 $-a\in\mathscr{M}$. $\mathscr{M}$ 中的最小正整数 m 就满足要求.

11. (i) $j=0$；　(ii) $j=1$；　(iii) $j=8$.

12. $s=7$，$j_i=1+(i-1)\cdot 3$，$1\leqslant i\leqslant 7$. 一般地，有

$$s=b/a,\quad j_i=j+(i-1)a,\quad 1\leqslant i\leqslant b/a.$$

15. 利用第 14 题及证明§2 定理 7 的方法.

16. (Ⅳ) $1\,535\,625=3^3\cdot 5^4\cdot 7\cdot 13$，　$1\,158\,066=2\cdot 3^2\cdot 7^2\cdot 13\cdot 101$，

$82\,798\,848=2^8\cdot 3^5\cdot 11^3$，

$$81\,057\,226\,635\,000=2^3\cdot 3^3\cdot 5^4\cdot 7^3\cdot 11^2\cdot 17\cdot 23\cdot 37.$$

17. $7\mid n \Longleftrightarrow 7\mid 2n$.

18. 利用定理 1.

21. 利用第 20 题的(i),找一个整数,使得它与 $1+1/2+\cdots+1/n$ 之积不是整数.

22. 利用第 20 题的(ii)以及第 21 题的方法.

23. 若 $a_1=2^{r_1}m_1<a_2=2^{r_1}m_2, 2\nmid m_1, 2\nmid m_2$,则必有

$$a_1<a<a_2,\quad a=2^r m, 2\nmid m, r>r_1.$$

24. 利用第 23 题以及第 21 题的证法.

25. 设 $m,r\geqslant 1, m+(m+1)+\cdots+(m+r)=(r+1)(2m+r)/2=n$. $r+1$ 和 $2m+r$ 的奇偶性相反. 这就证明了必要性. 当 $n=2^k n', 2\nmid n'>1$ 时,若 $2^{k+1}>n'$,则取 $r=n'-1, 2m=2^{k+1}-r$;若 $2^{k+1}<n'$,则取 $r=2^{k+1}-1, 2m=n'-r$. 这就证明了充分性.

27. 分 $a<b, a\geqslant b$ 两种情形讨论. 若 $a<b$,仅当 $a=1, b=2$ 时才可能有 $2^b-1\mid 2^a+1$;若 $a\geqslant b$,设 $a=qb+r, 0\leqslant r<b$,易证 $2^b-1\mid 2^a+1 \Longleftrightarrow 2^b-1\mid 2^r+1$.

28. 仿照例 5 的证法.

29. (i) 3.　(ii) 5.　(iii) 1,2,4;1,2,-3.　(iv) 1,3,9,5,4;1,3,-2,5,4.

30. (i) 找出 3^d 被 13 除后可能取到的绝对最小余数;

(ii) 把(i)中的 3^d 换成 4^d.

31. 参看 3.2 小节前的讨论.

32. $2^0, 2^1, \cdots, 2^{d_0-1}$ 被 a 除后所得的最小非负余数各不相同,共有 d_0 个,而任一 2^k 被 a 除后所得的最小非负余数必和这 d_0 个中的一个相同.

第二部分(3.2 小节)

1. (i) $3587=1819+1768, 1819=1768+51, 1768=34\cdot 51+34, 51=1\cdot 34+17, 34=2\cdot 17$,所以 $(3587,1819)=17$.

$$\begin{aligned}17&=51-34=51-(1768-34\cdot 51)\\&=35\cdot 51-1768=35(1819-1768)-1768\\&=35\cdot 1819-36\cdot 1768=35\cdot 1819-36(3587-1819)\\&=-36\cdot 3587+71\cdot 1819.\end{aligned}$$

(ii) $(2947,3997)=7=-87\cdot 3997+118\cdot 2947$.

(iii) $(-1109,4999)=1=522\cdot 4999+2353\cdot(-1109)$.

7. 由 b_j 的递推公式证明：当 $k \geqslant 1$ 时，$b_k \geqslant 2^{(k+1)/2}$.

8. 由 c_j 的递推公式估计 c_h 的下界.

9. 对 k 用数学归纳法，通过依次比较 u_j, v_j 的关系找出规律.

10. $q \mid 2^{q-1}-1, q \mid 2^{(p,q-1)}-1$，所以 $p \mid q-1$. 由此及 q 是奇数推出 $q=2kp+1$.

11. $2^{11}-1$ 的素因数必形如 $q=22k+1$. 以 $q=23$ 试除得 $2^{11}-1=23 \cdot 89$. $2^{23}-1$ 的素因数 q 必形如 $46k+1$. $(2^{23}-1)^{1/2}<423$. 以 47,139,277 等试除得 $2^{23}-1=47 \cdot 178\,481$.

12. 2^p-1 用二进位制表示恰好是 p 个 1，即 11…11，共 p 位.

习　题　四

第一部分(4.1 小节)

1. 设 $a=pa_1, b=p^2b_1, (a_1,p)=(b_1,p)=1$. $(ab,p^4)=p^3(a_1 \cdot b_1, p)=p^3$,
$(a+b,p^4)=p(a_1+pb_1,p^3)=p$.

2. 设 $a=pa_1, b=pb_1, (a_1,b_1)=1$. $(a^2,b)=p(pa_1^2,b_1)=p(p,b_1)=p,p^2$,
$(a^3,b)=p(a_1^3p^2,b_1)=p(p^2,b_1)=p,p^2,p^3$,
$(a^2,b^3)=p^2(a_1^2,pb_1^3)=p^2(a_1,p)=p^2,p^3$.

3. (i) 不成立. 例如：$a=b=1, c=2$.

(ii) 成立. $(a,b,c)=((a,b),c)=((a,c),c)=(a,c)=(a,b)$.

(iii) 不成立. 例如：$d=4, a=4, b=2$.

(iv) 成立. 由于 $a^4 \mid b^4$，利用例 3 或例 4.

(v) 不成立. 例如：$a=8, b=4$.

(vi) 成立. 见例 3 或例 4.

(vii) 成立. $[a^2,b^2]=a^2b^2/(a^2,b^2)=ab \cdot ab/(a,b)^2$，其中最后一步用到例 4.

(viii) 成立. 利用 (vii).

(ix) 成立. 利用例 4. $(a^2,ab,b^2)=((a^2,b^2),ab)=((a,b)^2,ab)=(a,b)^2=(a^2,b^2)$.

(x) 成立. $(a,b,c)=(a,b,a,c)=((a,b),(a,c))$.

(xi) 不成立. 例如：$d=5, a=2$.

(xii) 成立. $a^4-1=(a^2-1)(a^2+1)$.

4. 利用例 3.

5. 设 $x_0=d/c, (c,d)=1$，则 $c \mid d$.

6. 用数学归纳法证明提示中的结论，要利用

$$\cos(2m+1)\alpha = \cos(2m-1)\alpha\cos 2\alpha - 2\cos\alpha(\cos(2m-2)\alpha - \cos 2m\alpha),$$

以及 $2\nmid n$ 时 $f_n(x)$ 的常数项为零，$2|n$ 时 $f_n(x)$ 的常数项为 ±2. 再利用第 5 题.

7. $a=(da,dab/n)$，$a|dab/n$，所以 $n|db$，因而有

$$a=(da,a(db)/n)=a(d,db/n) \quad 即 \quad (d,db/n)=1, \quad 亦即 \quad d(n,b)=n.$$

由 $n\nmid b$，$n|db$ 推出 $d>1$. 由 $n|ab$，$n\nmid a$ 推出 $(n,b)>1$. 由此及 $d(n,b)=n$ 推出 $d<n$. 这个结论表明：具有所说性质的 n 一定不是素数.

8. (i)

$$\begin{aligned}(d,ab)&=(d,a)(d/(d,a),ba/(d,a))\\&=(d,a)(d/(d,a),b)=(d,a)(d,b);\end{aligned}$$

(ii) 利用(i).

9. $\mathscr{L}(a_1,a_2,\cdots,a_n)=\mathscr{L}([a_1,a_2],a_3,\cdots,a_n)=\mathscr{L}([a_1,\cdots,a_r],[a_{r+1},\cdots,a_n])$.

10. (i) $[a,b,c]=[[a,b],c]=[ab/(a,b),c]=abc/(ab,(a,b)c)$.

(ii) 由条件可得 $(ab,bc,ca)=1$. 再利用(i).

11. 由 $(a/(a,b,c),b/(a,b,c),c/(a,b,c))=1$ 推出.

12.

$$\begin{aligned}(a,b)(b,c)(c,a)&=(a(a,b)(b,c),b(b,c)(c,a),c(c,a)(a,b))\\&=(a,b,c)(ab,bc,ca).\end{aligned}$$

13.

$$[(a,b),(a,c)]=(a,b)(a,c)/((a,b),(a,c))=(a,b)(a,c)/(a,b,c),$$
$$(a,[b,c])=(a,bc/(b,c))=(ab,bc,ca)/(b,c).$$

再利用第 12 题.

14.

$$[a,(b,c)]=a(b,c)/(a,b,c),$$
$$([a,b],[a,c])=(ab/(a,b),ac/(a,c))=a(ab,bc,ca)/(a,b,c).$$

再利用第 12 题.

15. (i) 利用第 13,14 题.

$$\begin{aligned}([a,b],[b,c],[c,a])&=[([a,b],[b,c],c),([a,b],[b,c],a)]\\&=[(c,[a,b]),(a,[b,c])]=[(a,b),(b,c),(c,a)].\end{aligned}$$

(ii) 利用第 10 题的(i)及第 12 题.

16. 利用例 1.

18. (i) $(r,p^k)=1\Longleftrightarrow p\nmid r$. 在 $1\sim p^k$ 中恰有 p^{k-1} 个 r 被 p 整除.

(ii) 利用例 1 及(i).

19. 利用第 18 题及定理 6.

20. 用数学归纳法证明第一部分结论，其余同第 19 题.

21. 显见，只要考虑 $2\nmid m$ 即可. 设 m 的最小素因数是 p，则必有 $p>2$. 因此 $p|2^m-1$，$p|2^{p-1}-1$，进而有 $p|2^{(m,p-1)}-1$. 由 p 是 m 的最小素因数知 $(m,p-1)=1$，推出 $p|1$，矛盾. 或直接用反证法. 设 $m_0>1$ 是使 $m|2^m-1$ 的最小的 m. 记 $m_1=$

$\delta_{m_0}(2)$,则由例 5 知 $1<m_1<m_0$, $m_1 | m_0$,矛盾.

22. (i) 不妨设 $(a_n,\cdots,a_0)=(b_m,\cdots,b_0)=1$. 用反证法. 若 $d=(c_{m+n},\cdots,c_0)>1$,则有素数 p,使得 $p|d$. 设 i_0,j_0 分别是 $p\nmid a_i, p\nmid b_j$ 的最大指标,即 $p|a_i, i>i_0, p|b_j$, $j>j_0$. 我们有 $c_{i_0+j_0}=\sum\limits_{i+j=i_0+j_0} a_ib_j$. 因此,推出 $p|a_{i_0}b_{j_0}$. 这和假设矛盾.

(ii) 利用(i).

23. 设 c 是满足 $(c,a)=1$ 的 m 的最大正因数,证明 $(a+bc,m)=1$. 设 $d=(a+bc,m)$. 由 $(a,bc)=1$, $d|a+bc$ 推出 $(d,a)=(d,bc)=1$. 由此及 $d|m$, $c|m$ 推出 $dc|m$. 由于 $(a,dc)=1$,所以由 c 的最大性推出 $d=1$.

24. 不妨设 $(a,b)=1$, $a>b$. 若 $a^n-b^n|a^n+b^n$,则 $a^n-b^n|2$.

25. $(a^n-b^n)/(a-b)=na^{n-1}+A(a-b)=nb^{n-1}+B(a-b)$,其中 A,B 为两个整数,所以

$$\begin{aligned}((a^n-b^n)/(a-b),a-b)&=(na^{n-1},a-b)=(nb^{n-1},a-b)\\&=(na^{n-1},nb^{n-1},a-b)=(n(a,b)^{n-1},a-b).\end{aligned}$$

26. (i) 不一定. 可直接验证 $341=11\cdot 31=n$ 满足条件.

(ii) 设 $2^n-2=nk$,则 $2^{2^n-1}-2=2(2^{nk}-1)=2A(2^n-1)$, A 为某个正整数.

(iii) $161\,038=2\cdot 73\cdot 1103$, $161\,038-1=3^2\cdot 29\cdot 617$, $73|2^9-1$, $1103|2^{29}-1$.

27. $31\nmid 11^{341}-1$. 设 $n=q_1\cdots q_k$,其中 $q_1,\cdots,q_k$ 是两两不同的素数. 若 $q_i-1|n-1$, $1\leqslant i\leqslant k$,则 n 是绝对伪素数. 由此推出 $561=3\cdot 11\cdot 17$ 是绝对伪素数及(ii).

28. 用数学归纳法证明 $3^k|2^{3^k}+1$, $k=1,2,\cdots$.

29. (i) $m|2^m+2\Longleftrightarrow 2^{n-1}+1|2^{2^n+1}+1=2^{k(n-1)}+1$,其中 k 是奇数,

$$m-1|2^m+1\Longleftrightarrow 2^n+1|2^{2^n+2}+1\triangleq 2^{hn}+1.$$

由于 n 一定是偶数,所以 h 是奇数.

(ii) $n=2$ 满足(i)中的两个条件.

30. $n=2p$ (p 是奇素数)都满足要求.

31. (i) 由(ii),(iii),(iv)推出.

(iii) 先用反证法证明 $\delta_m^+(a)>\delta_m^-(a)$. 由例 5 可得 $\delta_m^+(a)|2\delta_m^-(a)$.

(iv) 设 $h=q\delta_m^-(a)+r$, $0\leqslant r<\delta_m^-(a)$,进而推出 $m|a^r+(-1)^q$.

32. (i) 用数学归纳法.

(ii) 充分性由(i)推出. 注意到 $2|s$ 时 $3\nmid 2^s+1$,设 $s=3^lf$, $(f,6)=1$,再利用(i)证明必要性.

第二部分(4.2 小节)

2. 存在 x_0,y_0,使得 $bx_0=cy_0+1$.

$x_0^n a(a+b)\cdots(a+(n-1)b)=ax_0(ax_0+1)\cdots(ax_0+(n-1))+cA$， A 为某个整数. 由此及 $n!\,|\,ax_0(ax_0+1)\cdots(ax_0+(n-1)),c\,|\,n!,(c,x_0)=1$,即得所要的结论.

3. 若存在$(a_s,a_t)=1$,则结论成立. 若对任意的 s,t,总有$(a_s,a_t)>1$,考虑 $d_i=(a_1,a_i),i>1$. 由于 $d_i\,|\,a_1$,所以 $d_i(d_i>1)$只取有限多个值. 因而,必有无穷子数列 $a_{i_1}<a_{i_2}<\cdots$,使得$(a_1,a_{i_j})=d(j\geqslant 1,d$ 是某个 $d_i)$. 这样,$a_{i_j}(j\geqslant 1)$均可表示为 a_1,a_{i_1} 的整系数线性组合.

4. $[d/2]+1$.

5. 用例 7 的方法.

6. (i) 若 $a/b=0.a_1a_2\cdots a_ka_1a_2\cdots a_k\cdots$是纯循环小数①,则 $a/b=a_1\cdots a_k/(10^k-1)$,所以$(b,10)=1$. 反之,若$(b,10)=1$,则必有 k,使得 $b\,|\,10^k-1$,从而可设 $Ab=10^k-1$. 因此

$$a/b=a(A/(10^k-1))=a_1\cdots a_k/(10^k-1),$$

即 a/b 是纯循环小数.

(ii) 由(i)的论证就可推出.

7. (iv) $10^{\gamma}(a/b)=m+a_1/b_1,0<a_1<b_1$. 再利用第 6 题.

第三部分(4.3 小节)

1. (i) $(15,21)=3=3\cdot 15-2\cdot 21,(3,-35)=1=3\cdot 12-35$,所以

$$(15,21,-35)=1=12(3\cdot 15-2\cdot 21)-35=36\cdot 15-24\cdot 21+(-35).$$

(ii) $(210,-330)=30(7,-11)=30,1=-3\cdot 7-2\cdot(-11),30=-3\cdot 210-2\cdot(-330),(30,1155)=15(2,77)=15,15=-38\cdot 30+1155$,所以

$$\begin{aligned}(210,-330,1155)&=15=38(3\cdot 210+2\cdot(-330))+1155\\&=114\cdot 210+76\cdot(-330)+1155.\end{aligned}$$

2. 不妨设$(m,n)=1$. 当 m,n 的奇偶性任取(有三种可能)及+,-号任取时,$(a^m\pm 1,a^n\pm 1)$这种形式共有 12 种情形,进而利用性质$(u,v)=(u,v\pm u)$来变换$(a^m\pm 1,a^n\pm 1)$,使其值及形式不变(具体的情形可能改变),且得到的新指数对比原来的指数对$\{m,n\}$小. 然后证明: (i),(ii),(iii)中的形式仍可分别变为同样的形式. 逐步用此法,最后必得指数对$\{0,1\}$. 本题也可仿照 § 3 例 7 的方法来做,但并不更简单.

3. 仿照 § 3 例 7 的方法,或者用以下方法. 设 $d=(m,n),A=a^d-b^d,B=(a^m-b^m,a^n-b^n)$. 显见 $A\,|\,B$. 不妨设 $d=mx-ny,x>0,y>0$(必要时 m 和 n 可交

① 这里的 $a_1a_2\cdots a_k$ 是数的十进位制表示,不是乘积.

换位置).我们有

$$a^{mx}=a^{ny}(A+b^d),\quad a^{mx}-b^{mx}=b^d(a^{ny}-b^{ny})+Aa^{ny},$$

所以 $B|Aa^{ny}$.由此及 $(a,b)=1$ 推出 $B|A$.

4. 不妨设 $m\geqslant n$.显见 $(m,n)=1$.设 $m=qn+r,-n/2\leqslant r<n/2$.除去显然情形外,必有 $nr|n^2+r^2+1,-n/2\leqslant r<0$,进而利用辗转相除法即得.本题也可这样求解:设 $n_1m=n^2+1$,证明 $(m^2+n^2+1)/(mn)=(n^2+n_1^2+1)/(nn_1)$.再利用辗转相除法.

习 题 五

1. 利用推论 3.

2. 若 $p^\alpha\parallel g$,则 $p^{2\alpha}|abcd$,因而 p^α 至少整除 ac,bd 中一个.由此及 $p^\alpha|ac+bd$ 即得 $p^\alpha|ac,p^\alpha|bd$.

3. 利用推论 5 或例 1 中的证法.

4. 利用第 1 题的方法.设 $p^\alpha\parallel n$.分情形讨论:

(i) $p|a$; (ii) $p\nmid a,p|a-b$; (iii) $p\nmid a,p\nmid a-b$.

5. 设 $n=p_1^{\alpha_1}\cdots p_s^{\alpha_s},p_1<\cdots<p_s$,则 $\tau(n)=(\alpha_1+1)\cdots(\alpha_s+1)=6$.必有 $\alpha_1=1$,$\alpha_2=2$,或者 $\alpha_1=2,\alpha_2=1$.所以,所求的最小正整数为 $n=2^2\cdot 3^1=12$.

6. (i) 分别为 $a=2,1,12,24$,相应的解是 $\sigma(1)=1,\sigma(6)=\sigma(11)=12,\sigma(14)=\sigma(15)=\sigma(23)=24$.要利用以下结论:当 $r\geqslant 3$ 时,$\sigma(p_1^{\alpha_1}p_2^{\alpha_2}p_3^{\alpha_3})\geqslant 72$;当 $r\leqslant 2$ 时,仅有上述的解,其中 r 是 n 的不同素因数的个数.

(ii) 当 $a=3^k(k\geqslant 2)$ 时,$\sigma(n)=a$ 均无解.

7. 利用式(7),(8)或定义.

8. 证法同第 7 题.证明(ii)时,注意 $\prod\limits_{d|n}d=\prod\limits_{d|n}\dfrac{n}{d}$.

9. 利用式(7).

10. $\sigma_t(n)=\prod\limits_{j=1}^{s}\dfrac{p_j^{t(\alpha_j+1)}-1}{p_j^t-1},n=p_1^{\alpha_1}\cdots p_s^{\alpha_s}$.

11. 利用式(2).

12. 6,28.

15. 直接求 $2^{k-1}(2^k-1)$ 的因数和.

16. 证明必有 $k=1$.

17. 设 $m=2^{r-1}m_1,2\nmid m_1,r>1$,得 $2m=\sigma(m)=(2^r-1)\sigma(m_1)$.设 $\sigma(m_1)=$

m_1+k,得 $m_1=(2^r-1)k$.利用第 16 题.

18. 利用第 9 题.

19. 利用推论 3、推论 4 及组合公式.

20. 证法同第 19 题.

21. 设 $n=x^2-y^2(x>y\geqslant 0)$的表示法种数为 T.由

$$n=(x-y)(x+y),\quad x+y\geqslant x-y$$

知,T 等于 n 的不超过 $\sqrt{n}$ 的正因数 d 的个数,这里设 $x-y=d\leqslant\sqrt{n}$.

22. 若 $\log_2 10=a/b,(a,b)=1,a\geqslant 1,b\geqslant 1$,则 $2^a=2^b\cdot 5^b$.这是不可能的.

习　题　七

1. $b/a=[b/a]+\{b/a\},b=[b/a]a+\{b/a\}a$.这给出了带余数除法(§3 的定理 1)的一个新证明.

2. $b/a=2b/a-b/a=[2b/a]-[b/a]+\{2b/a\}-\{b/a\}$,并利用

$$-1/2\leqslant\{2x\}-\{x\}<1/2.$$

3. $\{xy\}$与$\{x\}\{y\}$之间大于、等于、小于的关系均可能出现.

4. 原式等价于$[1/2+\{x\}]=[2\{x\}]$.然后对$\{x\}$分情形讨论.

5. 不妨设 $0\leqslant x<1$.必有整数 $k,0\leqslant k\leqslant n-1$,使得 $k/n\leqslant x<(k+1)/n$.这样,易证等式两边均等于 k.第 4 题是本题的特例.

6. 利用带余数除法.

7. 利用定理 1(iv),(v).

9. (i) 利用第 4 题和定理 1(iv).当 $\alpha=\beta=1/4$ 时,第二个不等式不成立.

(ii) 充分性即(i).当 $m<n$ 时,取 $\alpha=\beta=1/(m+n+1)$,不等式就不成立.当 $m>n$ 时,设 $m=kn+r$.若 $r=0$,则当 $2\mid k$ 时,取 $\alpha=\beta=1/(2n)$;当 $2\nmid k$ 时,取 $\alpha=\beta=(k-1)/(kn)$.若 $r>0$,则取 $\alpha=\beta=k/m$.

10. (i) 所有整数 x.　(ii) 满足 $2\{x\}<1$ 的实数 x.

(iii) $1\leqslant x<12/11$.　(iv) $10/11\leqslant x<1$.

(v) 原式等价于 $2[x-1/2]=[2(x-1/2)]$.由(ii)知答案是满足 $2\{x-1/2\}<1$ 的实数 x,即满足 $1/2\leqslant\{x\}<1$ 的实数 x.

11. 利用定理 1(iv).

12. 利用$\{x\}$的性质,包括第 10 题给出的性质.

13. (i) 先证明

$$[(1+\sqrt{3})^{2m+1}]=(\sqrt{3}+1)^{2m+1}-(\sqrt{3}-1)^{2m+1},$$

$$(\sqrt{3}+1)^{2m+3}-(\sqrt{3}-1)^{2m+3}$$
$$=8((\sqrt{3}+1)^{2m+1}-(\sqrt{3}-1)^{2m+1})-4((\sqrt{3}+1)^{2m-1}-(\sqrt{3}-1)^{2m-1}),$$

再利用数学归纳法.

(ii) 用反证法.若结论不成立,则有正整数 K,满足

$$\sqrt{m}+\sqrt{m+1}<K\leqslant\sqrt{m}+\sqrt{m+2}.$$

这等价于 $m+1<(K-\sqrt{m})^2\leqslant m+2$ 及 $K>2\sqrt{m}$.由此推出必有

$$K^2=4m+3.$$

这是不可能的.

14. 数列$[\theta],[2\theta],\cdots,[n\theta]$恰好在$[n\theta]+1$个整数$0,1,2,\cdots,[n\theta]$中取值.

15. 用例 1 的方法,并注意图形的对称性.

16. 证法同第 15 题.

17. 用例 1 的方法及图形的对称性.求 M 的近似公式时以 C/s 代$[C/s]$.由(i)得到的近似公式为

$$C\sum_{1\leqslant s\leqslant C}\frac{1}{s}-[C]<M\leqslant C\sum_{1\leqslant s\leqslant C}\frac{1}{s}.$$

由(ii)得到的近似公式为

$$2C\sum_{1\leqslant s\leqslant\sqrt{C}}\frac{1}{s}-C-2\sqrt{C}<M\leqslant 2C\sum_{1\leqslant s\leqslant\sqrt{C}}\frac{1}{s}-C+2\sqrt{C}-1.$$

用你知道的办法求公式中级数的渐近公式.

18. 用例 1 的方法及图形的对称性.

19. $2^{616}\parallel 623!,3^{308}\parallel 623!,6^{308}\parallel 623!,12^{308}\parallel 623!,70^{102}\parallel 623!$.

20. 即求 10 整除 120! 的最高次幂,也就是 5 整除 120! 的最高次幂,所以有 28 个 0.

21. 不成立.

22. $2^{31}\cdot 3^{14}\cdot 5^7\cdot 7^4\cdot 11^2\cdot 13^2\cdot 17\cdot 19\cdot 23\cdot 29\cdot 31$.

23. (i) 当 $p=2$ 时,$e=n+\sum_j\left[\frac{n}{2^j}\right]$;当 $p>2$ 时,$e=\sum_j\left[\frac{n}{p^j}\right]$.

(ii) 当 $p=2$ 时,$f=0$;当 $p>2$ 时,$f=\sum_j\left(\left[\frac{2n}{p^j}\right]-\left[\frac{n}{p^j}\right]\right)$.

25. 不妨设 $\rho\neq 0$.设 $a\rho=c_1,b\rho=c_2$,推出 $ac_2=bc_1$,再利用条件$(a,b)=1$即得 $a|c_1,b|c_2$.

26. 利用第 25 题及例 4.

28. 利用第 23 题的(i)及第 27 题，或者利用

$$(2n)!/(n!)^2 = 2((n+1)(n+2)\cdots(n+n-1)/(n-1)!).$$

29. 要证明对任一素数 p，有

$$\sum_j\left[\frac{nm}{p^j}\right]\geqslant n\sum_j\left[\frac{m}{p^j}\right]+\sum_j\left[\frac{n}{p^j}\right].$$

设 $m=p^lc, p\nmid c$. 当 $0\leqslant j\leqslant l$ 时，$[nm/p^j]=n[m/p^j]$；当 $j>l$ 时，设 $m=q_jp^j+r_j$，$0<r_j<p^j-1$，我们有

$$[nm/p^j]=nq_j+[nr_j/p_j]=n[m/p^j]+[n\{m/p^j\}].$$

由此及 $\{m/p^j\}=\{c/p^{j-l}\}\geqslant 1/p^{j-l}$ 推出

$$\sum_{j>l}\left[\frac{nm}{p^j}\right]\geqslant n\sum_{j>l}\left[\frac{m}{p^j}\right]+\sum_{j=l}^{\infty}\left[\frac{n}{p^j}\right].$$

合起来即得所要的结论. 本题用排列组合法证明比较简单. 例如：设

$$A_k=\frac{(km+1)\cdots((k+1)m)}{(k+1)m!},\quad \frac{(mn)!}{n!(m!)^n}=\prod_{k=0}^{n-1}A_k.$$

而 $A_k=(km+1)\cdots(km+m-1)/(m-1)!\ (0\leqslant k\leqslant n-1)$，它们都是正整数.

30. 利用第 9 题的(i).

31. 当 $n=p^k$(p 为素数)时，最大公约数为 p；其他情形的最大公约数为 1. 对 $n=p^k$ 的情形，证明 $p\mid\binom{n}{l}$, $1\leqslant l\leqslant n-1$，以及 $p\parallel\binom{n}{p^{k-1}}$. 若不然，用反证法. 若最大公约数 $d>1$，设 $p\mid d$. 由于 $d\mid n$，可设 $n=p^kn_1$, $p\nmid n_1>1$，证明 $p\nmid\binom{n}{p^k}$，推出矛盾.

32. 设 $p^e\parallel n!$. 由公式

$$e=\sum_j\left[\frac{n}{p^j}\right]$$

知，当 $n<p$ 时，$e=0$；当 $p\leqslant n<p^2$ 时，$1\leqslant e<p$；当 $p^2\leqslant n<p^3$ 时，$p+1\leqslant e<p^2+p-2$；当 $p^3\leqslant n<p^4$ 时，$p^2+p+1\leqslant e<p^3+p^2+p-2$. 这样可看出 $a=p, p^2+p-2$, p^2+p-1, p^2+p 都是满足要求的数. 上述过程继续下去就可定出所有这样的 a.

34. 利用习题五第 1 题的方法，分 $p\mid b, p\nmid b$ 两种情形，并应用习题四第二部分的第 2 题.

35. (i) 分别证明 $a_n(n=1,2,\cdots)$ 两两不相等，$b_n(n=1,2,\cdots)$ 也两两不相等.

(ii) 证明对任意的 m,n，有 $a_m\neq b_n$. 因 α 是正无理数，必有 $0<i<m-1$，使得 $i/m<\alpha<(i+1)/m$. 然后用反证法证明：若有这样的 n 使 $a_m=b_n$，则必有 $n>i$，$n<i+1$，得出矛盾.

(iii) 证明当 α 是正无理数时，a_n, b_n 取到全部正整数. 对任一正整数 K，必有唯一的 $m\geqslant 1$ 及 $n\geqslant 1$，使得

$$(m-1)(1+\alpha) < K < m(1+\alpha), \quad (n-1)(1+\alpha^{-1}) < K < n(1+\alpha^{-1}),$$

因而有

$$(m+n-2)(1+\alpha^{-1}) < K(1+\alpha^{-1}) < (m+n)(1+\alpha^{-1}),$$

推出 $K=m+n-1$. 注意到 $m\alpha>n, m\alpha<n$ 中有且仅有一式成立，由以上讨论推出 $K<m+m\alpha<K+1, K<n+n\alpha^{-1}<K+1$ 中有且仅有一式成立，即 $a_m=K, b_n=K$ 中有且仅有一式成立. 以上证明了充分性. 当 $\alpha=a/b$ 为有理数时，只要 $m=bt, n=at$ 就给出 $[m+m\alpha]=[n+n\alpha^{-1}]$. 这就证明了必要性.

36. 充分性的证明：显见 $\alpha>1, \beta>1$，且 α,β 中必有一个小于 2. 不妨设 $1<\alpha<2$. 令 $\alpha=1+\lambda$，就得 $\beta=1+\lambda^{-1}$. 这就化成了第 35 题的形式. 必要性的证明：(i) 必有 $\alpha>1, \beta>1$. (ii) 设 N 是任给的正整数，以 $f(N)$ 及 $g(N)$ 分别表示由 $[\alpha x]$ 及 $[\beta x]$ 给出的不超过 N 的正整数个数. 我们有 $[\alpha x]\leqslant N, 1\leqslant x\leqslant f(N)$ 和 $\alpha(f(N)+1)\geqslant N+1$；$[\beta x]\leqslant N, 1\leqslant x\leqslant g(N)$ 和 $\beta(g(N)+1)\geqslant N+1$；$f(N)+g(N)=N$，进而得 $N<(N+1)(\alpha^{-1}+\beta^{-1})\leqslant N+2$. 由此及 N 的任意性推出 $\alpha^{-1}+\beta^{-1}=1$. 若 $\alpha=v/u$ 为有理数，则 $\beta=v/(v-u)$. 这时 $[\alpha uk]=[\beta(v-u)k]$（$k$ 为任意正整数），就出现重复表示的正整数.

第　二　章

习　题　一

1. (i) $x_1=2+5t, x_2=1-3t$；　(ii) 无解，$(60,123)=3\nmid 25$；

(iii) 无解，$43=(903,731), 43\nmid 1106$；　(iv) $x_1=3+5t, x_2=1-3t$；

(v) $x_1=1778+1969t, x_2=1266+1402t$.

2. (i) $x_1=7+s, x_2=-s+3t, x_3=s-2t$；

(ii) $x_1=1+4s+2t, x_2=-t, x_3=-1+3s$；

(iii) 令 $3x_1+5x_2=y_1, 3x_3-2x_4=y_2$，则原方程变为 $2y_1-7y_2=1$. 令 $y_1=4+7s, y_2=1+2s$，进而得

$$x_1=2y_1+5t=8+14s+5t, \quad x_2=-y_1-3t=-4-7s-3t,$$
$$x_3=y_2+2u=1+2s+2u, \quad x_4=y_2+3u=1+2s+3u.$$

3. (i) 消去 x_1 得 $9x_2-23x_3=3$. 令 $x_2=-15+23s, x_3=-6+9s$，进而得 $x_1+73s=55, x_1=-18+73t, s=1-t$，所以 $x_2=8-23t, x_3=3-9t$.

(ii) $x_1=3+7s$，$x_2=-1-3s$，进而得 $29s+10x_3=-3$，$s=3+10t$，$x_3=-9-29t$，所以 $x_1=24+70t$，$x_2=-10-30t$.

(iii) $x_2^2=2x_2(x_3-x_1)$.

(a) $x_2=0$，$x_1=-x_3$；(b) $x_2\neq0$，$x_1=3t$，$x_2=4t$，$x_3=5t$，$t\neq0$.

(iv) $x_1=-1+6t$，$x_2=111-7t$，$x_3=-16+t$.

(v) $5x_2+20x_3=1$，无解.

(vi) 先得 $x_3+3x_4=150$，解出 $x_3=3t$，$x_4=50-t$，进而得 $x_2=50-3t$，$x_1=t$.

4. 设解为 $x=x_0+bt$，$y=y_0-at$. 相邻的两组解(即对应于 t，$t+1$)所给出的整点之间的距离等于$(a^2+b^2)^{1/2}$.

5. 充分性显然成立. 取 $t=0$，得 $x_1=e$，$x_2=g$ 是解. 进而，对任意的整数 t，有 $a_1ft+a_2ht=0$，因此 $a_1f+a_2h=0$. 所以有 $a_1/(a_1,a_2)\mid h$，$a_2/(a_1,a_2)\mid f$. 另外，$x_1=e+a_2/(a_1,a_2)$，$x_2=g-a_1/(a_1,a_2)$是一组解，故必有 t_1，使得 $a_2/(a_1,a_2)=ft_1$，$-a_1/(a_1,a_2)=ht_1$. 由此就推出余下的结论.

8. (i) $x_1=4+7t$，$x_2=3-5t$. $x_1=4$，$x_2=3$.

(ii) $x_1=-1000+97t$，$x_2=1000-96t$. 无非负解、正解.

(iii) $x_1=3t$，$x_2=41-7t$. 全部正解是由 $t=1,2,3,4,5$ 给出的，再加上 $t=0$ 给出的就是非负解.

(iv) $x_1=1$，$x_2=2$，$x_3=1$.

9. 用 x，y，z 分别表示大学生、中学生、小学生的人数. $x+y+z=20$，$6x+4y+z=40$. $x=4$，$y=0$，$z=16$；$x=1$，$y=5$，$z=14$.

10. 用 x，y，z 分别表示面值为 1 元、2 元、5 元的人民币张数. $x+y+z=50$，$x+2y+5z=100$. $x=36+3t$，$y=2-4t$，$z=12+t$，$t=0,-1,-2,\cdots,-12$.

11. 用 x，y，z 分别表示甲、乙、丙的钱数. $x+y+z=100$，$18x+y+3z=300$. $x=10-2t$，$y=75-15t$，$z=15+17t$，$t=0,1,\cdots,5$. $t=0$ 给出所要的解.

12. 用 x，y 分别表示黑、白瓜子的包数，设黑瓜子的价格是每包 z 角. $x+y=12$，$xz+y(z+3)=99$，$y>x$. 先解 $12z+3y=99$. 最后得 $x=3$，$y=9$，黑瓜子的价格是每包 6 角.

13. 设降低后的价格为每个 u 角，甲以每个 5 角和 u 角卖出的鸡蛋数分别为 x_1，x_2，乙以每个 5 角和 u 角卖出的鸡蛋数分别为 y_1，y_2，于是 $x_1+x_2=40$，$y_1+y_2=30$，$5x_1+ux_2=5y_1+uy_2$，得 $u=3$，以及最多能得 15 元，最少能得 12 元.

14. $7x+10y=100$. 甲班分得 70 个，乙班分得 30 个.

15. (i) 设 $23/30=b_1/a_1+b_2/a_2+b_3/a_3$，$(a_1,a_2)=(a_2,a_3)=(a_3,a_1)=1$，

$a_j\geqslant 2$，$(a_j,b_j)=1$，$j=1,2,3$. 由 $30=2\cdot 3\cdot 5$ 知可设 $a_1=2$，$a_2=3$，$a_3=5$. $15b_1+10b_2+6b_3=23$. $23/30=1/2-1/3+3/5$.

(ii) $23/30=a_1/5+a_2/6$. $a_1=3$，$a_2=1$.

两题均可有别的解，但(i)中的三个分母是唯一的.

16. 这堆椰子最少有 3121 个. 五个水手依次拿到的椰子个数为 828，703，603，523，459，猴子吃了 5 个.

17. (i) $x_1=40$，$x_2=15$，$x_3=5$；

(ii) $\{x_1,x_2,x_3\}=\{22,8,1\}$，$\{23,6,2\}$，$\{24,4,3\}$，$\{25,2,4\}$.

20. $x_1=71$，$x_2=22$. 虽然 $6893<63\cdot 1100$，但仍有正解.

22. 设 x_1^0,x_2^0,x_3^0 为一组特解，任意一组解 x_1,x_2,x_3 必满足 $a_2a_3(x_1,-x_1^0)+a_3a_1(x_2-x_2^0)+a_1a_2(x_3-x_3^0)=0$. 因此，$a_1\mid x_1-x_1^0$，$a_2\mid x_2-x_2^0$，$a_3\mid x_3-x_3^0$，即有 $x_1=x_1^0+a_1t_1$，$x_2=x_2^0+a_2t_2$，$x_3=x_3^0+a_3t_3$，$t_1+t_2+t_3=0$. 如果有非负解，那么当 x_2,x_3 取最小非负值时，x_1 的值必为非负的. 所以，取 t_2,t_3，使得 $0\leqslant x_2=x_2^0+a_2t_2\leqslant a_2-1$，$0\leqslant x_3=x_3^0+a_3t_3\leqslant a_3-1$，得到 $a_2a_3(x_1^0+a_1t_1)\geqslant c-2a_1a_2a_3+a_3a_1+a_1a_2$. 由此就推出：当 $c>2a_1a_2a_3-a_1a_2-a_2a_3-a_3a_1$ 时，$x_1>-1$，即必有非负解. 当 $c=2a_1a_2a_3-a_1a_2-a_2a_3-a_3a_1$ 时，若有非负解 x_1,x_2,x_3，则

$$a_2a_3(x_1+1)+a_3a_1(x_2+1)+a_1a_2(x_3+1)=2a_1a_2a_3.$$

由此推出 $a_1\mid x_1+1\geqslant a_1$，$a_2\mid x_2+1\geqslant a_2$，$a_3\mid x_3+1\geqslant a_3$. 这和上式矛盾.

23. $(1-y^{a_1})^{-1}\cdots(1-y^{a_k})^{-1}$ 的幂级数展开式中 y^n 的系数. 求正解数时要讨论 $y^{a_1+\cdots+a_k}(1-y^{a_1})^{-1}\cdots(1-y^{a_k})^{-1}$.

24. 一定能找到一组解 $x_1,\cdots,x_k$，满足 $0\leqslant x_j<|a_{j+1}|$，$1\leqslant j\leqslant k-1$. 利用定理 3 的证明思想，要稍做改变.

习　题　二

1. 例 1 中 $r\leqslant 6$ 就给出了 y 为偶数时所要的全部本原解. 由此及式(9)，(10)就可得到 $|z|\leqslant 50$ 的全部解和正解.

2. (i) 本原商高三角形：$\{15,8,17\}$，$\{15,112,113\}$；非本原商高三角形：$\{15,36,39\}$，$\{15,20,25\}$，$\{9,12,15\}$.

(ii) 无本原商高三角形；非本原商高三角形：$\{22,120,122\}$.

(iii) 无本原商高三角形；非本原商高三角形：$\{14,48,50\}$，$\{30,40,50\}$，$\{50,120,130\}$，$\{50,624,626\}$.

3. (i) $2\nmid n$ 或 $4\mid n$ 时有解.

(ii) $2\nmid n$ 或 $8|n$ 时有本原解，那满足 $(x,y)=1$ 的解.通过讨论

$$n=n_1n_2,\quad x-y=n_1,\quad x+y=n_2,\quad 2|n_1+n_2$$

得到不定方程的解.

5. (i) $1105=5\cdot13\cdot17$，$5=2^2+1^2$，$13=3^2+2^2$，$17=4^2+1^2$，进而利用第4题的(i)得 $5\cdot13=8^2+1^2=7^2+4^2$，$5\cdot17=9^2+2^2=7^2+6^2$，$13\cdot17=14^2+5^2=11^2+10^2$，$5\cdot13\cdot17=33^2+4^2=32^2+9^2=31^2+12^2=24^2+23^2$.由此，对 $z=1105$ 确定式(9)，(10)中的 k,r,s 就可得到全部要求的本原和非本原商高三角形.

6. 利用第3题.

7. 设 x,y,z 由式(6)，(7)给出.边长为 dx,dy,dz 的商高三角形的面积为 $A=d^2rs(r-s)(r+s)$.以 $A=78,360$ 去试算，可知没有这样的三角形.

8. 利用第3题.

9. 必有 $2\nmid x,2\nmid z,2|y$，故不定方程变为 $2(y/2)^2=((z-x)/2)((z+x)/2)$.然后，按定理2一样讨论.

10. x^2,y,z 是方程(1)的既约解，进而利用公式(6)，(7)，讨论 $x^2=r^2-s^2$ 或 $x^2=2rs$ 的解.

11. $3|z+x$，$3|z-x$ 中有且仅有一个成立，$(z-x,z+x)=1$ 或 2.把不定方程写为 $y^2=((z+x)/3)(z-x)$ 或 $y^2=(z+x)((z-x)/3)$，然后仿照定理2进行讨论.

12. 若 x,y,z 是正解，则 $x/(x,y),y/(x,y),xy/(z(x,y))$ 是方程(1)的本原解.

13. 由推论5推出.

14. (i) 若有解 x_0,y_0,z_0，则必有一组两两互素的正解 x_1,y_1,z_1；

(ii) 设 x_1,y_1,z_1 是所有两两互素正解中使 y_1 最小的.利用 $((z_0-x_0^2)/2,(z_0+x_0^2)/2)=1$，仿照定理4进行讨论(本题解法很多，也可设 z_1 是最小的).

15. 仿照定理4证明.

16. 用反证法.利用定理2推出矛盾.

17. 由此题知，以上三题只要直接证明一题即可.

18. 若有解，则利用定理2可推出第14题有 $xyz\neq0$ 的解.

19. 直接仿照第14题证明，或者由第20题知可从定理4推出.

21. 设 $x=2l,y=2m$.$(z+w)(z-w)=2^2(l^2+m^2)$，因此必有

$$z+w=2n,\quad z-w=2(l^2+m^2)/n,\quad n\mid l^2+m^2.$$

由此推出 x,y,z,w 有所说的形式.反过来，直接验证给出的都是解.

22. $x=1+k^n,y=k(1+k^n),z=1+k^n$，其中 k 为任意整数.

23. $x=(1+k^n)^{n-2}, y=k(1+k^n)^{n-2}, z=(1+k^n)^{n-1}$，其中 k 为任意整数.

24. 用反证法. 若有解，则 $2\nmid x$. 设 $x=2k+1$，得 $2k(k+1)=y^4$，所以必有 u，v，使得(i) $2k=u^4, k+1=v^4$，或者(ii) $k=u^4, 2(k+1)=v^4, 2\nmid uv, (u,v)=1$. 若(i)成立，设 $u=2^r u_1$，得 $v^4=1+2^{4r-1}u_1^4, v^4+(2^{2r-1}u_1^2)^4=(1+2^{4r-2}u_1^4)^2$. 这和定理 4 矛盾. 若(ii)成立，设 $v=2^r v_1$，得 $u^4+1=2^{4r-1}v_1^4, u^4+(1-2^{4r-2}v_1^4)^2=(2^{2r-1}v_1^2)^4$. 这和第 15 题矛盾.

25. 原方程等价于 $y^4=x^4+(y^2-1)^2$. 由此及第 15 题就推出所要的结论.

26. $(x-1)(x+1)=8y^4$，必有 u,v,r，使得(i) $x-1=2u^4, x+1=2^{4r+2}v^4$，或者(ii) $x-1=2^{4r+2}u^4, x+1=2v^4, 2\nmid uv, (u,v)=1$. 类似于第 24 题进行讨论，并利用第 25 题.

第　三　章

习　题　一

3. $m\mid(a-b,c-d)$.

4. (i) 最小非负剩余：1,3；最小正剩余：1,3；绝对最小剩余：-1,1. $p=5,3$.

(ii) 最小非负剩余及最小正剩余：1,5；绝对最小剩余：-1,1. $p=7,5$.

(iii) 最小非负剩余及最小正剩余：1,7,11,13,17,19,23,29；绝对最小剩余：$\pm1,\pm7,\pm11,\pm13$. $p=29,31,23,7,19,11,17,13$.

7. (i) 不成立. 例如：$5^2\equiv7^2 \pmod 8$，$5\not\equiv7 \pmod 8$.

(ii) 不成立. 例如：(i)中 $5\not\equiv\pm7 \pmod 8$.

(iii) 不成立. 例如：$5\equiv-3 \pmod 8$，$25\not\equiv9 \pmod{64}$.

(iv) 成立. 这是因为 $2\mid a-b \Longrightarrow 2\mid a+b$.

(v) 成立. 这是因为 $p\mid(a-b)(a+b)$，$p\nmid(a-b,a+b)\mid2(a,b)$.

(vi) 成立. 利用性质Ⅷ，设 $c=(a^k)^{-1} \pmod m$，$1\equiv ca^k\equiv cb^k \pmod m$，则

$$a\equiv ca^{k+1}\equiv cb^{k+1}\equiv b \pmod m.$$

8. $$1+2+\cdots+(m-1)+m\equiv m+(1+(m-1))+(2+(m-2))+\cdots$$

$$\equiv\begin{cases}0 \pmod m, & 2\nmid m,\\ m/2\not\equiv0 \pmod m, & 2\mid m.\end{cases}$$

9. $$1^3+2^3+\cdots+(m-1)^3+m^3\equiv m^3+(1+(m-1)^3)+\cdots$$

$$\equiv\begin{cases}0(\bmod m), & 2\nmid m,\\ (m/2)^3(\bmod m), & 2\mid m.\end{cases}$$

当 $2\nmid m$ 或 $4\mid m$ 时，成立；当 $2\mid m, 4\nmid m$ 时，不成立．

10. 0，1，3，5，6，8．

12. 设 $n=d_1d_2$，$2\leqslant d_1, d_2\leqslant n/2$．当 $d_1\neq d_2$ 时，显然 $(n-2)!\equiv 0(\bmod n)$．当 $d_1=d_2$ 时，由于 $n>4$，所以 $d_1\geqslant 3$，$2\leqslant d_1<2d_1\leqslant n-2$．因此，$(n-2)!\equiv 0(\bmod n)$ 也成立．这就证明了必要性．充分性显然．

13. 原式等价于 $9!+1\equiv 0(\bmod 71)$．

14. (i) 6．

(ii) $2^{22}\equiv 4(\bmod 100)$，$2^{1000}\equiv 2^{100}\equiv 2^{20}\equiv 76(\bmod 100)$，最后两位数是 76．

(iii) $9^{10}\equiv(10-1)^{10}\equiv 1(\bmod 100)$，$9^9\equiv(10-1)^9\equiv 9(\bmod 10)$．所以，$9^{9^9}\equiv 9^9\equiv -11\equiv 89(\bmod 100)$，最后两位数为 89；$9^{9^{9^9}}\equiv 9^{89}\equiv 9^9\equiv 89(\bmod 100)$，最后两位数也是 89．

(iv) 70．　(v) 6．

15. (i) -2；　(ii) -3．

17. (i) $n=4$；　(ii) $n=9$．

18. $n=4k+1\equiv 2(\bmod 3)$，$k=1$，$n=5$．

19. $n\equiv 0(\bmod 2)\Longleftrightarrow n\equiv 0,2,4,6,8$ 或 $10(\bmod 12)$；$n\equiv 0(\bmod 3)\Longleftrightarrow n\equiv 0,3,6$ 或 $9(\bmod 12)$；$n\equiv 1(\bmod 4)\Longleftrightarrow n\equiv 1,5$ 或 $9(\bmod 12)$；$n\equiv 5(\bmod 6)\Longleftrightarrow n\equiv 5$ 或 $11(\bmod 12)$．

20. 证法同第 19 题．

21. 用例 4 的方法证明．

22. 若 a,b,c 满足要求，则对任意的 $k\geqslant 1$，ka,kb,kc 也满足．所以，可先设 $(a,b,c)=1$ 及 $1\leqslant a\leqslant b\leqslant c$．由此及 $c\mid a-b$ 推出 $a=b$，进而由 $a\mid c$ 及 $(a,b,c)=1$ 推出 $a=b=1$．所以，所有解为 $\{1,1,c\}$，其中 c 为任意正整数．

23. 类似于第 22 题，可先假定 $(a,b,c)=1$，$c>0$ 及 $|a|\leqslant|b|\leqslant c$，推出必有 (i) $a=b$；(ii) $a-b=\pm c$；(iii) $a-b=\pm 2c$．由这三种情形可分别得到 (i) $\{1,1,c\}$，$\{-1,-1,c\}$；(ii) $\{1,-n,n+1\}$，$\{2,-(2n+1),2n+3\}$（n 为任意正整数），以及 $\{-1,1,2\}$，$\{-1,2,3\}$；(iii) $\{1,-1,1\}$，$\{-1,1,1\}$．

24. 由第一章 §4 例 1 的 (ii) 推出．

25. 第一部分结论利用多项式除法，通过数学归纳法证明．由此推出第二部分结论，其中最后一个结论式 (15) 要通过比较式 (12) 两边 x^{p-3} 的系数推出．

26. 设$(x-1)\cdots(x-p+1)=x^{p-1}+s_1x^{p-2}+\cdots+s_{p-2}x+(p-1)!$. 由此及第25题的式(12),(14)推出 $p\mid(s_1,\cdots,s_{p-2})$. 在上式中令 $x=p$,由此即得 $p^2\mid s_{p-2}$. 这就是要证的结论.

习　题　二

第一部分(2.1小节)

2. (i) 1,11,3,13,5,15,7,17,9;　(ii) 0,10,2,12,4,14,6,16,8;

(iii) 由式(4)知不能;　(iv) 由式(4)推出.

3. (i) 21,15,3,−3,12,6; (ii) (i)中的每个数加1; (iii) (i)中的每个数减1.

4. 对任意的整数 r,必有 h_r,k_r,使得 $h_ra+k_rm=s-r$.

5. 利用 $j^2\equiv(m-j)^2\pmod m$.

6. 利用式(5).

7. 利用鸽巢原理,必有两个数属于同一剩余类.

8. 当 m 是偶数时,以 $1 \bmod m,2 \bmod m$ 为一组,$3 \bmod m,4 \bmod m$ 为一组……$(m-1)\bmod m,m \bmod m$ 为一组,把 m 个剩余类两两分组. 这样,任取$[m/2]+1$个数,必有两个数在同一组中,所以结论成立.

当 m 为奇数时,以 $1 \bmod m$ 为单独一组,$2 \bmod m,3 \bmod m$ 为一组……$(m-1)\bmod m,m \bmod m$ 为一组,把 m 个剩余类分为$[m/2]+1$组. 当有两个数属于后面$[m/2]$组的某一组时,结论成立. 若不然,必定一个数属于 $1 \bmod m$,其他各组中各有一个数. 若结论不成立,则其他各数必定依次属于 $3 \bmod m,5 \bmod m,\cdots,(m-2)\bmod m,m \bmod m$. 但属于 $1\bmod m$ 和 $m\bmod m$ 的两个数之差属于 $1\bmod m$.

9. (i) $1 \bmod 5=\bigcup\limits_{0\leqslant r\leqslant 2}(1+5r)\bmod 15$;

(ii) $6 \bmod 10=\bigcup\limits_{0\leqslant r\leqslant 11}(6+10r)\bmod 120$;

(iii) $6 \bmod 10=\bigcup\limits_{0\leqslant r\leqslant 7}(6+10r)\bmod 80$.

10. (i) $\pm1,\pm3,5$;　(ii) 4,9,14,19,24,29,34,39,44.

11. $(2n-1,n-2)=\begin{cases}1, & 3\nmid n-2,\\ 3, & 3\mid n-2.\end{cases}$ 当$(2n-1,n-2)=1$时,最少属于一个模 $n-2$ 的剩余类;当$(2n-1,n-2)=3$时,最少属于三个模 $n-2$ 的剩余类. 一般最少属于(K,m)个模 m 的剩余类.

15. 利用第14题.

18. 若$(a,d)>1$,则必有$(a,n)>1$. 此外,在 d 个相邻整数中与 d 不互素的数有 $d-\varphi(d)$个. 所以 $n-\varphi(n)\geqslant(n/d)(d-\varphi(d))$.

19. 对素数 $p>3$,必有 $\varphi(p)>\varphi(p+1)$. $\varphi(3)=\varphi(4)=\varphi(6)$.

20. $\varphi(p_1p_2)$等于 $1,2,\cdots,p_1p_2$ 中与 p_1p_2 既约,即不能被 p_1 或 p_2 整除的数的个数,即 $p_1p_2-(p_1+p_2-1)$.

21. 对给定的 t, $tm+1,tm+2,\cdots,tm+m$ 中和 m 既约的数恰有 $\varphi(m)$个.

22. (i) $\varphi(p_1p_2p_3)$是 $1,2,\cdots,p_1p_2p_3$ 中不能被 p_1,p_2 或 p_3 整除的数的个数. 被 p_1,p_2,p_3 整除的数分别有 p_2p_3,p_3p_1,p_1p_2 个,其中被两个素数整除的数重复算了 2 次,被三个素数整除的数重复算了 3 次. 被 p_1p_2,p_2p_3,p_3p_1 整除的数分别有 p_3,p_1,p_2 个,其中被三个素数整除的数重复算了 3 次. 而被 $p_1p_2p_3$ 整除的数只有一个. 因此

$$\begin{aligned}\varphi(p_1p_2p_3)&=p_1p_2p_3-p_2p_3-p_3p_1-p_1p_2+p_3+p_1+p_2-1\\&=(p_1-1)(p_2-1)(p_3-1).\end{aligned}$$

(ii) 同样论证. 这就是第八章 1.4 小节的容斥原理.

23. 由第 21 题知 $1,2,\cdots,p_1\cdots p_{k-1}p_k$ 中与 $p_1\cdots p_{k-1}$既约的数有 $p_k\varphi(p_1\cdots p_{k-1})$个,其中被 p_k 整除的数必为 ap_k, $(a,p_1\cdots p_{k-1})=1$, $1\leqslant a\leqslant p_1\cdots p_{k-1}$,所以恰有 $\varphi(p_1\cdots p_{k-1})$个. 所以, $\varphi(p_1\cdots p_k)=(p_k-1)\varphi(p_1\cdots p_{k-1})$. 由此及数学归纳法即得所要的结论.

24. 利用第 21 题(取 $n=p_1\cdots p_r$, $h=p_1^{\alpha_1-1}\cdots p_r^{\alpha_r-1}$)及第 22 题的(ii).

第二部分(2.2 小节)

3. (i) 和式$=\displaystyle\sum_{r=0}^{m-1}\left\{\frac{r}{m}\right\}=\sum_{r=0}^{m-1}\frac{r}{m}$; (ii) 和式$=\displaystyle\sum_{\substack{r=1\\(r,m)=1}}^{m}\frac{r}{m}$.

4. 利用定理 10 和定理 9. 完全剩余系可取 $7x_i,7x_i+23,7x_i+2$;既约剩余系可取 $7x_i,7x_i+23,7x_i+29\cdot 23$.

5. $r_j=7k_j$, $7k_j\equiv j\pmod 5$, $k_j\equiv 3j\pmod 5$ $(1\leqslant j\leqslant 23)$. 只要取 k_j $(1\leqslant j\leqslant 23)$是模 23 的完全剩余系且满足 $k_j\equiv 3j\pmod 5$即可. 设 $k_j=j+23h_j$,得 $h_j\equiv -j\pmod 5$. 任取 h_j 满足这个条件,定出 k_j,最后得 r_j.

7. 取 $r_i=5i+4$ $(1\leqslant i\leqslant 4)$, $s_j=5+4j$ $(1\leqslant j\leqslant 5)$即可使(i)及(ii)都成立.

8. (i) 成立. 取第 7 题给出的完全剩余系中的既约剩余系即可.

(ii) 不成立,因为这时必有$(r_is_j,20)=1$ $(1\leqslant i\leqslant 4,1\leqslant j\leqslant 5)$. 当 r_i $(1\leqslant i\leqslant 4)$是模 4 的既约剩余系时,对任一固定的 s_{j_0},由$(s_{j_0},4)=1$ 可推出$\{r_i+s_{j_0}: 1\leqslant i\leqslant 4\}$中必有和 4 不既约的数[利用式(9)]. 但可以单独要求 r_i+s_j $(1\leqslant i\leqslant 4,1\leqslant j\leqslant 5)$是模 20 的既约剩余系. 这只要取 $r_i=5i$, $s_j=4j$ 即可.

9. 仿照第 7 题求解.

10. 利用证明定理 14 的方法. 其含意同第 9 题(推广到 k 个两两既约模的情形).

习 题 三

1. (i) 只要 $3^2 \nmid n$ 及 n 没有 $3k+1$ 形式的素因数即可.

(ii) 设 p 是 d 的最大素因数. 若 $p \geqslant 3$, 则只要 $p^2 \nmid n$ 及 n 没有 $pk+1$ 形式的素因数, 就有 $p \nmid (n)$, 因而 $d \nmid \varphi(n)$; 若 $p=2$, 则 $4 \mid d$, 从而只要 n 是 $4k+3$ 形式的素数, 就有 $4 \nmid \varphi(n)$.

2. 利用当 $n \to \infty$ 时, $\varphi(n) \to \infty$.

3. (i) 利用定理 1(i). $[m,n]$ 与 mn 有相同的素因数.

(ii) 利用定理 1 的式(5). (iii) 由(ii)推出.

4. $k=3$ 时无解; $k=1$ 时恰有两个解: $\varphi(2)=\varphi(1)=1$, 因为 $2 \mid \varphi(n), n \geqslant 3$; $k=2$ 时恰有三个解: $\varphi(6)=\varphi(4)=\varphi(3)=2$, 因为这时 n 只能有小于 5 的素因数; $k=4$ 时恰有四个解: $\varphi(12)=\varphi(10)=\varphi(8)=\varphi(5)=4$, 因为这时 n 只能有小于 7 的素因数[利用式(5)].

5. $\varphi(n)=24$ 时, n 的素因数仅可能是 2, 3, 5, 7, 13. 设 $n=2^{\alpha_1} \cdot 3^{\alpha_2} \cdot 5^{\alpha_3} \cdot 7^{\alpha_4} \cdot 13^{\alpha_5}$, 可算出 $n=13 \cdot 3, 13 \cdot 3 \cdot 2, 13 \cdot 2^2, 7 \cdot 5, 7 \cdot 5 \cdot 2, 7 \cdot 3 \cdot 2^2, 7 \cdot 2^3, 5 \cdot 3^2, 5 \cdot 3^2 \cdot 2, 3^2 \cdot 2^3$.

6. (i) $2 \nmid n$; (ii) $2 \mid n, 3 \nmid n$; (iii) $2 \nmid n, 3 \nmid n$.

在(ii), (iii)中只需讨论 $n=2^{\alpha} \cdot 3^{\beta} m, (6,m)=1$ 的情形.

7. $n=2^7, 2^6 \cdot 3, 2^5 \cdot 5, 2^4 \cdot 3 \cdot 5, 2^3 \cdot 17, 2^2 \cdot 3 \cdot 17, 2 \cdot 5 \cdot 17, 5 \cdot 17$.

8. 即要从 $m\varphi(m)=n\varphi(n)$ 推出 $m=n$. 设 $m=p_1^{\alpha_1} \cdots p_r^{\alpha_r}, n=p_1^{\beta_1} \cdots p_r^{\beta_r}, p_1 > \cdots > p_r$, 利用式(5)依次证明 $\alpha_1=\beta_1, \alpha_2=\beta_2, \cdots$.

9. 可设 $(a,b)=1$. $m=a^k b^{k+1}, n=a^{k+1} b^k, k \geqslant 1$.

10. 若 $2 \nmid k$, 则可取 $n=k$; 若 $2 \mid k$, 设 p_0 是使 $p_0 \nmid k$ 的最小素数, 可取 $n=(p_0-1)k$.

11. 由第 3 题的(ii)推出.

12. (i) 当 $p>2$ 时, $\varphi(p^{\alpha})=(p-1)p^{\alpha-1}>p^{\alpha/2}$, $\varphi(2^{\alpha})>2^{\alpha/2}/2 (\alpha \geqslant 1)$.

(ii) n 为合数时, 它必有素因数 $p, p \leqslant \sqrt{n}$. p 的倍数均不和 n 既约.

13. $n=1, 2^{\alpha} \cdot 3^{\beta}, \alpha \geqslant 1, \beta \geqslant 0$.

14. 利用§1的性质Ⅸ、§3的定理3、式(17)及例2.

15. (i) 若 $p_i|a$，则 $p_i^{\alpha_i}|a^{\alpha+\varphi(m)}-a^{\alpha}$；若 $p_i\nmid a$，则 $p_i^{\alpha_i}|a^{\varphi(p_i^{\alpha_i})}-1$，进而有 $p_i^{\alpha_i}|a^{\varphi(m)}-1$.

(ii) 若 $p_i\nmid a$，则由(i)知 $p_i^{\alpha_i}|a^{\varphi(m)}-1$，进而有 $p_i^{\alpha_i}|a^{m-\varphi(m)}(a^{\varphi(m)}-1)=a^m-a^{m-\varphi(m)}$；若 $p_i|a$，则由 $m-\varphi(m)\geqslant p_i^{\alpha_i-1}\geqslant\alpha_i$[这可由习题二第一部分的第18题或§3的式(5)推出]也得到 $p_i^{\alpha_i}|a^m-a^{m-\varphi(m)}$.

(iii) 从(i)的讨论可推出.

(iv) 原式等价于 $a^{1+A_j(p_j-1)}\equiv a(\bmod p_j)$，$A_j\varphi(p_j)=\varphi(p_1p_2)$，$1\leqslant j\leqslant r$.

16. 由§1的性质Ⅸ及§3的定理3推出.

17. 设 $f(x)=a_nx^n+\cdots+a_0$，则

$$(f(x))^p=(a_nx^n)^p+(a_{n-1}x^{n-1})^p+\cdots+a_0^p+ph_1(x),$$

其中 $h_1(x)$ 是整系数多项.进而，由 Fermat 小定理得

$$(f(x))^p=a_n(x^p)^n+a_{n-1}(x^p)^{n-1}+\cdots+a_0+ph_2(x)=f(x^p)+ph_2(x),$$

其中 $h_2(x)$ 是整系数多项式.

18. (i) 必有 $(q,a)=1$，$q|a^{q-1}-1$，因而 $q|a^{(p,q-1)}-1$. 若 $(p,q-1)=1$，则 $q|a-1$；若 $(p,q-1)=p$，则 $q\equiv1(\bmod 2p)$.

(ii) $q|a^{2p}-1$. 同(i)的论证，并注意 $q\nmid a-1$.

(iii) 设 s 是给定的正整数，取 $a=2^{p^{s-1}}$. 设 q 是 $(a^p-1)/(a-1)$ 的素因数. 先证明 $a\not\equiv1(\bmod q)$. 用反证法. 设 δ 是使 $2^{\delta}\equiv1(\bmod q)$ 的最小正整数. 证明 $\delta=p^s$，进而推出 $p^s|q-1$. 以上论证对 $p=2$ 也成立. 当 $p>2$ 时，$q=2kp^s+1$；当 $p=2$ 时，$q=2^sk+1$. 由 s 的任意性就推出所要的结论.

19. 显见，只需证明 $p^s|\varphi(b^{p^s}-1)$，其中 p 为素数. 取 $a=bF^{s-1}$（F 为自选的某个整数），所要证明的结论可以从 $p^s|\varphi((a^p-1)/(a-1))$ 推出. 当 $b=2$ 时，第18题的(iii)已证明 $(a^p-1)/(a-1)$ 的素因数为 $q=\begin{cases}2kp^s+1, & p>2,\\ 2^sk+1, & p=2.\end{cases}$ 这就证明了所要的结论. 当 $b>2$ 时，可类似证明，但要注意可能出现 $q|a-1$ 的情形. 这时，有 $q=p|b-1$，要直接证明 $p^s|\varphi(b^{p^s}-1)$，而这只要证明 $p^{s+1}|b^{p^s}-1$ 即可.

20. 必有正整数 d_0，使得 $9a|10^{d_0}-1=99\cdots9=9\cdot(11\cdots1)$，其中有 d_0 个1. 所以，a 整除 $11\cdots1$，这里有 d_0k 个1，$k=1,2,\cdots$.

21. 第一部分结论利用第20题证明. 末位数不是0，5的不能被5整除，末位数为5的不能被2整除.

22. 证明 $a^{l\varphi(r)+1}$ 都属于这个算术数列，$l=0,1,2,\cdots$. 事实上，不需要条件

$(a,r)=1$,直接取 $a(1+r)^l(l=0,1,2,\cdots)$即可.

23. $d_0=2^{l-2}$.

24. 必有 $a\equiv b(\bmod p)$.

26. 式中的乘积$=\begin{cases}1, & (l,n)=1,\\ 0, & (l,n)>1.\end{cases}$

习 题 四

1. 利用定理1.

2. (i) 用反证法,并注意 $p>5$ 时必有$(p-1)\mid(p-2)!$.若$(p-1)!+1=p^k$,则必有$(p-1)\mid k$,矛盾.

(ii) 与(i)同理论证.

3. 分别对 $n,n+2$ 利用第1题的(i),(iii)(取 $k=3$).

4. 利用定理1.

5. 利用定理1及Fermat小定理.

6. (i) 用反证法.考虑 $ij\equiv-1(\bmod p)$,$1\leqslant i,j\leqslant p-1$.若有 $i=j=i_0$,使得 $i_0^2\equiv-1(\bmod p)$,则这种 $i_0(1\leqslant i_0\leqslant p-1)$恰有两个.由此推出$(p-1)!\equiv1(\bmod p)$,与定理1矛盾.

(ii) 见例2.

(iii) 设 $p_1,\cdots,p_r$ 均为 $4m+1$ 形式的素数.考虑$(2p_1\cdots p_r)^2+1$的素因数.

7. 用反证法.利用定理2和定理3.

8. 由第7题推出.

9. 不一定.例如:对模8可取

$$r_1=-3,\quad r_2=-1,\quad r_3=1,\quad r_4=3,$$

$$r_1'=3,\quad r_2'=-3,\quad r_3'=1,\quad r_4'=-1$$

或

$$r_1'=1,\quad r_2'=-1,\quad r_3'=3,\quad r_4'=-3.$$

对模15可取 r_i 依次为 $-7,-4,-2,-1,1,2,4,7$,r_i' 依次为 $2,-2,4,-4,-1,1,7,-7$.

10. 一定有$(r_i,m)=1\Longleftrightarrow(r_i',m)=1$.所以,不和 m 既约的 r_i 一定是与不和 m 既约的 r_i' 相乘.对给定的 $d>1$,在一组完全剩余系中与 m 的最大公约数为 d 的数的个数是一定的.由这两点就可推出矛盾.

11. 利用§2的定理15.

第 四 章

习 题 一

1. (i) $x\equiv 1,5(\bmod 7)$. (ii) $x\equiv -1(\bmod 11)$. (iii) $x\equiv 1,3,15,17(\bmod 28)$.
(iv) $x\equiv 3,5,17,19(\bmod 28)$. (v) $x\equiv -5,-3,9,11(\bmod 28)$.
(vi) 无解. $141=3\cdot 47$. $4x^2+21x-32\equiv x^2+1\equiv 0(\bmod 3)$无解.
(vii) 利用 $x^5\equiv x(\bmod 5)$化简,原方程变为 $2x^3-2x^2-2\equiv 0(\bmod 5)$,无解.
(viii) 利用 $x^7\equiv x(\bmod 7)$化简,原方程变为
$$x^6+3x^4+x-1\equiv 0(\bmod 7).$$
$x=0$ 不是解. 当 $x\not\equiv 0(\bmod 7)$时,此方程变为 $3x^3+1\equiv 0(\bmod 7)$,无解.

2. 原方程等价于 $4a(ax^2+bx+c)\equiv(2ax+b)^2+4ac-b^2\equiv 0(\bmod m)$.

3. $p^{\alpha}\mid a^2$ 的充要条件是 $p^{[(\alpha+1)/2]}\mid a$.

6. $a\equiv 0,\pm 1(\bmod 9)$.

7. 以 $x=2k,2k+1$ 代入. $1\equiv 2^{2k}\equiv(2k)^2\equiv k^2(\bmod 3)$, $k\equiv\pm 1(\bmod 3)$,得正整数 $x\equiv\pm 2(\bmod 3)$是解;$2\equiv 2^{2k+1}\equiv(2k+1)^2\equiv k^2+k+1(\bmod 3)$,无解.

8. $\{0\bmod 5,\pm 1\bmod 5\}$, $\{0\bmod 5,\pm 2\bmod 5\}$,
$\{\pm 1\bmod 5,0\bmod 5\}$, $\{\pm 2\bmod 5,0\bmod 5\}$.

9. 利用对任意的整数 a, $3\nmid a$,有 $a^3\equiv\pm 1(\bmod 9)$.

10. 利用第三章习题三第 15 题(ii)的结果有 $x^m\equiv x^{m-\varphi(m)}(\bmod m)$,由此就可把同余方程的次数化为低于 m. 在合数模情形下,可利用(iii)的结果.

11. 当 $f(x)=ax-b$ 时,令 $d=m/(a,m)$. 我们有
$$\sum_{l=0}^{m-1}\sum_{x=0}^{m-1}\mathrm{e}^{2\pi il(ax-b)/m}=\sum_{l=0}^{m-1}\mathrm{e}^{-2\pi ilb/m}\sum_{x=0}^{m-1}\mathrm{e}^{2\pi ilax/m}=m\sum_{\substack{l=0\\ m\mid la}}^{m-1}\mathrm{e}^{-2\pi ilb/m}=m\sum_{k=0}^{m/d-1}\mathrm{e}^{-2\pi ibkd/m}$$
$$=\begin{cases}m(a,m), & (a,m)=m/d\mid b,\\ 0, & (a,m)=m/d\nmid b.\end{cases}$$

12. 解法同第 11 题.

习 题 二

1. (i) $x\equiv 3(\bmod 7)$; (ii) $x\equiv 3,8,13(\bmod 15)$;

(iii) $x\equiv 9(\bmod 31)$；　(iv) $(20,30)=10\nmid 4$，无解；

(v) $x\equiv 7(\bmod 21)$；　(vi) $x\equiv 62(\bmod 105)$；

(vii) $1001=7\cdot 11\cdot 13, x\equiv -189(\bmod 1001)$；

(viii) $x\equiv -1(\bmod 1597)$；　(ix) $x\equiv -4,31,66(\bmod 105)$；

(x) $x\equiv -163(\bmod 999)$.

2. (i) $m=2l-1, x\equiv l^k b(\bmod m), l\geqslant 1$，然后求 $l^k b$ 对模 $m=2^l-1$ 的剩余；

(ii) $m=3l\pm 1, x\equiv(\pm 1)^k l^k b(\bmod m), l\geqslant 1$，然后求 $l^k b$ 对模 $m=3l\pm 1$ 的剩余.

3. (i) 以第 1 题的(vi)为例. $2^6 x\equiv 83(\bmod 105), x\equiv 52^6\cdot 83\equiv 1+52^6\cdot 19\equiv 1+13\cdot 13\cdot 19\equiv 1+64\cdot 19\equiv 62(\bmod 105)$.

(ii) $x\equiv 179\cdot 168^8\equiv 179\cdot 21\cdot 21\equiv 179\cdot 104\equiv 81(\bmod 337)$.

(iii) $243x\equiv 112(\bmod 551), x\equiv 112\cdot 184^5\equiv 200(\bmod 551)$,

$x\equiv 200+551t(\bmod 2755), t=0,1,2,3,4$.

(iv) $2^4\cdot 3^4 x\equiv 1105(\bmod 2413)$,

$x\equiv 1105\cdot 402^4\equiv 1105\cdot 67\cdot 67\equiv -783(\bmod 2413)$，这里 $2413=6\cdot 402+1$.

4. $m=[m/a]a+a_1, 1\leqslant a_1<a$. $ax\equiv b(\bmod m)$的解一定是 $a[m/a]x\equiv b[m/a](\bmod m)$的解，即是 $a_1 x\equiv -b[m/a](\bmod m)$的解. 反过来，不一定成立，$([m/a],m)=1$ 时才成立.

5. (i) $m=23, a=6, [23/6]=3, (3,23)=1$. 所以，原方程等价于 $5x\equiv -21\equiv 2(\bmod 23)$. $[23/5]=4, (4,23)=1, 3x\equiv -8(\bmod 23)$；$[23/3]=7, (7,23)=1, 2x\equiv 10(\bmod 23), x\equiv 5(\bmod 23)$.

(ii) $[12/5]=2, (2,12)=2$，所以不要用这个方法.

7. (i) $3x\equiv 1(\bmod 5^3), 3\cdot 2\equiv 1(\bmod 5), 1-(1-3\cdot 2)^3=126$，故 $x=42$ 是原方程的解.

(ii) $5x\equiv 1(\bmod 3^5), 5\cdot(-1)\equiv 1(\bmod 3), 1-(1-5\cdot(-1))^5=-7775$，故 $x=-1555$ 是原方程的解.

8. $ay+b\equiv x(\bmod m)$确定了 $g(y)\equiv 0(\bmod m)$的解 $y \bmod m$ 与 $f(x)\equiv 0(\bmod m)$的解 $x \bmod m$ 之间的一一对应.

9. 若 x_0 是 $ax\equiv b(\bmod m)$的一个解. 取 $y_0=(b-ax_0)/m$. $x=x_0+mt/(a,m)$, $y=y_0-mt/(a,m), t=0,\pm 1,\pm 2,\cdots$，就给出了同余方程的解.

习　题　三

1. (i) $x=1+4y, 4y\equiv 1(\bmod 3), 4y\equiv 2(\bmod 5), y\equiv 1(\bmod 3), y\equiv -2(\bmod 5)$.

$y=1+3z$, $3z\equiv -3(\bmod 5)$, $z\equiv -1(\bmod 5)$. $y\equiv -2(\bmod 15)$, $x\equiv -7(\bmod 60)$.

(ii) $x=4+11y$, $11y\equiv -1(\bmod 17)$, $y\equiv 3(\bmod 17)$, $x\equiv 37(\bmod 187)$.

(iii) $m_1=5$, $m_2=6$, $m_3=7$, $m_4=11$. $M_1=6\cdot 7\cdot 11\equiv 2(\bmod 5)$, $3M_1\equiv 1(\bmod m_1)$; $M_2=5\cdot 7\cdot 11\equiv 1(\bmod 6)$, $1\cdot M_2\equiv 1(\bmod m_2)$; $M_3=5\cdot 6\cdot 11\equiv 1(\bmod 7)$, $1\cdot M_3\equiv 1(\bmod m_3)$; $M_4=5\cdot 6\cdot 7\equiv 1(\bmod 11)$, $1\cdot M_4\equiv 1(\bmod m_4)$. 所以 $x\equiv 3\cdot 6\cdot 7\cdot 11\cdot 2+5\cdot 7\cdot 11\cdot 1+5\cdot 6\cdot 11\cdot 3(\bmod 5\cdot 6\cdot 7\cdot 11)$.

(iv) $x=4+11y$, $55y\equiv 0(\bmod 13)$, $x\equiv 4(\bmod 143)$.

(v) $x=-3+5y$, $15y\equiv 2(\bmod 17)$, $y\equiv -1(\bmod 17)$,

$x\equiv -8(\bmod 85)$, $x\equiv -8, 77(\bmod 170)$.

(vi) $x\equiv 27(\bmod 60)$. (vii) 无解. 第二与第三个方程矛盾.

2. (i) $x\equiv -1(\bmod 4)$, $2x\equiv -1(\bmod 5)$, $2x\equiv 1(\bmod 7)$, 得到解

$$x\equiv 67(\bmod 140);$$

(ii) $x\equiv 1(\bmod 4)$, $2x\equiv -1(\bmod 5)$, $3x\equiv 5(\bmod 7)$, $2x\equiv 3(\bmod 11)$, 得到解

$$x\equiv 557(\bmod 1540).$$

3. $x\equiv 1(\bmod 3)$, $x\equiv 2(\bmod 4)$, $x\equiv 3(\bmod 5)$. 解为 $x\equiv -2(\bmod 60)$.

4. 使 $7x+1\equiv 0(\bmod 10)$ 成立的最小正整数及使 $7x\equiv 0\equiv(\bmod 10)$ 成立的最小正整数中, 小的一个即为要求的周数, 即 7 周后可在星期天休息.

5. 设 $p_1, \cdots, p_k$ 是两两不同的正整数. 考虑同余方程组 $x\equiv -j+1(\bmod p_j^3)$, $j=1, \cdots, k$. 若 x_0 是解, 则 $x_0, x_0+1, \cdots, x_0+k-1$ 就满足要求.

6. 证法同第 5 题, 以 a_j 代 $p_j^3(1\leqslant j\leqslant k)$.

7. 设整除 c 但不整除 b 的所有素因数是 $p_1, \cdots, p_r$. 满足同余方程组 $bx+a\equiv 1(\bmod p_j)(1\leqslant j\leqslant r)$ 的 x 即满足要求.

8. 不两两既约时不成立.

11. (i) 设 $m_j=p_1^{\alpha_{1j}}\cdots p_r^{\alpha_{rj}}(1\leqslant j\leqslant k)$, 则 $m=p_1^{\alpha_1}\cdots p_r^{\alpha_r}$, 其中 $\alpha_i=\max\limits_{1\leqslant j\leqslant k}(\alpha_{ij})(1\leqslant i\leqslant r)$. 先在每个 m_j 中保留和 m 中同方幂的那些素数幂, 其他删去, 得到 m_j'', 若 $p_i^{\alpha_j}$ 出现在两个或两个以上的 m_j'' 中, 则只保留最小指标 j_0 的 m_{j_0}'' 中的这一方幂, 其他均删去. 这样得到 $m_j'(1\leqslant j\leqslant k)$, 这些 m_j' 就满足要求.

(ii) $x\equiv a_j(\bmod m_j)(1\leqslant j\leqslant k)$ 的解一定是 $x\equiv a_j(\bmod m_j')$ 的解, 且均对模 m 有唯一解, 所以解相同.

12. (i) $x\equiv -6(\bmod 13)$, $y\equiv -4(\bmod 13)$; (ii) $x\equiv y\equiv 2(\bmod 5)$;

(iii) 无解; (iv) $x\equiv y-2(\bmod 5)$; (v) $x\equiv 2y-1(\bmod 7)$; (vi) 无解.

习　题　四

1. (i) $x\equiv -17,-12,-7,1,6,11 \pmod{45}$； (ii) $x\equiv 10,16 \pmod{33}$；

(iii) $x\equiv -65x_1+66x_2 \pmod{143}$，$x_1=1,3,5$，$x_2=1,3,5$.

2. (i) $x\equiv -10 \pmod{3^3}$； (ii) $x\equiv -12 \pmod{3^3}$；

(iii) $x\equiv 11 \pmod{3^4}$； (iv) 无解；

(v) $x\equiv -56,-2+25j,8+25j \pmod{5^3}$，$j=0,\pm 1,\pm 2$；

(vi) $x\equiv 4 \pmod{5^3}$； (vii) 无解；

(viii) $x\equiv 23 \pmod{7^3}$； (ix) $x\equiv 2+9j \pmod{3^3}$，$j=0,\pm 1$；

(x) 无解； (xi) $x\equiv \pm 578 \pmod{11^3}$；

(xii) $x\equiv \pm(2590+4\cdot 19^3)\equiv \pm 30026 \pmod{19^4}$.

3. 原方程等价于$(x^2+x+1)^2\equiv 0 \pmod{7^6}$，进而等价于 $x^2+x+1\equiv 0 \pmod{7^3}$，得到 $x\equiv -19,18 \pmod{7^3}$. 这是全部解.

7. 由例 4 和例 5 推出.

8. 化为$(x-1)(x+1)\equiv 0 \pmod{p^l}$形式的同余方程组，再用例 4 和例 5.

10. 先证明对素数 p，$x^2\equiv x \pmod{p^k}$的解数一定为 2，其中 k 为任意正整数.

12. 利用推论 4.

14. 设 $f(x)=a_nx^n+\cdots+a_1x+a_0$，$n\geqslant 1$，$a_n\neq 0$. 当 $a_0=0$ 时，结论成立. 当 $a_0\neq 0$ 时，$f(a_0x)=a_0(b_nx^n+\cdots+b_1x+1)\triangleq a_0g(x)$，$b_n\neq 0$. 若 $g(x)\equiv 0 \pmod p$只对有限个 $p=p_1,p_2,\cdots,p_r$ 可解，则 $p_j\nmid ag(p_1\cdots p_rx)$，$j=1,\cdots,r$. 所以，$g(p_1\cdots p_rx)$必有不同于 $p_1,\cdots,p_r$ 的素因数，矛盾. 由此推出所要的结论.

15. 由上题及孙子定理知，必有 x_0，使得 $f(x_0)$有 s 个不同的素因数，设为 $p_1,\cdots,p_s$. 这就证明了结论对 $r=1$ 成立. 令 $P=p_1\cdots p_s$，对任意的 t，$f(x_0+Pt)$也一定至少有 s 个素因数. 再考虑 t 的多项式 $F(t)=f(x_0+Pt+1)$. 由结论对 $r=1$ 成立知，必有 $t=t_0$，使得 $F(t_0)=f(x_0+Pt_0+1)$有 s 个不同的素因数. 这就证明了结论对 $r=2$ 成立. 进而，利用数学归纳法，用同样的论证就可得到所要的结论.

习　题　五

1. 当 $p=13$ 时，二次剩余：1,3,4,9,10,12；当 $p=23$ 时，二次剩余：1,2,3,4,6,8,9,12,13,16,18；当 $p=37$ 时，二次剩余：1,3,4,7,9,10,11,12,16,21,25,26,27,28,30,33,34,36；当 $p=41$ 时，二次剩余：1,2,4,5,8,9,10,16,18,20,21,23,

25,31,32,33,36,37,39,40.

2. 以 2 为二次剩余的模 p 是：7,17,23,31,41,47,71,73,79,87,97.

3. (i) $(-8)^{26}\equiv 11^{13}\equiv 11\cdot 15^6\equiv 11\cdot 13^3\equiv -16\cdot 10\equiv -1(\bmod 53)$，$-8$ 不是模 53 的二次剩余；

(ii) $8^{33}\equiv 8\cdot(3)^{16}\equiv 8\cdot 14^4\equiv 8\cdot 5^2\equiv -1(\bmod 67)$，8 不是模 67 的二次剩余.

4. (i) 2；(ii) 0；(iii) 0；(iv) 0；(v) $221=13\cdot 17$，4 个解；

(vi) $427=7\cdot 61$，无解；(vii) $209=11\cdot 19$，4 个解；(viii) $391=17\cdot 23$，4 个解；

(ix) $45=3^2\cdot 5$，4 个解；(x) $539=7^2\cdot 11$，4 个解.

5. 若 $u^2+av^2\equiv 0(\bmod p)$ 成立，则必有 $p\nmid uv$，因而有

$$vv'\equiv 1(\bmod p),\quad (v'u)^2\equiv -a(\bmod p).$$

6. 由条件(i)和(ii)知模 p 的全部二次剩余均属于 S_1. 由条件(i),(iii)知 S_2 中元素的个数不会少于 S_1 中元素的个数. 由此及定理 1 就推出所要的结论.

7. (i),(ii)利用 Wilson 定理.

(iii) 即求 $1^2+2^2+\cdots+((p-1)/2)^2$ 对模 p 的剩余，用平方和公式.

(iv) 由(iii)来求.

9. (i) 由 Euler 定理推出必要性. 但这个条件不充分. 例如：$m=15$ 时二次剩余仅有 1,4，但 $2^4\equiv 1(\bmod 15)$，2 不是二次剩余.

(ii) $x^2\equiv a(\bmod m)$ 等价于 $(x^{-1})^2\equiv b(\bmod m)$，$x^{-1}$ 表示 x 对模 m 的逆.

(iii) 按 $ab\equiv 1(\bmod p)$ 把所有二次剩余两两分组，并注意 -1 是二次剩余当且仅当 $p\equiv 1(\bmod 4)$.

(iv) 不成立.

(v) 不一定. 例如：对模 12，二次剩余只有 1，而 5,7,11 均为二次非剩余，它们中任意两个不同的数之积均仍为二次非剩余.

(vi) 设 $m=2^{\alpha_0}p_1^{\alpha_1}\cdots p_r^{\alpha_r}$. $\{a\},\{a_0\},\{a_1\},\cdots,\{a_r\}$ 分别表示模 m, $p_0^{\alpha_0}$ $(p_0=2)$, $p_1^{\alpha_1},\cdots,p_r^{\alpha_r}$ 的既约剩余系. 由孙子定理知，a 是模 m 的二次剩余的充要条件是 a_0, $a_1,\cdots,a_r$ 分别是模 $p_0^{\alpha_0},p_1^{\alpha_1},\cdots,p_r^{\alpha_r}$ 的二次剩余，这里 $a\equiv a_j(\bmod p_j^{\alpha_j})$，$0\leqslant j\leqslant r$. 再对每个 j 讨论 $x^2\equiv a_j(\bmod p_j^{\alpha_j})$ 的解数，以及使其有解的 a^j 的个数(利用 §4 的方法).

10. 这时，j 和 $p-j$ 必同为二次剩余或二次非剩余，$1\leqslant j\leqslant (p-1)/2$. 利用定理 1.

11. 设 $j^2=pq_j+r_j$，$1\leqslant r_j<p$，$1\leqslant j\leqslant (p-1)/2$. 由此及 $q_j=[j^2/p]$ 即得

$$S=\sum_{j=1}^{(p-1)/2}r_j=\sum_{j=1}^{(p-1)/2}j^2-p\sum_{j=1}^{(p-1)/2}\left[\frac{j^2}{p}\right].$$

再利用第10题的(ii).

13. 考虑集合

$$\{ax+y:0\leqslant x\leqslant[\sqrt{m}],0\leqslant y\leqslant[\sqrt{m}]\},$$

其元素个数为$([\sqrt{m}]+1)^2>m$.再利用鸽巢原理及$(a,m)=1$.

14. 当m不是平方数时,可由第13题推出;当m是平方数时,考虑集合

$$\{ax+y:0\leqslant x\leqslant\sqrt{m},0\leqslant y\leqslant\sqrt{m}-1\},$$

其元素个数为$(\sqrt{m}+1)\sqrt{m}>m$.再利用鸽巢原理及$(a,m)=1$.

15. 证法同第13题.

16. 利用提示,由第14题知所考虑的同余方程必有解$0<|x_0|,|y_0|<\sqrt{p}$.不妨设$x_0>0$.若x_0不是二次非剩余,则$\pm y_0$一定都是二次非剩余(因为$p\equiv1(\bmod 4)$).所以,必有一个正整$c(0<c<\sqrt{p})$,它是二次非剩余.由于$p\equiv1(\bmod 8)$,2是模p的二次剩余,并且c必有一个素因数是模p的二次非剩余,就推出所要的结论.

习 题 六

1. $-1,-1,1,1,1,1,-1,1,-1,1$.

2. (i) $\left(\frac{7}{227}\right)=1$,有解; (ii) $511=7\cdot73,\left(\frac{11}{73}\right)=-1$,无解;

(iii) $91=7\cdot13,\left(\frac{11}{7}\right)=\left(\frac{-6}{7}\right)=1,\left(\frac{11}{13}\right)=\left(\frac{-6}{13}\right)=-1$,有解;

(iv) $6193=11\cdot563,\left(\frac{5}{11}\right)=1\neq\left(\frac{-14}{11}\right)=-1$,无解.

3. (i) $p\equiv1(\bmod 6)$. (ii) $p\equiv1(\bmod 12)$. (iii) $p\equiv5(\bmod 12)$.

(iv) $p\equiv-1(\bmod 12)$. (v) $p\equiv-5(\bmod 12)$.

(vi) 100^2-3的素因数为$p\equiv\pm1(\bmod 12)$,$100^2-3=13\cdot769$;150^2+3的素因数为$p\equiv1(\bmod 6)$及$p=3$,$150^2+3=3\cdot13\cdot577$.

4. $p\equiv\pm7(\bmod 24)$.

5. (i) $p\equiv\pm1(\bmod 5)$. (ii) $p\equiv1,3,7,9(\bmod 20)$.

(iii) $121^2-5=14\,636=2^2\cdot3659$, $121^2+5=14\,646=2\cdot3\cdot2441$;

$82^2+5\cdot11^2=7329=3\cdot7\cdot349$, $82^2-5\cdot11^2=6119=29\cdot211$;

$273^2+5\cdot11^2=2\cdot37\,567$, $273^2-5\cdot11^2=2^2\cdot18\,481$.

(iv) 由(i),(ii)知不可解.

6. (i) $p\equiv1,3(\bmod 8)$; (ii) $p\equiv\pm1,\pm3,\pm9,\pm13(\bmod 40)$;

(iii) $p=2,13$ 及 $p\equiv\pm1,\pm3,\pm4(\bmod 13)$;

(iv) $n^4-n^2+1=(n^2-1)^2+n^2=(n^2+1)^2-3n^2$.

7. 当 $m=2^k,3^k$ 时,直接验证;当 $m=p^k(p>3)$时,同余方程可化为$(2x-1)^2+3\equiv0(\bmod p^k)$来讨论.

8. (i) 证明 $8k-1$ 形式的素数有无穷多个,利用$(p_1\cdots p_r)^2-2$;证明 $8k+3$ 形式的素数有无穷多个,利用$(p_1\cdots p_r)^2+2$;证明 $8k-3$ 形式的素数有无穷多个,利用 $4(p_1\cdots p_r)^2+1$.

(ii) 依次利用 $3(p_1\cdots p_r)^2+1$,$3(p_1\cdots p_r)^2+1$(和 $3k+1$ 形式同),$4(p_1\cdots p_r)^2+3$,$(p_1\cdots p_r)^4-(p_1\cdots p_r)^2+1$[利用第 7 题的(ii)].

(iii) 利用第 5 题的(i)以及考虑 $5(n!)^2-1$,证明 $10k-1$ 形式的素数有无穷多个.

9. d 是素数时成立.

10. (i) 若 $p\mid ab$,结论成立;若 $p\nmid ab$,则$\left(\frac{a}{p}\right)$,$\left(\frac{b}{p}\right)$,$\left(\frac{ab}{p}\right)$中必有一个为 1.

(ii) 原多项式$=(x^2-2)(x^2-3)(x^2-6)$.

11. $x^4+4=((x-1)^2+1)((x+1)^2+1)$.

12. (i) $x^8-16=(x^4+4)(x^2-2)(x^2+2)$,并利用第 11 题;

(ii) 当 $l\geqslant3$ 时,$x^8-16\mid x^{2^l}-2^{2^{l-1}}$.

13. (i) $(a^{(n+1)/2})^2\equiv a(\bmod p)$; (ii) 由(i)及定理 3 推出.

14. (i) $2^{22}-1=(2^{11}-1)(2^{11}+1)\equiv0(\bmod 23)$,$23\equiv-1(\bmod 8)$,所以 $2^{11}+1\not\equiv0(\bmod 23)$. 另两个可同样证明.

(ii) $(2^p-1)(2^p+1)=2^{2p}-1\equiv0(\bmod 2p+1)$,$2p+1\equiv7(\bmod 8)$. 利用第 6 题的(i).

15. 必要性:设 q 是素数. 若结论不成立,则$\left(\frac{3}{q}\right)=1$,进而推出 $q\equiv\pm1(\bmod 12)$,矛盾. 充分性:设使 $3^h\equiv1(\bmod q)$成立的最小 h 为 h_0,有 $h_0\mid q-1=2^{2^n}$. 由此及 $3^{2^{2^n-1}}\not\equiv1(\bmod q)$得 $h_0=q-1$,所以 q 是素数.

16. (i) 利用 Euler 判别法.

(ii) 利用 Euler 判别法及$\left(\frac{-2}{p}\right)=-1$. 解可分开写为:当 $a^{2m+1}\equiv1(\bmod p)$时,$x_0=\pm a^{m+1}$;当 $a^{2m+1}\equiv-1(\bmod p)$时,$x_0=\pm2^{2m+1}a^{m+1}$.

(iii) 方法同(ii),b 的作用相当于(ii)中的 2. 设 $p=2^ln+1$,$l\geqslant3$,$2\nmid n$. 我们有 $a^{2^{l-1}n}\equiv\pm1(\bmod p)$及 $b^{2^{l-1}n}\equiv-1(\bmod p)$,进而推出必有非负整数 s_1,使得

$a^{2^{l-2}n}b^{2^{l-1}s_1}\equiv 1(\bmod p)$，因而有 $a^{2^{l-3}n}b^{2^{l-2}s_1}\equiv\pm 1(\bmod p)$. 由此再利用 $b^{2^{l-1}n}\equiv -1(\bmod p)$. 重复前面的论证，可推出：必有非负整数 s_2，使得 $a^{2^{l-3}n}b^{2^{l-2}s_2}\equiv 1(\bmod p)$ 及 $a^{2^{l-4}n}b^{2^{l-3}s_2}\equiv\pm 1(\bmod p)$. 这样，最后可得：存在非负整数 s_k，使得 $a^n b^{2s_k}\equiv 1(\bmod p)$. 所以，解为 $x_0=\pm a^{(n+1)/2}b^{s_k}$.

17. (i)

p	d				
	2	3	5	7	13
11	3	2	2	3	
17	4	3	3	3	4
19	5	3	4	4	3
29	7	5	6	6	6

(ii) 仿照例 3 中直接用引理 2 证明 $\left(\frac{3}{p}\right)$ 的方法.

第 **18**,**19**,**20** 题可仿照引理 2 的论证.

22. 仿照定理 3 与例 3 的论证.

第 **23**,**24**,**25** 题仿照定理 4 的论证.

27. 当 $p\equiv 3(\bmod 8)$ 时，$\left(\frac{2}{p}\right)=-1$. $2,4,6,\cdots,p-1$ 中二次剩余的个数就是 $1,2,\cdots,(p-1)/2$ 中二次非剩余的个数. 由此及习题五第 12 题的(iii)推出 $R^{(2)}=N_1$. 当 $p\equiv 7(\bmod 8)$ 时，$\left(\frac{2}{p}\right)=1$. $2,4,6,\cdots,p-1$ 中二次剩余的个数即 $1,2,\cdots,(p-1)/2$ 中二次剩余的个数. 由此及习题五第 12 题的(iii)得 $R^{(2)}=(p-1)/2-N_1$[注意：当 $p\equiv 1(\bmod 4)$ 时，由同样的论证及习题五第 12 题的(iii)，(iv)可知 $R^{(2)}=(p-1)/4$].

28. 先证明(iii). 设 N_1 同第 27 题，$N_1+R_1=(p-1)/2$. 易证 $((p-1)/2)!\equiv(-1)^{N_1}(((p-1)/2)!)^2(\bmod p)$. 再利用第三章习题四第 4 题的(ii)即得(iii). 由(iii)及 $2\cdot 4\cdot\cdots\cdot(p-1)=2^{(p-1)/2}((p-1)/2)!$ 就推出(i)，(ii).

29. 这是因为 $\left(\frac{2}{q}\right)=\left(\frac{2-q}{q}\right)$.

30. (i) 用反证法. 若 $b^2+2\mid 4a^2+1$，则 $2\nmid b$，$b^2+2\equiv 3(\bmod 4)$. 所以，b^2+2 一定有素因数 p，满足 $p\equiv 3(\bmod 4)$. 但 $p\mid 4a^2+1$，必有 $p\equiv 1(\bmod 4)$，矛盾.

(ii) 证法同(i).

(iii) 若 $2b^2+3\mid a^2-2$，由于 $2b^2+3\equiv\pm 3(\bmod 8)$，故必有素数 p，使得 $p\equiv 3$ 或

$-3 \pmod 8$，$p\mid 2b^2+3$. 但 $p\mid a^2-2$，必有 $p\equiv\pm1 \pmod 8$，矛盾.

(iv) 若 $3b^2+4\mid a^2+2$，则 $2\nmid b$，$3b^2+4\equiv 7 \pmod 8$. 所以，$3b^2+4$ 必有素因数 p，满足 $p\equiv 5$ 或 $7 \pmod 8$. 但 $p\mid a^2+2$，必有 $p\equiv 1,3 \pmod 8$（见第 6 题），矛盾.

32. x 和 $ax+b$ 同时遍历模 p 的完全剩余系.

33. 以 $x^{-1}=y$ 表示 x 对模 p 的逆，则 x,y 同时遍历模 p 的既约剩余系.

$$\sum_{x=1}^{p}\left(\frac{x^2+ax}{p}\right)=\sum_{x=1}^{p}\left(\frac{(ax)^2+a(ax)}{p}\right)=\sum_{x=1}^{p-1}\left(\frac{x^2+x}{p}\right)=\sum_{x=1}^{p-1}\left(\frac{y^2(x^2+x)}{p}\right)$$
$$=\sum_{x=1}^{p-1}\left(\frac{1+y}{p}\right)=\sum_{x=1}^{p-1}\left(\frac{1+x}{p}\right)=-1.$$

34. $4af(x)=(2ax+b)^2-\Delta$. $\sum_{x=1}^{p}\left(\frac{f(x)}{p}\right)=\left(\frac{a}{p}\right)\sum_{x=1}^{p}\left(\frac{x^2-\Delta}{p}\right)$. 当 $p\mid\Delta$ 时，由此推出(ii). 当 $p\nmid\Delta$ 时，分 $\left(\frac{\Delta}{p}\right)=1$，$\left(\frac{\Delta}{p}\right)=-1$ 两种情形讨论. 当 $\left(\frac{\Delta}{p}\right)=1$ 时，设 $d^2\equiv\Delta \pmod p$. 我们有

$$\sum_{x=1}^{p}\left(\frac{x^2-\Delta}{p}\right)=\sum_{x=1}^{p}\left(\frac{(x-d)(x+d)}{p}\right)=\sum_{x=1}^{p}\left(\frac{x(x+2d)}{p}\right)=-1, \qquad (*)$$

其中最后一步用到了第 33 题. 所以，这时结论成立. 但当 $\left(\frac{\Delta}{p}\right)=-1$ 时，不能用这种方法，要困难得多. 下面的证法可统一讨论 $p\nmid\Delta$ 的情形. 显见，我们需要知道有多少个 $x(1\leqslant x\leqslant p)$，使得 $x^2-\Delta$ 是模 p 的二次剩余（包括 $p\mid x^2-\Delta$ 的情形）. 这就是要讨论同余方程 $x^2-\Delta=y^2 \pmod p$ 的解数 T. 显见

$$T=\sum_{x=1}^{p}\left(1+\left(\frac{x^2-\Delta}{p}\right)\right)=p+\sum_{x=1}^{p}\left(\frac{x^2-\Delta}{p}\right).$$

另外，T 可以这样计算：以 t_u 表示同余方程组 $y^2\equiv u \pmod p$，$x^2\equiv u+\Delta \pmod p$ 的解数，则 $t_u=\left(1+\left(\frac{u}{p}\right)\right)\left(1+\left(\frac{u+\Delta}{p}\right)\right)$，$T=\sum_{u=1}^{p}t_u$，因而

$$T=\sum_{u=1}^{p}\left(1+\left(\frac{u}{p}\right)+\left(\frac{u+\Delta}{p}\right)+\left(\frac{u(u+\Delta)}{p}\right)\right)=p-1,$$

这里用到了第 32,33 题. 由 T 的这两个关系式推出这时式(*)也成立. 这就证明了所要的结论.

35. $x^4+1\equiv(x^2+1)^2 \pmod 2$，所以可设 $p\geqslant 3$. 若 $\left(\frac{-1}{p}\right)=1$，则取 b 满足 $b^2\equiv -1 \pmod p$，就有 $x^4+1\equiv(x^2-b)(x^2+b) \pmod p$. 若 $\left(\frac{-1}{p}\right)=-1$，设 a,b,c,d 为待定整数，要求满足所说的关系式，且 $p\nmid abcd$. 这时 $p\equiv 3 \pmod 4$. 易

证：当 $p\equiv 3(\bmod 8)$时，可取 a 满足 $a^2\equiv -2(\bmod p)$，$c\equiv -a(\bmod p)$，$b=d=-1$；当 $p\equiv 7(\bmod 8)$时，可取 a 满足 $a^2\equiv 2(\bmod p)$，$c\equiv -a(\bmod p)$，$b=d=1$.

习　题　七

1. (i) -1；　(ii) 1；　(iii) 1；　(iv) -1.

2. 以 $4|a$ 为例. 设 $a=2^{\alpha}n$，$\alpha\geqslant 2$，$2\nmid n$. 利用 Gauss 二次互反律，得

$$\left(\frac{a}{2a+b}\right)=\left(\frac{2^{\alpha}}{2a+b}\right)\left(\frac{b}{n}\right)(-1)^{(k-1)(b-1)/4},$$

$$\left(\frac{a}{b}\right)=\left(\frac{2^{\alpha}}{b}\right)\left(\frac{b}{n}\right)(-1)^{(k-1)(b-1)/4}.$$

当 $2|\alpha$ 时，由此推出结论成立；当 $2\nmid\alpha$ 时，利用式(2)直接验证 $\left(\frac{2}{2a+b}\right)=\left(\frac{2}{b}\right)$，所以结论也成立. 其他类似验证.

3. 证法同第 2 题.

4. 充分性显然成立. 必要性用反证法证明. 设 $a=b^2a_1$，$a_1\neq 1$ 且不是平方数，即 $a_1=\pm 2^{\alpha_0}p_1\cdots p_r$[$\alpha_0=0,1$；$p_i(1\leqslant i\leqslant r)$为两两不同的奇素数]. 设 d_r 是模 p_r 的二次非剩余. 由提示知，必有素数 p，满足 $p\equiv 1(\bmod 8)$，$p\equiv 1(\bmod p_i)(1\leqslant i\leqslant r-1)$，$p\equiv d_r(\bmod p_r)$，进而推出 $\left(\frac{a_1}{p}\right)=-1$，矛盾.

5. (v) 能. 按(iv)中的结论推广到 0 及负整数上即可.

6. 设 $D=2^lk$，$2\nmid k$.

(i) 分 l 为 0，奇数及偶数三种情形来讨论，并利用孙子定理；

(ii) 利用第 5 题的(i)和(ii).

7. 利用 §4 的定理 1 及 Kronecker 符号的定义.

习　题　八

2. $f(x)$可表示为以下形式：

(i) $(x-1)(x+2)(x^2+2)+7(2x^5-x^4+x^3+x^2-2x+1)$；

(ii) $(x-1)(x^3+4x^2+4x+5)+7(x^4+2)$

$\qquad=(x-1)^2(x^2-x+2)+7(x^3+x+1)$；

(iii) $(x-1)(x+1)(x^5-3x^4+2x^3+4x^2-3x-1)+13(x^6+x^4+x^3-x^2)$

$\qquad=(x-1)^2(x+1)^2(x^3-3x^2+3x+1)+13(x^6+x^4+x^3-x^2)$.

4. (i) 原同余方程的解和同余方程 $x^3+2x^2-x+3\equiv 0 \pmod 5$ 的解相同.

$$x^5-x=(x^2-2x)(x^3+2x^2-x+3)+5(x^3-5x^2+5x).$$

(ii) $x\equiv 0 \pmod{13}$ 不是此同余方程的解.

$$x^{12}-1=(x^6-4x^5+6x^4+6x^3+3x^2-2x+3)(x^6+4x^5+10x^4+10x^3-47x^2-318x-1075)+13(-164x^5+653x^4-560x^3+21x^2-92x+248).$$

5. (i) $x^5+x^2-3\equiv 0 \pmod 7$; (ii) $x^4-2x^3-x+2\equiv 0 \pmod 5$;

(iii) $x^6-3x^4+x^3+2x-1\equiv 0 \pmod 7$;

(iv) $x^{10}+4x^9-x^8-x^6+x^4+x^3+2x-5\equiv 0 \pmod{11}$.

6. (i) 模 7 的二次剩余是：1,2,4;三次剩余是：−1,1;四次剩余是：1,2,4;五次剩余是：1,2,3,4,5,6.

(ii) 模 13 的二次剩余是：±1,±3,±4;三次剩余是：±1,±5;四次剩余是：1,3,−4;五次剩余是：±1,±2,±3,±4,±5,±6.

(iii) 模 17 的二次剩余是：±1,±2,±4,±8;三次剩余是：±1,…,±8;四次剩余是：±1,±4;八次剩余是：±1.

(iv) 模 19 的二次剩余是：1,−2,−3,4,5,6,7,−8,9;三次剩余是：±1,±7,±8;四次剩余是：1,−2,−3,4,5,6,7,−8,9;五次剩余是：±1,…,±9;六次剩余是：1,7,−8.

7. −1,3 是模 7 的四次非剩余,−3 仍是四次非剩余;±2 是模 19 的三次非剩余,−4 仍是三次非剩余.

9. $x^4\equiv -2 \pmod 7$ 无解. $2=(4,7-1)=2\cdot 4-(7-1)$, $r=2$, $s=1$. $x^2\equiv(-2)^2\equiv 4 \pmod 7$ 有解.

习 题 九

2. 设全部解为 $\{a_{1,i},\cdots,a_{n,i}\}$, $1\leqslant i\leqslant K$. 考虑多项式

$$F^*(x_1,\cdots,x_n)=\sum_{i=1}^{K}\prod_{j=1}^{n}\{1-(x_j-a_{j,i})^{p-1}\}.$$

证法与定理 3 相同.

3. (i) x^2+3y^2, x^2-xy+y^2;

(ii) $x^3+y^3+z^3+x^2y+y^2z+z^2x+xyz$,

$$xyz+xy(1+z)+yz+zx(1+y)+x(1+y)(1+z)+y(1+z)(1+x)+z(1+x)(1+y).$$

4. 不妨设 $(x,y,z)=1$. 若有非显然解,考虑模 9 的同余方程,并证明必有

$$(3,xy)=1 \quad 及 \quad z\equiv ax+by \pmod 3).$$

5. 不妨设$(x,y,z)=1$,并注意到对任意的整数u,有$u^3\equiv 0,\pm 1 \pmod 7$.若有非显然解,考虑模7的同余方程,并分$(z,7)=1,(z,7)=7$两种情形讨论.

6. 考虑模p的同余方程.

第 五 章

习 题 一

1. $m=5,11,12,13,14,15,17,19,20,21,23,36,40,63$的指数表分别如下:

a	-2	-1	1	2
$\delta_5(a)$	4	2	1	4

$\varphi(5)=\lambda(5)=4$.原根:2,3.

a	-5	-4	-3	-2	-1	1	2	3	4	5
$\delta_{11}(a)$	10	10	10	5	2	1	10	5	5	5

$\varphi(11)=\lambda(11)=10$.原根:2,6,7,8.

a	-5	-1	1	5
$\delta_{12}(a)$	2	2	1	2

$\varphi(12)=4\neq\lambda(12)=2$.无原根.

a	-6	-5	-4	-3	-2	-1	1	2	3	4	5	6
$\delta_{13}(a)$	12	4	3	6	12	2	1	12	3	6	4	12

$\varphi(13)=\lambda(13)=12$.原根:2,6,7,11.

a	-5	-3	-1	1	3	5
$\delta_{14}(a)$	3	3	2	1	6	6

$\varphi(14)=\lambda(14)=6$.原根:3,5.

a	-7	-4	-2	-1	1	2	4	7
$\delta_{15}(a)$	4	2	4	2	1	4	2	4

$\varphi(15)=8\neq\lambda(15)=4$.无原根.

a	-8	-7	-6	-5	-4	-3	-2	-1	1	2	3	4	5	6	7	8
$\delta_{17}(a)$	8	16	16	16	4	16	8	2	1	8	16	4	16	16	16	8

$\varphi(17)=\lambda(17)=16$.原根:3,5,6,7,10,11,12,14.

a	-9	-8	-7	-6	-5	-4	-3	-2	-1	1	2	3	4	5	6	7	8	9
$\delta_{19}(a)$	18	3	6	18	18	18	9	9	2	1	18	18	9	9	9	3	6	9

$\varphi(19)=\lambda(19)=18$. 原根：2,3,10,13,14,15.

a	-9	-7	-3	-1	1	3	7	9
$\delta_{20}(a)$	2	4	4	2	1	4	4	2

$\varphi(20)=8\neq\lambda(20)=4$. 无原根.

a	-10	-8	-5	-4	-2	-1	1	2	4	5	8	10
$\delta_{21}(a)$	6	2	3	6	6	2	1	6	3	6	2	6

$\varphi(21)=12\neq\lambda(21)=6$. 无原根.

a	-11	-10	-9	-8	-7	-6	-5	-4	-3	-2	-1
$\delta_{23}(a)$	11	11	22	22	11	22	11	22	22	22	2
a	1	2	3	4	5	6	7	8	9	10	11
$\delta_{23}(a)$	1	11	11	11	22	11	22	11	11	22	22

$\varphi(23)=\lambda(23)=22$. 原根：5,7,10,11,14,15,17,19,20,21.

a	-17	-13	-11	-7	-5	-1	1	5	7	11	13	17
$\delta_{36}(a)$	2	6	3	6	6	2	1	6	6	6	3	2

$\varphi(36)=12\neq\lambda(36)=6$. 无原根.

a	-19	-17	-13	-11	-9	-7	-3	-1	1	3	7	9	11	13	17	19
$\delta_{40}(a)$	2	4	4	2	2	4	4	2	1	4	4	1	1	2	4	2

$\varphi(40)=16\neq\lambda(40)=4$. 无原根.

a	-31	-29	-26	-25	-24	-23	-22	-20	-19	-17	-16	-13
$\delta_{63}(a)$	6	6	3	6	6	6	6	3	6	3	6	6

a	-11	-10	-8	-5	-4	-2	-1	1	2	4	5	8	10	11
$\delta_{63}(a)$	6	6	2	3	6	6	2	1	6	3	6	2	6	6

a	13	16	17	19	20	22	23	24	25	26	29	31
$\delta_{63}(a)$	6	3	6	6	6	3	6	6	3	6	6	6

$\varphi(63)=36\neq\lambda(63)=6$. 无原根.

2. 依次为 5,6,20,4,12,11,30.

3. (i)

$\lambda(m)$	1	2	3	4	5	6	7	8	12
m	1,2	4,8,3, 6,12,24	无	16,5,10, 20,40,80	无	7,14, 28,56	无	32,96, 160,480	$2^{\alpha_0}\cdot 3^{\alpha_1}\cdot 7^{\alpha_2}\cdot 13$ $(\alpha_0\leqslant 4,\alpha_1\leqslant 2,\alpha_2\leqslant 1)$, $2^{\alpha_0}\cdot 3^{\alpha_1}\cdot 7(\alpha_0=4,\alpha_1\leqslant 2)$

(ii) 由 $\lambda(m)$的定义[式(7)]推出；　(iii) 由(ii)推出.

4. 直接验证 2 不是原根，3 是原根.

5. 当 $a=11,27$ 时，$\delta_{37}(a)=6$；当 $a=7,37$ 时，$\delta_{43}(a)=6$.

6. 若$(x_1x_2,m)=1$，则 $x_1^n\equiv x_2^n(\bmod m)$，$(x_1x_2^{-1})^n\equiv 1(\bmod m)$. 设 $x_1x_2^{-1}$ 对模 m 的指数为 δ，则 $\delta\mid(n,\varphi(m))$. 所以 $\delta=1$，即 $x_1\equiv x_2(\bmod m)$.

7. 充分性显然成立. 若 $a\not\equiv 1(\bmod p)$，$a^2\equiv 1(\bmod p)$，则必有 $a\equiv -1(\bmod p)$，即必要性成立. 对合数模，条件不是必要的，如 $\delta_{12}(\pm 5)=2$.

8. 由 $\delta_p(a)=3$ 可得 $a\not\equiv\pm 1(\bmod p)$，$a^2+a+1\equiv 0(\bmod p)$，所以 $1+a\not\equiv 1(\bmod p)$，$(1+a)^2\equiv 1+2a+a^2\equiv a\not\equiv 1(\bmod p)$，$(1+a)^3\equiv -1(\bmod p)$，因而有 $\delta_p(1+a)=6$.

9. 由 $m-1=\delta_m(a)\mid\varphi(m)$推出 $\varphi(m)=m-1$，即得证.

10. (i) 由 $p\nmid a^{h/2}-1$，$p\mid a^h-1=(a^{h/2}-1)(a^{h/2}+1)$即得.

(ii) 由(i)得$(-a)^{h/2}\equiv a^{h/2}\equiv -1(\bmod p)$. 设 $h'=\delta_p(-a)$. 我们有 $h/2=\delta_p(a^2)=\delta_p((-a)^2)=h'/(h',2)$. 由此及 $h'\neq h/2$ 即得 $h'=h$.

(iii) 这时$(-a)^{h/2}\equiv -a^{h/2}\equiv 1(\bmod p)$. 由此及(ii)的论证即得 $h'=h/2$.

11. 由第 10 题的(ii)推出.

12. 必要性由第 10 题的(iii)推出. 若 $\delta_p(-g)=(p-1)/2$，则 $g^{(p-1)/2}\equiv -1(\bmod p)$. 由此及 $\delta_p(g)/(\delta_p(g),2)=\delta_p(g^2)=\delta_p((-g)^2)=\delta_p(-g)/(\delta_p(-g),2)=(p-1)/2$ 就推出 g 是原根.

13. $a=\pm 5^l$，$l=2^{\alpha-2-i}t$，$2\nmid t$.

14. 必要性：当 $a\equiv\pm 1(\bmod 8)$时，$a^{2^{\alpha-3}}\equiv 1(\bmod 2^\alpha)$. 充分性可仿照第三章§3 的例 1 来证明.

15. (i) $F_n\mid 2^{2^{n+1}}-1$，所以 $\delta_{F_n}(2)\mid 2^{n+1}$. 由此及 $F_n\nmid 2^{2^l}-1(l\leqslant n)$就推出

$$\delta_{F_n}(2)=2^{n+1}.$$

(ii) $\delta_p(2)\mid\delta_{F_n}(2)=2^{n+1}$. 设 $\delta_p(2)=2^d(d\leqslant n+1)$，即 $p\mid 2^{2^d}-1$，$p\nmid 2^{2^{d-1}}-1$. 若 $d\leqslant n$，则 $p\mid(2^{2^{d-1}}-1)(2^{2^{d-1}}+1)$，因而 $p\mid 2^{2^{d-1}}+1$. 这和 Fermat 数两两既约[见第一章§2 例 5 的(v)]矛盾.

(iii) 由(ii)及 $\delta_p(2)\mid p-1$ 推出.　　(iv) 当 $n>1$ 时, $2^{n+1}<2^{2^n}$.

(v) 设 a 是二次非剩余,若它不是原根,设其指数为 $\delta=2^k(k<2^n)$,则 $a^{(F_n-1)/2}\equiv 1(\bmod F_n)$,$a$ 为二次剩余,矛盾.

(vi) $\left(\frac{\pm 3}{F_n}\right)=\left(\frac{3}{F_n}\right)=\left(\frac{F_n}{3}\right)=\left(\frac{2}{3}\right)=-1$, $\left(\frac{\pm 7}{F_n}\right)=\left(\frac{7}{F_n}\right)=\left(\frac{F_n}{7}\right)$. 由此及 $F_{n+2}\equiv F_n(\bmod 7)$ 推出,当 $2\nmid n$ 时, $\left(\frac{F_n}{7}\right)=\left(\frac{3}{7}\right)=-1$, $\left(\frac{F_n}{7}\right)=\left(\frac{5}{7}\right)=-1$. 所以,由(v)推出结论成立.

16. (i) $2^{2q}\equiv 1(\bmod p)$. 只要证明 $2^2\not\equiv 1(\bmod p)$ 及 $2^q\not\equiv 1(\bmod p)$ 即可. 由于 $p>3$,故第一式成立. 若 $2^q\equiv 1(\bmod p)$,则 $2^{q+1}\equiv 2(\bmod p)$. 所以,2 是模 p 的二次剩余, $p\equiv\pm 1(\bmod 8)$,但现在 $p\equiv 3(\bmod 8)$,矛盾.

(ii) 论证同(i). 若不然, -2 必为模 p 的二次剩余,所以 $p\equiv 1,3(\bmod 8)$[见第四章习题六第 6 题(i)的提示与解答],但现在 $p\equiv -1(\bmod 8)$,矛盾.

(iii) 论证同(i). 先证明 -3 是原根. 若不然, -3 是模 p 的二次剩余, $p\equiv 1(\bmod 6)$[见第四章习题六第 3 题(i)的提示与解答],但现在 q,p 具有如下形式: $q=2k+1$, $p=4k+3$. 仅当 $k=3l+1$ 时才有 $p\equiv 1(\bmod 6)$,而这时 $q=6l+3>3$,它一定不是素数,矛盾. 若 -4 不是原根,则 -4 是模 p 的二次剩余,即 -1 是二次剩余, $p\equiv 1(\bmod 4)$,但这里 $p\equiv 3(\bmod 4)$,矛盾.

(iv) 若 2 不是模 p 的原根,则 $2^4\equiv 1(\bmod p)$, $2^{2q}\equiv 1(\bmod p)$ 中必有一个成立. 显见,第一式是不可能成立的. 若 $2^{2q}\equiv 1(\bmod p)$,则 $2^q\equiv 1(\bmod p)$ 或 $2^q\equiv -1(\bmod p)$. 所以,2 或 -2 为模 p 的二次剩余,因而 $p\equiv\pm 1,3(\bmod 8)$. 但现在 $p\equiv 5(\bmod 8)$,矛盾.

17. 即第 15 题的(v).

18. $\varphi(p)=2q$. 模 p 的二次剩余一定不是原根. $p\equiv -1(\bmod 8)$,所以 -1 是二次非剩余. 设 $a\not\equiv -1(\bmod p)$ 是二次非剩余. 我们有 $a^{(p-1)/2}\equiv a^q\equiv -1(\bmod p)$. 由此及 $\delta_p(a)\mid 2q$ 推出 $\delta_p(a)=2q$,即 a 是原根. 所以,模 p 恰好有 $q-1$ 个原根 $(q-1\geqslant 3)$. 由 $p\equiv -1(\bmod 8)$ 知 $\left(\frac{2}{p}\right)=1$. 设 $q=4k+3$,则由素数 $q>3$ 知 $3\nmid k$,因而 $\left(\frac{3}{p}\right)=-\left(\frac{8k+7}{3}\right)=-\left(\frac{-1}{3}\right)=1$. 所以,2,3,4 均为二次剩余,因而 $-2,-3$, -4 均是二次非剩余,即原根.

19. 设 $k=q\lambda+d$, $0\leqslant d<\lambda$. 由假设及 $a^{\varphi(m)}\equiv b^{\varphi(m)}\equiv 1(\bmod m)$ 即得证.

20. (i) 由第 19 题推出.

(ii) 设 $p\mid a^n+b^n$. 若 $p\mid a$ 或 $p=2$,则结论显然成立. 若 $2<p\nmid a$,则 $p\mid c^n+1$, $c\equiv$

$ab^{-1}(\bmod p)$. 设 λ 是使 $c^s\equiv-1(\bmod p)$成立的最小正整数 s,则 2λ 是使 $c^t\equiv1(\bmod p)$成立的最小正整数 t. 所以,$\lambda\mid n$ 及 $p\equiv1(\bmod 2\lambda)$. 若 $\lambda=n$,则 p 形如 $2nk+1$;若 $\lambda<n$,设 $n=2^hn'$,$2\nmid n'$,这样 $\lambda=2^k\lambda'$,$2\nmid\lambda'$,$k\leqslant h$,$\lambda'\mid n'$. 若 $k<h$,则 $c^{2^kn'}\equiv-1(\bmod p)$. 于是,当 $k<h$ 时,$((c^{n'})^{2^k}+1,(c^{n'})^{2^h}+1)=1$ 或 2. 这是不可能的. 所以,必有 $k=h$.

(iii) 由(ii)推出.

21. $\delta_m(a)=(\delta_m(a),c)d$.

22. (i) $\delta_m(a^\lambda)=\delta_m(a)/\lambda$,$\delta_m(b^\lambda)=\delta_m(b)/\lambda$,因此$(\delta_m(a^\lambda),\delta_m(b^\lambda))=1$.

(ii) 利用(i)及 $\delta_m((ab)^\lambda)=\delta_m(ab)/(\delta_m(ab),\lambda)$.

23. (i) $p\equiv1(\bmod 4)$,所以恰有两个解 $\pm x_0$. $\left(\frac{\pm x_0}{p}\right)=\left(\frac{x_0}{p}\right)\cdot\left(\frac{x_0}{p}\right)=1$ 的充要条件是 $1\equiv x_0^{(p-1)/2}\equiv x_0^{2q}\equiv x_0^2(\bmod p)$,所以$\left(\frac{x_0}{p}\right)=-1$.

(ii) 设 a 是二次非剩余,$a\not\equiv\pm x_0(\bmod p)$. $a^{(p-1)/2}\equiv a^{2q}\equiv-1(\bmod p)$. 由此及 $\delta_p(a)\mid 4q$ 就推出 $\delta_p(a)=4q$,即 a 是原根.

(iii) 模 29 的二次剩余是$\pm1,\pm4,\pm5,\pm6,\pm7,\pm9,\pm13$. $x^2\equiv-1(\bmod 29)$的两个解是±12. 因此,原根是$\pm2,\pm3,\pm8,\pm10,\pm11,\pm14$. 模 53 的二次剩余是$\pm1$,$\pm4,\pm6,\pm7,\pm9,\pm10,\pm11,\pm13,\pm15,\pm16,\pm17,\pm24,\pm25$. $x^2\equiv-1(\bmod 53)$的两个解是±23. 因此,原根是$\pm2,\pm3,\pm5,\pm8,\pm12,\pm14,\pm18,\pm19,\pm20,\pm21$,$\pm22,\pm26$.

24. 设 $\delta_p(a)=\lambda$,则 $\lambda\mid 2^nq$. a 是二次非剩余的充要条件是 $a^{2^{n-1}q}\equiv-1(\bmod p)$. 由此及条件 $a^{2^n}\not\equiv1(\bmod p)$推出 $\lambda=2^nq$.

25. 必有 $a^4\equiv1(\bmod p)$,$a^2\equiv-1(\bmod p)$,$a^3\equiv-a(\bmod p)$,所以$(1+a)^4=a^4+4a^3+6a^2+4a+1\equiv-4(\bmod p)$. 最小正剩余为 $p-4$.

26. (i) $2^{17}-1$ 的素因数为 $p=34k+1$. $(2^{17}-1)^{1/2}<363$. 以这种形式的不超过 363 的素数 $p=103,137,239,331$ 去试除.

(ii) 设素数 $p\mid(2^{19}+1)/3$. 易证 $p>3$,$2^{38}\equiv1(\bmod p)$,$2^2\equiv1(\bmod p)$,$2^{19}\not\equiv1(\bmod p)$,故 $38=\delta_p(2)\mid p-1$,即 p 具有形式 $p=38k+1$. $((2^{19}+1)/3)^{1/2}=174\ 763^{1/2}<419$. 不超过 419 的这种形式的素数 p 有:191,229. 通过试除即得.

27. 必有 h,使得 $g^h\equiv g-1(\bmod p)$,$0\leqslant h\leqslant p-2$. 取 $k=p-1-h$ 即可.

28. 若有这样的 k,则 $g^{k+1}(g-1)\equiv1(\bmod p)$,$g^k(g-1)\equiv1(\bmod p)$,进而有 $g^k(g-1)^2\equiv0(\bmod p)$. 这与 g 是原根矛盾.

29. 由性质Ⅶ推出.

30. 利用第 29 题以及 $m\neq3,4,6$ 时必有 $2\mid\varphi(\varphi(m))$.

31. (i) 这是第 15 题(vi)的一部分.

(ii) 若 m 是素数，则 $m=2^{2^h}+1,h\geqslant 1$. 在第 15 题(vi)中已证 3 是模 m 的二次非剩余，所以必要性成立. 若 $3^{(m-1)/2}\equiv -1(\bmod m)$，则 $3^{2^{n-1}}\equiv -1(\bmod m)$，$3^{2^n}\equiv 1(\bmod m)$，即 3 对模 m 的指数为 $m-1$. 所以，m 为素数.

32. 这是第 15 题(vi)的一部分.

33. (ii) 用反证法证明必要性. 若 $q^{r+1}\mid m^m-1$，则必有 $q\mid m$，矛盾；

(iv) A_1,A_2 的素因数必是 m^m-1 的素因数. 设 q 是 m^m-1 的素因数，$\delta_q(m)=h$，则 $q\mid m^s-1(s\in S_1$ 或 $s\in S_2)$的充要条件是 $h\mid s$，且 $q^r\parallel m^s-1$，这里 r 同(ii). 再设 $q^{r_1}\parallel A_1,q^{r_2}\parallel A_2,m=hc,c$ 的不同素因数个数等于 k. 证明当 $m\nmid q-1$ 时，有 $r_1=\left(\binom{k}{1}+\binom{k}{3}+\cdots\right)r,r_2=\left(\binom{k}{2}+\binom{k}{4}+\cdots\right)r$，进而推出 $r_1-r_2=r$.

(v) 设 S_0 是并集 $S_1\cup S_2$ 中的最小正整数. 对已证明的(iv)中的等式 $A_1=(m^m-1)A_2$ 两边取模 m^{s_0+1}. 证明当 $m\geqslant 3$ 时，无论是 $s_0\in S_1$ 还是 $s_0\in S_2$，这个同余式都不成立.

习　题　二

1. 见附表 1.

2. 依次可取 7，31，−3，−65，−338.

3. 直接计算证明 $10^{486}\equiv 1(\bmod 487^2)$.

4. 依次为 7，7，3，3，3，−5，3，7.

5. 取 g 为模 p 的原根. $1^k+\cdots+(p-1)^k\equiv\sum\limits_{j=1}^{p-1}g^{jk}(\bmod p)$. 由此及 $p-1\nmid k$ 时 $g^k\not\equiv 1(\bmod p)$，$p-1\mid k$ 时 $g^k\equiv 1(\bmod p)$就推出所要的结论.

6. (i) 设 $1,2,\cdots,p-1$ 所可能取到的不同指数是 $\delta_1,\cdots,\delta_s$. 我们有 $\tau=[\delta_1,\cdots\delta_s]\mid p-1$. 设 τ 的素因数分解式是 $p_1^{\alpha_1}\cdots p_t^{\alpha_t}$. 必有 a_j 对模 p 的指数为 $p_j^{\alpha_j}$ $(1\leqslant j\leqslant t)$. 再证明 $\tau=p-1$，就得到结论. 这可由 $x^\tau-1\equiv 0(\bmod p)$的解数为 $p-1$ 推出.

(ii) 由(i)及 §1 的性质Ⅷ推出.

(iii) 2 的指数为 11，−1 的指数为 2，所以 −2 是模 23 的原根.

7. 仅有 $n=1979$，它是素数.

8. 7.

9. 利用第 1 题的结果，取 g 为模 p 的最小正原根，再求 g^k 对模 p 的最小正剩余即得，$1\leqslant k\leqslant p-1,(k,p-1)=1$. 模 19 的原根为 2，3，10，13，14，15；模 31 的原根为 3，11，12，13，17，21，22，24；模 37 的原根为 2，5，13，15，17，18，19，20，22，24，

32,35;模 53 的原根为 2,3,5,8,12,14,18,19,20,21,22,26,27,31,32,33,34,35,39,41,45,48,50,51;模 71 的原根为 7,11,13,21,22,28,31,33,35,42,44,47,52,53,55,56,59,61,62,63,65,67,68,69.

10. 只要把第 9 题中为偶数的原根 g 改为 $g+p$ 即可.

11. 对模 2^{α_0} 存在指数为 2^{c_0} 的数 a_0,对模 $p_j^{\alpha_j}$ 存在指数为 $\varphi(p_j^{\alpha_j})$ 的数 a_j(即原根). 由此及 §1 的性质 Ⅹ 即得所要的结论.

习　题　三

1. 由 $\gamma_{23,11}(5)\cdot\gamma_{23,5}(11)\equiv 1 \pmod{22}$ 得 $\gamma_{23,11}(5)=5$,因而 $\gamma_{23,11}(a)\equiv 5\gamma_{23,5}(a) \pmod{22}$.

a	−11	−10	−9	−8	−7	−6	−5	−4	−3	−2	−1
$\gamma_{23,11}(a)$	12	4	17	19	18	18	16	9	3	21	11
a	1	2	3	4	5	6	7	8	9	10	11
$\gamma_{23,11}(a)$	0	10	14	20	5	2	7	8	6	15	1

2.

$\gamma_{13,2}(a)$	0	1	2	3	4	5	6	7	8	9	10	11
a	1	2	4	8	3	6	12	11	9	5	10	7

$\gamma_{17,3}(a)$	0	1	2	3	4	5	6	7	8	9	10	11	12	13	14	15
a	1	3	9	10	13	5	15	11	16	14	8	7	4	12	2	6

$\gamma_{19,2}(a)$	0	1	2	3	4	5	6	7	8
a	1	2	4	8	16	13	7	14	9
$\gamma_{19,2}(a)$	9	10	11	12	13	14	15	16	17
a	18	17	15	11	3	6	12	5	10

$\gamma_{41,6}(a)$	0	1	2	3	4	5	6	7	8	9	10	11	12	13	14	15	16	17	18		
a	1	6	36	11	25	27	39	29	10	19	32	28	4	24	21	3	18	26	33		
$\gamma_{41,6}(a)$	19	20	21	22	23	24	25	26	27	28	29	30	31	32	33	34	35	36	37	38	39
a	34	40	35	5	30	16	14	2	12	31	22	9	13	37	17	20	38	23	15	8	7

$\gamma_{47,5}(a)$	0	1	2	3	4	5	6	7	8	9	10	11	12	13	14	15
a	1	5	25	31	14	23	21	11	8	40	12	13	18	43	27	41
$\gamma_{47,5}(a)$	16	17	18	19	20	21	22	23	24	25	26	27	28	29	30	
a	17	38	2	10	3	15	28	46	42	22	16	33	24	26	36	
$\gamma_{47,5}(a)$	31	32	33	34	35	36	37	38	39	40	41	42	43	44	45	
a	39	7	35	34	29	4	20	6	30	9	45	37	44	32	19	

$\gamma_{53,2}(a)$	0	1	2	3	4	5	6	7	8	9	10	11	12	13	14	15	16	17
a	1	2	4	8	16	32	11	22	44	35	17	34	15	30	7	14	28	3
$\gamma_{53,2}(a)$	18	19	20	21	22	23	24	25	26	27	28	29	30	31	32	33	34	
a	6	12	24	48	43	33	13	26	52	51	49	45	37	21	42	31	9	
$\gamma_{53,2}(a)$	35	36	37	38	39	40	41	42	43	44	45	46	47	48	49	50	51	
a	18	36	19	38	23	46	39	25	50	47	41	29	5	10	20	40	27	

$\gamma_{71,7}(a)$	0	1	2	3	4	5	6	7	8	9	10	11	12	13	14	15	16	17
a	1	7	49	59	58	51	2	14	27	47	45	31	4	28	54	23	19	62
$\gamma_{71,7}(a)$	18	19	20	21	22	23	24	25	26	27	28	29	30	31	32	33	34	35
a	8	56	37	46	38	53	16	41	3	21	5	35	32	11	6	42	10	70
$\gamma_{71,7}(a)$	36	37	38	39	40	41	42	43	44	45	46	47	48	49	50	51	52	53
a	64	22	12	13	20	69	57	44	24	26	40	67	43	17	48	52	9	63
$\gamma_{71,7}(a)$	54	55	56	57	58	59	60	61	62	63	64	65	66	67	68	69		
a	15	34	25	33	18	55	30	68	50	66	36	39	60	65	29	61		

以上列出的 a 都是最小正剩余.

3. $-221\cdot 2^{\gamma^{(1)}}-51\cdot 2^{\gamma^{(2)}}+7\cdot 39\cdot 3^{\gamma^{(3)}}$,

$0\leqslant\gamma^{(1)}\leqslant 2, 0\leqslant\gamma^{(2)}\leqslant 12, 0\leqslant\gamma^{(3)}\leqslant 16$;

$\tilde{g}_1=-221\cdot 2-51+7\cdot 39=-220$,

$\tilde{g}_2=-221-51\cdot 2+7\cdot 39=50$,

$\tilde{g}_3=-221-51+7\cdot 39\cdot 3=547$($\tilde{g}_3$ 也可取 -116);

$(-220)^{\gamma^{(1)}}\cdot 50^{\gamma^{(2)}}\cdot 547^{\gamma^{(3)}}, 0\leqslant\gamma^{(1)}\leqslant 2, 0\leqslant\gamma^{(2)}\leqslant 12, 0\leqslant\gamma^{(3)}\leqslant 16$.

4. $-17\cdot 121\cdot 3^{\gamma^{(1)}}+42\cdot 49\cdot 7^{\gamma^{(2)}}, 0\leqslant\gamma^{(1)}\leqslant 41, 0\leqslant\gamma^{(2)}\leqslant 109$;

$\tilde{g}_1=-17\cdot 121\cdot 3+42\cdot 49=-4113$,

$\tilde{g}_2=-17\cdot 121+42\cdot 49\cdot 7=12349$.

由于 $7^2\cdot 11^2=5929$,可取 $\tilde{g}_1=1816, \tilde{g}_2=491$,这时得

$$1816^{\gamma^{(1)}}\cdot 491^{\gamma^{(2)}},\quad 0\leqslant\gamma^{(1)}\leqslant 41,\quad 0\leqslant\gamma^{(2)}\leqslant 109.$$

5. $3\cdot 43\cdot(-1)^{\gamma^{(-1)}}\cdot 5^{\gamma^{(0)}}+(-2)\cdot 64\cdot 3^{\gamma^{(1)}}$,

$0\leqslant\gamma^{(-1)}\leqslant 1, 0\leqslant\gamma^{(0)}\leqslant 15, 0\leqslant\gamma^{(1)}\leqslant 41$;

$\tilde{g}_{-1}=3\cdot 43\cdot(-1)+(-2)\cdot 64=-257$,

$\tilde{g}_0=3\cdot 43\cdot 5+(-2)\cdot 64=517$,

$\tilde{g}_1=3\cdot 43+(-2)\cdot 64\cdot 3=-255$;

$(-257)^{\gamma^{(-1)}}\cdot 517^{\gamma^{(0)}}\cdot(-255)^{\gamma^{(1)}}$,

$0\leqslant\gamma^{(-1)}\leqslant 1, 0\leqslant\gamma^{(0)}\leqslant 15, 0\leqslant\gamma^{(1)}\leqslant 41$.

6. 由原根的定义推出：对任一原根 g，必有 $g^{\varphi(m)/2}\equiv -1 \pmod m$.

7. 模 $32=2^5$ 的指标表如下：

$\gamma^{(-1)}(a)$	0	0	0	0	0	0	0	0
$\gamma^{(0)}(a)$	0	1	2	3	4	5	6	7
a	1	5	25	29	17	21	9	13
$\gamma^{(-1)}(a)$	1	1	1	1	1	1	1	1
$\gamma^{(0)}(a)$	0	1	2	3	4	5	6	7
a	31	27	7	3	15	11	23	19

模 $128=2^7$ 的指标表如下：

$\gamma^{(-1)}(a)$	0	0	0	0	0	0	0	0	0	0	0	0	0	0	0	0
$\gamma^{(0)}(a)$	0	1	2	3	4	5	6	7	8	9	10	11	12	13	14	15
a	1	5	25	125	113	53	9	45	97	101	121	93	81	21	105	13
$\gamma^{(-1)}(a)$	0	0	0	0	0	0	0	0	0	0	0	0	0	0	0	0
$\gamma^{(0)}(a)$	16	17	18	19	20	21	22	23	24	25	26	27	28	29	30	31
a	65	69	89	61	49	117	73	109	33	37	57	29	17	85	41	77
$\gamma^{(-1)}(a)$	1	1	1	1	1	1	1	1	1	1	1	1	1	1	1	1
$\gamma^{(0)}(a)$	0	1	2	3	4	5	6	7	8	9	10	11	12	13	14	15
a	127	123	103	3	15	75	119	83	31	27	7	35	47	107	23	115
$\gamma^{(-1)}(a)$	1	1	1	1	1	1	1	1	1	1	1	1	1	1	1	1
$\gamma^{(0)}(a)$	16	17	18	19	20	21	22	23	24	25	26	27	28	29	30	31
a	63	59	39	67	79	11	55	19	95	91	71	99	111	43	87	51

模 $256=2^8$ 的指标表如下：

$\gamma^{(-1)}(a)$	0	0	0	0	0	0	0	0	0	0	0	0	0	0	0	0
	1	1	1	1	1	1	1	1	1	1	1	1	1	1	1	1
$\gamma^{(0)}(a)$	0	1	2	3	4	5	6	7	8	9	10	11	12	13	14	15
a	1	5	25	125	113	53	9	45	225	101	249	221	81	149	233	141
	255	251	231	131	143	203	241	211	31	155	7	35	175	107	23	115
$\gamma^{(-1)}(a)$	0	0	0	0	0	0	0	0	0	0	0	0	0	0	0	0
	1	1	1	1	1	1	1	1	1	1	1	1	1	1	1	1
$\gamma^{(0)}(a)$	16	17	18	19	20	21	22	23	24	25	26	27	28	29	30	31
a	193	197	217	61	49	245	201	237	161	37	185	157	17	85	169	77
	63	59	39	195	207	11	55	19	95	219	71	99	239	171	87	179
$\gamma^{(-1)}(a)$	0	0	0	0	0	0	0	0	0	0	0	0	0	0	0	0
	1	1	1	1	1	1	1	1	1	1	1	1	1	1	1	1
$\gamma^{(0)}(a)$	32	33	34	35	36	37	38	39	40	41	42	43	44	45	46	47
a	129	133	153	253	241	181	137	173	97	229	121	93	209	21	105	13
	127	123	103	3	15	75	119	83	159	27	135	163	47	235	151	243
$\gamma^{(-1)}(a)$	0	0	0	0	0	0	0	0	0	0	0	0	0	0	0	0
	1	1	1	1	1	1	1	1	1	1	1	1	1	1	1	1
$\gamma^{(0)}(a)$	48	49	50	51	52	53	54	55	56	57	58	59	60	61	62	63
a	65	69	89	189	177	117	73	109	33	165	57	29	145	213	41	205
	191	187	167	67	79	139	183	147	223	91	199	227	111	43	215	51

8. (i) 对 2^5，取 $-1,5$ 为底；对 29，取原根 2 为底；对 41^2 取原根 7 为底. 3 的指标组为

$$\{1,3;5,825\}.$$

(ii) 对 2，取 $-1,5$ 为底；对 13，23，41，47，依次取原根 2，5，6，5 为底. 3 的指标组为

$$\{0,0;4,16,15,20\}.$$

习　题　四

1. (i) 无解；

(ii) $x\equiv1,13,16,4\pmod{17}$；

(iii) $x\equiv2\pmod{17}$；

(iv) $x\equiv-9\pmod{23}$；

(v) $x\equiv29,3,30,13,7\pmod{41}$；

(vi) $x\equiv4\pmod{41}$；

(vii) $x\equiv7,18\pmod{23}$；

(viii) 无解.

2. 所有的 a，$(a,19)=1$.

3. $b\equiv29,3,30,13,7\pmod{41}$.

4. $x\equiv a\pmod{18}$，$x^{a-1}\equiv1\pmod{19}$，$1\leqslant a\leqslant18$，$(x,19)=1$.

5. $x\equiv a(\bmod 22)$，$x\equiv 5^{a}(\bmod 23)$，$0\leqslant a\leqslant 21$.

6. -1 对模 p 任一原根的指标均为$(p-1)/2$，因此

$$x^4\equiv -1(\bmod p)$$

有解的充要条件是$(4,p-1)\mid(p-1)/2$，即 $p\equiv 1(\bmod 8)$.

7. (i) $x\equiv\pm 9,\pm 23(\bmod 64)$； (ii) 无解.

8. (i) 无解； (ii) 无解.

9. 利用定理 2 的前一式即可写出全部三次、四次剩余.

10. 26 次剩余为 2^{26t}，$0\leqslant t\leqslant 106$.

11. 见第 6 题.

12. 设 g 是 p 的原根，$\gamma=\gamma_{p,g}(2)$. 原方程等价于 $8y\equiv 4\gamma(\bmod p-1)$. 当 $p\equiv\pm 1(\bmod 8)$时，$2\mid\gamma$.

13. 设 $p-1=2^{l}c$，$2\nmid c$. 由 §3 的性质Ⅳ及 $2\nmid\delta_p(a)$知，2^{l} 必整除 a 的指标(以任一原根 g 为底). 由此及 -1 的指标为$(p-1)/2$ 即可推出所要的结论.

14. $x\equiv 1,6(\bmod 11)$.

15. $a\equiv 1,10,16,18,37(\bmod 41)$.

16. $\delta_{73}(2)=9$. 由定理 3 及式(8)推出.

17. (i) 原方程即$(x^2-2)(x^2+2)\equiv 0(\bmod 37)$，$\left(\frac{-2}{37}\right)=\left(\frac{2}{37}\right)=-1$，无解；

(ii) $x\equiv 10,33,31,8(\bmod 41)$.

18. 原方程即 $x^4+x^3+x^2+x+1\equiv 0(\bmod 41)$，$x\equiv 1(\bmod 41)$不是解，所以原方程的解是 $x^5\equiv 1(\bmod 41)$的解去掉 $x\equiv 1(\bmod 41)$，即

$$x\equiv 10,18,16,37(\bmod 41).$$

19. 必要性显然成立. 若$\left(\frac{a}{p}\right)=1$，则 $a\equiv b^2(\bmod p)$. 我们有

$$x^4-a\equiv(x^2-b)(x^2+b)(\bmod p).$$

当 $p\equiv 3(\bmod 4)$时，$\left(\frac{b}{p}\right)$，$\left(\frac{-b}{p}\right)$中必有一个为 1.

第 六 章

习 题 一

1. 证法同引理 3.

4. (i) $23\cdot 53=27^2+15^2+12^2+11^2=25^2+19^2+13^2+8^2$；

(ii) $43\cdot197=74^2+51^2+15^2+13^2=69^2+57^2+19^2+10^2$;

(iii) $47\cdot223=101^2+12^2+10^2+6^2=77^2+54^2+40^2+6^2$.

5. x,y,z 一定是两奇一偶的.

6. 当 $N-1\neq0,1,2,3,4,6,7,9,10,12,15,18,33$ 时,由定理 7 知 N 一定可表示为六个正平方数之和. $34=3^2+3^2+2^2+2^2+2^2+2^2$. 再直接验证仅当 $N=1,2,3,4,5,7,8,10,11,13,16,19$ 时,N 不能表示为六个正平方数之和.

7. 用数学归纳法证明第一个结论. 当 $k=0$ 时,结论成立. 假设 $k=n(n\geqslant0)$ 时结论成立. 当 $k=n+1$ 时,若 $2^{n+1}=x_1^2+x_2^2+x_3^2, x_1,x_2,x_3>0$,则 x_1,x_2,x_3 一定是两奇一偶的,且两个奇数不相等. 由此推出矛盾. 当 $k>2, 2^k=x_1^2+x_2^2+x_3^2+x_4^2$ 时,$x_i(1\leqslant i\leqslant4)$一定全为偶数. 因此

$$2^{2h}=(2^h)^2+0^2+0^2+0^2=(2^{h-1})^2+(2^{h-1})^2+(2^{h-1})^2+(2^{h-1})^2,$$

$$2^{2h+1}=(2^h)^2+(2^h)^2+0^2+0^2.$$

8. 由第 7 题推出.

习 题 二

第一部分(2.1 小节)

1. 1,2,4,5,8,9,10,13,16,17,18,20,25,26,29,32,34,36,37,40,41,45,48,49,50,52,53,58,61,64,65,68,72,73,74,80,81,82,85,89,90,97,98 可表示为两个平方数之和,其他则不能.

2. 设 $c^2\equiv-1\pmod p$,则有 $a\equiv cb$ 或 $-cb\pmod p$, $a_1\equiv cb_1$ 或 $-cb_1\pmod p$. 我们有 $p^2=(aa_1\pm bb_1)^2+(ab_1\mp ba_1)^2$,其右边必有一项为零.

3. (i) $5\cdot13=8^2+1^2=7^2+4^2$; (ii) $17\cdot29=22^2+3^2=18^2+13^2$;

(iii) $37\cdot41=34^2+19^2=29^2+26^2$;

(iv)
$$\begin{aligned}5\cdot13\cdot17\cdot29&=179^2+2^2=173^2+46^2=178^2+19^2\\&=163^2+74^2=157^2+86^2=131^2+122^2\\&=166^2+67^2=142^2+109^2;\end{aligned}$$

(v) $7^2\cdot13\cdot17=(7\cdot14)^2+(7\cdot5)^2=(7\cdot11)^2+(7\cdot10)^2$.

4. 由定理 2 推出.

5. 利用第 4 题证明.

6. (i) 充分性显然成立. 必要性由第 5 题或第 4 题推出.

(ii) 利用定理 2,由(i)推出.

7. 利用定理 3.

8. 这就是第四章习题六的第 33 题.

9. (i) 设 $p=4m+1$，则 $S(k)=2\sum_{j=1}^{2m}\left(\frac{j(j^2+k)}{p}\right)$；

(ii) 当 $p\mid l$ 时，$S(kl^2)=\sum_{j=0}^{p-1}\left(\frac{j}{p}\right)=0$；

当 $p\nmid l$ 时，$S(kl^2)=\sum_{j=0}^{p-1}\left(\frac{jl((jl)^2+kl^2)}{p}\right)$.

10. 由 $\left(\frac{ab}{p}\right)=-1$ 直接推出这 $p-1$ 个数两两不同余.

11. (i) $q(S(a))^2+q(S(b))^2=\sum_{l=1}^{q}(S(al^2))^2+\sum_{l=1}^{q}(S(bl^2))^2=\sum_{k=1}^{p-1}(S(k))^2$；

(ii) 利用第 8 题；

(iii) 由(ii)得 $q(S(a))^2+q(S(b))^2=4pq$，再利用第 9 题的(i).

13. 证法和定理 4 相同.

14. 不适用，充分性证明的最后一部分在这里可能不成立. 例如：当 $p=7$ 时，$\left(\frac{-5}{7}\right)=1$，但 $7=x^2+5y^2$ 无解.

15. 取 $(x-\sqrt{d}y)=(x_1-\sqrt{d}y_1)(x_2-\sqrt{d}y_2)$ 即可.

16. (i) 利用定理 4 和上题；(ii) 利用第 13，15 题.

18. 原方程可写为 $4p=(2x-y)^2+3y^2$，再利用定理 4.

19. 利用第 18 题及 $a,b,a-b$ 总可设法使其中一个被 3 整除.

第二部分(2.2 小节)

2.

n	200	201	202	203
$N(n)$	12	0	8	0
$P(n)$	0	0	2	0
$Q(n)$	0	0	8	0

4. 设 $n=2^{\alpha_0}p_1^{\alpha_1}\cdots p_r^{\alpha_r}q_1^{\beta_1}\cdots q_s^{\beta_s}$，$p_i\equiv1\pmod 4\ (1\leqslant i\leqslant r)$，$q_j\equiv3\pmod 4\ (1\leqslant j\leqslant s)$. n 和 $n'=n/2^{\alpha_0}$ 的奇正因数个数相同. 对不同的素因数个数用数学归纳法，或者直接比较 $n''=q_1^{\beta_1}\cdots q_s^{\beta_s}$ 的形如 $4k+1$ 和 $4k+3$ 的正因数个数.

5. 这就是 $R(n)$ 等于零的充要条件.

6. 当 $n\equiv1\pmod 4$ 时，$u^2+v^2=n$ 的两组解对应于 $4x^2+y^2=n$ 的一组解.

7. 利用第 6 题及 2.2 小节对 $N(n)$,$Q(n)$,$P(n)$的讨论结果.

10. (i) 对 $s\neq t$ 的那些项,这样两两聚项$\{s,t,x,y\}$,$\{s',t',x',y'\}$:设

$$l=[t/(s-t)],\quad x'=-ls+(l+1)t,\quad y'=(l+1)s-(l+2)t,$$
$$s'=(l+2)x+(l+1)y,\quad t'=(l+1)x+ly,$$

必有 $h(st)+h(s't')=0$.

(ii) 若 $2n=x_1^2+x_2^2+x_3^2+x_4^2$,则这些 $x_i(1\leqslant i\leqslant 4)$是两偶两奇的.因此,$x_1$,$x_2$ 为偶数,x_3,x_4 为奇数的解数是 $N_4(2n)/6$.而由这组解可得 $n=y_1^2+y_2^2+y_3^2+y_4^2$ 的解:

$$y_1=(x_1+x_2)/2,\quad y_2=(x_1-x_2)/2,\quad y_3=(x_3+x_4)/2,\quad y_4=(x_3-x_4)/2,$$

且满足 $2\mid y_1+y_2$,$2\nmid y_3+y_4$.由此推出

$$N_4(2n)/6\leqslant N_4(n)/2.$$

类似可证

$$N_4(n)/2\leqslant N_4(2n)/6.$$

这就证明了 $N_4(2n)=3N_4(n)$.若 $4n=x_1^2+x_2^2+x_3^2+x_4^2$,则 $x_i(1\leqslant i\leqslant 4)$全为偶数,或者全为奇数.利用上面的变换,可建立与 $2n=y_1^2+y_2^2+y_3^2+y_4^2$ 的解之间的一一对应.这就推出

$$N_4(2n)=N_4(4n).$$

由对 $4n$ 的解的讨论,利用(i)及定义就推出 $N_4(4n)$的公式.

习 题 三

1. (i) 无解; (ii) 有解,$x=1,y=1,z=2$; (iii) 无解;
(iv) 有解,$x=5,y=2,z=1$; (v) 无解; (vi) 有解,$x=y=1,z=2$.

第 七 章

习 题 一

1. (i) 10/7;渐近分数是 1,3/2,10/7.

(ii) 7/10;渐近分数是 0,1,2/3,7/10.

(iii) 10/3;渐近分数是 3,7/2,10/3.

(iv) 51/20;渐近分数是 2,3,5/2,23/9,28/11,51/20.

(v) −683/187;渐近分数是−4,−7/2,−11/3,−84/23,−683/187.

(vi) −5/7;渐近分数是−1,1,−5/7.

(vii) 1193/322;渐近分数是 1/2,9/2,41/66,1193/322.

2. (i) ⟨5,1,3,5⟩;　(ii) ⟨−1,2,1,9⟩;

(iii) ⟨0,1,1,1,1,5,1,8⟩;　(iv) ⟨0,5,1,1,2,1,4,1,21⟩.

3. 2,3,2+2/3,2+3/4,2+5/7,2+23/32,2+28/39,2+51/71,2+334/465,2+385/536,2+719/1001,2+3799/5289≈2.718 283 229. 我们知道 e 的值是 2.718 281 828…. 这个连分数是 e 的无限简单连分数展开的一个渐近分数.

6. 由式(37),(38)推出.

7. (i) 利用式(37),用数学归纳法; (ii) 利用(i)及式(42).

8. 由式(42)推出.

9. 利用式(37),(38),用数学归纳法.

10. 利用式(37),(38),用数学归纳法.由此,亦推出第 9 题.

11. 利用式(37),(38),用数学归纳法,这里 P_n,Q_n 均看作多项式.

12. 利用式(39),(40)及式(29)～(33).

习　题　二

1. 由式(4),(5)推出.

2. (i) $205/93=\langle 2,93/19\rangle=\langle 2,4,19/17\rangle=\langle 2,4,1,17/2\rangle=\langle 2,4,1,8,2\rangle$, $\langle 2,4,1,8\rangle=\langle 2,4,9/8\rangle=\langle 2,44/9\rangle=97/44$. 由第 1 题知 $205\cdot 44-93\cdot 97=-1=-(205,93)$,所以解为 $x=-44+93t$,$y=97-205t$,$t=0,\pm 1,\pm 2,\cdots$. 其他各题用同样的方法求解. (iv) 无解.

3. (i) ⟨0,1,1,1,3⟩=⟨0,1,1,1,2,1⟩;

(ii) ⟨3,6,1,7⟩=⟨3,6,1,6,1⟩;

(iii) ⟨−1,1,22,3,1,1,2,2⟩=⟨−1,1,22,3,1,1,2,1,1⟩;

(iv) ⟨1,2,1,4,3,1,5,2,1,3⟩=⟨1,2,1,4,3,1,5,2,1,2,1⟩;

(v) ⟨−1,1,3,1,1,2,1,4,1,21⟩=⟨−1,1,3,1,1,2,1,4,1,20,1⟩.

4. (i) $a_i=b_i$, $0\leqslant i\leqslant n-1$, $a_n=b_n+1$, $b_{n+1}=1$;

(ii) 充要条件是: $a_i=b_i$, $0\leqslant i\leqslant n$, $2\mid n$. 或者是: 存在 r, $0\leqslant r\leqslant n$, 使得 $a_i=b_i$, $0\leqslant i<r$, $a_r\neq b_r$. 这时还分三种情形: (a) $r\neq n$, $2\nmid r$, $a_r>b_r$; (b) $r\leqslant n$, $2\mid r$, $a_r<b_r$; (c) $r=n$, $2\nmid n$, 当 $b_{n+1}>1$ 时, $a_n>b_n$; 当 $b_{n+1}=1$ 时, $a_n>b_{n+1}$.

5. 利用第 1 题及习题一第 6 题的(ii)可得: 若结论成立,则有 $ak_{n-1}=b^2+(-1)^{n+1}$. 这就推出必要性. 当条件(i)或(ii)成立时,由第 1 题可推出 $a\mid b-h_{n-1}$, 即 $h_n\mid k_n-h_{n-1}$. 由此推出 $b=k_n=h_{n-1}$. 因而,由习题一的第 6 题就证明了充分性.

6. 利用§1的定理2,适当选取 a/c 的连分数表示式.

习　题　三

1. (i) $(25-\sqrt{5})/10$；　(ii) $(4+\sqrt{37})/7$；

(iii) $(\sqrt{21}-1)/10$；　(iv) $-3+\sqrt{2}$.

3. (i) $\sqrt{7}=\langle 2,\overline{1,1,1,4}\rangle$；　(ii) $\sqrt{13}=\langle 3,\overline{1,1,1,1,6}\rangle$；

(iii) $\sqrt{29}=\langle 5,\overline{2,1,1,2,10}\rangle$；　(iv) $(\sqrt{10}+1)/3=\langle\overline{1,2,1}\rangle$；

(v) $(5-\sqrt{37})/3=\langle -1,1,1,\overline{1,3,2}\rangle$.

4. 利用式(8)及§1的定理1.

6. 利用习题二的第6题.

9. 必有唯一的 $n\geqslant 0$,使得 $k_n\leqslant b<k_{n+1}$.再利用定理6(i).

11. 必有唯一的 $n\geqslant 0$,使得 $k_n\leqslant b<k_{n+1}$.若 $b=k_n$,则利用定理6(ii);若 $k_n<b<k_{n+1}$,则利用证明定理6的方法讨论,考虑 $\xi_0=\sqrt{2}$,说明对它的第二渐近分数不一定有式(34)成立.

13. 设 $\beta=\langle b_1,b_2,\cdots\rangle$, $\eta_n=\langle a_0,\cdots,a_n,\beta\rangle$,再利用§1的定理2及§2的定理1.

习　题　四

1. (ii) 利用§3的定理7,§3的式(18)及(i).

2. 设 $\xi_0=\langle a_0,a_1,a_2,\cdots\rangle$, $\lambda(\xi_0,n)=\xi_{n+1}+k_{n-1}/k_n$.利用习题一的第6题可得 $k_n/k_{n-1}=\langle a_n,a_{n-1},\cdots,a_1\rangle$, $n\geqslant 1$.由此计算 $\lambda(\xi_0,n)$, $n\geqslant 0$,进而从式(4)就可推出本题所要的结论.

$\xi_0=\sqrt{2}=\langle 1,\overline{2}\rangle$.对所有的渐近分数,当 $\lambda=2,\sqrt{5}$ 时,式(2)都成立,

$$\lim_{n\to\infty}\lambda(\xi_0,n)=2\sqrt{2}.$$

$\xi_0=(\sqrt{5}+1)/2=\langle\overline{1}\rangle$.对 h_n/k_n $(n\geqslant 1)$,当 $\lambda=2$ 时,式(2)成立;对 h_n/k_n $(2\nmid n,n\geqslant 1)$,当 $\lambda=\sqrt{5}$ 时,式(2)成立, $\lim\limits_{n\to\infty}\lambda(\xi_0,n)=\sqrt{5}$.

$\xi_0=\sqrt{11}=\langle 3,\overline{3,6}\rangle$.对所有的 h_n/k_n,当 $\lambda=2,\sqrt{5}$ 时,式(2)都成立, $\lim\limits_{m\to\infty}\lambda(\xi_0,2m+1)=2\sqrt{11}$, $\lim\limits_{m\to\infty}\lambda(\xi_0,2m)=\sqrt{11}$ 是两个极限点.上极限是 $2\sqrt{11}$.

$\xi_0=\sqrt{14}=\langle 3,\overline{1,2,1,6}\rangle$. 对 $h_n/k_n(n\equiv 1,3(\bmod 4))$，当 $\lambda=2,\sqrt{5}$ 时，式(2)都成立. 四个极限点是：

$$\lim_{m\to\infty}\lambda(\xi_0,4m)=2\sqrt{14}/5,\quad \lim_{m\to\infty}\lambda(\xi_0,4m+1)=\sqrt{14},$$

$$\lim_{m\to\infty}\lambda(\xi_0,4m+2)=\sqrt{14}/5,\quad \lim_{m\to\infty}\lambda(\xi_0,4m+3)=2\sqrt{14}.$$

上极限是 $2\sqrt{14}$(本题可参看习题五的第 1 题).

3. 对 $\alpha=\xi_0$ 一定存在唯一的 n，使得 $k_n<x\leqslant k_{n+1}$. 取 a/b 为 h_n/k_n 即满足要求.

4. (i) 先取定 $n_0\geqslant 1$，并适当选取 $a_0,a_1,\cdots,a_{n_0}$，使得 $k_{n_0}^{c-2}-2\geqslant 3$. 然后依次选取正整数 $a_{n+1}(n\geqslant n_0)$，满足 $a_{n+1}+2\leqslant k_n^{c-2}$. $\xi_0=\langle a_0,a_1,\cdots,a_n,\cdots\rangle$就满足要求.

(ii) 当 $c\leqslant 2$ 时，就是定理 1，因此可设 $c>2$. 只要取 $a_{n+1}>k_n^{c-2}$，所得的 $\xi_0=\langle a_0,a_1,\cdots,a_n,\cdots\rangle$就满足要求.

(iii) 必要性即定理 8，充分性用反证法证明. 若 $\xi_0=u/v$，则存在 $b_n\to+\infty$ $(n\to\infty)$，$a_n/b_n\neq u/v$，满足 $1/b_n^2>|u/v-a_n/b_n|\geqslant 1/|vb_n|$. 这是不可能的.

5. (i) 用数学归纳法. 第 $n+1$ 行中的任意两个相邻分数(从左到右)必为以下三种情形之一：(a) $a/b,a'/b'$；(b) $a/b,(a+a')/(b+b')$；(c) $(a+a')/(b+b')$，a'/b'，其中 $a/b,a'/b'$是第 n 行中的两个相邻分数(从左到右).

(ii) 由(i)推出； (iii) 由(i)推出.

(iv) 利用等式 $a'/b'-a/b=(a'/b'-x/y)+(x/y-a/b)$，从(i)即可推出. 进一步可证：若 $y=b+b'$，则必有 $x=a+a'$；

(v) 用数学归纳法. 对 $m/(n+1)$，$0<m<n+1$，$(m,n+1)=1$，必有第 n 行中的两个相邻分数 $a/b,a'/b'$，满足 $a/b<m/(n+1)<a'/b'$. 由此及(iv)推出

$$n+1=b+b',\quad m=a+a'.$$

6. 利用第 5 题的(i)，(iv)，(v).

7. 利用第 6 题，第二部分要用 ξ 的无理性.

8. (i) 利用第 5 题的(i)，证法同定理 1； (ii) 利用第 5 题的(i)，证法同定理 3.

9. 用数学归纳法.

10. (i) 由第 5 题的(v)推出. (ii) 由第 5 题的(v)推出.

(iii) 由第 5 题的(i)推出.

(iv) 利用第 5 题的(i)，$0,1/n,1/(n-1)$是第 n 阶 Farey 数列中的三个相邻分数. 当 $n\geqslant 2$ 时，$b_j\neq b_{j+1}$.

11. (i) 不妨设 $b=n$. 若不相邻，则必有 n 阶 Farey 分数 $x_1/y_1,x_2/y_2$，使得 $a/b\geqslant x_1/y_1>x_2/y_2>c/d$，且 $x_1/y_1,x_2/y_2,c/d$ 是 n 阶 Farey 数列中的三个相邻

分数. 由此得 $1/(bd)\geqslant 1/(y_1y_2)+1/(y_2d)$. 但这和 $y_2\leqslant n$ 矛盾.

(ii) 取 $a/b=1/n, c/d=0/1$.

12. 利用第 5 题的(iv).

习 题 五

1. (i) 利用习题一的第 6 题;

(ii) 利用(i), 习题三的第 13 题, 以及对任一取定的 $j(0\leqslant j\leqslant l-1)$, 当 $n\equiv m_0+j(\bmod l)$, $n\to\infty$ 时, $\xi_{n+1}+k_{n-1}/k_n$ 的极限为 λ_{m_0+j}.

(iii) $\langle 2,5,1,\overline{1,2}\rangle$ 的两个极限点是:

$$\langle\overline{1,2}\rangle+(\langle\overline{2,1}\rangle)^{-1}=\sqrt{3},\quad \langle\overline{2,1}\rangle+(\langle\overline{1,2}\rangle)^{-1}=2\sqrt{3};$$

$\langle 0,5,8,6,\overline{1,1,1,4}\rangle$ 的四个极限点是: $2\sqrt{7}/3, \sqrt{7}, 2\sqrt{7}/3, 2\sqrt{7}$(这里 $2\sqrt{7}/3$ 两个极限点相重); $\langle\overline{2,1,3,1,2,8}\rangle$ 的六个极限点是: $2\sqrt{19}/3, 2\sqrt{19}/5, \sqrt{19}, 2\sqrt{19}/5, 2\sqrt{19}/3, 2\sqrt{19}$(有四个不同的). 可以证明: l 个极限点是 $\langle\overline{a_k,\cdots,a_{k+l-1}}\rangle(k=m_0+l,\cdots,m_0+2l-1)$ 的无理部分的 2 倍.

2. (i) $\langle\overline{3,1,2}\rangle$; (ii) $\langle 6,\overline{1,1,3,1,5,1,3,1,1,12}\rangle$;

(iii) $\langle 1,1,3,1,5,1,3,1,1,\sqrt{43}+6\rangle=\langle\overline{1,1,3,1,5,1,3,1,1,12}\rangle$;

(iv) $\langle\overline{16,1}\rangle$; (v) $\langle 2,\overline{1,4,1,1}\rangle$; (vi) $\langle 2,\overline{3,1,1,3,4}\rangle$.

3. (i) $b=1,2,\cdots,2[\sqrt{d}]$; (ii) $a=[\sqrt{d}]$; (iii) $b=[\sqrt{d}],[\sqrt{d}]+1$.

5. 记 $\eta_0=-1/\xi_0'$. 我们有

$$\xi_0=(h_n\xi_0+h_{n-1})/(k_n\xi_0+k_{n-1}),\quad \eta_0=(h_n\eta_0+k_n)/(h_{n-1}\eta_0+k_{n-1}).$$

再利用习题一的第 6 题.

6. $[\sqrt{d}]+\sqrt{d}$ 和 $\sqrt{d}$ 的周期相同, 且前者是纯循环连分数. 由 $[\sqrt{d}]+\sqrt{d}=\langle\overline{2[\sqrt{d}]}\rangle$ 可推出必要性.

10. 证法同第 6 题. 由 $[\sqrt{d}]+\sqrt{d}=\langle\overline{2[\sqrt{d}],b}\rangle$, $b\neq 2[\sqrt{d}]$ 可推出必要性.

11. 设 $c_1=2, c_2=5, c_s=2c_{s-1}+c_{s-2}, s\geqslant 3$. 当取 $d=(uc_s+1)^2+2uc_{s-1}+1$ 时, $\sqrt{d}$ 的周期为 $s+1$, 这里 u 是任一正整数. $\sqrt{d}=\langle(uc_s+1),\overline{2,\cdots,2,2(uc_s+1)}\rangle$, 其中有 s 个 2.

12. 利用第 5 题, 取 $\xi_0=[\sqrt{d}]+\sqrt{d}$. 我们有

$$-1/\xi_0'=1/(\sqrt{d}-[\sqrt{d}])=\langle\overline{a_1,\cdots,a_{l-1},2[\sqrt{d}]}\rangle.$$

但由第 5 题知 $-1/\xi_0'=\langle\overline{a_{l-1},\cdots,a_1,2[\sqrt{d}]}\rangle$.

13. (i) 由§2的式(5)知,从方程组 $ah_0+bk_0=h_l$, $ah_1+bk_1=h_{l+1}$ 可确定整数 a,b;从方程组 $ch_0+dk_0=k_l$, $ch_1+dk_1=k_{l+1}$ 可确定整数 c,d. 这些 a,b,c,d 即为所求.

类似可证(ii).

14. 用数学归纳法(对 j)证明式(41),(42). 在证明式(42)时要利用以下关系式:设 $\xi_0=[\sqrt{d}]+\sqrt{d}=\langle\overline{a_0,a_1,\cdots,a_{l-1}}\rangle$. 由 $\xi_{ml+1}=\xi_1$ 可得

$$\xi_0=(h_{ml}+h_{ml-1}(\xi_0-a_0))/(k_{ml}+k_{ml-1}(\xi_0-a_0)),$$

进而推出

$$\begin{cases}h_{ml-1}=k_{ml}-a_0k_{ml-1},\\ dk_{ml-1}=h_{ml}+a_0h_{ml-1}.\end{cases}$$

在式(41),(42)中以 $2m,ml$ 代替 m,j,并利用上两式及式(38)[注意 $l|n$ 及定理8(i)],就推出式(43).

15. α 是二次方程 $x^2-a_0x-c=0$ 的正根,即

$$\alpha=(a_0+\sqrt{a_0^2+4c})/2.$$

记 $u_n=(\alpha^n-\beta^n)/(\alpha-\beta)$, $p_n=c^{-[(n+1)/2]}u_{n+2}$, $q_n=c^{-[(n+1)/2]}u_{n+1}$. 用数学归纳法证明所要的结论:先证明当 $n=-2,-1$ 时有 $h_n=p_n$, $k_n=q_n$ 成立,然后证明 h_n,p_n 满足同样的递推公式,k_n,q_n 也满足同样的递推公式.

16. 这是第15题的特例,取 $\alpha=(\sqrt{5}+1)/2$.

习　题　六

1. 见附表2.

2. 见附表2.

3. 考虑 Pell 方程 $x^2-a^2dy^2=1$ 的解.

4. 原方程可写为 $(2x+1)^2-2y^2=-1$. 本题是求两直角边为相邻整数的商高三角形.

5. 这就是解不定方程 $n(n+1)=2y^2$,即 $(2n+1)^2-8y^2=1$.

6. (i) 由 $x_{n+1}+y_{n+1}\sqrt{2}=(x_n+y_n\sqrt{2})(1+\sqrt{2})$ 推出.

(ii) 由 $x_{2n+1}+y_{2n+1}\sqrt{2}=(x_n+y_n\sqrt{2})(x_{n+1}+y_{n+1}\sqrt{2})$ 及(i)推出.

(iii) $1+\sqrt{2}$ 是 $u^2-2v^2=-1$ 的最小正解,一般解是 $(u+v\sqrt{2})^{2n+1}$. 另外,由第4题知 $v^2=((u+1)/2)^2+((u-1)/2)^2$,因此

$$y_{2n+1}^2=((x_{2n+1}+1)/2)^2+((x_{2n+1}-1)/2)^2.$$

(iv) 由 $x_m^2-2y_m^2=(-1)^m$ 及 $(x_n+y_n\sqrt{2})=(x_m+y_m\sqrt{2})(x_{n-m}+y_{n-m}\sqrt{2})$ 推出.

(v) 由 $x_{2n+1}+y_{2n+1}\sqrt{2}=(x_{n+1}+y_{n+1}\sqrt{2})(x_n+y_n\sqrt{2})$ 及(iv)推出.

(vi) 由 $x_{2n}+y_{2n}\sqrt{2}=(x_n+y_n\sqrt{2})^2$ 推出 $y_{2n}=2x_ny_n$，再由此及(ii)推出所要的结论. 这也可直接从二项展开式看出，且总有 $2\nmid x_n$.

(vii) 由 $x_n^2-2y_n^2=(-1)^n$ 知，这要证明 $u^4-2v^2=\pm 1$ 除了 $u=v=1$ 外无其他正解. $u^4-2v^2=1$ 可改写为 $(u^2-1)(u^2+1)=2v^2$. 显见，它无正解. $u^4-2v^2=-1$ 可改写为 $u^4+(v^2-1)^2=v^4$. 由第二章习题二的第 15 题就推出它除了 $u=v=1$ 外无其他正解.

7. 设 $x_2+y_2\sqrt{p}$ 是 $x^2-py^2=1$ 的最小正解. 由 $py_2^2=(x_2^2-1)$ 推出 $2\nmid x_2$，$2|y_2$，以及 p 能且只能整除 x_2+1，x_2-1 中的一个，因而有 x_1，y_1，满足 $x_2\pm 1=2x_1^2$，$x_2\mp 1=2py_1^2$，进而得 $x_1^2-py_1^2=\pm 1$. 但 $x_2+y_2\sqrt{p}$ 是最小正解，$y_1<y_2$，所以只能取负号.

8. s,t 是 $x^2-dy^2=-1$ 的最小正解的充要条件是 $(s+t\sqrt{d})^2=u+v\sqrt{d}$.

9. 由 §4 的定理 8 知，存在无穷多对正整数 x,y，满足 $|x-y\sqrt{d}|<1/y$. 由此及 $|x+y\sqrt{d}|\leqslant|x-y\sqrt{d}|+2y\sqrt{d}$ 即得结论.

10. 由第 9 题知，存在无穷多对 x,y，使得 $|x^2-dy^2|$ 只取小于 $1+2\sqrt{d}$ 的有限个正整数值. 因此，必有无穷多对 x,y，使得 $x^2-dy^2=m$，$|m|<1+2\sqrt{d}$. 由于 d 不是平方数，所以 $m\neq 0$.

11. (i) 由第 10 题知，有不同的正整数对 x_1，y_1 和 x_2，y_2，满足 $x_1\equiv x_2 \pmod m$，$y_1\equiv y_2 \pmod m$，$x_1^2-dy_1^2=x_2^2-dy_2^2=m$. 显见 $x_1\neq x_2$，$y_1\neq y_2$. 由关系式

$$(x_2+y_2\sqrt{d})=(x_1+y_1\sqrt{d})(u+v\sqrt{d})$$

可定出整数 u,v. 再证明 $v\neq 0$，$|u|+|v|\sqrt{d}$ 是解. 这就证明了(i).

(ii) 用反证法. 设 $x+y\sqrt{d}$ 是一个正解. 如果结论不成立，那么有 $(x_1+y_1\sqrt{d})^n<x+y\sqrt{d}<(x_1+y_1\sqrt{d})^{n+1}$，其中 n 为某个正整数，进而得到 $u+v\sqrt{d}=(x+y\sqrt{d})(x_1-y_1\sqrt{d})^n$ 也是正解，且 $u+v\sqrt{d}<x_1+y_1\sqrt{d}$，矛盾.

12. 设 $x_1+y_1\sqrt{d}$ 是 $x^2-dy^2=1$ 的正解，u_0，v_0 是原不定方程的解，那么 $(x_1+y_1\sqrt{d})^n(u_0+v_0\sqrt{d})=(u_n+v_n\sqrt{d})$ $(n=1,2,\cdots)$ 所给出的 u_n，v_n 都是原不定方程的解.

14. 这时有 $|h-k\sqrt{d}|=|c|/|h+k\sqrt{d}|$. 先假定 c 是正实数，满足 $0<c<\sqrt{d}$.

这时有 $h>k\sqrt{d}$,因此 $|h-k\sqrt{d}|<1/2k$,因而由§3的定理7推出结论成立.若 c 是负的,则 $k^2-(1/d)h^2=-c/d$,因而有 $|k-h\sqrt{1/d}|=|c/d|/|k+h\sqrt{1/d}|$.由此及 $k>h\sqrt{1/d}$ 推出 $|k-h\sqrt{1/d}|<1/(2h)$,因而由§3的定理7知 k/h 是 $1/\sqrt{d}$的渐近分数,即 h/k 是 $\sqrt{d}$ 的渐近分数(为什么).

15. 当 $\eta=1$ 时,结论成立.设 $\eta>1$.用反证法.设 $x_0+y_0\sqrt{d}$是最小正解,$1\leqslant y_1<\eta$.我们有 $x_1^2\eta^2-y_1^2\xi^2=\eta^2-y_1^2>0$,进而得

$$x_1\eta+y_1\xi=c_1>0,\quad x_1\eta-y_1\xi=c_2>0,\quad c_1c_2=\eta^2-y_1^2.$$

由此推出 $\xi\leqslant\eta^2/2-1$,矛盾.

第　八　章

习　题　一

第一部分(1.1~1.3小节)

1. (i) 1638；(ii) 47−9=38；　(iii) 333+142−66−28+38=419；

(iv) 46,62,78,95,109,125,139,154,168；

(v) 168−7+7+5+1=174；　(vi) 11.

3. 若对某个 l_0,有 $(n,r+dl_0)\triangleq g>1$,则必有 $(d,g)=1$.设 $p_1,\cdots,p_m$ 是 n 的所有不同的素因数,满足 $(p_j,d)=1(1\leqslant j\leqslant m)$.那么,$A$ 中与 n 互素的数就是那些不为任一 $p_j(1\leqslant j\leqslant m)$所整除的数.

4. 0.这是因为 $n,n+1,n+2,n+3$ 中必有一个数被4整除.

5. $\mu(1)+\mu(2)+\mu(6)=1$.

6.

k	4	8	1	14	2	33	29
$\mu(k)+\mu(k+1)+\mu(k+2)$	0	1	−1	2	−2	3	−3

7. 设 $n=m^2n_1,\mu(n_1)\neq0$,则 $\sum\limits_{d^2\mid n}f(d)=\sum\limits_{d\mid m}f(d)$.再利用引理3.

8. 设 $n=p_1^{\alpha_1}\cdots p_r^{\alpha_r}$.

(i) 类似于式(27)可证

$$\sum_{d\mid n}\mu^2(d)=\Big(\sum_{i_1=0}^{\alpha_1}\mu^2(p_1^{i_1})\Big)\cdots\Big(\sum_{i_r=0}^{\alpha_r}\mu^2(p_r^{i_r})\Big);$$

(ii) $\sum_{d\mid n}\mu(d)\tau(d)=\left(\sum_{i_1=0}^{\alpha_1}\mu(p_1^{i_1})\tau(p_1^{i_1})\right)\cdots\left(\sum_{i_r=0}^{\alpha_r}\mu(p_r^{i_r})\tau(p_r^{i_r})\right).$

9. 设 $n=m^k n_1$,对任一素数 p,$p^k\nmid n_1$. $d^k\mid n\Longleftrightarrow d\mid m$.

10. 利用第 8 题的方法,并注意当且仅当 $p=2$ 时 $\varphi(p)=1$.

11. $d\mid n=n_1n_2$,$(n_1,n_2)=1$ 的充要条件是

$$d=d_1d_2,\quad d_1=(d,n_1),\quad d_2=(d,n_2).$$

12. $\prod_{p\mid n}(-p)$.

13. (i) 由 $\varphi(n)$ 的定义推出.　(ii) $\sum_{d=1}^{n}f((d,n))=\sum_{k\mid n}\sum_{\substack{d=1\\(d,n)=k}}^{n}f((d,n))$.

(iii) 由(ii)得和式 $=\sum_{d\mid n}d\mu(d)\varphi\left(\frac{n}{d}\right)$. 当 $n=1$ 时,和式 $=1$. 当 $n>1$ 时,利用第 11 题的方法可证. 当 $(n_1,n_2)=1$ 时,

$$\sum_{d\mid n_1n_2}d\mu(d)\varphi\left(\frac{n_1n_2}{d}\right)=\sum_{d_1\mid n_1}d_1\mu(d_1)\varphi\left(\frac{n_1}{d_1}\right)\cdot\sum_{d_2\mid n_2}d_2\mu(d_2)\varphi\left(\frac{n_2}{d_2}\right).$$

由此及

$$\sum_{d\mid p^\alpha}d\mu(d)\varphi\left(\frac{p^\alpha}{d}\right)=\begin{cases}-1, & \alpha=1,\\ 0, & \alpha>1\end{cases}$$

即得所要的结论.

14. 右边和式 $=\sum_{d=1}^{n}e^{2\pi id/n}\sum_{k\mid(d,n)}\mu(k)$,再交换求和号.

15. 左边和式 $=\sum_{d\leqslant x}\mu(d)\sum_{\substack{k\leqslant x\\ d\mid k}}1$,再交换求和号.

16.

y	3	5	7	11
$\Phi(400;y)$	132	105	90	81
$400\prod_{p\leqslant y}\left(1-\frac{1}{p}\right)$(近似值)	133	106	91	83

y	5	7	11	17	29
$\Phi(1000;y)$	331	293	263	225	212
$1000\prod_{p\leqslant y}\left(1-\frac{1}{p}\right)$(近似值)	266	228	207	180	166

17. (ii)

x	100	300	500	700	1000
$\pi(x;4,1)$	11	29	44	59	80
$\pi(x;4,3)$	13	32	50	65	87

18. (i) 利用 $1/n>\ln(1+1/n)$ 及

$$\ln(1-1/p)^{-1}=\ln(1+1/(p-1))<1/(p-1);$$

(ii) $\sum\limits_{p\leqslant N}\left(\frac{1}{p-1}-\frac{1}{p}\right)<1$.

19. (i) 利用第一章 § 2 的定理 5.

(ii) 当 $1\leqslant a\leqslant N$ 时,(i)中的 k,l 满足: $1\leqslant k\leqslant\sqrt{N}$, l 可能取值的个数小于或等于

$$1+\binom{\pi(N)}{1}+\binom{\pi(N)}{2}+\cdots+\binom{\pi(N)}{\pi(N)}=2^{\pi(N)}.$$

由(ii)推出(iii)及(iv).

第二部分(1.4 小节)

2. 不要求.

3. 取定正整数 $N>\max(a_1,\cdots,a_m)$. 集合 A 为不小于 N 的全体非负整数. 性质 $P_i(1\leqslant i\leqslant m)$是不小于 a_i.

4. 利用第一章 § 5 的算术基本定理的推论 4 及第 3 题.

习　题　二

1. 由题意知

$$\pi_2(x)=\sum_{\substack{p_1p_2\leqslant x\\ p_1\leqslant p_2}}1=\sum_{p_1\leqslant\sqrt{x}}\ \sum_{p_1\leqslant p_2\leqslant x/p_1}1=\sum_{p_1\leqslant\sqrt{x}}(\pi(x/p_1)-\pi(p_1)+1).$$

再利用式(1),(17).

2. 当 $m\geqslant128$ 时,$(\ln2/6)m>2\ln(2m)$. 由此及式(31)推出结论在 $m\geqslant128$ 时成立. 其他直接验证.

3. 由式(31)知,当 $m\geqslant128$ 时,$\pi(2m)-\pi(m)>c_1m/\ln(2m)$,$c_1=\ln2/6$. 这就可推出所要的结论.

4. (i) $\psi(x)=\sum\limits_{p^k\leqslant x}\Lambda(p^k)=\sum\limits_{k=1}^{\infty}\sum\limits_{p\leqslant x^{1/k}}\ln p.$

(ii) $\theta(x)=\sum\limits_{n=1}^{\infty}\theta(x^{1/n})\sum\limits_{d\mid n}\mu(d)$，交换求和号，由(i)即得.

5. 在证明式(36)时，得到

$$\psi(x)\leqslant\theta(x)+\ln x\cdot\sum_{p\leqslant\sqrt{x}}1.$$

由此及式(1)即得所要的结论.

6. 由式(2)可得 $\lim\limits_{n\to\infty}\dfrac{\ln p_n}{\ln n}=1$. 若 $\lim\limits_{x\to\infty}\pi(x)\dfrac{\ln x}{x}=1$，取 $x=p_n$ 就推出 $\lim\limits_{n\to\infty}\dfrac{p_n}{n\ln n}=1$. 若后一极限式成立，则必有 $p_n\leqslant x<p_{n+1}$，因而

$$\frac{n\ln p_n}{p_{n+1}}<\pi(x)\frac{\ln x}{x}<\frac{n\ln p_{n+1}}{p_n}.$$

由此推出前一极限成立.

7. $\psi(x)=\sum\limits_{m=1}^{\infty}\psi\left(\dfrac{x}{m}\right)\sum\limits_{d\mid m}\mu(d)$，交换求和号，利用式(39)即得所要的结论.

8. (i) 利用式(16)； (ii) 利用式(39)； (iii) 由(ii)推出；

(iv) 利用 $\psi(x)=\sum\limits_{n=0}^{\infty}\left(\psi\left(\dfrac{x}{6^n}\right)-\psi\left(\dfrac{x}{6^{n+1}}\right)\right)$，由(i)，(iii) 推出.

9. (i) 由式(39)，(41)可得

$$\ln([x]!)=x\sum_{k\leqslant x}\frac{\Lambda(k)}{k}-\sum_{k\leqslant x}\Lambda(k)\left\{\frac{x}{k}\right\}.$$

由此利用式(16)，(44)即得所要的结论.

(ii) 由(i)推出.

10. $\displaystyle\int_a^b f(t)\mathrm{d}t=\left(\int_a^{[a]+1}+\int_{[a]+1}^{[a]+2}+\cdots+\int_{[b]-1}^{[b]}+\int_{[b]}^{b}\right)f(t)\mathrm{d}t.$

11. 同第 10 题.

13. 利用式(17)及级数收敛判别法.

14. 利用式(38).

习 题 三

1. (i) 对任给的正整数 k 及 $x<2^k$，由算术基本定理及积性条件知

$$\left|\prod_{p\leqslant x}(1+f(p)p^{-s}+f(p^2)p^{-2s}+\cdots+f(p^k)p^{-ks})-\sum_{n\leqslant x}f(n)n^{-s}\right|$$

$$\leqslant \sum_{x<n<x^{\pi(x)k}} |f(n)| n^{-s}.$$

由此及级数的绝对收敛性即得所要的结论.

(ii) 由(i)推出.

2. 绝对收敛级数相乘,可以任意聚项.

3. (i) 由第 1 题的(i)推出.　(ii) 由(i)及式(9)推出.

(iii) $1=\zeta(s)\sum_{n=1}^{\infty}\mu(n)n^{-s}, s>1$. 利用第 2 题,再比较两边系数.

4. 利用第 1 题及式(9).

5. (i) 由第 1 题的(ii)及第 4 题推出.

(ii) $\zeta(s)\sum_{n=1}^{\infty}\lambda(n)n^{-s}=\zeta(2s), s>1$. 利用第 2 题,再比较两边系数.

(iii) 利用第 2,4 题,证法同(i),(ii).

6. 利用第 1 题的(i)或第 2 题.

7. 利用第 1 题的(i)及

$$\begin{aligned}&1+(p-1)p^{-s}+p(p-1)p^{-2s}+\cdots+p^{m}(p-1)p^{-(m+1)s}+\cdots\\&\quad=1+(p-1)p^{-s}/(1-p^{-s+1})=(1-p^{-s})/(1-p^{-s+1}).\end{aligned}$$

由这一证明,利用第 2 题就可给出两个关系式的新证明.

8. (i) 对 $\ln\zeta(s)=-\sum_{p}\ln(1-p^{-s})$ 两边求导数即得;

(ii) 利用第 2 题.

第　九　章

习　题　一

1. 根据定义证明.

2. 利用算术基本定理.

3. $(f(-1))^2=f((-1)\cdot(-1))=f(1)=1$.

4. 设$(n_1,n_2)=1, n=n_1n_2$,则 $n=m^k \Longleftrightarrow n_1=m_1^k, n_2=m_2^k$. 所以,$P_k(n)$是积性函数. 当 $k=1$ 时,显见 $P_1(n)\equiv 1$ 是完全积性函数. 若 $P_k(n)$是完全积性函数,则必有 $k=1$. 若不然,$k>1$,则有 $1=P_k(2^k)=P_k(2)\cdot P_k(2)\cdot\cdots\cdot P_k(2)=0$,矛盾. 若 $n=m^k$,则$(m-1)^k\leqslant n-1<m^k$;若$(m-1)^k<n<m^k$,则$(m-1)^k\leqslant n-1<m^k$. 所以,总有 $P_k(n)=[n^{1/k}]-[(n-1)^{1/k}]$.

5. 设$(n_1,n_2)=1$，$n=n_1n_2$，则n有大于1的k次方因数的充要条件是n_1或n_2有大于1的k次方因数，所以$Q_k(n)$是积性函数. 当$k=1$时，显见$Q_1(n)=[1/n]$，它是完全积性函数. 若$Q_k(n)$是完全积性函数，则$Q_k(2^k)=Q_k(2)Q_k(2^{k-1})=1$. 所以，必有$k=1$.

6. 设$(n_1,n_2)=1$，$n=n_1n_2$，则$n=d_1\cdots d_l$的充要条件是$n_1=d_{11}\cdots d_{l1}$，$n_2=d_{12}\cdots d_{l2}$，$d_{j1}=(d_j,n_1)$，$d_{j2}=(d_j,n_2)$，$1\leqslant j\leqslant l$. 由此就推出$\tau_l(n)$是积性函数. $\tau_l(p^\alpha)$($l\geqslant 2$，p为素数，$\alpha\geqslant 1$)等于不定方程$x_1+\cdots+x_l=\alpha$($x_j\geqslant 0$，$1\leqslant j\leqslant l$)的解数，即

$$(\alpha+l-1)!/(\alpha!(l-1)!).$$

7. 类似于第6题可证明积性. $\tau_1^*(n)\equiv 1$. $\tau_l^*(p^\alpha)$($l\geqslant 2$，p为素数，$\alpha\geqslant 1$)等于以下不定方程的解数：$x_1+\cdots+x_l=\alpha$[$x_j\geqslant 0$($1\leqslant j\leqslant l$)且不能同时有两个大于或等于1]，因此它等于l. $\tau_l^*(n)=l^{\omega(n)}$.

8. $T(p^\alpha)=2$(p为素数，$\alpha\geqslant 1$)，$T(n)=2^{\omega(n)}$.

习　题　二

1. (i) 两边都是积性函数，利用§1的定理1证明；(ii) 由定义推出.

2. 这是积性函数. 当$n=p^\alpha$($\alpha\geqslant 1$)时，等于2；对其他的$n>1$，等于零.

3. 这是积性函数. 设K的不同素因数为$p_1,\cdots,p_r$. 当$n=p_1^{\alpha_1}\cdots p_r^{\alpha_r}$时，等于$2^{\Omega(n)}$；对其他的$n>1$，等于零.

4. 这不是积性函数，直接用定理1(i)计算. 当$n=1$时，等于零；当$n=p_1^{\alpha_1}\cdots p_r^{\alpha_r}$时，等于

$$\sum_{\substack{k_1+\cdots+k_r=m\\ k_j\geqslant 1}}(-1)^r\frac{m!}{k_1!\cdots k_r!}\ln^{k_1}p_1\cdots\ln^{k_r}p_r.$$

当$r>m$时，$k_1+\cdots+k_r=m$($k_j\geqslant 1$，$1\leqslant j\leqslant r$)无解，故这时和式必为零.

5. 记$F_1(n)=\sum\limits_{d|n}f(d)$，$F_2(m)=\sum\limits_{n|m}F_1(n)=\sum\limits_{n|m}\sum\limits_{d|n}f(d)$，交换求和号.

6. 记$n=m^kn_1$，其中n_1无大于1的k次方因数. 我们有

$$\sum_{d^k|n}f(d^l)=\sum_{d|m}f(d^l).$$

7. 直接验证，利用第6题.

8. $\sum\limits_{d|n}|\mu(n)|=2^{\omega(n)}$，$\sum\limits_{d|n}\mu(d)\left|\mu\left(\dfrac{n}{d}\right)\right|=\begin{cases}1, & n=1,\\ 0, & n=p\text{ 或 }p^\alpha,\alpha>2,\text{即有}\\ -1, & n=p^2,\end{cases}$

$$\sum_{d|n}\mu(d)\left|\mu\left(\frac{n}{d}\right)\right| = \begin{cases}1, & n=1,\\ (-1)^r, & n=p_1^2\cdots p_r^2,\\ 0, & \text{其他}.\end{cases}$$

9. 设 $n=p_1^{\alpha_1}\cdots p_r^{\alpha_r}$，则 $\sum_{d|n}P_k(d)=\prod_{i=1}^{r}\left(1+\left[\frac{\alpha_i}{k}\right]\right)$. 再设 $\rho(r)=1,r=0$；$\rho(r)=-1,r=1$；$\rho(r)=0,r\geqslant 2$. 我们有

$$\sum_{d|n}\mu\left(\frac{n}{d}\right)P_k(d)=\prod_{i=1}^{r}\rho\left(\alpha_i-\left[\frac{\alpha_i}{k}\right]k\right).$$

当 $k=2$ 时，$\alpha-2\left[\frac{\alpha}{2}\right]=\begin{cases}0, & 2|\alpha,\\ 1, & 2\nmid\alpha.\end{cases}$ 由此就推出这时的 Möbius 逆变换是

$$\lambda(n)=(-1)^{\Omega(n)}.$$

10. 设 $n=p_1^{\alpha_1}\cdots p_r^{\alpha_r}$，则 $\sum_{d|n}Q_k(d)=\prod_{i=1}^{r}(1+\min(\alpha_i,k-1))$.

$$\begin{aligned}\sum_{d|n}\mu\left(\frac{n}{d}\right)Q_k(d)&=\prod_{i=1}^{r}(Q_k(p^{\alpha})-Q_k(p^{\alpha-1}))\\ &=\begin{cases}(-1)^r, & \alpha_1=\cdots=\alpha_r=k;\\ 0, & \text{其他的 } n>1.\end{cases}\end{aligned}$$

11. 设 $n_1^{-1}n_1\equiv 1(\operatorname{mod} n_2)$，$n_2^{-1}n_2\equiv 1(\operatorname{mod} n_1)$，$n=n_1n_2$，$(n_1,n_2)=1$. 由孙子定理知，$d=n_2^{-1}n_2d_1+n_1^{-1}n_1d_2$，$d$ 遍历模 n 的完全剩余系的充要条件是 d_1,d_2 分别遍历模 n_1,n_2 的完全剩余系. $(d,n)=1$ 的充要条件是 $(d_1,n_1)=(d_2,n_2)=1$，$(d+1,n)=1$ 的充要条件是 $(d_1+1,n_1)=(d_2+1,n_2)=1$. 这就证明了 $f(n)$ 是积性函数. 显见 $f(p^{\alpha})=p^{\alpha}(1-2/p)(\alpha\geqslant 1)$.

12. (i) $\varphi_k(n)=\sum_{1\leqslant d_1\leqslant n}\cdots\sum_{1\leqslant d_k\leqslant n}\sum_{d|(d_1,\cdots,d_k,n)}\mu(d)=\sum_{d|n}\mu(d)\left(\frac{n}{d}\right)^k$. 另一证法：

$$\begin{aligned}\sum_{d|n}\varphi_k(d)&=\sum_{d|n}\sum_{\substack{(d_1,\cdots,d_k,d)=1\\ 1\leqslant d_1,\cdots,d_k\leqslant d}}1=\sum_{d|n}\sum_{1\leqslant d_1,\cdots,d_k\leqslant d}\sum_{l|(d_1,\cdots,d_k,d)}\mu(l)\\ &=\sum_{l|n}\mu(l)\sum_{l|d|n}\sum_{\substack{1\leqslant d_1,\cdots,d_k\leqslant d\\ l|d_1,\cdots,l|d_k}}1=\sum_{l|n}\mu(l)\sum_{h|n/l}h^k\\ &=\sum_{h|n}h^k\sum_{l|n/h}\mu(l)=n^k.\end{aligned}$$

(ii) 由 $\varphi_k(n)$ 的积性推出.

13. (i) 利用第 12 题的方法，由 $S_k(n)=n^{-k}\sum_{d|n}\sum_{\substack{j=1\\ (j,n)=d}}j^k$ 或

$$\sum_{d|n} S_k^*(d) = \sum_{d|n} d^{-k} \sum_{j=1}^{d} j^2 \Big(\sum_{l|(d,j)} \mu(l) \Big)$$

即可推出；

(ii) 当 $n>1$ 时，

$$S_1^*(n) = \sum_{d|n} \mu(d) S_1\left(\frac{n}{d}\right) = \sum_{d|n} \mu(d) \left(\frac{1}{2} + \frac{n}{2d}\right) = \frac{\varphi(n)}{2};$$

$$S_2^*(n) = \sum_{d|n} \mu(d) S_2\left(\frac{n}{d}\right) = \sum_{d|n} \mu(d) \left(\frac{1}{2} + \frac{n}{3d} + \frac{d}{6n}\right)$$

$$= \frac{\varphi(n)}{3} + \frac{1}{6n} \prod_{p|n} (1-p).$$

15. 和定理 4、定理 5 的论证相同.

17. 无论按怎样的次序做卷积 $f_1 * f_2 * \cdots * f_r$，都有

$$(f_1 * \cdots * f_r)(n) = \sum_{d_1 \cdots d_r = n} f_1(d_1) \cdots f_r(d_r).$$

18. 可按两种方法证明：

(i) 利用定理 1(ii)的第二个证明方法，即利用引理 2；

(ii) 利用定理 6 的第一个证明方法.

19. 直接验证，也可利用第 18 题验证，还可利用卷积性质推导. 例如：由(i)～(iv)可推出 $\sigma = U * E = U * (U * \varphi) = \tau * \varphi$，即(v)成立.

21. 利用数学归纳法证明存在性及唯一性.

22. 利用第 18 题的方法(ii).

23. (i)，(ii)由第 19 题的(i)，(ii)推出.

(iii) $E^{-1}(1)=1, E^{-1}(p)=-p, E^{-1}(p^\alpha)=0, \alpha \geqslant 2$，$p$ 为素数，即 $E^{-1}=\mu E$.

(iv) $\sigma^{-1}=\mu * E^{-1}$，$\sigma^{-1}(p^\alpha)=E^{-1}(p^\alpha)-E^{-1}(p^{\alpha-1})=\begin{cases} -p-1, & \alpha=1, \\ p, & \alpha=2, \\ 0, & \alpha>2. \end{cases}$

$\varphi^{-1}=U * E^{-1}$，$\varphi^{-1}(p^\alpha)=1-p, \alpha \geqslant 1$. 这里 p 为素数.

(v) $\lambda^{-1}=\mu^2$.

24. (i) 当 $n=1$ 时，结论显然成立；当 $n=p$ 时，由定义知 $f^{-1}(p)=-f(p)$，所以结论成立.

(ii) 由定义及(i)推出.

25. 由第 24 题的(ii)，利用数学归纳法推出必要性. 充分性亦由第 24 题，利用数学归纳法推出.

26. (i) 直接验证$(fg^{-1}) * (fg)^{-1} = I$； (ii) 在(i)中取 $g=U$.

27. 必要性即第 26 题的(ii),充分性证法同第 25 题的充分性.

28. 直接验证. $(\mu^2 * E)(p^\alpha) = \sum_{d \mid p^\alpha} \mu^2(d) \frac{p^\alpha}{d} = p^\alpha + p^{\alpha-1}$, p 为素数.

$$\sum_{d^2 \mid p^\alpha} \mu(d) \sigma\left(\frac{p^\alpha}{d^2}\right) = \begin{cases} \sigma(p) = p+1, & \alpha = 1, \\ \sigma(p^\alpha) - \sigma(p^{\alpha-2}) = p^\alpha + p^{\alpha-1}, & \alpha \geqslant 2. \end{cases}$$

29. (i) 用带余数除法. (ii) 由(i)及 $T(n)$, $P(d)$ 的定义推出.

(iii) 先证明若 $x \in P(n)$, 则 $x_j = f^{(j)}(x)$ $(0 \leqslant j \leqslant n-1)$ 两两不同,且均属于 $T(n)$,再证明 x_j $(0 \leqslant j \leqslant n-1)$ 都属于 $P(n)$. 因而, $P(n)$ 中的点可按上面的方法分类,推出 n 整除 $P(n)$. 最后,利用 Möbins 反转公式.

(iv) 对 $f(z) = z^k$, S 为复数集合 $\mathbf{C}$,应用(iii).

30. (ii) $f(\bar{x}) = a\bar{x} - x_1(a^m - 1)$. 若有 $\bar{x} \in S$, $f^{(m/p_i)}(\bar{x}) = \bar{x}$, 记 $m_i = m/p_i$, 则必有 $\bar{x} = (x_1 a^{m_i - 1} + \cdots + x_{m_i - 1} a + x_{m_i})(a^m - 1)/(a^{m_i} - 1)$. 由 $q \mid D$ 推出 $q \mid \bar{x}$. 这和 $\bar{x} \in S$ 矛盾.

(iii) 由(ii)知 $P(m) = T(m) = |S|$.

(iv) 所考虑的 k 个多项式有公共根 $x = \mathrm{e}^{2\pi i/n}$, 且当 $x = 0$ 时均取值 1.

(v) 由(iii)推出所要的结论.

习 题 三

1. 由式(14)知,只需证明

$$\int_1^{+\infty} \left(\frac{t - [t]}{t[t]} + \frac{t - [t]}{t^2} \right) \mathrm{d}t = 1,$$

$$\sum_{n=1}^{\infty} \int_n^{n+1} \left(\frac{1}{n} - \frac{n}{t^2} \right) \mathrm{d}t = \sum_{n=1}^{\infty} \left(\frac{1}{n} - \frac{1}{n+1} \right) = 1.$$

也可利用引理 10 来证明,取 $b(n) \equiv 1$, $\alpha(x) = 1/x$, $x_1 = 1$.

2. 用引理 2 的方法来证明,或者用引理 10 来证明.

3. $\sum_{n \leqslant x} \sigma(n) = \sum_{kl \leqslant x} k$, 再利用式(23) 计算.

4. $\sum_{n \leqslant x} \mu^2(n) = \sum_{d \leqslant \sqrt{x}} \mu(d) \left[\frac{x}{d^2} \right]$.

5. $2^{\omega(n)} = \sum_{\substack{n = d_1 d_2 \\ (d_1, d_2) = 1}} 1 = \sum_{n = d_1 d_2} \sum_{l \mid (d_1, d_2)} \mu(l)$,

$$\sum_{n \leqslant x} 2^{\omega(n)} = \sum_{l \leqslant \sqrt{x}} \mu(l) \sum_{k_1 k_2 \leqslant x/l^2} 1 = \sum_{l \leqslant \sqrt{x}} \mu(l) D\left(\frac{x}{l^2} \right).$$

6. 利用第 5 题及定理 3.

7. 可直接求渐近公式,也可利用引理 10 及相应的渐近公式.

8. (i) 利用式(30)的下面一式及式(36);

(ii) 由 $\varphi(n)=n\sum_{d\mid n}\frac{\mu(d)}{d}$ 立即推出.

9. (i) $\sigma(n)=\prod_{p\mid n}\frac{p^{\alpha+1}-1}{p-1}$, $\frac{n^2}{\varphi(n)}=n\prod_{p\mid n}\frac{p}{p-1}$, p 为素数,所以

$$\frac{n^2}{\sigma(n)\varphi(n)}=\prod_{p\mid n}\left(1-\frac{1}{p^{\alpha+1}}\right);$$

(ii) 由(i)及第 7 题的(ii)推出;

(iii) 由(i)及第 7 题的(ii)推出.

10. $\sum_{n\leqslant x}\varphi_1(x)=\sum_{d\leqslant\sqrt{x}}\mu(d)\sum_{k\leqslant x/d^2}\sigma(k)$,再利用第 3 题.

12. 利用第 11 题.

13. 利用第 11 题.

14. 这时,第 13 题中 $F(s)=\zeta(s)=\sum_{n=1}^{\infty}n^{-s}$. 由此即得所要的结论. 也可直接利用第 11 题.

15. $\sum_{n\leqslant x}\sigma_t(n)=\sum_{k\leqslant x}\sum_{d\leqslant x/k}d^t$,再利用第 12,13 题.

16. $\sum_{n\leqslant x}\sigma_{-t}(n)=\sum_{d\leqslant x}d^{-t}\left[\frac{x}{d}\right]$,再利用第 13 题.

17. 利用 $\frac{1}{p}<\ln\left(1-\frac{1}{p}\right)^{-1}<\frac{1}{p-1}=\frac{1}{p}+\frac{1}{(p-1)p}$,由定理 11 推出.

18. 利用定理 11 和引理 10.

19. 利用定理 11 和引理 10.

20. $\sum_{pq\leqslant x}\frac{1}{pq}=\sum_{p\leqslant x/2}\frac{1}{p}\sum_{q\leqslant x/p}\frac{1}{q}$. 先利用定理 11,再利用定理 9 估计余项.

21. (i) $\sum_{n\leqslant x}\omega(n)=\sum_{n\leqslant x}\sum_{p\mid n}1=\sum_{p\leqslant x}\left[\frac{x}{p}\right]$($p$ 为素数),再利用定理 11;

(ii)
$$\sum_{n\leqslant x}\Omega(n)-\sum_{n\leqslant x}\omega(n)=\sum_{n\leqslant x}\sum_{p^k\mid n,k>1}1=\sum_{k>1,p^k\leqslant x}\left[\frac{x}{p^k}\right]$$
$$=\sum_{k>1,p^k\leqslant x}\frac{x}{p^k}+r_1(x)=x\sum_{p\leqslant x}\sum_{k=2}^{\infty}\frac{1}{p^k}-x\sum_{p\leqslant x}\sum_{\substack{k\\p^k>x}}\frac{1}{p^k}+r_1(x)$$
$$=x\sum_{p\leqslant x}\frac{1}{p(p-1)}+r_2(x)+r_1(x),$$

这里 p 为素数，$|r_1(x)|\leqslant A_1x^{1/2}$，$|r_2(x)|\leqslant A_2\pi(x)$，其中 A_1,A_2 是两个正常数. 由此及(i)即得(ii).

22. 设 p,q 是素变数. 我们有

$$\begin{aligned}\sum_{n\leqslant x}\omega^2(n) &= \sum_{n\leqslant x}\Big(\sum_{p\mid n}1\Big)\Big(\sum_{q\mid n}1\Big)\\ &= \sum_{p\leqslant x}\sum_{q\leqslant x}\sum_{p\mid n,q\mid n,n\leqslant x}1 \overset{①}{=} \sum_{p=q}+\sum_{p\neq q}\\ &\triangleq S_1+S_2.\end{aligned}$$

显见 $S_1=\sum\limits_{n\leqslant x}\omega(n)$. 只要估计 S_2 即可.

$$\begin{aligned}S_2 &= \sum_{\substack{pq\leqslant x\\ p\neq q}}\left[\frac{x}{pq}\right]=\sum_{\substack{pq\leqslant x\\ p\neq q}}\frac{x}{pq}+r_1(x)\\ &= x\sum_{pq\leqslant x}\frac{1}{pq}+r_1(x)+r_2(x),\end{aligned}$$

这里 $|r_1(x)|\leqslant\pi_2(x)$，$\pi_2(x)$ 由第八章习题二的第 1 题给出，$|r_2(x)|\leqslant Ax$，其中 A 为正常数. 再利用第 20 题、第 21 题的(i)即可推出所要的结果.

习　题　四

1. 模 6 的特征有 2 个：一个是主特征 $\chi(n;6,0)$，另一个是非主实特征

$$\chi(n;6,1)=\begin{cases}1, & n\equiv 1(\bmod 6),\\ -1, & n\equiv -1(\bmod 6).\end{cases}$$

模 7 的特征有 6 个：

$$\chi(n;7,l)=e^{2\pi i l d/6},\quad n\equiv 3^d(\bmod 7),\quad l=0,1,2,3,4,5.$$

$\chi(n;7,0)$是主特征，$\chi(n;7,3)$是非主实特征. 模 8 的特征有 4 个：

$$\chi(n;8,l_{-1},l_0)=e^{2\pi i l_{-1}(n-1)/2}\cdot e^{2\pi i l_0 d_0/2},$$

$$n\equiv(-1)^{(n-1)/2}\cdot 5^{d_0}(\bmod 8),\ l_{-1}=0,1,\ l_0=0,1.$$

除了主特征($l_{-1}=l_0=0$)外，均是非主实特征. 模 9 的特征有 6 个：

$$\chi(n;9,l)=e^{2\pi i l d/6},\quad n\equiv 2^d(\bmod 9),\quad l=0,1,\cdots,5,$$

$\chi(n;9,3)$是非主实特征. 模 11 的特征有 10 个：

$$\chi(n;11,l)=e^{2\pi i l d/10},\quad n\equiv 2^d(\bmod 11),\quad l=0,1,\cdots,9,$$

① 这里表示把等号左边的和式按 $p=q$ 及 $p\neq q$ 分为两部分.

$\chi(n;11,5)$是非主实特征. 模 13 的特征有 12 个：

$$\chi(n;13,l)=\mathrm{e}^{2\pi ild/12},\quad n\equiv 2^d(\bmod 13),\quad l=0,1,\cdots,11,$$

$\chi(n;13,6)$是非主实特征. 模 15 的特征有 8 个：

$$\chi(n;15,l_1,l_2)=\mathrm{e}^{2\pi il_1d_1/2}\cdot\mathrm{e}^{2\pi il_2d_2/4},$$

$$n\equiv 2^{d_1}(\bmod 3),\ n\equiv 2^{d_2}(\bmod 5),\ l_1=0,1,\ l_2=0,1,2,3.$$

非主实特征有 3 个：$\chi(n;15,0,2),\chi(n;15,1,0),\chi(n;15,1,2)$. 模 20 的特征有 8 个：

$$\chi(n;20,l_{-1},l_1)=(-1)^{l_0(n-1)/2}\mathrm{e}^{2\pi il_1d_1/4},$$

$$n\equiv 2^{d_1}(\bmod 5),\ l_0=0,1,\ l_1=0,1,2,3,$$

非主实特征有 3 个：$\chi(n;20,0,2),\chi(n;20,1,0),\chi(n;20,1,2)$.

3. 利用表达式(33). 模 p^α 的主特征为 $\chi(n;p^\alpha,0)=\chi(n;p,0)$($p$ 为素数,$\alpha\geqslant 1$). 模 p^α 的非主实特征为 $\chi\left(n;p^\alpha,\frac{\varphi(p^\alpha)}{2}\right)=\chi\left(n;p,\frac{p-1}{2}\right)=\left(\frac{n}{p}\right)$,这里用表达式(28). 对给定的 p,所有模 p^α 取同样的原根. 模 2 的实特征由取 $\beta_{-1}=\beta_0=2$ 给出, 模 4 的实特征由取 $\beta_0=2,\beta_{-1}=1,2$ 给出[直接验证,并且见式(9)后的说明]. 由式(32)知,模 $2^{\alpha_0}(\alpha_0\geqslant 3)$的实特征是：

$$\chi(n;2^{\alpha_0},l_{-1},0)=\chi(n;8,l_{-1},0)=\chi(n;4,l_{-1}),$$

即取 $\beta_{-1}=1,2,\beta_0=0$;

$$\begin{aligned}\chi(n;2^{\alpha_0},l_{-1},2^{\alpha_0-3})&=\chi(n;8,l_{-1},1)=\chi(n;4,l_{-1})\chi(n;8,0,1)\\&=\chi(n;4,l_{-1})\left(\frac{2}{n}\right)=\chi(n;4,l_{-1})\left(\frac{8}{n}\right),\end{aligned}$$

即取 $\beta_{-1}=1,2,\beta_0=1$.

4. (i) 用带余数除法.

(ii) 只要证明当$(n,q_0)>1$ 时,$f(n)=0$ 即可. 也就是要证明对任一满足 $p\mid q_0$ 的 p,必有 $f(p)=0$. 若 $f(p)\neq 0$,设 $p^\alpha\parallel q_0,q_0=p^\alpha q_1$. 我们有

$$f(p^\alpha)f(n+q_1)=f(p^\alpha n+q_0)=f(p^\alpha n)=f(p^\alpha)f(n),$$

因此 $f(n+q_1)=f(n)$,即 q_1 也是周期,和 q_0 的最小性矛盾.

5. 当 $\mu(k)\neq 0$ 时,对任意的 $k>q,q\mid k$,模 k 的特征一定不是模 q 的特征. 再利用第 4 题的(ii).

6. (i) $p^\alpha/(l,p^{\alpha-1})$. (ii) $2^\alpha/((l_{-1},2)\cdot(l_0,2^{\alpha-3}))$.

(iii) 设 $\chi(n;k)$的最小正周期为 q;$\chi(n;2^{\alpha_0}),\chi(n;p_1^{\alpha_1}),\cdots,\chi(n;p_s^{\alpha_s})$的最小正周期分别为 $q_0,q_1,\cdots,q_s$. 显见 $q\mid q_0q_1\cdots q_s$,设 $P=p_0^{\alpha_0}p_1^{\alpha_1}\cdots p_s^{\alpha_s},P=p_j^{\alpha_j}P_j,0\leqslant j\leqslant s$,

这里取 $p_0=2$. 我们来证明必有 $q_j\,|\,q, 0\leqslant j\leqslant s$. 由于 $q_j\,|\,p_j^{\alpha_j}$，所以 $q_j\,(0\leqslant j\leqslant s)$两两既约. 由此就推出 $q_0q_1\cdots q_s\,|\,q$. 以 $q_0\,|\,q$ 为例来证明. 设 $n\equiv m(\bmod 2^{\alpha_0})$，$n\equiv 1(\bmod p_j^{\alpha_j})$，$1\leqslant j\leqslant s$，$m$ 为任意整数. 我们有

$$\chi(m;2^{\alpha_0})=\chi(n;k)=\chi(n+qP_0;k)=\chi(m+qP_0;2^{\alpha_0}),$$

因此 $q_0\,|\,qP_0$. 由此及$(q_0,P_0)=1$ 推出 $q_0\,|\,q$. 其他可类似证明.

7. (i) 用带余数除法；

(ii) $(n_1n_2,k)=1, n_1\equiv n_2(\bmod k')$等价于$(n_1n_2,k)=1, n_1n_2^{-1}\equiv 1(\bmod k')$.

8. (i),(ii),(iii)直接验证.

(iv),(v)利用相应的表达式(28),(32),第 7 题的(i),对给定的原根 g(当 $k=p^\alpha$，p 为奇素数,$\alpha\geqslant 1$ 时),n 对模 p^{α_1} 的指标与对模 p^{α_2} 的指标之间的关系$(\alpha_1>\alpha_2)$,以及 n 对模 2^{α_1} 的以$-1,5$ 为底的指标组与对模 2^{α_2} 的以$-1,5$ 为底的指标组之间的关系$(\alpha_1>\alpha_2)$.

(vi) 利用定义及孙子定理.

9. (i) 利用第 8 题的(vi).

(ii) 设 k 是给定的正整数. 对模 k 的每个特征 $\chi(n;k)$,必唯一地对应一个模 $d(d\,|\,k)$及模 d 的一个原特征 $\chi^*(n;d)$,且反过来也成立(即第 12 题). 由此及模 k 有 $\varphi(k)$个特征即推出所要的结论.

(iii) $P(k)=\sum\limits_{d|k}\mu(d)\varphi\left(\dfrac{k}{d}\right)$, $P(p^\alpha)=\begin{cases}p-2, & \alpha=1,\\ p^\alpha-2p^{\alpha-1}+p^{\alpha-2}, & \alpha>1.\end{cases}$

10. 利用第 3 题及第 8 题的(iv),(v).

11. 由特征的表达式及第 8 题的(iv),(v)即可推出.

12. 利用第 11 题及第 8 题的(vi). 也容易直接证,但要用原特征的定义.

13. $\chi(n;p^\alpha)$为非主特征时,对应的 $k^*=p^\lambda\neq 1, \lambda\leqslant\alpha$. 这时$(n,p^\alpha)=1$ 与$(n,p)=1$ 是一样的. 只要在表达式(24)右边出现一个主特征,就不成立.

14. 由式(24),(28),(32)推出.

15. 直接验证. 这是周期数论函数的有限 Fourier 展开.

16. (vi) 利用剩余系的分解.

(vii) 这就是第八章习题一第一部分的第 14 题. 一般情形类似证明.

17. (iii) 必有$(m,k)=1, m\equiv 1(\bmod k')$,使得 $\chi(m)\neq 1$[见第 7 题的(ii)]. 再证明 $\chi(m)S(n)=S(n)$.

18. (i) 由第 17 题的(iv)及第 16 题的(v)推出；

(ii) 考虑 $\sum\limits_{a=1}^{k}|G(a;\chi)|^2$,利用(i)及式(58)两种方法来计算这个和式,再比较

即得；

(iii) 利用第 16 题的(iii)，由此亦推出(iv).

19. 由第 16 题的(vi)知，只要讨论 $k=p^{\alpha}$（p 为素数，$\alpha\geqslant1$）的情形即可. 利用第 13 题直接计算.

20. $\sum\limits_{n=M+1}^{M+N}\chi(n)=(G(1;\bar{\chi}))^{-1}\sum\limits_{n=M+1}^{M+N}G(n;\bar{\chi})$（这里利用了第 18 题）. 代入式(58)直接计算即得第一个不等式. 再利用当 $0\leqslant x\leqslant\pi/2$ 时，$2x/\pi\leqslant\sin x$，分 k 为奇数、偶数两种情形来估计第一个不等式的右边部分，即得第二个不等式.

21. $\sum\limits_{n=M+1}^{M+N}\chi(n)=\sum\limits_{\substack{n=M+1\\(n,k_2)=1}}^{M+N}\chi^{*}(n;k^{*})$，这里 $k=k_1k_2$，k_1 和 k^{*} 有相同的素因数，$k^{*}|k_1$，$(k_1,k_2)=1$. 再利用 $\sum\limits_{d|n}\mu(d)=\left[\dfrac{1}{n}\right]$ 及第 20 题来估计.

22. 利用式(48)及第 20 题.

23. (iii) 设不超过 x 的正的模 p 的二次剩余个数为 $R(x)$. 我们有

$$R(x)-N(x)=\sum_{a=1}^{[x]}\left(\frac{a}{p}\right)=\theta\sqrt{p}\ln p,\quad |\theta|\leqslant1$$

（这由第 20 题推出）. 此外，显然有 $R(x)+N(x)=[x]$.

24. (i) 第一部分利用第 21 题，第二部分是第八章习题三第 1 题(ii)的特例；

(ii) 类似于第八章习题三的第 3 题可证明结论成立；

(iii) 利用(i)； (iv) 利用(i)或(iii)均可.

25. (i) 利用定理 7； (ii) 由(i)推出.

26. 同余方程 $f(x_1,\cdots,x_r)\equiv0\pmod p$（$1\leqslant x_j\leqslant a_j$，$1\leqslant j\leqslant r$）的解数为

$$p^{-1}\sum_{x_1=1}^{a_1}\cdots\sum_{x_r=1}^{a_r}\sum_{l=1}^{p}\mathrm{e}^{2\pi i l f(x_1,\cdots,x_r)/p}.$$

由此利用容斥原理就可推出(ii)，(iii)中的公式. (i)，(ii)，(iii)中的具体结果容易直接证明.

(iv) $T_p^{*}(3)=48^{-1}(p-1)\left(p-8-(-1)^{(p-1)/2}\cdot3\left(1+2\left(\dfrac{2}{p}\right)\right)\right).$

$$T_p^{*}(4)=(3\cdot2^{7})^{-1}(p-1)\left(p^2-14p+\left(71+(-1)^{(p-1)/2}\cdot30\right.\right.$$

$$\left.\left.+(-1)^{(p-1)/2}\cdot24\left(\frac{2}{p}\right)+(-1)^{(p-1)/2}\cdot32\left(\frac{3}{p}\right)\right)\right).$$

附表 1 素数与最小正原根表(5000 以内)①

p	$p-1$	g	p	$p-1$	g	p	$p-1$	g
3	2	2	139	$2\cdot 3\cdot 23$	2	317	$2^2\cdot 79$	2
5	2^2	2	149*	$2^2\cdot 37$	2	331	$2\cdot 3\cdot 5\cdot 11$	3
7*	$2\cdot 3$	3	151	$2\cdot 3\cdot 5^2$	6	337*	$2^4\cdot 3\cdot 7$	10
11	$2\cdot 5$	2	157	$2^2\cdot 3\cdot 13$	5	347	$2\cdot 173$	2
13	$2^2\cdot 3$	2	163	$2\cdot 3^4$	2	349	$2^2\cdot 3\cdot 29$	2
17*	2^4	3	167*	$2\cdot 83$	5	353	$2^5\cdot 11$	3
19*	$2\cdot 3^2$	2	173	$2^2\cdot 43$	2	359	$2\cdot 179$	7
23*	$2\cdot 11$	5	179*	$2\cdot 89$	2	367*	$2\cdot 3\cdot 61$	6
29*	$2^2\cdot 7$	2	181*	$2^2\cdot 3^2\cdot 5$	2	373	$2^2\cdot 3\cdot 31$	2
31	$2\cdot 3\cdot 5$	3	191	$2\cdot 5\cdot 19$	19	379*	$2\cdot 3^3\cdot 7$	2
37	$2^2\cdot 3^2$	2	193*	$2^6\cdot 3$	5	383*	$2\cdot 191$	5
41	$2^3\cdot 5$	6	197	$2^2\cdot 7^2$	2	389*	$2^2\cdot 97$	2
43	$2\cdot 3\cdot 7$	3	199	$2\cdot 3^2\cdot 11$	3	397	$2^2\cdot 3^2\cdot 11$	5
47*	$2\cdot 23$	5	211	$2\cdot 3\cdot 5\cdot 7$	2	401	$2^4\cdot 5^2$	3
53	$2^2\cdot 13$	2	223*	$2\cdot 3\cdot 37$	3	409	$2^3\cdot 3\cdot 17$	21
59*	$2\cdot 29$	2	227	$2\cdot 113$	2	419*	$2\cdot 11\cdot 19$	2
61*	$2^2\cdot 3\cdot 5$	2	229*	$2^2\cdot 3\cdot 19$	6	421	$2^2\cdot 3\cdot 5\cdot 7$	2
67	$2\cdot 3\cdot 11$	2	233*	$2^3\cdot 29$	3	431	$2\cdot 5\cdot 43$	7
71	$2\cdot 5\cdot 7$	7	239	$2\cdot 7\cdot 17$	7	433*	$2^4\cdot 3^3$	5
73	$2^3\cdot 3^2$	5	241	$2^4\cdot 3\cdot 5$	7	439	$2\cdot 3\cdot 73$	15
79	$2\cdot 3\cdot 13$	3	251	$2\cdot 5^3$	6	443	$2\cdot 13\cdot 17$	2
83	$2\cdot 41$	2	257*	2^8	3	449	$2^6\cdot 7$	3
89	$2^3\cdot 11$	3	263*	$2\cdot 131$	5	457	$2^3\cdot 3\cdot 19$	13
97*	$2^5\cdot 3$	5	269*	$2^2\cdot 67$	2	461*	$2^2\cdot 5\cdot 23$	2
101	$2^2\cdot 5^2$	2	271	$2\cdot 3^3\cdot 5$	6	463	$2\cdot 3\cdot 7\cdot 11$	3
103	$2\cdot 3\cdot 17$	5	277	$2^2\cdot 3\cdot 23$	5	467	$2\cdot 233$	2
107	$2\cdot 53$	2	281	$2^3\cdot 5\cdot 7$	3	479	$2\cdot 239$	13
109*	$2^2\cdot 3^3$	6	283	$2\cdot 3\cdot 47$	3	487*	$2\cdot 3^5$	3
113*	$2^4\cdot 7$	3	293	$2^2\cdot 73$	2	491*	$2\cdot 5\cdot 7^2$	2
127	$2\cdot 3^2\cdot 7$	3	307	$2\cdot 3^2\cdot 17$	5	499*	$2\cdot 3\cdot 83$	7
131*	$2\cdot 5\cdot 13$	2	311	$2\cdot 5\cdot 31$	17	503*	$2\cdot 251$	5
137	$2^3\cdot 17$	3	313*	$2^3\cdot 3\cdot 13$	10	509*	$2^2\cdot 127$	2

① 表中 p 为素数,g 为最小正原根,加 * 者表示 10 为其原根. 本表取自文献[3],原表中 1459,3631,4111 三个素数的最小正原根有误,参看文献: 蔺大正. 从计算看素数的最小原根[J]. 数学的实践与认识,1992,(3):93~97.

续表

p	$p-1$	g	p	$p-1$	g	p	$p-1$	g
521	$2^2 \cdot 5 \cdot 13$	3	751	$2 \cdot 3 \cdot 5$	3	997	$2^2 \cdot 3 \cdot 83$	7
523	$2 \cdot 3^2 \cdot 29$	2	757	$2^2 \cdot 3^3 \cdot 7$	2	1009	$2^4 \cdot 3^2 \cdot 7$	11
541*	$2^2 \cdot 3^3 \cdot 5$	2	761	$2^3 \cdot 5 \cdot 19$	6	1013	$2^2 \cdot 11 \cdot 23$	3
547	$2 \cdot 3 \cdot 7 \cdot 13$	2	769	$2^8 \cdot 3$	11	1019*	$2 \cdot 509$	2
557	$2^2 \cdot 139$	2	773	$2^2 \cdot 193$	2	1021*	$2^2 \cdot 3 \cdot 5 \cdot 17$	10
563	$2 \cdot 281$	2	787	$2 \cdot 3 \cdot 131$	2	1031	$2 \cdot 5 \cdot 103$	14
569	$2^3 \cdot 71$	3	797	$2^2 \cdot 199$	2	1033*	$2^3 \cdot 3 \cdot 43$	5
571*	$2 \cdot 3 \cdot 5 \cdot 19$	3	809	$2^3 \cdot 101$	3	1039	$2 \cdot 3 \cdot 173$	3
577*	$2^6 \cdot 3^2$	5	811*	$2 \cdot 3^4 \cdot 5$	3	1049	$2^3 \cdot 131$	3
587	$2 \cdot 293$	2	821*	$2^2 \cdot 5 \cdot 41$	2	1051*	$2 \cdot 3 \cdot 5^2 \cdot 7$	7
593*	$2^4 \cdot 37$	3	823*	$2 \cdot 3 \cdot 137$	3	1061	$2^2 \cdot 5 \cdot 53$	2
599	$2 \cdot 13 \cdot 23$	7	827	$2 \cdot 7 \cdot 59$	2	1063*	$2 \cdot 3^2 \cdot 59$	3
601	$2^3 \cdot 3 \cdot 5^2$	7	829	$2^2 \cdot 3^2 \cdot 23$	2	1069*	$2^2 \cdot 3 \cdot 89$	6
607	$2 \cdot 3 \cdot 101$	3	839	$2 \cdot 419$	11	1087*	$2 \cdot 3 \cdot 181$	3
613	$2^2 \cdot 3^2 \cdot 17$	2	853	$2^2 \cdot 3 \cdot 71$	2	1091*	$2 \cdot 5 \cdot 109$	2
617	$2^3 \cdot 7 \cdot 11$	3	857*	$2^3 \cdot 107$	3	1093	$2^2 \cdot 3 \cdot 7 \cdot 13$	5
619*	$2 \cdot 3 \cdot 103$	2	859	$2 \cdot 3 \cdot 11 \cdot 13$	2	1097*	$2^3 \cdot 137$	3
631	$2 \cdot 3^2 \cdot 5 \cdot 7$	3	863*	$2 \cdot 431$	5	1103*	$2 \cdot 19 \cdot 29$	5
641	$2^7 \cdot 5$	3	877	$2^2 \cdot 3 \cdot 73$	2	1109*	$2^2 \cdot 277$	2
643	$2 \cdot 3 \cdot 107$	11	881	$2^4 \cdot 5 \cdot 11$	3	1117	$2^2 \cdot 3^2 \cdot 31$	2
647*	$2 \cdot 17 \cdot 19$	5	883	$2 \cdot 3^2 \cdot 7^2$	2	1123	$2 \cdot 3 \cdot 11 \cdot 17$	2
653	$2^2 \cdot 163$	2	887*	$2 \cdot 443$	5	1129	$2^3 \cdot 3 \cdot 47$	11
659*	$2 \cdot 7 \cdot 47$	2	907	$2 \cdot 3 \cdot 151$	2	1151	$2 \cdot 5^2 \cdot 23$	17
661	$2^2 \cdot 3 \cdot 5 \cdot 11$	2	911	$2 \cdot 5 \cdot 7 \cdot 13$	17	1153*	$2^7 \cdot 3^2$	5
673	$2^5 \cdot 3 \cdot 7$	5	919	$2 \cdot 3^3 \cdot 17$	7	1163	$2 \cdot 7 \cdot 83$	5
677	$2^2 \cdot 13^2$	2	929	$2^5 \cdot 29$	3	1171*	$2 \cdot 3^2 \cdot 5 \cdot 13$	2
683	$2 \cdot 11 \cdot 31$	5	937*	$2^3 \cdot 3^2 \cdot 13$	5	1181*	$2^2 \cdot 5 \cdot 59$	7
691	$2 \cdot 3 \cdot 5 \cdot 3$	3	941*	$2^2 \cdot 5 \cdot 47$	2	1187	$2 \cdot 593$	2
701*	$2^2 \cdot 5^2 \cdot 7$	2	947	$2 \cdot 11 \cdot 43$	2	1193*	$2^2 \cdot 149$	3
709*	$2^2 \cdot 3 \cdot 59$	2	953*	$2^3 \cdot 7 \cdot 17$	3	1201	$2^4 \cdot 3 \cdot 5^2$	11
719	$2 \cdot 359$	11	967	$2 \cdot 3 \cdot 7 \cdot 23$	5	1213*	$2^2 \cdot 3 \cdot 101$	2
727*	$2 \cdot 3 \cdot 11^2$	5	971*	$2 \cdot 5 \cdot 97$	6	1217*	$2^6 \cdot 19$	3
733	$2^2 \cdot 3 \cdot 61$	6	977*	$2^4 \cdot 61$	3	1223*	$2 \cdot 13 \cdot 47$	5
739	$2 \cdot 3^2 \cdot 41$	3	983*	$2 \cdot 491$	5	1229*	$2^2 \cdot 307$	2
743*	$2 \cdot 7 \cdot 53$	5	991	$2 \cdot 3^2 \cdot 5 \cdot 11$	6	1231	$2 \cdot 3 \cdot 5 \cdot 41$	3

续表

p	$p-1$	g	p	$p-1$	g	p	$p-1$	g
1237	$2^2\cdot3\cdot103$	2	1493	$2^2\cdot373$	2	1753	$2^2\cdot3\cdot73$	7
1249	$2^5\cdot3\cdot13$	7	1499	$2\cdot7\cdot107$	2	1759	$2\cdot3\cdot293$	6
1259*	$2\cdot17\cdot37$	2	1511	$2\cdot5\cdot151$	11	1777*	$2^4\cdot3\cdot37$	5
1277	$2^2\cdot11\cdot29$	2	1523	$2\cdot761$	2	1783*	$2\cdot3^4\cdot11$	10
1279	$2\cdot3^2\cdot71$	3	1531*	$2\cdot3^2\cdot5\cdot17$	2	1787	$2\cdot19\cdot47$	2
1283	$2\cdot641$	2	1543*	$2\cdot3\cdot257$	5	1789*	$2^2\cdot3\cdot149$	6
1289	$2^3\cdot7\cdot23$	6	1549*	$2^2\cdot3^2\cdot43$	2	1801	$2^3\cdot3^2\cdot5^2$	11
1291*	$2\cdot3\cdot5\cdot43$	2	1553*	$2^4\cdot97$	3	1811*	$2\cdot5\cdot181$	6
1297*	$2^4\cdot3^4$	10	1559	$2\cdot19\cdot41$	19	1823*	$2\cdot911$	5
1301*	$2^2\cdot5^2\cdot13$	2	1567*	$2\cdot3^3\cdot29$	3	1831	$2\cdot3\cdot5\cdot61$	3
1303*	$2\cdot3\cdot7\cdot31$	6	1571*	$2\cdot5\cdot157$	2	1847*	$2\cdot13\cdot71$	5
1307	$2\cdot653$	2	1579*	$2\cdot3\cdot263$	3	1861*	$2^2\cdot3\cdot5\cdot31$	2
1319	$2\cdot659$	13	1583*	$2\cdot7\cdot113$	5	1867	$2\cdot3\cdot311$	2
1321	$2^3\cdot3\cdot5\cdot11$	13	1597	$2^2\cdot3\cdot7\cdot19$	11	1871	$2\cdot5\cdot11\cdot17$	14
1327*	$2\cdot3\cdot13\cdot17$	3	1601	$2^6\cdot5^2$	3	1873*	$2^4\cdot3^2\cdot13$	10
1361	$2^4\cdot5\cdot17$	3	1607*	$2\cdot11\cdot73$	5	1877	$2^2\cdot7\cdot67$	2
1367*	$2\cdot683$	5	1609	$2^3\cdot3\cdot67$	7	1879	$2\cdot3\cdot313$	6
1373	$2^2\cdot7^3$	2	1613	$2^2\cdot13\cdot31$	3	1889	$2^5\cdot59$	3
1381*	$2^2\cdot3\cdot5\cdot23$	2	1619*	$2\cdot809$	2	1901	$2^2\cdot3^2\cdot19$	2
1399	$2\cdot3\cdot233$	13	1621*	$2^2\cdot3^4\cdot5$	2	1907	$2\cdot953$	2
1409	$2^7\cdot11$	3	1627	$2\cdot3\cdot271$	3	1913*	$2^3\cdot239$	3
1423	$2\cdot3^2\cdot79$	3	1637	$2^2\cdot409$	2	1931	$2\cdot5\cdot193$	2
1427	$2\cdot23\cdot31$	2	1657	$2^3\cdot3^2\cdot23$	11	1933	$2^2\cdot3\cdot7\cdot23$	5
1429*	$2^2\cdot3\cdot7\cdot17$	6	1663*	$2\cdot3\cdot277$	3	1949*	$2^2\cdot487$	2
1433*	$2^3\cdot179$	3	1667	$2\cdot7^2\cdot17$	2	1951	$2\cdot3\cdot5^2\cdot13$	3
1439	$2\cdot719$	7	1669	$2^2\cdot3\cdot139$	2	1973	$2^2\cdot17\cdot29$	2
1447*	$2\cdot3\cdot241$	3	1693	$2^2\cdot3^2\cdot47$	2	1979*	$2\cdot23\cdot43$	2
1451	$2\cdot5^2\cdot29$	2	1697*	$2^5\cdot53$	3	1987	$2\cdot3\cdot331$	2
1453	$2^2\cdot3\cdot11^2$	2	1699	$2\cdot3\cdot283$	3	1993*	$2^3\cdot3\cdot83$	5
1459	$2\cdot3^6$	3	1709*	$2^2\cdot7\cdot61$	3	1997	$2^2\cdot499$	2
1471	$2\cdot3\cdot5\cdot7^2$	6	1721	$2^3\cdot5\cdot43$	3	1999	$2\cdot3^8\cdot37$	3
1481	$2^3\cdot5\cdot37$	3	1723	$2\cdot3\cdot7\cdot41$	3	2003	$2\cdot7\cdot11\cdot13$	5
1483	$2\cdot3\cdot13\cdot19$	2	1733	$2^2\cdot433$	2	2011	$2\cdot3\cdot5\cdot67$	3
1487*	$2\cdot743$	5	1741*	$2^2\cdot3\cdot5\cdot29$	2	2017*	$2^5\cdot3^2\cdot7$	5
1489	$2^4\cdot3\cdot31$	14	1747	$2\cdot3^2\cdot97$	2	2027	$2\cdot1013$	2

续表

p	$p-1$	g	p	$p-1$	g	p	$p-1$	g
2029*	$2^2 \cdot 3 \cdot 13^2$	2	2309*	$2^2 \cdot 577$	2	2593*	$2^5 \cdot 3^4$	7
2039	$2 \cdot 1019$	7	2311	$2 \cdot 3 \cdot 5 \cdot 7 \cdot 11$	3	2609	$2^4 \cdot 163$	3
2053	$2^2 \cdot 3^3 \cdot 19$	2	2333	$2^2 \cdot 11 \cdot 53$	2	2617*	$2^3 \cdot 3 \cdot 109$	5
2063*	$2 \cdot 1031$	5	2339*	$2 \cdot 7 \cdot 167$	2	2621*	$2^2 \cdot 5 \cdot 131$	2
2069*	$2^2 \cdot 11 \cdot 47$	2	2341*	$2^3 \cdot 3^2 \cdot 5 \cdot 13$	7	2633*	$2^3 \cdot 7 \cdot 47$	3
2081	$2^5 \cdot 5 \cdot 13$	3	2347	$2 \cdot 3 \cdot 17 \cdot 23$	3	2647	$2 \cdot 3^3 \cdot 7^2$	3
2083	$2 \cdot 3 \cdot 347$	2	2351	$2 \cdot 5^2 \cdot 47$	13	2657*	$2^5 \cdot 83$	3
2087	$2 \cdot 7 \cdot 149$	5	2357	$2^2 \cdot 19 \cdot 31$	2	2659	$2 \cdot 3 \cdot 443$	2
2089	$2^3 \cdot 3^2 \cdot 29$	7	2371*	$2 \cdot 3 \cdot 5 \cdot 79$	2	2663*	$2 \cdot 11^3$	5
2099*	$2 \cdot 1049$	2	2377	$2^3 \cdot 3^3 \cdot 11$	5	2671	$2 \cdot 3 \cdot 5 \cdot 89$	7
2111	$2 \cdot 5 \cdot 211$	7	2381	$2^2 \cdot 5 \cdot 7 \cdot 17$	3	2677	$2^2 \cdot 3 \cdot 223$	2
2113*	$2^6 \cdot 3 \cdot 11$	5	2383*	$2 \cdot 3 \cdot 397$	5	2683	$2 \cdot 3^2 \cdot 149$	2
2129	$2^4 \cdot 7 \cdot 19$	3	2389*	$2^2 \cdot 3 \cdot 199$	2	2687*	$2 \cdot 17 \cdot 79$	5
2131	$2 \cdot 3 \cdot 5 \cdot 71$	2	2393	$2^3 \cdot 13 \cdot 23$	3	2689	$2^7 \cdot 3 \cdot 7$	19
2137*	$2^3 \cdot 3 \cdot 89$	10	2399	$2 \cdot 11 \cdot 109$	11	2693	$2^2 \cdot 673$	2
2141*	$2^2 \cdot 5 \cdot 107$	2	2411*	$2 \cdot 5 \cdot 241$	6	2699*	$2 \cdot 19 \cdot 71$	2
2143*	$2 \cdot 3^2 \cdot 7 \cdot 17$	3	2417*	$2^4 \cdot 151$	3	2707	$2 \cdot 3 \cdot 11 \cdot 41$	2
2153*	$2^3 \cdot 269$	3	2423*	$2 \cdot 7 \cdot 173$	5	2711	$2 \cdot 5 \cdot 271$	7
2161	$2^4 \cdot 3^3 \cdot 5$	23	2437*	$2^2 \cdot 3 \cdot 7 \cdot 29$	2	2713*	$2^3 \cdot 3 \cdot 113$	5
2179*	$2 \cdot 3^2 \cdot 11^2$	7	2441	$2^3 \cdot 5 \cdot 61$	6	2719	$2 \cdot 3^2 \cdot 151$	3
2203	$2 \cdot 3 \cdot 367$	5	2447*	$2 \cdot 1223$	5	2729*	$2^3 \cdot 11 \cdot 31$	3
2207*	$2 \cdot 1103$	5	2459*	$2 \cdot 1229$	2	2731	$2 \cdot 3 \cdot 5 \cdot 7 \cdot 13$	3
2213	$2^2 \cdot 7 \cdot 79$	2	2467	$2 \cdot 3^2 \cdot 137$	2	2741*	$2^2 \cdot 5 \cdot 137$	2
2221*	$2^2 \cdot 3 \cdot 5 \cdot 37$	2	2473*	$2^3 \cdot 3 \cdot 103$	5	2749	$2^2 \cdot 3 \cdot 229$	6
2237	$2^2 \cdot 13 \cdot 43$	2	2477	$2^2 \cdot 619$	2	2753*	$2^6 \cdot 43$	3
2239	$2 \cdot 3 \cdot 373$	3	2503	$2 \cdot 3^2 \cdot 139$	3	2767*	$2 \cdot 3 \cdot 461$	3
2243	$2 \cdot 19 \cdot 59$	2	2521	$2^3 \cdot 3^2 \cdot 5 \cdot 7$	17	2777*	$2^3 \cdot 347$	3
2251*	$2 \cdot 3^2 \cdot 5^3$	7	2531	$2 \cdot 5 \cdot 11 \cdot 23$	2	2789*	$2^2 \cdot 17 \cdot 41$	2
2267	$2 \cdot 11 \cdot 103$	2	2539*	$2 \cdot 3^3 \cdot 47$	2	2791	$2 \cdot 3^2 \cdot 5 \cdot 31$	6
2269*	$2^2 \cdot 3^4 \cdot 7$	2	2543*	$2 \cdot 31 \cdot 41$	5	2797	$2^2 \cdot 3 \cdot 233$	2
2273*	$2^5 \cdot 71$	3	2549*	$4 \cdot 7^2 \cdot 13$	2	2801	$2^4 \cdot 5^2 \cdot 7$	3
2281	$2^3 \cdot 3 \cdot 5 \cdot 19$	7	2551	$2 \cdot 3 \cdot 5^3 \cdot 17$	6	2803	$2 \cdot 3 \cdot 467$	2
2287	$2 \cdot 3^2 \cdot 127$	19	2557	$2^2 \cdot 3^2 \cdot 71$	2	2819*	$2 \cdot 1409$	2
2293	$2^2 \cdot 3 \cdot 191$	2	2579*	$2 \cdot 1289$	2	2833*	$2^4 \cdot 3 \cdot 59$	5
2297*	$2^3 \cdot 7 \cdot 41$	5	2591	$2 \cdot 5 \cdot 7 \cdot 37$	7	2837	$2^2 \cdot 709$	2

续表

p	$p-1$	g	p	$p-1$	g	p	$p-1$	g
2843	$2 \cdot 7^2 \cdot 29$	2	3167*	$2 \cdot 1583$	5	3457	$2^7 \cdot 3^3$	7
2851*	$2 \cdot 3 \cdot 5^2 \cdot 19$	2	3169	$2^5 \cdot 3^2 \cdot 11$	7	3461*	$2^2 \cdot 5 \cdot 173$	2
2857	$2^3 \cdot 3 \cdot 7 \cdot 17$	11	3181	$2^2 \cdot 3 \cdot 5 \cdot 53$	7	3463*	$2 \cdot 3 \cdot 577$	3
2861*	$2^2 \cdot 5 \cdot 11 \cdot 13$	2	3187	$2 \cdot 3^3 \cdot 59$	2	3467	$2 \cdot 1733$	2
2879	$2 \cdot 1439$	7	3191	$2 \cdot 5 \cdot 11 \cdot 29$	11	3469*	$2^2 \cdot 3 \cdot 17^2$	2
2887	$2 \cdot 3 \cdot 13 \cdot 37$	5	3203	$2 \cdot 1601$	2	3491	$2 \cdot 5 \cdot 349$	2
2897*	$2^4 \cdot 181$	3	3209	$2^3 \cdot 401$	3	3499	$2 \cdot 3 \cdot 11 \cdot 53$	2
2903*	$2 \cdot 1451$	5	3217	$2^4 \cdot 3 \cdot 67$	5	3511	$2 \cdot 3^3 \cdot 5 \cdot 13$	7
2909*	$2^2 \cdot 727$	2	3221*	$2^2 \cdot 5 \cdot 7 \cdot 23$	10	3517	$2^2 \cdot 3 \cdot 293$	2
2917	$2^2 \cdot 3^6$	5	3229	$2^2 \cdot 3 \cdot 269$	6	3527*	$2 \cdot 41 \cdot 43$	5
2927*	$2 \cdot 7 \cdot 11 \cdot 19$	5	3251*	$2 \cdot 5^3 \cdot 13$	6	3529	$2^3 \cdot 3^2 \cdot 7^2$	17
2939*	$2 \cdot 13 \cdot 113$	2	3253	$2^2 \cdot 3 \cdot 271$	2	3533	$2^2 \cdot 883$	2
2953	$2^3 \cdot 3^2 \cdot 41$	13	3257*	$2^3 \cdot 11 \cdot 37$	3	3539*	$2 \cdot 29 \cdot 61$	2
2957	$2^2 \cdot 739$	2	3259*	$2 \cdot 3 \cdot 181$	3	3541	$2^2 \cdot 3 \cdot 5 \cdot 59$	7
2963	$2 \cdot 1481$	2	3271	$2 \cdot 3 \cdot 5 \cdot 109$	3	3547	$2 \cdot 3^2 \cdot 197$	2
2969	$2^3 \cdot 7 \cdot 53$	3	3299*	$2 \cdot 17 \cdot 97$	2	3557	$2^2 \cdot 7 \cdot 127$	2
2971*	$2 \cdot 3^3 \cdot 5 \cdot 11$	10	3301*	$2^2 \cdot 3 \cdot 5^2 \cdot 11$	6	3559	$2 \cdot 3 \cdot 593$	3
2999	$2 \cdot 1499$	17	3307	$2 \cdot 3 \cdot 19 \cdot 29$	2	3571*	$2 \cdot 3 \cdot 5 \cdot 7 \cdot 17$	2
3001	$2^3 \cdot 3 \cdot 5^3$	14	3313*	$2^4 \cdot 3^2 \cdot 23$	10	3581*	$2^2 \cdot 5 \cdot 179$	2
3011*	$2 \cdot 5 \cdot 7 \cdot 43$	2	3319	$2 \cdot 3 \cdot 7 \cdot 79$	6	3583	$2 \cdot 3^2 \cdot 199$	3
3019*	$2 \cdot 3 \cdot 503$	2	3323	$2 \cdot 11 \cdot 151$	2	3593*	$2^3 \cdot 449$	3
3023*	$2 \cdot 1511$	5	3329	$2^8 \cdot 13$	3	3607*	$2 \cdot 3 \cdot 601$	5
3037	$2^2 \cdot 3 \cdot 11 \cdot 23$	2	3331*	$2 \cdot 3^2 \cdot 5 \cdot 37$	3	3613	$2^2 \cdot 3 \cdot 7 \cdot 43$	2
3041	$2^5 \cdot 5 \cdot 19$	3	3343*	$2 \cdot 3 \cdot 557$	5	3617*	$2^5 \cdot 113$	3
3049	$2^3 \cdot 3 \cdot 127$	11	3347	$2 \cdot 7 \cdot 239$	2	3623*	$2 \cdot 1811$	5
3061	$2^2 \cdot 3^2 \cdot 5 \cdot 17$	6	3359	$2 \cdot 23 \cdot 73$	11	3631	$2 \cdot 3 \cdot 5 \cdot 11^2$	15
3067	$2 \cdot 3 \cdot 7 \cdot 73$	2	3361	$2^5 \cdot 3 \cdot 5 \cdot 7$	22	3637	$2^2 \cdot 3^2 \cdot 101$	2
3079	$2 \cdot 3^4 \cdot 19$	6	3371*	$2 \cdot 5 \cdot 337$	2	3643	$2 \cdot 3 \cdot 607$	2
3083	$2 \cdot 23 \cdot 67$	2	3373	$2^2 \cdot 3 \cdot 281$	5	3659*	$2 \cdot 31 \cdot 59$	2
3089	$2^4 \cdot 193$	3	3389*	$2^2 \cdot 7 \cdot 11^2$	3	3671	$2 \cdot 5 \cdot 367$	13
3109	$2^2 \cdot 3 \cdot 7 \cdot 37$	6	3391	$2 \cdot 3 \cdot 5 \cdot 113$	3	3673*	$2^3 \cdot 3^3 \cdot 17$	5
3119	$2 \cdot 1559$	7	3407*	$2 \cdot 13 \cdot 131$	5	3677	$2^2 \cdot 919$	2
3121	$2^4 \cdot 3 \cdot 5 \cdot 13$	7	3413	$2^2 \cdot 853$	2	3691	$2 \cdot 3^2 \cdot 5 \cdot 41$	2
3137*	$2^6 \cdot 7^2$	3	3433*	$2^3 \cdot 3 \cdot 11 \cdot 13$	5	3697	$2^4 \cdot 3 \cdot 7 \cdot 11$	5
3163	$2 \cdot 3 \cdot 17 \cdot 31$	3	3449	$2^3 \cdot 431$	3	3701*	$2^2 \cdot 5^2 \cdot 37$	2

续表

p	$p-1$	g	p	$p-1$	g	p	$p-1$	g
3709*	$2^2\cdot3^2\cdot103$	2	4007*	$2\cdot2003$	5	4283	$2\cdot2141$	2
3719	$2\cdot11\cdot13^2$	7	4013	$2^2\cdot17\cdot59$	2	4289	$2^6\cdot67$	3
3727*	$2\cdot3^4\cdot23$	3	4019*	$2\cdot7^2\cdot41$	2	4297	$2^3\cdot3\cdot179$	5
3733	$2^2\cdot3\cdot311$	2	4021	$2^2\cdot3\cdot5\cdot67$	2	4327*	$2\cdot3\cdot7\cdot103$	3
3739	$2\cdot3\cdot7\cdot89$	7	4027	$2\cdot3\cdot11\cdot61$	3	4337*	$2^4\cdot271$	3
3761	$2^4\cdot5\cdot47$	3	4049	$2^4\cdot11\cdot23$	3	4339*	$2\cdot3^2\cdot241$	10
3767	$2\cdot7\cdot269$	5	4051*	$2\cdot3^4\cdot5^2$	10	4349*	$2^2\cdot1087$	2
3769	$2^3\cdot3\cdot157$	7	4057*	$2^3\cdot3\cdot13^2$	5	4357	$2^2\cdot3^2\cdot11^2$	2
3779*	$2\cdot1889$	2	4073*	$2^3\cdot509$	3	4363	$2\cdot3\cdot727$	2
3793	$2^4\cdot3\cdot79$	5	4079	$2\cdot2039$	11	4373	$2^2\cdot1093$	2
3797	$2^2\cdot13\cdot73$	2	4091*	$2\cdot5\cdot409$	2	4391	$2\cdot5\cdot439$	14
3803	$2\cdot1901$	2	4093	$2^2\cdot3\cdot11\cdot31$	2	4397	$2^2\cdot7\cdot157$	2
3821*	$2^2\cdot5\cdot191$	3	4099	$2\cdot3\cdot683$	2	4409	$2^3\cdot19\cdot29$	3
3823	$2\cdot3\cdot7^2\cdot13$	3	4111	$2\cdot3\cdot5\cdot137$	12	4421*	$2^2\cdot5\cdot13\cdot17$	3
3833*	$2^3\cdot479$	3	4127	$2\cdot2063$	5	4423*	$2\cdot3\cdot11\cdot67$	3
3847*	$2\cdot3\cdot641$	5	4129	$2^5\cdot3\cdot43$	13	4441	$2^3\cdot3\cdot5\cdot37$	21
3851*	$2\cdot5^2\cdot7\cdot11$	2	4133	$2^2\cdot1033$	2	4447*	$2\cdot3^2\cdot13\cdot19$	3
3853	$2^2\cdot3^2\cdot107$	2	4139*	$2\cdot2069$	2	4451*	$2\cdot5^2\cdot89$	2
3863*	$2\cdot1931$	5	4153*	$2^3\cdot3\cdot173$	5	4457*	$2^3\cdot557$	3
3877	$2^2\cdot3\cdot17\cdot19$	2	4157	$2^2\cdot1039$	2	4463*	$2\cdot23\cdot97$	5
3881	$2^3\cdot5\cdot97$	13	4159	$2\cdot3^3\cdot7\cdot11$	3	4481	$2^7\cdot5\cdot7$	3
3889	$2^4\cdot3^5$	11	4177*	$2^4\cdot3^2\cdot29$	5	4483	$2\cdot3^3\cdot83$	2
3907	$2\cdot3^2\cdot7\cdot31$	2	4201	$2^3\cdot3\cdot5^2\cdot7$	11	4493	$2^2\cdot1123$	2
3911	$2\cdot5\cdot17\cdot23$	13	4211*	$2\cdot5\cdot421$	6	4507	$2\cdot3\cdot751$	2
3917	$2^2\cdot11\cdot89$	2	4217*	$2^3\cdot17\cdot31$	3	4513	$2^5\cdot3\cdot47$	7
3919	$2\cdot3\cdot653$	3	4219*	$2\cdot3\cdot19\cdot37$	2	4517	$2^2\cdot1129$	2
3923	$2\cdot37\cdot53$	2	4229*	$2^2\cdot7\cdot151$	2	4519	$2\cdot3^2\cdot251$	3
3929	$2^3\cdot491$	3	4231	$2\cdot3^2\cdot5\cdot47$	3	4523	$2\cdot7\cdot17\cdot19$	5
3931	$2\cdot3\cdot5\cdot131$	2	4241	$2^4\cdot5\cdot53$	3	4547	$2\cdot2273$	2
3943*	$2\cdot3^3\cdot73$	3	4243	$2\cdot3\cdot7\cdot101$	2	4549	$2^2\cdot3\cdot379$	6
3947	$2\cdot1973$	2	4253	$2^2\cdot1063$	2	4561	$2^4\cdot3\cdot5\cdot19$	11
3967*	$2\cdot3\cdot661$	6	4259*	$2\cdot2129$	2	4567*	$2\cdot3\cdot761$	3
3989*	$2^2\cdot997$	2	4261*	$2^2\cdot3\cdot5\cdot71$	2	4583*	$2\cdot29\cdot79$	5
4001	$2^5\cdot5^3$	3	4271	$2\cdot5\cdot7\cdot61$	7	4591	$2\cdot3^3\cdot5\cdot17$	11
4003	$2\cdot3\cdot23\cdot29$	2	4273	$2^4\cdot3\cdot89$	5	4597	$2^2\cdot3\cdot383$	5

续表

p	$p-1$	g	p	$p-1$	g	p	$p-1$	g
4603	$2\cdot3\cdot13\cdot59$	2	4733	$2^2\cdot7\cdot13^2$	5	4903	$2\cdot3\cdot19\cdot43$	3
4621	$2^2\cdot3\cdot5\cdot7\cdot11$	2	4751	$2\cdot5^3\cdot19$	19	4909	$2^2\cdot3\cdot409$	6
4637	$2^2\cdot19\cdot61$	2	4759	$2\cdot3\cdot13\cdot61$	3	4919	$2\cdot2459$	13
4639	$2\cdot3\cdot773$	3	4783*	$2\cdot3\cdot797$	6	4931*	$2\cdot5\cdot17\cdot29$	6
4643	$2\cdot11\cdot211$	5	4787	$2\cdot2393$	2	4933	$2^2\cdot3^2\cdot137$	2
4649	$2^3\cdot7\cdot83$	3	4789	$2^2\cdot3^2\cdot7\cdot19$	2	4937*	$2^3\cdot617$	3
4651*	$2\cdot3\cdot5^2\cdot31$	3	4793*	$2^3\cdot599$	3	4943*	$2\cdot7\cdot353$	7
4657	$2^4\cdot3\cdot97$	15	4799	$2\cdot2399$	7	4951	$2\cdot3^2\cdot5^2\cdot11$	6
4663	$2\cdot3^2\cdot7\cdot37$	3	4801	$2^6\cdot3\cdot5^2$	7	4957	$2^2\cdot3\cdot7\cdot59$	2
4673*	$2^6\cdot73$	3	4813	$2^2\cdot3\cdot401$	2	4967*	$2\cdot13\cdot191$	5
4679	$2\cdot2339$	11	4817*	$2^4\cdot7\cdot43$	3	4969	$2^3\cdot3^3\cdot23$	11
4691*	$2\cdot5\cdot7\cdot67$	2	4831	$2\cdot3\cdot5\cdot7\cdot23$	3	4973	$2^2\cdot11\cdot113$	2
4703*	$2\cdot2351$	5	4861	$2^2\cdot3^5\cdot5$	11	4987	$2\cdot3^2\cdot277$	2
4721	$2^4\cdot5\cdot59$	6	4871	$2\cdot5\cdot487$	11	4993	$2^7\cdot3\cdot13$	5
4723	$2\cdot3\cdot787$	2	4877	$2^2\cdot23\cdot53$	2	4999	$2\cdot3\cdot7^2\cdot17$	3
4729	$2^3\cdot3\cdot197$	17	4889	$2^3\cdot13\cdot47$	3			

附表 2　$\sqrt{d}$ 的连分数与 Pell 方程的最小正解表①

d	$\sqrt{d}$ 的连分数	$x_0+y_0\sqrt{d}$	
2	$\langle 1,\overline{2}\rangle$	$1+\sqrt{2}$	(-1)
3	$\langle 1,\overline{1,2}\rangle$	$2+\sqrt{3}$	$(+1)$
5	$\langle 2,\overline{4}\rangle$	$2+\sqrt{5}$	(-1)
6	$\langle 2,\overline{2,4}\rangle$	$5+2\sqrt{6}$	$(+1)$
7	$\langle 2,\overline{1,1,1,4}\rangle$	$8+3\sqrt{7}$	$(+1)$
8	$\langle 2,\overline{1,4}\rangle$	$3+\sqrt{8}$	$(+1)$
10	$\langle 3,\overline{6}\rangle$	$3+\sqrt{10}$	(-1)
11	$\langle 3\ \overline{3,6}\rangle$	$10+3\sqrt{11}$	$(+1)$
12	$\langle 3,\overline{2,6}\rangle$	$7+2\sqrt{12}$	$(+1)$
13	$\langle 3,\overline{1,1,1,1,6}\rangle$	$18+5\sqrt{13}$	(-1)
14	$\langle 3,\overline{1,2,1,6}\rangle$	$15+4\sqrt{14}$	$(+1)$
15	$\langle 3,\overline{1,6}\rangle$	$4+\sqrt{15}$	$(+1)$
17	$\langle 4,\overline{8}\rangle$	$4+\sqrt{17}$	(-1)
18	$\langle 4,\overline{4,8}\rangle$	$17+4\sqrt{18}$	$(+1)$
19	$\langle 4,\overline{2,1,3,1,2,8}\rangle$	$170+39\sqrt{19}$	$(+1)$
20	$\langle 4,\overline{2,8}\rangle$	$9+2\sqrt{20}$	$(+1)$
21	$\langle 4,\overline{1,1,2,1,1,8}\rangle$	$55+12\sqrt{21}$	$(+1)$
22	$\langle 4,\overline{1,2,4,2,1,8}\rangle$	$197+42\sqrt{22}$	$(+1)$
23	$\langle 4,\overline{1,3,1,8}\rangle$	$24+5\sqrt{23}$	$(+1)$
24	$\langle 4,\overline{1,8}\rangle$	$5+\sqrt{24}$	$(+1)$
26	$\langle 5,\overline{10}\rangle$	$5+\sqrt{26}$	(-1)
27	$\langle 5,\overline{5,10}\rangle$	$26+5\sqrt{27}$	$(+1)$
28	$\langle 5,\overline{3,2,3,10}\rangle$	$127+24\sqrt{28}$	$(+1)$
29	$\langle 5,\overline{2,1,1,2,10}\rangle$	$70+13\sqrt{29}$	(-1)
30	$\langle 5,\overline{2,10}\rangle$	$11+2\sqrt{30}$	$(+1)$

① 表中 $x_0+y_0\sqrt{d}(+1)$或(-1)分别表示 $x^2-dy^2=+1$ 或 -1 的最小正解($2\leqslant d\leqslant 100$).

续表

d	$\sqrt{d}$ 的连分数	$x_0+y_0\sqrt{d}$	
31	$\langle 5,\overline{1,1,3,5,3,1,1,10}\rangle$	$1520+273\sqrt{31}$	$(+1)$
32	$\langle 5,\overline{1,1,1,10}\rangle$	$17+3\sqrt{32}$	$(+1)$
33	$\langle 5,\overline{1,2,1,10}\rangle$	$23+4\sqrt{33}$	$(+1)$
34	$\langle 5,\overline{1,4,1,10}\rangle$	$35+6\sqrt{34}$	$(+1)$
35	$\langle 5,\overline{1,10}\rangle$	$6+\sqrt{35}$	$(+1)$
37	$\langle 6,\overline{12}\rangle$	$6+\sqrt{37}$	(-1)
38	$\langle 6,\overline{6,12}\rangle$	$37+6\sqrt{38}$	$(+1)$
39	$\langle 6,\overline{4,12}\rangle$	$25+4\sqrt{39}$	$(+1)$
40	$\langle 6,\overline{3,12}\rangle$	$19+3\sqrt{40}$	$(+1)$
41	$\langle 6,\overline{2,2,12}\rangle$	$32+5\sqrt{41}$	(-1)
42	$\langle 6,\overline{2,12}\rangle$	$13+2\sqrt{42}$	$(+1)$
43	$\langle 6,\overline{1,1,3,1,5,1,3,1,1,12}\rangle$	$3482+531\sqrt{43}$	$(+1)$
44	$\langle 6,\overline{1,1,1,2,1,1,1,12}\rangle$	$199+30\sqrt{44}$	$(+1)$
45	$\langle 6,\overline{1,2,2,2,1,12}\rangle$	$161+24\sqrt{45}$	$(+1)$
46	$\langle 6,\overline{1,3,1,1,2,6,2,1,1,3,1,12}\rangle$	$24\,335+3588\sqrt{46}$	$(+1)$
47	$\langle 6,\overline{1,5,1,12}\rangle$	$48+7\sqrt{47}$	$(+1)$
48	$\langle 6,\overline{1,12}\rangle$	$7+\sqrt{48}$	$(+1)$
50	$\langle 7,\overline{14}\rangle$	$7+\sqrt{50}$	(-1)
51	$\langle 7,\overline{7,14}\rangle$	$50+7\sqrt{51}$	$(+1)$
52	$\langle 7,\overline{4,1,2,1,4,14}\rangle$	$649+90\sqrt{52}$	$(+1)$
53	$\langle 7,\overline{3,1,1,3,14}\rangle$	$182+25\sqrt{53}$	(-1)
54	$\langle 7,\overline{2,1,6,1,2,14}\rangle$	$485+66\sqrt{54}$	$(+1)$
55	$\langle 7,\overline{2,2,2,14}\rangle$	$89+12\sqrt{55}$	$(+1)$
56	$\langle 7,\overline{2,14}\rangle$	$15+2\sqrt{56}$	$(+1)$
57	$\langle 7,\overline{1,1,4,1,1,14}\rangle$	$151+20\sqrt{57}$	$(+1)$
58	$\langle 7,\overline{1,1,1,1,1,1,14}\rangle$	$99+13\sqrt{58}$	$(+1)$

续表

d	$\sqrt{d}$ 的连分数	$x_0+y_0\sqrt{d}$	
59	$\langle 7,\overline{1,2,7,2,1,14}\rangle$	$530+69\sqrt{59}$	(+1)
60	$\langle 7,\overline{1,2,1,14}\rangle$	$31+4\sqrt{60}$	(+1)
61	$\langle 7,\overline{1,4,3,1,2,2,1,3,4,1,14}\rangle$	$29\,718+3805\sqrt{61}$	(−1)
62	$\langle 7,\overline{1,6,1,14}\rangle$	$63+8\sqrt{62}$	(+1)
63	$\langle 7,\overline{1,14}\rangle$	$8+\sqrt{63}$	(+1)
65	$\langle 8,\overline{16}\rangle$	$8+\sqrt{65}$	(−1)
66	$\langle 8,\overline{8,16}\rangle$	$65+8\sqrt{66}$	(+1)
67	$\langle 8,\overline{5,2,1,1,7,1,1,2,5,16}\rangle$	$48\,842+5967\sqrt{67}$	(+1)
68	$\langle 8,\overline{4,16}\rangle$	$33+4\sqrt{68}$	(+1)
69	$\langle 8,\overline{3,3,1,4,1,3,3,16}\rangle$	$7775+936\sqrt{69}$	(+1)
70	$\langle 8,\overline{2,1,2,1,2,16}\rangle$	$251+30\sqrt{70}$	(+1)
71	$\langle 8,\overline{2,2,1,7,1,2,2,16}\rangle$	$3480+413\sqrt{71}$	(+1)
72	$\langle 8,\overline{2,16}\rangle$	$17+2\sqrt{72}$	(+1)
73	$\langle 8,\overline{1,1,5,5,1,1,16}\rangle$	$1068+125\sqrt{73}$	(−1)
74	$\langle 8,\overline{1,1,1,1,16}\rangle$	$43+5\sqrt{74}$	(−1)
75	$\langle 8,\overline{1,1,1,16}\rangle$	$26+3\sqrt{75}$	(+1)
76	$\langle 8,\overline{1,2,1,1,5,4,5,1,1,2,1,16}\rangle$	$57\,799+6630\sqrt{76}$	(+1)
77	$\langle 8,\overline{1,3,2,3,1,16}\rangle$	$351+40\sqrt{77}$	(+1)
78	$\langle 8,\overline{1,4,1,16}\rangle$	$53+6\sqrt{78}$	(+1)
79	$\langle 8,\overline{1,7,1,16}\rangle$	$80+9\sqrt{79}$	(+1)
80	$\langle 8,\overline{1,16}\rangle$	$9+\sqrt{80}$	(+1)
82	$\langle 9,\overline{18}\rangle$	$9+\sqrt{82}$	(−1)
83	$\langle 9,\overline{9,18}\rangle$	$82+9\sqrt{83}$	(+1)
84	$\langle 9,\overline{6,18}\rangle$	$55+6\sqrt{84}$	(+1)
85	$\langle 9,\overline{4,1,1,4,18}\rangle$	$378+41\sqrt{85}$	(−1)
86	$\langle 9,\overline{3,1,1,1,8,1,1,1,3,18}\rangle$	$10\,405+1122\sqrt{86}$	(+1)
87	$\langle 9,\overline{3,18}\rangle$	$28+3\sqrt{87}$	(+1)

续表

d	$\sqrt{d}$ 的连分数	$x_0+y_0\sqrt{d}$
88	$\langle 9,\overline{2,1,1,1,2,18}\rangle$	$197+21\sqrt{88}$　(+1)
89	$\langle 9,\overline{2,3,3,2,18}\rangle$	$500+53\sqrt{89}$　(−1)
90	$\langle 9,\overline{2,18}\rangle$	$19+2\sqrt{90}$　(+1)
91	$\langle 9,\overline{1,1,5,1,5,1,1,18}\rangle$	$1574+165\sqrt{91}$　(+1)
92	$\langle 9,\overline{1,1,2,4,2,1,1,18}\rangle$	$1151+120\sqrt{92}$　(+1)
93	$\langle 9,\overline{1,1,1,4,6,4,1,1,1,18}\rangle$	$12\,151+1260\sqrt{93}$　(+1)
94	$\langle 9,\overline{1,2,3,1,1,5,1,8,1,5,1,1,3,2,1,18}\rangle$	$2\,143\,295+221\,064\sqrt{94}$　(+1)
95	$\langle 9,\overline{1,2,1,18}\rangle$	$39+4\sqrt{95}$　(+1)
96	$\langle 9\ \overline{1,3,1,18}\rangle$	$49+5\sqrt{96}$　(+1)
97	$\langle 9,\overline{1,5,1,1,1,1,1,1,5,1,18}\rangle$	$5604+569\sqrt{97}$　(−1)
98	$\langle 9,\overline{1,8,1,18}\rangle$	$99+10\sqrt{98}$　(+1)
99	$\langle 9,\overline{1,18}\rangle$	$10+\sqrt{99}$　(+1)

名词外文对照表

（以先后为序）

名词	外文	所在位置
自然数	natural number	式(1.1.1)[①]前,附录一
正整数	positive integer	式(1.1.1)前,附录一
整数	integer	式(1.1.2)前
归纳原理(公理)	induction principle	定理1.1.1[②]前,附录一
数学归纳法	mathematical induction	定理1.1.1,附录一
最小自然数原理	principle of the least natural number	定理1.1.2,附录一
最大自然数原理	principle of the greatest natural number	定理1.1.3,附录一
第二种数学归纳法	second mathematical induction	定理1.1.4
鸽巢原理	pigeonhole principle	定理1.1.5
盒子原理	box principle	定理1.1.5的脚注
Dirichlet 原理	Dirichlet principle	定理1.1.5的脚注
整除	divisibility	定义1.2.1[③],附录二
倍数	multiple	定义1.2.1,附录二
约(因、除)数	divisor	定义1.2.1,附录二
显然约(因、除)数	trivial divisor	定理1.2.2前,附录二
非显然约(因、除)数	non-trivial divisor	定理1.2.2前,附录二
真约(因、除)数	proper divisor	定理1.2.2前,附录二
不可约数	irreducible number	定义1.2.2,附录二
素数	prime	定义1.2.2,附录二
合数	composite number	定义1.2.2,附录二
Eratosthenes 筛法	Eratosthenes sieve	定理1.2.7前,式(8.1.21)后
公约数	common divisor	定义1.2.3
最大公约数	greatest common divisor	定义1.2.4
既约	reduce	定义1.2.5
互素	coprime	定义1.2.5
公倍数	common multiple	定义1.2.6
最小公倍数	least common multiple	定义1.2.7

① 式(1.1.1)表示第一章§1的式(1),下同.

② 定理1.1.1表示第一章§1的定理1,下同.

③ 定义1.2.1表示第一章§2的定义1,下同.

名 词	外 文	所在位置
Fermat 数	Fermat number	习题 1.2(第一部分).17①
带余数除法	division with a remainder	定理 1.3.1，习题附录二.24②
除法算法	division algorithm	定理 1.3.1
最小非负余数	least non-negative remainder	推论 1.3.3③ 前
绝对最小余数	absolutely least remainder	推论 1.3.3 前
最小正余数	least positive remainder	推论 1.3.3 前
余数	remainder	推论 1.3.3 前
整数分类	classification of the integers	例 1.3.1④
a 进位制	base a system	例 1.3.4
辗转相除法	method of successive division	定理 1.3.4，习题附录二.13，习题附录二.25
Euclid 除法	Euclid algorithm	定理 1.3.4，习题附录二.13
Fermat 小定理	Fermat little theorem	例 1.4.1，式(3.3.14)后
算术基本定理	fundamental theorem of arithmetic	定理 1.5.2
标准素因数分解式	standard prime factorization	式(1.5.2)后
除数函数	divisor function	推论 1.5.6
除数和函数	sum of divisors function	推论 1.5.7
无平方因子数	square-free number	习题 1.5.11
完全数	perfect number	习题 1.5.12
整数部分	integral part	定义 1.7.1
小数部分	fractional part	定义 1.7.1
整(格)点	integral (lattice) point	例 1.7.1
不定方程	indeterminate equation	第二章、第六章 § 1 前
k 元一次不定方程	linear indeterminate equation with k variables	式(2.1.1)后
商高方程	Soon Go equation	式(2.2.1)后
Pythagoras 方程	Pythagoras equation	式(2.2.1)后
本原解	primitive solution	式(2.2.3)后
商高定理	Soon Go theorem	式(2.2.10)后
Pythagoras 定理	Pythagoras theorem	商高定理的脚注
商高三角形	Soon Go triangle	式(2.2.10)后
Pythagoras 三角形	Pythagoras triangle	商高三角形的脚注

① 习题 1.2(第一部分).17 表示第一章习题二(第一部分)的第 17 题，下同.

② 习题附录二.24 表示附录二习题的第 24 题，下同.

③ 推论 1.3.3 表示第一章 § 3 的推论 3，下同.

④ 例 1.3.1 表示第一章 § 3 的例 1，下同.

名　词	外　文	所在位置
本原商高三角形	proper Soon Go theorem	式(2.2.10)后
有理点	rational point	定理 2.2.3 前
Fermat 无穷递降法	Fermat's method of infinite descent	推论 2.2.5 前
Fermat 大定理	Fermat last theorem	推论 2.2.5 后
同余	congruence	定义 3.1.1
模	modulus	定义 3.1.1
a 同余于 b 模 m	a is congruent to b mod m	定义 3.1.1
b 是 a 对模 m 的剩余	b is a residue of a mod m	定义 3.1.1
模 m 的同余式	congruence mod m	定义(3.1.1)
同余式	congruence	定义(3.1.1)
a 对模 m 的最小非负剩余	least non-negative remainder of a mod m	定义 3.1.1 后
a 对模 m 的最小正剩余	least positive remainder of a mod m	定义 3.1.1 后
a 对模 m 的绝对最小剩余	absolutely least remainder of a mod m	定义 3.1.1 后
多项式 $f(x)$ 同余于多项式 $g(x)$ 模 m	polynomial $f(x)$ is congruent to polynomial $g(x)$ mod m	定义 3.1.2
多项式 $f(x)$ 等价于多项式 $g(x)$ 模 m	polynomial $f(x)$ is equivalent to polynomial $g(x)$ mod m	定义 3.1.2
模 m 的恒等同余式	identical congruence mod m	定义 3.1.2
a 对模 m 的逆	inverse of a mod m	性质 3.1.Ⅷ①
模 m 的同(剩)余类	congruence (residue) class mod m	定义 3.2.1
模 m 的完全剩余系	complete residue system mod m	定义 3.2.2
模 m 的既约(互素)同余类	reduced (coprime) congruence class mod m	定义 3.2.3
Euler 函数	Euler function	定义 3.2.3
模 m 的既约(互素)剩余系	reduced (coprime) residue system mod m	定义 3.2.4
Möbius 函数	Möbius function	例 3.2.8 后,式(8.1.22)前

① 性质 3.1.Ⅷ表示第三章§1 的性质Ⅷ,下同.

名 词	外 文	所在位置
模 m 的同(剩)余类环	ring of the congruence (residue) classes mod m	习题 3.2(第一部分).16
Fermat-Euler 定理	Fermat-Euler theorem	定理 3.3.3
Euler 定理	Euler theorem	定理 3.3.3 后
Wilson 定理	Wilson theorem	定理 3.4.1
模 m 的同余方程	congruence mod m	式(4.1.2)后
同余方程	congruence	式(4.1.2)后
同余方程的解	solution of a congruence	式(4.1.2)后
同余方程的解数	number of the solutions of a congruence	式(4.1.2)后
模 m 的多元同余方程	congruence with several variables mod m	模 m 的同余方程的脚注
同余方程的次数	degree of a congruence	式(4.1.12)后
一元一次同余方程	linear congruence with one variable	式(4.2.1)前
同余方程组	system of congruences	式(4.3.1)后
孙子定理	Sun Zi theorem	定理 4.3.1
中国剩余定理	Chinese remainder theorem	式(4.3.15)后
模 p 的二次剩余	quadratic residue mod p	定义 4.5.1
模 p 的二次非剩余	quadratic non-residue mod p	定义 4.5.1
Euler 判别法	Euler criterion	定理 4.5.2 前
Legendre 符号	Legendre symbol	定义 4.6.1
Gauss 二次互反律	Gauss's law of quadratic reciprocity	定理 4.6.5 前
Jacobi 符号	Jacobi symbol	定义 4.7.1
Kronecker 符号	Kronecker symbol	习题 4.7.5
等价同余方程	equivalent congruence	定理 4.8.6
模为素数的二项同余方程	two terms congruence to a prime modulus	式(4.8.22)
模 p 的 n 次剩余	n-th power residue mod p	式(4.8.22)后
模 p 的 n 次非剩余	n-th power non-residue mod p	式(4.8.22)后
Chevalley 定理	Chevalley theorem	定理 4.9.3
a 对模 m 的指数(阶)	exponent (order) of a mod m	定义 5.1.1
模 m 的原根	primitive root mod m	定义 5.1.2
a 对模 m 的(以 g 为底的)指标	index of a (to the base g) mod m	定义 5.3.1

名　词	外　文	所在位置
a 对模 2^α 的(以 -1，g_0 为底的)指标组	system of the indices of a (to the base -1, g_0) mod 2^α	定义 5.3.2
Lagrange 定理	Lagrange theorem	定理 6.1.1
四平方和定理	sum of four squares theorem	定理 6.1.1
两平方和定理	sum of two squares theorem	定理 6.2.2
(n 阶)有限连分数	finite continued fraction (of order n)	定义 7.1.1
(n 阶)有限简单连分数	finite simple continued fraction (of order n)	定义 7.1.1
第 k 个渐近分数	k-th convergent	定义 7.1.1
第 k 个部分商	k-th partial quotient	定义 7.1.1
无限连分数	infinite continued fraction	定义 7.1.1
无限简单连分数	infinite simple continued fraction	定义 7.1.1
无限连分数的值	value of infinite simple continued fraction	定义 7.1.1
第 n 个完全商	n-th complete quotient	式(7.3.15)
无理数的最佳有理逼近	best rational approximation to irrational number	第七章 §4
Farey 分数表	table of Farey fractions	习题 7.4.5
第 n 阶 Farey 数列	n-th Farey sequence	习题 7.4.5
二次无理(代数)数	quadratic irrational (algebraic) number	式(7.5.1)前
实二次无理数	real quadratic irrational number	式(7.5.3)前
共轭数	conjugate number	式(7.5.7)后
循环简单连分数	periodic simple continued fraction	式(7.5.8)后
纯循环简单连分数	purely periodic simple continued fraction	式(7.5.8)后
最大纯循环部分	largest purely periodic part	式(7.5.12)后
纯循环连分数 ξ_0 的周期	period of purely periodic continued fraction ξ_0	式(7.5.13)后
循环连分数 ξ_0 的周期	period of periodic continued fraction ξ_0	式(7.5.13)后
Pell 方程	Pell equation	式(7.6.2)后
正解	positive solution	式(7.6.2)后
最小正解	least positive solution	推论 7.6.4 后

名 词	外 文	所在位置
素数定理	prime number theorem	第八章§1前
容斥原理	inclusion-exclusion principle	定理8.1.7
Чебышев不等式	Chebyshev inequality	定理8.2.1
Betrand假设	Betrand postulate	式(8.2.23)后
Чебышев函数	Chebyshev function	式(8.2.33)后
Mangoldt函数	Mangoldt function	式(8.2.34)后
Euler乘积	Euler product	式(8.3.1)后
Euler恒等式	Euler identity	式(8.3.9)后
Riemann ζ函数	Riemann zeta function	式(8.3.10)后
数论(算术)函数	arithmetical function	第九章§1前
积性函数	multiplicative function	定义9.1.1
完全积性函数	complete multiplicative function	定义9.1.1
加性函数	additive function	式(9.1.7)的脚注
完全加性函数	complete additive function	式(9.1.7)的脚注
Liouville函数	Liouville function	式(9.1.10)后
Möbius变换	Möbius transform	式(9.2.1)后
Möbius逆变换	inverse Möbius transform	式(9.2.1)后
Möbius反转公式	Möbius inversion formula	式(9.2.19′)前
Dirichlet卷积	Dirichlet convolution	式(9.2.29)前
Dirichlet逆	Dirichlet inverse	习题9.2.21
Euler常数	Euler constant	式(9.3.14)后
Dirichlet除数问题	Dirichlet divisor problem	定理9.3.3后
圆内整点问题	problem of the integral points inside a circle	定理9.3.5后
Gauss圆问题	Gauss circle problem	定理9.3.5后
素数分布的加权均值公式	weighted mean value formula of the distribution of primes	定理9.3.7前
Mertens定理	Mertens theorems	定理9.3.7前
Abel求和公式	Abel summation formula	引理9.3.10[①]前
模k的Dirichlet特征	Dirichlet character mod k	定义9.4.1
模k的剩余特征	residue character mod k	定义9.4.1
模k的特征	character mod k	定义9.4.1
模k的主特征	principal character mod k	式(9.4.15)后
实特征	real character	式(9.4.15)后
复特征	complex character	式(9.4.15)后

① 引理9.3.10表示第九章§3的引理10,下面.

名 词	外 文	所在位置
共轭特征	conjugate character	性质 9.4.Ⅱ
模 k 的非原特征	non-primitive character mod k	定义 9.4.2
模 k 的原特征	primitive character mod k	定义 9.4.2
Dirichlet 定理	Dirichlet theorem	例 9.4.1
Dirichlet L 函数	Dirichlet L-function	式(9.4.44)后
算术数列中的素数定理	prime number theorem for arithmetic progressions	式(9.4.54)后
关于特征 χ 的 Gauss 和	Gauss sum with a character χ	式(9.4.67)后
Peano 公理	Peano axioms	式(附录一.1.1)后
后继	successor	式(附录一.1.1)后
归纳公理	induction axiom	式(附录一.1.1)后
前导	predecessor	定理附录一.1.2
归纳证明原理	principle of induction proof	定理附录一.1.3
二元运算	binary operation	式(附录一.1.2)后
顺序	order，ordering	定义附录一.3.1
大小	magnitude	定义附录一.3.1
有序集	ordered set	习题附录一.5
全序集	totally (simply) ordered set	习题附录一.6
最小元素原理	principle of the least element	习题附录一.7
良序原理	well ordering principle	习题附录一.7
良序集	well ordered set	习题附录一.7
最大元素原理	principle of the greatest element	习题附录一.8

参考文献

以下是写作本书时参考较多的书：

[0] Gauss C F. Disquisitiones Arithmeticae[M]. Lipsiae: Fleischer, 1801. 中译本：高斯. 算术探索[M]. 潘承彪，张明尧，译. 哈尔滨：哈尔滨工业大学出版社，2011.

[1] Burn R P. A Pathway into Number Theory[M]. Cambridge: Cambridge University Press，1982. 中译本：布恩. 数论入门[M]. 于秀源，译. 潘承彪，裘卓明，校. 北京：高等教育出版社，1990.

[2] Dudley U. Elementary Number Theory[M]. 2nd ed. San Francisco: W H Freeman and Company, 1978. 中译本：杜德利. 基础数论[M]. 周仲良，译. 俞文魮，校. 上海：上海科学技术出版社，1980.

[3] 华罗庚. 数论导引[M]. 北京：科学出版社，1957.

[4] Hardy G H，Wright E M. An Introduction to the Theory of Numbers[M]. 5th ed. Oxford: Oxford University Press，1981.

[5] 柯召，孙琦. 谈谈不定方程[M]. 上海：上海教育出版社，1980.

[6] 闵嗣鹤，严士健. 初等数论[M]. 4 版. 北京：高等教育出版社，2020.

[7] Nagell T. Introduction to Number Theory[M]. New York: Wiley，1951.

[8] Niven I，Zuckerman H S. An Introduction to the Theory of Numbers[M]. 4th ed. New York: Wiley，1980.

[9] Ore O. An Invitation to Number Theory[M]. New York: Random House, 1967. 中译本：奥尔. 有趣的数论[M]. 潘承彪，译. 北京：北京大学出版社，1985.

[10] Rose H E. A Course in Number Theory[M]. 2nd ed. Oxford: Oxford University Press，1995.

[11] Rosen K H. Elementary Number Theory and Its Applications①[M]. New

---

① 在该书第一版(1984)的第一章 1.1(pp. 4-5)中给出了由最小自然数原理推出数学归纳原理的错误“证明”(参看 p491 的脚注②)，而在随后的版本中不加说明地删除了这一内容. 但是，在该书的第 4 版(2000)、第 5 版(2005)(机械工业出版社)，却增加了附录 A: Axioms for the Set of Integers(pp. 577-579，2005)，给出了整数的公理化体系. 然而，该体系是完全错误的，因为它不加说明地应用了“正整数”的概念及性质.

York：Addison-Wesley，1984.

[12] Sierpinski W. Elementary Theory of Numbers[M]. 2nd ed. Amsterdam：North-Holland，1988.

[13] 维诺格拉多夫. 数论基础[M]. 裘光明，译. 哈尔滨：哈尔滨工业大学出版社，2011.

以下是除文献[3]，[4]，[5]，[10]外，与本书内容有关，可进一步参考、学习的书：

[14] Apostol T M. Introduction to Analytic Number Theory[M]. New York：Springer-Verlag，1976.

[15] Ireland K，Rosen M. A Classical Introduction to Modern Number Theory[M]. 2nd ed. New York：Springer-Verlag，1990.

[16] 潘承洞，潘承彪. 素数定理的初等证明[M]. 上海：上海科学技术出版社，1988.

[17] 潘承洞，潘承彪. 代数数论[M]. 2版. 济南：山东大学出版社，2001.

[18] 潘承洞，潘承彪. 解析数论基础[M]. 北京：科学出版社，1991.

三本介绍有趣著名数论问题及它们的研究情况的书是：

[19] 盖伊. 数论中未解决的问题：第二版[M]. 张明尧，译. 北京：科学出版社，2003.

[20] Ribenboim P. The New Book of Prime Number Records[M]. New York：Springer-Verlag，1996.

[21] 潘承洞. 数论基础[M]. 北京：高等教育出版社，2012.